MÉDECINE LÉGALE

THÉORIQUE ET PRATIQUE.

—

TOME DEUXIÈME.

MÉDECINE

LÉGALE,

THÉORIQUE ET PRATIQUE,

PAR **ALPH. DEVERGIE,**

PROFESSEUR AGRÉGÉ DE LA FACULTÉ DE MÉDECINE DE PARIS,
MEMBRE DU CONSEIL DE SALUBRITÉ, MÉDECIN DE L'HÔPITAL SAINT-LOUIS;

AVEC LE TEXTE ET L'INTERPRÉTATION DES LOIS RELATIVES
A LA MÉDECINE LÉGALE,

REVUS ET ANNOTÉS

PAR **J.-B.-F. DEHAUSSY DE ROBECOURT,**
Conseiller à la Cour de Cassation, Chevalier de l'ordre
de la Légion-d'Honneur.

TROISIÈME ÉDITION ENTIÈREMENT REFONDUE.

TOME DEUXIÈME.

PARIS.

GERMER BAILLIÈRE, LIBRAIRE-ÉDITEUR,
17, RUE DE L'ÉCOLE-DE-MÉDECINE.

Londres, H. BAILLIÈRE 219, Regent-Street.   Madrid, Ch. BAILLY-BAILLIÈRE.
Lyon, SAVY, 14, place Louis-le-Grand.   New-York, H. BAILLIÈRE.
Strasbourg, DÉRIVAUX, libraire.   Montpellier, SAVY, SEVALLE, libraires.
Saint-Pétersbourg, ISSAKOFF, BELLIZARD,   Toulouse, JOUGLA, GIMET, DELBOY, libr.
libraires.   Florence, RICORDI et JOUHAUD.

1852.

MÉDECINE

LÉGALE.

CHAPITRE PREMIER.

Des blessures et coups volontaires et involontaires.

Législation (1).

Cod. pén, art. 228. — Tout individu qui, même sans armes, et sans qu'il en soit résulté de blessures, aura frappé un magistrat dans l'exercice de ses fonctions, ou à l'occasion de cet exercice, sera puni d'un emprisonnement de deux à cinq ans, si cette voie de fait a eu lieu à l'audience d'une cour ou d'un tribunal, le coupable sera en outre puni de la dégradation civique.

Cod pén., art. 230. — Les violences de l'espèce exprimée en l'article 228, dirigées contre un officier ministériel, un agent de la force publique, ou un citoyen chargé d'un ministère de service public, si elles ont eu lieu pendant qu'ils exerçaient leur ministère, ou à cette occasion, seront punies d'un emprisonnement d'un mois à six mois.

Cod. pén., art. 231. — Si les violences exercées contre les fonctionnaires et agents désignés aux articles 228 et 230 ont été la cause d'effusion de

(1) *Code pén.*, art. 295. — L'homicide commis volontairement est qualifié meurtre.

Id., art 296. — Tout meurtre commis avec préméditation ou de guet-apens, est qualifié assassinat.

Id., art. 299. — Est qualifié parricide le meurtre des père et mère légitimes, naturels ou adoptifs, ou de tout autre ascendant légitime.

Id, art. 302. — Tout coupable d'assassinat, de parricide, d'infanticide et d'empoisonnement, sera puni de mort, sans préjudice de la disposition particulière contenue en l'article 13, relativement au parricide.

Id, art. 304. — Le meurtre emportera la peine de mort, lorsqu'il aura précédé, accompagné ou suivi un autre crime. — Le meurtre emportera également la peine de mort, lorsqu'il aura eu pour objet, soit de préparer, faciliter ou exécuter un délit, soit de favoriser la fuite ou assurer l'impunité des auteurs ou complices de ce délit. — En tout autre cas, le coupable de meurtre sera puni des travaux forcés à perpétuité.

sang, blessure ou maladie, la peine sera la réclusion ; si la mort s'en est suivie dans les quarante jours, le coupable sera puni des travaux forcés à perpétuité.

Cod. pén., art. 232. — Dans le cas même où ces violences n'auraient pas causé d'effusion de sang, blessures ou maladies, les coups seront punis de la réclusion, s'ils ont été portés avec préméditation ou de guet-apens.

Cod. pén, art. 233. — Si les coups ont été portés ou les blessures faites à un des fonctionnaires ou agents désignés aux articles 228 et 230, dans l'exercice ou à l'occasion de l'exercice de leurs fonctions, avec intention de donner la mort, le coupable sera puni de mort.

Cod. pén., art. 309. — Sera puni de la réclusion, tout individu qui, volontairement, aura fait des blessures ou porté des coups, s'il est résulté de ces sortes de violences une maladie ou incapacité de travail personnel pendant plus de vingt jours. — Si les coups portés ou les blessures faites volontairement, mais sans intention de donner la mort, l'ont pourtant occasionnée, le coupable sera puni de la peine des travaux forcés à temps.

Cod pén., art. 310. — Lorsqu'il y aura eu préméditation ou guet-apens, la peine sera, si la mort s'en est suivie, celle des travaux forcés à perpétuité ; et si la mort ne s'en est pas suivie, celle des travaux forcés à temps.

Cod. pén, art. 311. — Lorsque les blessures ou les coups n'auront occasionné aucune maladie ou incapacité de travail personnel de l'espèce mentionnée en l'article 309, le coupable sera puni d'un emprisonnement de six jours à deux ans, et d'une amende de 16 fr. à 200 fr., ou de l'une de ces deux peines seulement. S'il y a eu préméditation ou guet-apens, l'emprisonnement sera de deux à cinq ans, et l'amende de 50 fr. à 500 fr.

Cod. pén., art. 312. — Dans les cas prévus par les articles 309, 310 et 311, si le coupable a commis le crime envers ses père et mère légitimes, naturels ou adoptifs, ou autres ascendants légitimes, il sera puni ainsi qu'il suit : — Si l'article auquel le cas se référera prononce l'emprisonnement et l'amende, le coupable subira la peine de la réclusion. — Si l'article prononce la peine de la réclusion, il subira celle des travaux forcés à temps. — Si l'article prononce la peine des travaux forcés à temps, il subira celle des travaux forcés à perpétuité.

Cod. pén., art. 316. — Toute personne coupable du crime de castration, subira la peine des travaux forcés à perpétuité. Si la mort en est résultée avant l'expiration des quarante jours qui auront suivi le crime, le coupable subira la peine de mort.

Cod. pén., art. 319. — Quiconque, par maladresse, imprudence, inattention, négligence ou inobservation de règlements, aura commis involontairement un homicide, ou en aura involontairement été la cause, sera puni d'un emprisonnement de trois mois à deux ans, et d'une amende de 50 fr. à 600 fr.

Cod. pén., art. 320. — S'il n'est résulté du défaut d'adresse ou de précaution que des blessures ou coups, l'emprisonnement sera de six jours à deux mois, et l'amende sera de 16 fr. à 100 fr.

Cod. pén., art. 463. — Les peines prononcées par la loi contre celui ou ceux des accusés reconnus coupables, en faveur de qui le jury aura déclaré des circonstances atténuantes, seront modifiées ainsi qu'il suit :

Si la peine prononcée par la loi est la mort, la cour appliquera la peine des travaux forcés à perpétuité ou celle des travaux à temps. Néanmoins s'il s'agit de crime contre la sûreté extérieure ou intérieure de l'État, la cour appliquera la peine de la déportation ou celle de la détention ; mais dans les cas prévus par les articles 86, 96 et 97, elle appliquera la peine des travaux forcés à perpétuité ou celle des travaux forcés à temps.

Si la peine est celle des travaux forcés à perpétuité, la cour appliquera la peine des travaux forcés à temps ou celle de la réclusion.

Si la peine est celle de la déportation, la cour appliquera la peine de la détention ou celle du bannissement.

Si la peine est celle des travaux forcés à temps, la cour appliquera la peine de la réclusion, ou les dispositions de l'article 401, sans toutefois pouvoir réduire la durée de l'emprisonnement au-dessous de deux ans.

Si la peine est celle de la réclusion, de la détention, du bannissement ou de la dégradation civique, la cour appliquera les dispositions de l'article 401, sans toutefois pouvoir réduire la durée de l'emprisonnement au-dessous d'un an.

Dans le cas où le Code prononce le maximum d'une peine afflictive, s'il existe des circonstances atténuantes, la cour appliquera le minimum de la peine, ou même la peine inférieure.

Dans tous les cas où la peine de l'emprisonnement et celle de l'amende sont prononcées par le Code pénal, si les circonstances paraissaient atténuantes, les tribunaux correctionnels sont autorisés, même en cas de récidive, à réduire l'emprisonnement même au-dessous de six jours, et l'amende même au-dessous de 16 fr.; ils pourront aussi prononcer séparément l'une ou l'autre de ces peines, et même substituer l'amende à l'emprisonnement, sans que, en aucun cas, elle puisse être au-dessous des peines de simple police.

Cod. civ., art. 1382. — Tout fait quelconque de l'homme qui cause à autrui un dommage, oblige celui par la faute duquel il est arrivé à le réparer.

Cod. civ., art. 1383. — Chacun est responsable du dommage qu'il a causé, non seulement par son fait, mais encore par sa négligence ou par son imprudence.

GRADUATION DES PEINES EN MATIÈRE DE BLESSURES.

Articles du Code pén.	PÉNALITÉ.	CIRCONSTANCES.
		PREMIÈRE CATÉGORIE.
		Blessures involontaires. — Dispositions communes.
320	6 j. à 2 mois pris. 16 à 200 fr.	Blessures ou coups par défaut d'adresse ou de précautions.
319	3 mois à 2 ans, 50 à 600 fr.	Homicide par maladresse, imprudence, inattention, négligence ou inobservation des règlements.
		DEUXIÈME CATÉGORIE.
		Blessures volontaires. — Dispositions communes.
311	1 mois à 2 ans, 16 à 200 fr.	Blessures faites *volontairement*, sans maladie ou incapacité de travail de plus de 20 jours.
311	2 à 5 ans, 50 à 600 fr.	Blessures faites volontairement, sans maladie ou incapacité de travail de plus de 20 j., mais avec préméditation ou de guet-apens.
309	Réclusion.	Blessures volontaires entraînant une maladie ou incapacité de travail personnel de plus de 20 jours.
310	Trav. forcés à temps.	Blessures volontaires entraînant une maladie ou incapacité de travail personnel de plus de 20 jours, faites avec préméditation ou de guet-apens.
309	Idem.	Blessures volontaires sans intention de donner la mort, mais l'ayant occasionnée.
310	Trav. forcés à perpétuité.	Blessures volontaires avec préméditation ou de guet-apens, et si la mort s'en est suivie.
304	Idem.	Si meurtre isolé de tout autre crime.
316	Idem.	Si castration non suivie de mort.
316	Mort.	Si castration amène la mort dans les 40 jours.
304	Idem.	Si meurtre commis pour préparer, faciliter, exécuter un autre délit, ou favoriser la fuite et assurer l'impunité des auteurs ou complices de ce délit.
304	Idem.	Si meurtre précédé, accompagné ou suivi d'un autre crime ou délit.
302	Idem.	Si assassinat ou parricide.
		TROISIÈME CATÉGORIE.
		Blessures volontaires. — Dispositions particulières aux magistrats et aux fonctionnaires publics.
230	1 à 6 mois prison.	Coups portés sans qu'il en résulte de blessures, *à un officier ministériel, un agent de la force publique, un citoyen* chargé d'un ministère de service public, *pendant l'exercice* de leur ministère ou à cette occasion.
228	2 à 5 ans.	Coups portés à un *magistrat* dans l'*exercice* de ses fonctions.
228	Idem. dégradat. civiq.	Coups portés à l'*audience* à un magistrat dans l'exercice de ses fonctions.
231	Réclusion.	Si les violences énoncées dans les trois articles précédents ont été la cause d'effusion de sang, blessure ou maladie.
231	Travaux forcés à perpétuité.	Si violences sans effusion de sang, blessures ou maladie, mais coups portés avec préméditation ou de guet-apens.
232	Réclusion.	Si la mort s'en est suivie dans les 40 jours.
233	Mort.	Si coups portés avec intention de donner la mort.
		QUATRIÈME CATÉGORIE.
		Blessures volontaires. — Dispositions particulières à la parenté.
312	Réclusion.	Si blessures ou coups sans maladie ou incapacité de travail personnel de plus de 20 jours, mais opérées sur père, mère ou ascendant légitime.
312	Maximum de la réclusion.	Si blessures ou coups sans maladie ou incapacité de travail personnel de plus de 20 jours, mais opérées avec préméditation ou de guet-apens sur père, mère ou ascendant légitime.
312	Travaux forcés à temps.	Si blessures faites *volontairement avec incapacité* de travail *de plus* de 20 jours sur père, mère ou ascendant légitime.
312	Travaux forcés à perpétuité.	Si blessures avec incapacité de travail personnel de plus de 20 jours, et faites avec préméditation ou de guet-apens sur père, mère ou ascendant légitime.
312	Idem.	Si coups portés ou blessures faites volontairement, mais *sans intention de donner la mort*, et sur père, mère ou ascendant légitime, et l'*ayant* cependant occasionnée.

Presque tous les médecins légistes se sont élevés avec raison contre la législation relative aux blessures ; mais depuis les modifications que la loi du 28 avril 1832 y a introduites, on doit la considérer comme à l'abri des reproches qu'une trop grande sévérité pouvait lui mériter. Nous aurions pu nous borner à rapporter le texte des articles qui s'y rattachent ; mais nous croyons devoir éclairer ce texte de quelques commentaires, afin de faire disparaître de l'esprit des médecins l'idée de peines trop fortes, qui les place souvent entre leur devoir et les conséquences possibles de leur déclaration, les déterminant ainsi à modifier leur pronostic, dans la crainte de faire infliger au coupable une peine trop grave.

Nous ferons remarquer d'abord que la *volonté de l'auteur des blessures* domine toute la législation. En effet, une blessure est le résultat d'une action, et une action involontairement opérée ne peut être punie comme une action volontaire. De là la grande division établie entre les blessures volontaires et les blessures involontaires.

Mais de ce qu'une action involontaire n'est pour ainsi dire pas punissable, s'ensuit-il que le résultat de cette action doive échapper à la loi, et que les dommages qui résultent de cette action involontaire ne doivent pas être pris en considération ? Il eût été injuste de laisser sans réparation le dommage causé par le fait d'une personne ; car l'article 1382 du Code civil est général : « Tout fait quelconque de l'homme qui cause à autrui un dommage, oblige celui par la faute duquel il est arrivé à le réparer. » Quelque involontaire que soit l'action, elle n'en cause pas moins un dommage, et ce dommage appelle une réparation ; c'est ce que l'on trouve dans la loi. Seulement en comparant la législation des blessures involontaires avec celle des blessures volontaires, on trouve une différence énorme dans la peine. Ainsi une blessure ou un coup involontaires, quel qu'en soit le résultat, n'entraînent que six jours à deux mois de prison, et 16 à 100 fr. d'amende. Il faut toutefois ajouter que le blessé peut se constituer partie civile et réclamer des dommages et intérêts en raison de l'incapacité de travail ou de la maladie que la blessure lui a causée.

La mort a-t-elle été le résultat d'une action involontaire, la prison est de trois mois à deux ans, et l'amende de 50 à 600 fr. Il y a donc une différence très grande entre cette peine et le même résultat de l'action dans le cas de blessure *volontaire*, même sans intention de donner la mort, mais qui l'a occasionnée, puisque alors le coupable peut être condamné aux travaux forcés à temps !

Si l'on prétendait que l'auteur d'une blessure involontaire ne devrait pas subir de peine corporelle, et qu'une amende seule devrait lui être imposée à titre de dédommagement envers le blessé, nous répondrions qu'une blessure par maladresse ou imprudence aurait pu être évitée avec de la prudence et de l'adresse, et que par conséquent l'individu qui l'a faite a commis une lourde faute dont il est passible, quoiqu'il n'ait pas eu l'intention d'opérer la blessure.

Si maintenant nous nous reportons aux blessures volontaires, nous verrons que deux considérations ont guidé le législateur dans la confection de la loi : 1° le fait de la volonté de la personne qui a causé la blessure ; 2° le dommage qui en est résulté pour le blessé. Ici il fallait d'abord punir sévèrement l'intention ; c'était une garantie que l'on donnait à la société, c'était sa conservation que l'on avait en vue.

Quant à la gravité de la peine eu égard au résultat de la blessure, le législateur n'avait à choisir que dans deux ordres de moyens d'appréciation : 1° l'espèce de blessure ; 2° le temps employé à la guérison, et partant l'incapacité de travail personnel dans lequel elle avait mis le blessé. Il ne pouvait guère prendre pour guide la nature de la blessure ; il eût fallu dresser des tables de pénalité en raison d'une plaie de telle ou telle partie, d'un coup porté sur telle ou telle région du corps, d'une fracture de tel ou tel os, d'une luxation, etc. C'était se jeter dans un dédale de particularités qui auraient offert des difficultés sans nombre pour l'application de la loi, suivant l'étendue de la blessure, la constitution du sujet, les accidents qui l'auraient accompagnée, etc.

La question de temps était donc la seule qui pût être prise en considération. On a envisagé comme blessures graves celles qui exigeraient pour leur guérison plus de vingt jours de maladie ou d'incapacité de travail. On a puni leur auteur de la réclusion, tandis que la peine d'un mois à deux ans de prison, plus une amende de 16 à 200 fr., ont été seulement infligés à l'auteur des blessures entraînant une incapacité de travail de moins de vingt jours.

Beaucoup de médecins se sont élevés contre cette énorme

différence de pénalité pour un jour de différence entre les résultats de deux blessures, et cependant, lors des changements opérés dans la loi du 28 avril 1832, le législateur n'a pas cru devoir modifier cette disposition. Nous avons prouvé que la durée seule de la maladie ou l'incapacité de travail personnel pouvait servir de base à la graduation de la peine, quelle que fût la limite que le législateur eût fixée ; à cet égard, le dernier jour de cette limite aurait toujours eu pour effet d'entraîner une aggravation dans la pénalité. Certes, entre deux ans de prison, maximum de la peine relative aux blessures qui entraînent une incapacité de travail de moins de vingt jours, et la réclusion qui est toujours de cinq ans au moins, et qui en outre est une peine afflictive et infamante, il y a une différence énorme ; mais le législateur, pour mettre les tribunaux à même de proportionner dans tous les cas la peine à la gravité du délit, a créé l'article 463 du Code pénal. Cet article autorise les juges en matière correctionnelle, et les jurés, dans les affaires de grand criminel, à déclarer qu'il existe des circonstances atténuantes en faveur du coupable, et alors les magistrats chargés d'appliquer la loi peuvent abaisser la peine d'un ou de deux degrés ; le bienfait de cette disposition pourvoit à tous les besoins de la justice.

Néanmoins, malgré cette heureuse innovation dans la législation criminelle, on peut encore présenter quelques objections ; ainsi on dira qu'il n'est pas de fracture qui n'entraîne une incapacité de travail personnel de plus de vingt jours. Or le moindre choc peut déterminer une fracture chez un vieillard ; une chute opérée sur le grand trochanter amène presque constamment la fracture du col du fémur ; à la suite d'un léger coup porté à une personne, elle peut glisser sur le sol, son pied prendre une mauvaise position, et la fracture du péroné survenir, etc. Mais le médecin n'est-il pas appelé dans tous ces cas pour éclairer la justice à cet égard, et pour faire sentir que la blessure n'a pas été une conséquence directe des coups portés ; qu'une chute tout accidentelle eût pu amener les mêmes résultats, etc. Alors de deux choses l'une : ou l'accusé n'est pas reconnu coupable, et alors il n'y a pas de peine applicable ; ou des circonstances atténuantes sont admises, et la peine est adoucie.

Nous croyons cependant que le terme de vingt jours est trop court, et à ce sujet il peut être utile d'appeler l'attention du législateur sur l'interprétation erronée que l'on remarque quelquefois dans les jugements sur cette matière délicate.

La loi semble présenter comme synonymes la maladie et l'incapacité de travail personnel. La maladie comprend évidemment le temps nécessaire pour opérer la guérison complète de la partie lésée, et par conséquent celui qui s'étend depuis le jour de la blessure jusqu'à celui où la partie blessée est rentrée dans son état primitif de santé.

L'incapacité de travail personnel, au contraire, ne comporte que le temps pendant lequel un individu est mis par sa blessure hors d'état de se livrer à la profession qui le fait vivre. Mais d'abord, si l'on ne jugeait que d'après l'incapacité de travail, il en résulterait que cette base ferait défaut toutes les fois que la personne blessée n'aurait pas de profession, comme aussi dans les cas où la blessure n'empêcherait pas de se livrer à ses occupations, comme cela a lieu le plus souvent pour les hommes de cabinet. Aussi, dans la première édition de cet ouvrage, avions-nous émis cette opinion : que le législateur avait probablement voulu dire incapacité de travail *corporel* au lieu de *personnel*, ce qui permettrait d'atteindre toute espèce d'individu, puisqu'il s'agissait moins d'un dommage relatif à une incapacité de travail, que de celui qui provient d'une lésion d'organes, et par conséquent du temps nécessaire au retour de cette partie à l'état normal antérieur.

Mais, en y réfléchissant de nouveau, nous avons vu que le législateur avait prévu les deux cas en employant les expressions *maladie* ou *incapacité de travail personnel* qu'il a rendues synonymes.

Cependant aujourd'hui, dans toutes les ordonnances des juges d'instruction, dans tous les réquisitoires et les plaidoiries des cours d'assises, l'incapacité de travail personnel est seule mise en avant ; c'est constamment le point en discussion, c'est l'objet en litige, et les avocats ont grand soin de chercher à prouver que le blessé a travaillé à telle époque, sans tenir compte de la durée de la maladie.

Il nous semble que ces deux choses sont tout à fait distinctes ; que toutes deux doivent servir de base à la loi, mais dans des proportions de durée différente. La loi, suivant nous, devrait être modifiée sous ce rapport ; nous allons essayer de le démontrer.

Nous avons déjà fait voir qu'à moins de fausser le sens de ces expressions, incapacité de travail *personnel*, on ne peut pas porter de jugement à l'égard des personnes qui n'ont pas de profession ou de celles qui n'ont que des travaux de cabinet. Eh bien, pour les individus mêmes qui vivent d'un état mécanique, l'incapacité de travail va varier à l'infini en raison du genre d'état. Un homme est cordonnier, il est blessé au sternum ; il faut, pour qu'il puisse reprendre son état, non seulement que sa blessure soit tout à fait fermée, mais encore que la cicatrice ait acquis assez de solidité pour lui permettre d'appuyer les formes de bottes et de souliers contre la poitrine. Un commissionnaire de diligence avait pour devoir de charger les malles sur les voitures. A cet effet, il commençait à les élever sur le genou droit, pour de là les enlever sur l'impériale. Un jour, en arrêtant un homme qui avait volé dans les messageries, il reçoit une blessure transversale au-dessus de la rotule ; au bout de dix-huit jours il reprend ses occupations, mais la cicatrice encore faible se rompt sous l'influence d'une pression assez forte. Je pourrais citer mille exemples du même genre. Dans ces deux cas, l'incapacité de travail *personnel* est réelle, et cependant la maladie est terminée avant vingt jours.

On obvierait à ces divers inconvénients en modifiant l'article 309 de cette manière : « Sera puni de la réclusion, tout individu qui volontairement aura fait des blessures ou porté des coups, s'il est résulté de ces actes de violence *une maladie de trente jours* ou *une incapacité de travail personnel de plus de vingt jours.*

Un grand nombre de blessures ou de maladies peuvent survenir à la suite de causes légères, et entraîner plus de vingt jours pour leur guérison ; toutes les fractures sont dans ce cas, voire même celles du radius, dont la guérison est la plus prompte. Beaucoup de plaies des doigts ou des membres inférieurs, tout en étant cicatrisées, ne sont pas pour cela guéries, car elles arrêtent encore l'exercice du membre blessé ; il faut que la consolidation de la cicatrice soit opérée, que les tendons reprennent leur souplesse primitive, pour permettre au membre d'exercer des mouvements. Le moindre accident qui se développera à la suite d'une blessure fort simple va retarder la guérison de huit à dix jours, et la blessure la plus légère va retomber dans la catégorie des blessures graves. Une contusion un peu forte, opérée

par un coup de pied lancé dans un mouvement de colère, va
conduire un homme sur les bancs de la cour d'assises. Eh bien,
dans tous ces cas, il peut résulter de l'imperfection de la loi,
que le jury préférera absoudre un coupable plutôt que de l'exposer à être atteint d'une peine trop forte.

Avec la modification proposée, on atteint tous les faits punis-
sables, quelle que soit la profession du blessé. En effet, la réclusion devient applicable dans deux cas : 1° lorsqu'il y a maladie
de plus de trente jours ; 2° lorsqu'il y a incapacité de travail de
plus de vingt jours. Elle embrasse tous les cas, car on ne verra
plus impunies des atteintes graves portées à la santé, par cela
seul qu'elles étaient situées sur les parties du corps qui n'étaient
pas nécessaires au travail de la profession de l'individu. Les experts ne seraient plus embarrassés relativement aux conclusions
qu'ils doivent prendre, car, dans la conclusion de leur rapport,
ils auraient à avoir égard, d'une part à la durée de la maladie,
d'une autre part à son influence sur la profession spéciale à l'individu affecté, et l'on ne verrait pas sans cesse devant les cours
d'assises des avocats lutter avec les médecins relativement à
l'époque à laquelle le travail a pu être repris. Nous livrons au
surplus ces considérations aux méditations du législateur.

Lorsque l'incapacité du travail n'a duré que *vingt jours*, il n'y
a pas lieu à l'application de l'article 309 ; il faut plus de vingt
jours pour que l'individu soit passible de la peine que cet article
inflige.

Si la personne à laquelle ont été portés les coups était déjà
malade et a pu mourir *de cette maladie*, le premier paragraphe
de l'article 309 n'en doit pas moins être appliqué, d'après la
durée probable de la maladie ou de l'incapacité de travail résultant des coups. (Arrêt du 7 octobre 1826. — Sirey, t. XXVII,
p. 361.) D'où il suit que non seulement le médecin doit dans ce
cas déclarer que la mort a été indépendante de la blessure, mais
encore que, si la vie s'était entretenue, la blessure aurait entraîné une incapacité de travail personnel de....

Lorsque la victime des coups et blessures meurt avant le
vingtième jour par suite de la gangrène survenue, *et qu'il est
constant* que les actes de violence n'étaient pas de nature à lui
causer une maladie ou incapacité de travail personnel pendant
plus de vingt jours, il n'y a là qu'un délit qui appartient à la
juridiction correctionnelle. (Cour sup. de Bruxelles, 17 mars

1815. — Dall., t. XII, p. 968.) Enfin, les articles 1582 et 1583 soulèvent une question de responsabilité médicale dont nous ferons l'objet d'un chapitre à part.

Si nous nous attachons au sens littéral des articles de la loi sur les blessures que nous avons citée, et que nous recherchions quelles sont les questions que ces articles peuvent soulever, et les termes dans lesquels les magistrats les poseraient aux experts, nous sommes conduit à adopter la rédaction suivante dans ces questions, dont les unes se rapportent au pronostic et les autres au diagnostic des blessures.

1° *Les coups portés ou les blessures ont-ils occasionné la mort?* (Art. 309.) Ou bien, *la mort a-t-elle été la suite des coups ou des blessures?* (Art. 310 et 317.) Deux questions tout à fait identiques qui peuvent et doivent être résolues sans qu'il soit besoin d'admettre des blessures mortelles, nécessairement, accidentellement, etc. Développons notre pensée à l'aide d'exemples. Un homme reçoit un coup de couteau qui intéresse une artère : une hémorrhagie en est la suite, elle amène la mort. Nul doute que la mort n'ait été la conséquence de la blessure. Mais, dira-t-on, si un chirurgien se fût trouvé là, il aurait arrêté l'hémorrhagie, et la mort ne serait pas survenue ; signalez alors ce fait comme propre à établir, en faveur du coupable, un élément de circonstance atténuante, mais déclarez cependant que la mort a été la suite de la blessure, ou que la blessure a causé la mort. — Un coup est porté à la tête, il en résulte une plaie contuse. Malgré le traitement le plus convenable en pareille circonstance, et l'exécution ponctuelle de ce traitement, il survient un érysipèle phlegmoneux qui envahit tout le cuir chevelu, développe une méningite, et la mort en est la suite : il est alors impossible de ne pas déclarer que la blessure ou les coups ont causé la mort. Mais, dira-t-on, sur quarante cas semblables, la mort ne serait pas survenue chez trente-neuf individus. Cela est vrai : mais dans l'exemple dont il s'agit, on ne peut nier qu'un coup ait été porté à la tête ; qu'il n'en soit résulté une plaie ; qu'un érysipèle phlegmoneux ne se soit développé à la suite de cette plaie ; que cet érysipèle n'ait été la cause déterminante de la méningite, et que la méningite ait causé la mort. Donc l'érysipèle ne se serait pas manifesté si la plaie n'avait pas existé ; la méningite ne serait pas survenue si l'érysipèle n'avait pas eu lieu ; et la mort ne serait pas arrivée. Par conséquent, puisque la blessure a été la cause du développement des accidents mortels, la mort a été la suite de la blessure, ou la blessure a causé la mort. Reste au médecin à déclarer que la blessure, isolée de tout accident, n'eût offert aucune gravité : les juges ou les jurés apprécieront cette donnée.

2° *Les blessures ou les coups ont-ils occasionné une incapacité de travail personnel de plus de vingt jours?* (Art. 311 et 320.) Ici il ne peut pas plus être établi de distinction entre les blessures légères et les blessures graves, qui entraînent toutes deux, dans certains cas, une incapacité de travail personnel pendant plus de vingt jours. Dans ces circonstances, les médecins n'hésitent pas ordinairement à déclarer cette incapacité de travail, lors même que la blessure est légère, si elle a été suivie d'accidents qui ne l'accompagnent pas ordinairement ; le fait est trop évident, ils ne peuvent se refuser à l'admettre, et ils l'admettent d'autant plus facilement, que le résultat pour l'accusé conduit à une peine moins grave que dans le cas où la mort s'en est suivie. Pourquoi deux manières d'interpréter le même fait? — Une plaie est faite au flanc droit par une lime, un couteau, une épée : le foie est intéressé superficiellement ; la blessure peut guérir dans quelques cas sans accident, et, par conséquent, dans l'espace de moins de vingt jours. S'il se développe une phlegmasie, la guérison est reculée de dix à quinze jours. Dans ce cas, on n'hésitera pas à déclarer une incapacité de travail personnel de plus de vingt jours. Mais il y a plus, la phlegmasie devient mortelle ! Pourquoi, dans ce cas, ne pas déclarer que la blessure a causé la mort, puisque dans la supposition précédente on la considérait comme entraînant une incapacité de travail personnel de plus de vingt jours? Il faut donc juger les blessures d'après les résultats qu'elles ont eus, ou d'après ceux qu'elles peuvent avoir:

3° *La castration a-t-elle été opérée?* (Art. 316.) Et aussi : *La mort a-t-elle été la suite de la castration?* (Même article.) Ici, le législateur n'entend pas la castration comme on la conçoit généralement en médecine : « Le crime de castration se commet par l'*amputation* d'un organe *quelconque* nécessaire à la génération. » (Arrêt du 1er septembre 1814.) En effet, la blessure faite a un but direct que le coupable désirait atteindre, c'était d'anéantir la faculté procréatrice de la personne à laquelle il faisait une blessure ; qu'il ait amputé la verge ou un testicule, l'action répondait à l'intention dans les deux cas; et, par conséquent, l'ablation de l'une ou de l'autre de ces parties doit constituer aux yeux de la loi la castration qui, en chirurgie, ne s'entend que de l'ablation des testicules. Ainsi donc, quand le magistrat demandera au médecin si la castration a été opérée, celui-ci devra répondre affirmativement, si la verge a été amputée, ou si un seul testicule a été enlevé, sauf à préciser les faits.

On voit, en résumé, que pour satisfaire aux besoins de la législation actuelle sur les blessures, il n'est pas nécessaire d'admettre toutes les divisions et sous-divisions qui ont été proposées par la plupart des auteurs qui nous ont précédé ; qu'il suffit de déterminer si la blessure entraînera ou a entraîné une incapacité de travail personnel pendant plus de vingt jours, ou bien la mort. Aussi, Stoll et Fodéré ont-ils pensé avec raison que les blessures ne pouvaient être jugées qu'individuellement, et que toutes les méthodes avaient un côté vicieux ; Chaussier et M. Orfila les ont imités, et si nous avons cru devoir nous écarter en apparence de la marche suivie par ces auteurs, en faisant connaître quelles peuvent être les bases d'une classification médico-légale des blessures, c'est plutôt pour arriver à faire comprendre par des tableaux que nous présenterons la manière dont les blessures doivent être interprétées, que pour classer chaque blessure en particulier.

Les questions précédentes se rattachent presque toutes à la détermination de la gravité des blessures ; mais il en est un grand nombre d'autres qui se rapportent plus spécialement au diagnostic, et dont la solution est propre à éclairer sur les circonstances du fait. Nous citerons les principales :

A. *La blessure a-t-elle eu lieu avec effusion de sang ?* (Art. 231.)

B. *Avec quelle arme la blessure a-t-elle été faite ? ou bien, est-il possible que telle ou telle arme représentée ait causé la blessure ?*

C. *Comment cette arme a-t-elle été employée ?*

D. *La blessure a-t-elle été faite par une personne étrangère, ou, au contraire, a-t-on voulu simuler une tentative de blessure grave, de meurtre ou d'assassinat ?*

E. *Dans quelle situation était l'assassin au moment où il a fait les blessures ?*

F. *La blessure a-t-elle été faite pendant la vie ou après la mort ?*

G. *Le blessé a-t-il pu exercer telle ou telle fonction après la blessure reçue ?*

H. *Une blessure, par quelque espèce d'arme que ce soit, a-t-elle jamais existé ?*

I. *Depuis combien de temps la blessure a-t-elle été faite?*

K. *Une blessure a-t-elle été simulée?*

Telles sont les questions principales qui seront adressées au médecin. Il nous reste à faire connaître l'ordre dans lequel nous les étudierons.

Nous ferons d'abord précéder leur examen de notions générales sur les blessures, dans lesquelles nous nous attacherons à bien préciser le mode d'action de chaque sorte d'arme vulnérante, ainsi que les effets primitifs et consécutifs qui peuvent en être la conséquence. Ainsi se trouveront rassemblés tous les éléments du diagnostic des blessures et des principales questions qui s'y rattachent. Nous traiterons ensuite et successivement sous les titres : *Classification des blessures*, *Diagnostic des blessures*, et *Pronostic des blessures*, de chacune des questions que nous nous sommes posées.

Nous aurons à éviter deux écueils dans le cours de ce chapitre : dire trop et entrer dans des détails qui appartiennent plus spécialement à la chirurgie ; ou dire trop peu et rendre inutiles toutes les données qui se rattachent à l'histoire des lésions. C'est entre ces deux écueils que nous essaierons de nous diriger ; mais nous craignons de ne pas nous y soustraire dans beaucoup de cas. Toutefois nous serons peut-être excusé aux yeux de beaucoup de lecteurs, quand ils auront égard au but que nous voulons atteindre dans ce livre : celui de faire un traité qui puisse être consulté avec avantage dans la pratique de la médecine légale, et qui puisse suffire dans presque tous les cas à l'appréciation des blessures soumises à l'examen de l'expert.

NOTIONS GÉNÉRALES SUR LES BLESSURES.

Les mots *blessures*, *coups* ou *violences*, ne sont pas définis par la loi ; ces expressions sont employées presque indistinctement par le législateur, quelquefois isolément, quelquefois groupées et réunies ; elles ont donc, aux yeux du magistrat, la même valeur, et elles doivent comprendre tous les résultats possibles de l'action exercée primitivement au dehors du corps de l'homme, par une cause qui agit mécaniquement ou chimiquement sur les diverses parties de l'économie.

Une brûlure est aux yeux du magistrat une blessure ; cette brûlure fût-elle le résultat d'un corps chaud, ou celui de l'emploi d'un acide concentré. Quelque répugnance que le médecin puisse avoir à confondre ces deux ordres de faits, comme appartenant aux blessures, nous avons dû les com-

prendre dans le même article et sous la même dénomination générale,
pour être d'accord avec le texte de la loi, qui est le guide du médecin
légiste.

Cependant, pour ne pas heurter de front les classifications médicales,
nous diviserons cet article en deux parties principales, l'une comprenant
les lésions physiques, qui résultent de l'action de toute espèce d'armes,
l'autre les lésions qui dépendent de l'action des agents physiques ou chimiques capables de produire des brûlures.

Des armes.

Nous admettons cinq divisions principales dans les diverses espèces
d'armes, par rapport à leur mode d'action : *Armes perforantes, armes
tranchantes, armes contondantes, armes arrachantes* et *armes à feu
ou à air.* Cependant il n'est pas possible de classer dans chacune de ces
divisions toutes les armes ; quelques unes d'entre elles appartiennent par
leur forme et leur mode d'action à trois autres catégories dans lesquelles
l'action est composée. Le tableau suivant sert à les faire connaître toutes.

Armes perforantes.

Aiguilles.	Baïonnette.
Trait simple.	Bâton ferré.
Stylet.	Broche.
Poinçon.	Clou.
Carrelet.	Herse.
Compas.	Chausse-trape.
Fleuret.	

Armes tranchantes.

Hache.	Serpe.
Faux.	Cognée.
Faucille.	Rasoir.

Armes arrachantes.

Tenailles.	Roues d'engrenage.
Pinces.	Rayons de roue.
Dents ou défenses d'animaux.	Ailes de moulin.
Laminoirs.	

Armes contondantes.

Masse.	Pierres.
Massue.	Pavés.
Canne plombée.	Bouteilles.
Crosse de fusil.	Levier d'artillerie.

Armes à feu ou à air.

Pistolet.	Mousqueton.
Carabine.	Canon.
Fusil.	Mortier.

Armes ayant plusieurs modes d'action.

Sabre.	Épée.
Briquet.	Poignard.
Espadon.	Pique.
Demi-espadon.	Lance.
Couteau.	Flèche.
Couteau de chasse.	Zagaie.
Coutelas.	

Armes perforantes et déchirantes.

Crocs.	Hallebarde.
Crochets.	Cornes de taureaux.
Harpons.	Bois de cerf.

Armes perforantes, tranchantes et contondantes.

Sabre.	Couteau de chasse.
Briquet.	Espadon.

Cette classification ne doit pas être considérée comme ne souffrant pas d'exception. Une arme peut avoir des effets différents, suivant la manière dont elle est employée ; selon qu'elle est plus ou moins piquante ou plus ou moins tranchante. On a pu remarquer que nous ne nous sommes pas servi de l'expression *piquante*, *armes ou instruments piquants*. C'est que, ainsi que l'a fait remarquer Dupuytren dans son *Traité sur les blessures par armes de guerre*, ce mot a deux inconvénients : le premier, de signifier en général une blessure légère, une atteinte portée à la superficie des tissus ; le second, qui constitue la raison déterminante de ce changement dans le langage, c'est qu'à part l'aiguille très fine qui est introduite avec précaution et en écartant les mailles des tissus, tous les autres instruments traversent les parties en les perforant.

Mode d'action et effets de chacune des espèces d'armes.

Mode d'action et effets des armes perforantes. — Un instrument pointu, si fin et aiguisé qu'il soit, agit toujours de deux manières : 1° en écartant et en perforant les mailles des tissus ; 2° en distendant ces tissus, et par suite les déchirant, si la distension est portée outre mesure. L'aiguille fine de l'acupuncture ne déchire pas les tissus, parce que son diamètre n'offre pas de disproportion assez grande avec celui de la pointe pour que l'élasticité du tissu ne puisse suffire à l'écartement des fibres ;

mais encore faut-il qu'elle soit employée avec ménagement, sans quoi elle perfore, C'est ce qui arrive pour les autres instruments dits *piquants*. La conséquence de cette distinction, c'est que le résultat d'une piqûre est une plaie dans les quatre-vingt-dix-neuf centièmes des cas, parce que des vaisseaux ont été intéressés, sans quoi il ne resterait pas de phénomène appréciable de la piqûre, ce qui a lieu, par exemple, dans l'acuponcture faite avec soin: Cette plaie est saignante ou sanglante quand elle est récente.

Elle présente, en général, *la forme de l'instrument qui l'a produite*, en sorte qu'un coup de baïonnette se distingue très bien d'un coup de fourche ou de fleuret. Cependant cette disposition, qui est surtout appréciable à la peau, n'est pas toujours une conséquence nécessaire de l'action de l'arme vulnérante. Cette remarque, faite pour la première fois par M. Filhos (*Inductions pratiques et physiologiques tirées de l'observation*, thèse ; Paris, 1833), est d'une grande importance en médecine légale. Il résulte des observations et expériences faites sur le cadavre, que les poinçons cylindriques font des ouvertures allongées à la peau, ouvertures qui ont des angles très distincts. La direction de la plaie varie suivant le point de la peau qui a été perforé : elle est parallèle à l'axe du corps au cou, aux aisselles, sur la ligne blanche de l'abdomen ; elle est transversale sur les côtés de la poitrine et oblique sur les côtés de l'abdomen. Il serait donc impossible, si l'on ne connaissait ce résultat, de préjuger la forme de l'instrument qui a servi à ces sortes de blessures. Cet effet tient probablement à ce que les fibres du derme n'ont pas une disposition uniforme dans tous les points de la surface du corps ; et si, comme il y a tout lieu de le croire, c'est à la direction de ces fibres qu'il faut attribuer ce changement dans la forme de la plaie, il est facile de prévoir que la forme du trajet parcouru par l'instrument dans l'épaisseur des couches musculaires devra subir des modifications très variées de la part de la direction différente des fibres des muscles. Il y a plus, il pourra se faire que le trajet parcouru par l'instrument soit oblitéré dans plusieurs points par le fait de l'entre-croisement des fibres, et en admettant cette proposition, qui nous paraît très fondée, on expliquerait très bien pourquoi des instruments assez volumineux, qui ont fait par conséquent des ouvertures suffisamment larges et qui ont intéressé des artères d'un assez gros calibre, n'ont produit que des épanchements ou infiltrations de sang dans le tissu cellulaire intermusculaire, au lieu d'amener une hémorrhagie extérieure. Nous avons pu constater dans plusieurs cas de blessures par des poinçons la réalité des faits avancés par M. Filhos. — Du moment qu'une arme perforante n'est pas uniformément cylindrique, que sa surface est pourvue d'angles, alors la plaie prend, en général, la forme de ces angles. On en trouve des exemples dans les deux cas suivants et dans plusieurs autres que je rapporterai.

*Plaies résultant des coups d'une lime triangulaire, l'une au cou,
l'autre au petit doigt.*

Le 15 novembre 1834, etc.

La femme François était au lit, souffrante encore, disait-elle, de la frayeur qu'elle a éprouvée et dont elle a conservé un tremblement continuel. Elle nous raconte les circonstances de l'attaque dont elle a été l'objet le 28 octobre. Elle a reçu deux coups d'une lime triangulaire que nous a remise M. le juge d'instruction comme objet de comparaison avec les blessures. Elle est restée malade huit jours, et s'est livrée ensuite à ses occupations habituelles, tout en conservant l'état nerveux que nous avons signalé. Le repos et un régime simple ont suffi pour amener la guérison.

Aujourd'hui elle porte la cicatrice de deux plaies, l'une en bas et au devant du cou, l'autre à la naissance du petit doigt de la main gauche. La cicatrice du cou a une forme triangulaire très marquée, et résulte évidemment de l'emploi d'une lime de même forme que celle qui a été saisie. Celle de la main est irrégulièrement conformée. — Il est impossible de déterminer approximativement la profondeur à laquelle l'instrument a pu pénétrer dans le cou, les dimensions de la cicatrice ne pouvant plus représenter celle de la plaie. Il est très probable qu'aucun organe important n'a été intéressé (vaisseaux, muscles, artères, etc.), car la malade n'a pas offert de phénomène morbide de quelque gravité.

D'où nous concluons :

1° Que les deux cicatrices observées sur la femme François sont très probablement le résultat de plaies faites par une lime triangulaire pareille à celle qui nous a été représentée ;

2° Que ces blessures ont offert peu de gravité ;

3° Qu'elles ont entraîné une incapacité de travail que l'on peut évaluer à huit ou douze jours.

Blessures cicatrisées faites par une lime plate et effilée.

Le 6 février 1835, etc.

Après avoir fait connaître aux nommés Lemoine et Labarrière l'objet de notre mission, nous les avons visités et nous avons observé ce qui suit : Lemoine présente les cicatrices de cinq blessures : la première à la partie postérieure et interne du bras gauche, au tiers inférieur de sa hauteur ; la seconde à la hanche, un peu au-dessus du gras de la fesse ; la troisième sur le côté gauche de la poitrine, au niveau de la neuvième côte ; la quatrième et la cinquième sur le ventre, entre le nombril et l'épine antérieure et supérieure de l'os des îles (os de la hanche). Elles ont été faites avec le même instrument, car les cicatrices sont semblables, leur forme se rapporte parfaitement à celle de la lime effilée qui nous a été représentée, lime plate fortement emmanchée, dont se servent les scieurs de long pour aiguiser leurs scies. Les cicatrices du ventre sont plus larges que les trois autres ; celle de la hanche a plus d'étendue que celle du bras et de la poitrine. La dimension des trois plaies comparée à celle de la lime, qui, en largeur, est de près de trois lignes, indique que l'instrument a dû pénétrer au moins à un pouce de profondeur, si ce n'est même plus avant pour l'abdomen. — On retrouve sur la poche et la manche de l'habit de Lemoine, ainsi que sur son pantalon, des perforations dans les points correspondants aux blessures reçues. Lemoine déclare que plusieurs autres coups lui ont été portés, mais qu'il les a évités ; il ajoute que ces diverses plaies l'ont tenu au lit huit jours environ ; que cinquante sangsues lui ont été appliquées sur le ventre ; que néanmoins il a pu reprendre ses occupations douze jours après le 25 décembre dernier, époque à laquelle il a reçu les blessures ; que l'une des plaies du ventre a néanmoins suppuré pendant longtemps, puisque la cicatrisation complète ne s'en est opérée que dans les derniers jours de janvier, *sans toutefois nuire à sa santé générale et l'obliger au repos.*

Labarrière a reçu une seule blessure fort légère à la partie antérieure et inférieure du bras gauche. La cicatrice en est à peine marquée. L'instrument n'a pas pénétré profondément, car sa forme n'est plus représentée par la cicatrice, et une pellicule rouge indique seule qu'un corps vulnérant a intéressé cette partie. Il déclare avoir été obligé de garder son bras en écharpe pendant huit jours. La manche de l'habit de Labarrière présente la trace d'une perforation.

D'où nous concluons :

1° Que les blessures de Lemoine n'ont pas eu, *par le fait*, de gravité ;

2° Qu'elles sont aujourd'hui parfaitement guéries ;

3° Qu'elles ont dû entraîner une incapacité de travail de moins de vingt jours, quoique l'une d'elles, au dire du malade, ait employé plus de temps à sa guérison parfaite ;

4° Qu'eu égard à la forme de l'instrument qui nous a été représenté et à la position des deux blessures du ventre, on aurait pu craindre des suites fâcheuses, et la mort même, si cet instrument avait pénétré profondément, et s'il avait intéressé des organes essentiels à la vie, tels que les intestins, ou un vaisseau d'un calibre assez considérable ;

5° Que la blessure de Labarrière n'a pas eu de gravité, et qu'elle n'a entraîné qu'une incapacité de travail de dix jours environ.

Les plaies par piqûre causent rarement des hémorrhagies externes.

Elles peuvent produire des épanchements de sang dans les cavités, et c'est leur résultat le plus fréquent. Il faut en excepter les plaies par piqûre qui ont leur siége dans les parties suivantes, où l'hémorrhagie externe est possible. — A. Dans un des points de la peau où il existe des vaisseaux artériels ou veineux importants, tels sont les suivants : le triangle formé par le bord antérieur du sterno-mastoïdien, le larynx et la base de la mâchoire, où se trouve la fin de l'artère carotide primitive, sa division en carotide externe et en carotide interne, la veine jugulaire et les ramifications de ces vaisseaux. — B. Le triangle formé par le bord postérieur du sterno-mastoïdien, le scalène antérieur et la clavicule (origine de la carotide primitive, de la veine jugulaire, et un peu plus bas et plus profondément de l'artère et de la veine sous-clavière). — C. Le creux de l'aisselle (artères et veines axillaires) ; encore l'hémorrhagie a-t-elle plutôt lieu dans le tissu cellulaire environnant. — D. Le pli du bras (artère brachiale, veines basilique, céphalique, et leur médiane). — E. La partie inférieure de la face palmaire de l'avant-bras (artère radiale). — F. Quelquefois le milieu de l'espace qui sépare le pouce de l'index (une branche superficielle de l'artère radiale qui vient concourir à la formation de l'arcade palmaire profonde, mais qui est ordinairement enfoncée dans les chairs. Voici un exemple de cette hémorrhagie qui est peu commune :

Tentative d'assassinat. — Coup de ciseaux à la main droite.

Nous, etc.

Après avoir fait connaître au sieur Raimbault l'objet de notre mission, il nous a appris que dans la nuit du 20 au 21 courant, il avait reçu à la main droite un coup de l'une des branches d'une paire de ciseaux ou des deux branches réunies ; qu'il avait perdu une grande quantité de sang par le fait de cette blessure ; qu'on avait eu beaucoup de peine à arrêter l'hémorrhagie ; et que, pendant plusieurs jours, il avait éprouvé un affaiblissement des yeux qu'il avait cru devoir attribuer à la perte considérable de sang qu'il avait faite. Que très peu de temps après sa blessure, il avait été dans l'impossibilité d'exercer des mouvements avec le pouce et les trois premiers doigts, mais que le pouce et l'annulaire avaient principalement été lésés, puisqu'ils lui avaient paru pendant un certain temps comme paralysés ; que du gonflement était survenu au poignet et à la main ; qu'il s'était manifesté une tache bleuâtre à la face interne et à la partie inférieure de l'avant-bras. Que depuis deux jours il y était survenu une grande amélioration dans son état, par suite des soins qu'il avait reçus.

Examen du blessé. — A part la blessure, la santé est généralement bonne ; Raimbault n'est même pas forcé de garder le lit.

Il existe à la région dorsale de la main, entre le premier et le second os du métacarpe et au sommet de l'espace triangulaire qui sépare le pouce de l'index, une plaie de dix lignes de longueur sur trois lignes de largeur à son centre ; son grand diamètre est dirigé de haut en bas, elle figure un ovoïde très allongé ; ses lèvres encore tuméfiées laissent apercevoir un fond de plaie grisâtre couvert de suppuration. La profondeur de la plaie n'est que de quelques lignes, au moins en apparence. Elle a dû être beaucoup plus grande, car quand on comprime le milieu de la face palmaire de la main, le malade éprouve une douleur vive. (Ce point est celui où paraît s'être arrêtée la pointe de l'instrument, *au dire de Raimbault*. Nous n'avons pas cru devoir nous en assurer en introduisant un stylet dans la plaie, parce que nous nous serions exposés à reproduire une hémorrhagie. Cette recherche était d'ailleurs peu utile.) Il n'existe plus de gonflement, ni à la main, ni aux doigts. Les mouvements de flexion de l'indicateur, du doigt du milieu et de l'auriculaire, sont libres et non douloureux. Ceux de flexion du pouce et surtout de l'annulaire sont limités. Lorsque le malade fléchit ce dernier doigt, il éprouve une douleur qui se propage dans toute la longueur de l'avant-bras : il en est de même dans les cas d'une extension forcée.

On observe à la partie inférieure et à la face interne de l'avant-bras droit, une tache jaune verdâtre de deux pouces et demi de longueur sur un pouce et demi de largeur, qui est analogue à celles que développent les ecchymoses profondes au huitième ou au neuvième jour (le blessé déclare n'avoir reçu aucun coup sur cette partie) ; l'avant-bras est encore un peu plus gros que celui du côté opposé.

Des renseignements qui nous ont été fournis par le blessé, et des faits que l'inspection de la blessure nous a permis de constater, nous croyons devoir déduire les conséquences suivantes :

1° La plaie a dû être faite par un instrument piquant et tranchant.

Si ce sont des ciseaux, il est probable qu'ils étaient fermés, à moins que les branches en aient été très larges, et qu'elles aient eu vingt-trois millimètres de largeur, par exemple, c'est-à-dire la longueur de la plaie.

2° L'instrument a dû ouvrir une artère, et probablement la branche qui de l'artère radiale vient se joindre à l'arcade palmaire profonde en passant entre les deux os du métacarpe.

3° L'instrument a dû intéresser l'un des tendons fléchisseurs du doigt annulaire, et léser une partie des muscles qui font mouvoir le premier os du métacarpe sur le second.

4° La blessure en elle-même n'offre pas, *par le fait*, de gravité.

5° Elle sera guérie d'ici à huit ou dix jours, si aucun accident ne se développe, comme cela est probable ; mais comme des tendons paraissent avoir été intéressés, elle entraînera une incapacité de travail que nous évaluons à vingt-deux ou vingt-cinq jours à dater de celui où la blessure a été reçue.

Fait à Paris, ce 29 mai 1831.

G. Le pli de l'aine (artère et veine crurales). — H. Le creux du jarret (artère et veine poplitées). Il faut un instrument perforant qui soit très volumineux pour produire une ouverture capable d'amener l'écoulement du sang au dehors. — I. Tous les points de la peau où il existe des veines superficielles. Néanmoins nous devons faire observer que les piqûres des veines superficielles par des instruments du genre de ceux dont nous parlons ne sont pas communes, parce que ces vaisseaux sont très mobiles et qu'ils roulent facilement devant l'instrument. Il peut résulter aussi de la lésion de tous ces vaisseaux, des ecchymoses, des infiltrations, des épanchements de sang, des anévrismes diffus ou circonscrits, ou des anévrismes variqueux mixtes. La nature et la couleur du sang indiquent s'il est artériel ou veineux, et par conséquent met sur la voie du vaisseau ouvert.

Les plaies par armes perforantes peuvent produire des hémorrhagies internes lorsqu'elles pénètrent dans les grandes cavités — Faisons observer que si les artères sont enveloppées de muscles dans l'épaisseur des membres, muscles qui, par leur densité, leur contraction, peuvent concourir à maintenir les parois artérielles, et par cela même à s'opposer aux hémorrhagies, il n'en est pas de même des vaisseaux artériels placés dans l'épaisseur des parois de la poitrine ou dans l'intérieur des cavités. Ce sont d'abord les plus gros troncs vasculaires, et leur surface libre n'est tapissée que par une membrane séreuse adosssée, en général, à une autre membrane séreuse. Or toute membrane séreuse ouverte tend plutôt à s'écarter qu'à revenir sur elle-même, parce que ces membranes sont dans un état de tension très prononcé dans les points même où existent les gros vaisseaux. Il faut cependant en excepter les artères qui sont contenues dans les replis du péritoine ; mais, dans ce cas, la mobilité dont jouissent ces replis pour les mouvements péristaltiques continuels des intestins doit faciliter encore l'hémorrhagie en déplaçant le sang qui pourrait former des caillots. Ce que je viens de dire de l'écartement des ouvertures des membranes séreuses placées au voisinage des artères peut être vérifié, dans les blessures de l'aorte, soit par un instrument tranchant et perforant à la fois, soit par le fait des ruptures spontanées dépendant des chutes ou des pressions brusques exercées sur les parois des cavités. Dans ces divers cas l'écartement de l'ouverture de la membrane séreuse est cinq ou six fois plus grand que celui de la blessure de l'artère, ainsi qu'on peut le voir dans l'observation suivante, et dans plusieurs autres que nous rapporterons ci-après.

Mort subite, suite du passage d'une voiture sur la poitrine. — Rupture de l'aorte et des veines sous-clavières. — Fracture du sternum et de trois côtes, épanchement de sang fluide dans les plèvres et dans l'abdomen.

Cousin (Victor), âgé de trente-quatre ans, faucheur, écrasé faubourg Saint-Denis, se trouvait dans la rue au moment où une voiture descendait avec rapidité. Voulant se ranger, son pied glisse sur le talon, il tombe sur le dos ; la roue de la voiture, attelée seulement d'un cheval, mais chargée de balles de coton, lui passe sur la partie supérieure de la poitrine, juste sur la clavicule droite et obliquement, de manière à excorier un peu la partie inférieure de la joue droite. Il meurt sur-le-champ. — Le cadavre ne porte pas d'indice de putréfaction, on n'observe pour toute trace de blessure extérieure qu'une tumeur oblongue, immédiatement au-dessus des clavicules, qui donne à la partie inférieure du cou un volume contre nature ; une légère teinte bleuâtre de la peau fait seulement entrevoir que c'est une ecchymose. En pressant sur le sternum, on sent une mobilité anormale, et l'on trouve pareille mobilité sur les deuxième, troisième et quatrième côtes gauches, qui sont fracturées.

Tête. — Rien de remarquable ; membranes saines ; substance cérébrale très blanche non injectée. Les tumeurs du cou disséquées font voir une infiltration sanguine considérable au voisinage des artères sous-clavières et carotides primitives. — Les veines sous-clavières ont été déchirées et ont produit cet épanchement qui s'étend en arrière jusqu'à l'extrémité postérieure des clavicules et couvre toute la trachée et le corps thyroïde en avant. Les ligaments qui unissent l'extrémité interne de la clavicule droite avec le sternum ont été rompus. Les poumons sont peu volumineux, blafards, décolorés. Le cœur est tout à fait vide. Dans la cavité gauche de la poitrine existent deux à trois livres de sang tout à fait fluide sans *caillot.* La cavité droite n'en contient qu'une petite quantité ; en soulevant le poumon gauche, *on aperçoit une déchirure énorme de l'aorte au milieu de sa longueur dans la poitrine :* c'est une véritable crevasse, une vraie rupture. La déchirure est en grande partie circulaire ; deux lambeaux de forme quadrilatère s'y observent. L'ouverture n'a pas tout à fait lieu aux dépens de tout le pourtour de l'aorte ; elle peut avoir près de trois centimètres de longueur, en sorte que cette rupture s'est effectuée aux dépens des fibres circulaires et obliques ; *la rupture de la plèvre qui tapisse l'aorte a une largeur deux ou trois fois* plus considérable que la déchirure de ce vaisseau. Le sternum est rompu à l'union de sa portion supérieure avec l'inférieure ; trois côtes notées ci-dessus sont cassées vers leur milieu. Les organes contenus dans l'abdomen sont sains, mais une petite quantité de sang est épanchée dans cette cavité.

Il est encore une autre cause qui favorise singulièrement les hémorrhagies dans ces sortes de cas : c'est la difficulté avec laquelle le sang se coagule hors du contact de l'air. Il reste longtemps fluide dans les cavités, et après la mort on ne trouve guère, sur une quantité donnée, que le quart, le tiers ou la moitié tout au plus du sang épanché qui soit coagulée. Ce fait est très important pour la distinction à établir entre des épanchements qui pourraient avoir lieu pendant la vie ou après la mort. Pour ce moment, nous nous bornons à le constater par le fait suivant, et nous en citerons plusieurs autres analogues par la suite.

Déclaration d'apoplexie foudroyante. — Mort violente.— Déchirure du foie et de la veine sous-clavière gauche.

Mahieux (Jean-Baptiste-Ferdinand), âgé de cinquante ans, commissionnaire, fut déclaré mort subitement, rue Saint-Honoré, d'une apoplexie foudroyante. Transporté à la Morgue, il y fut reconnu par ses camarades, qui annoncèrent qu'une roue de *Favorites* l'avait effrôlé légèrement; que d'ailleurs c'était un homme très adonné aux boissons spiritueuses. — Aucune trace de violence ou de blessure à l'extérieur, si l'on en excepte une tache bleuâtre placée au voisinage de l'épine antérieure et supérieure de l'os des iles gauche, paraissant être une ecchymose d'un pouce de largeur, mais sans tumeur prononcée; cette tache incisée, on trouve un peu de sang infiltré dans les mailles de la peau et dans le tissu cellulaire sous-cutané. En coupant la peau qui recouvre la partie supérieure et externe de ce côté de la poitrine, nous fûmes frappé de trouver du sang infiltré dans le tissu cellulaire avoisinant le premier muscle intercostal; sa quantité était faible. Pareille observation fut faite en détachant la peau et les muscles qui recouvrent les côtes droites, et ici l'infiltration sanguine placée au voisinage de la septième, de la huitième et de la neuvième côte, vers leur milieu, avait deux pouces et demi de longueur sur deux pouces de largeur.

Le sternum enlevé, nous trouvâmes une infiltration d'une quantité considérable de sang noir coagulé, existant dans tout le tissu cellulaire soussternal; dans celui qui environne la trachée-artère et tous les gros vaisseaux, le sang enveloppait la trachée dans une étendue de cinq à six pouces de longueur; il s'étendait en haut sous le corps thyroïde, et en bas au-dessus des divisions de la trachée : il était coagulé et infiltré dans toutes les mailles du tissu cellulaire. En recherchant la cause du désordre, je vis que la veine sous-clavière gauche avait été ouverte et déchirée; les artères étaient saines. — Le péricarde très blanc, le cœur flasque, contenant un peu de sang dans ses cavités droites et un peu moins dans ses cavités gauches. Les poumons sains, mais partout adhérents à la plèvre costale. Les deux plèvres sont devenues tout à fait fibreuses, la plèvre gauche surtout; ce n'est toutefois que le feuillet appliqué aux os, car celle qui tapisse les poumons, à part quelques adhérences, se trouve d'une épaisseur ordinaire. Outre l'apparence du tissu fibreux le plus prononcé, la plèvre costale a une *épaisseur énorme*, elle est au moins d'une ligne et demie dans beaucoup de points. La trachée est saine ainsi que le larynx, mais la bronche gauche et quelques unes de ses ramifications contiennent un peu d'écume rougeâtre mêlée de stries de sang. A l'ouverture de l'abdomen, se présentent l'estomac et les intestins distendus par des gaz ; on déplace les intestins, et l'on découvre *deux litres de sang dans la cavité de l'abdomen. Ce sang est fluide sans caillot*, seulement plus épais dans les parties les plus profondes de la cavité du ventre. En recherchant la cause de cet épanchement au milieu duquel baignent tous les organes contenus dans l'abdomen, on trouve une déchirure du ligament suspenseur du foie ; toute la moitié gauche de cet organe est tapissée par un caillot peu épais.

Le foie est déchiré et divisé en deux parties à la ligne de démarcation de ses deux lobes gauche et droit, ou juste à l'insertion et dans le trajet de l'insertion du ligament suspenseur. Cette déchirure est profonde ; à peine reste-t-il quelques portions de substance propre du foie pour réunir les deux lobes. Le foie vu postérieurement et inférieurement, on trouve six ou sept petites déchirures linéaires superficielles, qui occupent la face inférieure du grand lobe, et surtout la partie convexe de cet organe qui plonge dans l'hypochondre droit. Aucune artère principale du ventre n'a été déchirée ; tous les autres organes sont sains, mais ils sont blafards, décolorés ; et cette décoloration est surtout sensible à l'égard du foie et de la rate dont le volume a beaucoup diminué.

L'estomac, très ample, contient beaucoup d'aliments en grande partie digérés, mais mêlés à beaucoup de vin. La vessie est pleine d'urine.

Tête. — Vaisseaux peu injectés ; arachnoïde très épaisse et séreuse ; substance cérébrale molle, piquetée ; un peu de sérosité dans les ventricules cérébraux.

Les sources des hémorrhagies internes dans les plaies pénétrantes de la poitrine se trouvent dans les blessures du cœur ; des gros troncs artériels et veineux à leur origine (veines caves ascendante et descendante ; aorte, artère pulmonaire) ; de l'aorte descendante ; des divisions de l'artère pulmonaire avant son entrée dans les poumons ; des artères intercostales placées dans l'épaisseur des parois de la poitrine ; quelquefois, mais plus rarement, des artères diaphragmatiques. Les blessures des vaisseaux dans le parenchyme des poumons par des armes perforantes amènent quelquefois une infiltration sanguine pulmonaire plutôt qu'un épanchement. — Pour l'abdomen, on trouve celles de l'aorte descendante, des artères iliaques primitives, externe, interne, des gros vaisseaux du mésentère, des plaies par piqûre du foie et de la rate ; mais ces organes ne présentent jamais d'infiltration de sang, à cause de la densité du parenchyme qui les constitue. On peut encore regarder comme possible l'hémorrhagie qui reconnaîtrait pour cause la blessure de l'artère épigastrique. Cependant si ces hémorrhagies sont possibles, elles sont en général peu fréquentes. Elles sont surtout possibles lorsque l'instrument perforant a un diamètre notable et tel qu'il dépasse un demi centimètre. Nous verrons, au contraire, que rien n'est plus commun que de les rencontrer lorsque la plaie reconnaît pour cause une arme perforante et tranchante.

Les plaies par instruments perforants ne représentent presque jamais la dimension du corps vulnérant qui les a produites. — Toujours ces plaies sont plus petites ; elles doivent cette disposition à ce que, ainsi que je l'ai dit au commencement de cet article, l'instrument a agi en perforant, et de plus en écartant ses fibres, et que celles-ci reviennent plus ou moins sur elles-mêmes lorsque l'instrument est retiré. L'expert devra donc, en général, supposer à une arme un diamètre plus grand que celui de la plaie qu'elle produit. Il faut excepter les os de cette proposition générale, car les fibres de leur tissu une fois écartées ne reviennent plus sur elles-mêmes.

Les plaies par instruments perforants sont le plus souvent exemptes de douleurs immédiatement, ou bien accompagnées de douleurs vives dont le siége n'est pas borné au point perforé. — Ce dernier cas s'applique aux lésions des cordons nerveux dont la destruction incomplète amène des douleurs qui parcourent tout le trajet du nerf, comme on peut le voir dans une observation que nous citerons plus loin. Si à cette exception on joint la piqûre de l'extrémité des doigts, qui est presque toujours douloureuse immédiatement, à cause des nerfs nombreux qui s'y distribuent, on pourra regarder cette proposition comme générale. Mais quelquefois la douleur ne se montre que vers le quatrième ou cinquième jour : c'est ce qui arrive pour les tissus tendineux, qui sont primitivement peu sensibles.

Les instruments perforants peuvent produire l'épanchement des fluides contenus dans la cavité des organes qu'ils intéressent. — Ce phénomène est soumis, ainsi que l'a fait remarquer Dupuytren, à deux circonstances différentes : 1° l'état de plénitude ou de vacuité de l'organe ; 2° la présence d'un tissu musculaire dans l'épaisseur des parois de cet organe. L'épanchement se fait difficilement lorsque l'organe contient peu de matière et qu'il est pourvu d'un système musculaire ; mais il se produit, dans ce dernier cas même, presque constamment, si l'organe est plein : exemple, la vessie, l'estomac, etc.; il est facile, lors de la perforation de la vésicule biliaire, parce que ses parois sont dépourvues de fibres musculaires.

Mode d'action et effets des armes tranchantes.

Quelque bien confectionnée que soit une arme, quelque fin que soit son tranchant, elle est toujours hérissée d'aspérités qui en constituent une véritable scie. Lorsqu'une arme tranchante est promenée sur la surface d'une partie avec une pression modérée, elle se borne à la diviser ; mais lorsqu'elle est mue avec une force très grande, son action est double : 1° elle agit en coupant ; 2° en contondant plus ou moins fortement les parties qu'elle touche.

Le résultat nécessaire de cette action est une *plaie longitudinale* avec *effusion de sang* et avec *écartement des bords* de la plaie, et quelquefois contusion de ses bords. On peut, dans certaines plaies longitudinales, celles qui sont faites à la peau, par exemple, distinguer trois parties : le commencement de la plaie, sa terminaison et sa partie centrale. Il est souvent possible de distinguer la terminaison de la plaie par le mode de section de la peau, qui a lieu en faisant queue, ainsi qu'on le dit communément. Cette circonstance est très importante comme moyen de distinguer le suicide de l'homicide, et la position dans laquelle se trouvait l'assassin au moment où le crime a été commis, etc. Toutefois cette observation est surtout applicable aux instruments perforants et tranchants à la fois, et non pas à l'instrument tranchant. Ainsi le rasoir peut quelquefois faire queue au commencement comme à la fin de sa section, s'il agit sur une surface arrondie.

L'effusion de sang a lieu à cause de la division des vaisseaux, et, par conséquent, elle peut varier en raison du diamètre de ceux-ci et de leur nombre; en sorte qu'il est quelquefois possible, d'après la quantité de sang écoulé, de prévoir la partie du corps qui a été intéressée; l'écoulement de sang peut aller jusqu'à l'hémorrhagie. — Quant à l'écartement des bords, il est très important que le médecin légiste en connaisse les causes précises. Toute arme tranchante qui pénètre dans un os y laisse, en se retirant, un espace qui représente absolument le diamètre de l'instrument vulnérant ; en sorte que l'on peut calculer, d'après l'écartement produit, quelle était l'épaisseur de l'arme. Il n'en est pas de même à l'égard des parties molles; ici plusieurs causes tendent à augmenter l'écartement des bords de la plaie. Ces causes sont : 1° l'élasticité du tissu ; 2° la tension du tissu ; 3° la direction des fibres qui le constituent; 4° la longueur de ces fibres; 5° la contractilité du tissu ; 6° la contractilité musculaire ; 7° enfin l'épaisseur de l'arme. — L'élasticité du tissu est une cause puissante d'écartement. Cette propriété est d'autant plus développée que le tissu est dans un état plus grand de tension ; elle influe sur la profondeur de la blessure, qu'elle augmente en proportion de son développement. Ces phénomènes sont surtout sensibles dans quelques tissus de l'économie. Nous citerons, comme exemple plus frappant, les artères, chez lesquelles la rétraction des extrémités artérielles coupées peut être portée fort loin, et, par opposition, les nerfs, où cet effet est nul ou presque nul.

La tension des tissus, en présentant un plan plus solide à l'instrument vulnérant, facilite son action et augmente l'étendue de la plaie en tous sens. Le relâchement produit, par conséquent, un effet contraire; en sorte que la même arme, mise en mouvement avec le même effort, pourrait produire sur la même partie des plaies tout à fait différentes. C'est dans les systèmes artériel, musculaire, et aponévrotique tendus ou relâchés que l'on peut facilement établir ces différences. Il est une expérience, citée par Boyer, et qui prouve ce fait d'une manière bien évidente : que l'on porte un coup de sabre ou de couteau sur la peau du genou, alors que celui-ci sera fléchi sur la cuisse, et l'on obtiendra une plaie très large. L'écartement sera presque nul, si le membre est dans l'extension.

C'est principalement dans les tissus musculaire et aponévrotique que l'on peut le mieux observer l'influence de la *direction des fibres* sur l'écartement des bords de la plaie. Qu'un coup de sabre soit porté sur la partie externe de la cuisse, et parallèlement à sa direction ; qu'il traverse la peau et l'aponévrose fémorale : il produira une plaie sans écartement dans les fibres aponévrotiques ; la plaie sera au contraire béante si sa direction est transversale. Quant aux diverses espèces de contractilités, elles donnent lieu surtout à des phénomènes consécutifs d'écartement. En résumé, une plaie faite avec une arme tranchante ne représente jamais le diamètre de l'instrument qui l'a produite : toujours la plaie offre des dimensions plus grandes. C'est donc un résultat opposé à celui que l'on obtient avec les armes perforantes.

Une arme ne se borne pas toujours à produire une plaie simple, *elle peut enlever une portion d'un membre et la séparer du reste du corps, soit en totalité, soit en partie.* Cet effet est en raison directe de la force qui a mis l'arme en mouvement ; du tranchant de l'arme ; de sa résistance ou de sa qualité ; et du point d'appui qu'elle rencontre, soit dans la partie elle-même, soit dans le plan sur lequel la partie repose. Il n'y a pas de partie du corps qui puisse résister à l'action de la hache, *à cause de la masse* qui la constitue. La faux, quoique formée par une lame excessivement mince, et partant très légère, produit des effets aussi puissants par l'étendue du tranchant qu'elle porte ; la faucille, la serpe et la cognée sont, par la même raison, des instruments très dangereux ; la cognée surtout, alors qu'elle est fixée à un levier qui permet de la mettre en mouvement et de lui imprimer une grande force impulsive. Il en est de même d'un damas, quand on s'en sert comme d'une arme tranchante. A Alger, où le yatagan est l'instrument du supplice, la tête de l'homme est quelquefois lancé à dix pieds du corps.

La forme du tranchant exerce aussi une influence sur l'étendue et la profondeur des plaies. — Toutes choses égales d'ailleurs, une arme à tranchant convexe produit une blessure plus profonde et plus étendue qu'une arme à tranchant concave, parce que la forme convexe est plus favorable à l'action de la scie qui en constitue le tranchant : aussi tous les instruments de chirurgie anciens ont-ils été modifiés, parce qu'ils présentaient une disposition inverse. Ils ont été remplacés par des tranchants droits ou convexes, et si les tranchants droits sont plus généralement employés, c'est que les parties auxquelles ils s'adressent sont toutes convexes.

Les plaies par armes tranchantes sont rarement accompagnées de douleurs, soit primitivement, soit consécutivement. Elles se trouvent placées dans les conditions les plus favorables aux hémorrhagies ainsi qu'aux épanchements des matières contenues dans les organes creux.

Les effets consécutifs des blessures par armes tranchantes sont les suivants. — Les lèvres de la plaie sont-elles rapprochées l'une de l'autre,

et les bords sont-ils assez égaux et coupés assez nettement pour que le
rapport des parties puisse avoir lieu exactement, elles se réunissent, s'ag-
glutinent, adhèrent entre elles, et la réunion s'en opère, ainsi qu'on le dit,
immédiatement, ou par première intention, au moyen d'une matière glutineuse plastique qui s'épaissit, et dans laquelle s'organisent des vaisseaux.
Que si les lèvres de la plaie restent béantes, écartées, au contact de l'air,
dans des conditions peu favorables à leur réunion immédiate, alors la
guérison ne s'en opère qu'au bout d'un certain nombre de jours, pendant
lesquels : 1° il s'est sécrété une matière analogue à celle qui est destinée à
opérer la réunion immédiate ; 2° il s'est manifesté un travail inflammatoire qui amène une sécrétion de sérosité abondante, puis un gonflement
des lèvres de la plaie avec rougeur plus ou moins intense ; puis formation
de pus d'abord liquide, ensuite épais, consistant, jaune verdâtre, dont
l'odeur est plus ou moins marquée, et participe toujours de celle des fluides
naturellement sécrétés ou contenus dans les organes, alors que la plaie
avoisine une partie qui contient ces matières sécrétées ; la nature du pus
est elle-même en rapport avec la nature du fluide sécrété par le tissu ou
siége de la plaie. Ces deux faits sont très importants à connaître en médecine légale, parce qu'ils servent à fournir des indices plus ou moins certains sur le siége d'une blessure et les conséquences qu'elle peut avoir.
Ainsi le pus peut être séreux, âcre et irritant, muqueux, caséiforme ; il
peut avoir l'odeur urineuse, spermatique, stercorale, etc., et il conduit
par cela même à reconnaître la lésion de tel ou tel organe. Plus tard, des
bourgeons charnus se développent ; ils sont d'abord spongieux, mous,
saignants au moindre attouchement ; puis ils deviennent celluleux ou cel-
lulo-fibreux, enfin fibreux, en se rapprochant, revenant sur eux-mêmes,
et se constituant sous la forme d'une membrane qui donne naissance à la
cicatrice. Celle-ci a d'abord peu d'épaisseur ; elle est rosée, lisse, et se distingue peu de la couleur de la plaie ; le moindre choc, la moindre pression,
suffisent pour la déchirer ; mais plus tard elle acquiert de plus en plus de
la consistance en perdant de sa couleur, et finit par présenter la même
nuance que celle de la peau. Il y a plus : elle offre toujours, alors qu'elle
est ancienne, une nuance plus blanche que cette enveloppe, ce qui tient à
ce qu'elle est dépourvue des organes qui sécrètent la matière colorante :
ainsi les cicatrices sont blanches chez les nègres et les mulâtres. Sous ce
dernier rapport, la cicatrice offre au médecin légiste un caractère qu'il
doit connaître, et qui lui servira toujours à la distinguer du reste du tissu
de la peau, s'il y joint surtout cette autre circonstance que jamais la cicatrice n'est capable de se colorer en rose comme le tissu cutané, parce qu'elle
manque d'un réseau vasculaire aussi prononcé. Eût-elle son siége dans un
point de la peau où l'irrigation vasculaire sanguine est très facile, comme à
la face, que la peau rougirait et que la cicatrice resterait tout à fait blanche.
Ce caractère peut être utilement provoqué dans toute partie du corps dans
le cas suivant : On est quelquefois appelé, pour les questions d'identité, à

constater la présence d'une cicatrice ancienne ; il suffit alors, si la trace n'en est pas visible à l'œil, de frapper la peau avec la paume de la main, ou de la frotter de manière à la faire rougir, pour obtenir la trace blanche de la cicatrice au milieu de la coloration rose du tissu de la peau. Ce moyen est employé avec beaucoup de succès pour reconnaître les marques anciennes des forçats. Le caractère serait de nulle valeur si la totalité du tissu muqueux de la peau n'avait pas été attaquée par l'instrument tranchant. Il manque même quelquefois, lorsque la blessure a été faite avec un instrument très tranchant, que ses bords sont très nets, qu'elle n'intéresse pas la totalité de l'épaisseur du derme, et qu'elle date d'une époque éloignée. L'étude de ces cicatrices fera l'objet d'un chapitre à part, pour toutes les inductions qu'on peut en tirer.

C'est ici le lieu de faire connaître quel est le temps approximatif que l'on peut appliquer à la formation de chacune des phases de la cicatrisation des plaies qui suppurent.

Une plaie peut être saignante pendant les douze premières heures de sa formation.

A cette époque et souvent plus tôt, l'inflammation a lieu avec sécrétion de sérosité. Cet état persiste le deuxième jour.

Au troisième jour, commence l'exsudation d'une matière séro-purulente.

Au quatrième jour, ou au cinquième au plus tard, la plaie est en pleine suppuration.

La suppuration dure pendant un temps variable, suivant l'étendue et la profondeur de la plaie. Dans une plaie simple, sans perte de substance, elle est de cinq à huit jours.

Du quinzième au dix-huitième jour, la plaie est cicatrisée. La cicatrice rosée est toujours une cicatrice récente dont on mesure approximativement la durée en raison de sa consistance et de sa solidité. La cicatrice est ordinairement tout à fait blanche dans une plaie simple du trentième au quarantième jour. Une fois blanche, il n'est plus possible de lui assigner d'époque précise, puisqu'elle conserve ce caractère pendant le reste de la vie de l'individu.

Tous ces phénomènes étant vitaux, parcourent des périodes d'autant plus rapides que le sujet est plus jeune. Ici nous avons voulu désigner des approximations, mais on sentira combien elles sont susceptibles d'offrir de variations en raison : 1° de l'étendue de la plaie ; 2° de sa profondeur ; 3° de la nature des tissus intéressés ; 4° du tempérament du sujet ; 5° de sa constitution ; 6° de son idiosyncrasie ; 7° de son état sain ou morbide ; 8° du traitement qui a été employé, et d'une foule de circonstances accessoires dont on doit tenir compte, mais qu'il est impossible d'énumérer ici. On les trouvera exposées dans les détails qui se rapportent aux plaies d'armes à feu.

La question de viabilité possible d'une partie incomplétement ou complétement séparée du corps pouvant être adressée à un médecin légiste, nous croyons devoir fournir quelques données propres à la résoudre. Lorsqu'un lambeau tient au reste du corps par une grande partie de sa circonférence, la vie s'y entretient parfaitement. Nous supposons des lambeaux sains et non pas contus, car dans ce cas la gangrène peut envahir la partie séparée. La viabilité du lambeau diminuera en proportion du peu d'étendue de peau qui établira une communication avec le reste de la surface du corps ; en sorte qu'un lambeau pédiculé a peu de chance de viabilité ; néanmoins la vie peut s'y entretenir, et nombre d'exemples viennent attester ce résultat possible. Qui ne sait que souvent on détache du front une portion de peau triangulaire capable de recouvrir la surface du nez, et qui ne tient au front que par un de ses angles, c'est-à-dire par un pédicule très étroit. Toutefois cette viabilité est restreinte au cas où la réunion des parties est immédiate et provient d'une plaie faite *depuis très peu d'instants*, car si la plaie suppure, elle présente alors beaucoup moins de chances. Il est d'observation que la viabilité augmente avec la vitalité des parties où siége la blessure : ainsi au visage, par exemple, où il y a un développement considérable de vaisseaux, les chances de vie sont très grandes ; elles sont bien moindres aux extrémités inférieures du corps, où le système capillaire est moins développé.

Une partie totalement séparée du reste du corps peut, dans quelques cas, adhérer au point d'où elle a été enlevée : si elle a peu de volume, si elle y est replacée immédiatement, et si les sections ont été franches et nettes. (On mord un soldat au nez, on lui enlève toute la partie cartilagineuse, on la jette dans le ruisseau, on marche dessus. Le blessé ramasse le bout de son nez, le jette dans la maison d'un chirurgien voisin, se met à courir après son agresseur et revient : on lui replace la partie enlevée que l'on avait eu le soin de tenir dans du vin tiède, et on l'assujettit bien ferme avec un emplâtre agglutinatif. Le lendemain, on voyait déjà un commencement de réunion, et le quatrième jour celle-ci était complète.)

Des dents ont pu être arrachées et replacées dans leurs alvéoles, et offrir par la suite non seulement la même solidité, mais encore continuer à s'accroître comme les autres. Un médecin avait l'habitude d'enlever les dents de la première dentition pour faciliter l'éruption de celles de la seconde. Un jour il commet une erreur. Dupuytren est appelé ; une heure était écoulée depuis l'arrachement. La dent est replacée dans l'alvéole ; dix-huit ans après elle remplissait toutes ses fonctions aussi bien que les autres : elle avait vécu, puisque à cette époque elle offrait le même développement (1).

Une portion d'oreille ou de doigt a pu aussi être réunie après son ablation complète.

(1) Dupuytren, *Leçons orales de clinique chirurgicale*, 2e édition, 1839, t. V, p. 220.

Mode d'action et effets des armes contondantes.

Toute arme contondante peut produire trois effets principaux : 1° la *commotion de la partie frappée;* 2° la *contusion;* 3° la *désorganisation.* Ces trois effets peuvent exister isolément ou coïncider avec une plaie dont l'importance varie depuis la simple excoriation jusqu'à la plaie la plus étendue. Esquissons les caractères de ces trois états différents. Faisons d'abord remarquer que Dupuytren a admis un quatrième état qu'il a caractérisé par le mot *stupeur.* Il consiste, dit-il, dans une atteinte portée au principe même de la vie en vertu de laquelle l'individu devient tout à fait étranger à ce qui l'entoure ou le concerne. Tel était ce cheveau-léger dont parle Quesnay : son état d'hébétation était si grand, que lorsqu'il lui fut proposé de pratiquer l'amputation de sa jambe fracassée par un coup de feu, il répondit : « Ce n'est pas mon affaire. » « Il y a. dit Dupuytren, entre la stupeur et la commotion, la différence que l'on établit entre les remèdes calmants et les remèdes stupéfiants; tandis que dans la commotion il y a une atteinte portée aux fonctions de l'organe, dans la stupeur il y a une atteinte portée au principe même de la vie. La stupeur est un engourdissement *ataxique* qui accompagne la lésion. Le propre de cette affection, c'est d'enlever aux parties leur sensibilité à un point tel, qu'on peut les amputer sans que les blessés s'en aperçoivent. La stupeur amène une diminution de chaleur qui peut être portée jusqu'au froid glacial. A ces deux effets, la diminution dans la sensibilité et dans la calorification, se joint une inertie des fonctions de la vie qui s'étend de la partie blessée à tout le corps; l'air des malades est étonné, les yeux sont fixes, les traits affaissés, la bouche entr'ouverte, la langue sèche, la respiration lente, le pouls petit, faible, irrégulier et souvent intermittent ; les malades semblent étrangers à ce qui se passe autour d'eux ; les chairs sont molles, flasques; il n'y a point d'hémorrhagie, mais seulement un écoulement passif de liquides brunâtres et souvent fétides à la surface de la plaie. Celle-ci est pâle, blafarde ou violette, et la vie générale est tellement affaiblie, qu'en peu de jours il se forme des escarres aux parties sur lesquelles les malades reposent, comme aux régions du sacrum, du grand trochanter, etc. Une réaction survient-elle, le malade sort de cet état de stupeur générale; l'inflammation qui arrive est suivie d'exhalation à la surface de la plaie, de liquides violacés sanguinolents, fétides, de tuméfaction emphysémateuse, rénitente, qui s'étend plus ou moins loin, et qui, faisant sans cesse des progrès, gagne bientôt le tronc. Il y a fièvre désordonnée, entremêlée de frisson et de chaleur, délire tantôt fugace, tantôt furieux, vomissements, ictère général, suppression des urines. Il semble que rien ne peut se régulariser dans la maladie comme dans la vie.

» Les effets de la stupeur paraissent s'étendre au delà de la mort. Les parties blessées et celles qui les environnent passent rapidement à une

couleur livide et répandent une odeur de gangrène et de putréfaction tout
à la fois. La lividité cadavérique s'empare promptement du corps tout
entier ; des fluides élastiques se dégagent de tous côtés, le distendent et
le ballonnent outre mesure. Enfin, la putréfaction générale est déjà très
avancée, lorsqu'elle n'est pas seulement commencée dans le corps d'individus morts de maladies ordinaires (1). »

Nous avons cru devoir reproduire textuellement les opinions de Dupuytren sur la stupeur, état qui nous paraît plutôt devoir être considéré
comme général que local. Il nous semble qu'il est difficile de l'admettre
comme propre à affecter une partie isolée du corps ; et par conséquent,
quoique dépendant de l'action de la cause vulnérante, c'est une complication qui peut accompagner tous les autres effets locaux que nous allons
décrire. Ces derniers, au contraire, peuvent exister sur toutes les parties
isolément ou ensemble.

*L'effet constant d'une arme contondante est une commotion, un
ébranlement, une secousse plus ou moins forte de la partie frappée.*
— Cette commotion s'étend plus ou moins loin aux parties environnantes
en raison : 1° de l'intensité du coup porté ; 2° de la consistance des
parties frappées ; 3° de la forme de ces parties. Elle produit des effets qui
sont manifestes, principalement dans les fonctions du système nerveux :
son résultat indispensable est un trouble des fonctions des nerfs si elle
est légère ; une suspension temporaire, si elle est plus forte ; et la cessation
à toujours de ces fonctions si elle est très intense ; d'où résultent des effets
différents, suivant les parties du système nerveux qui sont le siége de la
commotion et suivant leur importance. Ainsi, la commotion affecte-t-elle
le cerveau, la sensibilité générale et la motilité générale peuvent être
éteintes momentanément, ou la mort même peut survenir. A-t-elle son
siége à la moelle, il en résulte une gêne dans les mouvements et dans la
sensibilité des parties auxquelles cet organe distribue des nerfs, ou bien
une paralysie du sentiment et du mouvement : ce qui explique l'asphyxie
résultant d'un coup porté dans le voisinage de l'origine des nerfs diaphragmatiques ; la paralysie des parois abdominales, celle des membres inférieurs ; l'amaurose par suite d'un coup porté sur l'arcade orbitaire ou à
l'angle externe de l'œil. Ces divers effets peuvent être temporaires ou
durables, et le médecin légiste doit les connaître lorsqu'il porte un diagnostic sur les conséquences de pareilles blessures.

Le coup s'adresse-t-il à des parties qui avoisinent les nerfs de la vie
organique, il en résulte des effets analogues pour les organes auxquels
ces nerfs se distribuent. Qui ne connaît l'influence d'un coup sur l'épigastre ? les fonctions de l'estomac et du foie en sont altérées ou suspendues ; celles du cœur peuvent aussi en sentir l'influence. La vessie, les
intestins et les reins présentent des altérations de fonctions par la même

(1) Dupuytren, *Leçons orales de clinique chirurgicale,* 2ᵉ édition, 1839, t. V,
p. 261.

cause ; nous en dirons autant des poumons. Or ce qui a lieu pour les organes les plus importants de l'économie peut s'effectuer à l'égard de ceux qui constituent les membres, car ils renferment des nerfs moins excitables, il est vrai, mais impressionnables par les chocs divers. Ne sait-on pas qu'une décharge électrique peut paralyser la langue, les doigts, une portion d'un membre ; que les explosions de la poudre, ou celles qui résultent de la combustion d'un gaz inflammable, donnent lieu à des commotions violentes ? D'où il faut conclure que la commotion qui a été principalement décrite par les auteurs à l'occasion des lésions du cerveau est un phénomène commun à toutes les parties du corps ; que ces résultats peuvent consister dans une simple aberration de fonctions, ou dans une suspension temporaire ; d'où résultent des conséquences dont la gravité est en raison de l'importance de l'organe lésé ; ou enfin dans la suspension définitive, d'où résulte la mort de la partie qui a été sous son influence.

Mais la commotion ne borne pas toujours ses effets à une secousse de l'organe sans altération des tissus. Souvent la substance propre peut être déchirée, des vaisseaux rompus, et il en résulte des désordres primitifs ou consécutifs dont il n'est pas toujours possible d'apprécier la portée. Ces effets sont d'autant plus facilement produits que la commotion agit sur un organe plus dense, d'un volume plus considérable, et dont les déplacements sont plus facilement opérés. Ainsi, la commotion du cerveau avec déchirure de la substance cérébrale, par suite d'un coup porté sur le crâne ou d'une chute, est assez fréquente ; il en est de même de celle des poumons, du foie et de la rate. Ces derniers organes surtout en sont fréquemment le siége. Leur volume, leur poids et leur mobilité en rendent facilement raison.

Chute d'un troisième étage. — Mort presque subite. — Ecchymoses pulmonaires. — Contusions et déchirures du cerveau. — Fractures du crâne.

Lamarre (Eugénie-Désirée), âgée de dix-sept ans, s'est jetée par une fenêtre du troisième étage d'une maison sise rue de la Juiverie.

Elle ne porte à l'extérieur, pour toutes traces de blessures, qu'une petite plaie d'un pouce de longueur sur quelques lignes de large, à l'angle externe de l'œil droit ; une plaque jaunâtre sur la joue du même côté, et une trace bleuâtre à peine sensible au pourtour de chaque œil. Les désordres intérieurs sont les suivants : l'arcade orbitaire est à nu au fond de la plaie ; la peau qui tapisse la partie latérale droite de la tête est décollée, ainsi que le péricrâne, dans l'étendue de deux pouces et demi à trois pouces, à partir de la plaie et en haut, de manière à ce que la moitié de l'os frontal et une partie du pariétal soient dénudés ; il n'existe que très peu de sang épanché sous la peau ; on trouve une légère ecchymose dans l'épaisseur des fibres du muscle temporal, qui, antérieurement, est un peu déchiré. Il existe une fracture du coronal qui, partant du tiers externe, de l'arcade orbitaire, se rend directement en haut en dessinant la forme d'une S dans l'étendue de deux pouces, et se subdivise ensuite en formant un angle aigu ; l'une des branches de la division longe la fosse temporale, et l'autre vient rejoindre une seconde fracture qui existe au centre de l'os coronal sur la ligne médiane : cette seconde fracture, arrivée à un pouce au-dessus de l'échancrure nasale, se porte obliquement à gauche et en bas, et vient se terminer au milieu de l'arcade orbitaire du côté gauche.

L'os de la pommette du côté droit est désarticulée d'avec l'apophyse orbitaire externe du coronal ; il en est de même des os du nez.

Deux ecchymoses existent dans le tissu cellulaire qui tapisse les paupières supérieures, elles se prolongent dans les fosses orbitaires. Les yeux sont intacts ; du sang s'est écoulé par les deux oreilles.

Un peu de sang épanché à la surface de la dure-mère et à droite. La partie antérieure des deux lobes du cerveau est réduite en bouillie, principalement à droite. La voûte orbitaire du côté droit est brisée, ainsi que la lame ethmoïdale et une partie des os des fosses nasales.

Toute la surface du cerveau est recouverte d'une couche de sang très noir et très épais. Il en existe aussi une certaine quantité dans les fosses occipitales inférieures. Le cervelet est teint de sang, et ce liquide a pénétré entre toutes les circonvolutions du cerveau et du cervelet.

La trachée-artère est remplie de sang coagulé ainsi que les bronches ; ce sang est noir, non écumeux ou très peu écumeux. Les poumons sont parfaitement sains sous le rapport de maladies antérieures ; ils offrent même un aspect et une texture qui peuvent être considérés comme le type de l'organisation. Leur couleur est d'un gris rosé, et l'on voit leur substance constituer une masse spongieuse formée d'une infinité de cellules extrêmement fines toutes remplies d'air. Vues au reflet du soleil, ces cellules sont brillantes et elles surprennent par leur régularité ; c'est l'éponge la plus fine que l'on puisse concevoir. Mais au milieu de ce tissu admirable, composé de myriades de cellules, se trouvent des taches dont les unes sont d'un bleu foncé, les autres d'un bleu violacé. Ces taches incisées, on trouve le tissu des poumons infiltré de sang dans tous les points correspondants, et plus on avance au voisinage des principales divisions des bronches, *plus ces véritables ecchymoses des poumons* sont multipliées. Elles sont toutefois plus nombreuses dans le poumon droit que dans le poumon gauche. On voit que des petits vaisseaux ont été déchirés, que du sang s'en est échappé en grande quantité, et que c'est lui qui est venu remplir les divisions des bronches et la trachée.

Cette disposition éclaire singulièrement la pathologie sur les crachements de sang qui suivent les chutes sur la poitrine et les commotions de cette partie du corps ; elles doivent faire sentir au médecin qu'il peut souvent prédire ou craindre une phlegmasie des poumons.

La jeune fille n'a cependant pas péri par asphyxie, car les poumons ne sont nullement gorgés de sang ; les cavités droites du cœur contiennent toutes une égale quantité de sang, et de sang qui n'a plus aucune analogie avec celui contenu dans la trachée ; c'est un sang liquide comme dans presque toutes les morts subites, tandis que l'autre est fortement coagulé, plastique, et ne constitue plus qu'un tout homogène. D'ailleurs le cadavre est d'une pâleur très grande à toute la surface du corps.

Cette fille n'est pas morte subitement ; on a pu la transporter de la rue de la Juiverie à l'Hôtel-Dieu ; au moment où l'on montait les marches de cet hôpital, elle a expiré.

Les effets de chutes sur les pieds ou sur la tête peuvent être assimilés à des coups produisant la commotion seulement; mais leur influence se fait ressentir avec beaucoup plus d'énergie. On connaît les expériences de M. Richerand sur les effets des chutes sur la tête. Il a constamment observé sur les cadavres qu'il a fait tomber d'une hauteur de dix-huit pieds des déchirures du foie, de la rate, et d'autres désordres plus ou moins graves. Nous avons ouvert à la Morgue plusieurs corps qui provenaient d'hommes morts subitement à la suite d'une chute faite de deux, trois ou quatre étages d'une maison, et outre les fractures nombreuses que nous avons observées, nous avons vu des ruptures du foie, des déchirures de la rate, des déchirures du tissu pulmonaire, de l'estomac, de la vessie, du diaphragme, et de l'aorte dans la région thoracique ou dans la région abdominale. En voici un exemple.

Chute d'un lieu très élevé. — Désordres multipliés. — Lésions de tous les principaux organes. — Rupture du diaphragme. Passage du foie, de l'estomac et de la rate dans la poitrine. Observation curieuse sous le rapport des aspects divers que présentaient les lésions.

Villot (Pierre-Amédée), âgé de trente ans, militaire, s'est jeté de la première galerie qui borde les tours de Notre-Dame à leur origine.

La mâchoire inférieure est tellement saillante en avant, et la mâchoire supérieure si aplatie, que l'on pourrait croire qu'il y avait des fractures profondément situées (conformation naturelle). *État extérieur :* Aucune trace de contusion à l'extérieur; seulement on observe au-dessus de la crête de l'os des iles une plaque jaunâtre d'un pouce de diamètre à la peau, analogue à du parchemin, et comme cela arrive quand on frappe un cadavre. Sous le jarret droit une trace de sept à huit pouces de longueur d'une couleur rouge brunâtre, évidemment injectée : l'épiderme est enlevé, arraché, et roulé comme dans le cas où l'on s'écorche la peau par frottement. Toute la peau environnante est rosée, injectée. En l'incisant on trouve un épanchement de sang *très fluide* avec un décollement de la peau dans l'étendue de quatre pouces en longueur sur trois en largeur. Une petite portion du grand couturier a été réduite en bouillie. Le long du jarret opposé on trouve une coloration rosée, et en incisant la peau, on trouve une ecchymose par infiltration dans laquelle le sang est coagulé; la peau est injectée et rosée dans toute son épaisseur.

Fracture de l'extrémité inférieure de l'humérus, qui est divisé en deux parties, la grande et la petite poulie. Cette extrémité constitue deux fragments triangulaires dont les bases sont en bas et dont les sommets viennent se réunir au tiers inférieur de l'humérus, qui lui-même est terminé par un fragment très anguleux. Les muscles environnants sont un peu déchirés, mais il n'existe *aucun épanchement de sang.* — Fracture de l'humérus immédiatement au-dessous de l'insertion du deltoïde, très oblique : deux fragments et une petite esquille; très peu de sang épanché, ou mieux un peu de sang colorant les muscles. — Fracture oblique du cubitus, vers le tiers supérieur; un peu d'épanchement de sang. — Fracture du pariétal droit avec enfoncement de deux lames des os réduits en un nombre considérable de petits fragments anguleux s'enchâssant les uns dans les autres de manière à se prêter mutuellement appui. La fracture a un pouce et demi de longueur d'avant en arrière sur un pouce de largeur. — Fracture de la première et des cartilages des deuxième, troisième et quatrième côtes. — Rupture des ligaments de l'articulation sterno-claviculaire gauche. — Fracture du cartilage de la quatrième côte droite. — Fracture transversale du sternum placée entre l'articulation des troisième et quatrième côtes.

En ouvrant le côté gauche de la poitrine on observe les objets suivants, en procédant du haut en bas : 1° Dans le sommet de la cavité, le poumon formant une masse globuleuse très arrondie refoulée en haut, et occupant la moitié supérieure de la hauteur de la poitrine; 2° une portion du foie de trois pouces et demi de hauteur sur trois pouces de large à bord aminci, recouvrant le grand cul-de-sac de l'estomac placé au-dessous du poumon et en dedans de la rate réduite en bouillie. La totalité de ce dernier organe n'est pas contenue dans la poitrine. Ces trois organes sont engagés à travers une déchirure du diaphragme, au voisinage de son centre aponévrotique et aussi dans l'épaisseur de ses fibres musculaires. Cette ouverture paraît avoir quatre pouces de diamètre ; quatre onces de sang environ se trouvent dans la cavité de la poitrine. *Il n'existe pas de caillot*, mais le sang est épais.

Ayant ouvert l'abdomen pour constater le rapport des viscères, on observe que la partie supérieure de cette cavité est remplie par le foie, qui occupe les quatre cinquièmes de sa largeur. En soulevant le diaphragme, on aperçoit une rupture dans le milieu du lobe gauche du foie; cette rupture est multiple comme le serait celle qui résulterait d'un écrasement de cet organe. Dans son centre, la substance du foie est réduite en bouillie. Sur tout le reste de la surface du foie, on remarque des espèces de crevasses qui le sillonnent dans diverses directions, la crevasse principale est sanguinolente. La partie gauche du foie a été repoussée directement en haut, en sorte qu'elle a formé un appendice vertical, d'horizontal qu'il était ; elle recouvre l'estomac et une petite portion de la rate, qui, engagée et serrée dans la déchirure du diaphragme, se renverse sur elle-même au sortir de son étranglement ; un peu de sang baigne ces organes; la principale déchirure du foie a eu lieu dans toute l'épaisseur de son lobe gauche, qui ne tient au reste de l'organe que par une faible portion de substance. La rate est réduite en bouillie. — Déchirure de la partie supérieure du lobe inférieur du poumon gauche, résultant de l'action des fragments de plusieurs fractures des côtes et de la colonne vertébrale. Les troisième, quatrième et cinquième côtes sont fracturées à leur quart postérieur. Les onze dernières côtes sont désarticulées à leur double articulation. La colonne vertébrale est fracturée dans deux points de la région dorsale, au corps de la deuxième et dans celui de la sixième. Le surtout ligamenteux seul n'a pas été rompu. La moelle est entièrement divisée, tous les ligaments environnants sont détruits. L'artère aorte a été largement ouverte, les bords de cette ouverture, de deux pouces de longueur, présentent des lambeaux anguleux. La veine cave inférieure a été intéressée et ouverte. On trouve du sang infiltré dans toutes les parties molles et les muscles du dos. Plus d'une livre de sang est épanchée dans les deux plèvres. Le cœur ne contient pas une goutte de sang. Les poumons ne sont pas gorgés. On trouve un peu de sang dans l'abdomen au voisinage du foie, mais en très faible quantité ; il est même surprenant que les déchirures du foie n'en aient pas amené une plus grande proportion. Les reins, les intestins et l'estomac sont très sains. Rien dans l'épaisseur des membres.

Cette observation est remarquable par le nombre des fractures qu'elle présente réunies chez le même individu. En les examinant toutes avec soin, on en voit qui pourraient être regardées comme ayant été faites après la mort : ce sont celles des membres, car il n'y a pas eu d'ecchymoses, et cependant des muscles ont été réduits en bouillie.

La fracture du crâne est très remarquable.

Nous avons vu ces altérations se produire chez l'enfant nouveau-né comme chez l'adulte, et d'ailleurs les expériences de Chaussier sur les enfants nouveau-nés ne peuvent pas laisser de doute à cet égard. (*Voy.* INFANTICIDE.)

Les déchirures de ces diverses parties ne se présentent pas toutes avec le même aspect. Pour le foie, elles ont leur siége et sur la face convexe, et sur la face concave. Il n'y a pas de point de l'organe où on les rencontre plus fréquemment, si ce n'est peut-être au voisinage du petit lobe du foie ; elles n'intéressent presque jamais toute l'épaisseur de l'organe ; elles consistent dans des fentes de un à deux pouces de profondeur. En général, elles sont dirigées d'avant en arrière ou elles sont légèrement obliques ; je n'en ai vu que très rarement placées dans une direction transversale. Voici encore un exemple qui vient à l'appui de la direction qu'elles affectent.

Autopsie, faite le 20 *mai* 1835, *d'un homme tombé du quatrième étage, dans l'état d'ivresse.*

Extérieur du cadavre. — Au-dessus de l'arcade sourcilière droite existe une plaque brune noirâtre de deux pouces et demi d'étendue, bifurquée, aussi sèche que du parchemin, mais différant des plaques parcheminées après la mort, par la coloration rouge brune. Le cuir chevelu enlevé, on trouve une ecchymose qui recouvre tout le coronal et qui est formée par du sang coagulé et infiltré dans le tissu cellulaire et dans l'épaisseur des fibres charnues du muscle occipito-frontal. Cette ecchymose a donc environ 14 centimètres de diamètre transversalement, sur 7 de hauteur. Elle n'était pas bien apparente à la peau du crâne, et il eût été impossible de prévoir son étendue avant la dissection du cuir chevelu. Les paupières de l'œil droit, et principalement la paupière inférieure, sont violacées. Sous la peau existe une contusion qui fait suite à celle que nous venons de décrire et qui s'étend à toute la surface du côté droit du visage. Elle est limitée en dehors par le conduit auditif externe ; elle pénètre dans l'épaisseur des muscles de la face, dans le masséter, et s'arrête à la partie supérieure du muscle sterno-mastoïdien. Elle a même pénétré dans l'orbite de ce côté et coloré une partie de la sclérotique. En avant, elle s'arrête sur la ligne médiane.

Aux os du crâne, une fracture qui figure une série d'arcades dont la convexité est en haut, et s'étend de la portion écailleuse du temporal du côté droit à la portion écailleuse du temporal gauche, en passant sur le coronal, immédiatement au-dessous des deux bosses frontales. Au-dessous de cette première fracture, il en existe une seconde, moins étendue, qui commence sur le coronal à l'origine de la ligne qui borne la fosse temporale, s'étend obliquement en bas pour gagner l'apophyse orbitaire du côté gauche et la diviser en deux parties égales.

Le crâne ouvert, on trouve à la dure-mère une double déchirure de 4 centimètres de largeur, placée en travers du lobe droit du cerveau. Au-dessous de cette déchirure, une rupture de la substance cérébrale, avec ecchymose produite par une très petite quantité de sang limitée par la jonction des deux substances blanche et grise. Il n'existe pas d'épanchement de sang sous la dure-mère. L'arachnoïde est colorée en rouge brun. Dans toute l'épaisseur du lobe droit existe une quantité considérable de petites ecchymoses ou épanchements de sang variant d'une demi-ligne à une ligne et demie de diamètre. En avant du lobe gauche, de pareilles ecchymoses très petites, moins nombreuses que du côté droit; sérosité sanguinolente dans les deux ventricules. Pas de sang épanché à la surface supérieure du cerveau : mais à la base du crâne, en arrière, on trouve du sang coagulé disséminé sur toute la surface postérieure du cerveau. Il en existe aussi à toute la face supérieure du cervelet. Toutefois le sang est tellement disséminé, qu'il ne fait que teindre l'organe dans toute l'étendue de sa surface.

La fracture, qui en dehors paraissait s'arrêter à l'arcade sourcilière gauche, s'étend à toute la largeur de la voûte orbitaire de ce côté. La voûte orbitaire du côté droit présente une fracture comminutive formée par quatre ou cinq fragments. Cette fracture s'étend à la lame de l'ethmoïde et pénètre dans les fosses nasales; en dehors elle s'étend jusqu'au rocher.

L'os maxillaire inférieur est fracturé sur deux points de sa longueur. D'abord à l'union de son corps avec la branche droite, puis à la symphyse du menton. Cette dernière fracture est presque perpendiculaire, l'autre est oblique, d'avant en arrière et de haut en bas.

A la partie antérieure de la cuisse droite existe une plaie en fer à cheval de deux pouces de circonférence, dont les lèvres sont brunes, évidemment colorées par du sang. Au fond de cette plaie, on trouve le muscle droit antérieur de la cuisse déchiré et ecchymosé. Sous ce muscle, qui est perforé à sa partie moyenne, existe du sang épanché, moitié liquide, moitié coagulé. Le triceps crural perforé et ecchymosé; dans sa portion antérieure et moyenne, au fond et derrière lui, des fragments osseux du fémur, dont quelques uns s'engagent à travers les muscles. Autour de la fracture beaucoup de sang épanché. Cinq côtes gauches fracturées en avant, près de leur union aux cartilages. Clavicule gauche fracturée vers son extrémité interne. Ecchymose derrière cette partie fracturée.

Fracture de la rotule oblique de haut en bas et de gauche à droite; une plaie à la partie antérieure et un peu interne de la cuisse gauche, avec déchirure superficielle des muscles; peu d'épanchement de sang.

Fracture comminutive au tiers inférieur du fémur gauche.

Sérosité sanguinolente dans le péricarde. — Sang épanché derrière le péricarde.

Tout le long de la trachée-artère et du larynx existe une mousse aqueuse à bulles divisées; elle est très faiblement colorée en rose. Liquide séro-sanguinolent dans les bronches.

Sang épanché dans les fosses iliaques. Trois déchirures à la surface convexe du foie, *dirigées transversalement* au grand diamètre de cet organe.

Les lèvres des déchirures du foie sont peu écartées : leurs bords sont granuleux comme la substance du foie; la membrane propre de l'organe est quelquefois appliquée sur les bords de la solution de continuité ; dans d'autres cas, elle est revenue sur elle-même, de manière à laisser à nu le long de la déchirure deux à trois lignes de la substance propre du foie. Ces déchirures, ainsi que nous l'avons dit, ne sont pas *ecchymosées*, elles ne contiennent pas de sang ou en renferment fort peu ; mais le sang qu'elles ont fourni est répandu dans la cavité du péritoine où il occupe ordinairement les parties les plus déclives, particulièrement la cavité pelvienne et les régions lombaires. Ce sang y est en partie *fluide*, en partie *coagulé*, et cet état du sang s'observe pour tout épanchement qui a lieu, soit dans l'abdomen, soit dans la poitrine, quelle que soit d'ailleurs la source de l'épanchement. Souvent même la majeure partie est liquide. La quantité de sang liquide est ordinairement plus grande lorsqu'il provient de déchirures de vaisseaux veineux, que lorsqu'il tire son origine de troncs artériels ; mais dans ce dernier cas encore il existe une grande proportion de sang non coagulé. Les déchirures du foie n'amènent pas un épanchement de sang considérable. En général, il ne paraît pas être en rapport avec les désordres que l'on observe sur cet organe.

Les déchirures de la rate présentent un tout autre aspect : on voit sur la convexité de cet organe la membrane propre rompue dans une étendue plus ou moins grande, et dont les bords sont aussi nets que s'ils avaient été coupés ; entre les lèvres de la membrane propre coupée se montre la substance de la rate qui ne paraît pas divisée comme cela a lieu au foie, mais qui présente un plan uni, noir, formé par un tissu homogène, en sorte qu'elle paraît avoir prêté par son élasticité à l'effort fait pour la déchirer. Tel peut être l'état de la rate, lorsque la commotion n'a pas été portée à son maximum d'intensité ; car, dans ce dernier cas, la substance de l'organe peut avoir été réduite en bouillie, comme dans l'observation rapportée page 86.

Les déchirures de l'estomac sont assez rares, cependant il en existe des exemples ; nous allons en citer un. Ces déchirures par commotion générale du corps peuvent être complètes ou incomplètes, affecter une ou deux membranes de l'estomac, ou les trois membranes à la fois : dans le premier cas, on observe sur la tunique péritonéale, et principalement le long de la petite courbure, quinze, vingt ou trente déchirures à bords nets d'un demi-pouce à un pouce de longueur, sans écartement des lèvres. Si l'on distend l'estomac, on voit à nu la tunique musculeuse intacte ; de semblables déchirures s'observent sur la tunique muqueuse, et, chose remarquable, souvent celles-ci existent dans un point opposé à celles de la tunique péritonéale. On ne les aperçoit bien qu'en déplissant la muqueuse. Leur direction est comme celle des déchirures péritonéales du foie, transversales à la longueur de l'estomac. Ainsi elles se rencontrent, soit sur la tunique séreuse, soit sur la tunique muqueuse, la tunique musculeuse restant intacte comme dans le cas suivant.

Fractures nombreuses, dont quelques unes sans ecchymoses. — Déchirures de l'aorte et du foie. — Déchirures nombreuses des tuniques externe et interne de l'estomac.

Un homme de trente-six à quarante ans, dans un état d'ivresse, tombe d'un second étage ; on ignore comment la chute a eu lieu, si c'est sur la tête ou sur les pieds. Il meurt sur-le-champ. Il est apporté à la Morgue, et nous procédons à son ouverture le surlendemain de la mort.

A l'extérieur, la peau présente à la pommette gauche de la face, une plaque de 3 centimètres de diamètre, parcheminée, mais avec une couleur rougeâtre et non pas jaune ; incisée, un peu de sang existe immédiatement au-dessous de la peau amincie et desséchée.

Une cicatrice longitudinale de 3 centimètres de longueur au menton ; elle est récente, et paraît être due à un coup de rasoir porté à faux en faisant la barbe.

Une coloration légèrement bleuâtre en dehors du coude ; il n'y a pas d'ecchymose du tissu de la peau, mais en fendant cette enveloppe, on en trouve une qui correspond à ce point. Elle est formée par du sang coagulé rassemblé en couche. Ce sang n'offre pas la moindre apparence liquide : c'est un caillot franc.

Pareille disposition se remarque en dedans des genoux et dans la même étendue. C'est, à proprement parler, la couleur noire d'un caillot qui se dessine à travers la peau.

Rien de remarquable sur le reste du corps ; rien sur le cuir chevelu ; rien de visible à la dure-mère. L'hémisphère gauche du cerveau présente inférieurement et en dehors un engorgement de vaisseaux de la pie-mère et une injection capillaire de cette membrane. Cet état est très prononcé à la base du cerveau, à toute la circonférence du cervelet ; et même sur la partie inférieure de l'hémisphère gauche de ce dernier organe, on trouve du sang coagulé dans la largeur d'une pièce de 5 francs. Il y a deux cuillerées de sang épais épanché à la base du crâne, 150 grammes de sang s'écoulent du canal rachidien.

Rien dans la bouche. Une ecchymose au pourtour de chaque glande sous-maxillaire. De nombreuses ecchymoses tout le long des vaisseaux profonds du cou.

Une fracture comminutive au corps de la mâchoire du côté gauche ; trois fragments, un formé par la branche ascendante, un second par la partie moyenne et le corps de la mâchoire du côté droit, un fragment quadrilatère, détaché, formé par le bord inférieur de l'os, ayant 3 centimètres de longueur. Autour de cette fracture, chose remarquable, il n'existe pas d'ecchymose, d'où il faut conclure que les os contenant peu de sang peuvent se fracturer et ne pas donner lieu à des ecchymoses si la mort survient immédiatement. (*Voy.* encore l'observation, p. 35.)

Dans les deux cavités de la poitrine, 1,000 à 1,500 grammes de sang, en grande partie liquide, le tiers seulement est coagulé ; la source de ces épanchements est pour le côté gauche une rupture de l'aorte descendante à 5 centimètres plus bas que la crosse. Vis-à-vis la déchirure de l'artère se trouve une déchirure de la plèvre au-dessus de l'artère. Cette déchirure offre une ouverture qui a 5 centimètres de large dans le sens de la déchirure artérielle, et 2 centimètres de largeur transversalement, en sorte que, somme toute, l'ouverture de la membrane séreuse est quatre ou cinq fois plus grande que celle de l'artère ; ce qui dépend de ce que la plèvre est tendue sur le vaisseau, circonstance qui doit toujours favoriser les hémorrhagies au lieu de les empêcher. Cette disposition est commune à toute la portion de plèvre appliquée sur les côtes, et par conséquent à tous les vaisseaux artériels qui existent dans l'épaisseur des parois de la poitrine.

La source de l'épanchement du sang du côté droit est dans l'ouverture de plusieurs artères intercostales, par suite de la fracture des cinquième, sixième, septième et huitième côtes.

Dans l'abdomen on trouve : 1° au foie, huit et dix déchirures à la convexité de cet organe, de 3, 5, 7 et 9 centimètres de longueur; elles sont linéaires, de 2 à 3 lignes de profondeur, et sont dirigées transversalement au grand diamètre du foie. Il en existe aussi cinq ou six à la face concave de cet organe sur le lobe droit : c'est la membrane propre seule qui est intéressée; les bords en sont nets, tandis que ceux du foie sont granuleux et arborisés; du sang en grande partie fluide est disséminé dans l'abdomen, et principalement dans la cavité du bassin.

Chose remarquable, on trouve le long de la petite courbure de l'estomac et transversalement à sa longueur, *quinze à vingt déchirures de la tunique péritonéale à bords nets, sans écartement*. En écartant ces déchirures, on voit la tunique musculeuse à nu et bien disséquée.

A l'intérieur de l'estomac, de semblables déchirures existent dans les points correspondants; celles-ci n'intéressent que la muqueuse, et la tunique musculeuse est aussi mise à nu; mais les déchirures ne sont pas placées aussi bien sur la même ligne que celle de la tunique péritonéale, elles s'étendent plus sur la convexité de l'estomac.

Rien dans le reste de l'économie, à part quelques contusions à l'extérieur.

Dans d'autres cas, toutes les membranes ont été déchirées dans le même point, et l'estomac est alors perforé. Ce résultat est plus ordinairement le fait d'un violent coup porté sur la région épigastrique, que celui d'une chute sur les pieds. Dans les divers cas que nous avons observés, ces diverses déchirures étaient exemptes de toute ecchymose; ce qui dépend peut-être de ce que la mort a été très prompte. Cependant j'ai rapporté, p. 86, un cas dans lequel un grand nombre de fractures avaient eu lieu sous l'influence de la même cause, et où les unes étaient avec ecchymoses et les autres sans ecchymoses, quoique faites en même temps. Ce qui a lieu pour les fractures avec déchirures de portions musculaires, devrait probablement s'effectuer aussi à l'égard des parties molles rompues. De pareilles altérations peuvent se montrer aux intestins ou à la vessie, mais elles sont moins fréquentes aux intestins, parce que les dimensions de ces organes sont moindres et qu'ils jouissent de plus de mobilité. Les ruptures de vessie par choc imprimé à la région hypogastrique sont au contraire assez communes. Un Anglais, après avoir fait une longue station à table, se prend de querelle avec un autre Anglais; celui-ci lui donne un coup de pied dans cette région; sa vessie, qui était alors distendue par de l'urine, fut rompue.

Une femme, qui n'avait pas uriné depuis vingt heures, fut maltraitée, foulée aux pieds par un charretier ; elle eut la vessie rompue (1).

Déchirure des vaisseaux. — Les déchirures des gros vaisseaux ou des vaisseaux de moyenne dimension, mais qui sont mobiles, sont fréquentes lors des commotions dépendant de chutes où le poids du corps agit avec toute sa masse. C'est surtout la rupture de l'aorte, ou thoracique, ou abdominale, que l'on rencontre le plus souvent. Ces ruptures ont lieu principalement dans une direction transversale à l'artère, ou quelquefois oblique ; mais jamais elles ne sont régulièrement longitudinales. Elles consistent tantôt dans une division nette, tantôt dans une section offrant quelques inégalités ; mais ces inégalités sont toujours anguleuses. Elles occupent fort rarement la totalité de la circonférence de l'artère. Les lèvres de la blessure sont écartées, la plaie béante, et les lambeaux principalement formés par la tunique moyenne et la tunique interne. La membrane celluleuse semble revenir sur elle-même et se porter en arrière de la plaie ; le tissu cellulaire sous-artériel est assez souvent injecté et ecchymosé. Ces déchirures donnent lieu à des hémorrhagies considérables, dont la majeure partie du sang reste fluide et s'épanche dans les cavités thoraciques ou abdominales.

Les déchirures des veines ont lieu au contraire dans des directions très variées. Les lambeaux sont le plus souvent anguleux. Les lèvres de la plaie sont appliquées les unes sur les autres ; ce qui provient du défaut d'élasticité des parois vasculaires.

Enfin, quand la commotion exerce son influence sur des vaisseaux contenus dans une cavité à parois solides et résistantes, comme la cavité du crâne, alors il se fait des épanchements de sang en général plus coagulé que dans les plèvres ou le péritoine. Ce sang se dissémine à une grande partie ou même à la totalité de la surface du cerveau et du cervelet ; il y forme une couche assez mince ; mais il colore ces organes de manière à ne pas douter de son existence. C'est principalement à la base du cerveau que l'on en trouve une plus grande proportion. De pareils phénomènes s'observent à l'égard des vaisseaux contenus dans la colonne vertébrale.

Déchirures musculaires. — La commotion ne borne pas ses effets aux organes contenus dans les grandes cavités, elle s'étend aussi aux systèmes musculaire et osseux, soit des parois des cavités, soit des membres. A la tête des muscles dont les ruptures sont le plus communes, nous citerons le diaphragme. Une chute sur la tête ou sur les pieds ; un coup violent porté sur les parois abdominales avec un corps qui agit par une grande surface ; le passage d'une roue de voiture sur le ventre ; une personne qui appuiera fortement avec son genou ou son pied sur la même partie, telles sont les causes les plus fréquentes de ces ruptures. Elles surviennent plus facilement pendant l'inspiration que pendant l'expiration, parce

(1) Dupuytren, *Leçons orales de clinique chirurgicale*, 2ᵉ édition, 1839, tome V, page 237.

qu'alors le muscle est en contraction. Or cette cause secondaire peut s'appliquer à toute rupture musculaire par commotion, l'organe présentant un plan plus solide à l'effort qui tend à en opérer la distension outre mesure. Les ruptures du diaphragme surviennent le plus souvent dans le centre aponévrotique, et surtout au voisinage de l'union de la portion musculaire gauche avec ce centre, non loin des piliers, en sorte qu'elles sont plus communes à gauche qu'à droite. La déchirure offre des dimensions variables, les bords en sont inégaux ; le sang, à l'épanchement duquel elles donnent lieu, est toujours dans une proportion très faible, 30 à 125 grammes. L'effet immédiat de ces ruptures est une hernie des viscères abdominaux dans la cavité gauche de la poitrine, comme dans l'exemple suivant :

Mort par accident. — Écrasement par une voiture. — Rupture du diaphragme, du foie et du pancréas. — Hernie de l'estomac. — Ecchymoses des poumons.

Une femme inconnue trouvée sur la route de Flandre, commune de la Villette.

A l'extérieur on aperçoit au voisinage de la crête de l'os des iles, et sur les parois abdominales, quelques petites plaques parcheminées, analogues à celles qui résulteraient d'un coup donné sur un cadavre, ou de l'arrachement de l'épiderme. Pas d'autres traces de violence.

Tête. — Pas d'épanchement, cerveau dans l'état sain et naturel ; physionomie ne portant pas l'empreinte de la souffrance, dents serrées fortement et croisées par le rapprochement des mâchoires ; du sang s'écoulant par le nez.

Poitrine. — Les huit côtes inférieures du côté gauche sont fracturées presque toutes sur deux points de leur longueur ; la clavicule est cassée au milieu de son étendue ; au voisinage des dernières fausses côtes et à leur surface extérieure, existe une large ecchymose de 3 centimètres d'épaisseur et de 10 centimètres de diamètre en tous sens ; tout le côté droit est très sain. Le poumon gauche est largement déchiré à 5 centimètres de profondeur au milieu de son lobe inférieur ; les lèvres et la surface de la déchirure sont d'un rouge blafard. Un épanchement d'un demi-litre de sang en partie coagulé existe dans la cavité de la poitrine. Tout le médiastin postérieur est rompu dans sa longueur, l'œsophage est mis à nu dans toute son étendue, et tous les faisceaux nerveux qui l'enveloppent ont seuls résisté ; l'aorte est intacte.

Le diaphragme est rompu immédiatement à côté de l'ouverture œsophagienne sur la portion aponévrotique. La rupture a 5 centimètres de diamètre, une petite portion de l'estomac fait saillie dans la poitrine. Le poumon droit est sain.

Le tissu des poumons est généralement d'un rouge foncé, crépitant. On observe plusieurs ecchymoses à la surface externe du poumon gauche ; les saillies anguleuses des fragments des côtes les auront probablement produites, ainsi que plusieurs petites déchirures partielles. Les cavités du cœur sont tout à fait vides de sang ; la trachée-artère et les bronches contiennent au contraire beaucoup de sang noir, plastique et un peu écumeux ; il s'étend dans le larynx et dans l'arrière-bouche. Le foie est un peu déchiré à son lobe de Spigel, ainsi que l'épiploon gastro-hépatique, et plusieurs vaisseaux dont l'ouverture a donné lieu à un épanchement de sang dans la cavité abdominale qui colore le grand épiploon et toute la surface intestinale, et remplit une partie du petit bassin. C'est surtout le pancréas dont la rupture est telle que les piliers du diaphragme et l'aorte sont à nu. Autres organes abdominaux sains. Tous les os sont sains, excepté la clavicule gauche cassée au milieu de sa longueur. L'estomac contient des aliments et du vin.

Les hernies diaphragmatiques sont formées le plus souvent par une portion du foie, une partie ou la totalité de l'estomac, la rate et une portion des intestins. Tous ces organes remplissent le côté gauche de la poitrine, et refoulent le poumon en haut de manière à le réduire à un volume très petit. Souvent ces organes sont étranglés dans l'ouverture diaphragmatique. Parfois aussi la même cause qui a opéré la rupture du diaphragme a produit celle de l'estomac ou la déchirure de la rate, et alors il en résulte un épanchement des matières alimentaires dont la quantité peut aller jusqu'à un demi-litre ou même un litre. Nous en rapporterons un exemple par la suite.

C'est encore sous l'influence de ces pressions brusques sur le ventre que peuvent s'effectuer des hernies par l'ombilic, l'arcade crurale ou l'anneau inguinal. L'exemple suivant vient à l'appui de cette assertion.

Coups. — Hernie inguinale, suite de violences.

Le 21 novembre 1831, en vertu, etc.

Nous avons trouvé la fille Durie à ses occupations habituelles ; nous l'avons questionnée sur les blessures résultant des mauvais traitements auxquels elle avait été exposée. Elle nous a appris que le 15 octobre dernier, elle a été jetée au bas d'un escalier par un nommé Duchâtel ; il avait trépigné sur son ventre pendant qu'elle était à terre ; qu'alors différents coups lui avaient été portés sur le corps ; qu'elle avait gardé le lit pendant quatre jours ; que l'épaule gauche avait été démise ; qu'elle était devenue tellement douloureuse que pendant quinze jours elle n'avait pas pu se servir de son bras ; enfin, qu'une hernie était survenue le jour même de ces mauvais traitements.

Aujourd'hui il n'existe pas de traces de contusions extérieures des diverses parties que je viens de signaler, non plus que d'apparence de luxation à l'épaule gauche ; cette dernière lésion n'a pas même existé, car elle eût empêché la malade de se servir de son bras pendant plus de quinze jours, elle eût nécessité le replacement de l'os, opération qui n'a pas été pratiquée ; mais il existe une hernie inguinale du côté droit.

D'où nous concluons :

1° Que la hernie existe ;

2° Qu'elle constitue une infirmité qui nécessite l'application continuelle d'un bandage pour la contenir, sous peine d'être exposée à des accidents graves ;

3° Qu'en admettant comme exactes les circonstances dans lesquelles la fille Durie s'est trouvée, on conçoit très bien que l'application du pied sur le ventre ait agi avec une force telle qu'il en ait pu résulter une hernie de cette nature.

Relativement à l'incapacité de travail occasionnée par les autres blessures, nous ne pouvons l'évaluer qu'à quinze jours, et encore n'est-ce que d'après le dire de la malade.

Quant aux fractures des os et aux ruptures des muscles qui dépendent des commotions violentes, il est impossible d'en faire pressentir toutes les variétés. Les observations précédentes donneront beaucoup mieux que toutes les descriptions une idée de ces désordres. Seulement nous rappellerons que ces effets qui dépendent de causes générales et d'une grande puissance peuvent aussi se manifester sous l'influence d'une cause locale dont l'action est limitée à une partie circonscrite. C'est ainsi que l'on voit survenir la rupture du plantaire grêle par l'effet d'un faux pas, celle du tendon d'Achille par un coup de bâton porté sur sa longueur. Il faut aussi joindre à tous ces désordres les distensions, ruptures de ligaments ou luxations des os.

Après avoir exposé les effets primitifs des commotions, voyons quels en sont les résultats consécutifs. Dans le cas le plus simple, la sensibilité, la contractilité, ayant été suspendues pendant un temps plus ou moins long, ces deux propriétés se rétablissent peu à peu et la partie rentre dans l'état naturel. Si la commotion a été plus forte et que la partie qui en a été le siége ne jouisse pas d'une grande susceptibilité, la sensibilité revient très lentement à son état normal, ou même elle n'y revient pas entièrement, et il reste ainsi une paralysie incomplète ou même complète des fonctions de l'organe qui a été le siége de la commotion. C'est ce que l'on observe dans les doigts ou les membres qui ont été exposés à des explosions violentes produites par la combustion de gaz, ou après des coups portés sur ces parties, principalement sur le trajet des nerfs ; à l'œil, où il en résulte des amauroses ; à la vessie, au rectum qui se paralysent, de là une incontinence d'urine ou de matières fécales ; aux membres inférieurs, la paralysie consécutive à un coup porté sur la colonne vertébrale. Enfin, si l'organe frappé jouit d'une grande sensibilité, le résultat peut être une phlegmasie plus ou moins intense, dont la gravité sera relative aux fonctions que remplit l'organe dans l'économie. C'est ainsi que la commotion du cerveau, celle du foie à la suite des plaies de tête par des instruments contondants, celle des poumons, sont souvent suivies de ce résultat. La gangrène même peut se manifester dans quelques cas.

Deuxième effet possible résultant de l'action d'une arme contondante. — *Contusion.* L'idée de contusion entraîne celle d'une pression brusque opérée sur nos parties et *nécessairement* accompagnée d'une *commotion ;* ou celle d'une pression lente, mais exercée avec beaucoup d'efforts. Elle peut s'effectuer sans entraîner la rupture des vaisseaux capillaires de la partie frappée ou entraîner cette rupture. Dans le premier cas, la contusion ne manifeste sa présence par aucun phénomène apparent ; la partie frappée est seulement douloureuse ; les mailles du tissu de la peau ont été rapprochées, et ce n'est que quelques instants après que la partie se gonfle, se tuméfie légèrement, devient rouge, et bientôt ces phénomènes se dissipent peu à peu dans l'espace de vingt-quatre à trente-six heures, sans laisser de traces de leur passage. Que si, lors d'une pareille contusion, la mort est survenue immédiatement par le fait d'une autre cause, cette partie frappée, dans laquelle les lames celluleuses de la peau ont été momentanément très rapprochées, et d'où la majeure partie des liquides qui les traversaient ont été refoulés, subit par évaporation une perte de fluides qui amène sa dessiccation très promptement, et alors la peau, en se desséchant, jaunit, se durcit, et présente l'aspect du parchemin. Cet effet peut être produit aussi bien sur le cadavre que sur l'homme vivant, en sorte qu'il est impossible de déterminer si c'est un phénomène vital ou cadavérique. Toute pression exercée sur une partie molle chez un cadavre fait refluer les liquides à la circonférence de la partie comprimée ; et si cette partie est exposée à l'air, elle se dessèche de la même manière. C'est ce que l'on observe dans toute application de liens, soit au cou chez les pendus, soit aux poignets ou sur toute autre partie, lorsque l'on a attaché un individu pour le mettre plus facilement à mort ; l'application du pouce au devant du cou, pour étouffer ou étrangler une personne, produirait le même résultat.

Dans le second cas, et lorsqu'il y a eu rupture des vaisseaux capillaires, la contusion est accompagnée d'une *ecchymose*, c'est-à-dire de la sortie du sang des vaisseaux qui le contiennent ordinairement. L'ecchymose est donc un phénomène de la contusion, mais elle n'en est pas un phénomène exclusif ; et, de même que la contusion peut avoir lieu sans ecchymose, de même aussi l'ecchymose peut avoir lieu sans contusion : c'est ce que l'on observe, par exemple, dans le scorbut. Les mots ecchymose, contusion, vergeture, sugillation, lividité, sont journellement employés par les médecins dans la même acception ; c'est un tort très grave : les vergetures, les lividités et les sugillations sont des phénomènes cadavériques qui dépendent de la stase du sang dans les vaisseaux capillaires de la peau, mais ces vaisseaux sont intacts.

L'ecchymose peut se borner au tissu cutané ; elle peut s'étendre au tissu cellulaire, et dans les deux cas le sang peut être infiltré dans les mailles des tissus de manière à remplir leurs vacuoles. C'est là ce qui constitue l'ecchymose par *infiltration*. Lorsque avec la rupture des vaisseaux il y a eu *attrition* ou désorganisation de tissu, le sang se réunit dans la cavité qui résulte de la désorganisation, et il en résulte une ecchymose *avec épanchement*.

Lorsque l'ecchymose avec infiltration a son siége à la peau, elle la colore en noir en fort peu de temps ; il en est de même pour les ecchymoses placées immédiatement au-dessous des ongles. C'est ce que l'on observe d'une manière très marquée dans les plaies d'armes à feu où le coup a été tiré très près des parties molles. La combustion de la poudre a produit une véritable contusion. Plus tard, cette nuance violacée fait place à une couleur bleue, celle-ci au vert, puis au jaune, et enfin elle disparaît; mais la succession de ces phénomènes n'a lieu que dans l'espace de quelques jours. Il est même presque impossible d'assigner une époque fixe à leur apparition, parce que ces nuances apparaissent plus tôt ou plus tard, suivant la profondeur de l'ecchymose. On peut établir qu'en général la nuance bleue apparaît vers le troisième jour; celle verte, au cinquième ou sixième jour; la couleur jaune, au septième ou huitième, et la disparition complète au dixième ou douzième jour. Une remarque importante à faire pour la médecine légale, c'est que les phénomènes de coloration dépendant de la contusion peuvent se dessiner dans une étendue très considérable pendant les premiers jours qui suivent l'accident et faire croire à une ecchymose d'une grande largeur, alors qu'elle n'a été réellement que médiocre; c'est ainsi qu'après les entorses avec ecchymose aux malléoles, on voit, au bout de quelques jours, la moitié inférieure de la jambe prendre une teinte bleuâtre ou verdâtre, qui dépend probablement de ce que le sang est disséminé dans les lames du tissu cellulaire, ou a pénétré dans les vaisseaux.

L'ecchymose peut survenir dans le tissu cellulaire sous-cutané, sans que le tissu propre de la peau y participe. Dans ce cas, la coloration de la peau ne survient guère qu'au bout de vingt-quatre ou trente-six heures. Enfin, il est possible qu'une contusion existe dans l'épaisseur d'un membre sans que les parties extérieures qui ont été le siége de la percussion en présentent des traces. Celles-ci ne paraissent alors qu'au quatrième, cinquième ou sixième jour, et c'est rarement par une teinte violacée qu'elles se montrent; le plus souvent ce sont des taches jaunes, inégales, d'une étendue variable, et qui sont parsemées de vert ou de bleu, de manière à figurer une marbrure. Le fait suivant donne une idée bien exacte des désordres qui peuvent survenir sans laisser de traces à l'extérieur pendant les premières heures.

Un soldat français est blessé, en 1814, sous les murs de Paris; on l'apporte à l'ambulance de Dupuytren; il ne présente aucun indice de violence sur le corps; il allait devenir la risée de ses camarades, lorsque le chirurgien, en explorant la région lombaire, la trouve fluctuante et désorganisée dans une grande étendue. Le malade est transporté à l'Hôtel-Dieu; il succombe peu d'heures après. A l'autopsie, on trouve le tissu cellulaire sous-cutané, la masse sacro-lombaire, le long dorsal, les parois abdominales et le rein gauche réduits en bouillie; les muscles lombaires déchirés; les apophyses transverses des vertèbres lombaires et les dernières côtes vermoulues; la cavité abdominale et le côté gauche de la poitrine remplis de sang noirâtre; la peau seule avait résisté à l'action du boulet. (Dup., *ouvr. cit.*)

Lorsqu'une ecchymose affecte seulement la peau et que la mort survient immédiatement après , il est très fréquent de voir cette enveloppe desséchée, mais présentant une teinte d'un brun rougeâtre, parsemée de vaisseaux capillaires injectés. Ce sont des phénomènes qu'il est impossible de produire sur le cadavre d'un individu chez lequel la circulation capillaire est complétement éteinte , mais qu'il serait possible de développer *immédiatement* après la mort ; de telle sorte que l'état parcheminé de la peau *sans coloration et injection rouge* dénote une pression ou une contusion opérée après la mort ; tandis que le même état de la peau , mais avec coloration rougeâtre et injection des vaisseaux capillaires , indique une contusion opérée pendant la vie , ou immédiatement après la mort , mais lorsque la circulation capillaire n'était pas encore arrêtée.

Toute ecchymose bornée à la peau , et à plus forte raison celle qui s'étend au tissu cellulaire , fait naître l'apparition d'une tumeur. Celle-ci est dure, compacte, si l'ecchymose a eu lieu par infiltration ; elle est molle, fluctuante , et surtout rénitente , si l'ecchymose a eu lieu par épanchement. Ces tumeurs acquièrent de plus en plus de densité et de dureté , en raison de l'absorption des parties les plus fluides du sang, puis elles s'affaissent peu à peu et finissent par disparaître , à moins que des accidents inflammatoires ne surviennent. La quantité de sang qui constitue l'ecchymose est très variable ; souvent un point très circonscrit est frappé, et le sang est épanché dans une grande proportion ; c'est le cas où une veine d'un calibre notable a été ouverte. L'état vasculaire de la partie frappée modifie donc beaucoup ces résultats.

Lorsqu'on incise une tumeur formée par une ecchymose, le sang peut s'y trouver en partie liquide ou en partie coagulé , mais le plus souvent il est coagulé. La coagulation du sang est un des caractères les plus propres à faire distinguer une ecchymose faite pendant la vie, d'une ecchymose faite après la mort ; car la coagulation du sang ne se produit qu'autant que la circulation capillaire n'est pas éteinte.

Les contusions avec ecchymose peuvent affecter tous les tissus mous ; elles présentent partout les mêmes caractères ; seulement, lorsqu'elles ont leur siége sous des membranes séreuses ou muqueuses, elles se dessinent alors d'une manière beaucoup plus tranchée. Ainsi, il n'est pas possible de se méprendre à l'égard d'une contusion de la conjonctive : là on voit le sang épanché à l'état d'une plaque bleuâtre , et dont la forme est inégalement arrondie ; la membrane muqueuse est soulevée par le sang épanché ; souvent aussi des vaisseaux capillaires sont injectés dans le voisinage de l'ecchymose. Cette disposition se retrouve sur le péritoine qui tapisse l'estomac, les intestins ou la vessie ; elle se fait aussi remarquer aux plèvres , et toujours en incisant ces parties on trouve le sang coagulé dans les lames du tissu cellulaire déchiré. Pareille disposition se remarque encore au voisinage des artères , sous la plèvre qui tapisse l'aorte, par exemple. Les ecchymoses qui ont leur siége dans l'épaisseur ou au voisinage des membranes muqueuses sont quelquefois moins mar-

quées, mais toujours très appréciables; seulement le sang paraît plus incorporé avec le tissu que pour le cas des membranes séreuses.

La contusion des organes à tissu parenchymateux ne présente pas tous
les caractères de celle des parties où le tissu cellulaire est bien dessiné et
où il offre une certaine consistance. Ainsi, dans le cerveau, le sang est mêlé
avec la substance de cet organe, qui elle-même est déchirée, en sorte
qu'il y forme une bouillie noire, au milieu de laquelle on trouve des filaments de substance blanche ou grise. Cette disposition est cependant plus
particulière aux contusions d'une assez grande étendue; car lorsque la
quantité de sang égale, par exemple, le volume d'une petite noisette, on
trouve un caillot contenu dans une sorte de poche dont les parois sont
formées par de la substance blanche déchirée, et dont la surface est terminée par un grand nombre de petits lambeaux aigus et comme flottants
dans le liquide.

Tous les tissus n'ont pas la même facilité à s'ecchymoser; le tissu cellulaire est celui qui est le plus facilement rompu; et plus il est lâche dans
une partie, plus sa déchirure est facile. Les muscles et la peau surtout
résistent beaucoup plus, à cause de leur élasticité. Mais ce qui influe
beaucoup sur la production de l'ecchymose, c'est le point d'appui plus
solide sur lequel les parties molles reposent; d'où il est possible de déduire cette conséquence, que les coups portés avec une égale force peuvent produire dans un point une ecchymose légère ou même ne pas donner
lieu à une ecchymose, et amener dans une autre une infiltration assez
considérable de sang. C'est à cette cause et à la densité du péricrâne qu'il
faut attribuer les tumeurs ou bosses qui se forment si rapidement à la
tête, les os du crâne présentant un point d'appui très résistant à l'effort
de la percussion. — Il est des personnes chez lesquelles la peau est tellement fine et délicate, qu'une pression, même assez légère, suffit pour
amener une ecchymose. Le médecin légiste doit tenir compte de ces faits
pour porter un pronostic sur l'intensité des violences qui ont été exercées.
Il faut aussi avoir égard à la densité du corps qui a produit la blessure,
car, à force égale, une arme très dure produira des effets beaucoup plus
marqués qu'un agent qui le sera moins.

Après avoir énoncé les effets locaux des contusions, voyons quels peuvent être les autres résultats possibles et primitifs de cette espèce de blessure : un vaisseau artériel ou veineux peut avoir été ouvert même par
une arme qui agissait avec une petite surface, et une infiltration sanguine
considérable, ou même un épanchement de sang peut en être la suite; par
conséquent, une contusion pourrait amener un anévrisme faux primitif.
Dans ce cas, la tumeur, qui est très noire, simule quelquefois la gangrène; mais il y a absence de l'odeur gangréneuse, pas de cercle inflammatoire linéaire à sa circonférence, comme dans cette affection, et une
rénitence qui ne lui est pas propre. —La contusion des muscles amène une
gêne plus ou moins grande dans l'exécution de leurs mouvements et la

rend douloureuse ; celle des filets nerveux est accompagnée de douleurs plus ou moins vives, avec un engourdissement dans la partie où ils se distribuent ; celle des cordons nerveux produit une douleur vive, qui se manifeste sur tout le trajet des nerfs ; et si la contusion est assez forte pour porter atteinte à l'organisation du nerf, il en résulte la perte du sentiment et du mouvement des parties auxquelles il se distribue. Boyer a vu deux fois la paralysie de toute l'extrémité supérieure causée par une contusion du plexus brachial ; celle des muscles de la main et des doigts sous l'influence d'une contusion du nerf radial ; celle du deltoïde, par la contusion du nerf circonflexe dans la luxation de l'humérus. Voici un exemple du même genre que nous avons observé.

Simple contusion entraînant une incapacité de travail de trente jours.

Nous, soussigné, etc.

Poulain nous dit avoir reçu sur le bras gauche un coup qui lui a été porté avec une chaise ; il a été appliqué avec une force telle, que le montant de la chaise en a été rompu ; c'est le 28 juillet dernier qu'il a été frappé. Il n'a pas perdu connaissance, mais il a ressenti immédiatement une douleur des plus vives, s'étendant à toute la longueur du bras, et principalement au voisinage du coude. Depuis ce moment, il n'a pas pu se servir de son bras, il l'a maintenu en écharpe, et il a appliqué sur la partie contuse des résolutifs, d'après les conseils d'un médecin.

Aujourd'hui, il existe au milieu du bras gauche et en dedans une tache bleuâtre environnée d'un cercle vert-jaunâtre, évidemment le résultat d'une contusion avec ecchymose. Cette tache peut avoir deux pouces et demi de diamètre en tous sens ; la peau n'est pas excoriée ; il n'existe pas de plaie ; les muscles ne paraissent pas avoir été déchirés, mais le malade ne peut pas porter le bras à la tête ; il ne peut pas soulever un corps pesant ; la faiblesse et la limite des mouvements sont telles, qu'il a de la peine à tenir et à soulever avec la main une bouteille pleine. On ne remarque pas d'indices de luxation de l'épaule ou de fracture de l'humérus. Tout porte donc à croire que des cordons nerveux ont été contus, et que c'est à cette cause qu'il faut attribuer l'impossibilité d'exécuter des mouvements avec le bras.

Conclusion. — 1° Le sieur Poulain a une violente contusion au bras gauche ;

2° Cette affection entraînera une incapacité de travail de trente jours environ.

Enfin, la contusion qui a son siége sur des organes importants de la vie peut produire tous les effets que nous avons signalés à l'occasion de la commotion, parce qu'elle en est toujours accompagnée.

Effets consécutifs des contusions. — Toute contusion est nécessairement suivie d'un afflux de sang (phénomène vital), qui peut aller jusqu'au point de constituer une phlegmasie. De là un état douloureux de la partie contuse, un engorgement plus considérable, une chaleur plus vive : cet état se manifeste le plus souvent au bout de vingt-quatre heures. Si la phlegmasie est fort intense, l'engorgement peut aller jusqu'à l'étranglement, et alors la gangrène survient quelquefois. Cet effet se manifeste surtout dans les parties peu extensibles. Pour les os, elle peut amener la carie, avec nécrose; pour les articulations, la suppuration ou consécutivement une tumeur blanche; pour les autres organes, des symptômes inflammatoires dont l'intensité et les suites sont en raison de l'importance du rôle que l'organe joue dans l'économie. Le plus souvent, les contusions sont exemptes de ces accidents et se terminent par la résolution.

Le troisième résultat possible d'une arme contondante est l'attrition. — On entend par ce mot la désorganisation des tissus qui ont été sous l'influence de l'arme contondante. Il y a donc cette différence entre la contusion et l'attrition, que dans le premier cas les parties conservent leur intégrité après la percussion, tandis que dans le second leur structure anatomique est altérée plus ou moins profondément.

L'attrition ne peut jamais avoir lieu sans qu'elle soit suivie immédiatement d'ecchymose; mais c'est rarement l'ecchymose par infiltration qui l'accompagne. Ici le sang trouve un tissu cellulaire déchiré qui lui forme une poche, une cavité, dans lequel il s'épanche; de là l'origine de la distinction établie par les auteurs entre l'ecchymose par infiltration et l'ecchymose par épanchement. Le résultat nécessaire de l'attrition est donc presque toujours, au moins pour les parties molles extérieures, une tumeur plus ou moins élevée au-dessus de la peau, présentant tous les caractères physiques de la contusion avec ecchymose, et s'en distinguant en ce que cette tumeur est *fluctuante.*

Les phénomènes de l'attrition se rencontrent ordinairement aux membres, ou dans l'épaisseur des parois des cavités, ou enfin dans les organes parenchymateux. Les organes membraneux ne les présentent presque jamais, parce qu'ils n'offrent pas une résistance assez grande à l'effort qui vient s'exercer sur eux. La déchirure de ces organes est l'altération, qui remplace l'attrition, c'est-à-dire que la cause qui, sur un membre ou sur un organe parenchymateux produirait l'attrition, détermine des déchirures aux organes membraneux. L'attrition peut avoir lieu dans les tissus profonds sans que la peau soit intéressée (*voy.* l'observation rapportée page 35).

L'attrition ne se produit pas avec la même facilité dans tous les tissus. On peut reproduire à cet égard toutes les circonstances qui modifient la formation de la contusion avec ecchymose, et que nous venons de rappeler.

Tous les accidents primitifs ou consécutifs de la contusion se manifestent à la suite de l'attrition, mais toujours à un degré beaucoup plus élevé, en sorte qu'il est très fréquent de voir des anévrismes faux primitifs très étendus, des inflammations intenses, la gangrène, la paralysie, la nécrose, la carie, les tumeurs blanches être le résultat de cette affection. Ajoutons que, tandis que la contusion a pour terminaison commune la résolution, l'attrition ne guérit le plus souvent qu'après que la suppuration s'est établie; souvent même on est obligé de donner issue à l'épanchement sanguin qui l'accompagne. Nous n'avons pas besoin de faire observer que l'attrition, amenant toujours une désorganisation de tissus, doit entraîner un pronostic plus fâcheux. A plus forte raison lorsque l'attrition a eu lieu sur des organes importants à la vie, dans le parenchyme même des tissus.

L'attrition complète ou incomplète de la peau peut amener une solution de continuité de cette membrane; il en résulte alors *une plaie contuse*. Celle-ci suit le plus souvent la marche des plaies qui suppurent. Elle est plus longue à guérir, parce que, quelquefois, les parties contuses se gangrènent au voisinage de la plaie et constituent une perte de substance que la nature doit réparer. La forme de ces plaies est très irrégulière, les lambeaux en sont en général épais, à bords dentelés; quelquefois ces bords sont coupés net comme par un instrument tranchant, le plus fréquemment ils sont inégaux. Elles donnent lieu bien moins fréquemment à une hémorrhagie que les plaies par instruments tranchants, mais elles peuvent en produire.

MODE D'ACTION ET EFFETS DES ARMES ARRACHANTES OU DÉCHIRANTES.

Toute arme arrachante agit en distendant outre mesure les tissus ou organes sur lesquels elle exerce son action. Toute distension portée jusqu'à la déchirure amène bientôt un retour du tissu sur lui-même, d'une part en vertu de son élasticité, d'une autre part en vertu de sa contractilité. La contraction persiste d'autant plus longtemps qu'un plus grand nombre de filets nerveux a été rompu. Il en résulte une plaie : 1° avec écartement toujours considérable de ses bords; 2° avec épaississement de ses lèvres; 3° avec écoulement d'une très petite quantité de sang, parce que l'ouverture des vaisseaux se trouve oblitérée par le fait de la contraction de ses parois, et de celles des parties molles qui les entourent.

L'arme arrachante peut avoir exercé son action à la surface du corps, ou sur la totalité de l'épaisseur d'un membre. Dans le premier cas, il en résulte une plaie à lambeaux, qui offre quelque analogie avec la plaie contuse, mais qui s'en distingue en général par l'absence presque totale d'ecchymose dans l'épaisseur même des parties déchirées ou arrachées, surtout eu égard aux désordres produits. Ces lambeaux peuvent avoir une étendue très considérable, comme on l'observe aux parois abdominales, à la suite des coups de cornes de bœuf ou de taureau, qui donnent lieu à des éventrations d'une très grande surface. Les coups de crampons, de crocs, produisent les mêmes effets sur toutes les parties du corps. Si l'arme arrachante exerce une action sur l'épaisseur d'un membre, alors il en résulte deux lambeaux formés par deux moignons, dont le caractère le plus saillant se déduit de l'inégalité des diverses parties qui terminent la surface de la plaie; ainsi, tel muscle y est proéminent et constitue une saillie arrondie, tel autre enfoncé et creux; ici l'on trouve un bout d'artère déchiré; là l'extrémité d'un nerf qui dépasse de beaucoup la surface de la plaie; ailleurs est une portion de tendon ou d'aponévrose. En général, les saillies principales se trouvent sur la partie arrachée, et les enfoncements sur le moignon. C'est donc l'inégalité de la plaie qui en constitue le cachet.

Ces plaies sont souvent accompagnées de fractures et d'écrasements des os : c'est ce qui a constamment lieu lorsqu'elles ont été produites, soit par un laminoir, soit par les rayons d'une roue de voiture, soit par une aile de moulin ou un boulet de canon. Fréquemment aussi l'arrachement s'effectue dans les articulations.

Elles ne donnent presque jamais lieu à une hémorrhagie, ce qui peut être expliqué par le mode de rupture des divers tissus qui composent les parois artérielles. Comme ils se rompent après avoir été distendus, la tunique interne, moins élastique, se déchire la première; vient ensuite la tunique moyenne, et enfin la tunique celluleuse; celle-ci s'allonge beaucoup plus que les deux autres, en sorte qu'en revenant sur elle-même, elle oblitère le tube artériel.

Il existe des exemples très nombreux d'arrachement de la verge, des testicules, des doigts, sans hémorrhagie. Nous citerons trois faits plus concluants encore :

Un enfant, en voulant monter derrière une voiture à six chevaux qui marchaient très vite, a la jambe prise dans les rayons de l'une des roues et arrachée à l'articulation du genou; il ne s'écoule pas une goutte de sang; un bout de l'artère crurale, de cinq ou six travers de doigt en longueur, pendait de la plaie de la jambe qui avait été enlevée; l'autre extrémité de l'artère divisée était enfoncée dans les chairs du moignon de la cuisse. L'enfant guérit parfaitement. (Dupuytren, *Leçons orales de clinique chirurgicale.*)

Un individu de Vermont, en Amérique, pris par une roue de moulin, eut le bras et l'omoplate arrachés; il ne s'écoula que très peu de sang, et quoiqu'on n'eût pas appliqué de ligatures, il ne survint pas la moindre hémorrhagie. (Dupuytren, *idem.*)

Un jeune homme eut la cuisse séparée de la hanche; la mort survint au quatrième jour; il y eut encore absence d'hémorrhagie. (*Med. pract., and obs.*, tome Ier.)

Les plaies par arrachement peuvent guérir par réunion immédiate, mais elles suppurent assez fréquemment, parce qu'il n'est pas toujours possible de trouver des lambeaux assez longs pour recouvrir la plaie et permettre le rapprochement complet de ses lèvres. Ainsi donc, ou les plaies par déchirure et arrachement ont le contact de l'air, et alors elles guérissent par suppuration ; ou elles n'ont pas ce contact, et dans ce cas elles peuvent éviter ce travail. Mais lorsque les arrachements ou déchirures se sont effectués sur les parties molles qui forment les parois des cavités, et qui constituent le soutien des viscères, il en résulte des hernies plus ou moins graves, suivant le nombre et le volume des parties déplacées ; ces hernies peuvent être temporaires ou permanentes. Ces faits s'appliquent principalement aux viscères abdominaux.

Il est des circonstances dans lesquelles des corps agissent en pressant fortement les parties, et amènent des désordres analogues à ceux que déterminent la percussion. Telle est la pression du corps entre un mur et la roue d'une voiture, le passage d'une roue de voiture sur le corps, et d'autres effets du même genre. Outre des désordres toujours très graves, on observe fréquemment une rupture plus ou moins étendue des muscles abdominaux, ou de ceux des organes intérieurs. Une chose fort remarquable, c'est que souvent ces désordres ne laissent pas de traces extérieures de leur existence : tel est l'exemple que j'ai cité page 40, et dans lequel l'accident ayant eu lieu dans un endroit isolé et pendant la nuit, le médecin qui dressa un procès-verbal le lendemain matin, à l'occasion de la levée du cadavre, déclara l'apoplexie comme étant la cause de la mort.

Les pressions fortes peuvent, à l'instar des commotions et des contusions, amener la rupture des organes. Ces ruptures sont d'autant plus faciles, que l'organe est dans un état de tension, si c'est un muscle ; ou plein d'un fluide, si c'est un viscère creux. C'est ainsi que les muscles abdominaux et le diaphragme se déchirent avec une grande facilité quand ils sont contractés. Il en est de même pour les tendons lorsqu'ils se trouvent dans l'extension.

MODE D'ACTION ET EFFETS DES ARMES À FEU OU A VENT.

Il est nécessaire d'entrer dans quelques détails préliminaires sur les diverses espèces d'armes à feu et sur les phénomènes de leur combustion, avant de tracer leur action et leurs effets sur nos parties ; nous y trouverons les moyens de résoudre plusieurs questions qui peuvent être adressées aux médecins par les magistrats.

De la charge d'une arme à feu. — Toute arme à feu se compose d'un élément de projection, d'un projectile et de l'arme proprement dite, ou réceptacle. Les éléments de projection sont la poudre ou l'air ; les projectiles sont des balles ordinairement de plomb, quelquefois de fer ou de cuivre, des biscaïens, des boulets, des bombes, de la mitraille, ou tous corps étrangers ajoutés à la poudre et susceptibles de présenter une certaine résistance.

Le poids d'une balle n'est fixé que pour les armes de guerre ; à l'égard du fusil de munition, il est :

En France, de. . . . .   25 gram.
En Angleterre, de. . . . .   32 gram.
En Prusse, de. . . . .   22 gram.

Il entre dans une cartouche un 80ᵉ de kilogramme de poudre ou 12 gram. 5 décigr. à peu près. La cartouche coûte 5 centimes avec la balle, et moitié à peu près sans balle.

Le poids d'un boulet est de 2, 4, 6, 8, 12 kilogr.

Les bombes pèsent 75 kilogr. lorsqu'elles ont 31 centim. de diamètre et 4 centim. d'épaisseur de leurs parois ; dans ce poids on comprend 3 kilogr. de poudre qu'elles contiennent. Elles pèsent 50 kilogr. pour un diamètre de 26 centim. et 3 centim. d'épaisseur ; elles renferment 2,500 gram. de poudre. Les bombes de 10 centim. de diamètre pèsent 20 kilogr. ; elles ont alors 4 centim. d'épaisseur, et renferment 1,500 gram. de poudre.

La poudre ne présente pas dans toutes les armes la même composition ; on en distingue de quatre espèces :

	de chasse.	de guerre.	traite.	mine.
Salpêtre.	78	75,0	62	65
Charbon.	12	12,5	18	15
Soufre.	10	12,5	20	20

La poudre de chasse est supérieure à toutes les autres. Les proportions différentes des substances employées ne constituent pas seulement la qualité de la poudre ; la combinaison intime de ses éléments, la pureté des substances dont on se sert, et la densité que la poudre a acquise, ajoutent aussi à sa qualité. C'est dans ces divers buts que l'on multiplie les opérations, afin d'obtenir une poudre supérieure.

Ces diverses matières, une fois exactement mêlées et desséchées, sont susceptibles de prendre feu sous l'influence d'un corps en ignition, d'une étincelle électrique ou de la percussion simple. C'est à cause de cette combustion facile que l'on fait porter des chaussures toutes particulières aux personnes qui pénètrent dans les magasins à poudre.

Lorsque la poudre s'enflamme, elle donne naissance à des produits gazeux et solides. Les corps gazeux sont : de l'acide carbonique ; un peu de gaz oxyde de carbone ; du carbure d'hydrogène (hydrogène carboné) ; du gaz sulfhydrique (hydrogène sulfuré) ; de l'azote et de la vapeur d'eau. Du sulfure de potassium et une petite proportion de carbonate potassique (sous-carbonate de potasse), tels sont les seuls produits solides qui accompagnent la combustion. Si la poudre, au lieu de brûler instantanément, ne fait que fuser, il se forme, suivant M. Proust, de l'acide hypoazotique (hyponitrique), de l'azotite de potasse (nitrite) et du cyanure de potassium.

Jamais la totalité de chaque substance employée à la confection de la poudre ne brûle complétement; toujours il reste une portion de charbon qui a été projetée sous la forme d'une poudre impalpable; c'est à elle qu'il faut attribuer la coloration noirâtre des plaies d'armes à feu. Il y a plus, un grand nombre de grains de poudre sortent entiers de l'arme et sont projetés au loin sans avoir été brûlés. Quoi qu'il en soit, une masse solide se transforme en des produits gazeux qui occupent un espace de plusieurs milliers de fois plus grand que celui que remplissait la poudre, et dont le volume se trouve encore accru par le dégagement considérable de calorique, qui vient du fait de la combustion. C'est à cette transformation de la poudre en des produits gazeux, et aussi à l'expansion que reçoivent ces gaz de la part de la chaleur, qu'il faut attribuer la force impulsive que cette matière communique aux corps placés devant elle, les projectiles. Toutefois on se tromperait si l'on jugeait de la force impulsive par la facilité avec laquelle une quantité donnée de poudre entrerait totalement en combustion. La poudre n'a donc pas d'autant plus de portée que sa combustion est plus rapide, mais elle doit brûler complétement dans le trajet du tonnerre à l'extrémité de l'arme, et c'est à cette circonstance qu'il faut attribuer la portée beaucoup plus grande d'un fusil à l'égard d'un pistolet. Quand la poudre brûle tout à coup, elle devient *brisante*, ainsi qu'on le dit, et se rapproche alors des poudres fulminantes qui font éclater les armes qui les renferment, sans porter très loin les projectiles. La meilleure poudre est donc celle dans laquelle il se brûle successivement plus de grains avant que le projectile soit hors de l'arme.

La force expansive de la poudre a été mesurée; on l'a évaluée à 33,000 livres pour une livre de poudre en combustion.

Les gaz qui s'échappent d'une arme à feu constituent une fumée plus ou moins épaisse, visible pendant le jour; cette fumée *crasse* l'arme de laquelle le coup est parti, et si l'on frotte l'intérieur du canon avec un linge, il est sali aussitôt par une matière noire charbonneuse. C'est un moyen de reconnaître si une arme a servi (*voy.* t. III).

Toute combustion de poudre est accompagnée d'une odeur sulfureuse qui lui est propre. Ce caractère devient de moins en moins prononcé au fur et à mesure que l'on s'éloigne du moment où le coup de feu a été tiré; il sert à faire reconnaître si une arme a été chargée récemment. La crasse d'un fusil conserve fort longtemps cette odeur.

Lorsque la poudre s'enflamme à l'air libre, et que sa quantité n'est pas très considérable, elle ne produit pas de détonation très sensible; mais, du moment qu'elle vient à être renfermée dans un espace circonscrit, alors elle détone. La détonation est d'autant plus forte que l'espace qui contient la poudre est plus petit, et par conséquent que le canon de l'arme est plus court, que celle-ci est plus comprimée, que les parois de l'arme sont plus sonores, et que, proportion gardée, l'ouverture de sortie de la poudre est plus petite.

Toute combustion de poudre est accompagnée de la production d'une certaine quantité de lumière. Celle-ci est d'autant plus appréciable que la détonation a eu lieu dans une obscurité plus grande. La lumière produite est en raison de la quantité de poudre brûlée et de la meilleure qualité de la poudre ; mais, dans une charge ordinaire de pistolet ou de fusil, elle est assez grande *pour éclairer, pendant la nuit*, les corps qui l'entourent, et qui sont placés à une distance de quelques pas. Cette circonstance a servi plusieurs fois à faire reconnaître des assassins.

Enfin, quoique dans la combustion de la poudre le corps solide passe presque entièrement à l'état gazeux, il y a toujours un dégagement de calorique plus ou moins considérable. La chaleur produite est capable d'enflammer le foin, la paille, les cheveux, les sourcils, les poils, de mettre le feu aux vêtements, de brûler la conjonctive, la cornée et la peau même. Aussi les coups de feu tirés à brûle-pourpoint produisent-ils des brûlures. En voici un exemple remarquable.

Par ordonnance du 16 septembre 1837, le roi avait ordonné la convocation d'un conseil de marine', à Toulon, pour juger les sieurs R..., enseigne de vaisseau, et F..., chirurgien, embarqués sur le brick aviso *la Flèche*, etc. Une détonation se fait entendre. On trouve le sieur R... sur son hamac, couvert de sang et privé de vie. La tête avait été traversée par deux balles. La chemise était enflammée par la bourre, dit-on, du pistolet. *On s'empressa d'éteindre le feu* et de prévenir l'autorité du suicide qui venait d'avoir lieu. (Journal *le Droit*, 14 octobre 1837.) Evidemment c'était la poudre qui avait mis le feu au vêtement.

La quantité de calorique dégagée par suite d'un grand nombre de coups tirés n'est jamais capable d'échauffer assez une arme pour que l'on ne puisse plus s'en servir sans que la poudre qu'on y introduit ne prenne feu ; car la poudre ne s'enflamme qu'autant que le fer a été assez échauffé pour devenir lumineux dans l'obscurité.

Dans une arme chargée, la lumière, le son et le projectile n'ont pas la même vitesse et ne parcourent pas le même espace dans le même temps. La lumière parcourt 70,000 lieues par seconde, le projectile 4 à 500 mètres ou environ une demi-lieue ; le son, à peu près 346 mètres, c'est-à-dire la trentième partie d'une lieue. Il suit de là que, lorsque des armes ont une grande portée, on peut voir le coup de feu et éviter le projectile, si son volume est assez considérable pour être aperçu, et c'est ce qui arrive pour quelques bombes.

Mais il est important de savoir quelle peut être la portée d'une arme à feu ; les calculs qui ont été faits à ce sujet et l'expérience donnent les approximations suivantes :

	PORTÉE		OBSERVATIONS.
	maximum à laquelle on peut tirer avec quelque chance d'atteindre.	de plus grande amplitude.	
Pièce de 24.	4,520 mèt.	»	
— de 16.	4,160	»	
— de 12.	3,756	»	
— de 8.	5,538	»	
— de 4.	5,040	»	
Fusil de rempart.	600	12 à 1,500 mèt.	
— d'infanterie.	200	975	Sous l'angle de 25 à 30°.
— de chasse.	id.	id.	Plus sûr et plus juste qu'un fusil d'infanterie.
Mousqueton.	150	id.	Fait du bruit, sert peu et mal.
Carabine.	400	id.	
Pistolet de cavalerie. . .	50	150	Tir très incertain, même avec une arme soignée; ceux de la troupe ne sont bons qu'à faire du bruit ou à faire peur aux voleurs.
— de gendarmerie. .	à 1 ou 2 pas.	id.	

NOTA. Rigoureusement, ces portées sont encore plus grandes.

Après avoir fait connaître les effets physiques de la décharge d'une arme à feu, quant aux phénomènes qui se rattachent à l'arme, prise isolément, voyons actuellement les effets physiques de l'arme par rapport à tout ce qui l'entoure.

Ces effets peuvent se rattacher à deux causes principales : 1° la force expansive de la 'poudre ; 2° le déplacement des corps qui étaient placés au-devant d'elle, tels que la bourre et le projectile.

La poudre qui brûle à l'air libre jouit d'une certaine force expansive ; car, que sa combustion ait lieu sans le contact de l'air ou avec le contact de l'air, il n'en résulte pas moins la transformation d'un corps solide, d'un très petit volume, en des corps gazeux dilatés. Le volume est augmenté par la grande quantité de calorique dégagé pendant la combustion ; et comme ces corps gazeux sont ramenés instantanément à un très petit volume, par le refroidissement qu'ils subissent de la part du contact de l'air, il en résulte une expansion de l'air, puis un retour de l'air sur lui-même, d'où dépend la détonation. Ces deux phénomènes se produisent dans un espace de temps tellement petit qu'il est inappréciable. C'est à cette cause, l'expansion de la poudre, qu'il faut attribuer tous les dégâts qui résultent de sa combustion. Un homme pourrait donc être renversé et même projeté au loin par l'explosion de la poudre à l'air libre.

La poudre est-elle renfermée dans une boîte à poudre, une fougasse, une fusée, une cartouche, une pièce d'artifice, ses effets expansifs sont beaucoup plus marqués ; à plus forte raison, si elle est contenue dans un pistolet, un fusil, un canon, n'y fût-elle que déposée sans y être maintenue par une bourre. Le capitaine d'artillerie Drouot, devenu depuis général, fut renversé, jeté au loin, et mis à deux doigts de sa perte par une détonation survenue dans un canon où l'on avait oublié de la poudre. Il avait approché une chandelle de la gueule du canon afin de visiter sa cavité (Dupuytren, *ouv. cit.*).

Si l'arme qui contient la poudre est introduite dans une cavité, comme serait par exemple un pistolet sans bourre, ni balle, tiré dans la bouche, celle-ci étant fermée sur le canon, il peut en résulter *presque tous les désordres d'un coup de pistolet chargé à balle.* Si la poudre n'a pas été comprimée par une bourre, la commotion sera moins forte, parce que la force expansive est moindre ; mais pour peu qu'il y ait une bourre, tous les accidents et les altérations de tissus qui résultent ordinairement d'un pistolet chargé à balle pourront se manifester. Ainsi, on trouvera les déchirures multipliées des parties molles, les fractures des os de la base et de la voûte du crâne, ainsi que celle des os de la face. Tous ces désordres ne dépendent en effet que de la commotion.

Lorsqu'à la poudre est jointe une bourre, ce corps étranger est mis en mouvement à la manière d'un projectile et peut produire des effets très fâcheux, s'il vient à rencontrer nos parties ; seulement il faut que le coup soit tiré à une distance très rapprochée du corps.

Un homme tire un coup de fusil chargé à poudre à l'abdomen d'une autre personne, et presque à bout portant ; le blessé succombe, et l'on ne trouve pas de balle dans la plaie.

Un garçon marchand de vin de la place Maubert s'amusait à tirer en l'air des coups de fusil en réjouissance des journées de juillet ; il en dirige un sur un enfant de onze ans, nommé Thomassin, placé à une distance de six pas. Il en résulta une plaie de la largeur d'une pièce de 5 francs au flanc droit : la peau et une portion des muscles ont été enlevées comme avec un emporte-pièce ; le fond de la plaie présente une surface noirâtre, inégale, fortement contuse et comme broyée ; la crête iliaque est à découvert dans l'étendue d'un pouce ; le péritoine forme le fond de la plaie (Dupuytren, *ouv. cit.*). (La distance était probablement bien moindre.)

On a vu, dit Dupuytren, des portes, même épaisses, traversées par la bourre d'un fusil. M. Lepage, armurier, regarde ce résultat comme impossible avec les bourres ordinaires.

Le docteur Lachèse a confirmé cette dernière manière de voir par des expériences nombreuses, desquelles il résulte que la bourre ne peut faire balle en frappant nos tissus, qu'autant que l'arme est d'un fort calibre, qu'elle est chargée avec une cartouche de guerre ou avec une double cartouche de poudre fine, et qu'il y a moins de 16 centimètres entre le bout du canon et l'individu blessé. C'est, au surplus, ce qui résulte du tableau suivant qui donne le détail de ces expériences.

ARME.	DISTANCE.	RÉGION du corps.	LÉSIONS PRODUITES.
1° Fusil de munition chargé d'une cartouche sans balle.	1 mètre 30 c. (4 pieds).	Abdomen *nu.*	La peau est noircie dans un espace circonscrit ; et de nombreux grains de poudre (c'était de la poudre de guerre) ont pénétré sous l'épiderme ; point d'autre lésion.
2° *Idem.*	32 centim. (1 pied).	*Idem.*	La bourre s'est divisée : ses fragments ont fait à la peau 5 ou 6 ouvertures semblables à celles qu'aurait produites du gros plomb ; mais ces fragments se sont arrêtés dans le tissu cellulaire sous-cutané, et aucun n'a pénétré dans l'abdomen.
3° *Idem.*	16 centim. (6 pouces).	*Idem.*	La bourre ne pénètre pas, mais elle excorie la peau dans une étendue circulaire de plusieurs pouces ; nombreux grains de poudre.
4° *Idem.*	*Idem.*	Poitrine *nue.*	La peau est brûlée dans une étendue circulaire d'environ 27 millimètres (1 pouce) ; elle est couverte de grains de poudre dans un diamètre d'environ 55 millim. (2 pouces) ; mais point d'entamure, et la côte sur laquelle le coup avait été dirigé n'est pas brisée.
5° *Idem.*	*Idem.*	Abdomen *vêtu* d'une toile et d'un morceau de drap pour simuler les vêtements ordinaires.	La toile et le morceau de drap sont traversés et déchirés en plusieurs morceaux ; la peau est brûlée et contuse, mais non entamée.
6° *Idem.*	8 centim. (3 pouces).	Partie supérieure de l'abdomen *nue.*	La bourre fait aux téguments une ouverture à peu près circulaire, d'environ 18 millim. (8 lignes) de diamètre ; elle est déviée par la rencontre du cartilage de la 7e côte droite ; elle perce le diaphragme, fait au foie une petite plaie linéaire de 16 à 18 millim. de longueur, sans pénétrer dans cet organe.
7° *Idem.*	*Idem.*	Paroi gauche de la poitrine *nue.*	La bourre fait une ouverture de la largeur d'un espace intercostal, fracture la côte inférieure, et se loge entre le diaphragme et le poumon gauche, qui n'est pas lésé.
8° Fusil à piston fortement chargé.	*Idem.*	*Idem.*	La bourre fait une brûlure circulaire du diamètre d'environ 27 à 28 millimètres (environ 1 pouce) ; mais la peau n'est nullement entamée, soit que la bourre soit faite avec du papier de journal ou de très gros papier. — Même effet avec une bourre faite de deux rondelles de feutre ; mais celle-ci fait de plus deux petites excoriations superficielles.
9° Fusil de munition chargé d'une cartouche	54 millim. (2 pouces).	Abdomen *nu.*	La bourre pénètre, fait à la peau et aux muscles une ouverture à peu près circulaire de 18 millim. (8 lignes) de diamètre, blesse le mésentère et plusieurs

ARME.	DISTANCE.	RÉGION du corps.	LÉSIONS PRODUITES.
(moins la balle).			anses intestinales, sans les ouvrir, et est retrouvée dans l'abdomen, divisée en fragments.
10° Fusil de munition chargé d'un double coup de poudre fine.	54 millim. (2 pouces.)	Abdomen *nu*	Même blessure.
11° Fusil à piston fortement chargé.	*Idem.*	*bien tendu.*	La bourre brûle la peau uniformément dans un espace circulaire d'environ 20 millim. (9 lignes), mais ne l'entame pas.
12° *Idem.*	45 à 50 mill. (1 pouce 1/2 à 2 pouces).	Paroi gauche de la poitrine *nue.*	La bourre brûle la peau dans une étendue circulaire d'environ 27 millim. (1 pouce), elle ne pénètre pas, mais elle fracture une côte sans déplacer les fragments.
13° *Idem.*	27 millim. (1 pouce).	Abdomen *nu* et bien tendu.	Brûlure de la peau dans un espace circulaire d'environ 20 millim. (9 lignes), mais sans entamure.
14° *Idem.*	*Idem.*	Abdomen *vêtu* d'une grosse toile en double.	Le coup traverse la toile, y met le feu, noircit la peau dans un assez grand espace, mais ne l'entame pas.
15° Fusil de munition chargé d'une cartouche (moins la balle).	*Idem.*	Abdomen *vêtu* d'une toile et d'un morceau de drap.	Le coup traverse les vêtements; la plaie faite aux téguments de l'abdomen a extérieurement 22 à 25 millim. (10 lignes) et intérieurement 52 à 54 millim. (près de 2 pouces); la bourre a traversé tout le paquet intestinal et est venue contondre la face antérieure de la colonne vertébrale.

Une balle ou un projectile qui sort d'une arme à feu ne peut pas subir de déformation pendant le trajet qu'elle parcourt dans le canon; il faut en excepter le cas où elle y a été introduite forcément (balle forcée); alors elle a, à sa sortie, la forme du canon qui la contenait.

Une balle qui sort d'une arme parcourt son trajet, de l'arme au point vers lequel elle est dirigée, sans subir de mouvement de rotation sur elle-même dans le sens de sa direction; s'il en était autrement, les projectiles n'amèneraient pas, à une grande distance, les portions de vêtements ou d'étoffes qu'ils ont rencontrées devant eux.

Un boulet vient frapper une file de grenadiers; il traverse de part en part le ventre de celui qui est en tête; un second a la hanche coupée dans toute son épaisseur, et le troisième a les cuisses effleurées; l'une des cuisses présente une petite plaie. Quinze jours s'écoulent, et la blessure ne se guérit pas; cependant elle n'était accompagnée que d'une contusion légère. Bientôt des douleurs aiguës se manifestent ; un pus ichoreux sort par la plaie ; celle-ci est agrandie, et l'on extrait la majeure partie de la virole en cuivre d'un écouvillon. Ainsi, ce boulet avait chassé devant lui ce corps étranger auquel il avait fait traverser le corps de deux hommes, pour venir fixer profondément cette virole dans la cuisse du troisième, quoique le boulet n'eût fait que l'effleurer (Dupuyten, *ouv. cit.*). Ce fait prouve évidemment que la rotation ne s'opère pas dans la direction du trajet de la balle. M. Lepage, l'un des armuriers les plus habiles de Paris, nous a assuré que les balles exécutaient un mouvement de rotation transversalement à la direction de leur trajet. Il affirme, en outre, que si la balle, au lieu de sortir droit du canon, s'échappe par un des points de l'ouverture du fusil, elle se dévie en parcourant un rayon excentrique et tourne sur elle-même dans le sens du rayon qu'elle parcourt.

Effets des projectiles. — Un projectile peut être simple ou multiple. Quand un projectile est composé d'un grand nombre de petites masses, leur réunion forme balle au sortir du fusil, et constitue un feu meurtrier. Tel est le cas d'un fusil chargé de petits plombs ; mais quand une fois les petits plombs agissent à distance, alors ils forment des coups dont l'intensité d'action est peu considérable. Voici un exemple remarquable du premier cas.

Assassinat.

Le 16 juin 1838, nous nous sommes rendu à Maison-Alfort, où en présence de M. Jourdain, juge d'instruction, et de M. Coppeaux, faisant fonction de substitut de M. le procureur du roi, nous avons procédé : 1° à l'examen des lieux où un assassinat avait été commis sur la personne de M. Langlumé ; 2° à l'examen et à l'ouverture du corps de M. Langlumé ; 3° à la visite de la demoiselle Char......, inculpée de ce crime.

Examen des lieux. — Dans une chambre au rez-de-chaussée, exposée au levant, éclairée par deux fenêtres donnant sur un jardin, existe entre les deux fenêtres un canapé, dont les deux oreillers, superposés à une de ses extrémités, sont couverts de sang coagulé, au milieu duquel on voit disséminé çà et là des petits débris de morceaux de matière cérébrale. Sur le sol planchéié est une quantité de sang considérable qui a coulé dans toute l'étendue en largeur de la chambre, en formant deux traînées séparées par une espace de 8 à 10 pouces ; contre les oreillers du canapé est appuyée la baguette d'un fusil ; plus loin, un fusil à un coup et à piston abaissé sur une capsule crevée.

Examen de la demoiselle Char....

Nous nous sommes rendus, en traversant Maison-Alfort, sur le bord de l'eau, dans une maison dont la pièce du rez-de-chaussée était occupée par la fille Char..., que nous avons trouvée couchée, en proie à de vives douleurs, les traits altérés, la peau froide, le pouls très petit, à peine sensible, fréquent, ne parlant qu'avec la plus grande difficulté, éprouvant de vives douleurs dans la bouche, le larynx et l'estomac ; le pouce de la main droite offre une tache d'un bleu foncé ; les lèvres sont çà et là tachées de bleu ; la langue est tapissée d'une matière d'un blanc bleuâtre, provenant évidemment d'une cautérisation par une substance caustique.

On nous apprend que, vers deux heures, cette fille s'est jetée à l'eau ; qu'on l'en a retirée sans connaissance ; qu'elle a bu un peu plus tard du bleu en liqueur ; qu'elle a eu des vomissements , et qu'elle a vomi cette liqueur bleue qui a brûlé une portion d'une robe d'indienne que l'on nous représente. En effet, on y voit une large ouverture dont les bords sont bleus, se déchirant en lanières à la moindre traction, comme cela a lieu lorsqu'on répand du bleu de composition sur une étoffe. La chemise de la fille Char.... présente plusieurs taches analogues.

Nous nous empressons de faire administrer à la malade de la magnésie, et nous lui faisons appliquer des sangsues au cou et à la région de l'estomac.

Examen et ouverture du corps du sieur Langlumé.

A droite et un peu au-dessus du front, non loin de la naissance des cheveux, existe une ouverture arrondie dont le pourtour est noirci, brûlé, comme cela a lieu lors de la décharge d'une arme à feu presque à bout portant. La peau et le tissu cellulaire sous-cutané sont ecchymosés dans tout le pourtour de cette ouverture ; le coronal est perforé près de son sommet par une ouverture pentagonale de 7 lignes de diamètre, et dont les bords sont coupés net comme avec un emporte-pièce ; les cinq côtés en sont réunis sous des angles tellement ouverts qu'au premier abord on croit voir un trou parfaitement rond ; deux fractures partent de cette ouverture, se rendant l'une en avant, l'autre en arrière, et partagent le crâne sur la ligne médiane en deux portions à peu près égales. Elles viennent se réunir à de nombreuses fractures qui parcourent la base du crâne en tous les sens et qui existent aussi en grand nombre sur le côté droit de la face ; le rocher a été brisé , les fosses nasales ouvertes par leur partie supérieure ; le sinus maxillaire, la voûte palatine sont aussi fracturés , en sorte que le sang provenant de la déchirure des vaisseaux de la base du cerveau et de ceux qui le distribuent dans les parties profondes de la face s'est échappé par le conduit auditif de l'oreille droite , par les fosses nasales et par la bouche.— A partir de l'ouverture arrondie de l'os coronal, le cerveau est réduit en bouillie jusqu'à sa base ; il a été traversé par *une charge de petit plomb* (cendrée) *qui a fait balle* et que l'on retrouve en paquets de petits plombs agglomérés par la substance cérébrale ; la bourre du fusil est située dans la fosse moyenne et droite du crâne. — Le plomb et la bourre sont recueillis et remis à M. le juge d'instruction comme pièces de conviction.

L'estomac renferme une petite quantité d'aliments d'une digestion très avancée , et contient aussi un liquide peu coloré, qui nous a paru exhaler l'odeur de l'eau-de-vie.

Les autres organes sont dans l'état sain.

Conclusion.

1° La mort du sieur Langlumé a été le résultat d'un coup d'arme à feu tiré presque à bout portant, qui a donné lieu à une hémorrhagie considérable en déchirant des vaisseaux artériels et veineux très nombreux, en même temps qu'il a traversé le cerveau de part en part.

2° Cette arme à feu était chargée de petit plomb (cendrée).

3° L'état dans lequel le corps a été trouvé sur le canapé, la situation de la blessure, l'existence d'un fusil récemment déchargé et placé droit devant la fenêtre, démontrent, à n'en pas douter, un assassinat.

4° La fille Char..... s'est empoisonnée par du bleu de composition (dissolution d'indigo dans de l'acide sulfurique).

5° Le poison a-t-il pénétré dans l'estomac, ou au contraire n'a-t-il été introduit que dans la bouche, l'arrière-bouche et l'œsophage? c'est une question que nous ne pouvons pas résoudre, attendu que nous n'avons vu la malade que quatre heures après l'ingestion de cette substance corrosive, et qu'à cette époque il existe souvent un état de calme fort trompeur. Dans la supposition la plus favorable, l'état de la fille Char..... est encore fort grave.

Paris, ce 18 juin 1838.

Les expériences de M. Lachèse fils mettent parfaitement ce fait en lumière, à la distance de 28 à 30 centimètres, la plaie résultant de petits plombs faisant balle est unique, à bords irréguliers et faite comme avec un emporte-pièce. Elle est plus large qu'à une distance de 15 à 20 centimètres. C'est à partir de 33 à 34 centimètres que l'inégalité dans les bords de la plaie se fait remarquer, en supposant l'arme chargée avec de la cendrée. A 50 centimètres, un certain nombre de grains de plomb produisent des petites plaies excentriques à la plaie principale; à 1 mètre, chaque grain frappe isolément dans un cercle de 8 à 10 centimètres. A quinze pas, une charge de plomb n° 8, tirée sur le dos d'un individu, se dissémine à toute sa surface.

Le corps étant revêtu de vêtements, les mêmes effets se produisaient, mais à des distances différentes (*voy.* le tableau ci-contre).

Projectile unique. — Tout corps solide étranger à la poudre peut constituer un projectile. Ainsi, une bourre de papier ou de coton, une balle de cire, de liége, de marbre, de pierre, de cuivre, de fer, de plomb, forment autant de corps solides qui, dans certains cas, pourront produire tous les effets meurtriers d'une balle de plomb. — Tout projectile, quelle que soit sa nature, reçoit de la poudre la même impulsion; en sorte que l'on peut établir que toutes les balles, à leur sortie, sont capables de produire les mêmes effets. Voici une expérience de M. Paillard qui démontre ce fait d'une manière évidente. « Une balle de cire à frotter, de même volume qu'une balle de plomb ordinaire, est mise dans une cartouche et introduite dans une carabine qui est déchargée contre une planche de chêne de seize lignes d'épaisseur. La cire, loin de fondre, fait une ouverture d'entrée nette, et une ouverture de sortie déchirée, comme le ferait une balle de plomb. Le coup avait été tiré très près de la planche. »

On peut charger un fusil avec une chandelle, et faire passer la chandelle à travers une planche de sapin peu épaisse. — Une balle de papier mâché et humide, tirée à quatre ou cinq pieds, produit les mêmes effets. — Les grains de sel peuvent faire balle comme les grains de plomb.

DISTANCE.	GROSSEUR du plomb.	PARTIE du corps, dépouillée de ses vêtements.	CARACTÈRES DE LA BLESSURE.
1° 16 à 17 cent. (6 pouces).	Cendrée (Plomb n° 1).	Poitrine.	Plaie arrondie, faite comme avec un emporte-pièce, n'ayant que 13 à 14 millim. (6 lignes de diamètre).
2° Idem.	Plomb n° 8.	Ibid.	Plaie semblable, mais de 20 à 25 millim. (9 à 11 lignes) de diamètre.
3° Idem.	8 chevrotines.	Ibid.	Six ouvertures bien rapprochées, se réunissant plus loin en trois, et n'en faisant ensuite qu'une seule, après avoir fracturé une côte et enfoncé ses fragments dans l'étendue de 15 à 20 millim. (6 à sept lignes).
4° 32 à 33 cent. (1 pied).	Cendrée.	Abdomen.	Plaie comme celles des n°s 1 et 2 ci-dessus, mais moins régulière : beaucoup de plombs se sont un peu écartés et ont fait route isolément.
5° Idem.	Plomb n° 10.	Ibid.	Plaie ronde, de 22 à 27 millim. (10 à 12 lignes) de diamètre.
6° Idem.	Plomb n° 8.	Ibid.	De même; seulement quelques grains s'écartent et filent un trajet isolé.
7° Idem.	Idem.	Partie infér. de la jambe.	Plaie oblongue, à bords déchirés par les grains de plomb qui se sont écartés.
8° Idem.	8 chevrotines.	Ibid.	Six ouvertures à la peau (comme au n° 3 ci-dessus), se réunissant en quatre dans l'épaisseur des parties molles, et n'en formant plus qu'une dans les parties solides.
9° 50 cent. (1 pied 1/2).	Plomb n° 8.	Base de la poitrine.	Plaie tout à fait irrégulière, résultant d'un grand nombre de petites ouvertures faites par les grains de plomb écartés.
10° 65 cent. (2 pieds).	Plomb n° 10.	Ibid.	Plaie de 40 millim. (18 lignes de diamètre, à bords dentelés par l'action des grains qui se sont écartés, mais qui n'ont pas encore tout à fait abandonné la direction du reste de la charge.
11° 1 mètre. (3 pieds).	Cendrée.	Ibid.	Point d'ouverture centrale : les grains de plomb sont disséminés (sans avoir pénétré dans la poitrine) dans une étendue de 55 millim. (environ 2 pouces).
12°	Plomb n° 8.	Ibid.	Même effet; seulement, les grains sont disséminés dans une étendue d'environ 80 millim. (3 pouces).
13° 2 mètres. (6 pieds).	Idem.	Cuisse.	Les plombs se logent plus ou moins profondément dans l'épaisseur de la peau sur toute la surface du membre exposée aux coups.
14° 3 à 4 mètres. (10 à 12 pieds).	Idem.	Ibid.	Tous les grains sont disséminés dans une étendue de 16 à 18 centim. (6 à 7 pouces) de hauteur, sur 16 c. (6 pouces) de largeur.
15° 14 à 15 mèt.	Idem.	Le dos.	Tout le dos est criblé; mais quelques grains seulement pénètrent profondément dans l'épaisseur des muscles; quelques uns atteignent le rein gauche; aucun ne traverse les os.
16° 16 cent. (6 pouces).	Idem.	Poitrine recouverte de trois doubles de grosse toile.	Plaie unique, arrondie, faite comme avec un emporte-pièce, et ayant 17 à 18 mill. (9 lignes) de diamètre. A cette distance de 16 centim. (6 pouces), la plaie faite à la poitrine était semblable à celle faite à distance de 28 à 30 centim. (10 à 11 pouces) sur la poitrine nue.

Tout projectile, *une fois sorti* de l'arme qui l'a lancé, perd la vitesse et l'impulsion qui lui a été communiquée, en raison inverse de la masse qui le constitue. — Prouvons cette proposition par une expérience : nous l'emprunterons à M. Paillard. On charge un fusil avec une balle de cire et une balle de plomb superposées, toutes deux ayant le même diamètre ; on décharge l'arme sur la même planche et à quarante pieds de distance ; les deux balles viennent frapper la planche à un pouce de distance l'une de l'autre ; la balle de cire s'arrête à sa surface ; celle de plomb traverse la planche et vient se perdre dans un mur placé à douze pieds plus loin.

Cette différence dans la force impulsive des deux balles, qui, au sortir de l'arme, étaient mues avec la même vitesse, provient de la résistance de l'air, et de l'influence que cette résistance a exercée sur chacune d'elles, en raison du rapport qui existait entre leur masse et leur volume. Ainsi, la balle de cire présente à l'air une surface égale à celle de la balle de plomb, l'air lui oppose donc la même résistance ; mais comme la balle de cire est beaucoup moins dense, et que la quantité de mouvement qui lui a été communiquée est en raison de sa masse, elle doit perdre de sa vitesse dans une proportion beaucoup plus considérable.

D'où l'on peut déduire les conséquences suivantes : deux pistolets, dont l'un est chargé avec une balle de plomb et l'autre avec une balle de liége, sont presque aussi dangereux l'un que l'autre, lorsque le coup est tiré à brûle-pourpoint. Dans ce cas, la balle de liége produit tous les effets de la balle de plomb. Cependant, de même qu'elle perd de sa force par la résistance que lui présente l'air, de même aussi elle perdra de sa force au fur et à mesure qu'elle traversera des parties du corps qui lui offriront de la résistance, en sorte que, dans certaines circonstances, deux balles, l'une de plomb, l'autre de liége, venant à frapper à la surface du tronc, il est possible que l'une s'arrête dans l'épaisseur de nos parties après deux ou trois pouces de trajet parcouru, tandis que l'autre traversera la totalité du tronc.

Nous ne terminerons pas ce qui a rapport à la charge et à la décharge des armes, sans parler d'un effet peu connu et auquel nous n'avions pas cru jusqu'alors, mais que M. Lepage nous a certifié. Quand un pistolet est tiré *à bout portant*, de manière à ce que son canon appuie fortement sur la poitrine d'un individu, et par conséquent sur tout autre corps résistant, il ne peut que crever ou être repoussé *sans que la balle vienne frapper la personne contre laquelle le coup est dirigé ;* il n'en résulte pour elle qu'une contusion ou une petite plaie contuse. Il y a environ quatre ans qu'un homme a été reçu à l'hôpital Saint-Louis, dans le service de M. Jobert, pour être traité d'une petite contusion qu'il présentait à la poitrine dans la région du cœur. Il assura qu'il venait de se battre en duel ; que les pistolets avaient été tirés à bout portant ; que l'arme avait été repoussée et que la balle était tombée à terre.

Mais si la pression n'est pas assez forte, la balle peut pénétrer et l'arme à feu être repoussée à distance. L'exemple suivant en est une preuve remarquable, en même temps qu'il démontre que les armes à feu peuvent faire des plaies à bords assez nets pour faire supposer, au premier abord, l'emploi d'un instrument tranchant.

Assassinat présumé. — Erreur. — Suicide.

Le 10 février 1836, sur l'invitation qui nous en a été faite par M. le procureur du roi, nous, etc., nous sommes rendu à la Morgue pour, en présence de M. Dieudonné, juge d'instruction, et de M. de Charancey, substitut du procureur du roi, procéder à l'ouverture du corps d'une femme de vingt-cinq ans trouvée dans le bois de Boulogne, étendue à terre, sur le dos, tout habillée; les jupons fixés sur les jambes et les genoux fortement rapprochés au moyen d'un mouchoir passé autour d'eux et fixés par un nœud; la physionomie exprimant l'extase et la béatitude d'une personne qui va être débarrassée du fardeau de la vie; les deux bras fortement fléchis sur la poitrine, les coudes écartés du corps, la poitrine découverte dans toute sa partie antérieure; la chemise déchirée et fendue jusqu'à l'appendice xiphoïde, semblant avoir été noircie par la poudre brûlée provenant d'un coup de feu tiré à brûle-pourpoint, et tachée d'une grande quantité de sang; la robe ouverte par-devant et laissant apercevoir une plaie énorme au-dessous du sein gauche. *A vingt pieds du corps un pistolet dont le chien est abaissé* et portant les indices d'une décharge récemment opérée.

Dans une des poches de cette femme, de la poudre; dans l'autre, soixante chevrotines. Autour du corps, placé sur un terrain humide, aucune trace de pieds ou de pas; seulement les talons des souliers de cette femme ont fait empreinte sur la terre.

Un rapport du docteur P.... décrit ainsi la blessure: A la hauteur de la sixième côte, auprès du bord gauche du sternum et le long des septième, huitième, neuvième et dixième côtes, existe une plaie triangulaire ayant sa base en dedans, son sommet en dehors, trois pouces de largeur à sa base et cinq pouces de longueur de sa base à son sommet. *Les bords supérieur et inférieur sont formés par la peau, coupée et lisse comme si un instrument tranchant avait fait cette blessure;* mais le bord de la peau qui forme la base de la plaie est noirâtre, inégale dans une partie de sa longueur, desséchée et brûlée comme par le coup d'une arme à feu. De cette large plaie s'échappent l'épiploon, l'estomac, une partie des intestins; on y voit à nu le cœur déchiré et dont toutes les colonnes charnues, rompues par la commotion, sont contractées et représentent les granulations de la surface d'un chou-fleur; le diaphragme est totalement déchiré et ne sépare plus la poitrine dans toute sa moitié gauche; le lobe gauche du foie est en bouillie, et des déchirures nombreuses se remarquent à la surface de cet organe; l'estomac est vide et rompu à sa paroi supérieure dans une étendue de trois pouces de longueur. Ajoutez enfin que toutes les parties qui forment le fond de la plaie ont la teinte rouge ocracée qui résulte du mélange de sang coagulé et de charbon provenant de la combustion de la poudre. Une grande quantité de sang s'est écoulée de la blessure et s'est étendue de l'angle supérieur de la base de la plaie à la clavicule droite pour venir gagner le cou et le circonscrire en forme de collier; une autre partie considérable s'est épanchée dans les cavités de la poitrine, ce qui s'est opéré au moyen de la rupture du médiastin antérieur ; des ecchymoses nombreuses environnent les ramifications de tous les gros troncs vasculaires ; mais, quelque minutieuses que soient nos recherches, il nous est impossible de trouver une balle. Du reste, la paroi postérieure de la poitrine est tout à fait intacte ; il n'y a en arrière aucune ouverture de sortie.

En disséquant les lèvres de la plaie, on trouve une ecchymose considérable dans toute leur étendue et dans toute la circonférence de la blessure, ce qui ôte toute idée d'emploi primitif d'un instrument tranchant. La netteté de la section de la peau est donc un fait tout entier dépendant de la commotion. Cette ecchymose se prolonge sur tout le côté gauche de la poitrine ; elle infiltre le tissu cellulaire qui unit les fibres des muscles, plus ou moins déchirés ; la mamelle gauche a été décollée par le fait de la commotion ; enfin du sang est épanché dans l'abdomen et colore en rouge la totalité du péritoine.

Cette femme était enceinte de sept mois. La matrice dépassait de deux pouces l'ombilic ; le fœtus, bien organisé, avait près de quatorze pouces de longueur.

Sur le dos de la main et le long du premier et du deuxième os du métacarpe, on voyait une foule de petits points noirs évidemment formés par de petits grains de poudre et de charbon enfoncés dans la peau, la face palmaire de l'index de cette main noircie par la poudre ; deux excoriations existaient au sommet du médius de la main gauche, et même une petite portion d'ongle avait été enlevée dans deux points de son bord libre ; à la base de l'ongle s'observait une seconde excoriation de la peau. La face palmaire des trois premiers doigts de cette main était noircie par la poudre.

Le docteur P...., qui avait assisté à la levée du corps, avait pris dans son rapport les conclusions suivantes :

1° Que la mort semble avoir été *causée tout à la fois par un instrument tranchant qui a fait la plaie d'abord, et ensuite par un coup d'arme à feu qui a pénétré dans la cavité thoracique*, mais n'a pas pu pénétrer dans l'abdomen.

2° L'écoulement du sang par la partie supérieure de la plaie fait croire, donne même la certitude que le corps était dans une position horizontale quand la plaie a été faite.

3° La rectitude parfaite du cou, du tronc, des membres inférieurs, et les empreintes si nettes des talons sans aucune trace de la surface plantaire dans un lieu où la terre était facile à déprimer, font croire que le corps a été apporté mort au lieu où j'ai été chargé de l'examiner, ou bien qu'il y a eu peu ou pas de mouvements du corps pendant les derniers moments de la défunte.

4° La chaleur du corps indique que la mort est récente.

Conclusions.

1° La mort de la femme a été le fait d'un coup de feu, et *non le double résultat de l'emploi d'une arme à feu et d'un instrument tranchant.*

2° Elle est le résultat d'un suicide opéré, la femme étant étendue et couchée sur le dos, la main gauche ouvrant les vêtements pour découvrir la poitrine, la main droite dirigeant et tirant le pistolet sur cette partie à brûle-pourpoint ou presque à bout portant ; ce que démontrent les grains de poudre à la main droite, les excoriations du doigt médius de la main gauche et la crasse de la poudre aux deux mains.

3° *Le pistolet a été tellement chargé, qu'il a sauté à vingt pieds de distance.*

4° L'absence de balles dans les blessures peut très bien s'expliquer dans l'hypothèse où elles seraient tombées à terre par la large ouverture de la plaie, lors du transport du corps.

Après avoir fait connaître l'état des projectiles à leur sortie de l'arme à feu, et dans le trajet qu'ils parcourent, exposons les effets qu'ils produisent lorsqu'ils viennent à rencontrer des corps résistants et ceux qu'ils éprouvent eux-mêmes de la part de ces corps.

Lorsqu'une balle vient à frapper perpendiculairement un corps liquide, elle le traverse et y parcourt un trajet dont l'étendue est en raison inverse de la densité du liquide. Si elle tombe obliquement à la surface du liquide, sa direction est changée : elle subit une réfraction analogue à celle des rayons lumineux, et c'est ce que savent très bien les chasseurs qui tirent le poisson bien au-dessous du ventre. Si la balle arrive très obliquement à la surface de l'eau, elle peut y être réfléchie et former ricochet, comme une pierre lancée d'une rive à l'autre.

Deux jeunes gens chassaient au poisson avec des fusils de chasse chargés à plomb ; ils marchaient chacun sur un côté opposé de la rivière. L'un d'eux aperçoit un poisson, tire dessus aussi perpendiculairement qu'il lui est possible, et, au même instant, son ami, placé de l'autre côté de la rivière, se sent l'œil frappé d'un plomb. La vue est perdue par suite d'une inflammation qui vide l'œil complétement. (Dupuytren, *Leçons orales de clinique chirurgicale*, édition de 1839.)

Si une balle vient à rencontrer un corps mou, comme de l'argile ou du plâtre frais, ou même du plâtre récemment séché, elle y pénètre et peut s'y arrêter à une profondeur plus ou moins grande. Elle y forme alors une ouverture d'entrée nette, dont le diamètre est représenté par celui de la balle. Le canal formé par le trajet parcouru par le projectile va toujours en s'élargissant, si le cul-de-sac qui le termine forme une cavité arrondie beaucoup plus large. — Même disposition s'observe lorsqu'une balle vient à pénétrer dans l'épaisseur des chairs ou dans l'extrémité spongieuse des os, des poumons, du foie ou du cerveau ; elle y produit la même cavité, ce qui explique la nécessité dans laquelle se trouvent les chirurgiens d'appliquer fréquemment des couronnes de trépan pour extraire les corps étrangers introduits dans les os spongieux. L'exemple suivant vient à l'appui de ces faits.

Suicide. — Coup de pistolet au front. — Ouverture d'entrée nette. — Cavité creusée dans le cerveau au point d'arrêt de la balle.

Un jeune homme, âgé de vingt-six ans environ, se rend, le 16 février, au café de l'Europe, galerie de Valois, au Palais-Royal ; il s'y fait servir un déjeuner, mange copieusement, demande la carte, et, pendant qu'on la prépare, il se tire un coup de pistolet au front ; il est porté à la Morgue à cinq heures.

Ouvert le 20. — Rien de remarquable à l'extérieur ; au front, un peu à droite de la ligne médiane du coronal, existe une perte de substance de la peau de forme quadrilatère, dont les angles sont bifurqués et fendus ; les bords sont noirs et comme charbonnés ; au centre de cette large ouverture, qui en haut peut avoir 3 centim. de largeur, et en bas 5 centim., on voit l'os dépourvu de parties molles ; la partie d'os dénudée offre une ouverture de 2 centim. de diamètre, parfaitement circulaire, et dont les bords sont aussi nets que si l'ouverture avait été faite à l'aide d'un instrument tranchant. Cette portion n'est complète qu'autant que l'on rapproche les parties droite et gauche du coronal, qui ont été séparées sur la ligne médiane et dans tout le trajet de la suture ; en sorte que deux segments forment l'ouverture complète. L'écartement des deux portions d'os du coronal va en diminuant jusqu'à la suture pariétale ; mais les deux pariétaux sont aussi séparés dans toute leur longueur ; le reste de la peau du front ne présente aucune trace d'ecchymose ; la tempe gauche offre seulement quelques plaques bleuâtres qui semblent correspondre à des infiltrations sanguines ; on ne trouve pas sur le reste du cuir chevelu d'ouverture de sortie de la balle.

La peau de l'ouverture d'entrée étant disséquée, on voit le tissu cellulaire légèrement ecchymosé ; une pareille infiltration sanguine se fait remarquer le long de la suture coronale et sur la paupière supérieure de l'œil droit ; il en existe une autre à la tempe gauche, qui correspond à une fracture de la portion écailleuse du temporal.

A l'ouverture du crâne, la dure-mère est décollée dans une grande partie de la face interne du coronal ; le cerveau est fortement affaissé et réduit en bouillie au voisinage de l'ouverture d'entrée de la balle ; à partir de ce point qui correspond à l'extrémité antérieure de l'hémisphère droit du cerveau, existe une sorte de canal formé par la substance cérébrale détruite ; il se prolonge obliquement en arrière et en dehors, vers la partie externe de la fosse moyenne de la base du crâne. Ce canal jette, à droite et à gauche, une petite ramification ; non loin de la bifurcation, on trouve d'abord la bourre au voisinage de l'ouverture de l'os ; elle consiste dans un petit papier imprimé portant ces mots : *Au Palais-Royal et rue Saint-Denis,* n° 38 ; au delà de la bourre, et plus profondément, sont trois esquilles qui se rendent dans les deux bifurcations ; enfin, le canal principal se termine par une cavité presque sphéroïdale *d'un diamètre deux ou trois fois plus considérable que celui du trajet,* contenant la balle de plomb, qui est celle d'un pistolet à balle forcée.

Tout l'extérieur du cerveau est tapissé d'un sang noir, très épais, qui teint sa surface et y forme une couche épaisse ; il faut en excepter la partie inférieure et antérieure du crâne. Le ventricule moyen du cerveau contient aussi une quantité notable de sang.

Bouche fermée, dents peu rapprochées, langue non serrée entre les arcades dentaires ; un peu de sang s'écoule de l'oreille droite par le conduit auditif ; les fosses nasales ne sont pas rompues.

Poumons blancs, légèrement rosés ; on distingue très bien les cellules pulmonaires remplies d'air, se dessinant à la surface par milliers, sans aucune trace d'ecchymose, sans aucune teinte ardoisée ; seulement en arrière la couleur est un peu violacée. La crépitation est peu sensible, la trachée et les bronches sont très saines.

Le cœur est hypertrophié dans ses deux ventricules ; le ventricule gauche contient un peu de sang liquide ; les veines caves en renferment en plus grande quantité ; il est plus noir et plus épais ; rien dans les plèvres et le péricarde.

Le thymus forme deux bandelettes verticales de cinq pouces de longueur.

L'introduction de la balle se fait sans éclater ou fracturer, le plus souvent, le corps solide dans lequel elle pénètre ; aussi n'observe-t-on presque jamais de fracture aux os dans le cas que nous venons de signaler.

Un soldat suisse reçoit, le 29 juillet 1830, dans l'épaule gauche, un coup de feu à bout portant. L'amputation dans l'article est pratiquée, et l'on voit la tête de l'humérus traversée par une balle, sans qu'il y ait la moindre trace de fracture. (Hipp. Larrey, *Relation des journées de juillet 1830. Gros-Caillou.*)

Si une balle rencontre un tissu en toile de laine, jouissant de plus ou moins d'élasticité, elle peut le distendre, l'allonger dans le point frappé, ou le traverser : ces deux effets dépendent de l'élasticité et du degré de tension du tissu, et de la force d'impulsion avec laquelle la balle est mise en mouvement. Nous reviendrons tout à l'heure sur ces faits, en parlant de l'introduction des balles dans les chairs garnies de vêtements : bornonsnous, quant à présent, à signaler ce fait, que jamais l'ouverture faite au vêtement par la balle ne présente à l'œil le diamètre du projectile ; qu'elle est toujours plus petite, et que le plus souvent ses bords en sont déchirés ; que, de plus, le tissu ne semble pas enlevé comme avec un emporte-pièce, qu'il paraît toujours avoir été allongé, en sorte que si l'on rapproche les bords de l'ouverture, ils constituent un cul-de-sac.

La mort de Charles XII, roi de Suède, tué au siége de Frédérichstadt, le 11 décembre 1718, par une balle à la tête, a été regardée comme le fait d'un assassinat, parce qu'on ne pouvait croire que l'ouverture très petite qui existait à son chapeau pût avoir été produite par le passage d'une balle.

Quand une balle vient à traverser une planche d'une certaine épaisseur, elle y fait deux ouvertures, l'une d'entrée, petite, nette ; l'autre de sortie, plus large et souvent avec des éclats de bois. Si, au lieu de faire traverser à la balle une seconde planche, on la fait pénétrer à travers trois ou quatre, qui sont chacune placées à une distance de deux à trois pouces, ainsi que l'a fait Dupuytren, on observe sur chaque planche une ouverture d'entrée plus petite et une ouverture de sortie plus grande : mais l'ouverture d'entrée de la seconde planche est plus large que l'ouverture d'entrée de la première ; de même aussi l'ouverture de sortie de la seconde planche est plus large que l'ouverture de sortie de là première, et ainsi successivement, de manière à avoir sur chaque planche une série de canaux coniques dont les diamètres sont de plus en plus considérables, mais qui, réunis, ne formeraient cependant pas un cône à parois uniformes.

Cette expérience prouve que les projectiles se creusent, dans les corps durs, des canaux d'autant plus larges qu'ils parcourent des trajets plus grands ; en sorte qu'une balle qui aurait déjà traversé la cuisse d'un homme ferait une plaie plus large en traversant la cuisse d'un autre, si toutefois elle avait encore assez de force.

Tous ces résultats de l'expérience que nous venons de citer peuvent s'appliquer aux os. Ils s'observent, alors même que l'os n'a pas une épaisseur très considérable, ainsi qu'on le voit pour les os du crâne dont la table externe est perforée nettement, tandis que la table interne est repoussée avec éclat dans l'intérieur du crâne. M. Paillard a tiré des coups de pistolet à travers des crânes : l'ouverture d'entrée sur un des côtés était exactement ronde et de même étendue que le diamètre de la balle ; la table interne de cette ouverture était déjà plus large, par suite d'éclats nombreux détachés et poussés en dedans. La paroi opposée du crâne, qui constituait l'ouverture de sortie, offrait un diamètre six ou huit fois plus considérable que celle de l'entrée ; elle était très inégale, en éclats, et couverte de fragments, les uns entièrement détachés, les autres encore adhérents. Ces faits se reproduisent journellement dans les exemples de suicides par coups de pistolet.

Les choses se passent de la même manière lorsque des balles viennent à frapper nos parties, en sorte qu'il est presque toujours possible de reconnaître sur les parties molles comme sur les parties dures l'ouverture d'entrée de la balle et celle de sortie ; il y a plus, lorsque les balles pénètrent dans l'épaisseur des parties molles, elles impriment à chaque ouverture un cachet encore plus prononcé : les bords de celle d'entrée en *sont déprimés et enfoncés*, et semblent rentrer dans la plaie ; ceux de la plaie de sortie *sont repoussés en dehors et quelquefois déchirés*. Ces divers faits sont applicables aux coups de feu tirés à distance. Mais il n'en est pas de même lorsque l'arme est déchargée à brûle-pourpoint ; alors il se produit des déchirures plus ou moins étendues, même à l'ouverture d'entrée, état que nous décrirons plus loin.

Telle était l'opinion généralement admise dans la science à l'époque où nous écrivions, lors de la seconde édition de cet ouvrage en 1840.

Cependant M. Malle, professeur à l'hôpital militaire de Strasbourg, avait émis des idées opposées dans sa *Clinique chirurgicale*, imprimée en 1838, où il a nettement formulé sa manière de voir (*Ann. d'hyg.*, *de méd. lég.*, t. XXIII), en consignant dans un mémoire à l'appui la proposition suivante :

Que dans les plaies d'armes à feu l'ouverture d'entrée, loin d'être communément plus petite que celle de sortie, présente au contraire presque toujours un orifice plus grand.

A l'appui de cette proposition, M. Malle a rapporté un certain nombre de faits, dont quelques uns bien antérieurs à cette époque.

Mais M. Malle nous paraît avoir été conduit à un excès contraire.

Les journées de juin 1848, où une guerre civile de trois jours fit tant de victimes, ont donné lieu à de nouvelles observations sur la forme des plaies d'entrée et de sortie des balles. Une longue discussion s'est engagée, entre les notabilités chirurgicales de notre époque, sur le fait de savoir si les plaies d'entrée des projectiles ne pourraient pas être plus larges que les plaies de sortie, c'est-à-dire qu'à l'occasion de ces journées on a vu se reproduire les mêmes assertions que celles qui avaient été émises par M. Roux à l'égard des journées de juillet 1830, parfaitement comparables d'ailleurs. Quelques chirurgiens ont été jusqu'à mettre en doute les expériences de Dupuytren et Paillard, sur l'effet des projectiles au travers des planches d'une certaine épaisseur. On donna comme neuf ce fait, qu'une ouverture d'entrée d'une balle peut être plus large qu'une ouverture de sortie. Je crus devoir alors répéter les expériences de Dupuytren, et lire à l'Académie un mémoire dans lequel je fis sentir que la médecine légale avait déjà eu l'occasion de constater la véracité de cette assertion, à savoir qu'une plaie d'entrée peut être plus large qu'une plaie de sortie, et, à l'aide des expériences auxquelles je me livrai, je démontrai que la largeur de l'ouverture d'entrée était différente, suivant la distance de laquelle le coup était tiré ; qu'arrivé à la distance de deux mètres pour des planches, par exemple, les ouvertures d'entrée commençaient à s'élargir et devenaient de plus en plus larges au fur et à mesure que l'on se rapprochait. Ayant recouvert la planche de peau retirée des parois du ventre d'un cadavre, les ouvertures ont été très larges, et même déchirées, lorsque le fusil a été déchargé de manière que le tissu cutané fût légèrement noirci de poudre. Ainsi on peut établir approximativement que, jusqu'à une distance de 2 ou 3 mètres, la plaie de sortie d'une balle est généralement plus grande que la plaie d'entrée, mais que plus on vient à se rapprocher du corps que le projectile doit traverser, la plaie d'entrée tend de plus en plus à s'élargir, au point même de devenir plus large que la plaie de sortie. Le maximum de diamètre est obtenu lorsque l'arme est déchargée presque à bout portant, ainsi qu'on l'observe dans les cas de suicide, et notamment dans les coups de feu dirigés dans la région du crâne, ainsi que j'en rapporterai des exemples.

Ce fait est capital dans l'histoire des blessures. Il démontre que, lorsque la distance à laquelle l'arme a été déchargée est inconnue, on ne saurait être sûrement dirigé par le diamètre des plaies pour déterminer quelle est l'ouverture d'entrée et celle de sortie ; que c'est surtout dans la conformation de la plaie qu'il faut chercher les éléments propres à résoudre la question, ainsi que dans la disposition des solutions de continuité faites aux vêtements ; c'est ce qui met en évidence l'observation suivante que nous rapportons avec détail, parce qu'elle a été le point de départ de ce nouvel ordre d'idées, et parce qu'elle a élucidé la question de savoir si une plaie d'entrée peut être plus large qu'une plaie de sortie.

De quel côté un coup de feu a-t-il été tiré?

En conséquence de la commission rogatoire de M. le juge d'instruction de Rambouillet, nous soussignés, docteurs en médecine de la Faculté de Paris, etc., avons été commis par M. Berthelin, juge d'instruction près le tribunal de première instance du département de la Seine, à l'effet de donner notre avis sur la question de savoir si le sieur Boudet, tué d'un coup de carabine chargée à balle qui lui a été tiré par le gendarme Carré, a été frappé par-devant lorsqu'il faisait face à ce dernier, en le couchant en joue, ou si, au contraire, ainsi que le sieur Boudet n'a cessé de l'affirmer jusqu'au moment de sa mort, il se sauvait en courant lorsqu'il a été atteint d'une balle.

Circonstances :

Le 4 septembre dernier, vers sept ou huit heures du soir, le brigadier Bernay et le gendarme Carré étaient à faire leur ronde de surveillance, lorsqu'en se rapprochant des hameaux de Rouillon et de Bouc-Étourdy, canton de Dourdan, ils entendirent la détonation d'une arme à feu dans la direction de la ferme de Vaudenau. Ils se rendirent alors de ce côté, en traversant un bois, et ils aperçurent un homme sur la butte de Vaubernau. Le brigadier Bernay commanda aussitôt au gendarme Carré de tourner la butte en continuant de marcher dans le bois et de se diriger ensuite vers le sommet de ladite butte, en évitant d'être aperçu du braconnier. Dès qu'il eut vu Carré sur le haut de la butte, le brigadier marcha dans la direction du point où le braconnier avait été entrevu : dans ce trajet, au moment où il traversait avec précaution un petit fossé qui se trouvait sur son passage, un coup de fusil partit ; il vit en même temps un homme paraître de ce côté et disparaître ensuite.

Arrivé sur les lieux, le brigadier Bernay apprend du gendarme Carré qu'il vient de tirer un coup de sa carabine sur le braconnier, au moment où ce dernier le couchait lui-même en joue.

L'examen des lieux a fait constater que le point où se trouvait le gendarme Carré, quand il a tiré sur le braconnier, était beaucoup plus élevé que celui où se trouvait ce dernier. « La pente est très forte de l'un à » l'autre de ces endroits, » est-il dit dans le procès-verbal de M. le juge de paix du premier arrondissement de Dourdan (la différence d'élévation du terrain n'est pas autrement indiquée). La distance qui séparait le gendarme du braconnier était de *seize pas environ*. L'endroit où était tombé le braconnier blessé est plus creux que ceux qui l'environnent. Il n'est pas dit si celui-ci tomba sur le lieu même où il fut frappé, ou s'il fit encore quelques pas avant sa chute.

Le blessé fut transporté presque aussitôt à l'hôpital de Dourdan, où M. le docteur Diar le vit sur les neuf heures du soir, et constata: *qu'il avait deux plaies à la partie inférieure du tronc: l'une ovale, assez nette, située vers la partie iliaque droite, l'autre à la partie moyenne de la fesse du même côté; cette dernière avait une forme circulaire de la largeur d'une pièce de trente sous; ses bords* parurent à M. Diar *plus meurtris que ceux de l'autre plaie, et elle laissait écouler une grande quantité de sang veineux; il en sortait aussi par la première plaie quand le blessé faisait quelque mouvement. Une crépitation très prononcée dans l'intervalle des deux plaies annonçait que l'os de la hanche était fracturé. Le blessé était froid, avait le pouls très petit, mais il conservait toute sa connaissance.*

Sur la demande qui lui fut adressée par M. le substitut du procureur du roi, en ces termes: Pensez-vous que la blessure ait été faite par-devant, ou bien la balle a-t-elle pu atteindre Boudet dans sa fuite ?

M. le docteur Diar répondit : *La ligne suivant laquelle les deux plaies se correspondent, et qui est oblique d'avant en arrière et de haut en bas, me fait supposer que la balle a pu pénétrer par-devant. Cette opinion peut aussi se trouver confirmée par un autre fait : c'est que la plaie de la fesse est plus grande que celle du ventre, et il est d'observation que dans les plaies par armes à feu, l'ouverture que fait la balle en entrant est toujours plus petite que celle qu'elle fait en sortant.*

Boudet succomba à sa blessure *trente-cinq heures environ* après l'accident. MM. les docteurs Diar et Courtois procédèrent à l'autopsie, et consignèrent dans leur rapport les faits suivants :

« Deux plaies existaient à la surface du corps : l'une, vers la partie
» moyenne de la fesse droite, était de forme circulaire, du diamètre d'une
» pièce de trente sous environ, avait ses bords légèrement enfoncés sur
» les parties sous-jacentes et laissait écouler une grande quantité de sang
» veineux ; l'autre, située vers la partie moyenne de la région iliaque du
» même côté, avait une forme ovalaire ; son plus grand diamètre avait de
» 6 à 7 lignes d'étendue ; elle était dirigée obliquement de bas en haut,
» et de dehors en dedans ; ses bords faisaient une légère saillie au dehors,
» et elle laissait aussi écouler une certaine quantité de sang. Cette der-
» nière plaie était, par rapport à l'axe du corps, plus élevée que la pre-
» mière de deux pouces et demi.... Le trajet compris entre ces deux
» plaies ayant été divisé avec soin, on observa que, jusqu'à l'os iliaque,
» il existait un véritable conduit dans lequel le doigt seul pouvait pénétrer.
» Toutes les parties charnues composant la fesse étaient, à partir de la
» plaie postérieure, dans un état d'attrition très prononcée : le tissu cellu-
» laire et les muscles fessiers étaient infiltrés de sang dans une grande
» étendue ; l'os iliaque présentait, vers sa partie moyenne, une fracture
» dont les éclats existaient surtout vers sa partie supérieure ; mais, à
» l'endroit où le projectile l'avait traversé, on observait une ouverture
» qui, dans les deux tiers inférieurs de la circonférence, était restée in-
» tacte, tandis que le tiers supérieur était forcé par une esquille détachée :
» cette ouverture avait le diamètre d'une balle de fusil ; ses bords étaient
» coupés net du côté de la table externe de l'os, qui avait conservé un
» aspect parfaitement lisse, tandis que, vers la table interne, il y avait
» éclat des lames osseuses, et, à dater de ce point, les désordres deve-
» naient très considérables. En effet, la partie supérieure de l'os iliaque,
» formant ce qu'on appelle le contour de la hanche, était fracturée en
» plusieurs fragments principaux, et beaucoup de petites esquilles étaient
» éparpillées dans l'épaisseur du muscle iliaque interne et dans la cavité
» abdominale ; une, entre autres, de forme très angulaire, ayant de sept
» à huit lignes d'étendue, était accolée à une anse intestinale avec laquelle
» elle avait contracté déjà de légères adhérences. Cette portion d'intestin
» grêle présentait, vers son bord libre, une déchirure d'un pouce d'éten-
» due, par laquelle des matières fécales s'étaient épanchées dans la cavité
» du péritoine.

» Aucun corps étranger n'a été rencontré dans l'étendue des plaies. »

De tous ces faits, MM. Diar et Courtois ont conclu : « Que la mort avait
» été causée par la pénétration du projectile dans la cavité du ventre ; la
» déchirure d'une portion d'intestin grêle et l'épanchement consécutif
» des matières fécales dans l'abdomen.

» Que s'il s'agit de décider *de quel côté la balle a pénétré,* toutes
» les présomptions portent à croire *qu'elle a dû frapper* d'abord la

» fesse presque perpendiculairement ; qu'arrivée vers l'os iliaque, elle
» l'a traversé avec d'autant plus de facilité qu'elle l'atteignait dans le
» lieu où il a le moins d'épaisseur ; qu'après avoir fracturé cet os, elle a
» chassé devant elle plusieurs esquilles dans la cavité du ventre, causé
» la déchirure de l'intestin, et atteint la face externe de la paroi abdomi-
» nale pour sortir par un point plus élevé que celui par lequel elle avait
» pénétré ;

» Que cette blessure ne peut avoir eu lieu ainsi que dans la supposition
» où l'homme qui recevait le coup avait une position déclive, que le
» siége était plus élevé que le bas-ventre, et que le projectile aurait par-
» couru une direction très oblique de haut en bas. »

Ces conclusions sont, comme on le voit, en contradiction formelle avec
l'opinion que M. Diar avait émise d'abord après un simple examen du
blessé. Il en résultait que la version du gendarme Carré, ainsi que la
déclaration du blessé Boudet, trouvaient l'une et l'autre un appui dans
les dépositions de MM. les experts, quoiqu'elles tendissent à établir deux
faits qui s'excluaient l'un l'autre. Tel est le motif de l'enquête sur lequel
nous sommes appelés à donner notre opinion.

Nous avons dit plus haut qu'avec les diverses pièces de l'instruction
qui nous ont été remises, se trouvait un paquet contenant les effets d'habillement du nommé Boudet. Nous n'en donnerons pas ici la description :
elle trouvera sa place dans la discussion à laquelle nous allons nous livrer en examinant les faits que nous venons de rapporter.

Examen et discussion des faits qui précèdent.

Il résulte des détails que nous venons de résumer, que l'explication
donnée d'abord par M. le docteur Diar, d'après la seule inspection des
blessures du nommé Boudet, viendrait à l'appui de la déposition du gendarme Carré, qui dit n'avoir tiré sur le braconnier que parce que celui-ci
le couchait en joue ; tandis que les lumières fournies par l'autopsie ont
conduit MM. les experts Diar et Courtois à conclure, contrairement à
l'opinion émise auparavant par le premier de ces experts, que le nommé
Boudet avait été atteint lorsqu'il présentait la partie postérieure du tronc
au gendarme Carré, et qu'ainsi la déclaration de Boudet, qui a persisté jusqu'à sa mort à dire que le coup avait été tiré sur lui au moment
où il s'enfuyait devant le gendarme Carré, se trouverait complétement
justifiée.

Comme la première assertion de M. Diar est la principale cause de
l'incertitude qu'il s'agit de détruire, examinons d'abord sur quelles raisons notre confrère se confondait. Il émet son opinion en s'appuyant d'une
part *sur l'obliquité de la ligne suivant laquelle les deux plaies se
communiquaient*, et qu'on pouvait considérer comme étant *dirigée
d'avant en arrière et de haut en bas.* Or, en rapprochant ce fait de la
situation relative des deux individus, quand le coup fut tiré, situation
dans laquelle le gendarme Carré se trouvait placé sur un point beaucoup
plus élevé que celui où était Boudet, une pareille interprétation était très
naturelle, et se rapportait d'ailleurs avec la déclaration vraisemblable du
gendarme Carré.

Mais une autre particularité venait encore à l'appui de l'explication
donnée d'abord par M. le docteur Diar : c'est que la plaie de la fesse
droite était plus large que celle du flanc, et la plupart des auteurs des
traités de chirurgie établissent en principe que dans les plaies d'armes à
feu où le projectile traverse le tronc ou les membres de part en part,

l'ouverture de sortie est toujours plus large que la plaie faite par l'entrée
de la balle. Telle est en effet l'opinion de Sabatier(*Médecine opérat.*, t. I,
p. 400, édit. de 1822); de Richter (*Élém. de chir.*, t. I); de Richerand
(*Nosographie chirurg.*, t. I, p. 66, 3ᵉ édit.); Boyer (*Traité des malad.
chirurg.*, etc., t. I, p. 357, 1ʳᵉ édit.); Hennon (*Élém. de chir. milit.*,
2ᵉ édit.); Jobert *Plaies d'armes à feu*, Paris, in-8°, 1835, p. 13).

M. le docteur Diar était donc autorisé à conclure, d'après les dimensions relatives des deux plaies, que le coup avait été reçu d'avant en
arrière. Mais cette opinion, qui a été généralement adoptée et répétée
sans contrôle, ne peut être admise d'une manière aussi tranchée qu'elle
l'a été par la plupart des hommes qui font autorité dans la science.
Richter, que nous venons de citer, ne s'exprime même pas d'une manière
absolue à ce sujet : *Le plus souvent*, dit-il, l'ouverture de sortie est plus
large que celle d'entrée.

Dans ses *Considérations cliniques sur les blessés de juillet* (Paris,
1830, in-8°), M. Roux a signalé d'une manière particulière les différences
qu'il avait observées sur ce point de pathologie chirurgicale. « Dans les
» plaies à deux orifices, faites par des balles, dit-il (page 15), l'ouverture
» de sortie n'était pas plus grande que l'ouverture d'entrée, ou celle-ci
» plus petite que l'autre, aussi constamment que l'ont prétendu ceux qui
▪ ont décrit les plaies d'armes à feu d'après les observations faites sur les
» champs de bataille. »

M. Roux a prouvé avec raison que la cause de cette différence provenait
de ce que dans les combats des trois jours les coups étaient tirés presque
à bout portant ou à de faibles distances, en sorte que le projectile n'ayant
pour ainsi dire rien perdu de sa force au moment de sa sortie, laissait les
mêmes traces de son passage aux deux faces opposées du membre blessé.

Dans un assassinat récent, où l'avant-bras de la victime avait été traversé de part en part par une balle de pistolet déchargé presque à bout
portant, nous pûmes constater que la plaie de sortie qui existait à la face
palmaire de l'avant-bras avait les mêmes dimensions que la plaie d'entrée qui était située sur la face dorsale près le bord cubital du membre.
Enfin, l'un de nous (M. Devergie) a consigné, dans le *Journal de médecine et de chirurgie pratiques* (n° d'octobre 1838), un exemple de plaie
pénétrante de poitrine, par un coup de pistolet tiré presque à bout portant, dans laquelle l'ouverture de sortie était plus petite que l'ouverture
d'entrée.

Si l'on rapproche de ces différents exemples le fait que nous examinons,
et si l'on considère que la distance qui séparait le gendarme Carré du
nommé Boudet n'était que de *seize pas environ*, on comprendra comment ici l'ouverture de sortie de la balle a pu être moins large que la
plaie faite par l'entrée de ce projectile.

Il résulte donc de la discussion à laquelle nous venons de nous livrer,
que si les diverses circonstances dans lesquelles la blessure de Boudet a
eu lieu pouvaient, au premier abord, autoriser à penser qu'il avait été
blessé d'avant en arrière, un examen plus approfondi des mêmes faits
laissait la question douteuse.

Mais la dissection du cadavre achève de lever toutes les incertitudes.
Et d'abord, une exploration plus attentive des deux plaies a fait reconnaître que dans celle de la fesse droite, dont la forme était circulaire et
le diamètre de douze lignes environ, les bords étaient légèrement déprimés vers les parties charnues sous-jacentes, lesquelles étaient dans
un état d'attrition très prononcée jusqu'à l'os iliaque, qui était brisé et
traversé dans sa partie moyenne par une ouverture qui avait le diamètre

d'une balle de fusil, et dont les bords étaient coupés net du côté de la table externe de l'os qui avait conservé un aspect parfaitement lisse, tandis que vers la table interne il y avait éclat de lames osseuses, et beaucoup de petites esquilles étaient éparpillées dans l'épaisseur du muscle iliaque interne et dans la cavité abdominale ; une entre autres, de forme triangulaire, ayant de sept à huit lignes d'étendue, était accolée à une anse intestinale avec laquelle elle avait déjà contracté de légères adhérences.

Quant à la plaie du flanc droit, sa forme était ovalaire, son plus grand diamètre avait de sept à huit lignes d'étendue ; elle était dirigée obliquement de bas en haut et de dehors en dedans, ses bords faisaient une légère saillie au dehors. Cette plaie, par rapport à l'axe du corps, était située à deux pouces et demi au-dessus de celle de la fesse ; dans le trajet très oblique de cette plaie au travers des parois abdominales on ne trouva aucun corps étranger, non plus que dans celui de la plaie de la fesse.

D'après les détails qui précèdent, et que nous transcrivons du rapport d'autopsie de MM. Diar et Courtois, on voit que la plaie de la fesse avait une forme circulaire, tandis que celle du flanc était ovalaire ; que les bords de la première étaient légèrement enfoncés vers les parties sous-jacentes, tandis que ceux de la deuxième plaie faisaient une légère saillie au dehors. Or, ces caractères différentiels sont ceux qu'on observe généralement dans toutes les plaies d'armes à feu qui traversent de part en part le tronc ou les membres ; l'ouverture d'entrée du projectile est plus ou moins arrondie, à bords déprimés en dedans, comme on l'a observé dans la plaie de la fesse ; l'ouverture de sortie a une forme plus irrégulière, dépendant souvent de la déformation éprouvée par le projectile s'il rencontre un os sur son passage, et ici un os a été brisé et perforé par la balle avant sa sortie, et la plaie du flanc a une forme ovalaire ; les bords sont ordinairement relevés en dehors, et ceux de cette plaie présentaient cette disposition. L'aspect seul des deux blessures pourrait donc indiquer déjà que la balle a traversé les parties d'arrière en avant.

Si l'on opposait à cette conclusion, tirée du caractère des deux plaies, la différence de leur diamètre, qui était ici de cinq lignes environ en moins pour l'ouverture de sortie, nous rappellerions les exemples que nous avons cités plus haut, et qui prouvent que l'ouverture de sortie d'une balle peut être plus étroite que son ouverture d'entrée.

Mais ce qui achève de démontrer que le trajet de la balle a eu lieu d'arrière en avant, ce sont les particularités qu'a présentées la fracture de l'os de la hanche, le soulèvement de ses lames internes du côté du bassin, la présence d'esquilles nombreuses disséminées dans le muscle iliaque interne et dans l'abdomen : il est évident que ces débris de l'os fracturé ont été chassés dans cette direction par la balle qui traversa la hanche d'arrière en avant, et pénétra dans le ventre, où elle ouvrit une anse intestinale avant de sortir obliquement au travers des parois de l'abdomen.

Mais, dira-t-on, comment concevoir qu'une balle lancée par une carabine tirée à seize pas de distance et de haut en bas, ait pu ressortir à deux pouces et demi du point par où elle est entrée ? D'après la situation respective du gendarme Carré et du braconnier Boudet, et en admettant que ce dernier tournait le dos au premier quand il a été blessé, la direction de l'arme était telle, que la balle, en pénétrant au milieu de la fesse droite, devait sortir à la partie supérieure de la cuisse du même côté, par un point inférieur à celui de la plaie de la fesse, ou s'arrêter dans l'excavation du bassin.

Mais sait-on bien dans quelle position se trouvait Boudet quand il a été blessé ? S'il fuyait pour éviter le gendarme Carré, ne pouvait-il pas avoir le corps fléchi plus ou moins en avant pour se dérober aux regards du gendarme qui le poursuivait ? Et dans ce cas, cette flexion du tronc sur les cuisses ne peut-elle pas expliquer jusqu'à un certain point le trajet de la balle, qui, dans cette position, avait été presque horizontale, quant à la situation relative des ouvertures d'entrée et de sortie, et qui a paru au contraire obliquée de bas en haut dans un intervalle de deux pouces et demi, quand le blessé a été observé couché et *étendu* sur un lit (déposition de M. Diar), de même que lorsqu'on a procédé à l'ouverture du cadavre ? Et d'ailleurs aucun praticien n'ignore qu'il suffit d'un léger obstacle dans l'épaisseur des parties qu'elle traverse pour faire dévier une balle de sa direction première ; et ici l'os qui a été brisé par le projectile ne peut-il pas l'avoir détourné de son trajet naturel et avoir déterminé sa sortie plus en haut qu'en bas ? La situation plus élevée de l'ouverture de sortie n'infirme donc aucunement l'explication que nous donnons de la blessure de Boudet, d'après les caractères des deux plaies décrites.

Enfin l'examen des vêtements que portait Boudet quand il a été blessé vient confirmer encore l'opinion que nous émettons. Ces vêtements se composent, comme nous l'avons déjà dit, d'une veste en drap bleu, d'un gilet en tissu de coton à fond rouge, d'un pantalon de drap bleu et d'une chemise. Le pan droit de la veste présente deux ouvertures irrégulièrement arrondies avec perte de substance, à bords déchirés irrégulièrement et correspondant à la plaie de la fesse droite. Le pantalon est percé dans le même point par une ouverture semblable à celle du pan droit de la veste. Le gousset du même côté est traversé de part en part par une déchirure verticale, sans perte de substance, en sorte qu'on peut rapprocher les bords de cette déchirure en tirant modérément en sens contraire les deux angles de cette solution de continuité. Le pont du pantalon a été traversé vis-à-vis de l'ouverture du gousset, et l'étoffe est déchirée anguleusement et transversalement dans une étendue de huit lignes.

Une particularité qui nous a frappés et qui viendrait à l'appui de notre hypothèse (qui est aussi celle que MM. Diar et Courtois ont émise), que Boudet avait le corps fléchi en avant quand il a été blessé, c'est que les ouvertures du gousset et du pont du pantalon sont presque au même niveau que l'ouverture irrégulière et avec perte de substance qui est située en arrière et correspondant à la plaie de la fesse.

La chemise présente, sur la partie droite de son pan antérieur et de son pan postérieur, deux ouvertures analogues à celles du pantalon, et qui leur correspondent en avant et en arrière. Il existe en outre sur cette chemise deux autres grandes déchirures indépendantes du coup de feu reçu par Boudet.

Le gilet n'offre rien de particulier à noter.

De tout ce qui précède, nous concluons :

1° Que le coup de carabine chargé à balle qui a causé la mort du sieur Boudet lui a été tiré par derrière.

2° Qu'ainsi il n'a pu être blessé de la sorte pendant qu'il aurait tenu en joue le gendarme Carré, mais qu'il peut s'être retourné brusquement pour fuir après avoir fait ce mouvement pour intimider un instant ledit Carré.

Paris, le 25 octobre 1838.

*Des effets produits par les balles qui viennent frapper perpendicu-
lairement la surface des corps.*

Une balle qui frappe perpendiculairement la surface d'un corps, le
traverse directement, quelle que soit la nature du corps, pourvu toutefois que sa densité ne résiste pas à la force avec laquelle la balle est mise
en mouvement. La balle qui tombe perpendiculairement à la surface d'une
rivière gagne immédiatement le fond. — Lorsqu'une balle vient rencontrer un corps trop dur pour être traversé par elle, elle subit des changements qui dépendent principalement de la conformation du corps et de
la manière dont elle est venue frapper.

A. *La surface est plane.* — Elle peut d'abord être réfléchie sur elle-
même, de manière à blesser la personne qui a tiré le coup de feu, ou,
si elle n'a pas frappé perpendiculairément la surface du corps, être réfléchie en se déviant à droite et à gauche, et venir frapper une personne
voisine de celle qui a déchargé l'arme. Tel serait le cas où une balle viendrait rencontrer un morceau de fer. On les nomme alors balles au retour.
Elles peuvent encore elles-mêmes être brisées en plusieurs morceaux qui
se réfléchissent dans diverses directions. —Il est rare que la balle ne laisse
pas de traces de sa percussion : ce sera pour le fer une place qu'elle aura
rendue polie, si le fer était à surface brute ; pour le marbre ou la pierre,
elle en détache une portion, souvent même elle le brise en éclats :
parfois elle lamine et plombe la surface du fer. Tel est leur effet ordinaire lorsque les balles viennent frapper le verre, une glace. Mais lorsque
la vitesse dont est doué le projectile est très grande, un carreau de vitre
peut être percé sans éclats et présenter une ouverture nette, comme cela
a lieu sur une planche ; on dirait alors que l'ouverture a été faite avec un
emporte-pièce. Les cuirasses, la tôle même, peuvent être traversées de la
même manière. Si c'est un métal mou, comme le plomb ou l'étain, la
balle s'incorpore quelquefois avec lui.

La conformation de la surface des corps durs a une grande influence
sur la direction que peut prendre le projectile après la percussion.

B. *La surface est concave.* — La balle se divise souvent en un grand
nombre d'éclats, qui se réfléchissent sur eux-mêmes en suivant la courbe
de cette surface et en représentant des rayons qui divergent du centre à
la circonférence. Si la balle reste entière, elle suit de même la courbure
de la surface dans une direction et sur des points variables. A plus forte
raison, si la balle vient frapper obliquement la surface du corps. Ces faits
expliquent les trajets extraordinaires que peuvent suivre les projectiles
qui pénètrent dans les diverses cavités du corps. Une balle vient frapper
obliquement l'un des points de la surface de la poitrine, pénètre dans
cette cavité, suit la courbure des côtes, et vient sortir de la poitrine par
un point plus ou moins opposé à celui de l'entrée, en sorte que la poitrine

a été traversée par une balle, quand les organes qu'elle contient ont tous été ménagés. Des blessures du même genre ont été observées à la tête.

Une balle, après avoir traversé l'os frontal à sa partie moyenne, près du sinus longitudinal de la dure-mère, se porta obliquement en arrière entre le crâne et la dure-mère, et marcha ainsi le long et au côté gauche du sinus jusqu'à la suture occipitale, où elle s'arrêta.

Dans un autre cas, la balle perce la bosse pariétale, laboure obliquement la face interne de cet os et s'arrête à un demi-pouce de la suture occipitale. Dans les deux cas, une sonde introduite par les ouvertures d'entrée est arrivée jusqu'à chaque balle; on a appliqué une couronne de trépan dans le point correspondant pour procéder à leur extraction et faire cesser les accidents de compression qui s'étaient manifestés. (Larrey, *Clinique des camps.*)

C. *La surface est convexe.* — Quand une balle vient frapper perpendiculairement une colonne en pierre ou en marbre à surface convexe, elle y creuse une cavité plus ou moins profonde et sort par un des rayons de la concavité pour longer la colonne et s'échapper ensuite. Ce résultat a été très sensible lors des coups de feu qui ont atteint, en juillet 1830, les colonnes du palais de l'Institut. Si la balle vient frapper obliquement la surface convexe, elle la contourne et s'échappe ensuite. Il peut en être de même à l'égard d'une balle qui vient frapper la convexité d'un os; souvent, il est vrai, elle n'attaquera pas sa substance, mais elle la contournera, et sortira du membre par un point opposé à son entrée.

Au siége de Fribourg, le maréchal de Lowendal reçut une balle à la tête, qui perça son chapeau et le cuir chevelu près de la tempe droite, et vint sortir au-dessus de la tempe gauche. (Percy, *Manuel du chirurgien d'armée.*)

Une balle entre près du cartilage thyroïde; après avoir tourné autour du cou et suivi toute sa circonférence, elle revient à l'endroit même par lequel elle avait pénétré. C'est là qu'elle fut retrouvée. (Docteur Hennen, *Principles of military surgery*, page 34, 4ᵉ édit.)

Une balle frappe le sternum et sort près des apophyses épineuses du dos.

Une balle pénètre dans la cuisse, contourne le fémur, et sort de la cuisse par un point diamétralement opposé à celui de son entrée. (Dupuytren, *ouv. cit.*)

D. *La surface des corps est hérissée d'aspérités.* — Les effets sont alors variables en raison du genre d'aspérités dont le corps est pourvu, et, dans tous les cas, elles influeront sur la direction de la balle en raison de leur forme, qui se rapportera toujours à une surface plane, convexe, ou concave.

C'est en invoquant ces divers ordres de faits qu'Ollivier d'Angers a cherché l'explication de la direction différente qu'auraient offerte deux balles sorties du même pistolet et ayant frappé les deux joues, dans l'hypothèse où l'une d'elles aurait fait ricochet en frappant directement l'apophyse montante de l'os maxillaire. (Affaire Peytel. Voy. *Annales d'hyg.*, t. XXII.)

Changements de forme éprouvés par les projectiles de la part de la surface des corps.

Un projectile peut être modifié par la surface d'un corps, alors même que celui-ci a moins de densité ou de dureté que lui. M. Lepage nous a cité à ce sujet l'expérience suivante : Que l'on prenne un tonneau, qu'on le remplisse d'eau, qu'on le ferme avec du parchemin, qu'on couche le tonneau, et qu'on tire un coup de pistolet avec une charge ordinaire ; la balle traversera le liquide et ira frapper la paroi opposée du tonneau ; mais si l'on double la charge de poudre, la balle sera aplatie par l'eau, et tombera au milieu du liquide sans aller toucher la paroi opposée au parchemin. Une balle de plomb peut s'aplatir sur du plomb ; le plus souvent elle s'y incorpore. Cette expérience a été faite un grand nombre de fois par Dupuytren. Si la matière du projectile est molle, flexible, elle peut s'aplatir et adhérer à la surface du corps résistant, de manière à y former une couche plus ou moins épaisse. Tel est le cas de la cire. Le projectile est-il de nature métallique et ce métal jouit-il d'une grande malléabilité, alors la balle peut éprouver tous les degrés de dépression possibles jusqu'à la réduction en une lame métallique très mince, semblable à du plomb laminé ; ces effets ont lieu sur les surfaces planes. Déjà nous avons fait entrevoir que la balle, en frappant perpendiculairement une surface concave, pouvait se diviser en un grand nombre d'éclats, qui tous irradiaient du centre de la cavité à sa circonférence. Supposons actuellement que le corps frappé soit anguleux, ou qu'il présente une ligne saillante, une crête du genre de celles qu'offrent les os ; alors la balle peut se diviser en plusieurs fragments dont chacun d'eux est mû avec la force d'impulsion qui lui a été communiquée en raison de sa masse, moins la moitié de cette force qui a été transmise au corps qui l'a divisé. Dans beaucoup de cas cependant, la force impulsive qui lui reste est assez grande pour produire tous les effets d'une balle. C'est ainsi qu'une balle peut faire une seule ouverture d'entrée et deux ou trois ouvertures de sortie.

Un homme reçoit une balle qui vient frapper la crête du tibia, se divise en deux parties qui traversent le mollet, et font deux plaies au mollet de la jambe opposée. Il y avait donc cinq plaies formées par la même balle. (Dupuytren, *ouv. cité.*)

La balle n'a pas toujours besoin de rencontrer une crête pour se diviser.

Un soldat suisse est blessé le 28 juillet 1830 par une balle qui fracture le pariétal droit, s'y divise en deux portions, dont l'une s'échappe à travers les téguments, tandis que l'autre pénètre dans le cerveau, traverse son lobe postérieur, et s'arrête sur la tente même du cervelet. (Dupuytren, *ouv. cité.*)

Une balle peut être divisée par l'angle d'un os spongieux, tel que celui de la rotule ou de l'apophyse olécrâne ; cependant M. Jobert a mis en doute la possibilité de ce fait. Ces sections et déformations des balles s'observent principalement à un très haut degré dans les cas de suicide où le pistolet est dirigé vers la base du crâne, et où le projectile vient à rencontrer des parties d'os plus ou moins dures qui la déforment, telles que le rocher, l'apophyse basilaire, etc. Il est très important d'en tenir compte, car en médecine légale on peut faire cette question : Les déformations que présente une balle sont-elles dues aux os qu'elle a rencontrés, ou, au contraire, ont-elles été opérées préalablement dans l'intention d'amener des désordres plus grands, une blessure plus grave ? Cette question ne peut être résolue que par l'inspection spéciale de la balle, qui ne présente pas toujours des caractères suffisants pour affirmer. Toutefois nous avons été à même de faire de pareilles observations, et elles nous ont conduit à une remarque assez importante : c'est que les facettes du plomb déformé sont rarement lisses et polies ; qu'elles présentent presque toujours des stries dépendant des aspérités des os qui ont opéré la déformation. Ces stries doivent offrir sur toutes les facettes de la balle une direction uniforme, pour que l'on puisse établir des présomptions fondées sur la déformation du projectile pendant son passage à travers les os brisés. Elles proviennent du frottement des surfaces au moment de la déformation.

Une balle peut s'aplatir sur une surface plane et cependant être réfléchie. Les bords de l'aplatissement sont le plus souvent inégaux et disposés en bourrelets rugueux, ce qui amène des plaies plus graves.

Percy rapporte le fait suivant : Une balle, après avoir traversé la table externe des os du crâne, vint s'aplatir contre la table interne sans la fracturer (*Manuel du chirurgien d'armée*). Il a fait sur le cadavre des expériences qui lui ont donné pour résultat ce que je vais citer : 1° Une balle peut traverser la table externe et forgeter la table interne qu'elle tapisse à la manière d'une feuille de fer-blanc ; 2° elle peut se ramifier dans les cellules du diploé et remplir du reste de sa masse le trou qu'elle a fait à sa table externe ; 3° elle peut percer les deux tables d'un petit trou seulement, à travers lequel une moitié s'allonge et passe comme par une filière, tandis que l'autre reste au dehors en y formant une tête de clou.

M. Pagès, chirurgien-major du régiment Royal-Piémont, a vu chez un blessé une balle qui était entrée dans le crâne par une fente si étroite que, sans la trace du plomb qu'elle avait laissée sur les bords, on ne l'eût pas aperçue.

Jusqu'alors nous nous sommes principalement occupé des changements que les balles éprouvent, tant sous le rapport de leur trajet que sous celui de leur conformation, de la part des surfaces des corps qu'elles rencontrent ; voyons actuellement ce qui arrive lorsqu'elles traversent les différents tissus de l'économie. Il n'est pas nécessaire qu'elles trouvent un corps dur pour subir une déviation, il suffit d'une différence de densité dans les couches musculaires qu'elles traversent pour leur faire prendre des directions différentes.

Les deux cas suivants en sont des exemples bien frappants.

Le docteur Hennen (*Principles of military surgery*) cite le cas d'un soldat qui, au moment où il étendait le bras pour monter à l'échelle dans un assaut, reçut une balle qui pénétra vers le milieu de la longueur de l'humérus, passa le long du membre et de bas en haut, par-dessus la partie postérieure du thorax, s'ouvrit un chemin dans les muscles de l'abdomen, pénétra profondément dans les muscles fessiers, et remonta à la partie moyenne et antérieure de la cuisse opposée.

Une balle, après avoir frappé à la poitrine un homme qui était debout dans les rangs, alla se loger dans le scrotum.

Lorsqu'une balle arrive à une partie garnie d'un vêtement, elle peut perforer celui-ci ou l'entraîner avec elle dans la blessure sans le déchirer. La perforation a lieu de deux manières possibles : ou la balle fait une ouverture au tissu et arrive seule aux parties molles du corps, ou, au contraire, tout en produisant une ouverture aux vêtements, elle chasse devant elle une portion de leur tissu qu'elle transporte dans la plaie. Il résulte de là que deux vêtements ayant été traversés par une balle, il est possible que le diamètre de l'une des ouvertures ne représente pas celui du projectile, tandis que celui de l'autre sera, au contraire, plus grand que le diamètre de la balle. Les portions de vêtements qui sont introduites dans les plaies peuvent être transportées fort loin ; elles sont même souvent chassées au dehors de la blessure par la balle qui les y a introduites.

Lorsqu'une balle ne perfore pas les vêtements, elle les allonge, s'en forme une coiffe, une sorte de sac, et s'introduit avec eux dans les chairs. Si l'on vient à retirer le vêtement qui n'a pas été perforé, c'est-à-dire au moment où le blessé se déshabille, la balle sort de la blessure en même temps que le sac avec lequel elle s'y était engagée. Dans tous les cas où une balle vient frapper les vêtements avec force, elle prend l'empreinte de leur tissu, en sorte que l'on peut, d'après la surface de la balle, reconnaître l'espèce de tissu qu'elle a frappé.

Louis Moinet reçoit, le 28 juillet 1830, un coup de feu à l'hypogastre, tout près de la ligne blanche ; la balle enfonce la chemise dans la plaie. Le malade, examinant sa blessure, voit, à son grand étonnement, la balle tomber à terre pendant le temps qu'il retire sa chemise. Au même instant, une anse d'intestin s'échappe à travers la plaie. (Marx et Paillard.)

Le marquis de Bezons reçoit un coup de feu qui lui fracasse les apophyses transverses des deux vertèbres lombaires. Bordenave, chirurgien de son régiment, accourt pour le panser et cherche en vain la balle. Le blessé s'avise de faire apporter la chemise qu'il venait de quitter, et l'on n'est pas peu surpris de trouver la balle qui, après avoir percé l'habit et la veste, avait poussé la chemise devant elle, et avait fait son ravage sans endommager ce vêtement. (Percy, *Manuel du chirurgien d'armée.*)

Une fois introduites dans les chairs, les balles peuvent en sortir, soit immédiatement, parce qu'elles auront traversé toute l'épaisseur d'un membre, soit consécutivement, parce qu'elles auront été entraînées par la suppuration ou extraites. Il est d'observation que les balles sortent plus facilement des blessures que les vêtements ou les autres corps étrangers qu'elles ont chassés devant elles.

Un fusil chargé à petit plomb constitue une arme dont les projectiles traversent rarement les parties de part en part. Les petits plombs s'arrêtent ordinairement à la surface ou dans l'épaisseur de la peau, s'y enchatonnent et y séjournent pendant un temps plus ou moins long. Il faut excepter le cas où le coup fait balle.

Si au lieu de petit plomb ce sont des chevrotines, alors il se produit pour chacune d'elles des phénomènes intermédiaires aux effets des balles uniques et à ceux des petits plombs.

Enfin, si des balles étaient formées par certaines substances, elles pourraient devenir la cause d'empoisonnement. Des soupçons à ce sujet se sont élevés à l'occasion des balles employées dans les journées de juin 1848; mais l'analyse a démontré que toute pensée de pareilles mixtures avait été étrangère à la confection de ces balles.

Résultat matériel des effets des armes à feu.

Les armes à feu peuvent produire deux genres distincts de blessures : les unes ont lieu lorsque l'arme est déchargée à bout portant, et les autres s'observent lorsque le coup de feu est tiré à distance.

Caractère d'une plaie d'arme à feu tirée à bout portant. — Une plaie produite dans ces conditions présente l'aspect d'une brûlure dans une étendue de trois, six ou neuf centimètres à sa circonférence, c'est-à-dire qu'elle a une teinte noirâtre sur un fond rouge ou brunâtre, sale, tachant le linge ou la main humide qui la frotte; la peau, parsemée d'une poussière noire ou même de petits grains de poudre encore entiers, dont la majeure partie est adhérente à son tissu et repose sur une ecchymose superficielle de la peau; la plaie, elle-même, arrondie si le canon de l'arme n'a pas été très rapproché de la partie frappée; déchirée au contraire dans plusieurs directions si le contact de l'arme a été plus ou moins immédiat; les bords de cette plaie, boursouflés, noirs, recroquevillés, épaissis; la plaie elle-même non saignante, tels sont les caractères de ce genre de blessure, et que les exemples suivants feront bien mieux connaître que les descriptions générales que nous pourrions donner.

Coup de pistolet à la poitrine, remarquable par les désordres
résultant de la commotion.

Nous soussigné..... nous nous sommes rendu à..... pour procéder à l'examen du corps de... à l'effet de déterminer la cause de la mort : si elle a été le fait d'un coup de feu ? quelle espèce d'arme a produit la blessure, et si cette blessure tend à établir des présomptions de suicide ou d'homicide ?—Au côté gauche de la poitrine et à la hauteur du téton gauche, existe une plaie de forme quadrilatère, dont les dimensions sont à peu près égales sur les quatre côtés, et sont de trois pouces de haut en bas, et de trois pouces et demi transversalement; l'aspect de la blessure est d'un brun rougeâtre; les bords de la peau sont comme *brûlés et carbonisés;* la peau qui constitue le bord inférieur de la plaie est desséchée, brunie, comme parcheminée, dans une étendue d'un pouce de hauteur sur un pouce et demi de largeur; du reste, les lèvres de la plaie sont rétractées, et laissent à nu les muscles qui tapissent les côtes de manière à ce que ceux ci débordent la peau dans une étendue de deux à trois lignes. Les troisième, quatrième, cinquième et sixième côtes ont été fracturées, détruites, et réduites en esquilles dans leur portion correspondant à la plaie; les muscles qui les tapissaient dans cette partie ont été détruits, en sorte que la cavité gauche de la poitrine est largement ouverte; au fond de la plaie et dans la cavité pectorale, on trouve le péricarde déchiré dans toute sa partie gauche, le cœur faisant hernie à travers cette déchirure; et appliqué sur le poumon gauche, qui est réduit à un petit volume et qui nage au milieu d'un demi-litre de sang fluide, épanché dans cette cavité; à la base du ventricule gauche du cœur, existe une déchirure de ses parois à bords inégaux, frangés et parsemés d'une foule de petits mamelons qui correspondent aux colonnes charnues du cœur, qui sont divisées. Le lobe inférieur du poumon gauche est largement déchiré et réduit en bouillie; le lobe supérieur est intact; les divisions des bronches du côté gauche ont été rompues et séparées en partie du poumon et de la plèvre qui tapisse à gauche la colonne vertébrale. L'aorte est déchirée dans une étendue de cinq pouces; ces déchirures sont tellement inégales qu'il est impossible d'en assigner la direction. Derrière l'aorte, près de l'articulation postérieure de la huitième et neuvième côte avec le corps des vertèbres, existe une ouverture de trois lignes et demie de diamètre, arrondie, qui intéresse le corps de la huitième vertèbre.

En introduisant un stylet mousse, on arrive à un corps dur qui donne, par la percussion, le son d'un métal; le son est évidemment produit par la balle, qui vient faire dans le dos une saillie arrondie formée aux dépens de la peau qu'elle soulève. La surface de la peau de cette partie est rouge, injectée; autour de la balle, on voit les muscles et le tissu cellulaire ecchymosés dans une étendue de onze à quatorze centim. en surface. La balle est de calibre, sa forme est celle d'un cylindre allongé, et concave à sa circonférence; en sorte que la forme sphérique d'une balle ordinaire n'est pas conservée; il semble qu'elle ait été taillée sur l'un de ces diamètres, de manière à permettre son entrée dans un canon d'un calibre plus petit que celui d'un fusil; une des extrémités du cylindre est arrondie et l'autre aplatie, comme si on l'avait forcée dans un canon : au-dessous de cette première balle on en trouve une seconde absolument semblable.

En disséquant les muscles de la poitrine, on voit du sang infiltré dans le tissu cellulaire jusqu'au creux de l'aisselle. Les cavités du cœur, tous les gros troncs artériels sont vides de sang; le poumon droit est décoloré; il existe une ecchymose sous la plèvre droite, dans la partie correspondante à la colonne vertébrale; la trachée-artère contient un peu de sang artériel. Les organes de l'abdomen sont dans l'état normal; l'estomac renferme un peu d'aliments, en partie digérés. Le cerveau est sain.

Conclusions. — 1° La mort a été le résultat de la blessure.

2° La blessure a été produite par une arme à feu.

3° Cette arme était un fusil ou un pistolet de gros calibre, et plus probablement un pistolet.

4° S'il est démontré qu'un pistolet a été l'instrument de la mort, il a été maintenu et tiré de la main gauche ; en sorte que cette blessure pourrait élever des présomptions d'homicide.

5° Enfin, le coup a été tiré à bout portant.

Suicide. — Coup de pistolet dans la bouche.

Un homme d'environ quarante-cinq ans est trouvé sur un quai de Paris ; il s'était tiré un coup de pistolet d'arçon dans la bouche ; la balle était ressortie vers la partie supérieure de l'occipital.

La figure est totalement déchirée ; la lèvre supérieure offre latéralement deux fentes verticales d'un pouce de longeur avec un pouce et demi d'écartement, de manière à laisser un lambeau moyen quadrilatère ; deux autres fentes partent des commissures, et prolongent de chaque côté l'ouverture de la bouche ; trois autres divisions existent sur la lèvre inférieure, et toutes ont à peu près la même longueur et sont également noires, écartées et comme brûlées ; les incisives de la mâchoire supérieure sont cassées à leur collet ; les dents de la mâchoire inférieure sont intactes ; tout l'intérieur de la bouche est rempli en grande partie de sang noirâtre, mais d'une teinte plus noire que celle du sang coagulé ; les gencives et la surface de la langue sont grisâtres ; la voûte palatine est détruite ; les os des fosses nasales sont broyés, ainsi que la partie du corps du sphénoïde ; la balle a pénétré dans le crâne à l'union de ce dernier os avec la lame ethmoïdale ; elle a suivi un trajet oblique de gauche à droite, en réduisant en bouillie la substance cérébrale. On distingue très bien tout le trajet de la balle ; la substance cérébrale y est distinctement formée par une foule de fibres paraissant rompues inégalement, de manière à former une série de petites éminences et de petits enfoncements dans lesquels il y a des parcelles de sang coagulé.

Le pariétal est perforé comme avec un emporte-pièce ; cependant l'os est fendu transversalement à sa direction dans le milieu même de l'ouverture.

Du sang coagulé forme une couche peu épaisse et disséminée à la surface du cerveau, mais principalement sur le lobe postérieur et gauche, ainsi que dans toute l'étendue de la base du crâne. La trachée-artère et une partie de l'étendue des bronches contiennent une couche de sang coagulé qui a coulé de l'arrière-bouche dans ce conduit.

Les deux poumons paraissent sains, le droit est cependant gorgé de sang en arrière, comme dans le premier degré d'hépatisation. Le cœur n'est pas plus volumineux que de coutume, mais les parois de ses ventricules sont tellement hyperthrophiées, que la cavité du ventricule gauche est à peine perceptible. Cette cavité ne contient pas de sang ; le ventricule droit en renferme un peu, ainsi que les gros vaisseaux veineux et l'aorte. Quelques traces d'aliments dans l'estomac, pas de liqueurs spiritueuses ; le foie est peu gorgé ; rien de remarquable dans les autres organes de l'abdomen.

Suicide. — Coup de pistolet à la tempe.

Un homme est trouvé à Grenelle, le 8 octobre 1830 : il ne présente pas de traces de violence ailleurs qu'à la tête. Sur le côté gauche de la tête existe une plaie de huit pouces de longueur, figurant un triangle dont les bords sont fortement écartés, et laissent entre eux un espace d'un pouce de largeur ; cette plaie prend naissance à l'angle inférieur de la mâchoire et remonte le long de la fosse temporale. Ses lèvres sont noirâtres, inégales, et offrent plusieurs petits lambeaux ; elles sont comme brûlées ; les favoris et une partie des cheveux sont *grillés*. Du fond de la plaie s'écoule une portion de la substance cérébrale ; les muscles sont en partie à découvert ; les os de la région temporale et frontale sont divisés en petits fragments très nombreux ; le muscle temporal est déchiré, détaché, et comme brûlé ; la balle a pénétré immédiatement au-dessous de l'arcade zygomatique, qui a été elle-même cassée sur le milieu de sa longueur. La balle est sortie à droite, derrière la fosse temporale, en brisant les os et laissant une ouverture triangulaire de la peau, au centre de laquelle on aperçoit plusieurs lambeaux à bords frangés. Le coronal est cassé au milieu de sa hauteur, et tout le crâne est fracassé en sept ou huit morceaux.

La balle a pénétré immédiatement à travers le cerveau, détruit le corps strié et les couches optiques, en réduisant toutes ces parties en une bouillie brunâtre et noirâtre, au milieu de laquelle on voit un peu de sang. Toute la base du cerveau en est teinte ; mais il n'existe pas d'épanchement. Le sang tapisse et teint seulement les circonvolutions cérébrales.

Poitrine. — Rien de remarquable dans les organes de l'abdomen, dans les ventricules du cœur ; rien dans l'oreillette droite ; et dans l'oreillette gauche, un caillot peu volumineux, pas de sang fluide ; un caillot dans la veine cave inférieure.

Le coup est-il au contraire tiré à distance, la partie frappée offre pour toute altération une ouverture arrondie, si le projectile avait lui-même cette forme, sans changement de couleur à la peau, à bords nets, légèrement déprimés en dedans, et dont la circonférence présente à peine des traces de sang.

Dans les deux cas, s'il y a une ouverture de sortie, on n'y observe pas de changement de couleur de la peau, à part quelques circonstances où la peau est légèrement contuse. L'ouverture est en général assez ronde, mais les lèvres de la plaie sont *déjetées et renversées* en dehors, parfois même elles présentent quelques déchirures. Le diamètre de ces ouvertures est, dans quelques cas, trois à quatre fois plus considérable que celui des ouvertures d'entrée, mais, ainsi que nous l'avons dit, le contraire peut avoir lieu. Que si la balle a perforé des os et y a fait une ouverture d'entrée et une ouverture de sortie, ces deux ouvertures présentent les dispositions que nous avons signalées à l'occasion des planches traversées par les balles. Toutefois cette disposition de l'ouverture de sortie peut offrir des variations qui sont soumises à deux causes principales : 1° la distance du corps à laquelle l'arme était placée ; 2° la quantité de force ou de mouvement que la balle a perdue en traversant les parties. Si, par exemple, un coup de feu est tiré à brûle-pourpoint, la balle traversera des parties molles qui ne lui feront perdre qu'une très faible proportion de sa vitesse, et alors elle fera aux os une ouverture de sortie beaucoup moins large que si l'arme avait été déchargée à une certaine distance.

Coup de pistolet au-dessous du téton gauche, le pistolet appuyé sur la poitrine.

Zebland (Pierre-Marie), trente-cinq ans, serrurier. — Immédiatement au-dessous du téton gauche existe une plaie circulaire d'un pouce et demi de diamètre, cependant un peu plus large transversalement que de haut en bas. Les bords de la plaie sont noirs, carbonisés et comme grillés ; aussi n'y existe-t-il pas de tuméfaction et ressemblent-ils à du cuir rôti. A quelque distance de la plaie, et inférieurement dans l'étendue de quelques pouces, existe une plaque verte, indiquant un commencement de putréfaction, tandis que le reste du corps est parfaitement sain. La peau enlevée, on aperçoit une large ecchymose qui règne tout le long du bord inférieur du grand pectoral et du grand dorsal ; elle se prolonge en haut jusqu'à l'aisselle. Elle peut avoir sept pouces de longueur transversalement sur huit à neuf pouces de largeur. Les fibres du grand pectoral sont largement déchirées ; et immédiatement au-dessous de ce muscle l'ecchymose remonte et se prolonge jusqu'à la clavicule. La balle est arrivée dans l'espace interosseux qui sépare la cinquième de la sixième côte. Elle a fracturé la sixième en deux endroits, à trois pouces de distance ; elle a fait une ouverture de trois pouces de longueur sur un pouce de largeur en arrière de laquelle on aperçoit une large cavité à fond gris rougeâtre : c'est celle de la poitrine. Cette cavité contient beaucoup de sang noir en partie coagulé, une livre et demie environ. Le poumon droit est réduit en bouillie grisâtre dans tout son tiers inférieur.

Le ventricule gauche du cœur offre une ouverture oblongue dirigée suivant le grand diamètre de cet organe ; ses lèvres sont criblées de déchirures qui proviennent de la section des colonnes charnues et saillantes du cœur ; en sorte que les lèvres de la plaie sont formées par un nombre infini de petits tubercules.

Au milieu des débris du poumon se trouve la bourre du pistolet formée par un papier sur lequel on lit quelques caractères qui indiquent que c'était un récépissé.

Dans l'épaisseur du corps de la sixième vertèbre dorsale, et tout près de la naissance des apophyses transverses, on voit un trou placé immédiatement au-dessus de l'insertion des piliers du diaphragme et caché derrière la portion aponévrotique de ce muscle. Au milieu du dos, on trouve une petite ouverture circulaire à bords nets, mais déjetés en dehors : c'est celle de la sortie de la balle.

Les deux genres d'aspect différents que présentent en général les blessures, suivant qu'elles sont faites à brûle-pourpoint ou à distance, peuvent présenter des exceptions. Nous avons eu occasion de remarquer le fait suivant, qui nous a paru ce sous rapport offrir un grand intérêt, puisque tout en reconnaissant qu'un coup de feu avait été tiré, on a pu penser, d'après l'aspect extérieur de la plaie, qu'il avait été précédé de l'emploi d'une arme tranchante, interprétation basée sur la netteté des lèvres de la division produite par la commotion de la poudre et sur la conservation parfaite de la peau (voy. *Assassinat présumé, erreur, suicide*, pag. 67).

Il est facile de se rendre compte de l'aspect particulier aux plaies résultant de coups de feu tirés à brûle-pourpoint. Cet aspect tient à plusieurs causes : 1° à une coloration bleuâtre très superficielle de la peau, qui est le résultat de la contusion imprimée à ce tissu par la déflagration de la poudre ; 2° au charbon pulvérulent non brûlé, qui a été projeté sur la peau avec des grains de poudre encore entiers, lancés à la manière de projectiles et qui s'insèrent dans la peau ; souvent même ils y restent et constituent une coloration indélébile du genre de celle que produit le tatouage ; 3° à une brûlure au premier degré ; 4° à la coagulation du sang sur les lèvres de la plaie, sang qui est mêlé de poudre et de charbon.

Les plaies d'armes à feu ne sont presque jamais accompagnées d'écoulement de sang ; toutes les parties extérieures et intérieures ont été soumises à une attrition trop grande pour qu'il ait facilement lieu. Cependant l'écoulement de sang est possible ; il est alors plus marqué à l'ouverture de sortie qu'à celle d'entrée, parce que le projectile, perdant de sa force au fur et à mesure qu'il traverse des parties, les organes plus éloignés ne lui offrent plus un plan assez solide pour que leur attrition s'effectue d'une manière assez complète.

Cette attrition très prononcée des ouvertures d'entrée des balles a fait regarder les parties comme ayant été brûlées par la chaleur du projectile. Ambroise Paré a détruit cette erreur en tirant à distance des coups de feu sur des sacs remplis de poudre, sans jamais en obtenir la combustion au moyen de la chaleur de la balle.

Dans l'affaire Peytel, déjà citée, il a été fait des expériences par des officiers d'artillerie, expériences qui jettent quelques lumières sur cet ordre de faits, et qui établissent quelques données plus précises à cet égard. Ils se sont servis de pistolets d'arçon chargés à poudre et à balle, et ils ont pu reconnaître :

1° Qu'à la distance de 1 mètre, une feuille de papier sur laquelle était fixée une mèche de cheveux était noircie par quelques grains de poudre ; qu'elle avait été traversée par plusieurs d'entre eux ; que les cheveux n'avaient aucune trace de brûlure ; que le contour des trous faits par les deux balles n'était pas noirci : les balles avaient traversé dans un cas le papier à une distance de 26 millim., et, dans un autre, les deux trous étaient contigus.

2° A 65 centim. et à 48 centim. de distance, les cheveux n'ont pas été brûlés, le papier n'a pas été noirci au contour de l'entrée des balles ; seulement les points noirs et les petits trous faits par les grains de poudre étaient plus nombreux que dans l'expérience précédente.

3° Sur dix coups tirés à 32 centim., on a observé une fois des traces de brûlures sur les cheveux ; le contour de l'entrée des balles n'était pas noirci ; les points noirs et les petits trous étaient beaucoup plus nombreux.

4° Deux coups ont été tirés à 25 centim., et les cheveux ont été légèrement brûlés ; l'entrée de la balle n'a pas été noircie, les points noirs et les trous étaient excessivement nombreux.

5° Dix coups ont été tirés à 16 centim. ; le contour de l'entrée de la balle a toujours été fortement noirci dans une longueur de 35 à 40 millim., souvent même *le papier a pris feu;* les cheveux ont toujours été brûlés plus ou moins complétement. (*Annales d'hyg.*, t. XXII, p. 346. — *Voy.* aussi les expériences de M. Lachèze, p. 60.)

Ces expériences, mieux faites que celles d'Ambroise Paré, démontrent que de la poudre *pourrait être enflammée* dans de semblables conditions.

Lorsqu'une balle rencontre un os et qu'elle y produit une fracture, il n'est jamais possible de mesurer l'étendue de la solution de continuité. Ces fractures sont accompagnées de fissure des os qui s'étendent plus ou moins loin. Elles peuvent même gagner les articulations qui terminent les os longs et y développer une phlegmasie souvent fort grave.

Ces fractures sont presque toujours accompagnées d'esquilles qui peuvent être complétement séparées des os et qui s'enlèvent alors très facilement ou qui sont incomplétement séparées; et alors elles ne se détachent que par la suite; ou enfin leur chute est la conséquence d'une nécrose survenue à l'os, et dans ce cas elles peuvent ne se séparer qu'après de longues années. Un malade de l'Hôtel-Dieu rendit en 1830 des esquilles provenant d'une blessure qu'il avait reçue en 1813. Il n'est pas rare de voir un séquestre être la suite d'une fracture par plaie d'armes à feu.

Une plaie par arme à feu ne se guérit jamais entièrement par première intention; seulement John Hunter fait observer, avec raison, que les parties les moins contuses peuvent se réunir de cette manière. Elle suppure donc constamment, et la guérison est d'autant plus longue à arriver : 1° que la plaie représente un trajet fistuleux dans lequel la suppuration séjourne plus ou moins; 2° que les parties qui constituent ce trajet ayant été soumises à une attrition plus ou moins forte, sont souvent frappées de gangrène; 3° que des portions de vêtements, la balle, des esquilles ou d'autres corps étrangers séjournent dans la plaie; 4° enfin, que la blessure siége sur une partie plus ou moins importante, où les phlegmasies présentent une durée plus étendue.

Mode d'action et effet des armes perforantes et tranchantes; piquantes et déchirantes; perforantes, tranchantes et contondantes.

Les détails dans lesquels nous sommes entré à l'occasion des armes qui ont un mode d'action simple nous dispensent de donner beaucoup de développement à cet article.

Le mode d'action des armes perforantes et tranchantes peut être simple ou composé : simple, quand l'arme agit seulement par son tranchant ; composé, quand l'action s'en exerce par sa pointe. Par conséquent, cette action unique ou multiple rentre entièrement dans le domaine des deux premiers genres d'intruments dont nous nous sommes attaché à décrire les effets. Nous ferons seulement remarquer ici qu'à force égale les armes à la fois perforantes et tranchantes produisent des blessures beaucoup plus profondes lorsqu'elles agissent par leur pointe ; que les plaies qui en résultent sont plus souvent suivies d'hémorrhagie que si l'on s'est servi d'un instrument perforant, parce que les parties sont divisées, tandis que dans l'autre cas elles sont distendues par la perforation ; que ces plaies sont plus facilement curables par première intention ; qu'uelles sont moins fréquemment accompagnées d'étranglement, parce que les parties plus divisées prêtent plus facilement au développement des phénomènes inflammatoires.

Les armes perforantes et déchirantes agissent aussi de deux manières ; elles produisent des blessures d'autant plus graves, que les pointes dont elles sont munies prennent dans nos parties un point d'appui, au moyen duquel elles exercent leur action déchirante, en sorte qu'il en résulte toujours des désordres très grands.

Enfin il est des armes, tels que le sabre, le briquet, le couteau de chassse, l'espadon, qui possèdent trois modes possibles d'action ; mais ils ne peuvent jamais se produire à la fois : ou ces armes agissent en perforant et en tranchant, ou en contondant et en tranchant ; leurs effets sont tous ceux qui se rattachent à ces trois modes possibles.

CLASSIFICATION DES BLESSURES.

Les Allemands ont surtout insisté sur l'utilité d'une classification des blessures pour la médecine légale. Nous citerons les suivantes qu'ils nous ont laissées : Ploucquet partage les plaies en mortelles et non mortelles ; les premières en mortelles absolument, et mortelles accidentellement ; les blessures mortelles absolument, en celles qui le sont en général, et en celles qui le sont individuellement. — Lecat divise les lésions mortelles, en mortelles primitivement et secondairement. Mortelles individuellement et accidentellement. — Zippf (*Læsionum lethalitas, classificationum censura, ulteriorque præstantioris expositio*) n'admet aussi que deux classes : les lésions absolument mortelles, et celles qui le sont secondairement.—Remer (*Jarhbuch der Staaisar zueykunde*, neuvième année) a proposé une classification qui est absolument semblable à celle de Ploucquet.—La division adoptée par Wilberg (*Lerbuch der Gerichtlichen arzueywrissen schaft, Erfort*, 1824) ne diffère de la précédente que parce que l'auteur n'a pas admis dans son cadre les lésions dites mortelles par elles-mêmes.— Kausch (*Veber die neuren Theorien des criminal rechts und der gerichlichen medicia., Zutlichau*, 1818) a changé son ancienne division de la léthalité des blessures, et admis le cadre suivant :

Léthalité absolue.

Léthalité relative, lésions la plupart du temps mortelles.

Léthalité dépendant de l'individualité du sujet, d'où résulte une mort nécessaire; une mort non nécessaire.

Léthalité dépendant d'accidents consécutifs.

M. Mayer, à qui nous avons emprunté ces documents (*Journal complémentaire des sciences médicales*, tome XXX, 1828, page 76), a cru devoir substituer à ces différentes classifications celle que je vais tracer :

Mortelles.	Nécessaire-ment.	Absolument.	En général.	
		Par elles-mêmes.	Individuellement.	
			D'une manière	permanente.
				temporaire.
	Accidentelle-ment.	Incurables.	Idem.	Idem.
		Curables.	Idem.	Idem.
Non mortelles.	Nécessaire-ment.	Incurables.	Idem.	Idem.
		Curables.	Idem.	Idem.
	Accidentelle-ment.	Incurables.	Idem.	Idem.
		Curables.	Idem.	Idem.

Ce serait à tort que l'on prendrait pour guide toutes ces divisions et subdivisions adoptées par les auteurs allemands. Elles ont été faites dans le but de répondre à la législation allemande, qui diffère de la législation française. Les besoins ne sont donc pas les mêmes.

M. Marc, dans l'article BLESSURE du *Dictionnaire des sciences médicales*, a proposé la classification suivante :

Lésions mortelles.	Lésions de nécessité mortelles.	
	Lésions mortelles par accident.	Lésions directement mortelles.
		Lésions indirectement mortelles.
Lésions non mortelles.	Lésions complétement curables.	
	Lésions incomplétement curables.	

M. Biessy classe les blessures d'une autre manière :

Lésions légères.

Lésions graves.	Celles qui doivent guérir sans infirmité.	
	Celles dont la guérison peut être accompa-gnée ou suivie d'infirmités.	Infirmité relative.
		Infirmité absolue.
	Celles qui peuvent avoir la mort pour résultat immédiat.	

Pour nous, nous proposons la classification suivante comme nous paraissant être l'expression des besoins immédiats de la législation, en tant qu'il est possible d'admettre une classification des blessures en médecine légale.

1° Blessures non susceptibles d'entraîner une incapacité de travail personnel de plus de vingt jours.

2° Blessures susceptibles d'entraîner une incapacité de travail personnel de plus de vingt jours.

3° Blessures capables d'entraîner la mort.

Circonstances atténuantes.

4° Blessures susceptibles d'entraîner une incapacité de travail personnel de plus de vingt jours *par des circonstances indépendantes de la volonté de leur auteur.*

5° Blessures entraînant la mort par des causes accidentelles.

Circonstances aggravantes.

6° Blessures entraînant une infirmité.

Entrons dans quelques détails relativement à cette classification. Les trois premiers ordres reposent sur les trois degrés de pénalité que la loi a admis, en ayant égard aux résultats de la blessure ; et, par conséquent, si l'on pouvait dresser un tableau qui comprît toutes les lésions possibles rangées dans chacune de ces catégories, on obvierait à beaucoup d'interprétations fausses de la part des médecins. Mais il n'en peut pas être ainsi.

Sous le titre de *circonstances atténuantes* (médicalement parlant), qui correspond à l'article 463 du Code pénal, nous rangeons les blessures qui n'entraînent une incapacité de travail de plus de vingt jours que par des circonstances accidentelles. Ici se rattachent toutes les modifications qui peuvent être apportées aux résultats des blessures par : — 1° *L'âge.* Ainsi, tandis qu'une plaie légèrement contuse guérirait dans l'espace de quelques jours chez un homme dans la force de l'âge, elle exigera de vingt à trente jours pour arriver au même résultat chez un vieillard. — 2° *La constitution.* Une plaie simple par instrument tranchant est faite au bras d'une personne scrofuleuse ; non seulement la guérison va s'en faire attendre pendant plus de vingt jours, mais encore il faudra quelquefois des mois entiers pour la cure parfaite de cette affection, et encore ne sera-ce qu'en employant des moyens spéciaux et un régime convenable. — 3° *L'état particulier de l'individu.* Ainsi, une femme est grosse ; elle reçoit un coup sur la poitrine ou sur l'abdomen. Dans l'état ordinaire de la vie, ce coup n'aurait entraîné le plus souvent aucun accident grave ; ici, au contraire, il produit une commotion, un ébranlement général, une ten-

dance à l'avortement qui peut être suivie de fièvre et entraîner
une incapacité de travail personnel de plus de vingt jours. Un
coup qui, chez une personne d'une bonne constitution, se serait
borné à produire une contusion modérée, est dirigé sur un individu dont les os sont, par le fait d'une cachexie cancéreuse, très
friables ; il en résulte alors une lésion qui non seulement entraînera une incapacité de travail personnel de plus de vingt
jours, mais qui constituera peut-être une infirmité. Ce coup s'a-
dresse-t-il à un homme ivre, celui-ci tombe par terre, son pied
est dans une fausse position, il se fracture le péroné. — 4° *Les
maladies ou infirmités coexistantes.* Une personne est convales-
cente d'une fracture de la cuisse, le cal provisoire existe seul.
Un coup de bâton est porté dans le point antécédemment fracturé ; le cal est rompu ; non seulement une simple contusion est
transformée en une blessure entraînant une incapacité de travail
de plus de vingt jours, mais encore, pour peu que la constitution
du sujet soit mauvaise, la consolidation se fera lentement, ou ne
se fera pas ; la résection des os deviendra nécessaire, et une infirmité grave pourra être la conséquence d'une blessure légère. —
5° *La négligence, l'indocilité du malade, les excès, l'incurie ou le
traitement mal dirigé de la blessure.* Il est des malades qui ont
une telle négligence d'eux-mêmes, ou qui pendant les traitements
sont tellement indociles, que leurs blessures ne peuvent guérir
que dans un espace de temps double ou triple de celui qui serait
nécessaire pour leur guérison chez toute autre personne. L'indocilité à se soumettre à l'emploi des appareils nécessaires à la
consolidation des os fracturés ou démis, à la cicatrisation de
certaines plaies, peut entraîner des infirmités, et par conséquent
le médecin aurait tort de ne pas faire connaître cette source d'incapacité de travail. Ce sont surtout les excès commis par les malades qui conduisent aux résultats les plus fâcheux : ainsi, dans
les plaies de tête, par exemple, on voit se développer des érysipèles très graves et des accidents cérébraux qui compromettent
fréquemment la vie. — 6° *Les causes accidentelles indépendamment de la volonté de la personne qui cause la blessure.* Deux
hommes se battent : l'un des deux est renversé sur le côté droit
du corps au moment où il avait le bras étendu pour porter un
coup de poing à son adversaire ; il en résulte une luxation du
bras en bas et en dedans par le fait de la chute dans cette position, et cependant le coup qui avait déterminé la chute ne pou-

vait opérer la luxation. Ce sont toutes ces conditions qu'il appartient au médecin d'apprécier et de faire connaître, afin que le jury puisse déterminer si elles doivent faire l'objet de circonstances atténuantes.

Nous en dirons autant des blessures qui deviennent mortelles, soit par les conditions de la personne blessée, soit par la position dans laquelle elle se trouve au moment où elle reçoit la blessure. Ainsi un homme a un anévrisme de la crosse de l'aorte; un coup lui est porté sur la poitrine, la commotion amène la rupture de la poche anévrismale, et la mort en est la suite. Un coup est porté à la tempe; l'artère temporale est ouverte, la mort survient, alors qu'il eût suffi d'une simple compression pour arrêter l'hémorrhagie. Il ne faudrait pourtant pas porter plus loin ces cas de mort par accidents, et dire : L'artère brachiale est ouverte, la ligature de l'artère aurait sauvé le malade si un chirurgien se fût trouvé présent au moment où l'accident a eu lieu; car il n'y a pas de raison pour qu'on ne dise, dans un cas plus difficile (la lésion de l'artère crurale au pli de l'aine, par exemple): la plaie n'aurait pas été mortelle si un chirurgien plus habile se fût trouvé là pour pratiquer la ligature de l'artère iliaque, etc.

En définitive, il est du devoir de l'expert de faire connaître toutes les circonstances qui ont influé sur les résultats de la blessure, en laissant aux jurés le soin de les qualifier.

Mais, par cela même que nous avons appelé l'attention sur tout ce qui pouvait atténuer la peine à infliger au coupable, nous n'avons pas dû négliger les intérêts de la personne blessée, et c'est ce qui nous a déterminé à établir, sous le titre de *circonstances aggravantes*, toutes les blessures qui entraînent des infirmités. La législation des blessures, il est vrai, n'a pas posé cette distinction d'une manière bien tranchée; mais les articles 1382 et 1383 du Code civil sont généraux, et par conséquent applicables aux cas dont il s'agit. Quand, par exemple, la blessure a été involontaire, tout à fait accidentelle, le blessé se constitue partie civile, et demande des dommages et intérêts : les tribunaux de première instance consultent alors très fréquemment les médecins, à l'effet de savoir quels ont été et quels peuvent être les résultats de la blessure, afin d'accorder une indemnité au blessé en raison de l'incapacité de travail accidentelle ou permanente qui en sera la suite.

En considérant cette classification comme conforme aux be-

soins de la législation, est-il possible de ranger toutes les blessures sous les divers chefs que nous avons adoptés ? On ne peut
rien faire d'absolu à cet égard, puisqu'une foule de circonstances
peuvent venir modifier les probabilités que l'on établirait à ce
sujet ; ce serait néanmoins jeter des jalons pour un grand nombre
de cas, et c'est ce qui nous a engagé à proposer les exemples
suivants, qui pourront servir de guides, sans leur attribuer toutefois plus d'importance qu'ils ne méritent. Que ce ne soit donc
pour l'expert qu'une indication qui se rapporte à la supposition
d'un homme sain, d'une bonne constitution, sans vice de conformation, dans l'âge adulte, et docile aux indications thérapeutiques que réclame son état.

Blessures entraînant une incapacité de travail personnel de moins
de vingt jours.

Excoriation.

Plaie intéressant l'épaisseur de la peau, dans quelque partie que ce soit.

Plaie de la peau,
des muscles,
des membres, avec ou sans lésions de vaisseaux, mais sans hémorrhagie. } Réunion immédiate.

Piqûre ou plaie de l'œil simple et sans accidents consécutifs.

Blessures des testicules sans accidents consécutifs.

Brûlure au premier ou au deuxième degré, peu étendue.

Entorse légère.

Luxation des phalanges.

— de la mâchoire inférieure.

Plaie des articulations sans accidents inflammatoires.

Plaie de tête sans perte de substance, sans complication.

Plaie de tête avec commotion faible au cerveau.

Commotion faible du cerveau.

Plaie pénétrant dans la poitrine,
sans lésion d'organe,
sans accidents inflammatoires.

Plaie sans lésion des artères intercostales et sans emphysème.

Plaie pénétrant dans la poitrine,
avec lésion des poumons,
sans accidents inflammatoires,
sans hémorrhagie et sans emphysème.

Plaie pénétrant dans la poitrine,
avec lésion du cœur sans pénétrer dans ses cavités,
avec ou sans lésion des poumons,
sans accidents inflammatoires,
sans hémorrhagie,
sans emphysème.

Plaie pénétrant dans la poitrine,
traversant le diaphragme, avec ou sans lésion des poumons, mais sans accidents hémorrhagiques ou inflammatoires, et sans hernie de viscères abdominaux.

Plaie peu considérable pénétrant dans l'abdomen,
sans lésion d'artères,
sans lésion d'organes,
sans phlegmasie consécutive.

Plaie pénétrant dans l'abdomen,
avec lésion d'organe,
sans épanchement,
sans phlegmasie consécutive.

Blessures entraînant une incapacité de travail personnel de plus
de vingt jours.

Plaie de la peau, avec perte de substance assez notable pour ne pouvoir pas être guérie par réunion immédiate.

Plaie d'arme à feu qui a enlevé une portion de la peau.

Plaie contuse avec attrition de la peau.

Plaie de la peau ,
  des muscles profonds des
  membres , avec ou sans } suppurant.
  lésion des vaisseaux ,
  mais sans hémorrhagie,)
Plaie de l'œil avec écoulement des hu-
  meurs.
Blessures des testicules,
  avec inflammation.
Brûlure au 3e, 4e et 5e degré,
  sans accidents inflammatoires graves.
Entorse grave.
Luxation quelle qu'elle soit, excepté
  celle des phalanges , de la mâchoire.
Fracture quelle qu'elle soit.
Plaie d'arme à feu nécessitant une ampu-
  tation.
Plaie des os suivie de nécrose.
Plaie des os suivie de carie.
Plaie des articulations ,
  avec inflammation.
Entorse avec fracture.
Plaie de la tête ,
  avec contusion faible au cerveau.
Contusion faible du cerveau.
Plaie de tête ,
  avec fracture simple du crâne.
Plaie d'arme à feu ,
  n'intéressant que les os du crâne.
Piqûre ou plaie de l'œil suivie de phleg-
  masie.
Plaie de la moelle,
  avec myélite légère.
Plaie pénétrant dans la poitrine,
  sans lésion des organes contenus,
  avec accidents inflammatoires.
Plaie pénétrant dans la poitrine,
  avec lésion des poumons et accidents
  inflammatoires.
Plaie pénétrant dans la poitrine,
  avec lésion des parois du cœur sans

pénétrer dans ses cavités,
  avec accidents inflammatoires , sans
  hémorrhagie.
Plaie pénétrant dans la poitrine ;
  sans lésion des organes contenus ,
  sans accidents inflammatoires , mais
  avec emphysème.
Plaie pénétrant dans la poitrine,
  lésion d'une artère intercostale ,
  épanchement de sang curable.
Plaie pénétrant dans la poitrine,
  lésion du diaphragme,
  hernie d'un des viscères abdominaux
  sans rupture de ce viscère.
Plaie pénétrant dans la poitrine,
  lésion du diaphragme,
  lésion d'une artère diaphragmatique ;
  épanchement de sang curable.
Plaie pénétrant dans l'abdomen,
  sans lésion d'organe,
  avec phlegmasie consécutive.
Plaie pénétrant dans l'abdomen,
  avec lésion d'organe,
  sans épanchement ,
  avec phlegmasie consécutive.
Plaie pénétrant dans l'abdomen,
  avec lésion d'organe,
  avec épanchement.
Plaie pénétrant dans l'abdomen ,
  avec lésion d'artère,
  épanchement de sang peu considérable.
Plaie pénétrant dans l'abdomen,
  sans lésion des organes creux,
  avec hernie des organes au dehors,
  phlegmasie consécutive légère.
Plaie pénétrant dans l'abdomen,
  lésion du foie ou de la rate,
  phlegmasie consécutive , légère.
Plaie pénétrant dans l'abdomen ,
  lésion de la matrice ; phlegmasie.

Blessures mortelles.

Brûlures superficielles très étendues.
Brûlures profondes d'une étendue moindre.
Plaie à la peau, aux muscles ou aux os,
  nécessitant une amputation,
  suivie d'accidents inflammatoires ou
  hémorrhagiques mortels.
Fracture comminutive,
  avec amputation,
  accidents inflammatoires graves.
Piqûre ou plaie de l'œil ; phlegmasie,
  avec complication d'arachnitis.
Plaie de tête.
Fracture du crâne avec enfoncement d'os
  et compression.

Plaie d'arme à feu traversant le cerveau.
Plaie de tête ,
  avec contusion considérable au cerveau.
Plaie de tête,
  avec commotion forte du cerveau.
Commotion forte du cerveau.
Contusion du cerveau.
Plaie de la moelle ,
  avec myélite grave.
Section de la moelle.
Plaie du cuir chevelu ,
  fracture d'un os du crâne,
  ouverture d'un vaisseau ,
  épanchement de sang considérable.

Plaie pénétrante de la poitrine,
lésion du tissu pulmonaire.
épanchement de sang considérable.
Plaie pénétrant dans la poitrine,
ouverture du cœur.
épanchement de sang abondant.
Plaie pénétrant dans la poitrine,
ouverture des artères pulmonaires, ou
aorte, des veines caves,
épanchement de sang mortel.
Plaie de la peau des mus-
cles et des artères,
temporale, ou maxil-
laire externe,
carotide,
sous-clavière,
axillaire,
brachiale,
radiale,
crurale,
poplitée,

alors qu
l'hémorrha-
gie qu'elles
produisent
n'est pas
arrêtée par
quelque
cause que
ce soit.

Plaie pénétrant dans la poitrine,
lésion du diaphragme,
lésion de l'estomac,
hernie de ce viscère dans la poitrine,
épanchement des matières de ces viscères dans la poitrine ou l'abdomen.
Plaie pénétrant dans l'abdomen,
intéressant les mêmes organes,
produisant les mêmes résultats.

Rupture du diaphragme, } le plus souvent mortelle.

Rupture du diaphragme,
déchirure de l'estomac,
hernie de cet organe dans
la poitrine, } Mortelles.

Plaie pénétrant dans l'abdomen,
intéressant une artère,
avec épanchement de sang mortel.
Plaie pénétrant dans l'abdomen,
lésion d'organe,
épanchements du fluide contenu, en
quantité notable.
Plaie pénétrant dans l'abdomen,
sans lésion d'organes,
sans hernie des organes,
phlegmasie consécutive
grave. } Mortelles par accident.

Plaie pénétrant dans l'abdomen,
lésion du foie ou de la rate,
phlegmasie consécutive
intense. } Mortelles par accident.

Plaie pénétrant dans l'abdomen,
lésion des intestins avec
issue au dehors,
anus contre nature. } Infirmité.

Blessures susceptibles d'entraîner une infirmité.

Section des tendons des doigts : infirmité très fréquente.
Section du tendon d'Achille : le plus souvent infirmité.
Plaies de la peau et des muscles, avec
perte considérable de substance.
Plaies d'armes à feu, à la peau et aux
muscles, nécessitant une amputation.
Plaies pénétrant dans l'abdomen,
hernie, anus contre nature.
Plaies de l'œil, opacité de la cornée,
trouble de la vue, ou
cataracte consécutive,
ou amaurose,
ou perte de l'œil par l'écoulement des
humeurs, ou par l'inflammation.
Castration complète.
Brûlure profonde de la paume de la main :
fréquemment.

Fracture consolidée avec raccourcisse-
ment.
Fracture suivie d'une fausse articulation.
Luxation non réduite.
Luxation chez un vieillard.
Fracture du col des os longs chez un
vieillard.
Entorse avec luxation du pied, et frac-
ture du péroné : le plus souvent.
Entorse grave chez un vieillard.
Plaies de la moelle, suivies de paralysie.
Toute blessure entraînant une amputa-
tion.
Nécrose étendue d'un os.
Carie considérable d'un os.
Plaies des articulations, suivies d'anky-
lose.
Plaies des articulations, suivies de tu-
meurs blanches.

DIAGNOSTIC DES BLESSURES.

Nous allons passer en revue les diverses questions que nous
avons cru devoir rattacher plus spécialement au diagnostic.

1re. *Existe-t-il une blessure, et quelle est son espèce?*

Il suffit de bien se pénétrer des notions générales que nous avons données au commencement de ce chapitre, pour posséder tous les éléments propres à résoudre cette question, en ayant égard aux effets qui résultent de l'action de chaque espèce d'arme, et aux caractères des blessures auxquelles elles donnent lieu. Nous n'y reviendrons pas ; mais nous voulons seulement appeler l'attention : 1° sur les agents qui peuvent amener des blessures sans produire des désordres apparents à l'extérieur, et qui, par cela même, pourraient faire croire à l'absence de toute lésion, alors qu'il en existe de très graves ; 2° sur les difficultés que l'on peut éprouver à résoudre cette question suivant le temps écoulé depuis que la blessure a été reçue. Déjà nous avons cité plusieurs observations dans lesquelles il n'y avait pas à l'extérieur de trace de lésion, et où les désordres les plus grands existaient à l'intérieur ; la mort, dans l'un d'eux, cité page 23, avait été attribuée à une apoplexie foudroyante. Voici encore un exemple dans lequel des lésions graves internes existent sans apparences au dehors.

Mort violente.— Soupçon de lésions sous-cutanées considérables non appréciables à l'extérieur. — Fracture du sternum.

Le 24 novembre 1831, nous, etc., avons procédé à l'ouverture du corps du nommé Chartier (François), âgé de soixante-cinq ans environ, apporté à la Morgue le 22, et trouvé mort le 21 novembre 1831 au bas de l'escalier de la maison qu'il occupait.

A l'extérieur du cadavre, on observe : 1° Au côté gauche de la tête et au niveau de la bosse pariétale, une plaie de deux pouces de longueur avec écartement de ses lèvres, dont les bords libres ne sont pas coupés nets comme cela a lieu ordinairement par un instrument tranchant ; cette plaie repose sur un épanchement assez considérable de sang, occupant un espace de deux pouces et demi de large sur près de trois pouces de long ; le sang y est en partie liquide, en partie coagulé : le périoste (membrane qui tapisse les os) est décollé, soulevé, et contient du sang épanché, l'os pariétal et tous les autres os de la tête ne présentent pas de fracture.

2° Sur le reste de la surface du corps, on n'observe pas de traces de lésions, telles que meurtrissures, contusions ou plaies ; mais en enlevant la peau qui tapisse l'os de la partie antérieure de la poitrine (le sternum), on trouve du *sang épanché dans le tissu cellulaire sous-cutané*, sur le point de cet os qui correspond à l'union de son tiers supérieur avec ses deux tiers inférieurs. Au-dessous de ce sang dont la quantité peut être évaluée 30 grammes, on voit *une fracture transversale et complète de l'os ;* il n'y a pourtant pas déplacement ou enfoncement de fragments, et le tissu fibreux qui tapisse le sternum du côté de la cavité de la poitrine a été conservé.

3° A la région lombaire, et dans tout l'espace qui sépare la dernière fausse côte gauche de la crête de l'os des iles, existe un *épanchement de sang* dont la quantité peut être évaluée à 500 grammes; le sang est coagulé en presque totalité; et non seulement il se trouve dans le tissu cellulaire sous-cutané, mais encore il pénètre dans l'épaisseur des muscles qui tapissent les lombes, et qui sont situés sous l'aponévrose de la masse sacro-lombaire.

4° A la partie interne et supérieure de la fesse gauche, du sang est *épanché et coagulé* sous la peau et dans l'épaisseur des fibres du muscle grand fessier; la quantité de ce fluide est ici bien plus faible, elle peut être évaluée à 60 grammes, mais quelques fibres des muscles sont déchirées.

Les autres organes sont exempts de lésions.

Des faits qui précèdent, et de l'examen du rapport de M. le docteur Descuret, ainsi que de celui de M. le commissaire de police du quartier de l'Observatoire, qui nous ont été communiqués, nous croyons devoir déduire la conclusion suivante : Le nommé Chartier a succombé à une mort violente, dont la cause immédiate a été une commotion du cerveau.

Il serait difficile d'expliquer les lésions que nous avons observées, tant à la partie antérieure du corps qu'à la partie postérieure, en admettant que Chartier, dans un état d'ivresse, eût fait une chute dans un escalier; car, en supposant qu'il fût tombé en arrière et à la renverse sur les marches, on se rend compte à la rigueur des trois lésions principales de la partie postérieure du corps, mais on ne comprend pas alors comment la fracture de l'os de la poitrine a pu être produite.

Cependant comme nous ignorons la disposition de l'escalier et des murs qui le bordent; que nous ne connaissons pas sa direction ni sa hauteur, nous ne pouvons émettre que des doutes à cet égard, et faire entrevoir la difficulté d'expliquer l'ensemble des lésions dont il est question, afin que l'autorité, recueillant de nouvaux détails à ce sujet, obtienne une solution satisfaisante.

C'est qu'en effet tous les corps contondants qui agissent par une grande surface n'amènent de contusion à l'extérieur qu'autant qu'ils sont mus avec une grande force; on ne peut donc alors juger du coup porté que par les désordres d'un organe placé plus profondément. Un soufflet, fortement appliqué, et portant sur un des deux côtés de la tête, peut amener une commotion mortelle du cerveau; il peut produire la fracture de la portion écailleuse du temporal chez un individu qui aurait les os du crâne extrêmement minces.

Le 7 septembre 1835, j'eus à déterminer si un coup de pied et deux coups de poing, portés sur le ventre de la femme Chylo, arrivée à trois mois et demi de grossesse, avaient déterminé l'avortement? Cette femme avait eu quatre enfants qu'elle avait amenés à terme et qui étaient tous bien constitués et vivants. Elle n'avait jamais fait de fausse couche; elle est frappée le 10 août par une autre femme. Elle éprouve dès ce moment un malaise général qui la force à garder la chambre. Le septième jour la fièvre se déclare, dure pendant quarante-huit heures; une perte survient le soir, et le matin à sept heures, elle rend un placenta et un embryon. Un médecin avait été consulté auparavant; il n'avait trouvé sur le ventre aucune trace de violence. Les coups portés avaient cependant déterminé l'avortement.

Je citerai encore le cas d'un homme qui a succombé en janvier 1850 à l'hôpital Beaujon, à des coups de pied qui lui avaient été portés au ventre durant une lutte. Il fut admis dans le service de M. Robert, qui ne vit pas de traces de coups, mais il succomba en quarante-huit heures à une péritonite aiguë, ce que nous reconnûmes à l'autopsie, quoiqu'il n'y eût pas traces de contusions.

Le médecin doit donc, dans ces sortes de cas, déclarer qu'il n'existe pas à l'extérieur de traces de violences; mais que les lésions des organes placés plus profondément tendent à prouver qu'un corps contondant a agi sur la partie, sans laisser de traces matérielles apparentes. Le cas que nous avons rapporté et que nous avons emprunté au *Traité des armes de guerre* (*Clinique chirurgicale de Dupuytren*, t. V et VI), en est encore un exemple frappant (*voy.* p. 47) — Il est une erreur que commettent fréquemment les médecins lors de l'examen extérieur d'un corps de délit d'assassinat, où l'accomplissement d'un grand crime produit toujours une impression très vive sur l'esprit des personnes chargées de le constater. Très souvent alors on énumère un certain nombre de plaies qui n'existent pas et qui sont simulées par des stries de sang coagulé et desséché; on aurait peine à croire à de pareilles erreurs, et cependant nous avons souvent eu l'occasion de les constater.

S'il est facile de diagnostiquer en général une blessure récente, il n'en est pas toujours ainsi à l'égard d'une blessure ancienne, suivant le temps écoulé depuis qu'elle a été produite; nous ne saurions trop prémunir les experts contre les erreurs qu'ils pourraient commettre à ce sujet. Supposons plusieurs cas : S'agit-il d'une contusion ? Elle peut avoir totalement disparu, si l'on est appelé à la constater du quatorzième au vingtième jour. Il est possible qu'il n'en existe pas de traces, lorsque la visite est faite, et qu'elle se manifeste deux, trois, quatre jours après; c'est le cas des contusions profondes. On peut lui donner la limite d'un à deux pouces d'étendue en surface, quand, vingt ou trente-six heures après, elle offrira cinq, six ou sept pouces de diamètre. Elle peut se montrer dans un point opposé à celui qui a été frappé. — Est-elle le résultat d'un coup porté sur l'œil gauche? la partie contuse sera violacée aujourd'hui, et demain l'œil droit, qui hier paraissait sain, offrira les traces d'un coup violemment appliqué, quoiqu'il n'ait reçu aucune influence directe de la part d'un corps contondant. Ce sont autant de sources d'erreur.

J'ai été chargé, en 1838, de constater les blessures qu'un garde forestier du bois de Vincennes avait reçues d'un homme qu'il avait arrêté pour défaut de permis de chasse. Celui-ci, sur le point d'être pris, avait porté un coup de piston de son arme, sur l'œil gauche du garde, et l'on voyait à l'angle externe de cet œil une plaie contuse, résultant de la pression brusque à laquelle la peau avait été soumise. Au quatrième jour de l'accident, le dos et les côtés du nez, ainsi que l'œil droit, offraient une teinte bleuâtre presque aussi marquée qu'à l'œil gauche. — Le 9 septembre 1835, je vais visiter un homme qui avait reçu de son neveu en colère un coup de pointe des deux lames d'une paire de ciseaux à l'angle externe de l'œil gauche et probablement aussi dans le globe de l'œil ; car, au rapport des médecins qui avaient été appelés lors de l'accident, il s'écoulait de l'œil une humeur limpide très filante et de la consistance du blanc d'œuf. Lorsque je vis le malade, il était au cinquième jour de la blessure, les paupières de l'œil gauche étaient volumineuses et violacées comme si elles eussent été contuses, et toute la circonférence des paupières de l'œil droit offrait une teinte bleuâtre presque aussi marquée. Il n'y avait pourtant pas eu contusion de l'œil droit dans ce cas.

Il est toujours possible de reconnaître une plaie récente de quelque arme que ce soit, la plaie fût-elle cicatrisée. Il faut cependant en excepter les excoriations qui guérissent sans laisser de trace. Mais si la plaie est de date fort ancienne, on éprouve souvent de très grandes difficultés à reconnaître la cicatrice, et, à plus forte raison, à préciser à quelle espèce de plaie elle appartient. La difficulté est non seulement en raison du temps qui s'est écoulé depuis la blessure, mais encore en raison de la jeunesse de la personne blessée. Les cicatrices tendent à s'effacer avec l'âge, au fur et à mesure que la peau s'organise mieux et que ces cicatrices prennent plus d'étendue en surface. Ceci est tellement vrai, que, dans beaucoup de cas, on a de la peine à reconnaître les marques des forçats. Ainsi, l'époque à laquelle on constate l'existence d'une plaie est une des conditions de facilité ou de difficulté de diagnostic. Il est un genre de blessure qui laisse à sa suite des traces indélébiles de sa présence : ce sont des blessures par armes à feu qui ont été déchargées à bout portant, et dont une partie de poudre non brûlée s'est incorporée avec le tissu même de la peau. Cependant il est alors très important de se tenir en garde contre les petites ecchymoses sous-épidermiques que l'on nomme communément *pinçons*, et qui se présentent sous la forme d'une très petite tumeur superficielle, arrondie, piriforme et saillante à la surface de la peau. Mais on les distinguera en ouvrant l'épiderme avec la pointe d'une épingle; on y trouvera du sang noir desséché et concret. C'est ce que j'ai été à même de vérifier plusieurs fois, et entre autres dans la circonstance suivante.

Un homme avait volé le plomb qui formait une toiture. Pendant qu'il était occupé à arracher ce métal, il est aperçu par le maître de la maison, qui lui tire un coup de fusil chargé à petits plombs. Néanmoins le voleur emporte l'objet de son vol; il est arrêté quelques jours plus tard et enfermé à la Force. En voici le rapport :

Recherches d'indices d'un coup de fusil tiré à petits plombs.

Nous, etc. Maillard, déshabillé devant nous et visité avec le plus grand soin, ne présente pas à la surface du corps des traces de blessures qui puissent remonter à l'époque précitée.

A la joue gauche, on observe une cicatrice en partie enfoncée, en partie saillante à la surface de la peau, arrondie, contournée sur elle-même, et résultant évidemment d'un ancien abcès qui a suppuré pendant longtemps.

Dans la face palmaire de la main droite, on voit une petite surface d'un bleu noirâtre parfaitement arrondie, d'une ligne et demie de diamètre, de forme lenticulaire; elle est évidemment constituée par un peu de sang épanché sur l'épiderme et concrété, comme cela a lieu par le fait d'un *pinçon*, car en enlevant l'épiderme on constate facilement l'existence du sang. Cette altération ne peut donc pas être confondue avec les taches bleuâtres, indélébiles, formées par l'introduction de la poudre sous l'épiderme.

D'où nous concluons que Maillard ne présente pas d'indices de violences ou blessures faites par une arme à feu ou par tout autre instrument vulnérant.

En résumé, le médecin expert étant le plus ordinairement appelé dans les deux premiers mois qui suivent la blessure, il lui sera presque toujours possible de reconnaître son existence. Hors ce cas, il n'aura plus affaire qu'à des cicatrices. Nous traiterons des moyens de reconnaître à quels genres de blessures elles appartiennent. Ce que nous venons de dire pour les plaies est aussi applicable aux fractures consolidées, dont il n'est pas toujours possible de bien reconnaître le cal. Lorsque l'os est placé superficiellement, il n'y a que peu de difficulté; mais lorsque des parties molles recouvrent les os, alors on est presque toujours dans le doute.

2° *La blessure ou les violences ont-elles eu lieu avec effusion de sang?*

Il suffit de reconnaître la nature de la blessure pour résoudre cette question que nous venons d'ailleurs de traiter, nous ne nous y arrêterons donc pas. Cette question est applicable au cas où ces violences ont été exercées envers un magistrat dans l'exercice de ses fonctions ou à l'occasion de cet exercice, ou envers un officier ministériel, ou un agent de la force publique, ou un citoyen chargé d'un ministère de service public, si elles ont eu lieu pendant qu'ils exerçaient leur ministère ou à cette occasion. Ce cas est donc assez fréquent (*voy.* les art. 228, 230 et 231 du Code pénal).

3° *Avec quelle arme la blessure a-t-elle été faite? ou bien est-il possible que telle ou telle arme représentée ait causé la blessure?*

Cette question est encore une conséquence des notions générales que nous avons exposées plus haut. On n'arrive à la résoudre qu'autant que l'on s'est bien rendu compte des désordres matériels qui peuvent résulter du mode d'action de telle ou telle espèce d'armes. Il ne nous reste donc qu'à faire pressentir les difficultés que l'on peut rencontrer dans sa solution. Ici le diagnostic est d'autant plus facile que la blessure est plus récente; ainsi on reconnaîtra toujours qu'une arme contondante a été employée, si la contusion ou la plaie contuse existe. On reconnaîtra l'usage d'une arme tranchante, d'une arme perforante, d'une arme à feu, quand on sera placé de manière à pouvoir tirer des inductions de l'examen extérieur de la blessure récente. Mais, quoique récente, la blessure ne porte toujours pas l'empreinte du corps vulnérant qui l'a produite, et ceci s'applique surtout aux blessures par des agents contondants. Ainsi le même corps arrondi peut produire une contusion ou une plaie contuse dont la forme variera en raison de la forme de la partie frappée. C'est en comparant la solidité de l'instrument vulnérant, sa forme, avec les blessures résultant des coups portés que l'on arrive à établir des présomptions à cet égard. Dans quelques cas, au contraire, on peut résoudre facilement la question : ce sont ceux où l'arme vulnérante a une forme bien déterminée et une puissance considérable : ainsi un marteau, un maillet en fer, etc. Alors chaque coup de cette arme, quoique mue avec peu d'énergie, amène des désordres graves qui sont en rapport avec l'arme vulnérante. Mais il est des cas où, malgré l'état récent de la plaie, il existe des modifications d'aspect qui ne permettent pas d'affirmer que le meurtrier s'est servi de telle ou telle arme. Ainsi, une phlegmasie intense avec gangrène ou pourriture d'hôpital peut modifier entièrement l'aspect d'une blessure. Voici un exemple qui vient à l'appui de cette proposition.

Coup de couteau à la poitrine. — Plaie ne représentant plus, après deux jours, la forme de l'arme qui l'a produite.

Nous, etc., nous avons trouvé le sieur Nessy couché salle Saint-Augustin, n° 24. Les principaux symptômes qu'il présente sont les suivants : Difficulté assez grande de respirer, douleur dans la partie inférieure et latérale droite de la poitrine, impossibilité de parler quelques instants sans éprouver plus d'oppression, suivie bientôt d'une toux sèche et fatigante. Le pouls est élevé, et bat de quatre-vingt-seize à cent fois par minute. Le blessé se plaint en outre d'une douleur de tête très incommode ; il ne peut rester couché que sur le dos ; lorsqu'il se trouvait sur le côté droit, il sortait, nous a-t-il dit, du sang de la plaie. Il ne crache pas de sang.

Cette plaie, située au niveau du troisième espace intercostal environ, près du bord droit du sternum, n'offre pas les caractères qui sont propres aux blessures faites par un instrument piquant et tranchant, comme l'est un couteau. C'était l'arme vulnérante. Elle est dirigée obliquement de bas en haut, de dedans en dehors. Les bords sont irréguliers, comme contus, séparés par un écartement de deux à trois lignes. Cet écartement est rempli par un sang coagulé fibreux, de couleur grisâtre. Il n'y a aucune tuméfaction ou rougeur des bords de cette plaie, et cependant elle est excessivement douloureuse au toucher. Elle est soulevée uniformément à chaque mouvement d'inspiration. Toute la peau environnante se tuméfie comme s'il y avait immédiatement au-dessous d'elle une portion de poumon qui se dilate à chaque mouvement respiratoire.

L'affaiblissement très grand du blessé, auquel plusieurs saignées abondantes ont déjà été pratiquées ; la douleur que lui cause le moindre toucher du côté droit de la poitrine, l'oppression qu'il éprouve dès qu'on cherche à le soulever, à le faire changer de position, sont autant de circonstances qui nous ont empêché d'ausculter complétement la poitrine et de nous assurer s'il y existe un épanchement de sang, ce qui est probable d'après les accidents qui ont été signalés au moment où le sieur Nessy a reçu le coup de couteau ; nous n'avons pas observé d'emphysème sous-cutané, c'est-à-dire d'infiltration d'air dans l'épaisseur des parois de la poitrine. Quoi qu'il en soit, la blessure du sieur Nessy est grave ; et il est difficile, quant à présent, de porter un pronostic certain sur les conséquences qu'elle peut entraîner. Toutefois il est constant que cette blessure déterminera une incapacité de travail de plus de vingt jours.

Si la plaie est cicatrisée récemment, elle offre encore des chances favorables, quoique moins concluantes. Ainsi, est-elle le résultat d'une arme très tranchante et la plaie a-t-elle été réunie par première intention, la cicatrice est nette, linéaire, à peine apparente ; sa surface est-elle au contraire pourvue d'ondulations ou d'anfractuosités, elle peut retracer l'action du corps vulnérant, comme dans le cas suivant.

Morsure et ablation d'une portion d'oreille.

Nous, etc.

Le malade nous a appris que le 24 février dernier, il avait été battu par plusieurs hommes ; qu'outre diverses contusions faites sur plusieurs points du corps, l'un d'eux lui avait mordu l'oreille en quatre endroits, et enlevé par ces morsures la majeure partie du pli ou bourrelet qui borde supérieurement l'oreille, et une portion du lobule, avec la boucle d'oreille qui le traversait ; qu'il avait été saigné trois fois, à cause d'un crachement de sang qui s'était manifesté ; qu'il s'était levé au quinzième jour ; avait, à dater de cette époque, commencé à se promener et à surveiller ses ouvriers ; mais qu'il n'avait réellement pu reprendre ses travaux que le trentième jour après son accident. Le docteur Palazzo n'ayant vu le malade que pendant quatre jours, n'a pas pu nous donner de renseignements exacts sur une époque plus reculée.

Aujourd'hui il reste des traces de trois blessures, consistant, la première, en une cicatrice de 6 à 7 lignes de longueur à la paupière supérieure de l'œil droit ; elle dénote une plaie peu profonde ; la deuxième, en une cicatrice d'un pouce et demi de long sur la circonférence de la portion d'oreille qui reste, et qui résulte d'une ablation de la peau et du cartilage de cette partie dans l'étendue que je viens d'indiquer ; cette cicatrice *est évidemment dentelée ;* la troisième, en une cicatrice de 6 lignes de longueur au lobule de l'oreille, en sorte que la conque, une partie du lobule, de l'hélix et de l'anthélix constituent actuellement le pavillon de l'oreille droite. Les morsures faites à cette partie ont donc occasionné une perte de substance que l'on peut évaluer au cinquième de la totalité de l'oreille. La santé de Fleury est parfaite aujourd'hui.

Les bords de la cicatrice sont-ils au contraire bombés, saillants, et la forme de la cicatrice est-elle pourvue de petites aspérités ou inégalités, il y a de grandes présomptions sur l'action d'un corps contondant qui s'est exercée sur la partie lésée ; ce sont de ces aspects qu'il est plus facile de juger à la vue que de décrire.

Le 5 septembre 1835, nous fûmes appelés à constater la nature et la gravité des blessures qu'un inspecteur de l'octroi du pont de Grenelle avait reçues d'un voiturier qu'il avait trouvé endormi dans sa charrette pendant qu'il parcourait la grande route. Outre diverses contusions sur la surface du corps, cet homme présentait au sommet de la tête trois cicatrices d'un pouce de longueur, dont les bords offraient l'aspect saillant du genre de celui sur lequel je viens d'appeler l'attention. Nous n'apprîmes qu'une chose, c'est que ces blessures avaient été faites avec un morceau de bois. L'aspect net de la cicatrice, coïncidant avec l'état bombé de ses bords, nous porta à déclarer que probablement le morceau de bois avait une forme quadrilatère, qu'il était pourvu d'angles plus ou moins prononcés. Lors de la remise de notre rapport au juge d'instruction, nous demandâmes à voir le corps vulnérant, et l'on nous montra un bâton fourchu à ses deux extrémités, dont se servent les voituriers pour séparer les chevaux de trait les uns des autres. Nous vîmes, à notre satisfaction, que sa forme était quadrilatère.

Mais il ne suffit pas de dire qu'une arme contondante ou tranchante a été employée, il faut encore spécifier autant que possible jusqu'à quel point l'arme était tranchante, ou jusqu'à quel point elle était contondante, et aussi quelle était sa forme. Ces faits sont très importants. On trouve une arme auprès d'une personne assassinée, la première question qui s'élève est celle de savoir si cette arme a pu produire la blessure. Pour la résoudre, il faut avoir égard à plusieurs circonstances : le rapport qui existe entre la nature de la blessure et l'arme qui est auprès du blessé; l'uniformité des blessures coïncidant avec l'emploi d'une seule espèce d'arme ou l'existence de plusieurs sortes de blessures nécessitant le concours de plusieurs armes différentes. On descend ensuite à des faits de détail. Ainsi, on jugera, par exemple, du tranchant de l'instrument par la netteté des sections; on peut même juger du nombre de coups portés par celui des échancrures que présentent les lèvres de la blessure. C'est ce que nous avons fait à l'égard d'un exemple de suicide simulant l'homicide que nous rapporterons à l'article *Suicide*, et aussi dans l'affaire Benoît, de Versailles, que nous allons donner avec détail.

Assassinat.

Nous, ..., avons procédé aujourd'hui, 28 juillet 1831, en présence de M. Noël, commissaire de police de la ville de Paris, et du nommé Benoît, à l'examen et à l'ouverture du corps d'un individu que l'on nous a dit être celui du nommé Formage, décédé dans la journée du vendredi 22 juillet, à Versailles.

Examen extérieur du corps. — Cadavre du sexe masculin, ayant 1 mètre 67 à 68 centimètres de longueur, bien constitué, très musculeux et pourvu d'assez de graisse; aucun vice de conformation; cheveux noirs, ainsi que les poils du pubis et ceux des aisselles, qui sont très abondants; les divers traits de la face altérés par la décomposition putride que le corps a subie; au pli de la peau du bras droit et à la face interne de ce membre, deux petites tourterelles qui se becquètent (tatouage); aucun autre signe qui puisse servir à constater l'identité de l'individu.

La face, le tronc et les membres, à part la cuisse et la jambe gauche, ont acquis plus de volume par le développement de gaz sous-cutanés; coloration verdâtre par plaques sur les côtés de la poitrine et de l'abdomen, ainsi qu'à la partie postérieure du dos, des lombes et de la cuisse droite. — Le long du pli de flexion de la tête sur le cou, existe une énorme plaie placée transversalement entre le menton et l'os hyoïde; elle a 20 centim. d'étendue en largeur, 8 centim. 6 millim. de profondeur; la tête renversée en arrière donne à ses lèvres un écartement de 5 centim. 1/2; elle embrasse et comprend toute la moitié antérieure du cou et toute l'épaisseur des parties molles, jusqu'aux os qui forment l'épine; en sorte que la peau, les muscles superficiels, les muscles profonds du cou, ceux qui unissent la langue à l'os hyoïde, la paroi antérieure et la presque totalité de la paroi postérieure du pharynx, ont été coupés; que la langue est restée dans la bouche, et le conduit de la déglutition (l'œsophage), et celui de la respiration (le larynx et la trachée), ont été largement ouverts et ont cessé de communiquer avec l'arrière-bouche. — Les bords de cette plaie formés par la peau sont coupés net comme cela aurait lieu à l'aide d'un instrument *très tranchant;* seulement le long de la moitié droite de la lèvre supérieure on remarque *trois petites échancrures faites obliquement de gauche à droite,* n'ayant que quelques lignes de profondeur et constituant ainsi trois petits lambeaux saillants.

Examiné plus profondément, on observe que les chairs forment deux plaies parfaitement lisses et unies sans aucune hachure ou inégalité de section.

Les principaux vaisseaux du cou (artères carotides, veines jugulaires internes) ont été respectés par l'instrument tranchant, et se trouvent placés tout près des deux angles de la plaie *que limitent les deux muscles sterno-cléido-mastoïdien ou fléchisseur de la tête sur le tronc,* muscles dont quelques fibres seulement ont été coupées. — La plaie est en général un peu oblique de gauche à droite et *de bas en haut;* car, du côté gauche, des chairs et une partie de la glande sous-maxillaire sont encore adhérentes au bord inférieur de la mâchoire, tandis qu'à droite le bord de cet os est totalement à nu. — Quant aux parties intéressées, elles sont les suivantes en procédant de l'extérieur à l'intérieur : peau, tissu cellulaire sous-cutané, muscle peaucier, digastrique, génio-hyoïdiens, génio-glosses, mylo-hyoïdiens, glandes sous-maxillaires, nerfs linguaux et grand hypoglosse, ramifications artérielles et veineuses qui se rendent à toutes ces parties, paroi antérieure et paroi postérieure du pharynx. — De chaque côté de l'ouverture de la bouche, dans sa direction, et par conséquent transversalement aux joues, existent deux plaies : celle du côté droit a 8 centim. de longueur; elle prend naissance à 6 millim. de la commissure droite de la bouche, intéresse peu à peu et de plus en plus profondément l'épaisseur de la peau et le tissu cellulaire, et s'arrête brusquement au voisinage de l'oreille en formant une queue bien moins prononcée que celle qui se rencontre auprès de la bouche. L'instrument a intéressé la peau et le tissu cellulaire sous-cutané; ses lèvres n'ont que 13 millim. d'écartement. — La plaie du côté gauche a 8 centim. 1/2 de longueur sur 3 centim. de largeur; elle est plus profonde, intéresse toute l'épaisseur de la joue; elle est traversée par deux autres sections obliquement dirigées, l'une par rapport à l'autre, de manière à se croiser et à laisser un lambeau triangulaire, isolé, formé aux dépens de la lèvre inférieure de la plaie principale.

Au-dessous de cette large plaie se remarquent cinq petites plaies obliquement dirigées de bas en haut, du bord inférieur de l'os de la mâchoire, au menton. Elles sont assez superficielles, et plusieurs n'intéressent qu'une partie de l'épaisseur de la peau. La lèvre inférieure de la bouche présente encore deux plaies qui la séparent en trois parties. Enfin au-devant de la conque de l'oreille gauche existe une autre plaie d'un pouce et demi de longueur, dirigée transversalement à la joue, et intéressant la peau et le tissu cellulaire.

Tel est l'état des blessures situées dans les régions antérieures de la face et du cou. En arrière et à droite, au-dessous de l'oreille, existent deux plaies profondes : l'une inférieure, obliquement dirigée vers la racine des cheveux et la ligne médiane du cou, à 12 centim. d'étendue; l'autre, placée au-dessus d'elle, n'a que 7 centim. de longueur. Elles ont été faites de bas en haut, car la peau est graduellement intéressée en avant, tandis qu'en arrière la section a attaqué la peau et les muscles superficiels du cou. En arrière et à gauche, on rencontre une dernière blessure, derrière l'oreille gauche, qui a coupé la peau seulement et qui a été faite dans une direction de gauche à droite, et tout à fait transversale de la tête, et dont l'extrémité postérieure forme queue. L'angle antérieur de cette plaie correspond tout juste au point de la peau sur lequel viendrait s'appliquer le bord libre et convexe de l'oreille.

Ouverture du corps. — Tissu cellulaire du crâne infiltré de sérosité brunâtre et sanguinolente. Périoste détaché par la putréfaction. Cerveau réduit en bouillie. Aucune lésion aux yeux, au nez, ou dans la cavité de la bouche. Larynx brunâtre, ainsi que la trachée. Le poumon gauche ne contenant que très peu de sang; le droit, d'un brun rouge foncé, renfermant des gaz et une certaine quantité de sang; ces deux organes emphysémateux. Le cœur mou, flasque, décoloré; vide de sang. Estomac, intestin, foie, vessie, dans l'état normal.

Examen de l'anus. — En écartant les fesses, on aperçoit une partie de l'intérieur du rectum : l'anus est *largement ouvert en entonnoir, son pourtour est flasque et très extensible;* il ne présente du reste aucune trace d'affection vénérienne. Il en est de même de la verge.

Les membres incisés profondément n'offrent rien de remarquable.

Des faits précédents nous concluons : 1° Que la mort du nommé Formage a été le résultat des blessures que nous avons décrites, et de l'hémorrhagie qui a dû avoir lieu à la suite de la plaie de la partie antérieure du cou.

2° Que ces blessures ont été faites dans des *directions tout à fait opposées et telles,* que, dans la supposition d'un suicide, il faudrait, pour s'en rendre compte, admettre que l'individu aurait agi alternativement avec la main droite et avec la main gauche.

3° Qu'il y a lieu de croire que la première blessure faite a été celle de la partie antérieure du col.

4° Qu'elle a dû produire immédiatement l'impossibilité de crier ou d'articuler aucun son, si ce n'est peut-être dans le moment où l'individu tenait sa tête fortement fléchie sur la poitrine.

5° Que, même après cette blessure, la victime a pu vivre pendant un certain temps et exécuter encore des mouvements avec la tête.

6° Que toutes les circonstances de ces blessures tendent à élever de fortes présomptions d'assassinat.

7° Que, dans la supposition d'un assassinat, on s'expliquerait facilement tous les faits en admettant que la victime était endormie au moment où elle a été frappée; que la plaie du cou une fois faite, Forinage s'est relevé pour se défendre, qu'il aurait été frappé de nouveau, et aurait reçu alors seize autres coups d'un instrument tranchant, coups qui auraient été portés dans diverses directions.

8° Que l'anus offre une dilatation qui n'est pas ordinaire chez le commun des hommes, mais qu'il est impossible d'en préciser la cause, *quoiqu'elle semble cependant se rapprocher de celle que l'on observe chez les pédérastes.*

(La mère de Benoît était morte de la même manière que Formage; il y a tout lieu de croire que Benoît était l'auteur de ce second crime.)

Rapport fait sur le lieu où le crime a été commis.

La première chose qui s'est alors présentée à nos yeux, c'est un cadavre placé vis-à-vis de la porte, un peu à droite. Il était assis par terre, le dos appuyé contre la muraille, l'épaule et le membre supérieur droits touchant le bras et le bord gauche du fauteuil. Les jambes étaient allongées, les bras pendant le long des cuisses, et les mains reposant sur le sol. La tête était fléchie sur la poitrine, et ce n'est qu'en se baissant un peu qu'on pouvait apercevoir la face ; cette dernière était recouverte de sang desséché ; en se baissant davantage et regardant de plus près, sans bouger le cadavre, on apercevait plusieurs incisions sur la face, à la hauteur et dans la direction des commissures des lèvres.

Notre premier soin fut d'aller à la recherche de l'instrument qui avait dû déterminer la mort ; recherche vaine, nous ne trouvâmes rien : mais un papier blanc que nous vîmes sur la commode, et que M. le commissaire de police nous dit avoir été trouvé la veille sur le lit, fixa notre attention. Il était roulé sur lui-même, froissé à ses extrémités ; l'une était plus large que l'autre, et paraissait avoir renfermé un corps de forme quadrangulaire, long de cinq à six pouces et d'environ un pouce et demi dans sa plus grande largeur. L'idée vint que ce corps pouvait bien être un étui à rasoirs, contenant deux de ces instruments. Nous étant procuré un tel étui, nous l'enveloppâmes d'un papier de même grandeur, entortillant ses extrémités ; puis le retirant et abandonnant le papier, nous le vîmes revenir sur lui-même et prendre absolument la forme de celui qui était l'objet de notre investigation.

Nous avons ensuite procédé à l'examen de la chambre et des différents objets qu'elle contient.

Une seule fenêtre donnant sur la cour éclaire cette pièce, qui a la forme d'un carré long ; elle est garnie de petits rideaux, et exactement fermée. A l'opposite, est une porte s'ouvrant sur un corridor ; elle est fermée à double tour, et l'on n'en trouve pas la clef.

La porte latérale par laquelle nous sommes entrés n'a été et n'a pu être ouverte, nous assure-t-on, que par le propriétaire de la maison, quelques heures après l'événement. Tout autour de nous, le plancher et les meubles offrent des traces de sang plus ou moins larges et plus ou moins nombreuses ; et, d'abord, nous remarquons un canapé dont le dossier est appliqué contre le mur qui fait face à la porte latérale et à la cheminée. Un vase de nuit est placé vers le milieu du coussin ; il contient environ deux onces d'un liquide qui nous paraît être de l'urine mêlée de sang. Des taches de sang de différentes grandeurs sont disséminées çà et là sur ce coussin. A son extrémité droite est un oreiller renversé qui cache presque en entier une casquette brune ; en relevant l'oreiller, on aperçoit une nappe de sang desséché sur le coussin. Ce coussin étant légèrement incliné vers le bras droit du canapé, le sang aurait dû naturellement suivre cette pente, et nous remarquons, au contraire, qu'il s'est arrêté brusquement à un pied environ de ce bras pour changer de direction, s'épancher entre le coussin et le dossier, de là, traverser le fond du canapé et se répandre à terre.

En regardant l'oreiller, nous observons que la moitié inférieure du côté que nous avons trouvé en contact avec le coussin est ensanglantée. Posant alors cet oreiller à la place qu'il doit naturellement occuper, c'est-à-dire sur le bras du canapé, sa partie inférieure, qui est fortement imprégnée de sang, se trouve exactement en rapport avec la large couche de sang du coussin, ce qui nous démontre évidemment que l'oreiller était ainsi placé pendant l'action, et que, chargé d'un corps pesant, il a formé l'obstacle qui s'est opposé à ce que le sang pût passer par-dessous.

Environ une douzaine de petites gouttelettes de sang plus ou moins allongées se remarquent sur le papier au-dessus du canapé, ainsi que sur le côté de la commode qui est en rapport avec ce meuble. Le marbre de la commode présente des traînées de sang dans toute sa longueur.

Immédiatement après la commode est un fauteuil en velours jaune, comme le canapé. La partie supérieure du dossier offre une tache d'environ quatre pouces, qui paraît résulter du frottement d'un corps ensanglanté. Sur la moitié droite et en avant du siége, est une couche épaisse de sang, large environ de six pouces, entièrement desséchée sur les bords, mais encore fluide au milieu. Il paraît qu'accumulé en assez grande abondance dans cet endroit, le sang s'est ensuite répandu à terre, partie en traversant le fauteuil et partie en s'écoulant le long de son bord inférieur. C'est près de ce fauteuil que repose le cadavre; de ce dernier à la porte qui est vis-à-vis de la fenêtre, il existe un espace libre d'environ quatre pieds et demi. Le papier, dans cet intervalle, à la hauteur de trois pieds et demi à cinq pieds, présente plusieurs taches de différentes grandeurs qui paraissent produites par le frottement d'un corps ensanglanté; l'une d'elles, située à la hauteur d'environ quatre pieds et demi, est large de quatre travers de doigt, et décrit une légère courbe dont la convexité répond à la fenêtre et la concavité à la porte; précisément dans l'angle et près de la porte, ainsi qu'au-dessous, sur le plancher, se remarquent plusieurs gouttes de sang projetées et plus ou moins allongées, quelques petites et rares gouttelettes existent çà et là sur la porte; une entre autres est située sur la plaque de la serrure.

A un pied de la porte est une table de nuit appliquée à la muraille, et dont le marbre est couvert de taches épaisses de sang desséché, au milieu duquel se trouve une mèche de cheveux noirs. Au bas de ce meuble on voit une grande quantité de larges gouttes de sang qui, avant d'arriver jusqu'au sol, ont fait des traînées sur la paroi postérieure de son fond, qui est tourné vers l'intérieur de la chambre.

Plus loin, et dans l'angle, est un lit de six pieds de long sur trois pieds de large, surmonté de rideaux blancs supportés par une flèche. Au bas est un tapis taché de sang, au coin qui répond à la table de nuit. Ce lit est recouvert d'une couverture de coton blanc à raies bleues, et garni d'un traversin et d'un oreiller non revêtu de sa taie; près du chevet, qui n'est éloigné que de huit pouces de la table de nuit, le rideau et la couverture sont empreints de plusieurs gouttes de sang séparées par de très petits intervalles. A quelques pouces de là et sur le bord droit du lit, la couverture est légèrement chiffonnée et offre un petit groupe de taches qu'on pourrait assez bien reproduire en saisissant la couverture avec des doigts ensanglantés. Un peu au delà se remarque une tache à peu près carrée, d'environ quatre travers de doigt, qui paraît le résultat de l'application d'un corps ensanglanté, et au fond de laquelle on aperçoit quatre gouttes de sang projetées sur une même ligne, et à des intervalles presque égaux, d'environ un pouce.

Un peu plus loin, et vers le milieu du lit, plusieurs taches de sang forment à peu près un éventail; près d'elles est une mèche de cheveux noirs. Quelques autres petits cheveux de la même couleur sont fixés çà et là sur ces taches qui nous semblent avoir été faites d'un seul coup par un instrument ensanglanté (tel qu'un rasoir) qu'on aurait essuyé rapidement sur la couverture. En revenant un peu vers le bord du lit, sont deux taches noirâtres, à peine mêlées de sang, larges de quatre travers de doigt, longues d'environ six à sept pouces, dirigées de haut en bas, et qui nous portent à croire que, là, des pieds ont été essuyés. A l'extrémité de la couverture, on voit quelques gouttes de sang plus nombreuses à mesure qu'on s'approche du pied du lit, sur le dossier duquel on remarque des traces qui indiquent que le sang y est tombé en abondance, et qu'une partie a coulé sur le dedans du panneau, tandis que l'autre s'est répandue sur le dehors et de là jusqu'au sol, qui en est inondé. La portion du rideau qui recouvre ce dossier est, dans l'étendue d'environ quatre à cinq pieds, imbibée d'un sang plus clair que celui que nous avons remarqué partout ailleurs : la partie inférieure surtout présente une longue tache d'une teinte très pâle, et qui répand une odeur urineuse ; ce rideau est fripé dans certains endroits, et quelques petits cheveux noirs s'y trouvent attachés.

Le bord du rideau, qui, après avoir enveloppé la tête du lit, revient dans la ruelle, est taché, à la hauteur de cinq à six pieds, de quatre ou cinq gouttelettes de sang projetées.

Immédiatement après le pied du lit, se trouve la porte mitoyenne du n° 7 au n° 8 ; sur son linteau se remarquent quelques gouttelettes de sang un peu allongées.

Vient ensuite un petit secrétaire, sur le marbre duquel on en voit de semblables dirigées un peu obliquement de gauche à droite ; suit la cheminée, puis, en tournant, on arrive à la fenêtre, au-devant de laquelle est placée une table à écrire, en noyer, dont le drap est entièrement couvert de traînées de sang.

A douze ou quinze pouces en avant de cette table, et à deux pieds du canapé, le plancher est recouvert de sang ; une mèche de cheveux noirs s'y trouve collée. A partir de cet endroit, en se dirigeant vers le pied du lit, on remarque plusieurs taches de sang, au fond desquelles on distingue l'empreinte de clous de souliers. En avançant, ces taches diminuent d'épaisseur et de largeur, jusqu'à trois pieds du lit, où l'on n'en aperçoit plus.

Nous avons ensuite procédé à l'examen du cadavre. L'habit de couleur marron dont il est revêtu est couvert de sang sur les parties extérieures et intérieures des revers ; plusieurs taches se remarquent aussi sur les épaules et dans le dos, ainsi que sur les manches ; le collet de velours présente, dans sa moitié droite et près de sa brisure, deux longues coupures très nettes et une autre près de l'extrémité gauche. Un tissu vert entre dans la composition de sa doublure, et fait reconnaître qu'un petit morceau d'étoffe de même couleur, trouvé dans la chambre, lui appartient. Un col garni de baleines et recouvert de taffetas noir est fixé par une boucle autour du cou, et n'offre aucune trace de lacération. La chemise est ensanglantée dans toute sa partie antérieure ; le pantalon, de coutil grisâtre, est fortement taché de sang dans toute la partie qui répond au ventre ; des gouttelettes nombreuses se remarquent sur les cuisses ; la partie extérieure du fond est tachée par le sang qui était répandu sur le sol ; les semelles des bottes sont garnies de clous et sont ensanglantées.

Conclusion.

D'après ce qui précède, nous concluons que la mort est le résultat d'un homicide ; premièrement, parce que l'instrument vulnérant n'a point été retrouvé ; secondement, parce que la situation et la direction différente de la plupart des plaies excluent la possibilité du suicide. En effet, on ne peut pas supposer que pour se détruire un homme se frappe les joues et la partie postérieure du cou ; mais, en admettant même cette bizarrerie, il faudrait encore admettre qu'il ait pu changer de main, car la longue plaie qui se remarque dans la région occipito-auriculaire gauche ne pourrait pas avoir été pratiquée par la main droite, tandis que celle du côté opposé n'aurait pu l'être par la main gauche.

D'après la netteté des plaies, nous pensons que c'est à l'aide d'un instrument très tranchant que le crime a été consommé.

La profondeur de la plaie de la partie antérieure du cou, et la disposition du sang sur le canapé nous portent à croire que c'est là, sur ce canapé, et pendant le sommeil, que les premiers coups ont été portés, et la contusion du flanc gauche semble confirmer cette croyance, car elle nous paraît avoir été occasionnée par la pression d'un genou fortement appliqué sur le ventre, afin de servir de point d'appui à l'auteur du meurtre.

Enfin, nous pensons que la mort a été déterminée par l'hémorrhagie; mais que bien qu'un assez grand nombre d'artères et de veines aient été ouvertes, leur petit calibre n'a pu donner lieu à une perte de sang assez considérable pour amener immédiatement la mort; la blessure du doigt indicateur, les traces plus ou moins abondantes de sang qui se remarquent en divers endroits de la chambre, et le sang qui est empreint sur la semelle des bottes de la victime, nous font présumer que celle-ci a dû lutter pendant un certain temps contre son assassin; elle a même pu marcher, mais elle n'a pas pu crier, la vaste plaie du cou ayant subitement interrompu la communication du larynx avec la bouche, et rendu par conséquent impossible la formation de la voix.

En foi de quoi nous avons signé la présente: A Versailles, les mêmes jour, mois et an que dessus.

Il faut surtout se tenir en garde contre la facilité avec laquelle une arme peut pénétrer dans une blessure plus grande que la lame qui la constitue. Ainsi, de ce qu'une arme entre facilement dans une plaie, il ne faut pas en conclure qu'elle l'a produite; un instrument de petite dimension peut faire une plaie large et profonde, tandis qu'un instrument de dimension plus grande peut ne produire qu'une plaie strictement en rapport avec ses dimensions propres, cela dépend de la manière dont l'arme a été employée par l'assassin. Aussi est-ce une mauvaise habitude que celle qui consiste à *rapprocher*, comme on le dit, l'arme de la blessure en cherchant à l'introduire dans la plaie, afin de voir si elle s'y adapte parfaitement. C'est par des comparaisons de forme et de profondeur, et au moyen de mensurations qu'il faut arriver à cette sorte de diagnostic.

Sous le rapport de la forme des armes contondantes, dont on peut juger d'après l'inspection de la blessure, il faut savoir que toute arme arrondie qui fait plaie produit d'abord au centre de la blessure une sorte de trou ou d'excavation, en rapport avec l'étendue de la surface de l'arme et avec la force qui l'a mise en mouvement. Souvent de cette perte de substance partent quelques subdivisions qui donnent à la plaie l'aspect étoilé. Toutes les fois qu'une arme contondante est terminée par une surface plane, comme un marteau, par exemple, elle produit presque toujours une plaie qui offre cette disposition. Si l'arme contondante est terminée par un bord anguleux ou une arête,

et que celle-ci vienne à porter sur des parties molles, il en résulte une plaie longitudinale contuse. Si le bord ou l'arête décrit
sur son trajet une courbure, celle-ci est dessinée par la plaie; si
la courbure offre sur sa longueur un angle, la plaie présentera
aussi une division anguleuse.

C'est en partant de ces données que nous reconnûmes, dans
le cas d'assassinat suivant, que trois espèces d'armes différentes
avaient été employées pour produire les lésions que l'on observait à la tête.

Nous fûmes appelé, il y a environ quinze ans, à procéder, avec M. Ollivier
et un autre médecin, à l'examen et à l'ouverture du corps d'un marchand
de vin qui avait été assassiné chez lui. Il demeurait au voisinage d'une
barrière ; à quatre heures du matin, deux hommes passant auprès de la
maison entendent des gémissements ; ils trouvent la porte fermée et la
fenêtre ouverte ; ils pénètrent par la fenêtre dans une salle voisine de la
boutique ; ils voient plusieurs verres et plusieurs bouteilles cassés, un litre
en étain déformé et à terre, des traces de sang sur le sol, qui se prolongent jusqu'à la porte de l'escalier de la cave d'où partent les gémissements.
Ils descendent, trouvent le marchand de vin étendu à terre et baignant
dans une grande quantité de sang. On administre des secours au blessé ;
mais il succombe deux heures après. Outre diverses contusions qu'il
portait sur plusieurs parties du corps, il présentait à la tête dix-sept
blessures, les unes au front, les autres sur le trajet d'une ligne qui s'étendait d'une tempe à l'autre ; ces dernières beaucoup plus graves que les
premières, et accompagnées de fractures multipliées aux os ; des contusions
nombreuses disséminées dans toute la convexité du cerveau. La circonstance d'un litre en étain déformé et aplati suivant sa hauteur, couvert
d'ailleurs de sang et trouvé à terre, fit penser qu'il avait été un instrument
du crime. Plusieurs bouteilles de la forme de celles dans lesquelles on met
le vin de Champagne, étant aussi tachées de sang, firent élever le même
soupçon : aussi les magistrats nous engagèrent à nous expliquer à ce sujet.
— Plusieurs plaies étaient longitudinales, de même longueur, et placées
les unes à côté des autres ; elles ne provenaient donc pas de l'emploi du
litre en étain ou de la bouteille, qui ne présentaient que des bords arrondis;
d'autres dessinaient bien une courbe qui s'adaptait à la convexité de la
base du litre ; mais celui-ci, en supposant qu'il eût été tenu par son anse,
ce qui était très probable et ce qui permettait d'agir avec plus de force,
était bosselé et déformé à son rebord, de telle manière que les plaies auraient dû présenter le long de leur courbure un angle, tandis que leur
courbe était parfaitement régulière. D'autres plaies avaient une forme
étoilée qui dessinait deux lignes, dont l'une viendrait se rendre au centre
de l'autre, et la dimension de chaque division était égale pour les diverses
plaies. Enfin, il en existait d'irrégulières et qui pouvaient être attribuées
à l'emploi d'une bouteille saisie par son goulot, et avec laquelle on aurait
frappé par le fond. Dans la supposition où une bouteille aurait été employée à produire les blessures, on nous demandait si elles avaient pu
produire les fractures du crâne, avec enfoncement d'une esquille triangulaire et d'un pouce de diamètre. Nous dûmes établir : 1° que plusieurs
armes différentes avaient été employées à produire ces blessures ; 2° que
ces armes étaient toutes contondantes ; 3° que si le litre d'étain avait servi,

c'était avant qu'il eût été déformé ; 4° que la disposition de certaines plaies pouvait être expliquée par l'emploi d'une bouteille, mais que les meurtriers devaient en outre avoir à leur disposition d'autres armes plus puissantes : que cependant la conformation et la solidité d'une bouteille, dite de Champagne, étaient telles que ce vase pouvait probablement opérer une fracture du crâne.

Des blessures sont faites à quelqu'un. On représente comme instrument du crime un reste d'arme cassée ; on demande si les blessures ont été faites avec l'arme entière, ou seulement avec ses débris? Cette question a une haute portée pour la criminalité de l'action. En effet, si l'on s'est servi d'un débris d'arme, tout soupçon de préméditation disparaît et l'accusation descend d'un ou de deux degrés ; ce n'est plus un assassinat : c'est un homicide par imprudence ou ce sont des blessures volontaires. On répond à cette question en ayant égard à plusieurs circonstances : la forme de la blessure et le rapport qu'il y a entre sa conformation et celle de l'arme ; sa profondeur, eu égard à la longueur de la lame ; l'état nu ou recouvert de vêtements dans lequel se trouvait la partie lésée. Ce sont les données qui nous ont guidé dans les réponses que nous avons faites aux magistrats, à l'occasion de l'affaire suivante :

Tentative d'assassinat. — Questions sur la possibilité que les blessures aient été faites par un instrument représenté.

Le 2 juin 1831, etc., nous nous sommes rendu à la prison de la Force, où, après avoir fait connaître au directeur la mission dont nous étions chargé, nous avons été conduit chez le gardien de l'infirmerie. Là, on nous a amené le nommé Poupart (Louis-Michel-Baptiste), âgé de dix-sept ans, tourneur, qui nous a déclaré avoir reçu plusieurs coups de couteau, le 20 de ce mois, et avoir éprouvé un peu de fièvre dans les premières vingt-quatre heures de son accident ; il a ajouté que depuis cette époque sa santé générale n'avait pas été altérée.

Nous avons procédé à l'examen de ses blessures et nous avons observé :

1° Une cicatrice récente de trois lignes de longueur au cuir chevelu, dans le point correspondant à la bosse pariétale gauche.

2° Une plaie de trois pouces de longueur, située à un pouce derrière l'oreille gauche et parallèlement à sa direction. Elle paraît n'avoir intéressé qu'une partie de l'épaisseur de la peau au voisinage de ses extrémités ; à son centre elle semble avoir été plus profonde, car ses bords sont écartés de plusieurs lignes dans ce point, et les bourgeons charnus ont déjà remplacé le vide que l'écartement des bords de la peau a produit.

3° Un peu en avant de la blessure précédente et derrière le lobule de l'oreille, une plaie d'un pouce de longueur, avec écartement de ses lèvres et développement de bourgeons charnus.

4° La cicatrice d'une simple érosion de la peau un peu au-dessus de la bosse frontale gauche.

5° A la hanche gauche, entre l'épine iliaque antérieure et supérieure de la crête de l'os des iles et le sommet du grand trochanter, une plaie d'un pouce de longueur sur six lignes de largeur ; toute sa surface est de niveau avec la peau, par suite du développement de bourgeons charnus.

6° Au dos et à six pouces au-dessous de l'angle inférieur de l'omoplate, une cicatrice superficielle d'un pouce et demi de longueur et ne constituant qu'une trace linéaire.

Ces diverses blessures n'ont pas donné lieu à une perte de sang considérable ; trois sont cicatrisées, trois autres le seront dans peu de temps. Elles nous paraissent avoir été faites par un instrument piquant et tranchant. Elles entraîneront une incapacité de travail que nous évaluons à dix-huit jours.

Lorsque cette affaire fut jugée par la cour d'assises, on représentait un couteau cassé comme instrument du crime ; il était composé d'un manche et d'un reste de lame qui pouvait avoir six lignes de longueur. La lame avait été récemment cassée, car l'acier était brillant et grenu à l'endroit de la cassure. Des prisonniers, témoins des blessures faites, déposaient que ce couteau s'était cassé par suite d'un coup porté sur la tête de Poupart ; il s'agissait d'établir s'il y avait eu simple tentative de meurtre, sans préméditation, ou tentative d'assassinat avec préméditation, si l'accusé s'était seulement servi d'un reste de couteau, ce qui éloignait toute tentative d'assassinat et n'indiquait que de simples blessures par suite de vengeance. On nous demanda alors si un pareil reste de couteau pouvait produire des blessures de plusieurs lignes de profondeur, et par conséquent celles de Poupart : *R.* Oui, cela n'est pas impossible. *D.* Ce reste de couteau aurait-il pu produire la plaie du front ? *R.* Oui, si la partie qui forme pointe avait été dirigée perpendiculairement au front. Nous ajoutâmes que si les blessures de la tête *avaient pu* être opérées par ce reste de couteau, il n'en était pas de même de celle de la hanche, qui avait plus de profondeur, et qui avait dû être produite nécessairement par une lame plus longue, puisque cette partie était recouverte d'une chemise et d'un pantalon de drap. Aussi cette blessure a-t-elle prouvé que le couteau était entier lorsque l'inculpé s'en est servi, et qu'il a été cassé en frappant la tête. La cassure du couteau était d'ailleurs toute récente, ce que démontrait l'état de l'acier au point de section de la cassure.

Nota. — Laruelle avait volé, sur un grand chemin, des marchandises d'épicerie. Il les avait enterrées dans un champ. Le lendemain, ne pouvant aller les colporter à lui seul, il va prendre Poupart sur la place de Grève ; il l'emmène au delà de Vincennes, lui montre son vol, et le force à l'accompagner, deux jours après, pour vendre les objets volés. C'est alors qu'ils sont arrêtés. Poupart, interrogé, fait un aveu complet, et c'est lorsqu'il rentre à la Force que Ruelle, se voyant découvert, veut le tuer pour se venger des déclarations qu'il a faites.

Une arme à tranchant net et à angles aigus comme un ciseau peut-elle faire des blessures semblables à celles auxquelles donne lieu un couteau-poignard ?

Assassinat.

Le 2 janvier 1838, nous nous sommes rendu rue des Petites-Écuries, n° 43, où, en présence de M. Legonidec, juge d'instruction, et de M. Hely d'Oissel, substitut de M. le procureur du roi, nous avons procédé à l'examen d'une chambre où s'est commis un assassinat, ainsi qu'à la visite du corps de la fille Decreux, qui aurait succombé la veille aux blessures qu'elle avait reçues.

Examen du cadavre.

Dans une chambre en face, celle de la fille Decreux, se trouve, étendu sur un lit, le corps de la victime ; il n'est vêtu que d'une chemise ; la face est toute ensanglantée : 1° il s'écoule de la bouche un liquide sanguinolent ; 2° en avant et sur la ligne médiane du cou, à un pouce au-dessus de l'échancrure supérieure du sternum, est une plaie transversale de cinq lignes de longueur, à angle mousse ; elle ne paraît pas pénétrer au-delà de la peau ; 3° à droite et à deux pouces au-dessus de la clavicule, vers son tiers interne, une seconde plaie tout à fait analogue à la précédente, seulement elle a six lignes de longueur et est dirigée obliquement de haut en bas et de droite à gauche ; 4° au côté gauche du cou, sur la terminaison du bord antérieur du muscle trapèze, une troisième blessure analogue aux précédentes ; elle a dix lignes de longueur et elle est dirigée obliquement de haut en bas et de droite à gauche ; ses lèvres sont rapprochées et adhérentes entre elles au moyen d'un caillot de sang ; 5° à la face dorsale du pouce de la main droite, vis-à-vis la deuxième phalange, une plaie longitudinale de six lignes ; 6° une autre plaie à lambeaux, à la face palmaire de l'index, sur la dernière phalange ; 7° une plaie transversale à la face palmaire du doigt médius ; elle a intéressé le tendon fléchisseur, et pénétré dans l'articulation de la deuxième avec la troisième phalange ; 8° au genou droit sept excoriations dont l'étendue varie depuis une ligne jusqu'à trois lignes ; 9° au genou gauche deux excoriations linéaires évidemment faites avec l'extrémité d'un instrument tranchant et anguleux ; l'une d'elles a un pouce de longueur, et l'autre deux pouces et demi ; 10° sur les côtés et au-dessous de la rotule, six contusions avec excoriations.

Vêtements. — Ils consistent dans un bonnet ensanglanté ; un col de mousseline imprégné de sang ; une robe ouverte par devant et dont toute la partie supérieure du dos est tachée de sang, un jupon de laine ; des bas de laine et des jarretières : ces derniers vêtements ne sont pas ensanglantés.

Armes et instruments saisis.

1° Un ciseau à manche : sa lame a quatre pouces moins deux lignes de longueur ; elle se compose d'une tige quadrilatère terminée par une portion aplatie qui constitue le ciseau proprement dit ; cette portion, qui a sept pouces six lignes de longueur, est terminée par un tranchant très affilé qui a six lignes et demie de largeur ; la base de cette partie du ciseau a six lignes de large sur deux d'épaisseur ; l'une de ces faces est recouverte d'une large tache de sang.

2° Une clef d'appartement dont le panneau est tout couvert de sang.

3° Un crochet de serrurier.

Conclusion.

L'ensemble de ces circonstances tend à établir les plus fortes présomptions sur l'existence d'un crime. L'observation du corps nous conduira à des conclusions précises à cet égard, en même temps qu'elle nous permettra plus de développement à ce sujet.

Ce 3 janvier 1838.

Ouverture. — Après avoir enlevé le caillot qui masquait un peu la forme de la plaie avoisinant le muscle trapèze, on voit que deux coups ont été portés sur ce point, car la plaie forme deux lignes se réunissant sous un angle obtus ; son plus grand diamètre est vertical. Elle pénètre à travers le splénius, gagne les apophyses transverses des vertèbres cervicales, dont la cinquième et la sixième sont rompues ; elle arrive jusque sur le corps de la cinquième vertèbre, qui est fracturé superficiellement. Une large ecchymose dessine ce trajet et imprègne de sang les parties circonvoisines, en sorte qu'il y a tout lieu de croire que l'artère vertébrale a été ouverte et a donné lieu à la mare de sang trouvée sur le plancher. — La plaie placée au-dessus de l'échancrure du sternum pénètre jusqu'à la trachée qu'elle a entamée en avant dans une étendue de quatre à cinq lignes. — Celle placée plus haut a traversé le muscle sterno-hyoïdien et le corps thyroïde. — La trachée-artère contient une grande quantité de sang écumeux, ainsi que les bronches ; ce sang provient de la plaie qui a intéressé ce conduit. — Les poumons ne sont pas décolorés, et la section de leur tissu laisse échapper du sang en quantité encore assez notable. — Les cavités du cœur en contiennent une petite quantité à l'état fluide. — La bouche est pleine de sang. — Le cerveau n'offre rien de particulier, mais le muscle temporal droit, ainsi que le tissu cellulaire sous-péricrânien correspondant, est le siége d'une contusion peu profonde et très large que la chute du corps sur le sol pourrait peut-être expliquer.

L'estomac contient encore un peu de matières alimentaires dont la digestion est fort peu avancée.

L'hymen est déchirée inférieurement, et cela depuis longtemps.

Conclusion.

1° La mort de cette fille est le résultat des blessures, et notamment de celles qui ont ouvert l'artère vertébrale et la trachée.

2° Elle est due à la perte du sang, et surtout à l'asphyxie par l'introduction du sang dans la trachée.

3° Elle n'a donc pas été instantanée ; et en effet l'amant de cette jeune fille l'a trouvée encore vivante et a reçu son dernier soupir.

4° *Les blessures du cou ont bien été faites avec le ciseau qui nous a été représenté.*

5° La situation et la direction des différentes blessures que l'on observe sur l'index et le médius, ainsi que les traces de contusions et d'excoriations que l'on observe aux genoux, indiquent qu'une certaine lutte a eu lieu entre l'assassin et sa victime, lutte pendant laquelle la jeune fille a cherché à parer les coups de ciseau avec la main. — (*Jadin, l'assassin de cette fille, a déclaré qu'il avait un couteau-poignard avec lequel il avait fait la blessure, et qu'il ne s'était pas servi du ciseau.*)

Souvent, à l'occasion des fractures, on attribue à des causes directes ce qui n'est l'effet que d'une circonstance accidentelle ; en sorte qu'on fait peser sur l'accusé une charge qui, pour lui, peut être considérée comme une circonstance atténuante, et *vice versâ*.

Voici deux faits dans lesquels nous avons fait la part des coups portés et celle des circonstances accidentelles.

Rapport d'expertise dans un cas de fracture de jambe.

Nous soussigné, docteur, etc., en vertu d'une ordonnance de M. Cortier, juge d'instruction, par-devant lequel nous avons prêté serment, nous sommes transporté aujourd'hui, 24 novembre 1830, à l'hôpital Beaujon, à l'effet de constater la nature et la gravité des blessures du nommé Brigelle, et de déterminer l'époque probable de leur parfaite guérison.

Nous avons fait connaître à MM. Marjolin et Blandin, chirurgiens de cet hôpital, l'objet de notre mission. Ils nous ont conduit salle Saint-Philippe, lit n° 22, où se trouvait couché un individu encore en traitement pour une fracture incomplète de la jambe gauche. Ce malade, interrogé par nous, a déclaré être en effet Joseph-Charles Brigelle, âgé de quarante ans, exerçant la profession de tailleur de pierres. Il nous a appris qu'étant occupé à travailler, le 25 octobre dernier, il avait été attaqué par deux individus, qui, après s'être servis d'expressions injurieuses à son égard, s'étaient portés contre lui à des voies de fait qui avaient déterminé sa chute. Que pendant cette chute son pied ayant pris une fausse position, l'un des deux os de la jambe gauche s'était cassé.

Examen du malade. — La santé est parfaite, elle ne paraît pas même avoir été altérée depuis l'accident. Il n'existe à la surface du corps aucune trace de contusions ou de violences. (Le malade a profité de son séjour à l'hôpital pour se faire opérer d'une hydrocèle du côté gauche, dont la guérison est presque complète.) La jambe gauche est encore dans l'appareil des fractures du péroné (l'os le plus petit de la jambe). On sent au voisinage de la malléole externe et un peu au-dessus d'elle, la trace du cal qui consolide la fracture résultant de la chute de Brigelle. Cet appareil sera levé dans trois ou quatre jours. Il ne reste à la jambe aucune difformité.

Des faits énoncés ci-dessus, nous concluons : 1° que la fracture est survenue accidentellement et par le fait de la mauvaise position du pied au moment de la chute ; 2° que cette blessure n'a eu et n'a presque jamais rien de fâcheux qui puisse compromettre la santé d'un individu ; 3° qu'elle exige vingt-cinq à trente jours d'application d'un appareil contentif ; cinq jours de repos au lit après la levée de l'appareil, et dix à douze jours d'exercice pour que la marche soit entièrement rétablie ; 4° que le nommé Brigelle se trouvant dans toutes ces conditions ordinaires, sa blessure entraînera chez lui une incapacité de travail que l'on peut évaluer à quarante ou quarante-cinq jours.

Rien de plus commun que les faits de ce genre ; ils se présentent journellement.

Blessures graves par suite de rixe. — Blessures supposées. —
Blessures faussement interprétées.

Nous soussignés, invités par M. Geoffroy, juge d'instruction, à *émettre notre opinion sur les causes, la nature et la gravité des blessures faites à un nommé Champion, et aussi sur l'incapacité de travail qui pourrait en résulter,* nous sommes rendus au cabinet de M. Geoffroy, le 6 février 1834, où, après avoir préalablement prêté serment entre ses mains de donner notre avis en notre honneur et conscience, il nous a communiqué : 1° un rapport de M. le docteur G..., en date du 25 décembre 1833 ; 2° les réponses par lui faites lors de l'interrogatoire qui a eu lieu au sujet de l'instruction, et nous a de plus invités à nous rendre à l'hôpital de la Charité, pour procéder à l'examen du nommé Champion et constater son état actuel.

A cet effet, nous nous sommes transportés le même jour à l'hôpital de la Charité, où nous avons trouvé Champion couché salle Saint-Augustin, nᵒ 17. Interrogé sur les circonstances qui ont précédé, accompagné et suivi ses blessures, il nous a déclaré que, dans la nuit du 22 au 23 décembre 1833, ayant été battu chez lui par le nommé Fauchet, il fut poursuivi dans la rue lorsqu'il allait chercher la garde ; qu'il fut pris par les épaules et renversé par terre *de côté ;* que Fauchet lui marcha sur les jambes ; qu'ayant appelé du secours, il fut relevé par les voisins et transporté chez lui ; que le docteur G..., venu dès le matin, lui fit appliquer dix-huit sangsues au pied et des cataplasmes ; que, le lendemain de l'accident, on lui mit à la jambe un appareil semblable à celui qu'il porte actuellement ; que, le 29 décembre, c'est-à-dire le sixième jour, étant à moitié endormi, il voulut prendre son pot de nuit, qui était à terre, se pencha vers le bord de son lit et glissa par terre assez promptement pour ne pouvoir plus se retenir ; on fut obligé de le relever et de le replacer dans son lit. Le 30, le docteur G... fut forcé de renouveler tout son appareil qui avait été défait par cette chute.

Champion, questionné sur le fait de savoir si ce jour-là une opération douloureuse lui avait été faite, nous répondit que l'on se borna à replacer l'appareil *comme on l'avait fait le second jour.* Du reste, les diverses lésions constatées, tant à la tête qu'au genou, sont guéries depuis longtemps ; la jambe et le pied sont encore placés dans un appareil que l'on doit retirer dans deux jours, ce qui nous empêche de procéder aujourd'hui à leur examen. La santé générale du malade est bonne.

Et le 7 février, nous nous sommes rendus à la Charité pour recueillir auprès de M. Roux, chirurgien en chef, des documents propres à éclairer les diverses questions qui nous sont soumises. Il nous a dit qu'il avait reconnu chez Champion une déchirure des ligaments internes de l'articulation du pied avec la jambe, ainsi qu'une fracture de la partie inférieure du péroné, blessures qu'il considère comme étant le résultat de la chute du malade, et comme étant survenues ensemble par le fait de la position que le pied avait affectée au moment de la chute ; qu'il ne pensait pas que Champion ait jamais eu de luxation du pied, soit en dehors, soit en dedans, lors des violences qui ont été exercées sur lui.

Désirant procéder à l'examen du membre dépourvu *de tout appareil,* nous sommes allés de nouveau à la Charité, le 9 courant, pour l'observer. Le malade était levé et se disposait à quitter l'hôpital. Le pied, et surtout son articulation avec la jambe, ont acquis plus de volume que dans l'état naturel ; il en est de même de l'extrémité inférieure des deux os de la jambe ; les rapports du pied avec la jambe sont changés, et tels qu'il semble que le pied soit porté plus en arrière que dans l'état ordinaire. Son bord externe est encore renversé en dehors ; en un mot, toutes les parties sont évidemment déformées, et il nous paraît impossible qu'elles reviennent à leur état primitif. Le malade n'a pas encore marché, et il y a tout lieu de croire qu'il résultera de ses blessures une infirmité. M. Roux, qui assistait à notre examen, nous a déclaré que Champion avait été d'*une indocilité extrême* pendant tout son traitement, et qu'il fallait lui attribuer une partie des résultats fâcheux que nous observions. Quant à la fracture du péroné, elle est parfaitement consolidée. La guérison des autres blessures a eu lieu dans les premiers temps du traitement.

Ces documents obtenus, nous avons examiné avec soin le rapport de M. G..., et les dépositions qu'il a faites par-devant M. le juge d'instruction; il en résulte qu'il a reconnu, outre diverses blessures légères à la tête et au genou gauche, une luxation complète *en dehors* du pied gauche avec déchirure des ligaments latéraux *internes* de l'articulation, et accompagnée d'un gonflement considérable qui a masqué ces deux lésions pendant les deux premiers jours; que le cinquième, il a constaté l'existence d'une fracture de la partie inférieure du péroné. Il attribue la luxation du pied et la déchirure des ligaments à une forte pression exercée sur le pied, de dedans en dehors, dans un moment où cette extrémité portait à faux sur le sol, et les regarde par conséquent comme le fait d'une violence exercée directement sur le pied. — Il considère la fracture du péroné comme le résultat *de la chute* que le malade a faite de son lit cinq jours après l'accident primitif.

Nous ne pouvons partager l'opinion de M. G... sur les époques et les causes qu'il assigne à ces blessures. Nous pensons : 1° qu'il n'a *jamais existé* de luxation du pied en dehors, car elle aurait entraîné très probablement la déchirure des ligaments externes de l'articulation et non pas celle des ligaments internes. Elle ne se fût pas d'ailleurs réduite avec autant de facilité que M. le docteur G... semble l'énoncer, et une fois réduite, elle ne se serait pas reproduite sous l'influence seule de la chute du malade de son lit. — Il a existé un renversement du pied en dehors, et non pas une luxation du pied. 2° La déchirure des ligaments latéraux internes ne nous paraît pas être l'effet d'une forte pression exercée sur le pied portant à faux. 3° La fracture du péroné n'est pas non plus, suivant nous, le résultat de la chute que le malade a faite de son lit le cinquième jour après l'accident.

Nous regardons toutes ces blessures comme dépendant de la chute de Champion au moment où, saisi par les épaules, il a été jeté par terre de côté. Son pied ayant porté à faux et ayant trouvé, par une disposition quelconque du sol, une résistance, a exécuté un mouvement forcé de renversement en dehors, par le fait duquel les ligaments latéraux internes distendus outre mesure se sont déchirés, et alors le dos du pied venant à comprimer de bas en haut l'extrémité inférieure du péroné, a déterminé la rupture de cet os. — La fracture a été méconnue jusqu'au deuxième jour, parce que toute l'attention s'est portée sur les désordres de l'articulation. —Nous nous fondons principalement : 1° sur ce que dans la presque totalité des cas la fracture du péroné accompagne constamment la déchirure des ligaments latéraux internes de l'articulation du pied; 2° sur ce qu'il est impossible qu'une pareille fracture survienne alors qu'un malade se laisse glisser de son lit par terre.

Tous les désordres s'expliquent d'ailleurs dans notre supposition, tandis qu'il n'est pas possible de concevoir la déchirure des ligaments latéraux internes du pied par le fait d'une pression exercée sur la malléole de dedans en dehors; alors que les ligaments latéraux externes auraient résisté à la distension produite par la sortie de l'astragale.

Des faits et discussions qui précèdent, nous concluons : 1° qu'il y a tout lieu de penser qu'il n'a jamais existé de luxation du pied en dehors; 2° que la déchirure des ligaments latéraux internes de l'articulation du pied et la fracture du péroné sont le fait de la chute du malade, et ont été produits en même temps; 3° que ces blessures ont entraîné une incapacité de travail *de plus de vingt jours;* 4° qu'il y a lieu de craindre que, vu *l'âge avancé* du malade et *l'indocilité* qu'il a montrée pendant son traitement, il n'en résulte *une infirmité;* 5° que ces deux blessures auraient pu survenir par le fait seul *d'une chute accidentelle* et non provoquée. (D'après notre rapport, l'accusé a été traduit seulement en police correctionnelle.)

Dans d'autres circonstances, l'accusé attribue à une chute sur des corps durs des plaies qu'il a faites à l'aide d'un instrument donné. Un cas de ce genre a été soumis au jugement de la cour d'assises en 1834, pendant que je faisais partie du jury. Un marchand de vin s'étant pris de querelle avec un garçon épicier, lui porta un coup de poinçon sur le front et avec une telle violence, qu'il le jeta à terre. L'instrument avait agi obliquement sur la partie frappée, et avait fait une plaie allongée et déchirée, qui avoisinait la tempe gauche. Le blessé fut conduit à l'hôpital de la Pitié et soumis aux soins de M. Lisfranc. Le marchand de vin comparaissait au tribunal sous la prévention de blessures et coups volontaires, ayant entraîné une incapacité de travail personnel de plus de vingt jours. Il soutenait pour sa défense que la plaie du front avait été le résultat de la chute sur le pavé ; mais, outre que des témoins déposèrent que le blessé était tombé sur le dos, M. Lisfranc déclara que la plaie offrait des caractères extérieurs tels qu'elle n'avait pas pu être le résultat d'une chute ; que, dans cette dernière circonstance, elle eût offert des traces évidentes de contusion, tandis qu'elle en était tout à fait exempte.

Comment une arme a-t-elle été employée ?

La solution de cette question repose sur l'inspection de la blessure, sur sa profondeur et sur sa direction. Elle n'est applicable qu'à certaines armes dont le mode d'action est double ou triple ; ainsi, une arme perforante et tranchante peut faire une blessure analogue à celle que produirait une arme tranchante, mais elle ne pourrait pas amener les résultats de l'action d'une arme perforante seulement. On peut donc quelquefois dire si cette arme a été employée par son tranchant ou par sa pointe ; on peut aller plus loin et préciser, d'après l'inspection de la plaie, de quel côté le tranchant de l'instrument était dirigé. Ainsi, un couteau est enfoncé dans les chairs, la plaie qui en résulte offre deux angles ; l'un aigu, l'autre obtus, le premier correspondant au tranchant, le second au dos de l'arme. — Dans une autre circonstance, on représente une arme mousse à une extrémité et très aiguë à l'autre, on demande par quel bout la plaie a été produite ? Cette question tend à aggraver ou à atténuer la culpabilité de l'accusé, suivant qu'il se sera servi de l'arme par sa pointe ou par sa partie mousse. Les caractères extérieurs de la plaie peuvent faire porter un diagnostic souvent certain : soit, par exemple, qu'il s'agisse d'un tranchet de cordonnier ; la plaie sera nette, sans contusion, à angles bien effilés, ou à angle aigu d'un côté et légèrement obtus de l'autre, si l'on s'est servi de la partie tranchante et pointue de l'arme ; elle sera plus ou moins contuse, déchirée, inégale, si l'on a fait un usage opposé d'un tranchet. — Un homme était porteur d'un bâton ferré ; il frappe quelqu'un, et déclare s'être servi de l'extrémité dépourvue de fer. Les résultats matériels résoudront parfaitement la question dans ce cas. Il en serait de même de l'emploi d'une canne plombée : les deux extrémités de la canne donneraient bien naissance à une contusion ; mais le pommeau de la canne produirait une plaie contuse arrondie ou étoilée, ou bien une contusion avec attrition à son centre, ou enfin une contusion simple ; dans les trois cas, la blessure aurait un centre, où les altérations seraient beaucoup plus prononcées qu'à la circonférence, et iraient en diminuant, tout en partant d'un point plus profondément attaqué. L'autre extrémité de la canne produirait les mêmes sortes d'altérations, mais elles seraient disposées en longueur ; l'attrition ou la plaie, si elle existait, serait longitudinale. A la suite d'un délit de chasse, un braconnier est arrêté pour cause de rébellion et de violence exercées contre un agent de la force publique ; ce dernier déclare que l'accusé a voulu attenter à ses jours, qu'il lui a appliqué le canon de son fusil chargé sur la poitrine, et il en donne pour preuve une contusion qu'il porte au voisinage du téton gauche. Le braconnier, au contraire, soutient que l'agent de la force publique a voulu se porter à des voies de fait contre lui, qu'alors il a saisi son fusil par le canon, et lui a porté un coup sur la poitrine avec la crosse. Nul doute que l'on ne trouve des différences notables dans la forme des deux contusions, si elles sont examinées en temps opportun et que l'une d'elles ne puisse dessiner le cercle que représente l'âme du fusil. Il en serait de même à l'égard d'un sabre qui aurait produit une plaie ; celle qui aurait été faite avec le dos de l'arme n'offrirait pas les mêmes caractères que celle opérée au moyen du tranchant. Les faits particuliers que nous venons de citer comme exemples sont propres à faire sentir combien il est utile de donner toute son attention à l'examen des blessures ; leur conformation fournit les indices les plus utiles, et les indications que l'on peut en tirer sont d'une application journalière.

La blessure a-t-elle été faite par une personne étrangère, ou au contraire a-t-on voulu simuler une tentative de blessure grave, de meurtre, ou d'assassinat ?

La question de simulation est, dans beaucoup de cas, une des plus délicates et aussi des plus difficiles pour le médecin ; elle n'est pas aussi rarement posée qu'on pourrait le croire, elle fut soulevée à l'occasion d'un magistrat, dans des circonstances assez difficiles, pour avoir été décidée dans deux sens opposés par deux hommes de mérite. Voici quelques données qui pourront guider l'expert dans ces sortes de cas. L'homme qui veut simuler un attentat porté à sa personne, ne se fait jamais que des blessures légères, il n'attaque que des parties du corps peu importantes et sur lesquelles il croit pouvoir agir sans danger réel pour la vie. Il donne rarement aux blessures une direction et une position telles, qu'elles puissent parfaitement simuler le commencement d'exécution d'un assassinat. S'il les multiplie, il les dispose souvent dans un parallélisme et une régularité qui éloignent toute idée de blessures faites pendant la défense d'une personne attaquée ; toutes les plaies ou violences affectent une direction telle, qu'elles démontrent avoir été opérées avec la même main. Le siége n'a jamais lieu sur des parties que l'individu ne puisse pas voir, et où il ne puisse mesurer l'action de l'instrument qu'il emploie. Enfin les lésions consistent seulement dans des plaies par une arme très tranchante, parce qu'elle cause moins de douleur ; mais on ne trouve jamais les contusions qui sont communes au contraire, dans le cas d'attaque et de défense réciproque. Voici trois faits à l'appui de ces observations :

Simulation d'un coup de sabre à la tête. — Simulation de lutte et de résistance à une tentative d'assassinat.

M...n demeurait chez M. C..., son parent, dans une campagne près de Paris. Déjà, depuis quelque temps, M. C... avait reçu des lettres anonymes qui lui annonçaient que sa femme, qu'il croyait d'une naissance obscure, était issue d'une famille illustre dont elle serait bientôt réclamée. Des menaces furent faites, et le 23 décembre 1826, vers minuit, une pierre fut lancée par la croisée dans la chambre où étaient réunis M. et madame C... ainsi que M...n. Cette pierre était enveloppée d'un papier sur lequel était écrit : *Vos démarches me sont connues, tremblez !* Dès ce moment M...n s'offre de faire sentinelle autour de la maison pendant la nuit. Il en passe plusieurs, malgré la rigueur de la saison, lorsque, dans la nuit du 26 au 27 décembre, M...n entend des pas d'hommes dans la rue : on s'arrête près de la porte, on l'ouvre, et une voix fait entendre ces paroles : *Restez là ; je veux en finir ce soir ou je périrai. Ne faites pas de bruit, et accourez au moindre signal.* Il termine à peine que M...n court à lui, et tire à bout portant un coup de pistolet sur l'individu qui se présente. L'arme rate ; l'individu recule, M...n le poursuit. Il arrive avec lui près d'une voiture d'où descendent à l'instant quatre personnes. M...n arme son second pistolet, le décharge sur le premier assaillant, le tue et se sauve. Deux personnes courent après lui, il se retourne, frappe l'un d'eux d'un coup de couteau ; l'autre s'arrête pour soutenir son complice, et donne à M...n le temps d'arriver blessé et ensanglanté au milieu de ses parents que le coup de pistolet avait réveillés. Les autorités locales se portent sur le lieu du combat ; mais on n'y découvre ni voiture, ni mort, ni blessé ; seulement on remarque par terre quelques traces de sang. Diverses circonstances firent soupçonner que M...n avait imaginé cette scène romanesque dans l'intention probablement de se rendre nécessaire à son parent et d'exploiter sa reconnaissance. M...n fut arrêté et conduit devant M. Michau, juge d'instruction, qui nous chargea, M. le docteur Denis et moi, de répondre aux questions qui sont le sujet du rapport suivant :

Rapport. — Le mardi 2 janvier 1827, nous, médecins soussignés, nous sommes rendus à deux heures après midi au cabinet de M. Michau, juge d'instruction, lequel, après nous avoir fait prêter le serment exigé par la loi, nous a fait part du motif pour lequel il nous avait requis, et nous a invités à procéder tout de suite en sa présence aux opérations nécessaires pour résoudre les questions suivantes :

1° Après que le nommé M...n aura lui-même replacé sur sa tête le chapeau, le bonnet de coton et le foulard qu'il portait du 26 au 27 décembre, examiner la direction, l'état et le caractère d'une blessure qu'il a aujourd'hui sur le front, aux fins de constater si elle a un rapport de concordance avec les déchirures qui auraient été faites par un coup de sabre à ces différents objets.

2° Reconnaître si un coup de sabre qui aurait eu assez de force pour couper la visière flexible et élastique d'un chapeau, aurait pu n'attaquer que superficiellement l'os frontal qui devait lui servir de point de résistance.

3° Vérifier l'état matériel d'un coutelas de cuisine, aux fins de dire si, dans l'hypothèse où il aurait été plongé jusqu'au manche dans le corps d'un homme couvert de vêtements de laine, la lame aurait pu retenir une couche aussi épaisse et aussi continue de sang.

4° Déclarer, dans l'hypothèse où un homme ainsi vêtu aurait reçu dans les reins un pareil coup de coutelas, si le sang aurait pu se concentrer dans la cavité du corps, au point qu'il ne s'en fît aucune effusion sur le lieu où l'homme aurait été frappé et jeté à terre.

5° Faire savoir si, dans le cas de blessures faites à bout portant ou à une légère distance par une arme à feu de l'espèce du pistolet, il est ordinaire qu'il s'ensuive un grand épanchement de sang, ou plutôt si l'extrême pénétrabilité de la balle ne favorise pas, au contraire, le rapprochement des chairs au point que l'effusion du sang soit empêchée.

Après avoir examiné avec la plus grande attention le nommé M...n, et les objets ci-dessus spécifiés, nous croyons devoir répondre ainsi qu'il suit aux cinq questions qui nous ont été proposées.

Première et deuxième question. — Il existe sur le front de M...n, à la

partie supérieure et droite du coronal, près de la bosse frontale, une plaie
longitudinale, se dirigeant un peu obliquement de haut en bas et de
gauche à droite. Cette plaie, d'un pouce de long, partant de la naissance
du cuir chevelu et se terminant à environ deux pouces au-dessus de l'arcade sourcilière, n'intéresse que les téguments et n'a pas dû les diviser bien
avant, puisque lors de notre visite elle était déjà presque entièrement
cicatrisée.

Le chapeau, surtout son bord, est d'un feutre extrêmement mou
et n'ayant aucune résistance ; il présente une coupure de la longueur de
deux pouces onze lignes, partant un peu au-dessus du cordon qui entoure le chapeau, divisant sur la longueur d'un pouce le cuir placé
intérieurement, et divisant aussi le feutre jusqu'à l'extrémité du bord,
de manière que la division de ce dernier est complète ; sa coupure, qui
vient d'être décrite, est oblique et se dirige de *droite à gauche* ; le cordon qui entoure le chapeau présente une déchirure plutôt qu'une coupure dans le sens de sa largeur, et qui ne le divise qu'aux deux tiers à peu
près. Lorsque le chapeau nous a été présenté la première fois, cette division du cordon était située à environ deux pouces à gauche de la coupure
du bord, et nous ne nous rappelons pas si c'est nous ou M...n qui, en
faisant tourner le cordon, en avons placé ce point de manière à ce qu'il
fût en rapport avec la coupure du feutre. Cette circonstance n'est pas
d'ailleurs très importante, puisque le cordon, n'étant pas arrêté et n'étant
pas non plus très serré, peut être tourné à volonté.

La coupure du bonnet a deux pouces cinq lignes de long, elle ne nous
paraît pas aussi nette que celle que produit un coup de sabre ; elle n'est que
peu ensanglantée, et du côté gauche de la coupure seulement.

Le foulard ou mouchoir de soie est coupé très irrégulièrement, et dans
une étendue assez considérable. La distance qui existe entre cette coupure
et l'extrémité du mouchoir la plus rapprochée est de quinze pouces.

M...n, invité à placer sur sa tête le foulard, le bonnet et le chapeau
tels qu'ils étaient dans la nuit du 26 au 27 décembre, y a procédé devant
nous ; mais il n'a pu parvenir à disposer le foulard tel qu'il était lorsque le
coup de sabre, selon ce que nous a dit M...n, a divisé le nœud de ce
foulard. Il a placé le chapeau en arrière, de sorte que le bord ou la visière
ne couvrait pas le front ; cela était, en effet, impossible, attendu que la
forme du chapeau n'était pas assez large pour que la tête, couverte d'un
foulard et d'un bonnet, ait pu y entrer comme elle entre ordinairement
dans un chapeau fait pour la personne qui le porte.

Les détails que nous venons d'exposer nous ont fourni les réflexions
suivantes :

1° On remarque un défaut de rapport entre la coupure du chapeau
et la blessure au front ; la première se dirige de droite à gauche, et l'autre
de gauche à droite.

2° On conçoit difficilement qu'un coup de sabre donné avec assez de
force pour diviser le feutre d'un chapeau, un bonnet de coton et le nœud
d'un mouchoir de soie placé, soit dessus, soit dessous le bonnet, n'ait produit qu'une plaie superficielle et très légère à la peau.

3° On ne conçoit pas davantage que, soit le pourtour du fond du chapeau, soit la face de M...n, ne présentent aucune trace de lésion ; car, de
deux choses l'une, ou le coup de sabre a été porté avec la portion de la
lame la plus rapprochée de la garde, et alors le bord supérieur, c'est-à-dire
le pourtour du fond du chapeau aurait dû être au moins entamé, ou bien
le coup a été porté avec la portion de la lame la plus rapprochée de la
pointe, et dans ce cas, on conçoit d'autant moins que l'œil et la joue

n'aient pas été blessés, que la visière est d'une mollesse extrême, et que le plus léger effort aurait dû suffire pour la faire ployer et l'appliquer, la coller pour ainsi dire, sur la peau du front. Si le chapeau était placé en arrière, ainsi que le prétend M...n, comment, à plus forte raison, la face, tout à fait découverte, a-t-elle pu être garantie d'un si violent coup de sabre qui, d'ailleurs, et toujours dans la même supposition, aurait dû produire une blessure beaucoup plus profonde? Enfin si l'on objecte que le coup de sabre aurait pu être donné au moment où celui qui l'aurait reçu aurait, pour l'éviter, reculé et renversé la tête en arrière, de sorte que la pointe ou l'extrémité de l'arme aurait seulement atteint le front, on ne voit pas comment cette pointe ou extrémité aurait pu diviser le feutre, le bonnet et le nœud du foulard.

4° Il résulte de l'état du cordon du chapeau qu'il n'a pas été ou qu'il n'a été divisé qu'incomplètement par l'instrument tranchant, bien que le feutre et le cuir situés sous ce cordon et au delà, l'aient été complétement ; que l'entaille du cuir et du feutre a dû être faite de dedans en dehors, en entendant par *le dedans* le côté intérieur du chapeau, celui qui touche la tête ou le front, de sorte que si l'on veut admettre que le coup de sabre ait été donné le chapeau étant placé sur la tête, ce coup aurait dû nécessairement avoir été porté de bas en haut et non de haut en bas. Or, dans cette supposition, qui n'est guère soutenable, il aurait fait voler le chapeau de la tête et n'aurait pu couper le nœud du foulard.

5° On ne peut tirer aucune conséquence positive de l'état du bonnet et du foulard, attendu que l'irrégularité des coupures qu'on y remarquait a pu dépendre des plis que formaient ces objets ; seulement il est bon de faire observer que la coupure du foulard se trouvant à 15 pouces de son extrémité la plus rapprochée, on ne peut s'expliquer comment cette coupure se trouve si éloignée des extrémités, ou, pour employer l'expression technique, se trouve si éloignée des coins du foulard qui sont tout à fait intacts.

Troisième question. — Le coutelas ou couteau de cuisine a une lame de 8 pouces et demi de long sur 18 lignes de largeur du côté du manche. Il est couvert, ou pour mieux exprimer la chose, il est *barbouillé* de sang sur ses deux surfaces. Les couches de sang de chaque côté sont surtout plus épaisses vers le manche que vers la pointe de l'instrument.

Il résulte de ce qui précède, qu'on ne peut pas admettre raisonnablement que le coutelas ait été ensanglanté par le sang des chairs des parties internes, qu'il aurait divisées, car lorsqu'un instrument tranchant, surtout lorsque la lame en est plate et large comme celle d'un coutelas, pénètre dans toute sa longueur à travers les vêtements dans le corps d'un individu, le sang qui tache la lame est essuyé pendant l'acte de tirer à soi l'instrument pour le faire sortir, et le peu de sang qui y reste forme des stries longitudinales. D'ailleurs la lame est en pareil cas ensanglantée plutôt vers la pointe que vers le manche, attendu que le sang est nécessairement ramené vers la première, lorsqu'on retire l'instrument de la plaie.

Il suffit de comparer ce qui vient d'être dit avec l'état du coutelas pour penser que le sang qui existe sur sa lame y a été appliqué.

Quatrième question. — Il est, généralement parlant, peu vraisemblable qu'une lame aussi large et aussi longue que celle du coutelas ait pu pénétrer par derrière et jusqu'au manche, dans le corps d'un homme, sans qu'il y ait eu du sang répandu sur le lieu de l'événement. Cependant la chose n'est pas absolument impossible ; tout dépend ici de la manière dont le corps est tombé, du temps qu'il est resté à terre et de l'épaisseur des vêtements. Si en effet le corps tombe de manière à ce que, d'après les lois de la pesanteur, le sang s'épanche en dedans plutôt qu'en dehors, si les vêtements sont assez épais pour absorber le sang qui, même dans cette situation du corps, sort encore par la plaie, et si le corps est enlevé assez promptement pour que le sang n'ait pas eu le temps de les traverser, il est possible qu'on ne découvre aucune trace appréciable de ce liquide, malgré la largeur et la profondeur de la blessure. Enfin le degré d'importance des vaisseaux sanguins lésés peut encore contribuer à rendre l'hémorrhagie intérieure et extérieure plus ou moins rapide et considérable.

Cinquième question. — Bien qu'on puisse dire en général que les plaies d'armes à feu saignent moins que les plaies produites par un instrument tranchant, surtout lorsque sa lame est plate, il est néanmoins impossible de résoudre cette cinquième question abstractivement : tout dépend ici de la partie atteinte, du calibre, du nombre et de la situation des vaisseaux lésés, comme aussi de la position du corps qui a reçu le coup, de la nature des vêtements; en un mot, des circonstances dont il vient d'être parlé plus haut. (*Ann. d'hyg. et de méd. lég.*, t. 1, p. 257.)

Signé DENIS.   MARC.

Fait rapporté par M. Boys de Loury.

Le 19 juin dernier, on amena devant M. le maire de Passy une personne blessée, trouvée dans le bois de Boulogne, et qui fit la déclaration suivante :

« Je me nomme A. B...., docteur en médecine, natif de..., âgé de trente-neuf ans; je suis à Paris depuis le 17 courant, pour étudier le choléra; je loge à Paris, rue... Chaque jour, je me rends le matin à l'Hôtel-Dieu; j'y étais encore ce matin avec le docteur Magendie. Ayant appris la mort de plusieurs malades apportés la veille en ma présence, j'en ai ressenti une vive impression; j'ai éprouvé un violent mal de tête, ce qui me détermina à me promener. Je marchai au hasard, et j'arrivai au bois de Boulogne. Je pris une route dans laquelle je dépassai deux individus qui marchaient devant moi, et auxquels je demandai le plus court chemin pour retourner à Paris. L'un d'eux m'indiqua une route à droite, appelée route Fortunée, qui me mènerait à Passy. Je la suivis accompagné de ces deux individus, qui me demandèrent si j'étais étranger; je leur répondis affirmativement; ils me demandèrent si les événements des 5 et 6 juin avaient fait beaucoup d'impression dans mon département : sur ma réponse que tous les honnêtes gens en étaient indignés, une conversation politique s'engagea, et je ne tardai pas à reconnaître que ces deux individus étaient ennemis du gouvernement. M'ayant demandé ce que j'aurais fait, étant à Paris les 5 et 6 juin : « J'aurais été assez heureux, répondis-je, pour détruire une de vos barricades. » Après plusieurs propos contre le gouvernement, tenus par ces individus, l'un d'eux ajouta en tirant un portefeuille : « L'avenir de la France est là-dedans; nous avons à la tête de nos projets des pairs de France, des députés, des banquiers, etc. » Alors, emporté par un sentiment d'indignation, je saisis ce portefeuille, sans calculer qu'ils étaient deux, et pouvaient être armés. Une lutte s'engage, je résiste avec vigueur; l'un d'eux lâche prise, sort de son vêtement un instrument piquant et tranchant, et m'en porte un coup sur la poitrine de haut en bas. Je fais un mouvement, l'arme glisse sur les côtes; l'assassin retire l'arme de la plaie, s'enfuit dans l'épaisseur du bois. L'autre tire de sa poche un pistolet qu'il lâche à bout portant sur ma poitrine; je

II.   9

saisis le pistolet en continuant à crier au secours, quoiqu'on cherchât à me bâillonner avec la main. Les deux individus s'enfuirent : je tombai, et restai sans connaissance, perdant beaucoup de sang. Plusieurs personnes, quand je revins à moi, n'osèrent approcher, me voyant couvert de sang ; enfin un cavalier arriva, alla chercher un médecin et une voiture, et je fus conduit dans la maison où nous procédons. »

La déclaration terminée, M. le maire ouvrit le portefeuille que le sieur B.... remit au docteur ; il ne contenait qu'un papier plié en forme de lettre, cacheté avec de la cire rouge, sans aucune adresse ; ayant brisé le cachet, on put y lire les mots suivants :

« Deux déjeuners convenus pour les numéros 3 et 5 ; des prosélytes à » force... ; bonnes nouvelles de... ; le reste à l'ordre, demain neuf heures » du soir ; n'y manquez pas. Adieu, je suis pressé. »

Dans l'intérieur de la lettre, étaient deux prises d'une poudre blanche qui, présentée au feu par le docteur, a offert le résidu suivant : substance cornée, recouverte d'un brillant métallique, odeur animale, avec quelques caractères tout particuliers. Les essais n'ont pas été poussés plus loin. Suit ici le signalement des assassins, que je supprime pour éviter des longueurs inutiles.

Rapport du docteur appelé sur les lieux. — Appelé, vers sept heures du soir, par un cavalier qui m'est inconnu, je me suis transporté dans le bois de Boulogne, et vis un blessé dans l'état suivant : chemise teinte de sang ; pas de gilet ; l'habit ne présente aucune trace de violence ; le blessé est étendu sur l'herbe, près de lui quelques gouttes de sang ; un pistolet chargé, et dont le chien touche la platine, était près du côté droit du blessé ; un petit sac à poudre et un moule à balles à peu de distance du même endroit.

Le blessé accuse une vive douleur dans la région gauche du sein, quelques envies de vomir. Transporté à l'auberge, la chemise ayant été enlevée, une plaie, située au tiers supérieur et antérieur des parties molles de la cavité thoracique, m'a présenté l'état suivant : deux ouvertures communiquant ensemble sur une ligne oblique de haut en bas, et presque parallèle au plan antérieur de la poitrine ; chacune des ouvertures est peu grande, distante à deux pouces et demi l'une de l'autre, et offrant une surface triangulaire ; un stylet introduit dans ces ouvertures rassure contre toute espèce de danger, prouve que la plaie est située dans l'ouverture des muscles pectoraux, et n'a pas pénétré dans la cavité thoracique. Il résulte de cet état que la plaie semble avoir été causée par un instrument triangulaire, piquant, dirigé de haut en bas, et oblique de droite à gauche.

(Suit la signature.)

Le 21 juin, trois jours après l'événement, M. le docteur Baude et moi nous fûmes chargés, par M. le préfet de police, de procéder à l'examen des blessures du sieur B..., ainsi qu'à celui de la chemise qu'il portait au moment où il les reçut.

A la partie antérieure et supérieure gauche de la poitrine, au-dessus du sein, nous avons trouvé deux coupures distantes l'une de l'autre de deux pouces et demi. La coupure supérieure, située sur la quatrième côte, a environ une ligne et demie de diamètre ; l'inférieure en présente trois : la première de ces plaies est oblique de haut en bas et de dedans en dehors ; la seconde est parallèle à la ligne médiane.

Il était important de constater si ces deux plaies avaient été causées par le même coup, et par conséquent si elles communiquaient ensemble. L'état de cicatrisation avancée de ces plaies ne nous a pas permis l'introduction d'un stylet dans la blessure. Le trajet qui sépare les deux incisions ne présente aucun gonflement, il en existe seulement un peu autour de la plaie supérieure; rien qui puisse indiquer la trace d'une cicatrice sous-cutanée récente; pas d'ecchymose; le sieur B... témoigne de la douleur lorsqu'on touche les environs de la blessure.

La chemise, à la partie correspondante à la plaie supérieure, présente une coupure longitudinale faite dans le sens de la même plaie; plus bas, une déchirure que l'on suppose accidentelle; la chemise est teinte de sang du même côté, et plus bas que la coupure. Nous avons évalué la quantité de sang dont elle est teinte à une demi-once à peu près. L'habit et le pantalon présentaient aussi quelques taches de sang en trop petite quantité pour être évaluée.

Si un seul coup avait été porté au sieur B..., il y aurait parallélisme des deux incisions; l'ouverture supérieure, par laquelle on doit supposer que l'instrument a été enfoncé, ainsi que le déclare B... lui-même, serait plus large que l'inférieure; c'est le contraire qui a lieu ici; enfin une plaie de cette importance serait-elle exempte de gonflement, d'ecchymose après trois jours? et la cicatrisation serait-elle assez avancée au bout de ce temps pour empêcher l'introduction d'un stylet? la quantité de sang écoulé aurait-elle été si petite? Ces observations nous ont portés à conclure que B... était l'auteur des lésions qu'on observait sur lui.

Cet homme devint furieux en apprenant le résultat de notre examen. Nous lui proposâmes de se faire visiter par un chirurgien dont la réputation pût justifier le jugement qu'il porterait. Lui ayant nommé plusieurs professeurs, il demanda M. Dupuytren, qui, à son grand désappointement, arriva peu de temps après. A peine l'examen fut-il terminé, que notre savant maître rapporta devant B... le fait qui va suivre, ainsi que plusieurs autres moins remarquables :

Napoléon était un soir dans le parc de Saint-Cloud; un jeune homme sortit précipitamment des massifs qui bordent la grande avenue, en criant : *A l'assassin! Sauvez le premier consul!* Il tombe sans connaissance près du groupe qui entourait Bonaparte : il portait deux blessures qui laissaient couler du sang. Revenu à lui, il déclara qu'il était étudiant, qu'il avait entendu des conspirateurs cachés dans le parc, attendant le moment pour assassiner le premier consul; qu'il s'était présenté à l'instant à leurs yeux, ainsi victime de son dévouement. A l'instant même les portes du parc furent fermées; on chercha, mains vainement, les conspirateurs. Cependant ce jeune homme soutenait toujours ce qu'il avait avancé; et, interrogé à plusieurs reprises, il ne se coupait pas dans une narration assez chargée de détails. C'est plus de quinze ans après qu'il avoua être l'auteur de ses blessures.

La déclaration de M. Dupuytren décontenança B...; il voulut retirer sa plainte, partir le jour même pour son pays; on l'en empêcha; et l'examen et l'analyse de la poudre trouvée dans le portefeuille démontrèrent que c'était de la morphine.

Autre fait. Nous, Devergie, etc., en vertu d'une ordonnance de M. Casenave, juge d'instruction, qui nous commet à l'effet de déterminer la nature et la gravité des blessures faites au sieur Deb..., ainsi que son état mental; de procéder à l'examen des vêtements qu'il portait au moment où les blessures ont été reçues, et à celui des instruments saisis chez le sieur Prudhomme, l'un des inculpés, nous nous sommes livré à ces opérations le 2 décembre et jours suivants.

Dans les diverses visites que nous avons faites au blessé, nous l'avons constamment trouvé malade et alité. Il nous a déclaré avoir vomi du sang depuis le jour où il a reçu ses blessures jusqu'au 7 de ce mois. Ces vomissements auraient donc persisté pendant neuf jours. Ce ne serait pas la première fois qu'il aurait éprouvé cet accident; déjà, au mois de mars dernier, inquiété par diverses circonstances inhérentes à sa position toute spéciale, il aurait eu une hématémèse abondante. Celle-ci a été assez forte pour nécessiter une large saignée qui lui a été pratiquée le 29 novembre par le docteur Vinchon. Nous trouvons dans son vase de nuit une quantité assez considérable de sang, mêlé à un liquide aqueux ; sa couleur noire foncée, son état très liquide, nous portent en effet à penser qu'il provient de la source indiquée ; toutefois nous ne pourrions pas l'affirmer.

Le sieur Deb... est pâle, la peau est chaude, il a de la fièvre, et cet état fébrile a été constant toutes les fois que nous l'avons visité. Il va en dévoiement, ce que nous avons pu constater dans une de nos visites.

Les blessures que nous avons reconnues sont les suivantes :

1° Au pourtour de l'œil droit, et le long du côté droit de la face, les traces d'une contusion qui peut en effet remonter à la date du 28 novembre, et être rapportée à un coup de poing que le sieur Deb... aurait reçu.

2° Une excoriation à la joue droite, mais sans contusion ; un emplâtre est appliqué sur cette partie ; il est plus propre à retarder qu'à favoriser la guérison.

3° Au cou et à droite, une excoriation presque guérie.

4° A l'avant-bras et en dehors, une large croûte d'un pouce et demi de longueur sur sept à huit lignes de largeur ; elle est très épaisse ; elle indique une excoriation profonde, si telle est son origine. Ce qui nous donne quelques doutes à cet égard, c'est que la peau n'est pas ecchymosée dans ce point, et que nous concevons difficilement une excoriation aussi profonde sans qu'elle soit accompagnée d'ecchymoses ; cependant, comme nous n'avons vu le blessé que quatre jours après les blessures reçues, qu'il a pu être appliqué sur cette partie quelque emplâtre propre à déterminer un suintement au lieu de favoriser une dessiccation, nous ne nions pas que ces traces proviennent d'une excoriation.

5° Au côté interne de l'avant-bras, deux coupures nettes de six à sept lignes de longueur ; l'une est située près du poignet et l'autre vers le tiers supérieur de cette région.

6° Au bas et en dedans de l'avant-bras gauche, deux égratignures dont la direction se croise un peu obliquement ; elles ont chacune un pouce de longueur.

7° En haut et en dehors de la cuisse gauche, une croûte de sang desséché linéaire, de cinq lignes de longueur, réunissant les lèvres d'une petite plaie qui résulte de la section superficielle de la peau.

8° En dehors et en bas du genou gauche, une croûte blafarde de sérosité desséchée qui s'est écoulée d'une excoriation de la peau de cette région avec contusion superficielle ; cette croûte a de l'analogie avec celle de l'avant-bras, mais quoique moins étendue, puisqu'elle n'a que huit lignes de long sur cinq de large ; elle repose sur une contusion.

9° Au-dessous est une égratignure de six lignes de longueur.

10° Enfin, à quatre pouces environ au-dessus du téton gauche, existe une *coupure* nette de la peau, de sept lignes de longueur, *dirigée obliquement de haut en bas et de dehors en dedans*, c'est-à-dire qu'elle est dans une direction peu en rapport avec celle des vêtements. Lors de notre première visite, cette plaie était cicatrisée, mais elle s'est ouverte depuis sous l'influence peut-être de l'état morbide du blessé et aussi sous celle du mode de pansement généralement employé par lui. Il recouvre ses plaies de diachylon gommé, ce qui peut retarder la guérison de celles qui suppurent ou favoriser la suppuration des plaies qui se seraient peut-être cicatrisées sans ce genre de pansement.

Envisagé sous le rapport de son état mental, le sieur Deb... ne nous a pas paru atteint d'aliénation mentale dans toute l'acception de ce mot; mais ses idées nous ont semblé avoir une direction vicieuse, en ce sens qu'elles se rattachent le plus souvent à une pensée dominante. Il serait constamment l'objet de persécutions, soit de la part de la police, soit de la part de ses voisins.

Il est d'ailleurs dans un état au moins apparent de complet dénûment; tout chez lui respire le malheur, et cet état est bien propre à entretenir le cercle d'idées dans lequel tourne son esprit.

Il nous a donné communication des diverses lettres qu'il a adressées au roi, et leur lecture seule suffirait pour dénoter une faiblesse des facultés intellectuelles.

Et le 4 décembre 1837, nous avons procédé à l'examen, d'une part, des instruments saisis chez les sieurs Prudhomme et Chantreau, et d'une autre part à celui des vêtements que portait M. Deb..., lors de la tentative d'assassinat dont il déclare avoir été l'objet.

Examen des instruments.

Ils consistent en un couteau de table, un compas de menuisier ou de serrurier, et un canif.

Aucun d'eux n'est ensanglanté.

Le couteau, de la grandeur des couteaux de table ordinaires, est à un seul tranchant terminé par une pointe peu acérée.

Une des branches du compas est cassée; cette section est ancienne, et cette moitié de l'instrument n'a que cinq pouces trois lignes, tandis que la branche qui est entière a sept pouces deux lignes; cette dernière est terminée par une pointe très fine et récemment aiguisée. Ce compas est généralement très fort et très pesant: il est tout en acier.

Le canif est à coulisse et la lame s'enfonce très facilement dans le manche. Cette lame a une pointe peu aiguë, et le tranchant en est mal aiguisé.

Examen des vêtements saisis.

Ils se composent d'une chemise de percale, d'un gilet de coton et d'un caleçon.

La chemise offre, sur le troisième pli plat du devant et du côté gauche, une petite section longitudinale placée à trois pouces quatre lignes au-dessous de l'encolure. Elle a trois lignes de longueur; les bords en sont nets, excepté à l'angle supérieur; elle a été faite par un instrument très tranchant. Plus à gauche, et sur la partie non plissée, à sept pouces au dessous de l'encolure, se trouve une petite tache de sang de quatre lignes de long sur deux de large, et à trois pouces plus bas, à peu près dans la même direction, une autre tache un peu plus grande. Les lèvres de la section de la chemise ne sont pas ensanglantées.

Au bas de la manche droite existent plusieurs traces de sang, ou plutôt de sérosité sanguinolente; ce n'est pas du sang tel qu'il s'écoule d'une blessure récemment faite et au moment où elle vient d'être opérée, mais bien le suintement séro-sanguinolent qui termine l'écoulement de sang. Ces taches sont placées à l'endroit de la chemise, disposition qui devrait être inverse. Toutefois le malade ayant été saigné avec ce vêtement, le sang peut provenir de cette source.

Au bas et au devant de la chemise existent quatre taches longues d'un pouce à un pouce et demi, et larges de sept à huit lignes ; elles proviennent de sang essuyé. Les blessures du sieur Deb... ne nous ont pas paru assez considérable pour donner lieu à de pareilles taches, aussi les attribuons-nous au sang de la saignée qui a été pratiquée.

La camisole de coton offre, dans le voisinage du point correspondant à la blessure de la poitrine, une section à peu près verticale, et plutôt oblique de haut en bas et de dedans en dehors que de dehors en dedans. Cette section a deux lignes et demie de longueur ; le tissu est plutôt déchiré que coupé. En dedans se voit une tache de sang qui a pénétré de l'envers à l'endroit ; sa forme est ronde ; elle peut avoir sept à huit lignes de diamètre.

Le caleçon présente en haut et en dehors de la jambe gauche une section verticale, placée au centre d'une tache de sang ; elle a quatre lignes de longueur.

Nous avons fait remettre au sieur Debooz ces divers vêtements dans la situation qu'ils occupaient le jour de l'attentat dont il aurait été l'objet. La section du caleçon correspondait à la plaie ; mais ce vêtement est en général si large et si mobile, que cette circonstance ne peut pas conduire à une induction de quelque importance. Il n'en devait pas être de même du gilet et de la chemise, l'un et l'autre vêtement étaient fermés au moment de la lutte ; or la section du gilet est située à trois lignes en dehors de la plaie de la peau, et celle de la chemise à un pouce en dedans. Nous tirerons plus loin des inductions de ces circonstances.

Résumé et conclusion.

Quand on envisage d'une manière générale tous les faits particuliers que nous venons d'exposer, on est frappé de cette circonstance, qu'il est difficile de les expliquer dans la supposition où une seule et même cause les aurait produits.

Rattache-t-on toutes les lésions observées à une lutte engagée entre Prudhomme et le sieur Deb... ? Il faut alors supposer que le premier était muni d'une arme, car les ongles seuls ne pourraient amener de pareilles lésions, puisque la plupart sont dues à l'action d'un instrument très piquant et très tranchant, tel qu'un canif ou une arme terminée en pointe acérée.

Suppose-t-on que dans la lutte le sieur Deb... a été, comme il le dit, renversé à terre et traîné sur le carré du palier de l'escalier ? En regardant comme vraie cette assertion, elle n'explique que des excoriations à larges surfaces, telles que celles de la joue, de l'avant-bras droit et de la jambe gauche.

Dans cette dernière supposition, on ne peut pas encore se rendre compte de la contusion de l'œil droit.

Il y a chez le sieur Deb... trois genres de blessures : des contusions, des excoriations et des plaies.

La contusion de l'œil droit peut avoir été produite par un coup de poing porté sur cette partie. La contusion avec excoriation de la jambe gauche peut provenir d'un coup de pied.

L'excoriation de la joue et celle de l'avant-bras, du frottement brusque de ces parties sur un corps dur.

L'excoriation du cou viendrait peut-être d'un coup d'ongle.

Quant aux autres lésions, elles dépendent certainement de l'emploi d'un instrument piquant et tranchant ; elles existent tant à la partie interne des membres qu'à leur partie externe ; toutes sont superficielles. Comment concevoir que dans une lutte, une main armée d'un instrument tranchant et piquant atteigne le corps dans sept points différents, et que dans tous, la portée des coups soit assez limitée pour ne produire que des égratignures ou des sections très superficielles de la peau ? C'est ce qui n'est pas admissible.

Trois instruments ont été saisis chez le sieur Prudhomme, l'un d'eux est un couteau de table qui n'a pas pu produire les lésions du sieur Deb... ; le second, un compas beaucoup trop massif pour amener des blessures aussi superficielles, quoique sa pointe soit suffisamment aiguë pour causer des égratignures du genre de celles qui ont été observées ; mais il faudrait alors admettre que dans une lutte on se serait borné à promener cet instrument à la surface de la peau et avec précaution, ce qui n'est pas supposable ; le troisième est un canif, et c'est le seul instrument qui puisse produire de pareilles blessures ; mais comment aussi, dans une lutte, aurait-il agi seulement à la surface de la peau ?

Il est cependant une lésion pour la confection de laquelle l'arme aurait dû pénétrer à une certaine profondeur, c'est celle de la poitrine ; ici l'instrument aurait traversé une chemise et un gilet de coton pour arriver à la peau. L'examen attentif de la blessure et des vêtements va nous conduire à des probabilités presque certaines sur l'origine de presque toutes les autres lésions. Cette blessure a sept lignes de longueur, les bords en sont nets ; elle est dirigée obliquement de gauche à droite et de haut en bas. La section du gilet n'a que trois lignes et sa direction est oblique de droite à gauche ; la section de la chemise a trois lignes et cette section est verticale. L'ouverture du gilet répond à un pouce en dehors de la plaie, celle de la chemise à un pouce en dedans ; le gilet était coupé et fixé sur la ligne médiane et en avant ; la chemise était nécessairement boutonnée, sans quoi sa section n'aurait pas été verticale. Ainsi : 1° plaie de la peau plus grande que la section des vêtements, ce qui est le contraire quand les vêtements sont fixés ; 2° défaut de parallélisme entre la section des vêtements et la section de la peau ; 3° directions différentes dans la section de la chemise, celle du gilet et celle de la plaie.

N'y a-t-il pas lieu de croire que chacune de ces plaies a été faite isolément, et qu'elles ne sont pas le résultat d'un coup d'un instrument perforant et tranchant porté au sieur Deb... pendant la lutte qui aurait eu lieu entre lui et le sieur Prudhomme ?

Cette certitude une fois acquise à l'égard de l'une des blessures, il est permis, relativement aux autres et en tenant compte des observations qui les concernent, d'élever des doutes sur leur origine. Objecterait-on, par rapport à la blessure de la cuisse gauche, que la section du caleçon correspond à la section de la peau ; que les bords de la coupure de l'étoffe sont imprégnés de sang, et que cette coïncidence tend à démontrer que l'étoffe et la peau ont été coupées en même temps ? Nous répondrions qu'alors même qu'il n'aurait pas existé de rapport parfait entre les deux sections, nous n'en eussions pas déduit une preuve à l'appui de l'opinion qui considérerait la section de la peau et celle du caleçon comme étant faites isolément, attendu qu'un caleçon est un vêtement trop large et dont le tissu est trop facile à déplacer pour que la coïncidence puisse être parfaite ; par conséquent, la coïncidence ne devient pas pour nous une preuve.

Enfin, nous ferons remarquer qu'il existe sur le côté gauche du corps six blessures faites par un instrument perforant et tranchant, tandis que l'on n'en trouve que deux sur le côté droit.

Conclusion.

1° Le sieur Deb... porte les traces de douze blessures, dont trois contusions, deux excoriations et sept coupures ou égratignures.

2° Ces diverses lésions entraîneraient une maladie ou incapacité de travail personnel de huit à dix jours si la santé générale du blessé était bonne et si les blessures avaient été isolées de tout accident ; mais soit qu'il y ait eu prédisposition à des vomissements de sang, ce qui paraît très probable, soit que les efforts de la lutte aient suscité ou avancé le développement de cette maladie, il en résultera une incapacité de travail personnel de quinze à dix-huit jours.

3° Toutes ces blessures n'ont pas pu être le résultat d'une lutte, dans la supposition même où le sieur Deb... y eût été terrassé.

4° L'une de ces blessures, celle de la poitrine, a été faite isolément de la section des vêtements qui recouvraient cette partie ; *elle a donc été simulée.*

5° Le sieur Deb..., sans être atteint d'aliénation mentale, nous a paru affecté d'une perversion des facultés mentales, dont les causes nous semblent devoir être rattachées à ses malheurs et à sa position très voisine de la misère.

Fait à Paris, ce 10 novembre 1837.

Simulation de blessures par un coup de sabre.

Conformément à l'ordonnance de M. Desmortiers, qui nous a commis à l'effet d'examiner les blessures du nommé Thaubert, les vêtements qu'il portait au moment où il aurait été blessé, ainsi qu'un sabre qui aurait servi à faire les blessures, et de déterminer si les blessures ont été faites avec le sabre représenté, nous avons procédé à ces divers examens les 25, 26 et 28 janvier 1846, et nous retraçons ici le résultat de nos observations.

Il résulterait, des faits consignés dans les diverses pièces de l'instruction, que le 12 décembre dernier le sieur Robillard, habillé en garde national, aurait attendu le sieur Thaubert auprès de sa demeure ; que là il lui aurait réclamé l'argent qu'il lui devait ; qu'il s'en serait suivi une querelle à la fin de laquelle Robillard aurait porté un coup de sabre à Thaubert ; que cette arme aurait traversé un manteau, un pantalon, un scapulaire, une chemise et aurait fait au ventre, dans le voisinage du nombril, deux blessures. L'une d'elles aurait eu de 4 à 5 centimètres de longueur, elle aurait divisé toute l'épaisseur de la peau ; l'autre, placée au-dessous, et de 15 millimètres de long, aurait effleuré la peau. Ces blessures n'auraient offert aux médecins qui ont donné leurs soins à Thaubert aucune gravité ; elles auraient guéri dans l'espace de quelques jours.

Examen des blessures. — Elles sont cicatrisées, mais les cicatrices en représentent parfaitement la forme et l'étendue. Deux médecins en ont constaté la profondeur. La peau seule a été intéressée ; les deux cicatrices font plaies transversalement à l'axe du corps ; leur extrémité interne avoisine la ligne médiane ; l'une d'elles a près de 6 centimètres de longueur, et se compose : 1° en dedans, d'un prolongement linéaire ou la peau a été intéressée très superficiellement, d'une longueur de 3 centimètres, où il existe un bourrelet rougeâtre comme cela a lieu lorsque les lèvres d'une plaie ne se cicatrisent pas par rapprochement exact ; enfin, d'un angle ouvert à lèvres, très net comme dans les sutures par un instrument très tranchant où l'instrument fait queue, ainsi qu'on l'a dit.

Telle est la netteté de l'ensemble de cette section, qu'elle n'a pu résulter que d'une arme à tranchant très fin. La peau a évidemment été coupée dans toute son épaisseur dans une étendue de 3 centimètres au plus. — La seconde cicatrice est linéaire, la peau n'a été entamée que très superficiellement ; elle est située à 1 centimètre au-dessous de la précédente, et placée transversalement comme elle.

Examen des vêtements. — Manteau. — Au côté gauche, à 60 centimètres au-dessous du collet, déchirure transversale ondulée de 10 centimètres de longueur ; celle de la doublure du manteau n'a que 6 centimètres ; au milieu de la longueur de la lèvre inférieure de la déchirure de l'étoffe est une suture verticale de 1 centimètre.

Pantalon. — En dedans du gousset gauche, et près de sa jonction avec le corps du pantalon, existe une suture très nette à angle aigu à une extrémité et un peu obtus à l'autre ; elle est oblique de haut en bas et de dedans en dehors ; elle a 21 millimètres de longueur, et la doublure offre une section de 26 millimètres.

Chemise. — Section transversale, à angle aigu d'un côté, et obtus ou déchiré à l'autre extrémité ; elle a 23 millimètres d'étendue. L'une de ses lèvres offre une petite tache de sang de 5 millimètres de diamètre ; les bords de cette déchirure ne sont pas autrement ensanglantés. En dehors et en dedans, dans une étendue de 40 centimètres, se trouvent diverses taches allongées à bords nets et arrêtés, dont l'étendue varie depuis 23 millimètres jusqu'à 40 millimètres ; elles proviennent évidemment d'une plaie essuyée avec la chemise.

Scapulaire. — A la partie inférieure du scapulaire, côté gauche, une section ; aux deux doubles de l'étoffe, elles ont, l'une 35 millimètres, l'autre 34 millimètres de longueur ; mais telle est la disposition de ces sections, que l'extérieur est plus basse de 8 millimètres que celle de l'intérieur, ce qui supposerait une introduction très oblique de l'arme de bas en haut et de gauche à droite.

Sabre. — Il a la forme des sabres ordinaires de la garde nationale ; il est tranchant des deux côtés au voisinage de sa pointe.

Quand on envisage dans leur ensemble l'arme vulnérante, la section du pantalon, celle de la chemise, celles du scapulaire, et qu'on les compare avec les blessures, on est tout de suite porté à croire qu'un coup de tranchant ou de pointe du sabre n'a pas pu opérer à la fois et les sections des vêtements et les blessures. Dès lors naît la pensée de sections et de blessures simulées. C'est celle que nous allons chercher à faire prévaloir.

Et d'abord : 1° Le sabre est fort peu piquant et fort peu tranchant : il ne pourrait opérer des sections nettes comme celles que constituent les blessures et celles des vêtements.

2° Il n'y a aucun rapport direct entre la place occupée par les blessures et le point perforé du pantalon, ce dont nous nous sommes assuré en faisant mettre au blessé les vêtements qu'il avait au moment où les blessures auraient été reçues ; ainsi les blessures sont distancées en dedans de la section du pantalon par un intervalle de 8 centimètres environ.

3° La direction des diverses sections des vêtements et celle des blessures devraient être la même. Or, en procédant de dehors en dedans, on trouve une section au pantalon qui est oblique de haut en bas, de dedans en dehors et d'avant en arrière ; les deux sections du scapulaire sont presque verticales et disposées, l'une à l'égard de l'autre, de telle sorte qu'elles supposent une introduction du sabre de bas en haut, alors que

les blessures du ventre sont horizontales; enfin, la section de la chemise
est transversale.

4° On ne saurait expliquer comment l'arme introduite en opérant des
sections obliques aux vêtements aurait fait à la peau des blessures transversales.

5° Les sections du scapulaire et de la chemise sont plus larges que celle
du pantalon, et la section de la doublure du pantalon plus large que celle
de l'étoffe; tout cela est impossible lorsqu'une arme pénètre de dehors
en dedans. L'une des blessures est plus de deux fois plus grande que la
section du pantalon.

6° Telle est la largeur de l'ouverture du pantalon que le sabre peut s'y
introduire dans une étendue de 6 centimètres de lame; et comme un sabre aussi peu pointu n'a pu perforer pantalon, scapulaire et chemise sans
un effort considérable, il aurait dû largement pénétrer dans le ventre.

7° Comment, en pénétrant d'un seul coup à travers les vêtements,
l'arme vulnérante aurait-elle fait deux sections à la peau, distantes d'un centimètre l'une de l'autre?

De toutes ces circonstances, nous concluons :

1° Que les blessures ont été opérées par le blessé lui-même;

2° Qu'il est probable que, pour se couper la peau, il s'est servi d'un
rasoir ou d'un instrument aussi tranchant;

3° Que les sections des vêtements ont été faites après coup;

4° Qu'il n'a pas été porté de coup de sabre au blessé.

*Rixe suivie de meurtre. — Blessure du meurtrier présentée par ce
dernier comme la preuve qu'il n'avait frappé qu'en se défendant
contre l'agression dont il était lui-même l'objet. — Condamnation.*

Le 5 décembre 1842, un ouvrier, nommé Flandres, descendait le soir
de la barrière Saint-Denis avec un de ses camarades, ouvrier comme lui,
lorsqu'il fut grossièrement insulté par deux filles publiques accroupies
dans un coin de la rue, près de la prison de Saint-Lazare. A peine a-t-il
répondu quelques mots, qu'une voix d'homme se fit entendre en ajoutant
une nouvelle injure à celles que ces femmes venaient de proférer, et au
même instant l'individu s'élança sur Flandres en lui portant de violents
coups de poing. Flandres était fort et robuste; son agresseur, moins vigoureux et plus petit, s'arme tout à coup d'un couteau qu'il lui plonge
tout entier dans le flanc, et prend la fuite. Flandres succomba quelques
jours après avoir été blessé.

Le lendemain, le meurtrier est arrêté dans un garni où il logeait avec
les deux filles publiques qui avaient été la première cause de ce crime.

Là il déclara se nommer Pinchon, être sans état, et montrant une
blessure récente qu'il avait à la partie inférieure du cou, ainsi que plusieurs incisions à la cravate qu'il portait, il ajouta que s'il avait donné un
coup de couteau au nommé Flandres, ce n'était qu'en cas de légitime
défense, puisque celui-ci avait commencé par lui en porter un, et le
blesser à la gorge.

Chargé par M. Déterville Desmortiers, juge d'instruction, d'examiner
avec M. Roger (de l'Orne) le nommé Pinchon, « à l'effet de déterminer
» si les caractères de la cicatrice qu'il porte indiquent qu'il a été blessé
» dans les circonstances qu'il rapporte, ou que sa blessure a été faite par
» lui-même, » nous l'invitâmes à nous expliquer d'abord comment les
choses s'étaient passées. Il nous dit que Flandres était en face de lui

quand, avec la main droite, il lui porta *directement d'avant en arrière* (comme pour le repousser violemment) *et non de haut en bas*, un coup violent à la partie inférieure du cou ; que se sentant blessé, quoiqu'il n'eût vu aucune arme dans la main de Flandres, ce fut alors qu'il lui donna un coup de couteau dans le ventre. Toutes les recherches de l'instruction ont concouru à prouver que Flandres n'était point armé, et n'avait donné qu'un coup de poing. C'était le 19 décembre que Pinchon nous rapportait ces détails sur la manière dont il disait avoir été blessé par le nommé Flandres. Voici l'extrait du rapport que nous rédigeâmes après avoir examiné avec attention la cicatrice de la blessure. Nous devons dire ici que le lendemain de la rixe, cette plaie avait été observée et décrite par M. le docteur Moreau.

« Le nommé Pinchon porte, à la partie supérieure et moyenne de la poitrine, au niveau de la base du sternum, une cicatrice dirigée un peu obliquement de droite à gauche et de haut en bas, dont la date paraît être peu ancienne, qui a, en totalité, 3 centimètres de longueur. Dans son tiers supérieur, la plaie avait intéressé toute l'épaisseur de la peau, et dans ses deux tiers inférieurs, la cicatrice ne consiste que dans une excoriation superficielle de la peau qui parait résulter de ce que l'instrument a porté de haut en bas, et qu'après avoir pénétré toute l'épaisseur de la peau, la main aura été abaissée de telle sorte que la pointe seule de l'instrument a effleuré les téguments.

» Quand on presse légèrement la cicatrice avec l'extrémité du doigt, dans sa partie supérieure, on reconnaît manifestement derrière elle, sous la peau, une induration de 3 à 4 millimètres d'épaisseur. sur 6 de longueur, dirigée obliquement *de droite à gauche*, et correspondant *exclusivement* au bord gauche de la cicatrice. Cette induration indique le trajet qu'avait la plaie sous la peau, et montre que cette blessure a été faite de *droite à gauche et de haut en bas*, et *non directement d'avant en arrière ;* comme cela aurait eu lieu d'après la déclaration de Pinchon. On ne peut supposer que cette déviation à gauche de l'instrument ait pu résulter de ce que sa pointe aurait glissé contre le sternum, car cet instrument n'a pas pénétré au delà de l'épaisseur de la peau.

» De ce qui précède nous concluons que, d'après le siége et la direction de la cicatrice que porte le nommé Pinchon, la blessure *très légère* dont elle est la conséquence a pu être faite par l'inculpé lui-même ; que sa direction de *droite à gauche et de haut en bas*, en rendant cette opinion plus vraisemblable, tend à établir qu'elle n'a pas été faite par un individu qui aurait été placé directement en face de lui, armé de la main droite, et qui lui aurait porté, dans cette position, un *violent* coup de couteau ; car alors la blessure eût été *profonde*, et non aussi légère, et sa direction eût été opposée à celle de la cicatrisation existante, c'est-à-dire *de gauche à droite*. »

Paris, etc., le 19 décembre 1842.

Les débats de la cour d'assises, qui s'ouvrirent le 25 mars suivant, confirmèrent en tous points l'exactitude des faits recueillis par l'instruction : il resta bien démontré que Flandres ne repoussa l'agression dont il était l'objet qu'en assénant plusieurs coups de poing à Pinchon ; que ce dernier n'avait reçu aucune blessure de Flandres quand il le frappa d'un coup de couteau ; que la blessure qu'il montra le lendemain ne lui avait point été faite par le malheureux qu'il avait tué, qu'ainsi les inductions que j'avais tirées des caractères particuliers de la cicatrice se trouvaient pleinement justifiées, et que tout concourait de la sorte à établir que Pinchon était l'auteur de sa blessure.

Déclaré coupable par le jury, et sans circonstances atténuantes, il a été condamné à huit ans de travaux forcés.

Plaies par morsure. — Supposition du PIAN *inoculé de la sorte.*

Nous soussigné, Ollivier (d'Angers), etc., en vertu du jugement rendu par la sixième chambre du tribunal civil de première instance de la Seine, en date du 16 février 1843, qui nous commet à l'effet : 1° de constater la nature et le degré de gravité des blessures faites, le 2 octobre 1842, à la dame Leveau ; 2° d'apprécier la durée d'incapacité de travail que ces blessures ont pu entraîner ; 3° et de déterminer si la prolongation de la maladie a été la conséquence, ou du traitement qui a été mis en usage, ou de l'état de grossesse de la plaignante, ainsi que de l'accouchement qui a eu lieu depuis ses blessures ;

Nous sommes présenté, le 18 février 1843, devant M. le président de la sixième chambre, où, après avoir déclaré accepter la mission à nous confiée par le tribunal, et avoir prêté le serment voulu par la loi, avons procédé les jours suivants à l'enquête sus-indiquée, pour laquelle nous avons successivement pris des renseignements (ainsi que l'indiquait l'exécutoire du jugement), près de M. le docteur Bernardin, rue du Faubourg-du-Temple, n° 74 ; près de M. C..., officier de santé, rue..., qui avait soigné la plaignante, et après avoir visité celle-ci à son domicile, rue Culture-Sainte-Catherine, n° 46 ; enfin, nous avons dû examiner le chien du sieur Marest, nourrisseur, les blessures de la dame Leveau, résultant des morsures qui lui ont été faites par cet animal le 2 octobre dernier, et les accidents survenus ultérieurement, ayant été attribués à l'état de maladie de ce chien, lorsqu'il mordit la plaignante.

Nous allons résumer, dans l'exposé suivant, les observations et renseignements que nous avons recueillis dans ces différentes circonstances, pour répondre aux questions posées par le tribunal,

1° *État de la dame Leveau.*

A l'époque que nous venons d'indiquer, la dame Leveau fut mordue à l'avant-bras et à la jambe gauche par le chien du sieur Marest ; elle était alors enceinte de huit mois environ. Les morsures, ainsi que nous avons pu en juger par les cicatrices actuelles, avaient produit trois plaies à l'avant-bras, l'une d'un centimètre de diamètre en tous sens, et l'autre de 4 millimètres, sur le bord radial du membre, à la réunion du tiers supérieur avec les deux tiers inférieurs de la hauteur de l'avant-bras : ces plaies, de forme arrondie, intéressant toute l'épaisseur de la peau, et dans l'une d'elles, les fibres charnues sous-jacentes, étaient distantes l'une de l'autre de 2 centimètres et demi environ. Au côté opposé de l'avant-bras, près de son bord cubital, plaie semblable, de 7 à 8 millimètres environ en tous sens.

Au bas de la jambe gauche, trois travers de doigts au-dessus de la malléole externe (ou cheville du pied), sur le côté de la saillie du tendon d'Achille, plaie cicatrisée, d'un centimètre et demi environ de diamètre, recouverte d'une croûte grisâtre. Au côté opposé de cette partie de la jambe, deux petites cicatrices, presque effacées aujourd'hui, et résultant de deux plaies légères produites, comme les précédentes, par les dents du chien.

Les deux jambes sont tuméfiées, infiltrées dans leur partie inférieure, et la dame Leveau ne fait que commencer à marcher et avec peine encore, dans son appartement ; quarante-trois jours après ces blessures, c'est-à-dire, le 13 novembre 1842, la dame Leveau était accouchée heureusement et à terme. Disons ici que cet accouchement est le troisième, et que les deux précédents avaient toujours été suivis d'une convalescence rapide.

2° *Renseignements donnés par* **M.** *le docteur Bernardin.*

Ce médecin, qui fut amené près de la blessée par le sieur Marest, et qui la visita deux fois dans le courant d'octobre, nous a dit que les plaies lui avaient paru extrêmement simples, sans gravité aucune, qu'il s'était borné à conseiller le repos et la position horizontale du membre, mais qu'il ignorait la nature des médicaments topiques qu'on appliquait sur les plaies et les membres, ainsi que celle du traitement interne qu'on lui faisait subir.

3° *Déclaration de* **M.** *C..., officier de santé.*

M. C..., qui nous a dit être officier de santé, et exercer la médecine depuis quarante ans, nous a ainsi exposé le traitement auquel il a soumis la dame Leveau :

« La plaie de la jambe, comme les autres, lui avait paru très simple au début, et il s'était borné à les panser toutes avec de la charpie et un linge enduit de cérat, quand le *cinquième* jour l'aspect de la blessure de la jambe changea tout à coup, et il reconnut plus tard que la blessée avait été infectée par une maladie grave qui lui aurait été communiquée par le chien ; en un mot, il constate, dit-il, le *dix-septième jour*, d'après les caractères particuliers de la plaie, que la dame Leveau est atteinte du PIAN. Nous dirons tout à l'heure quelle est cette maladie.

» Dès lors il s'empresse, pour conjurer le mal, d'appliquer sur les plaies un remède de son invention, qu'il nomme l'*antiphlogistique*, et dont de simples lotions et une application pendant vingt-quatre heures de durée suffisent pour arrêter immédiatement l'inflammation la plus dangereuse. Sur notre demande, M. C... nous déclara que son *antiphlogistique* est une liqueur composée de *parties égales de laudanum, d'ammoniaque liquide* (alcali volatil) *et d'alcool vulnéraire :* la formule en est insérée dans un ouvrage qu'il a publié sur sa méthode de traitement.

» Quant à l'emploi du liquide *antiphlogistique*, M. C... l'appliqua en lotions et frictions sur toute la peau des membres blessés, et laissa sur les plaies, pendant vingt-quatre heures, de la charpie et des compresses imbibées de cette liqueur. Tel fut le pansement qu'il fit le *cinquième* jour après l'accident. Chaque fois que les plaies reprenaient un aspect inflammatoire, dit M. C..., il renouvelait une application de son *antiphlogistique*, et quand *il avait ainsi dissipé l'irritation*, les parties blessées étaient couvertes d'un cataplasme de farine de lin arrosé d'un mélange de décoction de quinquina et d'alcool vulnéraire, et les plaies d'un plumasseau de charpie enduite d'onguent styrax.

» A partir de la découverte du PIAN, dont l'existence lui fut démontrée quand il eût été visiter la gueule du chien (il trouva alors, assure-t-il, toute la membrane muqueuse des gencives et du palais rouge et très enflammée), M. C... associa à son traitement externe l'usage intérieur du sirop sudorifique, dit de Cuisinier, avec addition de 8 grains (40 centi-grammes) de sublimé corrosif pour une bouteille.

» C'est pendant que la dame Leveau était soumise à ce traitement que son accouchement eut lieu. Le *septième* jour, M. C... trouva la jambe gauche plus malade ; *le lait s'était porté en abondance sur la plaie,* nous dit-il, et il s'aperçoit en même temps que les veines et les vaisseaux lymphatiques de tout le membre sont enflammés, et que celui-ci est très gonflé jusqu'à l'aine ; alors il applique sur la cuisse et la jambe en totalité des cataplasmes composés de mie de pain, de lait et de jaunes d'œufs, arrosés de son *antiphlogistique.* Ainsi qu'il l'a constamment vu, pré-tend-il, son remède arrête immédiatement le mal ; mais le *quinzième* jour, les mêmes accidents se manifestent au membre inférieur droit, dont l'engorgement s'étend aussi jusqu'à l'aine ; pendant huit jours, ces nou-veaux symptômes persistent, et se dissipent ensuite, toujours sous l'in-fluence des mêmes topiques. Il ne faut pas perdre de vue que la malade n'avait pas cessé de prendre le sirop sudorifique avec addition de su-blimé corrosif.

» Il y avait *quatre* jours que cette dernière amélioration avait été obte-nue, quand les deux membres inférieurs s'engorgent de nouveau dans toute leur étendue. M. C... a recours aussitôt au cataplasme avec l'*an-tiphlogistique,* et comme l'engorgement persistait, *le treize décembre dernier, il pratiqua un cautère à chaque cuisse, afin de donner issue au lait épanché ! ! !*

» Dès lors, ajoute M. C..., la santé générale de la dame Leveau a été de mieux en mieux, de telle sorte qu'au 1er janvier 1843, il a pu con-stater qu'il avait enfin obtenu une guérison à peu près complète. Toute-fois, comme il faut prémunir la dame Leveau contre les rechutes pos-sibles d'un mal aussi grave que le PIAN, il fit continuer l'usage intérieur du sirop sudorifique au sublimé, en même temps que la suppuration des deux cautères fut entretenue soigneusement. Au printemps, il se propose de prescrire les jus d'herbes, les amers, etc., et la cure sera complète au mois de mai !!... »

4° *Examen du chien du sieur Marest.*

A la suite de cet entretien, nous nous sommes transporté au domicile du sieur Marest, nourrisseur ; nous y avons visité avec attention le chien qu'il a dans son établissement. Cet animal est âgé de trois ans, et présente toutes les apparences d'une santé parfaite ; en nous voyant, il s'est appro-ché avec tous les signes que manifeste un chien qui veut caresser son maître. Nous n'avons remarqué, sur aucun point de la membrane mu-queuse des gencives, de la gueule et de la langue, la moindre apparence d'altération ou d'inflammation : aujourd'hui, la couleur de cette mem-brane est partout blanche et rosée.

Discussion des faits.

Tel est l'exposé de tous les détails de l'enquête dont nous avons été chargé par le tribunal.

Il est évident d'abord, d'après les caractères actuels des cicatrices que porte la dame Leveau, que les différentes blessures qu'elle a reçues étaient sans gravité, et l'expérience a prouvé que l'état de grossesse n'a pas pour effet d'entraver la guérison des plaies en général, et d'en changer la nature.

Mais ce qui est incontestable ici, c'est que le traitement inconcevable que la plaignante a subi a tout à coup aggravé son état, et que la liqueur dite ANTIPHLOGISTIQUE *a dû nécessairement irriter au dernier point* les blessures existantes, et s'opposer à leur cicatrisation. En effet, ce remède dont M. C... paraît faire un mystère, au moins à ses malades, bien qu'il nous ait déclaré en avoir indiqué la composition dans un ouvrage qu'il aurait publié sur ce sujet; ce remède, disons-nous, ne peut que déterminer une violente inflammation dans les parties dénudées avec lesquelles on le met en contact, au lieu de détruire l'inflammation dont elles seraient le siège. D'ailleurs, n'est-il pas naturel de voir le *cinquième jour* une plaie par morsure devenir rouge et plus douloureuse? Ne sait-on pas que cette époque correspond à celle où le travail de suppuration s'établit dans les plaies qui ne sont pas réunies *par première intention?* Aussi, chacun comprend comment des applications réitérées de topiques irritants, de la nature de celui qui a été mis en usage, ont dû accroître et aggraver le mal.

Et c'est quand le traitement employé a tout à fait changé et altéré les caractères naturels de cette plaie, que M. C... reconnaît que la dame Leveau est beaucoup plus malade qu'elle ne le paraît, et que le chien qui l'a mordu lui a communiqué le PIAN! A cette assertion inqualifiable, et que nous avons fait répéter à M. C..., car nous croyions avoir mal entendu, nous lui avons demandé s'il ne se trompait pas dans le nom qu'il donnait à la maladie, et il nous a répondu avec la plus grande assurance qu'il était bien certain de ce qu'il disait.

Or nous devons déclarer immédiatement ici, que cette assertion est l'affirmation d'une erreur grossière, si elle n'est pas le fait de l'ignorance la plus complète sur une maladie qu'on n'a jamais vue se communiquer de la sorte, qui est extrêmement rare, et pour ainsi dire inconnue en Europe, mais qui paraît être indigène en Afrique, dans les Indes occidentales et en Amérique. Cette maladie est caractérisée par l'existence, à la surface de la peau, *de petites végétations rouges ou violacées, agglomérées de telle sorte qu'elles ressemblent assez à des mûres ou à des framboises;* de là le nom scientifique de FRAMBOESIA donné à cette maladie par les médecins qui l'ont observée et décrite.

Où M. C... a-t-il vu rien d'analogue chez la dame Leveau? N'est-il pas évident d'après ce qui précède, qu'il a *supposé une maladie* qui n'existait pas? et c'est sur une pareille indication qu'il fait prendre du mercure à l'intérieur à la dame Leveau depuis *quatre mois!!*

Quant aux accidents qui ont succédé à l'accouchement, il n'est pas douteux, d'après l'explication que donne M. C..., que la dame Leveau a été affectée de *l'œdème des femmes en couches,* maladie au développement de laquelle les applications irritantes sur la jambe blessée ont pu n'être pas étrangères. Quoi qu'il en soit, il est bien positif, pour nous, que rien n'indiquait l'application des deux cautères qui ont été pratiqués à l'occasion de cet accident, et que c'est en partie à ces exutoires, et surtout à la constriction circulaire de chaque cuisse que le pansement de ces cautères nécessite, qu'on peut attribuer la gêne que la dame Leveau éprouve encore en marchant, ainsi que l'état œdémateux des membres inférieurs qui y contribue aussi, et qui n'est point encore dissipé aujourd'hui.

Conclusion.

De tout ce qui précède, nous nous croyons autorisé à conclure, pour répondre aux questions posées par le tribunal :

1° Que les blessures de la dame Leveau étaient sans gravité, et que leur guérison, favorisée par un traitement convenable, pouvait être complète au bout de quinze ou vingt jours au plus, époque à laquelle la dame Leveau eût été dans le cas de reprendre ses occupations habituelles;

2° Que le traitement de ces blessures était le plus simple possible et devait consister en charpie et cataplasmes émollients sur les plaies, avec repos absolu des parties blessées; l'état de grossesse ne pouvait ainsi exercer aucune influence capable d'aggraver ces blessures et d'en changer la nature;

3° Qu'il est hors de doute pour nous, que c'est au traitement *seul* qu'on doit attribuer la prolongation de la maladie de la dame Leveau, et conséquemment la durée d'incapacité de travail; sans être aussi affirmatif sur l'influence que ce traitement a pu avoir sur le développement de l'*œdème* survenu après l'accouchement, nous n'hésitons pas à déclarer qu'il ne nous paraît pas y avoir été tout à fait étranger, d'après la marche que cette affection a suivie dans son apparition.

Paris, ce 20 février 1843.

Quand cette affaire fut portée devant le tribunal correctionnel de la Seine (sixième chambre), M. l'avocat du roi fit ses réserves contre M. C...., qui, n'ayant point été reçu officier de santé par le jury du département de la Seine, y exerçait illégalement la médecine. Quant à la discussion de la demande de quinze cents francs faite par la dame Leveau et par M. C... pour les soins qu'il lui avait donnés, M. l'avocat du roi se contenta de lire la dernière partie de mon rapport, et de prendre des conclusions en conséquence. Voici le jugement qui fut rendu par le tribunal, et que je transcris du *Bulletin des tribunaux* (n° du 25 février 1843) qui publia un compte détaillé de cette affaire :

« Attendu qu'il est établi que Marest, par imprudence, défaut de précaution et inobservation des règlements, en ne tenant pas son chien muselé et à l'attache, a été la cause involontaire des blessures faites à la femme Leveau, délit punit par l'article 220 du Code pénal:

« Condamne Marest à cinquante francs d'amende.

» Statuant sur les conclusions de la partie civile : — Attendu qu'il est établi que le délit ci-dessus a été dommageable pour la femme Leveau; que le tribunal a des documents suffisants pour fixer l'indemnité qui lui est due; que cependant le prévenu ne peut être responsable que du dommage résultant de son fait;

» Qu'il résulte du rapport du docteur Ollivier (d'Angers), que si les blessures de la femme Leveau ont amené une incapacité de travail de plus de vingt jours, il ne faut pas l'attribuer à la gravité des blessures, mais à la mauvaise direction du traitement qu'a fait subir à la femme Leveau le sieur C... :

» Condamne Marest à payer par corps aux époux Leveau la somme de cent cinquante francs à titre de dommages et intérêts.

» Fixe à six mois la durée de la contrainte par corps; donne acte à la partie civile de ses réserves pour répétition d'honoraires à faire contre C...

» Donne acte également au ministère public de ses réserves contre le même C... »

Épilepsie et paraplégie simulées.

Nous soussignés, etc., en vertu de l'ordonnance ci-jointe de M. Coppeaux, juge d'instruction, avons été commis à l'effet de visiter successivement au dépôt de la préfecture de police, et à la prison des Madelonnettes, le nommé Duchesne (Auguste), inculpé de mendicité, et d'émettre un avis motivé sur la question de savoir si les infirmités dont il paraît atteint sont réelles ou feintes.

Historique des antécédents et de l'état actuel du nommé Duchesne (Auguste).

Nous allons d'abord résumer les faits contenus dans les pièces de l'instruction qui nous ont été communiquées ; nous rapporterons ensuite les observations que nous avons faites depuis que le nommé Duchesne est soumis à notre examen.

Il est âgé de trente-trois ans, et né à Saint-Sabord (Vosges) ; plus tard, il a déclaré que Plémet (Côtes-du-Nord) était aussi le lieu de sa naissance. Quoi qu'il en soit, il résulte des renseignements judiciaires dont Duchesne a été l'objet, qu'au mois de janvier 1828, il était condamné pour vol à treize mois de prison par le tribunal de Remiremont ; qu'au mois d'avril 1834, il était arrêté à Paris, et condamné le 2 juillet pour vagabondage à un mois de prison ; qu'au mois de décembre de la même année, il encourait une nouvelle condamnation à six mois de prison et cinq ans de surveillance, pour vagabondage ; qu'au mois d'octobre 1835, il était condamné par le tribunal de Redon (Ille-et-Vilaine), à deux mois de prison pour tentative d'évasion avec bris de prison ; qu'immédiatement après l'expiration de cette nouvelle peine, il était condamné à huit jours de prison, le 8 janvier 1836, par le tribunal de Rennes, pour ban rompu ; que le 4 mars de la même année, le tribunal de Dinan lui infligeait une condamnation à un mois de prison pour rupture de ban ; que pour le même motif, il était condamné à quinze mois de détention par le tribunal de Rennes, le 21 avril suivant. Arrêté de nouveau pour ban rompu le 9 août 1837, il fut renvoyé par un jugement du tribunal de la Seine, le 25 du même mois ; moins d'une année s'était écoulée que la Cour royale de Rennes le condamnait de nouveau à quinze mois de prison pour rupture de ban, le 28 août 1838. Un mois après l'expiration de cette peine, Duchesne était arrêté à Paris, le 30 décembre 1839, et une nouvelle condamnation à six mois de prison le frappait encore pour rupture de ban, le 31 janvier 1840 ; arrêté de nouveau pour mendicité et vagabondage, le 26 août de la même année, il était pour ce délit condamné à quinze jours de prison, le 10 octobre suivant ; enfin, la même cause a motivé son arrestation le 6 juin 1841. Le rapport de l'officier de paix contenait en outre cette observation, que le nommé Duchesne feint de graves infirmités.

Nous avons cru devoir retracer d'abord ces antécédents du nommé Duchesne, parce qu'ils éclairent sur la moralité du prévenu, qu'ils viennent à l'appui du rapprochement que nous ferons entre plusieurs circonstances relatives aux faits dont nous allons actuellement donner un exposé rapide.

Lorsqu'il fut arrêté à Paris, aux mois d'août et d'octobre 1830, ainsi qu'au mois de juin dernier, le nommé Duchesne ne marchait qu'en se traînant sur les mains et les genoux ; interrogé sur la cause de cette infirmité, il déclare qu'elle datait de trois années, et que c'était cette malheureuse position qui l'avait réduit à la faible ressource de vendre des paquets d'allumettes pour subvenir à ses besoins. C'était en se rendant à Beaucaire pour son commerce de mercier ambulant, qu'il avait été atteint tout à coup de paralysie des membres inférieurs ; que pendant trois mois, il put se tenir encore un peu sur ses jambes à l'aide de béquilles, mais qu'à partir de cette dernière époque, il ne lui fut plus possible de se traîner autrement que sur les mains et les genoux. D'un autre côté, il résulte des renseignements fournis par M. le procureur général du parquet de Rennes, que lorsque Duchesne entra à la maison centrale de détention pour y subir ses quinze mois de prison, il parut atteint d'un commencement de paralysie des membres inférieurs. M. le docteur Toulmouche, médecin de la maison de détention, a été interrogé sur ce fait, et voici ce qu'il a déclaré :

« J'ai conservé des notes très exactes sur la position de ce détenu (Du-
» chesne). A son entrée dans la maison, il était atteint d'un commence-
» ment de paraplégie, c'est-à-dire paralysie incomplète des extrémités
» inférieures. Il ne marchait qu'avec la plus grande difficulté, et à l'aide
» d'un point d'appui. Son état le fit bientôt exempter de tout travail....
» Comme sa maladie paraissait chronique, et être le résultat de la dé-
» bauche ou de la misère, et qu'il ne se présenta pas à ma visite, il n'a
» été admis en définitive à l'infirmerie que pendant sept ou huit jours au
» plus, et pour une fièvre tierce.

» Je ne puis croire, et personne ne croit à la maison centrale, qu'il y
» ait simulation de sa part : elle se serait démentie dans quelques circon-
» stances, ce qui n'a jamais eu lieu. En somme, il était considéré comme
» impotent, et dans l'impossibilité de marcher sans appui. Je l'avais même
» autorisé à ne pas porter de sabots, quoique cette chaussure soit celle
» des détenus. »

Ainsi que je l'ai dit plus haut, ce fut un mois à peine après l'expira-tion de sa détention à la maison centrale de Rennes, que Duchesne fut arrêté à Paris (le 30 décembre 1839). Ici les faits et observations consi-gnés dans le procès-verbal de M. le commissaire de police du quartier des Arcis donnent un démenti formel aux assertions du prévenu, et contre-disent entièrement la déclaration de M. le docteur Toulmouche. Voici l'extrait de ce procès-verbal :

« Duchesne était dans un état complet d'ivresse, et suivait (*en mar-chant*) chaque passant avec cette insistance que donnent les habitudes de la mendicité. Il était alors deux heures après minuit ; il fut consigné jus-qu'au lendemain au poste du pont de l'Hôtel-Dieu. Quand M. le commis-saire de police l'envoya chercher, le lendemain matin, le chef du poste vient lui dire que l'individu qui était arrêté était atteint de douleurs telle-ment aiguës dans les jambes, qu'il lui était impossible de marcher, et il fut transporté sur un brancard au dépôt de M. le commissaire de police. Après plusieurs questions, ce magistrat lui adresse la suivante :

« D. Lorque nous vous avons fait arrêter cette nuit, *vous marchiez vite*, quoique en trébuchant en raison de votre état d'ivresse ; comment se fait-il que maintenant vous prétendiez ne pouvoir plus vous soutenir ?

» R. Il y a des moments que je ne puis marcher : je suis atteint de maladies nerveuses. »

C'est depuis cette arrestation que chaque fois que Duchesne a été arrêté de nouveau, on l'a toujours trouvé sur la voie publique se traînant péni-blement sur les mains et sur les genoux ; c'est depuis cette époque qu'on trouve dans ses interrogatoires les détails des infirmités dont il se dit at-teint depuis trois ans. Il avait été considéré comme cul-de-jatte, quand il fut transporté au dépôt de la préfecture de police, où je l'observai pour la première fois le 8 juin dernier. Il n'existait alors que de vagues soupçons sur la simulation de la maladie que Duchesne accusait ; les renseignements que j'ai retracés n'avaient pas encore été recueillis. Ce ne fut qu'à la suite d'un premier examen qui m'avait mis sur la voie de la vérité par les remarques qu'il me suggéra, que l'on fit la recherche de tous les documents relatifs à Duchesne, et qu'il fournit les différentes explications qui précèdent.

Détail de mes observations sur Duchesne.

Quand je me rendis au dépôt de la préfecture de police, Duchesne fut transporté sur les épaules d'un gardien dans la chambre de visite ; il avait au devant de chaque genou deux larges genouillères composées de plusieurs morceaux de cuir et d'étoffe maintenus par des cordons et des courroies de cuir ; on le déposa sur la chaise à marchepied sur laquelle on procède ordinairement à la visite des femmes suspectes ; je me bornai d'abord à le questionner sur son état, paraissant avoir la plus entière confiance dans toutes ses déclarations : afin de détourner son attention de l'examen que je voulais faire, j'eus l'air d'écrire en même temps qu'il parlait, et à deux reprises je remarquai déjà un changement dans l'attitude qu'il venait de prendre, changement pour lequel il s'était manifestement appuyé sur les deux pieds qui reposaient sur le marchepied de la chaise.

Duchesne m'apprit que depuis l'âge de quatorze ou quinze ans il était épileptique, et qu'il avait eu trois attaques depuis son arrivée au dépôt de la préfecture ; c'était d'ailleurs ce que les gardiens m'avaient dit. Indépendamment de ces attaques, il éprouvait aussi, disait-il, des accès nerveux qui se renouvelaient souvent, mais dont la durée était de quelques minutes. Il ne put me donner de détails un peu précis sur ce qu'il appelait *ses accès nerveux ;* mais pour les accès d'épilepsie, ils duraient plus d'un quart d'heure, il perdait connaissance. Sur les questions que je lui fis à ce sujet, il me dit que *jamais il ne s'était mordu la langue, même dans les accès les plus violents, et qu'il ne s'était jamais heurté quelque partie du corps de manière qu'il y parût des meurtrissures, quel qu'ait été le lieu où l'attaque était survenue, et la violence de la chute du corps sur le sol.*

Quant à la paralysie des membres inférieurs, il nous répéta ce qu'il avait déjà dit, et en insistant sur ce fait, que trois mois après le début de la maladie, qui s'était manifestée tout à coup, et pendant qu'il se rendait à Beaucaire, la faiblesse des membres était arrivée à un tel point, qu'il n'avait pu marcher depuis autrement que sur les mains et les genoux. Cette faiblesse, disait-il, était accompagnée d'un engourdissement dans les cuisses et les jambes, et il sentait moins quand on lui touchait la peau des membres inférieurs que celle des membres supérieurs, dans lesquels il n'avait jamais éprouvé la moindre gêne et le moindre engourdissement. Du reste, ajoutait-il, ma santé a toujours été très bonne : j'ai toujours eu beaucoup d'appétit, *le coffre a toujours été bon. Je vais très régulièrement tous les jours à la garde-robe, j'urine aussi librement qu'en parfaite santé, et si j'éprouve quelque besoin, je peux m'abstenir de le satisfaire aussi longtemps que je le veux.* J'ai des pollutions de temps en temps sans retours fréquents d'érection.

Après ces explications, nous avons fait déshabiller le prévenu sur la chaise où il était assis. Quand il se souleva pour retirer son pantalon, tout le poids du corps fut manifestement soutenu par les pieds et les jambes fléchies à angle droit sur les cuisses, et, dans le léger mouvement d'élévation du tronc pour dégager le pantalon de dessous le siége, nous remarquâmes dans les orteils cette flexion forcée qu'on observe toutes les fois que les pieds s'appliquent avec énergie sur le sol.

Les membres inférieurs ainsi mis à nu, nous avons constaté que la couleur de la peau était rosée, qu'il n'existait aucune apparence d'amaigrissement : les muscles se dessinaient sous les téguments, et l'on sentait très bien à la dureté des muscles fléchisseurs de la jambe sur la cuisse, ainsi qu'à celle des muscles des deux mollets, qu'il existait une contraction réelle de leurs fibres, au lieu de cette flaccidité que l'on remarque chez les paraplégiques dont la maladie date depuis plusieurs années. Cet état des muscles contrastait singulièrement avec cette paralysie complète qui semblait exister quand nous engagions Duchesne à soulever successivement chaque cuisse avec ses deux mains, et qu'il laissait retomber lourdement chaque jambe comme une masse inerte. Enfin, il y avait au devant et au-dessous de chaque genou une plaque grisâtre, paraissant formée par un *très léger* épaississement de l'épiderme.

Cet examen terminé, nous engageâmes Duchesne à s'habiller devant nous : il était toujours assis sur la chaise à marchepied. Quand il se baissa pour mettre son pantalon, il était resté les pieds nus, et nous constatâmes ainsi de la manière la plus évidente qu'il avait relevé successivement l'extrémité de chaque pied pour l'engager dans le pantalon dont il tenait la ceinture des deux mains. Ce mouvement de flexion des orteils avait été rapide, mais pas assez pour avoir échappé à notre attention ; enfin, lorsqu'il fut obligé de descendre à terre pour achever de relever son pantalon, nous reconnûmes tout aussi évidemment qu'il avait appuyé un instant l'extrémité du pied droit sur le carreau, avant de s'y laisser tomber sur les genoux et sur les mains.

Afin de compléter cette première expérience, nous ne voulûmes pas que Duchesne fût transporté à la chambre qu'il occupait ; nous voulûmes juger jusqu'à quel point il lui serait impossible de monter à genoux l'escalier qui conduisait à l'étage supérieur. Pour un paraplégique, une pareille ascension est d'une difficulté presque insurmontable, car l'absence complète de tout mouvement volontaire dans les membres inférieurs le met dans la nécessité d'attirer après lui toute la partie du corps frappée de paralysie, en plaçant successivement sur chaque marche les mains et les coudes, et l'on conçoit combien la répétition de semblables efforts doit causer de fatigue, et ajouter ainsi à l'insuffisance des moyens capables d'opérer un semblable déplacement. Duchesne parvint cependant à gravir sans trop de peine les vingt-huit ou trente marches qu'il y avait à monter, en saisissant d'une main les barreaux de la rampe, de de l'autre en s'appuyant sur chaque marche : mais dans cette ascension, les jambes ne restaient pas flasques et pendantes. Il était aisé d'observer de temps en temps une flexion du pied gauche sur la jambe, à l'aide de laquelle l'extrémité de ce pied appuyait sur la marche correspondante, et devenait un point d'appui passager qui favorisait le mouvement de traction opéré par les membres supérieurs.

Dans cette première visite, je parlai à Duchesne de manière à lui faire penser que j'avais une entière confiance dans ses déclarations, et qu'il était bien réellement atteint de la maladie dont il se déclarait affecté ; je restai quelques jours sans le visiter de nouveau, et ce fut à la prison des Madelonnettes, que je continuai mes observations. Une première fois, je me bornai à répéter les mêmes épreuves, et je remarquai la plupart des particularités déjà signalées. Une seconde fois je l'engageai à essayer de marcher avec l'aide de deux infirmiers, sur les bras desquels il s'appuyait; il accepta sans défiance cette proposition. Pour mieux juger de l'état des membres inférieurs pendant cette expérience, Duchesne n'avait d'autre vêtement que sa chemise.

A peine debout, et soutenu par les deux infirmiers, il s'inclina brusquement le haut du corps en avant, comme un individu dont la chute est imminente, et commença à porter successivement chaque pied en avant, en les glissant sur le carreau pendant que les jambes étaient fortement tendues sur les cuisses, et les cuisses dans une extension forcée sur le bassin. De la sorte les deux membres inférieurs étaient roides dans toute leur longueur et les deux pieds fléchis à angle droit sur chaque jambe. Dans cet état on voyait tous les muscles extenseurs dans une contraction violente, et d'autant plus prononcée, qu'elle était incessamment augmentée par les efforts que Duchesne faisait pour marcher dans cette attitude. Il fit de la sorte deux fois le tour de l'infirmerie, et il était aisé de reconnaître que la principale cause de la fatigue qu'il éprouvait était la flexion des pieds qu'il maintenait fixes et immobiles sur chaque jambe dans les mouvements saccadés de progression qu'il exécutait sous nos yeux.

Dans une autre série d'épreuves, nous voulûmes constater jusqu'à quel point il avait perdu, comme il le disait, la perception de la sensibilité dans les membres inférieurs. A plusieurs reprises nous reconnûmes que le chatouillement de la plante des pieds déterminait de petits mouvements de flexion dans les différents orteils, malgré toute la violence des efforts qu'il faisait pour paraître insensible à cette excitation, efforts dont on pouvait juger d'après l'expression de la physionomie de Duchesne pendant cette expérience, et malgré l'assurance qu'il donnait de ne rien sentir.

Ultérieurement, nous fîmes l'épreuve particulière qui a été conseillée par quelques chirurgiens militaires, pour démontrer la simulation dans la paraplégie. Dans cette expérience, l'individu est placé en travers sur un lit, de manière que le bassin n'y trouve pas de soutien, et qu'ainsi les membres pelviens soient sans appui. On relève simultanément chaque pied en le saisissant par l'un des petits orteils, et en exerçant une traction légère comme pour allonger le membre que l'on ne maintient pas aussi élevé que le bassin. Quand il n'y a pas de paralysie, on doit sentir le poids du membre diminuer peu à peu, l'effort pour le soutenir ainsi suspendu n'a plus besoin d'être aussi grand, et en même temps on voit le relief de chaque rotule se dessiner davantage par suite des contractions énergiques qui se manifestent dans les muscles droit antérieur et crural; au contraire, on n'observe rien de semblable quand la paralysie est réelle, et les membres ne cessent pas de peser de tout leur poids sur les mains qui les soutiennent.

Cette épreuve eut un résultat bien autrement concluant que celui sur lequel nous pouvions compter. En effet, pendant que je faisais remarquer à M. le docteur Huet, médecin de la prison, qui assistait à mes expériences, la contraction des muscles des cuisses, Duchesne, tout occupé des observations que je faisais de manière à lui laisser supposer que cet effet devait exister dans sa maladie, ne s'aperçut pas que j'avais insensiblement abandonné ses deux pieds, et continua de rester ainsi les membres inférieurs dans une extension complète, sans soutien, et en les maintenant toujours roides et inflexibles.

Pour compléter cette expérience, nous fîmes faire encore à Duchesne plusieurs tours dans l'infirmerie, avec l'aide du bras de deux infirmiers, qui, à un signal convenu, l'abandonnèrent tout à coup à lui-même. Or, au lieu de tomber en s'affaissant sur lui-même, ainsi que cela a nécessairement lieu quand les membres inférieurs sont frappés de paralysie, Duchesne tomba du côté de celui des infirmiers qui avait cessé le dernier de le soutenir, et conserva dans sa chute les jambes et les cuisses dans l'état d'extension forcée qu'il conserve chaque fois qu'on veut le faire marcher debout.

Enfin, quant à l'épilepsie dont Duchesne prétend aussi qu'il est atteint depuis sa jeunesse, nous nous contenterons d'ajouter aux remarques que nous avons déjà faites au sujet de cette autre maladie du prévenu, que depuis son entrée aux Madelonnettes, M. le docteur Huet lui ayant dit qu'il pouvait ne plus avoir d'attaques ; que lorsqu'on avait la ferme volonté de les prévenir, on s'en affranchissait ; que ce résultat était observé journellement, cette seule réflexion a suffi pour que Duchesne n'ait plus eu d'attaques d'épilepsie ; seulement, dit-il (et l'on comprend pourquoi), ses accès nerveux, qui n'ont lieu que la nuit, durent à peine quelques minutes ; aussi personne n'a-t-il pu les remarquer.

Discussion et appréciation des faits qui précèdent.

Nous avons dû exposer avec détail toutes nos observations sur le nommé Duchesne, car cette seule narration montre déjà des contradictions telles entre certains phénomènes signalés, que la simulation doit être manifeste pour tout médecin observateur. Rappelons d'abord les déclarations du prétendu malade, et montrons les conséquences qu'elles fournissent.

Il y a *trois années* que la paralysie existe, et c'est sur *la route de Beaucaire* que Duchesne a eu la première atteinte du mal. Après trois mois d'un simple affaiblissement qui lui permettait encore de marcher avec un appui, il a été dans la nécessité de se traîner sur les genoux et les mains, et il n'a pas eu d'autre mode de progression depuis cette époque. Mais il résulte de la lettre déjà citée, de M. le procureur général de Rennes, que Duchesne était à une grande distance de la route de Beaucaire à l'époque qu'il indique, car il était arrêté alors dans le *département des Côtes-du-Nord*, et condamné, à Saint-Brieuc, à trois ans de prison, jugement qui fut réformé à Rennes, où la peine fut réduite à quinze mois ; ce serait, au contraire, dans la maison centrale de Rennes qu'il aurait éprouvé un commencement de paralysie (déclaration de M. le docteur Toulmouche) ; et comme il y est resté quinze mois, on a constaté, de la manière la plus positive, qu'il n'était pas dans l'obligation de se traîner sur les mains et les genoux pendant la durée de sa détention. Voici donc une première assertion complétement fausse.

En second lieu, Duchesne est arrêté à Paris le 30 décembre 1839, et alors un mois à peine était écoulé depuis l'expiration de sa peine et sa sortie *de la maison centrale de Rennes :* comment, s'il eût été aussi impotent qu'il l'affirme, aurait-il pu faire si rapidement un semblable trajet, étant dépourvu des ressources nécessaires pour se procurer un moyen de transport ? Cette impossibilité est une nouvelle preuve de la fausseté de la première assertion.

Duchesne nous déclare que, depuis le début de sa maladie, *il a toujours eu le coffre bon*, qu'il va régulièrement à la garde-robe tous les jours, qu'il urine à volonté, et qu'il peut s'abstenir aussi longtemps qu'il e veut de satisfaire à ces besoins. Mais l'expérience prouve que, toujours avec une paralysie aussi complète et ancienne des membres inférieurs, les fonctions de l'intestin et de la vessie éprouvent une perturbation manifeste, d'où résultent ordinairement une constipation opiniâtre, une excrétion de l'urine souvent difficile, des besoins d'uriner fréquents, suivis de l'écoulement involontaire de l'urine, si le besoin n'est pas promptement satisfait. Quand la paraplégie est aussi prononcée que Duchesne prétend qu'elle l'est chez lui, et que sa durée a été si longue, les organes génitaux témoignent aussi de l'influence qu'exercent sur eux les maladies de la moelle épinière; ainsi, dans les premiers temps, il y a quelquefois des érections réitérées, douloureuses, auxquelles succède un état d'impuissance qu'on voit aussi également souvent dès le début de la maladie. Je pourrais citer, à l'appui de ces observations, les faits si nombreux que j'ai rapportés dans mon *Traité des maladies de la moelle épinière* (Paris, 1836, in-8°, 2 vol., 3ᵉ édit.). Les déclarations de Duchesne sur ces divers points sont donc autant d'impossibilités, autant d'assertions de faits opposés à ce qui doit exister avec la maladie dont il dit être affecté.

Mais les doutes sérieux que les seules déclarations de Duchesne peuvent faire naître sur la réalité de sa maladie ne sont-ils pas convertis en certitude par ce qui a été si positivement constaté lors de son arrestation à Paris, après sa sortie des prisons de Rennes? On le trouve, en effet, sur la voie publique dans un état complet d'ivresse, non pas se traînant péniblement sur les mains et les genoux, mais *bien marchant vite, quoique en trébuchant...;* et quand les fumées du vin qui lui avaient fait oublier sa paralysie (1) sont dissipées le lendemain, ce sont des douleurs violentes dans les jambes qui l'empêchent de se rendre à pied chez le commissaire de police, et non pas l'impotence et l'insensibilité dont il s'était uniquement plaint depuis cette époque.

Ainsi, la cause qui ôte à tout homme bien portant la force de se maintenir sur ses jambes aurait, au contraire, rendu toute l'énergie et l'agilité de la santé à un individu jusqu'alors paralysé des membres inférieurs!! Est-il besoin d'être médecin pour tirer de ce fait toutes les conséquences qu'il présente dans le cas dont il s'agit? n'explique-t-il pas comment Duchesne a pu se rendre en si peu de temps de Rennes à Paris après sa sortie de prison? ne prouve-t-il pas que cette faiblesse des jambes qu'il accusait au début de sa détention n'était que simulée, et que tel fut vraisemblablement le motif qui l'empêcha de se présenter à la visite de M. le docteur Toulmouche, qui, après un examen attentif, eût sans doute cru moins facilement à la réalité de la paraplégie de Duchesne.

Ajoutons que sa réponse au commissaire démontre encore davantage qu'il n'était point atteint de paralysie des membres inférieurs : « *Il y a des moments que je ne puis marcher; je suis atteint de maladie nerveuse.* » Est-ce de la sorte que s'exprime un homme réduit, pour ainsi dire, à l'état de cul-de-jatte, suivant ses autres déclarations?

Si maintenant nous rappelons les diverses observations que nous avons faites depuis que Duchesne est soumis à notre examen, nous voyons un ensemble de preuves qui achèvent de démasquer sa fourberie. Nous avons déjà dit que chez lui les membres inférieurs n'ont pas éprouvé le moindre amaigrissement, que la peau en est fraîche et rosée, l'épiderme souple et non sec et écailleux, que les chairs sont fermes, et qu'au toucher ainsi qu'à la vue, on distingue très nettement les principales saillies musculaires qui se dessinent sous la peau, quand il exécute quelques mouvements.

Nous ferons remarquer ici qu'il a suffi d'un seul bain pour faire dis-

(1) Ce fait n'indique-t-il pas un moyen qu'on pourrait employer utilement, dans certains cas, pour découvrir la simulation?

paraître ces taches brunâtres et d'apparence cornée qu'il y avait au-dessous de chaque genou ; ce qui prouve que ces taches n'étaient point dues à un épaississement considérable de l'épiderme, ainsi que cela eût eu lieu, si la progression eût été exécutée exclusivement sur les mains et les genoux depuis près de trois ans.

Les diverses remarques que nous avons faites en obligeant Duchesne à s'habiller et à se déshabiller devant nous, à monter un escalier, à descendre de son lit et à y remonter, etc., ont également montré qu'il jouit de la liberté de tous les mouvements des membres inférieurs, et que, chez lui, ces mouvements sont bien soumis à l'influence de la volonté. Nous ne répéterons pas les détails dans lesquels nous sommes entrés précédemment à ce sujet.

Nous terminerons par quelques observations relatives aux mouvement de progression que Duchesne exécute étant debout, et nous comparerons sa déambulation à celle des vrais paraplégiques, laquelle est si caractéristique. Ainsi qu'on l'a vu, chaque fois que nous l'avons obligé à marcher à l'aide de deux bras ou de béquilles, Duchesne s'incline le corps en avant, maintient les membres inférieurs dans une extension forcée, et les pieds dans une flexion presque à angle droit sur les jambes ; dans cet état, il porte successivement les pieds l'un devant l'autre, en les glissant sur le sol, et faisant de petits pas sans le moindre écartement des cuisses et des jambes ; tout son corps est dans un véritable état de contraction, et la fatigue résultant de la continuité des efforts qu'il fait alors finit par déterminer dans le tronc un tremblement assez fort qui cesse dès qu'on le fait coucher, c'est-à-dire aussitôt que le relâchement des muscles du tronc et des membres a succédé à cette contraction forcée et prolongée.

La démarche des individus frappés de paralysie incomplète des membres inférieurs, mais qui peuvent encore se tenir debout et marcher avec un appui, est bien différente de celle de Duchesne. Ainsi, « chaque pied se
» détache avec peine du sol, et dans l'effort que fait alors le malade
» pour le soulever entièrement, et le porter en avant, le tronc se redresse
» et se renverse en arrière, comme pour contre-balancer le poids du
» membre inférieur, qu'un tremblement involontaire agite avant qu'il
» soit de nouveau appuyé sur le sol. Dans ces mouvements de pro-
» gression, tantôt la pointe du pied est abaissée, tantôt elle est relevée
» brusquement en même temps que le pied est déjeté en dehors. J'ai
» vu quelques malades qui ne pouvaient marcher un peu, quoique ap-
» puyés sur une canne, qu'en se renversant le tronc et la tête en arrière,
» de telle sorte que leur allure avait de l'analogie avec celle que détermine
» le tétanos. Il est plus rare de voir le tronc courbé en avant. »

Cette dernière comparaison achève de démontrer que non seulement il n'existe pas la moindre analogie entre les phénomènes que présente Duchesne, et ceux qui résultent de la maladie dont il se dit atteint, mais que son état actuel est en opposition complète avec celui qu'on observe toujours alors.

Après tout ce qui précède, nous croyons inutile d'insister ici pour prouver que l'insensibilité qu'il accuse dans les membres inférieurs n'est pas plus réelle que la paralysie du mouvement.

Quant à l'épilepsie, il est également de la dernière évidence qu'elle n'a pas existé davantage que la paraplégie. La suspension volontaire de ses attaques ne peut laisser de doutes à cet égard.

Conclusion.

Le nommé Duchesne (Auguste) jouit d'une parfaite santé. Toutes les infirmités dont il paraît atteint depuis longtemps sont le résultat de la simulation.

> Paris, 16 juillet 1841.

« Monsieur et très honoré confrère,

» Le nommé Duchesne, que vous avez examiné hier à la prison des Madelonnettes, m'a témoigné ce matin le désir de vous entretenir *particulièrement.*

» Je m'empresse de vous faire part d'une circonstance qui me semble ajouter encore à l'intérêt de cette affaire.

> » Recevez, etc. Docteur HUET. »

> Paris, 17 juillet 1841.

Je me suis rendu hier, 19 juillet, aux Madelonnettes, et je fis venir Duchesne dans le cabinet de M. le docteur Huet. Je lui fis part de la lettre que j'avais reçue de ce médecin, en lui demandant le motif qui lui avait fait désirer cette entrevue particulière. Duchesne alors me dit *qu'il avait voulu me faire des excuses; que j'avais parfaitement raison dans tout ce que je lui avais dit; qu'il n'était pas et n'avait jamais été paralysé des jambes; que la surveillance à laquelle il est condamné l'empêchant de se procurer de l'ouvrage, il avait eu recours à cette fraude pour obtenir des secours de la charité publique; qu'il me priait d'intercéder en sa faveur près de ses juges, me promettant bien de ne plus feindre à l'avenir toutes les maladies dont il s'était dit atteint, et de subvenir désormais à ses besoins par le travail.*

Je n'ajouterai rien à cette déclaration de Duchesne, on voit qu'elle confirme pleinement les conclusions de mon rapport.

> Ce 20 juillet 1841.   OLLIVIER (d'Angers).

Duchesne, traduit devant la 7e chambre du tribunal de police correctionnelle, le 8 août 1841, pour avoir mendié en feignant des infirmités, et attendu ses récidives, fut condamné à deux années d'emprisonnement.

Quant au fait de savoir si la blessure a été opérée par une main étrangère dans le but d'un meurtre ou d'un assassinat, nous nous bornerons à rappeler ici qu'il vient se réunir d'ailleurs avec ce que nous développons à l'égard du suicide. Voici un premier exemple dans lequel les soupçons d'assassinat se sont élevés, et où nous avons démontré que la mort avait été le résultat d'un accident.

Nous, Marie-Guillaume-Alphonse Devergie, et Charles-Prosper Ollivier, docteurs en médecine, nous sommes rendus à Charenton, aujourd'hui 14 septembre 1831, et nous avons procédé, en présence de M. Casenave, juge d'instruction, et de M..., substitut du procureur du roi, à l'examen du cadavre du nommé Nicolas Flammand, inhumé dans le cimetière de cette ville. — Après avoir pris connaissance d'un rapport de MM. Rives et Calmeil, docteurs en médecine, qui cinq jours auparavant avaient fait une première autopsie, nous nous sommes attachés à vérifier l'exactitude des premières observations qui avaient été recueillies. La putréfaction ayant déjà envahi une grande partie du corps, et les rapports des différents organes ayant été changés par les dissections auxquelles les premiers experts se sont livrés, il nous a été impossible de constater exactement toutes les blessures qui ont été décrites dans le rapport de MM. Rives et Calmeil; nous n'avons pu reconnaître que les principales, telles que les fractures des os de la tête et celle de la poitrine. Mais comme ces lésions graves ne pouvaient être l'effet que d'une cause extrêmement puissante, telle que la chute d'un lieu élevé, nous avons dû rechercher si dans les membres et les autres parties du corps, il n'existerait pas des lésions qui pourraient être rapportées à des violences exercées sur Flammand avant sa chute. Des incisions très profondes, pratiquées sur toute l'étendue des bras et des jambes ne nous ont fait reconnaître que deux ecchymoses au devant des deux genoux avec décollement de la peau qui est appliquée sur les rotules, ainsi qu'une excoriation de la partie antérieure de l'épaule droite, circonstances dont il n'avait pas été fait mention dans le rapport de MM. Rives et Calmeil. Les poignets, les coudes, le devant des jambes étaient parfaitement exempts de toute altération. — Le canal des vertèbres, la tête, la poitrine, le ventre et tous les organes que ces cavités renferment, avaient été examinés avec soin. — Comme il était important d'éclairer la justice sur les causes de la mort du nommé Flammand, et sur la manière dont sa chute pouvait avoir eu lieu, nous avons accompagné MM. Casenave et..... chez le sieur Bouillet, marchand de vin, aux Carrières, et là nous avons pris connaissance des localités où Flammand avait perdu la vie. On nous a appris qu'il était tombé de la fenêtre de la chambre qu'il occupait; que son corps avait été trouvé la figure appliquée sur le pavé, la tête au voisinage du mur de sa chambre, le pont de sa culotte déboutonné, ses vêtements ne présentant aucun désordre dans leur arrangement. La fenêtre de cette chambre est élevée de douze pieds au-dessus du sol; elle peut avoir environ trois pieds carrés, et ses petites dimensions éloignent d'abord l'idée du passage du corps d'un homme à travers elle, sans qu'une force d'impulsion lui ait été communiquée; mais si l'on réfléchit que Flammand n'avait guère que quatre pieds dix pouces; que tous les soirs il était habituellement gris; que tous les soirs aussi il pissait par sa fenêtre; que la pierre d'appui de la croisée est élevée au-dessus du sol à la hauteur d'un lit un peu bas, on conçoit que Flammand, après avoir uriné, ait pu se retourner, appuyer son derrière sur le bord de la fenêtre, le dos regardant la cour, sans être tout à fait dans la position d'un homme assis, ses pieds seulement arc-boutés contre le sol, et que, dans les mouvements d'oscillation du tronc d'un homme à moitié ivre et peut-être à moitié endormi, l'un de ces mouvements ait eu un peu trop d'étendue, et ait entraîné la chute totale du corps dans la cour; que la tête, tombant la première, soit venue frapper par son sommet le pavé, et que, par suite du mouvement de culbute indispensable à une pareille chute, les jambes, et particulièrement les genoux, soient venus frapper le sol. La supposition que nous venons de faire explique très bien les fractures nombreuses de la base du crâne qui sont presque toujours le fait d'un contre-coup, celle des premières vertèbres cervicales, celles de la poitrine et les deux ecchymoses des genoux. —

Nous croyons devoir conclure, des blessures graves consignées dans le rapport de MM. Rives et Calmeil; de celles que nous avons pu constater sur le cadavre; de l'examen des lieux où la mort est survenue, ainsi que des renseignements qui nous ont été fournis:

1° Que la mort du nommé Flammand a été le résultat nécessaire de
ses blessures ;

2° Qu'elle a eu lieu instantanément ;

3° Qu'elle s'explique très bien dans la supposition d'une chute accidentelle ;

4° Que rien, dans l'examen du cadavre, ne fait élever des soupçons sur
la supposition d'un meurtre ou d'un assassinat.

Rapport de MM. Rives et Calmeil.

Nous soussignés, Michel Rives, médecin à Charenton-le-Pont : Calmeil,
Louis Florentin, docteur en médecine, inspecteur du service de médecine
à la maison royale de Charenton, et y demeurant, le 9 septembre 1831,
heure de midi, nous sommes transportés, sur la réquisition de M. Van-
terriat, maire de la commune de Charenton-le-Pont, au village des
Carrières, à l'effet d'y procéder à l'examen cadavérique du nommé Nicolas Flammand, garde-magasin chez M. Bouillet, négociant en vins, Grande-
Rue des Carrières, n° 27 ; étant assistés par M. Thion (Louis-Frédéric),
maire adjoint, ayant domicile aux Carrières. Nous avons été introduits
dans la cour de M. Bouillet, située presque en face de sa maison, sur le
bord de la rivière. Nous avons aperçu un cadavre qui a été reconnu par
M. Bouillet et plusieurs de ses voisins être celui du nommé Flammand.
Nous avons aussitôt commencé nos opérations.

1° La face ne présente aucune lésion, aucune plaie, aucune trace de
violence. Son expression n'est même pas sensiblement altérée. La peau
est recouverte par du sang noir qui provient de la bouche, mais de légers lavages enlèvent ce liquide.

2° Les téguments du front, le cuir chevelu, n'offrent rien de particulier ; seulement, en examinant avec attention le sommet de la tête, on
aperçoit dans le tissu cellulaire, situé sous l'épiderme, une petite teinte
sanguinolente, mais il n'y a aucune apparence de déchirure.

3° La partie antérieure de la poitrine, les diverses régions du ventre, la
partie antérieure des cuisses sont à l'état sain : on distingue çà et là quelques lividités cadavériques fugaces, et dont la trace est presque effacée ;
il y en a des vestiges sur les deux jambes : un pouce au-dessous de chaque
rotule, il existe de même deux petites plaies de dix lignes de long sur six
de large, et qui n'intéressent que la première couche de la peau, qui
n'ont fourni que quelques gouttes de sang.

4° La partie postérieure du cou, des épaules, le dos, les fesses, le derrière des cuisses ne laissent absolument rien à apercevoir, si ce n'est
quelques lividités arborisées et de teinte un peu violacée.

5° Nous portons le scalpel sur les téguments qui recouvrent la tête pour
pratiquer une incision circulaire. Dès que nous sommes arrivés à la protubérance occipitale externe, il s'écoule une grande quantité de sang
noir ; ce qui nous engage à disséquer la peau du crâne dans toute son
étendue.

Nous commençons à constater un grand nombre d'altérations graves.
Ainsi, sur plusieurs points, le cuir chevelu contient dans son épaisseur des
ecchymoses assez marquées. Entre ce cuir et le tissu osseux, notamment
à la partie moyenne du crâne, sur le trajet de la grande faux de la dure-
mère et à la hauteur de la protubérance externe de l'occipital, il y a des
dépôts hémorrhagiques presque de la grosseur du pouce ; il est facile de
constater que ce sang vient de l'intérieur du crâne. La suture qui unit le
frontal aux deux pariétaux est rompue, béante, et un stylet est sans peine

introduit entre les deux surfaces osseuses. A droite, à partir du point où les deux pariétaux se réunissent vers le sommet de la tête, la fracture a un pouce d'étendue, en suivant le trajet de la suture temporo-pariétale. A gauche, en partant du même point, elle suit tout le trajet de la suture temporo-pariétale : arrivée à la grande aile du sphénoïde, elle se dirige vers la portion écailleuse du temporal et suit la suture de cet os et de la grande aile du sphénoïde, passe au-dessous du condyle de la mâchoire et va gagner le grand trou occipital. La suture longitudinale qui sépare les deux pariétaux jusqu'à l'angle supérieur de l'occipital est rompue et largement divisée. La fracture se prolonge même, sans se dévier, jusqu'à la protubérance occipitale externe. Là elle se bifurque, et suivant à peu près la direction des deux lignes courbes de l'occipital, elle va, en formant deux branches, se confondre avec le grand trou occipital.

6° Nous enlevons, à l'aide d'une scie, la calotte du crâne, nous constatons aussitôt les fractures signalées tout à l'heure ; mais la base du crâne en présente de nouvelles qui ne pouvaient être aperçues de prime abord. Ainsi, l'apophyse basilaire est brisée transversalement. Le rocher droit est séparé du temporal, le rocher gauche est profondément fêlé. La partie antérieure du corps du sphénoïde ne tient plus à l'ethmoïde.

7° Le grand sinus longitudinal de la dure-mère est déchiré vers la partie moyenne de la suture qui unit naturellement les deux pariétaux. Du sang s'écoule par cette déchirure. Les sinus qui circulent autour du corps du sphénoïde sont encore ouverts, et le sang tombe dans les fosses nasales, et il s'écoule par le nez et par la bouche.

8° Il y a une once de sang épanché dans la grande cavité de l'arachnoïde. Il y en a une faible quantité infiltrée dans le réseau de la pie-mère.

9° La pulpe de l'encéphale, soit grise, soit blanche, est généralement saine, à part une légère coloration de la substance grise (ou rose) et un peu d'injection pointillée de la substance blanche. Mais il y a une rupture des vaisseaux qui occupent la base du cerveau avec une infiltration sanguine des plexus ventriculaires, et une exhalation sanguine dans les ventricules.

10° L'hémisphère droit du cervelet est blessé à sa superficie dans une étendue de six à sept lignes.

11° Les muscles de la région cervicale postérieure sont infiltrés de sang noir. Le corps et l'apophyse transverse de la première vertèbre cervicale (côté gauche), le corps et les deux apophyses transverses de la quatrième vertèbre (même région) sont brisés ; du sang existe sur la dure-mère, mais cette membrane n'est pas déchirée.

12° Lorsque le canal rachidien a été ouvert dans toute son étendue, que la dure-mère a été incisée, la moelle cervicale, dans la partie correspondante à la fracture de chaque point vertébral, était molle et entièrement réduite en bouillie.

13° En procédant à l'ouverture de la poitrine, nous avons constaté une fracture transversale et un peu oblique du sternum, vers le point d'union de la seconde et de la troisième portion. Une ecchymose assez large existe dans la partie correspondant au médiastin antérieur.

Poumons sains. La trachée-artère contient un mélange de sang noir et d'aliments très liquides, vineux, qui se sont introduits par l'ouverture du larynx.

Le cœur et les gros vaisseaux sont trouvés vides et exempts d'altérations.

Nous ouvrons la cavité abdominale, et il s'en élève des gaz d'une odeur vineuse insoutenable. Après avoir examiné tous les viscères en place, avoir constaté leur état pleinement satisfaisant à leur surface, nous procédons à l'examen des différents viscères, et avant tout du canal digestif.

L'estomac contient un reste de pâte alimentaire teinte par de la matière colorante de gros vin. Cette pâte est demi-liquide et très fétide. La membrane muqueuse étant à peine plus grise que dans l'état sain, n'étant point injectée, nous ne jugeons pas convenable de recueillir et d'analyser les matières dont nous signalons la présence. Le duodénum est rempli de chyle très blanc, très abondant et fluide comme de la crème. Les cryptes muqueuses sont prodigieusement nombreuses et très développées, comme cela a lieu pendant la digestion. Les intestins grêles contiennent beaucoup de matières fécales sentant le vin et colorées par lui. Vessie remplie d'urine et saine ; reins, poumons, rate, foie sains. Aorte abdominale, grosses veines qui se rendent au foie : aucun désordre.

Nous avons pris les conclusions suivantes :

Une force physique et puissante a agi sur la boîte du crâne, sur les vertèbres cervicales du nommé Nicolas Flammand, a occasionné les nombreuses fractures ci-dessus indiquées. Cette force a déterminé en même temps la rupture de quelques parties du cerveau, du cervelet et de la moelle cervicale. Les altérations qui existent dans le système nerveux, celles de la moelle épinière surtout, eu égard à sa situation, ont dû faire cesser la vie immédiatement après l'accident. Le liquide existant dans la trachée-artère, l'écoulement du sang qui s'effectuait par la fracture ethmoïdo-sphénoïdale auraient suffi pour déterminer promptement la mort. Flammand a cessé de vivre après avoir introduit dans son estomac une grande quantité de boissons vineuses, mais il n'est mort que longtemps après avoir mangé, la digestion étant en partie opérée.

Nous ne concevons pas, entre les mains d'un homme ou de plusieurs hommes qui auraient voulu nuire au défunt, de forces assez puissantes pour briser sur tous ces points à la fois et à une aussi grande profondeur l'enveloppe osseuse du cerveau, du cervelet et de la moelle épinière. Cela semble d'autant plus difficile à supposer, que, dans toutes les parties, à l'extérieur, le crâne n'offrait aucune plaie, aucune contusion, aucune égratignure, aucune marque de violence, ce qui, certes, n'aurait pas lieu, si Flammand avait eu à soutenir un engagement contre un ou plusieurs individus.

Qu'il est probable que cet homme a fait une chute d'un lieu élevé (on savait qu'il était tombé par la fenêtre).

Que les renseignements qui nous sont fournis par le maître de Flammand justifient ce soupçon.

Qu'il logeait au premier étage, à une hauteur de douze pieds. Qu'il avait l'habitude d'uriner par la fenêtre, et qu'il a précisément été trouvé mort au-dessous de cette fenêtre, la tête tournée vers la muraille et les pieds en travers dans la cour de M. Bouillet.

Que, néanmoins, ces conjectures n'ont été établies qu'après l'autopsie, et que la cause de la mort n'avait point jusque-là été soupçonnée, seulement l'état d'ivresse avait été signalé. (Malgré ce rapport très positif et très bien fait, les magistrats crurent encore à un assassinat, c'est ce qui a donné lieu à notre expertise.)

Voici maintenant l'exemple d'une expertise qui nous a porté à établir des conclusions opposées, et dans lequel nous avons élevé des soupçons d'assassinat. On en trouvera un autre quelques lignes plus bas qui nous a conduit au même résultat.

Assassinat présumé. — Séjour prolongé dans l'eau. — Fracture du crâne avec perforation de cette partie.

Le 17 avril 1831, en vertu, etc.

Cadavre du sexe masculin. Il est difficile de déterminer son âge; on pourrait peut-être l'évaluer à cinquante ans; taille de 1 mètre 65 centimètres, cheveux bruns, probablement chauve sur le sommet de la tête, front assez élevé, figure entièrement déformée et telle qu'il est impossible de décrire l'état normal des parties qui la constituent. Aucun *signe particulier* qui puisse servir à le faire reconnaître. Le cuir chevelu et toute la peau de la face sont entièrement saponifiés, les yeux déprimés et vides, les lèvres flasques, le nez tout à fait aplati. Un commencement de saponification de la peau du cou et de la partie supérieure de la poitrine, de celle des aisselles, de la partie interne des cuisses ainsi que des fesses; l'épiderme des mains et des pieds tout à fait détaché; les ongles tombés; l'épiderme de toute la surface du corps enlevé. Aucune corrosion à la peau. La teinte générale du cadavre est d'un jaune brunâtre. C'est un effet de l'air, car, à son entrée à la Morgue, elle était généralement blanche. Au sommet de la tête existe une ouverture au cuir chevelu, de deux pouces de longueur d'avant en arrière sur un pouce de largeur. Cette ouverture de la peau à bords élevés correspond à une autre ouverture de forme irrégulièrement quadrilatère, opérée aux dépens des os, et établissant une communication de l'extérieur avec la cavité du crâne. De ce trou partent plusieurs fractures qui semblent se prolonger au delà, mais qu'il est impossible de décrire sans dissection.

Le corps était vêtu d'un gilet de cotonnade à dessins et à carreaux; un autre gilet blanc recouvert sur le devant avec de la soie rouge formant châle. Chemise en calicot, sans marque. Un pantalon de gros drap gris avec des boutons de drap noir. Pas de chaussure. Autour du cou un cordon tricolore propre à suspendre une montre. Le cadavre enveloppé dans plusieurs morceaux de grosse toile d'emballage et de laine analogue à celle qui sert à couvrir les chevaux. Plusieurs cordes maintenaient ces toiles. Parmi ces cordes, il en est une qui est munie de deux poignées comme celles dont se servent les enfants pour sauter.

D'où nous concluons : 1° Que le cadavre est resté dans l'eau trois mois et demi environ;

2° Que, d'après l'inspection extérieure du cadavre, il est impossible de déterminer si la mort a été naturelle ou si elle a eu lieu par des violences;

3° Que les lésions observées à la tête semblent appuyer la dernière opinion;

4° Que, sans attendre de grands résultats de l'ouverture du corps, nous la regardons cependant comme indispensable, puisqu'elle peut fournir à la justice des renseignements utiles.

Autopsie.

Examen de la tête. — Au sommet de la tête et un peu en arrière, et sur le cuir chevelu dépourvu de cheveux, existe une ouverture qui paraît être le résultat d'une plaie; elle a deux pouces et demi environ de longueur d'avant en arrière, sur un pouce de large. Ses lèvres taillées en biseau sont corrodées par l'eau. Une partie des os du crâne est mise à nu; et, au centre de la portion dénudée, on observe une ouverture ayant la forme d'un triangle allongé, dont la base est dirigée vers l'os occipital. Les os qui forment les côtés de cette ouverture sont eux-mêmes taillés en biseau, aux dépens de la table externe, en sorte que cette ouverture est plus grande extérieurement qu'intérieurement : elle a son siége sur la suture pariétale, à deux pouces de la suture lambdoïde. La largeur de cette ouverture, prise de sa base à son sommet, est d'un pouce à peu près. La largeur de la base est de six lignes environ. A partir du sommet du triangle qu'elle forme, on observe deux fractures, dont l'une, anté-rieure, vient longer la partie droite de la suture du coronal pour s'ar-rêter à l'union de cet os avec la portion écailleuse du temporal ; l'autre, postérieure, se dévie brusquement à droite et en arrière, de manière à diviser obliquement le pariétal droit à peu près à l'union de ses deux tiers antérieurs avec son tiers postérieur : il en résulte une portion cir-conscrite du pariétal qui se trouve élevée au-dessus des autres os. Tout le cuir chevelu est détaché des os dans la plus grande partie de son éten-due ; il paraît aminci ; les os sont blancs comme s'ils avaient été mis en macération. Examiné à l'intérieur, le voisinage de l'ouverture présente plusieurs petites portions de la table interne dont l'une d'elles est com-plétement détachée, tandis que deux ou trois autres tiennent encore à l'os lui-même. Deux de ces portions sont échelonnées du dedans au dehors, et partagent ainsi en plusieurs couches l'épaisseur de l'os. La dure-mère est perforée dans le point qui correspond à l'ouverture des os. La forme de cette ouverture, bien qu'un peu moins grande, ressemble parfaite-ment à celle observée sur ceux-ci. Le sinus longitudinal supérieur a été largement ouvert par la plaie faite à la dure-mère. A la surface de tout le cerveau, s'observe une bouillie grisâtre, pultacée, qui prend une teinte rougeâtre sur le lobe gauche, et qui offre moins de consistance. Cette bouillie paraît être l'effet de la décomposition putride du cerveau ; mais comme elle est plus abondante à gauche qu'à droite, il serait possible qu'un épanchement de sang eût concouru à son augmentation dans ce point.

Tout le reste de la masse cérébrale est plus consistant dans l'hémisphère droit que dans l'hémisphère gauche. La substance blanche est déjà en grande partie saponifiée. Plus on pénètre dans l'hémisphère gauche, plus on le trouve ramolli ; tandis que l'hémisphère droit conserve encore une consistance appréciable, et se laisse enlever en masse, ce qui ne peut avoir lieu pour l'hémisphère gauche. La même différence se fait observer à l'égard des deux lobes du cervelet. Toutes les fibres du muscle tempo-ral gauche sont réduites en une bouillie d'un rouge vif, ce qui n'a pas lieu pour le même muscle du côté droit.

Le tissu cellulaire des orbites est en partie saponifié. Celui des joues est tout à fait sain, mais il semble avoir été garanti par quelque corps sur lequel celles-ci ont reposé pendant le séjour du cadavre dans l'eau. La langue est intacte. La peau du menton offre à sa surface deux petites ulcé-rations. Le tissu cellulaire offre déjà une tendance à la saponification.

Ouverture du thorax. — La bouche ne présente pas de lésions ; il en est de même du pharynx, de l'œsophage, du larynx et de la trachée ; seulement ces parties ont acquis beaucoup de mollesse et une teinte verte très prononcée. Les muscles du cou ont déjà pris une couleur plus vive ; les gros vaisseaux ne contiennent pas de sang. — Le cœur, tout à fait vide, a diminué de volume ; les poumons, réduits à la moitié de leur dimension, sont appliqués contre le péricarde et sont sains. — L'estomac et les intes-tins ont une teinte rosée et sont beaucoup mieux conservés que cela n'a lieu ordinairement ; ils ne renferment que très peu de liquide brunâtre.

Le foie, la rate et les reins sont peu altérés. — La verge et les testicules ont un petit volume ; leur couleur est blanchâtre, la peau du pli des aines est blanche, mais le tissu cellulaire n'est pas saponifié, il est encore infiltré de sérosité rosée ; la vessie est saine. — Les membres n'offrent pas de traces de contusions ou de plaies ; les muscles seulement sont moins foncés que dans l'état naturel.

Conclusion. — 1° L'examen intérieur du cadavre tend à nous confirmer dans l'opinion que nous avons émise sur son séjour dans l'eau, séjour que nous évaluons à environ deux mois et demi.

2° Il nous est impossible de déterminer si l'individu était vivant au moment de son immersion dans l'eau, parce que la putréfaction, ayant changé l'état normal de toutes les parties, a fait disparaître les signes qui, à une autre époque, auraient pu nous conduire à la solution de cette question.

3° La forme de la plaie de la tête, ses dimensions, la fracture des os et surtout le soulèvement en dehors d'une portion de l'os pariétal, nous semblent devoir éloigner la possibilité que de pareilles lésions aient été le résultat de la chute du corps dans l'eau, en supposant même que la tête fût venue frapper contre une pierre anguleuse.

4° Ces diverses circonstances, la lésion du cerveau, et par suite la mort, s'expliqueraient très bien dans la supposition où un coup violent aurait été asséné sur le crâne, avec un corps anguleux et tranchant, comme le serait un merlin, par exemple. Mais il est difficile d'établir de fortes présomptions à ce sujet, parce que la putréfaction remonte à une époque tellement éloignée, qu'il ne reste plus de traces d'épanchement de sang, non plus que des déchirures ou des contusions du cerveau qui auraient pu en être la suite. — Enfin, quoique les autres organes de l'économie ne nous aient pas offert d'autres lésions, nous aurions peut-être pu en constater quelques jours après le décès.

Fait à Paris, ce 19 avril 1831.

Il est très important de pouvoir éclairer les magistrats sur les circonstances qui ont accompagné l'accomplissement de l'assassinat, et sur le fait de savoir, deux causes de mort ayant été mises en usage, quelle est celle qui a déterminé la mort : le cas suivant explique parfaitement ces deux circonstances.

Assassinat. — Blessures, puis mort par submersion.

Le 14 mai 1838, nous nous sommes réunis à la Morgue, sur l'invitation qui nous en a été faite par M. Jourdain, juge d'instruction, pour procéder, en sa présence et en celle de M. Boiseller, substitut de M. le procureur du roi, à l'examen de l'extérieur du corps de la femme Chaissac, retirée du canal Saint-Martin, et de déterminer s'il y existe quelques traces d'excoriations ou blessures, pour plus tard, lors de l'ouverture du corps, en tirer telle conclusion qu'il appartiendra.

Voici ce que nous avons observé à cet égard :

1° Au sommet et un peu en arrière de la tête, une plaie récente, contuse, de vingt-deux lignes de longueur, pénétrant jusqu'aux os du crâne.

2° A droite de cette blessure, une cicatrice ancienne provenant, soit d'une brûlure, soit d'une plaie avec perte de substance.

3° Toute la figure parsemée de taches jaunes où la peau est desséchée, comme cela arrive à la suite de brûlures ; les paupières sont desséchées, amincies.

4° Une contusion au côté gauche du front.

5° Une excoriation avec ecchymose sur le dos du nez.

6° La peau de toute la surface antérieure de la poitrine est parcheminée et jaune.

7° Une excoriation arrondie de six lignes de diamètre au devant de la poitrine ; elle est environnée de petites plaques parcheminées.

8° On trouve au devant et au dessous des cuisses de semblables plaques parcheminées de la peau.

9° En arrière et en haut de la cuisse gauche, au voisinage de la fesse, une large ecchymose ; une excoriation au genou gauche. Les apparences d'une piqûre de lancette en dedans de la malléole interne de la jambe ; les os de cette partie offrant une mobilité remarquable quand on leur fait exécuter des mouvements de rotation.

10° Au genou gauche, quelques plaques parcheminées de la peau ; elles sont fortement injectées et colorées en rouge brun.

11° Il s'écoule du sang de l'anus.

12° Le ventre est très volumineux, comparativement à l'état général du volume des parties de cette femme.

L'autopsie seule peut nous permettre de tirer des conclusions des diverses altérations que nous venons de signaler.

Paris, ce 11 mai 1838.

Et le 13 mai 1838, nous avons procédé à l'ouverture du corps de la femme Chaissac, en présence de M. Jourdain, juge d'instruction, et de M. Memard, substitut de M. le procureur du roi. De notre examen et de nos opérations résultent les faits suivants :

1° La plaie du sommet de la tête est une plaie contuse, dont les bords sont inégaux, comme cela arrive à la suite des déchirures de la peau qui proviennent de l'action de corps contondants ; elle repose sur une ecchymose sous-cutanée, formée par du sang coagulé, ayant deux pouces de long sur un pouce et demi de large.

2° Au côté gauche du front une ecchymose arrondie, d'un pouce et demi de diamètre.

3° Une petite plaie contuse au-devant du pavillon de l'oreille gauche.

4° Une ecchymose à l'angle interne de l'œil gauche ; elle se prolonge en haut et en bas sur les deux paupières.

5° Une ecchymose sous la plaie du dos du nez.

6° Une ecchymose à l'angle interne de l'œil droit, dans l'épaisseur de la paupière inférieure.

7° Rien de remarquable dans toute l'étendue du reste de la face et dans la moitié antérieure du cou où la peau est desséchée.

8° Deux ecchymoses profondes, mais limitées au côté droit de la poitrine ; leur étendue en largeur est de six à sept lignes ; l'une correspond à une excoriation, l'autre à une des plaques parcheminées dont nous avons fait mention dans notre premier rapport.

9° Une ecchymose limitée de six lignes d'étendue en haut et en dehors du bras gauche.

10° Le tissu cellulaire sous-cutané du coude gauche ecchymosé, tandis que celui du coude droit est à l'état normal.

11° Une contusion arrondie d'un pouce et demi de diamètre au-dessus du pli de la fesse gauche ; elle ne s'étend pas au delà du tissu cellulaire sous-cutané.

12° Une ecchymose de deux pouces de largeur au talon droit.

13° Derrière la malléole interne du pied gauche, le trou d'une piqûre de lancette récemment opérée. La plaie de cette piqûre est fermée par du sang coagulé et desséché, et sur la plaie se trouve un coagulum de sang albumineux desséché.

14° Rien de particulier aux os du crâne et au cerveau, qui est verdâtre et ramolli.

15° Une matière sanguinolente découle de la bouche et du nez; la cavité de la bouche et celle du pharynx en sont tapissées.

16° Des traces évidentes de mousse écumeuse le long de la surface interne de la trachée-artère; à partir des bronches on trouve un liquide aqueux sanguinolent qui laisse échapper une grande quantité de bulles gazeuses par compression des poumons. Ces organes ne sont gorgés de sang qu'en arrière; ils sont peu colorés dans leur tissu en avant; mais ils laissent sortir par compression une grande quantité de bulles d'air mêlées de liquide.

17° Très peu de sang fluide dans les cavités droites du cœur; un peu de sang épais dans les cavités gauches de cet organe.

18° L'estomac renfermant une quantité assez notable de matières alimentaires d'une digestion consommée depuis quelque temps; parmi ces matières, on voit des morceaux de jambon, de carotte, de salade; elles sont d'une couleur rouge vineuse; les parois de l'estomac ont la même teinte.

19° Rien de remarquable dans le rectum, à l'anus, dans la matrice et dans les parties génitales.

Conclusion.

1° La femme Chaissac a succombé en partie à l'asphyxie résultant de la submersion, en partie à la commotion produite par le coup violent qui lui a été porté sur la tête. Elle était donc encore vivante quand elle a été jetée ou quand elle est tombée dans l'eau.

2° L'ensemble des plaies contuses et des contusions que nous avons énumérées dénote que cette femme a été l'objet de violences réitérées.

3° Quelques unes de ces violences sont peu étendues et circonscrites, comme si elles avaient été le résultat de coups portés avec l'extrémité d'un bâton ou la pointe d'un soulier.

4° Les violences principales sont celles du sommet de la tête et du côté gauche du front. Elles paraissent avoir été faites avec un bâton.

5° L'état parcheminé de la face et du cou, ainsi que les excoriations des paupières signalées dans le rapport du médecin qui a assisté à la levée du corps, pourrait tenir, soit à ce que cette femme aurait été précipitée dans l'eau sur un tas de sable, soit à ce que lutte se serait opérée la femme Chaissac ayant été renversée sur une matière semblable ou analogue qui existait accidentellement sur le sol. Dans tous les cas, cet état provient de pressions assez fortes exercées tant sur la face que sur le cou.

Mais cette altération de la peau ne présentant pas la forme que fait naître l'empreinte des doigts, nous ne pensons pas qu'elle ait pu être une conséquence d'efforts faits avec les mains pour opérer une strangulation.

6° La section des cheveux coupés au voisinage de la plaie de la tête provient, ou de ce que l'on aurait cherché à administrer des secours à cette femme, ou, ce qui est plus probable, de ce que l'on aurait dégagé la plaie pour mieux l'observer et la décrire. Ce qui, cependant, tendrait à appuyer la première manière de voir, c'est l'existence d'un coup de

lancette donné derrière la cheville du pied gauche, dans le but probable
de pratiquer une saignée.

Paris, 13 mai 1838.

*Dans le cas où un assassinat aurait eu lieu, dans quelle situation
respective se trouvaient l'assassin et la personne assassinée; ou, en
d'autres termes, comment l'assassinat a-t-il été opéré?*

La teneur de cette question fait entrevoir combien il est difficile de résoudre un pareil problème d'après l'inspection seule
des blessures. Il est réellement impossible d'en donner une solution satisfaisante en thèse générale ; l'appréciation des blessures
et la disposition des objets qui environnent le blessé peuvent
faire établir des probabilités a ce sujet. Dans l'affaire Benoît, que
nous avons rapportée page 156, nous ignorions complétement
les circonstances du crime au moment où nous avons fait notre
rapport. Mais il existait une plaie énorme a la partie antérieure
du cou. Elle avait été opérée par un seul coup d'instrument
tranchant. La main de l'assassin n'avait donc pu trouver que
dans le sommeil de sa victime le moyen d'opérer une pareille
lésion. Ce coup devait avoir été porté le premier, car c'était celui
qui s'adressait à des organes plus importants, et au moyen duquel on espérait trancher les jours de Formage. L'assassin était
placé à la droite de la victime, ce que démontraient la direction
et la profondeur inégale de la blessure. La blessure n'avait pas
pu suspendre immédiatement la vie, car la mort ne pouvait survenir que par hémorrhagie, et aucun vaisseau principal n'avait
été ouvert. Le blessé n'avait dû jeter aucun cri, puisque la trachée-artère avait été complétement coupée et la production de
la voix rendue impossible. Le grand nombre des lésions faites
sur diverses parties du corps indiquaient qu'il y avait eu défense
de la part de la victime. Enfin, toutes ces lésions ne pouvaient
résulter que d'un assassinat ; car, dans la supposition d'un suicide, et en admettant même que l'individu fût aliéné, il lui eût
été impossible de se faire des blessures à la partie postérieure du
cou et de leur donner la direction qu'elles présentaient. — Voici
deux autres cas qui offrent de l'analogie avec celui que nous ve-
nions de citer.

*Assassinat. — Strangulation primitive, avec fracture des cartilages
du larynx ; puis section incomplète du cou.*

Le 25 janvier 1831, nous, etc.
Le cadavre, placé d'abord sur le sol, avait été remis ensuite sur un lit ;

on voyait sur le plancher et au milieu de la chambre, une grande quantité de sang, qui provenait de la plaie que la dame Duval portait au cou. Cette blessure est placée transversalement et un peu obliquement, de gauche à droite et de haut en bas, à la partie moyenne et antérieure du cou ; elle a trois pouces neuf lignes de diamètre ; douze pouces trois lignes de circonférence, deux pouces de profondeur et deux pouces et demi d'écartement quand la tête est renversée en arrière. Elle a dû être faite par un instrument très tranchant, car la peau qui en forme le pourtour est coupée nette et sans hachures ; elle intéresse toutes les parties molles de la région antérieure du cou jusqu'à la colonne vertébrale, en sorte qu'elle a coupé le conduit alimentaire et celui de la respiration. — A son entrée et intérieurement, on aperçoit le larynx qui fait saillie ; en avant, on voit l'os hyoïde auquel sont attachées des portions des muscles sterno-thyroïdiens, de l'épiglotte, ainsi que deux petits morceaux de cartilage thyroïde dont le bord supérieur a été entamé par l'instrument tranchant. Latéralement la plaie est bornée par les deux muscles sterno-mastoïdiens qui ont été coupés dans la moitié de leur épaisseur. Plus profondément sont placées les artères carotides et les veines jugulaires qui sont intactes dans toute leur longueur ; mais à gauche, le tronc de l'artère thyroïdienne supérieure est coupé, et chez cette femme cette artère était très développée et en rapport avec le corps thyroïde qui offrait un volume plus grand que de coutume. En examinant avec soin l'état des diverses parties qui constituent la blessure, on observe :

1° Une fracture de la grande corne gauche de l'os hyoïde.

2° Une section transversale du cartilage thyroïde située à deux lignes au-dessous de son bord supérieur ; cette section a quatorze lignes de longueur.

3° Une fracture verticale de la portion gauche de ce cartilage.

4° Une fracture double de la portion antérieure du cartilage cricoïde, fracture telle, que le centre de ce cartilage qui figure un anneau est enfoncé, tandis que les fragments latéraux chevauchent sur lui. Ces diverses lésions sont accompagnées de déchirures tant en avant qu'en arrière des fragments.

5° Le corps thyroïde gauche est ecchymosé dans le tiers inférieur de son épaisseur. — L'énorme plaie du cou que nous venons de décrire est partout sanglante ; elle a dû produire une hémorrhagie considérable au moment de sa formation, car le sang a jailli sur la figure de cette femme, et s'y est coagulé sous forme de gouttelettes nombreuses, indiquant des jets de sang qui ont certainement été portés beaucoup plus loin ; il est encore sorti par le nez et par la bouche, et a reflué en arrière et en haut dans le pharynx. — La figure ne porte pas l'empreinte de violentes souffrances ; mais la langue fait une saillie considérable entre les dents qu'elle dépasse de sept à huit lignes ; les mâchoires sont fortement serrées et les dents enfoncées dans la langue, en sorte que la portion saillante hors de la bouche est fortement serrée et comme étranglée. — On trouve des contusions légères : 1° à la face dorsale du poignet gauche ; 2° au devant de la rotule du genou droit ; 3° à la partie moyenne et antérieure de la jambe droite. Toutes ces contusions n'ont pas amené de changement bien notable dans la couleur de la peau, mais seulement une teinte grise-bleuâtre à sa surface, dans les points correspondants aux ecchymoses. — Telles sont les blessures et les traces de violences que présente le corps de la femme Duval. — *Examen des organes intérieurs de l'économie :* L'arachnoïde est épaissie, infiltrée de sérosité blanche, peu injectée ; substance cérébrale saine ; cavités droites du cœur presque vides de sang ;

cavités gauches presque gorgées de ce fluide ; trachée-artère vide ; poumons sains. — Dans l'estomac, des aliments dont la digestion est assez avancée, et dans lesquels on voit encore des débris de carotte. — Rien de remarquable dans le reste du tube digestif, qui est pâle et décoloré ; le foie, la rate et les reins sont dans l'état normal, mais ces organes sont flasques et exsangues.

D'où nous concluons :

1° Que la mort de la femme Duval a été produite par la large blessure du cou et par l'hémorrhagie qui en a été la suite ;

2° Que cette plaie ne peut pas être le résultat d'un suicide ;

3° Qu'elle n'a été faite qu'après la rupture du larynx ;

4° Que les fractures du larynx ont probablement été le résultat d'une pression brusque et très forte du cou, non pas par l'application d'un lien, car nous n'en avons pas trouvé de traces, mais plus probablement par une forte compression opérée avec la main sur cette partie ;

5° Que, quoique le cadavre de la femme Duval ait été trouvé entouré de circonstances propres à faire supposer un suicide, l'ensemble des blessures et des violences que nous venons d'énumérer ne nous permet pas d'élever de doute sur l'existence d'un assassinat.

Quand nous fûmes appelé par la justice à examiner le corps de la femme Duval, déjà un premier rapport avait été fait par deux médecins désignés par le commissaire de police du quartie. Ils avaient conclu au suicide. Cependant le procureur du roi jugea convenable de faire une enquête plus complète, probablement parce que l'instrument du *suicide présumé* n'avait pas été retrouvé. Ce premier examen avait été bien superficiel, car on n'y avait même pas reconnu les fractures du larynx, qu'il nous fut facile de sentir avant la dissection de la plaie, en touchant la région antérieure du cou. Le corps avait été trouvé étendu au milieu de la chambre, sur le carreau ; il baignait dans une mare de sang. Le lit ne présentait pas de désordre dans l'arrangement des pièces qui le constituaient, mais il portait la trace du séjour d'une personne pendant un certain laps de temps. La femme Duval n'avait, du reste, pour tout vêtement, qu'une chemise, une camisole et un bonnet de nuit. — C'était évidemment un assassinat, car elle n'avait pas pu se faire les fractures nombreuses du larynx. Il y avait tout lieu de croire que ces solutions de continuité avaient précédé la plaie du cou et avaient été faites pendant la vie, ce qu'indiquait la sortie de la langue à travers les dents et sa constriction. La main seule de l'assassin avait causé ces désordres, puisqu'on ne trouvait point de traces de lien autour du cou. Enfin la direction de la plaie de gauche à droite et de haut en bas, tout en pouvant se rapporter à un suicide, coïncidait parfaitement avec la supposition d'un homme qui, placé derrière la femme Duval, lui aurait fortement comprimé le cou avec la main gauche pour l'empêcher de crier, tandis que de la droite il lui aurait fait la blessure. (Ce qui surtout avait appuyé en premier lieu les présomptions de suicide, c'est qu'aucun bijou ou effet n'avait été dérangé ou soustrait.)

La nature, surtout la direction des blessures, font quelquefois reconnaître que deux personnes ont concouru à la perpétration du crime : l'assassinat suivant en est un exemple, en même temps qu'il démontre la situation relative des assassins et de leur victime.

Assassinat du pont Yblon.

Le mardi 19, dans la soirée, trois individus montent isolément dans la correspondance de la Dame-Blanche qui se rend au Bourget, tous trois ayant une blouse bleue. Bientôt ils parlent ensemble en route. L'un d'eux prend auprès du conducteur des renseignements sur la route qu'il doit tenir pour arriver au Bourget ; il dit qu'il se rend à Valenciennes. Il offre à boire un verre de vin, mais il est refusé. Tous trois alors entrent chez un marchand de vin, puis ils en sortent ensemble. Ils s'arrêtèrent plus tard, et l'un d'eux disparut ; son corps fut trouvé dans une petite rivière, auprès d'un pont désigné sous le nom de pont Yblon.

C'est au voisinage de ce pont que se trouve le corps d'un homme inconnu, âgé d'environ trente ans, fort, musclé, trapu, à formes anguleuses, cheveux châtain foncé, sourcils larges, grandes oreilles, pommettes saillantes, yeux assez enfoncés, portant deux tatouages, l'un en dedans du bras gauche, l'autre en dehors de l'avant-bras du même côté, les pieds grossiers, des cicatrices d'ulcères variqueux dans une étendue de sept à huit pouces au devant et en dedans de chaque jambe.

1° A la tête, deux coups de feu, l'un à gauche, l'autre à droite. Le premier, caractérisé par une plaie à bords déchirés, ayant six lignes environ de diamètre, traversant le pavillon de l'oreille. Tout le pavillon de l'oreille est noirci par de la poudre, et une foule de grains de poudre existent dans l'épaisseur de la peau. Au sommet de l'apophyse mastoïde du même côté, et dans un point tout à fait correspondant à la blessure de l'oreille, une seconde plaie, dont les bords fermés par la peau sont divisés en lambeaux représentant une étoile. Cette plaie, dont le fond offre une ouverture de quatre lignes de diamètre, pénètre dans le crâne à travers le rocher dont elle perce la base et dont elle a détaché des fragments d'os, notamment la partie qui forme la face postérieure du rocher, et ces fragments d'os se sont introduits peu avant dans l'épaisseur des lobes moyen et inférieur du cerveau. La balle est restée engagée dans le rocher ; retirée, elle représente un cylindre de six lignes de longueur sur deux lignes et demi de diamètre. Ce cylindre offre une foule de hachures à sa surface, comme cela a lieu dans les balles dites mâchées. Un peu de sang existe à la surface de la portion correspondante du cerveau, qui n'a reçu d'atteinte qu'en ce que deux ou trois petits fragments sont venus se ficher dans l'épaisseur de la substance superficielle de cet organe.

2° Coup de feu du côté droit.

Il est situé en avant de l'oreille droite, sur la partie inférieure de la portion écailleuse du temporal, au voisinage de l'angle antérieur et inférieur du pariétal. Il consiste en une petite plaie arrondie, à bords un peu enfoncés, ayant quatre lignes de diamètre ; il a l'aspect gris brunâtre des armes à feu. L'oreille de ce côté est noircie en avant, et présente aussi une foule de grains de poudre incrustés dans la peau. Cette plaie pénètre aussi dans le crâne, et l'on trouve aux os une ouverture de six lignes de diamètre ; la dure-mère est percée dans la même étendue ; le lobe moyen du cerveau est contus et déchiré tout à fait en avant, mais ces altérations sont très superficielles ; la dure-mère et le corps du sphénoïde présentent une ouverture sous les apophyses clinoïdes antérieures, et l'on trouve dans la cavité des sinus sphénoïdaux une balle tout à fait semblable à la précédente. En somme, le trajet de cette blessure est oblique d'arrière en avant et de droite à gauche, tandis que celui de l'autre coup de feu est oblique d'avant en arrière et de gauche à droite. Ces blessures n'ont donc intéressé en somme aucune partie essentielle du cerveau, circonstance qui va nous rendre compte du fait de submersion que nous allons énoncer plus bas.

3° A la paupière gauche, une plaie contuse ayant pénétré dans l'épaisseur de la paupière jusqu'au globe oculaire ; déjà l'aspect de cette plaie est assez modifié par la putréfaction pour qu'il nous soit impossible de la rattacher d'une manière certaine, soit à l'action d'un instrument seulement perforant et tranchant, ou perforant et contondant. Elle paraît avoir trois lignes de longueur.

En travers du cou, une plaie de cinq centim. de longueur ; elle change sur son trajet trois fois de direction : horizontale à la partie interne, elle se dévie brusquement en bas, pour reprendre ensuite sa direction primitive. A l'angle de cette plaie, on trouve un peloton de mousse écumeuse à bulles excessivement fines, et tout à fait aqueuse et d'un blanc rosé. En comprimant la poitrine, on fait sortir de cette plaie une nouvelle quantité d'écume et d'eau, et la proportion de ces matières est assez considérable. L'autopsie a démontré que cette plaie était obliquement dirigée de droite à gauche, qu'elle intéressait les muscles, gagnait le larynx et avait coupé en travers la membrane thyro-cricoïdienne pour y faire une ouverture de 12 millim. de largeur, en sorte que la tête étant renversée en arrière, cette plaie est large et béante.

4° A 5 centim. au-dessus de l'ouverture de la portion sternale du muscle sterno-mastoïdien, une plaie transversale de 12 millim. de largeur à angles très aigus : elle repose sur une ecchymose de tout le tissu cellulaire sous-cutané et profond du cou qui environne aussi l'artère et les veines carotides primitives. Quoiqu'il soit impossible, à cause de la putréfaction, de préciser le point de ces vaisseaux qui a pu être lésé, il est très probable que l'un d'eux a été intéressé, ce qui explique l'écoulement d'une quantité considérable de sang qui se trouve sur le lieu de l'événement, comme nous le dirons plus bas.

5° A 3 centim. au-dessous se trouve une plaie de 6 millim. de diamètre, à angles très aigus, mais qui n'a percé que la peau et le sterno-mastoïdien.

6° A la lèvre inférieure une excoriation.

7° Au menton une plaie de quatre lignes de diamètre, à angles très aigus.

L'autopsie a fait constater qu'à part les désordres que nous avons signalés, tous les autres organes étaient sains. Le cerveau ne présentait pas de traces d'épanchements ou de contusion.

La trachée était vide, les poumons volumineux, les cavités du cœur vides, pas d'eau dans l'estomac.

Mais le sujet avait alors sept jours de mort ; toute la peau était verte, putréfiée ainsi que le cou, le ventre tympanisé par des gaz, la peau généralement verdâtre.

Examen des vêtements.

On trouvait immédiatement au-dessous du col de la chemise et du côté gauche, deux ouvertures correspondant aux deux plaies inférieures du cou ; elles étaient nettes, le tour bien coupé ; seulement elles avaient beaucoup plus de largeur, à cause des plis superposés que présente ce vêtement dans ce point.

Examen des lieux où l'assassinat a été commis. — En deçà du pont Yblon, dans le fossé qui barre le quatrième arbre, l'herbe a été foulée. Dans le fossé du cinquième arbre existe une large mare de sang ayant en surface près d'un pied de diamètre ; à partir de ce point, une trace d'herbe foulée, dessinant un chemin, présentant çà et là, à des distances très rapprochées, des portions d'herbe recouvertes de sang ; ce trajet a cinquante pas de longueur ; il est oblique ; enfin, il s'arrête à quarante pas du pont, au bord d'une petite rivière ; là l'herbe est plus ensanglantée.

On a retrouvé le corps en partie flottant dans la rivière.

Conclusion.

1° La mort a été le fait d'un homicide.

2" Les blessures qui ont été faites n'ont pas donné si immédiatement la mort que cet individu ne fût encore vivant quand il a été jeté à l'eau.

3° Les blessures ont consisté en deux coups de pistolet et quatre ou cinq coups d'un instrument perforant et à double tranchant.

4° Celle de la partie supérieure du cou a dû mettre la victime dans l'impossibilité de crier.

La blessure a-t-elle été faite pendant la vie ou après la mort ?

S'il est facile d'établir des différences entre les phénomènes cadavériques et les blessures, il n'en est pas toujours de même à l'égard des blessures faites pendant la vie, comparées à celles qui pourraient avoir eu lieu après la mort, et sous la dénomination de blessures : je comprends ici les plaies et ce que l'on désigne sous les noms de contusions, de meurtrissures. Peu de médecins légistes ont abordé cette difficulté. M. Rieux, dans une thèse de médecine soutenue à la Faculté de Paris, sur l'ecchymose, la sugillation, la contusion et la meurtrissure, énonce les résultats obtenus par Chaussier dans des expériences faites sur le cadavre. Voici les inductions que ce savant médecin en a tirées. Si les blessures sont faites trente heures après la mort, lorsque les membres sont devenus roides, lorsque le corps est refroidi et que le sang est exprimé des tissus parenchymateux, ou coagulé dans ses vaisseaux, on reconnaîtra facilement que ces violences sont consécutives à la mort, parce que les lèvres de la division sont pâles, sans gonflement, sans altérations : qu'il n'y a point d'infiltration de sang dans les aréoles de la partie déchirée ou du tissu lamineux environnant. La solution serait plus difficile, si les percussions avaient eu lieu peu de temps après la mort, lorsque le corps est encore chaud, le sang fluide, et que les muscles conservent encore une grande partie de leur contractilité ; cependant, même dans ce cas, il n'y aura ni tuméfaction, ni infiltration dans les tissus aréolaires ; le sang qui aura suinté par les orifices des vaisseaux dilacérés sera fluide ou ne formera qu'un caillot sans adhésions aux surfaces divisées ; enfin, les recherches des circonstances antécédentes et concomitantes conduiront à la véritable connaissance de l'objet. On voit que Chaussier suppose deux cas : 1° celui où les lésions sont faites longtemps après la mort ; 2° celui où elles ont lieu peu de temps après la mort. Dans le premier cas, les moyens qu'il donne pour reconnaître les blessures seront presque toujours suffisants ; mais il n'en est pas de même à l'égard du second. L'absence de la tuméfaction ne peut pas toujours être concluante, ainsi que nous le démontrent les recherches plus récentes que je vais citer ; quant à celui tiré de la fluidité du sang, on va voir quelle valeur on peut lui accorder.

M. Christison (d'Édimbourg) ayant été appelé à faire l'ouverture de la femme Campbell, assassinée pour être vendue dans un amphithéâtre de dissection, observa des lésions du côté de la colonne vertébrale, qui ne lui parurent pas être l'effet des violences exercées pendant la vie. Burke et Macdougall, femme avec laquelle il vivait, sont traduits, le 24 décembre 1828, devant la Cour de justice d'Édimbourg, sous la prévention d'assassinat commis sur la femme Margery Campbell, et de deux autres crimes de la même nature accomplis dans les six derniers mois, le tout pour vendre les victimes aux écoles d'anatomie.

Vers la fin du mois d'octobre, Burke rencontre dans une boutique la femme Campbell, qui était à la recherche de son fils ; il feint d'être un de ses parents, l'entraîne dans son habitation isolée, la fait souper avec Hare Gray et sa femme. Ces deux derniers se retirent. Une dispute s'élève entre Burke et Hare ; ils en viennent à se battre ; la femme Campbell, un peu ivre, mais bien portante, veut les séparer ; elle est renversée sur le plancher. Burke se met à plat ventre sur elle, lui ferme la bouche et le nez avec une main, tandis qu'avec l'autre il l'étrangle : il la tient dans cette position pendant dix ou quinze minutes jusqu'à ce qu'elle ne donne plus signe de vie. Le cadavre est aussitôt ployé en deux et caché sous de la paille.

Le lendemain, les époux Gray découvrent le corps et font leur déclaration à la police : mais lorsque celle-ci vint faire une enquête, déjà il avait disparu. On suivit ses traces jusqu'à un amphithéâtre d'anatomie où il avait été apporté dans une caisse à thé, où il avait été ployé en deux, les genoux sur la poitrine, la face sur les genoux et la tête en haut.

Examen du corps. — Traits peu altérés, face tuméfiée, lèvres livides, conjonctives très injectées ; du sang s'écoulant des narines. Peau sous-mentale éraillée, desséchée et injectée ; pas d'ecchymoses sous-cutanées. Deux ecchymoses aux jambes dans lesquelles le sang n'est pas coagulé. Contusion à la partie extérieure de l'avant-bras gauche avec excoriations superficielles de la peau ; légère déchirure de la lèvre supérieure avec sang infiltré dans son tissu. Trois contusions à la tête avec du sang fluide épais, épanchement entre le périoste et les os.

Aucune trace de violence dans les diverses parties qui forment la région antérieure du cou. Un peu de mucus épais non écumeux à l'intérieur du larynx. Aucune altération dans les organes thoraciques et abdominaux. Un large épanchement demi-liquide sous le muscle trapèze près de l'angle inférieur de l'omoplate droite ; un autre peu étendu dans l'aine gauche. Un peu de sang épanché entre les fibres musculaires dans divers points environnant la colonne vertébrale, dans les régions cervicale et dorsale. Nulle fracture des vertèbres. Un peu de sang sous le ligament antérieur de la colonne vertébrale dans le point où il recouvre le corps des troisième et quatrième vertèbres du cou. La presque totalité de l'appareil ligamenteux qui unit ces deux vertèbres, déchiré ; les muscles environnants imprégnés de sang. A la surface des enveloppes de la moelle, et dans un point correspondant, du sang noir, épais, demi fluide, dans une surface ayant le diamètre d'un sou. Une couche mince de sang partant de ce point en longeant la partie postérieure de la moelle jusqu'aux dernières vertèbres dorsales.

MM. Christison et Newbigging regardèrent d'abord ces lésions de la colonne vertébrale comme ayant été la cause de la mort ; mais, des doutes s'étant élevés dans leur esprit, ils se livrèrent à des expériences sur des cadavres de personnes ayant succombé depuis une heure et demie, deux heures, trois heures et quatre heures ; ils frappèrent les membres en diverses parties du tronc avec un bâton, et furent conduits à admettre que les coups violents, portés plusieurs heures après la mort, produisent sur le cadavre des traces qui, sous le rapport de la couleur, ne diffèrent pas du tout de celles qui résultent des coups reçus peu de temps avant la mort ; qu'en général les changements de couleur, de même que la lividité cadavérique, sont produits par l'effusion d'une couche excessivement mince de la partie fluide du sang à la surface de la peau sous l'épiderme ; que du sang peut être épanché dans le tissu cellulaire sous-cutané, au point de rendre rouges, ou même noires, les cloisons membraneuses qui séparent les cellules adipeuses, mais que cette dernière altération n'occupe jamais un grand espace ;

Qu'il n'est pas douteux que les altérations que nous venons d'indiquer n'imitent exactement de légères contusions reçues pendant la vie ; mais que dans ces cas le coup doit avoir été peu violent, car s'il avait été assez fort, il aurait dû produire les effets suivants, dont aucun ne peut résulter de coups portés après la mort.

1° Il peut y avoir du gonflement à cause de l'étendue de l'épanchement sanguinolent. Ce résultat ne peut jamais avoir lieu à la suite de violences exercées après la mort.

2° Lorsque le coup a été porté plusieurs jours avant la mort, la marque noire qui en résulte est entourée d'une bande jaunâtre plus ou moins large.

3° A la suite des coups portés pendant la vie, il peut y avoir des caillots de sang dans le tissu cellulaire sous-jacent, avec ou sans gonflement. M. Christison n'en a jamais trouvé dans les cas de violences après la mort ; mais ne pourrait-il pas s'en former, si le coup avait été appliqué peu de temps après la mort, et si un vaisseau assez considérable avait été ouvert ?

4° Dans le cas où le sang est resté fluide après la mort, il est toujours facile de reconnaître les contusions produites pendant la vie, à leur profondeur et à la distension des cellules du tissu cellulaire par le sang, effet qu'il est presque impossible de déterminer chez le cadavre, dans une partie éloignée du voisinage d'une grosse veine.

5° Un des signes les plus caractéristiques des coups reçus pendant la vie, c'est peut-être l'incorporation du sang avec le tissu de la peau dans toute son épaisseur, incorporation qui lui donne la couleur noire qu'on observe, et qui augmente sa densité et sa résistance. Quant à ce qui a rapport aux hémorrhagies intérieures, elles peuvent avoir lieu sur le cadavre, toutes les fois qu'un vaisseau assez considérable a été ouvert et qu'il communique avec une cavité ; quoique dans les épanchements qui se forment pendant la vie le sang soit le plus ordinairement coagulé, il n'en est pas toujours ainsi.

J'ai fait, au mois de mai 1829, quelques expériences qui peuvent concourir à éclairer le sujet dont il est ici question ; je cherchais à déterminer s'il était possible de produire la rupture des membranes internes et moyennes des artères carotides après la mort des pendus. A cet effet, M. Lenoir, alors interne à la Salpêtrière, avait suspendu le cadavre d'une folle qui avait succombé depuis très peu de temps ; la corde placée autour du cou ne fut pas assez forte pour soutenir le poids du corps, et le cadavre tomba la face contre terre. On vit avec surprise s'écouler du nez une quantité très notable de sang ; la rapidité avec laquelle il s'écoula fut telle, qu'ayant relevé la partie supérieure du tronc pour porter le cadavre dans un autre point de l'amphithéâtre, le sang forma sur le carreau des traces de gouttelettes très rapprochées ; on a évalué à un quart de verre la quantité de sang écoulé. Il se manifesta en même temps une ecchymose d'un pouce de diamètre environ sur la pommette gauche et une petite plaie sur le dos du nez, qui saigna peu ; nous ouvrîmes le lendemain cette ecchymose, et nous la trouvâmes presque en tout semblable à celle qui aurait eu lieu pendant la vie. Elle contenait une quantité très notable de sang infiltré dans le tissu cellulaire qui se trouve entre l'os et la peau de cette partie ; la peau était colorée en violet comme dans les ecchymoses un peu fortes ; mais nous devons ajouter que la contusion ne formait pas une tumeur rénitente, mais qu'elle présentait, au contraire, une mollesse contre nature, et que le sang n'était pas coagulé.

Ces lésions nous engagèrent à faire appliquer sur des cadavres des coups de bâton, quelques heures après la mort. Les coups portés sur la longueur des os recouverts de la peau seulement ne firent jamais naître d'ecchymoses ; la peau de la partie frappée a toujours été transformée, par son exposition à l'air, en une membrane analogue à du parchemin. Les ecchymoses se forment rarement sur les parties très graisseuses et qui n'ont pas de point d'appui solide, et c'est sur les parties modérément pourvues de graisse et ayant un os pour point d'appui, que l'on peut plus facilement les produire. (Voyez, pour le détail de ces expériences et de celles de M. Christison, les *Annales d'hygiène et de médecine légale*, juillet et octobre 1829.)

En résumé, une plaie faite du vivant de l'individu, et peu de temps avant sa mort, est presque toujours accompagnée d'un écartement plus ou moins considérable de ses lèvres; cet écartement est plus marqué sur la peau des membres et du crâne que sur celle du tronc. Les lèvres de la plaie sont saignantes, et très fréquemment le derme est injecté; du sang est répandu dans tout le trajet de la plaie; si elle est très petite, les lèvres sont agglutinées par du sang coagulé. A-t-elle eu lieu douze ou quinze heures avant la mort, alors elle est le siége d'une tuméfaction et d'une rougeur plus ou moins marquées. Elle peut même présenter d'autres caractères encore plus distinctifs, si elle remonte à une époque plus reculée.

La plaie faite après la mort peut offrir un écartement de ses lèvres, comme celle qui a eu lieu du vivant de l'individu, mais ses lèvres ne sont presque jamais saignantes : cependant si, pour donner le change, des assassins introduisaient un instrument tranchant dans une partie quelconque du corps, immédiatement après avoir étranglé, par exemple, un individu, je ne mets pas en doute que les lèvres de la plaie ne pussent être saignantes, puisque la circulation capillaire ne serait pas encore suspendue et que la fluidité du sang serait conservée. Comment distinguer ces deux cas? J'avouerai qu'ils peuvent offrir beaucoup plus de difficultés, et que fort heureusement il est rare que des circonstances particulières placent les meurtriers dans la nécessité de simuler les plaies faites pendant la vie.

Quant aux ecchymoses, j'établirai : 1º qu'il est presque impossible de confondre une lésion de ce genre ayant trois ou quatre jours de date, avec une pareille blessure faite immédiatement après la mort. La coloration jaunâtre ou verdâtre qui se manifeste autour de l'ecchymose faite pendant la vie, et qui même envahit presque sa surface, établira toujours entre ces deux cas une différence bien tranchée ; 2º que l'ecchymose faite après la mort peut souvent offrir des difficultés ; aussi vais-je poser plusieurs cas possibles et chercher à les résoudre :—A. Un des points de la peau, appuyé sur beaucoup de graisse ou sur des parties molles nombreuses, éloigné par conséquent des os, est le siége d'une tache uniformément violacée; cette partie incisée présente une infiltration sanguine dans l'épaisseur du derme et dans le tissu cellulaire sous-jacent, mais à une faible profondeur : il y a de fortes raisons de penser qu'elle résulte d'un coup porté pendant la vie. — B. Une tumeur violacée s'observe sur un point quelconque du corps ; cette tumeur est rénitente ou bien fluctuante, mais élastique ; incisée, le derme est, dans toute son épaisseur, infiltré de sang ; les aréoles du tissu cellulaire sont remplies de liquide comme le serait une éponge, ou bien le sang est rassemblé en un foyer ; mais, dans les deux cas, il est dense, épais, coagulé, ne s'écoule que très difficilement par la pression : ces ecchymoses ont certainement été faites pendant la vie. — C. On observe sur un point du corps où les parties molles sont peu épaisses et ont pour soutien des os, comme à la pommette par exemple, une couleur violacée de la peau avec une saillie très légère de la partie colorée. Explorée avec l'extrémité du doigt, elle offre de la mollesse ou de la fluctuation, mais sans rénitence dans aucun de ses points, et bien loin de là elle présente de la flaccidité ; incisée, on aperçoit le derme qui conserve son épaisseur naturelle et qui ne présente pas d'injection ; le sang est ou infiltré dans le tissu cellulaire, ou rassemblé en un foyer ; mais il s'écoule liquide immédiatement après la section : il y a alors de fortes raisons de croire que l'ecchymose a été faite après la mort. — D. On ouvre la cavité de la poitrine, on y rencontre une quantité de sang assez considérable : cependant aucun tronc vasculaire n'a été intéressé, mais une plaie faite à la poitrine passe entre deux côtes ; le trajet de cette plaie est sanguinolent dans toute son étendue, un peu de sang s'est même écoulé au-dessous ; on ne trouve pas d'autres lésions capables d'expliquer la mort ; on dissèque l'artère intercostale correspondante à la plaie, on la trouve ouverte : l'épanchement a eu lieu pendant la vie. — E. Le cadavre d'un individu présente une plaie aux parois de la poitrine ; du sang en partie fluide, en partie coagulé, est épanché dans cette cavité ; une plaie existe à la crosse de l'aorte ou à un gros tronc vasculaire veineux ; la quantité de sang n'est pas en rapport avec la blessure d'une partie aussi importante du système vasculaire ; la plaie extérieure présente des lèvres qui ne sont pas saignantes ; le derme n'est pas injecté ; le trajet de la plaie est analogue à celui que l'on remarque dans les blessures profondes faites sur un cadavre, c'est-à-dire que chaque tissu y est net et parfaitement distinct ; la couleur de la peau n'est pas celle d'un individu mort d'hémorrhagie ; les poumons, loin d'être blafards, décolorés, ne contenant que peu de sang, sont au contraire gorgés de ce fluide, et leur section laisse écouler un sang épais par les orifices des veines qui forment leur tissu ; ce contraste fait assez sentir qu'il faut attribuer la mort à une autre cause.

La question de savoir si une plaie a été faite pendant la vie ou après la mort est assez fréquemment soulevée, ainsi que celle de savoir dans quel ordre des blessures ont été faites, lorsque, dans un assassinat, le corps de la victime porte les traces de plusieurs blessures mortelles. Elle s'est élevée à l'occasion des affaires Dautun, en 1815, Ramus, en 1832 (voy. *Annales d'hygiène et de médecine légale*, tome Ier et IXe), et dans celle de Lhuissier, en 1835, que nous allons rapporter ici.

Nous, Jacques Guichard, docteur en médecine ; M.-G.-A. Devergie, professeur agrégé près la Faculté de médecine, nous sommes rendus aujourd'hui, 24 avril 1835, à la Morgue, sur l'invitation qui nous en a été faite par M. Noël, commissaire de police, à l'effet de procéder à l'examen extérieur d'un cadavre du sexe féminin, divisé en trois parties par la section des cuisses, et dont celles-ci, enveloppées dans un sac, ont été retirées de la Seine ce matin, quai d'Orsay, auprès de l'Entrepôt, tandis que la tête et le tronc, formant un tout continu et aussi enfermé dans un sac, ont été extraits de l'eau dans l'après-midi ; et aussi pour nous expliquer sur les questions de savoir à quelle cause on peut attribuer la mort : si elle a été le fait de la section des cuisses ? ou si au contraire elle a précédé cette amputation ? à quelle époque elle peut remonter ? et enfin combien de temps le cadavre peut avoir séjourné dans l'eau ?

Nous avons trouvé sur une table les deux membres inférieurs, sortis du sac qui les avait contenus ; ils ont été coupés et séparés du tronc tout près du pli de l'aine ; ils ne présentent pas de traces de violence, à l'exception d'une plaie ou division de la peau d'un pouce et demi d'étendue, qui est placée transversalement sur le milieu de la partie antérieure de la cuisse gauche. Les lèvres de cette division n'offrent pas d'injection, de gonflement, ni de rougeur de tissu, comme cela a lieu quand une plaie est faite pendant la vie. (Il est vrai de dire que, dans la supposition où l'immersion dans l'eau aurait suivi immédiatement la mort, ces caractères auraient pu disparaître par le fait de la macération dans ce liquide.) L'épiderme de la plante des pieds commence à blanchir. — La section des cuisses présente les particularités suivantes : la peau est coupée nette dans certaines parties de la circonférence de chaque membre : mais ces sections, qui ont quatre ou cinq pouces d'étendue au plus, sont séparées par des hachures moins profondes et plus nombreuses en arrière de chaque membre qu'en avant ; celles de la partie antérieure peuvent avoir jusqu'à un pouce de profondeur ; celles de la partie postérieure peuvent avoir jusqu'à un pouce de profondeur ; celles de la partie antérieure sont au contraire beaucoup plus petites, et dans ces points la peau est mâchée, comme pourrait le faire l'emploi d'une scie pour opérer la division de ce tissu.

Les muscles sont inégalement coupés dans les divers points de l'épaisseur des membres ; ils sont flasques, mous, peu rétractés dans les chairs, quelques uns font saillie à la surface des moignons, d'autres y sont plus enfoncés ; les gros troncs vasculaires ne sont pas rétractés, on les aperçoit à la surface de la plaie. L'os du fémur de chaque cuisse *est coupé net* dans les neuf dixièmes de sa circonférence, le reste est un peu cassé en éclat ; une scie a pu seule opérer cette section ; l'os ne fait pas de saillie bien prononcée au milieu des chairs, en sorte que chaque plaie présente une surface à peu près plane ou légèrement concave au voisinage de l'os.

Toute la partie supérieure du corps a été retirée d'un sac dans lequel elle était contenue. Voici quelle est à peu près sa disposition : le long d'une planche de neuf pouces de large environ, sur trois pieds neuf pouces de longueur, se trouve posée toute la partie antérieure du corps, en sorte que la face, les bras demi-fléchis et croisés sur la poitrine, ainsi que le ventre, sont appliqués le long de cette planche ; une chemise et une camisole de laine sont les seuls vêtements de cette femme ; mais afin de cacher les fesses, et surtout les grandes plaies qui terminent le tronc, on a entouré ces parties d'un jupon ouaté noir à carreaux ; une robe d'indienne brune à dessins rougeâtres a servi à masquer la tête et le cou, et à remplir le vide qui existait entre le cou et la planche ; celle-ci est tenue fortement appliquée au tronc au moyen de plusieurs cordes extrêmement longues, très fortes, et du genre de celles dont on se sert pour serrer de grosses balles de laine par exemple ; les tours et les nœuds que forment ces cordes sont tellement multipliés, qu'il est impossible de les décrire exactement.

Parmi les nœuds qui réunissaient les tours de corde, nous en avons observé un qui était fait à la manière de ceux que les libraires emploient pour ficeler leurs paquets, et deux ou trois autres que l'on nous a dit être ceux des marins : ils figuraient un 8 de chiffre ; nous avons conservé un nœud pour servir de pièce à conviction. Nous sommes portés à croire, d'après la marche qu'il nous a fallu suivre pour détacher ces cordes, que l'on a commencé par appliquer le premier lien autour du cou, de manière à y former deux circulaires ; qu'un nœud de marin a été fait au côté gauche du cou, et que les deux bouts de la corde qui en résultaient ont servi à tenir croisés sur la poitrine les deux bras, de manière à les embrasser par les poignets, et à maintenir fortement serrée la main droite sur la main gauche, où un nouveau nœud de marin a été fait ; il nous est impossible de suivre plus loin la direction de la corde ; mais elle est d'abord distribuée sur la surface du tronc et des fesses, de manière à maintenir toutes les parties molles, et à donner au corps plus de solidité, puis elle vient se fixer sur la planche dans quatre points de sa hauteur, en s'entre-croisant à des distances parfaitement égales et symétriques ; enfin, quatre-vingt-dix pieds de corde ont été employés pour constituer ce paquet solide. Une disposition assez remarquable, c'est la situation relative de la planche et de la partie inférieure du tronc ; ils se trouvaient tous deux sur le même plan, c'est-à-dire qu'inférieurement la planche ne dépassait pas le tronc, tandis qu'elle s'étendait fort au delà de la tête. Certes, cette disposition pourrait être l'effet du hasard, mais elle tendrait à faire pressentir qu'une personne tenait la planche verticalement, tandis qu'une autre fixait le corps sur elle. Une autre circonstance sur laquelle nous appelons l'attention consiste dans l'arrangement méthodique de la planche, des cordes et des vêtements dont on s'était servi pour recouvrir les fesses ; il nous paraît bien difficile qu'une seule personne ait pu coordonner ces objets avec autant de régularité ; ce n'est toutefois qu'une présomption. Enfin, les bras étaient passés à travers une chemise et une camisole de laine seulement, et une partie d'un bonnet avait été prise entre les deux tours de corde qui étaient placés autour du cou.

Examen de la surface extérieure de la tête, du cou et du tronc. — Signalement : cheveux noirs d'un pied à quinze pouces de longueur, front ordinaire, sourcils saillants et noirs, yeux enfoncés, nez petit et pointu, pommettes saillantes, joues creuses, bouche large, lèvres minces, une verrue un peu en dehors et en bas de la commissure gauche de la bouche, une autre au-dessous de la lèvre inférieure, un peu à droite et entre cette lèvre et le menton, qui est arrondi ; figure ronde, embonpoint très marqué, seins très développés ; traces anciennes de morsures de sangsues en avant et en bas de la poitrine ; plicatures et gerçures de la peau du ventre, comme chez les femmes qui ont eu des enfants ; âge d'environ quarante à quarante-cinq ans.

Physionomie n'exprimant pas la souffrance ; yeux fermés, lèvres rapprochées ; dents fortement serrées les unes contre les autres.

Du sang s'écoule encore de l'oreille gauche, alors que l'on penche la tête sur ce côté.

Une trace de coupure superficielle au lobule de l'oreille droite.

Quelques petites taches rosées à la peau du cou.

Pas de traces notables de l'application de corde sur cette partie, ainsi que cela a lieu chez les personnes pendues ou étranglées.

Pas de traces de violences sur le reste du corps.

Deux plaies énormes terminent le tronc ; à leur centre, se trouvent les deux fémurs, qui paraissent avoir été coupés tout près du col de ces os ; les gros vaisseaux artériels sont béants ; ils font saillie dans la plaie.

La peau est, comme aux cuisses, coupée nettement dans certains points, et elle présente des hachures nombreuses, principalement en arrière.

La rigidité cadavérique est encore très prononcée dans les avant-bras ; l'épiderme des mains est blanchi, ainsi que celui des doigts ; il commence même à se plisser vers les doigts.

L'épiderme de la main droite paraît plus épais et plus dur que celui de la main gauche ; il est en outre sali par une matière noire fort adhérente, comme si cette femme eût fait usage pendant sa vie d'outils en fer, mais de cette main seulement.

Il n'existe pas d'indice de putréfaction.

En cherchant à rapprocher les deux cuisses du tronc, il nous a été difficile de réunir parfaitement les diverses sections de la peau, de manière à faire pénétrer dans les hachures les saillies correspondantes ; mais en ayant égard au mode de section des os ; aux dimensions parfaitement exactes que ces sections présentent, ce dont nous nous sommes assurés à l'aide d'un compas d'épaisseur ; à la conformation générale des membres inférieurs ; à leur longueur, à la texture et aux autres qualités physiques de la peau qui les recouvre, et au développement du tissu cellulaire graisseux, il est impossible de ne pas considérer ces parties comme le complément de la tête et du tronc que nous avons examinés.

La longueur totale du corps est d'un mètre quarante-cinq millimètres.

Conclusion.

1° Les diverses parties du cadavre appartiennent au même individu.

2° Il nous est impossible de nous expliquer sur la cause de la mort, l'ouverture seule du cadavre pourra la faire connaître.

3° La section des cuisses nous paraît avoir été faite peu de temps après la mort; si ce n'est même à une époque où la vie organique n'était pas encore éteinte.

4° La mort peut remonter à trente-six heures environ.

5° Le cadavre nous paraît avoir séjourné de vingt-quatre à trente heures dans l'eau.

Le séjour des membres inférieurs dans l'eau ayant eu moins de durée que celui du tronc, on a dû indiquer approximativement une époque moins élevée, d'autant que les phénomènes de la macération se manifestent plus tard sur ces parties (1).

Rapport n° 2, fait le lendemain de notre premier rapport.

Apparence d'accouchements antérieurs. Piqûres de sangsues à l'épigastre, cent cinquante environ.

Ancienne cicatrice considérable au-dessous de la clavicule droite. Quatre autres plus petites, au devant du sternum. Il s'écoule du sang de l'oreille gauche. Le lobule de l'oreille droite offre une petite coupure qui part du trou de la boucle d'oreille. Ces trous sont dégarnis.

Toute la face est teinte de vergetures ou d'un pointillé bleuâtre. Ecchymoses et marques bleuâtres à la face interne de la lèvre inférieure; marques à peine sensibles sur la lèvre supérieure. Contusion et froissement de tout le menton. Contusion avec enfoncement circulaire de la peau dans le pli antérieur qui réunit le cou au-dessous de la mâchoire. Contusion au-dessous de la mâchoire. Taches bleuâtres et noires le long des branches de la mâchoire inférieure. Autres traces de pression avec excoriation dirigée sur les parties latérales du cou et remontant en arrière vers le haut de la nuque, où existe une dernière trace de contusion.

Sugillation en diverses parties du sein droit.

La face palmaire des avant-bras offre, au-dessus des poignets, des taches bleuâtres et allongées, qui sont visibles au travers de la peau, qui est restée saine.

La séparation des membres inférieurs a été faite du côté droit, au niveau du pli de l'aine et du grand trochanter; du côté gauche, un pouce au-dessous du pli de l'aine, parallèlement à ce pli et au-dessous du petit trochanter. La section de la peau était nette en avant, inégale et mâchée vers la partie postérieure; celle des muscles avait eu lieu sur des plans inégaux: celle des os avait été faite régulièrement par des traits de scie. La surface des sections était décolorée, sauf des points où une nouvelle quantité de sang avait suinté des gros vaisseaux. Trace de coupure très superficielle faite par un instrument tranchant et effilé, le long du pli de l'aine, au-dessus de la section du côté gauche; autre coupure nette d'un pouce de long à la partie moyenne et antérieure de la cuisse gauche.

De tout ce qui précède nous concluons:

Que le cadavre que nous avons examiné est celui d'une femme de trente à quarante ans;

Que, d'après le rapport des sections que nous avons confrontées, les trois parties séparées appartiennent au même individu;

(1) Cet examen avait été fait le soir à la lumière. Nous eûmes occasion de revoir le corps le lendemain matin, et alors l'inspection que nous fîmes des mains et des pieds nous porta à penser que le corps n'avait pas même séjourné pendant vingt heures dans l'eau. Nous en instruisîmes immédiatement **M.** le procureur du roi.

Que la mort est récente. La coloration de la peau prouve que la mort n'est pas le résultat de l'hémorrhagie qui aurait eu lieu si la section des membres eût été pratiquée avant la mort; d'un autre côté, la rétraction de la peau, autour de chaque section, indique certainement que les membres ont dû être séparés peu d'instants après la mort. La partie antérieure des sections est nette et n'annonce pas de résistance de la part de la victime; les hachures de la partie postérieure indiquent les sections successives faites pour achever la séparation entière.

Aucun indice que cette section ait été pratiquée par une personne habituée à la pratique de l'anatomie ou de la chirurgie

Le séjour du cadavre dans l'eau a certainement été de moins de vingt-quatre heures.

L'autopsie permettra seule de déterminer les causes de la mort.

Bois de Loury, Dévergie, Ollivier (d'Angers) et West.

Rapport n° 3. Autopsie de Désirée Lejeune.

Nous, etc.... Des incisions faites dans l'épaisseur de la peau et du tissu graisseux sous-jacent nous ont fait reconnaître que les taches bleues des avant-bras, signalées dans le rapport précédent, étaient dues à l'apparence du tissu musculaire, au travers de la peau; que des ecchymoses notables existaient à la base de la paupière gauche; le long de la base de l'os maxillaire du côté droit, derrière l'angle de la mâchoire du même côté; des contusions du menton et de la lèvre inférieure avaient coloré les tissus dermoïde et graisseux en rose vif sans épanchement de sang. Une petite ecchymose avec épanchement de sang existait au-devant du larynx, dans le pli supérieur et transversal du cou. Toutes les autres traces rouges signalées ont été le siége d'incisions qui ont mis à découvert les tissus sous-jacents dans un état parfaitement naturel, sans coloration, déchirures ni épanchements. Les cheveux étant coupés, nous avons découvert à la partie supérieure de la région occipitale une plaie contuse, étoilée, irrégulière, dont le plus long diamètre, dirigé d'avant en arrière, était de deux pouces, dont les bords froissés et rentrés en dedans cachaient des mèches de cheveux et sept petits morceaux de dents de peigne longs d'une ligne à trois lignes chaque; les bords de la plaie écartés, nous avons reconnu une section avec décollement du périoste dans une longueur d'un pouce, et sur la partie osseuse dénudée une fissure sensible à la vue et au toucher. Un décollement peu étendu avoisinait la plaie, et représentait plutôt une déchirure inégale entre la peau et le péricrâne. La dissection nous a fait reconnaître une large ecchymose noirâtre du tissu cellulaire dans une étendue de cinq pouces de longueur sur trois de largeur. La dénudation complète de la région occipitale nous a fait découvrir une fracture comminutive intéressant l'angle postérieur et supérieur du pariétal gauche et le sommet de l'occipital, de manière à isoler un fragment complet de chacun des os. Il y avait écartement sensible de la suture occipito-pariétale gauche, et une nouvelle fracture gagnant la région mastoïdienne de l'os temporal pour pénétrer jusqu'à la base du rocher et au conduit auditif externe. L'épanchement de sang s'étendait le long de cette fissure, et communiquait avec l'écoulement extérieur de sang par l'oreille gauche, écoulement signalé dans le rapport précédent. La calotte du crâne a été séparée par un trait de scie qui traversait la région fracturée; nous avons reconnu alors une forte injection avec un faible épanchement de sang sous l'arachnoïde, d'abord sur l'hémisphère gauche du cerveau, et particulièrement à sa partie postérieure; ensuite dans le point diamétralement opposé, à la partie antérieure de l'hémisphère du côté droit, puis entre les hémisphères, dans un point circonscrit, puis enfin dans la fosse occipitale droite de la base du crâne avec un épanchement peu abondant entre les deux feuillets de la membrane séreuse. La section des diverses parties de l'encéphale n'a fait reconnaître qu'une injection assez prononcée, sans solution de continuité et sans épanchements sanguins. *Thorax:* organes sains, présence du sang dans le cœur et les gros vaisseaux ; donc cette femme n'est pas morte par hémorrhagie. Injection avec plaques de la membrane muqueuse gastrique qui annonce que la femme Lejeune a succombé pendant le travail de la digestion. Débris d'aliments.

Conclusion: 1° La mort de la femme Lejeune est due à une violente commotion du cerveau qui a pu causer la mort instantanément; 2° les traces de contusions et de froissements qui existent à la face et au cou sont le résultat de violences exercées les unes pendant la vie et les autres immédiatement après la mort. Aucune de ces traces de violences n'offre de caractère grave par elle-même. Quant aux circonstances dans lesquelles le meurtre a été commis, il nous paraît assez probable, d'après le siége de la blessure et la violence du coup qui a été porté, que la femme Lejeune était baissée en avant lorsque le coup lui a été asséné sur le derrière de la tête, à l'aide d'un instrument contondant, par un effort semblable à celui d'une personne qui fend du bois ; mais cependant nous ne pouvons rien affirmer d'une manière certaine à cet égard.

Bois de Loury, Devergie, Ollivier (d'Angers) et West.

(Dans la chambre où cette femme avait été assassinée et coupée par morceaux, on trouva un très fort marteau, du genre de ceux dont se servent les maréchaux-ferrants ; une petite scie de tapissier à dents très grosses ; le reste du balai dont on avait coupé le manche afin de s'en servir pour donner au paquet qui contenait les membres inférieurs un point d'appui autour duquel on pût fixer les cordes ; du foin ; et sur le sol une quantité de sang assez considérable ; la scie, le marteau et les murs en offraient des traces.)

Cette affaire est une des plus curieuses que j'aie été appelé à examiner. Avant d'en faire sentir toute l'importance, je ferai remarquer une omission qui a été commise à deux reprises différentes, lors de l'examen extérieur du corps qui a été fait d'abord par nous avec M. Guichard, et ensuite avec MM. Bois de Loury, Ollivier et West : nous n'avons pas reconnu l'existence de la plaie de la tête, quoique le sang qui s'écoulait par l'oreille dût diriger notre attention sur des désordres du côté du crâne ; tant il est vrai que, dans les explorations des corps de délit de grands crimes, l'attention est fixée tout entière sur les objets qui impressionnent le plus fortement. Nous concevons cette omission lors de notre premier examen ; en effet, il avait lieu à la lumière, la tête était recouverte de cheveux nombreux et longs, attachés derrière elle ; et la plaie se trouvait cachée par eux. D'ailleurs, il y avait tant de choses du plus haut intérêt à observer, que l'oubli de promener nos doigts sur la tête, d'écarter les cheveux pour observer la plaie, était pardonnable ; mais le lendemain, quand, au grand jour, nous fîmes un nouvel examen extérieur du corps, l'omission n'était pas excusable de la part de quatre personnes réunies. Il n'en a pas été de même le jour de l'ouverture : à peine les cheveux furent-ils coupés par nous pour examiner avec soin le cuir chevelu, que nous fûmes frappés par l'aspect de la plaie qui avait réellement causé la mort. Voilà pour l'erreur ; voici maintenant pour les circonstances curieuses, et sur lesquelles personne ne me paraît avoir encore appelé l'attention.

1° Au moment où nous avons examiné le corps, il venait d'être retiré de l'eau ; la saison était déjà très chaude à cette époque (fin d'avril); l'épiderme des mains et des pieds nous a paru blanchi et même épaissi, ce qui nous a conduits à donner plus de temps de séjour dans l'eau ; le lendemain nous n'avons pas commis la même erreur. Cette circonstance prouve qu'aussitôt qu'un noyé est exposé à l'air, il s'opère une dessiccation du tissu cutané aux dépens de la partie de la peau qui n'est pas parfaitement *combinée*, pour ainsi dire, avec l'eau ; ce phénomène doit être très variable en raison de la température de l'atmosphère et de la sécheresse de l'air ; le lendemain il ne restait plus que les traces plus permanentes du séjour dans l'eau, et nous fûmes à même de rectifier notre jugement.

2° Si l'on compare la description des altérations observées lors de notre premier examen de l'extérieur du corps, avec celle du second qui a été fait le lendemain, on verra noté dans celui-ci un grand nombre de traces d'ecchymoses et des excoriations dont il n'est pas fait mention dans le premier rapport : c'est qu'alors elles n'étaient pas visibles, elles ne sont devenues apparentes que par suite de la dessiccation de la peau qui s'est opérée à l'air. Ce tissu s'imprègne donc dans toute sa surface d'une certaine quantité de liquide qui lui donne de l'opacité, et cette imbibition, portée plus loin, constitue cette teinte opaline que nous avons signalée dans les premiers jours de l'immersion, pendant l'hiver (*voy.* Putréfaction dans l'eau). Et qu'on ne croie pas qu'il s'agissait ici d'omission par défaut d'attention, nous venons de donner une preuve assez grande de notre franchise pour dissiper tout soupçon à cet égard. Notons que ces ecchymoses étaient assez considérables en étendue et en profondeur, mais seulement elles avaient en général plus de surface ; quant aux excoriations, elles n'avaient pas non plus été apparentes, l'eau avait masqué la couleur du sang qui les dessinait ; mais après l'exposition du cadavre à l'air, l'excoriation a de nouveau rougi ; il en a été de même des plaies des cuisses ; au sortir de l'eau, elles étaient blafardes, pâles, décolorées ; une fois exposées à l'air, elles ont pris tous les caractères extérieurs d'une plaie récente et sanglante faite pendant la vie ou immédiatement après la mort. Enfin nous signalerons la circonstance suivante comme propre à induire en erreur : quand le tendon du petit palmaire de l'avant-bras est pourvu abondamment de fibres musculaires, et que la peau qui le recouvre est très fine, il en résulte une teinte bleuâtre très prononcée, qui fait croire à l'existence d'une ecchymose sous-cutanée, et nous nous y sommes tous trompés : aussi quand on ne peut pas s'assurer, par la dissection, de l'existence de sang, doit-on dire apparence d'ecchymose, et non pas ecchymose.

La question qui nous occupe ayant été soulevée dans le concours pour la chaire de médecine légale de la Faculté de médecine de Montpellier, M. Jaumes fut désigné pour en faire le sujet de sa thèse; il l'a traitée d'une manière fort heureuse. Il a enrichi la matière d'un certain nombre d'expériences faites à cette occasion par M. E. Delmas; nous lui emprunterons donc plusieurs faits importants. Nous ne reviendrons pas sur ce que nous avons dit des contusions et des ecchymoses; il nous suffira de rappeler que les expériences nouvelles de M. Delmas ont pleinement confirmé ce que M. Orfila sur les chiens, ce que M. Christison et moi sur l'homme, avions observé à ce sujet. M. Delmas a de plus remarqué que les contusions et les ecchymoses se montraient plus vite, se développaient plus rapidement, et exigeaient une violence moindre là où la chaleur s'était maintenue plus longtemps; qu'elles étaient d'autant plus facilement opérables, que les parties étaient pourvues d'un système capillaire plus développé. Plusieurs fois les aspérités du bâton employé pour les expériences ont donné lieu à des solutions de continuité qui ont laissé échapper en assez grande quantité un sang noir et liquide, phénomène qui ne s'est pas présenté dans les régions moins riches en vaisseaux sanguins. Enfin, il a remarqué qu'elles étaient beaucoup plus facilement produites dans les parties déclives du corps, où existent les lividités cadavériques, que partout ailleurs. Tel est le résultat des observations de M. Delmas.

Nous avons déjà fait observer qu'une plaie faite du vivant d'un individu, et peu de temps avant sa mort, était presque toujours accompagnée d'un écartement plus ou moins considérable de ses bords; que cet écartement était plus marqué sur la peau des membres et du crâne que sur celle du tronc; que ses lèvres étaient saignantes; que très fréquemment le derme était injecté au voisinage de la plaie; que du sang coagulé était disséminé à sa surface, et que si l'étendue de la blessure était peu considérable, le sang tenait réunies les lèvres en les agglutinant. — Que si la plaie avait été opérée douze ou quinze heures avant la mort, elle était le siége d'une tuméfaction et d'une rougeur tout à fait caractéristiques, et qu'elle était accompagnée d'une rénitence toute particulière des tissus. Toutefois ces phénomènes d'injection sont susceptibles de disparaître après la mort; mais il reste presque toujours des traces de la fluxion sanguine, sorte de combinaison du sang avec le tissu même de la partie lésée. — Qu'une

plaie faite après la mort pouvait offrir un écartement de ses
lèvres comme pendant la vie, mais que celles-ci étaient toujours
pâles, décolorées, blafardes, non saignantes, sans injection du
réseau capillaire de la peau ; en un mot, que chaque tissu se
montrait avec ses caractères anatomiques. Telles sont les différences que ces plaies peuvent offrir dans leur aspect. Il en est
d'autres qui se rattachent au genre d'instrument qui a produit
la blessure, à la quantité et à la nature des parties intéressées.
Une plaie par arme perforante qui aurait intéressé des gros vaisseaux en parcourant un trajet assez étendu pourrait contenir
du sang ramassé au fond de la plaie, en partie liquide, en partie
coagulé ; mais cette blessure qui, pendant la vie, aurait dû amener une hémorrhagie considérable, n'en produirait pas si elle
avait été faite après la mort (1).

Quand l'arme est tranchante et qu'elle a pénétré peu profondément, la plaie qu'elle produit rentre dans les conditions des
plaies en général, par rapport à leurs caractères pendant la vie
ou après la mort ; mais si tout un membre a été coupé, la section
qui en résulte offre des différences assez tranchées sur lesquelles
nous devons appeler l'attention. Une section de ce genre, opérée
sur un cadavre, présente une surface uniforme, en procédant de
la peau aux parties les plus profondes. La peau, le tissu cellulaire, les muscles, les artères, les veines sont sur le même plan.
La plaie est pâle, décolorée, blafarde ; le tissu cellulaire et la
peau contrastent, par leur blancheur, avec les muscles ; les artères sont béantes, vides ; leur paroi est très blanche, même à
l'endroit de leur section. Une plaie de ce genre, faite pendant la
vie, offre au contraire l'aspect suivant : la peau est rétractée de
manière à laisser les muscles plus ou moins saillants ; toutefois

(1) A l'occasion du mode d'action des armes perforantes (voy. p. 17), nous avons
signalé ce fait de MM. Filhos et Dupuytren, à savoir. qu'un poinçon parfaitement
cylindrique produit toujours des plaies anguleuses. Il résulte des expériences de
MM. Jaumes et E. Delmas, que la forme de la plaie peut être arrondie, si la
partie est pourvue de beaucoup de tissu cellulaire graisseux. Que si l'on perfore des
muscles, la longueur de la plaie est toujours dans le sens de la direction des fibres.
Que le trajet de la plaie se dérobe d'autant plus facilement à l'observation, que les
fibres des tissus qu'elle parcourt sont plus marquées. Au foie, aux poumons et aux
autres organes parenchymateux, la plaie est linéaire, comme à la peau, mais dans
une direction toujours constante. A l'estomac, la plaie est toujours longitudinale
dans les trois membranes ; mais pour le péritoine, elle est transversale à la longueur
de l'estomac, tandis que celle de la tunique musculeuse est parallèle à la direction
de ses fibres. Le défaut de parallélisme est moins marqué aux intestins. L'aorte a
toujours offert une plaie transversale ; les veines caves, une plaie parallèle au trajet
du vaisseau.

cette rétraction pourra exister sur la partie du membre enlevé, manquer sur celle qui reste, et *vice versâ;* c'est le cas où une personne aurait tendu la peau tandis que l'autre opérerait la section. La surface de la section des muscles est inégale; chaque muscle y figure un petit moignon plus ou moins arrondi, plus ou moins enfoncé ou saillant, en raison de la longueur et de la direction des fibres qui le constituent. Les vaisseaux y sont plus ou moins enfoncés et rétractés; la coloration des muscles est d'un rouge vif, leur surface tapissée par du sang. La peau, le tissu cellulaire et les artères elles-mêmes participent à cette coloration. Si l'on enlève la coloration par des lavages, elle reparaît au bout de quelque temps d'exposition à l'air. Mais ces plaies, entre lesquelles paraît exister un contraste frappant, peuvent offrir quelque analogie, si les parties coupées pendant la vie ont été jetées dans une rivière immédiatement après la mort. C'est ce que nous avons pu vérifier dans l'affaire Lhuissier. Lors de notre premier examen, les larges plaies des cuisses offraient un aspect blafard très prononcé. Chose remarquable, c'est qu'après quinze heures d'exposition à l'air elles avaient repris une coloration rosée qui tendait à les rapprocher de la vie. Il est très important de tenir compte de ces changements dans les expertises médico-légales, en ayant égard au temps écoulé depuis le moment où le cadavre est sorti de l'eau; nul doute qu'une section des chairs, opérée après la mort et lorsque le refroidissement du corps a été complet, ne puisse pas offrir de pareils phénomènes. Ce que nous venons de dire des plaies est applicable aux contusions superficielles et sous-cutanées. Ces dernières disparaissent d'autant plus facilement, que dans l'eau la peau prend par imbibition, d'abord une teinte opaline, ensuite plus d'épaisseur, circonstances qui masquent ces lésions. Dans une expertise de ce genre, il faut donc que l'expert ne se prononce définitivement qu'après avoir fait exposer à l'air le corps pendant douze heures, alors il appréciera beaucoup mieux les faits. Il est un autre caractère que nous considérons comme d'une grande valeur, c'est celui qui découle de l'état du tissu cellulaire graisseux. Que l'on coupe un membre refroidi et pourvu d'une quantité notable de graisse, la section du tissu cellulaire sera nette, sur un plan uniforme et parallèle à la section de la peau. Que cette section ait lieu pendant la vie, ou immédiatement après la mort, mais lorsque la chaleur du membre n'a pas disparu, alors on verra que toute la

masse de tissu cellulaire qui enveloppe les muscles est boursouflée et proéminente ; ce tissu cellulaire s'injecte à l'air, à l'instar
de la peau et des autres tissus blancs, s'il appartient à une plaie
faite pendant la vie.

C'est en ayant égard à ces diverses circonstances que dans
l'affaire Ramus on a pu, d'après l'inspection seule du cadavre,
suivre, pour ainsi dire, l'assassin dans les divers actes du crime
qu'il avait commis. (Voyez *Annales d'hygiène et de médecine légale*, 1833, t. IX, page 338.) Ramus, plongé dans un état de
narcotisme à l'aide de l'acide cyanhydrique, est coupé en quatre
parties. Les assassins commencèrent par la section du cou ; ce
que démontrait une forte rétraction des muscles et de la peau du
cou, ainsi qu'une infiltration sanguine assez abondante dans la
gaîne celluleuse qui entoure les veines jugulaires internes. La
jambe droite fut séparée de la cuisse immédiatement après, ce
qui fut constaté d'après les mêmes indices. La jambe gauche,
coupée aussi dans l'articulation tibio-fémorale, présentait une
rétraction moins prononcée. Les surfaces de ces deux sections
n'offraient pas d'injection, ni d'épanchement de sang autour des
gros vaisseaux, comme cela avait été observé au cou. Les traces
de vitalité diminuaient donc en raison du temps nécessaire pour
procéder à cette section, la première ayant déterminé la mort
générale. — Ces caractères distinctifs reçoivent encore un nouvel
appui des observations que M. Lelut a faites sur les suppliciés
par la guillotine. (*Journal des progrès des sciences et institutions
médicales*, tome II, page 116. 1830.) La peau a subi une très
forte rétraction ; les muscles sont d'autant plus rétractés, qu'ils
sont plus éloignés de la colonne vertébrale, c'est-à-dire qu'ils
ont plus de longueur. Les artères, les nerfs, la moelle, ont subi
un retrait de plusieurs lignes, excepté dans deux cas. Dans un
des cas où les vaisseaux ne s'étaient pas aussi fortement rétractés, la membrane interne des artères carotides primitives présentait une teinte violette à l'endroit de la section ; dans d'autres,
il existait une légère rougeur. Un caillot de sang de quelques
lignes de longueur a été observé une fois dans l'artère spinale
du côté gauche.

Un phénomène constant des plaies est l'écoulement de sang :
il constitue une hémorrhagie, si sa quantité est considérable. Ce
signe peut être d'une grande utilité pour la question qui nous
occupe. L'écoulement de sang est en raison de quatre circon-

stances différentes : 1° le volume des vaisseaux ouverts ; 2° la nature des vaisseaux ; 3° la quantité de vaisseaux capillaires sanguins dont la partie intéressée est pourvue ; 4° la plasticité du sang qui varie comme les individus. Après la mort, et lorsque le refroidissement du corps est complétement opéré, toutes ces circonstances qui peuvent modifier l'écoulement du sang cessent d'exercer leur influence ; néanmoins il est presque impossible que l'ouverture d'une veine d'un certain calibre ne fournisse pas du sang après la mort, hors le cas où le sujet est putréfié ; celle d'une artère n'en donnera pas au contraire dans la très grande majorité des cas. Lorsque la mort générale est survenue, la circulation capillaire s'entretient encore après un certain temps ; par conséquent, toute lésion faite à cette époque sera suivie d'un écoulement de sang. Mais un des points importants sur lesquels nous appellerons l'attention, c'est la coagulation du sang dans ces diverses circonstances. Du moment que la mort est survenue, et que le refroidissement du corps est complet, cette coagulation du sang est impossible. Elle n'a lieu que d'une manière imparfaite lorsque la mort générale est survenue ; mais elle peut encore s'effectuer ; elle est toujours prononcée à un degré plus ou moins faible. Ajoutons enfin que dans toute plaie faite pendant la vie, le sang a une tendance à contracter des adhérences avec les parties du corps qu'il touche, à s'y dessécher, à y former une croûte plus ou moins épaisse.

Si des écoulements de sang au dehors nous nous reportons aux infiltrations sanguines et aux épanchements dans les cavités, nous verrons que les premières, faites après la mort, et même avant que la chaleur générale soit éteinte, sont extrêmement limitées, que le sang n'y est presque jamais coagulé ; qu'il en est de même des épanchements sanguins qui, dans ces sortes de cas, se bornent à constituer quelques grammes de sang fluide ; enfin, qu'un phénomène vital sur lequel nous ne saurions trop insister, est l'incorporation du sang avec les tissus mêmes dans lesquels il est disséminé. Terminons ce qui est relatif à l'hémorrhagie par cette remarque, que, du moment que la putréfaction est survenue, elle modifie singulièrement les résultats de ces observations ; que cependant il est possible, dans certains cas, de distinguer les lésions faites pendant la vie d'avec celles qui ont eu lieu après la mort. Il semble que là où le sang s'est rassemblé pendant la vie, il y ait une cause qui arrête les progrès de la décomposition pu-

tride. Cette cause s'expliquerait en admettant que le tissu cellulaire gorgé de sang est moins susceptible de développer des gaz
et de recevoir le sang putride qui reflue des gros vaisseaux aux
vaisseaux capillaires.

Les plaies par armes à feu offrent des caractères assez tranchés,
quand elles sont faites après la mort et après le refroidissement
du corps; en effet, ce qui constitue le cachet des plaies d'armes
à feu qui sont faites pendant la vie, c'est surtout ce mélange de
poudre non brûlée, de charbon, de sang écoulé et devenu plastique en s'unissant à ces matières ; enfin, l'injection des lèvres de
la plaie qui est toujours très dessinée. Un coup de feu, fût-il tiré
à bout portant sur un cadavre, n'amènera jamais un pareil résultat. Les tissus ne subiront qu'une division, une attrition mécanique, sans infiltration sanguine ni caillot. Toutefois l'écueil
du diagnostic existe toujours au même degré, à l'égard du sujet
chez lequel la circulation capillaire n'est pas complétement
éteinte. Il est rare cependant que ces coups de feu n'aient pas
été dirigés sur les organes les plus importants de la vie, le cœur,
les poumons, dans le but de simuler un suicide et de masquer un
assassinat. On devrait donc retrouver les hémorrhagies dépen-
dantes de pareilles lésions, ce qui n'a pas lieu.

Les fractures peuvent aussi offrir des difficultés sous le rapport de la question qui nous occupe. J'ai rapporté l'exemple d'un
homme qui était tombé du haut des tours Notre-Dame, et qui
offrait un grand nombre de solutions de continuité des os. Quelques unes étaient tout à fait exemptes d'ecchymoses ou d'épanchements de sang, quoiqu'elles eussent été faites pendant la vie.
Néanmoins, dans tous les autres cas que j'ai cités, les caractères
distinctifs de la vie étaient manifestées. Quant aux luxations, elles
s'opèrent plus difficilement sur le cadavre que sur le vivant ;
mais elles doivent très probablement offrir encore plus de difficulté que les lésions précédentes, parce qu'elles ne sont accompagnées, le plus ordinairement, que de la déchirure des tissus
blancs pourvus de peu de vaisseaux sanguins.

En résumé, cette question peut offrir, dans beaucoup de cas,
des difficultés réelles. Elle exige une grande observation de la
part de l'expert, et nous ne saurions trop appeler son attention
sur la nécessité de bien tenir compte de tous les désordres ; de
grouper tous les résultats apparents de la lésion, de les juger

dans leur ensemble, afin d'établir des données qui aient quelque certitude.

Le blessé a-t-il pu exercer telle ou telle fonction après la blessure reçue ?

Cette question est de la plus haute importance en médecine légale ; on en jugera par les exemples suivants, qui sont des faits les plus remarquables sous ce rapport. Le premier nous a été communiqué par M. le docteur Davat.

Trois hommes demi-ivres, revenant gaiement d'une foire, se laissèrent battre par un quatrième, à la suite de quelques propos désagréables qu'ils s'étaient réciproquement adressés. Il y avait plus d'une heure qu'ils avaient été frappés lorsqu'ils se présentèrent à moi ; ils avaient employé cette heure à faire une demi-lieue de chemin, distance de chez moi au lieu du combat.

Les deux plus jeunes, n'ayant que de petites égratignures et de légères contusions, faisaient grand bruit ; et leurs criailleries m'étourdirent au point que je les congédiai promptement sans faire attention au plus âgé qui se reposait sans mot dire, assis sur une chaise, la tête appuyée sur ses mains, et les coudes sur ses genoux. Je ne parlai point à ce dernier, croyant qu'il avait pris cette position parce qu'il était plus ivre que les autres. Les deux autres répondirent fort vaguement aux questions que je leur fis, et ne me dirent point que l'un d'entre eux fût tombé sans connaissance sous l'action des coups.

Congédiés, ils se retirèrent : alors celui qui était assis, sa tête toujours appuyée sur ses mains, se leva seul, mais lentement, arriva à la porte sans trébucher, et je les perdis de vue. jusqu'au lendemain. Pendant tout le temps qu'ils restèrent dans mon cabinet, le sieur J. V... ne fit aucun effort de vomissement ; il ne proféra pas une seule parole, et resta constamment dans l'attitude que j'ai décrite. Ses camarades s'arrêtèrent chez moi pendant douze à quinze minutes, pendant lesquelles il ne laissa pas échapper la moindre plainte.

Ils partirent donc, ayant encore une marche d'une grande heure à faire, et toujours montant ; il était alors près de six heures du soir. (Ce qui suit n'est que la conséquence de ce que j'ai pu recueillir sur ce qui est arrivé à cet homme depuis six heures jusqu'au lendemain matin, où je reprendrai son histoire à neuf heures.)

Nos trois hommes s'arrêtèrent en ville pendant plus d'une heure et demie, narrant ce qui leur était arrivé à tous ceux qui voulaient l'entendre ; mais ils étaient entourés de plus de curieux que d'observateurs, et personne ne les plaignait. Cependant on remarqua que le sieur J. V..., quoique restant debout comme les autres, paraissait absorbé, ne s'agitait point, parlait peu, ou plutôt ne répondait que par oui et non ; on assure qu'il eut quelques efforts de vomissements, mais sans résultat. L'expression de sa physionomie n'avait rien d'extraordinaire ; il ne se plaignait pas, et il n'accusait pas de douleur fixe ; enfin tous les trois s'acheminèrent vers leur hameau.

Mais, à mi-chemin, le sieur J. V... tomba de lassitude et ne se releva plus. On le déposa dans un moulin où il passa la nuit sans connaissance, et le lendemain matin on le transporta chez lui où je fus le voir. (Au dire de ses camarades, il était plus de neuf heures du soir lorsqu'il perdit connaissance, ce qui donne un intervalle de quatre heures entre le moment où il fut frappé et le moment où, s'asseyant de lassitude, il tomba dans le coma ; il resta dans cet état jusqu'à son décès.)

Les renseignements que me donnèrent ses parents m'apprirent que le sieur J. V..., âgé de trente-six ans, était d'un caractère paisible et bon, qu'il parlait peu, qu'il buvait quelquefois un peu de vin, mais qu'il en supportait l'effet avec facilité ; qu'il était vigoureux et d'une brillante santé.

Introduit auprès du malade, je le trouvai couché sur le dos. Nous le dépouillâmes de ses pantalons qu'il avait encore, et ne lui laissâmes que sa chemise de toile rousse, parfaitement propre et sans aucune tache de nature quelconque. Le corps, en général, est parfaitement conformé. Le système musculaire, très développé, semble prédominer et se dessine fortement sous la peau. Après l'avoir examiné avec soin, je remarquai que toute la surface extérieure du corps ne présentait aucune trace de violence ; pas la moindre ecchymose, pas la moindre égratignure, pas la plus légère contusion, pas de trace de sang écoulé ; rien, en un mot, qui pût me rendre compte des symptômes alarmants que j'observais ; et cependant le cuir chevelu, les parois abdominales, tous les os longs, les côtes en particulier, la poitrine, rien n'a échappé à mes investigations. D'un autre côté, les vêtements étaient un peu sales, mais la saleté qui les souillait semblait ne s'être déposée que par immersion et non par frottement. Les endroits les plus salés étaient au dos de la veste, en arrière des cuisses sur le pantalon, et les taches s'étendaient circulairement en diminuant d'étendue : elles étaient le résultat de l'imbibition de l'humidité du fumier sur lequel le malade avait passé la nuit.

Les symptômes annonçaient une hémorrhagie cérébrale, probablement extérieure à la masse encéphalique, car la sensibilité et le mouvement étaient partout conservés, quoique l'immobilité parût complète. Si l'on pinçait le malade, il retirait le membre. La peau était généralement froide ; les membres avaient une rigidité marquée, le pouls était petit, misérable. Les paupières étaient entr'ouvertes, l'œil immobile, l'iris dilaté, encore légèrement sensible à la lumière. La bouche entr'ouverte et écumeuse, sans nulle déviation. La respiration était anxieuse, pénible et difficile ; les muscles inspirateurs élevaient fortement la poitrine, mais l'expansion pulmonaire était presque nulle et s'accompagnait du râle des agonisants. (Je ne percutai pas la poitrine.) La déglutition se faisait encore, mais avec grande difficulté ; l'écume de la bouche paraissait venir des bronches, elle ne contenait pas la moindre parcelle des matières contenues dans l'estomac. Le ventre, souple, n'avait rien de particulier... En désespoir de cause, je saignai le malade aux deux bras, mais sans obtenir du sang ; on lui appliqua aux mollets de larges sinapismes. Il mourut à une heure après-midi.

Je ne savais si je devais attribuer cette apoplexie mortelle au vin bu ou aux mauvais traitements auxquels avait été exposé le sieur J. V... On disait bien qu'il avait été frappé, mais on ne savait préciser le point où avaient porté les coups, ni rapporter quelle était la nature du corps qui avait servi à frapper ; et, d'autre part, toute la superficie du corps ne présentait aucune trace de lésion. Quoi qu'il en soit, la justice informée ordonna que l'autopsie du cadavre serait faite judiciairement. J'accompagnai le docteur Mandé à cet effet, et nous fîmes ensemble les recherches des lésions qui avaient causé la mort.

Ces recherches furent faites quarante-quatre heures après la mort.

La rigidité cadavérique est fortement prononcée ; les pouces sont fléchis dans la paume de la main et les doigts sur le pouce. Les muscles rétractés dessinent vivement leurs formes. Les traits de la physionomie
sont réguliers, la bouche n'est point déviée. On ne rencontre aucune trace
d'ecchymose, d'égratignure ou de contusion sur toute la superficie du
corps. Il y a quelques vergetures cadavériques le long du dos, qui sont
le résultat du décubitus du cadavre. (Pendant que nous procédons à la
recherche des lésions extérieures, on nous apprend que cet homme avait
été frappé à la tête.) Notre attention se porte particulièrement sur le cuir
chevelu, dont les cheveux sont longs, rudes et épais ; il ne nous offre
absolument rien sur toute la surface externe.

Nous l'avons incisé d'avant en arrière et renversé sur les oreilles, et
nous avons vu le tissu cellulaire qui lui est sous-jacent généralement
infiltré par du sang noir sur toute la partie postérieure de la tête, se prolongeant encore dans les interstices des muscles de la région postérieure
du cou. Cette infiltration, quoique abondante et étendue, n'avait point
rompu les mailles du tissu cellulaire, en sorte qu'elle ne formait nulle
part de collection sanguine ; elle est limitée entre le périoste du crâne et
le derme du cuir chevelu, qui est à peine noirci. Cependant on voyait sur
la bosse pariétale gauche une légère extravasation sanguine longitudinale.
Là, le tissu cellulaire est un peu écarté ou déchiré, *mais le cuir chevelu
qui le recouvre est sans contusion notable, sans la moindre lésion
apparente ou invisible,* en sorte que ce n'est point lui qui a fourni
l'extravasation sanguine dont nous parlons.

Après avoir enlevé le tissu cellulaire sanguinolent et le périoste, nous
vîmes alors deux grandes fractures, l'une longitudinale, l'autre transversale, se réunissant à angle droit sur la bosse pariétale gauche. De ce
point de réunion partent plusieurs autres petits rayons fracturés qui s'ir-
radient sur les os environnants jusqu'à la distance d'un à deux pouces.
Ce centre de toutes les diverses fractures présente lui-même une petite
fissure communiquant dans la cavité du crâne : c'est par cette ouverture
que s'est fait l'épanchement sanguin qui a infiltré le tissu cellulaire sous-
péricrânien.

La fracture longitudinale s'étend d'arrière en avant, depuis le bord
postérieur du grand trou occipital jusqu'au point d'articulation de l'apophyse basilaire avec le sphénoïde ; elle a brisé dans son trajet les os intermédiaires, c'est-à-dire l'occipital, le pariétal gauche, le frontal et le corps
du sphénoïde. Elle passe tout le long du côté gauche de la grande faux
du cerveau, s'en éloignant depuis le trou occipital jusque sur la bosse
pariétale gauche, et s'en rapprochant de nouveau de manière à gagner la
partie moyenne du corps du sphénoïde ; elle accomplit ainsi un ovale
assez complet.

La fracture transversale s'étend de la partie moyenne de la surface d'articulation du pariétal avec le temporal gauche jusqu'au milieu de la portion écailleuse du temporal droit. Sa direction à travers les pariétaux est
oblique de gauche à droite. Elle coupe à angle aigu la direction de la fracture longitudinale directement sur la bosse pariétale gauche, passe un
demi-pouce plus en avant que la bosse pariétale droite, et se continue
pour aller se perdre dans la partie moyenne de la portion écailleuse du
temporal droit, qui présente quelques esquilles produites par contre-
coup.

Nous avons scié circulairement le crâne : les fractures que nous avons
décrites intéressent la totalité de l'épaisseur des os ; il existe au-dessous
de la bosse pariétale, entre la dure-mère décollée et les os, un épanche-

ment de sang coagulé dont la quantité peut être évaluée à deux onces environ. Le décollement de la dure-mère peut avoir cinq pouces d'étendue. L'hémorrhagie qui avait entretenu ce foyer était produite par des esquilles qui avaient déchiré probablement les ramifications de l'artère méningée moyenne de la dure-mère ; nul autre épanchement sanguin n'existait à la surface du crâne. Les esquilles de la portion écailleuse du temporal ne s'étaient point déplacées, et la fracture du corps du sphénoïde s'était également faite sans aucune hémorrhagie.

La substance cérébrale n'était lésée dans aucune partie ; l'hémisphère gauche portait l'empreinte de la dépression qu'il avait soufferte, mais son parenchyme était sans lésion apparente.

Les parois abdominales, examinées à leur surface et dans l'épaisseur des muscles qui le constituent, n'ont présenté ni ecchymoses, ni contusions, rien en un mot.

Le foie, les reins, la rate, toute la masse des intestins sont dans l'état physiologique.

Mais en regardant l'estomac, nous remarquâmes que son grand cul-de-sac avait disparu. Une déchirure longitudinale et en lambeau, pratiquée à travers le diaphragme, et surtout de son centre phrénique, lui avait donné passage, en sorte que ce grand cul-de-sac était logé dans la cavité thoracique gauche. Cette déchirure du diaphragme était récente ; elle avait deux pouces et demi d'étendue ; elle présentait quelque lambeaux flottants, encore sanguinolents, mais ces gouttelettes sanguines étaient tellement peu caractérisées, qu'il serait imprudent, je crois, d'en tirer une conclusion. Le pourtour de cette déchirure n'avait aucune adhérence avec l'estomac hernié ; ce dernier comprimait assez cette ouverture, pour que ses bords fussent très peu rouges, ou plutôt blafards ; en sorte que le sang qui en avait coulé était peu de chose. Ce sang s'était du reste mêlé avec les matières épanchées dans la plèvre, de manière qu'il était difficile de le reconnaître.

L'abdomen ne contenait aucune matière étrangère ; rien n'était épanché dans sa cavité.

La portion de l'estomac hernié dans la plèvre gauche, à travers l'ouverture accidentelle du diaphragme, s'était elle-même déchirée dans cette cavité, en sorte que tout ce qui était renfermé dans l'estomac s'y était épanché. Les matières contenues étaient des aliments solides et liquides, n'étant point encore assez digérés ; ces aliments consistaient en légumes secs, viande, pain, vin, etc. Ils ont rempli deux assiettes à soupe.

La déchirure du grand cul-de-sac de l'estomac existait à la face supérieure ; elle avait un pouce et demi d'ouverture ; son contour était inégal et commé frangé ; il était rouge, et le sang n'était point coagulé à l'extrémité de ses vaisseaux béants ; il suffisait de comprimer alentour pour voir suinter le sang, mais en très petite quantité. Hormis cette ouverture, qui ne présentait rien de plus sur ses bords, l'estomac était à l'état physiologique.

Le sang épanché par cette plaie s'était, comme le sang épanché par la plaie du diaphragme, mélangé avec les matières contenues dans la plèvre ; on avait assez de peine pour distinguer les caillots sanguins parmi les aliments qui avaient été noircis par un vin riche en couleur ; du reste, peu de sang s'était répandu, car ces caillots étaient petits et assez rares.

Tout le lobe inférieur du poumon gauche avait été refoulé en haut et en arrière, tandis que la surface de la plèvre en contact avec l'épanchement était rouge, vivement infiltrée dans ses vaisseaux capillaires. Cette infiltration était un vrai pointillé sanguin inflammatoire, à la surface duquel s'étaient développées çà et là de petites plaques pseudo-membraneuses blanchâtres, mais assez rares.

La vessie contenait une assez forte quantité d'urine.

On voit, par le rapport ci-dessus, que la question dont nous nous occupons ne peut être résolue qu'en tenant compte des conséquences de la blessure, eu égard à l'organe lésé et aux fonctions qu'il remplit dans l'économie ; elle peut être soulevée à l'occasion de quelque blessure que ce soit, et ce n'est que dans la plus saine physiologie que l'on pourra puiser les documents nécessaires à sa solution. On peut tirer de ce genre d'observations des conséquences très propres à éclairer la justice. Dans l'affaire Lhuissier (femme coupée par morceaux), la situation, la nature et la gravité de la blessure de la tête nous ont fait penser que c'était là le premier coup porté, qu'il avait dû causer une commotion mortelle du cerveau, et placer la victime dans l'impossibilité de se défendre ; aussi n'avons-nous pas trouvé de contusions autres que celles qui auraient pu être le résultat de la chute du corps à terre, immédiatement après la mort, si ce n'est sur le moment même. Cette blessure avait mis Lhuissier dans la possibilité d'opérer la section des cuisses très peu d'instants après la mort, ce qui explique l'aspect que les plaies ont offert, et aussi la quantité de sang que l'on a trouvée dans la chambre, quoiqu'il y ait tout lieu de croire que la mort générale fût survenue avant la section des cuisses. — Un assassinat se commet dans une pièce voisine d'une chambre habitée, et cependant on n'entend aucun bruit qui puisse se rapporter à l'action de ce crime ; mais on trouve que la personne assassinée porte au cou une plaie profonde qui a ouvert la trachée-artère et les artères carotides ; cette circonstance est expliquée par la nature même des organes intéressés, puisque l'aphonie est la conséquence de l'ouverture de la trachée-artère, et que l'hémorrhagie a dû amener promptement la mort. — Un homme a le tibia fracturé par suite d'un coup qui lui est porté ; il tombe, se relève, marche quelques pas, chancelle, et tombe de nouveau. L'accusé se défend d'être l'auteur de la fracture, s'appuyant sur l'impossibilité dans laquelle le blessé aurait été de marcher s'il avait eu la jambe cassée ; il attribue la fracture à la dernière chute : il faut donc savoir que dans certains cas de ce genre la marche est possible, si les fragments ne sont pas déplacés, le péroné contribuant à les maintenir en contact. Il en est de même des fractures du col du fémur dans lesquelles le fragment inférieur vient à s'enchatonner dans le fragment supérieur. — Un homme reçoit un coup sur un œil, on demande si la vision a été tout à fait empêchée par ce coup, ou si, au contraire, elle a pu lui permettre de faire telle ou telle blessure à son adversaire ? Nous pourrions multiplier ces exemples ; mais toutes les suppositions que nous ferions à cet égard ne prouveraient pas mieux l'importance de cette question que celui que nous avons rapporté. Parmi les difficultés de diagnostic et de pronostic qu'il pouvait soulever, la suivante était la plus délicate. J. V... pouvait-il être atteint de toutes les lésions que l'on avait reconnues au moment où il s'est présenté chez le docteur Davat? La conséquence de cette question était celle-ci : si J. V... était porteur de ces blessures à cette époque, l'individu qui avait battu ces trois hommes à la foire était seul passible des suites des blessures. Si, au contraire, les blessures avaient été faites après le départ de J. V..., il fallait accuser ses deux compagnons de route. Cette question a été discutée de la manière suivante, dans un rapport que le docteur Davat a adressé à la justice, et nous y avons joint quelques commentaires lors de la communication qu'il nous en a faite.

La solution de cette question demande d'autant plus d'attention qu'elle peut faire absoudre le premier accusé et rechercher un autre coupable. Elle est, du reste, très épineuse; car, dire que le sieur J. V... avait été frappé lorsqu'il s'est présenté devant moi et qu'il avait déjà toutes les lésions que nous venons de rapporter, c'est dire qu'il a pu vivre de toute sa vie de relation pendant plus de trois heures, marcher plus d'une lieue, parler sans se plaindre, avec une double rupture du diaphragme et de l'estomac, épanchement des aliments dans la plèvre, refoulement du lobe inférieur du poumon ; avec une quadruple et épouvantable fracture des os de la tête, lésions nécessairement et prochainement mortelles si elles ne le sont sur-le-champ.

Cependant les antécédents recueillis sur cet homme établissant qu'il avait été battu, ses compagnons ne me dirent point qu'il eût perdu connaissance lors des coups qu'il reçut, ce qu'ils n'auraient pas manqué de faire pour me déterminer en leur faveur; il était seulement étourdi, disent-ils ; il marchait lentement, quelquefois seul, quelquefois s'appuyant sur le bras des autres et ne disant mot.

En entrant chez moi ils venaient de faire une demi-lieue à pied. J. V... s'assit sur une chaise, reposa sa tête sur ses mains, et la laissa dans cette situation jusqu'au moment où ils partirent ; pendant cet intervalle il ne se plaignit point, sa respiration ne paraissait point pénible, sa physionomie n'avait rien d'extraordinaire ; il se leva seul au moment du départ et se retira avec ses camarades ; sa démarche était lente, grave, mais non mal assurée. Ses vêtements étaient propres. Sorti de mon appartement, il resta avec ses camarades pendant plus d'une heure en ville, presque constamment debout, recherchant cependant les lieux commodes où il pût s'appuyer, ne se plaignant pas, ne disant mot, ne demandant rien, entendant et comprenant ce qu'on lui disait. On assure qu'il eut quelques efforts de vomissements, mais sans résultat. Il resta dans cette situation jusqu'à neuf heures du soir.

Il est certainement difficile de concilier cet état avec les lésions trouvées; il me paraît également dangereux et imprudent d'en tirer des conclusions, conclusions qui auraient peut-être pour résultat l'envoi à l'échafaud d'un innocent pour un coupable; et, pour décharger complétement notre conscience de la gravité de ce fait, nous ajouterons que, de toutes les lésions mortelles inévitablement, nulle ne l'était sur-le-champ : que le sieur J. V... était un paysan bien nourri, vigoureusement constitué, habitué à la fatigue; qu'il avait bu un peu plus de vin qu'à l'ordinaire, et qu'on peut, jusqu'à un certain point, concevoir que la force de vie de l'individu, jointe à l'action excitante et stupéfiante du vin, lui aura fait oublier momentanément ses douleurs, en lui donnant la force de parler et de marcher, jusqu'à ce qu'enfin il tombe sous l'effet de la compression du cerveau par l'épanchement sanguin.

La disposition du foyer de cet épanchement sanguin nous rend elle-même parfaitement raison de la lenteur des accidents qui sont survenus. En effet, les résultats de la compression sur le cerveau qui devait rendre le malade comateux et sans mouvement ne purent arriver que progressivement et lentement, puisqu'il fallait que le sang qui s'épanchait décollât le périoste, qui est lui-même très adhérent; ce qui ne peut se faire que très lentement, parce que la résistance du périoste à se laisser décoller est considérable à cet âge.

Ces précédentes circonstances porteraient à croire que le sieur J. V... pouvait être atteint des lésions du crâne au moment où il s'est présenté devant moi; et plusieurs médecins que j'ai questionnés à ce sujet ne les regardent point comme incompatibles avec le plein exercice des fonctions pendant plusieurs heures.

Mais pour les lésions de l'estomac, du diaphragme et du poumon, si on les considère comme concomitantes des lésions du crâne, la solution est plus difficile, car je ne sais sur quoi nous pourrions nous appuyer pour dire que le sieur J. V.,. était atteint de ces ruptures au moment où je l'ai vu. Manquant de faits comparatifs, de renseignements positifs, j'ai consulté et mes collègues, et plusieurs maîtres dans la science. Les opinions ont été partagées : les uns ont reconnu ces lésions possibles avec la conservation et le libre exercice de la vie de relation pendant plusieurs heures; d'autres les ont repoussées comme inconciliables; d'autres, enfin, sans nier la possibilité du fait, ne sont pas disposés à l'admettre facilement, et c'est là notre opinion.

Et, pour corroborer cette manière de voir, j'ajouterai que plusieurs auteurs se sont assurés, par des recherches bien faites, que si l'on tue un animal pendant le phénomène de la digestion, le suc gastrique peut, à lui seul, rompre les parois de l'estomac du cadavre. M. Bonnet, de l'Hôtel-Dieu à Lyon, a répété ces expériences, et s'est convaincu de leur résultat. Il y a, à la vérité, bien de la différence entre les lésions causées par la rupture produite par le suc gastrique et les lésions causées par la rupture que nous avons étudiée dans cette observation. Ici l'estomac est à l'état physiologique et sans ramollissement. Les bords de la rupture sont frangés et sanguinolents, la plèvre est pointillée, quelques petits caillots sanguins se rencontrent dans les matières épanchées.

Mais, d'un autre côté, si l'on considère que cette déchirure est sans rougeur au pourtour ; que la quantité de sang épanché est presque nulle ; qu'un sang noir suinte à l'extrémité des vaisseaux déchirés si l'on exerce une compression dans leur voisinage, on ne sait si l'on ne doit pas regarder cette rupture comme consécutive à la mort.

Bien plus, si l'on se rapporte à la déchirure du diaphragme, si l'on remarque la lésion de ce muscle essentiel à la respiration, on comprend difficilement qu'il n'ait pas été troublé dans ses fonctions ; on conçoit avec peine que pendant trois heures il n'y ait pas eu anhélation, ni perversion notable dans les actes d'inspiration et d'expiration. Je me rappellerai toujours le fait suivant, fait contraire à l'idée qui admet comme possible l'acte respiratoire chez les individus atteints de lésions du diaphragme : un cheval fit un vain et violent effort pour arracher une voiture engravée ; il s'arrête court, bat des flancs, tombe en tremblant ; sa respiration est excessivement laborieuse, il périt dans une heure. L'estomac faisait hernie dans la plèvre à travers le diaphragme déchiré dans une étendue de quatre pouces et demi.

Réflexions sur cette observation. — Le fait qui vient d'être rapporté par M. Davat soulève, ainsi qu'on vient de le voir, plusieurs questions médico-légales. La plus importante à résoudre est celle de savoir si les blessures dont il est fait mention ont précédé ou suivi la visite des trois hommes chez ce médecin. Il s'agit donc de déterminer si un homme peut marcher pendant deux heures, séjourner en outre pendant une heure dans une ville, avec une fracture du crâne du genre de celle qui est décrite, une déchirure au diaphragme, une perforation de l'estomac avec épanchement dans la poitrine de près d'un litre d'aliments, et refoulement du poumon gauche, *sans présenter aucun signe qui puisse dénoter des blessures aussi graves ?*

1° Relativement à la fracture, nous en concevons *à la rigueur* la possibilité, parce que cette solution de continuité est très étendue, ramifiée, et que tout l'effort a pu être employé à la produire, sans que le cerveau ait été très notablement influencé par une commotion.

2° Eu égard à la rupture accidentelle du diaphragme, il est impossible de porter un jugement sans consulter les faits précédemment recueillis par les auteurs, et malheureusement ils ne sont pas très nombreux. Percy est un de ceux dont l'opinion peut le plus faire autorité en cette matière (*Dict. des sc. méd.*, art. DIAPHRAGME). Il a fait, des ruptures du diaphragme, une étude spéciale, ainsi que M. Cavalier (*Dissert. inaugurale*) ; celui-ci a rassemblé quelques exemples pour prouver leur gravité : nous reproduirons succinctement ces faits sous les yeux du lecteur afin de les éclairer. Et d'abord, il ne paraît pas douteux que la rupture du diaphragme amène constamment une mort prompte chez les chevaux. Ils tombent sous le coup, comme cela a eu lieu dans le fait rapporté par M. Davat, et ils succombent en quelques instants. Chez l'homme, la mort n'est pas toujours aussi prompte, ainsi que le prouve un exemple rapporté dans le journal de Desault, et quelques autres très rares relatés par Thomas Bartholin, Becker, ou consignés dans les mémoires de Berlin, les ouvrages de Sennert et de Fabrice de Hilden. Voici ces principaux faits :

Un charpentier tombe du dôme des Invalides sur des échafaudages ; il reprend ses travaux au bout de six mois, quoiqu'il conservât encore une toux fréquente, une respiration difficile et une douleur croissante du côté gauche du thorax. Quinze jours après, il fait une nouvelle chute de vingt pieds de haut, et se fracture sept côtes ; il est porté à l'Hôtel-Dieu. Il est inquiet, agité, a les yeux hagards, crache du sang ; sa respiration est laborieuse et courte ; il vomit les boissons qu'il est forcé de prendre à cause de la soif qui le dévore. Trois jours révolus, le malade est mieux. Bientôt il fait une nouvelle chute de son lit et meurt en peu d'heures.

On trouve au centre aponévrotique du diaphragme une ouverture dont les bords sont cicatrisés, ayant deux pouces et demi d'étendue dans son grand diamètre ; l'estomac et l'arc du côlon passés dans la poitrine ; le cœur dévié à droite, le poumon gauche réduit à un très petit volume et refoulé vers le sommet de la poitrine.

Dans cette observation même où la vie du malade a été conservée pendant un laps de temps assez long, et où l'autopsie vient éclairer sur l'existence d'une rupture du diaphragme, et non pas sur la quantité et le volume des organes contenus dans la poitrine à telle ou telle époque de la vie du blessé, *il existait des signes d'une affection grave*.

Une jeune femme est tout à coup saisie de frayeur pendant les douleurs d'un accouchement laborieux ; elle jette un cri plaintif, articule quelques mots d'une voix éteinte et expire aussitôt en donnant le jour à son enfant. — Le diaphragme est rompu à gauche ; l'estomac, l'épiploon et le côlon sains ont passé en grande partie dans la poitrine.

Un homme meurt *subitement* en vomissant avec la plus grande difficulté les aliments grossiers dont il s'était ingurgité. Budæus trouve la partie aponévrotique du diaphragme déchirée en forme d'étoile, l'estomac et l'épiploon remplissant cette solution de continuité.

Un homme prend un violent émétique ; il a des convulsions et périt en peu d'instants. Le diaphragme est déchiré ; une portion de l'épiploon, du côlon et du pancréas a passé dans la cavité gauche de la poitrine.

Un quinquagénaire, adonné au vin, est pris tout à coup d'un énorme vomissement, et *succombe en quelques minutes*. Le diaphragme est déchiré, une portion de l'estomac fait hernie à travers son ouverture.

En 1788, le conducteur de la diligence de Paris à Calais tomba de l'impériale en travers sur la roue de devant, et de là sur le pavé ; il *périt presque aussitôt*. On trouva une crevasse du diaphragme qui s'étendait du sternum au centre tendineux de ce muscle. Les viscères flottants du bas-ventre étaient presque tous dans la poitrine.

Abraham Water parle d'un homme *mort subitement* sous ses yeux, et chez lequel le ventre était fort aplati par suite d'une rupture analogue du diaphragme.

Un Allemand, d'une force athlétique, aidait à descendre dans une cave profonde une très forte pièce de bière ; il se tenait au-dessous d'elle. Deux hommes lâchent trop rapidement la corde qui la retenait ; cet homme, croyant qu'il allait avoir à en soutenir tout le poids, fait un effort considérable pour la retenir. Au même instant il tombe sans connaissance, roule au fond de la cave, et *meurt* en jetant deux ou trois soupirs bruyants.

Ainsi nous possédons un grand nombre d'exemples de mort subite sous l'influence de la rupture du diaphragme *sans* rupture de l'estomac, et nous ne pouvons rapporter que des cas très graves où la mort n'ait pas suivi immédiatement cette lésion.

Mais, dans tous les faits de déchirure du diaphragme, non seulement cette lésion s'est dessinée par des signes apparents pendant la vie, mais encore ces signes ont souvent persisté après la mort, et à un point tel que, dans diverses circonstances, Cavalier et Percy ont reconnu ces lésions à l'expression de la physionomie des cadavres des individus qui en avaient été affectés pendant la vie. Ainsi on a presque toujours remarqué des nausées, des vomissements, une gêne plus ou moins grande dans la respiration, un aplatissement du ventre, une dilatation anormale de la poitrine contrastant avec le signe précédent, et un rire sardonique des plus marqués, et dans tous les cas une impossibilité absolue d'exécuter des mouvements. Voilà donc une lésion qui, si elle n'est pas de nécessité mortelle instantanément, a toujours présenté des caractères assez tranchés pour dessiner une atteinte profonde à la vie.

3° Considérant actuellement la rupture de l'estomac comme une lésion à part, il nous semble difficile qu'avec un épanchement aussi considérable *d'aliments et de vin* dans la cavité gauche de la poitrine, refoulement du poumon gauche sous les premières côtes, il ne se manifeste pas, de prime abord, des symptômes qui indiquent la gêne de la respiration d'une part, et ceux qui dénotent une excitation très vive de la plèvre. La pénétration de l'air dans une des cavités de la poitrine par une plaie faite au thorax, sans épanchement et par conséquent sans une diminution du volume des poumons aussi notable, amène déjà de la difficulté à respirer. A plus forte raison, lorsque le poumon est réduit au volume qui a été observé, la sensibilité des séreuses ne tend-elle pas à faire penser que l'épanchement de vin et d'aliments de diverse nature doit produire une phlegmasie intense, analogue à celle qui se développe dans toutes les perforations spontanées de l'estomac et des intestins dans la cavité du péritoine. Objectera-t-on l'absence de douleur qui a lieu dans les épanchements sanguins des plèvres? mais on ne peut pas établir de comparaison entre les qualités irritantes du sang pour les membranes séreuses, et le vin, l'eau-de-vie, le sel, le poivre, et tous les assaisonnements qui pourraient faire partie d'aliments préparés ; d'où il résulte que l'épanchement seul aurait dû produire au moins une gêne de la respiration plus ou moins considérable, et donner lieu à des douleurs aiguës dans les plèvres ; c'est ce qu'il y a de plus probable.

Si actuellement, au lieu d'analyser les effets immédiats de chacune de ces trois blessures, nous les groupons sur le même sujet, il nous paraîtra alors difficile, pour ne pas dire impossible, d'admettre que, dans cet état, un homme puisse faire une lieue, entrer chez un médecin sans s'y plaindre, sans manifester aucune souffrance; séjourner pendant une heure dans une ville et marcher encore pendant le même temps, c'est-à-dire faire encore une seconde lieue, jusqu'à ce que, ne pouvant plus continuer sa route, cet homme soit forcé de s'arrêter.

Nous pensons donc que J. V... pouvait, peut-être tout au plus, avoir le crâne fracturé lorsqu'il s'est présenté chez M. Davat, *mais qu'il ne portait pas* l'ensemble des blessures qui ont été décrites.

Nous avons appris que le sénat de Chambéry avait fait porter tout le poids de l'accusation sur l'homme qui avait battu J. V... à la foire; mais qu'admettant des circonstances atténuantes, la peine avait été réduite à sept ans de travaux forcés. Nous ne nous permettrons pas de réflexions sur ce jugement; nous ne connaissons pas les débats qui auront probablement fourni d'autres documents à ce sujet.

Cette observation si remarquable ayant appelé l'attention de M. Delmas, chef des travaux anatomiques de la faculté de Montpellier, je reçus de lui la lettre suivante, que je reproduis ici dans son entier, attendu qu'elle relate un fait plein d'intérêt et qui offre beaucoup d'analogie avec le précédent.

La lecture de votre *Traité de médecine légale* me rappelant une observation qui n'est pas sans intérêt pour la science, je prends la liberté de vous la communiquer.

Dans le tome II de votre ouvrage, à l'occasion du fait observé par M. Davat et relatif à la solution de la question suivante : *Le blessé a-t-il pu exercer telle ou telle fonction après la blessure reçue ?* je trouve page 194 : « Ces précédentes circonstances porteraient à croire que le sieur J. V... pouvait être atteint des lésions du crâne au moment où il s'est présenté devant moi (c'est M. Davat qui parle), et plusieurs médecins que j'ai questionnés à ce sujet ne les regardent point comme incompatibles avec le plein exercice des fonctions pendant quelques heures. »

Mais pour les lésions de l'estomac, du *diaphragme* et des poumons, si on les considère comme concomitantes des lésions du crâne, la solution est plus difficile, car je ne sais sur quoi nous pourrions nous appuyer pour dire que le sieur J. V... était atteint de ces ruptures au moment où je l'ai vu. Manquant de faits comparatifs, de renseignements positifs, j'ai consulté et mes collègues, et plusieurs maîtres dans la science. Les opinions ont été partagées : les uns ont reconnu ces lésions possibles avec la conservation et le libre exercice de la vie de relation pendant plusieurs heures. D'autres les ont repoussées comme inconciliables; d'autres enfin, sans nier la possibilité du fait, ne sont pas disposés à l'admettre facilement, et c'est là notre opinion.

Renchérissant sur l'opinion de M. Davat, qui croit ne pas devoir admettre facilement la possibilité de la vie de relation pendant plusieurs heures, vous dites, page 197 : « Nous pensons donc que J. V... ne pouvait peut-être tout au plus avoir que le crâne fracturé lorsqu'il s'est présenté chez M. Davat, mais qu'il ne portait pas l'ensemble des blessures qui ont été décrites. » Votre opinion à cet égard a même tellement prévalu, qu'entraînés par vos raisonnements, les rédacteurs de l'article *Rupture du diaphragme* dans le *Dictionnaire de médecine* en 25 volumes, disent : « Une observation rapportée dans les *Archives générales de médecine* tendrait à prouver que la plupart des symptômes décrits plus haut peuvent manquer à la suite d'une rupture du diaphragme, et que l'individu qui en est atteint peut, sans se plaindre, parcourir à pied un espace de plus de deux lieues. » Mais l'analyse judicieuse de ce cas, faite par M. Alphonse Devergie, laisse des doutes sur la manière dont l'accident a eu lieu, et nous ne croyons pas devoir tenir compte ici de cette observation.

Le fait relaté ci-après me paraît modifier un peu cette manière de voir, et je n'ai point cru devoir le taire dans un moment surtout où l'on nous annonce une nouvelle édition de votre ouvrage.

Le 26 septembre 1838, le nommé X...., charretier au service de M. G...., marbrier de notre ville, fut envoyé à Vendargues charger des pierres de taille. Son chargement fait, X.... se mit en route, mais à une petite distance du point de départ, il se laissa tomber de manière que l'une des roues de la charrette passa en écharpe sur la partie supérieure de la cuisse gauche et sur le flanc du même côté. X.... se relève et vient à Montpellier, tantôt à pied, tantôt sur sa voiture, le plus souvent à pied cependant, à cause des secousses douloureuses qu'il éprouvait par l'effet des cahots. La distance ainsi parcourue fut de deux lieues environ. A son arrivée dans un de nos faubourgs, X.... entra dans une hôtellerie, raconta son accident, et demanda un lit pour se reposer, car il disait éprouver une grande fatigue. Le lendemain, à six heures du matin, X.... s'éveille et demande à être conduit à l'Hôtel-Dieu Saint-Éloi, où j'étais alors chef interne attaché au service des blessés. Une fatigue générale fut le seul motif de sa demande, et tandis que les personnes de l'hôtellerie préparent un brancard, X.... se lève, s'habille et annonce qu'il se sent assez bien pour aller à pied jusqu'à l'hôpital, distant d'environ cinq cents pas. Tout à coup cependant, et au moment de quitter sa chambre, les forces lui manquent et il tombe en défaillance vers les sept heures moins un quart. Placé aussitôt sur un brancard, il est porté à l'Hôtel-Dieu où il expire immédiatement après son entrée, et avant que j'aie pu constater son état.

Le 28 septembre, à huit heures du matin, je procédai à l'autopsie, malgré l'opposition des parents, dont le mauvais vouloir m'imposa la nécessité de la pratiquer plus rapidement que je n'aurais voulu.

La température était depuis plusieurs jours de 16 à 20 degrés, le vent du sud soufflait avec force depuis plusieurs jours aussi, et donnait lieu à une grande humidité, le baromètre marquait 27 1/2.

Le cadavre est de taille moyenne, assez fortement constitué, les cheveux grisonnent assez uniformément. La face est tuméfiée, du sang s'échappe de la bouche en assez grande quantité pour qu'une traînée à taches très rapprochées dessine le transport du cadavre du lit de repos à la table de dissection. Le cou, très tuméfié par des gaz, donne au cadavre l'aspect d'un batracien ; les veines sous-cutanées sont très distendues et forment un relief considérable. Les membres sont mous. Le scrotum et l'abdomen sont tendus et ecchymosés du côté gauche seulement. L'ecchymose de l'abdomen, colorée en brun-noir, s'étend de la cinquième ou sixième vraie côte au grand trochanter, et l'épiderme, soulevé par de la sérosité sanguinolente, forme sur plusieurs points des phlyctènes dont les plus volumineuses ont jusqu'à deux pouces de diamètre, tandis que sur d'autres points il s'enlève avec la plus grande facilité.

L'ecchymose, très noire au-dessus de la crête de l'os des iles gauches, offre une couleur de moins en moins foncée à mesure qu'on l'observe dans le voisinage du thorax, de la cuisse et du scrotum. Le doigt, promené sur les divers points tuméfiés (cou, membres, flanc gauche), détermine une crépitation sensible due au déplacement des gaz qui distendent les vacuoles du tissu cellulaire.

La partie postérieure de la tête, du cou, des membres et du tronc est colorée par plaques de couleur violacée (lividités cadavériques).

Un large lambeau cutané et quadrilatère à base postérieure, s'étendant des pubis à l'appendice xiphoïde, puis de chacun de ces points en dedans, en dehors et d'avant en arrière, en suivant d'une part la crête iliaque et de l'autre la direction de la quatrième côte, est disséqué et rejeté en arrière. Le tissu cellulaire sous-cutané est fortement ecchymosé et gorgé de sérosité plus ou moins sanguinolente. La pointe du scalpel ayant par mégarde pénétré dans le thorax au travers du sixième ou septième intervalle intercostal, il s'échappe avec sifflement, et d'une manière continue, une grande quantité de gaz fétides. Les muscles larges de l'abdomen, disséqués couche par couche, sont, ainsi que les lames celluleuses qui les séparent, imbibés de sang noir coagulé formant des caillots dans divers points de l'épaisseur du grand, du petit oblique et du transverse. Le muscle droit abdominal gauche est aussi fortement coloré vers la partie moyenne de son corps.

L'abdomen est occupé par une grande quantité d'un liquide couleur lie de vin uniformément disséminé dans la poche péritonéale, qui est déchirée dans l'étendue de deux pouces environ. La dixième côte, fracturée à deux pouces de son articulation vertébrale, est entraînée, ainsi que la onzième et la douzième, par l'action des muscles abdominaux postérieurs ; elle est, ainsi que les voisines, couchée sur les parties latérales du rachis.

Le tube digestif et l'estomac, dans un état d'intégrité parfaite en apparence, sont distendus par une grande quantité de gaz ; des traces récentes de péritonite avec exsudation de matière plastique et formation de brides celluleuses, molles, faciles à déchirer, mais déjà vascularisées, s'offrent de toutes parts ; le grand épiploon, refoulé en haut et à gauche, coloré en lie de vin, est déchiré dans plusieurs points de son étendue.

Le paquet intestinal déjeté à droite, j'ai trouvé la rate broyée, réduite en bouillie dans les trois quarts de son volume ; quelques fragments, tout en ayant résisté à l'écrasement, étaient très denses et peu humides.

Un ver lombric de quatre à cinq pouces de longueur, et nageant au milieu d'humidités intestinales, m'ayant fait supposer une perforation intestinale, j'ai examiné avec le plus grand soin l'état du canal digestif, et j'ai constaté une section complète du jéjunum à six pouces environ de l'extrémité gauche du duodénum. Les lèvres de cette section, aussi régulières que si elles eussent été faites à l'aide d'un instrument tranchant et contondant à la fois, étaient un peu épaissies, contuses et ecchymosées ; elles renfermaient dans leur épaisseur des caillots noirs irréguliers et assez consistants. Le mésentère était aussi coupé avec régularité dans l'étendue de deux pouces environ.

En abaissant l'estomac et la portion de rate restée intacte, j'ai constaté une rupture du diaphragme de six pouces d'étendue, et qui fait communiquer largement le thorax avec l'abdomen. Le poumon gauche est forte-

ment refoulé vers la colonne vertébrale, et la cavité pleurale gauche
occupée par une pinte environ de sérosité sanguinolente semblable à celle
qui s'était écoulée de la cavité péritonéale. A la décomposition rapide de
ce liquide doit être attribuée sans doute l'existence du gaz qui s'est dégagé avec sifflement, lorsque le scalpel a, dans le commencement de nos
recherches, intéressé un des intervalles intercostaux. L'abondance de ce
dégagement gazeux s'explique surtout par la communication de l'abdomen avec le thorax.

Le rein gauche est intact, mais l'uretère et le tissu cellulaire sous-péri-
tonéal sont fortement colorés en rouge brun et imbibés de sang noir ; le
psoas est ecchymosé dans toute son épaisseur, ainsi que le carré des
lombes et le muscle iliaque ; de nombreuses bulles de gaz s'échappent des
incisions pratiquées dans ces diverses parties.

Le scrotum, tuméfié par des gaz, ainsi que la partie supérieure de la
cuisse, est ecchymosé du côté gauche seulement ; son incision donne lieu
à une émission de gaz.

Ici se bornent mes recherches, le mauvais vouloir des parents m'ayant
empêché de les pousser plus loin ; mais, quoique l'observation soit incomplète sous le rapport de l'autopsie, elle me semble assez concluante
pour fournir une preuve en faveur de la possibilité de voir la vie se prolonger régulièrement malgré des désordres considérables survenus au
diaphragme. Ici, en effet, on ne saurait conserver de doutes sur la manière dont l'accident est survenu, car le malade a pu, dès son arrivée, ra-
conter avec exactitude tout ce qui lui était arrivé, et cela avec beaucoup
de tranquillité et sans offrir aucun des symptômes graves que la théorie
d'une part, et des observations bien faites de l'autre, nous font considérer
comme caractéristiques de pareils désordres. Je n'ai pas besoin de rappeler ici en quoi ce fait intéresse la médecine légale, il suffit de lire les
réflexions que vous avez ajoutées à l'observation de M. Davat, pour en
comprendre l'importance ; aussi terminerai-je ma lettre trop longue peut-
être, en vous priant d'agréer, etc.

DELMAS.

Voici un fait qui prouve que des fractures considérables peuvent exister au crâne, et que les facultés intellectuelles peuvent
cependant être conservées, ainsi que les forces physiques du
blessé, jusqu'au moment où un épanchement capable d'amener
la compression du cerveau abolit l'une et l'autre.

Nous soussigné, Regard (Louis), docteur en médecine de la Faculté
de Paris, résidant à Gex (Ain), certifions que, sur la réquisition de
M. Cuaz, procureur du roi à Gex, nous nous sommes transporté, accompagné de ce magistrat et de M. F. Monpéla, juge d'instruction, le 8 février 1840, à six heures du soir, à Grilly, chez le sieur Lapeyrouse, caba-
retier, à l'effet de déterminer les causes de la mort d'un homme décédé
dans la journée du 3 février.

Arrivé audit lieu, nous avons d'abord pris des renseignements sur les
circonstances qui ont précédé la mort. Il nous a été dit que cet homme,
nommé Antoine Bernard, de Versoix, après avoir passé une grande partie
de la nuit dans un cabaret de Mourex, s'était mis en route pour retourner
chez lui, accompagné du sieur Dumolard, et que ces deux individus, dans
un état d'ivresse assez prononcé, avaient été assaillis par plusieurs per-

sonnes, vers quatre heures du matin, à une petite distance de Grilly (environ quatre cent trente mètres) ; que le sieur A. Bernard avait pu, malgré les blessures qu'il avait reçues, se transporter jusqu'à Grilly, chez le sieur Lapeyrouse ; que, arrivé dans la cour de celui-ci, il était tombé sans pouvoir se relever ; qu'il avait été transporté dans la maison vers sept heures du matin, y avait reçu quelques secours ; que, malgré cela, il n'avait proféré aucune parole, ni fait aucun mouvement volontaire ; que les assistants avaient noté chez lui quelques vomissements, du râle stertoreux, et qu'enfin il avait expiré vers deux heures après midi.

Après que nous avons eu obtenu ces premières données, etc.

Le lendemain (4 février), de nouveau requis par M. le procureur du roi, nous nous sommes transporté avec ce magistrat et le juge d'instruction à Grilly, vers dix heures du matin, à l'effet de procéder à l'autopsie du sieur Bernard ; pour pratiquer cette opération, il nous a été adjoint M. le docteur Panthin, de Divonne. Avant de commencer nos recherches, on nous a présenté un chapeau de soie déchiré transversalement en deux portions presque entièrement séparées, et qu'on nous dit avoir appartenu au sieur Bernard, et qui avait été retrouvé à quelque distance de Grilly.

Lorsque nous avons eu prêté serment entre les mains de M. le juge d'instruction de faire notre devoir en notre honneur et conscience, nous avons d'abord jeté un nouveau coup d'œil général sur l'habitude extérieure de Bernard. Corps entièrement privé de chaleur ; globe oculaire moins saillant, cornée plus terne, pas d'enduit glaireux sur la cornée ; sugillations dans les parties déclives, et surtout à la face postérieure du cou et des membres supérieurs ; rigidité cadavérique bien prononcée ; plaque bleuâtre signalée sur la partie latérale droite du front, mieux dessinée, plus apparente.

Examen de la tête.

Crâne paraissant bien conformé ; à part la plaque bleuâtre notée plus haut, le cuir chevelu ne présente à l'extérieur aucune lésion apparente, ni tuméfaction, ni solution de continuité. Après avoir incisé le cuir chevelu, nous avons vu : 1° Une large ecchymose sus-péricrânienne, s'étendant transversalement depuis l'une des régions temporales jusqu'à l'autre, et d'avant en arrière depuis l'arcade sourcilière jusqu'au sinciput. Cette ecchymose était formée par du sang noir en grande partie coagulé, et infiltré dans le tissu cellulaire sous-cutané et le muscle occipito-frontal ; elle était exactement circonscrite. En incisant la portion de la peau à laquelle correspondait la tache bleuâtre signalée plus haut, nous avons vu que le sang était incorporé avec le tissu du derme. Dans les parties environnantes, le sang n'avait pas pénétré dans le tissu de la peau, et était seulement épanché dans le tissu cellulaire sous-cutané, comme nous venons de le décrire. 2° En allant par ordre de juxta-position, nous avons vu, en second lieu, une longue fracture ayant son siége vers la partie moyenne du front, et s'étendant obliquement de droite à gauche et de haut en bas, depuis la base du muscle temporal (sous lequel elle semble encore se prolonger) jusque près de l'arcade orbitaire du côté gauche. Cette fracture, dans ce trajet, offrait deux légères courbures. L'écartement des deux bords de cette fracture était, dans l'endroit le plus large, de deux millimètres. Du sang coagulé remplissait l'intervalle des deux fragments. Vers l'extrémité droite (ou du moins vers l'extrémité apparente) de la fracture, le péricrâne était déchiré, l'os dénudé dans un espace d'environ trente millimètres. Dans quelques points, le péricrâne était soulevé par un peu de sang épanché entre cette membrane et la boîte osseuse. 3° A droite de cette longue fracture, nous avons distingué le muscle temporal ayant une teinte violacée, presque noirâtre. L'aponévrose temporale superficielle était intacte ; seulement elle avait perdu sa couleur blanchâtre. En disséquant avec soin cette membrane et en la renversant de haut en bas, nous avons vu que, au moment où le scalpel est arrivé vers le milieu de la portion charnue du muscle, il s'est écoulé une bouillie noirâtre semblant formée par du sang intimement mélangé avec des fibres musculaires broyées. Dans l'endroit d'où s'est échappée cette bouillie, est restée une excavation peu profonde au fond de laquelle s'apercevaient quelques saillies d'os brisés. Autour de cette perte de substance, l'aponévrose temporale était décollée dans une certaine étendue. Après avoir scié l'arcade zygomatique, nous avons disséqué le muscle temporal jusqu'à son insertion à l'apophyse coronoïde. Entre la face interne de ce muscle et la paroi osseuse était épanché un peu de sang coagulé. Celui-ci ayant été abstergé, nous avons bientôt découvert des lésions de la plus grande importance, savoir : une fracture en étoile de la fosse temporale avec enfoncement d'une partie de la portion écailleuse du temporal et du pariétal droit ; l'enfoncement était surtout marqué en arrière. Cette partie enfoncée était limitée par une fracture circulaire intéressant la portion écailleuse du temporal, le pariétal droit et un peu le coronal. Au centre de cet enfoncement se remarquait une dépression qui correspond exactement à la portion du muscle temporal réduite en détritus ; le périoste n'était pas décollé. De cette dépression partent en rayonnant diverses fractures qu'on distingue fort bien à travers le périoste. Ces fractures sont : 1° Une fracture qui se dirige d'arrière en avant sur l'angle antérieur et inférieur du pariétal droit, pour aller se continuer avec la grande fracture que nous avons vue précédemment partir de la base du muscle temporal ; 2° une petite fracture qui se dirige en arrière et en haut, et va se terminer en mourant dans l'épaisseur du pariétal ; 3° une autre fracture assez longue partant de la partie postérieure de la fracture circulaire, ayant la même direction que la petite fracture précédente et allant se terminer dans le pariétal droit ; 4° une fracture qui part du centre déprimé et se termine vers la base de l'apophyse zygomatique : 5° une fracture qui part du même point et va se terminer à la suture qui résulte de l'articulation de la portion écailleuse du temporal avec la grande aile du sphénoïde ; 6° une fracture horizontale qui va de l'une de ces deux dernières fractures à l'autre.

Au moment où la voûte du crâne a été enlevée, il s'en est échappé une assez grande quantité de sang liquide et noir ; un énorme caillot de sang situé à peu près vers la partie moyenne de la surface extérieure de l'hémisphère droit du cerveau. Ce caillot avait décollé la dure-mère dans une étendue de plus d'un décimètre. Le poids de ce caillot nous a semblé pouvoir être évalué approximativement à 64 grammes. Son diamètre égalait environ 1 décimètre ; son épaisseur, mesurée vers son centre, 2 centimètres. Sous la dure-mère, dans l'endroit correspondant au premier caillot, nous avons trouvé un autre caillot moins volumineux, mais aplati, plus large, et se prolongeant jusqu'à la base du crâne. Les circonvolutions sur lesquelles il reposait étaient en partie aplaties, effacées. Du reste, pas de déchirure ni de contusion dans la substance cérébrale sous-jacente au caillot ; une injection très prononcée de la substance grise ; la substance blanche était peu colorée.

Le cerveau enlevé, nous avons examiné la portion de la boîte osseuse qui n'avait pas été détachée avec la voûte. Nous avons reconnu, à droite, les différentes fractures signalées à l'extérieur ; de plus, nous avons découvert une autre fracture qui intéressait la grande aile du sphénoïde.

Protubérance cérébrale et cervelet injectés à la périphérie.

Poitrine. — Aucun produit anormal dans les plèvres, excepté à droite où il y avait quelques adhérences. — Péricarde intact. — Cœur n'offrant rien de remarquable sous le rapport de la position, du volume, de la couleur et de la consistance. Une incision pratiquée dans son tissu nous a laissé voir ses cavités gauches contenant peu de sang ; cavités droites, au contraire, contenant une assez grande quantité de sang liquide et noir. — Rien de particulier dans les gros vaisseaux. — Le cœur enlevé, nous avons encore examiné les poumons ; quelques tubercules agglomérés au sommet du poumon droit, en avant, aucune lésion dans la cage osseuse qui constitue le thorax.

Ventre. — La paroi abdominale antérieure incisée et relevée de bas en haut nous a laissé voir : le péritoine intact ; foie assez volumineux, n'offrant du reste aucune particularité. — Estomac ne présentant rien à sa surface externe ; ouvert, il a laissé couler des matières grisâtres, chymifiées et mêlées à des liquides ; quelques stries violacées le long de sa grande courbure. — Les intestins grêles ouverts ont laissé couler des matières fécales liquides ; gros intestins distendus, vers leur extrémité anale, par des matières moulées. Quelques ganglions du mésentère engorgés. — Vessie pleine d'urine à peine élaborée.

De l'ensemble des faits exposés précédemment nous croyons pouvoir tirer les conclusions suivantes :

1° La mort du sieur Antoine Bernard est le résultat de la fracture étoilée du crâne avec enfoncement et compression du cerveau, décrite précédemment.

2° Cette blessure nous semble avoir été produite par un corps contondant ayant agi avec force contre la région temporale droite ; l'action de ce corps nous paraît s'être exercée par une petite surface sur la tête.

Pour répondre à une série de questions qui nous ont été posées subsidiairement par le juge d'instruction, nous ajouterons que :

3° Ce corps nous semble avoir frappé directement et perpendiculairement la région temporale du côté droit.

4° Il nous paraît plus probable que les désordres décrits précédemment ont été produits par une pierre que par un bâton.

5° Il nous paraît possible que le sieur A. Bernard n'ait pas perdu connaissance immédiatement après sa blessure, qu'il ait pu parler, parcourir précipitamment un espace d'environ 430 mètres, reconnaître le chemin qui conduit à Grilly, depuis un lieu situé à 430 mètres de ce village ; et cela parce qu'il nous paraît probable que les fonctions d'innervation n'ont été complétement abolies qu'après que les épanchements sanguins trouvés dans le crâne ont été formés, ce qui n'est arrivé que lentement et progressivement.

6° La peau est restée intacte dans la tempe droite à cause de l'élasticité de cette membrane, qui a cédé, tandis que les parties profondes ont résisté au corps qui a produit la blessure.

En foi de quoi nous avons signé le présent rapport.

Fait à Gex, le 7 février 1840.

L. REGARD, D. M. P.

M. Bayard a publié, dans les *Annales d'hygiène*, t. XXVI, p. 197, cinq faits moins graves d'ailleurs, et qui, à l'instar des précédents, prouvent combien il est difficile de préciser les actes que peut accomplir un blessé, en raison des blessures reçues, dussent-elles exercer une influence sur les fonctions du cerveau.

M. Tardieu a relaté un fait d'un autre ordre dans les *Annales d'hygiène et de médecine légale*, t. XXXIX, p. 157. Nous allons le rapporter textuellement. Il a groupé autour de ce fait cinq autres exemples qui prouvent combien les facultés intellectuelles peuvent encore être conservées après des désordres si considérables.

Blessures mortelles et plaies par arrachement de l'utérus et des intestins, dans lesquelles la cessation de la vie n'a pas été instantanée.

Un crime dont les détails horribles dépassent tout ce que l'imagination peut concevoir de plus atroce fut commis le 28 avril 1847, au fond de la basse Bretagne, dans la commune de Lannilis (arrondissement de Brest). Une pauvre femme mariée en secondes noces au nommé B..., et enceinte de sept mois, avait fait son dernier repas vers cinq heures et demie du soir dans un parfait état de santé. A sept heures moins quelques minutes, son fils aîné rentre et trouve sa mère au lit. Le mari l'éloigne en l'envoyant faire une commission. Il revient au bout d'un quart d'heure et aperçoit dans le jardin un chien qui léchait des débris d'intestins encore fumants qu'il prend pour l'arrière-faix d'une jument récemment délivrée. Lorsqu'il rentre dans la chambre où était sa mère, il l'entend se plaindre ; mais il est presque aussitôt renvoyé de nouveau par son beau-père, qui lui ordonne d'aller chez son oncle. Pendant ce temps, deux autres enfants plus jeunes de la femme B..., couchés dans une pièce voisine, entendaient de leur côté les gémissements de leur mère, les supplications et les reproches qu'elle adressait à son mari. Les plaintes avaient cessé après un temps que les enfants n'avaient pu préciser ; et ce n'est que le lendemain, après une nuit que le nommé B... avait passée près de sa femme, qu'on trouvait cette malheureuse morte dans son lit, ayant entre les jambes un fœtus parvenu au septième mois de la vie intra-utérine, et qui fut reconnu avoir vécu et respiré.

L'autopsie du cadavre, pratiquée par M. le docteur Morvand, ancien interne fort distingué des hôpitaux de Paris, et par M. Salzat, tous deux médecins à Lannilis, fit connaître des désordres aussi affreux qu'inattendus et qui ne pouvaient être attribués qu'à un crime. Des témoignages irrécusables ont en outre fait connaître que B... avait déjà plusieurs fois fait avorter sa femme, et qu'à différentes reprises il lui avait introduit la main tout entière dans les parties sexuelles. C'est de la même manière et pour mettre le comble à ses atroces brutalités, qu'il avait exercé sur cette malheureuse les mutilations effroyables constatées par les experts dans le rapport dont nous croyons utile de donner un extrait.

Autopsie de la femme B.. — Arrachement de l'utérus et des intestins.

État extérieur du cadavre. — Nous avons trouvé dans un lit clos une femme pouvant avoir de trente-cinq à quarante ans, pâle, comme exsangue, les yeux et la bouche fermés, couchée sur le dos, la tête reposant sur l'oreiller, les bras à demi fléchis ramenés sur la poitrine, la partie inférieure du corps couverte à partir de la poitrine.

Les couvertures enlevées, nous avons trouvé les cuisses à moitié fléchies et déjetées fortement à gauche, de telle manière que la cuisse droite reposait sur la gauche.

Les berles et le drap qui la recouvraient ne présentaient aucun désordre. Le drap qui était dessous était imbibé de sang, ainsi que la partie postérieure et inférieure de la chemise, à partir de la région lombaire. Cette portion de vêtement était de plus salie par des matières fangeuses comme celles que l'on rencontre le plus souvent dans les étables et au voisinage des fermes. La partie antérieure de la chemise était propre et ramenée sur les cuisses. Le tronc était vêtu ; la femme, pour se mettre au lit, n'avait ôté que la jupe, le tablier et le mouchoir. La tête était couverte d'une coiffe en indienne de couleur, et les cheveux sans désordre.

Retirée du lit, elle a été placée sur une table, où, après l'avoir déshabillée, nous avons constaté les faits suivants :

1° Aucune ecchymose, aucune trace de violence à l'extérieur.

2° Le ventre est excessivement ballonné, verdâtre surtout à la région hypogastrique ; les cuisses sont tuméfiées et emphysémateuses, principalement la gauche, qui offre une teinte plus foncée et une accumulation plus considérable de liquide, dues sans doute à sa position déclive.

3° La région anale offre une teinte verdâtre plus marquée du côté droit que du côté gauche. L'anus est béant, excorié en partie, mais cette excoriation est un effet cadavérique. La vulve, également béante, donne passage à une grande quantité de sang, surtout par la compression exercée sur le ventre, et ne présente, d'ailleurs, rien d'extraordinaire, si ce n'est une teinte verdâtre et une chute de la paroi postérieure du vagin qui fait hernie avec les grandes lèvres. L'orifice vulvaire est assez dilaté pour permettre facilement l'introduction de la main.

Cavité abdominale. — La cavité abdominale étant ouverte, nous la trouvons remplie par des gaz fétides qui s'en échappent à la première incision, et par une grande quantité de sang fluide dans lequel baignent les viscères. Le sang contenu dans l'abdomen sort à flot par le vagin, ce qui nous fait supposer une plaie établissant une communication libre avec les cavités abdominale et vaginale. Pour mieux constater les désordres que nous supposons aux parties génitales, nous enlevons le pubis par quelques traits de scie au niveau des trous ovales, ayant bien soin de séparer les parties molles adhérentes aux branches ascendantes du pubis. Nous avons pour lors sous les yeux tous les organes génito-urinaires.

Parties génitales. — A 1 centimètre en arrière de la petite lèvre droite, nous apercevons une solution de continuité longue de 2 centimètres, et profonde de 3 centimètres.

Cette plaie intéresse la muqueuse, le tissu cellulaire sous-muqueux, et pénètre au-dessous de la branche ascendante droite du pubis.

Le reste du vagin n'est aucunement injecté et ne présente de lésion qu'à la partie supérieure gauche. Là existe une déchirure qui ne se borne

pas à la paroi vaginale, mais s'étend à l'utérus, qui est lui-même complétement déchiré dans le tiers antérieur de son bord gauche. La plaie du
vagin peut avoir 3 centimètres, et celle de l'utérus, de 6 à 7 centimètres ;
la solution de continuité a donc en tout 10 centimètres environ d'étendue.
Elle pénètre dans le tissu cellulaire sous-paritonéal, à l'intérieur du petit
bassin, et aboutit enfin à trois solutions de continuité produites dans le
péritoine. Des trois plaies du péritoine, deux plaies en avant sont plus
grandes et permettent très facilement le passage de plusieurs doigts. Ainsi
il a été possible à notre main introduite dans le vagin de pénétrer à travers la plaie vagino-utérine, et d'atteindre les intestins à travers les plaies
du péritoine. Ces désordres semblent avoir été produits par l'introduction
d'un corps mousse qui aurait agi avec violence, les bords de la plaie
étant irréguliers et ne présentant point cette netteté de section qui caractérise l'action des instruments tranchants.

A l'utérus, nous remarquons un développement considérable de cet
organe, qui offre de 15 à 18 centimètres de hauteur, et 10 à 12 de largeur. Il est flasque, aplati d'avant en arrière et largement déchiré du côté
gauche, comme nous l'avons dit précédemment. Sa cavité est assez vaste
pour contenir fort à l'aise notre poing fermé. Elle est vide et présente dans
son fond du côté droit, vers l'orifice de la trompe de Fallope, quelques
débris du placenta faciles à reconnaître. En outre de la première plaie
décrite à l'utérus, nous voyons une déchirure longue de 4 centimètres,
profonde d'un centimètre, et n'intéressant que sa face interne, et située
à la partie postérieure de cet organe, à la réunion du col avec le corps.
Ses parois sont épaisses de 2 centimètres environ et présentent des tissus
nombreux.

Canal digestif. — L'estomac, largement dilaté par des gaz, contient du
chyme incomplétement élaboré, où il est facile de reconnaître des débris
alimentaires (quelques morceaux de viande et de lard). Ces débris alimentaires exhalent une odeur vineuse très peu marquée. La partie déclive
de l'estomac présente des rougeurs cadavériques ; le reste est à l'état
normal. A 50 centimètres environ au delà du pylore, l'intestin grêle finit
brusquement et présente une déchirure circulaire, irrégulière, offrant des
lambeaux, dont l'un, dû au péritoine, peut avoir jusqu'à 8 centimètres de
long. La séreuse finit dans certains endroits bien avant la muqueuse, qui
alors se prolonge à son tour sous forme de lambeaux. Toute cette portion
d'intestin est sain et n'offre de coloration anormale qu'à 4 ou 5 centimètres de sa terminaison. Les tuniques intestinales y sont rouges et injectées, mais la muqueuse est ferme et peut s'enlever par lambeaux avec
le scalpel. Dans sa continuité, l'intestin grêle a complétement disparu
jusqu'à 8 centimètres de la valvule iléo-cœcale. Alors cette portion d'intestin offre encore les traces d'une rupture circulaire, analogue à celle
précédemment décrite, où généralement la séreuse dépasse la musculeuse
et la muqueuse sous forme de lambeaux. Cependant dans certains endroits,
ces deux dernières tuniques dépassent la séreuse. La rupture est surtout
évidente sur les fibres de la musculeuse, lesquelles sont irrégulièrement
déchiquetées et présentent des lacérations de différentes longueurs, semblables à de petites franges. Nous constatons de nouveau, pour cette extrémité inférieure de l'intestin grêle comme pour la supérieure, une injection qui avoisine les bords de la déchirure.

Entre ces deux extrêmes de l'intestin grêle, il n'existe aucune trace du
canal digestif ; il ne reste plus que le mésentère, offrant à son bord libre
des franges longues de 12 à 15 centimètres. Ces franges ne sont autre chose
que des lambeaux du péritoine, tiraillés et allongés sous forme de cor-

dons que l'on peut déplisser. Le mésentère n'offre d'autre altération qu'une injection considérable qui occupe son bord intestinal dans une étendue de 3 centimètres. Cette partie du mésentère a une couleur lie de vin et offre à l'incision un épanchement fort abondant de sang liquide dans le tissu cellulaire. Cependant le mésentère a disparu lui-même en partie à son extrémité inférieure, c'est-à-dire à peu de distance du cœcum, au niveau du bout inférieur de l'intestin grêle.

Par les bouts supérieur et inférieur de l'intestin grêle, il s'est échappé des matières fécales et alimentaires liquides, lesquelles forment une couche peu épaisse sur les parois abdominales. Cette couche est plus abondante dans le petit bassin, il en existe cependant sur l'estomac et sur la face externe du foie. Ces matières eussent été sans doute plus abondantes si l'intestin grêle n'avait été enlevé avec la plus grande partie de son contenu.

Le gros intestin, parfaitement sain, contient des matières fécales solides.

Dans le cours de l'instruction dirigée contre le meurtrier de la femme B..., des doutes s'étaient élevés sur la réalité du fait qui servait de base à l'accusation, et que déclaraient les jeunes enfants de la victime ; il avait paru impossible que cette femme eût pu survivre aux blessures qu'elle avait reçues et proférer les paroles que l'on rapportait. M. le procureur du roi de Quimper jugea nécessaire de faire examiner la question par de nouveaux experts : j'eus l'honneur d'être chargé de cette mission, avec MM. les professeurs Orfila et J. Cloquet.   TARDIEU.

DES CICATRICES.

Une cicatrice est toujours le résultat d'une production organique nouvelle qui réunit les parties auparavant divisées. Tantôt cette production est à peine appréciable, et ne consiste que dans une exsudation de fibrine qui réunit par première intention la peau et les autres tissus ; tantôt cette matière fibrineuse, existant en plus grande quantité, devient le siége d'une organisation vasculaire plus étendue, et forme une substance nouvelle qui remplace en partie celle qui a été détruite. Dans les deux cas, le tissu de nouvelle formation qui se produit ne possède jamais l'organisation du tissu qu'il remplace, au moins quant aux parties molles ; il est le même pour la peau, le tissu musculaire, le tissu cellulaire, etc. Il est alors formé pour la peau : 1° d'un épiderme ; 2° d'un tissu élastique, que Delpech a nommé inodulaire, tissu plus ou moins dense, et qui donne toujours aux cicatrices une densité plus grande que celle des autres parties molles en général. Ces cicatrices ne contiennent ordinairement ni follicules sébacés, ni bulbes pileux ; aussi n'y aperçoit-on que fort rarement des poils lorsque toute l'épaisseur de la peau a été détruite,

et, quand ils apparaissent, ils sont rares, blancs et faibles ; il n'y
existe pas non plus de corps muqueux ; de là la coloration uniforme de toutes les cicatrices. Il contient peu de vaisseaux exhalants et absorbants, aussi leur surface est-elle presque toujours
sèche, quoique la peau soit couverte de sueur. Les cicatrices sont
dépourvues de cellules adipeuses, et elles ne renferment qu'un
tissu lamineux en général très serré. Enfin, dans les plaies avec
perte de substance, elles existent dans toute la profondeur de la
blessure, en sorte qu'elles adhèrent aux os si la solution de continuité s'est étendue jusqu'à eux.

En médecine légale, on envisage les cicatrices sous plusieurs
aspects, et les questions suivantes peuvent représenter les besoins
des magistrats dans l'instruction des affaires criminelles, par
rapport à cette matière : 1° Telle cicatrice est-elle le résultat de
l'emploi d'une arme perforante, tranchante, contondante ou
d'une arme à feu ? Provient-elle, au contraire, d'une maladie
développée spontanément, ou d'une cause tout accidentelle, une
brûlure, une opération chirurgicale, une maladie de la peau, etc.?

2° A quelle époque peut remonter la blessure qui a donné lieu
à la cicatrice ou aux apparences d'une lésion ?

3° A quelle profondeur a pénétré la solution de continuité
représentée par la cicatrice?

4° La cicatrice peut-elle s'opposer à l'exercice de telle ou telle
fonction ?

Nous allons envisager les cicatrices sous quelques uns de ces
rapports.

1° *La cicatrice est-elle le résultat de l'action d'une arme perforante, tranchante, contondante, ou d'une arme à feu?*

Lorsqu'une plaie sans perte de substance guérit sous l'influence
d'un pansement méthodique, et sans qu'aucune cause accidentelle soit venue en modifier la conformation, la cicatrice représente en général la forme de la blessure et celle de l'instrument
qui l'a produite. D'où il résulte que dans un certain nombre de
cas on peut, d'après l'aspect de la cicatrice, reconnaître l'espèce
d'arme qui a fait la blessure. Un poinçon laissera une cicatrice
allongée, parce que, d'après les expériences de M. Filhos, cette
arme ne fait jamais une plaie ronde, sauf les exceptions que
nous avons signalées à la page 183. Toutefois il est une affection
de la peau qui peut produire une cicatrice assez analogue : je
veux parler de l'acné, qui laisse toujours une petite cicatrice

allongée et légèrement ovoïde. Le dos surtout est le siége de cette maladie ; le moyen de ne pas confondre cette cicatrice avec celle d'une blessure consiste dans l'observation de ce fait, que la cicatrice n'est jamais isolée, parce que l'acné, développée au point de faire naître des cicatrices profondes, est toujours multiple. Un fleuret ou un carrelet produira une cicatrice anguleuse, à trois ou quatre angles plus ou moins manifestes.

Mais un instrument tranchant, quoique ayant été employé dans une direction parfaitement droite, pourra donner naissance à une cicatrice qui affectera une direction plus ou moins elliptique. C'est ce qu'ont démontré les observations faites à cet égard par M. Martel, et qu'il a consignées dans sa thèse inaugurale. Les causes qui déforment ainsi les cicatrices provenant des plaies longitudinales sont : 1° l'élasticité de la peau ; 2° la tension de la peau ; 3° la convexité des parties sur lesquelles la plaie a été faite ; 4° enfin, le relâchement de la couche de tissu cellulaire sous-cutané. Plus ces quatre causes s'exerceront avec intensité, plus la cicatrice prendra une forme elliptique ; d'où il résulte que dans la surface externe des membres où la convexité est plus grande, la déviation des extrémités de la cicatrice sera plus sensible ; mais si l'une de ces causes, la tension de la peau, vient à prédominer, alors les lèvres de la plaie pourront s'écarter à leur centre, au point de donner à la blessure une forme arrondie. Cette influence peut aller plus loin, et changer en sens inverse le grand diamètre de la plaie, de manière que sa direction et son plus grand diamètre soient tout à fait le contraire de ce qu'ils étaient auparavant. Ces quatre causes n'ont presque aucune action dans les surfaces concaves des membres, aux aisselles, au pli des bras, aux aines, si l'on excepte cependant la tension de la peau ; aussi, dans ces points, les cicatrices représentent généralement la direction de la blessure à laquelle elles appartiennent, pourvu que cette direction ait été celle du sens dans lequel s'exerce la tension de la peau.

Toute cicatrice provenant d'une plaie par instrument tranchant, et sans perte de substance, sera linéaire en ce sens qu'elle n'aura qu'une très faible étendue en largeur. Sa largeur sera d'autant moindre que la cicatrisation se sera opérée par contact plus immédiat, et qu'elle aura eu lieu plus promptement. D'où l'on peut tirer cette conséquence, que toute cicatrice qui aura une certaine largeur indiquera que la plaie a guéri avec suppuration.

Des faits qui précèdent, il résulte : 1° que la cicatrice d'une plaie faite avec une arme ronde et pointue pourra être confondue avec celle d'une plaie faite avec un instrument perforant et tranchant, si celui-ci n'a pas fait une blessure notable ; 2° qu'en général la direction d'une blessure par un instrument tranchant ne pourrait être déduite de celle d'une cicatrice qu'autant que celle-ci aurait son siége dans une partie concave de la surface du corps ; 3° qu'une cicatrice filiforme indique presque toujours une section nette, et, par conséquent, l'emploi d'une arme très tranchante ; elle prouve aussi que les lèvres de la plaie se sont rapprochées par première intention et que la guérison de la blessure a dû être prompte.

Les blessures par arme contondante présentent le plus souvent une conformation toute particulière. Les plaies qui résultent d'un coup porté avec force sont toujours accompagnées d'une attrition des parties qui amène souvent une perte de substance, et, dans la très grande généralité des cas, sont suivies de suppuration. Elles sont presque toujours déprimées ; leurs lèvres, constituées par la peau, en sont saillantes, rebondies, et forment des bourrelets plus ou moins marqués. Ces phénomènes ne sont pas toujours aussi prononcés ; mais en général les cicatrices conservent ce cachet à un degré assez marqué pour qu'on puisse reconnaître la nature des plaies auxquelles elles appartiennent. La profondeur de la cicatrice donne en général une idée assez exacte de la profondeur de la plaie. Cependant il faut observer à cet égard que la position de la blessure et la nature des parties sur lesquelles elle a eu lieu exercent une influence marquée sur la dépression de la cicatrice. Ainsi la plaie a-t-elle été opérée sur le cuir chevelu ou sur la saillie du grand trochanter, en un mot, au voisinage des os, la cicatrice adhère à ces derniers ; elle ne saurait prêter, parce que le tissu qui la forme a peu d'élasticité, et ses lèvres font naturellement une saillie relative plus considérable. Le contraire a lieu à l'égard des cicatrices des plaies contuses éloignées des os. Il est vrai de dire que les blessures de ce genre avec un pareil siége sont très rares, et, par conséquent, les observations que nous avons faites conservent leur généralité.

Les cicatrices des plaies par armes à feu peuvent offrir plusieurs aspects différents.

Le coup de feu a-t-il été tiré à distance, on aura une cicatrice qui représentera un disque parfait : elle sera déprimée à son centre, et exercera une tension de la peau, de ce point à sa circonférence ; elle contractera fréquemment des adhérences avec les tissus sous-jacents, si elle avoisine des os. La cicatrice a-t-elle été le résultat d'une plaie par arme à feu déchargée à bout portant, elle sera toujours enfoncée, mais sa forme sera inégale comme les plaies qu'elle représente. On pourra souvent parvenir à reconnaître, d'après l'inspection de la cicatrice, l'ouverture d'entrée et celle de la sortie, cette dernière n'offrant que très rarement un disque arrondi et rayonné comme la première. — Ces données ne sont applicables qu'aux blessures les plus simples qui n'ont pas été modifiées, soit par des opérations chirurgicales, soit par des accidents inflammatoires graves, entraînant la gangrène de quelques lambeaux, ou la pourriture d'hôpital ; mais ces deux causes sont capables d'influencer les cicatrices de mille manières différentes.

Jamais les cicatrices des plaies d'armes à feu ne sauraient donner une idée du volume, non plus que du nombre des projectiles ; sous ce dernier rapport, le même projectile peut faire plusieurs blessures. Une circonstance qui sert souvent à faire reconnaître que le coup de feu a été tiré à bout portant, c'est l'existence de grains de poudre dans l'épaisseur même de la peau qui environne les cicatrices, ainsi que les directions multiples, rayonnantes et inégalement réparties, du tissu nouveau qui a remplacé la perte de substance. Le médecin légiste doit en tirer telles inductions que de droit.

Il est une affection cutanée syphilitique qui laisse des cicatrices assez semblables à celles produites par des armes à feu : ce sont les cicatrices de *rupia*. Arrondies, déprimées, irrégulières, elles pourraient en imposer à un médecin peu habitué à voir ces maladies. Mais d'abord un individu chez lequel cette maladie se serait développée ne porterait pas en général une seule cicatrice. Jamais deux cicatrices de *rupia* ne se concordent assez bien des deux côtés d'un membre pour simuler une ouverture d'entrée et une ouverture de sortie, au moins faudrait-il un bien grand hasard pour amener ce résultat. Enfin, la multiplicité des cicatrices, et le siége à la partie interne des membres ou sur la figure, viennent en aide au diagnostic différentiel. *Ajoutez* que les cicatrices de coup de feu sont parfaitement blanches, et que celles de *rupia* conservent pendant fort longtemps une teinte rouge brunâtre assez marquée.

Les cicatrices qui proviennent d'abcès scrofuleux offrent quelque analogie avec celles des plaies d'armes à feu ; mais leur situation, au voisinage du cou, et particulièrement sous la mâchoire inférieure ou sur le trajet de la glande parotide, ou aux aines, devra toujours éveiller l'attention de l'expert. Le plus souvent aussi elles offrent un état froncé et plissé de la peau, avec proéminence de ses bords, qui ne se rencontre pas dans les premières blessures. — Les cicatrices qui proviennent de brûlures ont un cachet particulier qui ne permet pas de les confondre avec aucune autre. Leur étendue, leur état froncé et plissé, et l'amincissement de la peau, les adhérences que la cicatrice contracte fréquemment avec les tissus sous-jacents et qui amènent des infirmités, constituent des caractères spéciaux qui facilitent le diagnostic. Il en est de même de la cicatrice d'un vésicatoire par rapport à celle d'une plaie par une arme quelconque ; mais on pourrait plutôt confondre ces sortes de cicatrices avec celles des brûlures : il faut, pour que l'analogie existe, que le vésicatoire ait suppuré pendant longtemps. Néanmoins la forme parfaitement arrondie de la cicatrice, sa situation sur un point du corps où l'on établit ordinairement une suppuration de longue durée, permettront rarement des méprises à ce sujet. Il en serait de même à l'égard des cicatrices de la vaccine ou de celles de la variole que l'on voudrait rapporter à une blessure par arme à feu ; l'absence de toute dépression dans le premier cas, la forme et la dimension dans le second, suffiront toujours pour faire disparaître toute espèce de doute à cet égard.

Il est une foule d'opérations chirurgicales qui peuvent simuler les résultats des blessures ; en effet, les instruments employés dans les deux cas sont les mêmes ; souvent l'opération est faite dans un lieu qui n'est pas le siége d'une maladie toute spéciale et non susceptible de se développer ailleurs. Il est donc possible de confondre l'un avec l'autre.

Il en est de même à l'égard des plaies contuses tout accidentelles, comparées à celles qui ont été produites dans une intention criminelle.

Quelques formes de cicatrices provenant de maladies de peau peuvent en imposer pour des blessures : telles sont celles de l'acné ; elles sont blanches, plus ou moins larges, souvent allongées, quelquefois isolées, mais bien plus fréquemment multiples ; leur siége le plus commun dans le dos, et surtout leur multiplicité, tiendront toujours en garde l'expert qui aurait à se prononcer sur ce genre de lésion.

2° A quelle époque peut remonter la blessure qui a donné lieu à la cicatrice ou à l'apparence d'une lésion? — Nous avons posé cette question plutôt pour faire sentir tout le vide de la science à cet égard, que pour fournir les moyens de la résoudre. Ce qu'il est important de savoir, c'est que l'organisation vasculaire des cicatrices est très variable; que la plupart conservent pendant un certain temps une coloration rosée plus prononcée que celle de la peau; après ce temps, il faudra quelques jours pour certaines cicatrices, quelques semaines ou quelques mois pour d'autres, pour faire disparaître cette coloration. En hiver, cette couleur est souvent violacée; puis, quand le tissu cellulaire a acquis toute son organisation, toute sa densité, alors il devient plus blanc que la peau environnante. Cet état est surtout sensible à la figure pendant les émotions de l'âme; la face rougit et la cicatrice conserve toute sa blancheur, parce que les vaisseaux ne sont pas assez développés pour se congestionner au même degré que ceux de la peau. Si nous passons rapidement en revue les diverses espèces de lésions sous ce rapport, nous serons conduit aux généralités suivantes.

Contusions. — Lorsqu'elles sont superficielles, elles disparaissent dans un espace de temps variable entre quinze ou vingt jours. Si elles sont profondes, elles peuvent persister à la peau pendant un et deux mois; mais elles ne s'y montrent jamais que par une coloration qui dénote une affection déjà ancienne; nous en avons rapporté précédemment un exemple, d'où il suit, en thèse générale, qu'une fois vingt à trente jours écoulés, il n'est plus possible de reconnaître si un coup a été porté, en tant que ce coup a déterminé des lésions superficielles. — *Déchirures internes.* Sous ce titre, je comprends toutes les déchirures qui ont eu lieu sans lésion de la peau : dans ces cas, de deux choses l'une, ou l'organe déchiré aura été guéri de manière à reprendre l'exercice de toutes ses fonctions, et alors une fois le temps nécessaire à la guérison entièrement écoulé, il n'est plus possible de dire si la lésion a existé. Ou au contraire la déchirure de l'organe aura laissé une infirmité, et il faudra déterminer si cette infirmité est la conséquence nécessaire de la lésion, ou si elle n'aurait pas été produite par une autre cause. Ce genre de lésion pouvant se rapporter à toute espèce d'organe, on sent combien il sera difficile, après un laps de temps fort long, de parvenir à en préciser la cause. — *Fractures.* Déjà nous avons appelé l'attention sur la possibilité de reconnaître le cal de la fracture d'un os placé superficiellement, et nous avons fait sentir combien il était difficile de vérifier l'existence d'un cal placé profondément dans l'épaisseur des parties molles. Toutefois un os fracturé ne reprenant jamais son volume naturel, il sera possible dans beaucoup de cas de déterminer, après un laps de temps considérable, si la fracture a existé ou non. Voici un rapport que nous avons fait à l'occasion d'un cas de ce genre. On peut voir par les questions que l'on nous a posées, que non seulement on nous demandait s'il avait existé une fracture, mais encore si, dans le cas de l'affirmative, cette fracture n'aurait pas été antérieure à la lésion. Nous ferons remarquer que les fractures sont souvent consolidées avec plus ou moins de difformités, et que ces déformations des os éclairent nécessairement la médecine sur leur existence.

Dans l'affaire Guérin, de Sannois (fratricide), les experts ont pu reconnaître, quatre ans après la mort, les traces de fractures du crâne, en déduire la forme, et dire qu'elles avaient été le résultat de l'action d'un corps contondant à large surface ; ils ont déclaré que ces nombreuses fractures avaient été faites pendant la vie, et ils en ont acquis la preuve par la présence de sang sur l'os de la pommette gauche, dans la fosse zygomatique, et particulièrement à son sommet. Peut-être on demandera jusqu'à quel point il est possible de constater la présence du sang après quatre ans d'inhumation, et lorsque le corps est dans un état de saponification presque complète ; j'avoue que cela me paraît difficile, mais non pas impossible. En effet, ce n'est probablement pas du sang avec ses qualités physiques ordinaires dont les experts ont voulu parler, mais du sang altéré par la putréfaction. Or, à cette époque, quatre ans d'inhumation, toutes les parties sont saponifiées et les muscles seuls peut-être se distinguent bien de tous les autres organes par une couleur rose vif et par la direction de leurs fibres en même temps que par leur état filandreux ; il ne serait donc pas impossible que le sang eût formé une matière homogène, distincte des muscles, rassemblée dans la fosse zygomatique, et de telle sorte qu'il fût encore appréciable. Nous avons, au surplus, établi par des faits que les foyers sanguins résistaient pendant longtemps à la putréfaction.

A-t-il existé une fracture dans la clavicule droite?

Nous soussigné, nous nous sommes rendu, aujourd'hui 11 novembre 1834, rue des Fourneaux, n° 17, à l'effet de visiter le sieur Bonneau ; de déterminer s'il porte des traces de fracture à la clavicule droite ; si, en cas de fracture, cette lésion ne serait pas antérieure aux coups qu'il a reçus du nommé Planquet, et enfin, d'énoncer le temps présumé de l'incapacité de travail que les lésions observées entraîneraient ; ainsi qu'il résulte d'une ordonnance de M. G..., juge d'instruction, en date du 6 novembre, qui nous commet à cet effet.

Bonneau nous déclare que le 28 octobre il a été frappé avec un bâton par le sieur Planquet. Il a reçu des coups sur diverses parties du corps. Il porte encore une cicatrice récente à la racine des cheveux, au-dessus du front, blessure qu'il attribue à cette cause. Un des coups de bâton a porté sur la jonction de l'épaule droite avec le cou. Il a été dans l'impossibilité de se servir de son bras droit depuis cette époque. Il est entré le troisième jour de ses blessures à la Charité ; on s'est borné à lui faire tenir le bras en écharpe ; on n'a pas appliqué de bandage propre à maintenir une fracture. Il est sorti de cet hôpital au bout de huit jours. Depuis cette époque, il est forcé de tenir son bras en écharpe, et il ne peut s'en servir pour son travail journalier, dans lequel il est obligé de faire porter des bretelles sur l'épaule droite, dans le but de traîner une voiture. Mais il se sert de son membre pour manger.

Nous lui avons fait exécuter des mouvements assez étendus ; il a éprouvé encore de la douleur en portant son bras à la tête ou derrière son dos ; mais ces douleurs ne sont pas très fortes, car il nous a dit que si son mal était au bras, il ne l'empêcherait pas de travailler.

La clavicule droite ne présente pas de traces de fracture récente ou ancienne ; sa conformation est tout à fait analogue à celle de la clavicule gauche.

Il y a tout lieu de croire que la fracture n'a jamais existé ; mais que le coup de bâton, dont il ne reste pas *actuellement* de traces, a agi sur les muscles qui, de la tête, s'étendent à l'épaule, et c'est à la contusion de ces muscles qu'il faut attribuer les symptômes que Bonneau a éprouvés depuis le 28 octobre.

D'où nous concluons :

1° Qu'il n'a jamais existé de fracture ;

2° Que l'incapacité de travail résultant des coups reçus peut être évaluée à dix-huit jours environ.

Luxations. — Dès qu'une luxation est réduite, elle ne laisse pas de traces, à moins que le sujet ne soit assez avancé en âge pour ne pouvoir plus récupérer les mouvements qui étaient propres à l'articulation ; par conséquent, dans la très grande majorité des circonstances, il sera impossible de dire si une luxation a existé. Il n'en sera pas de même pour les cas dans lesquels la luxation aura été méconnue et par conséquent non réduite, car alors tous les signes de la luxation seront presque aussi évidents que le premier jour de l'accident. — *Blessures.* Toute excoriation de la peau ne laisse pas de trace de son existence après sa guérison parfaite, c'est-à-dire après le renouvellement de l'épiderme ; il faut en excepter une rougeur de ce tissu nouveau, qui est plus marquée que le reste de la peau; mais dans l'espace de huit ou dix jours il reprend la couleur du tissu cutané. Toute plaie qui a intéressé l'épaisseur de la peau laisse après sa guérison une cicatrice. Cette cicatrice est indélébile. Elle ne peut pas se recouvrir de poils nombreux comme on l'observe sur le reste de la surface de la peau ; elle ne peut pas s'injecter et rougir aussi fortement que le font toutes les parties de cette enveloppe, parce qu'elle n'est jamais douée d'un réseau vasculaire spécial qui corresponde au corps réticulaire; par conséquent, il est toujours possible de constater, à une époque donnée, une blessure reçue fort longtemps auparavant. Toutefois nous avons dit précédemment que les cicatrices disparaissaient avec l'âge, ce qui est en opposition avec les propositions précédentes : c'est une erreur de rédaction que nous rectifions ici ; nous devions dire que les apparences des cicatrices diminuaient avec l'âge, car elles ne disparaissaient jamais complétement. — Les cicatrices peuvent offrir de grandes différences, qui sont relatives : 1° Au mode de guérison de la blessure. Toute solution de continuité qui se réunit par première intention donne naissance à une cicatrice linéaire, et parfois si peu apparente, qu'il faut examiner la peau de très près, pour en constater l'existence. Toute blessure qui se guérit par suppuration laisse à sa suite une cicatrice dont l'étendue varie en raison de la perte de substance qui a eu lieu, en sorte que non seulement une cicatrice dénote l'existence antérieure d'une plaie, mais encore l'étendue de cette cicatrice peut faire reconnaître si cette plaie a suppuré ou si elle a été guérie sans suppuration. 2° Toute cicatrice récente est plus rouge que la peau qui l'avoisine ; toute cicatrice ancienne est plus blanche que la peau environnante. 3° La forme de la cicatrice est en général en raison de la forme de la plaie à laquelle elle a succédé. Néanmoins cette proposition subit des exceptions à l'égard des plaies dont on a modifié la forme dans le but d'en faciliter la guérison ; et aussi en raison des circonstances que nous avons signalées page 210. Cette proposition n'est donc fondée que comme proposition générale. D'où il résulte que la cicatrice d'une blessure produite par une arme tranchante dénotera en général l'emploi de cette arme; qu'il en sera de même pour une arme perforante et contondante. Dans les deux premiers cas, la régularité de la cicatrice et l'uniformité de sa surface en constitueront les caractères ; dans le troisième, la cicatrice ou ses bords offriront presque toujours un boursouflement plus ou moins prononcé, en même temps que les prolongements de la cicatrice dans diverses directions indiqueront l'irrégularité du trajet de la plaie contuse. On voit par cette esquisse fort imparfaite qu'une longue habitude d'observation des cicatrices peut seule conduire l'expert à des conclusions certaines ; c'est une partie de la médecine légale qui est tout entière à faire et qui offre beaucoup d'importance, surtout lorsqu'il s'agit d'une question d'identité. (Voyez ce chapitre, où nous rapporterons plusieurs cas de ce genre.)

PRONOSTIC DES BLESSURES.

De la gravité des blessures, suivant les diverses parties.

1° *De la tête.* Les plaies par la perforation du cuir chevelu sont des plaies simples par elles-mêmes, qui guérissent ordinairement sans accidents, et dans un espace de temps variable entre quatre et six jours, si elles se réunissent par première intention, et en dix à vingt jours s'il survient de la suppuration.

L'accident qui peut les compliquer prolonge de beaucoup leur durée et les rend quelquefois mortelles ; il consiste dans une inflammation. Cette inflammation peut être bornée au pourtour de la plaie et y produire un abcès avec décollement plus ou moins grand du cuir chevelu, abcès que l'on est obligé d'ouvrir ; ou bien elle peut prendre la forme d'un érysipèle, souvent accompagné de symptômes d'irritation gastrique.

L'érysipèle peut être simple ou phlegmoneux ; dans ce dernier cas, il offre toujours beaucoup plus de gravité : cette gravité est, en général, en rapport avec l'étendue de l'inflammation et les points de suppuration plus ou moins nombreux qui se forment. Le peu d'extensibilité du cuir chevelu concourt aux progrès de la phlegmasie par l'étranglement qu'il détermine. L'érysipèle peut parcourir ses périodes sans accidents cérébraux, ou être au contraire compliqué d'arachnitis, ou d'inflammation du cerveau, ce qui est plus rare. Il résulte de là, que l'expert appelé à déterminer les conséquences d'une simple plaie par piqûre, dans les premiers jours de la blessure, doit évaluer l'incapacité de travail à quelques jours, en employant toujours cette restriction : *à* moins *que des accidents inflammatoires ne se développent et ne viennent retarder la guérison, ou même imprimer à la blessure un caractère de gravité qu'elle n'a pas aujourd'hui.* Il peut aussi demander à revoir le blessé une ou plusieurs fois pour établir un jugement définitif.

Les accidents inflammatoires, et notamment la phlébite, qui compliquent fréquemment les plaies du cuir chevelu, reconnaissent, en général, pour cause des écarts de régime *faits par les malades,* mais ils peuvent aussi tenir à des conditions atmosphériques dont il n'est pas toujours possible d'apprécier l'influence. Voici un exemple dans lequel la frayeur seule a rendu les résultats graves dans leur conséquence.

Blessures par un fer aigu et triangulaire. — Coups sur les diverses parties du corps. — État nerveux général dépendant de la frayeur éprouvée par le blessé au moment de l'accident.

Nous Marie-Guillaume-Alphonse Devergie, en vertu d'une ordonnance de M. Corthier, juge d'instruction, avons visité, aujourd'hui 13 juin 1831, le sieur Pierre-Nicolas Correl, âgé de trente ans, serrurier, demeurant à la Chapelle, n° 40, qui nous a rapporté les faits suivants : Le 23 mai 1821, à sept heures du soir, il a été tout à coup frappé par le nommé Falotte, qui l'a d'abord voulu jeter dans un puits, et lui a donné des coups de pied et des coups de poing ; ils sont tous deux tombés à terre, se sont ensuite relevés, et Falotte a été chercher chez lui un fer à redresser les plis ronds des bonnets de femme. Il est descendu, a donné à Correl un premier coup de ce fer au voisinage de la hanche gauche avec la partie aiguë qui se fixe dans un manche de bois ; un second coup a été porté au sommet de la tête, et trois autres sur divers points de cette partie, l'un tout à fait en arrière, un autre auprès et derrière l'oreille gauche, et le troisième en avant à la racine des cheveux, au-dessus de la bosse frontale gauche. Correl alors perdit beaucoup de sang ; sur le moment il s'en est senti faible, s'est rendu chez lui, et s'est couché. Le sang a continué à couler et a même traversé les matelas : les plaies de la tête sont celles qui en ont donné la plus grande quantité. Le lendemain, la plaie de la hanche était accompagnée de beaucoup de gonflement. Le chirurgien qui lui a donné des soins y a fait mettre quinze sangsues et des cataplasmes. Il est survenu un crachement de sang qui a duré dix-sept jours, ainsi qu'un écoulement de sang qui avait lieu par l'anus chaque fois que Correl allait à la selle. La cicatrisation de la plaie de la hanche a eu lieu au bout de dix ou douze jours. Les plaies de tête ont été fermées dans les deux ou trois premiers jours, et n'ont pas exigé de pansement. La frayeur éprouvée par Correl, au moment de l'accident, a été tellement grande, qu'il en a conservé un tremblement des membres pendant seize jours, des rêves effrayants et des palpitations ; qu'il a eu de la fièvre pendant plusieurs jours, et qu'il n'a commencé à manger de la soupe que le dix-septième jour.

Aujourd'hui la santé générale n'est pas encore rétablie ; la langue est large, un peu chargée, le pouls est encore vif, la peau chaude ; il y a peu d'appétit, le malade ne peut encore manger que de la soupe. La marche est difficile, surtout quand le malade exécute des mouvements de flexion du tronc ; il ressent alors de la douleur dans la région lombaire gauche. Les plaies de la tête sont parfaitement guéries, il en reste à peine des traces. A l'union du tiers postérieur de la crête iliaque gauche avec les deux tiers antérieurs, on voit une petite cicatrice de trois lignes de longueur, de forme irrégulièrement triangulaire. Il ne reste plus de tuméfaction ; quand on comprime cette partie, la pression exercée détermine de la douleur. On voit au devant de la cicatrice de la plaie les traces des sangsues qui ont été appliquées.

Des renseignements qui nous ont été fournis par Correl, et des faits que nous avons observés, nous croyons devoir conclure :

1° Que chacune des blessures ou chacun des coups pris isolément ne constitue pas des violences qui puissent entraîner une infirmité.

2° Que leur réunion, ainsi que la manière inattendue avec laquelle ils ont été reçus, a tellement agi sur le système nerveux de Correl, qu'il en est résulté une forte atteinte portée à sa santé.

3° Que ces blessures entraîneront une incapacité de travail que nous évaluons à trente jours à partir de l'époque de l'accident.

L'arme perforante peut étendre son action aux os et même à la substance cérébrale. Si la lésion est limitée à la table externe de l'os, elle offre peu de gravité ; mais si elle pénètre jusqu'à la substance du cerveau, elle peut alors produire un épanchement sanguin qui amène des symptômes de compression et qui nécessite l'application d'une couronne de trépan. Si l'arme pénètre jusqu'au cerveau, la plaie acquiert de la gravité, en raison de la portion de substance cérébrale qui est intéressée. Aussi ces blessures peuvent-elles être mortelles immédiatement, quoique leur dimension soit très peu considérable. L'ouverture faite aux os, comparée au diamètre de l'instrument vulnérant, pourra établir quelques probabilités à cet égard ; mais il ne faudrait pas prendre pour terme de comparaison le diamètre de la plaie extérieure. Ainsi une plaie simple en apparence peut devenir une lésion mortelle. — Il est d'observation que les blessures de la moelle et celles du cervelet amènent la mort instantanément, ou plus ou moins promptement, et que les lésions des autres parties qui constituent la base du cerveau sont un peu moins graves. Ces plaies sont souvent suivies d'inflammation et même de suppuration. Elles acquièrent encore beaucoup de gravité dans le cas où la totalité ou une portion de l'instrument vulnérant est restée dans la plaie.

Plaies par instruments tranchants. — Quoique plus étendues, elles présentent, en général, moins de gravité que celles qui sont opérées par des instruments perforants ; elles guérissent

fréquemment par première intention , et par conséquent n'entraînent pas une incapacité de travail de plus de vingt jours ; lors
même que la suppuration survient, la guérison a souvent lieu
avant cette époque. Les plaies à lambeaux ne font pas exception
à cette règle dans la plupart des cas. L'hémorrhagie peut accompagner ces plaies; elles offrent alors de la gravité en raison du
calibre du vaisseau ouvert; mais les résultats se jugent immédiatement , parce que les hémorrhagies consécutives ne s'observent
presque jamais à la suite des plaies de tête. Ces hémorrhagies sont
d'ailleurs très faciles à arrêter.

L'inflammation les complique moins souvent que dans tous
les cas de plaies par piqûres. Une circonstance qui peut apporter du retard dans la guérison de ces plaies est la formation d'abcès dans les points les plus déclives des lambeaux. Le chirurgien
qui néglige de raser fréquemment les lèvres de la blessure peut
aussi, par son incurie , retarder la guérison , en ce sens que les
lèvres de la plaie tendent sans cesse à se renverser en dedans , et
que les cheveux par leur croissance irritent la blessure et s'opposent à la cicatrisation. En résumé , il est plus facile de porter
un jugement *à priori* sur ces blessures que sur les précédentes.

Une arme tranchante qui intéresse les os du crâne en même
temps que les téguments peut y produire les divisions qui ont
reçu quatre noms différents : *hedra* , ou trace superficielle de
l'instrument vulnérant ; *eccopé*, ou section perpendiculaire de
l'os; *diacopé*, ou entaille oblique ; *aposképarnismos*, ou ablation
d'une portion d'os. (Ces expressions ne doivent jamais être employées dans un rapport de médecine légale, à moins qu'elles
ne soient expliquées.) Dans le premier cas, la lésion de l'os
n'ajoute rien à la gravité de la plaie; dans les trois autres, il est
difficile de déterminer de prime abord leur gravité, parce qu'elles
peuvent être accompagnées de fractures du crâne, de commotions cérébrales, ou d'épanchement sanguin. L'arme vulnérante
a toujours agi avec force et à la manière d'un instrument contondant, parce qu'elle a trouvé une résistance très grande dans
les os.

L'arme a-t-elle pénétré jusqu'au cerveau, la plaie offrira moins
de gravité, si elle occupe le sommet de la tête que si elle siége
sur les parties latérales ; et si cette plaie peut donner issue aux
fluides qui s'écoulent de la blessure, que dans le cas contraire.
On possède des observations nombreuses de guérison de plaies

d'une grande étendue, et intéressant la substance cérébrale. Le danger des plaies latérales profondes vient du point du cerveau qui a été intéressé.

Contusion, attrition, et plaies contuses du cuir chevelu. — Les contusions du cuir chevelu se présentent sous deux états différents : ou elles constituent une bosse dure, ou elles forment une éminence fluctuante. En général, les premières sont le résultat d'un choc qui a agi perpendiculairement à la surface du crâne ; les secondes sont plus souvent produites par une cause qui a exercé son action obliquement, fait dont il faut tenir compte, parce qu'il peut servir à indiquer quelle était la position relative de l'agresseur et du blessé. La tumeur dure est formée par une ecchymose avec infiltration ; la tumeur molle est accompagnée de l'attrition du tissu cellulaire, et constitue une ecchymose par épanchement. Cette dernière tumeur peut être la source de deux méprises ; elle peut simuler un enfoncement des os du crâne. J.-L. Petit et Ruysch rapportent des exemples de ce genre. On évitera l'erreur en déprimant peu à peu la partie la plus ramollie de la tumeur au fond de laquelle on sentira la résistance des os. Elle peut faire croire à une fracture des os du crâne avec esquille et transmission des battements du cerveau à la tumeur elle-même ; c'est le cas où un vaisseau artériel d'un certain calibre a été ouvert et vient fournir le sang épanché dans la contusion, ou imprimer un choc à celui qui y existe déjà. Il y a deux moyens d'éviter l'erreur : le premier consiste à examiner si, au voisinage de la tumeur, on ne sentira pas les battements d'une artère dans la portion saine du cuir chevelu ; le second, d'attendre douze à quinze heures ; au bout de ce temps, tout battement a cessé dans la tumeur, s'il provenait d'une artère, parce que le sang s'est coagulé ; tandis qu'il persisterait pendant toute la durée de la dénudation du cerveau, s'il dépendait de cette cause. Ajoutons que la dénudation de la dure-mère ne peut avoir lieu sans fracture, et que par conséquent on devrait sentir dans ces cas les esquilles au fond de la tumeur.

Ces blessures, sans complication de commotion, de fractures du crâne, n'entraînent presque jamais une incapacité de travail de plus de vingt jours, alors même que l'on est obligé de donner issue au sang qu'elles contiennent ; elles se terminent le plus souvent par résolution. Mais du moment que la commotion du cerveau est venue les compliquer, elles peuvent amener une incapacité de travail beaucoup plus considérable, et quelquefois même laisser subsister pendant longtemps un désordre dans les facultés intellectuelles. Voici un cas de ce genre.

Blessures à la tête faites à coups de bûche.

Nous soussigné, docteur en médecine, professeur agrégé près la Faculté de médecine, nous sommes rendu à l'hôpital Saint-Antoine, ce 12 janvier 1832, sur l'ordonnance de M. Corthier, juge d'instruction, à l'effet de constater les blessures du sieur Laout, couché salle Saint-Éloi, n° 29, et de déterminer quelles en peuvent être les suites.

Nous avons trouvé le sieur Laout alité, la tête enveloppée de bandages. Interrogé par nous, il répondait à nos questions avec beaucoup de vivacité et souvent d'une manière juste; mais quelquefois il y avait de l'incohérence dans ses réponses. Il nous a dit ne pas se rappeler l'époque précise de son accident; il en a même oublié le jour. Il sait qu'il a été frappé à la tête; il croit que c'est avec une de ces petites bûches qui forment les falourdes, ou bien avec un manche à balai. Le premier coup qui lui a été porté, et il ignore sur quel point de la tête, lui a fait perdre connaissance, et, comme il est resté plusieurs jours dans cet état, il n'a pu nous donner aucun renseignement sur le temps qu'il a passé à l'hôpital antérieurement à notre visite.

Mais la sœur de la salle et les malades voisins nous ont appris, qu'entré à l'hôpital Saint-Antoine le 28 décembre dernier, il était sans connaissance; qu'on le regardait comme ne pouvant pas survivre à ses blessures; qu'il a été saigné trois fois du bras; que deux fois on lui a mis des sangsues au cou; que pendant dix jours environ il a eu du délire, et que l'on a même été forcé de lui mettre la camisole; que depuis quatre à cinq jours il est beaucoup mieux; que son sommeil n'est cependant pas encore calme, mais que le chirurgien l'a jugé assez bien pour lui donner le quart de portion en aliments.

Ses blessures consistent aujourd'hui : 1° En une plaie d'un pouce et demi de longueur, sur dix lignes de largeur, située sur le sourcil droit dont elle paraît avoir intéressé toute l'épaisseur. 2° Une plaie de près de trois pouces de longueur sur quatre à cinq lignes de largeur, placée en arrière de la tête. 3° A côté de celle-ci, une troisième plaie du quart de l'étendue de la précédente. 4° Une autre plaie au sommet de la tête dont les lèvres coupées net sembleraient indiquer qu'elle a été faite par un instrument tranchant. Cette blessure n'intéresse pas toute l'épaisseur du cuir chevelu; elle n'a qu'un pouce et demi de longueur d'avant en arrière. 5° Sur le centre du front, une excoriation arrondie de huit lignes de diamètre en tous sens. 6° Toute la peau du front est recouverte d'écailles épidermiques qui se détachent comme si cette région de la tête avait été le siége d'une inflammation. Enfin, toutes les lèvres de ces plaies sont boursouflées, à l'instar des blessures qui sont accompagnées de contusions considérables. Ces diverses plaies suppurent.

On observe en outre la trace d'une ecchymose au pli de l'avant-bras gauche, et le malade déclare avoir reçu des coups sur d'autres parties du corps.

Nous concluons des faits qui précèdent : 1° Que les blessures du nommé Laout ont été faites avec un instrument contondant et probablement hérissé de quelque aspérité.

2° Qu'elles nécessiteront vingt-cinq à trente jours pour leur guérison complète.

3° Que l'œil droit n'ayant pas été intéressé, que tous les accidents graves qui avaient paru de prime abord ayant été dissipés, il y a quelque lieu de croire qu'elles n'entraîneront pas d'infirmités, et que le rétablissement de la santé du malade sera complet ; mais il est à craindre que les facultés intellectuelles ne reprennent pas leur première activité.

Les plaies contuses ne peuvent presque jamais guérir par première intention. La suppuration ne se manifeste qu'au centre de la plaie ; néanmoins cette circonstance en retarde nécessairement la guérison. Lorsqu'elles sont à lambeau, celui-ci peut avoir sa base en haut ou en bas ; la plaie est toujours plus longue à guérir quand la base du lambeau est en bas. Là séjourne du sang, et souvent du pus, si l'on n'a pas eu le soin d'exercer une légère compression dans ce point ; souvent même on est obligé de pratiquer une incision pour donner issue à ces liquides. Elles peuvent être compliquées d'une dénudation des os du crâne ou au moins d'un décollement du périoste, et suivies, quand elles sont larges, d'une nécrose de la surface des os.

Ces plaies sont fréquemment accompagnées d'accidents inflammatoires ; elles peuvent être compliquées de fractures du crâne, de commotion, de compression ou d'inflammation du cerveau et surtout de phlébite ; en sorte que leur pronostic ne doit être porté qu'avec la plus grande réserve. Leur dimension pourra servir à établir la durée de l'incapacité de travail ; mais très fréquemment celle-ci dépasse la limite de vingt jours.

Les plaies par arrachement rentrent dans la catégorie des plaies contuses. Cependant elles présentent des dispositions plus favorables à la réunion par première intention.

Les armes contondantes ne bornent pas toujours leur action aux parties molles extérieures, nous devons examiner leur gravité lorsqu'elles étendent leurs effets aux os et au cerveau . La contusion des os peut être suivie de la nécrose, de la carie ou de l'exfoliation de l'os ; cette contusion est difficile et souvent impossible à reconnaître de prime abord, mais il suffit de l'existence d'une plaie contuse avec dénudation de l'os, ou au moins avec des dimensions assez considérables pour avoir mis l'os à nu, pour craindre une nécrose consécutive, quoique l'os soit encore recouvert de son périoste. Ce genre de lésion *isolé* de tout autre accident donne de la gravité à la blessure, plutôt sous le rapport de sa durée que sous celui du danger de compromettre la vie du blessé ; dans le plus grand nombre des cas, la contusion des os du crâne est accompagnée d'une contusion du cerveau, et alors des accidents inflammatoires très graves se manifestent au moment même où l'on conçoit le plus d'espérance sur la conservation des jours du malade.

L'arme contondante peut amener une fracture du crâne; nous établirons à ce sujet quelques propositions que l'expert ne doit jamais perdre de vue : 1° Tous les points du crâne peuvent être fracturés. 2° La fracture peut avoir lieu dans le point de la percussion ou dans un endroit plus ou moins éloigné du siége où le choc s'est effectué; dans ce dernier cas, elle se nomme par contre-coup ou contre-fracture. Elle peut exister sur le même os à la table interne, tandis que la table externe est intacte sur un os voisin; ou, enfin, dans un point diamétralement opposé à celui qui a été frappé. 3° Toute arme qui vient agir sur un point quelconque du crâne avec une force donnée, le fracture si l'os ne présente pas assez de solidité pour résister. 4° Lorsqu'il ne le fracture pas, le choc est transmis à toute la surface du crâne, et une partie plus faible peut alors être le siége de la fracture, quoique la force ait perdu de son intensité, puisqu'elle a été disséminée sur toute la voûte osseuse. 5° Un corps qui agit par une petite surface produit des effets directs plus marqués, parce qu'à force égale le résultat de l'action est concentré dans un espace plus circonscrit et moins propre à transmettre l'impulsion. Si la surface du corps vulnérant est au contraire très étendue, le choc est transmis à tous les points du crâne par une grande surface, et la fracture a presque toujours lieu par contre-coup. 6° Quand les fractures par contre-coup sont le résultat de l'action d'un corps qui a agi par une grande surface, elles sont presque toujours situées sur un point diamétralement opposé à la cause fracturante, parce que c'est dans ce point que vient se réunir l'effort divergent transmis par cette boîte osseuse; et comme la voûte du crâne est en rapport direct avec les agents extérieurs, c'est à la base que l'on trouve ces fractures. 7° Une fracture du crâne peut offrir plusieurs directions différentes; mais sa forme étoilée indique toujours que le centre des rayons a été le siége de la percussion. 8° En général, le choc transmis au cerveau est en raison inverse de l'étendue de la fracture, d'où il résulte que la commotion accompagne plus souvent une fracture d'un diamètre peu considérable, qu'une fracture qui s'étendrait à tous les os du crâne; ce dernier résultat tient à ce que tout l'effort est parfaitement transmis et employé à opérer la solution de continuité. Cette circonstance peut offrir des applications à la médecine légale : on demande par exemple si un individu qui a reçu un coup sur la tête a pu marcher assez longtemps et conserver pendant plusieurs jours l'intégrité de ses facultés intellectuelles, quoiqu'il fût affecté d'une fracture qui s'étendait à tous les os du crâne ? (Voyez les faits que nous avons rapportés p. 188 et suivantes.)

Les os du crâne ne sont pas tous dans les mêmes conditions, eu égard à la facilité avec laquelle ils peuvent être fracturés. Il est des sujets chez lesquels on les trouve minces, entièrement ou presque entièrement formés par du tissu compacte, et par cela même très friables. Chez d'autres, au contraire, les os ont une épaisseur très considérable ; ils contiennent beaucoup de tissu spongieux et résistent bien plus fortement à l'action de la cause fracturante. L'époque de la vie à laquelle les fractures du crâne sont le plus faciles est celle où l'ossification est parfaite et où les engrenages des sutures sont bien complets ; en deçà ou au delà de cette époque, les solutions de continuité sont en général moins faciles ; cependant, chez quelques sujets, les os du crâne acquièrent avec l'âge une épaisseur très considérable qui leur donne une grande solidité, et dont on doit tenir compte en jugeant de l'intensité du choc par son résultat.

Toute solution de continuité d'un os n'est pas nécessairement accompagnée d'un écoulement de sang. Il faut, pour que cet effet ait lieu *immédiatement*, que l'os soit pourvu d'un système vasculaire très abondant. Mais un écoulement de sang peut s'opérer d'une manière graduée, et s'il a lieu à l'intérieur du crâne, il amène le décollement de la dure-mère, et produit des symptômes de compression consécutive. Quelquefois une branche artérielle qui rampe à la surface interne de l'os est rompue, il se forme un épanchement à la surface externe de la dure-mère qui est décollée, par la seule force impulsive du sang, dans une étendue souvent considérable. J'ai vu de ces foyers produits par l'ouverture de l'artère méningée moyenne de la dure-mère, avoir quatre pouces de diamètre et un pouce et demi d'épaisseur ; cependant les blessés avaient vécu depuis douze jusqu'à trente-six heures après la blessure. Ce décollement est d'autant plus facile que les sujets sont plus jeunes. Si la dure-mère présente plus de résistance à l'effort du sang, celui-ci peut alors passer à travers l'os fracturé et s'infiltrer dans le tissu cellulaire ambiant. Il n'existe pas alors à l'extérieur du crâne de bosse ou tumeur qui dénote une contusion, et cependant en incisant le cuir chevelu, on trouve à la surface des os une quantité de sang très notable.

Les fractures de la base du crâne sont plus souvent accompagnées d'épanchements de sang que celles de la surface supérieure. Cela tient aux vaisseaux nombreux qui se distribuent à la base du cerveau. Il est rare que ces vaisseaux ne soient pas rompus.

A ces complications déjà redoutables, il faut joindre la commotion du cerveau, sa compression et sa contusion.

Nous rappellerons ici en quelques mots les caractères de la commotion, des épanchements, et de la contusion du cerveau. La conséquence de la commotion est la diminution ou la suspension plus ou moins complète des fonctions du cerveau : cette suspension peut être définitive ou temporaire. Définitive, elle a pour résultat la mort, quand le cerveau a été assez influencé pour que son principe de vie soit détruit; temporaire, il en résulte la suspension de certaines fonctions en raison de l'intensité de la commotion; de là des éblouissements ou la perte de la vue; défaut de l'intelligence, d'entendement; perte de connaissance; perte de la voix; anéantissement de l'action musculaire de la vie animale, paralysie; diminution de la sensibilité; sortie involontaire des matières fécales et de l'urine.

Dans le cas d'épanchement, ce sont les mêmes symptômes qui se présentent, seulement ces symptômes sont ordinairement limités à telle ou telle partie, en raison de la compression exercée sur telle ou telle portion du cerveau; et comme l'épanchement est circonscrit, la paralysie l'est elle-même. Dans quelques cas, l'épanchement étant très considérable, il amène presque immédiatement la mort, ou bien encore, s'il a son siége sur la ligne médiane du cerveau, il produit des effets paralytiques sur les deux côtés du corps; aussi le diagnostic devient-il beaucoup plus difficile, car alors il y a assoupissement léthargique, respiration stertoreuse, paralysie des deux côtés du corps. Un cas plus compliqué est celui d'un épanchement avec commotion du cerveau; il faut, pour le reconnaître, attendre quelques jours pendant lesquels les symptômes de commotion se dissipent le plus ordinairement, tandis que ceux de la paralysie persistent.

Suivant MM. Foville et Grandchamp, la paralysie des membres inférieurs correspondrait aux corps striés ; celle des membres supérieurs, aux couches optiques ou à leurs prolongements. Saucerotte (*Mém et prix de l'Acad.*), avait émis la même opinion, mais d'une manière moins explicite. M. Serres a aussi adopté la même manière de voir.

M. Foville admet en outre que les épanchements de la corne d'Ammon amènent la paralysie de la langue ; M. Bouillaud pense que les lésions du voisinage des tubercules quadrijumeaux produisent l'état paralytique ou convulsif des muscles de l'œil et des paupières.

L'épanchement des pédoncules du cerveau donnerait donc lieu à tous ces effets, puisqu'ils tiennent sous leur dépendance tous les centres nerveux cités plus haut ; seulement le résultat ne regarderait qu'une moitié du corps, et enfin la protubérance annulaire produirait tous ces désordres fonctionnels et sur les deux côtés du corps à la fois.

L'épanchement est souvent secondaire, consécutif à la blessure, et ne survient qu'après un temps plus ou moins long ; le médecin doit en prévoir la possibilité. Les symptômes de commotion se montrent toujours à l'instant même de la blessure, ceux de l'épanchement sont beaucoup plus souvent consécutifs.

On peut reconnaître la contusion du cerveau de prime abord et malgré le coma, en ayant égard à la contracture instantanée des membres. La contusion du cerveau est nécessairement accompagnée d'une commotion ; ses symptômes sont donc toujours marqués par ceux de cette dernière affection. Toute contusion du cerveau amène une désorganisation de la substance cérébrale, de là les effets locaux et généraux que nous allons décrire : rupture de vaisseaux ; mélange de sang et de substance cérébrale ; le plus souvent épanchement de sang dans un foyer plus ou moins circonscrit ; d'où paralysie par compression, qui varie en raison du siége du foyer sanguin, puis consécutivement phlegmasie du cerveau et de ses enveloppes, ou seulement congestion cérébrale locale, qui précède la résorption du sang. Souvent cette altération est primitivement marquée par les symptômes de la commotion, et lorsque ceux-ci se dissipent, apparaissent ceux qui dépendent ou de la compression produite par le sang épanché dans la contusion, ou qui proviennent de la désorganisation d'une partie de la substance cérébrale, phénomènes qui sont les mêmes, puisque dans les deux cas le cerveau est empêché d'agir dans quelques unes de ses parties ; mais bientôt arrivent des symptômes de phlegmasie cérébrale ou de méningite, sauf le cas d'épanchements sanguins où ils se montrent rarement.

Il y a donc dans ces circonstances trois ordres de symptômes distincts dont nous allons reproduire ici le tableau succinct.

Commotion. — Perte *subite* de connaissance, assoupissement, dilatation des pupilles, respiration lente, pouls petit et lent, sensibilité de la peau émoussée, affaissement des membres sans roideur, sans contraction. Ces symptômes diminuent graduellement pendant les premiers jours de la blessure.

Épanchement. — Au bout d'un temps plus ou moins long écoulé depuis la blessure, et quelquefois immédiatement, il se déclare une différence dans les mouvements d'un membre ou de deux membres du même côté du corps, en même temps qu'il s'opère une déviation de la bouche en haut, du côté opposé aux membres paralysés. Parfois aussi les symptômes indiqués pour la commotion accompagnent ceux de la paralysie, mais leur invasion est toujours plus lente et leur persistance plus grande.

Contusion. — Symptômes de la commotion ; plus, symptômes de la paralysie survenant primitivement. Secondairement, apparition des symptômes de l'inflammation du cerveau.

Les plaies du cuir chevelu, les plus simples, en apparence, peuvent offrir les plus graves conséquences chez l'enfant, non pas tant par les accidents auxquels elles donnent lieu plus tard, que parce qu'elles masquent des lésions plus profondes.

C'est ainsi que de simples piqûres des fontanelles chez des enfants nouveau-nés marquent souvent les plus graves désordres.

Les fractures sont assez rares chez les très jeunes enfants ; mais la contusion du cerveau est au contraire extrêmement facile. Les commotions se produisent difficilement lorsque les os ne sont pas complétement soudés ; mais les contusions du cerveau surviennent au contraire très aisément, parce que le cerveau est moins garanti et plus exposé aux chocs directs dont tout l'effort se passe entièrement dans le point frappé à cause de l'élasticité des tissus.

Les fractures du crâne, isolées de toute autre altération ou complication, ne constituent pas une maladie grave, fussent-elles même accompagnées de perte de substance aux os, aux membranes du cerveau et au cerveau lui-même. Les exemples de guérison de blessures de ce genre sont très nombreux, et rien ne prouve mieux la possibilité de ces guérisons que le cas de cet homme chez lequel une étendue si considérable du crâne et de la surface du cerveau avait été enlevée, qu'il se servait d'une courge pour remplacer la calotte osseuse et garantir le cerveau de l'action des agents extérieurs. Seulement, la guérison est d'autant plus longue que la perte de substance est plus considérable, non pas que les os se reproduisent, mais parce que les cicatrices nécessaires pour les plaies qui en résultent sont très longues à se former.

On peut même dire, à ce sujet, que les accidents inflammatoires qui se développent à la suite des fractures offrent d'autant moins de gravité que la solution de continuité est accompagnée d'une perte de substance plus grande, parce qu'elle laisse au cerveau la possibilité d'acquérir un volume plus considérable sous l'influence de la congestion sanguine qui s'y opère. Aussi, souvent une fracture sans perte de substance est-elle beaucoup plus grave.

Enfin, il est un accident qui se montre bien souvent à la suite des plaies de tête avec fracture du crâne, c'est la phlébite, surtout lorsque la fracture a eu lieu avec esquille et a déterminé la suppuration de la dure-mère. Alors, si le malade qui est entré en convalescence fait la moindre imprudence ; s'il subit l'influence du froid, il est pris tout à coup de frissons et de fièvre, et une phlébite générale, avec abcès multiple, le conduit rapidement au tombeau ; nous en avons vu des exemples assez nombreux que nous pourrions rapporter ici.

Plaies des sourcils ; contusions. — Comme blessures, elles offrent peu de gravité ; mais elles peuvent se compliquer d'accidents de deux ordres différents : les uns, tels que l'amaurose, le prolapsus de la paupière supérieure, une difformité du sourcil, une névralgie frontale, dépendent directement de la lésion ; les autres, comme l'inflammation des parties placées dans l'orbite, celle des méninges ou même du cerveau, sont souvent liés à des écarts de régime, à une constitution atmosphérique particulière, à l'idiosyncrasie de l'individu ; maladies qui n'auraient pas existé sans la blessure du sourcil, mais qui n'en sont pas une conséquence toujours directe ; ce dont l'expert doit tenir compte dans son rapport judiciaire. L'amaurose est une affection qui peut être commune aux contusions de l'angle externe de l'œil comme à celles du sourcil. Ollivier d'Angers en a rencontré un exemple dans une expertise médico-légale. En voici un que j'ai moi-même observé.

Coups portés sur plusieurs points de la tête; l'un, qui avait été appliqué sur le sourcil droit, ayant déterminé une amaurose de ce côté.

Le 3 septembre 1835, nous nous sommes rendu à Asnières chez le sieur Héb...., à l'effet de constater l'état de ses blessures et de déterminer si elles sont de nature à occasionner une incapacité de travail personnel de plus de vingt jours.

Hébrard nous apprend que le 15 août dernier il était dans son cabriolet, sur le pont d'Asnières, et causait avec quelqu'un, lorsqu'un sieur Pri... vint à traverser le pont avec son cabriolet. Il invita Héb.... à ranger sa voiture; celui-ci, jugeant la place suffisante, n'obtempéra pas à cette invitation. Pri... passe, mais donne un coup de fouet à Héb...., coup qui vient frapper la main de la personne avec laquelle il causait. Héb.... retourne sa voiture, gagne de vitesse Pri..., le force à arrêter, et après être descendu, lui rappelle d'abord l'inconvenance de son procédé, puis il lui signale une circonstance antérieure de trois années, dans laquelle le sieur Pri... l'avait déjà menacé de coups de canne. Aussitôt le domestique de Pri... donne à celui-ci une canne plombée. Pri... lui en assène un coup sur le sourcil; Héb.... est renversé, se relève, veut se défendre, mais un second coup lui est porté en arrière de la tête, et il tombe presque sans connaissance. Il reprend peu à peu ses sens, on le place dans son cabriolet, et on le conduit chez le maire, auquel il fait sa déclaration. Un médecin appelé constate l'existence de deux plaies dans les lieux indiqués, ainsi que l'hémorrhagie considérable à laquelle elles ont donné lieu. Néanmoins il saigne le malade, lui fait appliquer seize sangsues au cou, le maintient au lit et à la diète pendant onze jours, et panse les plaies d'une manière simple.

Aujourd'hui Héb.... porte : en arrière et au sommet de la tête, une cicatrice cruciale d'un pouce de longueur, dont les bords sont encore boursouflés, saillants, inégaux, et indiquent qu'une plaie contuse a réellement existé dans cette partie; 2° en dehors du sourcil droit, une seconde cicatrice imparfaitement opérée, de même longueur que la précédente, encore recouverte d'une croûte de pus concret. La croûte qui la recouvre en presque totalité ne nous permet pas de voir si elle est à plusieurs divisions comme la précédente; mais le temps depuis lequel elle a suppuré établit des présomptions sur le fait de savoir si elle appartient à une plaie contuse.

Une amaurose (*paralysie de la vision*) existe à l'œil droit. La pupille est beaucoup plus élargie que celle du côté opposé, elle se contracte à peine. La vue est considérablement diminuée de ce côté. Le malade n'aperçoit pas les objets distinctement. Il ne peut lire avec cet œil, et pour écrire il est obligé de le fermer, sans quoi tous les objets sont confusément représentés.

Le malade est encore affaibli par le sang qu'il a perdu et par celui qu'on lui a tiré, ainsi que par la diète et le repos au lit; il a peu de sommeil; les jambes sont faibles, et parfois encore il éprouve un état passager de faiblesse qui approche de la syncope, phénomène qui s'est constamment présenté depuis ses blessures.

Conclusion.

1° Les coups portés à Héb.... ont amené deux plaies contuses.

2° L'aspect des cicatrices coïncide très bien avec l'emploi d'une canne plombée et allongée du bout.

3° Celui qui a été appliqué sur l'œil droit a produit une amaurose (*paralysie de l'organe de la vision*), phénomène commun à la suite de ces plaies.

4° Il y a lieu de croire que cette amaurose ne sera que temporaire, le sujet étant jeune et d'une bonne constitution.

5° L'incapacité de travail résultant des plaies peut être évaluée à trente jours ; celle qui résultera du fait de l'amaurose exigera un temps beaucoup plus long, peut-être deux mois ou deux mois et demi, à partir du moment où la blessure a été reçue. Il y a tout lieu d'espérer qu'elle ne constituera pas une infirmité.

Contusions et plaies des paupières. — Peu graves en elles-mêmes sous le rapport de la blessure. — Si les plaies sont avec perte de substance, le renversement de la paupière en est fréquemment la suite. Ont-elles intéressé les paupières perpendiculairement à leur diamètre, et coupé le cartilage tarse, elles peuvent ne pas se cicatriser, causer une difformité, et être accompagnées d'épiphora ou larmoiement. Quoique très petites, et curables en cinq ou six jours, elles peuvent masquer une perforation de la voûte orbitaire avec lésion du cerveau : tel est le cas d'un coup de fleuret dans ces parties. Sans même pénétrer plus avant que la peau et le tissu cellulaire, elles donnent quelquefois lieu à une inflammation du cerveau, au voisinage de l'orbite. Petit, de Namur, en cite les deux exemples suivants.

Un officier reçoit un coup d'épée à la paupière inférieure, dans sa jonction avec la joue droite ; la plaie est guérie en quatre jours. Le deuxième jour de l'accident, violent mal de tête, légère douleur au bras gauche, avec difficulté d'exécuter des mouvements de ce membre ; le membre devient peu à peu paralysé, et la cuisse du même côté commençait à offrir les mêmes phénomènes, lorsque cet officier succomba, après trois mois écoulés depuis sa blessure. Il y avait eu conservation normale des facultés intellectuelles, et vision parfaitement bonne et égale dans les deux yeux. A l'autopsie, rien de remarquable dans la blessure superficielle qui avait eu lieu ; dans la partie antérieure et inférieure droite du cerveau, un abcès contenant beaucoup de pus crémeux comme de la bouillie, et d'un blanc verdâtre, foyer qui avait trois pouces de longueur, deux de largeur, et au moins deux de profondeur.

Un soldat se rend à l'hôpital huit jours après avoir reçu un coup d'épée qui lui avait déchiré la paupière inférieure de l'œil droit ; il y avait une grande inflammation dans tout le globe de l'œil qui sortait de l'orbite, parce qu'il était devenu extrêmement volumineux ; le malade avait senti, dès le premier jour, de la céphalalgie du côté du coup, et ne pouvait se servir du bras gauche ni de ses doigts. Petit, soupçonnant, d'après l'observation précédente, l'inflammation du cerveau, combattit ces accidents avec succès à l'aide de saignées répétées. Nous rapportons ici l'exemple d'un meurtre qui a été opéré de cette manière.

Nous, en vertu d'une ordonnance de M. Hély d'Oysel, substitut du procureur du roi, qui nous commet à l'effet de constater le genre de mort à laquelle le nommé Scheffer, trouvé sans vie, rue Montmartre, à une heure de la nuit, a succombé, nous sommes rendu à cet effet, le 22 décembre 1837, à la Morgue, où, en présence de M. Fleuriais, commissaire de police du quartier de la Cité, et après avoir préalablement prêté serment entre les mains de ce magistrat, nous avons procédé à l'autopsie dont les résultats suivent :

L'individu paraît âgé de quarante-cinq ans environ ; sa taille est de 5 pieds 3 pouces ; il est fortement constitué.

On remarque à la main gauche, sur la face dorsale, une légère excoriation.

Les autres parties des membres et le tronc ne présentent aucun signe de violence. C'est à la tête et à son côté gauche qu'on voit des lésions dont voici la description : Une rougeur foncée, signe d'ecchymose, enveloppe le pourtour de l'orbite gauche, en dedans, en bas et en dehors ; elle n'est que très faible en haut. Le globe de l'œil ne présente que deux ecchymoses très légères, au-dessous de la cornée transparente. Le bord libre de la paupière inférieure présente deux solutions de continuité, l'une à la réunion des 2/5 internes avec ses 3/5 externes ; sa longueur est de 3 millim. environ ; elle est dirigée de haut en bas ; l'autre, située près du grand angle de l'œil, se dirige en bas et en dehors, formant avec l'axe du nez un angle à sinus regardant en bas, d'environ 45 à 50 degrés ; sa longueur est de 14 millim. Il existe une autre solution de continuité de 3 centim. de longueur, parallèle à la précédente, et située au-dessous d'elle ; sa plus grande largeur au milieu, l'égalité et la similitude des extrémités de cette plaie, indiquent qu'un instrument piquant et à deux tranchants l'a produite. Entre cette plaie et le bord libre de la paupière inférieure s'en trouvent encore deux petites dans la même direction, et qui ne sont que des piqûres faites avec la pointe de l'instrument ; elles ont entre 3 et 5 millim. de longueur. Un peu plus bas, et à la jonction de la paupière inférieure avec la joue, une plaie de 3 centim. de longueur, obliquement dirigée de haut en bas et de dedans en dehors, et parallèle au rebord orbitaire.

Après avoir enlevé la peau du pourtour de l'orbite, on voit un épanchement de sang correspondant aux traces extérieures.

Le cuir chevelu enlevé laisse voir vers la région temporale gauche une ecchymose très large, suite d'une forte contusion ; deux autres moins fortes se remarquent au sommet de la tête ; des coups avec un corps à large surface ou bien une chute contre un mur peuvent les avoir produites.

La voûte osseuse du crâne, ainsi que les enveloppes cérébrales, qui ne présentent rien à noter, étant enlevée, on arrive au cerveau, qui est ferme et légèrement sablé. Cet organe soulevé laisse apercevoir à sa base un épanchement de sang assez considérable; il s'étend dans la cavité rachidienne. On voit de plus une perforation à la partie droite de la selle turcique. Ces deux choses, l'épanchement et la perforation, éclairent tout de suite sur la cause de la mort et la manière dont elle a été donnée. On est alors conduit à mettre à découvert, en levant le globe oculaire et les parties molles qui l'entourent, les parois de l'orbite. C'est alors que l'on voit, sur la partie postérieure de la paroi interne, une fente à travers laquelle un stylet porté pénètre dans la cavité crânienne par la perforation indiquée. Les trois ouvertures, la première, celle de la peau, qui part du grand angle de l'œil, celle de la paroi orbitaire interne, et enfin celle de la selle turcique, se trouvent sur la même ligne. La ressemblance que la seconde présente avec la première indique suffisamment que c'est un instrument piquant et à deux tranchants qui l'a produite. Dans son trajet l'instrument a traversé la peau, longé la partie interne du globe de l'œil, traversé la partie postérieure de l'os planum, les cellules ethmoïdales postérieures gauches, est entré par la paroi antérieure du sinus sphénoïdal gauche, a pénétré dans le droit, et en a perforé la paroi supérieure pour aller à la base du crâne léser un ou plusieurs vaisseaux, cause directe de l'épanchement. Rien de pathologique dans la poitrine et dans l'abdomen.

L'estomac contenait des aliments mêlés en assez grande proportion avec des liqueurs alcooliques. Le travail de la digestion n'était pas achevé.

Conclusion.

1° Le sujet est mort d'un épanchement de sang à la base du crâne.

2° Cet épanchement a été produit par un instrument piquant et à deux tranchants, dirigé de gauche à droite et un peu de bas en haut et d'avant en arrière.

3° Ce n'est qu'après plusieurs coups portés soit par un corps contondant sur la région temporale gauche, soit par un instrument piquant et tranchant vers l'orbite, que la lésion mortelle a été faite.

4° L'assassin était au-devant et à gauche de la victime.

5° L'accumulation exclusive de tant de plaies vers un point aussi circonscrit que l'orbite indique que l'assassin tenait à frapper en ce point, et la direction qu'a suivie l'instrument lorsqu'il a donné la mort ferait penser que l'auteur du crime, s'il n'avait pas quelques connaissances anatomiques, connaissait bien du moins la gravité des plaies pénétrantes de cette région.

6° La mort est donc le résultat d'un crime.

Il n'existe pas de traces de lutte entre l'assassin et la victime, et en l'absence de lésions de ce genre, on pourrait, d'après la quantité d'alcool trouvée dans l'estomac, supposer que ce dernier ne jouissait pas de l'intégrité de ses facultés intellectuelles lorsqu'il a été frappé.

Plaies de l'angle interne de l'œil. — Elles peuvent être suivies d'une fistule lacrymale, lorsque le sac de ce nom a été ouvert.

Plaies et contusions du globe de l'œil. — Celles qui sont faites par des instruments piquants sont ordinairement peu graves, à moins qu'une phlegmasie ne vienne les compliquer. Quelle que soit l'espèce d'instrument, les plaies qui en résultent ont des suites plus fâcheuses lorsqu'elles siégent sur la cornée que sur la sclérotique. L'accident le plus à craindre, dans une plaie de l'œil, par instrument tranchant, c'est de vider les humeurs qu'il renferme. Les plaies de la cornée avec évacuation de l'humeur aqueuse guérissent très-bien, cette humeur se reproduisant avec facilité. La plaie de cette membrane, accompagnée de la sortie du cristallin, n'offrent pas plus de gravité; il n'en est pas de même si l'humeur vitrée s'écoule en partie, et à plus forte raison en totalité, la perte de la vue en est presque toujours la suite; c'est en cela que les plaies de la sclérotique deviennent plus dangereuses. Toutefois il ne faut jamais oublier qu'une plaie de la cornée peut se terminer par une opacité de cette membrane, qui est plus ou moins difficilement curable, suivant l'âge du sujet et l'étendue de la lésion. M. Guersant fils m'a cité le cas d'un homme qui avait reçu un coup de couteau dans le globe oculaire; la cornée transparente avait été traversée, et le cristallin s'était engagé dans les lèvres de la plaie. On l'a repoussé dans la chambre postérieure au lieu de le faire sortir; il y est devenu opaque, et aujourd'hui on est obligé de pratiquer l'opération de la cataracte; heureux le malade, si la cornée n'a pas participé elle-même à l'opacité!

La contusion superficielle de l'œil ou celle qui a lieu dans les mailles de la conjonctive est facilement curable; celle qui désorganise les lames qui soutiennent le corps vitré, qui amène un épanchement de sang dans le globe oculaire et la *confusion* des humeurs de l'œil, est presque toujours suivie de la perte de la vue.

Le 16 décembre 1834, le sieur Barthélemy s'étant pris de querelle avec un marchand de vin à la fête de Stain, celui-ci lui porta un coup de poing sur l'œil gauche. Le blessé fut conduit à l'hôpital Saint-Louis; soixante sangsues furent appliquées au voisinage de l'œil. L'ophthalmie ayant diminué et cédé complètement, je vis le blessé après cinquante jours d'hôpital et de traitement. L'iris avait pris une couleur plus foncée, la pupille était contractée et adhérente; elle était déformée et comme tirée en bas et en dehors, en sorte qu'elle avait pris une forme allongée; elle était de plus immobile. Je constatai une incapacité de travail de cinquante jours, et j'indiquai la perte très probable de l'œil. Cette affaire vint à la cour d'assises, dix-sept mois après. On m'invita à examiner le blessé. L'œil n'avait pas changé d'état sous le rapport de la pupille, qui était encore déformée et immobile, et de plus le cristallin était devenu opaque; en sorte que la cécité était aussi complète que possible. On me pria d'examiner l'œil sain : je déclarai que le sieur Barthélemy y voyait de cet œil, seulement que la forme arrondie et saillante de l'œil portait à penser que cet individu avait toujours été un peu myope.

L'avocat a voulu tirer parti de cette circonstance, et m'a demandé si la conformation saillante des yeux n'avait pas pu avoir de l'influence sur le résultat de la contusion. Je déclarai que B... ayant les yeux naturellement très saillants, il avait dû sentir une influence encore plus directe du coup porté, que cela ne serait arrivé chez un autre individu.

Le médecin légiste doit savoir que les ecchymoses de la conjonctive sont souvent spontanées ; ainsi un individu menacé d'apoplexie se réveille le matin avec une ecchymose plus ou moins considérable de cette membrane, sans qu'aucun coup ait été porté.—Il ne faudrait pas non plus confondre l'ecchymose de la conjonctive avec le boursouflement rouge et chronique de la conjonctive. Les contusions portées sur le globe de l'œil sont quelquefois tellement violentes qu'elles amènent sa chute, ou prolapsus. Un orfévre reçut à l'œil un coup de raquette si violent, que cet organe fut chassé de son orbite. Couillard, chirurgien de Montélimart, arriva au moment où un de ses parents allait couper les parties qui retenaient encore l'œil dans l'orbite ; il s'y opposa, replaça l'œil dans sa cavité, et le malade guérit. Lamswerde a vu un coup de bâton produire le même résultat ; et Spigel, un coup de pierre amener un accident pareil.

Les plaies de l'œil par les projectiles des armes à feu détruisent toujours la vision.

Les corps étrangers introduits dans l'œil sont constamment suivis d'une phlegmasie intense, et même de la perte de la vue s'ils ne sont pas extraits.

Les diverses plaies, contusions, blessures des sourcils, des paupières et de l'œil, peuvent être suivies d'accidents plus ou moins graves, dont la plupart dérivent de l'inflammation qui s'empare, ou des paupières, ou des voies lacrymales, ou de la conjonctive, ou de quelques unes des parties de l'œil, ou bien, enfin, de la totalité du globe oculaire. Nous citerons la *tumeur* et la *fistule lacrymales*, les *pustules* de la cornée, les taches désignées sous les noms de *nuage*, lorsque la tache est légèrement blanche ; d'*albugo* quand la tache est placée dans l'épaisseur de la cornée et qu'elle est très blanche et épaisse ; le *leucoma* ou cicatrice opaque de cette membrane ; les *ulcères* de la cornée ; les *fistules*, qui en sont souvent la suite, et qui peuvent être complètes ou incomplètes, et accompagnées ou non de procidence de l'iris avec déformation de cette membrane ; les *abcès* de la cornée, conséquence fréquente d'une contusion du globe oculaire ; l'*hypopyon* ou abcès des chambres de l'œil ; les abcès du globe oculaire, connus sous les noms d'*empyesis* ou d'*empyèmes*, ils ont leur siége dans le corps vitré ; le *staphylôme* de la cornée, de la sclérotique et de l'iris, ou procidence contre nature de ces membranes ; l'*adhérence* vicieuse de l'iris à la cornée transparente, au cristallin, avec ou sans déformation ; le *détachement* ou *décollement* de l'iris ; la *constriction* de la pupille ou coarctation ; l'*occlusion* complète de cette membrane ou *synezizis ;* le *staphylôme* de la choroïde à travers la sclérotique, qui est la suite assez fréquente des plaies faites à cette membrane, comme le staphylôme de l'iris accompagne les plaies de la cornée ; l'*amaurose* ou paralysie de la rétine ; l'*héméralopie ;* la *nyctalopie ;* la *diplopie*, où les objets sont vus doubles ; l'*hémiopsie* ou objets vus par moitié seulement de leur surface ; les *imaginations*, ou vue d'objets qui n'existent pas ; la *cataracte* capsulaire ou membraneuse ; la cataracte cristalline et la cataracte de l'humeur de Morgagni, suivant qu'elle a son siége dans la membrane du cristallin ou dans le cristallin lui-même ; l'*atrophie* et l'*hypertrophie* du cristallin ; le *glaucome*, ou opacité du corps vitré ; l'*augmentation et la diminution* du corps vitré ; le *cancer de l'œil ;* l'*exophthalmie.*

Cette énumération des résultats possibles des blessures des yeux suffit pour en faire prévoir les conséquences.

Blessures de l'oreille. — Elles n'offrent aucun danger quand elles intéressent le pavillon de l'oreille, lors même que ces blessures sont avec perte de substance. Le seul accident, très rare il est vrai, qui puisse dépendre de ces blessures, est l'inflammation suivie de gangrène.

Les corps étrangers introduits dans le conduit auditif amènent quelquefois des douleurs vives s'ils ne sont pas extraits ; on a vu ces douleurs s'étendre à tout un côté de la tête, et même dans toute la longueur du bras. Fabrice de Hilden cite le cas d'une jeune fille chez laquelle une boule de verre causa non seulement les douleurs les plus vives dans la moitié du corps, mais encore fut suivie du développement d'accès d'épilepsie.

Les contusions de l'apophyse mastoïde peuvent être accompagnées d'inflammation de l'os, d'abcès et de carie.

La perforation de la membrane du tympan par des armes piquantes amène un affaiblissement de l'ouïe qui peut aller jusqu'à sa perte complète, en raison de l'étendue de l'ouverture. Enfin, une otite peut être la conséquence de ces lésions.

Blessures du nez. — Les plaies du nez n'offrent pas plus de gravité que celles de l'oreille; mais elles peuvent entraîner des difformités plus ou moins grandes, quand elles ont lieu avec perte de substance.

Les corps étrangers introduits dans les fosses nasales peuvent y séjourner fort longtemps sans développer d'accidents. Quand ils consistent dans des graines, ils peuvent y germer. On cite le cas d'un enfant à qui l'on a extrait un pois qui avait poussé des racines, dont l'une avait trois pouces quatre lignes de longueur. (*Journal de médecine*, t. XV, p. 525.)

Les plaies simples du sinus maxillaire guérissent facilement ; ces plaies, fussent-elles accompagnées de fractures avec esquilles, constitueraient encore des affections en général très curables. Elles peuvent être suivies d'inflammation du sinus, d'où résultent quelquefois des abcès. L'accident qui peut offrir le plus d'inconvénient, c'est la fistule du sinus maxillaire, ayant son siége, soit dans l'épaisseur du bord alvéolaire, soit à la joue. Nous citerons aussi la nécrose, effet possible des contusions. Enfin, des corps étrangers peuvent séjourner très longtemps dans le sinus maxillaire sans y causer d'accidents, mais quelquefois aussi ils déterminent une phlegmasie plus ou moins intense.

Les blessures des sinus frontaux sont parfois suivies de fistules qui n'ont d'autres inconvénients que l'écoulement auquel elles donnent lieu et la difformité qui en est la suite. Il peut aussi se former du pus par suite d'inflammation. Ce pus a un caractère qui se rapproche, pour l'aspect, de la substance cérébrale, et *qui fait croire à une lésion beaucoup plus grave qu'elle ne l'est réellement.*

Blessures des lèvres. — Un seul accident peut les accompagner, c'est l'ouverture de l'artère labiale, qui quelquefois amène une hémorrhagie assez considérable, mais qu'il est facile d'arrêter.

Blessures des joues. — Peu graves par elles-mêmes, elles peuvent souvent se terminer par deux genres de fistules; l'une provient de ce que l'instrument a pénétré de part en part dans la bouche : la salive et les aliments parcourent alors son trajet; l'autre, de ce que la glande parotide a été intéressée : il en résulte une fistule salivaire. Ambroise Paré (liv. X, chap. 26) cite un cas de plaie produite par un coup d'épée qui amena une fistule du premier genre. En voici un exemple assez curieux, sous le rapport de l'étendue de la blessure.

Coup de tranchet étendu de la tête au ventre. — Fistule salivaire ; blessure non cicatrisée à la poitrine, entraînant une incapacité de travail personnel fort longue, à cause de l'état du blessé.

Nous soussigné, etc.

Morel nous apprend que, dans la nuit du 20 au 21 septembre, il venait de se coucher et d'éteindre sa chandelle, lorsque, après quelques propos échangés avec son camarade de lit, celui-ci lui porta sur la figure, la poitrine et le ventre, un ou plusieurs coups de tranchet ; il perdit beaucoup de sang, reçut les soins d'un médecin de Saint-Denis, et se fit transporter le surlendemain à l'hôpital de cette ville. Il y resta quinze jours, y fut mis à la diète pendant quatre jours ; et n'éprouva pas d'altération dans sa santé générale ; depuis cette époque il se porte parfaitement, mais il ne peut reprendre son travail, ses blessures n'étant pas encore cicatrisées.

Aujourd'hui, on observe : 1° le long de la tempe droite, de la joue et de la partie supérieure et latérale droite du cou, une cicatrice large de deux lignes dans la majeure partie de son étendue, et longue de huit pouces et demi ; 2° au devant et sur toute la longueur du sternum (os du milieu de la poitrine), une plaie cicatrisée dans son tiers inférieur, longue de cinq pouces et demi, suppurant encore dans ses deux tiers supérieurs et offrant une largeur de près d'un pouce dans cet espace ; 3° la cicatrice d'une troisième blessure occupant la partie supérieure et moyenne du ventre, légèrement recourbée à droite ; elle a trois pouces de longueur. Ces trois blessures sont placées sur la même ligne, quand on fait coucher la tête sur le côté gauche, de manière à lui donner l'attitude du sommeil.

La cicatrisation de la blessure de la joue n'a pas été complétement opérée ; il reste vers le milieu de sa longueur, dans un point qui correspond un peu au-dessous du lobule de l'oreille, une petite ouverture fistuleuse par laquelle il s'écoule de la salive lorsque le malade parle, ou qu'il mange.

Il paraît qu'il n'a pas été possible de réunir sans suppuration les lèvres de la plaie de la poitrine. Cette circonstance est très fâcheuse pour le malade, car elle le mettra pendant fort longtemps dans l'impossibilité d'exercer sa profession de cordonnier, et d'appuyer les formes de souliers sur cette partie. Comme elle peut avoir des conséquences graves pour l'inculpé, il serait peut-être nécessaire d'interroger le médecin qui a donné des soins au malade, sur le fait de savoir si ce défaut de guérison ne tiendrait pas à l'indocilité du malade.

Conclusion.

1° Les trois blessures que présente Morel résultent d'un seul et même coup d'une arme tranchante qui a été promenée depuis la tête jusqu'au ventre.

2° De ces trois blessures, celle de la joue ayant porté sur la glande parotide (organe qui sécrète la salive), et la cicatrisation n'ayant pas été parfaite, il en est résulté un écoulement de salive qui constituerait pour le malade une infirmité, si sa fistule n'était pas soumise à un nouveau traitement tout spécial.

3° La plaie de la poitrine exigera encore un temps assez long pour sa guérison parfaite, et alors même que la cicatrisation sera opérée, il faudra lui laisser acquérir de la solidité pour que Morel puisse reprendre son état de cordonnier. Il est même à craindre que la pression exercée habituellement sur elle par des *formes* n'en amène souvent la déchirure.

4° Nous croyons donc devoir évaluer l'incapacité de travail *corporel* à **quarante jours**, et l'incapacité de travail *personnel* à Morel, à deux mois.

Il en serait de même de la section du conduit de Sténon. Parfois aussi il ne se forme pas de fistule, mais une tumeur dans l'épaisseur de la joue, qui contient de la salive, soit qu'elle communique avec l'intérieur de la bouche, par le canal de Sténon, de manière à servir d'intermédiaire au canal divisé, soit qu'elle s'en trouve isolée, la partie antérieure du canal étant cicatrisée.

Blessures de la bouche. — Celles par armes à feu, quoique ordinairement curables, si le projectile n'a pas été au delà de cette cavité, peuvent être suivies d'hémorrhagies primitives ou consécutives. Ces dernières sont quelquefois si abondantes et proviennent d'une partie si profonde, qu'elles ne peuvent être arrêtées, et font périr le malade. Un homme se tire un coup de pistolet dans la bouche; pendant neuf jours, pas d'accidents; au dixième il meurt d'une hémorrhagie. Elle provenait de l'ouverture de l'artère maxillaire interne que la balle avait contuse et désorganisée vers le sommet de l'apophyse zygomatique, et dont le sang s'échappa à la chute de l'escarre. (Boyer, *Traité de chirurgie*, t. VI, p. 300.)

Les dents peuvent être déviées, arrachées ou fracturées. Les premières lésions se consolident parfaitement; les dernières sont rarement accompagnées d'accidents graves, mais elles sont suivies de symptômes inflammatoires qui ne peuvent pas toujours se dissiper en peu de temps.

Les *blessures de la langue* sont très facilement curables. L'enlèvement d'une portion assez étendue de cet organe entraîne une gêne plus ou moins grande dans la prononciation. Si même la presque totalité de l'organe était enlevée, il en résulterait un mutisme complet. Le plus souvent, et au bout de quelques années, l'individu recouvre peu à peu la parole et le goût; mais ce résultat est souvent fort long à obtenir. Les blessures par armes à feu laissent parfois dans la langue des corps étrangers que l'on est tôt ou tard obligé d'extraire. Boyer (t. VI, p. 378) en cite un exemple; mais l'inflammation à la suite de ces dernières plaies est surtout à craindre. Les blessures des autres parties de la bouche rentrent dans les conditions des plaies des joues. Celles du voile du palais sont quelquefois suivies d'une hémorrhagie qu'il est souvent difficile d'arrêter. Nous avons rapporté plusieurs exemples des désordres produits par les plaies d'armes à feu tirées à la face ou dans la bouche. Nous aurions pu en citer un grand nombre d'autres, mais ils offrent entre eux la plus grande analogie.

Blessures du cou. — Les blessures du cou présentent un intérêt tout particulier pour la médecine légale ; elles soulèvent presque toujours, ainsi que celles de la poitrine qui avoisinent les régions du cœur, la question du suicide. Les organes nombreux de différente nature qui se rencontrent dans cette partie modifient singulièrement la gravité de ces blessures, et une distance de quelques lignes suffit pour faire de deux plaies parfaitement égales en dimension deux blessures tout à fait différentes sous le rapport de leur gravité. C'est sous ces divers points de vue que nous allons les envisager. Il est en effet peu de parties limitées à un espace plus circonscrit qui renferment autant d'organes, de vaisseaux sanguins aussi nombreux et aussi volumineux, et des nerfs plus importants et plus multipliés.

Des diverses régions du cou, l'antérieure doit en premier lieu fixer l'attention. La gravité de la blessure est en raison de la partie intéressée ; on peut établir, en général, que les lésions qui ont leur siége sur la ligne médiane sont moins graves que celles qui occupent les parties latérales. Relativement aux premières, on peut considérer les blessures qui occupent la portion du cou située entre le larynx et la partie inférieure comme étant moins graves que celles qui siégent entre la mâchoire inférieure et le cartilage cricoïde. Attachons-nous toutefois aux parties intéressées. Les piqûres offrent peu de gravité, à moins qu'elles ne s'étendent aux nerfs importants qui occupent les parties latérales du cou : pneumo-gastrique, glosso-pharyngien, nerf diaphragmatique, plexus brachial, grand sympathique, etc. ; car alors il en résulte des douleurs vives, une gêne plus ou moins grande de la respiration, qui peut aller jusqu'à l'asphyxie, etc. Ambroise Paré cite le cas d'un jeune homme qui reçut à la gorge un coup d'épée, à la suite duquel il perdit la voix et eut le bras paralysé. Il attribue ces résultats à la lésion du nerf récurrent et à celle du plexus brachial. Dieffenbach, dans un mémoire publié dans la deuxième série des *Archives générales de médecine*, 1834, t. VI,

p. 235, a fait sentir que l'on a jugé trop légèrement les plaies superficielles du cou. Il a vu plusieurs fois de simples plaies qui n'intéressaient que la peau causer la mort, soit par suite de l'inflammation et de la gangrène du tissu cellulaire sous-cutané, soit parce que le pus s'infiltrait dans diverses directions, et se dirigeait le long du sterno-mastoïdien, dans le médiastin antérieur. Mais pour que ce résultat ait lieu, il faut nécessairement que le feuillet profond de l'aponévrose cervicale ait été intéressé par l'instrument tranchant. Voici un exemple qui vient à l'appui de cette remarque, sur la facilité avec laquelle le tissu cellulaire peut s'enflammer. Il s'agit, il est vrai, d'une plaie profonde, mais il donne une idée exacte des résultats mentionnés par Dieffenbach.

Coup de couteau à la partie antérieure et latérale du cou : ouverture de la veine jugulaire interne et de l'artère carotide primitive. — Opération. — Ligature de la veine seulement. — Phlegmasie du tissu cellulaire qui longe les vaisseaux s'étendant aux deux médiastins. — Mort par hémorrhagie au huitième jour de la blessure.

Le 10 septembre 1835, nous, etc.

L'élève interne de la salle où le malade a été soigné ne nous donne que fort peu de renseignements sur ce que Rothier a éprouvé pendant son séjour à l'hôpital. Il se borne à nous indiquer que la mort a eu lieu le 8 au soir, à la suite de trois hémorrhagies consécutives à la ligature des gros vaisseaux du cou, opération qui a été pratiquée par M..., le 31 août, dans le but d'arrêter une hémorrhagie survenue à la suite d'un coup de couteau qui a été porté au cou par la fille Riquier.

Le corps de Rothier est généralement pâle et décoloré. La rigidité cadavérique est forte. Sur la partie antérieure et gauche de la peau de la poitrine existe une teinte jaune sous la forme d'une bandelette de deux pouces de largeur, qui s'étend de l'épaule gauche au voisinage de l'épaule droite, en décrivant une courbure dont la concavité est en haut. C'est un effet consécutif aux infiltrations de sang dans le tissu cellulaire sous-cutané.

Au côté gauche et en dedans du cou, existe une plaie parallèle à l'axe du corps, de trois pouces et demi de longueur sur un pouce et demi de largeur ; c'est une incision propre à l'opération pratiquée. Sur le milieu de l'étendue de cette plaie et sur chacune de ses lèvres, se trouvent deux échancrures qui paraissent être le résultat de la blessure ; mais il est impossible d'en préciser les limites et la forme, car elles ont été modifiées par l'opération. Toute cette large plaie a suppuré. A sa partie inférieure on voit le tiers inférieur du muscle sterno-cléido-mastoïdien coupé en travers ; un peu en dehors le muscle omoplato-hyoïdien divisé à sa partie moyenne ; au centre, un tampon de charpie rempli de suppuration ; plus haut l'extrémité supérieure du muscle sterno-mastoïdien. Toute la peau environnante, ainsi que les lèvres de la plaie, repose sur du tissu cellulaire infiltré de sang et de pus. Il existe même un grand nombre de fusées purulentes qui longent la veine jugulaire externe, la veine jugulaire interne, la veine sous-clavière, s'étendent dans le médiastin antérieur et postérieur jusqu'à l'aorte descendante, recouverte par la plèvre enflammée et rouge.

En dirigeant la dissection des vaisseaux de la partie supérieure et de la partie inférieure du cou vers le centre de la plaie, on trouve : 1° La veine jugulaire interne divisée en deux parties ; le bout supérieur est sain. Ses parois ne sont pas épaissies, si ce n'est au voisinage de la section de là veine. Il est terminé par une ligature encore adhérente, et sa cavité contient un caillot de sang assez considérable. Le bout inférieur est contracté, à parois épaisses, plissées et foncées par le fait de la ligature qu'il a supportée, mais on ne retrouve plus cette ligature. Un petit caillot de sang existe dans l'intérieur de la veine près de son extrémité libre. L'épaississement des parois de cette partie de la veine s'étend jusqu'à sa réunion avec la sous-clavière, en sorte que cette portion, évidemment enflammée, peut avoir près de deux pouces de longueur. 2° Le nerf pneumo-gastrique est resté intact. 3° L'artère carotide interne ne porte pas de traces d'inflammation sur la totalité de sa longueur ; sa tunique celluleuse est saine et semble l'isoler du tissu cellulaire ambiant, qui est engorgé et infiltré de pus. Un point seul de cette artère paraît jouir d'une assez grande friabilité. Il correspond aux sections transversales que nous regardons comme la trace du coup de couteau porté au cou. Ce point de l'artère repose sur un caillot de sang déjà ancien, du volume d'une noix, et déjà altéré dans sa couleur. En détachant l'artère de haut en bas, on aperçoit alors sur sa paroi postérieure une petite ouverture dont les bords sont inégaux et frangés ; la tunique celluleuse est infiltrée de sang intimement uni avec elle, de manière à s'introduire dans la plaie artérielle et former une sorte de bouchon. Vue à l'intérieur, l'artère est parfaitement blanche dans toute sa longueur. Elle ne présente donc pas, soit en dehors, soit en dedans, de traces de ligatures qui seraient restées pendant cinq ou six jours derrière l'artère (ligatures d'attente), ainsi que cela nous a été rapporté. Du reste, l'inflammation du tissu cellulaire ambiant s'étend fort en arrière du cou, recouvre une partie de la trachée-artère, toute la clavicule gauche et une partie du muscle grand pectoral ; c'est une infiltration de sang et de pus, au milieu de laquelle se trouvent disséminées les fusées purulentes dont nous avons parlé.

Le cerveau, la trachée-artère, les poumons et tous les organes abdominaux sont sains et décolorés. Les cavités du cœur et le veines caves renferment peu de sang.

Il n'existe pas à l'extérieur du corps de traces de violences ou blessures.

Conclusion.

1° Une plaie par une arme piquante et tranchante a été faite au côté gauche, en avant et au milieu de la hauteur du cou.

2° Il y a tout lieu de croire que l'arme a été dirigée obliquement de haut en bas, et de dehors en dedans.

3° Elle a ouvert l'artère carotide primitive à sa paroi postérieure ; la section qui a été faite pendant l'opération à la veine jugulaire interne ne nous permet pas de reconnaître si ce dernier vaisseau avait été primitivement intéressé par l'arme employée à faire la blessure.

4° C'est à l'ouverture de cette artère, et peut-être des deux vaisseaux à la fois, qu'il faut attribuer l'hémorrhagie qui a été la suite de la blessure, et qui problablement serait devenue mortelle en peu de temps, si des secours n'avaient pas été donnés au blessé.

5° Une opération a été pratiquée ; elle a eu pour résultat la ligature de la veine jugulaire interne au-dessus et au-dessous du lieu de la blessure, et la section de cette veine entre les deux ligatures.

6° Cette opération a été suivie de l'inflammation du tissu cellulaire du cou et d'une partie de la poitrine ; l'inflammation de ce tissu est tellement dangereuse, qu'elle aurait très probablement amené la mort par elle-même, si une hémorrhagie mortelle ne s'était pas déclarée au huitième jour de l'opération.

7° La mort a donc été la conséquence de la blessure ; elle aurait pu ne pas survenir si l'opération pratiquée avait été plus heureuse.

Circonstances du fait.

Un ouvrier maçon passait à huit heures du soir dans une rue où se trouvaient trois filles publiques. Il est accosté par elles, et, ennuyé de leurs instances, il donne à l'une un soufflet. Une des deux autres dit à la fille frappée : « Donne-lui donc un coup de ton couteau. » Celle-ci s'élance sur Rothier, et lui fait la blessure dont il est fait mention dans ce rapport. Rothier entra chez un marchand de vin voisin, sans s'apercevoir qu'il était fortement blessé ; mais bientôt la perte abondante du sang le fit tomber en syncope ; on le transporta alors à l'Hôtel-Dieu.

Lorsque l'affaire fut appelée à la cour d'assises, le système de la défense dans cette affaire a été celui-ci : La fille publique était sur sa porte à manger des noix, un couteau à la main : au moment où le maçon lui aurait donné un soufflet, elle l'aurait saisi au collet avec la main armée du couteau, et Rothier, en se débattant, se serait jeté le cou contre le couteau, de manière que cette arme aurait pénétré à cet instant dans les chairs et aurait fait la blessure. On disait encore que la fille Riquier ayant saisi Rothier avec la main armée de son couteau, celui-ci avait donné un coup à l'avant-bras de la fille Riquier, de manière à lui faire sauter le bras, qui, en retombant, aurait involontairement fait entrer le couteau dans les chairs. Nous fîmes sentir que ces deux hypothèses étaient inadmissibles. Si, dans la première, la fille Riquier tenait de la même main le collet de Rothier et le couteau, ce dernier devait être bien faiblement retenu, car deux ou trois doigts étaient employés à saisir l'habit et il ne restait plus que deux doigts pour tenir le couteau, et dès lors, quand même Rothier se serait débattu, et aurait opposé son cou à l'arme vulnérante, la force avec laquelle le couteau était tenu était insuffisante pour que l'arme pût pénétrer dans les chairs. Dans la seconde hypothèse, comment concevoir qu'un coup porté au-dessous de la main qui saisit à la fois et le collet de l'habit et un couteau, puisse faire lâcher à la main le collet de l'habit et lui laisser tenir le couteau avec assez de force pour que, le bras venant à retomber, cette arme s'enfonce dans les chairs. Cela n'est pas supposable, car il faut non seulement admettre une force suffisante pour maintenir l'arme, mais encore que la direction du bras en s'écartant du corps et en retombant n'ait subi aucune déviation. Aussi ce système n'a-t-il eu aucun succès.

On nous a ensuite demandé si la mort avait été la conséquence de la blessure ? Il ne pouvait y avoir de doute à cet égard : car d'abord la mort aurait été la conséquence de la blessure, si elle avait été abandonnée à elle-même, puisque la veine jugulaire et l'artère carotide avaient été intéressées ; ensuite l'opération pratiquée l'a été pour arrêter les conséquences possibles de la blessure ; elle n'aurait pas été faite si la blessure n'avait pas existé ; l'opération était indispensable : donc, la mort qui en a été la conséquence a été aussi celle de la blessure faite. Cependant, nous avons dû ajouter que, si l'opération avait été plus complète et plus heureuse, le malade aurait pu être sauvé.

Un instrument piquant peut pénétrer dans le larynx ou dans la trachée, et établir une communication de ces organes avec le dehors. Le plus souvent alors la plaie de la peau se ferme par l'élasticité de son tissu, et si l'air vient à s'échapper de la trachée, il s'infiltre dans le tissu cellulaire et amène un emphysème qui peut quelquefois devenir mortel.

« Le nommé *Brège*, pâtissier du duc de Guise, ayant reçu à Joinville un coup d'épée à la gorge, eut la trachée-artère ouverte, ainsi que l'une des veines jugulaires; on réunit la plaie par la suture, mais il survint bientôt un emphysème qui gagna tout le corps, en sorte, dit Paré, qu'il était comme un mouton qu'on a soufflé pour l'écorcher; la face était tellement gonflée, qu'on ne voyait apparence de nez, ni des yeux. On lui fit de profondes scarifications sur diverses parties du corps; scarifications par lesquelles le sang et les diverses *ventuosités furent évacués.* »

Un second accident de ces plaies est l'hémorrhagie, qui peut devenir mortelle, non pas tant par la quantité de sang qui s'écoule que par son introduction dans la trachée-artère, puisque sa présence amène bientôt la formation d'écume, et par suite l'asphyxie. Une remarque importante pour la médecine légale, c'est que ces plaies ne sont presque jamais suivies instantanément d'aphonie, comme cela a lieu à la suite des lésions par armes tranchantes. Dans l'exemple d'assassinat que nous avons rapporté, page 108 (affaire Benoît), l'aphonie avait été complète; tous les experts l'ont indiqué d'après l'inspection des blessures; ce qui a servi à expliquer la lutte qui s'était engagée entre l'assassin et sa victime, sans que les personnes qui avoisinaient la pièce dans laquelle cette scène horrible se passait en eussent été averties par les cris du jeune Formage. — En résumé, à part la lésion des nerfs et celle des vaisseaux qui peuvent amener un écoulement de sang à l'intérieur des voies aériennes, les simples perforations de la région antérieure du cou offrent, en général, peu de gravité.

Si des plaies par armes perforantes nous nous portons aux plaies par armes tranchantes, nous verrons augmenter la gravité des blessures en raison : 1° de l'étendue de la plaie ; 2° des parties intéressées. Les hémorrhagies sont plus fréquentes, parce que plus de parties sont divisées, et que le col contient un grand nombre de vaisseaux ; ce sont toutefois les plaies latérales qui offrent le plus de danger sous ce rapport, puisqu'elles atteignent fréquemment des troncs vasculaires ; aussi les personnes qui cherchent à se donner la mort en se coupant le cou n'y réussissent presque jamais, parce qu'elles se portent toujours un coup de rasoir sur la ligne médiane. J'ai vu à l'Hôtel-Dieu, en 1813, un perruquier, grand liseur de romans, qui n'est parvenu à se détruire qu'après avoir lu des livres de médecine, et trouvé la cause de deux tentatives vaines qu'il avait faites. Deux fois il s'était coupé la trachée-artère, deux fois il avait été guéri par Dupuytren ; mais la troisième, il attaqua l'artère carotide par un coup de rasoir porté sur le côté gauche du cou, et succomba en quelques instants. Il n'est pas toujours nécessaire qu'un gros vaisseau soit ouvert ; c'est le cas où la plaie a son siége au-dessus de l'os hyoïde : là des divisions vasculaires viennent se rendre dans les muscles, dans la langue, au pharynx, au larynx, et leur ouverture amène la mort, comme cela a lieu dans un cas de suicide que je rapporterai lorsque je traiterai des faits qui se rattachent à ce chapitre. Une des circonstances les plus graves des blessures de la partie antérieure et inférieure du cou, c'est la section complète de l'œsophage. Elle est bientôt suivie de l'écartement des deux bouts de ce conduit, et leur réunion est extrêmement difficile à opérer par la position fléchie que l'on peut donner à la tête et à toute la région cervicale ; heureux quand on peut faire pénétrer la sonde œsophagienne que l'on laisse à demeure pour introduire les liquides dans l'estomac, et les empêcher de passer par la plaie. — Dans les plaies du cartilage thyroïde, les cordes vocales peuvent être coupées et la voix perdue à jamais. Blandin en a vu un exemple ; la flexion de la tête sur la poitrine ne peut pas rendre la parole au blessé, comme cela a lieu dans toutes les plaies transversales du cou avec section de la trachée, remarque faite pour la première fois par Ambroise Paré.

Des blessures faites dans la région mastoïdienne ont quelquefois donné lieu à des anévrismes faux primitifs ou faux consécutifs, par l'ouverture de l'artère vertébrale. — Les dispositions anatomiques des vaisseaux placés derrière la clavicule et à la naissance du cou font sentir toute la gravité possible des plaies de cette région. — Si nous nous reportons maintenant à la partie postérieure, nous verrons qu'à part les blessures de la partie supérieure de la ligne médiane, elles doivent offrir, en général, peu de gravité ; mais il existe un tel écartement entre la première vertèbre, l'occipital et la seconde vertèbre, que des instruments à la fois perforants et tranchants peuvent facilement arriver à la moelle et la détruire ; de là une mort immédiate. Tel est le cas cité par J.-L. Petit, de ce père qui, irrité de la mort de son jeune enfant, causée par l'imprudence d'un voisin, porta à ce dernier un coup de marteau de sellier, dont la partie tranchante pénétra entre les première et seconde vertèbres cervicales, et détermina la mort instantanément. Une arme perforante et tranchante peut atteindre la moelle plus bas, et alors la blessure n'est pas nécessairement mortelle. La vie se conserve d'autant plus facilement que la lésion occupe un point moins élevé. — Quant aux plaies par armes à feu, leur gravité est en raison des désordres que causent les projectiles et des parties qu'elles intéressent. Elles sont peut-être moins dangereuses sous le rapport des hémorrhagies primitives, mais elles laissent des craintes, eu égard aux accidents consécutifs ; on comprendra toute la portée d'une pareille lésion qui viendrait à intéresser, par exemple, la colonne vertébrale.

Blessures de la poitrine. — Les contusions de la poitrine peuvent offrir plusieurs genres de gravité . 1º S'adressent-elles à une femme et ont-elles leur siége aux seins, il en résulte fréquemment des engorgements glanduleux, avec douleur plus ou moins aiguë, qui sont rarement curables sans ablation de la partie engorgée. 2º Très fréquemment les contusions sont accompagnées de commotions des poumons qui peuvent être suivies de phlegmasie ou d'hémorrhagie dans le tissu pulmonaire capables d'entraîner les suites les plus fâcheuses, comme dans l'exemple que je vais rapporter.

Déterminer, après quatre mois, si une chute provoquée a amené une hémoptysie suivie d'hépatisation du poumon gauche.

Nous, etc…, à l'effet de rechercher si la maladie dont il est affecté reconnaît pour cause la lutte qui s'est engagée entre lui et le sieur Crequisne, dans la nuit du 31 août au 1ᵉʳ septembre dernier ? si l'incapacité de travail qui a existé depuis cette époque est la conséquence de cette maladie ? quelle pourra être encore la durée de cette incapacité de travail ? enfin, s'il existe quelque rapport entre une foulure du poignet que porte David, foulure qui s'est aggravée, et la maladie dont il est actuellement atteint ? le tout ainsi qu'il résulte d'une ordonnance en date du 24 décembre 1831, qui nous a été adressée par M. Geoffroy, juge d'instruction.

Nous allons exposer sommairement tous les faits que nous avons recueillis, en tant qu'ils nous paraîtront propres à fixer notre opinion sur les questions qui nous ont été soumises.

1° Dans la nuit du 31 août au 1ᵉʳ septembre dernier, David étant de faction au poste de Clamart, une lutte s'engage entre lui et Crequisne ; David tombe avec Crequisne, *et sous lui*, sur le sol de l'intérieur du corps de garde, plus bas de deux marches que le niveau de la rue. 2° David reçoit des coups de sabot dans les jambes, un coup de genou sur la poitrine, et il est mordu à la joue. (Dire de David.) David et Crequisne se tenaient à bras le corps ; David supportant Crequisne. Il n'a pas été porté de coups, ces deux individus ayant été immédiatement séparés après leur chute. (Déposition des témoins.) 3° Dans les premiers jours qui suivent la chute, David éprouve de la gêne à respirer, cependant il continue d'aller aux champs. Le sixième jour il est obligé de s'y faire *conduire à âne*, et déjà il crache du sang ; vers le quatorzième, il se rend à Issy, chez M. Lombard, qui le saigne ; dès ce moment il est forcé de garder le lit : le maire reçoit alors sa déposition. (Dire du malade.) 4° A dater de cette époque, il continue à cracher du sang, malgré la saignée pratiquée, quarante sangsues appliquées à l'anus, quarante sangsues sur la poitrine, un vésicatoire sur le côté et des moyens adoucissants employés. 5° Le 14 septembre, David crachait un sang *pur, liquide, écumeux ;* il se plaignait d'une *douleur au côté gauche de la poitrine ;* la respiration était plus douloureuse que difficile ; le pouls à peu près à l'état normal, mais un peu fréquent ; la poitrine n'offrait de matité dans aucun point ; la respiration s'entendait partout. Mais à ces symptômes ne tardèrent pas à s'en joindre d'autres ; la respiration s'embarrassa, devint presque impossible, le point de côté insupportable ; il se manifesta de la *matité ;* le poumon gauche ne recevait d'air que dans sa partie supérieure ; les crachats, d'abord de sang pur, devinrent spumeux, et le pouls se développa ; les saignées générales et locales diminuèrent l'acuité de ces symptômes, mais l'hémoptysie (crachement de sang) persista. Un vésicatoire sur le côté enleva la matité, au moins en partie, mais la toux et les crachats sanguinolents persistèrent pendant fort longtemps (deux mois). (Déposition de M. le docteur Lombard.) 6° Non seulement David n'a jamais eu de maladie des poumons, mais encore il n'a jamais été notablement malade. (Rapport de M. le docteur Lombard.)

État actuel du malade. — 7° Cet homme de cinquante à soixante ans, amaigri par une maladie de cinq mois, porte encore le cachet d'une bonne constitution ; il n'est plus obligé à garder le lit ; il se promène, sans pouvoir toutefois faire de grandes courses ; mange peu, et est dans l'impossibilité de se livrer à aucun travail. 8° La respiration n'est pas difficile, à part un peu de gêne au côté gauche pendant les grands mouvements inspiratoires ; mais le côté droit seul subit une dilatation notable, tandis que le côté gauche exécute à peine un mouvement d'ampliation. 9° La matité la plus complète existe dans les quatre cinquièmes de l'étendue du côté gauche de la poitrine ; le côté droit est sonore. 10° La respiration ne s'entend que dans le sommet du poumon gauche. Ces deux phénomènes sont dans l'état normal pour le côté droit de la poitrine. 11° Il n'y a pas de toux, pas de crachement de sang ; les battements du cœur sont réguliers. 12° Le malade a du sommeil, un peu d'appétit ; ses digestions d'aliments légers se font bien. 13° Le poignet droit est doublé en volume ; les os de l'avant-bras (radius et cubitus) sont le siège d'un développement morbide considérable ; le malade ne peut pas exécuter avec la main les mouvements qui exigent quelque force ou quelque étendue. 14° Le poignet droit avait été le siége d'une *foulure* que le malade n'avait pas soignée. C'est, dit-il, pendant sa maladie que cette affection avait fait des progrès. Il ignore si pendant la chute qu'il a faite la main aura porté à faux. Il y a tout lieu de penser qu'une cause extérieure n'a pas exercé son influence à cette époque, car elle aurait amené ou réveillé des douleurs que le malade aurait senties dès le lendemain de l'accident.

Discussion des faits. — L'invasion de la maladie de David a consisté dans un crachement de sang, avec gêne de la respiration, sans fièvre, sans symptômes généraux qui puissent dénoter l'origine d'une maladie inflammatoire des organes de la respiration (§§ 3 et 5). L'affection a donc primitivement consisté dans une hémorrhagie, et cette hémorrhagie a persisté pendant deux mois (§ 5). On nomme cette affection *hémoptysie.* Il n'y a que deux suppositions à faire relativement à la source de cette maladie : ou elle s'est développée *spontanément,* ou elle a été le fait de la chute et des coups portés, si toutefois ils l'ont été. Dans la première supposition, elle serait survenue à un âge où elle est peu commune, chez un homme qui est arrivé à soixante ans sans avoir eu de maladie grave, d'une bonne constitution, adonné à des travaux pénibles, à la culture de la terre, mais menant par cela même une vie régulière. Aucune cause connue ne l'aurait déterminée. Cette supposition est donc peu probable, toutefois elle n'est pas inadmissible. Dans la seconde hypothèse, au contraire, on se rend facilement compte des faits. Une chute a certainement eu lieu (§§ 1 et 2). Des coups ont peut-être été portés (§ 2). La chute s'est effectuée d'un sol plus élevé, sur un sol plus bas de la hauteur de deux marches, et de manière que David eut à supporter, d'une part, la commotion dépendant de sa chute ; d'une autre part, la pression exercée, *peut-être sur sa poitrine,* par le poids du corps de Crequisne, puisque les deux individus se tenaient à bras le corps. Cependant, sur le moment, aucune plainte n'a été proférée par David, et, à part un peu de gêne dans la respiration, il n'a pas manifesté, pendant les cinq premiers jours, de signes de maladies ou de lésions intérieures : il continuait même ses travaux (§ 3) ; mais le sixième jour il est obligé de se faire conduire aux champs sur un âne, il crache du sang, et dès ce moment il reste malade pendant quatre mois consécutifs (§§ 3 et 5). Une médication active et propre à arrêter une hémoptysie n'a aucun résultat ; et aujourd'hui la presque totalité du poumon gauche est indurée, imperméable à l'air ; la respiration ne s'y effectue pas ; et quoique la convalescence ait commencé, la guérison se fait et se fera encore attendre pendant longtemps (§§ 4, 5, 7, 8, 9, 10, 11, 12). N'y-a-t-il pas tout lieu de croire que la chute ou les coups portés, s'il y en a eu, auront déterminé la rupture d'un vaisseau appartenant au tissu du poumon gauche ; que le sang se sera lentement infiltré dans le tissu des poumons ; que vers le sixième jour il se sera étendu à quelque ramification bronchique, et qu'alors le crachement de sang se sera montré ; que l'hémorrhagie intérieure aura continué jusqu'à ce que la presque totalité du tissu du poumon gauche ait été envahie ? Dans cette supposition on se rend parfaitement compte : 1° de l'invasion tardive des phénomènes sensibles de la maladie ; 2° de la forme sous laquelle la maladie s'est dessinée ; 3° de la résistance des accidents aux émissions sanguines ; 4° de l'état actuel du poumon gauche du malade ; 5° de la durée de l'affection et de sa gravité. Quant au point de côté qui a persisté pendant longtemps, il peut être l'effet d'une inflammation de la plèvre consécutive à la première affection. Toutefois, comme il n'existe pas d'ampliation du côté gauche de la poitrine ; comme l'auscultation ne donne pas les signes d'un épanchement dans la plèvre gauche ; que la fièvre n'a jamais été très forte ; qu'elle ne s'est montrée que fort tard ; qu'il n'y a pas eu l'ensemble des symptômes d'une pneumonie (inflammation des poumons), ou ceux d'une pleurésie aiguë et primitive (inflammation de la membrane qui enveloppe les poumons), il y a tout lieu de croire que le point de côté a constitué un épiphénomène, eu égard à la maladie principale que nous pensons avoir existé primitivement. Relativement à l'affection du poignet droit, nous ferons observer qu'elle remonte à une époque éloignée ; que les os sont malades ; qu'il est possible que la lésion ait fait des progrès sous l'influence d'une constitution détériorée par une maladie prolongée ; mais il ne nous est guère permis de rien préciser à cet égard.

D'où nous concluons :

1° Qu'il a tout lieu de croire que la maladie de David a consisté dans une hémoptysie dépendant d'une hémorrhagie qui a eu lieu dans le tissu du poumon gauche ;

2° Que cette hémorrhagie a été très probablement produite par la chute qu'il a faite ou par les coups qu'il a reçus ;

3° Que c'est à cette cause qu'il faut attribuer l'incapacité de travail à laquelle il a été réduit depuis le 14 septembre, époque à laquelle la maladie a été légalement constatée ;

4° Qu'il y a tout lieu de croire qu'elle s'étendra encore à deux mois au moins ;

5° Qu'après ce laps de temps, il est douteux que David puisse s'adonner aux travaux pénibles qu'exige la culture de la terre ;

6° Que l'état du malade est tel aujourd'hui, qu'une cause même assez faible pourrait amener des accidents graves qui compromettraient alors son existence ;

7° Qu'il n'est pas possible de rien préciser à l'égard de l'affection du poignet, à cause de son ancienneté et de sa nature.

Fait à Paris, ce 20 janvier 1835.

3° Les blessures de la poitrine sont parfois accompagnées de fractures des côtes, qui augmentent la gravité de la blessure, surtout lorsqu'elles sont avec esquilles, parce qu'elles attaquent le tissu des poumons, comme cela a eu lieu dans l'exemple suivant.

Fracture de plusieurs côtes, déchirure du tissu pulmonaire, emphysème et pneumothorax. — Choc d'une roue de voiture.

Le 24 juillet 1835, nous avons procédé à la visite du sieur Munier, marchand ambulant, à l'effet de constater l'état de sa blessure, et de déterminer si elle est ou a été de nature à causer une maladie ou incapacité de travail de plus de vingt jours, ainsi qu'il résulte d'une ordonnance de M. G..., juge d'instruction, en date du 22 courant.

Munier nous apprend que le 23 juin dernier il a été renversé au coin du boulevard Mont-Parnasse par la roue d'un cabriolet ; qu'il a perdu connaissance ; que, revenu à lui, il a été transféré à l'hôpital de la Charité où il a reçu les soins de M. Velpeau ; qu'une saignée au bras lui a été faite le lendemain de son arrivée ; qu'il a été maintenu à la diète et au repos, et qu'au bout de quinze jours se trouvant beaucoup mieux et s'ennuyant de son séjour à l'hospice, il s'est fait conduire chez lui.

Un certificat de M. Velpeau atteste que Munier a eu plusieurs côtes fracturées, qu'il en est résulté un emphysème, un épanchement d'air dans la poitrine et une ecchymose à la peau, et que ces blessures faites par une violence extérieure, sans être nécessairement graves, sont pourtant de nature à compromettre sa vie; qu'elles le retiendront au lit pendant plus d'un mois. Ce certificat est du 24 juin.

Aujourd'hui, Munier, sans être malade, n'est pas complétement rétabli. Il ne reste plus de traces apparentes des lésions énoncées ci-dessus; mais la respiration, les mouvements et la marche sont encore gênés; le malade ne peut pas encore se coucher sur les deux côtés. Il est obligé de porter une serviette serrée sur la poitrine pour faciliter la respiration et être moins impressionné par les secousses de la marche. L'appétit est bon, toutes les autres fonctions s'exécutent bien.

Des faits qui précèdent il résulte :

1° Que F. Munier a eu une fracture de plusieurs côtes avec déchirure ou lésion des poumons produite par une violence extérieure;

2° Que les suites de la blessure entraîneront une incapacité de travail que l'on peut évaluer à trente-cinq ou quarante jours ;

3° Que l'âge du blessé (soixante-cinq ans) contribuera à augmenter le temps de l'incapacité de travail que cette blessure peut entraîner.

Les contusions de la poitrine, ou les efforts violents exercés sur cette partie, peuvent, par le fait de la commotion, amener la rupture du tissu des organes qui y sont contenus. (*Voy.* p. 22, 23, 33, 35, 40, 43.) Un choc direct avec enfoncement des os produit aussi le même résultat. M. Alphonse Sanson en a rapporté un exemple dans sa thèse sur les plaies du cœur (Paris, 1827, n° 259, page 35). Le sternum avait été fracturé au niveau du fragment supérieur; le cœur offrait une plaie transversale, longue d'un pouce, non pénétrante, à laquelle la pièce osseuse s'adaptait parfaitement. Le blessé vécut treize jours. Des coups portés sur la poitrine amènent parfois une phlegmasie des poumons, des plèvres, du cœur ou du péricarde. C'est donc en ayant égard à ces trois lésions possibles des organes principaux que l'on peut établir leur pronostic. En général, une plaie qui ne pénètre pas dans la poitrine n'entraîne pas à sa suite des conséquences graves, hors le cas où un corps étranger est resté dans la plaie, ou bien celui dans lequel une inflammation de mauvais caractère vient à s'emparer de la blessure.

Il n'en est pas de même des plaies qui pénètrent dans la poitrine. Le cas le plus simple est celui de l'introduction de l'instrument dans la cavité de la plèvre, sans lésion des organes contenus. Leur guérison est presque toujours constante, si le malade est soumis à un traitement convenable. L'emphysème vient souvent compliquer ces blessures pour peu qu'il n'y ait pas parallélisme parfait entre la lésion intérieure et la lésion extérieure; cet état peut être aussi accompagné d'un sifflement pendant l'expiration; il provient de la rentrée de l'air dans la poitrine, lorsque le poumon vient à s'affaisser. Un des poumons est-il intéressé, ou l'arme n'a pas ouvert de vaisseau notable, et l'épanchement sanguin est très circonscrit dans le parenchyme pulmonaire ; ou, dans le cas contraire, l'épanchement a une étendue considérable dans ce tissu, en même temps qu'il vient remplir les plèvres, et alors la difficulté de respirer, le crachement de sang, la disparition du souffle respiratoire et la matité, établissent ses caractères ; parfois aussi l'égophonie vient assurer le diagnostic. La gravité de la blessure est toutefois fort accrue, et ses dangers sont en raison de l'étendue de l'infiltration sanguine, ainsi que de la quantité de sang épanché. On sait combien ces sortes d'épanchements sont longs à être résorbés ; heureux encore quand le sang ne s'altère pas et ne nécessite pas son évacuation au moyen de l'opération de l'empyème, car alors une pleurésie ou une pleuro-pneumonie grave peut compromettre les jours du malade. Les plaies qui pénètrent dans la poitrine peuvent être accompagnées de la hernie d'une portion de parenchyme pulmonaire. Cette circonstance n'a presque jamais augmenté la gravité de la blessure dans les quelques cas que l'on en a rapportés. Ces hernies ont été l'objet de méprises ; on les a prises pour des tumeurs formées aux dépens de l'épiploon ou de l'intestin gangrené.

- La gravité des blessures pénétrantes de la poitrine repose principalement sur la lésion du cœur et des gros vaisseaux. Ollivier (d'Angers), à l'article Cœur du *Dictionnaire de médecine* en 30 volumes, a rassemblé sur ce sujet des documents précieux pour la médecine légale, et a fait une monographie complète de ces lésions ; nous lui emprunterons les détails principaux de cet article. Sur soixante-quatre observations de plaies du cœur, vingt-neuf avaient leur siége au ventricule droit ; douze au ventricule gauche ; neuf dans les deux ventricules ; trois à l'oreillette droite, et une à l'oreillette gauche. D'où il résulte que le ventricule droit et l'oreillette du même côté sont le plus souvent intéressés ; ce dont rend compte leur situation au-devant du ventricule et de l'oreillette gauches. Les plaies du cœur peuvent pénétrer dans ses cavités, ou intéresser seulement une partie de l'épaisseur de son tissu. Les plaies qui pénètrent dans les cavités du cœur sont toujours mortelles, quelle que soit l'arme qui les ait produites. Les expériences de MM. Bretonneau et Velpeau tendent à établir une exception à cette règle à l'égard de l'acupuncture. Elle a été fréquemment pratiquée par eux sur des animaux, et ils n'ont pas présenté de trouble notable dans leur santé. Il

n'en serait pas toutefois de même si des aiguilles étaient introduites et laissées dans le cœur ; les faits démontrent qu'elles déterminent la mort au bout d'un temps plus ou moins long ,
plusieurs jours ou plusieurs semaines. Sue (*Aperçu général ,
appuyé de quelques faits , sur l'origine et le sujet de la médecine
légale*) rapporte qu'en 1728 , une des premières dames de la
cour de Sardaigne enfonça une longue aiguille d'or dans la poitrine de son mari, pendant qu'il dormait. Le ventricule droit fut
percé de part en part, et la mort eut lieu presque subitement.

Galien pensait que les blessures pénétrantes du cœur étaient
immédiatement mortelles. Cette opinion, adoptée par beaucoup
d'auteurs, n'est pas exacte, ainsi que le prouvent les faits recueillis et rapportés par Ollivier. Les blessures du ventricule
droit du cœur sont à la fois les plus communes et les moins
promptement mortelles. A l'exception de deux individus sur
vingt-neuf, aucun blessé n'a pas vécu moins de deux jours ;
d'autres ont péri au quatrième, au cinquième, au huitième, au
neuvième, au treizième, au quinzième, au vingtième, au vingt-
troisième, et même au vingt-huitième jour. La présence de l'instrument dans la plaie a toujours retardé l'époque de la mort.
On a cherché à expliquer ces variations dans la durée de la vie,
quoique les lésions offrissent les mêmes dimensions chez les divers individus. L'opinion qui nous paraît la plus rationnelle est
celle d'Ollivier et de Sanson , qui les attribuent à la direction
différente des fibres qui constituent les plans charnus du cœur,
disposition qui tend à oblitérer la blessure ; il est probable, toutefois, que les plaies parallèles à l'axe du cœur doivent être
moins promptement mortelles que celles qui lui sont transversales. La mort qui survient subitement dans ces sortes de cas est
attribuée, non pas à la quantité de sang qui peut s'écouler de la
blessure, mais à la compression que ce fluide vient à exercer sur
le cœur, quand il est accumulé dans le péricarde et qu'il distend
cette membrane. Il y forme alors un caillot très épais, environnant le cœur de toutes parts. — Quant aux plaies du cœur non
pénétrantes, elles paraissent offrir autant de gravité, au moins
d'après les faits qui ont été recueillis à ce sujet. Seulement, la
mort survient, en général, à une époque plus éloignée, et elle est
due, soit à une péricardite, soit à une endocardite, qui est générale ou locale, et, dans ce dernier cas, cette phlegmasie peut entraîner la formation d'abcès limités. — Relativement aux moyens

de préjuger, d'après l'inspection de la blessure, les désordres qu'elle a pu causer et les conséquences dont elle sera suivie, nous dirons qu'il existe beaucoup d'incertitude à cet égard. La situation et la largeur de la blessure, comparées à la longueur et à la largeur de l'instrument, peuvent seules faire naître des craintes à ce sujet, et l'on doit toujours être très réservé sur le pronostic à porter, parce que la mort des malades est souvent survenue au moment où on les croyait et où ils se regardaient comme parfaitement à l'abri de toute espèce d'accidents, puisque, dans certains cas, ils avaient repris leurs occupations habituelles.

Les lésions des gros troncs vasculaires, artériels et veineux, qui partent ou se rendent au cœur, sont aussi dangereuses que celles du cœur. On sait, à ce sujet, les distinctions qui ont été établies par Jones et Béclard. Elles reposent sur l'espèce de lésion, l'étendue, et la direction de la blessure. La plaie intéresse-t-elle une partie de l'épaisseur des parois artérielles, elle ne devient, en général, dangereuse que dans le cas où la gaîne celluleuse, la tunique celluleuse et la tunique moyenne ont été divisées; car alors la tunique interne ne présente plus une résistance assez grande à l'effort latéral du sang, et la rupture de la membrane qui est restée intacte peut avoir lieu consécutivement. Les simples piqûres qui comprennent les trois tuniques peuvent devenir mortelles chez l'homme, quoiqu'elles le soient rarement chez les animaux. Guthrie a vu deux fois l'artère fémorale blessée par le *tenaculum*, s'ulcérer consécutivement, et devenir le siége d'une hémorrhagie abondante. Sur un autre sujet, un corps étranger hérissé d'épingles s'était arrêté au bas du pharynx; des crachements de sang se succédaient et devenaient chaque jour plus inquiétants, sans qu'on en pût deviner la cause; une hémorrhagie plus forte que les autres causa la mort du malade, et l'on reconnut que la carotide avait été piquée en plusieurs endroits. Une blessure longitudinale ne produit presque pas d'écartement, et l'hémorrhagie est beaucoup moins à craindre; la cicatrisation s'en opère facilement. Il n'en est pas de même des divisions transversales, elles sont toujours beaucoup plus graves. Si elles occupent le quart de la circonférence du vaisseau, elles tendent à prendre une forme arrondie qui facilite l'écoulement du sang. Si la plaie occupe la moitié de la circonférence de l'artère, l'écartement est aussi considérable que possible, et l'hémorrhagie est imminente ; enfin, quand les trois quarts du pourtour du vaisseau ont été coupés, la rétraction est si considérable, que la blessure rentre dans les conditions des divisions transversales et complètes, c'est-à-dire que les chances d'hémorrhagie diminuent et celles de guérison augmentent. Toutefois ces données, qui sont justes quand il s'agit de vaisseaux d'un moyen calibre, ne sont que peu applicables aux lésions des troncs vasculaires, tels que ceux qui partent du cœur ; aussi ces blessures sont-elles toujours mortelles par l'hémorrhagie à laquelle elles donnent lieu. On trouve alors le sang épanché dans les plèvres, et rassemblé le plus souvent à l'état liquide dans la cavité de ces membranes. Il en est de même des troncs veineux ; il y a plus, les hémorrhagies sont la conséquence nécessaire des lésions de leurs parois, parce que leur peu d'épaisseur ne permet pas qu'elles soient intéressées partiellement. — L'arme perforante a pu atteindre aussi l'œsophage, quoique cela ait lieu fort rarement, à cause de la situation profonde de ce conduit ; il en résulte alors l'épanchement des boissons dans la poitrine, soit en totalité, soit en partie, et quelquefois même leur sortie par la blessure, ainsi que cela est rapporté par M. Payen, dans le *Traité de chirurgie* de Boyer, t. VII, p. 270. Ces blessures sont ordinairement mortelles par les épanchements auxquels elles donnent lieu ; mais elles peuvent guérir quelquefois, et l'exemple cité en est une preuve. — Des blessures existant sur les parois de la poitrine peuvent avoir entraîné la lésion des organes abdominaux. C'est ainsi que dans l'affaire d'assassinat de Caze quatre coups de couteau avaient été portés, l'un au-devant de la clavicule droite, un second sur le sternum, un troisième dans le dos, sur l'épine, et un quatrième sur le côté droit de la poitrine ; le couteau qui avait opéré la blessure du côté droit avait passé entre la peau et les huitième et neuvième côtes ; il s'était introduit dans l'espace intercostal, et était venu perforer la rate, ouvrir les vaisseaux courts, et donner lieu à un épanchement de sang dans l'épiploon. De même, une blessure du côté opposé pourrait amener la lésion du foie et celle d'organes placés plus profondément, en raison de la longueur de l'instrument perforant.

On voit donc, pour nous résumer sur les plaies de la poitrine, que leur pronostic variera en raison des désordres que l'arme vulnérante aura produits. La plaie ne s'étend-elle pas au delà de l'épaisseur des parois de la poitrine, elle n'offre pas de gravité, hors les cas où, placée sur le voisinage de la ligne médiane, elle pénètre jusqu'à la moelle et intéresse cet organe ; ou bien encore ceux dans lesquels, située au-dessous et au-devant de la clavicule, elle intéresse les artères et les veines axillaires ou sous-clavières. Que si elle pénètre dans la poitrine, elle offre un danger d'autant plus grand, que l'on parcourt des nuances différentes de lésions d'organes qu'elle peut produire. — A. Plaie simplement pénétrante sans entrée d'air.—B. Avec pneumo thorax, soit que l'air provienne du dehors, soit qu'il provienne de la déchirure du tissu pulmonaire. — C. Lésion du tissu des poumons avec ou sans épanchement de sang, avec ou sans hémoptysie.—D. Lésion de l'œsophage.—E. Ouverture du péricarde, péricardite consécutive.—F. Lésion du cœur ou des gros vaisseaux, avec ou sans épanchement de sang. Toujours est-il qu'en général on ne peut pas porter un pronostic certain sur les plaies de la poitrine ; qu'il faut établir la durée de l'incapacité de travail personnel qu'elles peuvent opérer, en ayant égard aux phases qu'elles parcourent ordinairement ; en soumettant *constamment* ses prévisions à la supposition où il ne surviendrait pas d'accidents, car la plaie pénétrante la plus simple peut être suivie d'une pleurésie, et cette pleurésie peut elle-même devenir mortelle. — Quant aux armes à feu, il n'est pas possible d'en préciser les désordres et la gravité. Nous en avons déjà cité plusieurs exemples, p. 35, 37, 40, 43, 44. En voici encore un qui peut la rappeler.

Coup de feu à bout portant à la poitrine. — Désordres
considérables.

Nous soussigné, docteur en médecine, etc., en vertu d'une ordonnance de M..., juge d'instruction du tribunal de première instance, nous sommes rendu aujourd'hui, 18 mai 1835, à la Morgue, à l'effet de procéder à l'examen et à l'ouverture du corps du nommé..., et de déterminer la cause de la mort : si elle a été l'effet d'un coup de feu, quelle espèce d'arme à feu a produit la blessure ? et si cette blessure tend à établir des présomptions d'un suicide ou d'un homicide ?

Au côté gauche de la poitrine, et à la hauteur du téton gauche, existe une plaie de forme quadrilatère, dont les dimensions sont à peu près égales sur les quatre côtés, et ont trois pouces de haut en bas et trois pouces et demi transversalement. L'aspect général de la blessure est d'un brun rougeâtre ; les bords de la peau sont comme brûlés, charbonnés, et la peau qui constitue le bord inférieur de la plaie est desséchée, brune, comme parcheminée dans l'étendue d'un pouce de hauteur sur un pouce et demi de largeur et au delà de la circonférence de la plaie. Du reste, les lèvres de la plaie sont rétractées, et laissent à nu les muscles qui tapissent les côtes, de manière que ceux-ci débordent la peau dans une étendue de deux à trois lignes. Les 3e, 4e, 5e et 6e côtes ont été fracturées et réduites en esquilles dans leur portion correspondante à la plaie ; les muscles qui les tapissent dans cette partie ont été détruits, en sorte que la cavité de la poitrine du côté gauche est largement ouverte ; au fond de la plaie, et dans la cavité de la poitrine, on trouve le péricarde déchiré dans toute sa partie gauche, le cœur faisant hernie à travers cette déchirure, et appliqué sur le poumon gauche, qui est réduit à un très petit volume, et qui nage au milieu d'un demi-litre de sang fluide épanché dans cette cavité. A la base du ventricule gauche du cœur existe une rupture des parois de ce ventricule à bords inégaux, frangés, et parsemés d'une foule de petits mamelons qui correspondent aux colonnes charnues, broyées et divisées. Le lobe inférieur du poumon gauche est largement déchiré et réduit en bouillie, le lobe supérieur est intact ; les divisions des bronches du côté gauche ont été rompues et séparées du poumon. La plèvre qui tapisse à gauche la colonne vertébrale présente plusieurs ouvertures à travers lesquelles on aperçoit l'aorte déchirée dans l'étendue de cinq pouces ; ces déchirures sont tellement inégales, qu'il est impossible d'en assigner la direction. Derrière l'aorte, près de l'articulation postérieure de la 8e et et de la 9e côte avec le corps des vertèbres, existe une ouverture de quatre lignes de diamètre, arrondie, qui intéresse le corps de la 8e vertèbre ; en introduisant un stylet mousse par cette ouverture, on arrive à un corps dur qui donne par la percussion le son d'un métal, corps évidemment constitué par la balle, qui vient faire dans le dos une saillie arrondie formée aux dépens de la peau qu'elle soulève. La dissection de la peau dans cette partie a fait retirer deux balles de gros calibre, dont la forme est celle d'un cylindre allongé, et concave à sa circonférence, en sorte que la forme sphérique d'une balle ordinaire n'est pas conservée ; il semble qu'elles aient été taillées sur la circonférence de l'un de leurs diamètres, de manière à permettre leur entrée dans un canon d'un diamètre plus petit que celui d'un fusil ; une des extrémités du cylindre est arrondie et l'autre aplatie, comme si l'on avait frappé sur ces deux balles pour les introduire dans le canon. La surface de la peau de la partie qui les recouvre est rouge, injectée ; autour des deux balles, on voit les muscles et le tissu cellulaire ambiants ecchymosés dans une étendue de quatre à cinq pouces en surface. En disséquant les muscles de la poitrine, on trouve le long des grands et petits pectoraux et du tissu cellulaire qui les sépare, du sang infiltré jusqu'au creux de l'aisselle. Les cavités du cœur, tous les gros vaisseaux qui s'y rendent sont vides de sang ; le poumon droit est décoloré ; il existe une ecchymose sous la plèvre droite, à la partie correspondant à la colonne vertébrale ; la trachée-artère contient un peu de sang inférieurement ; les organes de l'abdomen sont dans l'état normal ; l'estomac contient quelques aliments en partie digérés.

Conclusion.

1° La mort a été le résultat de la blessure.

2° La blessure a été produite par une arme à feu.

3° Cette arme était un fusil ou un pistolet de gros calibre, et très probablement un pistolet.

4° S'il est démontré qu'un pistolet a été l'instrument de la mort, il a été tenu et tiré par la main gauche, en sorte que cette blessure pourrait élever des présomptions d'homicide ; enfin le coup a été tiré à bout portant.

Blessures de l'abdomen. — Il n'est pas de parties de l'économie où l'action des corps contondants puisse donner lieu à des résultats plus variés que l'abdomen. Nous allons en esquisser le tableau.—**A.** Ils peuvent agir sans laisser de traces de leur action, sans amener de désordre, soit à l'extérieur, soit à l'intérieur, et cependant causer la mort par la commotion imprimée au système ganglionnaire. Cette influence, portée à un moindre degré, produira la syncope où la paralysie d'un ou de plusieurs organes contenus dans l'abdomen, et cet effet pourra avoir une durée variable ; de là une altération de fonction en raison de l'organe paralysé. La paralysie pourra n'être que temporaire ou ne consister que dans un trouble, une modification passagère dans l'exercice de la fonction de l'organe influencé. C'est ainsi que des coups portés sur la région de la vessie ont amené la paralysie de cet organe ; des coups portés sur la région épigastrique ont produit un trouble de la digestion qui s'est souvent prolongé pendant un temps assez long. Il est impossible d'établir, en thèse générale, quelle pourra être la conséquence d'une pareille lésion, et combien il faudra de temps pour faire rentrer l'organe dans son état normal. Il est probable que c'est à ce genre de lésion qu'il faut rapporter le cas suivant.

Coups reçus sans traces très marquées, travail continué pendant douze jours ; puis maladie de dix-neuf jours.—Les coups ont-ils produit la maladie ?

Nous, M.-G.-A. Devergie, docteur en médecine, nous sommes rendu aujourd'hui, 24 juillet 1835, à Saint-Denis, rue de Paris, n° 23, chez le sieur Drocourt, à l'effet de le visiter, de constater l'état des blessures qu'il a reçues, et si elles sont de nature à causer une maladie ou incapacité de travail de plus de vingt jours, le tout ainsi qu'il résulte d'une ordonnance de M. Geoffroy, juge d'instruction, en date du 22 présent mois.

Drocourt nous déclare que le 25 juin dernier, ayant reçu l'ordre de s'opposer à l'entrée d'une des chambres de la prison du Luxembourg, il a été accosté par le sieur M.... ; que celui-ci l'a saisi à bras le corps, l'a jeté à terre, lui a appliqué le genou sur le haut du ventre et porté plusieurs coups à la tête ; que, cependant, il a pu continuer son service pendant douze jours ; qu'après ce laps de temps, l'état d'indisposition dans lequel il se trouvait, et qu'il regarde comme la conséquence de ces coups, ayant augmenté, il s'est retiré chez lui, s'est fait appliquer vingt sangsues à l'épigastre, d'après l'ordonnance du médecin de la prison, s'est mis à la diète lactée, et a gardé le repos le plus absolu. (Il éprouvait alors un violent mal de tête, une douleur à l'estomac, et il avait de la fièvre.)

Aujourd'hui sa santé est meilleure, ses forces ne sont pas encore entièrement revenues, mais il les regarde comme suffisantes pour reprendre dans deux jours ses fonctions à la prison. Il ne reste pas de traces des violences dont il a été l'objet.

Conclusion.

1° Rien dans l'état actuel de Drocourt ne démontre qu'il ait reçu des coups.

2° Il nous est impossible de déterminer si les coups qu'il dit avoir reçus ont amené la maladie qui l'a retenu chez lui depuis le 7 juillet jusqu'à ce jour, attendu qu'une maladie spontanée aurait pu produire les mêmes effets, et que le malade a pu continuer à travailler pendant les douze jours qui ont suivi celui où il a reçu les coups.

3° Que, cependant, ces coups ont pu amener un état de malaise général qui aura été augmenté par le travail qu'il a continué.

4° Que, dans la supposition même où les coups auraient amené la maladie, il n'en serait résulté qu'une incapacité de travail personnel de dix-neuf jours.

B. Les corps contondants peuvent, sans produire de lésions à l'extérieur, amener des déchirures d'organes, et il n'est pas un seul organe, si l'on en excepte les uretères, les ligaments ronds et les ovaires, qui ne puisse être déchiré. Nous avons cité des exemples assez nombreux de ces sortes de ruptures, mais trois organes principaux y paraissent plus disposés que les autres : ce sont, le diaphragme, le foie et la rate. La mobilité, le poids et le tissu compacte de ces deux derniers organes en rendent facilement compte. C'est pendant la contraction du premier que sa rupture peut s'effectuer, ainsi que M. Dayat l'a démontré par des expériences qu'il a faites à l'occasion de l'exemple remarquable que j'ai cité (p. 187). Si l'animal était vivant, il parvenait assez facilement à opérer la rupture du diaphragme, tandis qu'il lui fallait un effort considérable pour la produire après la mort. Tous les organes creux de l'abdomen peuvent être déchirés, et d'autant plus facilement, qu'ils sont pleins. La conséquence de ces lésions, si l'organe creux n'a pas été ouvert, est primitivement l'ecchymose ou l'épanchement de sang, et consécutivement la résorption du sang ou une phlegmasie du viscère déchiré. Si la rupture a été complète, trois choses peuvent se passer ; l'organe est vide, il ne se fait pas d'épanchement, des adhérences s'établissent, et la guérison est possible ; l'organe est plein, un épanchement a lieu, et le plus souvent une péritonite se manifeste, soit localement, soit dans toute l'étendue de l'abdomen ; le pronostic de pareils désordres ne peut toujours être que grave ; mais le plus souvent il y a impossibilité de préciser quelque chose à ce sujet, parce qu'il y a difficulté de reconnaître la lésion. Ainsi donc, sans désordres à l'extérieur, un coup reçu sur l'abdomen peut être suivi des conséquences les plus graves. Enfin, les gros troncs vasculaires, de même que les vaisseaux de moyen calibre, peuvent se déchirer sous l'influence de ces agents, et donner lieu à des épanchements sanguins mortels ou qui ne se résolvent qu'avec peine ; mais, comme nous en avons cité des exemples, ces déchirures de l'aorte et de la veine cave sont toujours produites par des causes puissantes, telles que le passage d'une roue de voiture sur le ventre, la chute d'une poutre, etc., etc. — C. Les corps contondants exercent quelquefois leur action de manière à laisser à l'extérieur des traces de leur existence. C'est ainsi qu'ils peuvent donner lieu à des ecchymoses sous-cutanées, à des déchirures de muscles, ou bien ils produisent des ecchymoses sous-péritonéales dans tous les points de cette enveloppe, et particulièrement sur le milieu de l'estomac, à la convexité des intestins, à la surface du foie et de la rate. Le pronostic de ces diverses lésions n'est pas d'une grande gravité quand elles sont isolées et sans complication. Le régime, le repos, la diète, les émissions sanguines en triomphent presque toujours ; mais quand des muscles ont été déchirés, il en résulte une infirmité pour le malade : la formation d'une hernie qui nécessite l'application d'un bandage ou ceinture appropriée à la lésion.

Les plaies de l'abdomen offrent plus ou moins de gravité, suivant qu'elles ne sont pas pénétrantes ou qu'elles pénètrent dans cette cavité. Toute piqûre non pénétrante est une plaie simple qui guérit rapidement, à moins qu'un cordon nerveux ou une artère ne soient lésés. Dans le premier cas, on est quelquefois obligé d'opérer la section du nerf pour faire cesser la douleur ; dans le second, de pratiquer la ligature du vaisseau ou d'exercer une compression permanente sur lui, afin d'arrêter l'hémorrhagie. Une blessure par arme tranchante qui n'intéresse que les parois abdominales jusqu'au péritoine est ordinairement une plaie facilement curable ; toutefois sa direction et son étendue peuvent entraîner une incapacité de travail plus ou moins longue. Plus elle offre une direction opposée à celle des fibres musculaires, plus elle est difficile à guérir ; il en est de même à l'égard de sa grande étendue, car alors elle nécessite la formation d'une cicatrice, ne présentant plus aux viscères abdominaux

le même point d'appui, et devenant la cause prochaine de la formation d'une hernie. — Les plaies contuses ou par arrachement
se rapprochent de ces dernières ; elles offrent, en outre, plus de
gravité sous le rapport de la commotion des organes abdominaux
dont elles peuvent être accompagnées.

La gravité d'une plaie pénétrante de l'abdomen est en raison :
1° De ses dimensions. Les simples blessures par piqûres qui n'intéressent pas d'organes se guérissent ordinairement avec facilité.
Cependant, la péritonite peut quelquefois en être la conséquence,
et cette maladie offre alors plus ou moins de danger, suivant
qu'elle est générale ou partielle. Si la plaie a une dimension un
peu plus considérable, elle peut alors être accompagnée de la
sortie d'une portion d'épiploon ou d'intestin, qui, si elle n'est
pas réduite, est susceptible de s'étrangler par suite du rétrécissement survenu à la blessure, en raison de l'inflammation qui s'y
est développée consécutivement, et alors la gangrène, suivie d'un
anus contre nature, peut en être la conséquence. Les plaies
d'une plus grande dimension donnent lieu à ces éventrations
avec sortie des viscères abdominaux, qui ne guérissent jamais
sans amener des altérations graves dans les fonctions des muscles de l'abdomen ; heureux encore si la phlegmasie du péritoine
ne vient pas augmenter leur danger. 2° Des hémorrhagies les
accompagnent parfois. Ici, de deux choses l'une, ou le sang
s'écoule au dehors, et alors la gravité de la blessure est en raison
de la quantité de sang perdu ; ou au contraire il s'épanche dans
l'abdomen, et, dans ce cas, il entraîne et des dangers et un
temps beaucoup plus long pour la guérison, car sa résorption
ne saurait avoir lieu : il peut se développer une phlegmasie du
péritoine ; le sang peut s'altérer et constituer un foyer qu'il faut
ouvrir ; cette circonstance donne donc à la blessure un tout
autre caractère de gravité. L'expert, dans tous ces cas, doit être
très réservé, d'autant plus qu'il n'est pas toujours facile d'établir
un diagnostic très certain sur ces sortes de complications de
blessures.

Jusqu'alors nous avons supposé sains les organes contenus
dans l'abdomen ; voyons actuellement les conséquences auxquelles peuvent conduire les lésions de ces organes. Les lésions
du foie sont en général très graves, à cause du grand nombre de
vaisseaux dont cet organe est pourvu, et aussi de l'influence que
son inflammation exerce sur l'économie ; néanmoins elles sont

quelquefois curables dans un espace de temps fort court, c'est le cas où il n'est survenu ni hémorrhagie ni épanchement de sang. Si la vésicule biliaire a été intéressée par l'instrument perforant, la blessure devient alors une cause presque constante de mort, par suite de l'épanchement de la bile dans la cavité du péritoine. Les blessures de la rate sont presque aussi graves que celles du foie, à cause de l'état spongieux et vasculaire du tissu de cet organe, des épanchements de sang qui en sont la suite, soit dans la cavité du péritoine, soit en dehors de cette membrane ou dans l'épaisseur des replis qui constituent les épiploons. Toute lésion d'estomac ou d'intestin est grave. Cependant il faut établir à ce sujet des distinctions qui reposent sur divers genres de considérations. Il est d'observation que les blessures de la partie moyenne de l'estomac sont en général moins fâcheuses que celles de ses deux extrémités; celles-ci sont en effet pourvues d'un si grand nombre de filets nerveux, que leur blessure développe un ensemble de phénomènes qui ne tendent qu'à augmenter le danger de ces lésions; ainsi les nausées, les envies de vomir, les vomissements réitérés qui mettent sans cesse l'estomac en action, font affluer la bile dans ces organes, et s'opposent d'une manière continue à la cicatrisation de la blessure. Les blessures des gros intestins sont plus à l'abri des dangers, parce que les matières que ces organes renferment y sont presque toujours à l'état solide, et qu'elles ont moins de tendance à causer des épanchements. Les blessures du canal intestinal peuvent, du reste, être accompagnées de la sortie, dans la cavité du péritoine, de toute espèce de boissons ou de matières alimentaires; elles causent parfois des hémorrhagies qui ont lieu soit dans la cavité de l'estomac ou de l'intestin, de là des vomissements ou des selles sanguinolentes, soit dans la cavité du péritoine. Les blessures des épiploons, du pancréas, du mésentère, sont plus que les précédentes sujettes aux hémorrhagies mortelles, parce que ces organes sont pourvus de vaisseaux plus gros, puisqu'ils abandonnent ces parties pour se rendre aux intestins, en y formant des ramifications capillaires très déliées. Les blessures des reins, des uretères et de la vessie, tirent leur gravité d'abord de la phlegmasie de ces viscères, ensuite de l'épanchement au dehors du fluide qu'ils sécrètent ou qu'ils contiennent. L'urine peut s'infiltrer dans le tissu cellulaire ambiant, et donner naissance à des abcès dont les conséquences sont presque toujours funestes aux malades, parce que l'épanchement siége dans des parties profondes ; que le pus tend sans cesse à fuser dans le tissu cellulaire lâche qui les avoisine, qu'il gagne le bassin et y forme des foyers dont il est difficile d'obtenir la guérison ; que si l'urine se répand dans le péritoine, elle occasionne bientôt une inflammation aiguë à laquelle il est difficile de porter remède. Quant aux lésions des gros vaisseaux, nous en avons parlé à l'occasion des blessures de la poitrine, nous n'y reviendrons pas.—A l'égard des plaies d'armes à feu, on peut dire que leur gravité est soumise à toutes les conditions des autres blessures de l'abdomen, et qu'elles amènent souvent des désordres plus considérables dans les organes intérieurs ; que si elles sont moins sujettes aux hémorrhagies primitives, elles peuvent déterminer plus fréquemment des hémorrhagies consécutives ; et enfin, qu'il est encore plus difficile de prévoir leurs résultats que lorsqu'il s'agit des blessures par armes tranchantes ou perforantes.

Blessures des organes génitaux chez l'homme. — La gravité des lésions de la verge est variable en raison des accidents que telle ou telle espèce de blessure peut faire naître, et aussi des parties qui peuvent avoir été intéressées. Les contusions de la verge sont rares lorsqu'elles sont isolées de toute autre altération ; le plus souvent elles dépendent d'efforts de traction exercée par vengeance sur cette partie ; elles sont dans ce cas accompagnées de déchirures, soit des corps caverneux, soit du canal de l'urètre : elles sont parfois suivies de phlegmasies qui peuvent présenter quelque gravité, eu égard à la capacité de ce canal, si, par exemple, il se forme des brides ou des rétrécissements dans son intérieur. La déchirure des corps caverneux amène, en outre, une hémorrhagie ou une infiltration sanguine considérable, qui peut être plus tard suivie de gangrène par inflammation. La contusion des testicules peut amener immédiatement la syncope et porter une atteinte très forte au système nerveux général, sans préjudice de la phlegmasie, avec étranglement, qu'elle peut développer. Quant à l'arrachement des testicules, il est rarement accompagné d'hémorrhagie, et souvent même il a été exempt de toute espèce d'accidents ; hâtons-nous toutefois de dire qu'il en est fréquemment résulté des douleurs violentes dans l'abdomen, dans les reins, et dans le trajet des cordons testiculaires. La gravité de ces sortes de blessures dérive donc de deux sources différentes, de l'étranglement que cause l'inflammation consécutive, et de l'atteinte portée au système nerveux, général et local. Il en serait de même du cas où l'on chercherait à introduire la verge dans des corps étrangers d'un diamètre plus petit que le diamètre de cet organe. Les plaies de la verge par armes perforantes offrent plus de gravité que celles par armes tranchantes. Parmi ces dernières, toute blessure qui cause une perte de substance amène une infirmité plus ou moins grande : ainsi, l'ablation de la verge peut être partielle ou totale, et l'acte de la génération gêné ou totalement empêché ; une portion du canal de l'urètre peut être enlevée, et la cicatrisation de la blessure entraîner un temps ex-trêmement long pour reproduire la paroi détruite. Un ou les deux testicules peuvent être enlevés, et dans ce dernier cas, l'individu est réduit à l'impuissance. Un des canaux éjaculateurs peut avoir été coupé et s'oblitérer, par suite de l'inflammation qui survient consécutivement ; ou bien il peut subir, pendant le traitement, une déviation telle, que le sperme soit lancé dans la vessie, au lieu de se rendre dans l'urètre, d'où résulte l'impuis-sance, ainsi que Lapeyronie en a recueilli un exemple. Toutefois on aurait tort de classer, en général, les blessures des parties gé-nitales de l'homme au nombre de celles qui sont très dangereuses. Il est rare qu'elles deviennent mortelles par hémorrhagie. On combat avec assez d'avantage les accidents inflammatoires qu'elles développent ; mais ces lésions causent souvent des infirmités.

A la question de la gravité de la blessure par rapport aux organes génitaux de l'homme, se rattache presque toujours celle de savoir si elle entraînera l'impuissance, ou si elle constituera le fait de crime par castration. Nous avons établi, page 63, que l'impuis-sance ne devait pas nécessairement résulter de la lésion pour que ce crime existât. Voici un arrêt qui vient à l'appui de cette doctrine.

La cour d'assises de l'Isère avait à prononcer aujourd'hui, 1ᵉʳ décem-bre 1836, sur un de ces crimes si rares qui ne semblent figurer que pour mémoire dans l'article 316 du Code pénal, et dont l'histoire du XIIᵉ siècle nous a transmis un si célèbre et douloureux exemple. Et ce n'est point un homme, mais une jeune fille qui a pu concevoir et exécuter cette atroce vengeance ! Ce n'est point la jalousie d'un rival, mais le désespoir d'une amante abandonnée qui est venu consommer cette espèce d'assassinat oublié par la civilisation nouvelle.

Victoire Collet, de Thodure, fille-mère, attribuait à Michel la paternité de deux enfants à qui elle avait donné le jour, et Michel songeait à con-tracter d'autres nœuds. Victoire Collet, après de vains efforts pour l'en dissuader, résignée à le laisser se marier, se bornait à réclamer un secours d'argent. Michel, déjà fiancé avec une autre et au moment d'être annoncé à l'église, le lui refusait et ne repassait chez elle que pour réclamer des effets d'habillement qu'elle lui avait enlevés dans le but de rendre ses visites plus fréquentes. Il y entra dans la nuit du 18 au 19 septembre ; ses tristes pressentiments disparurent devant les caresses de Victoire Collet. Jamais ses reproches n'avaient été moins amers ; Michel céda. Victoire allégua des craintes légitimées par les suites déjà deux fois fatales de leurs relations ; et, alors que Michel croyait au plaisir des sens, Victoire, armée d'un couteau, lui coupe les parties génitales. Michel n'est pas mort des suites de ses blessures dans les quarante jours suivants. Victoire Collet qui, par plusieurs propos, avait fait pressentir sa funeste vengeance, a allégué, pour se justifier, qu'elle avait voulu résister à une tentative de viol.

Les débats établissent, à peu de chose près, les faits signalés dans l'acte d'accusation, et révèlent d'autres circonstances intimes qui font une profonde impression sur le petit auditoire qui reste. On frémit surtout, quand, à la demande à lui faite *s'il n'avait pas pu se saisir de Victoire au moment de sa mutilation*, Michel répond avec l'accent d'une profonde émotion : *Ah! monsieur, si j'avais pu la prendre, nous ne serions pas ici!... Moi, peut-être, j'y serais ; mais elle n'y serait pas !...*

Le ministère public soutient l'accusation, non seulement quant à la consommation du crime, mais encore quant à sa préméditation.

Me Denantes, défenseur de l'accusée, s'efforce de jeter de l'intérêt sur la cause, flétrit le lâche abandon du séducteur de Victoire, et cherche l'explication et l'excuse de ce crime dans le désespoir de l'amante trahie et de la mère abandonnée.

Il tâche de placer sa cliente sous la protection de l'excuse légale que l'art. 325 du Code pénal vient offrir, dans ce cas, à la pudeur outragée. Quoi qu'en ait dit le ministère public, il reconnaît encore à la pudeur de Victoire, malgré ses relations antérieures avec Michel, la possibilité de l'outrage et le droit de le repousser.

Dans un système de défense subsidiaire, relativement à la qualification du délit, il soutient qu'il n'y a pas *eu castration dans le sens physiologique; que, par conséquent, il n'y a pas castration dans le sens légal*. La mutilation ne porte pas, en effet, sur les parties dont l'amputation constitue le fait de castration. Le crime reproché à Victoire doit donc se traduire en *coups et blessures*.

Après le résumé de M. le président, MM. les jurés entrent dans la salle des délibérations et reviennent, une heure après, avec un verdict affirmatif sur la question de fait, et négatif sur la question d'excuse. Ils reconnaissent toutefois des circonstances atténuantes. La cour, de son côté, maintient la qualification du crime.

En conséquence, Victoire Collet est condamnée, pour crime de castration avec circonstances atténuantes, à la peine de dix années de réclusion.

Blessures des organes génitaux chez la femme. — Les lésions des parties génitales externes, en tant qu'elles s'entendent de contusions ou de plaies superficielles, sont en général peu graves ; cependant les grandes, les petites lèvres et le clitoris, sont pourvus chez les femmes d'un tissu érectile qui peut donner lieu à des hémorrhagies assez abondantes pour amener la mort. Les deux exemples suivants rapportés par M. Alex. Watson (*The Edinburgh med. and. surg. Journal*, juillet 1831; — *Archives génér. de médecine*, 1832, t. XXVIII, p. 413), tout en donnant la preuve de cette assertion, ont fait connaître un genre d'assassinat qui n'avait pas encore eu d'analogue.

MM. Watson et Newbigging procédèrent, le 13 novembre 1825, à l'examen de la femme Rennie ou Polloch, qui était morte subitement. La partie des vêtements qui était en rapport avec les parties génitales était teinte de sang. On trouva, en écartant les grandes lèvres de la vulve, une plaie de quinze lignes de longueur à la face interne de la petite lèvre du côté droit ; elle résultait d'une section nette et parallèle à la direction de la petite lèvre ; le doigt introduit dans son intérieur pénétrait à un pouce et demi de profondeur, dans quatre directions différentes : en haut et en arrière, vers la division de l'artère iliaque ; en arrière, vers la tubérosité de l'ischion ; latéralement, vers l'articulation coxo-fémorale, et en haut, vers le mont de Vénus. Aucun vaisseau principal n'avait été ouvert, ce que démontra une injection d'eau chaude poussée par les gros troncs vasculaires. Du côté droit, l'arme avait pénétré jusqu'au péritoine sans intéresser cette membrane, en sorte qu'une quantité considérable de sang s'était épanchée à sa surface. Une autre plaie très petite, nette et superficielle, existait à côté de la première. Du reste, tous les autres organes, ainsi que la surface extérieure du corps, ne présentaient pas de trace de lésion. Un rasoir avait servi à faire la blessure.

Dans le second cas, celui qui est relatif à la mort de la dame Bridget Calderhaed, morte le 1er janvier 1831, on trouva les vêtements teints de sang au voisinage des parties génitales ; une plaie de dix lignes environ de longueur à la grande lèvre gauche, dirigée parallèlement à son bord externe ; la plaie conduisait à une petite cavité remplie de sang coagulé et capable de contenir un petit œuf de poule ; elle se prolongeait ensuite dans trois directions différentes : en haut, vers la symphyse du pubis, en bas, vers le périnée, et en arrière le long du vagin et du rectum. La partie la plus profonde avait deux à trois pouces d'étendue. Plusieurs vaisseaux avaient été ouverts, et particulièrement la grande artère du clitoris.

Les lésions du vagin peuvent avoir des suites fâcheuses ; lorsque les instruments tranchants et perforants ont établi une communication entre ce canal et la vessie ou le rectum ; il peut en résulter des fistules vagino-vésicales ou recto-vaginales, infirmités dégoûtantes, difficiles à guérir. L'arme peut aussi pénétrer dans la cavité du péritoine, et la blessure donner lieu à de graves épanchements de sang ; les intestins eux-mêmes seront quelquefois intéressés ou feront hernie dans le vagin à travers les lèvres de la plaie. La matrice, les trompes et les ovaires sont rarement atteints à cause de la situation profonde qu'ils occupent dans le petit bassin. La lésion de l'utérus dans son état de vacuité offre beaucoup moins de gravité que dans son état de plénitude ; car alors, outre la métrite, qui dans les deux cas est à craindre, on a de plus à redouter dans le dernier, d'une part, l'hémorrhagie qui se manifeste souvent à la suite de la lésion d'un organe pourvu d'un système vasculaire très développé ; d'une autre part, l'avortement, l'épanchement du liquide de l'amnios dans la cavité du péritoine, l'agrandissement de la blessure et la déchirure possible de la matrice par suite des contractions provoquées par l'imminence de l'avortement. Les contusions portées sur la région hypogastrique dans l'état de grossesse amènent aussi fréquemment l'avortement. (*Voy.* Avortement.)

Blessures aux membres. — Les données générales que nous avons établies au commencement de ce chapitre nous dispensent d'entrer dans des détails particuliers sur ces sortes de blessures. Les membres composés de peau, de tissu cellulaire, d'aponévroses, de muscles, d'artères, de veines, de nerfs et d'os, peuvent être le siége de lésions, dont la gravité varie en raison du tissu affecté et des fonctions qu'il est appelé à remplir. La blessure d'un membre peut devenir mortelle comme celle d'un des organes les plus importants de la vie, soit que des secours ne puissent pas être apportés au blessé, soit que la situation de la blessure ne permette d'espérer qu'un succès fort chanceux et fondé sur les opérations les plus graves de la chirurgie. Il n'est pas de parties où les blessures entraînent plus souvent des infirmités, parce que ce sont les membres qui sont les instruments de la vie de relation, et que la plupart de nos professions sont basées sur leur exercice plein et entier. Rappelons toutefois que le pli de l'aine et l'aisselle sont les points où les blessures peuvent être les plus graves, et que les lésions des doigts sont celles qui conduisent le plus fréquemment à des infirmités.

Il est des blessures qui entraînent avec elles l'ouverture de vaisseaux placés profondément dans l'épaisseur des chairs et à l'hémorrhagie desquels le chirurgien ne peut pas toujours porter remède. Souvent aussi, au fur et à mesure que la perte du sang arrive, la tendance à l'hémorrhagie augmente ; en vain on tamponne, on cautérise, on lie les vaisseaux : c'est le système capillaire lui-même qui fournit le sang, et ce liquide, qui, à la suite des hémorrhagies répétées, ne contient plus assez de fibrine, ne peut plus se coaguler ; la mort seule suspend son écoulement. L'assassinat suivant donne une preuve de ces deux assertions.

Salvator se présente chez Ferrey, épicier, rue des Moulins, n° 18 ; il achète une demi-livre de pruneaux et donne 5 francs, qu'il pose doucement sur la table. Ferrey, qui avait déjà reçu cinq pièces fausses, reconnaît la fraude et en fait l'observation ; Salvator nie. On le menace du commissaire de police, alors il veut prendre la fuite. Ferrey dit à son garçon de l'arrêter. Dauphinot, saisissant Salvator, est aussitôt frappé de trois coups de couteau ; alors Ferrey va à son secours : il pare un premier coup que veut lui porter Salvator et s'enfuit ; mais ce dernier court sur lui et lui porte trois coups en arrière et se sauve. Ferrey crie à l'assassin. Salvator est arrêté au coin de la rue Saint-Roch, dans la rue Neuve-des-Petits-Champs.

Premier rapport. — Blessures de Ferrey.

Deux coups portés sur la fosse épineuse de l'omoplate droit ; trois lignes de largeur des plaies qui, aujourd'hui 26 février 1837, sont cicatrisées par première intention.

Une plaie de vingt lignes de largeur en arrière du bras droit, tout près de l'épaule, plaie dans laquelle la peau et les muscles sont coupés obliquement de haut en bas par un coup porté dans cette direction ; l'instrument a agi sur la convexité du bord axillaire postérieur saillant, en sorte qu'une lèvre de la plaie est convexe et l'autre concave. Elle paraît plus profonde en bas qu'en haut ; elle peut avoir un pouce dans sa plus grande profondeur, en sorte que cette circonstance prouve que le coup a été porté de haut en bas. Elle a un écartement de six lignes à son centre, quoique les bords aient été rapprochés par des bandelettes de diachylon ; mais les mouvements du bras en avant suffisent pour écarter fortement ces lèvres. La plaie est encore sanglante ; elle suppurera nécessairement, et cette circonstance du mouvement du bras retardera la guérison.

Lors de l'accident, elle a fourni une grande quantité de sang, puisque les vêtements en ont été remplis, et que ce liquide coulait encore dans la rue.

Peu de jours après l'accident, le malade est tenu à la diète. — Premier lever aujourd'hui pendant trois heures ; mais figure pâle et à teint jaune, comme une personne d'un tempérament bilieux qui a perdu beaucoup de sang.

Blessures de Dauphinot. — Sur le bord axillaire antérieur du bras droit deux plaies transversales, l'une en dedans, trois lignes de diamètre. — Guérie. — La deuxième à un demi-pouce de distance ; six lignes de largeur. — Elle suppure. Elle a peut-être eu un pouce de profondeur.

Sur le milieu du deltoïde, plaie transversale de six lignes de large, bords plus tuméfiés, deltoïde plus engagé ; la plaie a été plus profonde, les deux angles en sont très nets, et si, comme cela est très probable, l'arme a été enfoncée perpendiculairement, la plaie, comparée à la largeur de l'instrument, peut avoir eu dix-huit à vingt lignes de profondeur ; mais l'instrument a pu être dirigé un peu obliquement. — L'arme qui nous est représentée est un couteau aiguisé à deux tranchants jusqu'à son milieu, comme pouvait l'être un couteau-poignard : c'est donc bien celui qui a fait les blessures, car elles ont deux angles très nets.

Conclusion. — Les diverses blessures que nous avons observées ont bien été faites avec l'arme qui nous a été représentée.

Ces blessures ne paraissent pas graves par elles-mêmes.

Nous pensons qu'une visite ultérieure est nécessaire pour fixer l'incapacité de travail qui résultera de ces blessures.

Et le 8 mars, en vertu d'une nouvelle ordonnance qui nous commet à l'effet de visiter de nouveau le sieur Ferrey, qui est actuellement plus malade, nous, etc.

Le jour de notre visite, et deux heures après, c'est-à-dire le 21 février, à quatre heures, une hémorrhagie est survenue par la plaie de Ferrey. Il a perdu beaucoup de sang ; une compression a été exercée, l'hémorrhagie arrêtée ; mais hier elle s'est reproduite. M. Roux a été appelé; la plaie a été examinée : après une incision faite pour l'agrandir, un cul-de-sac profond a été découvert, il contenait du sang coagulé. On a pensé qu'une artère d'un calibre assez notable avait été ouverte lors de la blessure, et qu'elle a donné lieu à l'hémorrhagie, mais il a été impossible de la lier ; on a remis à aujourd'hui quatre heures à faire une nouvelle recherche.

Toutefois la compression opérée pour arrêter l'hémorrhagie du 21 février a déterminé un gonflement considérable du bras, de l'avant-bras et de la main ; le membre est chaud, très enflammé. Le malade est fort affaibli par ces deux hémorrhagies, la première surtout, car des secours n'ont pas pu lui être administrés assez promptement. Il y a de la fièvre ; le pouls donne cent pulsations; la peau est jaune, la figure plus altérée ; du reste, pas de gêne dans la respiration, pas de crachement de sang. Le malade est affaibli, et cette circonstance nous met dans l'impossibilité d'ausculter la poitrine, à l'effet de savoir s'il n'y existerait pas quelque épanchement de sang.

Le 20 mars 1837, en vertu d'une ordonnance de M. Cramail, juge d'instruction, qui nous commet à l'effet de procéder à l'examen et à l'ouverture du corps du sieur Ferrey, décédé hier ; de déterminer si la mort doit être attribuée aux blessures qu'il a reçues ; si les blessures ont dû être faites avec le couteau saisi, et qui sera par nous représenté aux experts ; si ces blessures sont en rapport avec les coupures observées sur les vêtements dont Ferrey était couvert le 21 février dernier, et si ces coupures sont en rapport elles-mêmes avec le couteau saisi ; si le sang produit par les blessures a pu jaillir sur les vêtements de l'homme par qui les coups étaient portés, et si certainement on peut attribuer à une circonstance de cette nature les taches de sang qui, suivant le rapport de l'expert chimiste, existent sur la chemise de l'inculpé ?

Dans la nuit du 21 au 22 février, une hémorrhagie est survenue par la blessure située en arrière de l'épaule droite de Ferrey. Elle a été arrêtée au moyen d'une compression exercée à l'extérieur.

Le 26, à six heures du soir, deuxième hémorrhagie, perte de beaucoup de sang.

Le 6 mars, troisième hémorrhagie beaucoup plus considérable. M. Roux est appelé, il tamponne la plaie.

Le 11, une hémorrhagie épouvantable ayant eu lieu dans la nuit, on pratique la ligature de l'artère axillaire.

Le 13 et le 16, nouvelles hémorrhagies. Ce dernier jour on introduit un fer rouge dans la plaie pour arrêter l'écoulement du sang.

Dans la nuit du 16 au 17, autre hémorrhagie.

Le 17 au matin, amputation du bras dans l'articulation de l'épaule.

Dans la nuit du 17 au 18, hémorrhagie par la plaie de l'amputation.

Le 18, à midi et demi, mort.

Ainsi, non compris le sang que Ferrey a pu perdre au moment où il a été blessé, il y a eu dans un espace de vingt-cinq jours huit hémorrhagies par la blessure de l'épaule droite, et ces hémorrhagies ont résisté au tamponnement extérieur et intérieur de la plaie, à la cautérisation par le fer rouge, à la ligature de l'artère axillaire et à l'amputation du membre.

Autopsie.

On nous présente le corps de Ferrey et le bras qui en a été enlevé par l'amputation.

Le corps est déjà dans un état de putréfaction avancé; il répand une odeur fétide qui a quelque chose de l'odeur de la gangrène. — La face est tuméfiée par des gaz, ainsi que la poitrine, le ventre, les bourses et la verge. Le tissu cellulaire superficiel et profond des parois de la poitrine est emphysémateux; une teinte verte existe à la peau de la face et de la poitrine. — Celle-ci est encore enveloppée de bandes nécessaires au pansement consécutif à une amputation. — Cet appareil enlevé, on voit au-dessous et en dehors de la clavicule droite la plaie pratiquée. Au-dessous de la clavicule droite existe une plaie oblique de haut en bas et de dehors en dedans; elle a environ trois pouces de longueur, elle présente à son entrée deux ligatures qui ont servi à tenir liée l'artère axillaire. Plus en dehors et au bas du moignon de l'épaule, se trouve la plaie de l'amputation qui a été faite au moyen de deux lambeaux, l'un supérieur, l'autre inférieur, ces deux lambeaux se réunissant en arrière dans la plaie qui a donné lieu à toutes les hémorrhagies dont il vient d'être parlé. Le lambeau inférieur a été divisé en deux parties par une incision propre à favoriser l'écoulement du pus. — Le long de la partie extérieure de la lèvre du lambeau inférieur, se trouve le trajet d'une cavité allongée ayant un pouce et demi de largeur sur près de cinq pouces de longueur; sa surface est noire, charbonnée, à cause de la cautérisation qui a été pratiquée; dans sa partie la plus déclive se trouvent encore quelques caillots de sang très noir.

Toute la plaie de l'amputation est blafarde, décolorée.

La plaie de l'épaule, qui a donné lieu à tous les accidents, est aujourd'hui complétement déformée, et par une incision transversale opérée primitivement dans le but de procéder à la ligature de l'artère qui donnait lieu aux hémorrhagies par la plaie de l'amputation, en sorte qu'il n'est plus possible de comparer à la blessure l'instrument qui nous a été représenté, comparaison que deux d'entre nous avaient déjà faite à une époque rapprochée de l'accident de Ferrey. Quoiqu'il y ait quelques raisons de croire que cette plaie a été plus profonde que nous ne l'avions pensé d'abord, il nous est impossible de rien affirmer à cet égard, parce que les premières hémorrhagies qui ont eu lieu, la compression exercée, ont pu donner naissance à une infiltration du sang dans les chairs, ce liquide ne trouvant pas une issue assez facile par la plaie elle-même.

Rien de remarquable dans le cerveau et ses membranes; ces organes sont décolorés.

Quelques tubercules isolés formés par une matière crétacée dans la partie supérieure des deux poumons.

Deux épanchements séro-sanguinolents d'un demi-litre environ dans la cavité des plèvres; quelques adhérences anciennes de la plèvre pulmonaire gauche à la plèvre costale.

Peu de sang fluide dans les cavités du cœur.

Les organes de l'abdomen dans l'état normal.

Suit l'examen des vêtements.

Conclusion.

1° La mort de Ferrey doit être attribuée aux blessures qu'il a reçues.
2° Le couteau saisi a pu faire les blessures.

3° Les blessures sont en rapport avec les coupures des vêtements qui nous ont été représentés, et ces coupures pouvaient avoir été faites par le couteau saisi.

4° Il est impossible de concevoir comment le sang aurait pu jaillir des blessures de Ferrey sur les vêtements de l'homme qui l'a blessé, et notamment sur la chemise de cet homme, attendu que les vêtements de Ferrey étaient trop nombreux pour permettre au sang de s'échapper en jet par les ouvertures qui avaient été faites.

Jusqu'alors nous n'avons pas parlé de la gravité des fractures ; nous allons la rappeler succinctement.

Toute fracture entraîne nécessairement une incapacité de travail de plus de vingt jours, à cause de la formation du cal qu'elle nécessite pour sa guérison. Mais la durée de l'incapacité de travail ne peut pas être indiquée en thèse générale; on peut établir seulement que le pronostic des fractions sera d'autant plus fâcheux : 1° qu'elle aura son siége au voisinage des extrémités des os longs ; 2° qu'elle se trouvera sur un os court ; 3° qu'elle occupera les membres inférieurs ; 4° qu'elle sera plus oblique; 5° qu'elle sera composée de plus de fragments ; 6° qu'elle coïncidera avec une plaie des parties molles, une contusion, une entorse, une luxation ou une dénudation d'os ; 7° que le sujet sera plus avancé en âge; 8° que sa santé sera plus mauvaise.

L'expert ne doit jamais manquer d'apprécier ces diverses circonstances lorsqu'il rapporte en justice. Il arrive souvent, par exemple, qu'une fracture faite chez un vieillard emploie à sa guérison vingt ou trente jours de plus que cela n'aurait lieu sur un adulte, et à plus forte raison chez un jeune sujet. Souvent aussi la fracture laisse une infirmité au vieillard, alors qu'elle se serait complétement guérie à toute autre époque de la vie. Le médecin doit faire connaître la cause de ce résultat, parce que la loi ayant égard non seulement à l'intention, mais encore au résultat de l'action, le jugement des magistrats ou du jury pourra être modifié à l'égard de circonstances que le hasard seul fait naître. Nous allons actuellement passer en revue les diverses espèces de fractures par rapport à leur gravité.

1° *Fracture du nez.* — Quoique n'ayant rien de fâcheux en elles-mêmes , elles peuvent être compliquées d'une inflammation au cerveau ; elles peuvent se guérir avec difformité, ou bien entraîner une maladie longue à guérir, la fistule lacrymale.

2° *Fracture de la mâchoire inférieure.* — La fracture simple et perpendiculaire au corps de l'os, sans déplacement, peut guérir seule et sans appareil ; mais il est des fractures de cet os qui, suivant quelques auteurs, peuvent être accompagnées de divulsions, de déchirures du nerf dentaire inférieur, et, par suite, de mouvements convulsifs des lèvres ; de douleurs très vives, de l'engourdissement de la joue, de l'affaiblissement de l'ouïe, ou d'un bruissement incommode dans les oreilles ; enfin, d'une sécrétion surabondante de salive ; toutefois ces accidents sont rares.

3° *Fracture des vertèbres.* — Ces fractures sont toujours très graves et souvent mortelles, à moins qu'elles ne soient produites par un corps qui a agi sur une très petite surface : telle serait la balle d'un pistolet ou d'un fusil ; encore est-il nécessaire que le projectile n'intéresse pas la substance de la moelle. La commotion du prolongement rachidien ; un épanchement sanguin plus ou moins étendu ; la contusion de la moelle, et par suite une paralysie complète ou incomplète des extrémités inférieures de la vessie ou du rectum ; l'asphyxie provenant de la paralysie des muscles inspirateurs lorsque la fracture est située très haut : tels sont les accidents primitifs que l'on peut observer. Mais, il y a plus, une fracture de la colonne vertébrale, ayant son siége à la partie inférieure du tronc, peut être suivie d'une phlegmasie de la moelle, qui devient mortelle en se propageant peu à peu jusqu'à la tête ; enfin, la paralysie peut disparaître ou persister, et dans ce dernier cas, qui est cependant encore des plus heureux, puisque la vie du malade a été conservée, il en résulte une infirmité incurable et dégoûtante, car le malade a une incontinence d'urine et de matières fécales.

4° *Fracture du sternum.* — Si elle est simple avec une contusion modérée, elle offre peu de gravité ; mais fréquemment la cause vulnérante n'a pas borné son action au sternum : elle a produit une commotion plus ou moins forte des organes contenus dans la poitrine, accompagnée quelquefois de déchirures dans le tissu des poumons ou du cœur, ou même de rupture de l'un des principaux vaisseaux.

5° *Fracture des côtes.* — Il en est de même pour la fracture des côtes que pour celle du sternum, seulement ce sont des lésions du poumon qui les accompagnent le plus souvent ; les fractures des côtes supérieures sont, en général, plus graves que les fractures des côtes inférieures. Toute fracture de côte oblique et avec enfoncement a des conséquences plus fâcheuses que celles qui sont transversales.

6° *Fracture des os des iles.* — En général fort graves, fréquemment mortelles par la commotion de la moelle épinière, la contusion ou le déchirement des nerfs, des vaisseaux, des muscles, des viscères contenus dans le bassin, d'où résulte souvent la mort immédiate ou consécutive. Et comme ces fractures sont, ainsi que nous l'avons dit, souvent difficiles à reconnaître, il en résulte qu'alors même qu'on se borne à constater une contusion un peu violente des os du bassin, on doit être en garde contre ses suites.

7° *Fracture du sacrum.* — La situation de cet os au voisinage de la colonne vertébrale, les gros troncs nerveux qui le parcourent dans toute sa longueur, le voisinage du rectum et des viscères abdominaux, le point d'appui que cet os prête aux membres inférieurs pour l'exécution de leurs mouvements et pour la station, sont autant de circonstances qui augmentent la gravité de ces fractures. Dussent-elles ne pas se terminer par la mort, elles seraient presque constamment suivies de la paralysie des membres inférieurs et du rectum ; heureux encore si l'individu, après avoir échappé aux accidents primitifs de la blessure, ne succombe pas à la phlegmasie consécutive qui, des nerfs sacrés, se propage à la moelle.

8° *Fractures de l'omoplate.* — Elles ne sont pas graves par elles-mêmes, mais bien par la contusion des parties molles et la commotion qui a pu être imprimée aux poumons par la force qui les a produites. Celles du corps de l'os se consolident facilement et n'amènent pas ordinairement de gêne dans les mouvements.

Les fractures de l'apophyse acromion et de l'angle inférieur de l'omoplate guérissent plus difficilement et laissent plus de difformité ; celles de l'apophyse coracoïde et du corps de cet os offrent une consolidation plus longue, parce qu'elles sont plus difficiles à maintenir, d'où il résulte que les conséquences des fractures de l'omoplate offrent toujours un certain degré de gravité, parce que la mobilité étant la condition indispensable des fonctions de cet os, il reste pendant fort longtemps une gêne plus ou moins grande dans l'exécution des mouvements du membre supérieur, et quelquefois même une atrophie du membre. Dans les cas rares où la fracture est avec esquille, déchirure de muscles, contusion et épanchement de sang, la guérison peut être retardée par la formation d'abcès, et la gêne dans l'exécution des mouvements peut se transformer plus tard en une infirmité.

Examen d'une blessure cicatrisée à l'épaule. — Fracture, nécrose. — Atrophie musculaire. — Infirmité.

Nous soussigné, docteur en médecine, professeur agrégé près la Faculté de médecine de Paris, avons procédé, le 18 mai 1831, à l'examen de l'épaule droite du nommé Camerlé (Étienne-François), âgé de trente-trois ans, terrassier, demeurant faubourg du Temple, n° 12, à l'effet de constater les suites que pourront entraîner les blessures qu'il a reçues, le 18 juillet 1830, à Belleville, dans une carrière, par suite d'un éboulement de terre et de pierres.

L'épaule droite est moins volumineuse que l'épaule gauche ; toute la région de l'omoplate est amaigrie ; l'apophyse acromion paraît plus volumineuse ; elle descend plus bas que de coutume ; l'extrémité externe de la clavicule fait saillie en haut ; l'angle inférieur de l'omoplate est appliqué sur les côtes, au lieu de se porter en arrière et de soulever la peau ; les muscles sus-épineux et sous-épineux, petit rond et grand rond, sont presque atrophiés ; il en est de même du deltoïde. Sur l'apophyse acromion, on observe une cicatrice triangulaire déprimée et froncée, comme cela se remarque à la suite des plaies qui ont suppuré pendant longtemps. Le malade nous déclare qu'on lui a extrait plusieurs portions d'os nécrosé (frappé de mort).

L'articulation scapulo-humérale est encore mobile; quand on fait mouvoir le bras sur l'épaule, le malade éprouve de la douleur; mais il est *lui-même* dans l'impossibilité de porter la main à son nez, à sa tête, et en arrière du corps; il ne peut éloigner le coude du corps que de huit à dix pouces. Pendant qu'il exécute ces mouvements limités, on sent les muscles de l'épaule se roidir et se contracter; du reste, il n'y a aucune luxation des os. Mais comme l'omoplate paraît avoir été fracturée dans plusieurs points de l'apophyse acromion; qu'il semble qu'il y ait eu luxation de l'extrémité externe de la clavicule; qu'une portion de la substance de l'omoplate a été nécrosée; que la formation du cal, propre à réunir les portions d'os cassé, a dû augmenter le volume des os qui avoisinent l'articulation, et que, par suite du repos absolu dans lequel le membre a été placé pour obtenir la guérison, il est survenu une atrophie des muscles, il en résulte que les mouvements sont extrêmement faibles.

Nous sommes donc porté à penser : 1° Que l'accident survenu au nommé Camerlé a donné lieu à une blessure telle qu'elle entraînera, *pendant plusieurs années*, l'impossibilité la plus absolue de se servir de son bras droit pour des travaux qui exigent des mouvements et de la force;

2° Qu'il y a lieu de croire que cette articulation ne reprendra jamais la même force que celle du côté opposé; mais qu'avec le temps, les mouvements auront cependant un peu plus d'étendue, et s'exécuteront peut-être avec moins de difficulté. Camerlé a éprouvé cet accident pendant qu'il travaillait dans une carrière. Le propriétaire de la carrière, étant responsable du dommage causé (art. 1382 et 1383 Code civil), fut condamné à payer au sieur Camerlé une pension alimentaire de 500 fr. Deux ans plus tard, je fus désigné par M. le président du tribunal de première instance pour examiner de nouveau le blessé, afin de déterminer si son état s'était amélioré. Aucun changement n'était survenu dans l'état du malade, les mouvements étaient limités et l'atrophie des muscles n'avait pas disparu.

9° *Fractures de la clavicule*. — Cette affection offre peu de gravité : quand elle est simple, c'est le cas le plus ordinaire, sa situation au voisinage du sternum et son obliquité en constituent les conditions les moins favorables. Elles guérissent souvent avec une saillie de l'un des fragments et raccourcissement de l'os, ce qui diminue l'étendue du mouvement de circumduction. Lorsque, dans des circonstances rares, ces fractures sont accompagnées de la lésion du plexus brachial et des vaisseaux sous-claviers, il en résulte alors une lésion très grave.

10° *Fractures de l'humérus*. — Celles du corps de cet os ne sont accompagnées de suites fâcheuses qu'autant qu'elles avoisinent l'articulation du coude, par la phlegmasie dont elles peuvent être suivies, l'hydropisie et l'ankylose qui peuvent la terminer. Celle du col de l'humérus est toujours plus fâcheuse, parce qu'elle est plus difficile et plus longue à consolider, que sa consolidation est accompagnée d'une augmentation dans le volume de la tête de l'os, et que cet accroissement de volume gêne pendant fort longtemps le malade dans l'exécution des mouvements du bras; aussi arrive-t-il souvent qu'il ne reprend jamais l'exercice plein et entier du membre. Ajoutons que cette fracture est fréquemment accompagnée de contusions violentes, qui peuvent avoir agi sur les nerfs, et avoir paralysé temporairement les muscles ; que la consolidation de la fracture a souvent lieu avec déformation et saillie du fragment inférieur dans le creux de l'aisselle ; que cette fracture n'est pas toujours exempte des accidents inflammatoires qui se développent dans les articulations, et de leurs conséquences.

11° *Fractures des deux os de l'avant-bras.* — Le plus souvent elles sont simples, et se terminent, lorsqu'elles sont bien traitées, de la manière la plus heureuse ; le seul inconvénient qui puisse résulter de leur consolidation vicieuse est une difficulté dans l'exécution des mouvements de la main et de l'avant-bras qui nécessitent la rotation des deux os l'un sur l'autre.

12° *Fractures du radius ou du cubitus isolément.* — Ces deux fractures sont dans des conditions encore plus favorables que celles des deux os de l'avant-bras.

13° *Fractures de l'olécrâne.* — En général, elles se terminent heureusement ; mais comme elles avoisinent une articulation, elles peuvent être accompagnées d'accidents inflammatoires avec toutes leurs conséquences, en sorte que l'ankylose peut en être la suite. On a même vu se développer le tétanos dans quelques cas de ce genre, ce qui tenait probablement à la déchirure incomplète du nerf cubital. De ce qui précède, il résulte que les fractures de l'olécrâne ne sont pas comparables, pour leur gravité, aux fractures de l'avant-bras, et que l'expert devra nécessairement indiquer une incapacité de travail d'une durée beaucoup plus grande dans le premier cas que dans le second, à cause de la difficulté de rétablir les fonctions de l'articulation.

14° *Fractures des os du carpe et du métacarpe.* — Ces fractures offrent de la gravité, par rapport aux lésions dont elles sont accompagnées, et qui sont les conséquences nécessaires de l'intensité de la force qui a produit la fracture ; aussi arrive-t-il quelquefois qu'eu égard à la gravité des désordres, on est obligé de pratiquer l'amputation de la main ou de l'avant-bras ; par conséquent, dans les cas les plus simples, il en résultera toujours une gêne plus ou moins grande dans les mouvements de la main et des doigts, et souvent aussi une ankylose du poignet, ou une paralysie d'un ou de plusieurs doigts. Il faut cependant excepter le cas où un seul os du métacarpe serait le siége de la fracture.

15° *Fractures des phalanges.* — Elles ne deviennent graves que dans des cas où une des articulations voisines se prend d'inflammation, ou bien dans ceux où la fracture a eu lieu par écrasement.

16° *Fractures du fémur.* — Les usages que cet os remplit pendant la station doivent toujours faire donner à ces fractures un certain degré de gravité ; leur consolidation sans raccourcissement ne s'opère guère que dans les cas où la fracture est transversale, en sorte que la claudication est un résultat assez commun des fractures du fémur. Toute fracture du fémur qui est l'effet d'une cause immédiate est bien plus fâcheuse que celle qui dépend d'une cause appliquée aux deux extrémités de l'os. Les fractures comminutives de cet os sont toujours très longues à guérir, à plus forte raison si elles sont accompagnées de plaies ; car, dans ce cas, il s'établit le plus souvent de la suppuration ; parfois aussi des esquilles se détachent, soit primitivement, soit consécutivement ; il en résulte une perte de substance et un travail réparateur très long ; il faut de plus un temps considérable pour redonner au membre, et principalement aux muscles, l'énergie qu'ils possédaient ; que si ces accidents se manifestent chez un individu déjà avancé en âge, il est à craindre que le rétablissement de la marche ne devienne impossible. Ajoutons que dans les fractures comminutives avec plaies, il se forme très souvent des abcès, des fusées de pus qui amènent la dénudation de l'os dans une étendue plus ou moins considérable, et par suite sa nécrose. Heureux le malade si, dans ces cas, il peut survivre aux contre-ouvertures que l'on est obligé de pratiquer, et à la suppuration abondante qui en est la suite. Ainsi donc, il y a une grande différence à établir entre : 1° la fracture transversale et simple du corps du fémur ; 2° la fracture oblique et simple de cet os ; 3° la fracture oblique, non comminutive, avec plaie et issue au dehors de l'un des fragments ; 4° la fracture comminutive du fémur sans plaie ; 5° la fracture comminutive avec plaie. Le cas le moins grave de fracture du corps du fémur entraînera toujours une incapacité de travail de cinquante à soixante jours.

Les conséquences de la fracture du fémur sont en général d'autant plus graves, que la fracture est placée plus près de l'articulation du genou ; aussi celle qui a lieu entre les deux condyles entraîne-t-elle souvent une infirmité.

La fracture du col du fémur n'a pas les suites fâcheuses de beaucoup de fractures du corps de l'os ; elle n'est jamais comminutive ; elle n'est pas accompagnée de plaies ; mais lorsqu'elle siége dans l'intérieur de l'articulation, c'est-à-dire au-dessus de l'insertion de la capsule fémorale, elle offre, sous le rapport de ses suites et de la difficulté de sa consolidation, des inconvénients presque aussi grands.

Quelques auteurs ont été jusqu'à la considérer comme incurable dans plusieurs cas, et d'autres pensent que sa guérison ne peut jamais avoir lieu sans raccourcissement. Ces opinions sont peut-être exagérées, en ce sens qu'elles généralisent les faits. Il est bien vrai qu'on a vu des fractures du col du fémur qui ne se sont point réunies, et dont les fragments se sont transformés en une matière grasse, huileuse, au milieu de laquelle se trouvaient des débris osseux ; mais ces faits ne sont-ils pas exceptionnels, et ne tiendraient-ils pas à une constitution particulière ainsi qu'à l'âge de l'individu ? L'indocilité et l'âge avancé des malades ont certes contribué à leur résultat. Toujours est-il que le fragment supérieur de la fracture ne continuant à être nourri que par l'expansion fibreuse de la capsule iléo-fémorale, la nutrition y est fort peu active, lorsque la capsule est très déchirée ; aussi le voit-on dans quelques cas s'atrophier, si le fragment inférieur présente une augmentation de volume considérable. Une fausse articulation, une tumeur blanche, peuvent être la conséquence de cette fracture.

D'où il résulte que l'expert, en portant un pronostic sur elle, doit avoir égard : 1° à l'âge du sujet ; 2° à sa constitution ; 3° au siége de la fracture ; 4° à la docilité du malade ; et, dans les cas les plus heureux, indiquer une incapacité de travail de soixante-dix à quatre-vingt-dix jours.

17° *Fractures de la rotule.* — C'est encore une des lésions les plus capables d'entraîner une infirmité, lorsque la fracture est transversale ; la difficulté où l'on est de rapprocher assez les fragments pour les maintenir en contact amène une production osseuse intermédiaire qui, en donnant plus de volume à l'os, s'oppose à la flexion du genou, en sorte que le malade est obligé de marcher la jambe roide, et de décrire un arc de cercle en dehors toutes les fois qu'il veut porter le membre en avant ; la consolidation est fort longue à obtenir. Si la fracture de la rotule est comminutive, il est à craindre qu'elle ne soit incurable. Il faut un temps presque aussi long pour guérir une fracture de la rotule que pour consolider une fracture du col du fémur.

18° *Fractures des deux os de la jambe.* — Moins fâcheuses que celles du fémur, elles le sont bien davantage que celles de l'avant-bras ; elles exigent aussi un temps plus long pour leur consolidation ; elles ont l'inconvénient d'entraîner quelquefois des engorgements assez considérables des ligaments, lorsqu'elles avoisinent des articulations ; elles sont beaucoup plus graves lorsqu'une plaie coïncide avec elles.

19° *Fractures du péroné.* — Quand elles ne sont pas placées tout près de la malléole externe, elles guérissent assez rapidement et sans laisser de traces notables de leur existence ; mais si elles siégent à l'extrémité inférieure de l'os, comme elles sont le plus souvent alors compliquées d'entorses, elles laissent à leur suite des engorgements plus ou moins volumineux autour de l'articulation du pied, et une difficulté dans la marche qui peut persister pendant longtemps. Une des conséquences de cette fracture est une difformité dans l'articulation du pied avec la jambe, par suite de laquelle le pied reste renversé en dehors ; ce résultat est fréquemment la suite d'un traitement mal dirigé.

20° *Fractures du tibia.* — Ce sont celles des solutions de continuité de la jambe qui offrent en général une guérison plus prompte, à moins qu'elles ne soient tout à fait rapprochées de l'extrémité inférieure de l'os. Le médecin devra toujours indiquer une incapacité de travail de trente-cinq à quarante-cinq jours, dans le cas de fracture de l'un ou des deux os de la jambe.

21° *Fractures du pied.* — Celles des phalanges ou des os du métatarse sont moins rares que les autres, et comme, dans tous les cas, un effort violent a été nécessaire pour les produire, elles sont toujours accompagnées de désordres plus ou moins grands dans les parties molles, ce qui en augmente la gravité; aussi nécessitent-elles souvent l'amputation de cette partie. Si elles guérissent sans l'emploi de ce moyen, elles laissent longtemps le malade infirme, à cause des douleurs vives que la marche lui occasionne. Le pronostic à porter sur ces blessures est donc presque toujours fâcheux.

Quoiqu'une artère principale du corps soit ouverte par un instrument tranchant de manière à donner lieu à une hémorrhagie promptement mortelle, il est telle circonstance qui peut survenir et amener la mort par une tout autre cause, de telle sorte qu'alors même qu'un secours efficace aurait été porté pour arrêter les effets de la blessure, la mort n'eût pas pu être empêchée.

Assassinat rue Mazarine. — Pédérastie.

Nous, Lecouteux, docteur en médecine; Alphonse Devergie, professeur agrégé de la Faculté de médecine; en vertu d'une ordonnance de M. Casenave, juge d'instruction, qui nous commet à l'effet de procéder : 1° à l'examen des lieux où le sieur T... a été assassiné: 2° à la visite de l'état extérieur du corps du sieur T...; 3° à l'autopsie; 4° à l'examen des vêtements du sieur T...; 5° à celui de l'arme présumée avoir servi à faire les blessures; 6° à la visite du sieur Guérin et des vêtements qu'il porte; 7° à celle des draps du lit et des divers effets saisis dans la chambre occupée par M. T..., et de donner notre avis sur les questions suivantes :

1° Les blessures du sieur T... ont-elles été faites avec le couteau saisi dans la chambre qu'il occupait rue Mazarine? 2° La mort du sieur T... a-t-elle été causée par ces blessures? 3° Le sieur T... a-t-il pu se faire lui-même ces blessures pour se donner la mort? 4° Ces blessures ont-elles été faites dans une lutte qu'il aurait eue avec un autre individu? ou bien le sieur T... paraît-il avoir été frappé pendant qu'il était endormi? 5° Ces blessures ou l'une d'elles ont-elles pu avoir pour effet d'empêcher immédiatement le sieur T... de pousser des cris? 6° Les traces que présentent le couteau saisi, les vêtements de Guérin et le panier par lui reconnu sont-elles produites par le sang de T..? 7° Les vêtements de T... et les effets saisis dans sa chambre offrent-ils des indices qui se rattachent à l'inculpation? 8° Peut-on admettre l'explication donnée par Guérin sur la manière dont le sang de T... aurait jailli contre l'inculpé? 9° Le cadavre de T... et la personne de Guérin présentent-ils des caractères particuliers dénotant des habitudes de pédérastie?

Nous avons procédé les 29, 30, 31 mars et 4 avril, aux opérations propres à résoudre ces diverses questions, opérations dont nous allons faire connaître les détails et dont nous tirerons plus tard la conclusion.

29 mars. — *Visite des lieux.*

Dans une chambre au rez-de-chaussée de la maison n° 38 de la rue Mazarine, chambre exposée au levant, éclairée par une croisée sur la rue, et dont la porte est placée auprès de la porte cochère, se trouvait étendu sur un lit ensanglanté le cadavre du sieur T..., couvert de sang. Auprès de la porte d'entrée était répandue sur le sol une grande quantité de sang: près de la fenêtre, une chaise dont le drap portait l'empreinte d'un pied ensanglanté; sur les rideaux de la fenêtre et sur le volet du dehors plusieurs taches de sang; auprès d'un secrétaire, un panier d'osier tout couvert de sang; sur la cheminée, un couteau taché de sang, qui paraissait avoir servi à faire les blessures; auprès de la cheminée, un de-devant de cheminée sur lequel existaient plusieurs taches de sang; enfin, à terre, des vêtements, des effets disséminés çà et là, dans l'état de dés-ordre qui accompagne et suit l'accomplissement d'un grand crime.

Faits relatifs aux circonstances de l'assassinat.

L'inculpé, interrogé en notre présence par les magistrats, déclare que le dimanche 25, M. T... se trouvait à côté de lui au parterre du théâtre de madame Saqui; qu'il lia conversation avec lui; qu'ils sortirent ensemble au milieu du spectacle, allèrent boire chez un marchand de vin du voisi-nage; que là, M. T..., après l'avoir questionné sur son état, lui proposa de venir le mercredi 28, à dix heures et demie du soir chez lui, pour prendre mesure de trois clefs de serrure; qu'il devait, pour se faire reconnaître, cogner au volet de la fenêtre donnant sur la rue. Il se rendit, en effet, chez M. T... à l'heure indiquée; celui-ci demanda le cordon, fit entrer Guérin dans sa chambre et recommanda au portier de dire qu'il n'était pas rentré et qu'il ne rentrerait pas, si quelqu'un venait le demander; qu'alors il l'avait fait asseoir, avait causé avec lui, et enfin lui avait pro-posé de se livrer ensemble à des actes de pédérastie; que sur le refus réitéré de Guérin, M. T..., qui était couché, s'était endormi ainsi que Guérin; que ce dernier s'était plusieurs fois réveillé dans la nuit; que le matin les propositions de T... furent renouvelées, et que lui Guérin feignit d'y consentir, à condition qu'il lui serait donné de l'argent. M. T... lui en promit, mais il ne voulut jamais en livrer à l'avance. Alors, vers six heures, Guérin voulut sortir; la porte cochère n'étant pas encore ouverte, M. T... s'y opposa; il y eut insistance de la part de Guérin, et M. T..., voyant que par le bruit et les déclarations qu'allait faire Guérin, il allait être déshonoré, prit un couteau et se suicida auprès de la porte pendant qu'il lui barrait le passage. Une sorte de lutte s'était engagée. M. T... avait porté un coup de poing à Guérin sur l'épaule gauche, puis il s'était frappé de plusieurs coups dans la poitrine et brusquement; un flot de sang avait jailli sur lui Guérin, et que, sans jeter aucun cri. M. T... s'était laissé al-ler à terre en disant : « Je t'ai frappé, mon ami, pardonne-moi » Aussitôt sa respiration était devenue râleuse, et il était mort. Guérin, effrayé, avait ramassé son panier qui était à terre près de la porte et s'était sauvé par la fenêtre. Mais, dans la nuit suivante, il fit l'aveu de son crime à M. Allard, et déclara que, voulant sortir, il avait reçu un coup de poing de M. T...; qu'alors, indigné, il avait pris un couteau qu'il avait acheté sur le Pont-Neuf, en venant chez M. T..., et qu'il lui en avait porté un coup en haut de la poitrine. Il a nié avoir lutté l'arme à la main contre M. T...; il a nié que ce dernier eût cherché à le désarmer.

Examen de l'extérieur du corps de M. T....

Le cadavre est généralement pâle; la tête, le tronc et les bras sont tachés de sang; immédiatement au-dessus de l'extrémité interne de la clavicule gauche existe une plaie transversale de dix lignes de longueur;

son extrémité interne est à angle aigu, l'externe est obtuse. En dehors et vers le milieu du bras gauche, on voit une blessure demi-circulaire ayant deux pouces et demi de diamètre, et dont le lambeau inférieur semi-lunaire a trois pouces trois lignes de longueur; cette plaie, qui paraît intéresser la peau et le tissu cellulaire sous-cutané, a été faite par une arme dirigée de bas en haut et de gauche à droite; ses lèvres sont taillées en biseau, l'angle interne en est aigu, l'angle externe est un peu obtus. En dehors du pouce de la main droite, on voit une plaie ou section de la peau obliquement dirigée de haut en bas et de dehors en dedans. Divers caillots de sang sont adhérents sur plusieurs points de la surface des membres; l'un d'eux, occupant la partie inférieure de l'avant-bras droit, simule une plaie, mais il suffit de le décoller pour voir que la peau est intacte. Cette disposition a pu en imposer au premier abord et faire croire à l'existence d'une quatrième blessure.

Examen du couteau.

C'est un de ces couteaux communs, à manche noir, en usage dans les cabarets. Il est neuf, car sa lame et son manche sont polis et brillants. Il a huit pouces de longueur; sa lame a quatre pouces et demi de long, sur dix lignes et demie de largeur à sa base et neuf lignes au tiers de sa longueur près de sa pointe. Il est à un seul tranchant, fraîchement affilé. Ses deux faces sont tapissées de sang; ce liquide y existe en plus grande quantité sur celle où se trouve poinçonné le nom du fabricant; là il y est disposé en plaques allongées où en gouttelettes, comme du sang qui s'étale sur un corps poli; de l'autre côté, il y forme des stries dirigées suivant la longueur de la lame, comme si le couteau avait été essuyé ou qu'il eût éprouvé un certain frottement.

Examen de Guérin.

Sa taille est de cent soixante-quatre centimètres et demi; il ne porte aucune trace de blessures, mais on voit sur toute la longueur du tiers postérieur et supérieur de la peau du bras droit des maculations sanguines desséchées, comme cela arrive par le contact d'une partie ensanglantée avec la peau. L'anus est assez enfoncé et présente une tendance à former un cône, une sorte d'entonnoir; mais cette disposition n'est pas assez prononcée pour qu'elle nous paraisse le résultat de l'*habitude* à se livrer à l'acte de la pédérastie.

Examen des vêtements de Guérin.

Sur la manche droite d'une grosse camisole de laine grise, en arrière et le long du bras, on voit une surface de huit pouces de long sur trois pouces de large qui est ensanglantée; toutefois le sang n'a traversé l'étoffe qu'au voisinage et à travers la couture qui réunit la manche au corps du gilet, à la hauteur du pli postérieur de l'aisselle. La chemise de Guérin présente, dans le point correspondant à la partie interne du gilet taché, deux larges plaques de sang, ce qui indique que Guérin portait les deux vêtements au moment où le crime a été commis. Un gilet noir en drap présente, à deux pouces au-dessus de la poche droite, une section angulaire de six lignes d'étendue.

Examen des vêtements de M. T....

Chemise. — Ce vêtement a été déchiré en plusieurs endroits au moment où l'on a cherché à porter des secours à M. T.... Il n'y existe pas de traces du coup porté au-dessus de la clavicule gauche, ce qui tend à prouver que le col de la chemise était déboutonné au moment où la blessure a été faite. Sur la partie postérieure de la manche gauche, et dans un point correspondant à la blessure du bras, on trouve quatre sections, dont trois de dix lignes de longueur et une de quinze lignes ; deux d'entre elles ont une direction verticale, une est horizontale et une autre oblique de haut en bas et d'arrière en avant. Ces quatre sections proviennent de ce que la chemise était repliée sur elle-même dans les points qui ont été atteints par l'instrument vulnérant. Deux pouces plus bas, on voit une section nette de six lignes d'étendue ; elle est verticale. Trois pouces au-dessus du poignet, deux petites sections ou déchirures à lambeaux anguleux, ayant de trois à quatre lignes de longueur ; sur le parement de la chemise, une section ou déchirure à lambeaux anguleux, de cinq lignes de longueur ; à six pouces au-dessous de la terminaison des plis de devant de la chemise, une section nette transversale de dix-huit lignes d'étendue ; ce vêtement est ensanglanté dans sa presque totalité.

Gilet de tricot de laine. — Sur la manche gauche, deux sections de dix lignes d'étendue, l'une d'elles correspond à la blessure du bras.

Gilet de flanelle. — Le col a été complétement enlevé par une section opérée avec des ciseaux : ce vêtement est déchiré en plusieurs endroits, ce qui tient à la précipitation que l'on a mise à l'enlever. — Une section de trois pouces existe sur la main gauche, dans un point correspondant à la blessure du bras ; en bas s'en trouve une autre de six lignes qui serait en rapport avec une semblable que nous venons de signaler sur la chemise. — A la manche droite, une section de trois pouces, ayant une forme tout à fait semi-lunaire qu'un couteau ne pourrait guère produire. — Près du col du gilet, en avant et sur son côté droit, sur le repli où sont les boutonnières, on voit une section oblique de bas en haut et d'avant en arrière ; elle a un pouce et demi d'étendue, mais il est difficile de concevoir comment un couteau aurait pu l'opérer, à cause de l'épaisseur de l'étoffe, et d'ailleurs la netteté de son extrémité inférieure qui divise le bord libre du gilet tend à dénoter qu'elle a été faite avec des ciseaux.

Pantalon de drap violet à raies amarantes. — Ce vêtement est ensanglanté dans une grande partie de sa surface, mais extérieurement ; la jambe droite est tachée en avant et surtout en bas, tandis que la jambe gauche l'est en arrière. — On voit, en dehors du gousset droit, une section transversale à bords nets, de neuf lignes de longueur ; l'étoffe seule a été coupée, la toile du gousset n'a pas été atteinte.

Quatre chemises sales saisies dans la chambre de M. T.... — L'une d'elles présente en bas et au devant plusieurs taches très larges qui ont tout à fait les apparences des taches de sperme.

Effets provenant du lit du sieur T.... Draps. — Ils sont çà et là ensanglantés par contact ou par frottements. Les taches de sang qui s'observent particulièrement aux pieds du lit proviennent de ce que le corps a été posé tout sanglant sur les draps, mais on n'y rencontre pas l'abondance de taches de sang qui aurait dû y exister si le crime eût été commis pendant le sommeil de M. T.... ou pendant qu'il se trouvait au lit. — On y trouve encore quelques taches d'apparence spermatique ; mais comme il est impossible, par quelque moyen que ce soit, de préciser l'époque où elles ont été faites ; que les draps étaient au lit depuis le 14 mars, ces taches ne prouvent rien quant aux circonstances qui ont pu précéder le crime. — *Couverture de laine.* Non loin des deux extrémités de la couverture, on voit d'un côté deux sections de neuf à dix lignes d'étendue, à bords nets et fraîchement opérées, car la laine est plus blanche sur leurs bords qu'elle ne l'est à la surface de la couverture; l'une d'elles est un peu ensanglantée. L'autre section a les mêmes dimensions et présente les mêmes caractères.

Ouverture du corps de M. T....

La taille de M. T.... est de cent soixante-dix-sept centimètres et demi, c'est-à-dire de douze centimètres et demi plus élevée que celle de Guérin, différence équivalant à quatre pouces et demi et une fraction. C'est un homme fort et musculeux. La pâleur du corps est générale, la rigidité cadavérique très grande. — Nous avons décrit la situation, la forme et l'étendue des blessures que l'on observe à l'extérieur du corps, nous n'y reviendrons pas; nous ferons seulement observer que l'on ne remarque pas d'autres traces de violences ou de blessures. — En examinant chacune des blessures en particulier, on voit : 1° Que la plaie du pouce de la main droite est limitée à la section de la peau, qui, du reste, présente tous les caractères d'une plaie faite pendant la vie; la rougeur et l'injection des lèvres de la blessure en donnent la preuve; — Que la plaie du bras gauche intéresse la peau et toute l'épaisseur du tissu cellulaire graisseux sous-cutané, jusqu'au muscle triceps, sur lequel elle repose, mais qu'elle n'intéresse pas. — 2° Que, relativement à la blessure du cou, l'instrument a coupé les fibres qui accompagnent les tendons de la portion interne du muscle sterno-mastoïdien, a pénétré obliquement en dehors et en bas et *a ouvert la veine sous-clavière*, en sorte qu'il a dû pénétrer à deux pouces environ de profondeur et ouvrir la plèvre gauche; une hémorrhagie considérable a eu lieu sur-le-champ.

Examen des autres organes. — Vaisseaux de la dure-mère et sinus de cette membrane renfermant une quantité notable de sang. Substance cérébrale piquetée. — Un caillot de sang à la surface de la langue; la membrane muqueuse de la bouche tapissée de sang liquide; *la trachée-artère est intacte* dans toute son étendue. — La trachée-artère et surtout les bronches contiennent *un sang noir et liquide à la surface duquel se trouve une proportion assez considérable d'écume sanguinolente.* — Les deux poumons notablement gorgés de sang en arrière; leur teinte rosée virant au rouge. — En enlevant la couche de sang qui tapisse la trachée-artère et les bronches, on voit à nu la membrane muqueuse qui est parfaitement blanche, et en suivant les ramifications bronchiques dans les poumons, on constate que le sang s'arrête dans leurs premières divisions. Deux verres et demi de sang environ *épanché dans la cavité gauche de la poitrine.* — Les troncs veineux qui se rendent aux cavités droites du cœur sont remplis de sang, et les cavités droites du cœur renferment une proportion plus considérable de ce fluide que les cavités gauches. La cavité de l'œsophage est, dans toute son étendue, colorée par du sang très fluide qui la remplit dans son quart inférieur.

L'estomac contient à peu près *un verre et demi de sang très liquide* et très noir, mêlé de quelques petits caillots; la membrane muqueuse, généralement rouge, est plissée et contractée dans une grande partie de son étendue; les saillies formées par les replis sont remarquables par l'intensité de leur coloration en rouge: un enduit muqueux, filant, tapisse toute sa surface. En vain on lave l'estomac, les points colorés restent rouges. Le pylore est fortement contracté; la membrane muqueuse du duodénum fait contraste par sa blancheur avec celle de l'estomac. Les intestins ne présentent rien de remarquable. Le foie n'est pas décoloré ; ses gros vaisseaux renferment une quantité notable de sang.

Examen de l'anus relativement au fait de la pédérastie. — L'anus est assez enfoncé ; il suffit d'écarter les cuisses pour que l'ouverture de l'anus soit béante. Toutefois ce n'est pas la dilatation et la disposition infundibuliforme que fait naître *l'habitude* de la pédérastie ; cette ouverture nous paraît seulement plus enfoncée et plus élargie que de coutume.

La verge ne présente pas de suintement muqueux ou spermatique à son extrémité. — Les corps caverneux et spongieux de l'urètre sont pâles plutôt que gorgés de sang. Les veines des vésicules séminales sont vides ; ces vésicules renferment une matière muqueuse, grisâtre, d'apparence spermatique, mais d'une teinte un peu plus foncée.

Examen microscopique du fluide de l'urètre. — Après avoir fendu l'urètre suivant sa longueur, nous avons extrait, à l'aide d'un scalpel, une matière muqueuse qui lubrifiait sa surface interne, et nous l'avons étendue sur des verres, après y avoir ajouté une goutte d'eau afin de diminuer sa viscosité. Nous n'avons pas reconnu dans cette matière, à l'inspection microscopique, la présence de zoospermes.

Conclusion.

1° Le sieur T... a succombé à deux genres de causes de mort, 1° la double hémorrhagie qui a eu lieu par la blessure du cou et dans la cavité de l'estomac ; 2° l'asphyxie résultant de l'introduction dans les voies de la respiration du sang exhalé dans l'estomac, vomi aussitôt, et aspiré pendant le vomissement.

2° Si l'hémorrhagie de l'estomac (hématémèse), qui probablement s'est développée sous une influence morale excessivement puissante, n'avait pas eu lieu, la mort serait survenue en très peu d'instants, par suite de l'hémorrhagie consécutive à la blessure du cou.

3° Cette blessure était de *nécessité mortelle ;* car le chirurgien le plus habile eût-il été présent lorsqu'elle a été faite, il n'aurait pu y porter aucun secours.

4° L'introduction du sang dans les voies de la respiration a mis le sieur T.... dans l'impossibilité de jeter aucun cri. Elle explique parfaitement la gêne de la respiration que l'accusé dépeint si bien en retraçant les circonstances qui ont accompagné les derniers instants de la vie du sieur T....

5° Les points du corps occupés par les blessures étaient tels, que le sieur T.... pouvait y atteindre et s'y frapper ; mais l'ensemble de ces blessures démontre jusqu'à l'évidence qu'elles ont été le résultat d'un assassinat.

6° La blessure du pouce tend à établir les plus fortes présomptions sur une lutte engagée entre le sieur T.... et Guérin. Le sieur T.... se sera fait cette blessure en cherchant à arracher des mains de son assassin le couteau dont il était armé. Cette assertion prend encore plus de vraisemblance, si l'on a égard à diverses sections signalées sur les vêtements du sieur T...., dans les points où le corps de ce dernier n'a pas été atteint, et notamment la partie inférieure de la manche gauche de la chemise, du devant de ce vêtement au-dessous des plis de la poitrine. Toutefois, comme ces vêtements ont été coupés et déchirés au moment où l'on a cherché à porter des secours au sieur T...., il est difficile de faire une part exacte de ces deux circonstances dans la confection de ces diverses sections.

7° L'assassinat a été commis dans la chambre, le sieur T.... étant hors de son lit ; il a eu lieu auprès de la porte d'entrée, ainsi que le déclare l'accusé, et comme le prouve la grande quantité de sang qui se trouve répandue sur le sol.

8° Le sieur T.... était vêtu d'une camisole de flanelle, d'une chemise et d'un gilet de laine, quand il a été assassiné. Si son pantalon et ses brodequins ont été trouvés ensanglantés, c'est qu'ils ont trempé dans le sang répandu à terre.

9° Le couteau que l'on a saisi est celui qui a servi à faire les blessures.

10° Aucune de ces blessures ne pouvait mettre le sieur T.... dans l'impossibilité de crier.

11° Le sang a dû jaillir avec force de la blessure faite au cou du sieur T...., et être projeté aussi loin que lorsqu'il s'échappe d'une veine ouverte par le fait d'une saignée ; il a donc pu ensanglanter la manche de Guérin, soit immédiatement, soit, comme le dit ce dernier, lorsqu'il se baissait pour relever le sieur T.... qui s'était laissé tomber à terre par faiblesse.

12° Il y a tout lieu de croire que le sang observé sur le couteau saisi, sur Guérin et sur son panier, et sur les vêtements, provient du sieur T...., puisque Guérin n'a pas offert de traces de blessures.

13° Quoique l'anus du sieur T.... et celui de Guérin soient plus enfoncés que cela ne s'observe chez le commun des hommes, cette disposition n'est pas assez tranchée pour que nous puissions affirmer qu'elle provient de *l'habitude de la pédérastie.*

14° Rien dans les parties génitales du sieur T...., non plus que dans les urines trouvées dans son vase de nuit, n'indique que l'acte de la pédérastie ait été accompli pendant la nuit où il a succombé.

Quant aux taches spermatiques observées sur les draps, ainsi que sur une des quatre chemises sales à jabot qui ont été saisies dans la chambre, il est impossible de leur indiquer une date même probable.

Paris, le 6 avril 1838.

Les mutilations opérées par un animal carnassier peuvent faire disparaître les traces d'un assassinat.

Histoire d'une femme dévorée par un animal carnassier. — Les blessures ont-elles été opérées pendant la vie ou après la mort ? — Peut-on admettre qu'elles ont été le résultat d'un homicide volontaire ?

Aujourd'hui lundi, 28 octobre 1839, environ huit heures du matin, nous, Étienne Souchard, second suppléant de la justice de paix du canton de Crocq, en l'absence du juge de paix et du premier suppléant, faisant les fonctions d'officier de police auxiliaire, accompagné de M. Defourneux-Larode, maire de la commune de Crocq, et assisté du sieur Marlier-Duchauset, greffier de la justice de paix, demeurant en cette ville de Crocq,

Informé que Marie Vedrine, célibataire, âgée de soixante-trois ans, demeurant seule en sa maison sise en la ville de Crocq, venait d'être étendue sur son lit et décapitée,

Aussitôt nous avons requis le sieur Solignat-Bertrand, docteur en médecine, demeurant en cette ville, pour examiner le corps de ladite Ve-

drine, et nous faire un rapport circonstancié sur les causes probables de
sa mort ;

Et assisté desdits sieurs Desfourneux-Larode, Martin-Duchauset et Solignat, nous nous sommes transporté dans la maison de ladite Vedrine,
sise au nord de la ville et près des ruines du château.

Cette maison est composée d'un rez-de-chaussée dont l'entrée donne
sur une petite cour, d'une chambre au-dessus, dont l'entrée donne sur
la rue qui conduit au Lochat. Marie Vedrine couchait dans la pièce inférieure.

En entrant dans la cour, sur de la paille semée sur le sol, nous remarquons à deux endroits des traces de sang.

Deux portes ferment ordinairement l'entrée du rez-de-chaussée, l'une
extérieure et l'autre intérieure. Cette dernière seule a une serrure ; la clef
est en dehors. Toutes deux sont ouvertes, mais on n'y remarque aucune
effraction.

L'intérieur de l'appartement est mal éclairé par deux petites croisées :
l'une, au nord, est hermétiquement fermée ; l'autre, au midi, est ouverte. Un marteau de maçon appuie dessus par son manche pour l'empêcher de fermer. Deux barreaux en fer en interdisent l'entrée.

A gauche en entrant, il y a une petite table sur laquelle on voit une
lanterne ouverte, un vase de nuit et un portefeuille usé contenant quelques titres et autres papiers. Le dessus de cette table offre une seule tache
de sang près de son bord antérieur. Ce bord, dans un tiers de son étendue, du côté du lit, est taché de sang ; il en est de même du pilier du
devant. Toutes ces taches sont d'un rouge brun et sèches.

A un décimètre de cette table est situé le lit ; il longe le mur qui est
exposé au midi, et en est éloigné d'environ six décimètres ; il est très bien
confectionné, et ne présente aucun désordre et aucune trace de sang ; il
est fermé. Le drap qui enveloppe le traversin offre trois empreintes de
pattes d'animal, qui ne peuvent être autres que celles faites par les pattes
d'un gros chien, ou de tout autre animal parfaitement semblable. Le drap
supérieur, doublé sur les couvertures, offre deux empreintes semblables ;
toutes ont la couleur de la boue.

Le corps de Marie Vedrine repose sur le milieu de ce lit étroit : il est
placé en-travers, couché sur le dos, et un peu incliné sur le côté droit.
Les jambes sont du côté du mur, les deux bras sont pendants au-devant
du lit, la main droite seule repose à terre par son dos, l'autre bras est
placé entre le lit et la table ; l'extrémité supérieure du tronc est un peu
plus rapprochée du chevet que l'inférieure, elle déborde le lit d'environ
un décimètre et s'incline vers la terre. La tête, le cou et le sommet de
l'épaule gauche ont complétement disparu. Dans le lieu de séparation, on
voit une plaie horriblement déchirée et en lambeaux. Malgré de nombreuses recherches faites dans la maison et dans les lieux circonvoisins,
on n'a pu retrouver la tête ; néanmoins tous les assistants, ainsi que nous,
ont reconnu que le corps était bien celui de Marie Vedrine.

Le corps est vêtu décemment et proprement ; les vêtements consistent en un tablier, une robe en étoffe, un jupon, une camisole en
forme de gilet, un fichu et une chemise à col ; les bas sont attachés par
des liens au-dessous des genoux ; les liens et les épingles qui attachent les vêtements n'ont éprouvé aucune violence ; le fichu seul est
détaché et retombe au devant du lit ; il y a quelques marques de sang
desséché.

Le genou droit et une partie de la cuisse du même côté sont à découvert, et l'on remarque sur la partie antérieure et inférieure de cette cuisse

une empreinte bien dessinée de la patte d'un animal, semblable en tout aux empreintes observées sur les draps du lit.

Les cols de la chemise et de la camisole sont en dedans couverts de sang desséché. Ils débordent l'extrémité du tronc, et recouvrent complétement la partie de l'épaule qui a été dévorée, ainsi que les bords de la plaie dans tout son pourtour, de manière que la plaie et les vêtements offraient à l'extrémité supérieure du tronc une cavité en forme d'entonnoir. Le col de la camisole, qui est ouaté et piqué, offre en dedans quelques déchirures qui nous paraissent être l'effet de l'usure. D'ailleurs, dans aucune partie des vêtements on ne peut reconnaître la trace d'un instrument tranchant.

Au devant du lit, on trouve sur le sol un chandelier en fer sans lampion, une tabatière ronde, deux souliers placés dans la direction du lit : l'un, près du pilier de la table, est rouge et sec dans son intérieur ; l'autre, qui lui est parallèle, mais plus éloigné du lit, est taché par quelques gouttes de sang desséché. On trouve encore au-devant du lit une coiffe blanche toute pelotonnée ; elle est rougie par le sang et encore humide ; elle recouvrait une petite quantité de sang liquide qui s'était accumulé dans un enfoncement de pavé. A l'entour de ce liquide, et notamment en avant, le pavé est rouge et sec dans une étendue d'environ quarante centimètres en tous sens. Ce lieu du sol, très rapproché du lit et de la table, correspond directement à la partie du corps où devaient se trouver le cou et la tête. Au delà et près du bras droit, on trouve encore un petit bonnet en tricot et une bonnette ou serre-tête en étoffe, qui servaient à la coiffure ordinaire de ladite Vedrine ; ils n'offrent aucune trace de sang. En avant du lit, vers le milieu de l'appartement, on trouve deux pièces de monnaie de cinq centimes chaque ; une chaise était placée au delà du bras droit.

La position du corps, jointe aux tiraillements exercés pour opérer la détroncation, ont dû faire échapper plusieurs objets renfermés dans la poche gauche du tablier ; mais il n'en a pas été ainsi de la poche droite qui était sous le corps : nous y avons trouvé, entre autres objets inutiles à mentionner, la clef de l'appartement supérieur, enveloppée dans une paire de bas d'enfant.

Le peu de meubles et d'effets qui existent dans la pièce inférieure de l'habitation de Marie Vedrine sont dans leur état normal.

Examen fait de la chambre au-dessus, nous n'y avons reconnu aucune trace d'effraction ni de vol.

Nous avons alors invité le sieur Solignat à examiner le corps de ladite Vedrine, et à nous faire son rapport : lequel, après avoir prêté serment de s'acquitter en son honneur et conscience de la mission qui lui est confiée, a commencé ses opérations. Nous lui avons adjoint pour aides les sieurs Cornabat, étudiant en médecine, et Michel Boulanger, tous les deux demeurant a Crocq. Ses opérations faites et terminées en notre présence, le docteur Solignat nous a dit qu'il avait besoin de réfléchir pour rédiger son rapport, et que demain matin il nous le remettrait en forme.

Nous avons ensuite pris et reçu les déclarations des ci-après nommés :

1° Anne Bouyon dépose que cejourd'hui, sur les sept heures du matin, n'ayant pas vu paraître comme à l'ordinaire, et cela depuis plusieurs jours, Marie Vedrine, elle s'était rendue dans sa demeure ; qu'elle a trouvé la porte de la cour et celle du rez-de-chaussée ouvertes ; qu'à peine entrée, le lieu étant mal éclairé, elle a appelé Marie ; ne recevant point de réponse, elle se figura aussitôt que cette fille était morte, sans pouvoir expliquer si elle l'a vue étendue sur son lit ; qu'effrayée, elle a pris la fuite

et s'est mise à crier ; qu'aussitôt des voisins sont accourus et qu'ils ont
trouvé en effet Marie Vedrine morte et sans tête ; qu'elle ne l'avait pas vue
depuis jeudi, ayant été obligée d'aller aux foires vendredi et samedi, et
son commerce l'ayant occupée tout le dimanche ; qu'elle savait par ses
enfants que la défunte était venue chez elle vendredi dernier, mais que
depuis elle n'avait plus reparu.

2° Anne B...., etc.

Nous ajouterons à tout ce qui précède, que sur le chemin qui conduit
de la maison de défunte Marie Vedrine à la porte Barbolle, dans une
étendue de cent cinquante mètres, on remarque dans six différents endroits des traces de sang. Ici, ce sont quelques gouttes de ce liquide ; là,
c'est une tache comme si un corps sanglant eût appuyé sur le sol.

D'après les faits et observations que nous venons de consigner, la cause
de la mort de Marie Vedrine ne pouvant probablement être le résultat
d'un crime, nous avons laissé le corps à la disposition de Gabrielle Mar-
guat, nièce et unique héritière de ladite défunte Vedrine, pour le faire
inhumer le plus promptement possible.

Nous soussigné, Bertrand Solignat, docteur médecin, résidant à
Crocq, chef-lieu de canton, département de la Creuse, sur la réquisition
de M. Etienne Souchard, suppléant de M. le juge de paix du canton de
Crocq, nous sommes transporté, aujourd'hui 28 octobre 1839, à huit
heures du matin, au domicile de Marie Vedrine, situé à l'extrémité de la
ville de Crocq, pour y procéder à l'examen du cadavre de la susnommée,
et faire un rapport circonstancié sur son état et les causes qui ont pu produire la mort.

Arrivé sur les lieux, nous avons pénétré dans une petite pièce située
au rez-de-chaussée, ayant la porte tournée au midi et ouvrant sur une
petite cour dépendante de la maison, laquelle est la dernière de ce côté
et se trouve située entre l'église et les ruines de l'ancien château ; à gauche
de la porte d'entrée de cet appartement, sur un lit, placé dans un angle
et longeant le mur d'occident, nous avons aperçu un cadavre, couché en
supination et en travers du lit, les pieds joignant la muraille, et l'extrémité supérieure, qui est privée de la tête, pendante sur le bord du lit ; les
bras sont également pendants sur le bord du lit, et le poignet droit touche
à la terre ; entre les deux bras et immédiatement au-dessous de la place
où devrait être la tête, se trouvent : une *mare de sang*, deux souliers
couverts de sang coagulé, et ayant la pointe tournée vers la tête du lit ;
entre les souliers, un chandelier en fer renversé, et n'ayant, à la place
de la chandelle, qu'un petit sac en papier et qui avait tenu du tabac, enfin
une coiffe en toile blanche, pelotonnée comme un chiffon, *tachée de sang*
et recouvrant un enfoncement de pavé *plein du même liquide*. Une
chaise est adossée au lit du côté des pieds ; sur cette chaise se trouve une
tabatière vide, et au devant un bonnet en étoffe comme en portent les
vieilles femmes de ce pays, et de plus une autre petite pièce de coiffure.
Auprès du lit, du côté de la tête, est une table sur laquelle se trouvent
plusieurs objets tels que lanterne, un pot, un verre et un portefeuille en
cuir ; le pilier de la table le plus rapproché du lit, de même que son bord
antérieur, est taché de sang.

Le lit n'est nullement déformé, le drap de dessus est replié sur la couverture comme pour recevoir une personne qui va se coucher. Le cadavre
est recouvert de vêtements qui consistent : en un tablier, une robe, un
jupon, une camisole, un fichu, une chemise et des bas. Les vêtements
sont relevés de manière à laisser la jambe droite et une partie de la cuisse
du même côté à découvert ; sur la peau de cette cuisse, un peu au-dessus

de l'articulation du genou, on aperçoit *une tache de boue, de forme arrondie* et semblable à celle que produirait l'application de la patte d'un chien de forte taille. *Quatre ou cinq taches de même nature* se laissent apercevoir sur le drap qui recouvre le traversin et sur celui qui est reployé sur la couverture ; les vêtements n'ont point éprouvé de violence ; les seules pièces qui recouvrent les épaules, savoir, la camisole, la chemise et le fichu, sont tachées de sang ; les couvertures du lit et les draps n'en présentent aucune trace. Dans les diverses poches, on a trouvé un couteau, un chapelet, une clef, un dé, une paire de bas d'enfant et quelques châtaignes ; deux pièces de cinq centimes étaient sur le pavé, à quelque distance du lit ; le corps a été dépouillé de ces vêtements ; nous l'avons fait placer sur une table, et avons noté les particularités suivantes :

Il a été reconnu par nous que ce cadavre était celui d'une femme d'assez forte complexion. Il est froid dans toutes ses parties ; les articulations sont roides et les poignets fermés, plusieurs lividités et vergetures cadavériques existent à la partie postérieure du corps, notamment au dos et aux lombes ; le poignet droit et l'avant-bras du même côté sont tuméfiés ; la peau y est légèrement rouge : ce phénomène nous a paru être le résultat d'une plaie ancienne et cicatrisée qui avait existé à l'avant-bras. La tête est séparée du tronc, et toutes les recherches faites pour la trouver, soit dans la maison, soit au dehors ; ont été jusqu'ici infructueuses ; une vaste solution de continuité la remplace et s'étend d'avant en arrière, depuis l'extrémité supérieure du sternum jusqu'à la région moyenne cervicale postérieure, et latéralement depuis l'articulation de l'épaule droite jusqu'à la réunion du quart supérieur du bras avec ses trois quarts inférieurs. Toute la surface de cette vaste solution de continuité est saignante, excepté à l'épaule et au bras gauches ; elle est inégale, des lambeaux de chair tiraillée y font saillie, de même que des pointes d'os brisés ; les bords sont anfractueux, comme frangés, et laissent apercevoir des empreintes semblables à celles qu'aurait produites la dent d'un animal, et dans un seul endroit de la région postérieure du cou et dans une étendue de quelques centimètres, la section de la peau est nette, est régulière ; l'épaule gauche est désarticulée, les chairs y sont rongées et nullement saignantes ; l'extrémité supérieure de l'humérus est brisée, la tête de cet os a disparu ; la fracture est en biseau et à bords anfractueux ; la moelle paraît avoir été léchée ; la clavicule gauche, désarticulée dans son extrémité humérale, fait saillie et présente une pointe rougie. Il en est de même des deux premières côtes du même côté, qui sont également rongées et désarticulées. Les deux premières vertèbres cervicales n'existent point ; les deux suivantes sont fracturées dans leurs lames et leurs apophyses épineuses ; les fractures sont inégales et raboteuses, et ne laissent nullement soupçonner qu'elles aient été produites par un instrument tranchant. Nous avons ensuite procédé à l'ouverture du corps, et nous avons trouvé ce qui suit :

Le larynx, l'extrémité supérieure de la trachée et l'œsophage n'existent pas. Les poumons sont sains, d'une teinte marbrée en avant, et légèrement engorgés et noirs en arrière ; le cœur, débarrassé de son enveloppe, s'est montré couvert d'une couche de graisse ; les quatre cavités, de même que les gros vaisseaux qui y aboutissent, sont entièrement vides de sang ; l'estomac ne contient aucune espèce de matière, soit solide, soit liquide ; trois ou quatre vers lombrics ont été trouvés dans la région pylorique ; la membrane muqueuse stomacale est légèrement injectée. Les autres organes n'ont rien offert de remarquable, à l'exception de la matrice et de ses annexes, qui étaient couvertes de masses squirrheuses ; la vessie contient une assez notable quantité d'urine ; les veines saphènes et médianes basiliques, ayant été incisées par nous, ont laissé s'échapper du sang noir et liquide.

De ce qui précède, nous croyons pouvoir conclure ce qui suit :

1° L'époque de la mort ne peut pas remonter au delà de deux ou trois jours.

2° Les causes de la mort ne nous paraissent pas pouvoir être déterminées d'une manière positive, étant privé d'un élément essentiel, la tête.

3° La plaie par nous décrite, principalement la partie correspondante à l'épaule gauche, où il n'a été remarqué aucun écoulement de sang, a été faite après la mort, et selon toutes les apparences par la dent d'un animal carnivore.

4° Enfin, on peut présumer que la femme dont nous avons examiné le corps étant assise sur son lit et les jambes étendues, aura pu être frappée d'apoplexie et renversée sur le dos, et être, dans cette position, mutilée par la dent d'un animal.

En foi de quoi nous avons rédigé et signé le présent rapport, les mêmes jour et an que dessus.

A Crocq, 28 octobre 1839.

SOLIGNAT, D. M.

Nous, Charles-Prosper Ollivier (d'Angers), membre de l'Académie royale de médecine ; Alphonse Devergie, professeur agrégé de la Faculté de médecine, en vertu d'une ordonnance de M. Labours, juge d'instruction, qui nous commet en suite d'une commission rogatoire à lui adressée par M. le juge d'instruction de l'arrondissement d'Aubusson, à l'effet de prendre connaissance d'un rapport fait par le docteur Solignat, à l'occasion de la mort de Marie Vedrine, ainsi que d'un procès-verbal dressé par le second suppléant de la justice de paix du canton de Crocq, et de déterminer si *Marie Vedrine a pu être frappée d'une mort subite et naturelle, et si la décollation telle qu'elle est décrite a pu être produite par les dents d'animaux carnassiers, ou par un instrument tranchant ;* nous avons pris connaissance des pièces sus-énoncées, et nous exposons ci-après les inductions que nous avons tirées des faits qui y sont consignés en tant qu'ils se rapportent à la solution des questions qui nous sont soumises.

Marie Vedrine a-t-elle pu être frappée d'une mort subite et naturelle ?

La preuve matérielle d'une mort subite et naturelle se déduit ordinairement de l'état dans lequel on trouve après la mort le cerveau, les poumons et le cœur.

Ici la tête manque, les poumons et le cœur ne fournissent aucun indice sur la cause de la mort ; il est donc impossible de faire reposer la solution de cette question sur des preuves anatomiques.

Mais rien ne s'oppose à admettre avec le docteur Solignat que la femme Vedrine ait succombé à une congestion cérébrale ou apoplexie. La vacuité complète des cavités du cœur et des gros vaisseaux tendrait seule à infirmer une semblable présomption. Mais si l'on réfléchit qu'une vaste plaie avec perte de substance existait au cou, que tous les principaux vaisseaux de cette région (artères et veines) ont été ouverts ; que le corps occupait une position déclive telle, que sa partie supérieure était fortement inclinée en bas, on explique comment ces diverses issues du sang ayant été opérées au moment où la mort venait de survenir, ce liquide a pu abandonner le cœur et les vaisseaux pour s'écouler au dehors, et on le concevrait d'au-

II.   19

tant plus dans l'hypothèse de la mort par le cerveau, que dans ce genre de mort subite il existe du sang et dans les cavités droites, et dans les cavités gauches, mais en général le fluide ne s'y trouve que dans une assez faible proportion.

Si cette hypothèse est la plus probable, nous devons cependant nous demander si la *femme Vedrine était morte lorsque la tête a été séparée du tronc.*

C'est dans l'aspect de la blessure et dans la quantité du sang écoulé que l'on peut puiser des éléments propres à résoudre cette seconde question.

La blessure est sanglante dans toute la région du cou, elle ne l'est pas à l'épaule ; donc la plaie générale a été faite à deux époques différentes, celle du cou en premier lieu, celle de l'épaule plus tard. Une plaie ne peut être sanglante que lorsqu'elle est faite pendant la vie ou immédiatement après la mort, et lorsque la circulation capillaire n'est pas complétement éteinte ; l'état de la blessure n'infirmerait donc pas une apoplexie ayant préexisté à la confection de la plaie du cou.

Quant à la quantité de sang écoulé, elle se mesure par l'énumération suivante des parties ensanglantées : Une coiffe *humide de sang* trouvée sur le sol sous la partie supérieure du tronc. Sous cette coiffe, du sang qui remplit l'enfoncement d'un pavé. Autour de ce liquide le pavé *rouge et sec* dans une étendue de *quarante centimètres en tous sens.* Un soulier *rouge en dedans ;* l'autre, plus éloigné du lit, offrant seulement *quelques taches de sang.* Le col de la chemise et la camisole que portait la femme Vedrine ensanglantés. Quelques *taches de sang* le long du pied et du bord d'une table voisine du corps. *Quelques traces de sang* sur de la paille répandue dans la cour voisine de la pièce où cette femme est morte. Enfin, le long d'un chemin qui conduit de la maison de Marie Vedrine à la porte Barbolle, çà et là *quelques gouttes de ce liquide,* et dans d'autres endroits des *marques de sang* semblables à celles que produit le contact d'un corps ensanglanté appuyé sur le sol.

Dans l'hypothèse où la femme Vedrine eût été surprise et tuée vivante, il est bien difficile de concevoir comment avec les désordres considérables que l'on a observés, la quantité de sang écoulé n'aurait pas été plus grande. Comment surtout du sang n'aurait pas été projeté sur la tête, sur les vêtements, sur les meubles qui environnaient le corps, tout en tenant compte de cette circonstance bien connue en médecine, que les plaies par morsure ou par arrachement saignent peu en général ; ici des vaisseaux d'un fort calibre ont dû être intéressés tout d'abord. Il est bien plus rationnel d'admettre que la circulation générale était suspendue au moment où les blessures ont été faites.

Mais si la circulation était suspendue dans les gros vaisseaux, la circulation capillaire n'était pas éteinte, car la plaie était ensanglantée ; le sang n'était pas coagulé au moment de l'accomplissement de ces désordres, puisque les gros vaisseaux et les cavités du cœur se sont vidés ; que tout porte à croire que la tête transportée loin de la demeure de la femme Vedrine laissait écouler du sang qui a taché la paille de la cour et le chemin qui mène à la porte Barbolle.

La femme Vedrine n'était donc pas vivante au moment où les blessures ont été faites, elle venait de mourir ; et par conséquent il y a de grandes probabilités en faveur d'une mort subite naturelle. Nous partageons donc entièrement l'opinion de notre confrère Solignat sous ce rapport.

La décollation telle qu'elle est décrite a-t-elle pu être produite par les dents d'animaux carnassiers ?

La solution de cette question ne peut pas faire l'objet d'un doute.

On ne signale aucun désordre soit dans les vêtements de la femme Vedrine, soit dans les draps et autres pièces qui composaient son lit, par conséquent aucun indice d'une lutte entre un assassin et la victime. — La plaie est énormément étendue : un homme atteint d'aliénation mentale eût pu seul en produire une pareille, si elle portait les caractères d'une plaie faite par des instruments tranchants et contondants. — Elle est inégale, elle offre des lambeaux de chair, les uns tiraillés et saillants, les autres enfoncés ; leurs bords sont frangés et anfractueux, l'épaule est désarticulée, les os y sont brisés, la tête de l'humérus manque et le corps de l'os est broyé ; les apophyses épineuses et transverses des troisième et quatrième vertèbres du cou sont cassées ; — le larynx, la partie supérieure de la trachée-artère et de l'œsophage manquent ; tous désordres qui ne peuvent être produits que par un animal carnassier. On a pensé que ce pouvait être un chien ; cette supposition est peu admissible : nous concevons de pareils désordres opérés par un loup ou par un sanglier, mais non par un chien, fût-il même furieux ; l'enlèvement de la tête et la quantité de chairs qui a été dévorée, le lieu retiré qu'occupait la femme Vedrine viennent à l'appui de notre présomption. La quantité de chairs qui a été dévorée prouve encore que cet animal devait être affamé. Enfin les empreintes de pattes crottées sur le lit et sur la cuisse de cette femme démontrent évidemment qu'un animal s'est introduit dans la chambre que celle-ci occupait.

La réponse à la seconde question est donc : *Oui, la décollation telle qu'elle a été décrite a pu être produite par les dents d'animaux carnassiers ; elle n'a pas pu être opérée à l'aide d'un instrument tranchant.*

La lutte qui existe entre l'assassin et la victime est en général indiquée par le nombre même et la nature des blessures que présente le corps du délit. Voici un fait qui prouve cette assertion de la manière la plus évidente.

Assassinat et vol avec effraction. — Cou coupé à un chien.

Nous, etc.

En vertu d'une ordonnance de M. Berthelin, qui nous commet à l'effet de procéder à l'ouverture du corps de la femme Morlet, décédée à l'hôpital Saint-Louis ; de déterminer si les blessures qui lui ont été faites dans la nuit du 26 au 27 courant ont été la cause de la mort ; en quoi consistent ces blessures ; avec quel instrument elles ont pu être faites ; si une pince dite *monseigneur* saisie au domicile de la veuve Morlet a pu les produire.

Nous nous sommes rendu, aujourd'hui 30 avril 1835, à l'hôpital Saint-Louis, accompagné de M. Colin, commissaire de police, chargé des délégations judiciaires, où, en présence des sieurs Beauvais, Viard et Renoult, inculpés, nous avons procédé à cette opération dont nous exposons ci-après les résultats :

Le tiers inférieur du ventre, la partie interne des cuisses, les genoux et les pieds sont recouverts de sang desséché ; un grand nombre de piqûres de sangsues se fait observer à la surface de l'abdomen.

On trouve à la surface du corps quinze blessures avec effusion de sang et *sept contusions.*

Les blessures sont ainsi réparties : 1° Une plaie de sept lignes de longueur immédiatement au-dessous de la clavicule gauche ; sa direction est parallèle au corps ; elle pénètre dans la poitrine à travers la première côte dont elle a détaché un petit fragment triangulaire de 7 millim. de diamètre. Le poumon gauche n'a pas été intéressé ; aucun vaisseau principal n'a été ouvert, en sorte que cette blessure n'a pas donné lieu à un épanchement de sang ; seulement ce liquide s'est infiltré dans le tissu cellulaire qui recouvre le muscle grand pectoral et dans celui qui réunit la portion claviculaire de ce muscle avec celle du muscle deltoïde, la plaie occupant précisément l'espace qui sépare ces deux muscles.

2° Une plaie de 2 centim. de longueur au-dessus de l'épaule gauche ; cette plaie correspond à la fosse supérieure de l'omoplate.

3° Une plaie de 18 millim. en haut, en avant et un peu en dedans du bras gauche.

4° Une plaie de 5 centim. de longueur, située en arrière et au-dessus du coude gauche, transversalement à la longueur du bras ; cette blessure a pénétré dans l'épaisseur du bras, et l'instrument a passé entre le muscle brachial antérieur et le biceps, coupé une partie des fibres de ces muscles pour gagner la peau de la partie interne du bras, sans toutefois l'intéresser, et en laissant intacts les vaisseaux principaux du bras.

5° Sur le dos de la main droite, deux plaies de 2 centim. de longueur, dirigées un peu obliquement de haut en bas et de dehors en dedans, séparées par un pouce de peau saine. La dissection de ces blessures nous fait reconnaître qu'elles ne constituent réellement qu'une seule lésion dans laquelle l'instrument a passé sous la peau et l'a percée de part en part en ouvrant plusieurs des articulations qui réunissent les os du poignet.

6° Au dedans de la main droite, une plaie de 5 centim. de longueur, située obliquement de haut en bas et de dedans en dehors, sur l'éminence thénar et sur la paume de la main. Cette plaie s'est arrêtée aux tendons des muscles fléchisseurs.

7° Une plaie de 3 centim. sur le bord cubital de la main droite.

8° Six excoriations ou plaies très superficielles : la première de 5 millim. de longueur, à 7 centim. au-dessous du mamelon du sein gauche ; la seconde à 5 centim. en dedans, ayant 2 centim. de longueur ; la troisième sur le dos du nez et un peu à droite de la ligne médiane ; la quatrième sur le coude droit ; la cinquième au devant du tibia gauche ; la sixième tout à fait linéaire, au devant du bras gauche, et sur le milieu de sa longueur ; la septième de 15 millim. de longueur, sur la face dorsale du doigt annulaire de la main gauche.

9° Une plaie dans le flanc gauche ; elle a 25 millim. de longueur ; à travers ses lèvres se trouve engagée une petite portion d'épiploon. Elle pénètre dans le ventre. A l'entrée de la malade à l'hôpital, M. Jobert a constaté la sortie à travers cette plaie d'une grande quantité d'épiploon qui se trouvait en partie étranglée entre les lèvres de la blessure ; cet organe a été réduit ; mais le péritoine, pendant les efforts de réduction, s'étant décollé des parois abdominales, l'épiploon est resté engagé entre lui et les muscles abdominaux. L'instrument qui a fait cette blessure a non seulement traversé les parois de l'abdomen, mais il a encore percé de part en part le côlon descendant (gros intestin), immédiatement au-dessous de la rate, en sorte qu'on observe sur les parois de cet intestin deux plaies de 1 centim. de longueur, séparées par 12 millim. environ de parois saines ; il en est résulté un épanchement de matières fécales et de gaz intestinaux dans la cavité du péritoine (cavité du ventre), et une péritonite caractérisée par une grande quantité de pus fétide qui s'est accumulé dans les parties les plus déclives du ventre ; le péritoine est généralement le siége d'une injection assez prononcée.

10° Sept contusions, dont quatre le long du bord gauche et inférieur de la mâchoire ; elles ont 1 centim. de diamètre : l'une d'elles pénètre jusque dans l'épaisseur des fibres du muscle masséter ; les trois autres sont superficielles : une en dehors de la cuisse gauche, elle a peu d'étendue ; deux autres enfin en dehors et au-dessus du genou droit ; elles ne s'étendent pas au delà de la peau, et n'ont que fort peu de surface.

Toutes les plaies que nous venons de décrire ont le même aspect : les bords en sont très nets, les angles aigus ; elles offrent des dimensions assez analogues ; un instrument très tranchant a pu seul les produire.

Examen des organes des cavités.

Le cerveau est assez gorgé de sang et imprégné de sérosité ; sa substance est piquetée.

Vers le tiers de la hauteur du poumon gauche, et peu profondément, existe une ecchymose du tissu pulmonaire, oblongue, qui peut avoir 5 centim. dans son plus grand diamètre, 2 centim. dans son diamètre le plus petit ; elle ne répond pas à une contusion extérieure. Les poumons et le cœur sont sains ; il existe cinq ou six cuillerées de sérosité limpide dans le péricarde.

L'estomac, les intestins, le foie, la rate et les autres organes abdominaux ne présentent rien de remarquable, à part les lésions que nous avons mentionnées plus haut à l'occasion de la blessure du ventre.

Conclusion.

1° Il existait sur le corps de la veuve Morlet vingt-trois blessures, dont *neuf plaies*, six excoriations et huit contusions.

2° Les plaies et les excoriations paraissent avoir été faites avec le même instrument.

3° Cet instrument était perforant et très tranchant.

4° Sa lame pouvait avoir 2 centim. de largeur.

5° Cet instrument n'est pas la pince-levier qui nous a été représentée ; il y a même lieu de croire qu'elle n'a pas servi dans la confection des blessures, les contusions que nous avons observées n'étant pas en rapport avec la force et le poids de cette arme, qui d'ailleurs ne peut produire que des contusions ou des plaies contuses.

6° La mort de la veuve Morlet a été la conséquence des blessures qui lui ont été faites, et notamment de celles du ventre. Aucune d'elles n'était immédiatement mortelle.

Fait à Paris, les jour et an que dessus.

Et le même jour, en suite de l'ordonnance de M. Berthelin, qui nous commet à l'effet d'examiner la blessure du chien de garde de la veuve Morlet, et de déterminer si elle aurait été faite par le même instrument qui a servi à opérer les blessures de cette femme, nous nous sommes rendu rue du Faubourg-Saint-Denis, n° 196, et là on nous a représenté un chien qui portait au devant et un peu à droite du cou une plaie transversale de deux pouces de longueur sur un pouce et demi d'écartement, quand la tête était renversée en arrière. Cette plaie offrait deux sections qui se rencontraient ; l'une d'elles, occupant le côté gauche de la blessure, avait une direction un peu oblique de haut en bas et de gauche à droite ; l'instrument avait pénétré profondément, car il avait divisé les parties molles qui unissent l'arrière-gueule avec le larynx, en sorte que l'air s'échappait par la plaie au lieu de venir former les sons de l'aboiement dans la cavité de la gueule. On nous déclare que le chien a commencé ce matin à former quelques sons, mais que pendant les jours précédens il n'a pu se faire entendre.

Du reste, les bords de la plaie sont parfaitement coupés net.

Conclusion.

1° La plaie du cou du chien de garde, qui constitue la seule blessure apparente qu'il ait eue, a été faite avec un instrument perforant et très tranchant.

2° Il nous est impossible de dire si cet instrument est celui qui a servi à faire les blessures de la veuve Morlet ; mais c'est très probablement un instrument du même genre.

Fait à Paris, ce 30 août 1837.

Les détails dans lesquels nous venons d'entrer dans le cours de ce chapitre nous dispensent de traiter en particulier les questions suivantes, dont nous ne nous sommes pas encore occupé, parce qu'elles se rattachaient au pronostic des blessures.

1° Les coups portés ou les blessures ont-ils occasionné la mort? 2° Les blessures ou les coups ont-ils occasionné une incapacité de travail personnel de plus de vingt jours? 3° La castration a-t-elle été opérée? 4° La mort a-t-elle été la suite de la castration? La seconde question est celle qui peut offrir plus de difficulté, et pour la résoudre il est très important de bien tenir compte des circonstances dont je vais parler : 1° L'âge du blessé. On sait que toute violence exercée sur un vieillard entraîne des suites plus fâcheuses que chez un jeune homme, et qu'elle conduit à une incapacité de travail personnel plus longue. 2° Le tempérament et la constitution du sujet. Telle plaie qui, chez un individu bien constitué, guérirait en quinze jours, pourra se transformer en une ulcération chez une personne lymphatique ou scorbutique. 3° Les maladies co existantes, telles que le scorbut, les dartres, la syphilis, une cachexie cancéreuse, etc. 4° La saison pendant laquelle la blessure est faite. 5° Le traitement que l'on fait subir au blessé. 6° La manière dont il s'y soumet, et les manœuvres qu'il emploie quelquefois pour prolonger sa durée. Toutefois nous pensons, contrairement à l'opinion de Chaussier et de M. Orfila, que le temps rigoureusement nécessaire à la durée de l'incapacité de travail doit toujours être indiqué malgré l'existence de ces causes de prolongation ; que ces dernières doivent faire l'objet d'une seconde conclusion propre à atténuer ou à aggraver, aux yeux des magistrats, la culpabilité

de l'accusé. Mais le médecin doit voir les blessures, non pas en
ce qu'elles sont chez le commun des hommes, et en prenant pour
type les conditions les plus favorables à leur guérison ; il doit
avant tout étudier la blessure sur le sujet soumis à son expertise,
sauf, encore une fois, à faire telle ou telle observation que les
conditions particulières du blessé peuvent lui suggérer. Au surplus, nous croyons devoir renvoyer le lecteur à la doctrine que
nous avons émise à ce sujet, à l'occasion de la législation sur les
blessures.

Conduite du médecin dans l'examen médico-légal des blessures.
— 1° Faire exposer au malade toutes les circonstances qui ont
précédé, accompagné ou suivi sa blessure, et insister sur tous
les phénomènes qu'il a pu éprouver, soit immédiatement après,
soit pendant le temps qui s'est écoulé depuis le moment où il a
été blessé, sur le traitement auquel il a été soumis et sur les accidents qui sont survenus. 2° Demander les vêtements que portait le blessé au moment où il a reçu ses blessures, les examiner
avec soin sous le rapport de la quantité de sang qui a pu s'écouler de la plaie ; de la forme des ouvertures faites aux étoffes, de
leur situation, de leur dimension. Je ne saurais trop insister sur
cet examen préliminaire important ; c'est lui qui, presque toujours, conduit à reconnaître l'espèce d'arme vulnérante. Dans
l'assassinat de Caze, dont j'ai parlé, les quatre blessures qu'il portait sur le thorax n'étaient pas toutes semblables : deux d'entre
elles présentaient deux angles aigus à leur extrémité, deux autres
offraient un angle aigu et un angle obtus. Cette disposition pouvait conduire à faire supposer que deux armes différentes avaient
été employées. Ayant demandé à voir les vêtements, je trouvai
une section à deux angles aigus sur le gilet, vêtement qui correspondait à la plaie du devant de la poitrine, où l'instrument avait
été arrêté dans son trajet par le sternum. La coupure du collet de
la redingote offrait un angle de section très aigu, et l'autre était
terminé à droite et à gauche par deux sections aiguës très petites, de manière à laisser entre elles un petit lambeau d'étoffe
de forme triangulaire, dont le sommet correspondait à la fente
principale, et la base se continuait avec le reste de l'étoffe. Je
cherchai quelle avait pu être l'arme capable de produire des
ouvertures si différentes dans leur forme. Un couteau-poignard
me parut seul capable de pouvoir remplir de telles conditions ;
en effet, il a deux tranchants sur la moitié ou les deux tiers de

sa lame, et présente tout à coup, dans son tiers inférieur, un dos carré très large et naissant à angle droit. Je dis au juge d'instruction présent qu'il n'y avait qu'un couteau-poignard qui eût pu servir à faire ces blessures; et aussitôt on me montra une arme de cette nature que l'on avait saisie sur la personne inculpée de cet assassinat; mais dans d'autres circonstances on n'est pas toujours aussi heureux, et l'affaire Jadin (assassinat cité page 166) en est une preuve. 3° On procédera à l'examen de la blessure, et, fixant son attention sur sa situation, on recherchera tout de suite si sa position coïncide avec les ouvertures des vêtements, car il pourrait arriver que ces dernières eussent été faites après coup par le blessé lui-même. 4° On décrira minutieusement l'aspect, les dimensions de la plaie ; on ne s'assurera de sa profondeur en *la sondant* qu'autant que les règles de l'art chirurgical le permettent. Si elle siége à la tête, on recherchera si elle est accompagnée de fracture ; occupe-t-elle un des points de la poitrine, on auscultera avec soin cette cavité pour s'assurer de l'état des divers organes qu'elle renferme. 5° On cherchera à juger des conséquences que peut avoir la blessure d'après les données que nous avons précédemment établies.

Il est des cas où un expert ne peut pas explorer la blessure, ou il ne peut le faire qu'en présence du chirurgien qui donne des soins au blessé: ce sont ceux de blessures à l'occasion desquelles des opérations ont été pratiquées, ou bien celles dont le traitement exige des applications d'appareils qui veulent le concours de plusieurs personnes pour leur application. En thèse générale, l'expert doit apporter la plus grande réserve dans ses recherches, relativement surtout aux égards qu'il doit à ses confrères, et surtout aussi pour ne pas causer de perturbation dans le traitement auquel le malade est soumis.

DES OUVERTURES DE CORPS EN MATIÈRE DE BLESSURES.

Il est quelques préceptes que l'expert ne doit pas perdre de vue quand il est appelé à faire une ouverture judiciaire en matière de blessures. Nous allons les rappeler ici.

Avant de procéder à l'examen du corps, l'expert se fera représenter les vêtements dont la victime était recouverte. Cet examen est, sinon plus important, au moins aussi essentiel que celui des blessures. Ce sont les vêtements qui donnent plus exactement la mesure des instruments avec lesquels on a frappé. Ils concourent aussi à faire connaître la direction dans laquelle le coup a été porté; si du sang s'est écoulé en abondance de la blessure, et, par conséquent, dans quelques cas, si la blessure a été faite pendant la vie ou après la mort. En un mot, c'est la première chose à faire, quand on veut s'éclairer avant l'autopsie. Il est bien entendu que l'expert décrira avec le plus grand soin tout ce qu'il y observera.

L'expert doit donc observer une blessure sous le rapport de son aspect général, de sa forme, de sa dimension qu'il prend, autant que possible, à l'aide d'un compas ou d'un mètre; il doit exprimer les dimensions en centimètres ou en millimètres; si ses lèvres sont coupées net, ou inégales, déchirées, contuses, saignantes, suppurantes; si la blessure est placée sur une contusion ou bosse, ou si au contraire elle est plane, ainsi que les surfaces environnantes. Il doit mesurer de l'œil sa profondeur, mais ne pas porter dans son intérieur d'instrument de quelque nature qu'il soit (stylet, sonde, algalie, etc.). C'est à tort, suivant nous, que Chaussier et M. Orfila conseillent cette méthode d'exploration. Elle n'a pas d'avantages, et elle a l'inconvénient très grave de modifier plus ou moins les trajets des plaies et souvent de changer leur direction; en sorte qu'il n'est plus possible de donner une description exacte du trajet parcouru par l'instrument vulnérant. Cette observation est applicable à toute espèce de blessures, et aussi à celles qui intéressent des organes mous, tels que le cerveau, le foie, la rate, etc. — Le médecin recherchera s'il se trouve dans la plaie quelques corps étrangers, ou des organes engagés et formant hernie. Il comparera l'instrument supposé du crime avec la forme et la profondeur de la blessure, pour juger réellement s'il a pu être employé à la produire.

Après avoir décrit l'aspect extérieur de la blessure, l'expert se gardera bien, dans toutes les recherches qui vont suivre, de pratiquer jamais des incisions sur la plaie, pour observer les parties sous-jacentes : c'est une faute que commettent la plupart des médecins; ils agrandissent la blessure en pratiquant des incisions sur ses lèvres; ils changent ainsi les rapports des parties; ils détruisent un aspect, un tableau qui ne saurait être trop souvent vu pour être gravé dans la mémoire; et, comme, lorsque l'on explore la partie la plus profonde des blessures, il arrive souvent que l'on est obligé de rapprocher les parties de l'extérieur à l'intérieur, pour décrire le trajet avec exactitude, alors ce rapprochement devient impossible ou incorrect, à cause des changements que l'on a opérés par les sections que l'on a pratiquées. Il faut inciser circulairement les tissus, à trois ou quatre pouces au delà de la circonférence de la plaie, de manière à former un lambeau au centre duquel se trouve la blessure; on dissèque alors la peau de la circonférence au centre; on en fait autant à l'égard des muscles, des os, des vaisseaux, des nerfs, en un mot, de tous les organes qui se trouvent sur le trajet de la blessure. Si la blessure pénètre dans un organe parenchymateux, on est quelquefois forcé d'introduire un corps très flexible (une sonde de gomme élastique, par exemple) dans le trajet qu'elle parcout, et d'inciser dans la direction de la sonde; nous ne conseillons ce moyen que dans le cas où l'on ne peut pas éviter de l'employer. C'est en suivant cette marche dans la dissection des blessures que l'on parvient à décrire avec précision les parties qui y sont intéressées, le sens dans lequel elles ont été divisées, et à découvrir les corps étrangers qui peuvent être restés dans le trajet des plaies; quelle était la situation respective de l'assassin et de la victime, etc. C'est aussi le seul moyen d'arriver à déterminer si telle ou telle blessure a été mortelle; comment et par quelle cause elle l'a été; combien de temps il a pu s'écouler entre le moment où la blessure a été reçue et l'époque de la mort; si la personne a souffert avant de mourir, ou si, au contraire, la mort a été exempte de souffrances.

Entrons actuellement dans quelques détails sur les plaies de certaines parties. Lorsqu'une blessure existe à la tête, et qu'elle est accompagnée de fracture aux os, ou qu'on en soupçonne l'existence, il faut, outre la section circulaire de la calotte osseuse que nous avons conseillée, pratiquer sur le sommet de la tête une autre section perpendiculaire à la précédente, de manière à réserver le segment d'os qui peut avoir été fracturé, car il devient une pièce à conviction. Cette opération ne doit être faite qu'après avoir exploré attentivement la surface extérieure du crâne sous le rapport de ses fêlures, fractures, ou autres désordres que l'on décrit avec soin. Quand les fêlures sont douteuses, on les enduit d'un liquide coloré comme de l'encre, et ensuite on essuie exactement la partie que l'on a tachée; s'il y a fêlure, l'encre qui s'y est introduite ne peut pas être enlevée par les frottements. On peut encore ruginer légèrement la surface de l'os pour arriver au même résultat. — On recherche s'il y a eu écartement des sutures et dans quelle étendue. Existe-t-il une plaie au front, on voit si cette plaie pénètre ou non dans la cavité des sinus frontaux. Dans les coups d'armes à feu qui sont venus frapper cette partie, il est souvent très difficile de suivre le trajet des balles, et même de retrouver ces projectiles. On ne saurait prendre trop de précautions à cet égard ; il faut examiner tous les organes sur place ; ne pas oublier que les balles sont souvent réfléchies par les os , qu'elles peuvent occuper les points les plus éloignés et les plus opposés à ceux de leur ouverture d'entrée.

Dans les coups d'armes à feu tirés dans la bouche, la balle, après avoir produit les désordres les plus considérables, les fractures les plus multipliées et les plus étendues, va se loger, soit dans le canal rachidien, soit dans l'épaisseur du corps des vertèbres. Souvent même la balle est ressortie, ou, ce qui a lieu plus fréquemment, elle est tombée par la bouche du cadavre pendant les diverses positions qu'on a fait prendre au corps, pour le transporter d'un lieu à un autre.

C'est encore dans les blessures de ce genre qu'il faut s'attacher à décrire les plaies et leurs trajets, de manière à reconnaître les ouvertures d'entrée et de sortie pour parvenir à indiquer dans quelle position respective se trouvaient l'assassin et la personne assassinée.

Dans l'inspection des membranes du cerveau, on recherchera si la dure-mère a été décollée par du sang ou par une commotion ; si elle est enflammée, et s'il y existe du pus ou du sang, ou seulement si leurs vaisseaux sont injectés ; si ces lésions internes correspondent aux lésions externes. — Dans l'inspection du cerveau, on n'oubliera pas que les commotions cérébrales peuvent ne pas laisser de traces de leur existence, et que cet état coïncide le plus souvent avec l'absence de fracture au crâne.

On notera les contusions du cerveau qui consistent, ou dans du sang infiltré seulement dans la substance cérébrale, et au milieu duquel on aperçoit encore des stries ou lames de substance blanche, ou dans un foyer sanguin placé au milieu de la substance blanche, déchirée seulement dans un point. Dans les deux cas, on en précisera l'étendue et aussi la quantité de sang épanché. Enfin, si l'on rencontrait des traces d'affections an-

ciennes, comme kystes, indurations, tumeurs de différente nature, on les noterait avec soin.

Relativement aux blessures du cou, l'expert se rappellera
qu'elles ne deviennent mortelles qu'autant que des vaisseaux
d'un volume assez notable ont été ouverts. Il s'attachera à rechercher si le larynx et la trachée sont intéressés, afin d'éclairer
les magistrats sur la question de savoir si la victime a pu jeter
des cris ou appeler à son secours. C'est dans ces blessures qu'il
faut examiner avec soin la colonne vertébrale ; souvent un coup
d'épée ne constitue qu'un trajet très étroit et peu appréciable ;
mais la pointe de l'instrument vulnérant pénètre jusqu'à la
moelle et intéresse sa substance. — La direction des plaies du
cou, le sens dans lequel les parties ont été coupées, peuvent dif-
férer dans les divers points de leur étendue. Le nombre des coups
portés se détermine par celui des hachures des lèvres de la plaie ;
circonstances qui établissent autant de présomptions d'homicide
ou de suicide. C'est surtout ici le cas de décrire avec soin toutes
les parties intéressées par la blessure ; muscles, veines, artères,
nerfs, etc.

Rien n'est plus difficile à explorer que les blessures pénétrantes de la poitrine. Celles qui sont dues à un instrument piquant et tranchant offrent, il est vrai, moins de difficultés ; mais
lorsque des balles ont pénétré dans cette cavité, elles y subissent
des changements si variés dans leur trajet, qu'on ne saurait apporter trop de soin à cette recherche. (Voyez *Effets des blessures
par armes à feu*.) On doit noter les traces de phlegmasies, adhérences, suppurations, foyers ; la dimension de la plaie faite à
chaque organe, au fur et à mesure que l'on explore profondément, de manière à juger, par la différence dans le diamètre de
ces diverses blessures, si l'instrument vulnérant avait partout la
même largeur, ou si, au contraire, il allait en diminuant d'une
de ses extrémités à l'autre ; si un des angles de la plaie était
mousse et obtus, tandis que l'autre était aigu, en sorte que l'on
soit autorisé à dire que l'arme employée était ou n'était pas tranchante des deux côtés.

Quand des épanchements de sang existent dans la poitrine, il
faut toujours en rechercher la source ; ils sont nécessairement
dus à la lésion des vaisseaux artériels, ou à celle de troncs veineux. Il est assez rare que ces épanchements prennent leur source
dans le tissu même des poumons, à moins que le vaisseau lésé

ne soit placé superficiellement ; le plus souvent ils proviennent de l'ouverture des artères aorte et pulmonaire avant leur entrée dans les poumons ou des artères intercostales, etc.

Les mêmes précautions doivent être observées à l'égard des blessures de l'abdomen.

Celles des membres exigent aussi beaucoup de méthode dans leur investigation, surtout lorsqu'il s'agit de lésions qui ont leur siége au voisinage de l'épaule, au pli de l'aisselle, dans les environs de la clavicule, au pli de l'aine. Ce serait à tort que l'on déplacerait continuellement le membre pour l'explorer, on dérangerait ainsi le rapport de toutes les parties intéressées ; il faut le placer dans une situation favorable à la dissection et l'y maintenir immobile.

Il est un genre de blessures qui exige quelque attention, ce sont les brûlures. Quand elles ont une grande étendue, qu'elles affectent des tissus très profonds et même des os, il faut rechercher si elles sont en rapport avec la cause qui les a produites, et ne pas les confondre avec les combustions humaines spontanées. Du reste, les brûlures devront être décrites avec le même soin que les plaies, sous le rapport de leur étendue en surface et en profondeur, afin de déterminer jusqu'à quel degré elles ont eu lieu ; quelle peut en être la cause, si c'est un caustique ou de l'eau bouillante, un acide, etc.

Si la blessure est une fracture ou une luxation, on décrira avec soin la partie luxée ou fracturée ; la déformation locale de la partie luxée ; les changements survenus dans la direction, la longueur ou la forme du membre ; si une plaie, une contusion, une luxation, accompagnent la fracture, et *vice versâ*.

DES BRULURES.

Les brûlures sont aux yeux de la loi des violences qui doivent être envisagées sous les mêmes rapports que les autres blessures. Elles ne comprennent pas seulement les lésions qui sont le résultat de l'action d'un corps chaud, elles s'appliquent aussi à tout caustique appliqué à l'extérieur, non pas dans le but d'attenter aux jours de la personne, mais dans celui de lui nuire physiquement. En effet, si l'auteur de la brûlure faite par une substance caustique a eu en vue la mort de la personne, et si la substance était par sa nature capable de la produire, le fait rentre dans la catégorie des empoisonnements. Toutefois cette observation n'est applicable qu'aux agents qui agissent chimiquement; car, si, comme on en a plusieurs exemples, une personne attentait aux jours d'une autre au moyen du feu, et si elle préméditait son action, ce crime rentrerait dans l'espèce qualifiée homicide volontaire avec préméditation ou assassinat, et non dans la classe des empoisonnements.

Envisagées sous le rapport du diagnostic, les brûlures sont faciles à reconnaître quand elles résultent de l'action de la chaleur, soit qu'elle ait été employée seule, soit qu'elle ait fait partie d'un liquide tel que l'eau ou l'huile. Mais il n'en est pas toujours de même à l'égard des substances caustiques qui agissent chimiquement ; ainsi il n'est pas toujours possible de reconnaître si une escarre est le résultat de l'application de la potasse, de la soude, d'un acide, du nitrate d'argent, etc., si surtout la brûlure a été opérée depuis un certain temps. Nous fournirons, au chapitre des *Taches*, des caractères physiques qui pourront aider ce diagnostic ; nous y renvoyons nos lecteurs. Ce qu'il est bien important de préciser, c'est le degré de la brûlure. Quelques chirurgiens admettent trois degrés dans les brûlures : Boyer est de ce nombre; d'autres, à l'instar de Dupuytren, en admettent cinq. Il est toujours vague de dire : La brûlure est au deuxième ou au quatrième degré ; il vaut beaucoup mieux préciser les tissus de la peau et les parties sous-jacentes qui sont malades, et se servir par conséquent de cette locution : La brûlure comprend l'épiderme, le corps muqueux, le derme, etc. Il faut, de plus, donner la preuve que la brûlure affecte ces parties, en énonçant les caractères qui la constituent : ainsi, on dira qu'elle consiste dans une rubéfaction de la peau, ou dans des phlyctènes, ou dans une escarre mince, superficielle, formée aux dépens du tissu muqueux et d'une partie superficielle du derme, etc.

Une question délicate qui se rattache à la survie aussi bien qu'aux blessures graves et à l'assassinat, est celle de savoir s'il est possible de reconnaître si une brûlure a été faite pendant la vie ou après la mort. Une présomption d'homicide volontaire s'éleva, il y quelques années, en Écosse, à l'occasion de deux hommes que l'on supposa avoir fait périr leurs femmes par le feu. Le docteur Duncan, manquant d'expériences directes pour résoudre la question, ne put établir que des présomptions, qui, d'ailleurs, se sont trouvées fondées par la suite, mais qui laissèrent les magistrats dans l'incertitude. Le professeur Christison entreprit des expériences à ce sujet, et fut conduit à donner comme positifs les résultats suivants (*voy.*, pour les détails des faits et des expériences, les *Annales d'hygiène et de médecine légale*, t. VII, p. 148) : 1° Toute brûlure superficielle est *immédiatement* suivie d'une rougeur qui s'étend à une grande distance du point brûlé ; elle disparaît par une pression légère, se dissipe en peu de temps, et ne persiste pas après la mort ; 2° si la brûlure est plus profonde, comme celle qui résulte de l'application d'un cautère actuel, il se manifeste, outre la rougeur dont je viens de parler, et autour du point brûlé, un cercle rouge ne disparaissant pas par la pression du doigt, en sorte qu'il semble que le sang soit incorporé avec le tissu de la peau ; 3° cette ligne rouge est séparée de l'escarre par une ligne d'un blanc mat ; 4° le dernier phénomène de réaction vitale immédiate est la vésication ou phlyctène. Le développement de la rougeur est instantané dans toute brûlure, c'est-à-dire qu'il se produit en un quart de minute. Quant au temps nécessaire à la formation des phlyctènes, il varie considérablement suivant l'espèce de brûlure et l'âge du sujet ; il n'est pas constant, en sorte que le caractère essentiel d'une brûlure, c'est le cercle rouge qui ne disparaît pas sous la pression du doigt, et qui persiste après la mort.

Si l'on applique de l'eau bouillante ou un fer rouge à la surface du corps d'un individu dix minutes même après la mort, il ne se manifeste jamais de rougeur ni de phlyctènes ; il peut se produire quelques vésicules, mais elles sont remplies d'air ; par conséquent, le signe certain d'une brûlure faite pendant la vie, c'est l'existence d'une rougeur à la peau persistant après la mort sur la partie brûlée.

Je ferai cependant une observation à cette conclusion déduite des expériences de M. Christison : c'est que, tout en admettant qu'il soit généralement possible de confondre une brûlure faite pendant la vie avec une brûlure faite après la mort, il ne s'ensuit pas qu'une brûlure faite pendant la vie laisse constamment des traces de son existence après la mort ; car, de même que la rougeur d'un érysipèle ne laisse souvent pas de traces de son existence sur un cadavre, de même la rougeur d'une brûlure superficielle est peut-être susceptible, dans certains cas, de disparaître lors de la cessation de la vie. — M. Leuret a inséré dans le tome XIV des *Annales d'hygiène et de médecine légale*, p. 370, un cas extrêmement curieux dans lequel la question est restée irrésolue. Il a fait connaître le résultat d'une expérience qui prouve que des phlyctènes remplies d'une sérosité rougeâtre peuvent se former vingt-quatre heures après la mort par le contact d'un réchaud avec la peau d'un cadavre infiltré, ce qui n'a pas lieu quand il n'existe pas d'œdème.

Les choses en étaient à ce point, lorsque M. le docteur Champoullion a publié un mémoire sur ce sujet dans les *Annales d'hygiène*, t. XXXV, p. 412, *sur la possibilité de reproduire après la mort quelques caractères des brûlures faites pendant la vie*. Nous croyons devoir exposer ici une partie de ce mémoire, parce qu'il est la narration simple des expériences qui ont été faites, et que ces expériences peuvent seules laisser à la conscience du praticien le moyen d'asseoir une idée nette sur la valeur positive des assertions émises à ce sujet.

Au mois de juillet 1834, la femme Bérenger est trouvée morte dans la chambre qu'elle habitait à Monségur (Drôme) : la tête et le cou, qui gisent au centre d'un foyer éteint, sont brûlés jusqu'à la carbonisation ; quelques phlyctènes seulement se font remarquer sur le genou gauche.

Le docteur Séguy, appelé à faire l'autopsie, constata que les bords de la brûlure n'étaient point entourés d'un cercle rouge, et qu'ils ne présentaient non plus aucune trace de vésicules séreuses. Le cerveau était coiffé d'une couche épaisse de sang noir coagulé. En présence de ces désordres, l'expert fut conduit à ouvrir deux opinions contradictoires : il déclara que le corps de la victime avait pu être exposé à l'action du feu, lorsque déjà la femme avait cessé de vivre. Ce qui pouvait justifier cette manière de voir, c'était l'hémorrhagie cérébrale, cause probable de la mort, et l'absence des phénomènes d'une réaction vitale autour des brûlures.

En faveur du système opposé, il fit valoir : 1° la possibilité d'un épanchement sanguin dans le cerveau par l'action du feu ; 2° la présence des phlyctènes sur le genou ; 3° enfin peut-être les traces d'une réaction vitale, si un feu vif et prolongé n'eût consumé la partie où elles pouvaient se montrer. Toutefois M. Séguy jugea prudent de ne pas se prononcer entre ces deux avis.

Le tribunal ayant ordonné un nouvel examen de cette affaire, M. Accarie fut chargé de cette seconde expertise, et conclut dans son rapport, que la femme Bérenger avait dû succomber à une apoplexie foudroyante, et que la combustion de la tête et du cou n'avait eu lieu qu'après la mort de cette femme.

» Cette opinion ayant été combattue par M. Séguy, une discussion s'éleva entre ces deux médecins sur les caractères que présentent les brûlures lorsqu'elles ont été faites avant ou après la mort. M. Séguy affirmait que le cercle rouge qui entoure la brûlure démontre que cette brûlure a eu lieu pendant la vie, et que l'absence de cette ligne annonce par conséquent que la brûlure a été faite après la mort.

» M. Accarie prétendait, au contraire, que la valeur de ce signe est absolument nulle, parce que cette coloration doit se dissiper après la mort, comme cela arrive pour les érysipèles, qui pâlissent et s'effacent aussitôt que le malade a cessé de vivre. Cette théorie, en contradiction manifeste avec le résultat des recherches de M. Christison, fut néanmoins accueillie par les jurés, qui rendirent une déclaration de culpabilité contre l'accusé, qui fut en conséquence condamné par la cour d'assises à dix ans de travaux forcés.

» M. Leuret, analysant le procès-verbal d'autopsie et les débats médicaux qui eurent lieu devant la cour d'assises, fait observer avec beaucoup de raison, que si la femme Bérenger frappée d'apoplexie est tombée sur un foyer ardent, la combustion, en se continuant après la mort, a dû détruire les parties sur lesquelles se trouvait le cercle rouge formé pendant la vie. « Les observations de M. Christison démontrent bien, dit-il, que les phlyctènes n'ont jamais apparu chez les cadavres sur lesquels a opéré le médecin anglais ; mais elles n'établissent pas qu'il ne puisse en être autrement sur des sujets qui se trouveraient dans des conditions particulières. »

» Le hasard a permis à M. Leuret de voir en effet des vésicules remplies de sérosité rougeâtre, volumineuses et en grand nombre, se former sur un cadavre, vingt-quatre heures au moins après la mort. Voici dans quelle circonstance cette observation a été faite.

» M. Leuret ayant placé près des jambes d'un cadavre infiltré un réchaud rempli de charbons ardents, il se forma une abondante collection de sérosité rougeâtre sous l'épiderme un peu durci. Il promena ensuite le réchaud vers différentes parties du corps également œdémateuses, et le même phénomène se reproduisit à chaque épreuve. Ayant répété la même expérience sur des sujets non infiltrés, il ne put obtenir aucune trace de vésication.

» La science s'est empressée d'enregistrer cette découverte; mais avant d'en tirer des inductions rigoureuses, satisfaisantes, il était important, du propre aveu de M. Leuret, de varier les essais, afin de reconnaître les modifications que ce singulier phénomène peut subir dans son mode de reproduction ou dans ses caractères. Une collection d'expériences nombreuses peut seule fournir les éléments d'une loi générale et des indications positives pour la pratique des expertises. J'ai essayé pour mon humble part de répondre à cet appel; si, malgré mes efforts, je ne puis fournir aux médecins légistes une vive lumière sur ce sujet, j'aurai du moins ajouté quelque chose au bulletin scientifique.

» Ce n'est pas, comme on l'a dit, par le contact immédiat d'un réchaud avec un membre infiltré, qu'il est possible de provoquer des phlyctènes chez un cadavre; dans ce cas on obtient des vésicules, il est vrai, mais elles ne contiennent que des gaz et jamais de sérosité. Le nombre et le volume des ampoules m'ont paru dépendre de la quantité de combustible employée, de la distance du corps chaud par rapport à la peau, de la durée et de l'intensité du rayonnement.

» Si l'on charge de calorique un corps bon conducteur, soit en chauffant un boulet jusqu'au rouge, soit en remplissant d'eau chaude un vase métallique, et qu'on place ces différents appareils à quelques centimètres d'un cadavre infiltré, comme on le fait avec un réchaud, on n'obtiendra aucune apparence de vésication. Remarquons que par ce procédé la chaleur n'est point remplacée à mesure qu'elle se dissipe, son action étant purement passagère; il manque donc une des conditions nécessaires au succès de l'expérimentation : voilà sans doute pourquoi il n'y a aucun effet produit.

» Si, au contraire, le sujet se trouve placé à distance convenable d'un foyer à rayonnement continu, il se manifestera constamment une ou plusieurs phlyctènes d'un diamètre variable.

» Une étude attentive des causes qui donnent naissance à ce phénomène montre qu'il se rapporte au mode d'action que le calorique exerce sur les tissus pénétrés par la sérosité.

» Dans l'anasarque, le partie aqueuse du sang qui s'est dérobée à la circulation capillaire tend à diminuer l'adhérence qui unit les différentes couches de la peau, et à les séparer, soit par un effort expansif, soit par l'effet destructeur de la macération. L'épiderme lui-même participe à cette imbibition générale; il perd en consistance ce qu'il gagne en extensibilité.

» Tout corps incandescent a pour effet de raréfier la couche atmosphérique qui l'environne; le degré et l'espace de cette raréfaction sont proportionnés à l'intensité et à la limite du rayonnement calorifique. La physique démontre que dans le vide produit par la chaleur ou par un jeu de pompe, les liquides se dilatent et font effort pour sortir de leurs réservoirs; ils passent même à l'état gazeux si le vide est à peu près parfait.

» En partant de ces données théoriques, on comprend sans peine le mécanisme de la vésication séreuse sur les cadavres hydropiques. En effet, aussitôt que la chaleur diminue la pression atmosphérique sur un point quelconque du tronc ou des membres, la sérosité afflue dans cette direction, soulève l'épiderme et forme des collections qui ont la plus parfaite analogie avec les phlyctènes qui caractérisent les brûlures faites sur un sujet vivant.

» La théorie que je viens d'exposer reçoit une preuve de plus de l'expérience suivante. Qu'on prenne une ventouse d'une certaine capacité, et qu'on y fasse le vide au moyen de la chaleur ou d'une pompe aspirante, si on l'applique sur une région œdémateuse du cadavre, on obtiendra immédiatement une ou plusieurs ampoules d'aspect sanguinolent.

» Comme conséquence des faits et des considérations qui précèdent, je me crois autorisé à considérer le vide comme la cause occasionnelle unique des phlyctènes que la chaleur développe chez les sujets qui ont succombé dans un état d'anasarque.

» Quant aux vésicules provoquées sur une peau vivante au moyen du calorique ou d'une substance vésicante, leur formation dépend de causes d'un autre ordre : ici la sensibilité organique joue le rôle principal. Il est évident que ces mêmes agents n'auront aucune prise sur le cadavre, puisqu'il y a en lui absence complète d'excitabilité, et partant de réaction vitale.

» Dans l'observation que j'ai citée plus haut, M. Leuret fait remarquer que le liquide des phlyctènes avait une couleur sanguinolente. Pour moi, je ne puis considérer cette coloration que comme un fait assez rare, car je ne l'ai notée que six fois dans les vingt-deux expériences que j'ai faites. Voici, d'ailleurs, dans quelles occasions j'ai trouvé du sang mêlé à la sérosité.

» G...., soldat aux bataillons de discipline, entre à l'hôpital de

Mustapha avec une affection scorbutique compliquée de pourpre hémorrhagique. Les jambes seules présentent d'abord un engorgement considérable, mais bientôt l'infiltration remonte vers les régions supérieures, et le 8 juin G.... succombe à un hydrothorax.

» Huit heures après la mort, je dispose, en regard de la malléole interne, un réchaud rempli de charbons ardents. Le lendemain, je me rends à l'amphithéâtre, j'ouvre une vaste phlyctène reposant sur des pétéchies, et je reconnais que le liquide est coloré par du sang.

» X...., soldat au 11ᵉ d'artillerie, est atteint, le 30 avril 1842, de symptômes vagues d'entérite folliculeuse; quelques jours plus tard, l'affection se prononce franchement et prend la forme putride. Après trois semaines de séjour à l'hôpital militaire de Strasbourg, l'état du malade s'était sensiblement amélioré, et tout présageait une guérison prochaine, lorsqu'un érysipèle envahit tout à coup la jambe droite, déjà infiltrée, et frappe de gangrène les téguments de la face dorsale du pied. Malgré de profondes scarifications et l'emploi des antiseptiques, X.... ne tarde pas à succomber. Deux heures après la mort, j'obtiens trois petites ampoules remplies de sérosité rougeâtre.

» Dans un autre cas de décès avec infiltration des extrémités inférieures par suite de la maladie de Bright, j'ai retrouvé dans le liquide des phlyctènes de l'albumine, de la fibrine et quelques globules sanguins jaunes.

» Trois autres sujets de vingt et un à vingt-cinq ans succombent à diverses affections organiques du cœur, accompagnées d'anasarque. Je conserve pendant six jours leurs cadavres couchés sur le dos; puis je les fais placer sur le côté, et j'approche un réchaud des lividités dorsales : au bout de quelques heures, j'obtiens des phlyctènes visiblement sanguinolentes. Je me hâte de dire, néanmoins, que beaucoup d'autres expériences entreprises dans des circonstances analogues ne m'ont pas donné le même résultat.

» En général, les phlyctènes n'apparaissent pas instantanément; la durée de leur formation m'a paru être, en moyenne, de deux à six heures; mais je ne doute pas qu'on ne puisse hâter le moment de leur production en employant une grande quantité de calorique. Placé dans une position médicale toute particulière, je n'ai opéré que sur des cadavres appartenant à de jeunes sujets;

j'ignore donc si l'apparition des vésicules ne serait point modifiée dans sa marche par d'autres conditions d'individualité, telles que le sexe, l'enfance ou la vieillesse.

» Toutefois j'ai eu récemment à ma disposition le cadavre d'un homme de soixante ans, le colonel P..., un des rares débris du naufrage de la Méduse. Cet officier, ayant été atteint de la fièvre jaune pendant une longue station aux Antilles, ne se releva jamais complétement de cette maladie; il lui était toujours resté, depuis lors, un sentiment de pesanteur et de gêne désagréable dans le flanc droit. Après un séjour de plus d'une année au Val-de-Grâce, ce malade succomba dans un état d'infiltration générale.

» *A l'autopsie*, je trouvai dans l'abdomen une tumeur graisseuse, pesant 34 *livres* 1/4. Je fis placer un réchaud entre les cuisses du cadavre, et au bout de quelques heures j'obtins une volumineuse phlyctène remplie d'une sérosité incolore et limpide.

» Ce qui m'a surtout frappé, en procédant au dépouillement de mes expériences, c'est que j'ai toujours obtenu des vésicules, quoique j'aie indifféremment opéré, tantôt au moment où l'individu venait de succomber, tantôt pendant la durée même de la rigidité cadavérique, d'autres fois enfin lorsque la putréfaction avait déjà envahi les tissus. Dans aucun cas, je n'ai remarqué que la formation des ampoules ait été retardée ou favorisée par ces diverses circonstances : j'ose même affirmer que la vésication est possible tant que l'épiderme ne cède pas à la fermentation putride.

» Depuis que le professeur Christison a posé en principe que le cercle rouge permanent est un indice certain que la brûlure a été faite pendant la vie, les experts se sont attachés à ce critérium comme à un guide infaillible. Mes observations sont loin pourtant de sanctionner la valeur séméiotique de ce phénomène. En effet, cette auréole à contour régulièrement denté ne m'a pas fait une seule fois défaut sur le cadavre; je regarde même sa formation comme étant nécessairement liée à celle des vésicules. Chez le sujet mort, comme chez l'individu vivant, cette ligne a un aspect à peu près identique; mais *l'analogie n'est que superficielle*, et l'incision de la peau suffit pour lever tous les doutes. Dans le premier cas, il y a une simple *injection* des capillaires cutanés, en tout semblable aux arborisations vasculaires des intestins chez les noyés; dans le second, on trouve du sang *extravasé* dans les tissus et combiné avec eux; l'inflammation est reconnaissable par cette couche opaque, homogène, véritable amalgame organique : ici il y a eu *réaction vitale*, là *fluxus mécanique*.

» Lorsqu'on enlève l'épiderme des ampoules, on s'aperçoit que le derme est d'un blanc mat, que sa surface est gluante et qu'il y a *absence complète d'injection sanguine*. En est-il de même quand la brûlure a été faite pendant la vie? Voici ce qu'il m'est permis de répondre.

» J'ai eu occasion d'assister à l'autopsie de quatre artilleurs qui avaient péri couvert de phlyctènes, par suite de l'explosion d'une mine. Le derme qui servait de base aux vésicules présentait encore à un haut degré la coloration inflammatoire. Il m'a été impossible, à l'aide de mélanges réfrigérants, d'éteindre ce reste de congestion sanguine. Il me paraît donc démontré, par tout ce qui précède, qu'entre les brûlures faites pendant la vie et celles qui résultent de l'action du calorique sur un cadavre infiltré, il n'y a aucun caractère différentiel *apparent*;

» Que la distinction n'est possible que par une dissection attentive de la peau;

» Que cette dissection elle-même ne fournit que des indices assez variables pour être constants et trop subtils pour être toujours aperçus;

» Qu'enfin, les données établies par M. Christison perdent toute leur valeur lorsque l'expertise a pour objet un cadavre infiltré.

» Je ne me dissimule pas que ce travail est encore fort incomplet; mais s'il a quelque utilité, il la reçoit des efforts que j'ai faits pour agrandir le champ d'une première découverte, et combattre surtout des erreurs qui n'ont que trop souvent servi de base à des inductions litigieuses. »

Telles sont les conclusions auxquelles est arrivé M. Champoullion, conclusions auxquelles nous ne saurions donner notre assentiment, parce qu'elles ne nous paraissent pas être la conséquence logique des expériences mêmes qu'il rapporte; mais la question a été reprise par M. Bouchut, qui, dans son *Traité des signes de la mort*, 1849, p. 164, a envisagé les faits aux mêmes points de vue, et a été conduit à d'autres résultats par une nouvelle série d'observations :

« Sur un sujet en bonne santé, la brûlure au premier et au deuxième degré détermine à l'instant la décoloration du derme et le soulèvement de l'épiderme, avec auréole rouge très large au pourtour de l'ampoule. Cette auréole se dessine d'autant plus rapidement que le sujet est plus jeune et la peau plus fine. La partie du derme, subitement décolorée, a pris sous l'épiderme une nuance rougeâtre, quelquefois livide, et la sérosité s'est accumulée.

» Sur des sujets très âgés ou profondément affaiblis par une maladie chronique, et surtout dans le cours d'une lente agonie, la brûlure ne détermine souvent que le décollement de l'épiderme et la décoloration, dernier phénomène commun avec ce qui se passe chez un cadavre. Il n'y a ni rougeur autour de l'ampoule, ni *sérum* accumulé sous l'épiderme, à moins que la partie ne soit infiltrée. Il cite à l'appui une expérience faite chez un phthisique âgé de quarante-deux ans, dans laquelle un marbre échauffé appliqué sur la peau ne produisit aucun phénomène deux heures avant la mort.

» Sur un cadavre non infiltré, la brûlure ne détermine d'autres phénomènes que la pâleur du derme et l'état plissé de l'épiderme. A l'air, cette place brûlée se dessèche, se parchemine, comme nous l'avons dit, et laisse voir quelques capillaires remplis de sang.

» Si, au contraire, le tissu cellulaire est infiltré ou à l'état de putréfaction gazeux, de manière à être gorgé de liquide, il se produit des ampoules semblables à celles qui se montrent pendant la vie. Chaque blessure est l'occasion d'une phlyctène avec ou sans sérosité. C'est ce qui résulte de quatre expériences faites de douze à dix-huit heures après la mort, chez des sujets des deux sexes. »

Mais il y a, entre les expériences de M. Bouchut et celles de M. Champoullion, cette différence, que M. Bouchut n'a jamais vu dans ces cas l'auréole rouge indiquée par M. Champoullion. M. Bouchut regarde même cette coloration comme impossible.

En résumé, dit M. Bouchut, on peut en général déclarer qu'une brûlure a été faite pendant la vie, quand la rougeur existe seule, ou quand il y a phlyctène avec rougeur inflammatoire du derme dans la phlyctène et auréole autour.

Il y a cependant de ces brûlures faites pendant la vie qui n'ont ni auréole ni ampoules, et qui ont pour caractères le décollement de l'épiderme et la décoloration du derme ; elles ressemblent donc tout à fait à celles qui se peuvent produire après la mort : ce sont celles que l'on trouve chez des sujets *très faibles et très épuisés par la maladie ou par l'âge.*

Il ne peut y avoir d'ampoule produite sur un cadavre qu'autant que la partie sur laquelle on la développe est infiltrée par une maladie ou par la putréfaction.

D'après tout ce que nous avons exposé dans ce chapitre, il résulte :

1° Que la présence d'une ampoule développée sur un tissu sain et sur une partie saine, est un signe de brûlure opérée pendant la vie ;

2° Qu'il en est de même de la phlyctène entourée d'une auréole inflammatoire nettement dessinée ;

3° Nous ne saurions considérer la simple rougeur du tissu, à moins qu'elle ne soit très étendue, comme ayant la même valeur, attendu que si la brûlure était opérée au moment où la circulation générale est éteinte, mais où existe encore la circulation capillaire, nous pensons que la brûlure pourrait alors développer une certaine rougeur après la mort presque aussi notable que pendant la vie. Mais il y a encore une distinction à faire entre la rougeur opérée sur le cadavre et celle produite pendant la vie : dans celle-ci, la rougeur est avec injection capillaire du réseau muqueux de la peau ; dans celle-là, c'est une extravasation de sang, comme l'a fait observer M. Champouillon.

Ces recherches sont d'une très grande importance en médecine légale ; elles trouvent des applications assez fréquentes dans les crimes où, pour masquer l'assassinat, on a recours à l'incendie.

CHAPITRE II.

QUESTIONS DE MÉDECINE LÉGALE QUI SE RAPPORTENT A L'INDIVIDU MORT.

Législation relative aux décès.

Cod. civ., art. 77. Aucune inhumation ne sera faite sans une autorisation sur papier libre, et sans frais, de l'officier de l'état civil, qui ne pourra la délivrer qu'après s'être transporté auprès de la personne décédée, pour s'assurer du décès, et que vingt-quatre heures après le décès, hors les cas prévus par les règlements de police.

Cod. civ., art. 80. En cas de décès dans les hôpitaux militaires, civils, ou autres maisons publiques, les supérieurs, directeurs, administrateurs et maîtres de ces maisons seront tenus d'en donner avis, dans les vingt-quatre heures, à l'officier de l'état civil, qui s'y transportera pour s'assurer du décès, et en dressera l'acte, conformément à l'article précédent (79), sur les déclarations qui lui auront été faites, et sur les renseignements qu'il aura pris. — Il sera tenu, en outre, dans lesdits hôpitaux et maisons, des registres destinés à inscrire ces déclarations et ces renseignements. — L'officier de l'état civil enverra l'acte de décès à celui du dernier domicile de la personne décédée, qui l'inscrira sur les registres.

Cod. civ., art. 81. Lorsqu'il y aura des signes ou indices de mort violente, ou d'autres circonstances qui donneront lieu de le soupçonner, on ne pourra faire l'inhumation qu'après qu'un officier de police, *assisté d'un docteur en médecine ou en chirurgie*, aura dressé procès-verbal de l'état du cadavre, et des circonstances y relatives, ainsi que des renseignements qu'il aura pu recueillir sur les prénoms, nom, âge, profession, lieu de naissance et domicile de la personne décédée.

Cod. civ., art. 84. En cas de décès dans les prisons ou maison de réclusion et de détention, il en sera donné avis sur-le-champ, par les concierges ou gardiens, à l'officier de l'état civil, qui s'y transportera, comme il est dit en l'article 80, et rédigera l'acte de décès.

Ces divers articles ne reçoivent pas leur exécution dans la plupart des localités, au moins quant au mode prescrit. Il y est suppléé, dans les grandes villes, de la manière suivante : lorsqu'un décès a lieu, le maire délègue un médecin pour le constater, et connaître la cause de la mort, afin de ne pas laisser impunis des crimes que l'on pourrait cacher sans cette visite. Mais, dans les campagnes, cette habitude n'est pas suivie. Il est vrai que la cause des décès est pour ainsi dire à la connaissance de tout le monde. Toutefois ce défaut de visite peut avoir deux inconvénients, celui de laisser inhumer des personnes qui ne sont pas réellement mortes, et celui d'ensevelir des crimes dans l'oubli. Aussi entend-on parler assez fréquemment d'exhumations judiciaires après des mois et même des années d'inhumation, dans le but de rechercher la trace de crimes jusqu'alors restés ignorés. Cet inconvénient se représente plusieurs fois chaque année. Il se fait aussi sentir dans toutes les maisons où sont rassemblés un grand nombre d'individus, les hôpitaux, par exemple : là on n'exerce pas une surveillance assez grande sur les décès. Comment les élèves de garde ne sont-ils pas chargés de les constater ; et pourquoi abandonne-t-on ce soin à la négligence des infirmiers ou à la surveillance des personnes préposées au service des malades ? Pourquoi les infirmiers enlèvent-ils de leur lit les malades décédés, et aussitôt le décès, pour les transporter dans une salle des morts, sur une dalle en pierre, et les recouvrir d'un châssis imperméable à l'air, en leur enlevant ainsi la possibilité d'appeler du secours, au cas où la mort n'aurait été qu'apparente ? Cet état de choses a cependant éveillé l'attention de quelques administrateurs prévoyants qui ont établi dans plusieurs salles des morts des sonnettes que l'on attache au bras des cadavres ; mais ce moyen est tombé en désuétude dans les lieux mêmes où il avait été établi ; il peut d'ailleurs devenir tout à fait inutile lorsque le concierge de la salle des morts est absent. On obvierait à tous ces inconvénients en ne descendant dans cette salle la personne décédée qu'après le développement de la rigidité cadavérique. Mais, dira-t-on, combien n'est-il pas pénible pour les autres malades de rester plusieurs heures auprès d'un mort ! Transportez alors les personnes que l'on suppose décédées dans une salle spéciale, où il y ait des lits destinés à les recevoir, et où elles y puissent passer un temps suffisant pour que les caractères certains de la mort se dessinent. *Ce ne sont pas les signes certains de mort qui manquent, ce sont des personnes chargées de les constater.*

MODES SUIVANT LESQUELS LA MORT PEUT SURVENIR.

La mort ne peut être définie que par la cessation de la vie ; mais alors qu'est-ce que la vie ? Un grand nombre de philosophes et de savants ont cherché à en donner une définition exacte, mais en vain. Ainsi, Cabanis a dit : Vivre, c'est sentir. Crevisanus a défini la vie, l'uniformité constante des phénomènes, avec la diversité des influences extérieures ; Kant, un principe intérieur d'action, de changement et de mouvement ; Schmidt, l'activité de la matière dirigée par les lois de l'organisation ; Érhard, la faculté du mouvement destinée au service de ce qui est mû ; Cuvier, la faculté qu'ont certains corps de durer pendant un certain temps et sous une forme déterminée, en attirant sans cesse dans leur substance une partie des substances environnantes, et en rendant aux éléments une partie de leur propre substance ; H. Cloquet, une espèce d'agent impondérable qui distingue pendant un certain temps les corps organisés des corps bruts, et détermine les actions organiques que ces corps exécutent ; Adelon, un mode d'existence dans lequel on commence à être par une naissance, on croît par intussusception, on finit par une mort, et, pendant la durée de l'existence qui est limitée, on se conserve comme individu par nutrition, comme espèce par reproduction, et l'on passe par divers âges. S'il nous était donné de définir la vie, nous dirions qu'elle est un ensemble de fonctions qui s'exécutent dans le même être, pendant un certain temps, sous l'influence d'une cause autre que les agents physiques, et qui tend à résister constamment à leur action destructive. On voit en résumé qu'il est impossible de bien atteindre ce but, et qu'alors la mort n'est que l'absence d'une chose que l'on ne peut pas définir. S'il importe peu au médecin légiste de bien faire sentir toute l'acception du mot *mort*, il n'en est pas de même à l'égard des divers modes suivant lesquels elle peut s'opérer.

La mort peut être naturelle ou accidentelle. Bichat, dans son *Traité sur la vie et la mort*, a précisé avec soin les circonstances de l'une et de l'autre, et a surtout très bien signalé les divers états des organes après chaque mode d'extinction de la vie. Il est nécessaire de les rappeler ici ; car ces divers états d'organes servent de base au jugement que l'on porte dans presque toutes les investigations judiciaires ; ils peuvent éclairer les questions de survie, ainsi que les divers genres de mort subite sur lesquels on est souvent appelé à prononcer. Entrons dans quelques détails à ce sujet.

On sait que dans la mort naturelle tous les organes perdent peu à peu leur énergie avec l'âge ; que les organes des sens s'affaiblissent les premiers ; que l'imagination devient nulle ; que la sensibilité et la motilité s'atténuent de plus en plus ; que la mémoire se perd, non pas la mémoire du passé, car les impressions que nous avons reçues, lorsque nos sens étaient dans un état parfait d'intégrité, restent profondément gravées dans le cerveau, mais bien la mémoire du présent ; et qu'enfin les organes digestifs résistent plus longtemps aux causes de destruction sous l'influence desquelles nous sommes constamment placés. Plus tard, les forces de chaque organe diminuent, la digestion languit, les sécrétions et l'absorption se ralentissent, la circulation capillaire s'embarrasse, enfin la mort vient graduellement suspendre dans les gros vaisseaux la circulation générale, et la vie cesse par celle du cœur, qui est à juste titre nommé *ultimum moriens.*

La mort accidentelle ou subite a constamment sa source dans l'un des trois organes principaux qui régisssent l'économie : le cœur, les centres nerveux et les poumons. Ces trois ordres d'organes sont tellement enchaînés les uns aux autres, que, du moment que l'un des trois cesse d'agir, toute fonction est suspendue dans les deux autres, et par suite dans toute l'économie.

Il nous appartient moins de faire connaître ici le rôle physiologique que joue chacun de ces organes par rapport aux autres, que de préciser d'une manière très explicite leur état anatomique à l'ouverture du corps. En effet, les connaissances physiologiques ne sont que l'explication des faits matériels ; or le fait matériel a une telle portée pour le médecin légiste, qu'il lui désigne le point de départ de la mort, la lésion primitive qui a amené la mort générale ; et par conséquent il permet de remonter *à la cause de la mort*, ce que la justice a un intérêt puissant à connaître. Nous nous appesantirons donc sur tout ce qui peut éclairer cette question, livrant les explications physiologiques pour ce qu'elles valent, et n'y attachant pas d'autre valeur que celle de satisfaire plus ou moins l'esprit.

Il est reconnu que la vie ne saurait s'entretenir sans l'exercice plus ou moins parfait du cœur, des centres nerveux et des poumons. Bichat, aux idées duquel la science doit beaucoup sous ce rapport, n'a fait jouer aucun rôle au système ganglionnaire dans l'extinction de la vie. Le cerveau, le cervelet et la moelle épinière ont été les seuls organes qui aient fixé son attention : ainsi, les phénomènes de syncope, il les rattache tous au cœur :

les émotions vives, la joie et la peine qui peuvent causer la mort, il les rapporte au cœur ; il en est de même d'un coup porté sur l'épigastre, amenant la mort sans lésion d'organe interne ; et cependant il est évident que dans tous ces cas les centres nerveux, et notamment les ganglions du nerf trisplanchnique, ont reçu une impression première, en vertu de laquelle ils n'ont pu réagir sur le cœur, de manière à entretenir l'exercice de ses contractions. Ce défaut d'attention à l'égard des causes premières des contractions du cœur a conduit Bichat à donner une grande importance au sang comme source de contraction de cet organe ; influence exagérée, mais qu'il ne répugne pas d'admettre dans de certaines limites. On ne saurait contester que le sang rouge ne soit un besoin pour l'entretien de la vie de tous les organes ; de ce besoin à l'hypothèse qui le fait considérer comme un excitant, il n'y a qu'un pas.

Quoi qu'il en soit, attachons-nous à donner une idée des liaisons intimes qui unissent entre eux le cœur, les poumons et le cerveau, afin d'expliquer les résultats matériels de chacun des genres de mort par ces organes.

Mécanisme des divers genres de mort ayant des points de départ différents.

Mort par le cœur gauche. — Il n'est pas un organe de l'économie qui n'ait besoin de sang rouge pour l'entretien de sa vie ; le cerveau, les centres nerveux et les nerfs ne sauraient faire exception. Du moment que le cœur gauche cessera de se contracter, le cerveau et ses appendices ne recevront plus de sang, et dès lors leurs fonctions se trouveront suspendues ; dès lors aussi cessation des fonctions des organes qu'ils tiennent sous leur dépendance immédiate, le système musculaire de la vie animale, par exemple. Les muscles dilatateurs de la poitrine ne pouvant plus se contracter, la respiration ne saurait s'effectuer ; la mort générale doit donc être la conséquence de la mort du cœur gauche.

Recherchons immédiatement quel sera l'état anatomique qui pourra nous faire constater ce genre de mort à l'ouverture du corps. — Le cœur gauche cesse d'agir, mais les vaisseaux placés au delà et ceux placés en deçà continuent encore de vivre. Les premiers transportent dans tous les organes de l'économie le sang qu'ils ont reçu du cœur, ils se vident complétement ; les seconds ne cessent d'apporter du sang au cœur gauche, qui est bientôt distendu par ce liquide, et alors les troncs veineux ou vaisseaux afférents, ne trouvant plus à se vider, se remplissent successivement; les poumons eux-mêmes s'engorgent, puis les cavités droites du cœur, puis les veines, et successivement les divers organes plus éloignés qui se remplissent d'autant moins qu'ils sont plus distants du cœur; quant au cerveau, sa substance se trouve exsangue, parce qu'elle ne contient que des vaisseaux d'émission, tandis que les veines ou vaisseaux de retour sont plus ou moins remplis. — En résumé, cœur gauche et veines pulmonaires distendues par du sang; poumons assez gorgés; une certaine quantité de sang dans les cavités droites; une proportion relative moindre dans les veines caves. — Vacuité du système artériel; plénitude assez marquée des veines cérébrales et des sinus de la dure-mère.

Mort par le cœur droit. — Lorsque la mort survient par le cœur droit, elle ne peut entraîner celle des autres organes qu'en ne leur envoyant plus de sang. Le système pulmonaire et la respiration continuant à s'effectuer, le cœur gauche se contracte, mais à vide, et bientôt tout le système artériel se vide en même temps que tout le système veineux se remplit, derrière les cavités droites du cœur; le cerveau et ses annexes meurent, parce qu'ils cessent de recevoir du sang; la mort du cerveau suspend bientôt la respiration. Mais comment la mort du tissu du cœur gauche et celle du tissu pulmonaire surviennent-elles? Ici on est forcé d'admettre que ce besoin du sang pour l'exercice des fonctions cérébrales est aussi vif pour les fonctions du système musculaire du cœur; de là, la mort des cavités gauches. Ainsi, le cœur droit, venant à mourir, n'entraîne pas directement la mort du cœur gauche et celle des poumons. Elle détermine la suspension des fonctions du cœur gauche, parce qu'elle met obstacle à l'arrivée du sang rouge dans le tissu musculaire de ses parois; elle entraîne la suspension de la respiration, parce que la vie est éteinte dans le cerveau, qui, ne réagissant plus sur les muscles inspirateurs et le tissu pulmonaire lui-même, cesse d'être animé par défaut de sang, à l'instar du cœur. — Le point d'arrêt de la circulation étant au cœur droit, on doit trouver exsangues tous les vaisseaux et tous les organes qui sont au-devant de lui, et, au contraire, gorgés de sang tous ceux qui sont placés derrière.—Ainsi, poumons décolorés, oreillette et ventricule gauches du cœur vides ; artère aorte vide ; cerveau à l'état normal ; cœur droit, veines caves et leurs divisions remplis de sang.

Mort par la totalité du cœur. — Ici la circulation vient à cesser partout à la fois. Rien n'est changé dans l'état anatomique des organes, et, par conséquent, tous doivent renfermer du sang ; il n'y a plénitude d'aucun d'eux. Aussi retrouve-t-on, proportions gardées, eu égard aux capacités des cavités, autant de sang à droite qu'à gauche, dans les troncs artériels comme dans les troncs veineux, dans le tissu pulmonaire comme dans les centres nerveux ; de là aussi l'absence d'altération ou de changement, ce qui fait dire qu'il n'y a rien, et ce qui a empêché la plupart des auteurs de tirer de cet état la conclusion qu'ils auraient dû en tirer, c'est-à-dire *la preuve de la mort par syncope*.

Mort par les poumons. — Admettons que par une cause quelconque la vie soit tout à coup suspendue dans les poumons, la circulation s'arrêtera dans ces organes ; et ce qui le prouve, c'est l'état d'engorgement sanguin dans lequel on les trouve à l'ouverture du corps. En vain nous chercherions à expliquer cet état, sans voir s'élever contre notre assertion l'autorité imposante d'un nom ; car deux idées tout à fait contraires partagent aujourd'hui les physiologistes : les uns admettent avec Haller que le tissu pulmonaire frappé de mort ne saurait être perméable au sang et se laisser traverser par lui ; les autres pensent avec Goodwin que la circulation peut persister. Il est certain que la suspension temporaire de la respiration permet à la circulation de continuer pendant un certain temps sans que le pouls dénote un affaiblissement, et que, par conséquent, la distension du tissu pulmonaire par l'air ne paraîtrait pas être une condition indispensable à la circulation ; mais on ne peut rien inférer de cette observation, attendu que l'expérience ne saurait être suffisamment prolongée pour juger de cet effet : tout le monde sait que chez les individus qui ont la faculté de suspendre pendant un laps de temps suffisant la respiration, le pouls s'affaiblit peu à peu. Le tissu pulmonaire reste d'ailleurs privé de vie durant la suspension temporaire de la respiration, et il ne saurait être comparé au tissu pulmonaire frappé de mort. Nous pensons donc que l'explication de la congestion sanguine pulmonaire qui accompagne la mort par asphyxie peut être aujourd'hui trop controversée pour que nous essayions de la donner ; mais nous constatons en fait, que l'arrêt primitif de la circulation est dans les poumons lors de la mort par asphyxie, et quelle que soit la cause de l'asphyxie.

Partant de cette donnée, nous disons : La mort survenant par les poumons, la circulation s'arrête dans le système capillaire de cet organe ; dès lors les veines pulmonaires se vident, et n'apportent bientôt plus de sang au cœur gauche ; ce dernier n'en envoie plus au cerveau et aux centres nerveux, qui ne peuvent plus réagir sur les muscles et sur les organes, et qui déterminent la mort générale.

Aussi trouve-t-on, à l'ouverture du corps, les poumons gorgés de sang ; le ventricule droit, l'oreillette droite du cœur, les veines caves remplis par ce fluide, ainsi que le système capillaire général, parce que le cœur gauche et les artères lui ont cédé tout le sang qu'ils contenaient. C'est assez dire que la substance de tous les organes parenchymateux, ainsi que les veines de ces organes, doit contenir une quantité notable de sang ; aussi trouve-t-on le cerveau piqueté, ses veines assez remplies ; de même qu'à la section de la substance du foie il s'écoule des troncs veineux du sang en proportion notable.

Mort par le cerveau. — Elle peut survenir de deux manières, ou par congestion sanguine de l'organe, ou par commotion. Dans l'un ou l'autre cas, la mort du cerveau, et nous y comprenons celle du cervelet et de la moelle, entraîne la cessation d'action de tous les muscles de la vie animale : dès lors, suspension de la respiration ; arrêt de la circulation par suspension des fonctions du cœur qui survient de la même manière que si la mort avait primitivement lieu par les poumons. A l'ouverture du corps, le cerveau sera donc plus ou moins gorgé de sang, les poumons seront assez congestionnés ; on trouvera du sang et dans les cavités droites et dans les cavités gauches, mais plus à droite qu'à gauche.

Il résulte de la connaissance de ces faits :

1° *Que si la cause de la mort agit d'abord en suspendant l'action totale du cœur, on doit trouver :*

Les poumons, le cerveau et le système capillaire général à peu près dans l'état normal.

Les artères doivent contenir du sang; il en est de même des cavités droites et gauches du cœur, qui renferment une quantité à peu près égale de ce fluide.

2° *Si la mort a lieu par le cœur gauche :*

Le système artériel et le cerveau sont vides de sang ;

Le cœur droit et le système veineux contiennent une petite quantité de sang ;

Les poumons en renferment plus que d'habitude, et le cœur gauche en est rempli.

3° *Si elle a lieu par le cœur droit :*

Le cerveau est dans l'état naturel ;

Les poumons, le cœur gauche et le système artériel sont vides de sang ;

Le système veineux et le cœur droit en sont au contraire gorgés.

Ces deux derniers genres de mort ne pouvant être que le résultat d'une blessure du cœur, ou d'une déchirure spontanée ou accidentelle de cet organe, il arrive toujours qu'un épanchement de sang, plus ou moins considérable dans la poitrine, coïncide avec les deux états que nous venons de décrire.

4° *Que dans la mort qui commence par les poumons :*

Le cœur gauche, les artères et la substance du cerveau sont à peu près vides de sang ;

Le système capillaire général, les vaisseaux veineux, le cœur droit et les poumons, sont remplis par ce fluide.

5° *Enfin, si la mort a lieu primitivement par le cerveau*, que les artères et le cœur gauche ne contiennent pas de sang.

Il en est de même du cerveau, lorsque la cause qui a agi sur lui a suspendu son action par l'effet d'une commotion.

Le cœur droit, les vaisseaux veineux et les poumons contiennent au contraire une quantité notable de ce fluide, mais beaucoup moins considérable que dans les cas où la mort a eu lieu primitivement par les poumons.

On voit par ce que nous venons de dire sur l'état dans lequel on peut trouver les organes de l'économie, dans les divers genres de mort subite dont nous allons traiter tout à l'heure, que le médecin légiste pourra être éclairé sur des questions de survie qu'il ne serait pas à même de résoudre sans ces connaissances. Il nous suffira de citer quelques faits à l'appui de cette proposition. Trois personnes se noient en même temps par accident. Il s'élève une

question d'hérédité qui ne peut être résolue d'une manière positive qu'en déterminant quelle est celle des trois qui a survécu aux
deux autres. L'une, sujette aux congestions sanguines du cerveau, meurt d'apoplexie. Une autre, très impressionnable, périt
par syncope. Une troisième ne succombe qu'après avoir lutté
longtemps contre la mort qui, dans ce cas, est déterminée par
l'asphyxie. Le médecin ne puisera-t-il pas alors dans l'état anatomique des systèmes veineux et artériels, du cœur, des poumons et du cerveau, des données à l'aide desquelles il établira
des probabilités basées sur des faits et non sur les suppositions du
raisonnement. Il en sera de même du cas d'un éboulement de
terre ou de maison, d'un incendie, ou de toute autre cause susceptible d'agir à la fois sur plusieurs individus. Au surplus,
l'histoire des morts subites que nous allons tracer fera surtout
sentir toute la portée de ces observations.

CHAPITRE III.

DES MORTS SUBITES.

Une opinion encore accréditée parmi les médecins consiste à considérer l'apoplexie dite foudroyante comme la cause la plus commune de la mort qui a lieu subitement.

Que l'on consulte les rapports qui sont adressés tous les jours à la préfecture de police, à l'égard des décès qui ont lieu sur la voie publique, et l'on y verra cette cause de mort énoncée quatre-vingt-dix fois au moins sur cent.

La statistique dressée chaque année par la préfecture du département de la Seine vient à l'appui de cette assertion.

Chargé de la direction médicale d'un établissement où sont apportés les corps des personnes qui ont succombé à une mort assez prompte pour qu'il n'ait pu être obtenu aucun document sur l'état civil de l'individu décédé, il m'appartenait plus qu'à tout autre de rechercher jusqu'à quel point cette manière de voir était fondée.

C'est ce résultat que je vais exposer. Il prouve combien jusqu'alors l'erreur a été grande, en même temps qu'il démontre la variété des causes capables d'amener une mort rapide.

La cause matérielle d'une mort subite ne peut que très rarement être connue au moyen des renseignements que l'on acquiert sur les circonstances qui ont précédé, accompagné ou suivi la mort. Ce n'est que dans l'autopsie qu'il est possible de puiser des notions positives à cet égard, l'observation des phénomènes qui ont accompagné la mort et leur narration étant toujours plus ou moins inexactes.

Certes, dans quelques circonstances, la cause de la mort pourra être reconnue avant l'ouverture du corps : ainsi, une personne rend tout à coup du sang en abondance par la bouche; elle succombe. Si un médecin a été présent, il pourra dans certains cas, d'après la nature du sang rendu, distinguer une hématémèse d'une hémoptysie, mais il faut qu'un médecin soit présent. Citerait-on l'ivresse comme un second exemple ? Ce serait à tort.

L'ivresse n'est souvent que la cause prédisposante de plusieurs genres de mort.

Ceci posé, il n'est pas indifférent d'envisager les organes sous tel ou tel point de vue ; de les explorer de telle ou telle manière, pour reconnaître les divers modes de mort subite. — Dans les ouvertures des corps qui ont pour but la recherche des altérations morbides d'organes, c'est l'anatomie pathologique de détail qui appelle l'attention du médecin. Ici, au contraire, c'est une anatomie pathologique d'ensemble ; et tandis que, dans l'examen des parties malades, on se place dans toutes les conditions les plus favorables à l'exploration, en enlevant du corps successivement chaque organe, là il faut leur conserver non seulement leurs rapports, mais encore craindre de léser les vaisseaux qui établissent entre eux des corrélations et surtout ceux qui constituent les principales branches du système circulatoire.

Il faut encore qu'en présence du cadavre, le médecin soit bien pénétré du rôle relatif que jouent les trois organes principaux de la vie : le cerveau, les poumons et le cœur ; aussi peut-on dire que Bichat, qui le premier l'a bien fait connaître, a, par ses belles notions de physiologie, mis les médecins à même d'apprécier les causes des morts subites, et qu'avant lui il devait être impossible de le faire dans la très grande généralité des cas.

C'est surtout en médecine légale que ces idées trouvent une application directe : en médecine légale, où le premier devoir du médecin est de déterminer la cause de la mort. Et telle est la portée de ces notions, que dans le cas où les circonstances de la mort sont inconnues, ce sont ces notions seules qui peuvent guider utilement l'expert en lui faisant connaître la source de l'extinction de la vie, et partant la cause déterminante de la mort.

Voici un fait à l'appui :

Deux frères habitaient la même chambre ; tous deux ouvriers chez des maîtres différents, ils ne se voyaient que le soir ou le matin. L'aîné, rentrant à huit heures chez lui, trouva son frère profondément endormi. Surpris de le voir couché sitôt, il prend quelques renseignements auprès d'un voisin, qui lui rapporte que, contre son habitude, son frère était rentré à trois heures de l'après-midi. Ce dernier avait une blennorrhagie. Le frère aîné attribue à la fatigue ce retour prématuré et le sommeil profond qu'il avait observé. Loin d'éveiller son frère, il se couche avec précaution auprès de lui. Mais à trois heures du matin, la respiration devient de plus en plus gênée, et le malade succombe.

Une enquête eut lieu, et je fus chargé de procéder à l'autopsie· Après avoir constaté qu'il n'existait aucune trace de violence à laquelle on pût rattacher la mort, je dus déclarer que celle-ci avait été le résultat d'une congestion pulmonaire et cérébrale, qui pouvait s'être développée *spontanément*, mais dont on expliquerait aussi bien l'origine dans la supposition où ce jeune homme aurait pris une préparation narcotique, l'analyse chimique pouvant seule lever tout doute à cet égard.

Cette analyse fut faite par M. Barruel ; et il constata l'existence d'une grande quantité d'une préparation d'opium dans les intestins.

D'une autre part, l'enquête de la justice apprit plus tard que le jour même de la mort, un pharmacien avait délivré une certaine dose de laudanum pour être employée par gouttes dans des lavements. Dans la chambre, on trouva vide le flacon qui renfermait cette préparation.

Eh bien, c'est en ayant égard dans notre autopsie, d'une part à l'état de plénitude des cavités droites du cœur et des troncs veineux qui s'y rendent, faisant contraste avec la vacuité des cavités gauches et des artères ; à l'état d'engorgement sanguin des poumons, à la plénitude du système veineux du cerveau et à l'état piqueté de la substance de cet organe ; d'une autre part, aux phénomènes qui avaient précédé le décès, que nous sommes arrivé, en l'absence de toute trace de violence capable d'expliquer la mort, à pressentir sa cause.

Que si, moins imbu que nous ne le sommes de l'importance des idées émises par Bichat, nous avions suivi les errements des ouvertures ordinaires, loin d'examiner en place le cœur, les poumons et le cerveau, nous aurions enlevé successivement chacun de ces organes ; nous n'aurions pas pu apprécier la quantité relative de sang que les cavités droites et les cavités gauches du cœur renfermaient ; nous aurions mal jugé l'état de plénitude ou de vacuité des artères et des veines principales, ainsi que des vaisseaux du poumon et du cerveau, et nous n'aurions pas imprimé à la justice une direction qui devait la conduire à la découverte de la vérité.

Tel a toujours été notre guide dans la recherche des causes de la mort qui a lieu subitement. Nous avions besoin d'exposer les idées qui nous avaient dirigé, afin d'établir par la suite la preuve d'un genre de mort subite admis par les uns, rejeté par les autres, et qui, suivant nous, doit être pris en considération aussi bien que l'asphyxie, l'apoplexie, etc. : je veux parler de la mort par syncope.

Les morts subites peuvent survenir, ainsi que l'a énoncé Bichat, par le cerveau, par les poumons et par le cœur. De là trois grandes divisions principales. Mais chacun de ces organes n'est pas toujours affecté isolément. Ainsi, la mort subite par le cerveau seul est rare : elle est plus fréquente quand la cause de la mort a son siége dans le cerveau et dans la moelle ; elle est plus commune encore lorsque les poumons et le cerveau concourent ensemble à l'extinction de la vie.

Sur 40 cas de mort subite que nous avons observés et recueillis, nous trouvons 4 cas seulement où la mort a eu lieu par le cerveau seul, 3 où le cerveau et la moelle étaient le siége d'une congestion, et 12 où les poumons et le cerveau étaient affectés simultanément.

Les morts subites par les poumons seuls sont les plus communes ; on en trouve 12 exemples sur 40 ; et si, à ces exemples, on joint les 12 cas de mort subite par le cerveau et les poumons à la fois, on verra que 24 fois sur 40 les poumons sont affectés dans la mort qui a lieu subitement.

La mort par le cœur est la plus rare : nous ne l'avons observée que 3 fois sur 40.

Enfin, le nombre 40 de nos observations se complète par 4 cas d'hémorrhagie, soit par le cœur, soit par la rupture de gros vaisseaux, soit par une exhalation sanguine ayant son siége dans l'estomac ; d'où il résulte que les morts subites peuvent survenir, en ayant égard à leur fréquence :

1° Par les poumons ;

2° Par les poumons et le cerveau ;

3° Par le cerveau et par la moelle ;

4° Par le cerveau seul ;

5° Par une hémorrhagie, soit que le sang s'écoule au dehors, soit que le sang s'accumule dans les cavités muqueuses ;

6° Par le cœur.

La conséquence à tirer de cet aperçu général, c'est que la mort subite ne peut que fort rarement être le résultat d'une lésion locale limitée à une très faible étendue; qu'il faut presque toujours qu'un des organes principaux de la vie soit affecté dans tout son ensemble; que souvent deux des trois organes principaux de l'économie sont pris à la fois, et que, par conséquent, c'est une opinion bien erronée que celle qui considère l'apoplexie, c'est-à-dire l'hémorrhagie cérébrale circonscrite, comme la cause la plus commune des morts subites, puisque, sur 40 cas de mort subite, nous n'avons observé qu'un seul foyer apoplectique.

Une circonstance, déduite de l'analogie de lésion, vient à l'appui de l'assertion que nous venons d'émettre. Sur 24 cas de mort subite par les poumons seuls ou par les poumons et le cerveau à la fois, nous n'avons pas observé un seul cas d'apoplexie pulmonaire circonscrite; condition fort remarquable, et qui prouve que si l'hémorrhagie de la substance cérébrale a pu causer la mort subite dans un seul cas, c'est qu'il fallait qu'elle eût eu lieu dans un organe aussi important que la protubérance annulaire, et que peut-être elle fût liée à une autre condition de léthalité, une certaine congestion de la masse cérébrale par exemple, pour amener la mort; car il existait trois cuillerées environ de sérosité dans les ventricules latéraux. D'ailleurs, la mort n'avait même pas été instantanée; le malade avait succombé pendant son transport de la voie publique, où il avait été trouvé, à l'Hôtel-Dieu. Et en effet, qui ne se rappelle les cas d'apoplexie pulmonaire rapportés et décrits par M. Cruveilhier? On y voit une hémorrhagie qui a envahi une grande partie de l'un des poumons, et cependant la mort n'a pas été immédiate; il en a été de même dans les exemples cités par Corvisart et Bayle. C'est qu'une lésion locale ne peut avoir qu'une influence locale primitive; à moins que, comme dans la tête, elle ait son siége au milieu d'une masse enveloppée de parois inextensibles; et que, venant à augmenter le volume de cette masse, elle agisse secondairement sur sa totalité avec une force assez puissante pour anéantir son action.

Voici un exemple de ce genre. Une femme est prise des douleurs d'un avortement; les contractions utérines sont bientôt accompagnées de vomissements nombreux avec des efforts considérables. Au bout de quatre heures, la mort arrive presque subitement : une hémorrhagie avait eu lieu par la rupture d'un vaisseau avoisinant les parois du ventricule latéral gauche; le sang s'était épanché dans les quatre ventricules à la fois, et les avait distendus outre mesure.

Si la mort ne peut guère avoir lieu subitement, sous l'influence seule d'une lésion locale circonscrite, on s'explique facilement comment un grand nombre d'observateurs anciens n'ont pas pu se rendre compte de la mort dans plusieurs circonstances. Cela tient probablement à ce qu'ils n'ont observé que des organes au lieu d'appareils d'organes ; et cela nous conduit nécessairement à donner immédiatement la preuve de la mort par syncope.

Nous poserons d'abord en principe, ainsi que nous l'avons déjà fait depuis longtemps, que la congestion sanguine d'un organe pendant la vie laisse des traces de son existence après la mort, lorsque celle-ci a lieu subitement.

Ces traces de congestion n'ont pas toujours, après la mort, le siége qu'elles avaient pendant la vie : ainsi, tandis qu'elles occupaient la totalité du tissu d'un organe, elles peuvent ne plus occuper que ses parties déclives.

Nous considérons l'hémostase d'un organe, ou ce que nous appelons les lividités cadavériques partielles, comme donnant la mesure de la quantité de sang que l'organe contenait pendant la vie.

Tout le monde connaît les lividités de la peau ; tout le monde sait qu'après la mort elles occupent les parties déclives du corps. Il est certain que ces lividités ne s'opèrent pas de la surface de la partie la plus élevée à la surface inférieure de la partie la plus déclive, en traversant les tissus intermédiaires ; en d'autres termes, que le sang qui existait dans le tissu de la peau au moment de la mort ne passe pas à travers les muscles pour se rendre à la partie la plus déclive de la peau, et y constituer les lividités cadavériques, mais qu'il traverse probablement le réseau vasculaire de cette enveloppe pour se rendre peu à peu dans les points les plus inférieurs.

Eh bien, ce qui a lieu à la peau, a lieu dans tous les organes à tissu continu, en sorte que, dans tous les parenchymes perméables, il s'opère des lividités cadavériques comme il s'en produit à la peau.

A-t-on jusqu'alors fait une part assez grande à ces lividités cadavériques partielles ? Nous ne le pensons pas. On trouvera, par exemple, le tissu pulmonaire blafard à sa surface extérieure et en avant ; violacé en arrière : et l'on ne s'arrêtera pas à cet état de l'organe, par cela même qu'on le considérera comme purement cadavérique. Mais cette quantité de sang accumulée en arrière ne donne-t-elle pas la mesure de la quantité de sang que renfermait l'organe pendant la vie, et partant de sa congestion ?

Ce que nous disons du poumon, nous pouvons le dire du cerveau ; nous pouvons le dire du foie ; et c'est en négligeant ainsi cet ordre de considérations, que la mort par asphyxie pulmonaire échappe à l'œil investigateur des altérations pathologiques. Ce serait une erreur de croire que, là où il n'y a pas de lésion de tissu, il n'y a pas de cause de mort ; car la congestion viscérale qui précède nécessairement l'altération du tissu est capable d'amener la mort, lorsque cette congestion a une étendue considérable.

Mais, en définitive, comment la mort survient-elle sous l'influence d'une congestion ? C'est parce que cette congestion met le tissu de l'organe dans l'impossibilité de remplir ses fonctions. Voilà pour l'influence exercée mécaniquement sur le tissu des principaux organes de l'économie.

Si donc une autre cause venait à placer le tissu des organes principaux de la vie dans l'impossibilité d'agir, la mort n'en devrait-elle pas aussi être une conséquence directe ? Eh bien ! c'est ce que produit le défaut d'innervation à l'égard du cœur ; c'est ce que produit la commotion ou la compression à l'égard du cœur ou du cerveau.

Ce défaut d'innervation à l'égard du cœur peut avoir lieu sous une influence morale comme sous une influence mécanique, et, par conséquent, la mort par le cœur, ou la mort par syncope est tout aussi admissible, comme mort accidentelle, que la mort par commotion du cerveau.

Mais, dira-t-on, personne ne nie la mort par syncope. Il est vrai qu'on l'admet quand elle reconnaît pour cause la joie ou la peine portées à l'excès ; mais l'admet-on quand elle est toute spontanée, sans lésion organique, sans maladie du cœur préexistante, sans cause déterminante apparente ? La plupart des praticiens conservent du doute à cet égard, et cela est si vrai, que tous les jours on rapporte des cas dans lesquels la mort subite est présentée comme inexplicable, attendu que l'on n'a pas trouvé à l'ouverture du corps d'altération capable de l'expliquer, sans que nous prétendions toutefois que tous ces cas puissent être rattachés à une syncope.

Eh bien, c'est justement ce défaut d'altération pathologique, coïncidant toujours avec la mort par syncope, qui en forme pour ainsi dire un des caractères, une des circonstances concomitantes.

Enfin, pour arriver à une démonstration complète de cette cause de mort subite, nous avons besoin de rappeler quelques propositions qui ne peuvent souffrir, nous le pensons, aucune objection.

La mort par le cerveau, ou par les poumons, ou par le cœur, a des caractères matériels d'ensemble tout aussi tranchés qu'une altération pathologique locale. Ces caractères se déduisent, non seulement de l'état dans lequel se trouve l'organe qui le premier a cessé de remplir ses fonctions, mais encore de l'état des deux autres organes principaux de l'économie et de celui des principaux troncs vasculaires veineux et artériels. Cet état est une conséquence du point de départ, de l'arrêt de la circulation qui a accompagné la mort.

Ainsi, la mort a-t-elle lieu par les poumons, la circulation s'arrête primitivement dans ces organes, l'artère pulmonaire, les cavités droites du cœur et les veines caves sont gorgées de sang. Les veines pulmonaires, les cavités gauches du cœur et l'aorte sont vides ou en renferment une proportion infiniment petite.

S'opère-t-elle par le cerveau, la respiration s'embarrasse, les poumons se congestionnent, puis le cœur cesse de battre; aussi trouve-t-on alors les veines méningiennes gorgées de sang; les poumons en renferment une quantité assez notable; il en existe à droite et à gauche dans le cœur, mais en plus grande quantité à droite qu'à gauche.

Enfin, la mort subite a-t-elle débuté par le cœur, l'action de ce dernier cessant tout à coup, les cavités droites et gauches sont pleines, non pas comme dans les cas où le sang s'y accumule, mais comme dans l'état habituel de la circulation : il existe du sang et dans les veines caves et dans les artères. Les poumons ne sont le siége d'aucune congestion, non plus que le cerveau.

D'où il résulte qu'il est possible de distinguer *à priori* ces trois genres de mort, et qu'il est aussi facile de constater la mort par syncope que la mort par asphyxie ou par congestion cérébrale; mais on n'arrive à ce résultat qu'en examinant dans leur ensemble le cœur, les gros vaisseaux et les poumons, et en explorant séparément les cavités droites et les cavités gauches.

Ce sont ces données, réunies à l'absence de toute altération organique capable de déterminer immédiatement la mort, qui nous ont engagé à comprendre dans les 40 cas de mort subite que nous avons observés 4 cas de mort par syncope ; et nous considérons l'existence de ces cas comme aussi bien démontrée, que celle des exemples d'asphyxie pulmonaire ou de congestion cérébrale. — Une objection pourrait cependant nous être faite à cet égard. On pourrait dire, par exemple, que la démonstration d'un fait au moyen de caractères négatifs ne peut pas être aussi évidente que celle qui repose sur des caractères positifs. Cette assertion, toute vraie qu'elle puisse être en général, n'est pas applicable au cas qui nous occupe. Dans la mort par syncope, s'il y a absence de congestion d'organe, on trouve un degré de plénitude des cavités du cœur et des gros vaisseaux, tant artériels que veineux, qui forme aussi bien un caractère démonstratif de la syncope que la plénitude outre mesure de certains vaisseaux et de certains organes pour telle congestion en particulier.

Après avoir fait connaître les causes générales et directes de la mort, nous allons chercher à les particulariser en rangeant par catégories les 40 cas que nous avons observés.

Ils peuvent être répartis ainsi qu'il suit :

Apoplexie avec foyer dans la protubérance annulaire .	1
Apoplexie sanguine méningienne.	3
Apoplexie séreuse et congestion pulmonaire.	2
Congestion sanguine cérébro-rachidienne	3
Congestion pulmonaire	12
Congestion pulmonaire et cérébrale	12
Hématémèse	2
Syncope	3
Rupture du cœur.	1
Rupture de l'artère pulmonaire.	1

Dans le cas d'apoplexie avec foyer, le sang constituait un caillot occupant la moitié gauche de la protubérance annulaire, se prolongeant dans le pédoncule du cerveau et dans celui du cervelet, où il occupait même une grande partie de la substance blanche de cet organe. Le sang était coagulé, et le caillot était parsemé d'une quantité considérable de filaments de substance blanche. Ce caillot avait déchiré inférieurement la substance de la protubérance annulaire, et formait une crevasse que l'on apercevait en détachant le cerveau de la base du crâne. Trois cuillerées de sérosité limpide existaient dans les ventricules latéraux ; la substance du cerveau était très humide ; les membranes étaient pâles, et les vaisseaux ne renfermaient que peu de sang.

Les trois exemples d'apoplexie sanguine méningienne se faisaient remarquer par un affaissement, une dépression notable de la convexité des circonvolutions cérébrales ; une injection très marquée des vaisseaux sous-arachnoïdiens, dont les ramifications capillaires étaient fortement dessinées. Dans deux des trois cas, les quatre ventricules étaient remplis par du sang, et dans l'un d'eux sa proportion était si grande, que le sang a jailli à l'ouverture de l'un des ventricules. Dans le troisième cas, il existait une quantité notable de sérosité sanguinolente dans les ventricules latéraux et moyens, et du sang distendait le quatrième ventricule. La mort n'a pas eu lieu brusquement ; elle est survenue dans un temps variable, entre un quart d'heure et une heure.

Les deux exemples d'apoplexie séreuse avec congestion pulmonaire se faisaient remarquer par l'absence de plénitude des sinus de la dure-mère et des vaisseaux veineux des membranes du cerveau ; l'humidité de la substance cérébrale, qui paraissait gorgée de sérosité. Les quatre ventricules et le canal rachidien renfermaient une quantité considérable de ce liquide ; la substance cérébrale était sablée. Dans l'un des cas, l'arachnoïde et la pie-mère offraient une couleur opaline très prononcée.

Dans les deux exemples cités, la congestion pulmonaire se dessinait par une couleur rouge-brique du tissu pulmonaire, l'engorgement des troncs vasculaires des poumons, et la quantité de sang plus grande dans les cavités droites du cœur que dans les cavités gauches.

Les deux faits de mort subite par hématémèse n'ont rien offert de bien remarquable ; le sang remplissait l'estomac. Sa quantité s'élevait à deux livres et demie ou trois livres, et cependant des vomissements sanguins avaient déjà eu lieu. Le sang dans l'estomac était en partie liquide, en partie rassemblé à l'état de caillot unique. A la surface de la membrane interne de cet organe existait un enduit muqueux très visqueux, sanguinolent ; la membrane elle-même était très injectée dans la totalité de sa surface par des arborisations vasculaires dans un cas, mais dans l'autre cette injection était moins marquée, et après l'ablation de la couche de mucus sanguinolent qui la tapissait, on voyait toutes les bouches béantes des vaisseaux exhalants dessinées par des points ou petites cavités enfoncées dans l'épaisseur de cette membrane. Dans les deux exemples, la membrane muqueuse offrait moins de densité que de coutume ; elle se laissait facilement déchirer.

L'un de ces individus était un phthisique dont les poumons étaient farcis de tubercules, la majeure partie à l'état cru ; ils présentaient quelques cavernes à leur sommet.

Le cas de rupture du cœur dont j'ai déjà fait mention se rapporte à un homme de soixante-cinq ans, demeurant à Bicêtre, et qui avait toujours joui d'une bonne santé. Il était assis au milieu de ses camarades, quand tout à coup il pâlit, chancela, perdit connaissance, et expira. L'élève de garde n'eut pas le temps d'arriver avant la mort. On trouva le péricarde distendu par une quantité de sang considérable dont le sérum était séparé. Un caillot existait dans la partie la plus déclive de ce sac membraneux.

A gauche du sillon qui indique en avant la délimitation des deux ventricules, et à l'union des deux tiers supérieurs de l'organe avec son tiers inférieur, existait une ouverture irrégulière, à bords déchirés, correspondant aux deux gros piliers charnus de la valvule mitrale : cette déchirure était presque transversale à l'axe du cœur ; elle avait quatre lignes et demie de long sur deux lignes de large ; le tissu circonvoisin était ramolli, du sang était infiltré dans son épaisseur, et l'on y voyait un caillot du volume d'une noisette.

Le volume du cœur était à l'état normal.

Enfin, c'est en commun avec M. Ollivier que j'ai observé l'exemple de rupture de l'artère pulmonaire que j'ai cité. Deux litres de sang environ remplissaient la cavité gauche de la poitrine, et, chose peu commune, la séparation complète du sang en sérum et en caillot s'était effectuée ; car dans la majeure partie des cas, le sang épanché dans les cavités séreuses y est presque totalement liquide. Le poumon gauche était réduit à un très petit volume ; le péricarde était perforé par une ouverture arrondie d'un pouce de diamètre, non loin de l'endroit où il se reflétait sur les vaisseaux qui existent à la racine du poumon gauche ; le tissu pulmonaire se déchirait dans ce point avec une grande facilité. A gauche et un peu en arrière de l'artère pulmonaire, au point où elle est encore enveloppée par le péricarde, on voyait une rupture des parois artérielles. Telle était sa disposition, que, vue à l'intérieur, l'artère offrait deux sections ou déchirures transversales superposées dans le sens de ses fibres circulaires, séparées par un petit pont ou lambeau d'une ligne de longueur. L'une de ces ouvertures, placée plus près du ventricule gauche du cœur, avait six lignes de longueur et l'autre huit lignes. Leurs bords étaient nets, lisses comme si elles avaient été faites avec un instrument tranchant. En dehors de la tunique interne et moyenne, on trouvait une ecchymose arrondie de huit lignes de diamètre; le tissu de l'artère paraissait à l'état normal.

Cet individu avait bu une certaine quantité de vin dont nous avons constaté l'existence dans l'estomac, et l'on trouva, en effet, des indices de congestion pulmonaire et cérébrale. C'était pendant une lutte que la rupture artérielle avait eu lieu.

J'arrive actuellement à l'exposition des caractères anatomiques des trois genres principaux de mort.

Mort par congestion pulmonaire. — Caractères anatomiques.

Etat des poumons. — En général, la mort est tellement prompte, que les individus tombent à terre brusquement, et qu'alors on rencontre des traces d'excoriation ou de contusion au front, au nez, ou sur d'autres parties de la face; ces blessures sont presque toujours superficielles.

La langue est quelquefois engagée entre les arcades dentaires et mordue, comme cela s'observe dans la suspension; ou bien les deux mâchoires sont croisées, l'inférieure sous la supérieure. D'où il résulte que c'est avec raison que nous sommes porté à considérer l'engagement de la langue entre les arcades dentaires chez les pendus plutôt comme un phénomène nerveux que comme un résultat de la constriction du cou par un lien, et surtout de la situation au-dessus, au-dessous ou sur le larynx, ainsi que plusieurs médecins légistes l'ont indiqué.

La peau est rarement colorée en rose, comme cela s'observe dans la mort par asphyxie, et notamment dans l'asphyxie par le charbon.

La membrane muqueuse laryngienne trachéale et bronchique est fort injectée, et quelquefois d'un rouge intense. Il n'est pas

rare de retrouver dans les divers organes qu'elle tapisse, et notamment vers la fin de la trachée et dans les bronches, une
mousse écumeuse ayant beaucoup d'analogie avec celle des noyés;
mais elle en diffère en ce qu'elle est presque constamment sanguinolente, tandis que celle des noyés est toujours très blanche.

Les poumons remplissent complétement la cavité des plèvres.
Leur surface extérieure est de couleur ardoisée. On y voit une
foule d'arborisations vasculaires, dessinées par le sang que le
système capillaire renferme. Si l'on incise le parenchyme pulmonaire, il est d'un rouge qui devient de plus en plus foncé à
mesure que l'on observe ce tissu en procédant de la partie antérieure et plus superficielle de l'organe à sa partie profonde et
plus déclive. En sorte qu'il présente successivement les nuances
du rouge vif, du rouge brique, du rouge ardoisé et du noir.

Aussitôt que, par la section du tissu pulmonaire, on vient à
ouvrir des vaisseaux veineux d'un certain calibre, il s'en écoule
en nappe un sang noir, épais, qui devient de plus en plus abondant au fur et à mesure que l'on pénètre plus profondément.

Mais le volume des poumons, leur coloration extérieure, la
couleur de leur tissu, et l'écoulement sanguin des vaisseaux
peuvent offrir de grandes variations dans les congestions pulmonaires envisagées comme causes de morts subites, suivant que la
congestion pulmonaire est seule ou qu'elle coïncide avec celle du
cerveau; suivant l'âge et la force du sujet, le développement des
organes de la respiration et la cause déterminante de la congestion.

La congestion pulmonaire doit, suivant moi, être caractérisée
par deux phénomènes. Le premier, c'est la coloration du tissu;
le second, c'est l'état de plénitude du système vasculaire des
poumons.

De ces deux phénomènes, le plus probant en faveur de la congestion est la coloration du tissu, il constitue le cachet de la
congestion active; et à ce sujet j'ai besoin d'expliquer toute ma
pensée. Qu'un noyé, par exemple, périsse par asphyxie pure, il
s'opérera dans les poumons une accumulation considérable de
sang; ces organes pourront alors contenir une plus grande
quantité de sang que chez un individu qui aura péri de mort subite par congestion pulmonaire, et cependant le tissu des poumons sera beaucoup moins coloré en rouge. C'est que chez le
noyé, l'accumulation du sang aura été une conséquence directe

de l'obstacle apporté à l'entrée de l'air par l'eau écumeuse de la trachée ; elle se sera faite par suspension des fonctions des poumons ; elle aura été passive pour ainsi dire.

Dans la congestion, au contraire, c'est l'afflux du sang dans le système capillaire du tissu pulmonaire, sous l'influence d'une cause vitale, qui paralyse de prime abord l'action de ce tissu. Cette congestion s'opère d'une manière brusque, instantanée ; c'est la pneumonie qui débute avec une force telle, qu'à sa naissance elle suspend la vie ; ce sont d'abord les vaisseaux capillaires qui s'injectent et s'engorgent, puis consécutivement les troncs vasculaires. L'accumulation du sang dans les poumons peut donc être active ou passive : active dans la congestion, passive dans l'asphyxie qui reconnaît pour cause un obstacle mécanique à l'entrée de l'air, et par suite la suspension des fonctions des poumons.

J'avais besoin d'entrer dans ces détails pour faire connaître deux états différents des poumons dans la mort subite, états qui ne sont, à proprement parler, que deux degrés de la congestion.

Dans l'un, le parenchyme pulmonaire offre, de la partie antérieure à la partie postérieure des poumons, les nuances de coloration rouge vif, rouge brique, rouge violacé et noir, sans que les gros vaisseaux veineux soient notablement gorgés de sang, si ce n'est dans la partie déclive de ces organes.

Dans l'autre, outre cette coloration, on trouve un engorgement des vaisseaux veineux qui existe dans toute l'étendue du parenchyme pulmonaire.

Ces deux variétés de congestion amènent la mort, parce que l'énergie vitale n'est pas la même chez tous les individus ; que les uns résistent à une cause de léthalité que d'autres ne peuvent pas supporter, c'est ce que l'on observe tous les jours dans les maladies. On a peine à se rendre compte comment une affection donnée qui cause la mort laisse des altérations pathologiques dont les apparences morbides sont aussi légères.

Envisagés sous le rapport de la couleur de leur surface extérieure, les poumons, dans la congestion pulmonaire, peuvent offrir de grandes variétés : tantôt ils sont rosés et même rouges ; on voit se dessiner à leur surface un grand nombre d'arborisations vasculaires ; dans d'autres cas, au contraire, la surface est blafarde, et quand on opère la section de leur tissu, on est tout surpris de les trouver d'abord d'un rouge vif, et plus loin d'un

ouge brique. Dans le premier cas, les vaisseaux sont toujours
gorgés de sang; dans le second, il faut inciser profondément le
parenchyme de l'organe pour rencontrer ce phénomène.

Dans la congestion pulmonaire très forte, le volume des poumons est tel, que ces organes remplissent non seulement toute la
cavité de la poitrine, mais encore qu'ils y paraissent comprimés,
en sorte qu'ils forment une certaine saillie à l'ouverture de cette
cavité. Mais la congestion peut exister sans que les poumons
aient pris un accroissement de volume, et dans quelques cas
même ils semblent affaissés. Cette condition se remarque surtout
chez les vieillards à poitrine étroite, et c'est en cela que l'âge et
le développement de la poitrine peuvent, dans certaines circonstances, modifier les résultats de la congestion pulmonaire.

Enfin, la congestion pulmonaire présente, en général, moins
d'intensité quand elle coïncide avec la congestion cérébrale,
quoiqu'on puisse rencontrer des sujets chez lesquels on trouve
l'une et l'autre très dessinées.

Etat du cœur et des gros vaisseaux dans ce genre de mort.

Le cœur est remarquable par la quantité relative de sang qu'il
renferme dans ses cavités gauches et dans ses cavités droites; ces
dernières en contiennent toujours une proportion beaucoup plus
considérable qu'à gauche, et le sang y est presque toujours assez
fluide, tandis qu'il est plus épais dans les cavités gauches. Les
veines caves et les vaisseaux qu'elles reçoivent contiennent beaucoup de sang; l'aorte et ses premières divisions en renferment
fort peu.

Etat du cerveau dans les congestions pulmonaires.

Le cerveau et ses membranes peuvent offrir des états différents,
suivant que la congestion pulmonaire est isolée ou qu'elle coïncide
avec la congestion cérébrale. Dans le premier cas, la substance
cérébrale est seulement piquetée; dans le second, l'état sablé ou
piqueté de la substance blanche a plus d'intensité; les vaisseaux
veineux de la pie-mère sont plus gorgés de sang; il en est de
même des sinus de la dure-mère.

Toutefois il n'y a pas toujours coïncidence entre l'état piqueté de la substance cérébrale et la plénitude des vaisseaux des
membranes. Je vais entrer dans quelques développements à cet

II.   22

égard, en traitant des variations que présentent les congestions cérébrales.

Mort par congestion cérébrale. — État anatomique.

Les congestions cérébrales peuvent avoir deux siéges différents : 1° le cerveau ; 2° les méninges.

La congestion du cerveau est souvent liée à celle des méninges ; mais la congestion des méninges est souvent isolée de la congestion du cerveau.

La congestion cérébrale se caractérise par l'injection de la substance du cerveau constituant l'état sablé et piqueté porté à un très haut degré, avec exhalation séreuse ou séro-sanguinolente dans les ventricules. La quantité de sérosité qui est exhalée est variable depuis quelques gros jusqu'à plusieurs onces. Dans le cas de l'existence de cette exhalation, il semble que la substance cérébrale en soit elle-même imprégnée : aussi, quand on coupe le cerveau par tranches, sans mouiller l'instrument qui sert à opérer les sections, on n'éprouve aucune résistance de la part de la matière grasse de cet organe.

Le tissu cellulaire sous-arachnoïdien est fréquemment alors plus ou moins infiltré de sérosité, mais les vaisseaux des membranes du cerveau contiennent fort peu de sang ; il en existe une petite quantité dans les sinus de la dure-mère ; à l'ouverture de la tête et après l'ablation du cerveau, on retrouve surtout dans les fosses occipitales de la sérosité sanguinolente.

Le cervelet et la moelle participent, en général, à cette congestion, qui constitue réellement ce que les anciens désignaient sous le nom d'apoplexie séreuse, quand la sérosité exhalée n'est pas à l'état sanguinolent.

Cette congestion tue aussi rapidement que la congestion sanguine plus caractérisée des membranes dont je vais exposer les résultats matériels.

Dans la congestion sanguine méningienne, l'arachnoïde et la pie-mère sont parcourues par des arborisations capillaires multipliées qui leur donnent une couleur rouge très tranchée ; les veines cérébrales et les sinus de la dure-mère sont gorgés de sang ; aussi, à l'ouverture du crâne et après la section de la dure-mère, il s'écoule une grande quantité de sang liquide, tant de la cavité du crâne que du canal rachidien, et, dans quelques circonstances, cette quantité peut être évaluée sans aucune exagération à un verre et demi ou deux verres.

La congestion peut aller jusqu'à l'épanchement de sang à la surface extérieure du cerveau, non seulement chez l'enfant, comme dans le cas d'asphyxie des nouveaux-nés, mais encore chez l'adulte. Le cerveau, le cervelet, la protubérance annulaire et la moelle ne présentent pas de traces de congestion sanguine de leur substance; celle-ci n'est même pas quelquefois piquetée.

Les deux cas les plus remarquables de ce genre que j'aie été à même d'observer sont les suivants :

Le nommé Carlet, âgé de soixante-trois ans, était à Bicêtre depuis six mois, mangeant bien, marchant bien, mais il avait une somnolence assez habituelle. Il passe un mois dans sa famille, revient à l'hospice, dort parfaitement la nuit. Le matin il se plaint d'un peu de mal à la tête; cependant il déjeune de bon appétit et dort pendant deux heures après son déjeuner. Il s'éveille, accuse encore un peu de céphalalgie, et sort pour prendre l'air.

Tout à coup il s'assied sans rien dire, pâlit, penche la tête en avant; l'élève de garde, qui passait, s'approche de lui, mais déjà le cœur ne battait plus, la mort était arrivée.

Les pupilles étaient dilatées, les membres flasques, la face très pâle.

Chez ce vieillard, il n'y avait aucune congestion de la substance de l'encéphale; un ancien foyer apoplectique à l'état de kyste séreux existait dans le corps strié du côté gauche; mais la congestion des méninges du cerveau et de la moelle était portée au plus haut degré. (*voy.* Obs. XII.)

En décembre 1831, j'ai ouvert à la Morgue une femme de quarante-cinq à cinquante ans, et qui, sans présenter à l'extérieur de lésions autres que deux légères ecchymoses superficielles au cuir chevelu, offrait une injection considérable de l'arachnoïde et de la pie-mère; du sang infiltré sous la pie-mère tapissait toute la surface extérieure des lobes du cerveau, notamment à la base du crâne; des veines, très dilatées, se retrouvaient au milieu des caillots de sang, et ce liquide ne s'était pas du tout infiltré entre les deux hémisphères. En enlevant l'arachnoïde et la pie-mère, on mettait à nu la substance cérébrale, qui conservait sa couleur et sa densité ordinaires.

Au-dessous du cervelet existait une pareille infiltration sanguine qui se prolongeait dans le canal vertébral. La substance du cerveau, du cervelet, de la protubérance annulaire, était à l'état normal. Un peu de sérosité se voyait dans les ventricules latéraux, et les plexus choroïdes ne présentaient aucune disposition particulière.

En sorte que cette observation démontre non seulement l'existence de la congestion des membranes du cerveau isolée de la congestion cérébrale, mais encore elle fait voir que la congestion des membranes peut être circonscrite.

Voilà donc deux états bien tranchés amenant la mort subite et pouvant exister isolément. Je me hâte de dire qu'ils ne sont pas toujours ainsi séparés; qu'ils peuvent exister ensemble; mais que, dans ce cas même, l'une des congestions prédomine presque toujours sur l'autre.

Que la mort arrive par la congestion des méninges ou par celle de l'encéphale, le cerveau est toujours le premier organe où les fonctions sont suspendues, et, par conséquent, il entraîne une asphyxie pulmonaire secondaire; de là, l'état d'engorgement plus ou moins notable des poumons, mais toujours fort inférieur à celui que l'on observe dans la mort par congestion pulmonaire.

Les cavités droites du cœur renferment plus de sang que les cavités gauches; mais celles-ci en contiennent, et il en existe aussi une certaine proportion dans les principaux troncs artériels.

Mort par syncope. — État anatomique.

Le cerveau et ses membranes ne présentent rien de remarquable, il en est de même des poumons; mais on trouve les cavités droites et les cavités gauches du cœur remplies de sang; ce fluide y existe dans un état tout particulier et qui mérite de fixer l'attention.

Dans la mort subite, la fluidité du sang est presque généralement observée, et cette fluidité est un phénomène qui est commun à toute mort rapide, quels que soient du reste la cause et le genre de la mort : dans l'asphyxie par submersion, le sang est presque aussi liquide que de l'eau; c'est là le maximum de sa fluidité. Dans les diverses morts rapides, il peut être plus épais; mais, en général, on ne trouve pas de caillot dans les cavités du cœur, ou, si l'on y rencontre un coagulum, il est extrêmement petit, eu égard à la quantité de sang qui remplit ces cavités, et il n'est jamais dépourvu de matière colorante.

Or, dans les trois cas de mort par syncope que j'ai eu l'occasion d'observer, il s'est écoulé à l'ouverture du ventricule droit, d'abord de la sérosité pure, puis de la sérosité sanguinolente, et il est resté dans le ventricule un caillot de fibrine décoloré plus ou moins fort, ainsi que cela s'observe fréquemment à l'ouverture du corps des personnes qui succombent à la suite des maladies, c'est-à-dire par une mort généralement lente.

Ainsi, ce qui est d'une observation fréquente dans les hôpitaux, est une condition fort rare de l'observation des morts subites.

Cet état d'isolement de la fibrine du sang dans la mort par syncope constituerait-il un caractère de ce genre de mort? Je n'ai pas devers moi assez de faits pour émettre, avec quelque certitude, cette opinion, mais cette coïncidence dans les trois cas que j'ai observés mérite cependant de fixer l'attention à cet égard.

Ainsi, ce qui caractérise ce genre de mort, c'est : 1° l'absence de toute congestion d'organe; 2° l'état normal de tous les organes; 3° l'existence du sang à quantité à peu près égale dans les cavités droites et gauches du cœur, eu égard à leur dimension ; 4° peut-être la coagulation du sang à l'état fibrineux.

De la fréquence des morts subites pendant les diverses époques de l'année.

Sur les 40 faits que j'ai cités, on n'en trouve pas un accompli pendant les mois de juin et d'août. J'en compte 1 dans chacun des mois d'avril, de septembre et d'octobre, 2 dans le mois de novembre, 3 dans le mois de mai, 4 dans les mois de juillet et de décembre, 5 en janvier, 8 en février, et 11 en mars.

Juin	0
Août	0
Avril	1
Septembre	1
Octobre	1
Novembre	2
Mai	3
Juillet	4
Décembre	4
Janvier	5
Février	8
Mars	11
	40

D'où il résulte que c'est en hiver, et surtout pendant les mois de janvier, février et mars, où la température est à Paris la plus rigoureuse, que les morts subites sont le plus communes ;

Que le printemps n'exerce *pas autant d'influence qu'on le pense* sur les morts subites, et que le froid est une cause beaucoup plus puissante sous le rapport de leur production ; ce qui, du reste, est tout à fait d'accord avec le genre de mort le plus commun que nous avons signalé plus haut, la congestion pulmonaire.

Toutefois on pourrait peut-être considérer l'influence du printemps comme devant principalement s'exercer sur le cerveau, et celle de l'hiver sur les poumons.

Les faits vont démontrer que cette assertion n'est pas plus fondée. Sur 9 cas de mort par le cerveau, on en compte 5 en mars, 2 en juillet, 1 en octobre et 1 en décembre.

Que si l'on envisage de la même manière les autres genres de mort, on verra que la congestion pulmonaire se développe à presque toutes les époques de l'année, quoiqu'elle soit plus fréquente en janvier, en février et en novembre ; ainsi, je compte 3 cas de congestion pulmonaire en janvier, 2 en février, 2 en novembre, et 1 pour chacun des mois de mars, de décembre, d'avril, de mai, de juillet.

Quant à la congestion pulmonaire et cérébrale, elle paraît devoir être principalement rapportée à la période de l'hiver. Ainsi, j'en ai observé 4 en mars, 3 en décembre, 2 en février, et 1 seulement dans les mois de janvier, mai et septembre.

Les deux cas d'hématémèse se sont montrés, l'un en février, l'autre en juillet ; on n'en peut donc tirer aucune induction.

Il est remarquable que les trois exemples de mort par syncope se sont montrés, 1 en janvier et 2 en février.

Des causes déterminantes des morts subites.

Il nous est impossible de donner des documents précis sous ce rapport ; car, outre qu'un sixième des individus restent inconnus à la Morgue, alors même que leur identité est constatée, on n'obtient que des renseignements fort vagues sur les causes qui ont pu déterminer une mort aussi rapide.

Néanmoins nous avons acquis la certitude que, dans 14 cas sur 40, l'ivresse a été la cause déterminante de la mort, circonstance qui rend si considérable le chiffre des congestions pulmonaires et cérébrales, auxquelles succombent presque constamment les individus dont l'ivresse a été portée au maximum d'intensité. Les efforts d'avortement, le froid, l'acte du coït, ont été la cause de la mort dans trois cas ; 2 individus sur 40 étaient atteints d'hypertrophie avec dilatation du cœur; un autre était idiot, mais très sobre.

Morts subites envisagées sous le rapport de l'âge.

L'âge n'a pu être constaté que sur 35 individus soumis à notre examen. Il en résulte les rapports suivants :

De 20 à 30 ans . . . . 2 cas.
De 30 à 40. 7
De 40 à 50. 10
De 50 à 60. 6
De 60 à 70. 8
De 70 à 80. 2

D'où nous tirons cette conséquence, que c'est de 40 à 50 ans, et de 60 à 70 ans, que les morts subites seraient plus communes. Nous n'en avons pas observé avant l'âge de 20 ans, ni après 77 ans.

Morts subites sous le rapport du sexe.

Il existe une différence énorme dans la fréquence des morts subites envisagées sous le rapport du sexe. Sur les 44 cas soumis à notre observation, 5 seulement ont été observés chez des femmes. Cette différence ne saurait être expliquée par l'intempérance beaucoup plus commune chez l'homme que chez la femme; certes, elle doit y concourir, mais il y a tout lieu de croire que l'organisation de l'homme, et notamment l'ampliation de la poitrine, ses habitudes, sa contention habituelle d'esprit, les exercices violents auxquels il se livre, les variations de température qu'il supporte en passant brusquement du chaud au froid, et *vice versâ*, son exposition aux intempéries des saisons, jouent un rôle puissant dans la fréquence des morts subites qui l'affectent de préférence.

Quant aux professions, je ne saurais présenter, à cet égard, aucun document statistique satisfaisant. Le chiffre sur lequel portent mes observations est trop peu considérable pour me permettre quelques rapprochements. La plupart des personnes que j'ai examinées appartenaient à la classe ouvrière.

Je me hâte de dire que cet aperçu statistique est loin de reposer sur des bases assez larges ; il faudrait un chiffre bien plus considérable pour offrir des documents complets sur les divers points de vue sous lesquels les morts subites peuvent être étudiées.

De l'ensemble de ces faits, je déduis les corollaires suivants :

1° La mort subite le plus communément observée est la mort par congestion pulmonaire ou par congestion pulmonaire et cérébrale à la fois.

2° La mort par le cerveau n'a lieu qu'une fois sur quatre, et l'apoplexie avec foyer circonscrit, une fois sur quarante.

3° La mort subite reconnaît presque toujours pour cause directe une congestion de la totalité de l'un, ou de deux des trois organes principaux de la vie.

4° Elle est beaucoup plus commune chez l'homme que chez la femme.

5° Elle affecte principalement les personnes de 40 à 50 ans ou de 60 à 70 ans.

6° Elle survient surtout en hiver, et constamment pendant les mois de janvier, de février et de mars.

7° L'intempérance est l'une de ses causes les plus communes.

8° Le seul traitement rationnel à opposer à la mort, qui n'est pas tellement subite qu'elle ne mette depuis quelques minutes jusqu'à un quart d'heure à s'opérer, a pour base deux indications générales à remplir : la première consiste à dégorger par une émission sanguine l'organe congestionné, si toutefois l'état du pouls le permet ; la seconde à opérer une révulsion puissante sur les extrémités.

9° Quand un médecin est appelé par un magistrat à préciser le genre de mort d'un individu décédé sur la voie publique, il est impossible qu'il résolve cette question sans procéder à l'ouverture du corps.

10° Les statistiques des morts subites ne pourront fournir de documents certains qu'autant qu'elles reposeront sur la connaissance du genre de mort, acquise au moyen de l'autopsie.

Tels sont les résultats que j'ai obtenus de ma propre observation. Je vais actuellement exposer les faits qui ont été produits soit par les observateurs anciens, soit par les observateurs modernes. Jusque dans ces anciens temps, les pathologistes se sont peu occupés des morts subites ; ils n'ont pas été à même de les observer chez l'homme sain : aussi ont-ils commis des erreurs. Il faut dire qu'en général les altérations sont moins marquées chez une personne déjà en butte à une longue maladie, parce que chez elle il suffit d'une cause légère pour amener l'extinction de la vie. Ce n'est pas qu'on ne rencontre cités des exemples de morts subites, dans un grand nombre de traités sur la médecine ; mais les explications données à leur égard sont le plus souvent peu fondées ; la recherche des altérations morbides ayant été mal dirigée, on a interprété les faits autrement qu'ils ne devaient l'être. MM. Andral, Louis, Ollivier d'Angers, et particulièrement M. Lebert (*Archives de médecine*, 1838, t. Ier, 3e série, p. 389) se sont récemment occupés de ce sujet. Ce dernier nous paraît avoir envisagé sous un point de vue plus vrai les morts subites chez l'homme malade ; aussi allons-nous faire connaître sommairement ses idées.

A la tête des causes de morts subites se trouveraient placées celles qui ont leur siége dans les poumons, qu'il divise en : 1° *Congestion avec exhalation sanguine à la surface interne des ramifications bronchiques sans engouement notable des poumons.* C'est l'hémoptysie, qui peut affecter des personnes bien portantes, mais qui se rencontre plus particulièrement chez les phthisiques, et qui coïncide souvent avec une augmentation dans le volume du cœur. — 2° *Engorgement sanguin des poumons pouvant se présenter sous deux formes différentes, la congestion de tissu sans splénisation, et la congestion avec splénisation ou analogie du tissu pulmonaire avec celui de la rate.* La congestion peut s'opérer d'une manière brusque ou d'une manière lente ; dans le second cas elle affecte principalement les vieillards, et notamment ceux qui sont atteints de maladies chroniques des voies aériennes avec symptômes adynamiques : aussi trouve-t-on à l'ouverture du corps des traces de congestion aiguë entée sur un engorgement chronique ; elle survient sans trouble très notable des fonctions, et la respiration ne paraît gênée que dans les derniers instants de la vie. — 3° *Apoplexie pulmonaire, ou congestion sanguine brusque avec déchirure du tissu de cet organe et infiltration sanguine dans son épaisseur.* C'est cette altération qui a été si fidèlement reproduite par M. Cruveilhier dans ses planches d'anatomie pathologique. — 4° *Congestion inflammatoire des poumons.* Ici la mort paraît surprendre l'individu en bonne santé ; elle arrive subitement, et cependant, à l'ouverture du corps, on trouve le tissu pulmonaire en pleine suppuration dans une étendue plus ou moins considérable. C'est un genre de mort très commun dans la vieillesse : **MM.** Hourmann et Dechambre l'ont signalé dans leur quatrième mémoire sur les maladies des organes de la respiration chez les vieillards (*Archives gén. de méd.*, 2ᵉ sér., t. XII. sept. 1836). — 5° *OEdème ou congestion séreuse des poumons.* Entrevue par Laënnec, et parfaitement décrite par **M.** Andral, cette affection se montre fréquemment à la fin des maladies éruptives, et particulièrement de la rougeole. — 6° *Emphysème spontané des poumons.* Les expériences de **M.** Leroy d'Étiolles ont appelé l'attention sur la facilité avec laquelle il pouvait se développer. Plus tard, **MM.** Piedagnel (*Recherches d'anat. et de phys. sur l'emphys. du poumon,* 1829), Ollivier d'Angers (*Archiv. génér. de méd.,* mars 1833), Pillore (*Thèse inaug.,* Paris, 1834, n° 23), Andral (art. EMPHYS. du *Traité de l'auscultation,* 4ᵉ édit.), en ont successivement rapporté des exemples. En novembre 1840, une femme de quarante-sept ans, après avoir fait un souper copieux avec son amant, passa la soirée à rire, puis elle se coucha avec lui. Durant l'acte du coït, elle se jette à bas du lit, s'asseoit sur une chaise, demande avec instance du secours. Son amant va chercher un médecin, mais à son retour cette femme avait succombé ; elle était étendue roide sur le sol, la tête appuyée contre le lit. A l'ouverture du corps, on trouva, outre les altérations résultant d'une congestion séreuse des poumons, un emphysème pulmonaire général. Elle était ordinairement bien portante. très gaie, non essoufflée et chantant beaucoup.

En décembre même année, un homme de quarante ans, adonné à l'ivrognerie, rentrait chez lui quand il fut accroché par une voiture lourdement chargée de plâtre. Renversé à terre, une des roues passa sur la cuisse gauche et vint longer le mollet droit en traversant obliquement la cuisse. Le fémur fut fracturé, les chairs déchirées, mais la poitrine ne fut pas atteinte. L'autopsie fit reconnaître l'existence d'une forte congestion pulmonaire avec emphysème général tellement prononcé, que des bulles d'air soulevaient la plèvre au voisinage des poumons, et y formaient des petites tumeurs du volume de gros pois. (Ces deux faits ont été observés par **MM.** Jadelot fils et Roger de l'Orne.)

— 7° *Affections nerveuses des poumons,* genre de mort signalé par **MM.** Guersant (*Dict. de méd.* en 30 vol. in-8, t. IV, p. 285) et

Blache (même ouvrage), Jolly (*Dict. de méd. et de chir. prat.*, t. III, p. 607), Andral (*Clinique médic.*, t. III, p. 255), Ferrus (*Dict. de méd.*, t. IV, p. 267) ; il survient principalement dans les cas d'asthme, de coqueluche, d'accès de suffocation chez les enfants rachitiques.

À cette énumération faite par M. Lebert, nous ajouterons les exemples suivants, puisés dans divers auteurs. Trois cas de rupture du diaphragme, rapportés par Rudaëus, Lieutaud, Saint-André ; deux exemples de rupture de l'œsophage, par MM. Guersant et Serres ; cinq de rupture de l'aorte (Bosc, Morgagni, Corvisart) ; un de rupture d'une des veines pulmonaires à son entrée au cœur (Portal) ; un de rupture de la veine azygos (Morgagni) ; vingt et un exemples de rupture de l'une des parties du cœur (Morgagni, Morand, Chaussier, Christ-Vater, Portal, Corvisart, Murat, Johnson, Rostan, Dezeimeris et Beaude) ; cinq cas de syncope (Morgagni) ; cinq de congestion ou apoplexie pulmonaire (Corvisart, Bayle, Cruveilhier, Dubourg, Hourmann) ; un d'introduction dans les voies aériennes d'un polype détaché du pharynx (Leseur) ; un d'introduction dans la trachée d'aliments pendant les efforts de vomissement (Laënnec) ; six exemples de ramollissement ou suppuration du cerveau (Bonet, Valsalva, Lallemand) ; fongus de la dure-mère (Louis, Wenzel, Siebold, Græff, Ebermaier, Cruveilhier) ; plusieurs cas de balles ayant pénétré à une profondeur plus ou moins grande dans la substance du cerveau et s'y étant entourées d'un foyer de suppuration ; de nombreux cas de productions organiques développées dans la substance du cerveau, telles que tubercules, tumeurs nombreuses ressemblant à des cristallins, tumeurs cartilagineuses, etc. (Lapeyronie, Lallemand, Cruveilhier, Chomel, Rochoux, etc.) ; de nombreux exemples de foyers apoplectiques ou d'épanchement sanguin à la suite de ruptures de vaisseaux ; enfin, cinq exemples de gaz développés en plus ou moins grande quantité, soit dans le cœur, soit dans les vaisseaux. On voit par cette énumération, qui est loin d'être complète, combien les causes de morts subites sont fréquentes chez les individus malades, aussi bien que chez les individus sains.

Ollivier, d'Angers, a publié dans les *Archives générales de méd.*, t. I, 3ᵉ série, 1838, un mémoire sur quelques causes de mort subite. Il a observé plusieurs cas autres que ceux que nous avons signalés, et nous les faisons connaître ici afin de compléter le tableau des morts subites chez l'homme sain. Il signale : 1° un cas d'hémorrhagie cérébrale dont le siége était dans la partie antérieure du lobe droit du cerveau ; 2° un exemple d'apoplexie de la moelle allongée ayant entraîné subitement la mort : l'épanchement avait déchiré presque complétement la moelle allongée ; 3° une méningite purulente observée chez un maçon qui , obligé de quitter son travail à neuf heures du matin par suite de la faiblesse où il se trouvait, ne rentra à la chambre commune qu'à huit heures du soir, et fut trouvé mort dans son lit à dix heures par ses camarades ; 4° trois exemples de mort subite survenue par l'emphysème pulmonaire interlobulaire. Cinq autres exemples avaient déjà été rapportés par MM. Piedagnel et Pillore. M. Ollivier rappelle ensuite que les ruptures spontanées du cœur et celles des gros vaisseaux sont des causes fréquentes de mort subite , ainsi qu'il l'a démontré en rapprochant dans le *Dict. de méd.*, t. VIII, p. 343, à l'art. Cœur , quarante-neuf cas de rupture. Enfin , il termine son mémoire par l'examen d'une cause de mort encore peu observée, celle qui consiste dans le développement d'une quantité plus ou moins grande de gaz dans les organes de la circulation. Nous nous empressons de reproduire en son entier ce point d'observation encore contesté.

« Morgagni (*De sedibus et causis morborum*, epist. V, § 18, 19, 24) a rapporté un cas de mort subite qu'il a attribuée à l'interruption du mouvement du sang par le fluide aériforme que contenait ce liquide, cause particulière dont les effets avaient été déjà bien appréciés par Hippocrate (*De flatibus*, n°ˢ 19 et 24 ; Morgagni, *loc. cit.*) Mais l'opinion de Morgagni est-elle suffisamment fondée dans l'exemple qu'il cite? Le météorisme du ventre , et l'odeur gangréneuse excessivement fétide qui s'exhala de cette cavité lorsqu'on ouvrit le cadavre , ainsi qu'il le dit, n'indiquent-ils pas un état de putréfaction déjà avancée, et dès lors ne peut-on pas penser que les gaz mêlés au sang, et qui remplissaient spécialement les veines, résultaient de cette décomposition putride? La quantité considérable de sérosité sanguinolente qu'il y avait dans le péritoine chez ce même sujet ne confirme-t-elle pas cette opinion?

» Morgagni relate ensuite succinctement, et à l'occasion de son observation, trois faits rapportés par Pechlin, H. Grœtz et Ruysch (§ 20), comme exemples de mort subite causée par le dégagement d'un fluide gazeux dans le sang. En traitant ailleurs (*Dictionnaire de médecine, ou Répertoire général des sciences médicales*, t. II, art. Air, p. 65) *des effets de l'air atmosphérique sur l'organisme*, j'ai parlé de deux cas qui ont de l'analogie avec ces derniers, et que je vais rappeler ici.

» Un enfant était atteint depuis plusieurs jours de la rougeole, et tout annonçait un rétablissement prochain, quand il éprouva tout à coup, sans aucun symptôme précurseur, un sentiment de défaillance extraordinaire; il s'écrie qu'il meurt, et en effet il expire à l'instant même. A l'autopsie, on trouva le cœur et les vaisseaux qui y aboutissent distendus par un fluide gazeux; les parois de l'organe étaient emphysémateuses, et ses cavités vides de sang. Quelques heures après la mort, l'emphysème s'était étendu particulièrement dans le tissu cellulaire sous-cutané du tronc. Du reste, aucune altération d'organe, il n'existait pas le moindre signe de putréfaction.

» J'ai observé exactement les mêmes phénomènes sur le cadavre d'un homme robuste qui mourut subitement peu d'instants après s'être couché en parfaite santé. L'emphysème général ne se développa, chez ce dernier, que douze heures après la mort. Il n'y avait non plus aucun commencement de décomposition putride. L'infiltration gazeuse qui survint dans ces deux cas est un phénomène assez rare. Serait-elle une conséquence de la présence d'un fluide gazeux dans le sang?

» L'instantanéité de la mort et les phénomènes qui l'accompagnent rappellent ici ce qu'on observe chez les animaux qu'on tue en leur injectant de l'air dans les veines; aussi Morgagni a-t-il rapproché les exemples de mort subite qu'il cite des expériences de ce genre faites sur les animaux vivants (*loc. cit.*, § 21). A part le fait que rapporte Pechlin, et qui diffère de ces expériences quant à la rapidité de la mort et aux symptômes particuliers qui la précédèrent, ceux qui ont été observés par H. Grœtz et Ruysch présentent, en effet, une analogie remarquable avec les résultats fournis par la physiologie expérimentale, et avec les cas, déjà assez nombreux, où l'air atmosphérique a pénétré accidentellement dans les veines chez l'homme vivant, et en quantité suffisante pour causer la mort, laquelle est alors survenue tout à coup, précédée ou non d'expressions de douleur déchirante, d'un état passager de syncope, et quelquefois d'un tremblement convulsif du tronc et des membres qui dure quelques instants. (Si la discussion soulevée sur cette question dans le sein de l'Académie royale de médecine prouve que les effets de l'introduction accidentelle de l'air dans les veines des animaux ne sont pas tels qu'on l'avait cru jusqu'ici, et qu'ils diffèrent notablement de ceux qu'on a attribués à cette cause chez l'homme, il résulte toujours des faits nombreux et importants que cette discussion a fait connaître, qu'il est certain que la présence accidentelle d'un fluide aériforme dans le sang, et son accumulation dans le cœur droit, entraînent subitement la mort. Ceux mêmes qui se sont plus particulièrement élevés contre cette explication de la mort chez l'homme, dans les cas où elle a été donnée comme étant la véritable interprétation des phénomènes observés; ceux-là, dis-je, ne la nient pas d'une manière absolue, seulement ils émettent des doutes, fondés sur la différence des effets particuliers qui ont alors accompagné cet accident. Mais quelle valeur peut avoir une semblable objection, quand chacun sait combien l'économie animale présente de nuances diverses dans les détails du même phénomène organique chez différents individus)?

» Mais, dira-t-on, ce fluide gazeux qu'on retrouve ainsi dans le sang après la mort n'est-il pas simplement un effet de la putréfaction de ce liquide? A quels caractères peut-on reconnaître que ce phénomène n'est pas purement cadavérique, et qu'il est la cause de la mort? La réunion des circonstances suivantes peut, à mon avis, autoriser à regarder la mort comme étant due à cette cause :

» 1° Quand, chez l'individu qui a succombé tout à coup, inopinément, un état de syncope avec décoloration de la face, ou un tremblement convulsif général de quelques secondes de durée, précèdent, ou, pour mieux dire, accompagnent cette brusque cessation de la vie. Quelques paroles exprimant une douleur violente ont été proférées quelquefois au moment de la mort. (La distension des cavités droites du cœur par le gaz qui s'y accumule causerait-elle une sensation déchirante?)

» 2° Lorsqu'on trouve alors les cavités droites du cœur distendues par un gaz, ou du sang écumeux et rouge, de telle sorte que la percussion des parois de l'oreillette et du ventricule donne une résonnance analogue à celle qu'on perçoit en frappant sur l'estomac, ou sur tout autre organe creux gonflé par l'air. Le mélange du fluide aériforme avec le sang est une présomption de plus pour faire admettre que ce phénomène a eu lieu pendant la vie (ainsi qu'on le voit dans les expériences sur les animaux vivants). Toutefois l'oreillette et le ventricule droits ne contiendraient qu'un fluide gazeux sans présence de sang écumeux, que cette particularité ne suffirait pas pour faire considérer le phénomène dont il s'agit comme un effet cadavérique ; car, dans plusieurs des cas où la mort a été causée, chez l'homme, par la pénétration accidentelle de l'air dans les veines (voyez l'article que j'ai déjà cité, et dans lequel j'ai traité cette question, *Dict. de méd.*, t. II, pag. 69 et suivantes), on a trouvé le cœur droit vide de sang, et ses cavités distendues par l'air sans mélange de ce liquide (observations de Dupuytren, Castara et Delpech).

» 3° Enfin, quand il n'existe encore aucun commencement de putréfaction au moment de l'ouverture du cadavre, lorsqu'il n'y a aucun signe de décomposition putride qui puisse être la source du gaz qu'on retrouve accumulé dans les cavités droites du cœur. — J'hésite presque à ajouter que l'on doit bien penser que dans ces cas de mort subite un examen attentif de tous les organes n'y a fait découvrir en même temps aucune altération appréciable. Le fait suivant va fournir un exemple bien remarquable de ce genre de mort ; sa singularité justifiera les détails particuliers dans lesquels je vais entrer en le rapportant.

Mort subite sans aucun phénomène précurseur. Fluide gazeux distendant le cœur droit.

S. H..., jeune et jolie personne de vingt-deux ans, d'un caractère gai, d'une imagination très vive, demeurant à L..., avait depuis longtemps des relations intimes avec M..., lorsque ce jeune homme vint à Paris pour y continuer ses études ; elle ne tarda pas à l'y suivre, et y arriva dans le mois d'octobre 1836. Pendant quelque temps toutes ses journées ne furent qu'une suite de plaisirs et de distractions sans cesse renouvelées. Mais, à la suite de cette vie agitée, si différente de celle à laquelle elle avait été habituée jusque-là, S. H... tomba malade dans les premiers jours de décembre. A la fièvre et au malaise général qu'elle éprouvait se joignit du délire. M..., qui n'avait cessé de lui prodiguer des soins empressés, fut effrayé de ce symptôme, et craignant des accidents plus graves, il fit transporter la malade à l'Hôtel-Dieu. Huit jours étaient à peine écoulés, que S. H... put revenir habiter chez M..., n'accusant rien autre chose que de la faiblesse. Je n'ai pu me procurer des renseignements plus précis sur la maladie de cette jeune personne.

Son rétablissement faisait chaque jour des progrès ; elle recommençait à s'occuper des détails du ménage, ne se plaignant que du retour trop lent de ses forces. Le 24 décembre, elle passa la soirée à écrire une longue lettre à sa sœur, et lorsque M..., en rentrant, lui manifesta son étonnement de la trouver encore levée, elle lui répondit qu'elle se sentait beaucoup mieux, et qu'elle en avait profité pour donner de ses nouvelles à sa famille. Depuis que la saison des bals masqués était revenue, S. H... avait plusieurs fois manifesté le désir d'aller à quelques unes de ces réunions qu'elle ne connaissait pas, et M... la voyant aussi bien, lui proposa de l'y conduire le surlendemain ; elle accepta avec joie, et un loueur de costumes vint dans la matinée du 22 décembre lui montrer plusieurs espèces de déguisements. Elle en choisit un, et jusqu'au moment où M... la quitta pour retourner à son étude, elle ne cessa de l'entretenir du plaisir qu'elle se promettait d'avoir avec lui pendant le carnaval.

De retour chez lui à cinq heures du soir, M... fut surpris de trouver S. H... couchée ; celle-ci lui dit qu'elle s'était mise au lit peu de temps après son départ, parce qu'elle avait ressenti plus de fatigue que de coutume, et elle le pria d'approcher la table de son lit pour qu'elle pût manger sans se lever. M..., qui ne pouvait penser que S. H... était aussi faible qu'elle le disait, et qui se rappelait comme elle était gaie et surtout bien portante le matin même, lui répondit en plaisantant : « Votre faiblesse est » un peu de paresse. Allons, mademoiselle, habillez-vous et venez dîner » à table. » Tout en parlant ainsi, M... était occupé à rallumer le feu, près duquel le dîner était servi. N'entendant pas S. H... se lever, il se retourne, la voit à genoux sur le lit, la tête penchée sur la poitrine, ayant son jupon déjà passé autour de sa taille. Comme elle ne faisait aucun mouvement, M... va pour lui aider à descendre du lit ; et, au moment où il allait lui prendre la main, elle relève brusquement la tête, et le regardant avec une expression de douleur et d'effroi, et en étendant brusquement les deux bras : « Je meurs, vois-tu ! » dit-elle d'un son de voix déchirant, et sa tête retomba sur l'épaule de M... : elle était morte.

Épouvanté d'un tel événement, et ne pouvant y croire, ce jeune homme s'empresse d'appeler du secours. On arrive à ses cris ; mais il ne s'était pas trompé, S. H. n'existait plus. Tous les détails de cette mort étrange furent transmis sans retard à l'autorité. M. le procureur du roi ordonna l'ouverture du cadavre, et le lendemain, 24 décembre, à huit heures du matin, je procédai à cette opération avec M. le docteur West.

Le corps était resté étendu sur le lit, simplement recouvert d'un drap. La chambre, assez mal close, était éclairée par deux fenêtres exposées au nord-ouest. L'une d'elles ne pouvait être fermée complétement : il n'avait pas été fait de feu dans cette pièce depuis le décès de S. H..., et depuis plusieurs jours le thermomètre variait entre 3 et 4 degrés au-dessous de zéro. Voici le résumé de notre rapport :

Pâleur générale du cadavre, nul amaigrissement, rigidité du tronc et des membres, aucun signe de putréfaction commençante ; le ventre est affaissé, non météorisé ; aucune trace de violences extérieures ; l'expression de la figure est calme. S. H... paraît endormie. Aucun liquide ne s'est écoulé de la bouche ou du nez.

Le cerveau et ses membranes ne présentent aucune trace d'altération : ses vaisseaux ne contiennent que peu de sang, et qui est mêlé de bulles gazeuses. Ce liquide ne nous offrit rien de particulier sous le rapport de sa couleur, de sa liquidité et de ses autres caractères physiques. La substance cérébrale est assez ferme, sans injection notable ; il en est de même du cervelet et de la moelle allongée. Un peu de sérosité limpide dans les ventricules cérébraux.

Tous les organes du ventre dans l'état sain. L'estomac et les intestins contiennent peu de gaz. L'utérus et ses dépendances dans l'état normal.

Les poumons, parfaitement sains, n'offrent qu'un peu d'infiltration séro-sanguinolente dans leur partie postérieure, résultat évident de la congestion mécanique qui a suivi la mort. Les plèvres ne renferment qu'une petite quantité de sérosité rougeâtre. Les cavités droites du cœur sont très distendues, comme insufflées, de telle sorte qu'en les frappant avec le manche du scalpel, elles résonnent comme tous les organes creux gonflés d'air. Rien de semblable dans les cavités gauches, qui ne contiennent pas de sang. Les parois de l'oreillette et du ventricule droits furent à peine incisées qu'elles s'affaissèrent, et nous vîmes que ces cavités ne contenaient qu'une grande quantité d'écume sanguinolente à grosses bulles, plus rouge que le sang qui s'était écoulé des vaisseaux déjà ouverts. En détachant le cœur, dont le tissu n'était aucunement emphysémateux, il s'écoula des veines pulmonaires un sang noir, liquide, non spumeux, ne présentant, comme celui des vaisseaux cérébraux, aucune altération appréciable dans ses diverses qualités physiques. L'artère pulmonaire contenait une assez grande quantité de sang écumeux.

» Les circonstances particulières de ce cas si remarquable de mort subite, son analogie avec ce qu'on a observé chez quelques-uns des individus qui ont péri tout à coup par l'effet de l'introduction accidentelle de l'air dans les veines, la présence d'un fluide gazeux accumulé dans les cavités droites du cœur, et en distendant les parois, me firent penser que la mort de S. H… était le résultat de ce développement spontané d'un gaz dans le sang ; et telles furent nos conclusions dans l'enquête judiciaire dont nous nous étions chargés.

» L'absence de tout signe de putréfaction, l'état de conservation parfaite du cadavre, due à son exposition dans une chambre mal close, froide, et avec une température extérieure de 3 ou 4 degrés au-dessous de zéro étaient autant de conditions qui concouraient à prouver que la présence de ce fluide gazeux dans le cœur ne provenait pas d'une décomposition putride du sang. Mais ce liquide n'avait-il pas subi quelque altération particulière pendant la maladie dont S. H… avait été atteinte, et dont elle n'était pas encore tout à fait guérie quand la mort est venue la frapper ? Le fait est possible. Toutefois je ferai remarquer que l'état d'embonpoint dans lequel était cette jeune fille au moment de sa mort n'indique pas que sa maladie ait été de nature à altérer profondément sa constitution ; et le sang qui s'écoula de tous les organes n'offrait aucune de ces altérations qu'on y observe quelquefois à la suite des fièvres typhoïdes et de certains états morbides mal déterminés.

» Quelle était la nature du fluide gazeux qui distendait ainsi le cœur droit ? S'il ne résultait pas d'une décomposition spontanée du sang, de la putréfaction de ce liquide, quelle était donc l'origine de ce gaz ? Méry (*Mém. de l'Acad. royale des sc.*, ann. 1707;

Morgagni, *loc. cit.*, § 26) pensait, d'après des expériences faites sur des animaux vivants, que l'air atmosphérique pouvait passer en nature des ramifications bronchiques dans les veines pulmonaires, et de là dans les artères, sans se mêler intimement au sang. Littre (*Hist. de l'Acad. royale des sc.*, ann. 1714, et *Mém.* de la même année; Morgagni, *loc. cit.*, § 25) a admis que l'air reste combiné avec toutes les humeurs du corps vivant, tant que celles-ci conservent leur mouvement naturel et leur liquidité, mais qu'il s'en sépare aussitôt que la mort détermine leur stagnation. Il expliquait ainsi la présence d'un fluide aériforme dans les veines des individus qui meurent d'hémorrhagie. Toutefois Littre croyait que ce phénomène pouvait être dû aussi à la cause signalée par Méry ; et Morgagni (même lettre, § 27) cite des expériences qu'il a faites, et qui lui font adopter également cette dernière opinion.

» Bichat (*Recherches physiologiques sur la vie et la mort*, 2ᵉ édit., p. 286, en note) n'élève aucun doute sur la réalité de ce phénomène, et il émet sur sa cause la même opinion que Méry, Littre et Morgagni : « Le passage de l'air dans les vaisseaux sanguins, » dit-il, arrive quelquefois chez l'homme sans que l'infiltration » de l'organe cellulaire ait lieu : alors la mort est subite. » Il ajoute qu'il a ouvert le cadavre d'un individu qui périt tout à coup dans une affection convulsive des muscles pectoraux, et chez lequel il trouva dans les artères et les veines, spécialement dans celles du cou et de la tête, un sang écumeux mêlé de beaucoup de bulles d'air. On sait que Bichat attribuait alors la mort à l'action de l'air sur le cerveau, opinion déjà émise par Morgagni (*loc. cit.*, § 24).

» Avec cette explication, on admet naturellement que le fluide gazeux mêlé au sang est de l'air atmosphérique. Mais, dans aucun cas de ce genre, on ne s'en est encore assuré, du moins que je sache, par l'analyse chimique. M. Rérolle a étudié récemment ce point de physiologie pathologique (*Dissertation sur un nouveau genre de pneumatose qui se développe à la suite des hémorrhagies abondantes* : Thèses de Paris, 1832, in-4°, n° 129). Quelques expériences le conduisent à penser aussi que la présence du gaz qu'on trouve dans les vaisseaux, à la suite d'hémorrhagies abondantes, résulte de l'absorption pulmonaire, et non pas de la pénétration de l'air par les vaisseaux ouverts, et il admet implicitement que le fluide gazeux qui remplit les vaisseaux est de l'air atmosphérique ; mais il n'a fait aucune expérience qui le prouve directement.

» Les recherches importantes de M. G. Magnus (*Mémoires sur les gaz contenus dans le sang, et sur la théorie de la respiration* : Annalen der Phys. und Chem.; — *Journ. de chim. méd.*, n° de novembre 1837, p. 537 et suiv.), qui démontre que l'acide carbonique ne se développe pas dans les poumons, mais qu'il existe tout formé dans le sang veineux, et en proportion considérable (sa quantité équivaut à un cinquième du volume du sang employé); ces recherches, dis-je, donneraient-elles la solution de la question que j'examine? Malgré sa combinaison intime avec le sang veineux, l'acide carbonique pourrait-il s'en séparer dans certains cas pathologiques, ainsi que l'oxygène et l'azote qu'on y trouve aussi dans l'état normal? Ce fluide gazeux ne serait-il pas plutôt le résultat d'une décomposition spontanée du sang, fait que les observations de M. Bonnet, de Lyon (*Mémoires sur la composition et l'absorption du pus : Gaz. méd.*, n. 38, p. 601, ann. 1837), autoriseraient à admettre, si, comme il l'a annoncé, le sang des individus affectés de maladies dites putrides renferme pendant la vie de l'hydrosulfate d'ammoniaque, dont Vauquelin avait déjà reconnu la présence, mais dans le sang qui s'est putréfié après son extraction par la saignée (*Annales de chimie et de physique*, t. XVI, p. 363 ; — Lecanu, *Études chimiques sur le sang humain, Dissert. inaug.*; Paris, 1837, in-4).

» Enfin, quelle que soit la cause qui donne lieu au dégagement d'un fluide gazeux dans le sang pendant la vie, et quelle que soit la nature de ce gaz, il n'est pas douteux, d'après la rapidité de la mort, qu'il tue de la même manière que l'air qui pénètre accidentellement par l'ouverture d'un tronc veineux voisin du cœur.

« Ce point de physiologie pathologique a été interprété diversement depuis Nysten (*Recherches de physiologie et de chimie pathologique*, etc.; Paris, 1811, in-8°) dont l'explication est la même, quant au fond, que celle de Morgagni, et que M. Magendie a également adoptée (*Sur l'entrée accidentelle de l'air dans les veines, sur la mort subite qui en est l'effet*, etc. : *Journal de physiologie expér.*, année 1821, t. I, p. 190) : ces auteurs s'accordent à considérer la mort comme l'effet de la brusque cessation de la circulation, par suite de l'accumulation de l'air et de sa raréfaction dans les cavités du cœur qu'il distend, et au resserrement desquelles il s'oppose. M. Leroy d'Étiolles (*Note sur les effets de l'introduction de l'air dans les veines : Archives gén. de méd.*, ann. 1823, t. III, p. 410) pense que l'air peut alors produire la mort de trois manières : par son influence sur le cerveau, en affectant sa sensibilité (comme le pensait Bichat), ou en agissant sur cet organe mécaniquement, par son influence sur le poumon, en déterminant un emphysème subit dans cet organe; par son influence sur le cœur, en le privant du sang artériel. Suivant M. Piédagnel (*Mém. cité*), la mort résulte uniquement, dans cette circonstance, de l'emphysème pulmonaire. M. Mercier (*Observations sur l'introduction de l'air dans les veines, et sur la manière dont il produit la mort : Gazette méd.*, ann. 1837, n. 31, p. 481), qui a rapporté un nouvel exemple de mort subite chez l'homme, due à la pénétration accidentelle de l'air dans les veines, pense, contrairement à l'opinion de Nysten et de M. Magendie, que l'air, en raison de sa compressibilité, cède aux efforts de contraction des cavités droites, et se laisse comprimer; mais que, lorsque ces mêmes cavités viennent à se dilater, l'air, reprenant son volume primitif, les remplit, et empêche l'abord du sang. De là la stase du sang veineux et l'interruption de la circulation artérielle, qui sont la cause de la mort.

» Le défaut d'hématose, déjà indiqué par M. Leroy d'Étiolles, et sur lequel M. Poiseuille insiste aussi, est un phénomène qui me paraît être tout à fait étranger, comme influence, à l'instantanéité de la mort; l'histoire de l'asphyxie me fournirait, s'il en était besoin, de nombreuses preuves à l'appui de cette observation.

» M. Dénot (*Lettre sur la manière toute physique dont la mort arrive dans les cas d'introduction d'air dans les veines : Gaz méd.*, ann. 1837, n. 46, p. 726) ne partage pas l'opinion de M. Mercier sur la nature de l'obstacle qui s'oppose à l'accès du sang dans le cœur droit. Suivant lui, l'incapacité de la valvule auriculo-ventriculaire à contenir l'air, et par suite le reflux de celui-ci du ventricule dans l'oreillette, explique d'une manière satisfaisante comment l'air s'accumule dans les cavités droites du cœur pour en empêcher l'abord au sang veineux. Enfin, d'après M. Poiseuille (*Lettre sur les causes de la mort par suite de l'introduction de l'air dans les veines : Gaz. méd.*, ann. 1837, n. 42, p. 671), la mort qui suit immédiatement l'introduction de l'air dans les veines reconnaît pour *seule et unique cause* la cessation plus ou moins complète de la circulation pulmonaire ; celle-ci résulte de la pénétration dans l'artère pulmonaire d'un sang mêlé d'air, dont le passage dans les capillaires du poumon nécessitant une pression beaucoup plus considérable que celle qu'exige le sang libre de tout mélange avec l'air, obstrue bientôt la plus grande partie des poumons.

» De quelque manière qu'on explique ce phénomène, il est évident que la mort qui résulte de la pénétration accidentelle de l'air dans les veines est produite par la brusque interruption de la circulation pulmonaire, et par l'impossibilité du retour du sang dans le cœur droit, dont les cavités sont distendues par l'air plus ou moins raréfié qui y a pénétré. Telle est aussi la conclusion énoncée dans le rapport que M. Bouillaud vient de lire à l'Académie royale de médecine (séance du 21 novembre 1837), sur les expériences faites par M. Amussat pour éclairer cette question. En outre, dans ces expériences, qui sont au nombre de quarante, on a remarqué que la mort par l'introduction de l'air dans les veines a toujours été d'autant plus prompte que les animaux étaient plus affaiblis au moment de l'expérience ; observation importante qui s'applique tout à fait aux différents individus qu'on a vus périr subitement par cette cause, et qui peut concourir à expliquer pourquoi la rapidité de la mort a été toujours bien plus grande chez l'homme qu'elle ne l'est souvent chez les animaux.

» Cette dernière remarque est également applicable en tous points au fait particulier que j'ai rapporté plus haut ; il y a lieu de croire que l'état de faiblesse dans lequel était depuis quelque temps la jeune S. H... a pu contribuer à rendre sa mort aussi instantanée. »

Voici maintenant deux exemples d'application à la pratique de la médecine légale des faits nouveaux que nous venons de faire connaître relativement aux morts subites.

Une affaire d'assassinat a été soumise aux assises de Versailles le 26 février 1839. Nous en extrayons les principales circonstances de la *Gazette des tribunaux* du 1er mars. *Y avait-il eu strangulation ou apoplexie ?* C'était sur ce point que devait porter le débat. M..., ancien charcutier, avait épousé, dans l'année 1835, et en troisièmes noces, Catherine L..... Une donation mutuelle de tous les biens avait eu lieu entre les deux époux, deux ans après la célébration du mariage ; la fortune de la femme était plus considérable que celle du mari. Plus tard, la mésintelligence s'était introduite dans le ménage ; et la femme M..., soit chagrin, soit penchant vicieux, avait peu à peu pris le goût des liqueurs spiritueuses, et s'enivrait parfois.

Le 1er décembre dernier, M... se rend, accompagné du nommé Mon..., chez le docteur Martin, à Étampes, pour le prier de venir immédiatement voir sa femme, qui était gravement malade. Le docteur Mar... arrive dans la chambre où était couchée la femme, et dans laquelle on n'avait même pas laissé de lumière. Il aperçoit dans le lit, à gauche, la forme d'une personne couchée. « La partie où étaient les jambes se trouvait fortement déprimée ; la couverture était dérangée ; le drap du lit était collé contre les jambes et en dessinait la forme, de telle sorte que les plis du drap s'imprimaient dans la peau. On ne voyait pas la tête ; elle était couverte d'un oreiller ; le drap était jeté sur la face, et se repliait en arrière sous la tête. Le docteur Mar... l'enlève, et est aussitôt frappé de la contraction des traits du visage qui était fort pâle ; les cheveux étaient en désordre, et la main de la femme M..., dont les doigts étaient fortement contractés, était relevée et dans l'attitude d'une personne qui cherche à se défendre.

» Le docteur Mar... aperçut tout de suite au cou un large sillon circulaire qui en faisait tout le tour ; cette empreinte avait une forme parfaitement arrêtée, et présentait dans un de ses points une légère ecchymose. Dès lors sa conviction fut établie, et il n'eut plus aucun doute sur la cause de la mort, qu'il regarda comme le fait de la strangulation ; il le déclara au mari, qui ne fit aucune réponse. Il remarqua sur le corps des marques de nombreuses contusions ; le drap s'appliquait sur la peau des jambes comme s'il avait dû être foulé par un poids considérable, et sur les jambes existaient des ecchymoses récentes qui donnaient l'empreinte des doigts de deux mains qui auraient fortement fixé les jambes de la victime.

» L'ouverture du corps constate l'existence de mucosités spumeuses dans le larynx ; la trachée-artère et les bronches deviennent de plus en plus sanguinolentes au voisinage des poumons ; un engorgement sanguin des poumons ; un peu d'injection seulement de la substance cérébrale.

» C'est en présence de ces faits que les médecins appelés par la justice déclarent : 1° que la femme M... a cessé de vivre depuis trois ou quatre heures ; 2° qu'en raison du défaut d'altérations organiques dans la tête et dans le ventre, la mort doit être attribuée aux lésions observées dans la poitrine, c'est-à-dire l'engorgement pulmonaire, la vive injection de la plupart des canaux aériens, et l'immense quantité de mucosités spumeuses et sanguinolentes que renfermaient les conduits ; 3° que quant à la manière dont cette asphyxie a été produite, bien qu'ils ne puissent admettre que des conjectures à cet égard, il leur semble assez probable qu'elle a été le résultat d'un lien large, ou peut-être des deux mains fortement serrées autour du cou ; d'un autre côté, la disposition des draps, les sillons imprimés sur la jambe droite, surtout les ecchymoses que présentaient les membres, ecchymoses qui correspondaient à gauche particulièrement aux différentes parties d'une main qui les aurait embrassées fortement, afin de maintenir le corps dans l'immobilité, la dépression du lit, viennent encore corroborer cette idée ; d'où il faudrait conclure qu'un crime aurait été commis, et que deux personnes auraient pris part à son accomplissement ; 4° que les contusions nombreuses ont dû être opérées avec un corps d'une petite surface ; que les unes étaient de date récente et les autres plus anciennes, notamment celles de la face.

» Deux médecins de Versailles furent appelés aux débats, et après leur avoir soumis les faits que nous venons de rapporter, on leur demanda leur opinion sur la cause de la mort de la femme M... Tous deux s'accordèrent à dire qu'elle devait être attribuée à l'apoplexie, et que dans la mort par apoplexie rien n'était plus commun que de voir les apparences de la strangulation, ainsi qu'elles avaient été décrites par les médecins chargés de l'examen du corps de la femme M... »

Cette seconde déposition est encore une conséquence des vieilles idées émises par les auteurs sur les causes des morts subites. Il est évident pour nous que la femme M... a succombé à une asphyxie, et si les docteurs V... et B.. eussent connu les faits que nous venons de relater sur les causes de la mort subite, ils n'eussent pas commis devant la cour d'assises une pareille erreur.

Mort par congestion pulmonaire, suite d'ivresse. — Consultation médico-légale.

Les médecins soussignés, invités par M. Casenave, juge d'instruction près le tribunal de première instance du département de la Seine, à donner leur avis sur la question de savoir à quelle cause doit être attribuée la mort du sieur Picot, décédé à la suite d'une lutte engagée entre lui et le nommé Roussel, aux environs d'Écriennes, ont d'abord pris connaissance : 1° d'une déposition faite par le sieur Lécuyer, par-devant M. le juge d'instruction de Vitry-le-Français ; 2° d'un rapport médico-légal, rédigé par MM. les docteurs Cagniou et Blaincourt, à la suite de l'ouverture qu'ils ont faite du corps du sieur Picot ; 3° de la déposition de ces deux médecins devant M. le juge d'instruction.

Ils croient devoir extraire de ces diverses pièces les faits suivants :

Une querelle est engagée entre Picot et Roussel. Picot lance un coup de fouet en travers du corps de son beau-frère ; ce coup a dû porter sur la hanche. Roussel riposte par un coup de bâton en travers de la figure ; un second coup de fouet est donné par Picot, qui reçoit un nouveau coup de bâton. Les deux combattants étaient tellement rapprochés, que ces divers coups *ne pouvaient avoir une portée un peu forte.* Picot et Roussel se séparent. Picot parcourt en chancelant un espace de trente pieds environ, et tombe à plat ventre. Lécuyer, qui s'approche de lui, après lui avoir adressé quelques paroles, le relève, le place à son séant ; on constate une altération très grande dans la physionomie de Picot. *Il faisait une grimace épouvantable ; les dents étaient serrées, ainsi que ses lèvres qui semblaient gonflées, par une grande affluence de sang ; ses yeux étaient renversés ; son teint était jaune comme de la bile, et il crispait ses bras et les roidissait. Il ne proféra aucune parole ; au bout de quatre ou cinq minutes, ses bras tombèrent, son teint s'éclaircit, les grimaces cessèrent, et il mourut.*

A l'ouverture du corps, voici les seules traces de violence que l'on observe : 1° une *faible contusion* de deux lignes de hauteur sur le dos et à la racine du nez, avec *légère excoriation* de la peau ; elle ne *s'étend pas au delà* du derme ou tissu cutané : 2° une *contusion au dos*, dans le voisinage de l'omoplate, se dessinant à l'extérieur par *un groupe de points* d'un rouge brun, laissant entre eux des intervalles, et occupant un espace *de quatre pouces* (on ne dit pas si cette mesure exprime le diamètre d'une surface circulaire, ou seulement un des diamètres de la contusion, dernière supposition plus probable). Elle ne *s'étend pas au delà* du tissu cellulaire sous-cutané, où elle se manifeste par des *petites ecchymoses circonscrites*, correspondantes aux points rouge brun de la peau ; 3° une autre ecchymose de la largeur d'un centime, située au bas des fausses côtes du côté gauche de la poitrine ; elle est bornée au tissu de la peau.

Tous les autres organes sont sains.

Dans l'estomac existe une bouillie formée de pain et de fromage *colorée en rose.*

Ces divers faits nous paraissent devoir soulever les deux questions suivantes :

1° La mort a-t-elle été la conséquence des blessures reçues, dont les traces matérielles ont été signalées ci-dessus ?

2° Dans le cas où cette première question serait résolue par la négative, à quelle cause faut-il donc attribuer la mort du sieur Picot ?

Relativement à la première question, nous ferons remarquer que les trois contusions signalées étaient très superficielles et très circonscrites ; que leur siége était éloigné des principaux centres nerveux ; qu'elles n'ont amené aucun désordre matériel grave, et, par conséquent, elles n'auraient pu causer la mort qu'en produisant la commotion d'un organe important à l'exercice de la vie.

Les deux coups portés sur le dos et à la base de la poitrine étaient incapables de produire la commotion des poumons ; l'étendue de ces organes, la mobilité des parois de la poitrine, le peu de surface sur laquelle le corps contondant a agi, excluent toute probabilité à cet égard.

En est-il de même par rapport au coup porté sur la base du nez ? Ici le siége de la contusion, assez rapproché du cerveau, militerait en faveur de la possibilité d'un pareil résultat ; mais si la violence du coup eût été assez grande pour la produire, il en serait resté des traces matérielles d'autant plus évidentes que le corps contondant dont Roussel s'est servi avait une surface très petite ; or ces traces sont celles d'une contusion légère. Ce qui, au surplus, lève toute espèce de doute au sujet de la commotion du cerveau comme conséquence du coup porté sur le nez et comme cause de la mort, c'est un fait d'observation constant, à savoir : que les effets de la commotion du cerveau *sont immédiats*, en sorte qu'un individu qui a reçu un coup assez violent pour amener une commotion cérébrale capable de causer la mort en quelques minutes, tombe immédiatement, perd connaissance et meurt. Rien de cela n'a été observé chez le sieur Picot : après avoir été frappé, il a pu marcher, parcourir un espace de trente pieds, présenter une série de symptômes qui n'appartiennent pas à la commotion du cerveau, et qui sont plutôt propres à un genre de mort que nous allons faire connaître tout à l'heure. Dans la commotion cérébrale, l'individu tombe sous le coup, sans connaissance, sans mouvement, sans altération notable des traits, la respiration est seulement un peu embarrassée si la respiration existe encore, et le plus souvent la vie cesse après un ou deux efforts inspiratoires. C'est une paralysie générale de tout le corps qui se manifeste avec autant de rapidité que la paralysie partielle qui accompagne l'attaque d'apoplexie.

La solution de la première question est donc celle-ci :

Non, la mort n'a pas été la conséquence des blessures reçues.

A quelle cause la mort doit-elle être attribuée ?

Ici nous ne pouvons faire que des suppositions ; mais nous pensons qu'elles acquerront aux yeux des magistrats une grande probabilité.

L'un de nous, après avoir ouvert avec soin quarante-deux individus qui étaient morts subitement, a reconnu que les médecins attribuaient à tort la mort subite à l'apoplexie. Il a vu que l'apoplexie, avec foyer ou épanchement de sang au cerveau, ne se montrait qu'une fois sur quarante-deux ; que la mort par congestion du sang aux poumons seuls ou aux poumons et au cerveau à la fois avait lieu vingt-quatre fois sur quarante-deux, et enfin que c'était de cette dernière manière que succombaient subitement tous les individus chez qui l'ivresse était la cause déterminante de la mort. Il a décrit l'état dans lequel le cerveau, les poumons et le cœur se trouvaient à l'ouverture du cadavre, état sur lequel l'attention des médecins n'avait pas encore été appelé, et qui, sans offrir d'altération locale limitée, circonscrite, présentait au contraire un état de plénitude générale du système vasculaire, tant des vaisseaux des membranes du cerveau que des principaux troncs vasculaires veineux qui se rendent au cœur, ainsi qu'une coloration rouge ou rouge brique plus ou moins foncée du tissu pulmonaire. (Voy. *Annales d'hygiène et de médecine légale*, n° de juillet 1838.)

Or dans le rapport de MM. Cagniou et Blaincourt, il est bien mention de l'absence de toute trace de lésion d'organe ou d'altération morbide; mais on ne parle pas de l'état de plénitude plus ou moins marquée des sinus de la dure-mère et des veines du cerveau; de l'état sablé ou piqueté de la substance de cet organe; de la coloration du tissu pulmonaire, de la plénitude des veines caves, etc. Ce qui tend à nous prouver que ces altérations existaient, c'est la coloration violacée de la peau en avant du corps. On l'attribue, il est vrai, à ce que l'on aurait placé le cadavre après la mort tantôt sur le dos, tantôt sur le ventre, ce qui est bien peu probable, car les lividités cadavériques ne se forment qu'à une certaine époque de la mort. Ou elles se sont produites pendant que le corps était placé sur le dos, et la coloration du corps en avant doit tenir à une autre cause, ou elles se sont manifestées pendant que le corps était étendu sur le ventre, et alors la coloration du dos est indépendante des lividités cadavériques. Il y a donc, dans ces deux suppositions, un signe de la mort par asphyxie ou par congestion pulmonaire.

Si de ce signe nous rapprochons les renseignements qui tendent à démontrer que Picot avait bu du vin, et que probablement il était ivre; si nous y ajoutons la coloration rosée des matières alimentaires contenues dans l'estomac, preuve matérielle à l'appui de cette assertion, nous verrons qu'il se trouvait disposé à une congestion pulmonaire et cérébrale.

Que fallait-il pour la déterminer? Une violente émotion, un mouvement de colère, une excitation puissante du genre de celle qu'il a éprouvée; et ce qui démontre qu'en effet cette congestion s'est peu à peu développée, ce sont les phénomènes dépeints avec tant de vérité par Lécuyer dans sa déposition: *la physionomie altérée, les lèvres gonflées par une grande affluence de sang, les yeux renversés, les bras se roidissant*, tous symptômes qui dénotent la congestion au cerveau lorsque celle-ci est arrivée à son dernier période; quand les fonctions cérébrales viennent à cesser, alors *les bras retombent, le teint s'éclaircit, les grimaces cessent, et l'individu tombe dans l'état d'affaissement auquel la mort succède.*

En résumé, suivant nous, Picot était ivre au moment où il s'est battu; il a été en proie à une violente colère ou à une forte émotion pendant laquelle la congestion cérébrale et pulmonaire se sont opérées, et la mort est survenue.

Si Picot n'eût pas été ivre, il y a tout lieu de croire qu'il n'aurait pas succombé.

Si Picot ne s'était pas battu, la mort ne serait pas arrivée.

L'ivresse a été la cause prédisposante de la mort, et la lutte en a été la cause déterminante ou l'occasion.

La mort a très probablement été le résultat d'une congestion pulmonaire et cérébrale auxquelles les violences ont été étrangères. Ces conclusions sont, du reste, tout à fait en rapport avec la sage réserve que nos confrères de Vitry ont apportée dans les leurs.

Paris, ce 15 septembre 1838.

OLLIVIER (d'Angers). DEVERGIE (Alphonse).

M. Tardieu, dans un mémoire inséré (t. XL, p. 391, *Annales d'hygiène*) sur l'état d'ivresse comme complication des blessures, va plus loin que nous. Il résulte de ses observations, qu'un épanchement sous-arachnoïdien peut se faire dans le crâne et coïncider avec la congestion cérébrale, conséquence ordinaire de la mort par ivresse.

EXEMPLES DE MORTS SUBITES.

Apoplexie de la protubérance annulaire.

Lefèvre (Pierre), ancien postillon des messageries Caillard, tombe malade dans la rue ; on le transporte à l'Hôtel-Dieu, et pendant le trajet il meurt, le 3 février 1830.

Ouverture. — État extérieur, rien de particulier ; la peau du front et le cuir chevelu sont un peu injectés ; celle des oreilles est rouge. Les vaisseaux de la dure-mère peu remplis de sang ; la surface du cerveau est très lubrifiée de sérosité et très humide ; les vaisseaux de l'arachnoïde sont peu injectés ; la substance cérébrale, généralement mollasse, est un peu piquetée. En ouvrant les ventricules latérales, *il s'écoule environ une cuillerée et demie à deux cuillerées de sérosité limpide.* En disséquant avec soin la substance cérébrale et en renversant la base du cerveau de manière à couper l'origine de tous les nerfs, on aperçoit *une petite crevasse de trois à quatre lignes de diamètre, crevasse que remplit un sang noir et coagulé ; elle a son siége au centre de la moitié gauche de la protubérance annulaire : c'est l'orifice d'un foyer de sang coagulé qui est placé entre les deux pédoncules, et qui cependant s'étend dans leur épaisseur. Le sang n'a pas distendu et écarté les lames de la protubérance pour former une cavité unique ; mais il a été disséminé dans l'épaisseur de la substance blanche, de manière à ce que, dans mille points du foyer, on aperçoit des strics de cette substance ; le pédoncule antérieur et le pédoncule postérieur sont intéressés dans leur partie supérieure, tandis qu'inférieurement ils sont presque complétement sains. Le sang a pénétré plus loin dans le pédoncule postérieur gauche et dans la moitié gauche du cervelet ; le sang de ce côté semble avoir élargi la cavité qui termine ce pédoncule ; ce liquide s'est en outre épanché un peu à droite, mais beaucoup moins loin.* En résumé, une grande partie de la protubérance annulaire a participé au foyer aux dépens de la substance blanche qui en forme la partie supérieure.

Les vaisseaux veineux ne sont pas gorgés de sang ; le cœur est très volumineux ; sa cavité droite très distendue, mais à parois amincies ; il y a presque autant de sang à gauche qu'à droite. Les poumons violacés sont peu crépitants ; ils contiennent assez de sang.

L'estomac et les intestins ne présentent rien de remarquable ; le foie a un toucher graisseux ; il n'est pas gorgé comme dans l'asphyxie.

Apoplexie sanguine méningienne.

Le 8 juillet 1837, à onze heures du matin, en vertu, etc., nous nous sommes transporté à la Morgue, à l'effet de procéder à l'examen extérieur et à l'autopsie du nommé Le Sénéchal, âgé de quarante-neuf ans, qu'on nous a dit être mort le matin du 3 juillet, deux heures après avoir été transporté à l'hôpital Saint-Louis.

Examen extérieur. — La putréfaction est fort avancée ; presque tout le corps est emphysémateux, la face surtout est très gonflée et verdâtre ; la moitié droite du corps se distingue de la gauche par des sugillations cadavériques très marquées ; la jambe droite offre une couleur verte dans toute son étendue, depuis le genou jusqu'aux orteils, tandis que la gauche conserve sa couleur normale.

A cinq centim. au-dessus de la partie externe du sourcil gauche, une contusion de 3 centim. de diamètre, et d'une circonférence assez régulière ; une incision pratiquée sur la peau montre qu'elle traverse les diverses couches de ce tissu, et le cuir chevelu enlevé, on trouve le péricrâne et la partie de l'os correspondante d'une couleur rouge tranchant avec la couleur blanche des parties environnantes.

Autopsie. — La surface externe de la dure-mère apparaît lisse, non *humectée, parcourue par des vaisseaux gorgés de sang. Les circonvolutions cérébrales sont effacées sous les membranes qui les enveloppent et qui sont assez gorgées de sang. A peine une première tranche peu épaisse de cerveau est-elle enlevée, que le ventricule latéral gauche se trouve ouvert, et qu'il s'en écoule un flot de sang liquide et noirâtre : cette cavité est distendue par un caillot de sang épais de quatre pouces de long sur deux pouces et demi de large, entouré de quelques cuillerées de sang liquide. La distension du ventricule est telle qu'il reste à peine huit lignes d'épaisseur, tant de la substance corticale que de la substance médullaire. Trois à quatre cuillerées de sang avec quelques petits caillots dans le ventricule latéral droit ; la substance de l'hémisphère de ce côté est moins rénitente, elle n'est pas piquetée. Le cervelet, plus mollasse, offre un peu de sang dans le quatrième ventricule. Il s'écoule du canal vertébral une assez grande quantité de sérosité sanguinolente.*

Le cœur est emphysémateux, ses cavités vides, le ventricule gauche un peu plus rose que le droit ; les poumons dans un état complet de putréfaction gazeuse, très emphysémateux en avant, et très gorgés de sang en arrière ; l'intérieur de la trachée rouge brun.

L'estomac, distendu par quelques gaz, contient un verre et demi d'un liquide brunâtre. Le foie, de volume ordinaire, n'est pas gorgé de sang ; la vessie contient deux grands verres d'urine.

Conclusion. — Le nommé Le Sénéchal n'offre point, tant à l'extérieur du corps qu'à l'intérieur, des traces de violence qui puissent expliquer la mort. Celle-ci est évidemment le résultat d'une attaque d'apoplexie méningienne.

Apoplexie sanguine méningienne.

Le 8 juillet 1837, nous avons procédé à l'examen extérieur et à l'autopsie de la nommée X..., morte quelques heures après son transport à l'Hôtel-Dieu.

L'extérieur du corps n'offrait rien à noter. *L'arachnoïde présente une injection assez prononcée. Les vaisseaux qui parcourent la surface du cerveau sont gorgés de sang ; la substance cérébrale est piquetée. Une assez grande quantité de sérosité dans les ventricules latéraux ; le quatrième ventricule est distendu par une bonne cuillerée de sang mêlé de petits caillots sans que la substance médullaire soit altérée.*

Le péricarde contient beaucoup de sérosité sanguinolente. Le cœur, assez volumineux, renferme du sang très liquide dans le ventricule droit, un peu moins dans le gauche, qui contient quelques caillots. Les poumons sont fort adhérents aux côtes, surtout le gauche ; ils sont gorgés de sang. La trachée-artère est très rouge à sa surface interne.

L'estomac renferme très peu d'un liquide grisâtre. Le foie est assez gorgé de sang, la vessie presque vide d'urine ; l'utérus présente des tumeurs squirrheuses de diverses grosseurs.

Conclusion. — La mort de la femme X... s'explique suffisamment par l'épanchement de sang dans le quatrième ventricule.

Examen du cadavre d'une femme de quarante-cinq à cinquante ans, très grande, bien musclée, et ne donnant encore d'autres signes de putréfaction que l'aplatissement des cornées, quoiqu'il y eût trois jours depuis la mort, qui a eu lieu en décembre 1831.

Deux légères ecchymoses au-dessous du cuir chevelu au sommet du crâne ; rien sur la dure-mère ; sang infiltré sous l'arachnoïde des deux côtés de la partie supérieure des lobes antérieurs du cerveau, les veines sont seulement dilatées en haut et en arrière du cerveau ; rien entre les deux hémisphères. *Tout le lobe antérieur, le moyen et le postérieur présentent à leur partie inférieure une énorme quantité de sang infiltré et coagulé ; les veines, très dilatées, se retrouvent toutes au milieu de ces caillots.* Toutes ces parties ont acquis une couleur noirâtre ; mais en soulevant l'arachnoïde et la pie-mère, cette infiltration de sang ne s'étend nullement à la substance cérébrale, qui a sa couleur et sa densité ordinaires. Au-dessous du cervelet, une même infiltration a lieu, et du sang entoure la moelle épinière. En enlevant les caillots et n'incisant pas les vaisseaux, je n'ai trouvé ni déchirure ni dilatation des vaisseaux de la base du cerveau. Toute la substance cérébrale est dans un état parfaitement naturel. Pas de coloration rougeâtre, pas de suintement de sang par les incisions ; substance cérébrale un peu ferme ; les ventricules ne sont pas dilatés ; une très petite quantité de sérosité limpide dans leur intérieur ; les plexus choroïdes sont dans l'état ordinaire.

Poitrine. Les poumons, tout à fait sains, sont d'une couleur rosée, d'une crépitation parfaite ; il ne s'écoule pas de sang en les incisant, seulement un peu de liquide spumeux ; en arrière, un léger engorgement sanguin, noirâtre, dépendant de la position cadavérique. Pas de sérosité dans le péricarde. Le cœur a le volume et la densité ordinaires, peut-être les parois de la cavité droite ont-elles plus d'épaisseur ; une once tout au plus de sang dans les deux ventricules.

Abdomen. Les épiploons très chargés de graisse ; l'estomac contenant encore des aliments ; la membrane muqueuse présente quelques taches rougeâtres peu remarquables ; le tube intestinal tout entier est dans l'état normal ; le foie dans l'état naturel, ainsi que les reins et les organes génitaux.

Congestion cérébrale.

Bechaut, âgé de quarante ans environ, trouvé mort dans sa chambre, le 16 mars 1829, par suite d'ivresse. Cet homme, d'après le peu de renseignements qu'on a pu avoir, se grisait très fréquemment. On assure que c'est avec de l'eau-de-vie qu'il s'est enivré cette dernière fois.

État extérieur du cadavre. — La face est légèrement injectée, les yeux à demi-fermés, le regard hébété, les lèvres portées en avant et serrées l'une contre l'autre, comme un homme qui souffle pendant l'expiration. Un bras est élevé au-dessus de la tête, un autre est écarté du corps, dans l'attitude de l'homme qui chancelle.

Autopsie. — L'ouverture du thorax étant pratiquée, tous les tissus laissent exhaler une odeur très marquée d'alcool. Le péricarde contient un peu de sérosité roussâtre. Le cœur est très gros ; il y existe du sang en quantité notable ; le ventricule et l'oreillette droite, incisés dans toute leur longueur, laissent échapper du sang noir en partie fluide, en partie à demi-coagulé ; les veines caves et sous-clavières ne renferment que du sang fluide. L'oreillette et le ventricule gauches, quoique moins pleins, en contiennent cependant une quantité notable.

Les poumons sont grisâtres, crépitants ; le droit a contracté avec la plèvre costale des adhérences très difficiles à détruire ; le gauche est mou, plus volumineux, libre dans la cavité du thorax ; lorsqu'on le coupe, et qu'on le comprime entre les mains, on en fait sortir un peu d'air mêlé à du mucus. La base de ces organes est plus rouge et un peu plus gorgée de sang (effet cadavérique).

L'estomac ne contient qu'une petite quantité de liquide, dans lequel nagent quelques petites portions d'aliments. Le tout exhale une odeur à la fois aigre et alcoolique (il paraît que l'alcool était absorbé en totalité lors de la mort, tant il y a peu de liquide dans l'estomac). La membrane muqueuse de cette poche est rouge et offre tous les caractères d'une inflammation chronique ; les intestins grêles et les gros intestins sont rouges par place à l'extérieur ; leur membrane muqueuse est fortement injectée, et présente en divers endroits des plaques d'un rouge brun très foncé. — Le foie est à peu près dans l'état naturel. Il en est de même de la rate, dont le tissu est assez consistant. — La vessie est peu ample ; ses parois sont épaisses ; elles contiennent peu d'urine.

Cerveau. — *Injection marquée des vaisseaux de la dure-mère, sang noir dans le sinus longitudinal ; l'arachnoïde offre une consistance beaucoup plus grande que dans l'état naturel ; il existe dans les circonvolutions du cerveau une certaine quantité de sérosité. La substance cérébrale est ferme quand on la coupe : on voit qu'elle est piquetée ; les veines du cerveau contiennent du sang noir en quantité notable.*

Congestion cérébrale.

Berthé (Michel), ancien militaire, âgé de soixante-cinq ans, rencontre son ancien général qui lui donne quelque argent ; il l'emploie à boire des liqueurs alcooliques, et ne rentre chez lui que le matin ; il s'y livre à toutes les extravagances que son état entraînait. Bientôt ses voisins, qui en étaient incommodés, n'entendent plus aucun bruit ; on entre dans la chambre, on le trouve mort au pied de son lit, et on l'apporte à la Morgue le 17 janvier 1829.

Autopsie faite le 21. — Cadavre gelé ; quelques plaques rouges violacées au devant des genoux ; pâleur générale de la peau ; peu d'écume dans la trachée ; poumons d'un noir violet, très crépitants ; leur tissu très légèrement rouge et sans stase sanguine dans leur partie postérieure ; cœur très volumineux ; cavités gauches vides ; un peu de sang fluide dans les cavités droites; veines caves assez pleines d'un sang fluide très noir.

Dure-mère injectée; ses vaisseaux veineux gorgés; une couche de glace incolore d'une ligne et demie d'épaisseur dans la cavité de l'arachnoïde et à toute la surface externe du cerveau. — Le cerveau modérément piqueté; quelques petits glaçons limpides dans les ventricules; substance cérébrale d'une consistance ordinaire. — Mais le quart antérieur des deux hémisphères est transformé en une matière qui, pour la couleur, est analogue à celle du cerveau, mais qui a la consistance du suif. Cette matière semble envoyer des prolongements dans la substance cérébrale saine.

Congestion cérébrale et rachidienne.

Le sieur Carlet, âgé de soixante-trois ans, entré à Bicêtre le 22 mars 1837, marchant bien, mangeant bien, mais dans un état de somnolence habituelle, rentre le 8 juin au soir de Paris, où il a passé un mois. Il dort bien, déjeune de même; mais, après son repas, il se plaint de souffrir un peu de la tête; il dort profondément pendant deux heures environ; à son réveil, il se plaint encore de céphalalgie, et sort pour prendre l'air. Tout à coup, sans rien dire, il s'assied, pâlit, penche la tête; l'élève de garde accourt; le cœur ne battait plus; il était mort. Les pupilles étaient dilatées, les membres flasques, la face très pâle. Le défunt ne s'est jamais plaint de souffrir du ventre.

A l'autopsie : roideur cadavérique, pupilles dilatées, téguments du crâne injectés, face pâle; à l'incision des veines cérébrales et des sinus il s'écoule une quantité très considérable de sang liquide; les membranes renferment beaucoup de sérosité incolore; la tête étant placée dans une position déclive, *il s'écoule du sang noir non coagulé pendant longtemps et en grande abondance; le cerveau, le cervelet, la protubérance et la moelle épinière ne présentent pas de congestion sanguine dans leur tissu;* à gauche, l'hémisphère cérébral offre au-dessus du corps strié un foyer ancien avec kyste et sérosité du volume d'une noix; la sérosité sous-arachnoïdienne du rachis est mousseuse comme de l'eau de savon, quoiqu'elle n'ait pas été agitée; *les veines rachidiennes intravertébrales renferment encore beaucoup de sang;* le cœur offre dans ses ventricules et oreillettes, mais plus du côté droit, du sang liquide noir sans caillots; dans le ventricule gauche, coagulation sanguine très peu volumineuse; trachée un peu injectée dans l'intervalle qui sépare ses cerceaux; poumons engoués en arrière et en bas des deux côtés; tubercules crétacés avec induration au sommet du poumon gauche; foie énorme; à sa face inférieure, deux tumeurs distinctes fluctuantes hydatifères; aucune autre altération. Il est bon de noter que, lorsque cet individu a été frappé de mort, il n'avait pas bu, et que, comme il était couvert d'un chapeau, il ne devait pas avoir ressenti l'influence du soleil (il était onze heures du matin).

Apoplexie séreuse et congestion pulmonaire.

Autopsie faite le 28 octobre 1837. — Le sujet est un chiffonnier inconnu qui a été trouvé mort dans la plaine de Monceaux, le 23 octobre au matin. Il a été porté le même jour à la Morgue, où il a été ouvert le 28 du même mois. Il paraît âgé d'au moins cinquante ans; il est d'une taille de cinq pieds et demi environ et d'une forte constitution.

Cerveau. — Sa surface extérieure est saine; il est d'une assez grande

consistance ; les coupes faites à cet organe font voir sa substance légèrement sablée ; les ventricules latéraux, et *surtout le gauche, sont énormément dilatés par de la sérosité limpide ; le quatrième ventricule en
contient aussi ; la quantité de liquide rachidien est augmentée ;* toute
là substance cérébrale est remarquable par son humidité ; les sinus de la
dure-mère contiennent peu de sang.

Appareil de la circulation. — Les veines et les artères du cou sont
complétement vides de sang ; les premières sont gonflées par de l'air. Les
vaisseaux veineux de la partie inférieure du tronc sont, au contraire,
remplis de sang : le péricarde renferme deux cuillerées environ de sérosité ; le cœur a un volume assez considérable ; le ventricule gauche est
dilaté, ses parois hypertrophiées et son intérieur rempli d'un sang liquide
et moins noir que le sang veineux ; le ventricule droit est encore plus
dilaté, ses parois encore plus hypertrophiées ; le sang qu'il renferme est
assez noir et très peu fluide ; il y a quelques ossifications à la crosse de
l'aorte ; *les poumons sont gorgés de sang et d'une teinte violette assez
foncée ; ces symptômes sont surtout marqués à la partie postérieure
des poumons. Il y a un léger emphysème.*

L'estomac, complétement vide, est considérablement revenu sur lui-
même ; le commencement des intestins grêles présente les traces d'une
inflammation chronique ; les gros intestins sont remplis de matières fécales ; le foie présente aussi les traces d'une forte congestion sanguine ; il
en est de même de la rate, qui, de plus, est recouverte de petites concrétions blanches de consistance cartilagineuse ; les *reins* sont à l'état
normal ; la *vessie* est revenue sur elle-même et ne contient guère qu'une
cuillerée d'urine.

Congestion cérébrale et congestion pulmonaire.

Kuenzi, âgé de trente-quatre ans, tailleur, fut trouvé mort, le 18 juillet 1830, au matin, dans son lit, par son camarade qui couchait avec
lui.

Le cadavre commence à présenter aux paupières une coloration verdâtre ; il s'écoule de chaque angle interne de l'œil et du bord libre des
paupières du sang très fluide, mais très foncé en couleur. Quand on
penche le cadavre de manière à ce que la tête soit dans une position déclive, l'écoulement de sang par les yeux a lieu par nappe et en abondance ;
le phénomène est tout à fait cadavérique et résulte du développement de
gaz dans les ventricules droits du cœur, ce que nous avons *constaté d'une
manière bien évidente* en ouvrant ce ventricule dont le sang s'est échappé
avec beaucoup de bulles gazeuses très larges.

Tête. — *Sinus de la dure-mère assez gorgés de sang, surtout à la
base du crâne ; arachnoïde blanche, épaisse, offrant une foule de
granulations jaunâtres le long du sinus longitudinal et adhérant à
l'arachnoïde qui tapisse cette membrane ; la substance cérébrale ferme,
légèrement piquetée ; le cerveau enlevé, il reste dans la cavité du crâne
quatre cuillerées environ de sérosité sanguinolente ; et, en effet, en
examinant les ventricules, on voit qu'ils ont été dilatés. Pas de traces
d'épanchements sanguins dans le cerveau, le cervelet ou le méso-
céphale.*

Poumons extrêmement développés, recouvrant le péricarde, très sains,
crépitants, d'une couleur violacée, gorgés de sang dans leurs deux tiers
postérieurs ; la trachée-artère offrait une teinte d'un rouge foncé à l'intérieur ; tout son conduit tapissé d'une *écume très divisée à bulles très*

fines, d'une couleur rougeâtre, mais assez consistante et assez plastique. Cavités droites du cœur contenant une quantité notable de sang, ainsi que les veines caves ; cavités gauches, une moins grande quantité.

Estomac et intestins sains.

Ce cadavre offrait une coloration violacée de la peau à la partie supérieure de la poitrine, sur l'abdomen et sur les deux cuisses ; une plaque blanche existait à la partie antérieure de la poitrine. Je crus voir un asphyxié par le charbon ; on avait déclaré qu'il était mort d'apoplexie foudroyante.

Congestion cérébrale et pulmonaire.

Autopsie faite le 22 décembre 1837. — Le sujet est un homme de quarante-cinq ans environ, très fortement musclé, gras, d'une taille de cinq pieds trois pouces. Ses épaules sont larges et son cou est très court. La face présente une teinte d'un rose vif. Il a été trouvé mort sur la route de Boulogne.

A l'ouverture du crâne, il semble qu'il s'exhale une odeur vineuse que, du reste, on retrouve très prononcée dans les autres cavités splanchniques ; les veines de la dure-mère sont gorgées de sang ; les sinus de cette membrane sont vides ; les veines sous-arachnoïdiennes sont également gorgées de sang ; le cerveau est assez ferme ; ses coupes font voir sa substance sablée ; rien de remarquable dans les ventricules.

Thorax. — *Émanations vineuses ; sortie d'un liquide séro-sanguin très abondamment épanché dans les cavités pleurales ; poumons d'un rouge violacé, vineux, très intense ; il s'écoule de la section de leur tissu une grande quantité de sang ; le tissu pulmonaire a perdu de sa consistance et présente tous les signes anatomiques d'une violente congestion.*

Les cavités gauches du cœur contiennent très peu d'un sang noir et assez peu liquide ; les parois du ventricule gauche sont un peu hypertrophiées, surtout si on les compare à celles du ventricule droit qui sont très minces. Cette dernière cavité contient un peu plus de sang que la précédente, il est plus liquide et d'une teinte violacée ; la membrane muqueuse de la trachée et celle des bronches est très rouge ; les bronches et la trachée sont remplies d'un liquide spumeux rouge exhalant une odeur bien marquée de cassis ; les veines du cou contiennent beaucoup de sang.

A l'ouverture de l'abdomen, toujours cette même odeur alcoolique qui témoigne bien que l'individu faisait un fréquent usage des liqueurs fortes ; le foie est très volumineux, son tissu un peu gorgé de sang ; la rate est normale ; la vessie contient environ un demi-verre d'urine ; l'estomac est distendu par des gaz, il contient assez d'aliments ; parmi ceux-ci on retrouve des liquides d'une odeur fortement alcoolique ; la membrane muqueuse gastro-intestinale est tout à fait saine.

Cet individu a succombé à une congestion cérébrale et pulmonaire ; la quantité de vin ou d'autres liqueurs alcooliques qu'on a retrouvée n'a pas sans doute été étrangère à sa mort, d'autant plus qu'elle a eu lieu pendant une nuit très froide.

Congestion pulmonaire.

Individu soupçonné être le nommé Jean Giraud, âgé de quarante et un ans, ramoneur à la Petite-Pologne, ouvert le 25 janvier 1830, mort sur la route de Saint-Denis. Aucune apparence de lésion extérieure ; homme très fort ; poumons bien développés recouvrant tous deux le péricarde ; ils sont de couleur rosée et marbrés de noir ; le tissu cellulaire environnant le péricarde est rosé ; péricarde blanc ; pas de sérosité dans son intérieur ; cœur très volumineux, une quantité assez notable de sang très fluide dans le ventricule droit. A l'ouverture du ventricule gauche, on aperçoit un liquide analogue à du sérum du sang avec une légère couche d'une substance semblable à la couenne inflammatoire ; aussitôt ce sérum écoulé, on trouve du sang beaucoup plus consistant qu'à droite, mais pas en caillot. L'oreillette gauche contient une assez grande quantité de sang épais ; les veines caves renferment beaucoup de sang ; pas de trace de vase sur la langue, pas de rougeur à sa base ; ganglions bronchiques ossifiés : *membrane interne de la trachée très rouge, très injectée, surtout dans les divisions du poumon gauche ; un peu de mucus épais disséminé çà et là, mais sans écume ; poumon gauche assez riche de sang ; poumon droit adhérant dans toute son étendue à la plèvre costale ; les poumons incisés présentent une injection de leur tissu avec une multitude de points noirs formés par le sang qui existe dans les radicules vasculaires. Il existe une grande différence pour l'intensité de la coloration entre les lobes inférieurs et le lobe supérieur : l'une est rosée, l'autre presque noire ; cet état répond bien à celui de la membrane muqueuse de la trachée.*

Abdomen. — Foie assez gorgé ; estomac petit et ramassé au-dessous du foie ; mais à la place de l'estomac il existe une tumeur que l'on a prise au premier abord pour cet organe. Cette tumeur est formée par la rate appliquée immédiatement au-devant du rein gauche, dont la position est telle qu'il occupe la place de la rate ; le rein de l'autre côté est dans la même situation ; les intestins sont sains.

Congestion pulmonaire.

Charmé (Nicolas), vingt-six ans, infirmier (mort en dînant, rue Saint-Jacques, n° 60, le 6 novembre 1830). Aucune apparence de violence à l'extérieur. — La langue pincée à son extrémité entre les dents, et peu avancée, *absolument comme cela a lieu chez les pendus.*

Tête. — Membrane du cerveau dans l'état naturel : substance cérébrale très piquetée au voisinage de la surface extérieure du cerveau et à peine piquetée près de sa base ; une cuillerée environ de sérosité dans les ventricules latéraux.

Bouche, larynx et trachée, rien de remarquable ; la *membrane muqueuse de ce dernier conduit est un peu arborisée à la partie postérieure, ainsi que dans les divisions des bronches où l'arborisation devient beaucoup plus prononcée. Poumons crépitants, violacés et arborisés à l'extérieur. Incisé, le parenchyme des poumons est comme teint de sang, d'un rouge de plus en plus foncé quand on l'examine plus profondément. Tous les vaisseaux du parenchyme laissent écouler du sang très noir, comme dans l'asphyxie par le charbon. Les gros vaisseaux (veines pulmonaires et artères) sont eux-mêmes très gorgés.*

Le cœur est assez volumineux ; les veines sous-clavières et caves sont distendues par du sang, ainsi que les cavités droites : *ce sang est fluide.* Dans le ventricule gauche, on trouve beaucoup moins de liquide ; il s'écoule d'abord, par l'ouverture qui y est faite, de la sérosité ou sérum du sang, puis un mélange de sérum et de matière colorante, puis du sang proprement dit ; mais il n'est nullement fibrineux.

Abdomen. — Estomac contenant une demi-pinte environ d'un liquide rougi par du vin, et quelques portions d'aliments. La membrane muqueuse de cet organe est d'un rouge brunâtre briqueté dans toute son étendue. Cette coloration s'étend au duodénum. L'intestin grêle offre çà et là des parties enflammées d'une manière chronique ; il est généralement injecté extérieurement. Le foie est sain ; mais son tissu est fortement gorgé de sang, ainsi que la rate. La vessie est pleine d'urine.

Congestion pulmonaire.

Le 20 janvier 1837, etc., nous nous sommes rendu à la Morgue, à l'effet de déterminer les causes de la mort du sieur Fleuret, décédé sur la route de Neuilly.

Nous avons appris que cet homme était aliéné depuis quatre ans ; que trois jours auparavant, un enfant que l'on avait placé auprès de lui s'étant éloigné, il avait profité de cette circonstance pour sortir de Clichy, où il habitait avec sa femme, et qu'il avait été trouvé mort le lendemain dans un état de contracture qui dénotait des souffrances assez grandes dans les derniers instants de la vie. En effet, les membres étaient écartés du corps, étendus, les doigts fléchis, contractés, la figure portant l'empreinte de la souffrance.

Examen extérieur. — La rigidité cadavérique a totalement cessé. Au gros orteil, une plaie qui a détruit une partie de la peau et déterminé la chute de l'ongle ; plaie ancienne paraissant avoir donné du sang par suite de la marche ; plusieurs pustules ulcérées : une au pli de l'aine gauche, trois à la face dorsale des articulations qui unissent la première phalange aux os du métacarpe ; plusieurs excoriations aux doigts de la main gauche, paraissant être le résultat de frottements brusques sur le pavé, car l'épiderme est détaché, plissé et renversé de haut en bas, de manière à constituer de petits lambeaux flottants ; à la racine des cheveux et vers le milieu du front, une plaie contuse d'un pouce environ de longueur dont les lèvres offrent trois à quatre lignes d'écartement et sont granulées, inégales et épaisses. Cette plaie n'intéresse que la peau ; son fond est formé par du tissu cellulaire rose, injecté, mais il n'existe pas d'ecchymose dans son pourtour. Le cerveau petit, les membranes pâles, la substance cérébrale peu piquetée.

La base de la langue rosée et comme dépouillée d'épiderme ; rien dans le larynx ni la trachée-artère, mais *la membrane muqueuse des bronches est d'un rouge vif ; il semble qu'une exsudation sanguine ait eu lieu à la surface. Les deux poumons sont assez petits, mais retenus dans la cavité de la poitrine par des adhérences anciennes, le tissu d'un rouge vif, et il s'écoule de la section des vaisseaux qui les parcourent une quantité de sang assez notable.* Les cavités droites du cœur sont remplies de sang ; on y trouve en outre, au voisinage de la valvule auriculaire, plusieurs caillots de fibrine grisâtre et décolorée ; il existe peu de sang dans les cavités gauches. Le foie, très volumineux, est gorgé de ce fluide, quelques débris de matières alimentaires se rencontrent dans l'estomac ; la vessie ne renferme que peu d'urine.

Conclusion.

La température de l'atmosphère, le peu de vêtements dont était couvert cet individu, le lieu où il a été trouvé, l'absence de lésions capables d'expliquer la mort, l'état d'engorgement des poumons et des cavités droites du cœur, tendent à démontrer que la mort a été le résultat de l'asphyxie par le froid; elle a dû être hâtée par les souffrances de cet homme, dont la marche aura certainement été très douloureuse à cause de la blessure qu'il portait au gros orteil.

Quant à la plaie du front, elle s'explique parfaitement par l'effet d'une chute du corps en avant.

Congestion pulmonaire.

Le 15 décembre 1835, nous avons procédé à l'ouverture du corps du nommé ...., décédé sur la voie publique, rue Bourg-l'Abbé, le 12 courant, à l'effet de déterminer la cause de la mort, et particulièrement si elle pouvait avoir été l'effet de quelque violence ou blessure.

Cadavre du sexe masculin, fort musclé; aucune apparence de lésion, contusion, blessure ou de quelque autre violence à l'extérieur du corps; pas d'ecchymose dans les muscles des membres, ni dans ceux du tronc; cerveau dans l'état normal, si ce n'est un état piqueté et sablé de sa substance. Rien de remarquable dans la cavité de la bouche, le larynx et la trachée. Poumons *volumineux, adhérents dans toute leur surface aux plèvres; leur tissu d'un rouge vif en avant, d'un rouge noirâtre en arrière, gorgé d'un sang épais qui s'écoule en nappe des orifices des vaisseaux divisés.* Le cœur très volumineux (hypertrophié), ses cavités plus larges que de coutume, elles contiennent du sang; la cavité droite en renferme plus que la gauche; ce sang est fluide, mais il est plus épais dans la cavité gauche que dans la droite. Tous les gros vaisseaux qui se rendent au cœur et aux poumons contiennent aussi du sang. L'estomac et les intestins sont pâles et décolorés; dans la cavité du premier de ces organes existent des aliments (pain, haricots et pomme cuite); la membrane muqueuse de cet organe est un peu injectée; il n'existe avec les aliments qu'une très petite quantité de liquide incolore, sans odeur vineuse ou alcoolique. Le foie est à l'état normal, mais il contient plus de sang; la rate et les reins sont dans l'état naturel.

Conclusion.

1° Il n'existe pas de traces de blessures ou de violence auxquelles on puisse attribuer la mort.

2° La mort a été le résultat d'une congestion sanguine des poumons survenue probablement d'une manière spontanée sous l'influence du froid, et pendant une digestion active chez un individu qui y était disposé par le développement considérable des organes de la circulation.

Congestion pulmonaire; état anatomique imitant celui d'un individu noyé.

Un homme apporté à la Morgue le 8 février 1830, mort subitement rue Saint-Antoine. Aucun signe extérieur de violences; adhérences assez nombreuses des poumons aux côtes, principalement du côté droit; poumons sains extérieurement; veines sous-clavières gorgées; un peu de sérosité visqueuse dans le péricarde; cœur volumineux; aorte et artère pulmonaire très volumineuses; à la naissance de cette dernière artère existe un point large comme un centime où les membranes sont amincies, mais sans altération morbide ; il semble que la tunique moyenne de l'artère manque dans ce point ; la forme de cette place est ronde ; le le ventricule droit contient un sang demi-fluide, s'échappant plus épais au fur et à mesure que l'on vide cette cavité ; la section de l'aorte laisse écouler beaucoup de sang ; les parois du ventricule gauche sont très épaisses, sa cavité ne contient qu'une très petite quantité de sang épais ; *la langue n'offre rien de remarquable ; le larynx, la trachée et une grande partie des ramifications bronchiques contiennent de l'écume ; dans le larynx l'écume est blanche ; elle devient de plus en plus rouge dans la trachée ; elle est rouge dans les premières divisions des bronches ; cette écume diffère de celle des noyés en ce qu'elle est à bulles larges et qu'elle n'est pas uniforme, c'est-à-dire qu'entre trois ou quatre grandes bulles il y en a six ou huit petites : ce n'est pas cette écume à bulles multipliées et uniformément placées les unes à côté des autres, quoique formée par du mucus ; les bulles sont à parois minces, et j'avoue que, s'il ne m'était pas démontré que ce n'est pas un noyé, je pourrais croire à la submersion. Une autre circonstance viendrait d'ailleurs appuyer ce fait, c'est l'existence d'une grande quantité d'eau dans l'estomac : il y en avait bien un litre ; elle s'y trouvait avec des aliments en grande partie digérés. Ici donc la différence entre l'écume consistait dans la largeur des bulles, un peu plus de viscosité et la couleur rouge due à du sang qui a évidemment été exhalé dans les derniers moments de la vie ; les poumons sont d'ailleurs gorgés de sang dans toute leur étendue ; les organes de l'abdomen sont sains ; le cerveau contient un peu de sérosité.*

Mort par congestion pulmonaire et cérébrale.

Martin, âgé de cinquante-quatre ans, menuisier, est trouvé mort le 17 mars 1838, à la Villette, sur la route d'Allemagne, auprès d'une des cuvettes de la route. Il était étendu à terre sur le dos ; les pieds en partie dans l'eau du ruisseau, les mains enfoncées dans l'eau vaseuse de la cuvette, la partie postérieure de la tête trempant dans l'eau, mais la face entièrement sèche et sans contact avec le liquide. Quelques documents recueillis font connaître que cet homme était dans un état d'idiotisme assez avancé pour qu'on fût obligé de l'habiller. Il était très sobre.

État extérieur. — Quelques excoriations au front, au dos du nez, à la pommette droite, à la lèvre inférieure, au coude droit et au devant de l'une des jambes, ces excoriations sans ecchymoses sous-cutanées ; *congestion des vaisseaux de la dure-mère et des sinus de cette membrane ; arachnoïde extrêmement épaissie, infiltrée de sérosité limpide ; tous les vaisseaux de la pie-mère fort injectés et colorant en rouge cette membrane ; çà et là des petites granulations jaunâtres dans le tissu cellulaire sous-arachnoïdien ; substance cérébrale ferme, injectée et sablée très fin ; elle est remarquablement humide et comme lubrifiée de sérosité ; les deux ventricules latéraux dilatés et contenant trois cuillerées au moins de sérosité limpide ; des kystes séreux de la grosseur de petites lentilles dans les plexus choroïdes ; les pédoncules du cerveau très mous, mais sans changement de couleur ; le cervelet ferme, aussi très humide ; bouche, larynx, trachée, rien ; bronches un peu colorées en rouge ; poumons déprimés, leur tissu d'un rouge brique en avant et gorgé de sang dans leur moitié supérieure.*

Cavités droites du cœur distendues par un sang très fluide et assez pâle ; du sang coagulé dans le ventricule gauche ; ce sang est épais et noir. Estomac contenant un demi-verre de liquide rouge de sang ; pas d'aliments.

Mort par syncope.

Un homme de soixante à soixante-cinq ans, mort sur la voie publique, ouvert le 19 février 1829.

Etat extérieur du cadavre. — Rien de remarquable ; assez d'embonpoint, figure nullement altérée ; cet homme semble dormir.

Thorax. — Poumons droit et gauche peu gorgés de sang, si ce n'est à la base du poumon droit, qui paraît beaucoup plus rouge à la partie postérieure. Ces organes sont crépitants.

Cœur volumineux. — Les cavités droites contiennent une assez grande quantité de sang coagulé. Dans le ventricule droit il existe *un gros caillot qui ressemble parfaitement à la couenne pleurétique* ; du sang dans les cavités gauches du cœur.

Estomac presque vide ; un peu de liquide incolore mêlé à une très petite quantité d'aliments de couleur brune ; les parois de l'estomac, dans les deux tiers environ de l'étendue de cet organe, sont d'un rouge vif. Lorsqu'avec le scalpel on enlève les mucosités, on aperçoit toute la muqueuse parsemée de points d'un rouge vif.

Les intestins offrent à l'extérieur une couleur rouge en divers endroits ; vue à l'intérieur, la membrane muqueuse présente par places des points d'un rouge à peu près semblable à ceux qu'on observe dans l'estomac. Les *reins* sont sains. La *vessie* forme une saillie considérable dans l'abdomen ; son volume équivaut à la tête d'un fœtus ; une ponction en fait sortir une grande quantité d'urine peu colorée, sans dépôt.

Cerveau. — Injection légère des vaisseaux de la dure-mère ; sérosité entre la dure-mère et le cerveau ; point de sérosité extraordinaire dans les ventricules ; la substance du cerveau n'est point piquetée.

Mort subite par syncope chez une femme de cinquante-cinq à soixante ans environ.

Le 10 février 1837, en vertu, etc., nous nous sommes transporté à la Morgue, où, etc.

Aucune trace de violences ou de blessures à l'extérieur du corps ; vaisseaux de la dure-mère et du cerveau renfermant peu de sang ; substance cérébrale non piquetée, plutôt infiltrée de sérosité, à la base surtout : langue sèche, un peu violacée à sa base ; larynx et trachée peu injectés ; poumon gauche sain ; cavernes et tubercules dans le poumon droit ; l'un et l'autre peu gorgés de sang ; cœur assez volumineux ; une quantité assez considérable de sang dans les cavités droites, avec un *caillot fibrineux de la grosseur d'une noix ;* les cavités gauches en renferment aussi ; mais il y est moins fluide, et en proportion moindre ; estomac ne contenant pas un atome de matière : sa face interne violacée dans toute son étendue, indiquant une gastrite de longue date ; foie un peu rugueux à sa surface, peu gorgé de sang ; vessie vide ; intestins, *idem ;* le côlon rétréci.

Conclusion.

1° Point de traces de violences ou blessures, tant extérieurement qu'intérieurement, qui puisse expliquer la mort ; 2° celle-ci paraît avoir été le résultat d'une syncope ; 3° l'état de l'estomac et celui des intestins pourraient faire admettre que la syncope est due à une abstinence longtemps prolongée.

Mort par syncope, suite d'anévrisme du cœur.

Baillet (Alexandre), âgé de soixante-trois ans, fourbisseur, décédé subitement dans un cabaret de la rue..... ; ouvert à la Morgue, le 6 janvier 1837.

État extérieur du corps. — Il n'existe à l'extérieur du corps aucune trace de violences ; on aperçoit seulement sur le cuir chevelu deux tumeurs : l'une, située vers le milieu de la région pariétale gauche, offre à peu près le volume d'un œuf de pigeon ; l'autre, située en arrière et au-dessus de l'oreille droite, égale au moins celui d'un œuf de dinde. Ces deux tumeurs laissent écouler à la section un liquide de la couleur et de la consistance du miel.

Tête. — Il n'existe aucune fracture à la voûte du crâne ; état d'engouement assez prononcé de la partie postérieure du cerveau ; pâleur, opacité et infiltration de l'arachnoïde et de la pie-mère qui tapissent la partie supérieure des lobes de cet organe. La substance cérébrale, examinée par des coupes en différents sens, n'offrait rien de remarquable ni dans le cerveau ni dans le cervelet ; la base de la langue est un peu injectée ; le larynx et la trachée sont à l'état normal.

Thorax. — Les poumons sont affaissés et déprimés ; leur tissu, parfaitement sain, est gorgé de très peu de sang en arrière ; le cœur est très volumineux ; le ventricule droit et les deux oreillettes ayant acquis des dimensions très considérables, sans épaississement ni amincissement de leurs parois ; le ventricule gauche est hypertrophié ; sa cavité est très rétrécie, ses parois ayant en certains endroits jusqu'à un pouce et un pouce et demi d'épaisseur ; les colonnes charnues sont très volumineuses ; les valvules du cœur, très blanches, plus denses que de coutume, et se rapprochant de l'état cartilagineux ; une quantité de sang assez considérable remplit les cavités droites du cœur : il y en a moins dans les cavités gauches dont le calibre est évidemment bien moindre ; à l'ouverture du ventricule droit, il s'écoule d'abord de la sérosité, puis du sang liquide ; et après sa sortie, on y remarque un assez grand nombre de *caillots fibrineux*, formés par une fibrine grisâtre, mollasse et diaphane.

En étendant la membrane muqueuse on voit les bouches béantes de ses vaisseaux exhalants ; cette membrane paraît avoir moins de consistance que de coutume ; elle se laisse déchirer facilement.

Abdomen. — Vacuité complète de l'estomac, qui est contracté et revenu sur lui-même ; aucune odeur alcoolique ne s'exhale de l'intérieur de ce viscère ; le foie est très volumineux et hypertrophié ; sa tunique péritonéale est blanche dans toute la surface supérieure de son grand lobe ; les intestins ne présentent rien de particulier ; vessie contractée, et ne contenant que très peu d'urine.

Conclusion.

En l'absence de l'odeur alcoolique dans l'estomac et des traces de congestion au cerveau et dans les poumons qui accompagnent ordinairement la mort suite d'ivresse ; et ayant égard à l'état du cœur, tant sous le rapport de son état anatomique que sous celui de la quantité de sang contenue dans ses cavités, nous sommes conduit à penser que la mort a été le résultat d'une syncope du genre de celles qui amènent la mort de quelques personnes affectées de lésions organiques du cœur.

Mort par hématémèse.

Corby (Étienne), quarante-neuf ans, journalier, mort subitement sur la place de Grève le 17 juillet 1830. Cadavre très maigre ; aucun signe de putréfaction ; pas de lésion à l'extérieur.

Tête. — Méninges saines ; cerveau nullement piqueté ; un peu de sérosité dans les ventricules.

Poitrine. — Poumons parfaitement sains, un peu gorgés de sang en arrière ; trachée-artère renfermant un liquide séro-sanguinolent, quoique la membrane muqueuse ne soit pas sensiblement colorée. Ce liquide est très aqueux à la division de la trachée. Quand on presse les poumons, il se dégage des bulles d'air qui soulèvent le liquide, comme cela aurait lieu chez un noyé ; mais il est rare de rencontrer chez ces derniers une aussi grande quantité d'eau ; la pression des bronches un peu prolongée ne fait plus sortir un liquide séreux, mais bien un liquide sanguinolent (sérosité de sang), qui prend une couleur et une consistance d'autant plus marquées, que l'on comprime plus fortement le poumon ; en sorte que les dernières portions ressemblent tout à fait à du sang. Les cavités du cœur sont vides. Les veines caves contiennent peu de sang.

Abdomen. — *Estomac énormément distendu ; on y trouve deux livres et demie à trois livres de sang formant un seul caillot très consistant au milieu duquel se voient des haricots verts. Il n'y a que peu de sang liquide ; la couleur du caillot est d'un noir de jais ; l'estomac vidé offre une teinte d'un blanc rose ; mais cette couleur rose est entièrement due à une couche de mucus épais et filant plastique qui tapisse toute sa surface interne : une fois enlevé, l'estomac est tout à fait blanc, à part quelques points un peu injectés au voisinage de l'orifice cardiaque.*

Les autres organes de l'abdomen sont blafards et décolorés, mais sains.

Mort par hématémèse. — Phthisie.

Le 8 février 1837, nous avons procédé à l'autopsie du nommé Lagrange (Pierre-François), âgé de quarante-six ans, palefrenier, mort subitement sur la voie publique, à l'effet de déterminer la cause de sa mort.

À l'extérieur, aucune trace de violence ; on voyait seulement sur la peau qui recouvre les os propres du nez une légère ecchymose résultant apparemment de la chute du corps sur cette partie au moment de la mort.

À l'intérieur, rien de remarquable au cerveau ; au lieu d'être injecté ou de présenter l'état piqueté, il semble contenir moins de sang que d'ordinaire. Rien d'anormal à la trachée. Les poumons présentent quelques cavernes par suite de fonte tuberculeuse. Ils sont partout farcis de tubercules. Loin d'offrir des traces de congestion sanguine, ils sont pâles, même dans les points les plus déclives. Le cœur, petit pour la stature du corps, et adhérant fortement au péricarde, présente dans ses cavités droites beaucoup de sang fluide ; à gauche, il y en a fort peu ; du reste, rien d'anormal dans cet organe.

L'estomac paraît distendu par un liquide ; ouvert longitudinalement, il s'en écoule une quantité considérable de sang liquide ; vers le grand cul-de-sac existe un caillot de la grosseur du poing ; les vaisseaux de cet organe sont rouges et injectés ; ils forment à la surface de la membrane muqueuse un lacis très apparent. Les autres organes de l'abdomen n'offrent de remarquable que le peu de sang qu'ils contiennent, ce qui est plus saillant dans les organes parenchymateux, tels que le foie et la rate.

L'état exsangue des viscères ne pouvant pas s'expliquer complétement par la quantité de sang trouvée dans l'estomac, nous avons cherché des traces de vomissement qui nous rendissent compte de cet état, et nous avons trouvé près la commissure gauche des lèvres du sang desséché qui paraissait être le résultat de vomissement.

Des faits ci-dessus nous croyons pouvoir conclure que le nommé Lagrange a succombé à une hématémèse.

Nota. Nous avons appris que Lagrange abusait des boissons alcooliques, et qu'il lui arrivait souvent de passer plusieurs jours sans prendre aucun aliment.

Mort par rupture de l'artère pulmonaire, suite d'ivresse.

Lutz, trente ans, sellier. Ouverture faite le 26 septembre 1837. Trois hommes descendaient la rue Rochechouart ; six à huit autres qui étaient en avant leur barraient le passage ; ils se font cependant ouverture ; mais Lutz reste en arrière, s'empare de la canne de l'un des huit hommes, et se défend. Dans la lutte, il reçoit au cou un coup de couteau. La garde arrive, s'empare de Lutz ; un des soldats, le voyant vaciller, le saisit, le porte sur son épaule avec ses deux camarades, et le dépose dans le violon du corps de garde ; mais à peine est-il placé à terre que ses deux camarades le trouvent sans vie.

Autopsie. — Homme très fortement constitué et très musculeux. Sur le sterno-mastoïdien droit, à un pouce au-dessus de la clavicule, existe une plaie transversale de quatre lignes de diamètre, dont les lèvres sont béantes ou desséchées. Il nous est impossible de déterminer si les angles sont nets et arrondis, et de préciser l'espèce d'instrument employé. Toutefois l'instrument a traversé les muscles sterno-mastoïdien, thyroïdien, hyoïdien, laissé intact le corps thyroïde, s'est porté obliquement au-devant de la trachée, et s'est arrêté au-devant de l'artère et de la veine carotide primitive sans les intéresser, ce que prouve une ecchymose qui dessine ce trajet.

Le cerveau est injecté très fortement dans la pie-mère ; la dure-mère et ses sinus contiennent peu de sang ; la substance cérébrale est assez piquetée ; bouche, trachée, rien.

Deux litres de sang dans la cavité gauche de la poitrine. Ici, le caillot est tellement isolé du sérum qu'en ouvrant cette cavité et voyant s'écouler un liquide limpide et incolore, nous crûmes d'abord à un épanchement séreux pleurétique ; le poumon est fortement refoulé et comprimé; du sang complétement coagulé existe dans le péricarde, mais en petite quantité : le cœur est contracté sur lui-même, réduit à un petit volume et vide de sang ; le péricarde est perforé par une ouverture ronde d'un pouce de diamètre à la racine des vaisseaux pulmonaires gauches ; et dans ce point la substance pulmonaire se déchire avec une grande facilité. En examinant les gros vaisseaux, car les premières branches artérielles et veineuses sont intactes, on trouve à un pouce au-dessous de l'origine de l'artère pulmonaire, lorsque cette artère est encore enveloppée par le péricarde, une ouverture qui occupe son côté gauche et un peu postérieur. Cette ouverture est le résultat d'une rupture des parois artérielles. Telle est sa disposition, que, vue à l'intérieur, l'artère offre deux sections transversales dans le sens des fibres circulaires, séparées par un petit point ou lambeau d'une ligne de longueur. L'une d'elles, placée plus près du cœur, a six lignes de largeur, et l'autre huit lignes. Les bords de ces déchirures sont nets, lisses comme s'ils avaient été coupés avec un instrument tranchant ; en dehors de la tunique interne, on voit une ecchymose à peu près ronde de huit lignes de diamètre, et à son centre une déchirure de la tunique fibreuse et de la tunique séreuse à bords frangés, inégaux, mais constituant une ouverture ronde de deux lignes de diamètre.

Tous les autres organes sont sains. L'estomac contient des matières alimentaires fortement colorées par du vin, qui se reconnaît, non pas en ce qu'il existe en nature, mais à la matière colorante (*lie de vin*) qui tapisse les aliments.

C'est une chose remarquable que la rapidité avec laquelle les boissons disparaissent après la mort. Chez les gens morts d'ivresse, on ne retrouve plus de vin, ou presque plus, mais bien la matière colorante, qui a pris la couleur de la lie.

Conclusion.

1° La mort du sieur Lutz a été le résultat de la rupture des parois de l'artère pulmonaire.

2° Le coup de couteau ou d'un instrument perforant et tranchant n'a été pour rien dans cette lésion.

3° Il est possible que l'ivresse, réunie à la colère et aux émotions que Lutz a éprouvées pendant la lutte, ait contribué à déterminer cette lésion artérielle en augmentant considérablement l'activité de la circulation.

CHAPITRE IV.

MOYENS DE DÉTERMINER SI LA MORT EST RÉELLE OU SI ELLE
N'EST QU'APPARENTE.

Il existe un grand nombre de faits authentiques qui prouvent que des erreurs sur la mort ont été commises; les exemples de ce genre sont aujourd'hui moins le fait de l'ignorance que d'un défaut d'attention, car la science possède les moyens d'éviter de semblables erreurs.

Bruhier, dans son *Traité sur l'incertitude des signes de la mort*, publié en 1740, a rassemblé cent quatre-vingt-un cas de méprises, parmi lesquels figurent cinquante-deux individus enterrés vivants, quatre ouverts avant leur mort, cinquante-trois de personnes revenues spontanément à la vie, après avoir été enfermées dans un cercueil, et soixante-douze autres réputées mortes sans l'être. Tout en admettant avec Louis, dans sa *Lettre sur la certitude des signes de la mort*, qu'un grand nombre de ces narrations a été puisé à des sources peu certaines, il n'en reste pas moins démontré que des erreurs nombreuses ont été commises. D'ailleurs, Bruhier n'est pas le seul auteur qui ait rapporté des faits de ce genre. Zacchias, Lancisi, Philippe Peu, Guillaume Fabri, Pechlin, Kirchmann, Korneman, Vinslow, Falconnet, Rigaudeaux, ont cité des faits analogues. On sait que sous Charles IX, François Civile, gentilhomme normand, se qualifiait, dans ses actes, de trois fois mort, trois fois enterré, et trois fois ressuscité par la grâce de Dieu, quoiqu'il n'eût été enterré que deux fois; mais on ajoute qu'il fut mis au monde après la mort de sa mère. M. Bouchut (*Traité des signes de la mort*, Paris, 1849) s'est fortement élevé contre les narrations de Bruhier. Il est remonté aux sources pour un certain nombre de faits, et il a constamment reconnu qu'il y avait eu erreur ou exagération. Cependant trois faits étaient surtout répétés et reproduits comme tout à fait concluants, puisqu'il s'agissait d'erreurs commises par des hommes de la science. Celui de Vésale ouvrant une personne vivante. Mais, suivant Ambroise Paré, il s'agis-

sait d'une femme de maison que l'on supposait morte d'une suffocation de matrice, et, au contraire, d'après tous les auteurs,
d'un gentilhomme de la cour de Madrid qui avait été victime
de la méprise du savant anatomiste. Vésale aurait été chargé
de l'ouverture du corps d'un grand d'Espagne, et au moment
où, après avoir ouvert la poitrine, le cœur aurait été mis à nu, il
se serait produit dans cet organe un mouvement que les assistants
considérèrent comme une preuve d'une vie non encore éteinte :
d'où le cri de meurtre proféré contre l'opérateur ; d'où son accusation, ses poursuites, son jugement, par le tribunal de l'inquisi-
tion et la sentence de mort commuée par Philippe, roi des Espa-
gnes, en un exil à Jérusalem.

Or Hernandez Morejon, et le professeur Burggraeve de
Bruxelles, se sont occupés de ce fait ; ils ont prouvé que non
seulement il n'y avait rien de vrai dans cette narration, et ils ont
démontré que si Vésale était allé à Jérusalem, c'était pour y rétablir sa santé altérée ; enfin, que ce ne fut qu'après des instances réitérées auprès du roi qu'il obtint la permission de partir.

Quant à l'abbé Prévost, qui fut trouvé mort à la fin de l'année
1763, dans la forêt de Gentilly, ou aux environs de Gentilly, et
ouvert encore vivant par un médecin de village, il n'est pas
question dans les journaux du temps de cette fin tragique. Or
l'abbé Prévost demeurait à Saint-Firmin dans la famille Didot,
et cette famille, dont le chef, M. Firmin Didot, est encore vivant,
n'a jamais eu connaissance de semblable autopsie. Il y a plus,
l'abbé Prévost n'a jamais été ouvert.

Enfin, pour ce qui concerne Philippe Peu, célèbre accoucheur
qui aurait ouvert prématurément le ventre d'une femme enceinte, qu'il croyait morte, pour en extraire l'enfant vivant s'il
était encore possible, et qui se serait livré à cette opération
comme s'il pratiquait une ouverture sur un cadavre, de manière
à entraîner peu de moments après la mort de cette femme, voici
ce qu'il y a de vrai dans ce récit.

Il fut appelé chez une femme arrivée au terme de la grossesse
et dans un état de mort apparente. On le pria de pratiquer
l'opération césarienne afin de sauver l'enfant. Les voisines, qui
étaient présentes, lui assuraient que la femme était morte. Je le
crus aussi, dit-il, car lui ayant fait mettre un miroir sur le visage, il n'y a paru aucun signe, et déjà je n'avais trouvé nul battement sur la région du cœur, y ayant porté la main pour m'en

assurer. Mais ... portant l'instrument *pour faire une incision,* cette femme fit un tressaillement accompagné de grincement de dents et de remuement de lèvres, dont j'eus si grande frayeur, que je pris alors la résolution de ne plus opérer qu'à coup sûr. Philippe Peu avait donc mis trop de précipitation à pratiquer son opération ; mais il a su s'arrêter assez tôt. Il y avait eu de sa part défaut d'attention suffisante, mais il n'y eut qu'un commencement d'opération tout à fait insuffisant pour mettre en danger la vie de cette femme.

On trouvera dans l'ouvrage de M. Bouchut une foule de faits qui reçoivent de pareils démentis. Depuis plusieurs années, ce médecin est remonté à la source de tous ceux qui ont été rapportés par les journaux quotidiens, et il a vu qu'ils étaient dénués de tout fondement.

La question de savoir s'il existe un signe certain de mort a surtout occupé les médecins vers la fin du siècle dernier, et l'on peut dire que Louis l'a résolue affirmativement, et sans qu'il puisse rester aujourd'hui aucun doute à ce sujet. Après lui, Bichat et Nysten se sont aussi occupés de cette question, et leurs recherches sont venues confirmer le travail du savant chirurgien que j'ai cité. Bichat, cependant, éleva des doutes sur la rigidité comme *phénomène toujours constant ;* mais Nysten, dans ses *Recherches de physiologie et de chimie pathologique,* publiées en 1811, indique la cause de l'erreur de Bichat.

Il existe quatre signes certains de mort : le premier est la *rigidité, ou roideur cadavérique ;* le second est la *putréfaction ;* le troisième consiste dans *l'absence de contractions musculaires,* sous l'influence des stimulants, et principalement des stimulants électriques ou galvaniques ; le quatrième, dans la *cessation absolue* des battements du cœur perçue à *l'auscultation.*

Rigidité cadavérique.

La connaissance de ce phénomène remonte à une époque fort éloignée, mais sa valeur n'a réellement été mise en évidence que par le célèbre Louis. Il a été depuis cette époque l'objet des recherches de Nysten, Béclard, Sommer, Burdach, Müller, Fouquet, etc.

Le phénomène de la rigidité cadavérique consiste dans une augmentation de densité que la totalité du corps de l'homme

acquiert à une époque plus ou moins rapprochée de la mort ;
elle imprime à tout le corps une roideur qui ne lui est pas habituelle. Elle peut être telle, que si l'on enlève un cadavre par la
tête et les pieds, il n'exécute aucun mouvement de flexion, semblable à une planche que l'on déplace en la saisissant par ses
deux extrémités.

Siége de la rigidité. — Il est dans les muscles : car si l'on dissèque une articulation, si l'on enlève la peau, les aponévroses, les
ligaments et les capsules synoviales, ainsi que Nysten l'a fait le
premier, le membre conserve toute sa rigidité ; si, au contraire,
on coupe les muscles qui passent sur les articulations en laissant
intacts les ligaments, la mobilité du membre devient complète.

Cause de la rigidité. — La cause de la rigidité paraît être due
à un reste de contractilité du tissu musculaire sous l'influence
de la vie, contractilité assez forte pour roidir le muscle, augmenter son volume, et le faire saillir sous la peau ; toutefois cette
contraction est trop faible pour que le muscle opère le moindre
déplacement des parties auxquelles il s'insère. Cette contractilité,
on peut la peindre par la supposition suivante, que Nysten a
faite : Admettons, dit-il, que pour fléchir l'avant-bras sur le
bras il faille un effort de muscle égal à 20 : pour opérer cette
flexion à moitié, il ne faudra plus qu'un effort égal à 10 ; ou à 5
pour un quart de flexion. Eh bien, si la force n'est, par exemple,
qu'un 20ᵉ de celle qui opère le mouvement, alors il n'y aura plus
de déplacement, mais seulement la roideur du muscle qui précède sa contraction. Suivant Sommer, ce serait plutôt une contractilité *physique* qu'organique. Béclard l'a rattachée à la coagulation du sang dans les capillaires, à cause de la coïncidence
de son développement avec la cessation de la circulation, d'une
part, et la cessation de la rigidité coïncidant avec le développement de la putréfaction.

M. Orfila a adopté l'opinion de Béclard, que nous ne saurions
partager, non plus que celle de Sommer. M. Bouchut a fait une
expérience qui tend à appuyer l'opinion de Nysten, que nous
partageons. Il a injecté de l'eau alcaline dans le système vasculaire de l'un des membres, et la rigidité s'y est développée
comme dans le membre où l'injection n'avait pas eu lieu. Or,
les alcalins s'opposant à la coagulation du sang, l'injection aurait
dû arrêter le développement de la rigidité.

Développement. — La rigidité se développe en général à une époque rapprochée de la mort ; elle en est même souvent si voisine chez les personnes âgées, qu'à cette occasion Louis cite dans sa *Lettre sur la certitude des signes de la mort*, « l'habitude que l'on avait à la Salpêtrière de passer la chemise aussitôt qu'on s'apercevait du décès. » Il dit encore : « Au moment de la cessation absolue des mouvements, les articulations commencent à se roidir, même *avant la diminution de la chaleur naturelle.* » Il ajoute enfin : « Je pensais que la roideur était occasionnée par la diminution de chaleur, par la coagulation du sang. Ce n'est que depuis la lecture du livre de M. Bruhier que j'ai voulu assister au lit de la mort, et être présent au moment fatal où le corps cesse d'être animé ; j'ai été dans le cas d'observer que la roideur des membres *n'est point l'effet de la diminution de la chaleur* (*Lettre de Louis*, p. 136). Morgagni considère aussi le développement de la rigidité comme très voisin de celui de la mort. — Suivant Nysten, la rigidité n'apparaît *qu'après l'extinction de la chaleur* du corps, assertion qui ne me paraît pas exacte. Elle survient d'autant plus tard, que le système musculaire est plus développé, et qu'il a subi moins d'altération par le fait des maladies : aussi elle est lente à se manifester dans la mort par empoisonnement, apoplexie, hémorrhagie, blessures du cœur, décapitation, section ou destruction de la moelle, notamment dans la mort par asphyxie, et surtout dans l'asphyxie par le charbon. Elle survient beaucoup plus tôt à la suite des maladies chroniques, des fièvres adynamiques et ataxiques, de la phthisie, du scorbut, etc. La roideur cadavérique ne se développe jamais avant dix minutes écoulées à partir de la mort, ni plus tard que sept heures après la mort : c'est au moins ce qui résulte des observations faites, sans que ces données indiquées par M. Bouchut ne puissent souffrir d'exception.

Ordre de développement. — Selon Nysten, l'ordre dans lequel elle se développe est le suivant : elle apparaît au tronc et au cou, s'étend de là aux membres abdominaux, et ensuite aux membres thoraciques ; elle disparaît dans le même ordre. Cet ordre implique contradiction avec le fait précédemment énoncé par cet auteur, savoir : *que la rigidité ne se manifeste qu'après l'extinction de la chaleur animale*, car il est évident que le tronc conserve le plus longtemps la chaleur. Cette contradiction a été reproduite par tous les auteurs qui ont écrit sur la médecine légale ; il serait nécessaire de faire de nouvelles recherches à ce sujet, afin de donner une solution définitive de la question. Pour nous, nous pensons que ce développement de la rigidité n'est pas nécessairement lié à l'extinction de la chaleur, et nous sommes porté à rejeter l'assertion de Nysten à cet égard.

C'est ainsi que nous nous exprimions dans la *seconde édition* de cet ouvrage; les recherches de Sommer sont venues confirmer nos prévisions (voy. Sommer, *Diss. de signis mortem hominis absolutam indicantibus;* Copenhague., 1833). Suivant cet auteur, elle commence au cou et à la mâchoire inférieure, d'où elle gagne les extrémités supérieures de haut en bas, puis les membres pelviens. Sur deux cents cas, Sommer n'en a observé qu'un seul où elle ne se soit pas développée primitivement au cou. La rigidité imprime un mouvement à certaines parties. Ainsi suivant Sommer, la mâchoire inférieure se rapproche un peu de la mâchoire supérieure si la bouche était ouverte au moment de la mort. Le pouce s'applique contre la paume de la main, et l'avant-bras se fléchit un peu sur le bras.

Elle se développe chez les hémiplégiques dans les muscles qui sont paralysés comme chez ceux qui ne le sont pas; toutefois si la paralysie a entraîné un changement considérable dans la nutrition, alors la rigidité devient très faible. De même lorsqu'il y a anasarque ou œdème partiel d'un membre, la roideur cadavérique est très faible dans les muscles ainsi enveloppés d'eau.

Elle se développe très rapidement chez les nouveaux-nés et chez les vieillards, mais elle dure très peu de temps. — Elle existe même chez le fœtus dans le sein de sa mère. Elle se manifeste bien avant le refroidissement complet du corps. — Elle a lieu dans l'eau comme dans l'air.

Durée de la rigidité. — La durée de la rigidité est en général soumise aux mêmes lois qui modifient l'époque de son développement; ainsi elle dure d'autant plus longtemps qu'elle est survenue plus tard. L'atmosphère dans laquelle le corps se trouve placé influe sur elle d'une manière notable; l'air sec et froid l'entretient pendant un temps plus long; elle persiste peu dans un air chaud et humide; en sorte que c'est en hiver et pendant la saison des gelées qu'elle tarde le plus à disparaître. Sa durée moyenne est de 24 à 36 heures. Nysten l'a vue se prolonger pendant 7 jours dans un cas d'asphyxie par le charbon; mais elle n'avait commencé que 16 heures après la mort.

Enfin, c'est un phénomène constant chez l'homme et chez les ani-

maux ; car Laënnec l'a observé chez les écureuils, les chauves-souris, les oiseaux, les grenouilles, les poissons, les mollusques, les vers, les crustacés et les insectes.

Quelques médecins pensent encore aujourd'hui que la rigidité ne se développe pas constamment ; ils croient qu'elle peut manquer chez des personnes affaiblies par une maladie longue et douloureuse, ainsi que dans la vieillesse fort avancée. Ce qui réfute suffisamment cette manière de voir, ce sont les recherches de Louis, qui ont toutes été faites dans un hospice consacré à la vieillesse et aux infirmités des femmes. Or ce savant chirurgien ne l'a jamais vue manquer, et pourtant ses observations portent sur plus de 500 sujets. Nysten a fait remarquer que si Bichat n'avait pas trouvé la rigidité dans quelques cas d'asphyxie par le charbon, cela tenait à ce qu'il ne les avait pas observés pendant un temps assez long, attendu qu'elle se développe toujours fort tard dans ce genre de mort.

Moyens de reconnaître et de constater la rigidité. — Nous terminerons ces considérations sur la rigidité en donnant les moyens de la distinguer d'avec la congélation ou avec l'état convulsif des muscles. Quand on saisit un membre et qu'on parvient à vaincre, à l'aide d'un effort, la roideur cadavérique, l'articulation présente aussitôt un état de souplesse tel, que la moindre force suffit pour renouveler la flexion ; *toute roideur a disparu une fois qu'elle a été vaincue.* Si, au contraire, la rigidité du membre est l'effet d'un état convulsif, cet état reprend toute son énergie du moment que la puissance qui l'a vaincue cesse de s'exercer. Quant à la congélation, comme elle consiste dans l'accumulation de petits glaçons dans les vacuoles du tissu cellulaire, il suffit de plier un membre pour briser ces cristaux : opération qui ne peut s'exécuter sans produire un bruit analogue au cri de l'étain.

Putréfaction.

. Le second signe certain de la mort est la putréfaction. Elle se reconnaît : 1° à la coloration bleuâtre, verdâtre ou brunâtre de la partie qu'elle affecte; 2° au ramollissement des tissus; 3° à l'odeur particulière qu'elle développe. Ce caractère ne peut être confondu qu'avec une contusion violente suivie d'ecchymose, ou bien avec un état gangréneux. Mais dans les contusions il n'y a pas d'odeur putride; dans la gangrène, il est vrai, une

odeur forte existe avec ramollissement plus ou moins prononcé
des tissus dans quelques cas, mais cette odeur n'a aucune analogie avec celle de la putréfaction. D'ailleurs la gangrène est le
plus souvent limitée et circonscrite; la putréfaction, au contraire, n'a pas de limites aussi tranchées. Ajoutons que la putréfaction se développe primitivement, et dans les cas les plus ordinaires, sur des parties du corps où il est rare de rencontrer la
gangrène. Ainsi, c'est le plus souvent par le tronc, le cou ou la
tête qu'elle débute; tandis que la gangrène affecte principalement les membres. Le cas où la gangrène pourrait le plus simuler la putréfaction serait celui où elle se manifesterait au
centre d'une contusion violente, parce qu'alors ses limites seraient peu tranchées, et que les diverses nuances de coloration
qui accompagnent les contusions simuleraient celles que l'on
rencontre quelquefois dans la putréfaction.

Louis a établi à ce sujet des différences que nous croyons devoir reproduire ici, et qui nous paraissent bien suffisantes pour
distinguer la putréfaction de la gangrène. « Jamais, dit-il, la
gangrène sèche n'a eu lieu chez un corps mort, parce qu'il n'y
a dans un mort ni la chaleur ni l'action des vaisseaux par lesquelles les sucs se durcissent et deviennent, avec les solides, une
masse homogène qui forme la croûte solide que nous appelons
escarre. La putréfaction qui attaque les morts est toujours une
gangrène humide; c'est une espèce de dissolution. Mais cette
gangrène est bien différente de celle qui attaque les parties d'un
corps vivant. Dans ce cas-ci, on voit une tuméfaction, une tumeur et une rougeur inflammatoires qui séparent le mort du
vif; la peau se détache de la plaie et produit des vésicules remplies de sérosité : dans les morts, au contraire, il n'y a ni tension ni rougeur; l'épiderme se ride; la peau est d'abord pâle,
elle devient d'une couleur grisâtre; elle prend après des nuances
plus foncées; elle devient d'un bleu qui tire sur le vert, et ensuite
d'un bleu noirâtre qu'on aperçoit à travers la peau, qui prend
enfin elle-même cette dernière coloration. »

M. Deschamps (de Melun), dans son mémoire inséré dans
Annal. d'hyg., t. XXX, p. 218, a bien spécifié les circonstances
qui constituent le cachet de la putréfaction comme signe de mort.
Tant que le corps conserve sa chaleur naturelle, le ventre ne se
colore pas. — La coloration verte abdominale coïncide très souvent avec la rigidité cadavérique. — Les parois du ventre restent

à l'état normal tant que les muscles sont sensibles aux stimulants galvaniques et électriques. — Arrivés à un froid de zéro de degré, les cadavres se conservent, pendant 12 et 15 jours, sans offrir aucune trace de coloration, et ils exhalent à peine une odeur. Si le dégel arrive et que la température s'élève à 7 ou 8 degrés, souvent en quelques heures l'odeur ammoniacale et cadavéreuse se manifeste et le ventre se colore. — Un cadavre qui de zéro passe subitement à 20 ou 25 degrés de température présente souvent à la fin de la journée la couleur caractéristique de la putréfaction. — Que la mort arrive naturellement ou accidentellement et quelle que soit son espèce, la coloration verte abdominale est toujours la première à se montrer. — Les maladies influencent puissamment sa manifestation ; elle est extrêmement rapide dans les affections aiguës abdominales. — Après l'inhumation comme à l'air libre, la coloration du ventre arrive encore la première.

Absence de contraction musculaire sous l'influence d'agents galvaniques ou de stimulants directs.

Les deux signes précédents ne paraissant pas à certains médecins des moyens assez certains pour constater la mort, on a conseillé de s'assurer du décès à l'aide de diverses épreuves dont la principale et la plus certaine dans ses résultats est la suivante, qui constitue selon nous *le troisième signe certain de la mort*. Mettez a nu un muscle, a l'aide d'une *petite incision* pratiquée sur une partie d'un membre où cette blessure ne puisse avoir aucune suite fâcheuse. Piquez le muscle avec l'extrémité d'un instrument aigu, et mieux encore servez-vous d'un stimulant galvanique ou électrique. S'il ne se manifeste aucune contraction dans le muscle, la mort est alors certaine ; si au contraire la contraction du muscle est sensible, ce n'est pas alors une preuve de vie, mais il n'y a pas certitude de la mort.

Il est d'observation que les muscles possèdent encore après la mort et pendant un certain temps, variable suivant des circonstances que nous allons faire connaître, la propriété de se contracter. Cette propriété persiste peu dans les muscles de la vie organique ; elle dure beaucoup plus longtemps dans ceux de la vie animale. Bichat et Nysten ont fait de son étude l'objet de recherches nombreuses. Des expériences analogues aux leurs ont été répétées en Angleterre sur des suppliciés par strangulation, avec des agents électriques très puissants. En France, l'Institut a créé dans son sein une commission qui avait Hallé pour rapporteur, et qui a répété les expériences de Nysten, à la Faculté de médecine de Paris, sur des lapins et sur des cabiais. Il résulte des recherches de Nysten, que la contractilité s'éteint dans les parties, dans l'ordre suivant : elle dure peu de temps dans le ventricule aortique du cœur ; 45 minutes dans les intestins de l'estomac ; un peu plus longtemps dans la vessie ; 1 heure dans le ventricule pulmonaire du cœur ; 1 heure 1/2 dans l'œsophage, et 1 heure 3/4 dans les iris. Viennent ensuite les muscles du tronc, puis ceux des membres abdominaux, puis ceux des membres thoraciques ; enfin, l'oreillette droite du cœur, circonstance qui infirme cette proposition générale, que la contractilité s'éteint beaucoup plus vite dans les muscles de la vie organique que dans ceux de la vie animale. Ces faits ont été observés sur sept suppliciés qui avaient eu la tête tranchée.

Les maladies exercent une certaine influence et sur la faculté des muscles à se contracter, et sur l'intensité de la contraction. Elle est plus énergique dans la mort par maladies aiguës que dans celle par maladies chroniques. Dans les dernières elle est d'autant moins intense que la maladie a duré plus longtemps et qu'elle a porté plus d'atteinte à la nutrition. La paralysie, suivant Nysten, ne semblerait diminuer en rien la faculté contractile ; mais M. Bouchut fait observer que si cette assertion est exacte pour une apoplexie avec paralysie entraînant en peu de temps la mort, il n'en saurait être de même à l'égard d'une paralysie qui a eu une longue durée.

Hallé et Nysten ont prouvé en outre que l'air humide et chaud, le gaz ammoniac, la vapeur du charbon, et l'acide sulfhydrique surtout (hydrogène sulfuré), diminuaient singulièrement la durée de cette propriété, et qu'elle n'était pas notablement influencée par les gaz bicarbure d'hydrogène (hydrogène bicarboné), chlore et acide sulfureux, non plus que par la privation d'air au moyen de la strangulation et de l'immersion.

Sans avoir répété les expériences de Hallé, nous ferons observer qu'il paraît surprenant que la vapeur du charbon diminue la contractilité musculaire. En effet, cette contractilité cessant toujours au moment où la rigidité apparaît, et la roideur cadavérique ne survenant que très tard dans les cas d'asphyxie par la vapeur du charbon, il est étonnant qu'une propriété vitale en laquelle semble résider la roideur cadavérique disparaisse dans un cas où la vie organique se prolonge beaucoup plus tard que dans tout autre genre de mort.

Il était curieux de rechercher quel genre d'influence les maladies pouvaient exercer après la mort sur la contractilité des muscles. C'est ce qu'a fait Nysten en expérimentant sur quarante cadavres appartenant à des malades qui avaient succombé à l'hôpital de la Charité. Il résulte de ses observations que la contractilité s'éteint au bout de 2 heures 45 minutes, dans la péritonite; qu'elle dure de 3 à 6 heures dans la phthisie, le squirrhe et le cancer; 9 heures dans les hémorrhagies et les blessures du cœur; 12 heures dans l'apoplexie avec paralysie; 10 à 15 heures dans les fièvres adynamiques; 13 à 15 heures dans la pneumonie; et qu'elle varie enfin entre 5, 15, 20 et 27 heures, dans les anévrismes du cœur, avec ou sans hydrothorax. Quoique les diverses maladies soient ici spécifiées, il ne s'ensuit pas que ces résultats doivent toujours se représenter de la même manière; mais ce sont des données curieuses dont il est important de tenir compte. Il est bon de noter qu'il s'agit ici de la contractilité des muscles extérieurs du tronc et des membres.

Pour donner une idée de la force de contraction que les muscles possèdent quelques instants après la mort, lorsqu'ils sont stimulés puissamment, nous citerons l'expérience suivante qui a été faite en Angleterre. On fit fléchir l'avant-bras sur le bras d'un cadavre de pendu; on opéra une décharge électrique sur les muscles extenseurs de l'avant-bras, et plusieurs hommes qui retenaient ce membre dans la flexion furent renversés par la contraction musculaire qui amena l'extension de cette partie.

Absence de battements du cœur à l'auscultation.

Enfin, il est un quatrième signe certain de la mort qui résulte d'observations faites par M. Bouchut, et dont nous admettons l'existence; mais nous ne le plaçons qu'en quatrième ligne, parce qu'il est sujet à erreur s'il ne trouve pas dans le médecin chargé de le constater une oreille parfaitement exercée à l'auscultation, ou au moins dont le sens auditif est parfait : *c'est la cessation absolue des battements du cœur.* Haller a dit : *Cor primum vivens, ultimum moriens.* M. Bouchut a fait la vérification de ce fait, et une commission de l'Institut a reconnu l'exactitude de cette observation.

M. Bouchut (*Traité des signes de la mort*, p. 55) établit que c'est en vain que l'on trouverait dans la science des faits capables de démontrer la possibilité de la persistance de la vie avec l'extinction des battements du cœur. Dans l'asphyxie des nouveaux-nés, la syncope spontanée ou hémorrhagique, l'hystérie, la léthargie, les variétés d'asphyxie par le froid, la submersion, etc., la mort n'est réelle que lorsque le cœur ne bat plus ; mais à partir de ce moment la mort est certaine. Les expériences sur les animaux viennent tout à fait à l'appui de cette manière de voir.

Reste à acquérir la certitude que le cœur *ne bat plus*. Cette certitude est soumise à la condition d'une oreille exercée et dans la plénitude de ses facultés d'audition. Or, si l'on envisage l'état des personnes chargées de vérifier les décès, on verra que si la science en était réduite à ce caractère, des erreurs pourraient souvent être commises par une personne âgée, dont les facultés de l'ouïe auraient perdu de leur énergie.

Tels sont donc les quatre moyens que possède la science pour s'assurer d'un décès réel. — Recherchons si ces moyens suffisent pour atteindre ce but dans tous les cas. — Avant d'arriver à cet examen, il faut que l'on sache que les premiers temps qui suivent l'extinction de la vie peuvent être divisés en quatre *époques* distinctes.

1re *époque*. La chaleur existe, toutes les parties du corps sont dans un état complet de collapsus.

2e *époque*. La rigidité cadavérique s'est manifestée, et la chaleur coïncide ou ne coïncide pas avec elle.

3e *époque*. Les parties molles sont dans un état complet de collapsus ; la chaleur est éteinte.

4e *époque*. La putréfaction existe.

Dans la première période, il est impossible de déclarer la mort réelle, à moins que les muscles, mis à nu, ne se contractent plus sous l'influence d'un stimulant. — Dans la seconde, la mort sera certaine si l'on parvient à constater l'existence de la rigidité, chose toujours facile. — Dans la troisième, la mort est certaine, si un muscle, étant mis à nu, ne se contracte plus sous l'influence d'un stimulant. — Quant à la quatrième, elle ne peut être l'objet d'un doute du moment que la putréfaction est constatée.

La cessation des battements du cœur est applicable à toutes ces époques.

Mais ces époques ont des limites plus ou moins étendues : ainsi, la première persiste rarement au delà de 20 heures, et peut n'avoir que 1/1 d'heure ou 1/2 heure de durée ; la deuxième peut se prolonger pendant 7 jours, mais le plus souvent elle ne dépasse guère 48 à 72 heures, et quelquefois 2, 3 ou 4 heures seulement ; la troisième est aussi très variable : ainsi, en hiver, elle peut durer pendant 5, 6, 7 et 8 jours. Et si actuellement, ayant égard à ces données approximatives, on veut supposer le cas d'un individu qui, pendant l'hiver, aura succombé à l'asphyxie par le charbon, et attendre, pour constater le décès, que la putréfaction soit survenue, ainsi que le pensent encore quelques médecins de nos jours, on verra qu'il faudrait garder le corps près de quinze jours pour autoriser l'inhumation. Aussi, cette opinion est-elle exagérée et inadmissible. Des hommes d'une grande autorité en médecine légale ont été plus loin, et ont avancé qu'un commencement de putréfaction ne suffit pas pour affirmer que la vie a cessé, puisqu'on a vu des personnes se rétablir dans l'espace de quelques heures, quoique la peau fût couverte de taches violettes, qu'elle répandît une odeur infecte, etc. (Orfila, *Leçons de médecine légale*, t. II, p. 31, 3ᵉ édit.) Je ne connais pas d'exemples de ce genre, et je crois que si les faits étaient énoncés avec plus de détails et plus de précision, ils ne feraient pas exception. Comment, d'ailleurs, concilier cette manière de voir avec ce qu'a écrit M. Orfila (*Traité des exhumations juridiques*, t. II, p. 224) : « Quelque similitude qu'il puisse y avoir, dans certains cas, entre la gangrène et les produits de la putréfaction, il est difficile de se méprendre quand la gangrène est sèche, et même toutes les fois qu'il y a escarre ; dans les autres cas, la circonscription plus ou moins marquée du mal, l'aspect particulier de la partie gangrenée, l'état des vaisseaux qui s'y rendent et qui sont obstrués par des caillots un peu desséchés, aideront à établir la distinction. »

La putréfaction suit toujours une marche régulière dans son développement, à moins que l'individu ne succombe à une maladie chirurgicale, comme, par exemple, à une gangrène d'un membre, à un abcès profond : car alors elle se manifeste d'abord dans la partie malade. Mais du moment qu'elle survient à la suite de tout autre genre de mort, elle envahit constamment l'abdomen, et la poitrine en premier lieu. Quel est d'ailleurs le médecin qui ne reconnaîtrait pas la putréfaction ! Il faudrait qu'il n'eût jamais vu un cadavre.

Une autre objection pourrait être faite. La putréfaction, dira-t-on, peut survenir pendant la vie. Oui, la putréfaction peut affecter les produits morbides qui ne sont plus sous l'influence de la vie, quoique ces produits appartiennent à un individu vivant ; mais alors la putréfaction est limitée à la partie affectée. Nous pensons donc que c'est à tort que l'on a considéré la putréfaction comme n'étant pas, *dans tous les cas*, un signe de mort, et que l'on a admis par conséquent qu'il n'existe pas de signe certain de la mort. Nous le répétons, le médecin peut être appelé à constater la mort à quatre époques distinctes. Dans la première, il peut y avoir doute : il doit attendre, car il n'est pas nécessaire de pratiquer une incision pour mettre un muscle à nu, lorsque dans quelques heures on pourra éviter cette opération. Dans la seconde, il y a rigidité : donc la certitude de mort existe. Il en est de même de la troisième et de la quatrième, où il y a, dans l'une, souplesse du corps, refroidissement et absence de contraction musculaire, et, dans l'autre, putréfaction.

Signes équivoques de la mort.

On a donné beaucoup d'autres caractères propres à reconnaître la mort, mais ils sont loin d'offrir la certitude de ceux que nous venons de décrire ; leur ensemble ne peut tout au plus que confirmer la manière de voir du médecin légiste ; aussi nous bornerons-nous à une énumération raisonnée et fort courte. Ces caractères sont les suivants :

1° *Perte des facultés intellectuelles*. De nulle valeur, puisqu'elle coïncide avec un grand nombre d'affections morbides, et qu'elle peut exister indépendamment de la mort.

2° *Face cadavéreuse*. A ce sujet, on a décrit le facies hippocratique, qui est propre aux fièvres adynamiques, typhoïdes, et au choléra : front ridé, aride ; yeux caves ; nez pointu, bordé d'une couleur noirâtre ; tempes affaissées, creuses et ridées ; oreilles retirées en haut ; lèvres pendantes ; pommettes saillantes ; menton ridé et racorni ; peau sèche, livide, plombée ; poils des cils parsemés d'une sorte de poussière d'un blanc terne ; il en est de même de ceux des narines ; visage d'ailleurs contourné et quelquefois méconnaissable. Rien de plus variable que l'aspect de la face après la mort. On en trouve facilement la raison dans la rigidité, qui conserve presque constamment à la figure les impressions qu'elle a reçues de la pensée dans les derniers moments de la vie.

3° *Refroidissement du corps.* Phénomène constant, il est vrai, après une époque plus ou moins rapprochée de la mort, mais qui peut exister à un degré presque aussi élevé dans quelques affections nerveuses, et principalement dans la dernière période de l'hystérie. Le refroidissement du corps est presque toujours entier au bout de quinze à vingt heures. Il dépend : A. Du genre de mort auquel l'individu a succombé. Ainsi, il survient beaucoup plus tôt dans les maladies chroniques, les hémorrhagies, l'asphyxie par submersion, que dans les maladies aiguës, l'apoplexie et l'asphyxie par le charbon. — B. De l'obésité : il est en raison inverse du développement de cet état. — C. De l'âge : plus prompt chez les vieillards que chez les enfants et chez les adultes. — D. De la quantité de calorique que le corps contient au moment de la mort. Ainsi, dans certaines affections, le corps est déjà presque froid au moment de la mort ; l'inverse a lieu dans les morts subites. — E. Du milieu dans lequel le corps se trouve placé. Ainsi, une personne qui mourrait dans un bain chaud, et qui y resterait jusqu'au refroidissement complet du corps, se maintiendrait pendant plus longtemps à une température élevée que si elle était exposée à l'air libre.

4° *La décoloration de la peau.* Ce phénomène n'accompagne pas constamment la mort, car, dans l'asphyxie par le charbon, la peau offre souvent une teinte rosée uniforme qui est très prononcée ; cette teinte varie d'ailleurs en raison de l'état de plénitude ou de vacuité du système capillaire général.

5° *La perte de transparence de la main et des doigts.* Phénomène qui se constate en rapprochant les doigts les uns des autres, et en plaçant la main du cadavre entre l'œil et une lumière, et en observant si elle présente de la diaphanéité.

6° *Le relâchement du muscle coccygio-anal.* On a attaché beaucoup d'importance à ce signe. M. Bouchut partage cette manière de voir, mais il comprend dans son opinion le relâchement de tous les sphincters, du rectum, du vagin, de l'orbite et de la rétine. A l'égard de la rétine, il n'a qu'une valeur momentanée, c'est-à-dire à l'instant de la mort. Voici ce qui se passe. Dans l'agonie, la pupille se contracte au point de ne plus laisser qu'une ouverture d'un ou de deux millimètres. Au moment de la mort, elle se dilate très rapidement ; puis, dans l'espace de deux ou trois heures, elle reprend ses diamètres ordinaires.

7° *L'affaissement des yeux.* Ce caractère est commun à quelques maladies, telles que les fièvres typhoïdes ; il est d'ailleurs inconstant, car dans un assez grand nombre de cas les yeux des cadavres sont brillants ; ou bien, après avoir été affaissés, ils redeviennent saillants par le fait de la putréfaction, ainsi que l'ont démontré les expériences de Chaussier, qui consistaient à introduire des mélanges fermentescibles dans l'estomac, à l'aide desquels on développait à volonté ce phénomène ; mais il faut dire qu'alors la putréfaction est développée. Winslow et Verdier rapportent à ce sujet le dire des femmes du peuple du Danemark et de Nantes : « Voilà qui est fini, les yeux sont crevés ; il n'y a plus d'espérance, le larmier est rompu. »

Louis avait attaché une grande importance à ce signe. M. Bouchut partage la même manière de voir, et surtout à l'égard de la toile glaireuse, qui ne se produit que pendant l'agonie et peu après la mort.

Tout en considérant l'affaissement des yeux comme un signe très concluant, nous ne le plaçons que dans un ordre secondaire, parce que c'est un phénomène d'une appréciation bien moins étendue, bien moins palpable que les signes spéciaux sur lesquels nous avons appelé l'attention.

8° *La formation d'une toile glaireuse très fine sur la cornée transparente.* Ce caractère a été l'objet d'un grand nombre d'observations de la part de Louis ; il y a même attaché beaucoup d'importance, surtout lorsqu'il l'a trouvé réuni à l'affaissement des yeux. « Il n'y a, dit il, aucune maladie, aucune révolution dans le corps humain vivant, qui soit capable d'opérer un pareil changement. Ce signe est vraiment caractéristique, et j'ose le donner comme indubitable. » (*De la certitude des signes de la mort*, p. 156.) Winslow et Verdier ont émis la même manière de voir. Quoique ce signe accompagne très souvent la mort, il peut aussi se rencontrer durant la vie. J'ai eu l'occasion de le constater d'une manière évidente trois jours avant la mort d'un enfant, qui a succombé à une arachnitis. Il est vrai de dire qu'il n'y avait pas affaissement des yeux.

9° *L'immobilité du corps.*

10° *Le défaut de redressement de la mâchoire inférieure après qu'elle a été abaissée avec force.* Ce caractère, donné par Bruhier, est mauvais sous tous les rapports : d'abord parce que ce phénomène peut se rencontrer dans la syncope; ensuite parce que, dans quelques cas, la mâchoire pourrait peut-être se redresser par un reste de contractilité de tissus; et qu'enfin dans beaucoup d'autres, au lieu d'être fermée, la bouche est béante; il est alors impossible de le constater.

11° *L'absence de la respiration et de la circulation.* Un seul fait suffira pour préciser la valeur que l'on peut attacher à ce signe.

Le colonel Towunshend, malade depuis fort longtemps, fait appeler les docteurs Cheyne et Baynard, ainsi que Shrine, son pharmacien, pour être témoins de l'expérience la plus singulière, celle de mourir et de renaître en leur présence. Ils viennent : le colonel se couche sur le dos. Cheyne palpe l'artère radiale, Baynard applique sa main sur la région du cœur, et Shrine présente un miroir à la bouche. Un moment s'est écoulé et déjà il n'y a plus de respiration, de battement d'artère ni de battement du cœur. La glace n'est plus ternie. Une demi-heure se passe, et les spectateurs sont sur le point de se retirer, persuadés que le malade est victime de son expérience, lorsqu'ils aperçoivent un léger mouvement respiratoire; les battements de l'artère radiale reviennent par degrés, et le malade a repris connaissance ; le colonel appelle ensuite son notaire, fait faire un codicille à son testament, et meurt très paisiblement huit heures après. Haller a cité des exemples d'individus qui pouvaient suspendre à volonté la respiration et la circulation.

12° Enfin, M. Villermé a fait connaître (*Annales d'hygiène*, t. IV, 1830, p. 420) un nouveau signe de la mort. Il consiste à trouver le pouce fléchi et enveloppé par les autres doigts, placés aussi dans la flexion. Nous avons vérifié par de nombreuses observations quelle pouvait être la valeur de ce signe, et nous pouvons assurer qu'il n'est pas constant; qu'il accompagne tous les cas de mort dans lesquels il y a serrement de la main, contraction des fléchisseurs des doigts dans les derniers moments de la vie, et qu'il est un effet naturel de cette flexion ; mais que, comme dans beaucoup de cas, la mort survient sans entraîner ces mouvements presque convulsifs, le pouce est alors aussi relevé que les doigts sont tendus ; en sorte que ce signe de mort pourra souvent manquer ou exister à un degré plus ou moins prononcé.

ÉPREUVES PROPRES A CONSTATER LA RÉALITÉ DE LA MORT.

Les auteurs ne se sont pas bornés à l'observation de signes

propres à caractériser la mort, ils ont encore conseillé des épreuves que nous allons exposer succinctement :

1° *Placer devant la bouche un miroir, des corps légers ou la flamme d'une bougie.*

2° *Mettre sur le cartilage de la dernière côte un verre rempli d'eau* (Winslow). La première expérience n'a pas besoin de commentaires ; quant à la seconde, la respiration pouvant s'exercer par le diaphragme seul, sans que les côtes exécutent aucun mouvement, on voit qu'elle devient de nulle valeur dans ces cas.

3° *Les excitants sur les membranes muqueuses,* tels que les fumigations, l'ammoniaque, les lavements de tabac ; les stimulants sur la peau, comme des vésicatoires.

Les caustiques, les moxas, ou bien des scarifications superficielles et même profondes, l'huile bouillante ; enfin, le fer rouge appliqué à la plante des pieds. Lancisi cite des individus qui n'avaient pas donné de signe de vie par les remèdes les plus violents employés contre un assoupissement léthargique, et qui en manifestèrent sous l'influence de ce dernier moyen. (Prevot, médecin de Padoue, regardait ce moyen comme le meilleur de tous ceux qu'on pouvait employer en pareil cas.) Néanmoins il est encore impuissant dans certaines circonstances, témoin les exemples suivants :

Un soldat, attaqué d'une paralysie au bras gauche, était privé du sentiment ; mais ce bras avait conservé sa force et tous ses mouvements. L'insensibilité était telle que ce soldat leva avec sa main gauche le couvercle d'un poêle de fer presque rougi par la violence du feu qui y était allumé, et le posa tranquillement par terre. Les téguments, les tendons des fléchisseurs des doigts et leur gaine furent brûlés ; la gangrène qui survint à la plaie ayant obligé de faire plusieurs incisions, le malade ne donna aucun signe de douleur. (*Observation communiquée à l'Académie royale des sciences.*)

M. Fodéré rapporte l'exemple d'un homme de trente-six ans qui fut apporté à l'hôpital de Martigues en 1809, et dont l'épouse, trouvant trop lents les moyens dont on avait fait usage, appliqua pendant la nuit, sur l'épaule paralysée de son mari, une rouelle brûlante de gayac, puis l'abandonna à son sort. L'odeur de linge brûlé qui se manifesta quelques heures après, ayant attiré l'attention des infirmiers, ils trouvèrent les draps de lit consumés, ainsi qu'une partie de la chemise du malade ; son bras et son épaule à demi brûlés, et cependant il n'avait pas été retiré de son sommeil apoplectique. Quand les symptômes de l'affection cérébrale furent dissipés, et que le malade eut recouvré l'usage de la raison, il n'éprouva pas de douleur. La brûlure employa trois mois à se guérir, et il n'en conserva pas moins son hémiplégie.

4° *Nysten a engagé à mettre un muscle à nu ; à le soumettre à l'action de la pile, et à observer s'il se contractait encore ; s'il n'y* a plus de contraction, c'est une preuve certaine de la mort. Nous avons fait connaître la valeur de ce moyen.

5° *Enfin, on a été jusqu'à proposer de mettre le cœur à nu*, et d'introduire le doigt dans la plaie, afin de sentir si le cœur exécute encore quelques mouvements ! !

MALADIES QUI PEUVENT SIMULER LA MORT.

Rappelons actuellement les maladies qui peuvent simuler la mort. *L'apoplexie.*

Amatus Lusitanus rapporte l'histoire d'une jeune fille de Ferrare que tout le monde crut morte d'apoplexie. Sa mère, qui la chérissait, en fit retarder la sépulture, et sa tendresse fut récompensée par le retour de la malade à la vie, le troisième jour de la mort apparente. — Zacutus Lusitanus cite un individu frappé d'apoplexie depuis vingt-quatre heures, dont le corps déjà froid fut placé dans un linceul, et déposé à terre jusqu'à la cérémonie funèbre. Mais, pendant qu'on le transportait au lieu de la sépulture, on entendit un bruit sourd dans le cercueil ; il fut ouvert, et des soins éclairés rappelèrent le malade à la vie.

Il serait difficile aujourd'hui qu'un pareil fait se reproduisît.

L'asphyxie. Ambroise Paré est appelé, le 10 mars 1575, pour faire le rapport de deux hommes réputés morts. « Ils n'avaient aucune apparence de pouls ; une froideur universelle s'était emparée d'eux, ils avaient la peau livide ; on les pinçait et on leur tirait rudement le poil sans qu'ils le sentissent. » Paré, déterminé principalement par la face *teinte de couleur plombine*, s'informa si ces hommes n'avaient pas été exposés à la vapeur du feu de charbon. On en trouva en effet sous la table une grande terrine à demi brûlé. On administra à ces deux hommes les remèdes convenables à leur état, et on leur sauva la vie. On voit que l'on a été loin, pour constater la mort, de recourir à tous les caractères que nous possédons pour atteindre ce but.

La catalepsie, *l'épilepsie*, *l'hystérie*, peuvent aussi simuler la mort. Ambroise Paré rapporte qu'un célèbre chirurgien fut appelé pour ouvrir le corps d'une personne de distinction qui avait succombé à une *suffocation de matrice* ; au deuxième coup de rasoir que le chirurgien lui donna, cette femme revint à la vie. Il ajoute : « Je laisse à penser au lecteur comme ce grand seigneur, faisant cette œuvre, fut en grande perplexité. »

Enfin, rien ne simule mieux la mort que les lipothymies. Ici, absence de respiration, de circulation, de coloration, de chaleur, et cet état peut cependant se prolonger pendant un temps fort long. Le cas rapporté par Rigaudeaux doit être gravé dans la mémoire de tous les médecins.

En 1745, Rigaudeaux est appelé à cinq heures du matin pour accoucher une femme aux environs de Douai. Il ne peut s'y rendre qu'à huit heures et demie ; on lui dit que l'accouchée est morte depuis deux heures, et qu'on n'a pas pu trouver un chirurgien pour pratiquer l'opération césarienne. Il apprend que, depuis quatre heures la veille, cette femme avait commencé à sentir les douleurs de l'enfantement ; que, pendant la nuit, la violence des douleurs avait causé des faiblesses et des convulsions ; qu'à six heures du matin un état spasmodique des plus violents avait anéanti ce qui restait de force à cette malheureuse. Elle était déjà ensevelie ; Rigaudeaux demande à la voir. Il tâte le pouls au bras, au-dessus des clavicules ; palpe le cœur : point de battements. Il présente un miroir à la bouche, la glace n'est pas ternie ; un heureux pressentiment l'engage à porter la main dans l'utérus ; l'orifice de cet organe est dilaté ; la poche des eaux n'est pas percée, il la déchire ; il sent la tête de l'enfant dans une bonne position ; il introduit le doigt dans la bouche de l'enfant qui ne donne pas signe de vie. Il va chercher les pieds et termine l'accouchement. Il confie l'enfant à des femmes qui s'empressent de le réchauffer et de le frotter avec du vin chaud. Trois heures de soins assidus allaient le faire abandonner, lorsque l'une des personnes présentes s'écrie qu'on lui a vu ouvrir la bouche. Aussitôt le zèle est ranimé, et en peu de temps l'enfant jette des cris aussi forts que s'il fût né heureusement. Rigaudeaux vent de nouveau visiter la mère, que l'on avait encore ensevelie et même *bouchée*. On ôte de nouveau l'appareil funèbre ; il la croit morte comme auparavant ; cependant il est surpris qu'après sept heures de mort, les membres *conservent encore leur souplesse*. Il repart pour Douai ; mais il recommande sur toutes choses de ne procéder à l'inhumation que lorsque les membres de la morte seraient devenus roides. Il prescrit aussi de lui frapper de temps en temps le creux des mains, de lui frotter le nez, les yeux, le visage avec du vinaigre, et de la tenir dans son lit. Deux heures de ces soins ressuscitèrent cette femme, et le 10 août 1748 la mère et l'enfant étaient tous deux pleins de vie ; mais la mère était restée paralytique, sourde et presque muette.

Ce sont ces faits qui, beaucoup plus nombreux qu'on ne le pense, avaient fait désirer, à une époque où l'étude de la mort n'était pas aussi complète qu'aujourd'hui, que l'inhumation n'eût lieu qu'après soixante ou soixante-douze heures.

CHAPITRE V.

MOYENS DE DÉTERMINER L'ÉPOQUE DE LA MORT.

Extinction de la chaleur. — Rigidité cadavérique. — Diminution du volume du corps. — Diminution de poids. — Lividités cadavériques. — Vergetures. — Phénomènes hypostatiques.

Les caractères propres à faire connaître l'époque de la mort ne peuvent être puisés que dans le développement successif de tous les phénomènes que présente le corps de l'homme depuis le moment de la mort jusqu'à celui où il est réduit à l'état terreux. Nous pensons qu'il faut d'abord établir deux périodes principales dans la succession de ces phénomènes : la première comprenant l'intervalle de temps qui s'écoule depuis la mort jusqu'au développement des phénomènes putrides ; la seconde depuis l'apparition de ces derniers jusqu'à la fin de la putréfaction. Certes, ces temps sont loin d'être égaux ; mais comme, dans la presque totalité des cas, c'est peu de temps après la mort que le médecin est appelé à résoudre la question qui nous occupe, et que d'ailleurs la putréfaction est une opération composée de phénomènes qui s'enchaînent et se succèdent les uns aux autres, nous avons cru devoir établir cette distinction.

Première période. — Elle comprend : 1° l'extinction de la chaleur, 2° le développement de la rigidité cadavérique, 3° la diminution de volume du corps, 4° la diminution du poids du corps, 5° le retour des solides et des liquides de l'économie à l'empire des lois physiques communes à tous les corps.

Extinction de la chaleur. — La respiration et les fonctions de la vie, seules sources de la chaleur animale, ayant cessé, le corps se met peu à peu en équilibre avec tout ce qui l'environne. Le refroidissement est plus ou moins rapide, suivant la nature, la température et la densité du milieu où le corps se trouve, et le genre de mort auquel l'individu a succombé. Toutefois les causes de déperdition du calorique qui existent pendant la vie ne sont plus aussi nombreuses ; le rayonnement et la conductibilité sont les seuls agents du refroidissement, en sorte que le refroidissement serait beaucoup plus rapide durant la vie, si par la pensée on venait à soustraire les causes puissantes de production de la chaleur. C'est à cette déperdition de calorique qu'il faut attribuer ce froid glacial qui impressionne si désagréablement les personnes qui n'ont pas l'habitude de toucher des cadavres. La température du corps est la même que celle des objets qui nous environnent; mais, comme la peau a une grande densité, elle soustrait à la main une somme de calorique plus grande, augmentée encore par l'idée de mort qui vient s'ajouter à la sensation perçue.

Rigidité cadavérique. — Jusqu'à ce moment, le cadavre a conservé les formes généralement arrondies qu'il présentait au moment de la mort; mais aussitôt que *la rigidité* s'est développée, cette uniformité disparaît; elle est remplacée par les saillies musculaires, de manière à figurer un état d'apparence plus ou moins *athlétique*. C'est alors que la physionomie exprime les dernières impressions que le cerveau a reçues dans les derniers instants de la vie. Que l'on observe plusieurs hommes accusés et convaincus du même crime : celui qui pendant les débats aura montré cette férocité qui est propre au criminel endurci, et qui l'aura conservée jusqu'au moment de la mort, la présentera encore sur sa figure lorsque la rigidité cadavérique se sera emparée de ses traits. Parcourez les amphithéâtres des hôpitaux, et vous verrez sur la physionomie des cadavres, ici l'expression de la souffrance d'une longue agonie, là celle d'une mort calme et douce. Voyez les gens qui succombent à l'ivresse, principalement pendant l'hiver, époque pendant laquelle la rigidité est plus forte et se conserve plus longtemps, vous les distinguerez *à priori*, rien qu'à l'inspection de la figure. J'en dirai autant de l'attitude du corps, surtout lorsque le refroidissement est rapide. Et quoique, dans un grand nombre de cas, les membres thoraciques, au moment de la mort, tombent sur les côtés du corps, sous l'influence de l'état de collapsus qui accompagne cet instant, dans beaucoup de circonstances, cependant, leur situation est telle qu'elle peut éclairer sur les causes de la mort. Ainsi, dans un cas de suicide par arme à feu, j'ai trouvé le bras droit et la main encore en regard de la tête où le coup de pistolet avait été tiré. J'ai vu un homme qui était mort d'asphyxie, après s'être endormi sur un four à chaux : le bras gauche était relevé et appuyé sur le front, le droit demi-fléchi sur le ventre, la figure portant l'empreinte du sommeil. Chez presque tous les suicides par suspension, on trouve l'air hébété de l'homme qui perd peu à peu connaissance sous l'influence d'un engorgement des vaisseaux du cerveau, et qui meurt sans douleur; tandis que le facies des personnes pendues par *le supplice* de la corde offrait la physionomie douloureuse dont les auteurs ont donné les tableaux les plus hideux. Voici un exemple de mort par ivresse, qui présentait, après la mort, les caractères qui sont propres à cet état pendant la vie.

Un homme est trouvé mort sur le bord du canal Saint-Martin; il est couché sur le dos, le bras droit placé au-dessus de la tête; le bras gauche demi-fléchi, la main posée sur la poitrine, le coude écarté du corps; la figure rouge, injectée, les paupières abaissées comme celles d'un homme qui dort; la physionomie dans le calme le plus profond. Une femme a déclaré l'avoir vu, quelque temps auparavant, marcher comme un homme ivre, paraissant avoir une fiole d'eau-de-vie à la main.

Aucune trace de violence à l'extérieur; cerveau très fortement piqueté dans sa substance; les membranes injectées; un peu de sérosité dans les ventricules. Langue et pharynx sains, cavité du larynx et épiglotte un peu injectées, ainsi que toute l'étendue de la trachée. Poumon droit et adhérent dans toute sa surface; sa substance saine. Poumon gauche un peu gorgé de sang en arrière. Cœur très volumineux, à parois flasques; un peu de sang dans le ventricule gauche; une assez grande quantité dans le ventricule droit. Les gros vaisseaux, et principalement l'aorte, énormément distendus, et leur membrane interne injectée de vaisseaux capillaires sanguins.

Tous les organes de l'abdomen sont intimement unis par des adhérences celluleuses; il est impossible de les séparer sans déchirer une partie des membranes des intestins. — L'estomac renferme des débris de pomme de terre et un liquide analogue à de l'eau pour la couleur; mais il répand *une odeur alcoolique des plus prononcées.*

Diminution dans le volume du corps. — Elle est la conséquence nécessaire du refroidissement du corps; elle doit être plus sensible dans la graisse que dans les autres tissus, parce qu'il y existe une grande quantité de liquide; de là vient qu'elle doit contribuer à dessiner les saillies musculaires que développe surtout la rigidité cadavérique. — *Diminution en poids.* Elle est peu considérable, parce qu'elle ne tire sa source que de l'évaporation qui a pu s'effectuer depuis le moment de la mort jusqu'à celui où l'on examine le cadavre. Mais on verra plus loin que cette évaporation s'opère non seulement aux dépens de la peau, mais encore du tissu cellulaire sous-cutané, et qu'elle donne lieu à des phénomènes fort remarquables.

Tous les liquides et les solides de l'économie rentrent sous l'empire des lois physiques. — De là résultent la pâleur cadavérique, les vergetures, les lividités cadavériques, la coloration des anses intestinales placées dans des parties déclives, l'engorgement de la partie postérieure des poumons, et celui des vaisseaux qui avoisinent la partie postérieure de la tête.

Des lividités cadavériques et des vergetures. — C'est une recherche très importante à faire que la cause de ces phénomènes. Le décubitus ayant lieu en général sur le dos, tous les liquides, le sang en particulier, abandonnés à leur propre poids, quittent la peau de la région antérieure du tronc, et viennent colorer celle de la partie postérieure. Ils y produisent des taches violacées de diverses formes, qui constituent les *lividités* cadavériques ; elles portent le nom de *vergetures* lorsque ces taches sont traversées par des lignes blanches irrégulièrement situées, qui dépendent des aspérités du sol et des saillies des surfaces sur lesquelles le corps a reposé ; ces aspérités compriment la peau et s'opposent à l'abord du sang dans son tissu, d'où résulte son défaut de coloration dans ces points. Le caractère anatomique des vergetures est le suivant : si l'on incise la peau, on voit l'épiderme incolore, le réseau vasculaire gorgé de sang, figurant une ligne noire de laquelle on peut exprimer du sang ; puis les diverses couches qui composent le derme, qui sont blanches. Dans la coloration de la peau par afflux vital du sang, *le tissu du derme est piqueté et injecté par ce liquide.*

Hypostases. — Mais comment le sang passe-t-il de la partie antérieure du tronc à la partie postérieure ? est-ce par imbibition des tissus ? ou suit-il au contraire le trajet des vaisseaux, de manière à les parcourir ? Cette dernière voie est la seule admissible ; car s'il en était autrement, on devrait, à une époque quelconque de la mort, trouver colorés les tissus superposés au réseau vasculaire de la peau, ce qui ne s'observe jamais. C'est une opération qui s'exécute, je crois, dans chaque tissu isolé. Le sang qui se trouve dans la peau parcourt seulement le corps muqueux, où l'on rencontre la coloration lors de l'existence des lividités cadavériques. Il en est de même des poumons ou de tout autre organe de l'économie. — Il résulte de cette manière d'envisager ce phénomène, que la quantité de sang accumulé dans la partie déclive

II. 26

d'un organe donne *seulement une idée* de la quantité de sang que cet organe renfermait pendant la vie, et non pas de la quantité qui existait dans la totalité de l'économie. Les pathologistes tiennent compte, avec beaucoup de raison, de cette stase sanguine dans les poumons et dans la partie postérieure du cerveau, lorsqu'ils veulent juger de l'état inflammatoire des organes qu'ils observent. Le médecin légiste doit faire les mêmes remarques lorsqu'il s'agit de déterminer le genre de mort auquel l'individu a succombé, ainsi que je l'ai fait remarquer à l'égard des morts subites. Mais, puisque ces divers effets ne sont autre chose que des phénomènes de la pesanteur, il s'ensuit nécessairement que leur siége est susceptible de varier comme la position que le cadavre aura affectée après la mort, et que les lividités cadavériques et les hypostases pourront par conséquent se rencontrer aussi bien sur les parties latérales ou antérieures du tronc, que sur les parties postérieures, si le corps a été placé sur le côté.

Il est une autre conséquence à déduire de ces altérations. Comme les effets de la stase sanguine sont d'autant plus prononcés que la quantité de sang que renfermait l'organe au moment de la mort était plus considérable, on pourra en tirer des conséquences sur la coïncidence entre la cause présumée de la mort et l'état de ces organes. Ceci est d'autant plus important, que tel organe membraneux, comme une portion du tube digestif, qui serait uniformément injecté et coloré pendant la vie, pourrait ne plus offrir après la mort que des lividités cadavériques ou une coloration violette dans une étendue assez circonscrite et dans un point déclive de l'organe. — Après les *hémorrhagies* qui ont précédé et causé la mort, la peau présente une pâleur remarquable, et cette pâleur se fait observer aussi bien dans les parties déclives du corps que dans celles qui sont les plus élevées, ainsi que le démontre l'observation suivante d'un sujet que nous avons observé à la Morgue.

Suicide par un rasoir, simulant un homicide.

Le nommé R... (Noël-Louis-Augustin), âgé de soixante-trois ans, mécanicien, avait conçu l'espérance d'une aisance prochaine dont il fut déçu. La gêne extrême dans laquelle il se trouvait, après avoir occupé plusieurs positions honorables, le détermina à attenter à ses jours. Il se rendit au Père-Lachaise, et là il se porta un premier coup de rasoir, immédiatement au-dessus de l'os hyoïde ; l'instrument pénétra à onze lignes de profondeur ; un second coup de rasoir, dans la plaie résultant du premier, alla jusqu'à vingt et une lignes. Enfin, voyant probablement qu'il s'écoulait encore peu de sang, il se décida à en porter un troisième, qui s'étendit jusqu'à la paroi postérieure du pharynx, en coupant tous les muscles qui attachent la langue à l'os hyoïde, et il se fit une plaie de deux pouces de profondeur; l'hémorrhagie survint alors, et là faiblesse physique arrêta la force morale qui avait guidé l'instrument.

État extérieur du corps. — *Pâleur générale de la peau; aucune trace de vergetures ou de lividités cadavériques, même dans les parties les plus déclives du corps.*

Description de la blessure.—Qu'on se figure une plaie énorme, située immédiatement au-dessous du menton, ayant deux pouces de profondeur, trois pouces trois lignes de largeur, et un pied juste de circonférence. La peau, l'os de la mâchoire, les glandes sous-maxillaires, tous les muscles qui de l'os hyoïde se rendent à la mâchoire inférieure et à la langue, la langue elle-même, ainsi qu'un espace vide formé par la cavité du pharynx, constituent la paroi supérieure de cette large excavation. L'os hyoïde, une partie des muscles mylo-hyoïdiens et l'épiglotte saillante et relevée, forment sa paroi inférieure. Au fond de la plaie et à son centre, on aperçoit la partie postérieure du pharynx immédiatement appliquée sur la colonne vertébrale ; et sur les côtés de la blessure, les muscles sterno-cléido-mastoïdiens mis à nu et en partie entamés.

Toute cette surface rouge, saignante, fortement colorée, contrastant avec la blancheur de l'épiglotte, qui vient saillir de la partie la plus profonde de la plaie.

Les lèvres de cette grave lésion, formées par la peau, présentent de chaque côté et à des profondeurs inégales, deux échancrures superficielles qui font assez connaître que trois coups de rasoir ont été portés.

Tel est l'aspect de cette plaie. Du reste, la figure du cadavre porte l'empreinte d'une mort calme ; les lèvres, un peu écartées, laissent apercevoir une partie des arcades dentaires rapprochées l'une de l'autre, mais sans contraction bien marquée. La langue est renfermée dans la bouche ; elle y occupe sa position ordinaire.

Disséquée avec soin, voici les détails anatomiques que cette blessure nous a offerts :

Côté gauche du cou. — La peau enlevée, on aperçoit le peaucier coupé dans la moitié de sa largeur, à un pouce de son insertion à l'os maxillaire ; la glande sous-maxillaire est divisée dans son tiers inférieur ; le muscle digastrique est coupé au voisinage des insertions fibreuses qui le retiennent auprès de l'os hyoïde ; le nerf hypoglosse est à moitié divisé après son passage sous le muscle digastrique ; les filets nerveux qui en partent pour se rendre aux muscles qui entourent l'os hyoïde sont conservés ; la veine jugulaire primitive se divisait bien au-dessous de l'angle de la mâchoire. Les veines jugulaires interne et externe n'ont pas été intéressées, attendu l'obliquité générale de la plaie, qui, dirigée de gauche à droite, a été un peu moins profonde à gauche, et a laissé une partie de la paroi gauche du pharynx, sur laquelle ces vaisseaux étaient accolés. Il en est de même de l'artère carotide primitive, de la carotide externe, de l'artère thyroïdienne supérieure, et de la huitième paire de nerf. Du reste, les muscles digastrique, génio-hyoïdien, génio-glosse, mylo-hyoïdien, sont coupés juste à leur insertion à l'os hyoïde.

Côté droit de la plaie. — Les muscles que je viens de citer sont divisés un peu plus haut ; le peaucier est entièrement coupé, le sterno-mastoïdien est intéressé en avant dans l'épaisseur de quelques lignes.

la veine jugulaire primitive se divise beaucoup plus haut que du côté gauche. *A l'origine de la veine jugulaire externe, on observe une ouverture de six à sept lignes de longueur, sur quatre lignes de largeur.* Cette blessure intéresse et la veine jugulaire primitive et la veine jugulaire externe ; c'est elle qui a fourni l'hémorrhagie mortelle, car l'artère carotide et ses principales divisions, ainsi que le nerf pneumo-gastrique de ce côté, sont intactes.

Tous les vaisseaux du cou sont *vides ;* il en est de même de la veine cave supérieure ; les parois de l'oreillette droite du cœur, et même celles du ventricule, sont *affaissées, appliquées sur le ventricule gauche ;* ce qui donne au cœur un aspect peu ordinaire. *Il n'y a pas une goutte de sang* dans le ventricule droit ; le ventricule gauche en contient un peu, mais l'oreillette gauche, l'artère aorte, les artères sous-clavières et carotides primitives en renferment une quantité notable.

Les poumons sont *blafards, décolorés ;* ils recouvrent fortement le péricarde ; en arrière, leur teinte est un peu violacée ; incisés, ils contiennent peu de sang, surtout le poumon droit.

Le larynx, la trachée et ses principales divisions, vus extérieurement, sont d'*un blanc mat.* On trouve à l'intérieur du larynx et de la trachée une nappe de sang coagulé très noir, un peu écumeux à la division de la trachée. Ce sang s'est introduit dans la bronche droite seulement, et a pénétré jusque dans les dernières ramifications de ce conduit. Rien de semblable ne s'observe à gauche ; la bronche, de ce côté, est nette, ne contient pas de traces de mucus écumeux. Tout porte donc à croire que c'est dans les derniers instants de sa vie, si ce n'est même après la mort, et lorsque cet individu succombait couché sur le côté droit, que le sang a pénétré dans les ramifications des bronches.

L'œsophage a une teinte *blafarde* très prononcée, ainsi qu'on le remarque chez tous les individus qui périssent d'hémorrhagie ; l'estomac ne contient pas d'aliments, les intestins sont généralement décolorés ; le foie et les autres organes abdominaux sont dans l'état ordinaire.

Tête. — Après avoir détaché la voûte du crâne, on aperçoit la surface de la dure-mère parsemée de sang, résultat de la rupture des vaisseaux qui, de cette membrane, se portent aux os. Les vaisseaux de l'arachnoïde sont très gorgés de sang ; la substance cérébrale est fortement piquetée et très consistante.

Dans la mort par asphyxie, on trouve dans les régions *antérieures* du corps une coloration rosée, et quelquefois même violacée, qui existe dans une étendue plus ou moins considérable ; cette coloration ressemble souvent à celle que présentent les lividités cadavériques, mais elle n'a pas le même siége, c'est-à-dire le *tissu muqueux seul* de la peau ; le derme est aussi injecté, et, par conséquent, avant de se prononcer sur sa cause, il faut constater cette différence, et rechercher si le corps n'aurait pas reposé après la mort sur le lieu où la coloration existe. Voici un exemple d'asphyxie par le charbon dans lequel ce phénomène était très prononcé.

Le nommé Corbin (Louis), bottier, âgé de vingt-trois ans, a été apporté à la Morgue, le 7 mars 1829. Il s'est asphyxié par le charbon la nuit précédente.

A son arrivée, il ne présente pas encore de rigidité dans les articulations des épaules, des avant-bras et des poignets ; les muscles qui avoisinent l'articulation des genoux paraissent seuls rigides. Il est vrai que le cadavre n'est pas encore complétement froid ; *la presque totalité de la région antérieure du tronc est recouverte de plaques rouges très étendues ;* la face est *marbrée de rose, ainsi que la partie antérieure des bras et des cuisses ;* les jambes et les parties latérales du tronc sont blanches ; la bouche est contournée de manière à exprimer la souffrance ; les yeux sont saillants, à demi ouverts. La cornée n'est pas tout à fait claire et transparente ; elle résiste à la pression par son élasticité. Toute la peau offre en général l'aspect désigné sous le nom de *chair de poule ;* mais cette disposition ne se rencontre que très peu marquée aux avant-bras, aux jambes, aux pieds et aux mains.

Les plaques rouges incisées font voir que cette coloration n'est pas bornée au tissu muqueux, mais qu'elle existe dans toute l'épaisseur de la peau ; il suinte des incisions pratiquées à cette enveloppe une série de petites gouttelettes rouges formées par du sang.

Tête. — Les vaisseaux du cerveau sont injectés, ainsi que les sinus de la dure-mère ; la substance blanche du cerveau est fortement piquetée, surtout dans la partie supérieure de cet organe.

La base de la langue et la membrane muqueuse qui tapisse la partie supérieure de l'épiglotte sont très roses. Cette coloration est bornée à la membrane muqueuse ; elle ne s'étend pas au tissu de la langue, de même que comme lividité elle était bornée à la peau sans atteindre le tissu cellulaire sous-cutané. La couleur de la membrane muqueuse du larynx est d'un rose un peu moins vif ; *celle de la trachée devient de plus en plus rouge, à mesure que l'on s'approche des bronches, et à dater de sa division elle est très rouge ;* les bronches et toutes leurs divisions contiennent une assez grande quantité de sang plastique et écumeux. *En disséquant la trachée extérieurement, on aperçoit une coloration rouge de la portion membraneuse de ce conduit, qui contraste avec la blancheur des cerceaux cartilagineux.* Les poumons, volumineux, recouvrent peu le péricarde ; ils sont d'un *brun noir,* mais principalement en arrière ; leur tissu *rouge vif* contient beaucoup de sang que l'on peut exprimer par la pression, même dans leur partie antérieure ; cependant ils n'en sont pas aussi gorgés que dans d'autres asphyxiés que j'ai été à même d'observer.

Le cœur est médiocrement volumineux ; le ventricule droit et les veines caves laissent écouler une assez grande quantité de sang, *dont une partie est coagulée ;* les vaisseaux du cou sont médiocrement pleins ; le ventricule gauche contient une quantité de sang presque aussi considérable que le ventricule droit, ce qui est rare ; l'aorte en renferme aussi.

L'abdomen n'offre rien de remarquable ; l'estomac ne contient pas d'aliments ; le foie est assez gorgé de sang.

Dans l'asphyxie, les phénomènes hypostatiques sont indépendants de l'injection de la totalité du tissu pulmonaire, et la coloration de ce tissu est encore très prononcée en avant, quoiqu'elle soit très forte en arrière ; cette observation est applicable à tous les autres organes, à l'enfance comme à l'âge adulte. — Il est deux colorations particulières que le fœtus peut présenter et qui ne disparaissent pas par le contact de l'air : l'une, rosée, est le fait du degré de l'organisation de la peau qui n'est pas encore assez avancé pour donner à ce tissu l'aspect blanc qu'il a ordinairement ; l'autre, d'un rose ou rouge vif, ayant primitivement et principalement son siége à l'abdomen, est le fait de la putréfaction qui survient à la peau lorsque l'enfant meurt et se putréfie dans le sein de sa mère. L'uniformité de coloration du tissu de la peau et des tissus sous-jacents établit une différence tranchée entre ce genre de phénomène et les lividités cadavériques ou avec la coloration qui accompagne la mort par asphyxie.

Lorsque les divers phénomènes qui suivent immédiatement la mort se sont opérés, les tissus se ramollissent, deviennent flasques, et la putréfaction commence. On peut donc, dans la première période de la mort, établir quatre époques différentes et leur assigner une durée approximative, de manière à permettre de résoudre pour cette période la question de l'époque de la mort.

Première époque. — Elle est caractérisée par la conservation de la chaleur à un degré plus ou moins prononcé et par le relâchement des muscles, soit général, soit partiel. A cette époque, les muscles se contractent sous l'influence du fluide électrique et quelquefois même des stimulants les plus simples. *La mort peut dater de deux à vingt heures.*

Deuxième époque. — La chaleur est éteinte et la rigidité cadavérique est développée ; les muscles ne peuvent plus se contracter sous l'influence des stimulants simples ou électriques. *La mort peut dater de dix heures à trois jours.*

Troisième époque. — La chaleur est éteinte ; toutes les parties sont souples ; les muscles ne se contractent plus sous l'influence électrique. La couleur de la peau est naturelle. *La mort peut dater de trois à huit jours.*

Quatrième époque. — Augmentation du volume du corps ; élasticité et rénitence de toutes les parties sous l'influence d'un développement de gaz. Aucune contraction par les stimulants galvaniques ; teinte verdâtre de l'abdomen. C'est là l'origine de la putréfaction. *La mort date de six à douze jours.* Il est bon de dire que nous supposons que le cadavre est resté exposé à l'air libre, depuis le moment de la mort *et dans une température moyenne.*

Ces diverses époques ne présentent que des approximations. Elles offrent de grandes différences, selon qu'on les envisage par rapport à l'hiver ou à l'été. Et pour faire sentir que ce ne sont que des données variables, il nous suffira de dire que, pendant les chaleurs de l'été, un cadavre peut offrir en vingt-quatre heures les phénomènes que nous avons assignés à l'époque de six à douze jours, tandis qu'en hiver ils ne se montrent quelquefois que du quinzième au dix-huitième jour. C'est au médecin à tenir compte des variations de température, de l'état d'obésité ou de maigreur du sujet, de son âge, du genre de mort auquel il a succombé, et surtout des influences atmosphériques auxquelles le cadavre a été soumis.

Deuxième période. — Elle comprend tous les phénomènes de la putréfaction. Mais malheureusement leur apparition est soumise, dans certains cas, à des variations tellement grandes, au moins pour la putréfaction qui a lieu dans la terre, que M. Orfila, qui s'en est surtout occupé, n'a pas cru pouvoir rattacher aucune époque à la naissance de ces phénomènes. Plus hardi, j'ai posé des jalons pour la putréfaction dans l'eau. Les faits suivants m'autorisent cependant à croire que je n'ai pas trop présumé de la possibilité d'arriver à des résultats approximatifs. — Lorsque je fis mes recherches à la Morgue de Paris, j'eus occasion de voir avec quelle inexactitude les médecins déterminaient dans leurs rapports l'époque de la submersion. D'un autre côté, j'étais frappé de l'approximation, je dirai presque de la précision avec laquelle le concierge et l'aide de service de cet établissement indiquaient le temps écoulé depuis que les individus avaient été noyés. Je pensai dès lors que, si des hommes ignorants arrivaient par la routine à ce résultat, un médecin devait y être conduit avec moins d'expérience, mais à l'aide de données plus précises; dès lors je cherchai à les établir. Depuis la publication de mon travail, M. le docteur Paulin ayant été appelé à examiner, à deux époques différentes, deux cadavres retirés de la Seine, donna, d'après mes tableaux, à l'un quinze jours, et à l'autre près d'un mois d'eau. Son diagnostic fut vérifié à quelques jours près, les deux individus ayant été reconnus à la Morgue. M. Bouvier, agrégé près la Faculté, est mandé pour constater l'époque de la submersion d'un cadavre retiré de la Seine aux environs de Chaillot. Il était sur le point de lui donner huit jours d'eau, lorsque, se rappelant mon mémoire, il va le consulter, et indique alors cinq semaines de submersion. Il a été reconnu depuis que ce sujet y était resté un mois et trois jours. M. Villeneuve a constaté avec succès un cadavre de sept à huit mois de séjour dans l'eau. Le 4 avril 1836, on apporte à la Morgue un corps de quatre mois dix jours d'eau. La visite du médecin pour la levée du corps n'ayant pas été faite, M. le docteur Dubois se rendit à la Morgue pour constater la mort et l'état du cadavre ; il examina le tableau des caractères des époques que je vais tracer, et trouva une telle identité entre les signes de putréfaction offerts par le cadavre et ceux énoncés pour appartenir à l'époque de quatre mois et demi, qu'il se mit à les copier sur mon mémoire, et à assigner cette époque de submersion : il n'y avait donc pour un temps aussi éloigné que cinq jours de différence dans l'approximation comparée à la réalité. (*Voy.* encore l'ouverture du corps du jeune Cambay, *Histoire des altérations cadavériques.*) Je pourrais citer un grand nombre d'exemples analogues ; car, je puis le dire, j'ai la satisfaction d'avoir vu mon travail accueilli par tous les médecins qui s'occupent de médecine légale, soit à Paris, soit en province. Les données que j'ai établies servent tous les jours de base à leur diagnostic.

Il est vrai que les difficultés sont moins grandes à l'égard des sujets qui séjournent dans l'eau que pour ceux qui restent dans la terre, parce que le milieu restant toujours le même pour les noyés, les variations de température viennent seules modifier la marche de la putréfaction ; il faudra, par conséquent, un grand nombre d'observations et de recherches pour arriver à reconnaître l'époque de la putréfaction dans la terre, mais on y arrivera cependant.

J'exprimerai le regret qu'un travail analogue au mien n'ait pas été entrepris pour les corps qui séjournent dans la mer : c'est là un beau sujet de recherches.

HISTOIRE GÉNÉRALE DE LA PUTRÉFACTION.

La putréfaction est un ensemble de phénomènes particuliers que présentent les diverses parties de l'homme et des animaux, lorsque, n'étant plus placées sous la dépendance des lois vitales, elles retombent sous l'empire des lois physiques, et dont le caractère le plus commun et le plus tranché consiste en général dans le développement d'une odeur plus ou moins infecte.

Bacon a, le premier, fait sentir l'utilité que la médecine pouvait retirer de l'étude de la putréfaction, surtout pour arriver à connaître les moyens de la prévenir et d'en arrêter les progrès. Beccher a tracé ses phénomènes avec assez d'exactitude pour l'époque où il écrivait. Pringle a surtout envisagé les corps sous le rapport de leur septicité ou de leur antisepticité. L'Académie de Dijon avait proposé, en 1767, l'histoire de la putréfaction comme sujet de prix ; Boissieu, Godard et Bordenave exposèrent, dans trois mémoires importants, ses causes, ses phénomènes et ses résultats. Berthollet a éclairé ce sujet en appliquant à la théorie des divers produits de la putréfaction la chimie pneumatique ; plus tard, Fourcroy, Vauquelin et Thouret ont étudié les phénomènes de la putréfaction et soumis à l'analyse ces résultats matériels. En 1794, Georges Smith Gibbès a décrit les procédés à l'aide desquels on pouvait obtenir en grand du gras de cadavre. Guntz s'est livré à des expériences propres à éclairer certains points encore obscurs. M. Orfila, en exhumant de milieux différents un grand nombre de cadavres qu'il avait inhumés, a recueilli des faits qui concourent déjà, et devront par la suite concourir à la solution des questions importantes qui s'y rattachent ; et nous-même, en étudiant la putréfaction chez les noyés, nous avons fourni des matériaux propres à résoudre quelques unes de ces questions ; enfin Gay-Lussac, Chevreul, Mateucci, Moscati, Boussingault, ont plus ou moins éclairé ce sujet par leurs recherches.

Conditions favorables ou défavorables à la putréfaction. — La première condition indispensable à la putréfaction, c'est l'absence de la vie. Quelques auteurs, et Fourcroy en particulier, pensent que ce phénomène peut s'opérer lorsque la vie n'est pas totalement éteinte, mais qu'elle a seulement perdu un certain degré d'énergie. Il nous est impossible d'admettre une pareille assertion. Certes, nous sommes loin de nier que la putréfaction ne puisse avoir lieu dans un point circonscrit du corps d'un individu vivant ; mais nous disons que la partie du corps où elle se manifeste a été frappée de mort, et est rentrée dans les conditions des matières animales entièrement placées sous la dépendance des agents physiques ; que ces parties n'ont plus aucun rapport avec la vie lorsque la putréfaction y survient : ainsi donc, la putréfaction exclut l'idée de vie.

La putréfaction peut-elle s'opérer dans le vide ? Gay-Lussac en nie la possibilité; suivant lui, le concours de l'air est une des conditions indispensables à la production de cette transformation physique des matières animales. John Manners, Luiscius, Fourcroy et Guntz adoptent une opinion opposée; ce dernier a fait l'expérience suivante, qu'il cite à l'appui de sa manière de voir. Après avoir introduit son petit doigt sous une cloche remplie de mercure, il s'y est fait une piqûre; le sang sorti de l'incision a monté dans la partie supérieure de la cloche sous la forme d'une gouttelette; il a soumis l'appareil à une température de 15 degrés, qu'il a élevée successivement jusqu'à 30; le sang s'est d'abord coagulé; puis, au bout de cinq jours, il est devenu liquide, sale, presque homogène; et enfin Guntz a aperçu très distinctement des bulles gazeuses à la surface de la matière liquide.

Quoi qu'il en soit, il est toujours certain que la présence de l'air est une des conditions les plus favorables à la putréfaction, on pourrait presque dire indispensable, tant ce fluide exerce d'influence sur elle; mais les conditions de l'air étant susceptibles d'offrir de grandes variations, il est nécessaire de rechercher quels peuvent être les effets des divers éléments qui le constituent pour préciser la valeur relative de chacun d'eux, et partant l'état atmosphérique le plus propre à développer ou à arrêter les progrès de la putréfaction. Nous examinerons donc successivement l'action de l'oxygène, de l'azote, de l'acide carbonique, du calorique, de la lumière, du fluide électrique et de l'eau en vapeur.

Oxygène. — Suivant Bœckmann et Hildebrand, l'oxygène est de tous les gaz celui qui favorise le plus la putréfaction : à peine le contact de l'oxygène a-t-il lieu, que la chair musculaire devient d'un rouge vif; elle acquiert, au bout de vingt-quatre heures et avec une température variable entre 15 et 30 degrés, une couleur jaunâtre foncée; bientôt il se manifeste de petits points bruns à sa surface, puis une coloration bleuâtre et ensuite noirâtre; enfin, la chair devient diffluente. Si à l'oxygène on ajoute de l'azote, ce gaz accélère beaucoup, suivant eux, la décomposition; de là, l'influence de l'air. Mais il est évident que ce n'est pas par la nature de l'azote que la putréfaction est hâtée dans ses progrès, mais bien parce que ce gaz écarte pour ainsi dire les molécules de l'oxygène et favorise son action : semblable en cela à un phénomène chimique qui exige pour sa production le concours de pareilles circonstances : je veux parler de la formation de l'acide hypophosphorique, qui ne se produit jamais si le phosphore est mis en contact avec l'oxygène seul, et qui se développe très rapidement aussitôt que dans l'oxygène pur on interpose de l'azote.

Azote. — Ce qui vient à l'appui de cette manière de voir, ce sont les résultats obtenus en plaçant les matières animales dans de l'azote pur ; elles s'y putréfient très lentement ; aussi ce gaz peut-il être rangé au nombre des agents antiseptiques. Nous en avons journellement la preuve dans ce qui se passe à l'égard des fosses d'aisances : la putréfaction y est très lente, et presque toujours le gaz azote y domine. Toutefois l'oxygène favorise certainement la putréfaction ; ainsi Hildebrand dit que la viande placée dans un appareil pneumato-chimique avec de l'oxygène était entièrement pourrie au onzième jour ; tandis qu'elle ne donnait aucun signe d'altération, lorsqu'au lieu d'oxygène on se servait d'hydrogène, d'acide carbonique ou d'acide nitreux.

L'*acide carbonique* est dans le même cas que l'azote ; il retarde constamment la putréfaction, puisque de la chair musculaire que l'on avait laissée en contact avec ce gaz était encore inodore au bout de cinquante et un jours (Hildebrand). Il résulte des recherches auxquelles je me suis livré en 1837, que la putréfaction est notablement retardée chez les personnes qui succombent à l'asphyxie par le charbon. (*Voy.*, pour le détail de ces expériences, l'*Histoire de l'asphyxie par le charbon.*)

Le *calorique* agit d'une manière qui varie en raison de la proportion dans laquelle il est employé : à 0 degré de température, la putréfaction ne peut pas avoir lieu ; aussi les cadavres des animaux se conservent-ils un temps considérable dans la neige ; mais si l'on vient à les soumettre à une température de 15 à 20 degrés, ils se putréfient alors avec une rapidité extrême ; une chaleur de 100 degrés arrête aussi la putréfaction. Dans le premier cas, la presque totalité des liquides est congelée ; dans le second, une évaporation des liquides s'effectue, de manière à réduire à siccité les matières animales ; l'albumine et la fibrine acquièrent plus de consistance et de solidité, et la putréfaction ne peut pas se développer : c'est à ces deux causes qu'il faut attribuer ce résultat. Il n'en est pas de même d'une température qui varie entre 18 et 25 degrés ; elle favorise constamment la putréfaction et hâte ses progrès d'une manière très marquée.

Quant au rôle que joue la *lumière* dans la production de ce phénomène, on ne peut établir que des doutes. Lefébure dit avoir développé de l'hydrogène en exposant à la lumière de la matière cérébrale plongée dans l'eau. Guntz, au contraire, pense qu'il ne peut se développer d'hydrogène qu'autant que cette substance offre déjà un commencement de putréfaction. L'expérience de Lefébure, fût-elle même exacte dans ses résultats, ne prouverait pas d'une manière certaine l'influence de cet agent; car la matière cérébrale plongée dans l'eau est encore en contact avec l'air en dissolution dans ce liquide.

L'*électricité* accélère le développement des phénomènes putrides. Les portions de muscles que l'on soumet à un courant électrique ne renferment plus de sels, si l'action de ce fluide a été prolongée pendant un temps suffisamment long; les oxydes se rendent au pôle négatif, les acides au pôle positif. L'électricité atmosphérique n'exerce pas un genre d'action identique, elle agit sur les divers principes immédiats des matières animales et imprime une modification dans leurs éléments que l'on ne saurait préciser, mais que démontre la rapidité avec laquelle les orages gâtent les viandes alimentaires pendant les chaleurs de l'été. Nous citerons pour exemple le lait, dans lequel l'électricité développe une certaine quantité d'acide acétique. M. Mateucci a fait une expérience fort curieuse qui tend à éclairer ce sujet. Il a placé des morceaux de viande sur des plaques de zinc; ils se sont conservés frais pendant longtemps. Le zinc s'était électrisé vitreusement et la viande résineusement; or, comme l'oxygène qui favorise toujours la putréfaction est un corps essentiellement électro-résineux, il a été en quelque sorte repoussé par la chair musculaire, qui était elle-même dans cette condition électrique, et la putréfaction a été retardée : l'électricité joue donc un rôle puissant dans le développement de la putréfaction.

On a peu étudié l'influence que pouvait exercer *l'eau en vapeur* sur la putréfaction; on connaît mieux son action à l'état liquide. Mais il est démontré que l'air sec arrête la putréfaction, tandis que l'air humide l'accélère. Gay-Lussac a conservé pendant plusieurs mois, sans aucune altération, de la viande suspendue dans l'intérieur d'une cloche au bas de laquelle se trouvait du chlorure de calcium qui absorbait toute l'humidité de l'air. C'est probablement à l'action dissolvante de l'eau qu'il faut attribuer cette rapidité dans la décomposition putride, action dissolvante qui ne s'exerce toutefois que dans des limites très circonscrites ; car un excès d'eau retarde la putréfaction. Ce fait est facile à concevoir, en réfléchissant que rien n'est plus propre à hâter la putréfaction que le mélange des matières déjà putréfiées avec des substances saines. Soit donc la surface d'un morceau de matière animale en conctact avec un air humide, les vapeurs qui l'entourent dissolvent et rendent fluides les molécules extérieures ; elles se putréfient rapidement, et, une fois putréfiées, elles hâtent le développement de ce phénomène dans les parties saines, tandis qu'un courant d'eau entraîne les parties putréfiées, au fur et à mesure de leur production, en même temps qu'il garantit du contact de l'air les parties molles qui séjournent dans ce liquide. C'est d'après ces principes, dont je suis bien pénétré, que j'ai fait établir à la Morgue de Paris des tuyaux en arrosoir sur toute la surface des noyés, pour retarder la putréfaction rapide à laquelle ils sont sujets aussitôt qu'ils passent de l'eau dans l'air ; et aujourd'hui l'expérience a sanctionné une présomption née du raisonnement, car c'est le seul moyen préservatif qui ait eu du succès à la Morgue.

De l'ensemble de ces faits, il résulte : que l'atmosphère la plus favorable au développement de la putréfaction doit être celle qui se composera d'oxygène, d'azote et d'acide carbonique dans les proportions de l'air ; d'une somme d'électricité très grande, d'une quantité considérable de vapeur d'eau et d'une température de 18 à 25 degrés.

Hildebrand a aussi étudié quelle pouvait être l'influence des gaz autres que ceux qui constituent l'air sur la putréfaction. Déjà nous avons vu que l'azote et l'acide carbonique retardaient son développement. L'*hydrogène* est dans le même cas ; le *chlore*, le *bi-oxyde d'azote* (Hildebrand a conservé de la viande pendant trois mois dans du bi-oxyde d'azote, sans qu'elle se soit putréfiée) et l'*acide sulfureux* s'opposent puissamment à sa production : le chlore, en désorganisant la matière animale et en formant avec elle une substance blanche nacrée presque imputrescible ; le bi-oxyde d'azote, en absorbant tout l'oxygène qui peut être en contact avec la matière animale ; et l'acide sulfureux, en agissant sur elle de manière à modifier son organisation, en transformant la matière animale en des produits très oxygénés.

Il nous reste actuellement à passer en revue l'influence que peuvent exercer les autres milieux sur la décomposition putride, ainsi que diverses circonstances que nous allons signaler.

La putréfaction est toujours plus lente à se développer dans l'eau qu'à l'air libre. Elle est très prompte, lorsque l'eau est à une température de 18 à 25 degrés Réaumur ; elle est très lente, si la température est plus basse. Il est difficile de résoudre encore cette question, à savoir si elle se manifeste plus ou moins rapidement dans l'eau courante que dans l'eau stagnante. Des expériences de M. Orfila tendent à démontrer que la saponification a lieu plus rapidement dans l'eau renouvelée. Pour moi, j'établis à ce sujet une distinction : je crois que la décomposition qui a pour résultat le développement de gaz et la réduction en putrilage, a lieu beaucoup plus rapidement et plus facilement dans l'eau stagnante ; tandis que celle qui a pour résultat la saponification a lieu plus rapidement dans l'eau renouvelée. Cette manière de voir est fondée sur les observations que j'ai faites sur les noyés.

L'*eau des fosses d'aisances* retarde encore plus efficacement la putréfaction. La saponification a lieu facilement dans ce liquide.

Le séjour d'un cadavre dans la *terre* amène des résultats différents, suivant un grand nombre de circonstances. La putréfaction est lente, si le terrain est sablonneux et sec ; elle est un peu plus prompte, s'il est argileux et humide ; elle s'effectue rapidement, si la terre se trouve être très végétale, un peu humide et d'une douce température : par conséquent, dans l'appréciation de la marche de la putréfaction de matières animales placées dans un terrain, il faut avoir égard à sa nature, à son humidité et à sa température. On sait, en effet, que dans les pays chauds, loin de se putréfier, les cadavres se momifient, se dessèchent et se conservent dans le sable. La profondeur à laquelle le cadavre est placé exerce encore une influence très grande sur les résultats ; plus il est situé profondément, et plus tard il se putréfie.

Des produits de la putréfaction. — Gaz et acides. — Telles sont les conditions *générales* qui régissent le développement de la putréfaction. Voyons actuellement quels sont les produits chimiques auxquels elle peut donner lieu. Cette partie de la putréfaction est encore fort incomplétement étudiée. On sait qu'il se développe des gaz, tels que l'azote, l'hydrogène carboné, l'acide carbonique, l'ammoniaque, l'acide hydrosulfurique, l'hydrogène phosphoré ; qu'il se produit de l'acide acétique et de l'acide azotique. Suivant quelques personnes, ces gaz peuvent se dégager isolément ou à l'état de combinaison avec l'ammoniaque, au moins pour ceux qui sont acides. Les gaz qui se développent avec le plus d'abondance sont, sans contredit, l'hydrogène carboné et l'acide carbonique. C'est surtout chez les noyés, où la putréfaction gazeuse se manifeste avec une grande énergie, que l'on peut constater l'existence du premier. Il suffit alors de pratiquer une piqûre à la peau et d'approcher une bougie de l'endroit ouvert pour enflammer un jet de gaz qui s'en échappe pendant un temps assez long.

Savon. — Un autre produit de la putréfaction consiste dans une matière savonneuse que Fourcroy croyait formée d'adipocire et d'ammoniaque. M. Chevreul la regarde aujourd'hui comme un margarate et un oléate d'ammoniaque, ou au moins un acide semblable à l'acide oléique, unis à de l'acide lactique du lactate de potasse et de chaux, et à une matière colorante orangée, azotée, retenant un peu de chaux, à un peu de substance amère et à un principe odorant. Toutefois la composition de ce savon est susceptible de subir des changements qui dépendent de la nature du milieu dans lequel il se forme ou dans lequel il est placé. Ainsi, on le trouve souvent composé de margarate et d'oléate de chaux. C'est le cas où il se produit au milieu d'une eau qui contient du sulfate et du carbonate de chaux. Pareille transformation a lieu lorsque le terrain renferme les mêmes sels. M. Chevreul a trouvé cette composition à un savon provenant d'un bélier qui était resté dans l'eau d'un puits. Le savon du cadavre d'une femme dont l'observation sera rapportée à l'occasion de la dernière phase de la putréfaction dans l'eau était de même nature. Il y a tout lieu de croire que le savon à base d'ammoniaque se forme d'abord, et que ce n'est que par une double décomposition subséquente qu'il change de nature. L'expérience suivante, faite par M. Orfila, démontre la possibilité de cette transformation. Après avoir fait du savon ammoniacal de toute pièce, il l'a mis en macération dans une dissolution de sulfate de chaux, et, au bout de trois semaines, il était changé en savon calcaire.

Toutes les parties ne sont pas également susceptibles de se saponifier; le gras de cadavre ne peut se former qu'autant que de la graisse est en contact avec une matière azotée. La graisse seule ne peut pas donner un savon ; car si, à l'instar de Guntz, on la sépare, et qu'on l'isole entièrement de tous les fluides azotés, elle ne subit pas cette transformation. La fibrine du sang parfaitement pure est dans le même cas (Gay-Lussac). M. Chevreul a obtenu des résultats semblables en faisant macérer pendant un an des tendons d'éléphant, de la chair musculaire de bœuf privée de graisse. Une expérience comparative, faite par M. Orfila, avec de la peau privée de graisse et de la peau encore tapissée par elle, a donné des résultats en rapport avec la proposition que je viens d'avancer. La connaissance de ce fait avait conduit M. Chevreul à émettre cette opinion, que les muscles fournissaient à la graisse la matière azotée pour la formation de l'ammoniaque, puisque la graisse elle-même ne contenait pas d'azote. J'ai démontré (*Annales d'hyg.*, octobre 1829) combien cette opinion était peu fondée, en prouvant d'une part que la saponification de la graisse commence à l'extérieur des mamelles, par exemple, ou de toute autre accumulation graisseuse ; tandis que les couches de graisse plus profondes et les muscles sous-jacents sont tout à fait intacts. J'ai fait sentir que tous les tissus de l'économie étaient parcourus par des vaisseaux, du tissu cellulaire et des fluides azotés, et qu'il devenait tout à fait inutile d'aller chercher les muscles pour source de l'azote.

La saponification est très prompte : 1° chez les sujets très jeunes ; 2° chez ceux qui sont très gras ; 3° dans l'eau des fosses d'aisances ; 4° un peu moins prompte dans l'eau stagnante que dans l'eau courante ; 5° facile dans les terrains humides et gras ; très rare dans les terrains secs ; 6° d'autant plus prompte que les cadavres sont plus amoncelés les uns avec les autres, et dans ce cas ceux qui sont le plus profondément situés sont plus tôt saponifiés. Les différences dans la durée du temps nécessaire pour amener la saponification, suivant ces diverses circonstances, sont très grandes. Un enfant nouveau-né peut être presque entièrement saponifié en six semaines ou deux mois dans l'eau d'une fosse d'aisances. Il faut un an environ pour obtenir la transformation en gras de la totalité d'un noyé, et trois ans à peu près dans la terre pour arriver à ce résultat.

Deux théories ont été données pour expliquer la formation du gras de cadavre. Dans l'une, Thouret, partant de ce fait que l'on retire beaucoup de blanc de baleine des cavités du cerveau de la baleine, de la bile, du foie, du cerveau de l'homme et de tous les animaux, se demande pourquoi on attribuerait sa formation à la putréfaction, et s'il ne serait pas plus rationnel d'admettre que l'ammoniaque en est le seul produit, substance qui se combine avec la matière du gras antérieurement existante pour former un savon. La théorie tombe d'elle-même, puisqu'il est reconnu aujourd'hui que le gras de cadavre ne contient pas de blanc de baleine.

Dans la seconde théorie, qui est due à Fourcroy, on suppose « que le carbone de la matière animale s'en échappe sous la forme d'acide carbonique, soit en s'emparant de l'oxygène de la matière elle-même, soit en se combinant avec celui de l'eau, dont il aurait opéré la décomposition ; et ainsi s'expliquerait la perte en poids des matières animales transformées en gras, puisqu'elles sont réduites au dixième ou au douzième de leur masse. L'azote et l'hydrogène produiraient l'ammoniaque ; le résidu des matières animales ainsi privées de beaucoup de carbone, d'oxygène et d'azote, contiendrait une énorme proportion d'hydrogène. Or le gras de cadavre est surtout formé d'hydrogène carboné, légèrement oxydé (acide margarique et oléique). » Avouons qu'il est encore très difficile de donner une bonne théorie de la production de cette transformation.

Quoi qu'il en soit, faisons connaître les principaux caractères de cette matière. Le gras de cadavre se présente sous la forme d'une substance onctueuse, savonneuse, légèrement jaune, plus ou moins colorée suivant le milieu dans lequel il est formé. Il est blanc quand il provient d'un sujet qui a macéré dans l'eau ; il est d'un jaune bistre chez les sujets qui sont restés dans des cercueils de plomb, et d'un jaune encore plus foncé lorsque les cadavres sont restés dans la terre. Il occupe toujours un volume beaucoup plus considérable que la graisse qui a servi à sa formation. Nous avons souvent eu occasion d'observer ce fait, que nous avons fait connaître dans notre mémoire sur la putréfaction des noyés. Cette circonstance nous a servi à donner l'explication d'un état particulier de la peau, que nous avons observé le premier à une période avancée de la putréfaction, et qui consiste dans le développement considérable des bulbes des poils ; nous en parlerons par la suite. Le gras de cadavre est beaucoup moins dur dans les premiers temps de sa formation que par la suite. Il est fusible et liquéfiable au bain-marie à 100 degrés. Distillé, il donne beaucoup d'eau ammoniacale, une huile qui se fige dans l'allonge, et plus tard du carbonate d'ammoniaque cristallisé

(Fourcroy). Chauffé au contact de l'air, il brûle et s'enflamme rapidement. Abandonné à l'air libre et sec, il perd, suivant Fourcroy, l'ammoniaque qu'il contient, y devient de plus en plus sec et friable. D'après Thouret, si l'air est humide, il se couvre de moisissures diversement colorées. Nous pensons, d'après ce que nous avons observé, que les changements que peut subir le gras de cadavre à l'air varient en raison de sa nature. Celui à base de chaux ne s'altère pas sensiblement. J'en ai conservé pendant plus de neuf ans. Il était simplement enveloppé de papier, et il offrait après ce laps de temps le même aspect qu'à l'époque où je l'avais isolé du corps. Il n'en a pas été ainsi du gras de cadavre qui s'était formé dans un cercueil en plomb. J'ai eu à ma disposition le corps d'un enfant de cinq ans qui était placé dans un cercueil en plomb : ce cercueil avait été gardé dans un grenier. J'en ai extrait l'enfant ; je l'ai fait placer sur un support en bois, sous une cage de verre, mastiquée. Pendant trois ans, l'aspect extérieur n'a pas sensiblement changé. Au bout de ce temps, une des parois de la cage ayant été cassée, l'enfant resta pendant plusieurs jours en contact avec l'air extérieur, dont la température était alors de 22 à 25 degrés. Il répandit bientôt une odeur tellement infecte, qu'elle devint insupportable.

Le gras de cadavre trouble l'eau froide et la rend opaque ; le liquide prend l'aspect de l'eau de savon. Si on le fait bouillir dans l'eau, on obtient un mucilage épais, analogue à celui que donne la graine de lin ; ce mucilage se prend en une pâte, ductile par le refroidissement, qui se délaie dans l'eau sans s'y dissoudre.

L'acide hydrochlorique le décompose, s'empare de la chaux ou de l'ammoniaque qu'il contient, et transforme ces bases en sels solubles, dont il est facile de constater la nature.

La chaux vive en dégage de l'ammoniaque si on l'y a ajoutée pendant qu'il était tenu en fusion, et si par conséquent le savon était ammoniacal.

L'alcool dissout à chaud 90,3 pour 100 de gras de cadavre, lorsqu'il est à base d'ammoniaque. Toutefois cette proportion est susceptible d'offrir de grandes variations, suivant l'espèce de gras sur lequel on agit. Les 9,7 parties restant sont formées, suivant Chevreul, d'un principe colorant jaune, d'une matière azotée, d'une matière grasse, de phosphate de chaux, de magnésie, d'oxyde de fer, d'acide lactique, et de lactate de potasse et de soude.

Cambouis. — Le dernier produit de la putréfaction est une substance grasse particulière, noire, en laquelle se résout une portion des parties molles ; sorte de cambouis que l'on a considéré comme une espèce de terreau animal, et que l'on retrouve placé le long de la colonne vertébrale. Ce cambouis finit encore par disparaître peu à peu pour mettre les os à nu. C'est à tort que l'on a considéré ce cambouis comme le résidu constant de la putréfaction ; il faut, suivant nous, distinguer deux résultats possibles : 1° Si la putréfaction se continue sous la forme du ramollissement des parties, la saponification n'étant alors qu'une forme accessoire, alors on trouve ce cambouis signalé par la plupart des auteurs et par M. Orfila. 2° Si, au contraire, la saponification a été générale, alors le savon se réduit en une substance analogue, pour l'aspect et pour la consistance, à de l'amadou, ou en une poudre semblable à du *tan* très divisé. (Voyez *Empoisonnement par l'acide arsénieux.* Recherches faites sur une femme ayant trois ans dix-sept jours d'inhumation.)

Miasmes. — Les gaz qui se dégagent des matières animales putréfiées entraînent avec eux une odeur particulière, infecte, qualifiée du terme général d'*odeur putride ;* on a attribué cette odeur à des miasmes, c'est-à-dire à une cause que l'on exprime par un mot vide de sens, puisque l'on ignore la nature de l'objet qu'il représente. Guntz a cependant éclairé ce sujet par l'expérience suivante : il a placé une cloche au-dessus de portions de cadavre putréfié, de manière à y laisser pénétrer l'air. Il a soumis l'appareil à une température de 26 degrés, et, après un séjour suffisamment prolongé, il a subitement refroidi la cloche. Aussitôt il s'est produit de la vapeur qui s'est rassemblée en gouttelettes répandant l'odeur la plus fétide. Ces gouttelettes ayant été traitées par le chlore, toute odeur a disparu. Il y a donc lieu de croire que les gaz, en s'échappant des matières animales putréfiées, entraînent avec eux de la vapeur d'eau qui est combinée avec une certaine quantité de matière animale très divisée, ce qui constitue ce que nous désignons sous le nom de miasmes.

Ce n'est pas la seule expérience que l'on puisse citer pour appuyer cette manière de voir. D'autres ont été faites à l'égard des matières végétales. Moscati eut le premier l'idée de condenser l'eau en combinaison avec l'atmosphère, dans le but d'y rechercher le principe qui occasionnait le mauvais air. Il suspendait à quelque distance du sol des matras remplis de glace. L'eau qui se déposait à leur surface pouvait se recucillir aisément. D'abord limpide, elle présentait bientôt des petits flocons qui possédaient des propriétés inhérentes aux matières animalisées. Au bout de quelques jours, elle se putréfiait complétement. Dans le courant de l'année 1812, M. Rigaud de l'Isle entreprit, dans les marais du Languedoc, une série d'essais dirigés dans le même sens. Il recevait la rosée sur une large surface de verre formée par la réunion de plusieurs carreaux. L'eau qu'il se procurait par ce moyen présentait tous les phénomènes de celle obtenue par Moscati. En 1819, M. Boussingault ayant observé que l'acide sulfurique, placé à la proximité d'une mare dans laquelle on avait fait rouir du chanvre, noircissait très promptement, répéta cette expérience dans beaucoup d'endroits infectés, et observa constamment que la coloration de l'acide était d'autant plus prompte que l'air était lui-même plus infect. En 1829, M. Boussingault modifia ces nouveaux essais. Il posa deux verres de montre sur une table placée au milieu d'un pré marécageux; dans l'un des verres, il mit de l'eau distillée chaude afin d'en mouiller la surface et d'en élever la température; il laissa la température de l'autre verre s'abaisser par l'effet du rayonnement nocturne et se couvrir d'une rosée abondante. En ajoutant une goutte d'acide sulfurique dans chaque verre, et en évaporant le liquide à la chaleur de la lampe à esprit-de-vin, on voyait toujours une trace de matière charbonneuse adhérente au verre dans lequel la rosée s'était déposée, tandis que le verre qui avait été échauffé par l'eau offrait une surface parfaitement nette après la volatilisation de l'acide. M. Boussingault avait opéré ainsi pour répondre aux objections que l'on pouvait élever à l'égard des expériences de Moscati, sous le rapport des matières végétales qui auraient pu pénétrer dans l'acide sulfurique, en vertu de leur suspension dans l'air sous la forme de poussière. Il a été plus loin en cherchant à déterminer par l'hydrogène que les miasmes putrides renferment, quelle est la proportion relative de ces miasmes dans l'air infecté qui avoisine les marais. A cet effet, il a fait passer un poids donné d'air malsain, *bien desséché*, à travers un tube de verre chauffé au rouge. A cette haute température, les miasmes se brûlaient; leur hydrogène formait de l'eau, qui était recueillie dans un tube contenant du chlorure de calcium. En pesant ce tube, avant et après l'opération, on notait la quantité d'eau qui s'était formée, et partant la quantité d'hydrogène qui avait concouru à sa formation. Dans le courant de juillet 1830, il a entrepris les expériences suivantes. Un volume d'air sec, dont le poids variait de 305 à 310 grammes, produisit plusieurs fois jusqu'à 0^{gr},050 d'eau, équivalant à 0,005 d'hydrogène. Les chaleurs ayant continué, le sol se dessécha tous les jours davantage; la quantité d'eau donnée par un même volume d'air diminua de plus en plus; vers la fin de juillet, il n'obtint que 0^{gr},012 d'eau, représentant 0,0013 d'hydrogène. (*Annales de chimie et de physique*, octobre 1834.)

En résumé, il est facile de voir, d'après cet exposé général, que nous connaissons fort imparfaitement la nature des produits de la putréfaction. Je suis porté à croire que dans les premiers temps de son développement la putréfaction engendre des substances qui, pour la plupart, sont acides; c'est le moment où elle s'opère aux dépens de l'oxygène de l'air; plus tard, elle développe de l'ammoniaque. C'est à cette époque que les produits de la putréfaction sont alcalins et que des savons se forment. Enfin elle se termine par la production ou d'une sorte de cambouis, ou d'une substance analogue à de l'amadou. Les organes ne passent pas nécessairement par ces trois phases pour arriver à la destruction finale. Le cambouis est, je crois, le produit de la putréfaction gazeuse et acide. Cet état des organes que l'on compare à de l'amadou ou à du vieux bois vermoulu qui tombe en poussière me semble devoir être le produit de la transformation du savon cadavérique.

PUTRÉFACTION A L'AIR LIBRE.

Ordre de succession des phénomènes putrides. — Aussitôt que la mort survient dans la vie organique, tous les liquides rentrent sous l'empire des lois physiques, et ils s'accumulent sous l'influence de la pesanteur dans les parties les plus déclives du corps. Lorsque la rigidité a disparu, les lividités cadavériques s'effacent quelquefois presque entièrement; alors les parties solides se ramollissent et les parties liquides deviennent plus fluides. Il se manifeste une coloration verte de la peau, qui se développe d'abord au centre, et plus souvent à la partie inférieure de l'abdomen. Ce n'est pas une teinte franche, limitée, circonscrite, mais une coloration qui se confond avec la couleur de la peau par une dégradation successive de nuances de moins en moins foncées. Peu à peu cette coloration envahit la poitrine, la face, puis le col, les membres abdominaux, les membres thoraciques. On verra plus tard que la putréfaction suit une marche différente chez les noyés.

A ce premier phénomène succède la *putréfaction gazeuse*. Elle prend sa source dans les organes creux, tels que le cœur, les poumons, l'estomac, les intestins, le tissu cellulaire sous-cutané. Ces gaz soulèvent la peau, arrondissent les membres, en font disparaître les saillies musculaires et osseuses, et augmentent considérablement le volume du corps. Aussi les aliments remontent-ils souvent de l'estomac dans la bouche. Le cœur se vide de sang, ainsi que tous les gros troncs vasculaires. Le sang, décomposé, reflue dans tous les vaisseaux veineux superficiels et dans le système capillaire général. De là les veines qui se dessinent à la surface de la peau par des traces bleuâtres, visibles à l'extérieur, comme si on les avait injectées. De là cette coloration rougeâtre de tous les tissus blancs, tissu cellulaire, parois de la trachée, parois du canal digestif, dont l'aspect extérieur peut alors en imposer pour des traces de phlegmasie. De là encore des épanchements plus ou moins considérables d'un liquide rouge brunâtre, dans la cavité du péricarde et dans celles des plèvres. Ces épanchements peuvent quelquefois égaler un litre ou un litre et demi de liquide. (Un semblable développement de gaz a lieu dans la cavité du crâne, car j'ai vu plusieurs fois la dure-mère distendue, et la substance cérébrale refluer par les veines jugulaires jusque dans la veine cave supérieure; mais ce n'est que dans un état de putréfaction beaucoup plus avancé. Alors la substance cérébrale est diffluente, et son aspect se rapproche du pus à un tel point, qu'au premier abord, en ouvrant ces veines, on pourrait se demander s'il n'a pas existé pendant la vie une phlébite à laquelle le malade a succombé). Bientôt il se forme des ampoules ou phlyctènes à la surface de la peau. Puis l'épiderme se détache, et il se fait une transsudation de liquide brunâtre par les ouvertures naturelles et par les pores mêmes de la peau. C'est alors que l'odeur du cadavre devient insupportable. C'est aussi à cette époque que la *musca carnaria* de Meigen dépose en été des larves; de là, une foule de vers qui se manifestent principalement aux environs du nez, des yeux et de la bouche.

Les yeux s'affaissent de plus en plus; la sclérotique prend une teinte brune; cette coloration a envahi la surface de la peau en suivant la marche de la coloration en vert; puis l'abdomen s'ouvre, et laisse écouler une quantité plus ou moins considérable de matières putrides et de gaz. A cette époque, la putréfaction peut être suspendue si la température est élevée, l'atmosphère chaude et sèche, et si la ventilation est très active. Il en résulte alors une diminution très grande dans la fétidité de l'odeur. Le plus souvent elle continue, et toutes les parties molles de la poitrine, de la tête et du cou tombent peu à peu en putrilage qui s'écoule et laisse les os à nu. La matière cérébrale s'échappe par les orbites; les parties molles des membres se désorganisent à la manière de celles du tronc; les os sont mis à nu successivement dans tous leurs points; enfin, il reste sur le sol un détritus bourbeux, noirâtre, épais, analogue au cambouis, répandant une odeur *sui generis*, qui a quelque chose d'aromatique, et qui n'offre pas d'analogie avec l'odeur qui s'est développée pendant les premiers temps de la putréfaction; enfin, il arrive un moment où cette matière a disparu en totalité, et où il ne reste plus que les os : ceux-ci s'altèrent à la longue, et tombent en poussière.

Tels sont les phénomènes apparents de la putréfaction à l'air libre. On voit qu'ils ont pour but de réduire à un volume très petit le corps des animaux, et de rendre à la terre les matériaux nécessaires à l'accroissement des végétaux, en leur fournissant un engrais à l'instar de celui qui est formé par les matières fécales : aussi Becker regardait-il ce phénomène comme le complément d'un *circulus æterni motus*.

PUTRÉFACTION DANS LA TERRE.

Nous divisons en cinq phases ou périodes distinctes les phénomènes de la putréfaction qui peut s'opérer dans la terre. La première est caractérisée par : 1° *le ramollissement des tissus;* 2° *leur coloration en vert ou en rouge brun;* 3° *le développement de gaz en proportion plus ou moins grande, suivant les saisons;* 4° *l'humidité plus grande des tissus.*

La seconde se distingue de la précédente par le développement d'une *matière gluante plus ou moins épaisse, qui donne à la peau, ainsi qu'aux autres organes, un toucher gras ; il y a moins d'humidité dans les tissus ; les gaz ont disparu ; la coloration verte ou brune a fait place à une couleur bistre :* c'est le passage de la période de fonte putride, qui détruit les organes, à la saponification, qui les conserve pendant un temps en général fort long.

Dans la troisième période, *on reconnaît surtout les caractères de la saponification la plus avancée ;* aussi un grand nombre d'organes manquent-ils le plus souvent parce qu'ils ont été détruits par la fonte putride.

La dessiccation et l'amincissement des organes et des tissus sont les phénomènes saillants de la quatrième période.

La cinquième a pour phénomène principal *la destruction des parties molles et des parties dures, et leur transformation en poussière ou en un cambouis qui s'infiltre peu à peu dans la terre.*

Première phase. — Dans les premiers temps de la putréfaction, le cadavre répand une odeur infecte ; les yeux, le nez et les parties molles de la face s'affaissent ; le thorax conserve son aspect ; l'abdomen devient vert ou d'un jaune marbré de vert ou ocracé ; les membres se colorent plus ou moins promptement et de la même manière ; seulement les parties qui sont appuyées, soit sur le thorax, soit sur l'abdomen, conservent leur couleur pendant un temps long. Parfois, et surtout en été, le premier effet de la putréfaction est la coloration en vert de la peau, avec bouffissure du corps et développement de gaz très considérable. Tel est l'aspect général du cadavre. Examiné dans les diverses parties et tissus qui le constituent, il offre les particularités suivantes : l'épiderme commence à se ramollir et à se détacher en même temps qu'il adhère aux enveloppes du cadavre. Il se soulève dans quelques points, se plisse, s'épaissit, blanchit aux pieds, comme lorsqu'on a appliqué des cataplasmes sur ces parties ; souvent aussi il forme des ampoules ou vésicules remplies d'un liquide verdâtre ; les ongles se ramollissent et s'arrachent avec un peu plus de facilité. La peau prend une teinte rosée, puis verdâtre, bleuâtre ou d'un jaune sale, tout en conservant la résistance de son tissu ; les yeux s'affaissent, et les humeurs de l'œil deviennent bientôt d'une couleur bistre ; le tissu cellulaire semble se dessécher en avant ; il devient de plus en plus humide dans les parties latérales du tronc, et il est rempli, dans les points les plus déclives, par un liquide rosé, à la surface duquel on aperçoit des bulles de matières huileuses.

Les muscles se ramollissent, perdent de l'intensité de leur couleur, ou affectent une teinte verte, comme cela s'observe aux parois abdominales.

Le cerveau tend à prendre une teinte grisâtre, et se ramollit. Les poumons deviennent emphysémateux, et remplissent les cavités de la poitrine. Le cœur se ramollit, et sa surface interne acquiert une teinte noirâtre, d'autant plus foncée que ses cavités contiennent plus de sang. Les parois des vaisseaux offrent une teinte plus ou moins rouge brune, surtout intérieurement Suivant le genre de mort auquel l'individu a succombé, l'estomac conserve sa couleur naturelle, ou se colore en rose ou en rouge, soit par place, soit uniformément, mais particulièrement à sa surface interne. Parfois ce sont des plaques brunes, vertes, ou de couleur ardoisée, qui se montrent; en même temps son tissu se ramollit. La membrane muqueuse est tachetée de macules qui présentent un aspect scorbutique; de grosses veines distendues peuvent ramper à sa surface; son volume peut être doublé par une production de gaz putrides, ou, au contraire, l'organe être réduit à un volume bien moindre que dans l'état le plus ordinaire. Ces diverses altérations se remarquent sur les intestins, et plus particulièrement sur l'iléon; le duodénum et le jéjunum sont les portions d'intestins qui conservent le plus longtemps leur état normal. Parfois on rencontre dans les points les plus déclives du canal digestif des lividités cadavériques. La langue, le pharynx, l'œsophage et le reste du canal intestinal se ramollissent, et prennent une teinte verdâtre plus ou moins marquée intérieurement; les épiploons affectent une teinte grisâtre ou rosée; le foie se ramollit et brunit, ou devient verdâtre, et tend à se désorganiser. Il en est de même du tissu de la rate. La vessie subit les mêmes changements que les intestins. Quant aux organes de la génération, ils résistent plus longtemps à la putréfaction.

Deuxième phase. — Le cadavre est recouvert d'une couche d'un aspect graisseux, d'un jaune rougeâtre ou brun, ou bien d'une mucosité gluante qui fournit un moyen d'agglomération entre les membres et le tronc, ou entre les parties de peau qui se touchent. Cette matière est souvent rassemblée sous la forme de petites élévations arrondies, comme lenticulaires; quelquefois c'est un enduit sec, analogue à de la croûte de fromage desséchée.

Ces enduits sont souvent recouverts de moisissure. Les parties molles du front, des paupières, du nez, des lèvres, sont amincies et presque détachées; des portions d'os sont mises à nu, avec leur couleur bistre, état qui s'observe en avant, tandis que les parties molles postérieures sont le siége d'une infiltration souscutanée de sérosité sanguinolente. Le sternum est déprimé et rapproché de la colonne vertébrale, quelques côtes commençant à se séparer de leurs cartilages. Une matière grisâtre remplit les espaces intercostaux. Même affaissement des parois abdominales très rapprochées de la colonne vertébrale, et tendance de ces parois à s'amincir et à se dessécher. Les membres plus ou moins déformés; la *peau*, d'une teinte jaunâtre, recouverte de petites granulations comme sablonneuses, formées par du phosphate de chaux; elle est décollée au dos et aux membres, ainsi que dans beaucoup de points du tronc, où elle forme poche, comme le fait la peau du crapaud. Elle conserve son épaisseur, mais elle se déchire facilement. Les ongles tombés ou extrêmement ramollis; le tissu cellulaire sous-cutané, transformé en savon chez les sujets gras, et ayant le toucher et la consistance du suif; incisé, il présente un aspect poreux qui dépend d'un commencement de dessiccation, et de ce que ses vacuoles, auparavant distendues par des gaz, sont actuellement vides. Les muscles saponifiés seulement dans les orbites; ailleurs, d'une couleur verdâtre; partout humectés par un liquide séro-sanguinolent, en quantité tellement notable dans certains points, que ces organes ressemblent à une gelée; on les déchire avec d'autant plus de facilité qu'il y a plus de liquide. Du reste, les muscles sont plutôt amincis qu'augmentés en volume. Les aponévroses et les tendons, qui ont conservé pendant longtemps leur couleur, prennent une teinte bleuâtre. Les ligaments jaunissent et se ramollissent; les cartilages prennent la même couleur; les tissus séreux persistent; le cerveau diminue de volume, se ramollit extérieurement en prenant une teinte d'un gris verdâtre. Les poumons sont affaissés, ils ont diminué de volume; leur couleur est ardoisée, leur tissu est plus facile à déchirer. Le diaphragme se conserve longtemps; le cœur est plus aplati et plus mince; l'estomac considérablement ramolli, d'un gris blanchâtre parsemé de taches bleuâtres. Les intestins réduits à un petit volume, accolés les uns aux autres, et commençant à se dessécher dans leur surface libre. Sur le foie, des granulations comme sablonneuses de phosphate de chaux ; la rate réduite en une bouillie noirâtre, semblable à la boue des égouts.

Troisième phase. — Toute trace d'épiderme a disparu ; les ongles sont tombés ; la peau est desséchée, amincie, d'une couleur jaune fauve ou jaune orangé, ou brune, recouverte de moisissure ; percutée, elle donne un son analogue à celui du carton ; elle est saponifiée. Les parties molles de la face sont détruites ; les côtes sont décharnées ; le sternum et ses cartilages entièrement détachés des côtes ; les espaces intercostaux sont à jour ; les parois abdominales sont fortement appliquées sur la colonne vertébrale, de manière à former une excavation entre l'appendice xiphoïde et le pubis. Les membres sont dépourvus de parties molles dans une étendue plus ou moins considérable. Les portions conservées présentent quelquefois l'aspect de bois pourri. Les muscles des divers points du corps peuvent alors être saponifiés, ou bien détruits : dans le premier cas, il est rare qu'ils le soient en totalité ; dans le second, ils prennent une teinte plus ou moins brune et noirâtre, et n'occupent plus qu'un très petit volume. Le cerveau a encore diminué de grosseur, et l'aspect terre glaise est plus prononcé. Les poumons offrent l'apparence de deux membranes aplaties et collées le long de la colonne vertébrale ; leur situation les fait seule reconnaître. Le diaphragme est desséché, olivâtre, en partie détruit dans ses portions musculeuses. L'estomac ne consiste plus que dans un petit cylindre offrant une cavité ; le foie, réduit à une masse aplatie, épaisse d'un demi-pouce, d'un brun noirâtre, légèrement desséché, qui, coupé, se divise en feuillets dans l'intervalle desquels il y a une matière bitumineuse.

Quatrième phase. — Les os de la tête sont presque entièrement à nu ; on peut voir l'apophyse basilaire, et le moindre déplacement imprimé à cette partie suffit pour détacher la tête de la colonne vertébrale. Le sternum, séparé des côtes, occupe le fond de la poitrine ou une partie de l'abdomen, en laissant en avant une large ouverture. Les parois abdominales sont réduites à quelques débris tégumentaires d'une couleur bistre, olivâtre ou noirâtre, qui tiennent encore aux dernières côtes, au pubis et à la partie postérieure des crêtes iliaques.

Les parties molles consistent en quelques débris filamenteux qui maintiennent seulement les os dans leurs rapports. En général, la peau est jaunâtre, amincie et desséchée là où elle existe encore, excepté en arrière, où elle conserve plus d'humidité, et où on la voit perforée dans beaucoup de points par des vers. Le tissu cellulaire est saponifié dans les parties où il contient de la graisse; ailleurs il est desséché, s'il n'a pas été détruit. Les muscles sont transformés en feuillets membraneux grisâtres ou d'un jaune brunâtre, dans lesquels il est impossible de reconnaître des fibres. Ils ressemblent, çà et là, à des feuilles sèches de tabac. Dans quelques parties du corps, on ne trouve, à la place des muscles, que des masses aréolaires brunes ou même noirâtres, semblables par leur aspect à certains polypiers. Les ligaments ont presque entièrement disparu. Le cerveau, réduit au dixième ou au douzième de son volume, ne consiste que dans une masse analogue à une terre argileuse. Les poumons ne se reconnaissent plus que par la place qu'ils occupent. La masse intestinale est presque détruite.

Cinquième phase. — Les os de la tête sont complétement desarticulés; les os du crâne sont recouverts d'un magma mélangé de terre et de cheveux qui, enlevé, laisse voir leur couleur bistre clair, tachée çà et là de larges plaques brunes foncées. La cage du thorax est détruite, les côtes détachées et tombées les unes sur les autres; on ne trouve à l'abdomen et sur les côtés du rachis qu'une matière noire, humide, avec le luisant du cambouis, adhérente aux os, ne formant en quelques endroits que des masses d'un demi-pouce d'épaisseur, qui sont les restes de toutes les parties molles; tous les ligaments sont détruits; les os des membres sont à nu, séparés et détachés les uns des autres. L'amincissement de la peau a été porté à un tel point, que cette membrane a fini par disparaître. Il en est de même des muscles, des ligaments et des tendons; le cerveau est un des organes qui laissent quelques traces de leur existence pendant plus de temps, les os exceptés. Les restes des poumons et du cœur ont disparu, ainsi que le foie et la rate.

Mais que deviennent les os? On avait assigné douze ans à leur disparition; or on a pu retrouver des os après six et sept cents ans d'inhumation. Les fosses communes dans les cimetières ne servent jamais avant quinze ans au plus tôt, et en général après trente ans; et ce laps de temps n'est pas suffisant pour faire disparaître les ossements en totalité. On a retrouvé à Saint-Denis les os du roi Dagobert, mort il y a près de douze cents ans; les dents restent plus longtemps, l'émail en est presque indestructible.—Le tissu osseux paraît subir deux transformations possibles dans la terre : dans l'une, il prend l'état graisseux ; dans l'autre, il perd toute la gélatine qu'il renferme, et tombe en poussière après être réduit à ses sels ; aussi les os qui ont subi cette transformation sont-ils extrêmement friables ; toutefois la gélatine paraît pouvoir se conserver longtemps dans les os, puisque Haller (*Eléments de physiologie*, 1re partie) dit l'y avoir retrouvée dans des momies de deux mille ans. Des os humains enterrés depuis six cents ans ont donné jusqu'à 27 pour 100 de gélatine, ce qui se rapproche beaucoup de l'état frais ; tandis que des os retirés de l'ancienne église de Sainte-Geneviève, à Paris, étaient d'un rouge pourpre, friables, recouverts de cristaux blancs de phosphate acide de chaux, et ne contenaient pas de matière animale non plus que de carbonate de chaux. La matière pourpre, soluble dans l'eau et dans l'alcool, était probablement un résultat de la décomposition de la matière animale, et le phosphate acide de chaux provenait, au rapport de Fourcroy et de Vauquelin, du phosphore de cette matière, qui, converti en acide phosphorique, s'était uni à la chaux du carbonate de chaux.

La lecture des observations contenues dans le *Traité des exhumations juridiques*, de M. Orfila, et notre propre observation, nous ont conduit à résumer les faits acquis pour dresser les tableaux que nous venons de tracer. Quant à rattacher des époques à chacun de ces tableaux, de manière à prévoir, d'après l'examen d'un corps, quelle peut être l'époque de la mort, nous ne le ferons pas, attendu que M. Orfila a déclaré qu'il était impossible de présenter même des approximations, et qu'un résultat de ce genre *était au-dessus des forces humaines*. Toutefois une pareille assertion serait par trop décourageante pour l'avenir : nous la concevons de M. Orfila, après le travail pénible auquel il s'est livré sans obtenir ce résultat ; et nous pensons qu'il serait plus exact de dire qu'il était au-dessus des forces d'*un seul homme* d'établir cette approximation : car il est facile de comprendre ce qu'ont de pénible et de dégoûtant des recherches de ce genre. M. Orfila n'a pas pu atteindre ce but ; mais il n'en a pas moins présenté un nombre considérable d'observations qui, rapprochées de celles qui pourront être faites par la suite, conduiront peut-être à quelque chose de plus positif. J'en trouve la preuve dans un grand nombre de passages où M. Orfila dit : « La sapo-

nification n'est complète qu'au bout de trois ans ; tel phénomène ne se manifeste que dans les trois premiers mois ; tel autre
après tant d'années, etc. » Or ce sont là des époques au moins
approximatives. Que les médecins ne se laissent donc pas décou-
rager ; qu'ils ajoutent à ces faits, de manière à arriver à un résultat au moins *approximatif*, résultat que l'on obtiendra par des
observations plus nombreuses, et l'on arrivera ainsi à faire pour
la putréfaction dans la terre ce que nous avons fait si heureusement pour la putréfaction dans l'eau.

La succession des phénomènes énumérés dans les cinq phases
précédentes n'est pas en rapport avec ce que Fourcroy a publié
sur la putréfaction des cadavres dans le sein de la terre. D'après
les renseignements qu'il a recueillis auprès des fossoyeurs, les
corps enterrés ne changent sensiblement de couleur qu'au bout
de sept à huit jours. C'est par le bas-ventre que débute cette
première altération. L'abdomen se boursoufle, et paraît être distendu par des fluides élastiques qui se dégagent dans son intérieur. Ce boursouflement a lieu plus ou moins promptement,
suivant que l'abdomen est plus ou moins gros et rempli de fluides ;
selon la profondeur où les corps sont enfouis, et surtout suivant
la température plus ou moins chaude de l'air. Ainsi, en réunissant toutes les circonstances favorables à ce premier degré de la
décomposition putride, un corps très gras, dont le ventre est
infiltré, enterré à peu de profondeur, dans une saison chaude,
offre ce boursouflement du bas-ventre au bout de trois ou quatre
jours ; tandis qu'un corps maigre, profondément enterré, pendant une saison froide, peut rester plusieurs semaines sans présenter d'altération sensible.

Les fossoyeurs ont cru remarquer qu'un temps d'orage avait
une grande influence sur le boursouflement du ventre ; ils assu-
rent que cet état de l'atmosphère favorise singulièrement cette
dilatation. Suivant leur témoignage et leurs expressions, le
ventre *bout* à l'approche des orages. Cette distension du ventre
va, suivant eux, en augmentant jusqu'à ce que les parois, trop
distendues, et leur tissu d'ailleurs relâché et ramolli par la putréfaction qui les attaque, cèdent à l'effort de cette extension intérieure, et se brisent avec une sorte d'explosion. Il paraît que
c'est à travers l'anneau ombilical et quelquefois autour du nombril que se fait cette espèce d'irruption ; il s'écoule alors par ces
ouvertures un fluide sanieux, brunâtre, d'une odeur très fétide,

et il se dégage en même temps un fluide élastique très méphitique.

Lorsque la rupture du bas-ventre est faite, la putréfaction abdominale, qui en est la cause, a déjà désorganisé les viscères
mous de cette cavité; l'estomac et les intestins ne forment plus
un tube membraneux continu. Rompues en plusieurs points, et
déjà fondues en sérosités putrides, les portions des membranes
qui restent encore tombent et s'affaissent sur elles-mêmes; bientôt la putréfaction qui s'y est établie, et dont la marche devient
de plus en plus rapide, en détruit et en désorganise tout à fait le
tissu. Il n'en reste donc, quelque temps après la rupture du bas-
ventre, que quelques fragments qui s'appliquent et se confondent
avec les parois mêmes de cette cavité. Le parenchyme du foie,
plus solide, paraît résister à cette fonte septique; la putréfaction
s'y ralentit, et ne va point jusqu'à la destruction complète : l'humidité n'y est plus assez abondante pour en faciliter la décomposition totale; et telle est sans doute la cause de ces fragments
de *gras* que l'on trouve à la place de tous les viscères du bas-
ventre. Le diaphragme, l'œsophage, le médiastin, les vaisseaux,
les membranes, et toutes les parties molles contenues dans la cavité thoracique se désorganisent à peu près en même temps que
les viscères abdominaux. La rupture des fibres du diaphragme
paraît accompagner ou suivre immédiatement celle des parois du
bas-ventre; à mesure que les liquides du thorax s'épuisent, les
portions solides du cœur et des poumons éprouvent la même altération que la base de tous les autres organes; mais comme le
tissu pulmonaire est très lâche et contient beaucoup de sucs, les
parois des cellules qui les constituent s'affaissent et se compriment, de sorte que la forme des poumons se perd bientôt, et
qu'il ne reste plus de leur substance que quelques masses irrégulières de gras de cadavre. Quoique les cavités du cœur donnent
aussi lieu à l'affaissement de leurs parois musculaires, celles-ci
étant d'un tissu plus dense, perdent moins de leur forme générale, et donnent, par leur conversion en gras, naissance à ces
masses irrégulièrement arrondies que nous avons dit exister dans
la cavité thoracique.

Le même affaissement, la même désorganisation ayant lieu
avec plus ou moins d'énergie dans toutes les parties musculaires,
tendineuses et ligamenteuses qui environnent les os, suivant leur
mollesse et la quantité de sucs dont elles sont pénétrées, la con-

version en gras s'opère successivement dans toutes ces parties ; tout ce qui est membraneux et plus ou moins muqueux se détruit et disparaît. C'est pour cela qu'on ne trouve plus de traces de vaisseaux, de nerfs, d'aponévroses au milieu du gras qui recouvre les os des extrémités. — Voici maintenant comment s'exprime Thouret, à l'occasion de l'ordre et des principaux phénomènes de cette transmutation en gras : C'est la peau qui la première subit la saponification. D'abord son tissu fibreux subsiste ; mais le corps adipeux est déjà blanc. Lorsque celui-ci est passé à cet état, il offre encore en quelques parties la couleur jaune qui lui est ordinaire. Sous la peau et la couche de graisse déjà transformées, les muscles conservent encore quelque temps leur couleur. Les viscères sont longtemps aussi reconnaissables dans leurs cavités, où on les voit d'abord seulement affaissés, desséchés, et ayant perdu de leur volume. Mais bientôt ces mêmes parties subissent la conversion, et l'on voit se développer dans leur tissu la matière du gras qui les pénètre enfin profondément. Toutes les chairs ayant éprouvé la transmutation, le tissu fibreux subsiste encore dans les masses qu'il forme, et ce n'est que lorsqu'il n'en reste plus de vestiges que la saponification est complète.

Plus tard, il y a tout lieu de croire que le gras se décompose par l'action des pluies qui réduisent le corps à l'état de squelette. La décomposition dont il s'agit commence par les cavités. On ne trouve plus dans le thorax et dans l'abdomen qu'une petite quantité de gras sous forme de débris et comme émiettés. Alors les os sont désarticulés, le sternum et les téguments du ventre sont appliqués sur la colonne épinière ; les côtes sont couchées de chaque côté, les vertèbres séparées, et l'on trouve dans les jeunes sujets les épiphyses détachées. La décomposition a lieu ensuite dans les chairs par la partie qui correspond au tissu cellulaire. Ce gras, toujours spongieux et d'une consistance plus rare, se réduit aussi en débris ou en fragments plus ou moins atténués. La peau et le corps adipeux se conservent d'une manière plus durable ; ils offrent des plaques plus ou moins épaisses et étendues, diversement configurées, le plus ordinairement en forme circulaire, qui s'appliquent sur les os longs qu'elles enveloppent et qu'elles touchent immédiatement ; elles conservent longtemps leur densité et leur blancheur, le cuir chevelu surtout. Mais ce gras lui-même se détruit à la longue, et l'on ne trouve plus enfin à la surface des os qu'une substance peu abondante, ou molle comme de l'argile détrempée peu épaisse, et dont elle a la couleur ; ou bien, sèche, friable et d'une teinte plus rembrunie. Il paraît que c'est le résidu des principes colorants et indestructibles, ou le principe terreux peut-être, qui restent ainsi comme mêlés d'un peu de gras.

Il existe une différence assez grande entre l'exposition des phénomènes de la putréfaction d'après Fourcroy et Thouret, comparée à celle que nous avons tracée précédemment. Dans le tableau que nous ont donné les deux premiers auteurs, les phénomènes y sont esquissés à grands traits et peuvent se réduire à quatre faits principaux : 1° le développement des gaz ; 2° leur expulsion suivie d'une putréfaction humide et désorganisatrice des parties molles ; 3° l'arrêt de cette putréfaction, à laquelle succède la transformation en gras de toutes les portions animales qui existent ; 4° la destruction plus ou moins lente de ce gras de cadavre.

M. Orfila, au contraire, ne signale le développement gazeux et la fonte putride que comme des circonstances plutôt accidentelles que communes. Dans la première phase, les tissus se ramollissent ; dans la seconde, ils se dessèchent ; dans la troisième, ils passent au gras ; dans la quatrième et dans la cinquième, ils se détruisent peu à peu. J'ai donné à dessein ces deux tableaux différents, parce qu'ils me paraissent tous deux exacts ; mais je crois devoir rapporter celui de Fourcroy et de Thouret à la putréfaction qui a lieu lorsque les cadavres sont enterrés pendant l'été, et celui de M. Orfila à celles qui surviennent lorsque les sujets sont inhumés pendant l'hiver. Si, en effet, on veut parcourir les dates d'inhumations du plus grand nombre des observations rapportées par M. Orfila, et surtout de celles qui lui ont servi de type de description pour les premières phases de la putréfaction, on verra qu'elles se rapportent toutes à des sujets inhumés et exhumés pendant la saison froide. Il existe bien des observations d'inhumation faites pendant l'été ; mais l'exhumation n'en a plus eu lieu que fort tard, et à une époque où les altérations des tissus coïncident, quelle que soit la manière dont la putréfaction a débuté.

La putréfaction dans la terre est susceptible de recevoir des modifications de la part de toutes les circonstances que nous avons tracées en traitant de l'influence générale des agents physiques sur les organes (voy. *Putréfaction en général*), en raison de la nature du terrain dans lequel le corps est placé. Ainsi, la terre dite végétale favorise la putréfaction humide ou liquide ; le sable et les terrains calcaires l'arrêtent. Un terrain argileux favorise la transformation en gras ; et comme il existe des nuances infinies dans la nature des terrains, dans leur humidité et leur sécheresse, dans leur température, la putréfaction en est d'autant modifiée.—La formation des momies naturelles est entièrement basée sur le concours de circonstances peu favorables à la putréfaction, soit que la momie se forme dans un caveau parfaitement clos et sous une latitude assez élevée, soit qu'elle ait lieu dans les sables brûlants de l'Arabie ou de la Perse (Corassan), où il en existe qui sont ensevelies depuis deux mille ans.

Dans la momification, toutes les parties conservent leur forme naturelle, et la figure, assez de sa physionomie pour que le sujet puisse être reconnu. La peau ressemble à un cuir sec et ridé ; les ongles gardent même leur fraîcheur ; le tissu cellulaire, sa souplesse et son intégrité. Les ligaments, les tendons ont acquis une solidité telle, qu'ils résistent au tranchant du scalpel et qu'il faut une force considérable pour les diviser. Les artères et les nerfs prennent aussi plus de solidité ; les veines disparaissent ; le périoste se détruit en grande partie ; les os diminuent considérablement de poids. Toutes les parties placées dans l'intérieur des cavités, muscles, tendons, cartilages, foie, poumons et viscères, ressemblent à de l'amadou, se réduisent en poussière sous les doigts, et la matière pulvérulente prend feu quelquefois même en produisant une certaine explosion ; nous citerons pour exemple la matière du cerveau. Tel est, au moins, le résultat des observations faites sur les momies déposées dans les caveaux des Cordeliers et des Jacobins, de Toulouse. Leur poids moyen était de 5 kilogrammes, quoique les sujets eussent dû peser 75 kilogrammes en moyenne.

L'air non renouvelé a une grande influence sur la momification. Le fait que j'ai cité dans le cours de cet article, d'un enfant que j'ai conservé pendant trois ans dans une cage de verre, et qui s'était momifié dans un cercueil en plomb, en est une preuve frappante, et démontre aussi combien l'oxygène est nécessaire à la putréfaction. Il paraît que lorsqu'une masse d'air a été aussi viciée que possible par les émanations putrides, elle constitue une atmosphère qui suspend la putréfaction humide et détermine la formation du gras de cadavre, qui devient un moyen de conservation du corps. Telle est l'opinion qui a été émise par M. de Puymaurin, et nous la partageons entièrement. « Semblable, dit-il, à de la braise que l'on place allumée dans un four dont la bouche est close, l'air pur y étant bientôt absorbé, il ne reste plus que le méphitique; les lumières s'y éteignent, la braise cesse alors de se détruire, et redevient un charbon ordinaire. » Bien entendu que cette explication ne peut être prise qu'au figuré.

Il y a tout lieu de croire que la momification peut avoir lieu de deux manières : 1° par dessiccation et évaporation de tous les liquides de l'économie; c'est ce qui s'effectue sur le sable sous des latitudes très élevées; 2° par saponification : c'est ce qui a lieu dans les cercueils ou dans les caveaux hermétiquement fermés.

Afin de compléter ce qui est relatif à la putréfaction dans la terre, nous extrayons du *Traité des exhumations juridiques*, de M. Orfila, le résumé des changements physiques qu'éprouvent les tissus, lorsque les corps sont enterrés dans des fosses particulières, cette dernière circonstance se présentant le plus communément à l'observation.

DES CHANGEMENTS PHYSIQUES QU'ÉPROUVENT LES TISSUS DES CADAVRES ENTERRÉS DANS DES FOSSES PARTICULIÈRES.

Épiderme. — L'épiderme a une tendance marquée à se détruire. Dans les premiers temps, il s'amincit, se ramollit et tend à faire corps avec le linceul, ou avec la terre si le cadavre a été enterré tout nu; dans les parties où il n'a pas été enlevé avec la terre qui le recouvrait, il est plissé, soulevé, et facile à détacher en lambeaux minces, translucides, d'un blanc grisâtre, même à l'abdomen, où le derme est coloré en vert; à la paume des mains et à la plante des pieds, où il est plus épais, il est plus sec, plus mat, d'un blanc tirant légèrement sur le jaune, rugueux, fortement plissé, et semblable à celui de la même partie, sur lequel on aurait appliqué pendant longtemps un cataplasme émollient; quelquefois sa face interne est partiellement colorée en rouge ou en vert par un liquide séreux que l'on peut enlever par l'eau, et alors la couleur blanche du tissu reparaît. Il n'est guère possible d'établir l'ordre suivant lequel les parties se dépouillent de leur épiderme, parce qu'il n'y a rien de constant à cet égard.

A une époque un peu plus avancée, les portions d'épiderme qui ne sont pas encore séparées commencent à éprouver une altération remarquable; souvent elles deviennent graisseuses, et adhèrent de plus en plus à la terre ou au linceul qui les recouvre ; elles forment alors des couches d'un jaune rougeâtre ou brunes, composées de plusieurs petites élévations arrondies, comme lenticulaires et confluentes ; quelquefois, au lieu de ces couches, on trouve une mucosité gluante et grasse, qui semble fournir un moyen d'agglutination entre certains organes. C'est par son intermède, par exemple, que la partie interne des membres thoraciques est souvent collée au thorax. Il arrive aussi qu'au lieu d'un enduit gras et poisseux, on en trouve un autre qui est sec et comme de la croûte de fromage desséché. Les enduits dont nous parlons, sous quelque forme qu'ils se présentent, sont quelquefois recouverts de moisissures blanches, floconneuses, semblables, dans certains cas, à de la gelée blanche. Plus tard l'épiderme a disparu : cependant, si pendant la vie il a été soulevé par de la sérosité, il peut se faire qu'il résiste à la putréfaction, et qu'on le trouve encore, au bout de plusieurs mois, avec la plupart des caractères qui lui sont propres.

Ongles. — Les ongles se ramollissent, acquièrent une couleur grisâtre et perdent de leur élasticité ; ils deviennent aussi de moins en moins translucides ; on peut les arracher facilement, même lorsque le cadavre n'était enterré que depuis vingt ou trente jours ; la peau qu'ils recouvrent dès cette époque est lisse, humide, et d'un rouge vif, comme de la gelée de groseille : plus tard, les ongles tombent après s'être desséchés.

Cheveux et poils. — Ces parties résistent longtemps à la putréfaction ; nous les avons constamment trouvées avec toutes leurs apparences, même après plusieurs années d'inhumation.

Peau. — Après avoir étudié séparément l'épiderme, nous allons examiner les changements qu'éprouve la peau, que nous ne supposerons pas être dépouillée de sa cuticule. Dans les premiers temps, elle est de couleur jaunâtre, tirant un peu sur le rose : cependant on voit çà et là des teintes verdâtres, rougeâtres et violacées : du reste, elle est à peine ramollie, nullement corrodée, et presque dans l'état naturel. On peut établir en principe qu'elle est plus humide à la partie postérieure du tronc que partout ailleurs.

Plus tard, elle est quelquefois recouverte dans certains endroits de petites granulations comme sablonneuses, formées par du phosphate de chaux. Alors, par l'effet de la putréfaction, elle est presque décollée au dos, où elle paraît former une poche, comme le fait la peau du crapaud relativement au corps de cet animal ; son épaisseur n'a pas encore sensiblement diminué, si ce n'est aux paupières, où elle se déchire facilement ; sa structure est parfaitement reconnaissable, et nulle part on ne la voit transformée en gras.

Plus tard encore elle commence à se dessécher, devient plus mince, et prend une couleur qui varie du jaune fauve au jaune presque orangé, et au brun quelquefois assez foncé ; elle est recouverte par l'enduit dont nous avons parlé à l'occasion de l'épiderme, et dans certains points par de la moisissure. Cette dernière n'existe guère dans les parties les plus humides, comme au dos, tandis qu'il y en a beaucoup dans celles qui sont ordinairement sèches; la dessiccation fait tous les jours de nouveaux progrès; l'enveloppe tégumentaire semble se tanner; aussi lorsqu'on frappe avec le manche d'un scalpel sur une partie quelconque du cadavre, on entend un bruit à peu près semblable à celui qu'on produit par la percussion sur une boîte de carton. Si alors on incise ce tissu, on voit que la coupe offre l'aspect d'une couenne grisâtre, et déjà on distingue une tendance évidente à la saponification, tendance qui est surtout marquée là où le tissu cellulaire est chargé de graisse : c'est aussi dans ces parties qu'en général la peau se conserve le mieux, et si elle se détruit aisément au pourtour de l'anus, cela tient à la facilité avec laquelle les vers peuvent l'attaquer. Son adhérence aux parties sous-jacentes varie; quand elle est appliquée sur le dos, elle y tient par du tissu cellulaire sec, facile à déchirer et à séparer; elle est, au contraire, très adhérente lorsqu'elle répond à des portions fournies de tissu cellulaire graisseux, ou lorsqu'elle recouvre des parties musculaires, sans l'intermédiaire de ce tissu graisseux abondant.

A une époque encore plus éloignée, la dessiccation et l'amincissement de la peau augmentent là où elle n'a pas été saponifiée, et, comme précédemment, ce sont les parties antérieures qui sont plus sèches. Quelquefois même elle est déjà excessivement desséchée en avant, que la partie postérieure est encore très humide, très amincie, et en partie détruite par les vers. Elle brunit de plus en plus ou devient d'un jaune sale ; mais en général elle conserve encore assez de consistance, quoiqu'elle soit détruite et comme corrodée en plusieurs points. Enfin, l'amincissement est porté au point que le tissu disparaît peu à peu. Il est inutile d'indiquer que la destruction de l'organe cutané est beaucoup plus rapide dans les portions qui n'ont été ni desséchées ni transformées en gras.

Tissu cellulaire sous-cutané. — Ce tissu change à peine dans les premiers temps; toutefois il est aisé de remarquer, même de bonne heure, qu'il se comporte différemment à la partie antérieure du corps, qu'en arrière et suivant l'épaisseur des couches qui l'avoisinent; ainsi, loin de s'infiltrer, il se dessèche et conserve assez de résistance quand il est placé à la partie antérieure du tronc, surtout là où la couche musculaire est mince, comme à l'abdomen et au milieu du thorax; il est au contraire infiltré, mou, peu résistant dans toute la partie postérieure du tronc. Cette infiltration peut être simplement sanguinolente, ou bien à la fois sanguinolente et huileuse; dans ce dernier cas, des gouttelettes jaunes, comme graisseuses, sont mêlées au liquide rouge. A la partie postérieure de la tête et du cou, et même dans presque toute l'étendue du dos et des lombes, l'infiltration dont il est le siége est plus ou moins violacée, et présente un aspect gélatineux assez semblable à celui du tissu cellulaire épicrânien de certains enfants nouveau-nés. Là, ce tissu est gonflé et se déchire avec facilité ; dans la région fessière et à la partie postérieure des membres, cet état gélatineux est à peine marqué, et le liquide qui imbibe le tissu cellulaire s'écoule avec beaucoup plus de facilité ; dans les régions latérales du thorax et de l'abdomen, ce tissu offre en quelque sorte un état d'infiltration intermédiaire entre celui de la partie antérieure et de la partie postérieure du tronc ; en avant et sur les côtés des cuisses et des bras, où la couche musculaire est assez épaisse, il est humide sans être infiltré, et se déchire facilement, ce qui tient évidemment à l'altération putride qu'il éprouve déjà, et qui est plus marquée là que dans les endroits où les muscles sont moins épais. Il est inutile d'ajouter que l'infiltration du tissu dont il s'agit sera surtout considérable quand le cadavre baignera pour ainsi dire dans un liquide, comme dans les cas d'anasarque.

Plus tard, surtout chez les sujets gras, le tissu cellulaire adipeux tend à se transformer en savon ; il devient d'un gris blanchâtre ou jaunâtre, de consistance de suif et onctueux au toucher ; partout où il est très abondant, il offre, lorsqu'on l'incise, un aspect poreux, feuilleté, résultant de la présence de petites locules vides, produites elles-mêmes, soit par la dessiccation, soit par le dégagement des gaz : plus tard encore, nous l'avons vu comme desséché, mat, blanc, ou d'un blanc grisâtre, filamenteux et facile à déchirer, là où il est ordinairement peu graisseux, tandis qu'il était jaunâtre, peu résistant, humide et assez semblable à du lard bouilli et refroidi, dans les endroits où il est graisseux. Enfin, il était d'un jaune orangé, d'un aspect globuleux et évidemment saponifié partout où il était encore plus graisseux. La transformation en savon du tissu cellulaire graisseux est loin d'être un phénomène constant. Nous avons en effet rencontré ce tissu dans l'état naturel chez un individu qui était enterré depuis six mois, et qui était maigre ; tandis que chez une femme enterrée depuis le même temps, dans le même terrain, qui était grasse, ce tissu était déjà saponifié dans plusieurs points.

A une époque plus avancée, le tissu cellulaire non saponifié se détruit après s'être desséché et avoir bruni.

Tissu musculaire. — Les muscles commencent par se ramollir ; en général, ils deviennent d'abord d'un rouge moins foncé partout où ils ne sont pas très infiltrés : quelques uns cependant offrent une couleur violacée ; ceux de l'abdomen sont souvent verts. Quelque temps après, leur tissu est encore très reconnaissable ; il n'est pas transformé en gras, si ce n'est dans les orbites, où la saponification paraît avoir lieu bien plus tôt que dans les autres parties. Leur couleur est alors verdâtre ou lie de vin. La première de ces colorations est beaucoup plus commune que la seconde, qui ne se remarque guère que dans les endroits où l'on trouve une infiltration sanguinolente.

Le tissu dont il s'agit est partout humide (les orbites exceptés), et dans plusieurs parties il est imbibé par un liquide séro-sanguinolent de la même couleur que celui qui imprègne le tissu cellulaire, et qui est tellement abondant dans certaines régions, surtout au dos, qu'il en découle une grande quantité non seulement par la pression, mais encore par la simple incision. Il est même des muscles qui ressemblent à une gelée au milieu de laquelle se trouveraient des fibres charnues, réunies pourtant de manière à ce qu'on pût très bien reconnaître la forme des organes que l'imbibition a envahis. Malgré cette imbibition, qui devrait augmenter leur volume, les muscles sont affaissés, et leurs fibres pour ainsi dire dissoutes dans le liquide à la partie antérieure des membres. Le tissu musculaire forme une couenne très peu épaisse sur les os qu'il recouvre. La résistance qu'il présente est en général considérablement diminuée, et la facilité avec laquelle on le déchire est en raison directe de son imbibition. Or, comme cet état est plus marqué à la partie postérieure du tronc, et là où les couches musculaires sont plus épaisses que partout ailleurs, c'est aussi là que les fibres se déchirent avec le moins d'effort.

Le tissu musculaire, après s'être ramolli et coloré plus ou moins en verdâtre ou en lie de vin, ou bien, au contraire, après être devenu plus pâle, se saponifie ou se détruit. La saponification a surtout lieu chez les personnes grasses. Les fibres musculaires pâlissent de plus en plus; quelques unes d'entre elles sont déjà changées en savon blanchâtre, que d'autres conservent encore leur couleur rosée. Nous n'avons jamais vu un muscle tout entier transformé en gras. L'autre genre d'altération, celui qui amène la destruction du muscle, est beaucoup plus commun. Voici comment elle a lieu :

Après s'être ramolli, le tissu cellulaire se dessèche petit à petit, et perd de son volume à un point tel que les masses qu'il forme s'aplatissent. A mesure que la dessiccation augmente, il prend une teinte plus foncée. Enfin, il peut être tout à fait brun. Mais, malgré ces aplatissements et cette coloration, on peut encore reconnaître les tendons, les aponévroses et la structure fibreuse de cette sorte de membrane. La dessiccation pourtant n'atteint pas tous les muscles qui se détruisent, et ceux qui se conservent humides offrent toujours une couleur foncée, verte ou lie de vin.

Plus tard, les fibres musculaires desséchées se détruisent, et il ne reste plus à leur place que des feuillets membraneux grisâtres, ou d'un jaune brunâtre, dans lesquels il est impossible de reconnaître des fibres. Quelquefois ces feuillets sont humides, bruns et assez semblables à des feuilles de tabac que l'on aurait mouillées après les avoir desséchées. Enfin, dans quelques parties du corps, on ne trouve à la place des muscles que des masses aréolaires brunes et même noirâtres, semblables par leur aspect à certains polypiers.

A la région postérieure des membres, la dessiccation dont nous parlons n'est jamais aussi complète ; nous ne l'avons pas non plus remarquée dans la région du dos et des membres, où les muscles sont constamment baignés dans les liquides. Dans ces endroits ils se détruisent pour ainsi dire par macération.

Tissu aponévrotique et tendineux. — Les aponévroses qui enveloppent les muscles conservent longtemps leur brillant et leur consistance ; mais elles ont en général une couleur légèrement bleuâtre là où elles sont épaisses. Il en est de même du tissu tendineux, dont la couleur toutefois est plus blanche et plus éclatante, ce qui tient évidemment à sa plus grande épaisseur. En effet, dans les parties où les tendons existent sous la forme aponévrotique, ils ont une teinte analogue à celle des aponévroses.

Plus tard, et à une époque déjà assez avancée, les aponévroses et les tendons deviennent d'abord opalins et jaunâtres, puis de couleur brune, claire, et même foncée ; ils se dessèchent plus ou moins complétement et perdent l'aspect nacré qui leur est propre ; mais il suffit de les mettre en contact pendant quelque temps avec l'eau pour qu'ils reprennent leur caractère primitif ; ce sont eux qui constituent avec le tissu cellulaire la totalité ou la presque totalité de ces masses feuilletées, qui sont les seuls restes des parties molles que l'on remarque dans les diverses parties du corps, et qui, à leur tour, finissent par se détruire entièrement, en sorte que le cadavre se trouve réduit au squelette.

Le tissu tendineux est un de ceux qui résistent le plus à la putréfaction.

Tissu ligamenteux. — Pendant les premiers mois, les articulations conservent tous leurs rapports et sont maintenues par des ligaments qui ont à peine changé d'aspect et qui présentent encore beaucoup de résistance. Plus tard, le tissu ligamenteux se ramollit, jaunit, et, au bout d'un temps assez long, finit par se détruire complétement. Il résiste beaucoup moins à la décomposition que les tendons. Les ligaments croisés sont ceux que l'on peut reconnaître le plus longtemps ; quant aux autres, ils sont tellement confondus, au bout de quelques mois, avec les parties molles qui environnent ces articulations, qu'il est impossible de les distinguer.

Tissu cartilagineux. — Les cartilages articulaires offrent pendant longtemps l'aspect et la texture qui leur sont propres, excepté qu'ils sont légèrement rosés ; plus tard, ils deviennent jaunâtres, et commencent à s'amincir ; leur consistance diminue de plus en plus ; enfin, ils se détruisent, et il ne reste plus à leur place, sur les surfaces articulaires, qu'un enduit très mince, humide, légèrement graisseux, et de couleur bistre. Les cartilages costaux brunissent aussi et perdent leur souplesse ; mais, avant de disparaître, ils deviennent tout à fait noirs, fragiles, et sont comme vermoulus.

Tissu osseux. — Les os subissent à peine de l'altération, même au bout de plusieurs centaines d'années. On a trouvé, à Saint-Denis, ceux du roi Dagobert, mort il y a près de douze cents ans ; à la vérité, ils étaient dans un coffre de bois placé lui-même dans un tombeau de pierre.

Haller dit, dans les premières pages de ses *Éléments de physiologie*, que la gélatine des os s'est conservée pendant deux mille ans dans des momies, tandis qu'à l'air ou dans des terrains humides, quelques siècles suffisent à sa destruction : alors les os se convertissent en poussière et disparaissent ; les dents résistent longtemps, l'émail est presque indestructible.

Tissu séreux. — Les plèvres, le péritoine, etc., deviennent d'abord grisâtres, se ramollissent ; plus tard, ces membranes s'amincissent, se déchirent facilement, et tendent à se dessécher ; plus tard encore, leur couleur se fonce et passe au bleuâtre, au brun olive et au noir bleuâtre ; quelquefois aussi leur surface est enduite d'une couche noire, comme graisseuse, enfin elles disparaissent. Nous avons pu reconnaître la plèvre chez un sujet enterré dans une bière épaisse, et ouverte quatorze mois après la mort.

Encéphale. — Le cerveau, qui se pourrit si vite quand il est hors du crâne, résiste sensiblement aux mouvements de décomposition putride tant qu'il est enfermé dans cette boîte osseuse. Quelquefois, avant l'inhumation, les vaisseaux sont gorgés de sang par l'effet de la mort ; ce qui tient à la distension de l'estomac par des gaz et au refoulement en haut du diaphragme et du sang contenu dans le côté droit du cœur. Pendant plusieurs semaines, à moins que la température n'ait été fort élevée, le cerveau conserve assez toutes ses propriétés normales pour qu'on puisse y reconnaître les diverses parties qui entrent dans sa composition, et constater les traces d'épanchements et de ramollissements pathologiques. Cependant il tend de bonne heure à devenir d'un gris olivâtre ; quelque temps après il se ramollit, et le ramollissement commence par la substance grise ; il diminue de volume et ne remplit pas exactement la cavité du crâne. A cette époque, on aperçoit encore, sinon la totalité, au moins une grande partie des circonvolutions, ainsi que les deux substances dont la blanche est devenue grisâtre, et l'autre d'un vert olivâtre. Dans un cas de mort, à la suite d'une apoplexie foudroyante, il fut trouvé, même d'assez bonne heure, réduit en une bouillie comme lie de vin ; plus tard, il est encore plus mou et pour ainsi dire réduit en une bouillie. Alors les deux substances, qu'il n'est pas permis de bien distinguer, sont verdâtres ou couleur de lie de vin, et répandent une odeur excessivement fétide. Il est inutile de dire que l'on ne reconnaît aucune des parties qui se trouvent dans les divers ventricules ; on voit çà et là, dans la masse de l'encéphale, des filaments entourés de granulations graisseuses qui semblent être des vaisseaux. A une époque plus éloignée encore, l'organe dont nous parlons n'est pas aussi fétide et sa consistance est augmentée ; il forme alors une masse d'un gris verdâtre semblable à de la terre glaise trempée ou azurée. Quelquefois cette masse est jaunâtre à sa surface ; dans d'autres circonstances, elle est percée de trous faits par des vers. Dans tous les cas, le cerveau diminue peu à peu de volume, et il arrive un moment où il n'occupe plus que le dixième et même que le douzième de la cavité du crâne, et alors il est souvent saponifié. Dans les nombreuses ouvertures que nous avons faites, nous avons constamment trouvé une plus ou moins grande partie de cet organe, tandis que déjà il ne restait aucun vestige d'autres viscères; une fois seulement, le crâne était vide, parce que des vers nombreux avaient dévoré tout l'encéphale.

Le cervelet et la moelle épinière présentent les mêmes changements de consistance et de couleur que le cerveau; ils sont cependant en général plus ramollis.

La pie-mère et l'arachnoïde se comportent à peu près comme les autres parties du tissu séreux. La dure-mère résiste beaucoup à la putréfaction et présente à peine des changements dans les premiers temps; plus tard, elle devient presque toujours verdâtre, se ramollit, et se déchire souvent en lambeaux qui offrent une couleur ardoise claire.

Remarque. — On ne doit pas considérer la présence d'un liquide dans les ventricules cérébraux, le canal rachidien ou les aréoles de la pie-mère cérébrale, comme un effet cadavérique, et l'on ne pourrait l'attribuer à une cause pathologique qu'autant que ce liquide s'écarterait beaucoup, par sa quantité et ses qualités, des conditions qu'il présente dans l'état normal, et que nous allons exposer. On sait que les recherches de M. Magendie sur les animaux vivants et sur les cadavres d'individus chez lesquels il n'avait existé aucun dérangement des fonctions du système nerveux ont démontré : 1° que l'espace compris entre la moelle et la dure-mère est habituellement rempli par un liquide incolore, qui soumet la moelle à un certain degré de compression, nécessaire à l'exercice de ses fonctions, en même temps qu'il protége cet organe important contre les commotions violentes; 2° que l'écoulement de ce liquide provoqué chez un animal vivant donne naissance à des symptômes graves, que fait bientôt cesser la régénération facile de cette humeur; 3° qu'un liquide semblable infiltre les aréoles de la pie-mère et distend modérément les ventricules cérébraux; 4° que la position de ce liquide est surtout remarquable, puisque, dans le rachis comme à la surface du cervelet et du cerveau, il est placé, ainsi que l'avait déjà vu Cotugno, entre le feuillet viscéral de l'arachnoïde et le viscère lui-même, revêtu par la pie-mère; 5° qu'une simple vapeur lubrifie en dedans les deux feuillets contigus de l'arachnoïde, et que, quand on y rencontre de la sérosité, elle est en petite quantité rougeâtre, et due uniquement à la transsudation cadavérique, rarement à une irritation des méninges; 6° que le liquide séro-spinal peut avec facilité passer du rachis dans les ventricules, et de ceux-ci dans le rachis, par une ouverture placée entre la face postérieure du bulbe rachidien et du cervelet (elle paraît cependant bouchée par une membrane chez les moutons).

On conçoit aisément que ce liquide peut passer aussi facilement du rachis dans les aréoles de la pie-mère cérébrale, puisque, dans l'un comme dans l'autre cas, il est sous l'arachnoïde. Ces remarques font aussi prévoir que la position dans laquelle on place le cadavre pendant qu'on en fait l'examen peut favoriser l'accumulation de cette humeur vers le canal rachidien.

Les nerfs sont parfaitement conservés, même plusieurs mois après l'inhumation, et ne diffèrent de l'état normal que par leur solidité, qui est moindre, et par leur couleur, qui est un peu rosée.

Globes oculaires.— Peu de jours après l'inhumation, la cornée transparente est déjà affaissée et notablement obscurcie, et les humeurs vitrée et aqueuse tendent à se colorer en bistre clair ou en rougeâtre. Quelques semaines après, l'affaissement a fait de tels progrès que les yeux semblent quelquefois vides au premier abord; l'obscurcissement de la cornée et la coloration des humeurs ont augmenté; celles-ci sont remplacées par un fluide peu consistant, de couleur bistre, qui paraît être dû à la choroïde; le cristallin ainsi que les diverses membranes conservent leurs caractères. En général, nous avons trouvé des yeux entiers au deuxième mois; plus tard, ils se vident, et l'on ne rencontre que leurs membranes et le cristallin; quelque temps après, il n'existe que les débris bleuâtres de la sclérotique; enfin, plus tard, les cavités orbitaires ne renferment qu'une masse de gras de cadavre formée aux dépens des yeux dont on ne découvre plus de traces des muscles et du paquet graisseux de cette région. Il est peu d'organes qui disparaissent aussi promptement que les globes oculaires. Dans les exhumations faites à Bicêtre, nous n'en avons pas trouvé de vestiges quatre mois après la mort.

Organes de la respiration et de la circulation. — Avant d'indiquer les divers états que nous ont présentés les poumons, voyons en peu de mots ce qu'ils nous offrent de remarquable. Vingt-quatre ou trente-six heures après la mort, si l'agonie n'a pas été longue, la portion des poumons qui était la plus déclive, au moment du refroidissement du cadavre, sera engorgée. Si, comme il arrive le plus ordinairement, l'individu était couché sur le dos et que le cadavre n'ait pas été détourné, la congestion sanguine se trouvera dans les portions dorsales des poumons; elle occupera, au contraire, leur partie antérieure et leur partie inférieure, si, au moment de la mort, l'individu avait été couché sur le ventre dans une situation verticale comme dans la suspension, et que l'on n'ait point changé l'attitude du cadavre pendant le refroidissement : dans ces différents cas, l'engorgement pourra être porté au point de diminuer la force de cohésion du parenchyme et de chasser entièrement l'air qui occupe les parties les plus déclives. Il est inutile de dire que les bronches se colorent également en rouge dans les portions de poumons où le sang s'est accumulé. Si l'agonie a été longue ou que le malade ait succombé à une affection du thorax avec gêne considérable de la respiration, la congestion sanguine occupera la partie des poumons la plus déclive. Au moment de la mort, on a beau retourner sur le ventre le corps d'un pareil individu qui vient d'expirer étant couché sur le dos , l'engorgement sanguin se trouve dans la portion dorsale de la partie thoracique des poumons. Celle qui est la plus déclive, au moment du refroidissement, offre à peine quelques traces de congestion. Il suit de ce qui précède, que l'on se tromperait, en voulant juger, d'après la lividité de telle ou telle autre partie des poumons, la situation de l'individu au moment de la mort ou du refroidissement du cadavre, puisqu'il est évident que l'on doit tenir compte aussi de la durée de l'agonie. Les congestions dont nous venons de parler donnent quelquefois aux poumons, et surtout à leur partie postérieure, une couleur plus ou moins noire, qui, dans certaines circonstances, a pu être regardée par des médecins peu attentifs comme étant le résultat de la gangrène ou du sphacèle.

Examinons maintenant les divers états des poumons après une inhumation plus ou moins prolongée. Ils conservent leur aspect naturel pendant longtemps, mais ils ne tardent pas à devenir emphysémateux; ils ne sont pas plus gorgés de sang à leur partie postérieure, que lorsque la mort est récente. On peut même, au bout de quelques mois, reconnaître leur structure, et constater s'ils sont le siége d'une lésion pathologique. Plus tard, ils sont plus ou moins affaissés, et ils n'occupent plus les cavités des plèvres; leur couleur devient d'un vert bouteille plus ou moins foncé, tirant sur l'ardoise, ou bleuâtre. A cette époque, il est rare qu'en les incisant on puisse reconnaître la structure qui leur est propre : ils sont plus mous, plus faciles à déchirer, et renferment un liquide couleur bistre; plus tard encore, ils offrent l'apparence de deux membranes aplaties, d'un petit volume, collées contre les parties latérales de la gouttière vertébrale, et quelquefois couverts de moisissures blanches, et ils diffèrent déjà tellement de l'état normal, qu'on ne peut les reconnaître qu'à leur situation ; enfin, ils perdent peu à peu leur humidité, s'aplatissent de plus en plus, moisissent, et finissent par ne former qu'une masse mince, composée de plusieurs feuillets noirs et secs, qui est appliquée sur les parties postérieures des cavités thoraciques et près de la colonne vertébrale. Cette masse elle-même ne tarde pas à se détruire.

La membrane muqueuse de la trachée-artère et du larynx commence par devenir d'un vert olive clair ou d'un vert noirâtre; quelquefois cependant, surtout vers la partie supérieure de ce canal, elle est colorée en gris légèrement violacé, et parsemée çà et là de taches noirâtres. Plus tard, au lieu de la teinte verdâtre dont nous parlons, on trouve une coloration rougeâtre ou lie de vin, surtout aux parties qui correspondent aux cerceaux cartilagineux; enfin, la couleur devient noire ou d'un brun foncé. Dans certains cas, l'épithélium de cette membrane muqueuse se détache par petits lambeaux, dont la couleur varie. On remarque aussi quelquefois des granulations grisâtres, comme graisseuses, de la grosseur de deux têtes d'épingle à peu près, de forme irrégulière, paraissant formées d'autres granulations beaucoup plus petites. Ces corpuscules, quelquefois assez durs, ainsi que les petits lambeaux d'épithélium déjà mentionnés, pourraient être pris au premier abord pour des corps étrangers, introduits dans le canal aérien. Indépendamment de ces changements, le larynx et la trachée-artère se ramollissent de plus en plus ; les cerceaux cartilagineux perdent leur élasticité, et, au bout d'un certain temps, on ne découvre que les cartilages cricoïdes et thyroïdes, séparés l'un de l'autre, comme vermoulus, demi-transparents, de couleur jaunâtre, spongieux, cassants, et quelques anneaux de la trachée-artère, flexibles comme des cartilages et d'un brun jaunâtre ; enfin, à une époque plus éloignée encore, il ne reste plus de vestiges de ces organes.

Diaphragme. — Ce muscle conserve pendant assez longtemps son aspect normal. Au bout de six ou sept mois d'inhumation, nous avons souvent pu reconnaître son centre aponévrotique et des fibres musculaires. Plus tard, il s'amincit, se dessèche, devient olivâtre, se brunit, se perfore quelquefois, et finit par se réduire à une membrane brune, très mince, n'offrant plus ni la forme ni la nature de ce muscle. Dans certains cas, on trouve sur les deux faces des granulations dures et blanches de phosphate de chaux.

Cœur et vaisseaux sanguins. — Avant de faire connaître les changements de ces organes pendant l'inhumation, rappelons l'état dans lequel ils se présentent 24 ou 36 heures après la mort. Souvent le cœur est à l'état normal, quelquefois il est pâle ; dans d'autres cas, il offre une teinte rouge marquée, ou seulement des stries rouges, soit dans l'épaisseur de sa substance, soit à sa surface interne ; enfin, sa consistance peut être diminuée ; les artères et les veines peuvent également être le siége d'une coloration rouge, uniforme, ou striées à leur intérieur, quoique le plus ordinairement elles soient à l'état naturel. Cette teinte rouge se trouve indifféremment à la suite de toutes les maladies, et doit être considérée comme un phénomène cadavérique, résultat manifeste de la transsudation du sang qui se fait après la mort. Au reste, il est aisé de se convaincre par des expériences directes qu'il doit en être ainsi. Que l'on introduise dans un uretère, dont la couleur est parfaitement blanche, une certaine quantité de sang fluide, on ne tarde pas à observer, après avoir lié ses deux extrémités, que le tissu de ce conduit acquiert une couleur rouge. Qu'à l'exemple de M. Chaussier, on injecte par la veine mésentérique une certaine quantité d'eau colorée avec de l'encre, et, quelques heures après, on trouvera la portion de l'estomac qui est recouverte par le foie, teinte en noir. Cette liqueur transsudera à travers les parois de l'estomac, et formera à l'épiploon et au côlon des taches plus ou moins étendues.

Si l'on examine le cœur après quelque temps d'inhumation, on voit qu'il est déjà sensiblement ramolli, flasque, d'un violet plus ou moins foncé, et plus rarement verdâtre, vide, ou contenant du sang en partie fluide, en partie coagulé ; sa couleur se fonce de plus en plus, surtout à l'intérieur, où elle finit par devenir plus noire. Quelquefois les valvules présentent des taches bleuâtres, qui sont aussi l'effet d'une imbibition. D'autres fois, on remarque à la face interne des oreillettes, ou à l'extérieur de l'organe, des granulations blanches, dures, semblables à du sablon. Plus tard, le cœur s'aplatit ou se réduit à une sorte de languette d'un brun noirâtre, souple, amincie, et même déchirée dans quelques points, pareille à une double poche de gomme élastique, dont on peut encore écarter les parois de manière à reconnaître les deux ventricules; mais déjà on ne distingue plus la texture de l'organe; on aperçoit seulement quelques brides noirâtres qui doivent être les restes des colonnes charnues; enfin, comme tous les autres organes, il disparaît et laisse à sa place une couche noire, comme bitumineuse, qui s'enlève facilement par le lavage. Plus les parties molles des parois thoraciques sont détruites de bonne heure, plus la disparition dont nous parlons arrive promptement.

Péricarde. — Le péricarde se colore d'abord en rougeâtre, puis en rouge foncé, enfin en brun noirâtre, et se ramollit de plus en plus et finit par disparaître. Nous l'avons souvent vu contenir une plus ou moins grande quantité d'un liquide sanguinolent.

Vaisseaux sanguins. — On trouve en général, deux ou trois mois après l'inhumation, une certaine quantité de sang noir fluide ou coagulé, soit dans les veines, soit dans les artères. Il est des cas cependant où nous n'en avons pas rencontré au bout d'un mois d'inhumation; et quelquefois nous avons vu, même huit ou neuf mois après la mort, un liquide sanguinolent de couleur rosée. Les parois de ces vaisseaux se colorent d'abord en rose, puis en rouge, en violet foncé et en brun. C'est surtout à l'intérieur que ces teintes sont bien prononcées. Dans certains cas, la membrane interne devient vert-bouteille; tantôt cette coloration est uniforme, tantôt ce sont des plaques ou des stries. Quoi qu'il en soit, pendant plusieurs mois, il est facile de séparer les unes des autres les diverses tuniques de ces vaisseaux. Dans une de nos ouvertures, l'aorte était encore entière et parfaitement reconnaissable au bout de 14 mois d'inhumation.

Organes de la digestion; canal digestif. — On ne peut bien juger des changements qui s'opèrent dans le canal digestif pendant le séjour des cadavres dans la terre qu'en examinant comparativement l'état de ce canal, peu de temps après la mort, avant l'inhumation, par exemple, et plusieurs semaines et même plusieurs mois après. Comment reconnaître en effet qu'il y a eu des changements de couleur, de consistance, etc., si l'on ne sait pas quelles sont habituellement les couleurs et la consistance des tissus de ce canal quelque temps après la mort? C'est ce qui nous engage à tracer en peu de mots les principaux états du canal digestif chez les individus qui n'ont pas succombé à une phlegmasie de cet appareil; et comme nos observations ont eu surtout pour objet les cadavres des vieillards, c'est particulièrement de ceux-ci que nous allons nous occuper. (Il est fâcheux que l'état normal dont la description va suivre soit faite d'après des vieillards, car on arrive difficilement à un âge avancé sans que l'appareil digestif porte la trace de quelque altération. Aussi les altérations de tissu sont-elles ici très multipliées.)

Quelle que soit la maladie qui occasionne la mort des vieillards (*hémorrhagie cérébrale, ramollissement du cerveau, pneumonie, pleurésie, maladies du cœur*), jamais ou presque jamais l'appareil digestif n'est dans un état parfait d'intégrité : il est rare que l'on ne rencontre dans l'estomac et les intestins des altérations diverses, que l'on ne peut considérer comme morbides que dans un très petit nombre de cas, et qui cependant ne sont pas l'état physiologique parfait. Bien plus, ces sortes d'altérations sont souvent beaucoup plus prononcées que ne le sont les traces que laissent après elles des maladies très intenses du conduit alimentaire, maladies qui ont pu seules déterminer la mort des malades. Dans toutes les affections étrangères au tube digestif, celles qui occasionnent les changements les plus remarquables sur la membrane qui le tapisse, sont, sans contredit, les maladies du cœur et des gros vaisseaux ; et, comme il est peu de septuagénaires qui meurent sans quelques altérations de ces organes, il en est peu aussi qui ne présentent quelques modifications dans la membrane muqueuse gastro-intestinale. Cette altération, qui ne sort pas des bornes physiologiques, tant qu'elle ne consiste que dans une injection mécanique plus ou moins considérable, peut être portée jusqu'à l'état morbide : aussi le sang accumulé dans ces tissus perméables, agissant comme un corps étranger, finit souvent par déterminer une sorte d'inflammation (si l'on peut s'exprimer ainsi). Alors la rougeur est cerise, violette, lie de vin, et pénètre profondément la membrane muqueuse gastrique dans toute son étendue, ou seulement d'une manière plus marquée dans quelques uns de ses points ; d'autres fois le sang ainsi accumulé s'exhale dans les cavités gastro-intestinales, et donne lieu à des hémorrhagies consécutives.

Mais avant d'atteindre à ces points qui peuvent être considérés comme des états morbides, la membrane muqueuse gastro-intestinale passe par divers états qui ne gênent que peu ou point l'action des intestins, et qui peuvent être regardés à peu près comme physiologiques : alors l'œsophage est généralement plus injecté que dans l'état normal ; on rencontre çà et là, mais principalement vers le cardia et vers le tiers inférieur, des plaques ou taches plus ou moins larges, violettes, ressemblant parfaitement à une ecchymose ; ces taches sont sous un épithélium plus épais et plus dense que celui qui revêt la membrane muqueuse gastrique, et même il en existe dans ce dernier cas. Le diamètre du conduit œsophagien est quelquefois rétréci d'une manière partielle. Dans les points qui correspondent aux endroits rétrécis, il existe des plis longitudinaux ; et, dans ces endroits, les parois de ces conduits paraissent plus épaisses et plus denses ; il est impossible d'ailleurs de reconnaître là les traces d'un travail inflammatoire.

L'estomac présente des variétés infinies de couleurs, de consistance, de volume, de diamètre, et la membrane muqueuse qui le tapisse, molle et spongieuse, recevant une multitude innombrable de vaisseaux capillaires, essentiellement perméables au sang, étant d'ailleurs continuellement en action, devient facilement, ainsi qu'on le conçoit bien, le réceptacle d'une quantité plus ou moins grande de sang, lorsqu'il existe quelque obstacle à la circulation ; aussi est-il extrêmement rare de trouver cette membrane d'un blanc légèrement et uniformément rosé, qui est sa couleur physiologique parfaite. Mais, dans l'exploration de cette membrane, il ne faut pas oublier qu'elle se pénètre avec la plus grande facilité des substances colorantes que renferme le ventricule. Les lotions les plus exactes et les plus répétées n'enlèvent jamais complétement la coloration produite par une imbibition ; aussi le vin, les décoctions de quinquina, colorent en rouge cette membrane, et pourraient faire croire à des observateurs peu attentifs ou peu exercés que la couleur qu'ils communiquent est le résultat d'une injection sanguine. D'autres préparations médicamenteuses ou alimentaires peuvent avoir un résultat analogue. Nous nous bornons à citer ces deux exemples. La présence d'un liquide colorant rouge doit d'abord faire naître des doutes sur la nature de la coloration de la membrane gastrique. Ajoutons encore que cette coloration est uniforme, et qu'on n'y distingue point ces arborisations, ces injections vasculaires, qui sont le caractère de la pénétration véritable du sang dans les vaisseaux capillaires ; d'ailleurs les lotions et la macération l'éteignent en partie, sinon complétement. Cette membrane ainsi colorée, la part de cette coloration mécanique ou chimique ainsi faite, il reste à examiner celle qui est le résultat de la stase du sang dans les vaisseaux.

La couleur alors de la membrane muqueuse varie depuis une teinte légèrement rosée, depuis l'injection la plus légère jusqu'au noir foncé, et cela sans que les fonctions digestives aient été dérangées d'une manière notable. La grande courbure de l'estomac, le grand cul-de-sac, et surtout l'extrémité pylorique, sont le siége de cette pénétration sanguine, soit parce que le système capillaire s'y trouve plus développé, soit enfin parce que les fluides y séjournent, favorisent l'injection de ces vaisseaux. On observe des plaques plus ou moins étendues ; car jamais, ou bien rarement, la coloration n'est uniforme, de couleur rosée, lie de vin, rouge vif. Brunes, bleuâtres, ardoisées, et même noires, ces plaques ont l'étendue de la paume de la main, quelquefois plus, quelquefois moins. Il n'est pas rare de rencontrer la plupart de ces nuances dans un même ventricule, et les lignes qui les séparent sont souvent bien déterminées, de sorte qu'à côté d'une plaque rosée, on en voit une brune ou rouge, et la membrane muqueuse est souvent tachetée de nuances qui présentent un aspect scorbutique. La surface de cette membrane peut être lisse, polie ou rugueuse, pointillée, mamelonnée, et quelquefois parsemée de véritables fongosités très petites ; souvent aussi de grosses veines bleuâtres rampent sous elle et sous la tunique muqueuse de l'intestin grêle, qui est d'une couleur blanchâtre et peu cendrée. Dans tous ces cas, l'individu vivant n'éprouvait rien vers les viscères.

La consistance de la membrane muqueuse est loin d'être la même dans toute son étendue ; dans quelques points elle est si peu adhérente, qu'elle s'enlève par le frottement avec le dos du scalpel, et qu'elle se confond avec de la mucosité dont on a beaucoup de peine à la distinguer, tandis que, dans d'autres points, le tranchant de l'instrument la détache très difficilement.

Les parois de l'estomac sont quelquefois translucides ; on voit seulement serpenter des vaisseaux d'un assez gros calibre dans leur épaisseur. L'estomac est alors d'un volume considérable ; il peut être double de l'état naturel.

Dans certains cas, le viscère est ramassé, rétréci ; ses parois sont épaisses, plus consistantes que dans l'état ordinaire. A l'intérieur, la membrane muqueuse est alors ridée, et offre une multitude de plis en général longitudinaux. On observe aussi des dilatations et des rétrécissements partiaux. L'estomac présente alors l'aspect d'une gourde, et c'est vers le point rétréci que la membrane interne présente les plis dont nous avons parlé. Dans quelques circonstances, on trouve la plus grande partie de la membrane muqueuse complétement enlevée vers le grand cul-de-sac de l'estomac sans qu'il y ait eu maladie du tube digestif, mais alors l'appareil circulatoire est développé outre mesure.

Telles sont les modifications les plus ordinaires que l'on rencontre dans l'estomac des vieillards qui meurent de maladies du cœur. Ces modifications peuvent être considérées jusqu'à un certain point comme physiologiques, puisqu'elles permettent le libre exercice des fonctions du ventricule. Mais, dira-t-on, la maladie de l'estomac a été latente dans ces différents cas. Nous répondrons que ces cas étant excessivement nombreux, et la manière dont ils se produisent étant susceptible d'une explication plausible, d'après les lois physiologiques, nous aimons mieux les considérer comme des modifications coïncidant avec l'état de santé que comme des cas pathologiques exceptionnels.

Les intestins, surtout ceux qui plongent dans le petit bassin, présentent des modifications analogues à celles de l'estomac.

Le duodénum est souvent rouge, injecté, brun, etc., mais ordinairement beaucoup moins que l'estomac ; le séjour de la bile qu'il renferme lui fait contracter une nuance jaune verdâtre qui le distingue très bien de l'estomac, lorsque ce fluide n'a pas remonté par le pylore dans la cavité gastrique. De toutes les divisions intestinales, celle qui est le plus souvent exempte d'altération, c'est le jéjunum, coloré en jaune ou en vert par la bile que ses nombreuses villosités retiennent; il est rarement le siége d'injections notables, d'hypertrophies ou d'atrophies de ses parois, de dilatation et de rétrécissement, quoiqu'il n'en soit pas entièrement exempt; mais l'iléon est au moins aussi souvent le siége de ces injections violacées, brunes, noirâtres, bleuâtres, que nous avons signaées dans le ventricule. La position très déclive de cet intestin, qui séjourne presque entièrement dans le petit bassin, le cadavre étant couché sur le dos, paraît être la cause de ce phénomène qui se passe sans doute dans les dernières heures de la vie ou dans les premières qui suivent la mort.

La membrane muqueuse de cet intestin est en effet bien souvent d'un rouge très foncé et véritablement lie de vin. Cette coloration occupe la totalité de la tunique; elle est seulement plus prononcée par intervalles. L'aire de l'intestin est souvent rétrécie; les parois paraissent alors hypertrophiées; dans d'autres cas plus rares, le diamètre est plus grand et les parois sont plus minces. Cet amincissement est quelquefois tel, que l'intestin est pellucide, transparent, et paraît réduit à sa membrane séreuse. Enfin on observe aussi des rétrécissements et des dilatations alternatifs.

Le rectum, le côlon ascendant, transverse et descendant, sont loin de rester étrangers à ces modifications dont nous parlons. Toutefois elles y sont moins prononcées et moins fréquentes que dans les autres parties du tube digestif; les épaississements, les rétrécissements, les dilatations sont les modifications les plus ordinaires; les injections le sont beaucoup moins. En effet, la coloration du gros intestin, à moins que cet organe n'ait été le siége d'un travail morbide, est, la plupart du temps, d'un blanc légèrement rosé, c'est-à-dire physiologique : bien entendu qu'on a dû le nettoyer exactement des fèces qu'il contient et dont la couleur pourrait avoir altéré la sienne.

Si, après avoir examiné le canal digestif de ces vieillards qui ont succombé avec une maladie du cœur, et le cas est excessivement commun, nous étudions ce même canal chez d'autres vieillards qui ne présentaient aucune trace de cette lésion, nous verrons qu'à la suite de brûlures qui déterminèrent la mort d'un homme de soixante-quinze ans, au bout de huit jours, la membrane muqueuse gastrique était grisâtre et celle des intestins d'un gris de cendre; que chez une femme de quatre-vingts ans, morte de vieillesse, la tunique interne de l'estomac était aussi d'une couleur cendrée; celle du duodénum blanchâtre avec une nuance jaune, peu intense; celle du jéjunum, de l'iléon, du côlon et du rectum blanchâtre, et celle du cœur grisâtre. Billard, à qui nous avons emprunté ces deux faits, place au nombre des colorations qu'il faut considérer comme des phénomènes cadavériques, chez des individus dont la membrane muqueuse gastro-intestinale est dans l'état sain, des plaques jaunes plus ou moins étendues ou de simples bandes de cette couleur répandues sur la surface muqueuse du duodénum et du jéjunum.

Les variétés de coloration de la membrane muqueuse gastro-intestinale, pour être moins nombreuses chez les adultes que chez les vieillards, n'en existent pas moins. Si l'individu est mort subitement, pendant la digestion, d'une affection qui n'intéresse pas le canal digestif, la tunique interne de l'estomac est ordinairement de couleur rosée; tandis que celle des intestins est grise, cendrée ou blanche, avec ou sans plaques jaunes. La coloration de la partie interne du tube digestif peut au contraire être plus rosée ou plus foncée, si la mort n'a pas eu lieu pendant la digestion et qu'elle n'ait pas été prompte, quoique la maladie à laquelle on a succombé n'ait pas été de nature à altérer directement les tissus de l'estomac et des intestins.

Nous terminerons cette esquisse rapide des divers états sous lesquels peut se présenter le canal digestif avant l'époque de l'inhumation, par quelques considérations sur les lividités cadavériques de ce canal. On sait qu'il n'est pas rare de trouver sous la membrane séreuse, dans le tissu même de la partie, des taches rouges livides ou noirâtres, étendues, irrégulières, semblables à celles que l'on voit à la peau des cadavres. Ces taches occupent la partie du canal digestif qui était la plus déclive au moment du refroidissement : elles ne dépendent que de la stase de la congestion du sang dans les capillaires, et ne sauraient être regardées comme des traces d'inflammation. Les deux observations suivantes mettront cette vérité hors de doute : 1° A l'ouverture de l'abdomen d'un individu qui succomba brusquement à une attaque d'apoplexie, et qui se trouvait peu de temps auparavant dans un état de santé parfaite, on observa que toutes les anses intestinales superposées, et la portion de l'estomac que l'on put découvrir, étaient d'une pâleur remarquable; on n'aperçut de rougeur que dans la partie la plus déclive de chacune de ces anses, et nulle part l'injection veineuse n'était aussi considérable que sur les portions de l'iléum plongé dans le petit bassin; la membrane muqueuse de l'estomac, celle de la vessie, étaient rouges à leur partie la plus déclive. Le cadavre était resté en supination; l'ouverture avait été faite 24 heures après la mort. 2° On plaça sur le ventre le cadavre d'un jeune soldat qui venait de succomber à une pneumonie grave et de peu de durée; on veilla à ce que le corps restât dans cette position jusqu'au moment de l'ouverture, qui fut faite le lendemain. Les lividités cadavériques de la peau se montrèrent à la face, à la poitrine, au ventre, à la partie antérieure des membres. La portion de l'estomac et de l'intestin grêle qui était en rapport avec l'épigastre, l'ombilic et l'hypogastre, offrait des teintes de rose, de rouge, de violet, que l'on remarque ordinairement dans les anses intestinales qui occupent le petit bassin et les côtés de la colonne vertébrale, et qui, dans cette occasion, étaient toutes d'une extrême pâleur, ainsi que la partie postérieure de l'estomac et de la vessie (1).

(1) Attaché comme médecin à l'hospice de Bicêtre pendant six mois environ, j'ai eu l'occasion de faire un assez grand nombre d'ouvertures de corps, et j'avouerai que je n'ai rien vu qui puisse autoriser à présenter un tableau aussi complexe des

Arrivons maintenant à la description des divers faits que nous avons observés dans le canal digestif des individus exhumés plus ou moins de temps après l'inhumation. Tout ce qui précède prouve combien il est difficile, pour ne pas dire impossible, d'affirmer que les colorations et même les ramollissements dont nous allons parler sont le résultat du séjour des cadavres dans la terre, puisque nous savons qu'avant d'enterrer des corps la membrane muqueuse pouvait déjà présenter des colorations et des ramollissements ; aussi nous bornerons-nous à dire ce que nous avons vu, sans prétendre établir, du moins pour ce qui concerne l'estomac et les intestins, que ce soit un effet nécessaire de l'inhumation prolongée.

La membrane muqueuse de la bouche, le voile du palais, le pharynx et la langue sont verdâtres dans les premiers temps, et sensiblement ramollis. Cette couleur se fonce de plus en plus, et finit par devenir noirâtre ; toutes les parties se dessèchent au point qu'au bout de quelques mois on ne trouve à la place de la langue qu'un appendice membraneux très sec et fort mince. Dans les premiers temps, la membrane interne de l'œsophage était colorée en vert plus ou moins foncé, surtout à sa partie supérieure, car inférieurement elle offrait souvent une couleur rougeâtre, même d'assez bonne heure ; quelquefois aussi la teinte verdâtre de la partie inférieure était piquetée de rouge ou de violet ; dans certains cas, chez les vieillards, nous avons rencontré à l'intérieur de ce conduit musculo-membraneux plusieurs petites tumeurs variqueuses, remplies de sang noir liquide, et qui ne constituaient pas évidemment une altération cadavérique, mais bien une lésion pathologique. Plus tard, l'œsophage brunissait de plus en plus, et se détruisait, comme nous allons le dire en parlant de l'estomac.

Estomac. — Ce viscère ne contenait ordinairement qu'une très petite quantité de liquide ; dans les premiers temps, sa membrane muqueuse était jaunâtre, d'une couleur aurore, grisâtre, d'un gris bleuâtre, ou d'un vert bouteille ; quelquefois ces teintes étaient piquetées de rouge et de violet. Près du pylore, le plus ordinairement, elle offrait une plaque bleuâtre plus ou moins large, plus fortement colorée que le reste. Plus tard, elle était soulevée dans certains points par des gaz qui formaient des bulles du volume de têtes d'épingles des plus grosses ; souvent alors elle avait acquis une couleur rosée d'abord, puis rougeâtre et violacée, et elle était tapissée d'une couenne plus épaisse, d'un liquide couleur de bistre, ou semblable à de la boue délayée. A une époque encore plus éloignée, elle était d'un gris blanchâtre avec plusieurs taches bleues, sans la moindre apparence de rougeur ; alors l'estomac, qui déjà avait éprouvé un ramollissement considérable, s'altérait de plus en plus, et bientôt on ne le retrouvait plus qu'en partie sous forme d'une portion de cylindre

altérations du canal digestif chez les vieillards. Aussi le résultat de mes observations m'a-t-il d'autant plus surpris, que je connaissais le travail de M. Orfila, et que je l'avais médité.

offrant une cavité ; enfin ce n'était plus qu'une masse feuilletée, desséchée, susceptible d'être réduite en filaments coralliformes, et en dernier lieu une matière noire, humide, avec le luisant du cambouis, recouverte çà et là de moisissures d'un blanc verdâtre, sous forme de petits globules et de plaques ressemblant beaucoup à des lichens d'apparence terreuse, qu'on trouve sur les troncs des vieux arbres. Plusieurs mois après l'inhumation, on pouvait encore séparer les trois tuniques de l'estomac. La musculeuse et la séreuse ne présentaient pas toujours les mêmes phénomènes de coloration que la muqueuse ; en général, leur teinte était d'abord grisâtre. Quelquefois cependant les parties de la membrane séreuse correspondantes au foie et à la rate étaient rougeâtres, surtout dans les premiers temps.

Intestins. — Les intestins étaient d'abord d'un gris quelquefois légèrement rougeâtre à l'extérieur et grisâtre à l'intérieur. Dans certains cas cependant, la tunique muqueuse était rosée ou violacée par parties, et là où elle était recouverte d'excréments jaunâtres ; plus tard l'épaisseur des intestins diminuait. Ils commençaient à se dessécher et à être collés entre eux ; puis brunissaient, devenaient plus secs, et leurs parois s'accolaient de plus en plus, au point que l'on avait beaucoup de peine à les séparer. Ils constituaient alors une masse qui était assez fortement appliquée contre la colonne vertébrale ; ils conservaient pendant longtemps les matières fécales ; enfin ils éprouvaient les mêmes altérations que l'estomac, et se détruisaient comme lui.

Nous examinerons ailleurs si les changements que la putréfaction fait subir au canal digestif sont de nature à pouvoir être confondus avec ceux que développe une inflammation. Bornons-nous actuellement à observer que longtemps après la mort, lors même qu'il n'existe déjà plus de traces des viscères thoraciques, on découvre le plus souvent encore dans l'abdomen quelques vestiges de portions cylindriques du canal digestif, dans les cavités desquelles il serait possible de trouver des restes d'une substance vénéneuse.

Epiploons. — Les épiploons et le mésentère deviennent d'abord grisâtres ou rosés, et se ramollissent bientôt après ; ils se dessèchent, perdent de leur souplesse, et tendent à se transformer en gras de cadavre ; du reste, ces organes se conservent longtemps sans subir d'altération marquée.

Le *foie* commence par se ramollir et par brunir ; sa membrane péritonéale se détache assez facilement et ne tarde pas à se détruire, du moins en partie ; il suffit de quelques semaines pour que la structure normale de cet organe ne soit plus reconnaissable. En effet, on ne distingue plus alors les deux substances qui la composent, mais on aperçoit très bien les gros vaisseaux, qui sont souvent enduits intérieurement d'une sanie lie de vin foncée ; plus tard, il existe à la surface du foie des granulations comme sablonneuses de phosphate de chaux, et chez certains individus l'intérieur des vaisseaux contient d'autres granulations molles, blanches, évidemment formées par du gras de cadavre. Plus tard encore, l'organe dont il s'agit est réduit à une masse aplatie, épaisse d'un demi-pouce, d'un brun noirâtre, qui, étant coupée, se subdivise en feuillets, dans l'intervalle desquels il y a une matière solide, brune, comme bitumineuse. Cette masse, qui s'aplatit de plus en plus, finit par devenir noire, coralliforme, et par se séparer au plus léger effort; quelquefois cependant, au lieu de se dessécher ainsi, le foie se transforme en une matière molle, noirâtre, qui ressemble à du cambouis, sorte de bouillie au milieu de laquelle on aperçoit une matière jaune, comme graisseuse.

La *vésicule biliaire*, vide ou contenant de la bile épaisse d'un noir olive, se retrouve presque avec tous ses caractères lorsque le foie a subi des changements notables.

Rate. — Elle se ramollit de très bonne heure, et peut être facilement déchirée; elle brunit de plus en plus, et sa structure normale ne tarde pas à être méconnaissable; bientôt après elle est réduite en une bouillie noirâtre, semblable à du cambouis ou de la boue d'égout, qui imprègne les parties voisines et leur communique cette couleur. Enfin, dans certains cas, elle finit par être tellement diffluente, qu'on ne peut la reconnaître que par sa situation; elle ressemble alors à du sang décomposé.

Le *pancréas* commence par se ramollir, puis devient plus gros; le ramollissement est porté à un point tel, que l'organe est transformé en une bouillie d'abord grisâtre et qui brunit de plus en plus.

Organes urinaires. — Les reins ne se ramollissent pas aussi vite que la rate, cependant ils perdent aussi de bonne heure leur consistance; on peut facilement en détacher la membrane extérieure; les bassinets et les calices sont encore faciles à reconnaître, lorsque déjà les substances corticale et tubuleuse sont entièrement confondues. Enfin ces organes se transforment en une bouillie brunâtre comme du cambouis, et disparaissent.

La *vessie* n'offre rien de remarquable pendant les premières semaines; quelquefois cependant elle est le siége d'un emphysème sous-muqueux; plus tard elle se rétracte et éprouve à peu près les mêmes changements que les intestins. Toutefois on trouve encore des traces de ces derniers quand déjà elle n'existe plus, ce qui s'explique par le voisinage de l'anus.

Organes génitaux. — Dans les premiers temps, ces organes, quoique ramollis, conservent leurs formes; les corps caverneux s'affaissent de bonne heure; plus tard la verge est aplatie, ressemble à une peau d'anguille, et n'offre nullement l'aspect de cet organe. Le scrotum, qui d'abord a pu être excessivement distendu par des gaz, se dessèche de plus en plus; les testicules diminuent de volume, acquièrent une couleur vineuse et se transforment en gras; plus tard encore, la verge ressemble à un tube d'un tissu consistant dont les parois sont appliquées l'une sur l'autre, et qui, étant écartées, la réduisent à un cylindre creux. Déjà on ne trouve plus à la place du scrotum et des testicules qu'une matière molle, brunâtre, humide, offrant çà et là quelques lambeaux comme membraneux et recouverts d'un enduit visqueux, noirâtre, et de beaucoup de vers. A une époque plus éloignée, la destruction des organes génitaux est portée à son comble, et l'on ne peut plus reconnaître le sexe à l'inspection de ces organes, quoique le pubis soit recouvert de poils qui sont accolés à la masse feuilletée et carbonée à laquelle sont réduites les parties molles.

Chez la femme, les organes génitaux externes, après s'être ramollis, finissent par ne plus former qu'une masse informe feuilletée qui ne permet plus de distinguer le sexe. L'utérus se ramollit aussi, puis s'aplatit et se déforme tellement, qu'au bout de quelques mois on ne le reconnaît qu'à sa situation. Les trompes et les ovaires disparaissent d'assez bonne heure. Les ligaments larges résistent plus longtemps à la putréfaction et deviennent grisâtres.

Développement de certains gaz. — Nous ne donnerions pas une idée complète des changements que peuvent éprouver nos organes pendant l'inhumation, si nous ne parlions pas du développement de certains gaz qui a quelquefois lieu dans la plupart de nos tissus : l'estomac, les intestins, la plèvre, le péricarde, les cavités droites du cœur, les veines caves et d'autres parties du système veineux, l'utérus, la cavité du péritoine et les aréoles du tissu cellulaire peuvent en effet être distendus par des gaz qui sont le résultat de la décomposition des fluides. C'est ce que l'on observe particulièrement après les morts promptes et violentes, précédées de douleurs vives, de grands efforts, etc., et il suffit alors quelquefois de deux ou trois heures pour rendre le corps emphysémateux au point de le faire nager sur l'eau. On ne doit pas hésiter à faire rapporter au développement de ces bulles gazeuses dans les veines un phénomène en apparence fort extraordinaire, et dont les anciens avaient prétendu tirer une induction juridique : nous voulons parler de la cruentation, c'est-à-dire du jaillissement de sang par la plaie. Faut-il s'étonner que le sang contenu dans les veines s'échappe par les ouvertures des vaisseaux d'une plaie, lorsqu'il est poussé par les gaz développés dans le système veineux ?

Après avoir exposé succinctement les phénomènes que présentent les divers organes en se pourrissant, il ne sera pas inutile de jeter un coup d'œil sur les principaux changements éprouvés successivement par la tête, le thorax, l'abdomen, le bassin, les membres, et même le drap et la bière.

Tête. — La tête tient encore à la colonne vertébrale et conserve tous ses rapports, que déjà les paupières sont amincies et assez enfoncées pour qu'au premier abord les cavités orbitaires ne paraissent qu'à moitié pleines. Les globes oculaires sont affaissés de très bonne heure. Il en est de même du nez, dont les parties latérales cependant sont les seules qui soient quelquefois déprimées. Bientôt après, les cheveux se détachent ; les paupières, les parties molles du nez, et même les lèvres, déjà très amincies, se détruisent; une portion de la peau du crâne se détruit aussi, et les os mis à nu sont enduits d'une légère couche d'une matière comme graisseuse, de couleur bistre. Il existe à la partie postérieure de la tête une infiltration sous-cutanée, séro-sanguinolente, que l'on trouve également entre le périoste et les os, et qui est le résultat de la situation du cadavre sur le dos; là, par conséquent, les parties molles se détachent très facilement, quoique les téguments aient encore assez de consistance. Au milieu de tous ces désordres, les oreilles et les joues sont assez bien conservées. On voit çà et là, sur quelques parties du crâne et de la face, des moisissures vertes ou blanchâtres, humides et cotonneuses. Plus tard, entre le troisième et le quatrième mois (du moins dans les ouvertures faites à Bicêtre), on n'aperçoit plus aucune partie molle de la face, il n'y a que quelques débris membraneux, notamment aux régions molaires; mais l'os maxillaire inférieur tient encore au temporal, et la tête à la colonne vertébrale: à la vérité une légère traction suffit pour amener la désarticulation. À une époque plus éloignée, les deux mâchoires, largement séparées, laissent voir l'apophyse basilaire de l'occipital; cependant elles sont encore unies par quelques parties molles; la tête tient à peine au tronc. Enfin, plus tard, ces os sont complétement désarticulés et dénudés; alors les os du crâne sont recouverts d'un magma, qui est un mélange de terre et de cheveux, et qui, étant enlevé, laisse voir leur couleur bistre claire, tachée çà et là de larges plaques brunes foncées.

Thorax. — Il est rare que, pendant les premiers mois, le thorax ait éprouvé quelque changement dans sa forme ou dans les rapports des diverses pièces qui le composent. Les cavités des plèvres peuvent contenir une plus ou moins grande quantité de liquide; mais cet épanchement n'est pas le résultat de la putréfaction. Enfin, l'affaissement des viscères thoraciques, et notamment des poumons, n'est pas encore assez marqué pour qu'en ouvrant la poitrine on soit frappé par le vide qu'offriraient ces cavités. Quelque temps après, la dépression est évidente; le sternum semble toucher à la colonne vertébrale; on l'enlève facilement avec la main; quelques unes des côtes commencent à se séparer de leur cartilage.

Les espaces intercostaux, dans certains points, ne sont plus occupés que par une tunique grisâtre qui sert de moyen d'union; l'intérieur du thorax, lorsqu'on l'incise, paraît vide et comme tapissé d'une membrane ressemblant, par sa couleur et sa consistance, à du papier gris mouillé, sans qu'on puisse dire au juste de quel organe cette membrane est le débris. Plus tard, les côtes sont presque entièrement décharnées, et tiennent à peine au sternum, qui est enfoncé, brun, et souvent recouvert de moisissures; les cartilages sternaux sont presque tous séparés du sternum et des côtes; ceux qui restent sont noirs, percés de trous, encore souples et faciles à enlever. On n'éprouve pas beaucoup de difficulté à les casser, et alors on entend un léger bruit. Les cavités thoraciques sont parsemées de moisissures blanches ou autrement colorées, et déjà quel-

ques uns des intervalles intercostaux sont à jour par suite de la destruction des parties qui les remplissaient. A une époque plus éloignée, le
sternum et les cartilages costaux sont séparés; on en voit des débris
épars dans le thorax et dans l'abdomen : ce qui produit nécessairement
une grande ouverture à la partie antérieure du thorax. Plus tard encore,
la cage thoracique est détruite. Le sternum, séparé en deux pièces, occupe la cavité du thorax; les côtes sont presque toutes détachées et couchées les unes sur les autres sur les parties latérales du cadavre; elles
sont enduites d'une matière noire, semblable à un extrait végétal mouillé,
et qui est évidemment un reste des parties molles détruites; elles ne sont
pas plus fragiles qu'à l'état normal, mais leur intérieur est très sec et très
poreux; il n'en est qu'un très petit nombre qui conservent encore une
partie de leurs cartilages; ceux-ci sont très souples, d'un gris olivâtre,
mais couverts d'un enduit brunâtre, comme vermoulus par place, et
offrant une coupe excessivement poreuse. Leur substance intérieure est
évidemment détruite.

Abdomen. — Pendant longtemps l'abdomen n'éprouve aucun changement notable, si ce n'est qu'il devient vert, jaune marbré de vert, ou
ocracé. Du troisième au quatrième mois, du moins dans nos expériences,
il s'affaisse, et les parois tendent à se rapprocher du rachis; quelque
temps après, les parois sont réduites à une couche membraneuse, quelquefois humide, mais le plus souvent mince, desséchée, brune, couverte
de terre et de moisissures, très facile à déchirer, collée, surtout inférieurement, à la colonne vertébrale et même au bassin. Quand cette couche
est humide, les feuillets qui la composent sont comme savonneux, d'un
blanc jaunâtre, et ordinairement séparés les uns des autres par une quantité innombrable de vers. Quelques semaines après, les parois abdominales sont tellement collées au rachis, qu'on ne les détache facilement
que sur les côtés, où elles existent sous forme feuilletée, d'un rouge noirâtre à l'intérieur, et quelquefois encroûtée de gras de cadavre à l'extérieur. Il résulte de l'accolement sur la colonne vertébrale, de la portion
sous-ombilicale des parois dont nous parlons, un creux très prononcé à
partir de l'appendice xiphoïde jusqu'un peu au-dessous de l'ombilic.
Quelquefois, au lieu de présenter une surface lisse et unie, la couche
membraneuse, qui est collée au rachis, offre des bosselures et des enfoncements. A une époque plus éloignée, les parois abdominales sont réduites à quelques débris tégumentaires, d'une couleur bistre, olivâtre ou
noirâtre, souvent perforés dans plusieurs endroits, et qui tiennent encore
aux dernières côtes.

Au pubis et à la partie postérieure des crêtes iliaques, ces débris paraissent formés par le péritoine, et peut-être par des portions des muscles droits et obliques, fortement desséchés et en quelque sorte méconn-
naissables. Enfin, tout est détruit, et l'on ne trouve sur les côtés du rachis,
et adhérente à des os qui en sont teints, qu'une matière noire, humide,

avec le luisant du cambouis, formant en quelques endroits des masses épaisses d'un demi-pouce qui sont évidemment des débris de parties molles.

La conservation des viscères abdominaux dépendant surtout de l'état d'intégrité des parois abdominales, il ne sera pas sans intérêt de jeter un coup d'œil rapide sur les époques auxquelles les parois se détruisent. Nous trouvons ici ce que nous voyons partout ailleurs, des différences immenses qui tiennent à des causes souvent difficiles à déterminer. Ainsi, il ne restait plus de trace de parois abdominales chez deux sujets qui avaient été exhumés, le premier 9 mois 18 jours, et l'autre 13 mois 16 jours après l'inhumation ; tandis qu'il existait une portion de parois abdominales chez un individu dont le corps était inhumé depuis 17 mois 6 jours ; et, ce qui est bien plus extraordinaire, chez un autre sujet enterré 23 mois 5 jours avant, les parois antérieures de l'abdomen étaient presque entières et sous la forme d'une membrane comme tannée, au milieu de laquelle on voyait l'enfoncement ombilical, et à laquelle adhéraient des feuillets de couleur bistre ou noirâtre, semblables à des feuilles de tabac préparées et humectées. Ces feuilles étaient réunies entre elles par des filaments mous, semblables à de l'amadou et se déchirant avec facilité. Pourtant, tous ces sujets avaient été déposés dans des bières de même bois, de même épaisseur, enveloppés d'une serpillière, et à côté les uns des autres, dans le cimetière de Bicêtre. Nous pouvons encore ajouter, pour mieux faire ressortir ces différences, que l'individu qui fait le sujet de l'observation, et qui avait été inhumé 2 ans 9 jours auparavant, n'offrait aucune trace de parois abdominales, quoiqu'il eût été enterré dans une bière excessivement épaisse, et enveloppé d'un drap de toile.

La cavité abdominale ne contient jamais de liquide dans son intérieur, à moins qu'il n'en existât avant la mort ; au contraire, les viscères abdominaux tendent de plus en plus à se dessécher, et leur aspect est loin d'être humide quelques mois après l'inhumation. Du reste, la conservation des organes contenus dans l'abdomen a quelque chose de surprenant pour les personnes peu habituées à ces sortes de recherches : on peut dire que, tant que les parois abdominales sont intactes, les viscères sous-jacents conservent leur intégrité, leurs formes et même leurs rapports ; seulement quand l'affaissement de ces parois a été porté jusqu'au point de les coller au rachis, et lorsque déjà les organes eux-mêmes ont considérablement diminué de volume, n'aperçoit-on pas d'abord facilement, en ouvrant l'abdomen, toutes les parties qui y sont contenues. Plus tard, la difficulté devient plus grande ; et si l'on reconnaît bien le foie, la rate et les reins, plutôt à leur situation qu'à leur forme, on ne trouve à la place du canal digestif qu'un amas de tuniques membraneuses affaissées, débris évidents de l'estomac et des intestins ; car, en les écartant, on refait la cavité du premier et une partie des autres. Du reste, ces tuniques sèches, d'un brun verdâtre, amincies, perforées dans certains points, ne permettraient pas, à beaucoup près, de refaire toute la longueur du canal digestif, non plus que d'en distinguer les diverses parties, ni les tuniques constituantes, et encore moins les altérations morbides, si la maladie qui a déterminé la mort était de nature à en produire. Plus tard encore, on ne découvre plus qu'une masse feuilletée, desséchée, dont l'intérieur est souvent rempli de vers, et que l'on peut réduire en filaments coralliformes. Dans un point de cette masse seulement, on reconnaît encore quelques portions de vestiges cylindriques appartenant au canal intestinal. Enfin, et comme nous l'avons déjà dit à l'occasion des parois de cette région, il ne reste plus dans la cavité de l'abdomen qu'une petite quantité de matière noire comme du cambouis.

Membres. — Pendant les premières semaines, les membres ne présentent rien de remarquable; seulement là où les bras appuient sur le thorax et sur l'abdomen, la peau a conservé sa couleur naturelle, tandis qu'ailleurs elle peut être déjà fortement colorée; là aussi il existe une mucosité gluante, rougeâtre, qui semble unir ces parties, et lorsqu'on vient de les séparer, l'épiderme se détache. Plus tard, à mesure que la peau et les muscles se pourrissent, quelques parties de ces membres sont à nu; mais les os conservent encore leurs rapports, parce que les ligaments articulaires ne sont pas détruits. En général alors, les portions qui ne sont pas décharnées se présentent sous deux états : 1° elles offrent beaucoup de portions molles qui sont imprégnées de terre, de moisissures blanches, de débris de la serpillière, et qui ont l'apparence d'une matière solide, feuilletée et comme cutanée à l'extérieur, et sous laquelle on sent des vides. Cette matière est évidemment formée par des éléments fibreux et aponévrotiques, sans la moindre trace de gras de cadavre. En l'incisant, il en sort une quantité considérable de vers et de mouches. Quelquefois aussi cette couche est filandreuse, comme celluleuse, grasse au toucher, d'un ou deux pouces d'épaisseur dans beaucoup de points, et offre extérieurement une suite de croûtes fournies par du gras de cadavre, tandis que, intérieurement, elle ressemble à du bois pourri, si ce n'est que les filaments sont plus humides, et qu'il est possible de distinguer çà et là qu'ils sont de nature animale. 2° Les parties molles sont réduites à une couche assez mince, desséchée, grisâtre, parsemée dans quelques endroits de moisissure blanche, pouvant se subdiviser en deux lames, dont la plus externe semble devoir être la peau, et l'interne la partie aponévrotique, ou bien en une couche également mince, spongieuse, filandreuse, sèche, couleur d'amadou, dans laquelle il n'est plus possible de reconnaître ni nerfs, ni vaisseaux, ni muscles.

A une époque plus éloignée, le plus léger effort suffit pour séparer les os des muscles, tant les ligaments présentent peu de résistance; quelques débris filamenteux des parties molles les maintiennent seuls dans leurs rapports; bientôt après, ces os ne tiennent plus entre eux, quoiqu'ils conservent leur situation respective. Enfin, plus tard, lorsque tous les moyens d'union sont détruits, la séparation des os est complète, et on les trouve isolés, soit dans la bière, dans le drap ou dans la terre.

Bière. — La bière s'altère d'autant plus vite, tout étant égal d'ailleurs, qu'elle est en bois plus mince. En général, ce n'est guère qu'au bout de quelques semaines, même pour les bières qui ont peu d'épaisseur, que l'on y remarque des changements. L'intérieur de la planche inférieure commence par devenir d'un gris noirâtre, plaqué de taches noires; il est enduit de moisissures, notamment sur la partie où reposent la tête et le dos; il existe aussi une grande quantité d'une bouillie brunâtre très fétide, recouverte elle-même dans plusieurs points de vers, de larves, d'œufs; bientôt après, l'extérieur de la planche inférieure présente une coloration et un enduit analogues; les côtés sont déjetés en dehors et comme pliés; ils sont brunâtres, grisâtres par place et en quelque sorte tapissés de larves. A l'extérieur, le fond de la bière ne tarde pas à se perforer. En d'autres endroits, il est comme rongé par des vers; le bois qui environne les parties perforées est noir et paraît gras. On y voit aussi quelquefois une matière brillante, moins brune, comme graisseuse. Enfin, on découvre au milieu de ce fond des milliers de larves et de vers dont quelques uns ont dix lignes de long. Déjà, à cette époque, le couvercle est enfoncé, brisé en plusieurs parties, et la terre a pénétré jusqu'au fond de la bière. Plus tard, il est difficile de retirer cette bière sans rompre les planches latérales et le couvercle. Les divers fragments de ces parties offrent, surtout à l'intérieur, des teintes variées, jaunes, blanches, noires, vineuses, et, en certains lieux, ressemblent à l'intérieur d'un vieux tonneau; le bois qui la forme est pourri au point qu'on peut le réduire en poudre en le pressant entre les doigts. Enfin, l'altération finit par être portée si loin, qu'il est impossible de retirer la bière autrement que par petits fragments; il a suffi, pour que cela eût lieu dans nos expériences, de treize à quatorze mois, lorsque les bois étaient en sapin mince, tandis que, deux ans après, les bières étaient intactes et à peine colorées en jaune à l'extérieur, quand elles avaient été faites avec le même bois ayant un pouce d'épaisseur.

Serpillière et drap. — La serpillière et le drap se détruisent beaucoup plus vite lorsque le cadavre n'a pas été déposé dans une bière. Dans ce cas, la première de ces toiles ne tarde pas plus de vingt à quarante jours à être réduite en lambeaux brunâtres et même noirâtres, déjà à moitié pourris, dont quelques uns se détachent facilement, tandis que d'autres sont intimement mélangés avec la terre avec laquelle ils sont comme ramassés, et tellement adhérents au corps, que pour les enlever il faut gratter assez fortement avec le scalpel, et alors on détache aussi de larges plaques d'épiderme qui restent étroitement unies avec ce mélange de terre et de serpillière, se couvrent dans plusieurs points d'œufs, de larves, et des mêmes insectes dont nous avons parlé à l'occasion de la bière. Cette bouillie brunâtre forme, surtout à la face postérieure du corps, et

notamment au niveau du col, de la tête, des épaules, des espèces de
plaques noires semblables à de la poix fluide, ou grisâtre, comme de la
sanie purulente mêlée de poix liquide ; quelquefois aussi la matière a la
consistance du cambouis. Déjà la serpillière se déchire facilement, et
peut être couverte de moisissures blanches ; la putréfaction faisant des
progrès, cette toile s'enlève par fragments de couleur de fumier, ou noirs,
enduits le plus ordinairement d'une matière comme bitumineuse. Enfin,
on n'en trouve plus de traces.

Le drap commence par se colorer de jaune tirant plus ou moins sur le
roussâtre, dans les parties qui sont en contact avec le corps. Quelque
temps après, la surface interne se recouvre, surtout dans les portions sur
lesquelles repose le cadavre, de taches ou de petites plaques de couleur
extrêmement variée, plus ou moins diffluentes, provenant souvent de
l'épiderme altéré ; tandis qu'à l'extérieur on voit dans plusieurs points
une matière comme glutineuse, jaune ou rougeâtre, sous forme de boutons lenticulaires, de stalactites, etc., qui a évidemment transsudé ; à
cette époque, la consistance du drap n'est pas sensiblement diminuée, et
plusieurs des parties qui n'ont pas été en contact immédiat avec le cadavre sont encore blanches. Plus tard, il est encore entier, mais de couleur
différente ; sa partie antérieure est fauve, très foncée par places et parsemée de taches noirâtres, si l'on en excepte les portions où il avait noué,
comme celles qui sont au revers de la tête et au delà des pieds, et qui sont
blanches ; sa partie postérieure, celle qui est appliquée sur le fond de la
bière, est beaucoup plus humide et beaucoup plus tachée en brun, en
jaune foncé, en lie de vin, surtout dans les environs de la tête. Souvent
alors cette toile est presque entièrement couverte à l'extérieur de larves
d'un blanc jaunâtre, encore vivantes, qui la rendent comme lanugineuse,
tandis qu'à l'intérieur on trouve dans quelques points une moisissure
jaune, et dans d'autres un enduit graisseux d'un brun noirâtre, et une
quantité innombrable de larves qui s'agitent en tous sens. Déjà à cette
époque elle est pourrie dans certains points, et se déchire avec la plus
grande facilité ; ailleurs elle adhère assez fortement à quelques parties du
corps, et dans ces portions, l'épiderme est sous forme de lambeaux mous
presque poisseux.

Plus tard, l'altération est plus marquée ; il ne reste plus que des lambeaux plus ou moins volumineux qui cachent une partie du corps et qui
sont tellement pourris ; leur couleur est brune noirâtre, mais ils sont
tellement couverts de moisissures blanches et de chrysalides roussâtres,
que cette couleur brune n'est pas apparente au premier abord, et qu'ils
offrent l'aspect de certains lichens. Lorsqu'ils ont été débarrassés de ces
diverses matières, on voit qu'ils sont humides, imprégnés d'une matière
grasse à laquelle ils doivent leur couleur brune, et très faciles à déchirer.

Il arrive enfin une époque où il ne reste plus de traces de cette toile ;
nous n'en avons pas trouvé chez M. Nocelle, qui fut exhumé 3 ans et

5 mois après sa mort ; tandis qu'elle existait encore en partie dans un cas d'exhumation faite 7 ans après l'inhumation.

Après avoir décrit les changements que les tissus éprouvent successivement en se décomposant, il importe de déterminer si ces changements arrivent à des époques fixes, ou bien si la nature présente à cet égard des variations plus ou moins nombreuses.

Il résulte de nos recherches et de celles d'un très grand nombre d'auteurs qui nous ont précédé, que les cadavres enterrés à la même époque se pourrissent avec des vitesses différentes, les uns étant déjà réduits au squelette, tandis que d'autres sont encore entiers, ou commencent à peine à subir la décomposition putride. Il ne sera pas sans intérêt de jeter un coup d'œil sur les principales causes de ces différences, d'autant même que leur examen justifiera l'impossibilité où nous étions de préciser l'époque de la mort d'un individu enterré depuis quelque temps.

Ces causes se rapportent particulièrement à l'âge, à la constitution, au sexe, à l'état de maigreur ou d'obésité, de mutilation ou d'intégrité des sujets, au genre et à la durée de la maladie à laquelle ils ont succombé, aux phénomènes qui ont précédé immédiatement la mort, qui a pu arriver après une agonie plus ou moins longue, ou subitement ; à l'époque où l'inhumation a eu lieu ; à la ponte de quelques insectes à la surface du corps ; à la nature des terrains ; à la profondeur de la fosse ; à l'état nu ou enveloppé des cadavres, qui ont pu être habillés, enfermés dans un drap ou dans une serpillière ; à la présence ou à l'absence d'une bière ; à la nature et à l'épaisseur de celle-ci, qui pouvait être en bois de sapin, de chêne plus ou moins mince, en plomb, etc. ; aux influences atmosphériques, telles que la température, le degré d'humidité, etc. Examinons chacune de ces causes en particulier.

Age. — Les observations prouvent d'une manière incontestable que les cadavres d'enfants très jeunes, mis dans la terre, se pourrissent beaucoup plus vite que ceux des adultes et des vieillards ; toutes les autres circonstances étant égales d'ailleurs.

Constitution de l'individu. — Quoique l'influence de la constitution soit moins facile à prouver que celle de l'âge, on ne peut pas moins établir que les individus d'un tempérament lymphatique sanguin, etc., mis dans la terre, toutes les autres circonstances étant les mêmes d'ailleurs, se pourrissent avec des vitesses différentes. N'a-t-on pas vu, en effet, des sujets à peu près du même âge, aussi maigres les uns que les autres, ayant succombé à la même affection (lors d'une épidémie), après avoir été malades à peu près le même nombre de jours, ayant été enterrés dans des bières de bois pareil et de la même épaisseur, à côté les uns des autres, dans le même terrain, et 24 heures après la mort ; n'a-t-on pas vu, disons-nous, ces individus se pourrir dans des temps très inégaux, tandis que l'un des cadavres était au dernier temps de la décomposition l'autre commençait à peine à s'altérer? A quelle cause attribuer, dans ce cas, la différence dont nous parlons, si ce n'est à la constitution des individus qui n'était pas la même? L'influence dont il s'agit tient, dans beaucoup de circonstances, à ce que la quantité des fluides animaux n'est pas la même chez les sujets de différentes constitutions, et à ce que les tissus n'offrent pas le même degré de densité.

Sexe. — La prédominance du système lymphatique chez la femme, et la plus grande quantité que contient son tissu cellulaire sous-cutané, font que la putréfaction marche plus vite chez elle en général que chez l'homme, tout étant égal d'ailleurs.

État de maigreur ou d'obésité. — Ce qui vient d'être dit relativement au sexe doit déjà faire sentir que l'état d'obésité favorise la putréfaction dans la terre ; c'est ce que l'expérience démontre. Il y a plus : comme nous le dirons ailleurs, la plus ou moins grande quantité de graisse influe sur le genre de décomposition qu'éprouvent les corps.

État de mutilation ou d'intégrité du sujet. — L'observation prouve combien marche rapidement la putréfaction des cadavres qui offrent des solutions de continuité d'une certaine étendue. On sait aussi que les parties contuses, ecchymosées, dans lesquelles il y a du sang épanché, se pourrissent beaucoup plus vite que celles qui sont dans des conditions opposées ; et cependant nous supposons qu'il n'y a aucune perte de substance, ni aucune trace de solution de continuité à la peau : à plus forte raison, cette différence serait-elle sensible s'il y avait eu une plaie contuse du vivant de l'individu.

Genre et durée de la maladie à laquelle ont succombé les sujets. — En général, la putréfaction marche plus vite chez les individus qui ont succombé à une maladie aiguë que chez ceux qui sont morts d'une affection chronique qui a exténué le corps. La prédominance des humeurs sur les solides, dans le premier cas, rend suffisamment raison du fait. Il serait curieux de déterminer par des expériences nombreuses quel genre d'influence chaque groupe de maladies aiguës exerce sur le développement de la putréfaction ; il faudrait pour cela enterrer des sujets ayant succombé à des encéphalites, à des pneumonies, à des gastro-entérites, etc. Mais ce travail est hérissé de difficultés ; les autres influences qui hâtent la putréfaction étant trop nombreuses et trop variables, pour qu'on pût supposer leur action nulle dans la décomposition des corps. Quoi qu'il en soit, nous savons que, tout étant égal d'ailleurs, la putréfaction s'empare plus lentement du cadavre mort par hémorrhagie, que de celui dont les vaisseaux sont distendus par le sang, comme on le voit après quelques asphyxies ; que les individus qui meurent d'anasarque se pourrissent beaucoup plus vite ; que ceux qui ont succombé à la petite vérole, ou à toute autre affection pustuleuse de la peau, se détruisent plus rapidement que les autres ; enfin, que les parties dans lesquelles l'irritation, l'inflammation ont attiré le sang, se pourrissent très promptement. Il est probable aussi que l'altération manifeste qu'éprouvent les humeurs, et même les solides dans certaines maladies aiguës, doit être une des causes qui hâtent la putréfaction.

Phénomènes qui ont pu précéder immédiatement la mort. — Que la mort soit subite ou précédée d'une maladie qui a duré quelques jours; que celle-ci se termine par une agonie longue ou courte; qu'elle soit le résultat de l'introduction dans le torrent de la circulation d'un de ces vices qui paraissent altérer le sang, la marche de la putréfaction sera plus ou moins rapide sans que l'on puisse apprécier au juste la somme d'influence de chacun de ces éléments.

Époque où l'inhumation a eu lieu. — La putréfaction marchant plus rapidement dans l'air que dans tout autre milieu, il est évident que si elle ne s'est pas encore développée lorsqu'on enterre le corps, celui-ci tardera plus à être pourri que si l'inhumation avait eu lieu plusieurs heures et surtout plusieurs jours après le commencement de la putréfaction. Il pourrait arriver, même en été, qu'au bout d'un mois d'inhumation un cadavre qui n'aurait été inhumé que 5 ou 6 jours après la mort, et déjà lorsque la putréfaction était très avancée, fût aussi pourri qu'il l'eût été 7 ou 8 mois après la mort, s'il eût été enterré 20 ou 24 heures après. Dès lors on concevra l'influence d'un certain nombre de causes secondaires qui agissent sur les corps, depuis l'instant de la mort jusqu'au moment où la putréfaction se manifeste; celle-ci ne se développe que lorsque la rigidité cadavérique a cessé d'exister. Il est évident que la durée de cette rigidité, durée qui est loin d'être la même pour tous les cadavres, doit exercer de l'influence sur la marche de la putréfaction. Il suffira, pour justifier cette assertion, d'établir qu'il est des sujets qui ne sont plus roides quand on les enterre, tandis que d'autres offrent un état de rigidité remarquable. Les premiers seuls ont commencé à se pourrir avant l'inhumation; or, si la durée de la rigidité est un élément dont on doit tenir compte, ne savons-nous donc pas que cette durée est en grande partie subordonnée à celle de la chaleur, ou, en d'autres termes, que la rigidité ne s'établit le plus ordinairement que dans les parties déjà refroidies? Voilà ce qui détermine une marche différente dans la putréfaction des corps, suivant qu'ils ont été enveloppés de vêtements de laine, de drap de fil, ou qu'ils ont été nus; suivant qu'ils ont été laissés dans des chambres froides, ou dans d'autres qui ont été chauffées.

Pontes de quelques insectes. — Nous savons qu'en été, dans l'espace de temps que les cadavres sont exposés à l'air avant l'inhumation, quelques mouches pondent à la surface de la peau des œufs qui, éclos plus tard, donnent naissance à d'autres mouches. Celles-ci, après s'être fécondées, peuvent encore reproduire sept ou huit fois des générations qui vont en se multipliant à l'infini. Les insectes qui paraissent se repaître de préférence de cadavres, et dont les œufs sont déposés à la surface du corps, sont les suivants : *musca tachina simplex* de Meigen; *vomitoria, cæsarea, domestica, carnaria, furcata; scatophaga stercoria; thyreophara cynophila; anthrenus; dermestes; hister; necrophorus; sylpha; plenus fur, imperialis; oxiporus; lathrobium; pæderus; stenus; oxytelus; aleochara; noterus; scarites; harpalus; julus lepisma; tachinus.*

Or il est avéré que dans les premiers temps, après la mort, les mouches ne s'arrêtent pas autour des cadavres ; que plus tard elles ne font que voltiger auprès d'eux ; et qu'enfin, lorsque la putréfaction est plus avancée, elles s'appliquent sur eux et y déposent leurs œufs. En effet, on voit des larves plus ou moins nombreuses camper sur plusieurs de leurs parties. Que si l'on enterre maintenant deux cadavres, dont l'un offre à sa surface des milliers d'œufs, tandis que l'autre n'en présente pas encore, il est évident que le premier se pourrira beaucoup plus vite, toutes les autres circonstances étant les mêmes, parce que le propre des larves est de détruire nos tissus pour s'en nourrir. On ne saurait donc nier l'influence de la ponte des insectes à la surface du corps sur la marche de la putréfaction.

Ce serait ici le cas de demander quelle est, dans toutes les saisons de l'année, l'origine de ces larves, surtout de la *musca tachina* de Meigen, que nous avons si souvent rencontrée à l'ouverture des cadavres enterrés à la profondeur de quatre à cinq pieds, depuis plusieurs mois, et même depuis quelques années ? La ponte de quelques unes de ces mouches à la surface des cadavres paraîtra insuffisante pour expliquer le phénomène, dès qu'on l'observe également sur les corps enterrés en hiver, époque pendant laquelle il n'y a point de mouches. On n'admettra pas non plus que ces insectes, qui sont encore très faibles, puissent sortir de la terre et d'une aussi grande profondeur, pour aller propager leur espèce ; il est tout aussi invraisemblable de supposer que ces insectes aériens aient pu percer la terre pour parvenir jusqu'au cadavre. Si l'on ne rencontrait que des larves ou des nymphes, on aurait pu croire que ces insectes étaient dans une sorte d'engourdissement ou d'hibernation qui aurait pu cesser par une circonstance opportune ; mais les larves, les nymphes et les mouches se trouvent ensemble, et plusieurs des nymphes ont donné des insectes parfaits. Quelle peut donc être l'origine de ces races d'animaux ? Avouons qu'il nous est impossible de résoudre cette question.

Pression. — *Profondeur de la fosse.* — La pression retarde la putréfaction, comme l'ont prouvé Godard et quelques autres auteurs. On pourra juger des résultats obtenus par Godard par l'expérience suivante : Le 10 mars, à six heures du soir, le thermomètre était de 8 à 18 degrés ; on mit deux morceaux de veau maigre, d'égal poids, dans une même quantité d'eau, mais contenue dans deux bouteilles de différente hauteur, savoir : l'une de deux pouces et demi, l'autre de trois pieds, y compris le tuyau que l'on y avait adapté ; la petite bouteille fut bouchée avec un bouchon de cire percé d'un trou égal à l'ouverture du tuyau. Le 14, à la même heure, on voyait de l'air dégagé dans la petite bouteille; il ne paraissait rien dans l'autre. Le 15, à onze heures du matin, le morceau de la petite bouteille flottait, et son eau était louche; on voyait dans l'autre quelques bulles, mais en bien moins grande quantité que dans la petite, et son eau conservait sa transparence. Le 17, à six heures du soir, le nombre des bulles de la petite bouteille était beaucoup augmenté; le morceau continuait d'y flotter, tandis qu'il n'y avait rien de changé dans l'autre. Le 22, à sept heures et demie du matin, l'eau de la petite bouteille puait bien plus et était beaucoup plus louche que celle qui était au fond de la grande, car l'eau contenue dans la partie supérieure et dans le tuyau n'avait pas reçu la moindre altération; la même différence avait eu lieu dans les puanteurs de leur viande; mais ces dernières puanteurs ont disparu dès que les morceaux tirés de l'eau ont été exposés à l'air pendant quelques secondes. Si l'on fait attention que la viande de la petite bouteille était entourée d'un plus grand volume d'eau que celle de la grande, on jugera qu'à pourriture égale, l'eau de celle-ci aurait dû puer davantage que celle de l'autre, puisque les miasmes putrides y étaient délayés dans moins d'eau. Cependant le contraire a eu lieu, et par conséquent la différence de la transparence des eaux, de leur puanteur et de celle des viandes, prouve d'une façon manifeste la vertu antiseptique de la compression. Plus la fosse sera profonde, les autres circonstances étant les mêmes, plus la putréfaction sera donc retardée, d'autant mieux que la terre est plus froide dans l'étendue de quelques pieds, à mesure qu'on la creuse plus profondément.

État nu ou enveloppé du cadavre. — Les faits recueillis jusqu'à ce jour, et entre autres plusieurs de nos observations, établissent que plus les corps sont immédiatement en contact avec la terre, plus ils se pourrissent facilement, tout étant égal d'ailleurs. Ainsi un cadavre, enterré nu, se pourrira beaucoup plus promptement qu'il ne l'eût fait dans un même terrain, s'il eût été enveloppé d'un drap et enfermé dans une bière en plomb; la putréfaction serait déjà moins tardive, si la bière était en chêne de l'épaisseur d'un pouce; moins encore si, étant construite avec le même bois, elle n'avait que quelques lignes d'épaisseur; moins encore si elle était en sapin, et surtout si celle-ci était très mince; enfin le ralentissement dont nous parlons serait beaucoup moins sensible, si le corps, au lieu d'être inhumé dans une bière, était simplement enveloppé de vêtements, ou d'un drap, ou d'une serpillière. On concevra l'influence de l'enveloppe sur la putréfaction, quand on saura que les viscères ne doivent réellement leur longue conservation, relativement à la peau, qu'à ce qu'ils sont enveloppés par celle-ci. Aussitôt que la destruction a atteint les téguments, la putréfaction des viscères marche rapidement. Voyez, à l'appui de ce que nous avançons, combien le cerveau se conserve longtemps par rapport aux autres organes : c'est parce qu'il est recouvert d'une enveloppe très solide, le crâne. Dès lors, il est aisé de sentir toute

l'influence que doivent exercer sur la marche de la putréfaction les vêtements, et surtout les bières qui agissent dans le même sens que les enveloppes naturelles, c'est-à-dire en ralentissant l'action des causes destruc-
tives des corps. Nous ne prétendons pas cependant que les obstacles
apportés par les bières au développement de la putréfaction puissent être
tels que celle-ci soit complétement arrêtée ; loin de là, les corps les moins
disposés à se pourrir finissent par se détruire, même lorsqu'ils sont renfermés dans des bières en plomb ; nous disons seulement que, tout étant
égal d'ailleurs, la décomposition putride marche d'autant plus lentement
que le corps est enveloppé de manière à se soustraire davantage à l'action
des agents extérieurs.

Influences atmosphériques. — Il suffira de signaler l'influence de la
chaleur et de l'humidité atmosphériques pour convaincre nos lecteurs du
rôle que jouent ces éléments pour accélérer la putréfaction. Que penser
maintenant de l'opinion de Burdach, sur le mode d'altération que les
corps éprouvent dans la terre ? Suivant lui, il faut reconnaître trois périodes dans cette décomposition : 1° Bouffissure de tout le corps par
développement de substances gazeuses ; c'est la période de fermentation
qui dure plusieurs mois. 2° Conversion des parties molles en une matière
pultacée, verdâtre, ou d'un brun foncé ; le corps s'affaisse parce que les
gaz se volatilisent. Cette période dure de deux à trois ans. 3° Les gaz
achèvent de se dégager, l'odeur fétide est remplacée par une odeur de
moisissure, et il reste une matière terreuse, grasse, friable, brunâtre,
qui ne se convertit qu'au bout d'un nombre considérable d'années en
une cendre qui se mêle à la terre ordinaire. — Nous ne saurions admettre
de pareilles idées sur la marche de la putréfaction dans la terre ; elles
sont évidemment erronées et propres à induire les esprits en erreur. Et
d'abord, pour ce qui concerne la première période, n'avons-nous pas vu
souvent, pour ne pas dire presque toujours, les cadavres ouverts, dix,
quinze, quarante, cinquante jours après l'inhumation, dans un état d'affaissement qui ne ressemblait guère à celui dont parle Burdach, qui suppose que le corps est bouffi pendant cette première époque, à laquelle il
assigne une durée de plusieurs mois ? Non pas que nous prétendions que
jamais les cadavres ne se tuméfient lorsqu'ils commencent à se pourrir ;
nous voulons seulement établir que cette tuméfaction n'a pas nécessairement lieu, puisqu'elle manque souvent, et que lorsqu'elle existe elle ne
dure pas, en général, ni à beaucoup près, autant de temps que l'indique
Burdach. Quant à la seconde période, il est évident que cet auteur s'est
encore trompé ; car tout en accordant que le corps s'affaisse, il n'en est
pas moins vrai que les parties molles ne se convertissent pas constamment en une matière pultacée. N'avons-nous pas vu, au contraire, ces
parties se dessécher pour la plupart, se réduire en lamelles ou en filaments coralliformes, et quelques unes d'entre elles imiter même une
sorte de cartonnage ? D'ailleurs, comment admettre que cette période

dure de deux à trois ans, lorsque dans la plupart de nos expériences les cadavres étaient déjà presque réduits au squelette au bout de quinze à dix-huit mois, même lorsqu'ils avaient été enterrés dans des bières et enveloppés d'une toile? L'inexactitude des phénomènes annoncés comme caractérisant la troisième période ne saurait non plus être mise en doute; en effet, la matière grasse qui reste en petite quantité comme dernier terme de la décomposition putride n'est ni terreuse ni friable; c'est une sorte de cambouis mou, oléagineux, semblable à du vieux oing fortement coloré. Ajoutons à tous ces faits qui combattent victorieusement l'opinion de Burdach, qu'en admettant même que la durée des périodes assignées par lui fût exacte pour des observations faites dans un terrain donné et avec certains cadavres, elle ne le serait plus quand il s'agirait d'autres terrains et de sujets qui seraient placés dans d'autres conditions. Les experts ne sauraient donc assez se méfier de pareils résultats, qui malheureusement ont déjà été pris plusieurs fois pour guides lorsqu'il a été question de déterminer l'époque à laquelle avait eu lieu la mort d'individus inconnus.

On prévoit déjà que nous n'adopterons pas davantage l'opinion des médecins et des anatomistes qui admettent, d'après le dire des fossoyeurs, qu'il faut de trois à quatre ans pour la destruction complète des parties molles d'un cadavre sous terre; d'autres portent jusqu'à six ans le laps de temps nécessaire à l'accomplissement de ce travail. Ne sait-on pas qu'il y a à cet égard des variétés et des différences aussi nombreuses qu'extraordinaires? Les exemples de conservation de corps ensevelis depuis nombre d'années se présentent en foule; nous nous bornerons à en citer quelques uns. Leimprech a fait connaître une observation intitulée : *De manu in sepulchro ultra sæculum ab omni putredine conservata*. Plus loin, il dit que, passant par la Gaule narbonnaise, on lui avait fait voir des cadavres bien conservés qu'on avait depuis longtemps retirés de leur sépulcre. Faber a communiqué à Fabrice de Hilden une observation intitulée : *De cerebro non putrefacto in cadavere quinquagennis annis sub terra reposito*.

<h3 style="text-align:center">DE LA PUTRÉFACTION DANS L'EAU.</h3>

La putréfaction dans l'eau peut développer neuf phénomènes distincts : la *putréfaction en vert*; le *développement de gaz*; la *putréfaction en brun*; la *réduction en putrilage*; la *saponification*; la *dessiccation*; les *corrosions*; les *incrustations calcaires*, et la *destruction finale*. Ces phénomènes ne sont pas tellement isolés, qu'ils ne puissent jamais se rencontrer en même temps chez le même sujet; loin de là, il est rare de ne pas en trouver deux ou trois réunis sur le même cadavre, ce qui dépend probablement

de la nature différente des parties qui les constituent. Étudions-
les isolément; nous leur assignerons ensuite des époques de développement.

Putréfaction en vert. — La putréfaction en vert débute en premier lieu à la peau. C'est par la peau du sternum et par celle
de la face qu'elle commence chez les noyés; elle s'étend de là au
cou, à l'abdomen, aux épaules, contourne l'abdomen, puis elle
va rejoindre de semblables plaques développées isolément aux
aines; enfin elle gagne les membres supérieurs et s'étend en dernier lieu aux membres abdominaux. Cet ordre d'apparition de
la coloration est tout à fait différent de celui que l'on remarque
dans la putréfaction à l'air libre. Dans ce dernier cas, elle envahit d'abord l'abdomen, s'étend aux aines et à la base de la
poitrine, puis aux cuisses et à la partie antérieure du thorax,
gagne les jambes, le cou et les bras; les avant-bras, la face, les
mains et les pieds, sont les dernières parties sur lesquelles elle
se montre.

La couleur verte est d'abord claire, puis elle devient de plus
en plus foncée. Elle affecte primitivement la peau, s'étend à
quelques muscles superficiels et disposés sous la forme de membranes; mais il est rare qu'elle envahisse des muscles profonds,
parce que, pendant le temps qu'elle emploierait à se manifester
dans ces muscles, il se développerait d'autres phénomènes qui
changeraient ce mode de putréfaction; cependant, en été, où elle
fait des progrès rapides, on voit quelquefois cette coloration
s'étendre assez profondément.

La couleur verte est uniforme, ou parcourue par des lignes
bleuâtres ou noirâtres, phénomènes de putréfaction qui ont lieu
dans les vaisseaux, et que nous allons bientôt faire connaître.
C'est vers le troisième jour qu'elle débute en été; elle ne commence à paraître en hiver que du douzième au quinzième jour.

Production gazeuse. — Peu après l'apparition de la coloration
en vert du cadavre dans les parties du corps où elle débute, les
cavités du cœur, l'estomac, les intestins, les poumons, puis le
tissu cellulaire, sont ordinairement le siége d'un développement
de gaz. En hiver, ce développement de gaz est peu considérable,
et ses effets se bornent à distendre plus ou moins les organes, en
sorte que les poumons remplissent exactement la cavité de la
poitrine. L'estomac et les intestins soulèvent légèrement l'abdomen, et le cœur se vide. Le sang reflue dans tous les principaux

troncs vasculaires, particulièrement dans les vaisseaux veineux superficiels et dans tout le système capillaire, en sorte qu'il en résulte une coloration en rouge de presque tous les tissus blancs, et principalement du tissu cellulaire, des membranes muqueuses qui tapissent les organes abdominaux, de la trachée-artère et de la membrane interne des vaisseaux, etc. Cette coloration s'étend par imbibition à toutes les parties voisines, et c'est ainsi que le tissu de la peau la partage. Elle est très manifeste dans les cavités du cœur, et là on la trouve d'autant plus foncée, que la quantité de sang qui existait dans les ventricules au moment de la mort était plus considérable et qu'il y a séjourné plus longtemps ; ce qui nous a engagé à établir cette proposition : que l'observation que nous avons faite de ce phénomène conduisait naturellement à faciliter la connaissance du genre de mort auquel l'individu avait succombé, asphyxie, syncope, apoplexie, etc. C'est aussi à ce phénomène de coloration qu'il faut attribuer ces apparences de gastro-entérite que présente le canal intestinal des noyés, et en général de tous les cadavres putréfiés. La disparition de l'écume contenue dans la trachée-artère des noyés dépend du développement de gaz qui a lieu dans les poumons ; aussi les signes de la submersion pendant la vie ne peuvent-ils être que rarement constatés en été, où la putréfaction gazeuse est très prompte.

Chaussier s'était borné à signaler la coloration des troncs veineux et de leurs ramifications ; puis la transsudation du sang à travers leurs parois venant colorer la peau et dessiner le trajet des veines, il attribuait cet état à une fluidité particulière du sang qui était propre à quelques morts subites et qui se rencontrait aussi dans quelques maladies, et en particulier dans les fièvres adynamiques ; mais il n'avait pas connu la cause que nous avons signalée, et qui réside dans le développement de gaz dans les cavités du cœur et dans les vaisseaux, sous l'influence probable de la décomposition du sang (*Recueil, mémoires et consultations de médecine légale*, p. 69).

Le développement de gaz putride n'est bien complet en hiver qu'à un mois et demi ou deux mois. En été, il a lieu du quatrième au sixième jour ; il s'opère alors avec une rapidité extrême ; il se manifeste non seulement dans les parties que je viens de décrire, mais encore il apparaît presque en même temps dans le tissu cellulaire sous-cutané, et dans le tissu cellulaire intermusculaire, soit superficiel, soit profond; et comme la production gazeuse est très considérable, il en résulte une augmentation très grande dans le volume du corps, une forme arrondie de toutes les parties, une distension de la peau, un écartement des bras et des jambes; il semble que l'individu ait été insufflé. Ces gaz diminuent considérablement le poids spécifique du corps, et c'est à cette cause qu'il faut attribuer la surnatation des noyés. C'est par elle aussi, et par l'époque variable de son développement suivant la température de l'eau, que l'on doit expliquer pourquoi on n'observe presque jamais en hiver que des sujets plus ou moins anciens dans l'eau; tandis que les plus communs en été sont ceux qui ont cinq, six ou huit jours d'eau, et qu'on en trouve rarement d'un mois de séjour dans ce liquide.

Putréfaction en brun. — A la putréfaction en vert, suivie et accompagnée de la production de gaz, succède la putréfaction en *brun*. Elle débute dans les points où la coloration en vert s'est primitivement montrée, c'est-à-dire à la poitrine et à la face; mais elle envahit moins rapidement les parties voisines. Il y a plus : il est rare qu'elle s'étende à une grande surface; elle se développera à la partie moyenne de la poitrine, se prolongera vers les clavicules, affectera la face et une partie du cuir chevelu, le centre de l'abdomen et le pli des aines; mais elle sera presque toujours arrêtée dans ses progrès par la période suivante, celle de la saponification, en sorte qu'elle suit la même marche que la putréfaction en vert. Elle est presque toujours limitée à la peau, le tissu cellulaire sous-cutané ayant déjà acquis, lors de son apparition, une teinte rougeâtre par le sang décomposé qui a reflué des troncs vasculaires dans le système capillaire.

Ces deux teintes verte et brune de la peau sont les plus communes, et constituent deux degrés bien tranchés de la putréfaction ; mais il arrive quelquefois qu'elles ne sont pas les seules que prenne ce tissu. Ainsi, plus tard, on peut rencontrer la peau parsemée de plaques vertes, jaunes, bleues, violettes, figurant une véritable marbrure : ce n'est pourtant pas l'état le plus commun; mais quand il existe, il avoisine le moment de la saponification, ou même il coïncide avec elle. Les tissus où la coloration en brun se remarque sont déjà ramollis, plus humides, se laissent plus facilement couper et déchirer que dans la putréfaction en vert. — Le début de la période que nous venons de décrire peut se rattacher à un mois d'eau en hiver et à dix ou douze jours en été.

Réduction en putrilage. — La quatrième période est caractérisée par ce phénomène, que les parties qui ont subi la putréfaction en vert et en brun tombent en deliquium et se réduisent en une matière putride qui se dissout dans l'eau et est entraînée par elle ; de là, l'absence de la peau du front, des paupières ; la destruction du nez, des lèvres, de la peau qui tapisse les clavicules, de celle qui recouvre le sternum et les cartilages des côtes, de celle qui occupe le centre de l'abdomen, le pli des aines, etc. Elle a lieu à une époque et dans une étendue variables ; mais, en général, c'est du deuxième au troisième mois qu'elle s'opère.

Ces destructions de peau et de tissu cellulaire sont plus ou moins étendues en surface et en épaisseur ; aussi établissent-elles quelquefois des communications avec l'intérieur de la poitrine ou avec la cavité du ventre. Elles facilitent la sortie des gaz qui s'étaient développés dans les divers organes, quoique ces gaz aient d'autres issues : d'abord les ouvertures naturelles : les yeux, les narines, la bouche, les oreilles, l'anus ; ensuite les pores de la peau, qui sont des voies puissantes d'évacuation des fluides élastiques. Ce sont des faits que j'ai très souvent eu occasion de vérifier ; ces gaz s'échappent en même temps qu'un fluide brun, fétide, et viennent constituer autour des cadavres l'atmosphère infecte qui les environne. Aussi, à cette époque, les organes qui en étaient distendus s'affaissent-ils. Les poumons commencent déjà à ne plus remplir la cavité de la poitrine ; l'estomac et les intestins sont revenus sur eux-mêmes. La rate et le foie occupent moins de place, et le cerveau, autour duquel des accumulations gazeuses s'étaient opérées, laisse un vide dans la cavité crânienne.

Saponification. — Dans la cinquième époque, toute la peau qui n'a pas été détruite prend une teinte opaline ; elle acquiert de la densité, devient grasse au toucher ; la période de saponification commence. Elle arrête alors la fonte putride et modifie singulièrement l'aspect des parties détruites : ces ouvertures auparavant brunes, à bords mâchés, à fond tombant en deliquium analogue aux orifices de foyers purulents gangréneux où la peau est décollée dans une grande étendue, offrent actuellement des bords durs, consistants, volumineux à fond jaunâtre, ou d'un jaune brunâtre sec et ferme. Sous la peau, le tissu cellulaire est plus ou moins saponifié. La couche qu'il forme est devenue plus épaisse ; on distingue très bien des cellules remplies par des paquets de savon ; car le fait de la saponification est d'augmenter considérablement le volume des parties saponifiées. En même temps, les muscles commencent à prendre une teinte plus claire et tirant sur le rose ; ils diminuent de volume et s'amincissent ; les os ou portions d'os qui sont à nu, comme dans les parties de la face qui ont été détruites, prennent quelquefois une couleur rouge vif. Nous avons fréquemment observé cet effet au tibia dont la peau qui le tapisse se réduit facilement en putrilage ; il en résulte l'aspect d'ulcères. Tous les organes intérieurs diminuent de volume ; les tissus membraneux deviennent plus denses, en sorte que le cerveau, par exemple, est réduit aux trois quarts ou à moitié de son volume ; les poumons n'occupent plus qu'une partie de l'espace que représente la poitrine ; le cœur est comme racorni, recoquillé. Les intestins et l'estomac sont décolorés, blancs ; il en est de même de la vessie ; le foie subit la même diminution.

Cette période, qui commence en général plus tôt chez les femmes, parce qu'elles sont pourvues d'une plus grande quantité de graisse, débute du troisième au quatrième mois. Il est un état de la peau qui l'accompagne souvent et qui surtout se fait observer aux jambes : il consiste dans un amincissement du tissu cutané avec augmentation de densité et coloration en jaune, en sorte que la peau ressemble assez bien à du parchemin.

Dessiccation. — A une époque plus reculée, tous les tissus et organes de l'économie semblent avoir perdu la presque totalité des fluides qu'ils contenaient ; ils sont comme desséchés, ce qui constitue la sixième période. C'est une chose remarquable que de voir la solidité qu'ils ont acquise. Elle est telle que les enveloppes propres des organes, comme celles de la rate et du foie, ne se laissent pas traverser par la matière putride en laquelle la substance de la rate ou du foie a été transformée. Pendant ce temps, la saponification a fait des progrès, elle s'est étendue à tout le tissu cellulaire ambiant. Elle a pénétré dans le tissu cellulaire intermusculaire, et alors on aperçoit des fibres cellulo-graisseuses qui séparent les fibres musculaires. Le tissu musculaire semble seul avoir échappé à la dessiccation ; il est d'un rouge vif, virant au rose, luisant, humecté, et cependant il ne se laisse pas déchirer facilement. — C'est à peu près au quatrième mois que ces tissus sont dans cet état.

Corrosions. — Arrive la septième période, celle dans laquelle la peau offre des corrosions. Ces corrosions présentent une surface granuleuse ; il semble que le tissu cutané ait été érodé. Et lorsque la corrosion a détruit toute l'épaisseur de la peau, les bords sont fréquemment taillés en biseau. Ces corrosions suivent, dans leur développement, à peu près le même ordre que la putréfaction en vert, en brun, et que la saponification. Elles sont toujours une suite de la saponification ; elles reposent constamment sur un tissu saponifié. Elles prennent, du reste, deux états distincts : ou elles se sont développées sur la peau intacte et saponifiée, et, dans ce cas, elles ont toujours une forme arrondie d'une étendue qui varie entre quelques lignes et une pièce de cinq francs ; ou, au contraire, la corrosion a affecté une partie qui avait primitivement subi la putréfaction en vert, en brun et la fonte putride, et alors ce sont de larges corrosions dont la surface est variable en étendue comme la destruction de peau qui l'avait précédée ; en sorte qu'il est facile de reconnaître, même à cette période, les points où la fonte putride a existé. — Cette période est très prononcée à quatre mois et demi.

Incrustations. — La huitième période de la putréfaction est caractérisée par la transformation du savon ammoniacal en savon calcaire. Les eaux contenant toutes une quantité plus ou moins considérable de sulfate et de carbonate de chaux, il s'opère une double décomposition entre ces sels et les margarate et oléate d'ammoniaque. Ce phénomène produit un état tout particulier de la peau que j'ai eu occasion de faire connaître le premier, et qui consiste dans une augmentation très considérable de tous les bulbes des poils et de l'épaisseur du corps de la peau, en même temps que cette enveloppe acquiert une solidité toute particulière ; cette solidité est telle que la peau devient sonore comme du carton quand elle est percutée. Cet état ne se manifeste que sur les parties qui ne reposent pas sur le fond de la rivière. Il nous a permis d'apprécier, mieux qu'on ne l'avait fait jusqu'alors, la forme et la disposition des bulbes des poils : ceux qui occupent les parois abdominales représentent des petits tuyaux de plume couchés les uns sur les autres, qui se superposent en partie ; ceux des cuisses sont arrondis, moins saillants, mais presque aussi gros ; sur les épaules et à la partie supérieure du dos, ils sont beaucoup plus petits, pyramidaux, très pointus à leur sommet et placés les uns à côté des autres. Le tissu musculaire est dans un état de transformation graisseuse plus ou moins avancée. J'ai observé que tous les muscles qui étaient garnis d'aponévroses avaient conservé une apparence musculaire beaucoup plus marquée. Le cerveau est totalement converti en gras. Les os ont acquis une friabilité fort remarquable. Quand on frappe la tête avec un marteau, les os se cassent en éclats. Les poumons sont réduits au dixième de leur volume. Les cerceaux de la trachée restent en place, mais ils sont tous disséqués. L'estomac et les intestins sont presque détruits; il ne reste à leur place que des cavités peu distinctes les unes des autres. Je suis porté à penser que les incrustations calcaires commencent vers quatre mois ou quatre mois et demi d'eau.

Depuis que j'ai décrit ces faits, j'ai eu plusieurs fois l'occasion d'observer comment s'opérait cette saillie des bulbes des poils; la peau s'érode, se détruit peu à peu de la partie supérieure des membres à leurs parties inférieures et selon la circonférence du membre. Il semble qu'une moitié de l'épaisseur du derme se détache et soit dissoute par l'eau pour mettre à nu les bulbes des poils. Cette destruction d'une portion de la substance de la peau a lieu d'une manière nette, tranchée, et selon une ligne horizontale, en sorte qu'on distingue très facilement la partie détruite d'avec la partie conservée.

Destruction des parties. — Enfin, dans une dernière période dont la limite ne s'arrête qu'à la destruction complète du cadavre, les parties saponifiées s'altèrent peu à peu, finissent par disparaître, laissent les os à nu, qui se disjoignent, se perdent dans la rivière, s'érodent et se réduisent probablement en poussière, à moins qu'ils ne s'incrustent de sels calcaires à la manière des végétaux. Cette destruction des parties molles d'abord, puis des parties dures, commence à la tête, au centre de la poitrine et de l'abdomen, et gagne les extrémités (les pieds et les mains). Le bas de la jambe et le bas de la cuisse sont détruits avant les parties molles du genou. Mais on n'observe pas, dans les divers tissus, de changements autres que ceux que j'ai décrits.

J'ai essayé d'esquisser à grands traits la putréfaction chez les noyés; j'ajouterai actuellement, sous forme de données générales, quelques propositions propres à faire sentir les modifications que la putréfaction peut recevoir de certaines circonstances accessoires. 1° Toute partie se putréfie d'autant moins vite, qu'elle est mieux garantie du contact de l'eau. Ainsi, les bottes chez les hommes, les corsets surtout chez les femmes, préservent les parties qu'ils enveloppent. Cet effet que nous avons très souvent observé a été surtout remarquable chez une femme de cinq mois à cinq mois et demi d'eau. Une grande partie de la peau du tronc était dans l'état naturel, quand celle de la tête était saponifiée ; la peau des joues, de la moitié inférieure de l'abdomen, celle des cuisses, des bras, était recouverte de mamelons calcaires, et cet état, nous l'avons souvent observé depuis.

2° La putréfaction, qui a pour résultat la coloration en vert, en brun et la fonte putride, est plus rapide dans l'eau stagnante : au moins les cadavres qui nous sont apportés à la Morgue, et qui viennent du canal Saint-Martin, sont plus altérés dans les premiers temps de la putréfaction que ceux de la rivière.

3° Tous les cadavres ne subissent pas nécessairement dans toutes leurs parties les périodes que nous avons décrites, et ces périodes ne sont pas la conséquence inévitable les unes des autres. On peut établir, en thèse générale, deux putréfactions différentes dans l'eau : l'une comprenant celle en vert, en brun, la fonte putride et le développement de gaz ; l'autre a pour résultat la saponification, les corrosions, la dessiccation des tissus et l'incrustation calcaire. Je suis porté à regarder ces deux genres de putréfaction comme indépendants l'un de l'autre, parce que je vois la première espèce affecter toujours les mêmes points de l'économie, manquer dans certains cas, et alors la saponification la remplacer là où elle n'a pas eu lieu, comme elle lui succède lorsqu'elle s'est effectuée. Aucun fait ne me prouve que l'on pourrait rencontrer dans l'eau un sujet entièrement saponifié sans aucune destruction des parties par la fonte putride ; mais il est certain que la fonte putride n'a pas besoin d'envahir les parties pour qu'elles se saponifient.

4° La putréfaction des cadavres en vert, en brun, en fonte putride, a lieu d'autant plus rapidement que la température est plus élevée. Ici le développement de gaz s'effectue avec une rapidité extrême.

5° C'est encore une question pour moi de savoir si le développement de gaz est un phénomène constant. Il serait possible qu'en hiver il fût nul ou presque nul, et je penche fortement vers la possibilité de ce fait. Il est certain qu'il est loin d'être aussi rapide et aussi considérable dans la saison froide que dans la saison chaude. J'ai été à même d'observer plusieurs cadavres très avancés qui n'offraient pas de traces de destruction de peau, et chez lesquels, par conséquent, la putréfaction en vert et en brun avait été peu considérable ; ou au moins chez lesquels la distension des parties par le gaz n'avait pas été assez grande pour amener une fonte putride facile. Je ne présente cette proposition que sous la forme d'un doute ; c'est une question à résoudre par la suite.

6° La marche de la putréfaction en été ou en hiver est tellement différente, qu'il y a quelquefois pour les deux saisons un mois en plus ou en moins entre l'époque de développement des mêmes phases de la putréfaction.

7° Il est très rare que les cadavres se saponifient dans les rivières en été. Le développement de gaz est si abondant, qu'ils surnagent après quelques jours de leur immersion. Il y a lieu de croire que lorsqu'on trouve, en été, un cadavre qui a séjourné plus de quinze jours dans l'eau, c'est qu'il y a été retenu par un bateau, une corde, un crochet, ou qu'il a été enterré dans le sable. Les mariniers, en retirant le sable de la rivière, déplacent fréquemment des corps ; quelquefois ceux-ci remontent à la surface de l'eau par une crue considérable de la rivière qui, sous l'influence du mouvement rapide imprimé à l'écoulement du liquide, déplace la masse de sable au milieu de laquelle ils étaient enfoncés. Il ne faudrait pas tirer de cette proposition la conclusion que la saponification ne peut pas avoir lieu en été ; je la crois même plus facile, mais il faut que le sujet soit maintenu sous l'eau.

8° La saponification n'a presque jamais lieu lorsqu'une partie d'un animal est dépourvue de peau. Lorsqu'on voulut imiter, en France, la fabrication anglaise du gras de cadavre, on crut mieux faire en enlevant la peau aux chevaux que l'on plaçait dans la rivière ; on obtint, au bout de plusieurs mois, des squelettes. Aussi toutes les expériences qui ont été faites par M. Orfila, en plaçant dans l'eau les diverses parties du corps du même fœtus, ne sont pas propres à indiquer une époque de putréfaction, à cause du contact direct et plus ou moins étendu des muscles avec l'eau.

9° L'ensemble des phénomènes qui se rapportent à la seconde période de la putréfaction, la saponification, la dessiccation, etc., est d'autant plus facile à se produire, toutes choses égales d'ailleurs, que le sujet est plus jeune et plus gras. Par conséquent, les chances de cette transformation diminuent avec l'âge.

10° Toutes les fois qu'un corps est dans une rivière, il y est sur le dos ou sur le ventre. Les femmes occupent en général la première situation, et les hommes la seconde. Ce fait s'explique très facilement en ayant égard à la quantité de graisse que présentent les premières en avant du corps, et aussi au développement du ventre, qui est presque toujours le résultat des grossesses réitérées. Mais comme ce phénomène dépend d'une disposition toute matérielle, il peut se rencontrer chez l'homme, puisque celui-ci est quelquefois placé dans les mêmes conditions sous le rapport de la graisse et du volume du ventre.

Il résulte d'expériences faites par M. Orfila, que la putréfaction dans l'eau des fosses d'aisances est moins rapide que dans l'eau. Nous pensons que cette circonstance tient à ce qu'une fosse d'aisances est un milieu déjà putréfié qui dégage le plus ordinairement beaucoup d'ammoniaque, matière très propre à retarder la putréfaction en vert ou en brun et la fonte putride, mais susceptible de favoriser le développement de la saponification. Aussi nous pensons que ce dernier mode de putréfaction doit être beaucoup plus prompt dans l'eau d'une fosse d'aisances que dans l'eau seule.

DES ALTÉRATIONS QUE PEUVENT ÉPROUVER LES TISSUS ET LES ORGANES DE L'ÉCONOMIE PENDANT LEUR SÉJOUR DANS L'EAU.

Peau. — La peau peut subir dans l'eau trois ordres de phénomènes principaux : 1° Être le siége de la putréfaction en vert, en brun, en noir ; se soulever, se détacher par lambeaux, pour constituer sur diverses parties du corps, et principalement aux yeux, au nez, à la bouche, aux aines, à la partie antérieure de la poitrine, à la partie interne des jambes, des ouvertures plus ou moins larges, au fond desquelles on aperçoit le tissu cellulaire, mollasse, à demi putréfié, répandant une odeur plus ou moins infecte. Souvent aussi l'épiderme se soulève sur diverses parties du corps, et constitue des ampoules remplies d'un liquide brunâtre d'une odeur infecte.

2° Probablement elle ne passe pas toujours par les divers degrés de cette putréfaction, mais elle peut devenir en peu de temps d'un blanc mat, s'épaissir, se saponifier en conservant sa consistance, puis s'éroder à sa surface pour constituer de véritables érosions aqueuses qui s'agrandissent de plus en plus , et qui diffèrent de destructions de peau causées par la putréfaction, en ce que leurs bords et quelquefois leur surface sont rugueux , inégaux, rouges, se rapprochant assez des ulcérations avec bourgeons celluleux ; tandis que dans les destructions de peau par putréfaction, les bords de la solution de continuité sont souvent formés par une peau saine , taillée à pic, sans rougeur sur les bords, et que je ne puis mieux comparer qu'à ces ouvertures résultant des désorganisations de peau par gangrène à la suite de vastes abcès sous-cutanés ; toutefois le dernier état n'accompagne jamais que les premiers mois de séjour dans l'eau ; il peut être modifié par un contact plus longtemps prolongé dans ce liquide. Le tissu cellulaire qui constitue le fond de la solution de continuité peut devenir plus dense, filandreux, et les bords de cette solution se corroder à la manière des ulcérations qui n'ont lieu qu'après un long séjour dans l'eau ; que si ces destructions de peau se sont effectuées sur des os, ces derniers acquièrent à la longue une couleur d'un rouge vif qui donne à la partie l'aspect d'un large ulcère. Il est donc important de bien distinguer les deux espèces de solutions de continuité qui peuvent survenir à la peau : les unes sont primitivement le résultat de la putréfaction en vert et en brun, elles peuvent se rencontrer dans les deux ou trois premiers mois ; les autres , qui sont alors des corrosions, ne s'observent jamais qu'après la saponification, par conséquent après deux mois et demi à trois mois.

3° La peau peut acquérir une densité extrême, devenir jaunâtre et ressembler assez bien à du parchemin. Cette altération, qui s'observe souvent sur les jambes et sur les avant-bras, accompagne une époque avancée dans laquelle ces parties sont amincies ; elle donne une disposition fusiforme aux membres , l'épiderme , les ongles des pieds et ceux des mains étant tombés. Souvent cet état établit un contraste frappant entre les jambes et les cuisses ; celles-ci ayant acquis au contraire plus de volume par le fait de la saponification. Enfin, nous ajouterons que la peau quelquefois se colore en bleu, en noir ou en rose.

Toutes les altérations précédentes peuvent ne pas avoir lieu , même au bout de cinq, six ou sept mois, quand la peau est garantie par des vêtements solides et serrés, tels qu'un corset, une botte, etc.: et il est bien important d'en tenir compte, quand on procède à l'examen des pieds, pour constater l'époque de la submersion.

Tissu cellulaire. — Le tissu cellulaire sus-sternal, celui de la face et des bourses, sont primitivement le siége d'un développement de gaz et d'une coloration rougeâtre. Viennent ensuite le tissu cellulaire profond qui environne la trachée, le larynx et les muscles du cou, celui qui remplace le thymus et qui entoure les vaisseaux qui partent du cœur et des poumons, ou qui se rendent à ces organes. Le tissu cellulaire se colore en rouge brunâtre, se remplit d'un liquide sanguinolent, résultat d'une transsudation du sang à travers les parois vasculaires par le fait d'un développement de gaz qui a lieu dans tous les vaisseaux ; puis le tissu cellulaire sous-cutané participe bientôt à cet état, mais ce n'est qu'en dernier lieu que celui des membres présente la même altération. Des gaz distendent fréquemment alors ses cellules et donnent au cou et à la partie supérieure de la poitrine un volume plus grand. Toutefois ce développement de gaz est loin d'égaler celui qui s'effectue en quelques heures, lorsque le noyé est exposé à l'air pendant l'été.

Ces phénomènes appartiennent à une époque de six semaines ou deux mois de submersion ; plus tard, le tissu cellulaire profond s'affaisse, se fonce en couleur, contient moins de liquide, acquiert plus de densité, et finit par devenir sec et filandreux. Celui qui tapisse la peau reprend son aspect blanchâtre, se laisse distendre par l'augmentation du volume de la graisse saponifiée.

Est-il bien certain que le tissu cellulaire saponifié ait primitivement subi les changements dont j'ai fait mention plus haut ? C'est ce que je n'oserais pas affirmer, mais ce que je crois probable.

Vaisseaux. — Ils sont d'abord le siége d'un développement de gaz qui a pour résultat de faire transsuder à travers leurs parois le sang qu'ils peuvent contenir. Or, chez presque tous les noyés, les artères renferment du sang en bien moins grande quantité, il est vrai, que les veines, mais elles en contiennent ; de là une coloration rougeâtre des parois des deux ordres de vaisseaux ; leurs tuniques ne perdent pas encore toute leur élasticité, ce n'est guère qu'au troisième ou quatrième mois que les parois artérielles s'affaissent, deviennent molles, flasques, et ne contiennent même plus de gaz. Une des preuves de l'absence de gaz dans les vaisseaux est la disposition suivante que j'ai observée dans un cadavre de cette époque. La couche superficielle du cerveau, réduite en une matière pultacée, était venue distendre la veine jugulaire interne gauche, la veine sous-clavière de ce côté et une partie de la veine cave inférieure ; la matière cérébrale ressemblait à du pus, en sorte qu'ayant primitivement ouvert la veine cave, je fus frappé de cette disposition, et je crus un instant à l'existence d'une phlébite ; mais j'en trouvai bientôt la cause en disséquant la veine jugulaire interne et en ouvrant le crâne. Plus tard, les artères paraissent tendre à la saponification, tandis que les veines acquièrent une densité très grande et conservent beaucoup de ténacité. Il y a même une différence notable entre l'état des parois des cavités droites du cœur, et surtout de l'oreillette, et celui des cavités gauches. Le système vasculaire à sang rouge paraît disposé à se saponifier, tandis que les changements que subit le système vasculaire à sang noir se rapprochent de ceux que l'on observe dans les membranes séreuses.

Os. — Les seuls phénomènes que j'aie observés à l'égard des os, sont : 1° leur coloration ; 2° leur friabilité. La coloration des os est très souvent rosée ; cependant, dans quelques cas, ils offrent une teinte verdâtre, ou même noirâtre. J'ignore à quelle cause est dû le développement de cette matière colorante rose ; elle se rencontre rarement sur les os plats ; elle est fréquente au tibia, aux rotules et à l'extrémité inférieure des fémurs. Toutefois elle ne se remarque que dans le cas où l'os a été mis à nu et où il y a eu macération.

La friabilité est surtout appréciable aux os du crâne ; ils se fendent en éclats sous le marteau, et donnent un son très clair quand on les frappe avec un corps dur.

Muscles. — Ils conservent leur couleur pendant longtemps, s'imbibent de liquides après que le sang a transsudé des parois vasculaires, et se colorent en brun ; mais plus tard ils s'affaissent à la manière du tissu cellulaire, s'amincissent et acquièrent une grande densité en même temps qu'ils se colorent en rose, ainsi que le font les os. Cette coloration est presque toujours compagne de la saponification. Elle s'observe plus souvent dans les muscles plats et minces que dans ceux qui sont longs et épais.

Membranes séreuses. — Je n'ai jamais vu les membranes séreuses en putréfaction. Il est certain que, par le contact de l'eau, elles acquièrent une densité toute particulière, ainsi qu'un aspect nacré fort remarquable. Elles semblent préserver de la putréfaction les organes qui en sont enveloppés. Ainsi, le foie et la rate qui, par leur texture, la quantité de liquide qu'ils renferment, se trouvent dans les conditions les plus favorables à la décomposition putride, y résistent pendant fort longtemps ; et lors même que la substance de la rate est en putrilage, son enveloppe est encore bien conservée. Les cavités des membranes séreuses contiennent une sérosité limpide et quelquefois sanguinolente, même chez les noyés récents. A l'époque où le sang transsude à travers les parois des vaisseaux, la sérosité devient plus abondante dans les cavités splanchniques ; elle augmente encore au moment où le tissu cellulaire ne contient plus de fluides, en sorte qu'il semble que ce soient les réservoirs de tous les liquides de l'économie. Plus tard, la peau, détruite à la jonction du cou avec la poitrine ou bien aux aines, établit une communication entre les cavités séreuses et l'eau, et alors ces liquides disparaissent.

Cerveau. — Le cerveau ne se putréfie pas en masse, c'est par la substance corticale que son altération commence. Une teinte verdâtre se manifeste ; elle envahit peu à peu les couches internes ; cet effet n'est guère complet qu'à trois mois. Cet organe se saponifie ensuite, conserve toutes ses formes, mais son volume a beaucoup diminué.

Organes de la respiration. — Ils sont le siége d'un développement de gaz qui s'effectue non seulement dans le tissu cellulaire interlobulaire des poumons, mais encore dans les ramifications des bronches. Ce dégagement de fluides élastiques a lieu de bonne heure ; c'est à lui qu'il faut attribuer l'expulsion de l'écume de la trachée et la bave écumeuse que l'on voit sortir de la bouche des noyés quand ils sont exposés à l'air. Plus tard, les poumons se développent et remplissent outre mesure la cavité de la poitrine ; la membrane interne de la trachée devient d'un rouge brunâtre, ainsi que le tissu fibreux qui unit les cerceaux cartilagineux. Vers trois ou quatre mois, ce conduit perd son élasticité, ses parois s'affaissent ou prennent les formes que l'on veut leur donner ; les poumons diminuent de volume et acquièrent plus de densité. Enfin, les portions membraneuses qui unissent les cerceaux cartilagineux se détruisent, et les fibro-cartilages restent seuls. Les poumons peuvent être réduits au dixième de leur volume ; mais la putréfaction ne paraît pas avoir altéré leur tissu propre, car on peut encore les insuffler.

Estomac et intestins. — A la même époque où le tissu cellulaire commence à rougir, et souvent même longtemps avant, les intestins placés profondément se colorent en rouge brique dans toute l'épaisseur de leurs parois. Viennent ensuite les intestins superficiellement placés et l'estomac. Cette coloration, commune à tous les noyés, pourrait en imposer pour une phlegmasie du canal intestinal. Ils conservent cette couleur pendant fort longtemps ; leur membrane interne est soulevée, dans divers points de son étendue, par des gaz développés dans le tissu sous-muqueux ; ils prennent ensuite une teinte grisâtre, se ramollissent et se putréfient. En général, les intestins placés profondément se conservent plus longtemps. C'est ainsi qu'après dix ou douze mois, nous avons trouvé le côlon ascendant presque intact et contenant des matières fécales. Les portions d'intestins qui sont environnées de graisse résistent encore mieux à la décomposition putride, et alors leurs parois acquièrent plus de solidité par la conversion de la graisse en savon.

ÉTAT DES CADAVRES DES NOYÉS A DIVERSES ÉPOQUES DE LEUR SÉJOUR DANS L'EAU PENDANT L'HIVER.

En général, on n'observe aucun changement dans l'aspect extérieur des organes avant le quatrième ou cinquième jour.

Noyé. Hiver. Seine. Mort par asphyxie. Une demi-heure de séjour dans l'eau.

Morel (Julien), âgé de quarante-deux ans, batteur de ciment, allée des Veuves, nº 1, noyé dans la Seine, auprès de la pompe de Chaillot, dans la journée du 24 février ; retiré de la Seine aux environs de Chaillot.

État extérieur du cadavre. — Petite stature ; peu d'embonpoint, mais force musculaire assez prononcée. La tête est portée en arrière ; les yeux sont à demi ouverts, très brillants ; la face est injectée ; les lèvres, légèrement écartées, permettent de découvrir les dents serrées les unes contre les autres ; tous les muscles paraissent contractés ; les deux avant-bras sont à demi fléchis sur les bras ; les mains fortement fermées ; un peu de terre, mais très peu, aux ongles des mains ; une évacuation alvine paraît avoir eu lieu après la mort, car la chemise et les cuisses de cet homme en sont salies. — *Cou.* Injection des vaisseaux superficiels ; les vaisseaux du corps thyroïde sont gorgés de sang ; les veines jugulaires externes sont aussi fortement distendues par ce liquide ; l'épiglotte n'est point abaissée sur le larynx ; la trachée-artère, ouverte dans toute sa longueur, laisse apercevoir, à un pouce environ au-dessus de la division des bronches, une certaine quantité d'écume rougeâtre, sanguinolente ; cette écume existe dans les principales divisions des bronches, mais on ne voit pas un atome de vase dans les conduits aériens. — *Thorax.* Le poumon gauche offre quelques adhérences avec la plèvre costale ; le poumon droit est libre ; tous deux sont crépitants, peu gorgés de sang ; mais lorsqu'on les comprime après les avoir coupés, ils laissent échapper en assez grande quantité une écume rougeâtre. Ces deux organes paraissent volumineux ; le bord antérieur du poumon gauche recouvre le cœur en totalité ; le poumon droit s'avance au-dessus des bronches. — *Cœur.* Les veines caves supérieure et inférieure sont gorgées d'un sang noir très fluide ; il en est de même de l'oreillette et du ventricule droit ; le ventricule gauche contient aussi de ce liquide, mais en beaucoup moins grande quantité. Le diaphragme est sensiblement refoulé en haut. — *Estomac.* L'estomac est très ample et rempli d'aliments solides de couleur grisâtre, qui paraissent être mêlés à des liquides, sans qu'on puisse préciser la nature de ces derniers ; la membrane muqueuse de cet organe est rouge par places. La surface extérieure des intestins offre aussi une teinte rouge ; vue à l'intérieur, la membrane muqueuse intestinale présente çà et là des traces d'inflammation, et elle est enduite d'une matière blanchâtre et comme pultacée. Le foie est plus foncé que dans l'état ordinaire ; coupé, il laisse sortir une quantité de sang noir assez considérable. La vessie contient peu d'urine. — *Cerveau.* Injection des vaisseaux de la dure-mère ; la substance cérébrale non piquetée. Point de sérosité dans les ventricules.

Noyé. Hiver. Seine. Cinq ou six heures de séjour dans l'eau.

Femme de trente ans, d'un embonpoint ordinaire, retirée de la Seine, près le quai des Augustins. A son arrivée à la Morgue, la rigidité est très développée.

État extérieur du cadavre. — Il est naturel ; l'épiderme des mains et des pieds n'est pas blanchi. On trouve au-dessus du sourcil droit, et en dehors du front, une saillie sans altération du tissu de la peau et qui paraît être le résultat d'un coup. Au côté gauche du coronal existe une autre saillie encore plus prononcée, de couleur rouge ; enfin une tache de même couleur se remarque sur la paupière gauche. La bouche est fermée ; les lèvres, très rapprochées et comme pincées, sont en partie couvertes d'écume. Les paupières à demi fermées laissent apercevoir les yeux, qui ont conservé leur brillant. Toute la peau du corps offre *la chair de poule* d'une manière très distincte. Il est facile d'y apprécier le volume différent des bulbes des poils et des follicules sébacés ; ils sont très volumineux et rapprochés à la partie antérieure des cuisses, plus éloignés sur le ventre ; très rapprochés, mais plus petits, aux épaules et nullement distincts à la face. Ces dispositions expliquent la forme des incrustations calcaires.

20 février 1829 (jour de l'ouverture). — Après quarante-huit heures d'exposition au contact de l'air, le cadavre ne présentait encore aucune altération ; à dater de cette époque, la face, qui était tout à fait pâle, a commencé à devenir rosée, et cette coloration est aujourd'hui plus prononcée encore. La tumeur observée au-dessus du sourcil droit et en dehors du front consiste dans une ecchymose limitée au tissu cellulaire sous-cutané ; celle du côté gauche est aussi le résultat d'une ecchymose extrêmement large, s'étendant en haut jusqu'à la racine des cheveux, et en bas jusqu'à la paupière supérieure. Cette ecchymose ne forme point une saillie très considérable, ou du moins elle est peu sensible par rapport à sa largeur. Lorsqu'on incise la peau, on voit le sang infiltré dans le tissu cellulaire ; mais il a conservé sa couleur noire de sang coagulé.

et l'on ne découvre point de nuances bleuâtres ou jaunes qui puissent faire soupçonner que l'ecchymose eût plusieurs jours de date avant la mort. Il paraîtrait enfin résulter de ces faits que ces contusions ont eu lieu lorsque cette femme s'est jetée à l'eau, et qu'elle est tombée d'assez haut. Le cadavre placé sur la table, et la tête élevée sur une pierre, on voit, en exerçant une pression sur le thorax, sortir par les narines une certaine quantité d'écume à bulles infiniment petites.

Le tissu cellulaire et les parties environnant la trachée ont conservé leur couleur normale. L'extérieur de la trachée-artère est blanc ; les veines sous-clavières et jugulaires contiennent du sang noir, fluide. — *Thorax.* Même observation à faire que pour le cou. Les tissus ne sont point altérés. Le cœur est assez plein, ses parois sont molles ; le ventricule droit contient du sang très fluide ; les parois de la veine cave supérieure et de ses divisions sont molles et très pâles ; l'aorte contient beaucoup de sang fluide, ses parois sont très blanches ; le ventricule et l'oreillette gauches sont gorgés de sang. Les poumons recouvrent fortement le péricarde. Le poumon droit est très adhérent aux côtes ; le gauche est libre dans toute son étendue ; il a conservé sa couleur naturelle, seulement il est un peu ardoisé. Ces deux organes sont crépitants. Quand on incise la trachée-artère, on aperçoit, à la division des bronches, une quantité notable d'écume qui surnage sur de l'eau limpide, au milieu de laquelle se trouvent quelques flocons de mucus. Les bronches contiennent aussi de l'eau et un peu d'écume ; *mais l'une et l'autre s'arrêtent dans les premières divisions des bronches ; les dernières ramifications n'en contiennent pas.* Nulle part on ne distingue de la vase, des aliments ou corps étrangers. L'*estomac* renferme une assez grande quantité d'eau, au milieu de laquelle nage du mucus gastrique. Les intestins, qui sont plongés profondément dans le petit bassin, sont d'une couleur rouge-brique à l'extérieur, un peu moins foncée à l'intérieur ; cette couleur simule très bien une gastro-entérite aiguë. Le foie, la rate et les reins sont dans l'état sain. La vessie ne contient pas d'urine ; ses parois sont blanches. — *Cerveau.* Injection très peu marquée des vaisseaux de la dure-mère ; substance cérébrale à peine piquetée ; point d'épanchement dans les ventricules ; rien dans le cervelet.

Noyé. Hiver. Douze à quinze heures d'eau.

Lefort (Madeleine), âgée de soixante-neuf ans, fileuse de laine à la Salpêtrière, apportée à la Morgue le 4 mars 1829, retirée de la Seine au voisinage du Pont-Marie. (Cette femme était à la Salpêtrière ; elle s'est jetée à l'eau parce qu'on avait voulu l'empêcher de sortir.) Elle n'est restée dans l'eau que douze à quinze heures.

État extérieur du cadavre. — Absolument rien de remarquable, pas même aux mains et aux pieds. On ne rencontre aucun des signes qui caractérisent l'état extérieur des noyés qui ont séjourné longtemps dans l'eau.

Sur la face supérieure de la langue existent quelques traces de vase ; l'épiglotte est dressée. Un peu de vase existe aussi à la partie postérieure du pharynx ; on en rencontre davantage dans le larynx, et la partie postérieure de la trachée-artère en offre une quantité notable. Les bronches, incisées dans leur longueur, laissent écouler une certaine quantité d'eau mêlée d'un peu d'écume. Il sort aussi de la trachée un corps solide qui a beaucoup d'analogie avec la graine d'un végétal. — *Thorax.* Les poumons, et surtout le droit, recouvrent en avant le péricarde ; la section des veines jugulaires et sous-clavières donne lieu à l'écoulement d'une certaine quantité de sang ; les veines caves supérieure et inférieure contiennent aussi de ce liquide, sans cependant en être gorgées. Il existe dans la cavité du péricarde un peu de liquide incolore, écumeux, et moussant facilement par l'agitation. La surface extérieure de l'aorte est fortement injectée ; le cœur est plein sans être gorgé. Lorsqu'on incise l'oreillette et le ventricule droits, on les trouve remplis de sang, coagulé dans le ventricule, moins consistant dans l'oreillette, tout à fait fluide dans les veines caves. A la surface du sang contenu dans le ventricule, on voit une légère couche grisâtre semblable à la couenne inflammatoire ; et dans l'intérieur du caillot, quelques portions de fibrine blanchâtre. Le ventricule et l'oreillette gauche, moins remplis que les cavités droites, contiennent cependant une certaine quantité de sang à peu près coagulé. L'intérieur de l'aorte, et particulièrement de l'aorte descendante, offre la même disposition, et il suffit de presser sur celle-ci pour voir refluer le sang par l'incision pratiquée sur la crosse. Quant aux artères carotides, elles ne renferment que très peu de sang fluide. Cette disposition des cavités du cœur, qui toutes contiennent du sang noir, bien que les cavités droites en soient plus gorgées, semble prouver que la mort a eu lieu à la fois par *asphyxie* et en même temps par *syncope*. On voit aussi que le sang, qui, suivant presque tous les auteurs de médecine légale, est toujours fluide chez les noyés, se trouve ici tout à fait coagulé. Les poumons sont volumineux ; ils ont avec les plèvres des adhérences qui paraissent anciennes ; ils sont crépitants, et lorsqu'on les comprime, ils laissent échapper un liquide rougeâtre contenant un peu d'air. — *Abdomen.* L'estomac renferme une assez grande quantité d'eau, et de plus des aliments non digérés. Le foie est gorgé de sang, et porte sur sa face antérieure la trace de la pression exercée sur lui pendant la vie par des cordons de jupons. La rate et les reins sont dans l'état sain. La vessie contient un peu d'urine nullement sanguinolente. — *Tête.* L'injection des vaisseaux de la dure-mère est très marquée : le sinus longitudinal supérieur contient du sang noir fluide ; entre la dure-mère et le cerveau existe un peu de sérosité ; le ventricule gauche en contient aussi plus que le ventricule droit.

Noyé. Deux jours environ de submersion. Mort par asphyxie franche.

Un homme, âgé de cinquante ans, retiré du bassin de la Villette le 15 février 1829, apporté à la Morgue le même jour.

État extérieur du cadavre. — La face a conservé sa couleur naturelle, seulement les deux joues offrent une large plaque violette-brunâtre parsemée de stries rougeâtres. Les yeux sont fermés. Il existe sur le nez une écorchure de la largeur d'une pièce de dix sous. Le reste du cadavre n'offre rien de remarquable. L'épiderme des mains et des pieds ne présente pas de changement notable dans sa couleur. — *20 mars (jour de l'ouverture).* Le cadavre n'a point changé d'aspect, seulement les yeux paraissent un peu plus affaissés. Lorsqu'on incise la plaque violette qui se remarque sur les joues, on voit une ecchymose sur la pommette gauche, qui s'étend dans toute l'épaisseur de la peau seulement, sans intéresser le tissu cellulaire. La peau et les muscles de tout le corps ont conservé leur aspect naturel. La cavité de la bouche ne contient point de trace d'aliments ni de corps étrangers. L'intérieur du larynx n'offre rien de remarquable. Vers les deux tiers inférieurs de la trachée-artère existe un peu d'écume rougeâtre à bulles assez larges. Les bronches, vers leur di-

vision, contiennent une eau rougeâtre ; vers leurs secondes divisions, *on
en remarque encore un peu ; mais si l'on pousse plus loin les recherches, il n'en existe plus, et il semble que l'eau n'ait pas pénétré plus
avant.* Les poumons sont crépitants, de couleur grise-brunâtre ; le droit,
libre et sans adhérences à la plèvre costale, est beaucoup plus volumineux
que le gauche ; il recouvre en totalité le péricarde ; lorsqu'on l'incise et
qu'on le comprime, on voit sortir par quelques unes des divisions des
bronches un peu de liquide rouge, mêlé à une certaine quantité d'air ; ce
poumon paraît néanmoins peu gorgé de sang. Le poumon gauche, beaucoup moins développé que le droit, est aussi crépitant, mais il a contracté
avec la plèvre costale des adhérences tellement intimes, qu'il devient
très difficile de le détacher de celle-ci. Le cœur est volumineux ; entre lui
et le péricarde existe une petite quantité de liquide rougeâtre. Le ventricule droit, l'oreillette droite et les veines caves contiennent une grande
quantité de sang extrêmement fluide. Le ventricule gauche, l'oreillette
gauche et l'aorte en sont totalement dépourvus ; le diaphragme paraît
refoulé en haut. L'estomac est ample, de couleur blanche à l'extérieur ;
sa cavité contient un peu d'eau de couleur rougeâtre, d'une odeur aigre
et vineuse, et dans laquelle nagent quelques petites portions d'aliments.
Le foie est volumineux, mais très sain ; il en est de même de la rate ; les
intestins n'offrent point une couleur brune foncée, comme on le remarque
chez beaucoup de noyés ; la vessie est petite, racornie, et contient peu
d'urine ; point d'épanchements dans la cavité abdominale. — *Crâne.*
Injection très marquée des veines de la dure-mère ; sang fluide en assez
grande quantité dans le sinus longitudinal. Les vaisseaux veineux qui
suivent les circonvolutions du cerveau sont remplis de sang. La substance
cérébrale est légèrement piquetée. Les deux ventricules latéraux contiennent plusieurs cuillerées de sérosité roussâtre.

Jusqu'à cette époque, la chaleur s'est éteinte ; elle a été suivie
de la rigidité, que la souplesse et la flaccidité de toutes les parties ont remplacée. La température du milieu dans lequel le cadavre se trouve porte à penser que la chaleur s'éteint promptement
ment. Je suis porté à croire que la durée de la rigidité est prolongée par le séjour dans l'eau, car les cadavres des noyés m'ont
souvent présenté ce caractère de la mort, deux, trois et même
quatre jours après leur immersion. On sait, d'ailleurs, que la rigidité cadavérique se conserve plus longtemps dans un milieu
froid que dans une atmosphère chaude.

Au quatrième jour, l'épiderme de la paume des mains commence à blanchir, et cette coloration a lieu sur les éminences
thénar et hypothénar, ainsi que sur les faces latérales des doigts ;
d'abord très peu marquée, elle semble appliquée sur un fond
bleuâtre qui donne à la main une couleur blanche ardoisée ; la
face dorsale de la main ne participe pas à cette coloration ; le
reste du corps ne présente rien de particulier.

Noyé. Seine. Quatre jours dans l'eau.

Gigon, âgé de quarante ans environ, ouvrier sellier, apporté à la Morgue le dimanche 29 mars, retiré de la Seine près de Sèvres.

État extérieur du cadavre. — Toutes les parties sont parfaitement conservées. Il existe une légère contusion au nez et au front ; mais l'injection de ces parties ne s'étend même pas à toute l'épaisseur de la peau. La face est légèrement rouge. *L'épiderme des mains est très bien conservé ; il commence seulement un peu à blanchir à sa face palmaire, mais il n'est point plissé. La face dorsale des mains ne participe pas à cette coloration. L'épiderme des pieds est dans l'état naturel.* Aucune trace de vase ni de sable entre les doigts des pieds et des mains, non plus que dans les ongles. Le genou droit offre, dans l'étendue de la main environ, une injection de la peau, mais d'un rouge beaucoup plus pâle qu'on ne l'observe chez les asphyxiés par le charbon. — *31 mars 1829 (jour de l'ouverture).* L'état extérieur du cadavre est le même qu'à l'arrivée ; le tissu cellulaire, partout où on l'examine, est comme dans l'état naturel. La langue est couverte d'un peu d'écume ; elle est rouge à sa base. Les muscles du cou sont dans une parfaite intégrité ; les veines jugulaires et thyroïdes sont gorgées de sang. L'extérieur du larynx et de la trachée-artère est blanc ; la cavité du larynx contient une quantité notable d'écume sanguinolente ; il en existe dans la trachée-artère, mais en moins grande quantité. Les bronches, vers leur première division, contiennent du mucus trachéal mêlé à de l'eau et à de l'écume.

La même disposition se rencontre quand on suit les bronches dans leurs secondes divisions ; on peut même, dans quelques unes des dernières ramifications bronchiques, distinguer la présence d'un liquide rougeâtre, mêlé à un peu d'air. — *Thorax.* Les veines sous-clavières, caves supérieure et inférieure, sont gorgées d'un sang noir et fluide. Le péricarde a conservé sa couleur naturelle. Le cœur est volumineux, mais sans altération organique. Le ventricule droit et l'oreillette sont complétement remplis de sang noir d'une très grande fluidité ; le ventricule et l'oreillette gauche n'en contiennent presque point, et c'est avec peine qu'on peut, en pressant sur l'aorte, en faire refluer dans le ventricule gauche. Ici existent des traces d'asphyxie complète. Les poumons recouvrent complétement le péricarde ; le droit est libre dans la cavité thoracique ; le gauche offre quelques adhérences en avant et en arrière. Ces deux organes sont d'un gris blanc à l'extérieur, d'un volume considérable, des plus crépitants, et laissent échapper beaucoup de sang quand on les comprime après les avoir coupés. Il existe dans la cavité thoracique du côté droit plusieurs cuillerées d'un liquide rougeâtre. Le diaphragme est refoulé en haut. — *Abdomen.* L'estomac n'est pas plus ample que dans l'état naturel ; il n'existe dans son intérieur qu'un peu d'eau mêlée à des crachats. Les parois de cet organe sont épaisses ; la membrane muqueuse forme des plis, ou espèces de colonnes charnues, semblables à ceux qu'on rencontre dans l'estomac des chiens. Çà et là existent sur cette membrane des plaques rougeâtres, signes d'une inflammation chronique. La face externe des intestins est rouge ; tout l'intérieur du tube intestinal contient une quantité notable d'un liquide jaune qui paraît être de l'eau mêlée à de la bile. Le foie est volumineux et dans l'état sain. La rate paraît aussi très saine. La vessie contient une assez grande quantité d'urine de couleur ordinaire ; les parois de cette poche sont blanches. — *Crâne.* Injection marquée des vaisseaux de la dure-mère. Le sinus longitudinal contient du sang noir fluide. Les veines qui accompagnent les circonvolutions du cerveau sont gorgées de sang ; la substance cérébrale est ferme, consistante et finement piquetée. Il existe dans le ventricule gauche une sérosité limpide plus abondante que dans l'état ordinaire.

Les changements que subit l'épiderme des mains et des pieds doivent fixer l'attention du médecin légiste ; c'est l'un des guides les plus sûrs pour arriver à la détermination du séjour des noyés dans l'eau. On sentira surtout l'importance de cette observation, lorsqu'il s'agira de préciser une époque, à l'égard d'un noyé retiré de l'eau en été, et exposé pendant quelques jours à l'air. La putréfaction de la tête, de la poitrine et de l'abdomen est portée au degré le plus élevé, quand les mains conservent encore le cachet de la durée du séjour dans l'eau.

Vers le sixième ou huitième jour, l'épiderme de la face dorsale des mains commence à blanchir en même temps que celui de la face plantaire des pieds a acquis une teinte blanche. La peau de la face est ramollie et offre une coloration d'un blanc plus mat, plus opalin que celle de la peau du reste du corps.

Au quinzième jour, la face est légèrement bouffie, rouge par places ; une coloration verdâtre existe à la partie moyenne de la peau qui recouvre le sternum ; l'épiderme des mains et des pieds est totalement blanc, celui de la surface dorsale des pieds est encore dans l'état naturel, et la teinte blanche ne s'étend que jusqu'aux malléoles, et à un pouce au-dessus des bords interne et externe de ces organes. (Il est d'observation que les pieds s'altèrent un peu moins promptement que les mains.) L'épiderme de la face *palmaire des mains commence à se plisser*, le tissu cellulaire sous-cutané de la poitrine, et surtout celui qui environne les organes profondément situés, se colore en rouge ; la substance corticale du cerveau prend une teinte verdâtre dans la partie supérieure de cet organe.

Noyé. Quinze jours dans l'eau.

Jeune garçon, âgé de vingt ans et demi, retiré de la Seine le 27 février 1829, apporté à la Morgue le 28 ; disparu depuis quinze jours.

État extérieur du cadavre. — La face est légèrement bouffie, rouge par places, particulièrement du côté gauche, où il existe quelques plaques d'un rouge brun, signes de contusions ; les yeux sont légèrement bouffis ; la bouche, un peu entr'ouverte, laisse apercevoir la langue, dont la pointe est serrée entre les arcades dentaires, comme on l'observe chez les pendus. La peau du cou a peu changé de couleur. A la partie moyenne et supérieure de la poitrine, existe une plaque verte de six

pouces de diamètre environ ; elle va en diminuant vers les parties latérales de la poitrine , et la peau des parties voisines offre une teinte opaline. La couleur de la peau des bras, des avant-bras, et surtout des cuisses
et des jambes, est absolument comme dans l'état naturel. L'épiderme des
mains et des pieds est tout à fait blanc, à l'exception de la surface dorsale des pieds ; les ongles sont néanmoins bien adhérents. Lorsqu'on incise
le tissu cutané aux endroits de la peau où les contusions existent, on voit
que l'injection ne s'étend pas même à toute l'épaisseur de la peau ; ce qui
donne à penser que ces contusions larges et superficielles n'ont eu lieu
que lors de la chute de ce jeune homme dans l'eau, et très peu de temps
avant la mort. Le tissu cellulaire du cou est dans l'état normal. Il n'en est
pas de même de celui qui correspond à la plaque verte du sternum ; il est
d'un rouge brun, et cette coloration s'étend au delà des limites de celle
de la peau. Les muscles sont bien conservés. La langue, retirée de la
bouche, offre vers sa pointe les traces des dents incisives et canines supérieures et inférieures. Sa base paraît injectée. La face externe du larynx
et de la trachée-artère est de couleur naturelle. L'intérieur de ces conduits
commence à prendre une teinte rouge, *sans aucune trace d'eau, d'écume,
d'aliments, ni de corps étrangers.* Les bronches, suivies jusqu'aux
dernières ramifications, offrent la même disposition. Les artères carotides
et aorte ne sont pas colorées. — *Thorax.* Le thymus existe parfaitement
conservé. Les poumons sont volumineux et recouvrent le péricarde ; le
poumon droit est libre et sans adhérences dans la cavité droite du thorax ;
cette cavité contient un peu de sérosité roussâtre. Le poumon gauche a
contracté de fortes adhérences avec la plèvre du même côté. Les deux
poumons sont crépitants ; leur face externe est d'un blanc grisâtre, excepté sur le poumon gauche, à l'endroit des adhérences, où la teinte est
rougeâtre. Lorsqu'on incise ces organes, on voit que leur tissu est un peu
rouge et un peu gorgé de sang vers leur base ; si l'on comprime chaque
portion de poumon, on sent qu'elle est crépitante, et l'on voit s'en
échapper des bulles d'air. La couleur du péricarde est naturelle. La surface interne des cavités du cœur commence à se colorer. Ces cavités renferment déjà moins de sang ; il en existe plus à droite qu'à gauche. Le
diaphragme est refoulé en haut. L'estomac est très ample et s'étend jusque
dans le flanc droit ; sa membrane externe est soulevée par de l'air ; son
intérieur contient une quantité notable d'aliments non digérés, mêlés à
fort peu d'eau. La face externe des intestins est d'un rouge clair ; la vessie
est vide et ses parois sont blanches. Le foie, assez volumineux, est gorgé
de sang ; sa vésicule est remplie d'air et ne contient point de bile. La rate
et les reins sont sains. Les testicules n'ont point encore dépassé l'anneau
inguinal. — *Crâne.* La face externe de la dure-mère est couverte d'une
exsudation sanguinolente dans sa moitié antérieure. Lorsqu'on a enlevé la
dure-mère, on voit entre elle et l'arachnoïde une exsudation sanguinolente très marquée ; cette dernière membrane a elle-même une teinte
rouge brun. Les veines qui accompagnent les circonvolutions sont gonflées
par de l'air ; la substance du cerveau a conservé sa couleur naturelle postérieurement et à sa partie moyenne ; mais antérieurement et sur les parties latérales, elle offre une teinte légèrement verdâtre ; du reste, tout le
cerveau est finement piqueté.

A un mois. — Face rouge, brunâtre ; paupières et lèvres
vertes, tuméfiées ; nez d'un rouge brun, développé chez les
femmes, et souvent aplati et déprimé chez les hommes. (Ce fait

paraît tenir à ce que, dans l'eau, le cadavre des femmes reste placé sur le dos, tandis que celui des hommes est sur le ventre. En effet, on rencontre assez fréquemment des traces d'une pression exercée sur les rotules de ces derniers, altération qui ne s'observe que plus rarement chez les premières ; ou bien ce sont des femmes fort âgées et très maigres qui portent de pareilles traces. Ces altérations paraissent coïncider avec les rapports des mariniers qui ont souvent fait la même remarque, quant à la situation relative des cadavres, eu égard au sexe. Cette situation différente peut être facilement expliquée en considérant la disposition de la graisse chez l'homme et chez la femme. La partie antérieure du tronc de la femme en est pourvue d'une quantité considérable, quantité qui s'accroît encore à la suite des grossesses, et elle donne à cette région du corps un poids spécifique beaucoup moins grand.) Les joues développées, verdâtres; le pourtour des yeux, du nez, d'une couleur brune ; le col légèrement vert; *une plaque* d'un rouge brun, de six à huit pouces de diamètre, au centre et à la partie supérieure du sternum ; cette plaque est bordée d'une auréole verte. Les bourses sont énormément distendues par des gaz; il en est de même de la verge, qui est tenue en érection par ces fluides élastiques. *L'épiderme des mains et des pieds est très blanc et très plissé.* On ne peut faire à ce sujet une comparaison plus exacte, qu'en assimilant son état à celui que détermine le contact prolongé de cataplasmes émollients sur ces parties dans les cas de panaris. *Les cheveux et les poils sont encore fort adhérents, il en est de même des ongles.* Le tissu cellulaire sous-cutané est déjà rouge dans les parties du corps que la putréfaction a envahies. Les poumons sont très emphysémateux. Ils remplissent la cavité de la poitrine, s'étendent plus ou moins en avant sur le péricarde. Cette disposition est tout à fait inverse à celle que l'on observe à une époque beaucoup plus avancée, ainsi qu'on le verra plus loin.

Dans quelques cas, des adhérences celluleuses fixent les poumons aux côtes, et alors leur augmentation de volume sous l'influence des gaz provenant de la putréfaction est beaucoup moins marquée. La trachée ne contient que peu ou point d'écume. La substance corticale du cerveau est d'un gris verdâtre et répand une odeur forte.

Noyé. Hiver. Un mois quatre jours dans l'eau.

Gommard, âgé de trente et un ans, bijoutier, rue du Temple, n° 3, apporté à la Morgue le 11 mars 1829, à une heure, retiré de la Seine près Passy. Il était disparu depuis le 5 février 1829.

État extérieur du cadavre. — Face rouge, verdâtre ; paupières et lèvres tuméfiées ; nez rouge brun, déprimé, mou, flasque ; joues verdâtres et très gonflées ; cou légèrement vert ; plaques d'un rouge brun, de six pouces environ de diamètre en haut du sternum ; le reste de la peau de la poitrine, des bras, du ventre, des cuisses et des jambes, n'est pas coloré ; les bourses et le pénis, énormément distendus par de l'air, tiennent la verge en érection ; les ongles des pieds et des mains sont encore fort adhérents ; mais la peau de la totalité des mains et des pieds est blanche, plissée, comme elle devient lorsqu'on la recouvre longtemps de cataplasmes émollients ; les cheveux et les favoris adhèrent encore beaucoup à la peau.

21 mars 1829 (jour de l'ouverture). — En vingt-quatre heures, toute la peau est devenue d'un vert beaucoup plus foncé ; le cou est très vert ; la poitrine et les parties latérales de l'abdomen ont offert la même couleur, mais un peu moins intense ; les bras, les avant-bras, les cuisses et les jambes ne présentent pas cette teinte ; à la partie interne de la cuisse gauche existent des lignes d'un brun rougeâtre et croisées en divers sens. Tout le tissu cellulaire de la face et du tronc est rempli de gaz infects. La cavité de la bouche contient une certaine quantité d'eau rougeâtre. Il existe sur la langue et dans l'arrière-bouche quelques petites portions d'aliments non digérés ; le larynx et la partie supérieure de la trachée-artère en renferment aussi un peu (effet de la putréfaction gazeuse) ; la membrane muqueuse qui tapisse ces conduits est d'un rouge brun ; les bronches, incisées dans une grande étendue, ne contiennent ni aliments, ni eau, ni corps étrangers ; mais quand on comprime les poumons, on voit sortir une petite quantité de sérosité rougeâtre, mêlée de bulles d'air ; les parois des veines jugulaires et sous-clavières sont affaissées sur elles-mêmes ; lorsqu'on les coupe, on voit s'écouler de leur intérieur une petite quantité de sang noir fluide ; la couleur des parois des artères est un rouge brun ; elles ne contiennent pas de sang. — *Thorax.* Le péricarde est rougeâtre, ainsi que toutes les parties environnantes ; son intérieur contient à peine un peu de sérosité roussâtre ; le cœur est peu ferme ; il existe dans le ventricule et l'oreillette droite du sang noir *presque entièrement coagulé ;* les parois de ces cavités offrent une teinte noire que des lavages réitérés ne font point disparaître. Le sang contenu dans les veines caves supérieure et inférieure est noir aussi, mais moins consistant. Les cavités gauches du cœur contiennent peu de sang ; leurs parois ont aussi une couleur rouge brun, mais beaucoup moins foncée que celle des cavités droites. Les poumons sont assez volumineux ; leur face externe est grisâtre et rouge brun par places ; le droit a contracté de fortes adhérences avec la plèvre costale. Tous deux sont crépitants, et lorsque après les avoir coupés, on les comprime, on voit sortir de leur intérieur un peu de sérosité rougeâtre. Le diaphragme est refoulé en haut. — *Abdomen.* L'estomac est ample, légèrement distendu par de l'air ; ses parois sont rougeâtres, ainsi que tout le reste du tube intestinal ; il contient un peu d'aliments à demi digérés et de même nature que ceux observés sur la langue, dans le larynx et la trachée-artère. Le foie est volumineux et gorgé de sang. La rate n'offre rien de remarquable ; son tissu paraît assez ferme. Point de sérosité rougeâtre dans la cavité abdominale. La vessie contient un peu d'urine nullement sanguinolente ; sa face interne est rosée. — *Crâne.* Injection très marquée des vaisseaux de la dure-mère ; lorsqu'on incise cette membrane, il s'écoule un peu de sérosité contenue entre elle et la masse cérébrale. Le sinus longitudinal, incisé dans toute sa longueur, laisse écouler un peu de sang noir fluide. La substance cérébrale est de couleur gris verdâtre à sa surface, et répand une odeur infecte ; le ventricule droit renferme une quantité notable de sérosité rougeâtre ; sur le côté gauche de la tête, près du bord supérieur du pariétal, on rencontre, dans l'étendue d'un pouce environ et dans la profondeur de cinq à six lignes, un épanchement de sang pur.

A un mois et demi. — Outre les altérations de l'époque précédente, on observe que le cou et les parties latérales de la poitrine présentent une teinte verte très intense ; le tissu cellulaire sous-cutané est très rouge ; l'épiderme commence à se détacher à la base des mains ; les ongles sont encore fort adhérents.

Noyé. Hiver. Un mois dix-sept jours dans l'eau.

Colignon, Émile, commis marchand, rue Bertin-Poirée, n° 22, âgé de dix-sept ans, apporté à la Morgue le 23 mars 1829, disparu depuis le 4 février, retiré de la Seine près Passy.

État extérieur du cadavre ; jour de l'arrivée. — La face est bouffie, rougeâtre ; le cou est verdâtre ; les parties latérales de la poitrine commencent à prendre cette teinte ; l'épiderme de la face palmaire se soulève en divers endroits ; les mains et les pieds ont conservé leurs ongles.

26 *mars (jour de l'ouverture).* — Toute la peau du corps est verte, mais la teinte est plus foncée au cou ; à la face elle est d'un brun vert très foncé ; l'épiderme est soulevé par plaques sur la partie supérieure et antérieure de la poitrine ; le tissu cellulaire du cou, celui qui se trouve au-dessous du sternum et dans la cavité thoracique, est rouge brun ; il est très emphysémateux dans toutes ses parties ; le tissu des muscles est d'un rouge plus foncé que dans l'état naturel.

La langue est un peu rouge ; à sa base on aperçoit çà et là, sur sa face supérieure, des traces d'aliments. La face externe du larynx est blanche, celle de la trachée-artère est rougeâtre ; mais la face interne de ces deux conduits est d'un rouge brun ; l'épiglotte est petite ; la muqueuse qui la recouvre est rouge et soulevée par des gaz : point d'eau dans l'intérieur du larynx ni de la trachée ; mais dans cette dernière seulement, on découvre quelques petites parcelles d'aliments. Quand on incise la division des bronches, et qu'on presse sur le poumon, on voit sortir un liquide rouge brun mêlé de quelques bulles d'air ; mais beaucoup plus épais que celui qu'on rencontre chez les noyés dont la putréfaction est moins avancée. (Doit-on admettre ici l'existence de l'eau ?) Ce liquide s'observe non seulement dans les secondes divisions des bronches ; mais on peut le suivre encore dans les dernières ramifications, ce que nous n'avons pas encore observé pour l'eau écumeuse des autres noyés ; chez eux, à peine peut-on la suivre jusqu'aux premières divisions des bronches ; les veines jugulaires, cave supérieure et sous-clavières, ne contiennent pas de sang ; leurs parois, ainsi que celles des artères carotides, sont rouges ; leur intérieur est de même vide de sang. *Pas un atome de sang dans les cavités droites ni gauches du cœur;* les colonnes charnues du ventricule droit ont une teinte rougeâtre un peu plus forte que celles du ventricule gauche. Du reste, les parois du ventricule droit chez ce jeune homme sont minces; à peine si elles ont dans quelques endroits une ligne d'épaisseur; la teinte du péricarde est rougeâtre, sa cavité contient un peu de sérosité sanguinolente; la veine cave inférieure incisée donne un peu de sang noir fluide, en pressant fortement sur l'abdomen; *les cavités droite et gauche de la poitrine contiennent une quantité notable de sérosité sanguinolente; les poumons recouvrent peu le péricarde:* le droit est libre dans sa cavité thoracique; le gauche est adhérent à la plèvre costale; il est peu volumineux et laisse en haut un espace qui est rempli par la sérosité sanguinolente dont nous venons de parler. La couleur de la plèvre qui revêt ce poumon, particulièrement à l'endroit des adhérences, est d'un rouge assez vif et ressemble à une pleurésie récente; le tissu des deux poumons, quand on le coupe, est rouge, et si l'on comprime ces organes, on en voit sortir un liquide brun sanguinolent qui paraît gorger le tissu pulmonaire; le poumon droit est dans le même état que le gauche, il n'est point crépitant. (Il y a eu asphyxie pulmonaire.)

Le diaphragme est refoulé en haut; l'estomac est des plus amples; il s'étend jusque dans le flanc droit, sans cependant être considérablement distendu; sa tunique externe est emphysémateuse ainsi que le grand épiploon; la cavité de l'estomac est aux trois quarts remplie d'eau, dans laquelle nagent des aliments à demi digérés; la membrane muqueuse de cet organe est brune par places; les intestins sont aussi très amples, rouges à l'extérieur, et offrant çà et là des traces rougeâtres à l'intérieur. Point de sérosité sanguinolente dans la cavité abdominale. La vessie est vide. Les reins sont sains. Le foie est rouge, son tissu se déchire facilement, il est assez volumineux. — *Crâne.* Les veines superficielles du cerveau, particulièrement du côté gauche, sont gorgées de sang; la substance du cerveau est molle, d'un gris rougeâtre par places, et verdâtre dans d'autres, où elle ressemble à de la terre glaise; l'odeur qu'elle répand est des plus infectes.

●

Noyé. Hiver. Six semaines de séjour dans l'eau.

Pascal, Edme, âgé de trente-cinq ans, charretier à la Villette, disparu le 1ᵉʳ janvier 1829, retiré du canal Saint-Martin le 16 février 1829, ouvert le 19 du même mois. (Cet homme s'est noyé par amour.)

État extérieur du cadavre. — Face énormément tuméfiée, généralement verdâtre, rougeâtre au front et aux joues; quand on incise la peau de la face, il s'échappe de l'air contenu dans le tissu cellulaire sous-jacent; les cheveux sont assez adhérents au cuir chevelu; la partie supérieure du cou, la paroi antérieure de la poitrine, et supérieure de l'abdomen, offrent une teinte verdâtre très prononcée; une quantité notable de vase existe entre les doigts des mains, dont l'épiderme est blanc et semblable à celui des personnes qui ont longtemps savonné; il est en partie enlevé aux pieds, et la peau qui se trouve au-dessous n'a point changé de couleur; il en est de même de celle qui revêt la partie inférieure de l'abdomen, des cuisses et des jambes. Il existe au-devant de la partie moyenne du tibia une saillie qui paraît être la trace d'une contusion; la peau qui la recouvre est verdâtre, et quand on l'incise, on voit sa coloration se continuer dans l'épaisseur de ce tissu; elle s'arrête cependant dans le tissu cellulaire sous-jacent ; le tissu cellulaire des muscles du cou et de la poitrine est rouge ; la veine sous-clavière gauche est très dilatée par de l'air ; quand on l'incise, il s'en échappe des gaz et une assez grande quantité de sang fluide. La trachée-artère mise à nu est rougeâtre à l'extérieur, d'un rouge brun à l'intérieur, ainsi que le larynx.

Thorax. — La couleur du médiastin et du péricarde, surtout à la face interne, est d'un rouge brun ; le cœur est fortement distendu par des gaz : lorsqu'on incise les parois des cavités droites, elles s'affaissent sur elles-mêmes ; le ventricule droit, et surtout l'oreillette droite, contiennent une assez grande quantité de sang à demi coagulé ; le ventricule gauche est dans l'état naturel ; la face interne des cavités du cœur est d'un noir de jais, et cette coloration ne diminue que très peu d'intensité par les lavages réitérés ; les veines caves inférieure et supérieure sont gorgées de sang : on retire plusieurs caillots de la veine cave inférieure. Le poumon droit, très volumineux, recourve en partie le péricarde ; le poumon gauche est adhérent à la plèvre ; il existe dans la cavité droite de la poitrine une certaine quantité de sérosité sanguinolente ; les deux poumons sont crépitants, gorgés de sang particulièrement à leur base ; le diaphragme est fortement refoulé en haut. La trachée artère et les bronches, incisées dans toute leur longueur, ne présentent aucune trace d'écume ; point d'aliments, point de corps étrangers ni de vase ; l'épiglotte n'est point abaissée sur la glotte.

Abdomen. — La couleur de la face externe de l'estomac est rouge foncé ; il existe dans la cavité abdominale une petite quantité de sérosité sanguinolente épanchée ; le foie est plus rouge que dans l'état ordinaire ; l'estomac contient une grande quantité d'aliments de couleur lie de vin, et quelques gaz. Ces aliments ne paraissent point mêlés à de l'eau ; on ne remarque ni corps étrangers, ni vase ; la muqueuse offre une teinte rouge à peu près uniforme que les lavages réitérés ne font point disparaître ; la face externe des intestins est d'un rouge brun, plus marqué que la face interne, qui pourtant a une couleur plus foncée que dans l'état ordinaire ; la rate est dans l'état ordinaire. La *vessie* contient une petite quantité d'urine sanguinolente ; les parois de cette poche sont blanches.

Cerveau. — Le sinus longitudinal supérieur renferme une très petite quantité de sang noir fluide ; les vaisseaux de la dure-mère sont fort peu injectés. Cette membrane incisée laisse à découvert le cerveau, qui a une consistance mollasse et une couleur verdâtre ; il est à peine piqueté par places ; ses ventricules ne contiennent point de sérosité.

Deux mois. — Alors les noyés sont presque toujours recouverts d'une vase à molécules très ténues, qui filtre à travers les vêtements qui les enveloppent, et souvent sans que ces vêtements eux-mêmes en soient tapissés. L'époque à laquelle les cadavres sont recouverts de vase est bien susceptible de varier, suivant que le milieu est plus ou moins bourbeux, plus ou moins agité.

— La face est énormément tuméfiée, d'une teinte généralement brunâtre ; les lèvres, très volumineuses, sont très écartées, et laissent à découvert les arcades dentaires, en sorte que la bouche est largement ouverte. L'épiderme est soulevé dans quelques points de la face, de manière à former des vésicules remplies d'un liquide d'un brun rougeâtre ; on le détache très facilement de toutes les parties. Le trajet des vaisseaux veineux superficiels du front est dessiné par une trace bleuâtre. Ces vaisseaux sont distendus par des gaz. La teinte brune de la peau du sternum est plus étendue, et la coloration en vert des parties latérales de la poitrine a gagné en haut la partie supérieure des épaules, en bas les parties latérales de l'abdomen, pour se joindre à une coloration verdâtre développée isolément aux plis des aines. La peau de la partie moyenne de l'abdomen est encore dans l'état naturel ; il en est de même de celle des bras, des avant-bras, des cuisses et des jambes. (Ce fait est fort remarquable ; il établit une différence tranchée entre la marche que suit la putréfaction des cadavres qui séjournent dans l'eau et celle des cadavres qui sont exposés à l'air. Chez les premiers, la face, le sternum et la partie inférieure du cou sont les points où elle commence à se développer pour s'étendre ensuite aux parties latérales de la poitrine, aux épaules, aux parties latérales de l'abdomen, aux aines, aux bras, aux cuisses, aux jambes et aux avant-bras. Chez les seconds, c'est par le centre de l'abdomen qu'elle débute pour se porter à la poitrine, au cou, à la face, aux avant-bras, aux jambes, etc. Cette différence est telle, qu'il est extrêmement facile d'établir *à priori* si un cadavre appartient à un noyé. Fréquemment on voit à la Morgue des sujets qui sont morts dans les hôpitaux, et qui y étaient inconnus. Jamais je n'ai commis d'erreurs à leur égard, lorsqu'ils présentaient des signes de putréfaction. Il en était de même pour les pendus restés accrochés à un arbre dans un bois, pendant trois, quatre ou cinq jours, et apportés à la Morgue lorsque la putréfaction commençait à s'établir.)

L'épiderme des mains et des pieds est soulevé ; les ongles sont en partie adhérents, en partie détachés, mais ils tiennent toujours à l'épiderme et forment avec lui une sorte de gantelet. (Les ongles des pieds sont encore adhérents, quand ceux des mains sont tout à fait séparés.) Les cheveux et les poils commencent à tomber ; on les arrache facilement. Le tissu cellulaire sous-cutané et intermusculaire du cou et de la poitrine, et celui qui environne la trachée, les artères et les veines, sont d'un rouge brunâtre, infiltrés d'un liquide rougeâtre uniformément disséminé dans les cellules et sans aucune ecchymose ; les veines sont presque complétement vides de sang, ordinairement distendues

par des gaz; les artères, d'une couleur rougeâtre à leur surface
interne et externe, comme dans l'épaisseur de leurs parois, offrent tous leurs vaisseaux propres infiltrés de sang et injectés.
La trachée-artère, d'un rouge brunâtre à l'intérieur, présente à
l'extérieur la même teinte dans les espaces qui séparent les cerceaux cartilagineux dont elle est formée, tandis que ces cerceaux
conservent encore leur couleur blanche; mais, vers deux mois
et demi à trois mois, cette teinte envahit les cerceaux eux-
mêmes.

Le péricarde partage la coloration des artères; sa cavité contient de la sérosité sanguinolente; le cœur, ramolli, flasque, ne
contient plus de sang; et si, au moment de la mort, les cavités
droites étaient remplies par ce fluide, la surface interne du ventricule est alors *d'un noir de jais*. Une disposition analogue se
remarque du côté opposé, dans le cas contraire. Cette coloration
contraste d'une manière extrêmement marquée avec celle du
ventricule, qui ne contenait que peu ou point de sang. Elle est
tellement tranchée dans un grand nombre de cas, que je ne mets
pas en doute qu'il ne soit possible, même après un temps très
long, de déterminer si un noyé a péri ou non par asphyxie. Ce
fait, d'une application journalière à la détermination du genre
de mort, est aussi très important pour les questions de survie.
En effet, tout porte à croire que la mort des noyés peut avoir
lieu par le cerveau, ou par les poumons, ou par le cœur, ou
d'une manière mixte, ainsi que l'ont admis Fine de Genève,
Mahon et Marc. Or la vie s'éteignant plus ou moins promptement, suivant le genre de mort, on peut donc établir des présomptions de survie, en y ayant égard. L'estomac, les intestins,
sont d'une couleur rouge très intense, de manière à simuler une
gastro-entérite des plus violentes; enfin, il existe dans les cavités
splanchniques une quantité plus ou moins considérable de sérosité sanguinolente.

La coloration des tissus est un effet cadavérique dont on peut
facilement se rendre compte en ayant égard à la vacuité de tous
les vaisseaux sanguins. C'est par suite d'un développement de
gaz dans ces derniers organes, qu'il s'opère une transsudation
de sang à travers leurs parois, et une imbibition de tous les
tissus.

Noyé. Retiré de la Seine après deux mois quatre jours d'eau.

Phradelame, âgé de quarante-cinq ans, cordonnier, disparu du 5 janvier, apporté à la Morgue le 10 mars, retiré de la Seine vis-à-vis Chaillot.

État du cadavre à son arrivée. — Tête très volumineuse, d'un rouge brunâtre à la face ; les paupières et les lèvres vertes ; le nez ramolli, aplati, prenant la forme que l'on veut lui donner. Les cheveux ne sont pas entièrement détachés ; ils résistent encore assez à la traction. La peau de la poitrine est en avant d'un rouge brun ; cette tache brune est le centre d'une coloration verte claire qui existe sur presque toute la poitrine. Les épaules, les parties latérales de l'abdomen, la peau des bras, des cuisses, et même des avant-bras et des jambes, a une tendance à la coloration en bleu verdâtre. Tout le tissu cellulaire sous-cutané environnant la poitrine, et principalement le cou, est développé par des gaz. Sur le dos on trouve des plaques de diverses couleurs, les unes jaune-serin, les autres bleues, les autres vertes ; ces taches sont marbrées et d'une couleur vive. L'épiderme des fesses, des cuisses et du dos se détache.

État extérieur deux jours après. — Face bouffie, d'un brun-rougeâtre ; cheveux et favoris peu adhérents ; paupières, surtout la gauche, très tuméfiées ; nez comprimé, mou, flasque ; lèvres tuméfiées et verdâtres ; plaques brunes sur la partie antérieure du cou. Toute la peau de la poitrine est d'un vert brunâtre, celle du reste du corps et des membres offre une teinte verte ; il reste seulement quelques parties de peau blanche au-dessous des genoux. La teinte verte est plus prononcée à la partie interne des cuisses et le long du tibia. Une série de lignes brunâtres est disséminée sur divers points de l'étendue des membres. Le scrotum est emphysémateux et très distendu ; la verge dans la position de l'érection. Les ongles sont peu adhérents ; ils sont recouverts de vase. L'épiderme des mains et des pieds est presque détaché.

Tout le tissu cellulaire sous-cutané du cou, de la face, de la poitrine, de l'abdomen et de la partie supérieure des cuisses est infiltré de gaz. Quand on perce la peau, il s'en échappe des gaz ; si l'on introduit l'instrument plus profondément, de manière à traverser l'épaisseur des muscles, une nouvelle quantité de gaz s'en échappe ; par conséquent le développement de gaz n'est pas borné au tissu cellulaire sous-cutané, mais il s'étend au tissu cellulaire profond des membres. En incisant la peau du cou, celle de la poitrine, et en enlevant le sternum, on voit le tissu cellulaire très rouge, et l'on n'aperçoit plus les paquets adipeux. Il en est de même de celui qui entoure le larynx, les artères, les veines. Les veines du cou ne contiennent plus de sang ; la sous-clavière en renferme encore un peu. Le cœur est mou, flasque ; les cavités droites et gauches sont vides. La veine cave inférieure, ainsi que la membrane interne des deux ventricules, est noire ; mais il existe une grande différence entre l'intensité de la coloration du ventricule droit et du ventricule gauche, ce qui démontre que le ventricule droit contenait plus de sang que le gauche au moment de la mort. Les artères sont rouges intérieurement, et d'un rose rouge extérieurement. La langue présente à sa surface quelques portions d'aliments mous en partie digérés. La membrane muqueuse du larynx est d'un rouge brunâtre. Dans la cavité de cet organe et sur les cordes vocales on trouve de la vase ; dans la partie supérieure de la trachée, quelques fragments de matière alimentaire en partie digérée. La trachée, vue extérieurement, présente sa membrane inter-cartilagineuse rouge-brune ; intérieurement, elle est d'un rouge brun très foncé. Dans les ramifications des bronches, on trouve un fluide brunâtre spumeux. Les poumons sont d'un gris noir ; leur tissu est compacte et non crépitant à leurs bords antérieurs. Il est crépitant et rouge-brun dans le reste de son étendue. Dans la cavité du péricarde , il existe de la sérosité sanguinolente, deux cuillerées ; dans celle des plèvres, un verre environ.

Abdomen. — Foie très vert extérieurement. Cette couleur pénètre à trois ou quatre lignes dans l'épaisseur de sa substance, où la couleur rouge brun du foie se dessine. Les incisions profondes dans cet organe font sortir du sang de ces vaisseaux. L'épiploon est rouge. L'estomac est d'un rouge brun ; sa membrane externe est soulevée par une grande quantité d'air ; dans son intérieur se trouvent des aliments en partie digérés et analogues à de la mie de pain ou à des marrons. Il n'y a pas beaucoup de liquide. L'intestin grêle est d'un rouge brun foncé dans la presque totalité de son étendue ; quelques portions sont vertes. Dans la cavité péritonéale et dans le petit bassin se trouve de la sérosité sanguinolente. La vessie, très distendue et très ample , ne contient rien. Le cerveau est vert extérieurement ; et la substance blanche a un peu participé à cette coloration. Quelques portions de substance grise sont en putrilage, principalement à la base du cerveau. La dure-mère est soulevée par des gaz.

Noyé. Hiver. Deux mois un jour dans l'eau.

Wallette (J.-B.), âgé de quarante-cinq ans, disparu le 15 décembre 1828, arrivé à la Morgue le 16 février 1829, retiré du canal Saint-Martin.

État extérieur du cadavre. — Face rouge-violette , bouffie, luisante ; paupière droite peu tuméfiée, la gauche l'est beaucoup plus ; il existe , à l'angle de l'arcade sourcilière de ce côté, une tumeur d'un rouge plus foncé que les parties environnantes, de la grosseur et de la forme d'une noisette ; les paupières inférieures sont aussi gonflées et de couleur bleu violet. L'œil gauche paraît plus injecté que l'autre , ce qui tendrait à faire penser qu'il y a eu contusion. Une partie de la barbe est enlevée au menton , le reste se détache avec la plus grande facilité ; les cheveux adhèrent peu au cuir chevelu. La peau du cou et de la partie antérieure de la poitrine est brune ; celle des parties latérales de l'abdomen est verdâtre. A la partie supérieure du thorax, l'épiderme s'y détache par plaques. L'épiderme des mains est presque complétement enlevé. La peau des cuisses a conservé à peu près sa couleur naturelle. Il n'existe point au pli des aines cette teinte rouge que nous avons observée sur plusieurs autres noyés. La peau des deux jambes est verdâtre par places : la teinte de la jambe gauche est bien plus prononcée. Il existe de ce côté, un peu au-dessus de la malléole interne, un ulcère de forme triangulaire dont la base est dirigée vers la malléole ; il a environ un pouce de large sur deux pouces de long. L'épiderme de la plante des pieds est presque intact ; il offre des plis , des rides semblables à celles qu'on remarque aux mains des personnes qui ont savonné. Entre ces plis existe de la vase : l'intervalle des orteils et les ongles des pieds en contiennent aussi. Le tissu cellulaire du cou, de la partie antérieure de la poitrine et de la partie supérieure de l'abdomen , est soulevé par des gaz d'une fétidité extrême qui s'échappent aussitôt qu'on incise ce tissu. Les muscles du cou sont d'un rouge brun ; le tissu cellulaire environnant partage en partie cette teinte. La face externe de la trachée-artère offre une couleur rouge-brune. Les veines jugulaires et cave supérieure sont affaissées ; lorsqu'on les incise, on ne voit suinter de leur intérieur qu'une très petite quantité de sang fluide et altéré. Les parois des artères carotides sont rouges ; lorsqu'on les coupe , il ne s'écoule point de sang.

Thorax. — Les poumons sont volumineux, de couleur gris marbré, sans adhérences aux plèvres, crépitants ; le poumon droit recouvre en partie le péricarde ; cette dernière membrane est rouge , surtout à sa face interne ; elle ne contient que très peu de sérosité sanguinolente. Le cœur est couvert de graisse dont la teinte est rougeâtre : ses parois sont flasques. L'oreillette droite ne contient que fort peu de sang noir fluide ; le ventricule droit en est dépourvu ; mais les colonnes charnues de cette cavité sont d'un noir de jais ; le ventricule gauche est vide de sang , ainsi que l'oreillette gauche ; ses colonnes charnues ont à peu près la même teinte noire que celles du ventricule droit. La veine cave inférieure contient une très petite quantité de sang noir fluide. Le diaphragme est fortement refoulé en haut. Il existe dans les cavités droite et gauche de la poitrine un épanchement sanguinolent assez considérable. L'intérieur de la trachée-artère est rouge foncé. Vers la division des bronches, on y remarque une petite quantité d'écume sanguinolente, à bulles plates et larges ; la subdivision des bronches n'offre plus autant d'écume ; seulement, lorsqu'on comprime les poumons, on fait sortir par les divisions des bronches un peu de liquide rouge lie de vin, mêlé à une certaine quantité d'air. Pas un atome d'aliments ni de vase dans l'intérieur des bronches. Les poumons, incisés en plusieurs endroits, n'offrent aucune trace de congestion, si ce n'est à leur base (effet cadavérique).

Abdomen. — La surface externe de l'estomac et des intestins est d'un rouge brun ; l'épiploon lui-même a une teinte rose. Un épanchement séro-sanguinolent existe dans la cavité abdominale. L'estomac est ample , légèrement distendu par des gaz. La membrane muqueuse en est uniformément rouge, et cette teinte résiste à des lavages réitérés. La cavité de l'estomac contient à peine quelques cuillerées d'un liquide rougeâtre. La face externe des intestins est rouge comme celle de l'estomac ; la membrane muqueuse qui les revêt l'est aussi, mais la teinte paraît un peu moins prononcée qu'à l'extérieur. Le *foie* est un peu plus pâle que dans l'état ordinaire ; la vésicule biliaire aplatie contient à peine de la bile. La *rate* est d'un brun verdâtre et se laisse déchirer très facilement.

Vessie. — Complétement vide ; l'extérieur de cette poche est rouge, mais sa membrane muqueuse est beaucoup moins colorée que celle de l'estomac.

Cerveau. — Injection très peu marquée des vaisseaux de la dure-mère : la substance cérébrale est molle, verdâtre. Vers la partie antérieure du lobe gauche, au-dessus de l'œil gauche, se remarquent des traces de sang, disséminées dans la substance blanche.

Deux mois et demi. — Chez l'homme, cette époque n'apporte de différence que dans la teinte verdâtre de la peau. Elle est alors étendue aux bras, aux avant-bras et aux jambes ; la peau du dos offre encore des plaques vertes, jaunes, bleues, disséminées sur un fond blanc , ce qui donne à ces parties l'aspect d'une marbrure à larges plaques. Les ongles, chez quelques noyés, sont complétement détachés des mains, mais plus rarement des pieds : les doigts sont alors effilés, fusiformes, très amincis, dépourvus d'épiderme ; ils sont gras au toucher, et comme couverts de mucus.

Chez la femme, un séjour de deux mois à deux mois et demi dans l'eau amène une différence notable dans l'état du cadavre. Cette différence tient à la quantité de graisse dont est pourvu le tissu cellulaire sous-cutané. Voici à ce sujet les observations que j'ai faites : Les cheveux sont encore attachés au cuir chevelu, mais la moindre traction suffit pour les en détacher ; la peau du visage offre un aspect blanchâtre, opalin ; de petites érosions superficielles sont disséminées sur les joues ; la partie inférieure du cou et la partie supérieure des épaules offrent une teinte verte. Les seins, dont le volume s'est accru, sont de couleur blanche opaline dans presque toute leur étendue ; le mamelon et son pourtour offrent une couleur brunâtre ; il est aminci et peu développé, et sa flaccidité contraste avec la densité accrue du sein. L'espace compris entre les deux mamelles est d'un vert brunâtre : cette coloration se prolonge tout le long du sternum. (L'état du mamelon et de la peau du sternum est remarquable, en ce qu'il fait connaître la marche différente que suit la putréfaction dans les parties de la peau placées sur du tissu cellulaire chargé de graisse, et dans celles qui sont appliquées sur du tissu cellulaire qui en est dépourvu ou qui n'en contient que fort peu, puisque la saponification est très facile dans le premier cas et difficile dans le second.)

Le ventre, très volumineux, évidemment distendu par la putréfaction, offre une couleur blanche opaline ; il en est de même de la peau des cuisses, des bras et des jambes. L'épiderme des mains et les ongles sont le plus souvent en partie détachés, ou au moins les lavages et les frottements du balai que les gens de service emploient pour nettoyer les cadavres les font facilement tomber.

Le tissu cellulaire sous-cutané est converti en gras de cadavre, au centre des joues, au-dessous des sourcils, au menton, à la partie supérieure du cou, très superficiellement aux mamelles et à la partie antérieure des cuisses, et plus profondément aux aines. Ces différents états du tissu cellulaire retracent naturellement la marche que suit la saponification des cadavres, et surtout les points de l'économie où elle se développe en premier lieu.

Les muscles conservent encore à cette époque leur couleur

naturelle ; leur texture ne paraît pas altérée , ce qui détruit cette opinion de quelques chimistes , que , dans la saponification , les muscles fournissent l'ammoniaque qui doit servir de base au savon cadavérique. (Sans nier d'une manière tout à fait absolue le concours des muscles dans la saponification , je pense que celle-ci peut s'effectuer indépendamment d'eux , et j'en trouve la preuve dans cette circonstance , que , dans les mamelles , par exemple , c'est la graisse qui touche immédiatement la peau qui se saponifie la première, et lors même que la graisse placée plus profondément est encore dans l'état naturel.) La peau est évidemment altérée ; elle est modifiée dans sa texture ; sa couleur et sa consistance sont changées , quand les muscles paraissent être dans l'état normal.

Le tissu cellulaire profond qui environne la trachée-artère et les vaisseaux est rouge comme chez l'homme , mais moins imbibé de liquides ; sa densité est augmentée ; les cellules sont moins appréciables ; les parois qui les forment sont plus rapprochées ; et déjà , en exerçant sur elles des tractions , on voit que ce tissu devient filandreux.

J'ai cru devoir noter ces différences à l'égard de la femme ; elles tiennent évidemment au développement du système lymphatique ; par conséquent, la putréfaction chez quelques hommes pourrait se rapprocher de celle que l'on observe, dans la généralité des cas, chez la femme.

Noyée. Deux mois et demi dans l'eau.

Le corps d'une femme de trente-six ans environ, d'une très petite taille et d'un embonpoint extrême, retiré de la Seine près de Meudon, apporté à la Morgue le 12 mars, vers le milieu de la journée, a été reconnu pour être celui d'une fille publique disparue depuis deux mois et demi.

État extérieur du cadavre au moment de son arrivée (12 mars 1829). —Les vêtements sont très bien conservés ; la tête, toute la partie inférieure du tronc et les cuisses sont couvertes d'une couche assez épaisse de terre jaune verdâtre.

Une assez grande quantité de cheveux noirs mêlés de quelques cheveux gris adhèrent encore au cuir chevelu ; mais il suffit de quelques tractions légères pour les en détacher. La peau du visage, après plusieurs lavages, offre un aspect blanchâtre et graisseux. On remarque, sur différentes places de la joue gauche, quelques petits trous qui paraissent avoir été formés par du gravier. Les paupières sont tuméfiées. La partie inférieure du cou et la partie supérieure du dos sont légèrement verdâtres. Les seins, très volumineux, sont de couleur blanche, lardacée vers leur base ; mais, vers le mamelon, la peau a de la tendance à devenir rosée. L'espace compris entre les deux seins offre une teinte verdâtre très prononcée dans la largeur de deux pouces environ et dans toute la longueur du sternum. Le ventre est gros, très tendu, de couleur blanche. La peau des aines, dans l'étendue de trois à quatre pouces, offre une teinte qui tire un peu sur le gris brun; les cuisses et les bras sont blancs; la peau des mains ressemble parfaitement à celle qui a été longtemps couverte de cataplasmes, et l'épiderme s'en détache, ainsi que les ongles, avec la plus grande facilité. La peau des jambes est blanche; l'épiderme des pieds ressemble à celui des mains; celui de la plante du pied droit s'enlève, ainsi que les ongles, par la plus légère traction; celui du pied gauche est plus adhérent et se détache avec quelque peine.

14 mars, jour de l'ouverture. — La teinte de la face paraît à peu près la même qu'elle était lors de l'arrivée de cette femme; néanmoins les paupières sont plus tuméfiées et de couleur brune. Le cuir chevelu est peu adhérent au crâne; sa surface interne, d'un rouge brun, est teinte d'une certaine quantité de liquide sanguinolent. Lorsqu'on incise la peau de la face, particulièrement aux joues, au menton, et même aux sourcils, on voit que le tissu cellulaire sous-jacent est converti en gras de cadavre. La peau du cou offre supérieurement la même disposition; mais, infé·rieurement, la dégénérescence est moins appréciable.

L'espace compris entre les mamelles a une teinte verdâtre plus prononcée qu'au jour de l'arrivée. Quant à la peau des mamelles, elle est rouge pâle dans presque toute son étendue; lorsqu'on l'incise, on voit que le tissu cellulaire sous-jacent commence à se saponifier, tandis qu'il est facile de distinguer l'état graisseux des tissus plus profonds qui entourent la glande mammaire.

Les parties latérales de la poitrine et supérieure de l'abdomen commencent à prendre une teinte légèrement verdâtre; le reste du ventre est d'un blanc opalin, mais la peau de cette partie, incisée, laisse apercevoir le tissu cellulaire sous-jacent à peu près bien conservé. Il n'y a guère que la couche supérieure de ce tissu, dans l'épaisseur d'une demi-ligne environ, qui ait de la tendance à se convertir en gras.

La peau qui recouvre les aines est aussi en partie détruite par places; et, en pratiquant à ces endroits des incisions assez profondes, on remarque que le tissu cellulaire est saponifié. Quant aux muscles sous-jacents, ils sont tous parfaitement conservés.

La peau des cuisses présente l'aspect opalin qu'elle avait au moment de l'arrivée. Sur le côté externe, on remarque çà et là quelques tubercules à base peu large. Quant au tissu cellulaire sous-jacent, il n'est converti en gras que dans la profondeur d'une demi-ligne environ.

La peau des jambes a peu changé; on voit cependant, dans toute la longueur du tibia, quelques traces bleuâtres. Le pied droit, dont on a enlevé l'épiderme lors de l'arrivée de cette femme, offre aujourd'hui une teinte rosée et jaunâtre par place; le volume de ce pied paraît diminué. Quant au pied gauche, qui a conservé son épiderme, il n'a point changé de couleur.

Autopsie. — Il existe sur la base de la langue, dans l'arrière-bouche, une couche assez épaisse qui paraît formée par de la vase et quelques restes d'aliments. Les muscles des parties antérieure et latérales du cou sont d'un rouge brun. Le larynx et la trachée-artère, ouverts dans toute leur longueur, n'offrent aucune trace d'eau; leur membrane muqueuse est verdâtre et couverte d'une couche peu épaisse de matière d'un vert brun. Il est difficile de déterminer si cette teinte est le produit de la putréfaction, ou si c'est de la vase qui tapisse toute la paroi interne de ce conduit. Les bronches offrent à peu près la même disposition, mais la couche verdâtre est moins prononcée ; elles ne contiennent point non plus la moindre trace d'eau.

Les veines jugulaires et sous-clavières sont vides de sang ; les parois de la sous-clavière paraissent un peu soulevées par de l'air. Les artères carotides sont d'un rouge foncé à l'extérieur ; leur intérieur ne contient point une quantité de sang appréciable, mais leurs parois sont seulement lubréfiées par ce liquide altéré.

Thorax. — Les poumons, et particulièrement le droit, recouvrent le le péricarde : ils sont assez volumineux, emphysémateux, et tiennent tous les deux aux plèvres costales par des adhérences qui datent déjà de loin. Ils sont d'une couleur grise brunâtre, assez crépitants ; et quand on les coupe et qu'on les exprime, il sort, par les incisions qui ont été faites, une matière analogue à de l'écume sanguinolente. Le péricarde est couvert d'une couche très épaisse de graisse dont la couleur est rosée ; la teinte de cette membrane séreuse est rouge brun ; son intérieur ne contient point de sérosité : le cœur est volumineux, flasque, mou, et recouvert d'une assez grande quantité de graisse dont la teinte est aussi rosée. L'oreillette et le ventricule droit, incisés dans toute leur longueur, ne laissent écouler qu'une très petite quantité de sang ; leur paroi interne, et particulièrement les colonnes charnues du ventricule, ont une teinte noir jais que les lavages réitérés ne font point disparaître.

Le ventricule et l'oreillette gauche, non plus que l'aorte, ne contiennent point de traces de sang, et leurs parois sont d'un rouge grisâtre et bien différentes de celles des cavités droites.

Abdomen. — Le foie est volumineux, gorgé de sang ; la vésicule biliaire est aplatie, contient un peu de bile d'un vert foncé. L'estomac et les intestins sont d'un rouge brun foncé ; tout le tube intestinal est fortement distendu par des gaz. Il existe dans la cavité de l'abdomen une quantité notable de sérosité sanguinolente. L'intérieur de l'estomac contient de l'eau rougeâtre et au milieu de laquelle nagent quelques aliments non digérés. La membrane muqueuse est rouge foncé dans une grande partie de son étendue, et offre des places d'un vert brun.

La rate est molle, et son tissu est réduit à l'état de bouillie et d'un vert très foncé.

La vessie ne contient point de trace d'urine ; ses parois sont blanches.

La matrice est volumineuse comme chez les femmes qui ont eu beaucoup d'enfants ; son intérieur contient environ une cuillerée à café de matière brune.

Trois mois et demi. — La face est tellement altérée, qu'il serait impossible de déterminer approximativement l'âge de l'individu. Le cuir chevelu est ramolli, dépourvu de cheveux et d'épiderme ; la peau de la partie antérieure de la tête, très amincie, est en partie détruite par places ; sa couleur est d'un blanc opalin dans les trois quarts postérieurs de la voûte du crâne, brunâtre au front. Les paupières sont en grande partie détruites ; les yeux sont quelquefois saillants hors des orbites : dans d'autres cas, affaissés ; la peau du centre des joues et du menton est opaline, recouvrant une couche de gras de cadavre ; les lèvres sont déprimées, saponifiées ; la peau de la poitrine est généralement d'un vert brunâtre, le centre de l'abdomen est d'une couleur opaline, parsemé de petites ulcérations produites par l'eau. La peau des membres offre le même aspect que celle du centre de l'abdomen. Des corrosions de la largeur de pièces de dix, vingt ou trente sous, sont disséminées sur les bras et les avant-bras ; leur forme est en général arrondie, leurs bords le plus souvent amincis, quelquefois découpés comme le sont ceux des ulcères vénériens. Il existe aux aines, tantôt des corrosions, tantôt des destructions de peau dans une grande étendue, et alors le tissu cellulaire, échappé à la putréfaction, est converti en gras de cadavre. Les corrosions sont plus larges aux cuisses qu'aux bras et aux avant-bras ; elles égalent, terme moyen, un écu de six francs ; on les rencontre principalement à leur partie anté-rieure. Celles des jambes sont oblongues, placées au côté interne et principalement sur le trajet du tibia. Cet os est à nu ; il en constitue le fond, et comme il a acquis une couleur rosée très prononcée, l'ensemble de la corrosion simule assez bien un ulcère qui aurait eu lieu du vivant de l'individu. La peau est souvent détruite vis-à-vis les rotules, de manière à laisser ces os à nu.

Les mains et les pieds sont complétement dénudés ; la graisse sous-cutanée de la face, d'une grande partie du cou, des aines et de la partie antérieure des cuisses, est convertie en gras de cadavre. Le tissu cellulaire n'offre plus cette teinte rouge des époques précédentes ; il est plus consistant, filandreux, se laisse tirer et déchirer comme de la filasse, dans la région du cou et dans celle des aines. Tous les muscles placés superficiellement, et particulièrement ceux qui appartiennent aux régions du corps dans lesquelles la putréfaction a commencé, perdent leur teinte rouge-brunâtre pour prendre une couleur rosée ; leur tissu mou, flasque, est abreuvé de sérosité. Les poumons ne remplissent plus, comme aux époques précédentes, la cavité de la poitrine ; ils laissent entre eux et la plèvre costale un espace rempli de sérosité rougeâtre. Le péricarde et le tissu cellulaire ambiant ont pris une teinte rouge-brune très foncée ; la sérosité sanguinolente qu'il contient paraît être moindre qu'aux époques précédentes, mais elle semble moins liquide et plus foncée en couleur. Le cœur, très flasque, conserve la couleur noire de jais dans les cavités où le sang a séjourné. Le foie, ramolli, est d'un brun verdâtre ; la vésicule biliaire vide de bile ; les intestins sont d'un rouge brun très foncé ; la membrane interne de l'estomac est le plus souvent soulevée par des gaz : toutefois l'emphysème sous-muqueux peut exister antérieurement à cette époque.

Noyé. Seine. Trois mois et demi dans l'eau.

Veugen (Edme), âgé de trente-six ans, décrotteur, rue du Paon-Saint-Victor, apporté à la Morgue le 24 mars 1829, retiré de la Seine le 23, près Puteaux.

État extérieur du cadavre, le 24, jour de l'arrivée. — La face est tellement changée, qu'il est impossible d'établir d'une manière à peu près exacte l'âge de cet homme. Le cuir chevelu est ramolli, dépourvu de cheveux et d'épiderme ; et la peau, à la partie antérieure de la tête, est très amincie et en partie détruite par places. Sa couleur est d'un blanc lardacé dans les trois quarts postérieurs de la tête ; brunâtre au front, blanche sur le côté gauche, où elle paraît transformée en savon. La portion des paupières qui recouvre les yeux est détruite ; ces derniers sont saillants et assez rebondis. Le nez est détruit en partie ; la joue gauche est blanche et convertie en gras de cadavre. Il en est de même du menton, sur lequel il existe encore de la barbe ; les lèvres sont comprimées et transformées aussi en gras. La joue droite et le cou sont d'un blanc verdâtre ; la peau de la poitrine d'un vert plus foncé ; celle du ventre d'un blanc grisâtre, luisante, lardacée, parsemée d'ulcérations produites par l'eau. Il existe dans le scrotum du côté gauche une hernie inguinale de la grosseur du poing. La peau qui la recouvre est mince et de même d'un blanc grisâtre : celle des cuisses, des jambes, des bras et avant-bras, offre la même teinte ; mais, de plus, cette enveloppe présente, suivant qu'on l'examine sur l'une ou l'autre de ces parties, des ulcérations plus ou moins larges ; ainsi, sur les bras et les avant-bras, il en existe cinq ou six de forme ovalaire, de la grandeur de pièces de dix, vingt, trente sous ; quelques unes d'entre elles ont les bords parfaitement unis ; sur d'autres, ces bords sont découpés comme ceux d'ulcères vénériens. La même disposition se rencontre sur les ulcérations de la poitrine et de l'abdomen. Aux plis des aines, outre deux ulcérations très larges, de forme oblongue et à bords découpés, la peau est complétement détruite dans une grande étendue, et au-dessous se remarque le tissu cellulaire converti en gras de cadavre. Aux cuisses, les ulcérations sont beaucoup plus étendues qu'aux bras ; plusieurs ont la largeur d'une pièce de six francs, et toutes sont à bords découpés ; la peau, aux endroits où elle n'est point ulcérée, offre une assez grande consistance, et elle est recouverte de quelques tubercules, commencement d'incrustation. La peau du genou droit est complétement détruite et laisse voir la rotule à nu. Aux jambes, c'est particulièrement à leur face interne qu'existent les ulcérations ; leur forme n'est plus ronde, comme celle des cuisses ou des bras, mais elles figurent un ovale très allongé ; quelques unes ont trois ou quatre travers de doigt de longueur. Les doigts des pieds et des mains sont dépourvus d'épiderme.

27, *jour de l'ouverture.* — L'aspect du cadavre a peu changé ; la partie antérieure du front est plus brune. La joue droite et le cou offrent une teinte plus verdâtre. La peau des pieds et des mains, qui était dépourvue d'épiderme au jour de l'arrivée, est aujourd'hui plus desséchée, d'un rouge rose tirant un peu sur le jaune.

Partout où l'on incise la peau du visage, on voit que toute son épaisseur est convertie en gras de cadavre. Le tissu cellulaire du cou a déjà changé de nature ; il en est plus tenace, filandreux ; ses cellules ont presque complétement disparu, et lorsqu'on cherche à le tirailler, il ressemble à de la filasse. Les muscles du cou n'ont plus cette couleur brune qu'ils offrent chez beaucoup de noyés où la putréfaction est déjà assez avancée, mais dont la peau n'est pas convertie en gras de cadavre ; ils sont d'un rouge pâle tirant sur le rose ; leur tissu est mou, flasque et abreuvé de sérosité. La langue est couverte, particulièrement à sa base, d'une assez grande quantité de vase verte. Le larynx est assez bien conservé à l'extérieur, mais la trachée-artère est déprimée ; elle offre une teinte brunâtre ; les cartilages qui la composent sont mous ; l'intérieur de ces deux conduits est d'un rouge brun. Les bronches, suivies jusque dans leurs dernières divisions, n'offrent point de trace d'eau ni de corps étrangers ; cependant vers les dernières ramifications, lorsqu'on presse sur le poumon, on en voit sortir un peu de liquide rouge épais. (Il est impossible de dire s'il est formé par de l'eau mêlée de sang altéré.)

Les veines caves et jugulaires sont vides de sang ; leurs parois sont affaissées sur elles-mêmes ; les poumons ont beaucoup diminué de volume ; ils sont mous, emphysémateux, non crépitants. Le poumon droit est d'un rouge brun, sans adhérences dans la cavité du thorax, où il existe une quantité notable de liquide sanguinolent. Le poumon gauche, assez bien conformé dans la portion qui forme son lobe supérieur, offre en cet endroit une couleur brune foncée. Cette portion est sans adhérence ; mais le reste de cet organe, fixé par des adhérences intimes à la plèvre costale, a complétement changé de nature ; il est de couleur gris verdâtre, analogue à de la terre glaise, se laisse facilement déchirer. Le péricarde est brun, contient à peine de la sérosité brunâtre. Le cœur est mou, flasque, peu volumineux. Point de sang dans les cavités droites, mais leurs parois ont une couleur noir de jais. Point de sang dans les cavités gauches. La couleur des colonnes charnues du ventricule est plus rouge que dans l'état naturel, mais non pas noire comme celle du ventricule droit.

Le foie est volumineux, d'un rouge brun ; la vésicule aplatie et sans bile dans son intérieur.

L'estomac est peu ample ; sa membrane externe est emphysémateuse par place ; l'intérieur ne contient point de trace d'aliments et à peine de l'eau ; les intestins sont rouge brun à l'extérieur ; la portion d'intestin grêle contenue dans le sac herniaire offre par places une teinte rosée. La vessie est vide d'urine ; un peu de sérosité existe dans la cavité abdominale. La rate est noir verdâtre, se laisse facilement déchirer.

Les muscles des cuisses offrent la même teinte rouge clair que ceux du cou.

Crâne. — A peine si le cuir chevelu est adhérent aux os. Ceux-ci paraissent avoir acquis de la dureté ; ils se brisent par éclats sous le marteau. Le cerveau a beaucoup diminué de volume ; la dure-mère offre une teinte verte dans ses trois quarts antérieurs ; la substance cérébrale est d'un rouge grisâtre, considérablement ramollie et d'une odeur infecte.

Quatre mois et demi. — Cuir chevelu presque totalement dépourvu de cheveux, décollé des os du crâne, en grande partie détruit sur toute l'étendue du front. Il n'existe plus que quelques débris des paupières ; les yeux sont affaissés. Les parties molles du nez n'existent plus. Les lèvres, désorganisées par la putréfaction, laissent à nu les arcades dentaires et une partie des os maxillaires. (L'ensemble de la tête, et particulièrement de la face, est plus ou moins déformé, suivant la position que le cadavre a gardée et les pressions auxquelles ses parties ont été soumises.) La peau du cou, de la partie antérieure et latérale du tronc, est d'un vert grisâtre, parsemée de taches noires; celle des cuisses est jaunâtre, plus consistante, plus dense; on commence à y apercevoir une série de petits mamelons plus durs que le reste de la peau, et qui dénote l'*origine des incrustations calcaires* que l'on remarque à une époque plus avancée. Les jambes présentent des taches d'un bleu foncé.

Le tissu cellulaire de la face, du cou, de la partie antérieure des cuisses, est totalement saponifié. Le reste du tissu cellulaire est le siége d'un développement considérable de gaz, qui donne à toutes les parties une forme arrondie contre nature. Un grand nombre de muscles présentent une teinte rosée très prononcée. Il existe de larges destructions de peau corrodée à la partie interne des deux jambes, qui mettent à nu le tibia dans presque toute son étendue; une foule de corrosions sont disséminées sur diverses parties du corps. La trachée-artère, d'une teinte verdâtre, est ramollie, déformée, dépourvue d'élasticité.

Le cerveau est en partie putréfié, en partie converti en une matière grasse analogue, quant au toucher et à l'aspect, au gras de cadavre; c'est principalement en avant que cette transformation est plus complète. Les cavités splanchniques paraissent contenir encore plus de liquide d'un rouge brunâtre.

Noyé. Quatre mois et demi dans l'eau. Disparu le 4 novembre 1828, *et retrouvé le* 14 *mars* 1829.

Nous soussignés, docteurs en médecine, nous sommes transportés le 18 mars 1829 à la Morgue, sur la réquisition de M. le procureur du roi, accompagnés de M. F..., commissaire de police, pour procéder à l'examen d'un cadavre, que l'on nous a dit être celui du nommé Genthon (Henri), âgé de trente-huit ans, journalier, rue de Bercy, n° 35, retiré de la Seine le 14 du même mois, près Bercy.

Examen extérieur. — Taille d'un mètre soixante-neuf centimètres; embonpoint médiocre; une cicatrice *ancienne* au cuir chevelu, sur le côté gauche de la tête et un peu au-dessus de l'oreille, paraissant être le résultat d'une blessure faite par un instrument tranchant; une autre cicatrice arrondie, plissée, d'un aspect nacré, analogue à celle que produit le virus vaccin, ayant de huit à dix lignes de diamètre, résultat probable d'une ancienne application d'un moxa ou d'une brûlure qui aurait intéressé la presque totalité de l'épaisseur de la peau; le menton encore garni de barbe noire et assez longue ; aucun autre indice qui puisse servir à éclairer la question d'identité.

Le cuir chevelu est dépourvu de cheveux ; décollé des os du crâne d'avant en arrière et à partir des sourcils. La calotte osseuse, complétement dénudée, laisse apercevoir chacun de ces os unis entre eux par des engrenures profondes, ce qui dénote un âge déjà assez avancé, trente ans au moins. Les yeux dépourvus de paupières ; les globes oculaires encore dans leurs orbites, mais complétement affaissés ; les parties molles du nez détruites ; les joues transformées en gras de cadavre dans leur partie antérieure ; les lèvres désorganisées par la putréfaction, laissant apercevoir les deux arcades dentaires garnies de la presque totalité de leurs dents. La peau du menton, celle de la partie supérieure du cou et tout le tissu cellulaire sous-cutané, transformés en gras. Au-dessus du larynx existe une dépression circulaire sensible à droite, peu sensible à gauche, de deux à trois lignes de diamètre ; elle s'étend obliquement en haut vers les angles de la mâchoire en passant au-dessous d'eux ; la peau détachée de cette partie en conserve encore la trace. Cette dépression correspond assez bien en avant à la flexion de la tête sur le cou. Le tissu cellulaire sous-cutané est converti en gras de cadavre dans tout le trajet que parcourt ce sillon, et il existe en assez grande quantité, circonstance qui éloigne l'idée qu'une pression soutenue ait pu être exercée pendant la vie sur cette partie par un lien, puisque les pressions de ce genre entraînent presque constamment une densité plus grande du tissu cellulaire pour constituer la ligne argentine que M. Esquirol a fait connaître, et qui se rencontre chez un grand nombre de pendus ; aucune trace visible d'ecchymoses ou de déchirures dans les muscles. Le cou, généralement tuméfié, est distendu par des gaz ; la peau qui le couvre est d'un vert foncé marbré de noir. Il en est de même de celle de la poitrine et des membres. Un développement considérable de gaz dans tout le tissu cellulaire sous-cutané donne à toutes les parties du corps une forme très arrondie et contre nature. La partie antérieure des cuisses est transformée en gras de cadavre et recouverte d'une couche très superficielle de sels, probablement à base de chaux, ainsi que le présentent les noyés qui ont longtemps séjourné dans la Seine. Il existe aux deux jambes des corrosions de la peau, résultant du contact de l'eau avec ces parties ; les pieds et les mains, fort effilés et amincis, sont dépourvus d'épiderme et d'ongles ; les muscles sont d'une teinte rosée. En résumé, il n'existe dans aucun point du corps de trace évidente de violences exercées pendant la vie, ce dont nous nous sommes assurés à l'aide d'incisions profondes et multipliées.

Organes intérieurs, tête. — Le cerveau, d'une teinte verte, est en partie putréfié, en partie converti en une matière grasse.

La langue est placée derrière les arcades dentaires et à une certaine distance ; elle ne présente aucune trace de morsure par les dents. La disposition contraire est assez générale chez les pendus.

La trachée-artère offre des parois molles et flasques ; son intérieur, d'une teinte verte, paraît contenir quelques débris d'aliments, ou au moins de matières analogues à celles que nous avons trouvées dans l'estomac. Pas d'écume, ou de vase, ou de corps étrangers pouvant provenir de la Seine. On fait sortir des bronches et de leurs plus petites ramifications, des bulles gazeuses environnées d'un liquide très fluide et qui paraîtrait avoir quelque analogie avec de l'eau. Les poumons, très crépitants, ne sont pas gorgés de sang ; dans les cavités des plèvres, on trouve beaucoup de liquide séreux et sanguinolent, comme cela a lieu chez les noyés qui ont séjourné longtemps dans l'eau.

Le cœur, presque vide de sang, offre une teinte noirâtre à la surface interne de ses quatre cavités ; ce qui porte à penser que la mort n'a pas eu lieu par asphyxie, mais plutôt par syncope et peut-être aussi par congestion au cerveau, état complexe commun à beaucoup de noyés. Les gros vaisseaux veineux qui se distribuent à la partie supérieure du corps sont vides de sang. La veine cave inférieure en renferme encore un peu, ainsi que l'aorte descendante. Sérosité sanguinolente dans le péritoine ; estomac peu volumineux ; dans sa cavité, un liquide couleur lie de vin mêlé à une petite quantité d'aliments presque totalement digérés. Les intestins, moins rouges que ceux des noyés de cette époque, ne contiennent rien de particulier. Le foie verdâtre ; dans la vessie un liquide séro-sanguinolent.

D'où nous concluons :

1° Que le cadavre soumis à notre examen se trouve dans toutes les conditions des individus noyés qui ont séjourné de quatre à cinq mois dans l'eau ;

2° Qu'il ne présente pas de traces de violences auxquelles on puisse attribuer la mort ; car il nous serait difficile de regarder comme telle la dépression qui existait autour du cou, et qui paraît être plutôt le résultat du contact d'un corps étranger de la Seine avec ces parties.

3° Il est possible pourtant que des violences aient été exercées pour faire périr cet individu, et que la putréfaction en ait fait disparaître les traces.

4° Que c'est à la putréfaction qu'il faut attribuer la disparition de tous les signes propres à faire reconnaître si l'individu était vivant au moment de l'immersion ; nous ne pouvons donc pas même établir des présomptions à ce sujet.

(Il existait à la jambe gauche une destruction d'une partie de la peau qui recouvre le tibia ; l'os à nu était rouge comme le fond d'un ulcère ; les bords blancs, inégaux, formés par la peau convertie en gras de cadavre, la peau bombée et granulée, formaient un ensemble analogue à un long ulcère de mauvais caractère. A la jambe droite et le long de la partie interne se trouvaient des corrosions consistant en une destruction de peau dans plusieurs points inégalement circonscrits, dont les bords, taillés à pic, laissaient voir les muscles à nu et en partie putréfiés.)

Quoique je possède des observations de putréfaction plus avancée, je ne crois pas pouvoir retracer les caractères généraux d'une époque plus éloignée, attendu que les sujets qui me les ont présentés et qui ont été reconnus ne sont pas assez nombreux. Je noterai cependant ici quelques unes des altérations qui peuvent concourir à éclairer sur les progrès de la putréfaction.

J'ai ouvert le corps d'une femme que je présume être resté de cinq mois à cinq mois et demi dans l'eau. Toute la tête était complétement saponifiée ; les joues avaient acquis une dureté très notable ; elles se laissaient difficilement déprimer par le doigt ; elles semblaient être recouvertes d'une couche calcaire d'une certaine épaisseur. Les paupières, le nez, les lèvres manquaient, et l'absence de ces parties laissait apercevoir les ouvertures des fosses nasales, ainsi que la mâchoire supérieure et la mâchoire inférieure. La peau et les muscles sous-jacents étaient détruits à l'union du cou avec la poitrine ; pareille disposition se rencontrait aux aines, dans une étendue de trois à quatre pouces carrés. Une grande partie de la peau de la partie moyenne du tronc était presque dans l'état naturel ; elle avait été garantie par un corset que portait cette femme, et qui était fortement serré (1).

La partie supérieure des épaules, toute la moitié inférieure de la peau de l'abdomen, les cuisses et les bras, présentaient une série de petits mamelons ou tubercules incrustés de sels calcaires (je reviendrai plus tard sur ces tubercules) ; celle des jambes et des avant-bras était comme racornie et se rapprochait de la consistance du parchemin ; des plaques roses étaient disséminées sur diverses parties du corps ; les muscles offraient une couleur rosée très prononcée ; ils étaient infiltrés et liquides. Les plèvres contenaient une grande quantité de sérosité brunâtre ; il en existait au moins un litre dans chacune d'elles. (Ces épanchements se rencontrent presque constamment chez les noyés qui ont séjourné plus de six semaines dans l'eau. Je suis porté à penser qu'ils sont le résultat d'une transsudation du sang et des liquides contenus dans leurs vaisseaux, par suite du développement de gaz qui a lieu dans ces canaux. Toutefois les gaz n'y restent pas toujours ; car, vers quatre mois ou quatre mois et demi, les parois des vaisseaux s'affaissent et s'appliquent les unes sur les autres.) Enfin, chez cette femme, le cerveau paraissait être réduit à un volume bien moins considérable que dans l'état habituel ; ses couches extérieures étaient d'un jaune brun, et le centre de sa masse ressemblait assez bien à de la terre glaise ; il remplissait les trois quarts environ de la cavité du crâne.

J'ai eu l'occasion d'ouvrir une autre femme qui était restée beaucoup plus longtemps dans l'eau ; je présume qu'elle n'avait pas moins de dix à douze mois de séjour dans ce liquide. Le cuir chevelu était complétement détruit, en sorte que toute la calotte osseuse était dénudée. Les orbites étaient remplis par une masse

---

(1) Il est d'observation que toutes les fois qu'une partie est garantie du contact immédiat de l'eau, de manière qu'elle soit enveloppée et serrée par des vêtements, la putréfaction en est retardée. Cette femme en est un exemple frappant ; nous en avons encore acquis la preuve chez plusieurs hommes qui portaient des bottes très justes ; les pieds étaient alors beaucoup moins altérés que les mains. Il n'en est pas de même lorsque les liens sont appliqués sur la peau, car alors cette membrane, venant à se développer au-dessus et au-dessous du lien par le fait de la putréfaction, il en résulte une solution de continuité.

dure, solide, presque entièrement composée de gras de cadavre, figurant assez bien un cône dont la base placée en avant paraissait offrir les débris d'une cavité, et dont le sommet, dirigé en arrière, était formé par le nerf optique. Le centre de cette masse m'a paru formé par le paquet de tissu cellulaire graisseux qui remplit la partie postérieure de la cavité orbitaire. A sa surface, on apercevait la trace des nerfs qui se distribuent aux parties accessoires de l'œil, ainsi que les débris des muscles qui environnent cet organe. La peau du nez, de la lèvre supérieure et celle de la partie inférieure de la face étaient détruites; les mâchoires étaient dépourvues de dents, en partie désarticulées; il n'y avait aucune trace de langue; la bouche était remplie par de la vase. Les parties molles qui unissent le cou à la poitrine étaient entièrement désorganisées par l'eau; les cavités des plèvres communiquaient à l'extérieur par de larges ouvertures; le sternum et une partie des cartilages des côtes étaient tout à fait à nu. Le tronc était séparé en deux portions à la hauteur de la ceinture, probablement par la pression exercée sur les parties molles par les liens des vêtements que cette femme avait portés. Les deux jambes et les pieds ne consistaient plus que dans les os qui en forment la partie solide; les mains et les avant-bras ayant été entraînés par l'eau, les membres supérieurs formaient deux moignons à la partie inférieure desquels l'humérus venait faire saillie.

La peau présentait une disposition bien remarquable: dans toute la région antérieure du corps, elle avait acquis une dureté considérable, plus prononcée aux joues, aux mamelles, à l'abdomen et à la partie antérieure des cuisses. Elle donnait un son très clair quand on la percutait avec un corps dur, tel qu'une clef ou un scalpel. En arrière, elle était encore molle, lisse, ne présentant aucun tubercule, fortement comprimée, ce qui démontrait que le cadavre était resté sur le dos dans la rivière. Toute la surface de la peau était hérissée de mamelons ou petits tubercules, dont les uns, placés sur l'abdomen, avaient le volume et la forme de petits tuyaux de plumes couchés les uns sur les autres, et se superposant en partie; ceux des cuisses étaient arrondis, moins saillants; sur les épaules et à la partie supérieure du dos, ils étaient beaucoup plus petits, pyramidaux et très pointus à leur sommet.

Cette disposition constitue une des périodes de la putréfaction des noyés. Je ne sache pas qu'on l'ait encore signalée avec quelque précision ; aussi m'y arrêterai-je quelques instants. C'est vers quatre mois et demi qu'elle paraît commencer chez l'homme. Je pense qu'elle peut survenir plus tôt chez la femme. En effet, elle ne se remarque jamais que sur les parties de la peau et de tissu cellulaire saponifiés ; or la saponification survient plus tard chez l'homme que chez la femme. Ce phénomène dépend du dépôt des matières calcaires en dissolution dans l'eau des rivières, sous l'influence d'une décomposition de ces sels. Le produit de la saponification ou du gras de cadavre consiste dans la formation d'un oléate et d'un margarate d'ammoniaque : l'ammoniaque s'empare de l'acide carbonique et de l'acide sulfurique, du carbonate et du sulfate de chaux, forme des sels solubles, et la chaux se combine avec les acides oléique et margarique pour donner naissance à des sous-sels insolubles.

Il me reste à faire connaître la cause pour laquelle cette incrustation se présente toujours sous la forme mamelonnée. Plusieurs raisons me portent à penser que cette forme est le résultat de la disposition organique des parties sur lesquelles l'incrustation a lieu ; et d'abord elle affecte toujours la même forme sur telle ou telle partie du corps. A la partie antérieure des cuisses, les tubercules sont arrondis ; ils ont une forme oblongue à l'abdomen, en même temps qu'ils présentent un volume plus considérable ; ils sont pyramidaux ou coniques sur les épaules et à la partie postérieure du cou, quoique d'une dimension beaucoup plus petite. J'ai souvent eu occasion d'examiner des cadavres qui avaient séjourné pendant peu de temps dans de l'eau très froide. Ils présentaient cet état de la peau communément désigné sous le nom de *chair de poule* (voy. les *observations relatives aux premières époques du séjour du corps dans l'eau*). Alors tous les bulbes des poils étaient très saillants, très dessinés, et affectaient, quoique sous un moindre volume, absolument la même disposition. Même arrangement, même différence de forme suivant les parties où on les observait ; même volume relatif. Dès lors je n'ai pas pu mettre en doute que si cet état ne se continuait pas jusqu'à la période de la saponification, au moins cette dernière le développait-elle de nouveau, de manière que le dépôt de sel calcaire, ayant lieu uniformément sur tout le corps, conservât à son enveloppe la forme primitive qu'elle présentait. Je suis d'autant plus porté à penser que cette saillie des bulbes

II.   33

des poils est le résultat de leur saponification, que, par le fait de cette transformation putride, la graisse acquiert un volume beaucoup plus considérable, distend les cellules du tissu cellulaire lamelleux et écarte leurs parois. D'ailleurs, en enlevant avec soin la couche dure qui tapisse les tubercules, on arrive à une matière tout à fait analogue à du gras de cadavre.

Après cette digression, continuons d'indiquer les résultats de l'ouverture du corps.

Le tissu cellulaire graisseux était saponifié dans toute son étendue; seulement il offrait quelque différence dans ses propriétés physiques. Celui de la région antérieure du corps était dur, solide, très léger, ne paraissant contenir que très peu de liquide, remplissant toutes les cellules du tissu cellulaire et dessinant parfaitement ces cellules. Celui de la partie postérieure du tronc était au contraire mou, jaunâtre, pesant, imprégné de liquide, offrant en résumé l'aspect du lard, recouvert par la peau, dont l'épaisseur était plus considérable que dans l'état habituel. On n'y distinguait aucune cellule; c'était un tout homogène qui paraissait résulter d'une pression exercée pendant longtemps sur ces parties.

En général, tous les muscles superficiels qui ne sont pas recouverts par des aponévroses denses et dont la trame celluleuse a beaucoup de communications avec le tissu cellulaire souscutané, étaient convertis en gras de cadavre et confondus avec le tissu cellulaire graisseux. Tous ceux, au contraire, qui étaient enveloppés d'aponévroses denses, ou qui étaient séparés par des membranes séreuses, avaient conservé leur état musculeux. Il m'a été facile de constater cette disposition à l'aide de sections circulaires faites dans l'épaisseur des membres. Le *muscle grand droit* de l'abdomen en était un exemple frappant; baigné continuellement par l'eau, ainsi que je vais en fournir la preuve, avoisinant une portion de peau pourvue abondamment de graisse, il était dans toutes les conditions favorables à la saponification : cependant il présentait encore une grande quantité de fibres musculaires presque intactes.

Dans un très grand nombre de points de l'économie, les muscles avaient acquis une couleur d'un rose vif très prononcé, en même temps qu'ils étaient imbibés de beaucoup de liquides. Cet état me paraît être le résultat d'une putréfaction particulière aux muscles; le résultat de cette altération est l'amincissement du muscle, en même temps que son tissu acquiert plus de densité, tandis que la saponification augmente le volume de la partie saponifiée.

Parmi les vaisseaux, les artères offraient une tendance à la saponification, quand les veines étaient denses, d'un tissu serré, résistant, se laissant difficilement déchirer; elles paraissaient avoir acquis plus de solidité. Le ventricule droit du cœur offrait à peine des traces de saponification, quand le ventricule gauche, presque entier, avait éprouvé ce genre d'altération.

Toutes les membranes séreuses avaient résisté à la putréfaction et paraissaient encore avoir acquis plus de solidité par leur contact avec l'eau.

Le cerveau, réduit à un volume bien inférieur à celui qu'il a ordinairement, était totalement converti en gras de cadavre; la forme de toutes ses parties était conservée; seulement, à sa surface existait une matière pultacée d'une odeur infecte. Les os du crâne étaient extrêmement cassants. (C'est une chose fort remarquable que cette friabilité qu'acquièrent les os par leur contact prolongé avec l'eau. Entre les premiers mois de séjour dans une rivière et l'époque avancée dont nous parlons, on trouve des nuances de friabilité toujours croissantes; la substance osseuse ne paraît pas altérée dans sa texture. Quand on frappe la tête avec un marteau, les os se cassent en éclats.)

Les poumons étaient réduits au dixième environ de leur volume; ils étaient parfaitement conservés. En les insufflant, on leur donnait un volume six ou sept fois plus grand. La trachée-artère consistait dans une série de cerceaux encore en place, quoique totalement dépourvus, en avant, des membranes qui les unissent. L'estomac et toute la couche superficielle des intestins étaient détruits; il ne restait que des cavités peu distinctes les unes des autres. Les intestins profonds étaient conservés; ils contenaient encore des matières fécales.

Il est important de noter que les deux cavités thoraciques communiquaient avec l'eau par deux ouvertures très larges existant au sommet de la poitrine, et résultant de la destruction des parties molles de la région inférieure du cou. Il en était de même à l'égard de la cavité abdominale, qui était ouverte par le fait d'une destruction analogue placée sur le tronc à la hauteur de la ceinture. Voici la narration détaillée de ce fait :

*Description du cadavre d'une femme apportée à la Morgue, et
retiré de l'eau après un séjour de dix à douze mois.*

Femme d'une très petite stature et d'un embonpoint très marqué ; son
âge est très difficile à déterminer, tant la figure est altérée. Si l'on en peut
juger par les dents qui restent à la mâchoire supérieure, par l'existence
de la suture des deux portions du coronal, par la disparition des épiphyses des os longs, la conformation et le développement des mamelles
et toute l'habitude du corps, cette femme peut avoir de vingt-cinq à
trente-cinq ans ; elle a été retirée de l'eau le 8 février 1829, auprès du
pont Royal.

Aspect du cadavre et état extérieur. — La presque totalité du corps
est recouverte de vase ; quand on l'enlève à l'aide de lavages réitérés,
comme on l'a fait sur le côté droit de l'abdomen et à la partie supérieure
de la cuisse droite, on aperçoit la surface de la peau hérissée de mamelons très rapprochés les uns des autres, et donnant à ce tissu un aspect
tout particulier ; les mamelons sont surtout plus saillants à l'abdomen,
moins prononcés aux seins et presque nuls à la peau de la face. Leur largeur est très variable ; les plus gros peuvent avoir une ligne et demie à
leur base. Leur forme offre des différences très tranchées : sur les côtés
de l'abdomen, ils figurent des petits tuyaux de plume superposés et inclinés en avant ; sur les cuisses, ils sont exactement ronds et très larges ;
sur les épaules, ils constituent de petits tubercules très fins, de forme
pyramidale, de manière à hérisser ces parties d'une foule d'aspérités ; on
n'en rencontre que dans les points de la peau qui n'ont pas été en contact
immédiat avec le sol : ainsi les téguments du dos, des lombes et des fesses
en sont totalement dépourvus.

La consistance de la peau de la face est très grande, et analogue à celle
des incrustations calcaires. Il est impossible d'en opérer la dépression
sans la casser ; il en est de même de celle des seins ; aussi, quand on
cherche à déprimer une partie de ces organes, c'est un mouvement de
rotalité qu'on lui imprime. Les téguments de l'abdomen et des cuisses
offrent à peu près la même consistance ; mais cependant elle est moins
prononcée. La peau résonne sous la percussion, dans tous les points où
elle offre des incrustations.

Le cuir chevelu n'existe plus, et les os du crâne sont entièrement dénudés ; les yeux sont aussi détruits ; on n'aperçoit plus que le contour
supérieur des orbites, le contour inférieur étant recouvert encore par
des débris de paupières inférieures. Le fond de ces cavités est rempli en
partie par la vase, en partie par le détritus des organes qui y étaient contenus, transformés en gras de cadavre. La presque totalité de la face est
encore tapissée par les parties molles, si l'on en excepte sa partie moyenne,
depuis la racine du nez jusqu'à la bouche. Il résulte de leur absence dans
ce point un espace triangulaire au fond duquel on aperçoit en haut la
cavité des fosses nasales, les os maxillaires supérieurs et l'arcade dentaire
supérieure encore garnie des sept dents (incisives, canines et une grosse
molaire) ; plus bas, la cavité de la bouche plus largement ouverte à
gauche qu'à droite. La mâchoire inférieure est presque totalement dépourvue de dents.

Les mamelles forment deux saillies extrêmement considérables, très
arrondies et fort bien conformées, à part leur développement contre nature. Une excavation profonde les sépare ; elle est dirigée de haut en bas,
et résulte de la destruction complète des parties molles ; en sorte que le

sternum est complétement dénudé ; cette excavation, qui existe entre les mamelles, vient se réunir en haut à un autre enfoncement demi-circulaire où les clavicules sont à nu, et où l'on aperçoit, à gauche, la colonne vertébrale et une ouverture qui fait communiquer au dehors la cavité gauche de la poitrine. En bas et dans les deux tiers antérieurs de la circonférence du corps, existe une destruction analogue de parties molles, qui permet de découvrir les cartilages qui unissent les côtes au sternum et des portions de ces côtes elles-mêmes, en sorte que l'œil peut pénétrer dans les cavités de la poitrine. Ces cartilages et ces os sont parfaitement conservés. Cette disposition, jointe à deux dépressions obliques empreintes sur les épaules et à deux autres enfoncements circulaires placés à la partie postérieure du dos, nous font présumer que cette femme portait, au moment où elle est tombée dans l'eau, plusieurs jupons pourvus de bretelles et de cordons qui se nouaient autour du corps.

A partir de cette excavation, l'abdomen fait une saillie très considérable, au centre de laquelle la peau de cette partie vient s'unir à celle des cuisses, en dessinant très légèrement le pli des aines. Du reste, les parois abdominales sont généralement bien conservées et intactes. Les deux cuisses, très volumineuses, sont enveloppées de parties molles ; elles sont fort écartées, dirigées en dehors, et laissent apercevoir entre elles les grandes lèvres, qui ont à peu près conservé leur forme extérieure ; on voit distinctement des poils au milieu de la vase qui recouvre le pénil. Le genou droit et la partie postérieure de la jambe du même côté ont encore leurs parties charnues ; le genou gauche en est dépourvu ; on voit à nu l'extrémité inférieure du fémur, au-devant de laquelle se trouve la rotule tout à fait libre et tenant au tibia par son ligament. Les os de la jambe sont totalement à nu ; le pied de ce côté n'adhère plus à la jambe que par quelques parties molles ; il est encore contenu dans le soulier. Quant au pied droit, il est adhérent à la jambe, mais il est dépourvu d'orteils.

Les membres supérieurs ne consistent plus que dans le moignon de l'épaule et une portion du bras. Du côté gauche, l'extrémité supérieure de l'humérus et une partie du scapulum sont dénudées. Il en est de même de l'extrémité inférieure des deux humérus. Il n'existe ni avant-bras ni mains. La position des quatre membres, fortement dirigés en dehors, indiquerait, à n'en pas douter, que cette femme est restée dans l'eau presque constamment sur le dos, si l'examen de la partie postérieure du tronc n'en fournissait pas la preuve.

Vu postérieurement, le tronc offre un plan horizontal, résultant du poids du corps sur le sol ; les saillies formées par les fesses ont complétement disparu. A la partie supérieure du dos, existent, sur les parties molles encore intactes, deux dépressions profondes qui, partant du bord supérieur de chacune des omoplates, se dirigent obliquement de haut en bas et de dehors en dedans, de manière à former un angle aigu en se réunissant, vers la partie moyenne du dos, à un autre sillon transversal de la largeur de la main, qui complète l'excavation circulaire dont nous avons parlé en décrivant la partie antérieure. La peau de cette région est lisse, grasse, onctueuse au toucher.

Autopsie.

Crâne. — Les chocs imprimés à la tête par le marteau font jaillir une matière d'un blanc grisâtre, infecte : la calotte osseuse enlevée, on aperçoit le cerveau avec toutes ses formes, mais paraissant avoir beaucoup diminué de volume ; la matière cérébrale est convertie en une substance qui paraît être du gras de cadavre.

Yeux. — Aucune trace du globe oculaire ; chaque cavité orbitaire est remplie par une matière savonneuse et vaseuse ; dans la cavité orbitaire gauche, le nerf optique est encore intact et presque dans l'état naturel, surtout à la partie postérieure. La graisse de ces cavités, les muscles, les nerfs déliés qu'on y rencontre, forment une masse très consistante, où chaque partie est irrégulièrement dessinée.

Les deux joues s'enlèvent par masses, leurs muscles ne sont pas distincts. Les os maxillaires supérieurs, de la pommette, l'ethmoïde, etc., adhèrent entre eux ; on détache facilement la mâchoire inférieure. Il existe encore quelques rudiments des muscles qui s'attachent à l'apophyse geni. Deux grosses molaires et une incisive se trouvent seules à la mâchoire inférieure.

De tous les muscles du cou, il ne reste plus que quelques débris du grand droit antérieur et du petit droit antérieur de la tête. Leur portion aponévrotique est parfaitement conservée. Les cartilages du larynx sont très distincts, mais totalement disséqués ; immédiatement au-dessus du larynx, on voit la cavité de la bouche, dans laquelle on ne trouve plus de trace de la langue. La trachée-artère ne consiste plus que dans une série de cerceaux cartilagineux très bien disséqués et tout à fait dépourvus de parties molles ; néanmoins ils ont tous conservé leurs positions respectives. La membrane postérieure de la trachée offre une infinité de petits trous résultant de la putréfaction. Il existe aussi tout le long de ce conduit une quantité notable de vase. Le ligament antérieur de la colonne vertébrale est détruit ; tous les autres trousseaux ligamenteux paraissent intacts.

La glande mammaire droite est convertie, ainsi que la gauche, en gras de cadavre ; le muscle grand pectoral peut être très facilement disséqué ; une substance celluleuse très dense le sépare de la glande ; la couleur de ce muscle est rose grisâtre. Immédiatement au-dessous, on trouve le petit pectoral parfaitement conservé, mais d'une couleur plus brune ; vers le cartilage des côtes, les parties aponévrotiques du grand pectoral ont complétement disparu. Les muscles intercostaux sont appréciables dans toute leur longueur, excepté dans les points correspondants à la destruction des parties molles extérieures, formant l'excavation circulaire dont nous avons parlé. Le périoste se détache facilement en avant des côtes. Il adhère en arrière. En poursuivant la dissection du grand pectoral, en dehors et du côté du bras, on arrive au deltoïde, qui offre le même aspect en dedans et en haut ; mais, vers la partie inférieure, ses fibres sont d'un rose clair. Il semble que la trace celluleuse du muscle soit convertie en gras de cadavre, tandis que les fibres sont parfaitement conservées. Il en est de même des muscles du bras droit, des nerfs, des artères et des veines de ce muscle ; une partie de la capsule de l'articulation scapulo-humérale est seule détruite.

Thorax. — Cavité droite en grande partie remplie d'eau et de vase ; poumon droit tellement affaissé sur lui-même, qu'il ne consiste plus qu'en une bande mollasse de quelques lignes d'épaisseur. Sa surface est ardoisée, elle adhère intimement au médiastin, par la membrane séreuse qui le recouvre. Il plonge au fond de l'eau.

La cavité gauche est tapissée par la plèvre, qui paraît blanche, mince, d'un aspect nacré, se détachant assez facilement des côtes. Le poumon de ce côté forme une lame très mince, appliquée sur toute la partie gauche du cœur et du médiastin. La racine des poumons présente ses vaisseaux

très distincts ; l'artère pulmonaire, coupée en travers , laisse une ouverture béante. Le tissu des poumons offre une teinte ardoisée ; il est très
dense, très compacte et très mou. La *totalité* de l'air en a été expulsée ;
mais si l'on introduit un tuyau de plume dans plusieurs divisions des
bronches, on parvient à l'insuffler avec une grande facilité. La membrane
interne des bronches est très blanche.

Cœur. — Une masse considérable de graisse , transformée en gras de
cadavre, recouvre le péricarde en avant. La couleur du cœur est jaunâtre :
cet organe a considérablement diminué de volume ; ses parois sont appliquées les unes contre les autres. Sa forme est celle d'un triangle. En
avant, se remarque un sillon profond sur toute sa face antérieure. Ce
sillon part de la naissance de la crosse de l'aorte, gagne la partie moyenne
du bord droit du cœur et se contourne à gauche ; de manière à correspondre au trajet de l'une des branches de l'artère coronaire. Les parois
de l'aorte sont flasques et conservent moins de consistance que celles des
veines. Les carotides sont bien distinctes , ainsi que la sous-clavière gauche ; elles sont enveloppées d'une graisse celluleuse fort dense. La veine
cave supérieure est parfaitement conservée. Ses parois sont plus denses
que celles des artères. L'oreillette droite et le ventricule droit ont une
consistance plus grande que l'oreillette gauche et le ventricule du même
côté ; point d'apparence de sang dans ces cavités ; la veine cave inférieure
est tout à fait intacte. Les valvules tricuspide et mitrale sont bien visibles. Les ventricules droit et gauche sont très dilatés ; leur surface interne est tapissée par des colonnes charnues encore intactes ; mais les
portions tendineuses de ces colonnes sont de même couleur que le tissu
musculaire. Les parois du ventricule gauche sont , dans leur presque totalité, saponifiées ; celles du ventricule droit n'offrent qu'une couche très
mince de gras de cadavre. L'aorte n'est pas altérée dans toute sa longueur ; ses parois seulement sont plus flasques et d'un toucher graisseux
à sa crosse.

Abdomen. — Diaphragme parfaitement intact ; le foie forme une masse
d'un brun grisâtre , pulpeuse , mollasse, et plus rouge à mesure qu'on
examine l'organe plus profondément ; on distingue très bien les vaisseaux
qui pénètrent dans sa substance ; la vésicule est intacte, sa cavité contient
un liquide séreux. Sa surface interne, très brune, paraît parsemée d'une
foule de petits vaisseaux très déliés ; la membrane qui la tapisse est comme
chagrinée ; certains points sont de couleur grisâtre ; le volume du foie est
réduit au moins d'un tiers ; on distingue très bien le sillon antéro-posté-
rieur où se rend le ligament ombilical. Ce dernier, parfaitement conservé,
très dense, libre dans l'abdomen, retient , à son extrémité détachée de
l'ombilic , une portion de masse saponifiée , provenant des débris du
pourtour de l'anneau ombilical.

Il existe entre les parois abdominales et ce qui reste dans l'abdomen ,
un espace très considérable, résultant du développement de ces parois.
La masse des organes qui existent dans l'abdomen est recouverte d'une
couche de vase et d'une foule de débris de végétaux. Quand on enlève la
vase, on arrive à plusieurs cavités , dont une principale borde en haut et
à gauche toute la concavité du diaphragme, et s'étend en bas sur une
masse épaisse, dure, qui paraît être le mésentère. Cette cavité peut avoir
huit pouces d'étendue de haut en bas ; sur sept pouces de large ; ses parois consistent dans une membrane assez dure n'ayant que peu d'analogie
avec les membranes muqueuses et étant plus épaisse que les séreuses ;
ces contours paraissent indiquer plutôt la place de l'estomac, que l'estomac lui même. Ils forment un repli assez considérable du côté du foie

et n'adhèrent nullement à la concavité de cet organe. Les autres petites cavités sont des portions d'intestins. A gauche et derrière la cavité qui représente l'estomac, on trouve un organe violacé qui n'est autre chose que la rate enveloppée du péritoine, mais réduite en putrilage, au milieu de son enveloppe très dense et parfaitement conservée.

Derrière la cavité gastrique, une lame graisseuse, qu'on ne peut guère regarder que comme le mésentère, est unie à des portions d'intestins. Ces portions superficielles, comme desséchées, recouvrent des intestins mous, flexibles, analogues à ceux qui ont macéré pendant deux ou trois jours dans l'eau. Ils sont blafards et grisâtres. Dans plusieurs anses intestinales, on retrouve des matières fécales. Les gros intestins, côlon ascendant, descendant, ainsi que la cavité du cœcum, sont très visibles; mais l'arc transversal du côlon a totalement disparu, ainsi que les épiploons. Derrière chaque côlon, se remarquent les reins diminués de volume, mais ayant conservé leur couleur; ils sont très mous. Quand on les incise, on observe que la couche corticale n'a pas subi d'altération bien notable, mais qu'une partie de la substance mamelonnée forme autour des calices et du bassinet une matière saponifiée. Les uretères existent dans toute leur intégrité, et il est facile de les suivre jusqu'à la vessie. La paroi antérieure de cette poche musculo-membraneuse manque; l'urètre est remplacé par un large trou; une partie des grandes lèvres est détruite.

Derrière la vessie et au-devant du rectum, existent encore quelques fragments de ligaments larges; l'utérus et les ovaires ont complétement disparu ; on ne retrouve du vagin qu'un canal de la longueur d'un pouce environ, et tombant en putrilage.

Cuisses coupées circulairement à la hauteur du pli de l'aine. — L'épaisseur de la peau est visible dans toute la circonférence antérieure; le tiers postérieur offre la trace de la peau, dont l'épaisseur est très marquée en arrière, et qui se confond insensiblement en avant avec la couche calcaire. Le tissu cellulaire de la partie postérieure de la cuisse est noirâtre, putréfié, très odorant; les muscles de la partie postérieure sont conservés à peu près intacts; ceux de la partie interne sont saponifiés; ceux de la partie externe sont assez naturels; ils contiennent beaucoup de liquide infect.

DONNÉES GÉNÉRALES SUR L'ÉPOQUE DE LA MORT.

Si, d'après les faits que nous venons de rapporter, et un grand nombre d'autres que l'étendue de cet ouvrage ne nous permet pas de reproduire, nous cherchons à assigner des caractères propres à déterminer depuis combien de temps un noyé est resté dans l'eau, en supposant que la submersion ait eu lieu en hiver, nous sommes conduit à admettre les moyennes suivantes :

1° *De trois à cinq jours.* — Rigidité cadavérique; refroidissement du corps; pas de contractions musculaires sous l'influence du fluide électrique; l'épiderme des mains commençant à blanchir.

2° *De quatre à huit jours.* — Souplesse de toutes les parties;

pas de contractions sous l'influence du fluide électrique ; couleur naturelle de la peau ; épiderme de la paume des mains très blanc.

3° *De huit à douze jours.* — Flaccidité de toutes les parties ; épiderme de la face dorsale des mains commençant à blanchir ; face ramollie et présentant une teinte blafarde, différente de celle de la peau du reste du corps.

4° *Quinze jours environ.*—Face légèrement bouffie, rouge par places ; teinte verdâtre de la partie moyenne du sternum ; épiderme des mains et des pieds totalement blanc, et commençant à se plisser.

5° *Un mois environ.* — Face rouge-brunâtre, paupières et lèvres vertes ; plaque rouge-brune, environnée d'une teinte verdâtre, à la partie antérieure de la poitrine ; épiderme des mains et des pieds blanc, développé, et plissé comme par des cataplasmes.

6° *Deux mois environ.* — Face généralement brunâtre, tuméfiée ; cheveux peu adhérents ; épiderme des mains et des pieds en grande partie détaché ; ongles encore adhérents.

7° *Deux mois et demi.* — Épiderme et ongles des mains détachés ; épiderme des pieds détaché ; ongles encore adhérents.

Chez la femme, coloration en rouge du tissu cellulaire souscutané du cou et de celui qui environne la trachée et les organes contenus dans la cavité de la poitrine ; saponification partielle des joues, du menton ; saponification superficielle des mamelles, des aines et de la partie antérieure des cuisses.

8° *Trois mois et demi.* — Destruction d'une partie du cuir chevelu, des paupières, du nez ; saponification partielle de la face, de la partie supérieure du cou et des aines ; corrosions et destructions de peau sur diverses parties du corps ; épiderme des mains et des pieds complétement enlevé ; ongles tombés.

9° *Quatre mois et demi.* — Saponification presque totale de la graisse de la face, du cou, des aines et de la partie antérieure des cuisses ; commencement d'incrustation calcaire sur les cuisses ; commencement de saponification de la partie antérieure du cerveau ; état opalin de la plus grande partie de la peau ; décollement et destruction de la presque totalité du cuir chevelu ; calotte osseuse dénudée, commençant à être très friable.

Quant aux époques plus reculées, nous ne nous permettrons pas de donner même des approximations.

Nous croyons avoir représenté le tableau fidèle de la putréfaction dans l'eau ; nous donnons aujourd'hui, avec confiance, les époques que nous avons assignées à chacune de ses phases. Nous avons vérifié, et d'autres ont vérifié avec nous, l'exactitude de ces époques nombre de fois, et, depuis la publication de notre travail dans les *Annales d'hygiène* pendant l'année 1830, nous n'avons rien trouvé qui dût y être modifié.

Putréfaction en été.

Durant les fortes chaleurs de l'été, il est rare qu'un noyé reste plus de dix ou douze jours dans l'eau. La putréfaction gazeuse survient si rapidement, qu'elle donne au corps un poids spécifique moins considérable, et qu'elle le fait surnager, même bien avant cette époque ; le cadavre offre alors les caractères que j'ai assignés à six semaines de putréfaction. Ainsi, la face est bouffie ; les yeux sont presque fermés par les paupières distendues de gaz ; les lèvres sont volumineuses ; toute la face est brunâtre. Le corps, en général, a acquis plus de volume, et ses formes sont arrondies. La peau présente une teinte opaline sur un fond vert ; une plaque verte existe au centre de la poitrine, dans l'espace qui sépare les mamelles. L'épiderme des mains est plissé, épaissi, comme par l'application des cataplasmes, et tous les tissus et organes de l'économie ont acquis l'état que j'ai décrit à l'occasion de la période gazeuse de la putréfaction.

Il y a donc vingt à vingt-deux jours de différence entre la marche de la putréfaction en été et celle de la putréfaction en hiver. Toutes les autres époques de l'année sont des intermédiaires à prendre entre ces deux extrêmes. — Cinq à huit heures de séjour dans l'eau en été correspondent à la période n° 1 de trois à cinq jours, en hiver. En vingt-quatre heures, la période n° 2, de quatre à huit jours, est survenue. Quarante-huit heures se rapportent à peu près à la troisième, celle de huit à douze jours. Celle de quatre jours équivaut à la quatrième, de quinze jours. Quant aux phénomènes, ils sont les mêmes ; toute la différence consiste dans le temps qu'ils mettent à se développer.

Pendant le printemps, la succession de ces phénomènes n'est pas aussi rapide. Vingt-quatre heures d'eau, dans cette saison, n'amènent qu'une légère teinte blanchâtre de l'épiderme de la face palmaire des mains, qui se dessine sur un fond violacé principalement marqué aux éminences thénar et hypothénar. Il faut trois jours à peu près pour que l'épiderme devienne blanc, encore celui de la face dorsale des pieds est-il à peine blanchi. Au cinquième jour, il commence à s'épaissir principalement entre les doigts, et c'est vers le vingtième que l'on observe l'état coïncidant à la période d'un mois en hiver. Nul doute que ces phénomènes ne doivent s'opérer plus lentement, au commencement du printemps, qu'à la fin; aussi n'arrive-t-on à pouvoir établir des approximations pendant ces deux saisons de l'année qu'en tenant compte de la température atmosphérique qui a existé depuis un certain laps de temps.—Nous ne saurions trop appeler l'attention des médecins à ce sujet, surtout pendant la transition de l'hiver au printemps. Quand un hiver a été très rigoureux, la putréfaction marche très lentement pendant le premier mois du printemps. On ne peut pas raisonner de la même manière à l'égard de l'automne, et dire : Quand un été a été très chaud, la putréfaction marche très vite en automne, quoique cette conséquence dût paraître découler de la proposition précédente. Voici quelle serait la cause de l'erreur : les liquides ne s'échauffent que très difficilement par leur surface, qui est au contraire la source la plus puissante de leur refroidissement; par conséquent, une rivière qui, pendant un hiver rigoureux, aura été soumise à une température très basse et longtemps soutenue, exigera, pour se mettre en équilibre avec la température de l'atmosphère, un temps extrêmement long, puisqu'il faut qu'elle s'échauffe par sa surface. Elle se refroidira, au contraire, très rapidement, parce que les molécules d'eau les plus chaudes, occupant toujours la surface du liquide, à cause de leur poids spécifique, viendront se mettre en équilibre avec l'air pour être remplacées par les molécules les plus profondément situées.

D'après le point de départ que nous avons pris pour esquisser le développement de la putréfaction en été, il résulterait que l'on n'aurait jamais à constater une époque de submersion plus ancienne que celle de huit à douze jours. Nous serions fâché que l'on donnât un sens absolu à cette proposition générale. J'ai dû cependant l'énoncer comme l'expression de ce que l'on observe le plus fréquemment. En effet, on ne retire le plus souvent un noyé de l'eau que lorsqu'on l'aperçoit surnager à la surface d'une rivière; or la surnatation étant le résultat de la production gazeuse dans le tissu cellulaire et les principaux organes, la durée de la submersion doit être en raison de l'époque de la production gazeuse. — Mais il est des noyés que des circonstances toutes fortuites font découvrir. Rien n'est plus commun que les mouvements de sable ou de vase qui constituent le lit d'une rivière. D'un moment.à l'autre, une masse de sable peut être déplacée par le courant, et ce déplacement peut mettre un corps à découvert, ou surcharger un cadavre immergé depuis quelques jours seulement, et chez lequel la putréfaction n'était pas assez avancée pour amener la surnatation. Dans le premier cas, trois résultats possibles pourront être obtenus : A. Le corps est depuis peu de temps dans l'eau, il est arrivé à cette époque où la production gazeuse se manifeste; alors sa surnatation s'effectuera sur-le-champ. — B. Le corps est dans l'eau depuis quatre, cinq ou six mois; il est plus ou moins complétement saponifié. La surnatation sera immédiate, parce que le poids absolu et le poids spécifique ont considérablement diminué. — C. Le corps a passé l'époque du développement de la putréfaction gazeuse, il est dans cette phase intermédiaire à cette période et à la saponification; alors il pourra rester au fond de l'eau, nager entre deux eaux, ou venir à la surface, suivant une foule de circonstances qu'il est impossible d'établir. Dans le second cas, une fois recouvert de sable, le corps peut rester des mois, je dirais presque des années, sans sortir de l'eau; il est donc impossible de rien préciser sur ce qui peut arriver dans la suite. Enfin, un noyé peut être accroché par un bateau, être retenu immobile dans la rivière par une cause purement accidentelle, et s'il passe la période de putréfaction gazeuse dans ce lieu et ainsi retenu, alors il pourra rester beaucoup plus de temps dans la rivière, en supposant même que son poids spécifique soit beaucoup moins considérable que celui de l'eau. C'est encore pour nous une question, que celle de savoir si la putréfaction gazeuse *a nécessairement* lieu dans les temps froids; mais nous la regardons comme constante dans les temps chauds.

Il nous reste actuellement à prémunir les médecins légistes contre les erreurs qu'ils pourraient commettre en ne tenant pas compte, dans leur diagnostic, des changements que les cadavres éprouvent à l'air, après leur sortie de l'eau. L'expert comprendra toute l'importance qu'il doit attacher à cette étude, et à quelles méprises l'oubli de ces faits pourrait le conduire. Aussi allons-nous tracer des données qui devront lui servir de guides. Un cadavre est retiré de l'eau en été : son volume n'a rien que d'ordinaire; sa figure est un peu rougeâtre; une plaque verte, limitée à quelques pouces, existe au centre de la poitrine; l'épiderme des mains et des pieds est plissé comme par des cataplasmes; la peau est d'un blanc tirant un peu sur l'opale, et les membres ont perdu la forme inégale que leur donnaient les muscles dans l'état de rigidité. Voyez ce corps après quatre ou cinq heures d'exposition à l'air : La tête a presque doublé de volume; il en est de même de toutes les autres parties. Sa figure est *celle d'un nègre;* les paupières sont saillantes, tuméfiées; les joues sont arrondies et effacent le nez, qui n'a pu se prêter à une distension aussi considérable à cause de la densité du tissu cellulaire sous-cutané; les lèvres sont volumineuses, écartées l'une de l'autre; la bouche béante; le cou est à peine dessiné; la saillie des mamelles a disparu; la poitrine est uniformément arrondie, les bras sont écartés du corps et placés presque dans l'extension; le ventre est saillant, volumineux; les bourses énormes; le pénis dans l'érection; les cuisses et les jambes sont écartées l'une de l'autre; à la surface de la peau se dessine le trajet des veines sous-cutanées, au moyen de stries bleuâtres, verdâtres ou brunes; des phlyctènes sont disséminées çà et là à la surface du corps; il suinte de l'angle interne des yeux, des narines, de la bouche, de l'anus, un liquide d'un brun rougeâtre, parsemé de bulles gazeuses; ce liquide s'échappe même par les pores de la peau; quant à cette enveloppe, elle a pris une teinte généralement verdâtre, et plus tard elle offrira une teinte brune. La plaque verte du sternum a persisté ou s'est foncée en brun, et quoique la putréfaction en vert, résultant du contact de l'air, se soit étendue sur les côtés de la poitrine et aux épaules, on voit, par sa couleur foncée, qu'elle a préexisté à ces changements de source atmosphérique. L'état seul des mains et des pieds n'a pas été modifié; aussi avons-nous tiré nos caractères de submersion principalement de ces parties, au moins pour cette époque.

En présentant ce tableau, nous avons choisi la période de séjour dans l'eau qui est plus favorable au développement de ces phénomènes; mais il ne faudrait pas croire qu'il en est ainsi pour toutes les époques de la submersion; nous établirons à ce sujet les données suivantes : Un cadavre qui a séjourné quelques jours dans l'eau subit en général peu de changements par son contact avec l'air pendant l'hiver; le contraire a lieu dans les fortes chaleurs de l'été. — Toute partie d'un cadavre arrivé à l'état de saponification ne s'altère pas sensiblement à l'air. Par conséquent, ce n'est pas dans les corps très récemment noyés, et dans ceux qui ont séjourné pendant fort longtemps dans l'eau, que l'on observera ces changements, mais bien chez ceux qui ont depuis huit jours jusqu'à un mois ou six semaines d'eau ; c'est-à-dire chez ceux qui offrent l'état de putréfaction caractérisée par la production de gaz et le ramollissement des tissus. — Ces changements, nuls en hiver, très nombreux et très rapides en été, seront toujours en raison de la température élevée de l'atmosphère. Mais avec un peu d'habitude de voir des noyés, on en tiendra facilement compte. Faisons d'ailleurs observer, et nous ne saurions trop le répéter, que les caractères de l'époque de la submersion se déduisent non pas tant de l'aspect général du cadavre, que de certaines parties sur lesquelles nous avons fondé les signes distinctifs de nos époques.

PUTRÉFACTION DANS LES FOSSES D'AISANCES.

L'histoire de la putréfaction dans les fosses d'aisances ne repose pas sur un grand nombre de faits ; ceux que l'on possède se rapportent en général à des enfants nouveau-nés. Il est vrai de dire que c'est dans les cas d'infanticide surtout qu'il y a un intérêt très direct à déterminer l'époque de la mort, afin que cette indication vienne confirmer ou infirmer des soupçons élevés sur une femme inculpée d'infanticide. M. Orfila, aidé de MM. Gerdy et Hennelle, fit d'abord quelques expériences sur l'influence des gaz des fosses d'aisances, et des matières de ces fosses, sur des portions de fœtus ; mais cette manière de procéder, tout en pouvant conduire à quelques résultats utiles, était tout à fait insuffisante, parce que la putréfaction suit une marche différente à l'égard des corps entiers. Plus tard, MM. Orfila et Lesueur ont placé successivement six enfants nouveau-nés dans des matières fécales contenues dans des tonneaux, et ils les ont examinés à diverses époques de leur séjour. C'est avec ces dernières observations que nous allons chercher à esquisser la succession des phénomènes putrides qui s'opèrent dans les fosses d'aisances. Le lecteur comprendra qu'un nombre aussi restreint d'expériences ne saurait donner aux détails qui vont suivre toutes les garanties d'invariabilité que l'on désire dans la narration de faits d'une application pratique aussi journalière ; il y a lieu de multiplier ces recherches.

Le premier phénomène qui se produit par le séjour du corps dans la matière liquide et dans la matière solide de la fosse, c'est une coloration opaline de la peau, dont nous avons signalé l'existence sur un homme qui avait été asphyxié pendant une vidange, et dont nous rapporterons l'observation à l'histoire de l'asphyxie par le gaz des fosses d'aisances. Cette teinte n'a pas été signalée dès le début de la putréfaction dans les expériences rapportées par MM. Orfila et Lesueur, mais bien une coloration verte ou violacée de la peau, avec taches bleues ou violettes lie de vin, dans quelques points de la surface extérieure du corps. Elle est pourtant généralement très appréciable, et à un tel point que sans connaître l'origine d'un cadavre qui nous était présenté, nous avons reconnu son séjour dans une fosse d'aisances, rien qu'à son aspect général. Des gaz se développent dans les cavités et dans le tissu cellulaire ; le corps prend un volume plus ou moins considérable, et la surnatation s'opère soit partiellement, soit en totalité. L'épiderme se détache, à la face, sur le tronc, après avoir blanchi et s'être plissé aux pieds et aux mains, comme cela a généralement lieu toutes les fois qu'un cadavre est placé dans un milieu humide. La succession de ces phénomènes s'opère en neuf jours en été, et à une température de 16 à 22 degrés.

Vers le dixième jour, le cadavre entier est de couleur pâle tirant légèrement sur l'olive très clair. L'épiderme existe encore généralement ; les ongles sont encore adhérents ; le tissu cellulaire sous-cutané a conservé son aspect ; les muscles sont très pâles. Les poumons sont emphysémateux, la membrane muqueuse laryngienne trachéale et bronchique est de couleur olivâtre. Celle de la bouche a une teinte ardoisée. Le foie présente la même couleur, surtout supérieurement.

A une époque plus avancée, et vers *le vingtième jour* environ, la couleur du cadavre offre des nuances variées de blanc, de vert et de bleu ; çà et là il présente des marbrures (1). L'épiderme est soulevé et plissé à la plante des pieds et à la paume des mains. Il existe partout ; il s'enlève facilement sur les parties qui se trouvaient hors du liquide ; il adhère fortement à celles

(1) Nous pensons que ces colorations diverses tiennent à ce que le corps qui fournit les documents de cette description a surnagé les matières ; car dans un assez grand nombre d'ouvertures d'enfants tirés des fosses d'aisances, de l'examen desquels nous avons été chargé par la justice, nous avons toujours été frappé de l'uniformité constante de coloration et de l'aspect opalin de la peau reposant sur une teinte verte ou grisâtre.

qui plongent dans la matière. Les ongles sont encore adhérents. Le derme est diversement coloré en rouge ocracé, en vert d'herbe, en gris ou gris verdâtre. Le tissu cellulaire sous-cutané est d'un jaune safrané ; il est rempli de gaz et d'un liquide sanguinolent dans certains points. Les muscles de l'abdomen ont verdi. Les yeux sont saillants ; les oreilles et les lèvres sont ramollies, ces dernières vertes. Le cerveau et le cervelet sont en bouillie ; les poumons très emphysémateux ; la membrane muqueuse digestive et les parois du tube intestinal sont d'une couleur lie de vin plus ou moins prononcée ; le foie, d'une couleur bleue foncée à l'extérieur.

Vers le trentième jour, teinte générale d'un gris rosé sale ; épiderme blanc et soulevé dans un grand nombre de points, se détachant très facilement. Les ongles encore adhérents, mais faciles à arracher, ainsi que les cheveux. Peau généralement rougeâtre et parsemée de taches ardoisées. Sérosité sanguinolente dans le tissu cellulaire. Ramollissement des muscles. Cartilages violets et un peu ramollis. Des gaz accumulés entre le cerveau et les membranes. Trachée-artère d'un gris verdâtre ; poumons très emphysémateux, généralement rougeâtres et très ramollis, près de tomber en putrilage.

Vers le quarantième jour, corrosions de la peau et granulations blanchâtres de sous-phosphate de chaux ; parfois éventration et destruction de la peau, sous l'influence de la putréfaction et des vers (asticots) qu'elle développe. Tissu cellulaire ressemblant à de la gelée de groseilles rouges dans quelques points. Ramollissement de tous les organes. Paupières et globes oculaires en partie détruits. Les canaux cartilagineux de la trachée et les cartilages du larynx ramollis et déformés. Les poumons tellement ramollis et emphysémateux, qu'on n'aperçoit plus dans leur tissu que des grosses bulles gazeuses (1).

Vers le cinquante-cinquième jour, épiderme presque entièrement détaché, ainsi que les ongles. La peau offrant les colorations blanc grisâtre, rouge ocracé, vert bleuâtre, gris bleuâtre. Plusieurs portions de peau détruites, notamment à la face, aux parois abdominales, aux mains. Granulation de sous-phosphate

(1) C'est un phénomène fort remarquable que cet état emphysémateux du tissu pulmonaire dans ces sortes de cas ; il est tellement prononcé, que dans plusieurs expertises judiciaires, il nous a été impossible de procéder à la moindre expérience de docimasie hydrostatique, et qu'il a fallu renoncer à toute indication relative à l'existence ou à l'absence de la respiration.

de chaux sur un grand nombre de points de la région antérieure
du corps. Aspect gelée de groseilles du tissu cellulaire. Les muscles plus ou moins détruits à la face et sur les régions antérieures
du tronc. Les os à nu à la face ; saponification des parties molles
qui y adhèrent encore dans certains points. Le cerveau en bouillie.
Poumons de plus en plus emphysémateux. Conservation partielle,
mais avec amincissement des organes digestifs. Diminution de
volume du foie. Un nombre considérable de gros vers (asticots)
dans la cavité abdominale.

Tout en regardant ces données comme propres à éclairer sur
les phénomènes de la putréfaction qui s'opère dans les fosses
d'aisances, nous craignons cependant qu'elles ne présentent pas
le tableau fidèle de ce qui se passe lorsqu'une mère vient à jeter
son enfant dans un pareil milieu, peu de temps après l'accouchement, et surtout avant que la putréfaction se soit développée.
Dans trois des expériences précédentes, déjà il existait chez les
enfants un commencement de putréfaction s'annonçant par une
teinte verte de la peau. Ce qui me fait faire cette réflexion, c'est
que je suis frappé du développement considérable de la putréfaction gazeuse, dans les premiers temps du développement de
la putréfaction, phénomènes suivis d'une fonte putride plus ou
moins marquée. Or, d'après les expertises judiciaires que j'ai
faites, je serais porté à regarder les matières fécales comme constituant un des milieux les plus propres au développement de la
saponification, et dans les expériences de MM. Orfila et Lesueur,
la saponification ne joue qu'un rôle fort secondaire. Il y a plus,
la transformation en gras de cadavre est généralement si rapide,
qu'elle induit en erreur beaucoup de médecins qui sont portés à
assigner à la mort une date beaucoup plus ancienne qu'elle ne
l'est réellement. Il reste donc encore beaucoup à faire pour
éclairer ce point d'observation, car les phénomènes que nous
avons indiqués pour chaque époque ne reposent que sur l'examen
d'un seul fait.

PUTRÉFACTION DANS LE FUMIER.

Les corps de cinq enfants ont été placés dans le fumier par
MM. Orfila et Lesueur. Nous extrayons des observations rapportées dans leur *Traité sur les exhumations juridiques* le tableau

suivant : *Au sixième jour*, aucun changement, excepté un léger plissement de l'épiderme aux pieds.

Au quatorzième jour, l'épiderme commence à se détacher par le grattage de la peau avec un scalpel ; il est très blanchi et plissé aux mains et aux pieds ; la peau a une teinte généralement plus verdâtre.

Au vingt-troisième jour, enduit jaune d'ocre de la consistance de la pommade sur la peau ; çà et là, des moisissures d'un blanc grisâtre ou d'un blanc d'albâtre ; peau d'un rose clair sous l'épiderme enlevé ; traits de la face méconnaissables ; chute facile des cheveux par traction ; quelques vers dans la bouche.

Au trente-cinquième jour, teinte *jaune abricot clair* de la peau ; épiderme existant encore, mais se détachant facilement ; même enduit graisseux avec moisissures ; ongles et cheveux adhérents ; aspect chair de poule du derme mis à nu par l'enlèvement de l'épiderme ; tissu cellulaire sous-cutané généralement dur et jaune ; muscles pour la plupart à l'état normal ; tendons, ligaments, cartilages d'un gris jaunâtre ; dépression de toutes les parties saillantes de la face ; cerveau ramolli, le larynx et la trachée-artère d'un rouge violet ; les poumons, crépitants, sans apparence d'emphysème et de couleur naturelle ; estomac et intestins d'un rouge livide clair ; le foie très ramolli.

Au cinquante-troisième jour, une grande quantité de vers à la surface du corps ; surface diversement colorée ; enduit jaunâtre abondant ; moisissures blanches en grande quantité ; l'épiderme se détache en enlevant le fumier qui adhère au corps : partout il est blanc ; enduit analogue à un onguent à la surface du corps ; ramollissement de la peau ; ongles détachés ; cheveux à peine adhérents ; tissu cellulaire sous-cutané saponifié ; muscles d'un rouge foncé et ramollis ; couleur rosée ou rouge des aponévroses, des tendons, des ligaments, des cartilages et des os ; parties molles de la face partiellement détruites : ce qui reste est à l'état de gras de cadavre ; os maxillaire inférieur désarticulé ; dents tombées dans la bouche ; crâne dénudé ; cerveau transformé en une bouillie rose sale ; granulations calcaires dans le larynx et la trachée ; poumons très emphysémateux ; estomac d'un vert foncé, virant à la couleur d'ardoise ; canal intestinal jaunâtre, d'une couleur ardoise au voisinage du foie, ramollissement de ses parois ; foie d'un vert ardoisé, ramolli.

Au soixante-dix-neuvième jour, teinte généralement plus foncée du corps ; épiderme détaché en plusieurs points, la peau s'en dépouillant au moindre frottement ; enduit poisseux à sa surface, servant à agglutiner les membres au tronc ; consistance encore assez prononcée du derme ; sur certains points du tronc, et particulièrement à l'abdomen et sur les parties antérieures et latérales de la poitrine, granulations nombreuses, comme sablonneuses, sortes d'incrustations calcaires dures, réunies en quelques points par petites plaques de couleur blanche, mais diversement colorées, suivant l'enduit dont elles sont recouvertes ; muscles plus pâles et moins consistants, infiltrés au tronc de sérosité sanguinolente, plus lubrifiés et plus humides au dos ; toutes les parties molles de la face encore conservées ; le cerveau un peu ramolli, les poumons emphysémateux ; estomac et intestins se rapprochant de la couleur lie de vin, le premier organe plus foncé en couleur que les autres ; foie très ramolli ; point de vers sur le cadavre.

Dans une expérience faite avec le corps d'un enfant nouveauné, placé pendant l'été dans du fumier dont la température s'élevait à 45 degrés, tandis que le thermomètre était, à l'air, à 26, il a suffi de *vingt-quatre heures* de séjour du corps dans ce milieu pour amener les désordres suivants : épiderme détaché dans quelques points, et s'enlevant avec facilité dans les autres ; la peau comme cuite, et facile à déchirer ainsi que les muscles ; *vingt-quatre heures après*, la putréfaction avait fait de tels progrès qu'on ne pouvait enlever le corps que par morceaux ; les os, même ceux du crâne, étaient disjoints et laissaient le cerveau à nu ; la consistance de la chair était celle de la viande cuite et ramollie, si ce n'est qu'elle était un peu fétide ; on ne découvrait plus que des débris d'organes.

Une expérience analogue, répétée sur un enfant de six jours amena un pareil résultat.

On voit, par ces faits succincts, combien le fumier hâte la putréfaction ; il peut, lorsque par le fait de la fermentation qui s'y opère la température prend un grand accroissement, donner lieu à des phénomènes remarquables de combustion sur l'homme vivant. Nous en rapporterons un exemple à l'article COMBUSTION HUMAINE SPONTANÉE.

CHAPITRE VI.

DES ALTÉRATIONS CADAVÉRIQUES QUE L'ON POURRAIT CONFONDRE AVEC DES ALTÉRATIONS PATHOLOGIQUES.

Lorsque nous avons fourni les moyens de déterminer l'époque de la mort, page 140, nous nous sommes attaché à établir des distinctions entre les phénomènes qui accompagnent ou suivent de près le moment de la mort, et les lésions faites pendant la vie. Il ne s'agissait, le plus ordinairement, que de constater un décès récent, et par conséquent il ne devait être question que d'altérations cadavériques récentes ; mais actuellement que nous aurons à retracer la marche à suivre dans les ouvertures de corps en général, nous fournissons dès à présent l'ensemble des documents nécessaires à l'interprétation des faits qui peuvent s'y rattacher, et par conséquent qui datent d'une époque plus ou moins éloignée du moment de la mort. Nous allons passer successivement en revue les principaux phénomènes de la putréfaction qui peuvent avoir de l'analogie avec des altérations morbides.

1° *Des colorations de tissus ou d'organes. — Ecchymoses cadavériques.* — La teinte violacée de la peau, par le fait de la putréfaction, est la seule coloration qui puisse en imposer aux médecins. Elle simule alors l'aspect d'une contusion, et fréquemment en effet elle a été l'objet de méprises de ce genre. Le rapport suivant en est un exemple :

Soupçons d'assassinat.

Nous soussignés, docteurs en médecine, nous sommes transportés quai du Beau-Grenelle, barrière de la Cunette, n° 5, chez le sieur S..., accompagnés de M. B... de la S..., substitut de M. le procureur du roi, et de M. L..., juge d'instruction, à l'effet de procéder *à l'examen* et *à l'autopsie du corps d'un jeune homme* que l'on suppose être le sieur C..., élève de l'école d'Alfort, retiré de la Seine le 3 courant, et *de déterminer la nature et la gravité des blessures remarquées sur le cadavre de C...; s'il a existé des traces indiquant que l'on a bâillonné le sieur C...? si, de l'état de l'estomac et des intestins, il résulte que ce dernier fût en état d'ivresse au moment de la mort ? quelle est l'époque de la sub-*

mersion ? si C... était vivant au moment de son immersion dans l'eau ? la date des blessures et des contusions ? l'époque et les causes de la mort ? la nature et la gravité des taches remarquées sur la chemise, le gilet et le faux-col dont C... était couvert ?

On nous a d'abord donné communication d'un rapport de M. le docteur M..., qui avait été appelé par M. le commissaire de police de Vaugirard, pour assister à la levée du corps; pour procéder à son inspection extérieure; pour rechercher s'il existait des traces de blessures, et si la mort était due à l'asphyxie par submersion, ou si elle n'aurait pas précédé l'immersion dans l'eau ? Le docteur M... a reconnu : 1° *Une contusion étendue de la racine du nez au front et aux yeux. 2° Une seconde contusion sur la base pariétale droite, de deux pouces de diamètre. 3° Une ecchymose de quatre à cinq pouces sur la partie antérieure du thorax. 4° Quatre ecchymoses sur la partie postérieure et supérieure du thorax. 5° Une contusion à l'extrémité du cou et sous le menton. 6° Une contusion de deux pouces de diamètre à la partie externe et supérieure de la cuisse droite.* Il a cru devoir conclure de ses observations : 1° que les blessures qui existaient à l'extérieur du corps ont été faites par un corps contondant et avant la mort; 2° que C... était vivant au moment de son immersion dans l'eau; que toutefois l'autopsie cadavérique pouvait seule faire connaître si les blessures avaient été capables de déterminer la mort avant la submersion. 3° Que le corps avait été de dix à douze jours dans l'eau.

On a mis sous nos yeux les vêtements de ce jeune homme ; on observe sur l'habit un trou ou déchirure à la partie supérieure de la manche gauche, qui paraît plutôt le résultat de l'action d'un crochet de marinier que de celle d'un instrument tranchant; le cadavre, au surplus, ne nous a pas offert de lésion qui correspondît à cette déchirure. Le faux-col, la chemise, le devant de ce vêtement, et les doublures d'un gilet bleu doublé d'une étoffe grise, sont remplis de taches rougeâtres, couleur de rouille, disposées régulièrement, de manière à dessiner les anneaux et la direction d'une chaîne de fer ou d'acier que C... aurait portée dans l'eau, chaîne placée de manière à suspendre ou une montre ou un lorgnon ; de semblables taches, disposées sous la forme d'un carré allongé, dessinent exactement la boucle des bretelles; ce dont nous nous sommes assurés en appliquant ces boucles sur les taches.

Procédant alors à l'examen du cadavre, nous avons remarqué la face bouffie, d'une teinte rouge brunâtre; yeux saillants ; état emphysémateux du tissu cellulaire sous-cutané ; une plaque verte, de six pouces de diamètre, à la peau qui tapisse la partie supérieure de la poitrine ; l'épiderme des mains et des pieds, épais, blanc, et plissé comme par des cataplasmes, mais encore adhérent, ainsi que les ongles; *une plaque brunâtre de deux pouces de largeur à la partie externe de la cuisse gauche; le tissu cellulaire sous-cutané injecté de sang dans la partie liquide, en partie coagulé.*

Une incision cruciale de deux pouces de longueur a été pratiquée au front par le docteur M.... Il nous est impossible de déclarer s'il existait une ecchymose dans ce point, la section en ayant pu faire disparaître les traces; *mais tout le tissu cellulaire qui tapisse les paupières, le pourtour des yeux et la racine du nez est le siége d'une infiltration de sang presque entièrement coagulé, qui ne laisse pas de doute sur une contusion dans ces points; l'infiltration sanguine s'arrête au tissu cellulaire profond des orbites;* le nez, la bouche et les autres parties de la face ne présentent pas de traces de violences, de blessures ou d'hémorrhagie qui aient eu lieu dans ces diverses parties ; ce qui ne prouve pas qu'un écoulement de sang n'a pas pu s'effectuer par ces ouvertures naturelles, car la putréfaction et le séjour dans l'eau en auraient certainement fait disparaître les indices.

Il n'existe pas de fractures aux divers os du crâne et de la face ; les membranes du cerveau sont gorgées de sang ; le cerveau est d'un blanc verdâtre ; ses cavités renferment une quantité notable d'un liquide brunâtre, sans aspect sanguinolent ; on n'y trouve pas de déchirure ou d'épanchement sanguin.

Le cœur est très volumineux ; les parois de ses cavités sont distendues à gauche par des gaz seulement, à droite par des gaz et par du sang ; le larynx, la trachée-artère et ses divisions sont d'un rouge brun à leur intérieur ; on trouve, dans le larynx et la partie supérieure de la trachée, *une foule de petits corpuscules miliaires d'un blanc jaunâtre, se divisant sous les doigts, et qui ont de l'analogie avec de la graisse ; ils peuvent être comparés, par l'aspect, à des grains de semoule.*

A la partie supérieure de la trachée existent trois petits corps arrondis, noirs, durs, résistants, qui ont tous les caractères de grains de sable ; le plus gros égale presque le volume d'une petite lentille ; à sa partie inférieure, on trouve près de deux cuillerées d'un liquide assez limpide, rouge brunâtre. Les poumons sont très volumineux, adhérents, gorgés de sang dans toute leur étendue, et emphysémateux.

Dans l'estomac, existent dix ou douze cuillerées à bouche d'une matière noirâtre, assez épaisse, dans laquelle dominent les petits corps miliaires que nous avons retrouvés dans la trachée ; on observe, de plus, des haricots, des morceaux de viande de charcuterie, une substance gélatineuse d'un rouge vif, qui a quelque analogie avec la gelée d'entremets. Mais toutes ces matières ne donnent pas l'odeur vineuse ou alcoolique. Mis dans l'eau, les petits corps d'apparence graisseuse, ainsi que ceux de la trachée, surnagent, et les aliments vont au fond du liquide ; le canal intestinal offre, du reste, le commencement de la rougeur cadavérique qui accompagne la putréfaction ; le foie est sain, gorgé de sang ; les organes de l'abdomen sont en général unis entre eux par des adhérences celluleuses, amincies, qui n'ont pas acquis assez d'épaisseur pour modifier l'aspect de ces organes. De larges incisions pratiquées dans l'épaisseur des membres ne font pas reconnaître de traces de lésions profondes.

D'où nous concluons :

1° Que le cadavre de C... a séjourné dans l'eau pendant trois semaines environ.

2° Qu'il présente les traces de deux contusions *seulement* (le premier médecin en avait reconnu *neuf*), l'une aux yeux, l'autre à la cuisse gauche.

3° Qu'il est impossible de déterminer si la coloration du front est un phénomène cadavérique ou si elle caractérise une contusion, parce qu'une incision profonde a été pratiquée sur cette partie par le docteur M..., et qu'elle a donné issue aux liquides qui existaient dans le tissu cellulaire.

4° Qu'il n'existe pas d'indices qu'un bâillonnement ait été opéré pendant la vie et au moment de l'immersion dans l'eau.

5° Que la putréfaction survenue pendant le séjour du cadavre dans l'eau, ayant été portée assez loin pour faire disparaître les *signes de la submersion pendant la vie*, il nous est impossible de dire si l'individu était vivant au moment de son immersion.

6° Que les blessures observées seraient suffisantes pour expliquer la mort, dans la supposition où il serait résulté des coups portés, une forte commotion du cerveau qui peut ne pas laisser, après la mort, des traces de son existence.

7° Que ces blessures peuvent remonter à l'époque de la disparition de C... (11 février 1834).

8° Que rien n'indique que C... ait été dans l'ivresse au moment de la submersion ; rien non plus ne donne la preuve du contraire. Une circonstance même viendrait à l'appui de l'affirmative, c'est la quantité d'aliments de nature diverse que nous avons trouvée dans l'estomac.

9° Qu'il y a tout lieu de croire que les taches observées sur le faux-col, la chemise et le gilet sont des taches de rouille provenant d'une chaîne de cou, en acier, et d'un paquet de clefs que C... *a conservés* dans l'eau.

D'après les données de l'instruction, ce jeune homme portait ordinairement sur lui une montre de prix. On soupçonnait qu'elle avait pu être volée par les bateliers qui avaient retiré le corps de l'eau.

(*Voy.*, pour l'analyse des taches , l'*Histoire des taches de sang et de rouille*, t. III.)

Il y a une telle analogie entre les colorations cadavériques et les contusions, qu'à moins d'avoir une grande habitude on commet presque toujours une erreur. La section de la partie colorée peut seule lever les doutes à cet égard. Ce sont elles qui constituent les apparences de ce que l'on a désigné sous le nom d'*ecchymoses cadavériques*. Sous la peau violacée existe du tissu cellulaire d'un rouge foncé, dont la couleur se continue au delà des limites de la coloration de la peau , et qui se perd insensiblement en diminuant d'intensité. Ce tissu cellulaire est imprégné d'un liquide d'un rouge brunâtre mêlé de graisse diffluente. Il est encore infiltré de gaz, qui le font crier sous le scalpel, et quand on le comprime, on exprime de ses vacuoles beaucoup de gaz et peu de liquide. Quand au contraire il y a eu ecchymose pendant la vie , les caractères de cette altération se conservent même alors que la putréfaction est déjà avancée. La partie ecchymosée peut, dans quelques cas , être le siége d'une production gazeuse, mais elle est toujours moindre ; il paraît que la présence du sang qui remplit les aréoles du tissu cellulaire tend à s'opposer à son développement. Le sang , *en partie coagulé* , en partie liquide, y séjourne longtemps sans s'altérer ; et nous avons observé qu'il s'y conserve d'autant mieux, que la coagulation a été plus complète au moment de l'infiltration. Peu à peu il devient plus fluide, par les progrès de la putréfaction , et il arrive un moment où la fluidité est tellement grande, que le sang altéré est chassé par les gaz putrides dans le tissu cellulaire ambiant , *ce qui peut faire croire à une contusion beaucoup plus étendue qu'elle ne l'avait été réellement.* Enfin, à une époque plus avancée, il n'est plus possible de distinguer les contusions des phénomènes cadavériques. Le diagnostic est donc en général d'autant plus difficile, 1° que la putréfaction est plus avancée; 2° que la contusion est moins étendue; 3° que la quantité de sang infiltrée est moins considérable.

De ce qui précède, il résulte qu'un médecin ne doit jamais affirmer l'existence d'une contusion, lorsque le corps est dans un état avancé de putréfaction, avant d'avoir incisé la partie supposée contuse.

Ce que nous venons de dire de la coloration de la peau comme source d'erreur, est plus ou moins applicable à tous les tissus de l'économie. Le tissu cellulaire sous-cutané peut se colorer comme la peau; il ne présente jamais une teinte violacée aussi intense, mains bien une rougeur plus ou moins foncée, se rapprochant de la couleur lie de vin, il est rare que ce tissu offre une *rougeur partielle* développée sous l'influence de la putréfaction, sans que le point correspondant de la peau ne soit coloré de la même manière; c'est donc un moyen de distinguer ce genre d'altération. Il est d'observation que toute partie qui a été le siége d'une phlegmasie se putréfie beaucoup plus vite qu'une partie saine; si donc un point quelconque du tissu cellulaire était le siége d'une coloration de ce genre, on pourrait, en thèse générale, en tirer des présomptions fausses sur l'existence d'une phlegmasie.

Il est un genre de phénomène morbide susceptible d'être confondu avec une altération cadavérique, je veux parler des effets que produisent dans certains points du tissu cellulaire et des muscles certaines altérations du sang. Le fait suivant en est un exemple remarquable; la délimitation tranchée entre la partie malade et la partie saine constitue un des moyens les plus propres à éviter toute erreur à cet égard, car les phénomènes putrides ne sont jamais nettement limités.

Cas remarquable de mort. — Altération du sang pendant la vie.

Une jeune fille de dix-sept ans, adonnée à la débauche, a passé la nuit du dimanche et du lundi, 20 et 21 janvier 1839, au bal et à ses suites; elle était malade les mardi, mercredi, jeudi. Ce dernier jour, elle avait de la peine à se traîner chez sa voisine pour lui demander un peu de vin sucré; elle rentre se coucher avec une femme de quarante et quelques années, et jusqu'au samedi on n'entend plus parler ni de l'une ni de l'autre.

Le samedi, on pénètre dans la chambre ; on découvre d'abord dans le lit le corps de la femme en pleine putréfaction, vert, tuméfié, boursouflé, de l'écume à la bouche. Contre le dos de ce cadavre, était appuyée la jeune fille, *encore vivante*, mais sans connaissance ; elle présentait à l'épaule gauche et à la fesse droite, dans les points de contact avec le cadavre, deux surfaces comme ecchymosées, se rapprochant de l'aspect du scorbut, surfaces d'un pouce à un pouce et demi de diamètre chacune, et environnées d'une auréole d'un blanc mat d'un demi-pouce de largeur. On transporte la jeune fille à l'hôpital de la Charité, où elle succombe au bout de vingt-quatre heures.

Quant à la femme, on trouve à l'autopsie les traces évidentes d'une congestion pulmonaire très forte, avec écume sanguinolente dans la trachée, mais déjà vacuité des cavités du cœur par le développement de gaz dans cet organe.

Le surlendemain, nous ouvrons, MM. Ollivier, Boniface et moi, le corps de la jeune fille et nous trouvons :

Décoloration partielle des taches de l'épaule gauche et de la fesse ; ces taches sont rosées ; même auréole blanche autour. Incisées, coloration rose gris et blafard de toute la peau et du tissu cellulaire, dans une profondeur d'un pouce sur deux et demi de largeur, et présentant à la section de la peau une forme hémisphérique ; le tissu graisseux paraît avoir acquis plus de densité et une sorte de gonflement. — Même disposition à la fesse droite, seulement la profondeur est plus grande ; elle égale près de deux pouces, et la largeur est de trois à quatre pouces.

Organes. — Vaisseaux de la pie-mère très gorgés de sang ; substance cérébrale très sablée, comme dans la congestion ; un peu de sérosité dans les ventricules.

Poumon droit fort congestionné en arrière, moins crépitant et offrant un commencement de pneumonie ; quelques petites ecchymoses, ainsi que dans le foie.

Cavités droites du cœur remplies d'un sang *demi-fluide, demi-coagulé, grumeleux*.

Estomac contracté, très rouge, avec peu de liquide ; glandes de Peyer très engorgées au voisinage du cœcum, et quelques unes ulcérées comme dans la fièvre typhoïde.

On voit ici une jeune fille tombant malade après un excès de débauche. La maladie est accompagnée de torpeur et d'une certaine congestion cérébrale. Les facultés intellectuelles et la débilité générale sont telles, après quatre jours, qu'elle ne peut se déplacer du contact d'un cadavre en putréfaction ; la maladie putride fait des progrès, et la mort survient évidemment avec des traces d'altération du sang.

Quant à la femme, elle faisait des ménages, et ne vivait que de privations ; déjà elle avait eu des menaces de congestion ; on avait été obligé de la saigner. Elle a succombé à la congestion pulmonaire, mais on ne saurait se rendre compte de la putréfaction si rapide dans un moment où les corps se conservent si bien, sans admettre aussi chez elle une altération de fluides.

On s'est demandé s'il n'y avait pas eu empoisonnement, mais il n'en existait aucun indice, à part quelques matières vomies ; ou bien si la mort n'avait pas été le résultat d'une asphyxie par le charbon, mais du feu n'avait pas été allumé dans le poêle, et il y avait encore des morceaux de papier non brûlés ; on ne trouvait dans un petit fourneau que quelques restes de cendres, et sur le fourneau était un vase destiné à chauffer de l'eau.

La putréfaction ne paraît pas pouvoir développer d'ecchymoses dans les membranes muqueuses. M. Orfila ne les a jamais rencontrées, et nous avons fait la même observation dans les cadavres nombreux que nous avons ouverts. Mais ces membranes peuvent offrir toutes les nuances possibles de *colorations* sous l'influence de la putréfaction. La plus commune est la teinte rouge foncée. Elle accompagne constamment la putréfaction gazeuse, et elle peut simuler les phlegmasies les plus intenses. Déjà nous avons appelé l'attention sur elle dans les diverses observations de noyés que nous venons de rapporter ; elle peut se rencontrer dans toute l'étendue de la trachée-artère et des bronches ; du pharynx , de l'œsophage et du canal intestinal ; des cavités du cœur, et de tous les vaisseaux veineux ou artériels. Elle peut aussi masquer un état inflammatoire réel et faire ainsi disparaître les altérations morbides développées sous l'influence d'une substance vénéneuse, caustique ou irritante. Son caractère principal se déduit surtout de son uniformité, et tandis que les états arborisés, striés, piquetés et tachetés, signalés par les auteurs modernes, et décrits avec tant de soin par MM. Billard , Lallemand, Rigaud et Trousseau, constituent le cachet anatomique de l'inflammation ; ici, au contraire, la rougeur paraît être une véritable teinture. Elle est en effet le résultat d'une imbibition des tissus par du sang altéré, qui, poussé par les gaz développés dans tous les vaisseaux , a traversé leurs parois, pour se répandre dans les mailles du tissu cellulaire et des membranes. Mais, par cela même aussi la coloration peut se présenter sous la forme d'arborisations ; c'est le cas où on l'observe au début de la production de gaz dans les vaisseaux , c'est-à-dire où le sang altéré commence à transsuder à travers leurs parois. Mais il existe encore une différence notable entre ces deux états. Dans l'arborisation inflammatoire, les filets rouges qui la constituent sont nets, bien dessinés, ténus et très déliés. Si on les examine à la loupe, on voit la membrane muqueuse blanche qui forme leurs interstices. Dans la putréfaction , au contraire, les arborisations sont formées par des trajets en général larges, moins franchement dessinés, et se confondant bientôt les uns avec les autres , alors que l'on approche des subdivisions vasculaires. Ce n'est plus *le rouge vif* inflammatoire, mais un rouge qui se rapproche de celui de la lie de vin.

Enfin , la rougeur des membranes , par suite de la putréfaction, présente un caractère sur lequel les auteurs ne me semblent pas avoir assez insisté. Dans la phlegmasie d'une membrane muqueuse ou séreuse, la rougeur est presque toujours bornée à la membrane enflammée; ainsi, dans la péritonite, on distingue très facilement la coloration rouge du péritoine qui tapisse les intestins, d'avec celle de la membrane muqueuse dans l'entérite; et le diagnostic de ces deux affections est très tranché quand il repose sur des caractères anatomiques. Dans la rougeur putride, c'est la totalité de l'épaisseur de l'intestin qui est colorée, ce sont les trois tuniques; au moins c'est ce qui a lieu le plus souvent.

Nous venons de chercher à tracer les différences principales qui peuvent exister entre la coloration des tissus par ces deux causes. Peut-être avons-nous un peu forcé le tableau pour rendre les objets plus saillants; aussi nous nous hâtons de dire que l'on pourra souvent trouver des cas qui laisseront l'expert dans le doute. Dans ces circonstances, le médecin légiste, pour porter un diagnostic rationnel, devra avoir égard à l'état de plénitude ou de vacuité du cœur et des vaisseaux; à l'état emphysémateux des tissus qu'il examine; au temps écoulé depuis la mort; à la nature et à l'étendue des phénomènes putrides qui se seront développés, et au milieu dans lequel le cadavre aura séjourné.

Coloration en rouge du tissu musculaire. — Cette altération, qui consiste dans une couleur rouge vif, accompagne un état de putréfaction tellement avancé chez les noyés et chez les individus inhumés dans les divers terrains, qu'il ne peut pas devenir la source d'une méprise.

Coloration des vaisseaux. — *Voy.* t. II, p. 480.

Coloration en rouge des os. — État que nous avons décrit, t. II, p. 481.

Du ramollissement. — Un second effet de la putréfaction qui pourrait devenir la source de quelque erreur, c'est le *ramollissement du tissu et des organes.* Ce phénomène est constant à une certaine époque de la putréfaction. Le ramollissement vital est une conséquence de l'inflammation, soit aiguë, soit chronique; il peut se rencontrer dans tous les organes; mais il est plus commun dans le cerveau, la rate et la membrane muqueuse gastro-intestinale. Les considérations suivantes serviront à le distinguer du ramollissement putride : 1° Le ramollissement vital est rarement général; il est presque toujours *limité* chez l'adulte à une étendue assez restreinte ; dans la putréfaction, au contraire, il envahit la totalité d'un organe ou plusieurs organes à la fois et fait subir à leur tissu une diminution de cohésion, qui est en raison de la densité des diverses parties qui constituent l'organe lui-même. Ainsi, dans l'état normal, et pour la masse encéphalique, le cerveau est moins dense que la protubérance annulaire ; le cervelet moins dense que le cerveau, et la moelle moins dense que le cervelet. La même cause agissant à la fois sur tous ces points, produit un ramollissement plus manifeste sur les parties déjà très molles elles-mêmes, et moins prononcé sur des parties plus denses, parce qu'une substance de peu de densité acquiert bien vite l'état fluide ; mais tous les points de la masse encéphalique *n'en sont pas moins ramollis* au même degré, relativement à leur densité. M. Louis admet la possibilité de ce ramollissement général chez l'adulte pendant la vie ; mais les exemples cités sont très rares. Billard regarde, au contraire, le ramollissement vital de la masse encéphalique comme très commun, lorsqu'il s'agira d'un enfant ; il faudra donc, dans ces sortes de cas, employer la plus grande circonspection dans son diagnostic. Cette circonstance de la généralité du ramollissement devient, dans la plupart des cas, l'indice le plus puissant de sa cause. 2° Lorsqu'une phlegmasie aiguë amène un ramollissement, la substance de l'organe est ordinairement infiltrée de pus, et, autour de la partie ramollie existe un travail inflammatoire. Rien de semblable ne se fait remarquer quand la putréfaction a été la source de cette altération.

Il est un ramollissement du cerveau avec production gazeuse dans ses membranes, dont j'ai le premier signalé les effets, et qui peut devenir la source d'erreurs. La distension de l'arachnoïde et de la pie-mère amène la rupture de ces membranes ; la matière cérébrale s'introduit à travers quelque ouverture de la dure-mère, dans le golfe de la veine jugulaire, dans une des veines jugulaires, et descend jusque dans la veine sous-clavière, sous la forme d'une matière pultacée, au point de simuler une véritable phlogose. Nous avons rencontré ce phénomène plusieurs fois chez les noyés.

Les données précédentes ne sont guère applicables aux poumons, à la rate, au foie et au cœur. Pour les poumons, il est difficile de confondre le ramollissement putride avec le ramollissement inflammatoire. Celui-ci est la conséquence de l'hépatisation rouge ou grise. Or, de ces deux états, le premier seul pourrait être confondu avec l'engouement cadavérique ; mais, pour peu que l'on ait ouvert des cadavres putréfiés, on ne commettra jamais une pareille erreur. Il n'y a pas d'analogie entre le tissu mollasse imprégné de fluides, se laissant déchirer et tirer dans tous les sens, au milieu duquel existe un liquide séro-sanguinolent, brunâtre, putréfié, diffluent, d'une odeur infecte, et le tissu hépatisé, ramolli, homogène, induré dans certains points, offrant encore de l'analogie avec la consistance du foie. Nous ne prétendons pas dire pour cela que l'hépatisation pulmonaire puisse être reconnue, quel que soit l'état avancé de la putréfaction du cadavre : loin de nous cette pensée ; car il arrive un moment où toutes les traces d'altérations sont détruites ; mais nous croyons que dans les premières semaines de la putréfaction il sera presque toujours possible de ne pas faire de méprise, et M. Orfila a même étendu à plusieurs mois l'époque à laquelle il est encore possible d'obtenir ce résultat.

Quant à la rate, elle peut devenir la source fréquente d'erreurs. C'est un des organes qui se ramollissent le plus facilement par la putréfaction. Hors le cas où tous les autres organes de l'économie seront sains, tandis que la rate sera ramollie, il n'est plus possible de rien préciser à ce sujet. Nous en dirons autant du cœur et du foie. Quand le ramollissement du cœur est accompagné d'une décoloration de tissu, ou d'une teinte jaunâtre, analogue à celle des feuilles mortes les plus pâles, c'est une preuve qu'il est vital ; mais quand il coïncide avec une coloration de la membrane interne et du tissu du cœur, il y a doute. Cette observation est aussi applicable au foie. Quand la rougeur du tissu s'est jointe au ramollissement par le fait de la putréfaction, il est impossible de distinguer l'origine des deux phénomènes.

Il est des ramollissements décrits avec soin par Chaussier et MM. Cruveilhier et Carswell, sur lesquels nous croyons devoir appeler l'attention. M. Cruveilhier distingue le ramollissement en gélatiniforme et en pultacé ; il assigne à chacun d'eux les caractères suivants : le ramollissement gélatiniforme a presque toujours lieu chez les enfants ; il occupe le plus souvent l'extrémité splénique de l'estomac ; mais il s'observe aussi à la paroi antérieure de l'estomac près du cardia, à l'œsophage, dans l'intestin grêle et dans le gros intestin ; il envahit non seulement la membrane muqueuse, mais encore la tunique albuginée et musculaire; il amène un épaississement considérable de ces membranes, et quadruple quelquefois leur épaisseur; il peut être encore accompagné d'une perforation. — Le ramollissement pultacé s'observe chez les adultes, à la suite de toutes les maladies aiguës et chroniques. Il occupe toujours la grosse extrémité de l'estomac; le bord libre des replis de la membrane muqueuse est détruit, et l'estomac quelquefois bariolé de bandes blanches qui toutes correspondent à ces replis. La membrane albuginée résiste d'ordinaire; la tunique muqueuse seule est convertie en une pulpe brunâtre; les parois des viscères ne sont pas épaissies; on n'y a jamais observé de perforation bien prononcée. (Extrait d'une note inédite, insérée dans le *Traité des exhumations juridiques* de M. Orfila.)

M. Carswell établit que dans le ramollissement *pathologique*, la membrane muqueuse est souvent rouge; et, qu'elle soit rouge ou blanche, toujours elle est plus ou moins opaque et ressemble à de la crème épaisse, mêlée de farine. Ce ramollissement peut exister dans tous les points de l'organe, là même où les sucs gastriques n'ont pas pu séjourner. Les bords de la partie altérée ne sont pas libres; ils adhèrent aux organes voisins et offrent des vestiges d'action morbide. Dans le ramollissement *cadavérique* ou par dissolution chimique, la membrane muqueuse est pâle, transparente, et elle a une consistance gélatiniforme; le siége de cette altération est au point le plus déclive de l'organe, là où les sucs gastriques s'accumulent naturellement, c'est-à-dire dans le grand cul-de-sac. Les bords des parties ramollies sont libres, sans adhérence aux organes voisins; on n'observe dans leur voisinage aucun vestige d'action morbide; il n'y a pas eu d'épanchement, enfin le sang contenu dans les vaisseaux de la partie altérée est noir ou brun. (*Archives générales de médecine*, tome **XXIII**.)

Voici maintenant ce que M. Orfila a observé à ce sujet : « On croira peut-être, dit-il, qu'en examinant des cadavres enterrés depuis plusieurs mois, nous avons dû trouver le ramollissement dont nous parlons, porté au dernier degré, puisque souvent il est très considérable dès le lendemain de la mort. Nous *n'avons jamais* vu les parois de l'estomac assez ramollies pour être près de se détruire. Jamais nous n'avons observé le ramollissement sous forme de bandes, qui se produit lorsque la membrane mu-

queuse est plissée ; presque toujours il occupait la grosse extrémité de l'estomac, et les parties ramollies présentaient cette
variété de coloration que l'on remarquait sur la membrane muqueuse. En un mot, ce ramollissement nous paraissait offrir, à
très peu de chose près, les caractères assignés par M. Cruveilhier
à celui qu'il nomme pultacé ; seulement il existait à un degré peu
marqué. » (*Traité des exhumations juridiques.*)

Nous n'avons jamais rencontré de ramollissement de la membrane muqueuse de l'estomac ou des intestins, qui pût être pris
pour un travail morbide. Il est vrai que nos observations portent
principalement sur des noyés. Nous avons vu cette membrane
ramollie, mais elle se présentait avec une teinte grisâtre d'une
homogénéité parfaite dans tous les points de l'étendue de l'organe, sans épaississement, et plutôt, au contraire, avec diminution d'épaisseur ; nulle injection vasculaire qui pût faire soupçonner une altération vitale. En un mot, l'aspect, la couleur, la
densité, l'étendue, l'absence d'injection vasculaire, le travail
putride de tout l'organe, constituaient autant de circonstances
que l'on apprécie à la vue et que l'on ne peut pas peindre, mais
qui n'ont jamais laissé de doute dans notre esprit. Loin de nous
cependant la pensée qu'une erreur de ce genre ne pût être commise ; aussi avons-nous dû appeler l'attention des médecins sur
ce sujet. A plus forte raison s'il s'agissait d'une perforation du
genre de celles dites spontanées, que l'on peut attribuer ou à
une action vitale, ou à la force dissolvante des sucs gastriques,
ou enfin à la putréfaction. M. Orfila n'a constaté ce phénomène
qu'une seule fois dans un intestin, encore pouvait-on l'attribuer
à un ver.

Des productions gazeuses. — Rien n'est plus rapide et plus
communément observé que la formation de gaz après la mort,
sous l'influence de la putréfaction. Nous avons fait connaître ses
sources principales chez les noyés, et nous ne pensons pas trop
généraliser en disant que tout organe creux, toute membrane
formant poche, et tout tissu cellulaire un peu lâche, peuvent
devenir le siége d'un développement spontané de gaz. C'est
presque dire que la production gazeuse peut avoir sa source
dans presque tous les organes de l'économie. Dès lors, ne serait-
il pas possible de confondre ce phénomène cadavérique avec les
productions gazeuses développées sous l'influence de la vie ? La
réponse n'est pas douteuse quand on réfléchit que, dans la pu-

tréfaction, les gaz ne se développent pas à la fois dans tous les points de l'économie ; qu'un organe seul peut devenir emphysémateux, lorsque tous les autres sont encore à l'état normal ; qu'en été, il suffit de quelques heures de mort pour qu'un sujet qui a succombé à une maladie aiguë soit ballonné dans toutes ses parties ; que, dès lors, il est souvent difficile de caractériser les emphysèmes pulmonaire, sous-séreux, sous-muqueux, le pneumo-thorax, le météorisme, etc. Nous ne saurions donc trop mettre les médecins en garde contre de pareilles erreurs. Lorsqu'ils sont appelés à porter un diagnostic à ce sujet, ils doivent avoir égard, 1° à la marche et à la nature de la maladie qui a amené la mort ; 2° au temps écoulé depuis la mort ; 3° à la température de l'air atmosphérique ; 4° au milieu dans lequel le corps a été placé ; 5° aux variations atmosphériques qui ont pu survenir depuis le moment de la mort ; 6° à l'état sain ou putride de la totalité ou de certaines parties du corps. Prenons un exemple. Un homme meurt, en cinq jours, d'une péritonite aiguë, survenue pendant les chaleurs de l'été ; l'autopsie est faite vingt-quatre heures après la mort. Le ventre est météorisé, distendu, vert ; le cadavre exhale une odeur notable de putréfaction. L'abdomen laisse échapper, à son ouverture, une grande quantité de gaz ; les intestins en sont remplis ; la membrane muqueuse est soulevée par de semblables productions gazeuses. Comment distinguer, dans ce cas, l'origine des gaz qui occupent le péritoine, la cavité des intestins, et qui constituent l'emphysème sous-muqueux ? cela est évidemment impossible. Mais un homme succombe à une affection toute semblable et dans le même espace de temps ; seulement, c'est en hiver que la mort survient, et lorsque le thermomètre marque plusieurs degrés au-dessous de zéro. L'abdomen, quoique météorisé, n'est pas coloré, il n'y a aucun indice extérieur de putréfaction ; pas d'odeur qui s'exhale du cadavre, et, dans ces vingt-quatre heures écoulées depuis la mort, la congélation a déjà envahi les parties les plus éloignées du centre. Il est évident qu'alors il y a certitude à l'égard d'un développement de gaz, sous l'influence de la vie. C'est en raisonnant d'après ces conditions, que l'on peut se permettre d'établir des présomptions, si ce n'est même dans quelques cas une certitude.

La force expansive qui dépend de la putréfaction gazeuse est très grande. Nous citions tout à l'heure la rupture de la pie-mère et de l'arachnoïde, et peut-être de la dure-mère plus ou moins altérée, comme un de ses effets. Mais il est d'autres exemples à donner à l'appui de cette proposition. 1° Cette force chasse le sang du cœur et des gros vaisseaux ; elle le transmet dans leurs plus petites ramifications, du centre à la circonférence, et vient dessiner leur trajet tant à la surface extérieure du corps, que dans l'épaisseur des parois des organes membraneux. 2° C'est probablement à cette cause qu'il faut attribuer aussi les épanchements séro-sanguinolents dont nous allons parler tout à l'heure. 3° Elle force l'anus à s'ouvrir pour donner issue au gaz et aux matières contenues dans le gros intestin ; de là, cette expression que *le cadavre se vide* après la mort. 4° Elle parvient à vaincre la résistance que présente l'orifice du cardia ; à déterminer la sortie, par l'œsophage, des matières que contient l'estomac. Elle transporte ainsi dans la bouche, le larynx et la trachée-artère, les aliments qui étaient contenus dans cet organe, ainsi que l'ont démontré les expériences faites par Chaussier, et qui ont consisté à introduire des mélanges fermentescibles dans l'estomac ; il est vrai que la distension énorme de cet organe tend à diminuer la déviation qu'il présente à droite dans son état de vacuité, et à mettre sa cavité en rapport avec celle de l'œsophage : toujours est-il qu'il faut une puissance assez grande pour vaincre la résistance qu'offre l'œsophage dans son état de vacuité, puisque non seulement il supporte le poids de la pression de l'air, mais encore celui de tous les organes qui l'entourent le long de son trajet.

Les conséquences de ces faits sont les suivantes : Des matières contenues dans le gros intestin pendant la vie peuvent avoir été expulsées après la mort.—Dans certains cas de mort par asphyxie, on retrouve des corps étrangers dans la trachée-artère, des aliments, par exemple, et il est quelquefois très difficile de déterminer si ces aliments y ont été introduits pendant la vie ou après la mort ; si c'est à ces corps étrangers qu'il faut attribuer la mort, ou à un phénomène cadavérique développé sous l'influence de l'atmosphère avec laquelle l'individu a été en contact? Les phénomènes que le malade a présentés dans les derniers temps de sa vie peuvent seuls conduire à un résultat à peu près certain. On trouvera un exemple de ce genre à l'article Asphyxie par le gaz de l'éclairage.

Des épanchements. — Rien de plus commun que les épanchements produits par la putréfaction. Ils ont toujours leur siége dans les membranes séreuses. Nous ne les avons jamais vus sous la forme d'un liquide presque incolore et analogue à de la sérosité sécrétée pendant la vie. Cependant il serait possible que le liquide qui existe naturellement dans la cavité de l'arachnoïde fût augmenté peu de temps après la mort, par la partie la plus fluide du sang, à cause de la grande quantité de vaisseaux qui existent autour de la masse encéphalique. Hors ce cas, nous croyons qu'un épanchement séreux, observé peu de temps après la mort, est toujours un phénomène vital. M. Orfila et moi, nous n'avons jamais observé d'épanchement cadavérique de sang dans la cavité des membranes muqueuses ; jamais les épanchements putrides des grandes cavités séreuses ne présentent de fausses membranes, ni de pus ; il ne reste donc plus qu'à caractériser les épanchements que l'on observe pendant une période déjà avancée de la putréfaction, de manière à lever toute incertitude sur leur origine.

Les épanchements cadavériques sont la conséquence de la production de gaz qui a lieu dans le cœur et les vaisseaux et de la transsudation forcée des fluides séreux et sanguinolents à travers les plèvres. Leur siége est principalement dans les plèvres et le péricarde. On les rencontre aussi, mais moins souvent, dans le péritoine. La quantité de liquide épanché peut égaler, pour chaque plèvre, un litre et quelquefois plus. Le sang décomposé devient très fluide ; il transsude à travers ces membranes et se répand dans leur cavité, de même qu'il imbibe toutes les lames du tissu cellulaire sous-cutané et le colore en rouge foncé. Probablement la partie la plus fluide s'épanche seule dans les membranes séreuses, mais elle ne s'y épanche pas avec les qualités du sérum du sang ; car le liquide que l'on trouve est toujours coloré en brun foncé, et il a une odeur putride très prononcée. On ne remarque ces épanchements qu'après une ou plusieurs semaines écoulées après la mort, c'est-à-dire quand le développement de gaz a été porté à son maximum et qu'il a produit tous ses effets, et principalement la coloration en rouge du tissu cellulaire sous-cutané. Néanmoins cette désignation de temps n'est qu'une donnée approximative, et elle varie suivant la température de l'atmosphère et les conditions plus ou moins favorables à la putréfaction dans lesquelles le corps se trouve placé. Enfin, jamais on n'observe de sang coagulé ou de dépôt qui puisse simuler le coagulum du sang.

De ce qui précède, il résulte que les épanchements cadavériques ne peuvent tout au plus simuler que des épanchements de sérosité sanguinolente qui auraient eu lieu pendant la vie; que toute idée de phlegmasie séreuse avec exsudation membraneuse ou purulente est exclue par cela même (pleurésie, péricardite, péritonite, arachnoïdite). Nous pensons qu'en ayant égard à l'homogénéité du liquide épanché, à sa couleur beaucoup moins foncée que celle qui est propre au sang, fût-il même putréfié, au degré avancé de la putréfaction, on pourra arriver à un diagnostic assez certain. On notera que nous ne tenons pas compte de l'état emphysémateux du cadavre, non pas que l'on ne doive jamais le rencontrer, mais parce qu'il peut avoir disparu par les progrès de la putréfaction, les épanchements séreux cadavériques persistant toujours pendant un temps fort long. Le diagnostic sera plus difficile lorsque la question d'une exsudation séro-sanguinolente, qui aurait eu lieu pendant la vie, sera soulevée. Mais d'abord nous ferons remarquer qu'elle ne pourra, en général, s'élever qu'à l'occasion d'une exhumation; et, ensuite, qu'en supposant ces sortes d'épanchements comme étant le résultat d'un phénomène vital, il serait bien extraordinaire qu'ils aient eu lieu à la fois dans les deux plèvres, le péricarde et le péritoine, ce qui se rencontre presque toujours lors de la production du phénomène cadavérique dont il est question.

Nous bornerons là l'étude des phénomènes cadavériques capables de jeter des doutes sur le diagnostic des affections morbides. Il nous suffira d'énumérer les autres altérations pathologiques qui peuvent altérer tous les tissus de l'économie, et celles qui sont propres à certains organes en particulier, pour faire voir qu'elles ne peuvent guère devenir la source d'erreurs : la matière tuberculeuse; les tissus squirrheux et encéphaloïdes; les productions cartilagineuses ou osseuses; la sécrétion purulente; les productions de fausses membranes; la gangrène sèche ou humide; les ulcérations; les déchirures de muscles; les épanchements de sang dans la substance des organes; la dégénérescence graisseuse, etc. Mais les recherches de l'expert en matière judiciaire portant le plus souvent sur les traces matérielles des phlegmasies, nous rappellerons que la mort tend à faire disparaître les diverses colorations de tissus en rouge, et même les arborisations, lorsqu'elles n'ont eu que peu de durée pendant la vie; — qu'à une époque plus avancée, la putréfaction peut simuler, plus ou moins parfaitement, ces apparences inflammatoires; — que, si la putréfaction amène le ramollissement dans une membrane muqueuse qui a suppuré pendant la vie, il n'est presque plus possible de reconnaître la suppuration , mais l'existence seule du ramollissement de cette membrane établit les plus fortes présomptions sur leur origine toute vitale ;—qu'il n'y a pas d'analogie entre une ulcération cutanée ou muqueuse d'origine vitale , et une altération putride ; — que l'état emphysémateux inflammatoire des membranes muqueuses , signalé par M. Scoutetten , peut parfaitement être simulé par l'emphysème sousmuqueux putride.

CHAPITRE VII.

DES LEVÉES DE CADAVRES ET DES PRÉCAUTIONS A PRENDRE LORSQUE
L'ON EST APPELÉ A CONSTATER LE DÉCÈS D'UN INDIVIDU TROUVÉ
SUR LA VOIE PUBLIQUE.

L'article 81 du Code civil est ainsi conçu : « Lorsqu'il y aura des signes
ou indices de mort violente , ou d'autres circonstances qui donneront lieu
de le soupçonner, on ne pourra faire l'inhumation qu'après qu'un officier de police, assisté d'un docteur en médecine ou en chirurgie, aura
dressé procès-verbal de l'état du cadavre et des circonstances y relatives ,
ainsi que des renseignements qu'il aura pu recueillir sur les prénoms,
nom , âge, profession, lieu de naissance et domicile de la personne décédée. »

Les articles 43 et 44 du Code d'instruction criminelle contiennent les
dispositions suivantes :

« Article 43 : Le procureur du roi se fera accompagner , au besoin,
d'une ou deux personnes , présumées, par leur art ou leur profession ,
capables d'apprécier la nature et les circonstances du crime ou délit.

» Art. 44. S'il s'agit d'une mort violente ou d'une mort dont la cause
soit inconnue ou suspecte, le procureur du roi se fera assister d'un ou
deux officiers de santé, qui feront leur rapport sur la cause de la mort et
sur l'état du cadavre.

» Les personnes appelées, dans les cas du présent article et de l'article
précédent , prêteront , devant le procureur du roi , le serment de faire
leur rapport et de donner leur avis en leur honneur et conscience. »

Une ordonnance du préfet de police, concernant les secours à donner
aux noyés, asphyxiés ou blessés , en date du 2 décembre 1822, contient
l'article suivant (§ 9, sect. 2, page 5) : « L'homme de l'art constatera avec
la plus grande exactitude l'état actuel du cadavre ; dans le cas où il re-
marquerait que la mort peut être le résultat de violences exercées sur
l'individu , il requerra , sous sa responsabilité , un second examen par les
médecins experts assermentés près la cour royale du département. »

Dans son instruction à MM. les officiers de police judiciaire, M. le procureur du roi s'exprime ainsi (chap. *Homicide*, page 56 , § 5), à l'occasion
des vérifications médico-légales : « Ils doivent avant tout (les hommes de
l'art) s'expliquer sur l'état extérieur du cadavre ; en général , et sauf les
cas d'urgence, ils ne doivent pas, dans le premier moment, être autorisés à en faire l'ouverture. Cette opération importante peut et doit toujours être retardée jusqu'au moment où le procès-verbal m'est remis , et
où je puis, soit la prescrire , soit permettre l'inhumation , suivant les circonstances. »

Après avoir fait connaître les lois et les ordonnances qui concernent la levée des cadavres, je vais indiquer la marche que l'on
adopte aujourd'hui pour y procéder.

A Paris, on ne peut pas faire l'inhumation d'une personne décédée à domicile avant qu'un médecin, spécialement désigné par le maire de l'arrondissement, n'ait constaté le décès. Il prend note des nom et prénoms, âge, profession, domicile de l'individu décédé ; de la maladie à laquelle il a succombé ; de l'heure où la mort est survenue ; du médecin qui a soigné le malade ; du pharmacien qui a fourni les médicaments ; de l'exposition de la chambre qu'occupait le malade, etc. Il en résulte des documents qui fourniront par la suite les éléments d'une statistique du plus haut intérêt. Le médecin qui a donné des soins à l'individu décédé ne peut pas procéder à l'ouverture du corps sans en avoir fait prévenir le médecin de la mairie. La visite de ce dernier, et sa présence à l'autopsie, ont pour but de rechercher si la mort ne pourrait pas être l'effet de l'homicide.

Lorsqu'un cadavre est trouvé sur la voie publique, le commissaire de police du quartier fait appeler un médecin à l'effet de constater la mort et le genre de mort. Le médecin demande l'ouverture du corps, s'il le juge convenable ; c'est alors que le commissaire de police en réfère au procureur du roi, qui désigne un ou deux médecins pour y procéder. Cette opération se pratique dans le logement de l'individu, s'il a été reconnu, ou à la Morgue, dans le cas contraire. Cependant, lorsqu'il y a urgence, le commissaire de police peut faire procéder directement à l'autopsie par des médecins de son choix. L'urgence dont il est ici question, c'est l'état avancé du cadavre, et tel, que l'on ait à craindre les changements que la putréfaction peut apporter dans la disposition des parties, l'aspect des blessures et l'insalubrité qui peut résulter de sa présence dans une maison habitée. Cette marche, qui est adoptée par tous les hommes qui connaissent bien la nature de leurs devoirs, offre de très grands avantages. Il est certain que tout médecin n'est pas apte à faire de la médecine légale, et surtout à la bien faire. C'est une chose toute de pratique, qui exige de l'expérience et de l'habitude. L'ouverture des cadavres, et par conséquent la description du corps du délit, est toujours la partie la plus importante de la tâche du médecin. Un rapport peut être mal rédigé, les conclusions peuvent être erronées ; il deviendra néanmoins la pièce la plus importante du procès, s'il contient la narration fidèle et bien détaillée de toutes les circonstances propres à éclairer sur la cause de la mort ; car les médecins expérimentés en tireront d'autres conséquences, en rapprocheront les faits, et les grouperont de manière à les présenter sous un jour plus favorable à la découverte de la vérité. Le rapport pêche-t-il par défaut d'observation ou d'exactitude, il ne prouve plus, ni pour, ni contre ; le corps du délit est perdu, à cause des opérations qu'a entraînées son examen, et l'acte d'accusation n'a plus de base solide.

Lorsqu'un cadavre constitue le corps de délit d'un grand crime, comme d'un empoisonnement, d'un assassinat, le procureur du roi ou l'un de ses substituts, et un juge d'instruction, se rendent sur les lieux, accompagnés de médecins mandés pour examiner le corps du délit, et, après leur avoir fait prêter serment, les magistrats attendent le résultat de leurs investigations, et n'ordonnent l'autopsie qu'ultérieurement aux recherches préalables d'une première enquête judiciaire.

La levée de cadavres et l'autopsie sont donc deux opérations toutes différentes. Dans l'une, le médecin n'est autorisé qu'à examiner l'état extérieur du corps et à en tirer telles inductions qu'il jugera convenable ; mais il ne peut sous aucun prétexte porter l'instrument tranchant sur une partie quelconque. Dans l'autre, au contraire, le corps du délit est mis tout entier à sa disposition. C'est pour cette raison que nous avons fait deux chapitres différents de ces deux opérations. Il n'est donc pas inutile d'appeler l'attention sur les principaux cas à l'occasion desquels le médecin pourra être consulté.

1° Dans les villes où il existe une rivière, le genre de mort le plus commun, je ne parle ici que des suicides, c'est la submersion. Toutes les fois qu'un cadavre est retiré de l'eau, on le dépose sur la berge ; là, le médecin constate le décès et il désigne approximativement le temps pendant lequel le corps a séjourné dans l'eau. Pour arriver à ce résultat, il ne peut juger de la putréfaction que par les parties qui sont à découvert ; car on ne défait jamais les vêtements qu'après le transport du cadavre à la Morgue. La face, les mains et le devant du sternum, seront donc les points du corps qu'il examinera avec le plus de soin ; il y trouvera, dans le plus grand nombre des cas, des caractères assez tranchés pour préciser l'époque de la mort. (*Voy.* pag. 398 et suivantes.) L'étude de ces caractères est importante ; tous les jours on commet, sous ce rapport, les erreurs les plus grossières. J'ai vu des certificats de médecins donnant, au sujet retiré de l'eau, huit à dix jours de séjour dans ce liquide, quand le cadavre y était resté deux à trois mois, et *vice versâ*. Toutes les fois qu'il trouvera des blessures qui ne pourraient pas être expliquées par la chute dans la rivière, il devra les noter avec soin dans son procès-verbal.

2° Les asphyxies par le charbon sont très communes. Ici le médecin doit désigner avec soin la chambre dans laquelle se trouve le cadavre, sa grandeur, la disposition des fenêtres, des meubles, le foyer qui a servi à la combustion du charbon ; la quantité approximative de cendres et de combustibles qui s'y trouvent ; l'attitude du cadavre, la couleur de la peau. Les individus asphyxiés par le charbon présentent en effet une coloration rosée toute particulière qui se distingue des lividités cadavériques, et par son aspect, et par sa situation sur des points non déclives du corps. Elle y est généralement répandue, mais elle cesse brusquement sur certaines portions de la peau qui offrent alors une couleur naturelle. Toutefois il résulte d'observations faites par M. Marye, que la coloration de la peau est loin d'être commune chez les asphyxiés à une époque voisine de la mort ; ce ne serait donc que plus tard qu'elle se dessinerait. (*Voy.* ASPHYXIE PAR LE CHARBON.) — Le médecin devra indiquer quels sont les signes de la mort qu'il a observés, et les caractères qui établissent le temps depuis lequel l'individu est mort ; qu'il n'oublie pas surtout que, dans ces sortes de cas, la chaleur se conserve pendant un temps plus long que dans toute autre espèce de mort, et que la rigidité se développe beaucoup plus tard ; enfin que ces phénomènes surviennent et disparaissent beaucoup plus rapidement en été qu'en hiver.

3° Un genre de mort qui exige beaucoup de sagacité de la part du médecin est la suspension. Elle peut s'effectuer de mille manières différentes, et il est souvent difficile de déterminer si elle est l'effet de l'homicide ou du suicide. La situation du corps qui porte à penser que la suspension est le résultat de l'homicide, quand il n'y a que suicide, et *vice versâ*, peut souvent en imposer. Le médecin devra toujours avoir présent à la pensée que l'homme peut se pendre dans les situations les plus incommodes. Ainsi, un point d'appui, placé à deux pieds et demi ou trois pieds de terre, est suffisant pour opérer la suspension. Il y a plus, la suspension peut avoir lieu dans le lit, lorsque l'individu se laisse ensuite glisser le long des matelas. C'est ainsi que, dans les hôpitaux, des malades se sont pendus en passant leur tête à travers la corde qui leur sert à se mettre à leur séant. J'ai vu plusieurs individus se pendre dans les violons des corps de garde de Paris (espèces de cabanes de cinq à six pieds carrés dans lesquelles on peut à peine se tenir debout). Mais, à côté de ces cas, je dois mettre en regard les faits d'homicide où les assassins ont placé le corps dans toutes les positions les plus favorables à faire naître de très grandes probabilités de suicide, et, il faut le dire, les indications que l'on retire de la position du cadavre peuvent très fréquemment induire en erreur. Tous les jours, les recueils périodiques relatent des faits dans lesquels les médecins les plus instruits sont restés dans le doute. Le numéro des *Annales d'hygiène et de médecine légale* (janvier 1830) en contient des exemples remarquables. La description très détaillée de la situation du corps et des diverses circonstances qui l'environnent est donc du plus haut intérêt pour la solution de la question ; on ne saurait y attacher trop d'importance. — Les cas de strangulation présentent peut-être encore plus de difficultés que ceux de suspension.

4° Une levée de corps des plus communes est celle dont les nombreuses variétés sont renfermées dans la dénomination de morts subites. Le médecin les attribue le plus souvent à l'apoplexie ; on a pu voir combien cette opinion était peu fondée. Le froid intense, pendant les hivers rigoureux, fait succomber presque tous les individus que l'ivresse a déterminés à se coucher sur le pavé ; quelques personnes, avancées en âge, succombent par le froid seul ; d'autres périssent et de froid et de misère ; les unes d'hématémèse ou d'hémoptysie ; les autres de congestion pulmonaire, de rupture anévrismale, de congestions cérébrales ou d'apoplexie foudroyante. Il faut avouer que, dans tous ces cas, le médecin est souvent fort embarrassé pour déterminer la cause de la mort, attendu qu'aucune apparence extérieure ne peut la lui faire soupçonner : aussi ne doit-il établir que des présomptions, et même ne pas spécifier la cause de mort, plutôt que d'induire les magistrats en erreur et de fournir aux personnes qui font des statistiques des matériaux tout à faits inexacts.

5° J'arrive à ces cas plus difficiles qui réclament toute l'attention de l'homme de l'art : je veux parler de ceux où il existe à la surface du corps des traces de blessures, et où l'on a mission de constater : 1° l'existence des blessures ; 2° leur espèce ; 3° si elles ont déterminé la mort ; 4° si elles sont le résultat de l'homicide ou du suicide. Et d'abord , lorsque l'on ignore la cause de la mort, on est porté à rechercher s'il existe quelques traces de violence qui puissent l'expliquer. Mais il arrive souvent que les lésions les plus graves sont cachées , et même les blessures qui , par les désordres qu'elles entraînent, devraient être les plus apparentes , peuvent devenir invisibles au premier abord , à cause de leur situation dans les cavités. J'ai vu un jeune homme qui , pour se brûler la cervelle , avait introduit le canon d'un pistolet dans sa bouche. La balle était restée dans le crâne ; le pistolet avait été repoussé par la commotion produite par l'explosion de la poudre, et la blessure ne se faisait pas remarquer à l'extérieur. Les mains étaient parfaitement blanches, les lèvres intactes , la physionomie du cadavre exprimait une mort calme et sans souffrances ; et ce n'était qu'en écartant avec force les arcades dentaires, que l'on apercevait les désordres de la blessure ; le reste du corps ne présentait pas la moindre lésion. J'ai observé un second cas du même genre à la Morgue , dans le mois d'octobre 1835 : c'était un garçon boulanger qui s'était brûlé la cervelle à l'aide d'un pistolet de poche. Les lèvres étaient légèrement écartées , les dents serrées , très blanches , fermant la bouche qui offrait tous les désordres de l'explosion de la poudre : la balle était encore dans le crâne. Un médecin appelé à spécifier le genre de mort pour la levée d'un cadavre semblable trouvé sur une route n'aurait peut-être pas ouvert la bouche pour y rechercher les lésions que j'ai signalées , et la cause du suicide lui aurait échappé. Voici deux exemples analogues.

Mort violente. Déchirure du foie par une voiture. Déclarée apoplexie foudroyante.

Mayeux (Jean-Baptiste-Ferdinand), âgé de cinquante ans, commissionnaire , fut déclaré, par le rapport d'un médecin , mort subitement d'une apoplexie foudroyante, rue Saint-Honoré. Transporté à la Morgue, il y fut reconnu par ses camarades, qui annoncèrent qu'une roue de Favorites l'avait frôlé légèrement, et que c'était un homme très adonné aux boissons spiritueuses. Le permis d'inhumer fut délivré par le procureur du roi, sur le rapport du commissaire de police , et sur la déclaration des médecins. Nous ouvrîmes le corps.

Aucune trace de violences ou de blessures à l'extérieur, si l'on en excepte une tache bleuâtre paraissant être une ecchymose d'un pouce de largeur, mais sans tumeur prononcée ; incisée, on trouve un peu de sang infiltré dans les mailles de la peau et dans le tissu cellulaire sous-cutané. Cette tache était placée au voisinage de l'épine antérieure et supérieure de l'os des îles (côté gauche).

En incisant la peau qui recouvre la partie supérieure et externe de la fesse gauche, nous fûmes frappé de trouver du sang infiltré dans le tissu cellulaire et dans les muscles superficiels ; sa quantité était faible. Pareille observation fut faite en détachant la peau et les muscles qui recouvrent les côtes droites, et l'infiltration sanguine était placée au voisinage des septième, huitième et neuvième côtes, qui avait deux pouces et demi de longueur sur deux pouces de largeur.

Le sternum enlevé, nous trouvâmes une infiltration d'une quantité considérable de sang existant dans tout le tissu cellulaire sous-sternal, dans celui qui environne la trachée-artère et tous les gros vaisseaux. Le sang enveloppait la trachée-artère dans une étendue de cinq à six pouces de longueur ; il s'étendait en haut sous le corps thyroïde, et en bas au delà des divisions de la trachée ; il était coagulé et infiltré dans toutes les mailles du tissu cellulaire. En recherchant la cause du désordre, je vis que la veine cave sous-clavière gauche avait été ouverte et déchirée ; les artères étaient saines.

Le péricarde était très blanc ; le cœur, flasque, contenait un peu de sang dans les cavités droites, et un peu moins dans les cavités gauches.

Les poumons sains, mais partout adhérents à la plèvre costale ; les plèvres tout à fait fibreuses, la plèvre gauche surtout. Outre l'apparence du tissu fibreux le plus prononcé, la plèvre costale avait une épaisseur énorme ; elle était au moins d'une ligne et demie dans beaucoup d'endroits.

La trachée-artère est saine, ainsi que le larynx ; mais la bronche gauche et quelques unes de ses ramifications contiennent un peu d'écume rougeâtre mêlée d'un peu de sang.

A l'ouverture de l'abdomen, se présentent l'estomac et les intestins, distendus par des gaz ; on déplace les intestins, et l'on découvre *deux litres de sang dans la cavité du péritoine.* Ce sang est fluide, sans caillots, seulement un peu épais dans les parties les plus profondes de la cavité du ventre.

En cherchant la cause de cet épanchement, au milieu duquel baignent tous les organes contenus dans l'abdomen, on trouve une *déchirure du ligament de la partie supérieure du foie ;* toute la moitié gauche de ce ligament est tapissée par un caillot.

En enlevant ce liquide, on aperçoit *le foie déchiré et divisé en deux parties.* Cette déchirure est profonde ; à peine reste-t-il quelques portions de substance propre du foie pour réunir les deux lobes. Le foie vu inférieurement, on voit *six ou sept petites déchirures très superficielles* qui occupent la face inférieure de son grand lobe, et surtout la partie convexe de l'organe, qui plonge dans l'hypochondre droit.

Aucune artère principale du ventre n'a été ouverte ; tous les autres organes sont sains, mais ils sont blafards, décolorés, et cette décoloration est surtout sensible à l'égard du foie et de la rate, dont le volume a beaucoup diminué.

L'estomac, très ample, contient beaucoup d'aliments en grande partie digérés, et mêlés à beaucoup de vin.

La vessie est pleine d'urine.

Tête. — Vaisseaux peu injectés ; arachnoïde très épaisse et séreuse ; substance cérébrale molle, piquetée ; un peu de sérosité dans les ventricules cérébraux.

Lésions extérieures ne répondant pas aux désordres intérieurs.

Cousin (Victor), âgé de trente-quatre ans, faucheur, écrasé faubourg Saint-Denis, se trouve dans la rue au moment où une voiture descendait avec rapidité; voulant se ranger, son pied glisse sur le talon, il tombe sur le dos; la roue de la voiture, attelée d'un seul cheval, lui passe sur la poitrine du côté de la clavicule droite et obliquement, de manière à excorier un peu la partie inférieure de la joue droite. L'individu meurt sur-le-champ.

Le cadavre ne porte pas de trace de putréfaction; on n'observe pour toute apparence de blessure qu'une tumeur allongée, immédiatement au-dessus des clavicules, qui donne à la partie inférieure du cou un volume contre nature; une légère teinte bleuâtre de la peau fait prévoir que c'est une ecchymose. En pressant sur le sternum, on sent une mobilité contre nature, et l'on trouve pareille mobilité sur les deuxième, troisième et quatrième côtes gauches, qui sont fracturées.

Tête. — Rien de remarquable; membranes saines, substance cérébrale très blanche et non injectée.

Les tumeurs du cou disséquées font voir une infiltration sanguine considérable au voisinage des sous-clavières primitives, veines et artères; les veines ont été déchirées et ont produit cet épanchement qui s'étend en arrière jusqu'à l'extrémité postérieure des clavicules, et en avant le long de la trachée et du corps thyroïde; les ligaments qui unissent l'extrémité interne de la clavicule droite avec le sternum ont été rompus.

Les poumons sont peu volumineux, blafards, décolorés; le cœur est tout à fait vide de sang. Dans la cavité gauche de la poitrine existent deux à trois livres de sang tout à fait fluide, sans caillots; la cavité droite n'en contient qu'une petite quantité. En renversant le poumon gauche, on aperçoit une déchirure énorme de l'aorte droite sur le milieu de sa longueur dans la poitrine. Cette déchirure a deux directions : une transversale, qui ne comprend pas tout à fait le pourtour de l'aorte, et l'autre longitudinale, qui peut avoir un pouce de longueur, en sorte que cette rupture s'est effectuée aux dépens des fibres circulaires et obliques.

Le sternum est rompu à l'union de sa portion supérieure avec l'inférieure; les côtes correspondantes sont cassées vers leur milieu.

Les organes contenus dans l'abdomen sont sains, mais une petite quantité de sang est épanchée dans cette cavité.

Ces faits, auxquels nous en pourrions joindre beaucoup d'autres, font assez sentir la nécessité d'examiner dans ces sortes de cas toutes les ouvertures naturelles et toute la surface du corps avec le plus grand soin. Le médecin qui procède à des recherches médico-légales relatives à la levée des cadavres doit toujours avoir présent à l'esprit que, dans le plus grand nombre des cas, de nouvelles recherches seront faites par d'autres médecins, et que les magistrats peuvent concevoir une très mauvaise idée de son instruction, s'il n'a pas tiré tout le parti convenable de l'état extérieur du corps.

Donnons actuellement quelques modèles de rapports pour des cas de ce genre.

Premier rapport.

Nous soussigné, docteur..., sur l'invitation de M. L..., commissaire de police du quartier de ..., nous sommes rendu, aujourd'hui 9 ... 185..., à cinq heures du matin, quai Saint-Michel, à l'effet *de procéder à l'examen du corps d'un individu inconnu; de déterminer la cause de la mort, et de dire si elle est le fait de violences ou de blessures.*

Le corps qui nous est représenté est dépouillé de ses vêtements. Il paraît être celui d'un individu de trente ans environ; les chéveux sont noirs, les yeux bleus, la bouche large, le nez aquilin, les sourcils bruns, la barbe bleue, la figure généralement maigre; un *signe* existe au devant de la poitrine, plus près du téton gauche que du téton droit; il est garni de poils et saillant à la surface de la peau. Sur la face palmaire de l'avant-bras, on trouve un tatouage représentant un cœur traversé par une flèche, avec cette suscription: *amour éternel;* plus bas, les initiales A et M. Les mains sont noires; l'épiderme de la face palmaire de la main et des doigts est épais, comme cela arrive chez les ouvriers qui se servent d'outils en fer; la malpropreté de la peau de la figure coïncide avec celle des mains. Les muscles des membres supérieurs paraissent plus développés que ceux des membres inférieurs; ce qui tend à faire présumer que, dans son état, cet homme mettait les premiers plus souvent en action que les seconds.

La physionomie porte l'air hébété d'un homme ivre; on ne remarque pas à l'extérieur du corps de trace de violences; la chaleur est encore un peu appréciable au tronc; les membres sont froids et dans un état complet de rigidité cadavérique; ce dont nous nous sommes assuré en fléchissant les avant bras sur les bras.

D'où nous concluons:

1° Qu'il n'existe pas à l'extérieur du corps d'indices de violences ou de blessures auxquelles on puisse attribuer la mort;

2° Qu'il nous est impossible de déterminer la cause de la mort à laquelle cet individu a succombé, l'ouverture du corps pouvant seule conduire à la solution de cette question;

3° Que la physionomie hébétée de cet individu établit quelques présomptions sur un état d'ivresse dans lequel il se serait trouvé au moment de la mort, mais que ce n'est qu'une présomption.

Deuxième rapport.

Le ... 185..., nous, etc..., nous sommes transporté rue ..., à la requête de M. B..., commissaire de police du quartier de ..., pour *visiter le sieur ..., qui vient de mourir subitement, déterminer la cause de la mort à laquelle il a succombé, et rechercher si elle n'aurait pas été le fait de violences.*

Le corps qui nous est représenté est placé sur le sol de la boutique d'un marchand de vin chez lequel il a été apporté au moment de la mort. La figure est calme; elle n'exprime pas la souffrance; la chaleur existe sur le tronc et dans les parties supérieures des membres: mais les mains, les pieds, les avant-bras et les jambes sont froids. La roideur cadavérique n'existe nulle part, si ce n'est au coude droit, que l'on a de la peine à fléchir. Le pouls est nul; on ne sent pas les battements du cœur; un miroir placé devant la bouche n'est pas terni.

Nous ouvrons la veine médiane céphalique, elle donne une goutte de sang. Les veines superficielles de l'avant-bras ne se sont pas remplies après l'application de la bande à saigner. En vain nous plaçons de l'ammoniaque sous le nez, en vain nous stimulons la surface du corps.

Pendant que nous administrons ces soins, la chaleur générale s'éteint de plus en plus, et la rigidité cadavérique devient très manifeste dans les genoux et dans les muscles des cuisses, ce dont nous nous sommes assuré en fléchissant les jambes.

D'où nous concluons :

1° Que la mort est réelle ;

2° Qu'il est impossible d'en préciser la cause sans procéder à l'ouverture du corps, une congestion pulmonaire ou cérébrale, une syncope, une apoplexie, une rupture d'un anévrisme du cœur ou d'un gros vaisseau, une hématémèse, et d'autres causes encore pouvant coïncider avec l'état cadavérique dans lequel nous avons trouvé cet individu ;

3° Que la rapidité de la mort, et surtout l'absence de lésions à l'extérieur, établissent des présomptions en faveur d'une mort subite, spontanée.

Troisième rapport.

En vertu d'une requête adressée à nous par le commissaire de police du quartier de …, nous, A… R…, docteur, nous sommes rendu rue …, n° …, au cinquième étage, dans une chambre exposée au midi, donnant sur ladite rue, où nous avons trouvé M. le commissaire de police, qui nous a dit avoir fait procéder immédiatement à l'ouverture de la porte de la chambre, d'après les rapports qui lui avaient été faits par des voisins sur l'absence du sieur D…, que l'on avait vu rentrer chez lui le … 185… ; qui n'en était pas sorti depuis cette époque, et qui n'avait pas répondu aux appels nombreux qui lui avaient été faits ; il nous annonce en outre n'avoir dérangé aucun des objets ou meubles qui se trouvent dans cette chambre.

Au centre de la chambre, nous voyons deux fourneaux pouvant contenir ensemble le quart d'un boisseau de charbon. Il y reste un peu de cendre et quelques charbons éteints. Les fourneaux sont froids. Une odeur de charbon est répandue dans cette pièce ; les fenêtres en ont été hermétiquement fermées et calfeutrées. Le tuyau de la cheminée est bouché par une planche entrée à frottement et tapissée par des torchons introduits entre ses bords et les parois du tuyau. A l'entrée dans la chambre, on a ouvert la fenêtre pour renouveler l'air de la pièce.—Dans un lit est couché sur le dos le sieur D… Sa face est violacée ; les paupières un peu tuméfiées. La peau de la région antérieure de la poitrine, celle des cuisses et de l'avant-bras droit, est colorée en rose. Des lividités cadavériques très marquées existent tout le long du dos. On aperçoit un peu d'écume sanguinolente à la bouche et au nez. — La chaleur du corps est éteinte. — La roideur cadavérique est très prononcée ; et l'on fléchit avec beaucoup de peine l'avant-bras sur le bras ; ces parties acquièrent une souplesse très grande aussitôt la rigidité vaincue.

Conclusion.

1° La mort est réelle, elle date de vingt-quatre heures environ.

2° Il y a tout lieu de croire qu'elle a été le résultat d'une asphyxie par le charbon, quoique l'autopsie seule puisse en donner une preuve certaine.

3° Il n'y a pas, à l'extérieur du corps, de trace de violences à laquelle on puisse attribuer la mort.

Fait à …, ce … 185..

CHAPITRE VIII.

DES OUVERTURES DE CORPS.

Nous diviserons en plusieurs paragraphes ce qui concerne les ouvertures de corps; nous traiterons successivement des rapports qui doivent exister entre les médecins et les magistrats ; des règles qui doivent présider à l'ouverture, et de l'ouverture en elle-même. Quant à celle-ci, nous n'en parlerons que d'une manière générale, nous réservant de nous occuper des particularités relatives aux blessures, à la submersion, à la suspension, à l'avortement, etc., lorsque nous traiterons de la conduite que le médecin est appelé à tenir dans les expertises qui concernent chacun de ces cas en particulier.

A. Un médecin ne peut jamais procéder judiciairement à une ouverture de corps, s'il n'a reçu une mission d'un magistrat ou d'un de ses délégués, qui contienne, sous la forme de questions, les points sur lesquels la justice désire que l'expert s'explique. Les termes de cette ordonnance doivent, avant tout, être pesés par le médecin ; et la direction qu'il imprimera à son opération aura pour but principal la solution des questions qui lui auront été soumises.

B. Toutes les ouvertures judiciaires doivent être faites en présence d'un magistrat ou de l'un de ses délégués.

C. Lorsqu'un crime est découvert, et qu'il y a urgence à procéder, comme dans les cas de flagrant délit, dans ceux d'assassinat, d'empoisonnement, le procureur du roi, ou l'un de ses substituts, ou un juge d'instruction, se transporte en personne sur les lieux, accompagné d'un greffier, d'un, et le plus souvent de deux docteurs en médecine, et fait procéder, en sa présence, à l'autopsie cadavérique. — Lorsque des scellés ont été apposés sur des vêtements, armes, ou autres objets relatifs à l'opération, ils ne peuvent être rompus que par la justice. Dans les villes où il existe un tribunal, les autopsies des grands crimes se font ordinairement en présence d'un substitut du procureur du roi et d'un juge d'instruction. Ce dernier dirige alors toutes les opérations, en consigne les principaux faits dans un procès-verbal, et préside en un mot à tout ce qui fait le sujet des recherches. Une fois qu'un juge est chargé d'une affaire criminelle, il est maître de toute l'instruction. Dans les localités où il n'existe pas de siége, ce sont les maires ou les juges de paix qui dirigent les opérations judiciaires.

D. Le médecin doit, avant toute chose, prêter serment entre les mains du magistrat, de procéder à ses recherches, et de faire son rapport en son honneur et conscience.

E. Lorsque les opérations sont faites en présence de la personne que l'on soupçonne être l'auteur du crime, le magistrat met l'accusé en rapport avec le corps du délit, avant de procéder à l'ouverture, afin de tirer parti, pour la découverte de la vérité, des impressions qui peuvent naître de ce rapprochement. L'inculpé assiste à toute la durée de l'autopsie ; et, au fur et à mesure qu'une blessure est découverte, les médecins doivent la lui montrer. Ces règles de pratique ont pour objet de prouver à l'inculpé que la preuve du crime est acquise ; que les circonstances dans lesquelles il a été commis sont connues, et de l'engager par cela même à des aveux, tout entiers dans son intérêt. Le médecin doit rester étranger à toute interprétation des faits qu'il découvre, il n'appartient qu'au magistrat d'en tirer tout le parti qu'il juge convenable sous le rapport des impressions qu'ils ont fait naître.

F. Avant de procéder à l'autopsie, le médecin devra s'être procuré tous les instruments nécessaires. Ces instruments sont : des bistouris, et mieux des couteaux, droits et convexes, des ciseaux, de fortes pinces à disséquer, des stylets, une sonde cannelée, des érignes, une scie, un compas d'épaisseur, un mètre, un marteau à autopsie, du fil, des éponges, de l'eau, du linge, un entérotome, un rachitome, un costotome, une rugine, de l'encre, ou un autre liquide coloré.

G. Il faut aussi, avant toute chose, qu'il observe avec soin les lieux dans lesquels il est conduit, les objets qui s'y trouvent, lorsqu'ils peuvent avoir quelques rapports avec l'opération qu'il va faire. Il ne doit jamais déranger les meubles, ustensiles ou objets qui environnent le corps, avant qu'ils aient été vus par le magistrat qui l'accompagne, et décrits par lui. Il fera connaître ce qui entoure le corps, les armes ou instruments placés dans les environs, les traces de sang, de boue, d'acide, ou tous autres indices qui peuvent exister tant à la surface du sol que sur des meubles.

H. Il exposera l'aspect général du cadavre, et donnera son signalement, âge, sexe, stature, embonpoint, taches ou marques extérieures naturelles.

I. Ces préliminaires terminés, on procède à l'examen spécial de la surface du corps, on indique le degré de rigidité des membres, l'état des yeux, de la bouche, du nez, des oreilles; la putréfaction et ses caractères. Et après avoir pris note de ce que l'on a observé, on fait placer le corps sur la table où l'autopsie doit être pratiquée. Le corps est-il trouvé sur une grande route, dans les champs, dans un bois, on décrit son attitude, on tire tout le parti possible de l'examen extérieur, et ensuite on le fait porter avec précaution dans un endroit commode à l'autopsie.

J. On dépouille le cadavre de ses vêtements; on recherche si ces derniers sont salis, tachés, ou présentent quelques traces de coupure, de déchirure, de boue, etc.; s'il existe des plaies, excoriations, ou des traces de contusions qu'il ne faut pas confondre avec les lividités cadavériques; si les os sont fracturés ou cassés; si, en comprimant le thorax, on ne fait pas sortir du nez ou de la bouche des fluides mêlés de gaz; si les mamelles comprimées ne donnent pas de lait; si, dans le repli inférieur des seins, il n'existe pas une blessure. On explore l'abdomen, l'anus, les parties génitales, pour savoir s'il n'y aurait pas quelque indice de maladies vénériennes, etc.

Ouverture du corps. — Il est des règles communes à toute autopsie. Nous allons les faire connaître d'une manière générale.

Quelques médecins ont le grand tort de limiter leur autopsie à l'examen de la cavité splanchnique, où l'on soupçonne l'existence des lésions. On ne saurait trop recommander d'ouvrir toutes les cavités. C'est un devoir, et c'est d'ailleurs un moyen d'éviter toute objection de la part du défenseur du prévenu, qui ne manque jamais de tirer parti de cette omission; il arrive souvent que l'on trouve dans une seconde cavité des altérations plus graves que dans la première et dont on n'avait pas soupçonné l'existence.

Chaussier, qui a établi sur l'ouverture des corps les meilleures règles à suivre en cette manière, conseille de commencer par le rachis. C'est un tort, suivant nous, parce que les cadavres étant presque constamment placés sur le dos au moment de la mort, on retourne tous les organes sur eux-mêmes avant de les avoir examinés, et l'on peut modifier les altérations que l'on aura à constater par la suite. Nous pensons qu'il faut adopter l'ordre suivant : la tête, le cou, la poitrine, l'abdomen, les membres et le rachis.

Examen de la tête. — Les cheveux sont coupés avec des ciseaux, ou bien le cuir chevelu est rasé ; on pratique alors une incision cruciale sur toute l'étendue du cuir chevelu ; l'une des incisions doit s'étendre d'avant en arrière, de la racine du nez à la partie postérieure et supérieure du cou ; l'autre, coupant la première à angle droit, prend naissance à la conque d'une oreille et se termine à celle du côté opposé. On détache les quatre lambeaux triangulaires qui en résultent, et on les renverse. On peut encore, si on le préfère, pratiquer une section circulaire qui, après avoir divisé la peau du front à un pouce au-dessus des sourcils, suit le contour de la tête non loin de la racine des cheveux. On enlève le périoste en le décollant des os avec le manche d'un scalpel, et l'on procède à la section des os. Chaussier, voulant éviter d'intéresser avec la scie les membranes du cerveau et la substance propre de cet organe, ou bien craignant de modifier les altérations du cerveau par les secousses qu'on lui imprimerait en se servant du marteau pour casser le crâne, conseille l'application de quatre couronnes de trépan, tant en arrière qu'en avant, et propose d'introduire, par les ouvertures qui en résulteraient, une lame de couteau mousse et flexible, afin de décoller la dure-mère et de pouvoir ensuite pratiquer sûrement un trait de scie. Cette méthode longue, à laquelle aucun médecin ne s'astreindrait, hors d'un cas très rare, me paraît avoir l'inconvénient de pouvoir modifier des altérations plus ou moins voisines des os, et je préfère courir la chance d'intéresser le cerveau dans un ou deux points, que de risquer de produire les mêmes effets en agissant sur toute la surface. Il conseille aussi de faire l'ouverture du crâne en deux temps : dans l'un, d'enlever la calotte osseuse, et dans l'autre, de faire en arrière et latéralement deux sections qui se prolongent vers les lames des premières vertèbres du rachis, pour se réunir au trou occipital, de manière à mettre à nu la partie supérieure du prolongement rachidien ; cette opération est, dit-il, *plus longue à décrire qu'à exécuter.* Nous ne voyons pas qu'il y ait une grande utilité à cette manœuvre d'une exécution asséz longue ; contentons-nous d'insister sur une ouverture de la tête faite avec soin à l'aide d'un trait de scie et sans emploi du marteau , qui , par les secousses qu'il imprime, modifie plus ou moins les altérations que l'on doit observer ; cette section ne saurait être faite qu'après un examen attentif des os du crâne. Lorsque la calotte osseuse est enlevée , il faut rechercher si, à la surface interne des os, il n'existerait pas quelque lésion qui n'aurait pas pu être appréciée à l'extérieur. La duré-mère mise à nu, on incise cette membrane d'avant en arrière, de chaque côté du sinus longitudinal supérieur ; on abaisse en dehors les lambeaux qui résultent de ces sections ; la presque totalité de la surface du cerveau est à nu. On note l'état de plénitude ou de vacuité des vaisseaux sous-arachnoïdiens ; la couleur de la surface extérieure du cerveau , la consistance de son tissu. On coupe , avec des ciseaux introduits en avant , entre les deux hémisphères, l'insertion de la grande faux de la dure-mère à l'apophyse *crista galli* de l'ethmoïde ; on renverse ce repli en arrière. — *On laisse le cerveau en place* , et , à l'aide de sections successives pratiquées horizontalement dans son épaisseur, on explore sa substance, ses ventricules : les liquides que ces derniers peuvent contenir, l'état des replis de l'arachnoïde et de la pie-mère qu'ils renferment, et l'on poursuit la dissection jusqu'à la base du crâne, en laissant intact le cervelet. On coupe les deux replis de la dure-mère qui constituent la tente du cervelet. On procède à l'examen de la protubérance annulaire et du cervelet jusqu'au cordon rachidien ; on abaisse la tête afin de voir s'il s'écoule du canal vertébral un liquide quelconque ; pratique indispensable, parce que l'ouverture devant être abandonnée dans ce point pour l'examen des autres cavités, on pourrait perdre le fruit de ses recherches par les positions que l'on ferait prendre par la suite au cadavre. Quelques personnes, au lieu de voir le cerveau sur place, enlèvent la totalité de la masse cérébrale pour l'examiner hors du crâne. C'est une méthode vicieuse qui , dans les autopsies où la cause de la mort est ignorée, détruit tous les rapports, nécessite la section d'un grand nombre de vaisseaux , ne permet pas de juger aussi bien de l'ensemble de toutes les parties, de la situation des altérations, et qui place l'expert dans des conditions moins favorables à l'examen.

Examen de la face , du cou et de la poitrine. — On pratique :

1° deux sections qui partent de chaque commissure des lèvres et s'étendent jusqu'aux conduits auditifs ; 2° une section qui divise la lèvre inférieure à sa partie moyenne et se prolonge jusqu'au sternum ; 3° une incision qui longe toute l'étendue des deux clavicules, de manière à venir couper la précédente à angle droit à sa partie inférieure ; 4° deux incisions qui, de chaque côté, partent du point de jonction du tiers interne de chaque clavicule avec leurs deux tiers externes, et se rendent obliquement en dehors à la base de la poitrine, vers l'extrémité antérieure de la quatrième fausse côte. Il résulte de ces incisions : d'abord deux lambeaux de forme quadrilatère qui tapissent le cou ; ensuite un lambeau triangulaire moyen qui recouvre le sternum et la partie antérieure des côtes, dont le sommet obtus se trouve en haut et la base en bas. On dissèque les deux premiers lambeaux ; on met à nu l'os maxillaire inférieur et les muscles du cou ; on prolonge la dissection sur les parties latérales de la poitrine, et l'on enlève dans cette partie les muscles avec la peau, afin d'explorer leur état et de mettre les côtes à nu. On dissèque aussi de haut en bas le lambeau de peau qui recouvre le sternum, et on le renverse sur l'abdomen. On scie l'os maxillaire inférieur à sa partie moyenne ; la cavité de la bouche et la langue sont examinés avec soin. On détache de bas en haut les muscles du cou ; la trachée-artère, le larynx et les vaisseaux se trouvent ainsi mis à jour. Alors on opère la section de la clavicule et des côtes à l'aide d'un trait de scie pratiqué au tiers interne de chaque clavicule, et se prolongeant sur toutes les côtes dans la direction des incisions qui ont été faites aux parties molles de la poitrine. On renverse en bas et sur l'abdomen le sternum, avec les deux portions des clavicules et le tiers interne des côtes qui ont été coupées. La cavité de la poitrine est largement ouverte ; les poumons, le cœur, sont à découvert. On incise le péricarde ; s'il contient un liquide, on en mesure de l'œil la quantité, ou bien on l'absorbe avec une éponge, que l'on exprime dans un vase, où cette appréciation peut être faite avec plus d'exactitude. La même opération est pratiquée à l'égard des cavités des plèvres. — On note l'aspect extérieur du cœur et des poumons, leur volume, la densité de leur tissu. *On laisse le cœur en place,* on fend ses cavités droites d'abord, puis ses cavités gauches, au moyen de deux sections parallèles à leur axe ; on tient compte de la quantité de sang que chacune d'elles renferme ; on presse légèrement sur le ventre, afin d'observer si le sang reflue en plus ou moins grande quantité par la veine cave inférieure. On soulève le cœur de bas en haut, on coupe tous les vaisseaux qui existent à sa base. On enlève le péricarde ; on dissèque alors la trachée-artère jusqu'à l'entrée des bronches dans les poumons ; on suit même quelques unes de leurs ramifications dans le tissu pulmonaire ; on incise alors le larynx en avant et le long de sa partie moyenne et antérieure ; on fend de haut en bas la trachée-artère et ses divisions pour noter ce qu'elle contient, ainsi que l'état de sa membrane muqueuse ; on coupe dans divers points le tissu pulmonaire pour l'observer tant en avant qu'en arrière, à son sommet et à sa base.

Examen de l'abdomen. — La surface abdominale doit être d'abord examinée avec soin ; toute tumeur doit être décrite sous le rapport de son aspect, de son volume, de sa densité, de sa couleur, de sa mobilité et de son siége. Les rides de l'abdomen chez les femmes, les plicatures des aines, les gerçures de la peau, les marbrures connues sous le nom de chèvres sont autant d'indices dont il faut signaler l'existence. — On referme la poitrine en rejetant en haut le sternum et la peau qui avaient été abaissés. — On pratique la section des parois abdominales, dans toute leur circonférence inférieure, en longeant l'épine antérieure et supérieure de la crête de l'os des îles et les branches du pubis ; on relève ce large lambeau qui comprend toute la paroi antérieure de l'abdomen, en sorte que, de cette manière, le diaphragme est conservé dans son intégrité ; il n'existe pas de communication entre la cavité de la poitrine et celle de l'abdomen, et l'on ne craint pas les mélanges des fluides qui peuvent être contenus dans ces deux cavités, ce qui aurait eu lieu si l'on avait prolongé les sections prescrites pour l'ouverture de la poitrine. On examine ensuite les divers organes qui sont renfermés dans le ventre, en passant successivement en revue l'estomac, les épiploons, les intestins, le mésentère, le foie, la rate, les reins, la vessie, la matrice et ses annexes chez la femme, et les organes génitaux chez l'homme. L'exploration des organes de la génération ne peut être faite avec soin qu'en pratiquant la section des branches horizontales du pubis et des branches ascendantes de l'ischion ; et en renversant en bas le pubis, afin de mettre à nu la vessie, la matrice, les ovaires, les testicules, la prostate et le rectum. Il ne faut point omettre d'explorer les organes génitaux, non seulement sous le rapport des altérations qu'ils présentent, mais encore sous celui de leurs vices de conformation.

Examen des membres. — Des incisions profondes doivent être pratiquées dans l'épaisseur des membres pour rechercher dans les muscles, les ecchymoses et même les épanchements sanguins ou purulents qu'ils renferment quelquefois.

Examen du rachis. — On retourne le cadavre sur le ventre; on met sous la poitrine, et principalement sous l'abdomen, un pavé, un billot, de manière à faire saillir la colonne vertébrale. On pratique des incisions nombreuses dans toute la surface du dos, afin de pouvoir constater les lésions qui pourraient y exister, et aussi pour reconnaître les lividités et vergetures cadavériques. Faisant alors deux incisions qui, partant de l'occiput, longent les gouttières vertébrales jusqu'au sacrum, on découvre le rachis par des dissections faites à droite et à gauche, qui ont pour but d'enlever les muscles des gouttières vertébrales. Alors, soit à l'aide d'un trait de scie courbe, pratiqué de chaque côté sur les lames postérieures des vertèbres et le plus près possible des apophyses transverses, soit avec un rachitome ou une scie à deux lames qui produisent le même résultat, on enlève toute la partie postérieure des vertèbres, et l'on met la moelle à nu. Il ne reste plus qu'à inciser le prolongement de la dure-mère, qui enveloppe cet organe, pour examiner l'état de la cavité de l'arachnoïde et l'extérieur de la moelle; fendre celle-ci sur place, ou couper les racines antérieures et postérieures des nerfs pour l'enlever et l'examiner au dehors du canal rachidien.

Enfin, on procède à la rédaction du rapport en présence des magistrats, qui peuvent en exiger la rédaction, au moins en ce qui concerne la description des faits; car le médecin peut transmettre plus tard les conclusions qu'il aura postérieurement prises dans le silence du cabinet. Il ne faut jamais qu'il fasse part au juge des impressions qu'il reçoit de la part de tel ou tel fait observé, et des conséquences auxquelles ils pourraient conduire. En agissant contrairement à ce principe, sur lequel nous avons déjà appelé l'attention, il aurait souvent occasion de se contredire, par la découverte subséquente de faits nouveaux, qui viendraient modifier entièrement les conséquences du premier. Le magistrat présent peut et doit tout voir, mais le médecin n'est pas tenu de satisfaire à ses questions.

L'autopsie terminée, le rapport rédigé et les conclusions prises, ou à prendre, le procès-verbal, dressé par les magistrats, est signé par toutes les personnes présentes à l'autopsie. Nous ne saurions trop recommander le secret des faits observés, jusqu'au moment où la partie de la procédure qui constitue l'instruction est terminée. (*Voy.* tome Ier, pour la *forme* et la *rédaction du rapport*, page 17 et suivantes.)

CHAPITRE IX.

DES EXHUMATIONS JUDICIAIRES ET DE LEUR UTILITÉ.

Législation.

C. instr. crim., art. 32. — Dans tous les cas de flagrant délit, lorsque le fait sera de nature à entraîner une peine afflictive ou infamante, le procureur du roi *se transportera sur le lieu*, *sans aucun retard*, pour y dresser les procès-verbaux nécessaires *à l'effet de constater le corps du délit, son état*, l'état des lieux, et pour recevoir les déclarations des personnes qui auraient été présentes ou qui auraient des renseignements à donner. — Le procureur du roi donnera avis de son transport au juge d'instruction, sans être toutefois tenu de l'attendre pour procéder, ainsi qu'il est dit au présent chapitre.

C. instr. crim., art. 59. — Le juge d'instruction, dans tous les cas réputés flagrant délit, peut faire directement et par lui-même tous les actes attribués au procureur du roi, en se conformant aux règles établies au chapitre des procureurs du roi et de leurs substituts. Le juge d'instruction peut requérir la présence du procureur du roi, sans aucun retard néanmoins des opérations prescrites dans ledit chapitre.

C. instr. crim., art. 44. — S'il s'agit d'une mort violente, ou d'une mort dont la cause soit inconnue, le procureur du roi se fera assister d'un ou deux officiers de santé, qui feront leur rapport sur les causes de la mort et sur l'état du cadavre.

Les articles que je viens de citer donnent aux procureurs du roi et aux juges d'instruction le droit de se transporter dans tous les lieux où peut se trouver le corps du délit, à l'effet de procéder à son examen et de constater ou faire constater son état.

C'est donc en vertu de ces deux articles que l'exhumation d'un cadavre est ordonnée et opérée. Mais elle exige la présence, ou du procureur du roi, ou du juge d'instruction. Néanmoins un officier auxiliaire de la police judiciaire en est quelquefois chargé.

Elle ne peut pas avoir lieu sur une simple ordonnance du procureur du roi ou du juge d'instruction, lorsqu'il s'agit d'un flagrant délit; il n'en est pas ainsi lorsque l'exhumation doit être opérée dans un tout autre but, comme celui du déplacement d'un corps, ou d'une ouverture à faire dans un but scientifique; alors le procureur du roi et le préfet de police autorisent purement et simplement l'exhumation. Un médecin ne peut ouvrir un corps sans le consentement des parents. Lorsque ceux-ci se refusent à cette opération, l'exhumation ne peut être autorisée par qui que ce soit.

Un médecin se rendrait coupable si, emporté par son amour pour la science, il faisait faire une exhumation sans autorisation. Cet acte pourrait être considéré comme une violation de tombeaux et puni comme tel, en vertu de l'art. 360 du Code pénal, ainsi conçu:

« Sera puni d'un emprisonnement de trois mois à un an, et de seize à deux cents francs d'amende, quiconque se sera rendu coupable de violation de tombeaux ou de sépultures, sans préjudice des peines contre les crimes ou les délits qui seraient joints à celui-ci. »

Utilité des exhumations judiciaires. — L'utilité des exhumations judiciaires ne saurait plus être contestée aujourd'hui. Ce fut en 1823 qu'une analyse, heureusement entreprise et heureusement terminée, sur le cadavre de Boursier, inhumé depuis trente-deux jours, mit sur la voie; il donna à M. Orfila l'idée de rechercher jusqu'à quel point on pourrait retrouver les poisons, lors même qu'ils auraient été depuis longtemps sous l'influence de la putréfaction. Depuis cette époque, on n'a pas hésité à rechercher les substances vénéneuses, même après un laps de temps considérable écoulé depuis l'inhumation. C'est ainsi que MM. Idt et Ozanam de Lyon ont constaté la présence de l'acide arsénieux après sept ans de séjour du corps dans la terre. Aujourd'hui, le médecin serait blâmable s'il s'opposait à une exhumation, par ce seul fait, que le temps écoulé depuis l'inhumation a dû faire disparaître les traces du crime. Il ne faut cependant pas exagérer l'utilité de ces recherches. C'est principalement dans les cas d'empoisonnement par les substances métalliques, qu'elles conduisent à des résultats plus certains; parce que si l'on peut parvenir à recueillir des débris du canal digestif, on y retrouve le métal qui formait la base du poison. M. Orfila pense même que l'on peut encore atteindre ce but, lorsqu'il ne reste plus du canal intestinal que quelques détritus ou une sorte de cambouis sur les côtés de la colonne vertébrale. — Quand des blessures ont été faites et qu'elles ont intéressé des os, on peut aussi en constater les traces; mais alors il s'élève le plus souvent la question de savoir si la blessure a été faite pendant la vie ou après la mort? Ce qui caractérise une blessure faite pendant la vie, n'est pas tant la division des parties opérée par l'instrument vulnérant que les effets vitaux de cette division. Or ces effets, qui consistent en général dans un écoulement de sang plus ou moins grand; une injection inflammatoire des organes; une rougeur, une tuméfaction de la partie blessée, etc., disparaissent sous l'influence de la putréfaction, ou bien viennent se confondre avec des phénomènes putrides. Néanmoins c'est une forte présomption acquise par l'instruction, quand des traces d'une solution de continuité existent sur le cadavre. Observons qu'une exhumation n'est jamais entreprise sans que la clameur publique n'ait élevé des soupçons sur la cause de la mort. Cette cause est spécifiée ; c'est dans le but d'arriver à la constater matériellement que l'exhumation est faite ; par conséquent, si les traces de blessures coïncident avec la cause indiquée, elles deviennent une présomption bien forte en faveur d'un corps de délit. Les solutions de continuité des os persistent malgré la putréfaction ; ce seront donc celles des blessures que l'on pourra constater plus tard.—Mais il arrivera souvent qu'une plaie pénétrante de la poitrine sera reconnue après plusieurs mois écoulés depuis le décès, à cause des épanchements de sang qui accompagnent très fréquemment ces lésions. — Nous signalerons aussi les déchirures de troncs vasculaires à la suite de coups ou de chutes ; les déchirures du foie, de la rate ; la destruction d'un œil ; les coups de feu avec des armes chargées à balles, et principalement ceux qui ont été tirés à bout portant ; les déchirures de muscles et quelques autres lésions. Il n'en pourrait pas toujours être de même des violences qui n'entraîneraient pas de solutions de continuité très marquées, les contusions ; par exemple. Il arrive une époque où non seulement la putréfaction fait naître des altérations du même genre, mais encore où elle fait disparaître celles qui existaient.

Dans les cas de suspension, et, à plus forte raison, dans ceux par strangulation, une exhumation peut faire retrouver le lien encore appliqué autour du cou ; si le lien n'existe pas, il est possible que la trace celluleuse argentine, qui dénote son application, se rencontre encore. — Les exhumations seront une faible ressource dans le cas de mort par submersion, pour peu que la putréfaction soit avancée ; car les signes qui dénotent que l'individu a été jeté vivant dans l'eau diparaissent très vite. Nous avons eu occasion d'en faire trois dans ce but, et le résultat a été tout à fait négatif ; mais il n'en est pas de même quand il y a lieu de penser que des violences ou des blessures ont été exercées sur l'individu avant de le jeter à l'eau.

Les exhumations sont souvent très utiles en matière d'infanticide. Il résulte en effet des expériences de Camper, Pyl, M. Orfila et des miennes ; que les poumons des enfants nouveau-nés résistent pendant plus longtemps que les autres organes à la putréfaction, et que, par conséquent, il est encore possible de déterminer s'ils appartiennent à un enfant qui a respiré ou qui n'a pas respiré, quoiqu'un certain laps de temps se soit écoulé depuis la mort. Depuis la publication de mon mémoire *sur ce sujet* (*Annales d'hygiène et de médecine légale*, t. IV, p. 193), j'ai cherché à me rendre compte de ce résultat remarquable. Je crois en avoir trouvé la cause. Je pense que la putréfaction n'est tardive pour les poumons des nouveaux-nés, qu'autant qu'ils n'ont pas servi à la respiration, et qu'elle ne doit pas être beaucoup plus lente lorsque l'air a pénétré dans les cellules du tissu pulmonaire. C'est à la texture charnue de ces organes avant la respiration qu'il faut attribuer cette différence : semblable en cela à ce qui se passe pour les organes parenchymateux dont le tissu ne devient que très difficilement emphysémateux et putride.

La putréfaction amène peu d'obstacles à la détermination de l'âge du fœtus dans beaucoup de circonstances ; ainsi, sous ce double rapport, une exhumation peut être utile en matière d'infanticide.—Nous ne saurions trop prémunir les médecins contre une source d'erreurs qui se trouve dans la saponification du cou des enfants putréfiés. Le pli de flexion de la tête sur la poitrine est très prononcé et tout à fait dépourvu de tissu cellulaire graisseux, tandis que la peau qui l'avoisine en est tapissée dans une grande proportion. Quand la saponification survient, la peau qui borde le repli constitue deux bourrelets très saillants ; en sorte que l'on est porté à penser que le cou a été déprimé par la constriction apportée sur cette partie au moyen d'un lien circulaire. Je note ce fait, parce que j'ai vu beaucoup de médecins commettre cette méprise, et qu'il m'a fallu bien apprécier la disposition des parties et m'en rendre compte pour ne pas commettre la même erreur. Cette erreur conduit à la supposition d'une strangulation. — Relativement aux blessures que pourrait présenter l'enfant, et qui établiraient le corps de délit d'infanticide par commission, j'avoue que dans beaucoup de cas la putréfaction en aura considérablement diminué les traces, si même elle ne les a pas fait disparaître ; néanmoins comme, dans la plupart des cas d'infanticide, une mère ne se sert pas d'instrument tranchant pour détruire son enfant, cette circonstance se présentera encore moins souvent qu'on ne serait porté à le penser.

Les exhumations peuvent aussi être utiles dans les cas d'avortement ou d'accouchement. Si, par exemple, la femme a succombé à une métrite ou à une métro-péritonite aiguë survenues à la suite de manœuvres pratiquées par des sages-femmes coupables, ne serait-il pas possible de reconnaître encore les traces des perforations opérées sur les parois de l'utérus? Certes, tous ces faits seront subordonnés au temps écoulé depuis la mort ; mais, encore une fois, le médecin serait blâmable de ne pas se livrer à des recherches de ce genre, à cause de l'état avancé de la putréfaction.

Des exhumations judiciaires ont été entreprises avec succès, même après six ou douze ans d'inhumation, ainsi que le prouve l'assassinat constaté de la rue de Vaugirard (Bastien et Robert inculpés : voy. les *Annales d'hygiène et de médecine légale*, t. XI). Ici il ne s'agissait que de reconnaître, dans un lieu donné, la trace des cadavres que l'on supposait y avoir été inhumés, et d'éclairer la question d'identité. Quand le corps est arrivé à l'état de squelette, et que les os même sont désarticulés, disséminés dans la terre, on a grand intérêt à déterminer le sexe auquel ils appartiennent, et la taille des individus qu'ils concouraient à former ; aussi, en parlant des précautions à prendre dans les exhumations, allons-nous relater les documents propres à éclaircir ces diverses circonstances.

Dangers des exhumations judiciaires. — Dans son Traité sur les exhumations juridiques, M. Orfila a soulevé cette question, et l'a résolue d'une manière presque négative dans la plupart des cas. Après avoir extrait des ouvrages de Ramazzini (*Maladies des artisans*, 1777), de Vicq d'Azyr (*Essai sur les lieux et les dangers des sépultures*), de Raulin (*Observations de médecine*, par Joseph Raulin, 1754), de Haguenot (*Mémoire lu à la Société de Montpellier*, décembre 1746), de Navier (*Réflexions sur les dangers des exhumations*, 1775), de Maret (*Journal encyclopédique*, septembre 1773), de l'abbé Rozier (*Observations physiques*, 1773), de Haller et de quelques autres sources, des faits dans lesquels il paraît constant que des fouilles faites dans des églises, des fosses communes ou des fosses particulières, ont, non seulement développé des maladies mortelles pour un grand nombre de personnes, mais encore produit des morts subites par asphyxie, M. Orfila fait sentir qu'il y a tout lieu de croire qu'il faut attribuer à d'autres causes ces espèces d'épidémies, si dangereuses pour toutes les personnes qui ont été soumises en même temps au même genre d'infection. « Les observations qui précèdent, dit-il, ne nous semblent pas *toutes* propres à prouver les dangers des exhumations. Il en est en effet qui nous paraissent apocryphes ; d'autres offrent des détails évidemment exagérés, et les accidents graves qui y sont mentionnés ne sauraient être attribués aux exhalaisons putrides. Comment en effet supposer une action aussi malfaisante aux émanations dégagées par un cadavre enterré dans une fosse particulière, lorsque dans notre travail, ni les fossoyeurs, ni deux ou trois élèves qui nous assistaient, ni nous-même, nous n'avons jamais éprouvé d'incommodité notable, quoique les exhumations aient été nombreuses et faites sans prendre aucune précaution, aux diverses époques de la putréfaction et souvent au milieu des plus grandes chaleurs? »

Voici comment s'exprime Fodéré à ce sujet : « Les effets de la mort, manifestés aussitôt que l'action vitale a cessé, augmentent en raison du temps qui s'est écoulé depuis cette cessation, et suivant la nature de la maladie et de la lésion sous lesquelles l'individu a succombé ; bientôt tout est confondu ; et sans compter que, lorsque la putréfaction est avancée, les gens de l'art ne peuvent être obligés à un examen qui serait autant dangereux pour leur vie qu'inutile pour les éclaircissements que l'on veut obtenir, etc. » (*Traité de médecine légale*, t. III, p. 71, 1813.)

Après avoir extrait, comme M. Orfila, des auteurs que je viens de citer plus haut, les mêmes faits, M. Marc s'exprime ainsi (*Dictionnaire des sciences médicales*, t. XIV, p. 190) : « Il m'eût été facile d'augmenter le nombre de ces exemples, si ceux que l'on vient de lire n'étaient pas plus que suffisants pour prouver les dangers auxquels peuvent exposer les inhumations entreprises sans aucune des précautions qui seront le sujet de cet article. »

Il est difficile de concilier des opinions aussi opposées. Je suis porté à croire que M. Orfila, dominé par l'importance que l'on doit attacher aux exhumations judiciaires, a porté un peu loin leur innocuité. Il est peu de médecins, en effet, qui résoudraient la question dans ce sens, en présence des faits rapportés par les auteurs où M. Orfila a puisé, et dont les noms sont aussi recommandables. Lorsque M. Orfila a fait faire ses exhumations, il les a sans doute dirigées avec toute la prudence qu'exigeaient de pareilles recherches, et c'est à des précautions bien entendues, à son égard et à celui des personnes qui l'assistaient, que sont dus les bons résultats qu'il a obtenus. Nous avons fait un grand nombre d'exhumations judiciaires, et nous devons déclarer que l'une d'elles nous a rendu malade, ainsi que M. le docteur Piédagnel, qui procédait avec nous à l'autopsie. Cependant nous étions placés sous un hangar élevé au-dessus du sol, où il existait une grande ventilation, et nous avions employé une suffisante quantité de chlorure de chaux. M. Piédagnel fut retenu six semaines à la chambre. Il y a donc du danger quand on exhume un cadavre, et cette opération ne peut pas être considérée comme incapable de porter atteinte à la santé. On peut éviter ces dangers, mais on n'en reçoit pas moins une influence plus ou moins désagréable et quelquefois dangereuse.

Les dangers ne sont pas les mêmes pendant toute l'exhumation et dans tous les temps de cette opération. Ils sont : 1° En raison du nombre de cadavres que l'on met à découvert : ainsi, toutes choses égales d'ailleurs, il y a plus d'inconvénients à faire une exhumation d'une fosse commune que d'une fosse particulière. 2° En raison de l'époque de l'inhumation. Ici il y a des distinctions à établir. Si le cadavre est dans la période de putréfaction gazeuse, et que, par une cause quelconque, une grande quantité de gaz soit tout à coup mise à nu, l'asphyxie peut en être la conséquence. On a vu des exemples de fossoyeurs qui ont été asphyxiés au moment où ils donnaient un coup de pioche qui ouvrait l'abdomen distendu par des gaz. Si le cadavre est inhumé depuis longtemps, toute la terre ambiante est imprégnée d'une odeur fétide, pénétrante, qui impressionne fortement l'odorat ; et comme le travail propre au déplacement de là terre est long, les individus qui respirent cette odeur peuvent en être influencés à un degré plus ou moins élevé. Certes, des fossoyeurs qui ont l'habitude de respirer des gaz fétides seront rarement incommodés par une exhumation ; mais la personne qui, pour la première fois, procédera à une opération de ce genre, en éprouvera tous les effets fâcheux. 3° En raison de la saison. En hiver, par exemple, les exhumations offrent, en général, peu de danger ; en été, au contraire, elles peuvent devenir très funestes. En un mot, toutes les conditions favorables au développement de la putréfaction concourent aussi au développement des accidents. On ne saurait donc prendre trop de précautions dans une opération de ce genre. Ce n'est pas à dire qu'une exhumation ne puisse pas être faite à cause des dangers qu'elle ferait courir ; car nous nous hâtons de déclarer que nous ne connaissons pas d'exhumation dont on ne puisse éviter les dangers ; c'est dire seulement qu'il faut employer des moyens pour s'en garantir. Nombre de fouilles ont été faites dans les cimetières sans qu'il en soit résulté des inconvénients pour les fossoyeurs prudents et qui consentaient à se soumettre aux mesures de salubrité qui étaient conseillées ; tandis que ceux qui s'en écartaient couraient les chances d'une asphyxie quelquefois mortelle : c'est ce qui est arrivé à trois personnes pendant les fouilles du cimetière des Innocents, à Paris. Pendant la révolution de juillet 1830, un grand nombre de morts furent entassés dans les caveaux de l'église Saint-Eustache, à Paris. Ils y sont restés pendant dix-huit jours au milieu des chaleurs les plus fortes de l'année ; leur extraction a été faite à cette époque sans qu'aucun ouvrier ait éprouvé la moindre indisposition, mais cette exhumation avait été pratiquée avec toutes les mesures nécessaires de salubrité.

En résumé, une exhumation faite sans précaution peut être dangereuse : elle n'offre pas d'inconvénients notables alors qu'elle est environnée de mesures hygiéniques convenables.

De la manière de procéder aux exhumations judiciaires, et des précautions à prendre pour les effectuer sans danger. — 1° Ne jamais procéder à cette opération lorsqu'on est à jeun ; prendre même une petite quantité de liqueur spiritueuse ; 2° faire l'exhumation de grand matin en été ; la chaleur du jour et celle du soir augmentant beaucoup le dégagement des gaz infects et l'impression qu'ils déterminent ; 3° se munir d'éponges, de linges, d'eau et de trois ou quatre livres de chlorure de chaux *solide ;* mettre une livre de ce chlorure dans deux seaux d'eau environ, ou une once pour deux pintes de liquide ; agiter pour opérer le mélange et la dissolution ; 4° faire préparer une table large dans un lieu plus élevé que le sol, si cela est possible, et placée dans un grand courant d'air ; 5° faire procéder rapidement à l'enlèvement de la terre de la fosse, en se servant d'hommes qui se relaient fréquemment ; quand la bière est mise à nu, on répand à sa surface, sans l'ouvrir, une livre de chlorure de chaux qui permet aux fossoyeurs de la déblayer et de passer leurs cordes pour procéder à son enlèvement ; 6° faire ouvrir la bière auprès de la fosse ; en retirer le corps et le laisser exposé à l'air pendant un quart d'heure ou vingt minutes ; 7° le placer sur la table et répandre *autour du corps* du chlorure de chaux solide, de manière à en employer une demi-livre environ ; ce chlorure sera remplacé trois ou quatre fois pendant l'ouverture. Les proportions de chlorure paraîtront peut-être bien fortes, eu égard à celles qui ont été conseillées par M. Orfila dans son *Traité sur les exhumations juridiques :* quelques onces de *chlorure en dissolution*. Nous regardons cette proportion comme étant beaucoup trop faible et de nul effet, à l'égard de l'infection de la presque totalité des corps, quand on les sort de la terre. 8° Procéder à l'autopsie, et, pendant le cours de cette opération, se laver très fréquemment les mains dans la dissolution de chlorure de chaux préparée à cet effet ; 9° durant l'autopsie, avoir le soin d'opérer en se plaçant dans la direction du courant d'air, et non pas contre le courant.

Telles sont les précautions qu'il faut prendre pour se prémunir contre les dangers de l'exhumation d'un cadavre putréfié que l'on retire d'une fosse particulière. Il est fâcheux que dans les cimetières, et surtout dans ceux des grandes villes, il n'existe pas de local affecté aux autopsies. Les recherches y seraient plus exactes, parce que les médecins n'auraient pas sans cesse à lutter contre une infection pénible, au milieu de laquelle les investigations ne sont pas toujours faites avec cette lenteur qui est propre à l'observation minutieuse. Dans les exhumations judiciaires qui sont journellement faites, on manque de tous les moyens de propreté ; on a fort peu d'eau à sa disposition, pas d'éponges, pas de linge, rien, en un mot, de ce qui peut rendre ces opérations un peu moins dégoûtantes.

Si l'exhumation d'un corps d'une fosse particulière exige ces précautions, il faut nécessairement les multiplier quand il s'agit d'extraire un corps d'une fosse commune. Les fosses communes sont de deux espèces : ou elles ont leur plus grande étendue en profondeur, ou, au contraire, elles sont disposées sous la forme de tranchées dont la longueur en constitue la dimension la plus considérable. Les premières sont rares aujourd'hui ; l'exhumation des corps y est plus dangereuse que dans les secondes. En effet, les émanations putrides forment, dans la profondeur de la fosse, une atmosphère infecte qui est plus ou moins nuisible. C'est alors qu'il ne faut pas hésiter à projeter de temps en temps du chlorure de chaux en poudre, au fur et à mesure de l'ablation des couches terreuses, et encore ce moyen est-il bien peu efficace eu égard aux foyers d'infection. On a essayé il y a quelques années l'emploi du charbon provenant de la tourbe. M. Barruel m'a assuré en avoir obtenu de bons effets ; il en a fallu six ou sept livres pour opérer la désinfection d'un cadavre. Mais ce moyen doit être en général rejeté, parce que, pour être employé avec succès, il faut qu'il recouvre les parties qu'il doit désinfecter, et par conséquent il altère toujours l'aspect extérieur du corps. Cependant on pourrait s'en servir pour recouvrir les corps que l'on est obligé de déplacer, afin d'arriver à celui dont l'exhumation judiciaire doit être faite. Le noir animal, préparé par M. Payen pour la vidange des fosses d'aisances, les sels de manganèse et de zinc seraient encore très propres à cet usage. Le chlorure de chaux, au contraire, désinfecte à distance, et nous ne l'aurions pas conseillé s'il n'avait cette propriété. Nous nous sommes bien gardé de proposer des aspersions avec de l'eau chlorurée sur le corps, parce que cette liqueur change entièrement la couleur de tous les tissus, modifie des altérations dont on doit noter l'aspect, l'étendue et la nature. Toutefois on aurait tort d'accorder une confiance absolue au chlorure comme moyen désinfectant. Sa valeur n'est toujours que relative, et il est des cas où ce moyen devient insuffisant en présence de la production d'une masse considérable de gaz infects. Dans d'autres circonstances, il modifie l'odeur putride de telle manière que celle-ci est remplacée par une odeur nouvelle presque aussi infecte que la première; c'est ce que nous avons souvent observé pour les noyés. Nous pensons donc que le moyen de M. Labarraque n'atteint pas toujours *aussi complétement* le but qu'on pourrait le désirer; mais quel est celui qui pourrait l'atteindre? Il a donc des limites que nous avons dû faire connaître. On pourrait encore descendre dans les fosses profondes un fourneau allumé, de manière à établir un courant d'air pendant toute la durée de l'opération.

Les cadavres doivent être enlevés et transportés loin de la fosse commune; en se bornant à les déplacer, et en les conservant tout près des travailleurs, on accumule des foyers d'infection d'autant plus puissants, qu'ils sont exposés à l'air libre, et qu'il va s'en dégager une odeur que la terre tenait enfermée auparavant.

Ces opérations sont encore moins dangereuses que les exhumations que l'on pratique dans les caveaux souterrains, comme ceux des églises. Ici il faut prendre les mêmes précautions que celles qui sont mises en usage pour le curage des égouts. En général, on a en vue de transférer dans un cimetière un grand nombre de corps; aussi l'ensemble des moyens qu'il faut se procurer pour amener cette opération à bien est-il assez considérable. C'est le plus souvent la nuit que l'on procède à cette exhumation, afin de soustraire aux regards du peuple, avide de ce qui est extraordinaire. On se procurera : 1° des voitures én suffisante quantité ; 2° des torches ; 3° quarante à cinquante livres de chlorure de chaux ; 4° de la toile propre à former des serpillières ; 5° de la ficelle pour fermer les serpillières ; 6° des cordes fortes et longues, capables de supporter le poids d'un homme ; 7° des sangles attachées à ces cordes ; 8° plusieurs baquets ; 9° une pompe ; 10° plusieurs tonneaux d'eau ; 11° un fourneau d'appel très large ; 12° une manche à vent, si l'on en a à sa disposition ; 13° du vin, de l'eau-de-vie, des éponges, du vinaigre ; 14° un nombre suffisant d'ouvriers pour opérer rapidement.

On commence par s'enquérir du trajet souterrain parcouru par les caveaux, ainsi que des diverses issues qu'il peut avoir. S'il n'existe qu'une ouverture d'entrée, et qu'il soit possible d'en pratiquer une seconde dans le point le plus opposé, alors on fait enlever une dalle et creuser jusqu'à la cavité du caveau, en ayant le soin de faire pratiquer cette opération avec des outils dont les manches aient le plus de longueur possible, afin que les ouvriers ne soient pas exposés aux émanations qui pourraient provenir de la terre, imprégnée d'une odeur putride. On place sur cette ouverture un fourneau d'appel ayant son tirage dans la cavité souterraine, et ne présentant pas par conséquent d'ouverture qui puisse donner accès à l'air extérieur pour alimenter la combustion. On fait ouvrir la porte d'entrée, et l'on entretient ainsi un appel pendant un temps qui varie suivant les dimensions connues du caveau. On s'assure qu'il s'effectue un tirage en approchant de l'ouverture d'entrée une torche allumée ; le tirage imprime à la flamme une déviation qui dénote l'appel. S'il n'existe pas deux ouvertures, et s'il n'est pas possible d'en pratiquer une seconde, il faut alors se servir de la manche à vent, sorte de cylindre conique en toile, dans l'intérieur duquel sont placés des cerceaux à une distance d'un pied et demi à deux pieds, pour empêcher l'affaissement de ses parois. L'extrémité la plus large est adaptée à la circonférence de l'ouverture d'entrée du caveau ; l'autre se rend dans le cendrier d'un fourneau, et du moment que le charbon est en ignition, le foyer ne peut s'alimenter que par l'air de la cave sépulcrale.

Cette première opération faite, il faut jeter du chlorure de chaux en poudre sur la plus grande partie possible du sol du sépulcre, sans toutefois y pénétrer. Alors on y descend, à l'aide de cordes, une torche, de l'étoupe, un réchaud allumé, et l'on observe si la combustion de ces corps s'entretient bien. On attache une sangle autour de la poitrine d'un travailleur, de manière à la placer sous les aisselles. Une corde fixée à cette sangle est confiée à un ouvrier intelligent, placé en dehors du caveau. L'ouvrier qui pénètre dans l'intérieur du sépulcre est muni d'une sonnette, et peut ainsi avertir lorsqu'il court des dangers.

Avant de faire descendre le travailleur, on a eu soin de lui faire laver les mains dans du chlorure de chaux en dissolution ; on peut même suspendre sur sa poitrine un sachet de cette substance ; et toutes ces précautions sont prises à l'égard des personnes qui entrent successivement dans le caveau. Si l'on a pu pratiquer une contre-ouverture, il est bon d'y entretenir une faible quantité de combustible en ignition, afin de faire appel de l'ouverture d'entrée à celle de sortie, et d'entraîner ainsi les gaz infects au fur et à mesure de leur dégagement, lors du déplacement de la terre, et à plus forte raison des corps ; toutefois il y aurait des inconvénients à opérer un courant trop fort qui amènerait des accidents à raison de sa fraîcheur et de son humidité. Les ouvriers doivent être fréquemment renouvelés. Quand on arrive aux cadavres, il faut les déplacer un à un ; les envelopper immédiatement d'une serpillière à la tête, aux pieds et au milieu du corps ; puis attacher une corde pour enlever immédiatement le cadavre et le transporter dans une voiture, en projetant sur chaque cadavre du chlorure de chaux en poudre. C'est en prenant toutes ces mesures d'hygiène que l'on conduit une exhumation même considérable jusqu'à sa fin, sans altérer la santé des personnes qui sont chargées de la mettre à exécution. Du vin et parfois de l'eau-de-vie doivent être donnés aux travailleurs. Il ne faudrait pas qu'ils fissent abus des liqueurs spiritueuses, car il paraît résulter des observations que l'on possède à cet égard, que l'ivresse est une des conditions les plus favorables à l'asphyxie.

De la manière de diriger une exhumation judiciaire, lorsque le temps écoulé depuis l'inhumation fait présumer que le cadavre est réduit à l'état de squelette. — Ici les précautions hygiéniques sont nulles ou presque nulles, et par conséquent c'est seulement de la meilleure marche à suivre, pour ne pas perdre ou déranger les os, que nous voulons parler. 1° Règle générale, il ne faut jamais faire de fouilles sur l'endroit même où l'on soupçonne l'existence des débris du cadavre. C'est toujours à douze ou quinze pieds au delà que l'on doit placer les travailleurs, ou beaucoup plus près si l'on est sûr du point du sol où siége le corps. 2° On leur fait ouvrir une tranchée de quinze à vingt pieds de large sur quatre pieds et demi à cinq pieds de profondeur ; au fur et à mesure que la tranchée est ouverte, on tient compte de la nature du terrain, afin de voir si l'on n'arriverait pas à des mélanges de terre différente, ce qui fournirait des indices puissants sur l'existence d'une fosse pratiquée précédemment. 3° Quand on est arrivé à des ossements, on fait suspendre le travail dans ce point pour le reprendre du côté opposé, de manière à limiter la partie où se trouvent les restes du cadavre. 4° On note avec soin la nature des couches de terre qui recouvrent le corps, et on les compare avec celles qui constituent le terrain environnant. 5° On découvre alors peu à peu le cadavre, et quand on est arrivé à un pied près du lieu où l'on a trouvé le premier os, alors on fait passer à travers une claie fine toute la terre que l'on enlève. De cette manière, on peut recueillir tous les petits os, les débris des parties molles, les ongles même ; c'est là le seul moyen de réunir toutes les portions d'un squelette. Dans l'affaire Bastien et Robert, on a pu obtenir même jusqu'aux phalangettes. 6° Quand il existe quelque excavation au-dessus du cadavre, il faut tâcher d'enlever l'espèce de pont formé au-dessus de lui par la terre, afin d'apprécier la situation du corps. 7° Au fur et à mesure que chaque os se présente, on en prend note, ce qui conduit à indiquer dans quelle direction la tête et les pieds se trouvaient placés. 8° Il faut, de plus, faire attention à la profondeur respective de chaque os ; on en tire la conséquence du mode de l'introduction du cadavre dans la fosse, et de la manière dont cette fosse avait été creusée. 9° Si, comme dans l'affaire que je viens de citer, il existe encore quelques débris de lien autour de la colonne vertébrale, on en conserve avec soin la disposition comme une pièce à conviction très importante. 10° On recueille une certaine quantité de couche de terre ou de toute autre matière différente du terrain dans lequel le corps est placé, pour être soumise à l'analyse. 11° On rassemble ensuite tous les os, après les avoir mesurés ; on réunit ensuite la somme de ces longueurs pour avoir celle du corps, d'après les tableaux que nous allons donner ; mais il est bien préférable de déduire cette mesure de la juxtaposition des os lorsque cela est possible.

12° On prend note de la configuration des os ; de l'ossification des épiphyses ; de la présence ou de l'absence de la suture des deux portions qui forment le coronal ; des engrenures plus ou moins prononcées des autres sutures ; de l'ossification de la suture temporale ou mastoïdienne ; de l'épaisseur des os du crâne ; de la disparition du diploé, de l'état lisse ou bosselé de la surface de ces os ; du nombre des dents, de leur usure, et principalement de celle des incisives supérieures et inférieures ; de la hauteur du corps de la mâchoire inférieure ; de la forme de la totalité de la colonne vertébrale et de celle de ses courbures ; de l'ossification des petites et des grandes cornes de l'os hyoïde, de l'excavation du bassin ; de la largeur de ses divers détroits ; de la forme des trous ovalaires ; de celle de l'arcade sous-pubienne ; de la courbure des os des extrémités inférieures ; en un mot, on pénètre dans tous les détails de la squelettologie, afin d'arriver à fournir au magistrat le plus de renseignements possibles.

Souvent il est nécessaire de conserver certaines parties du cadavre qui constituent des pièces à conviction. Il n'est pas utile de leur faire subir aucune préparation, quand le corps est arrivé à cette époque avancée de la putréfaction ; il suffit alors de les mettre à l'abri du contact de l'air, en les enfermant dans une cage de verre exactement luttée. Dans une circonstance de ce genre, MM. Barruel et Chevalier ont placé dans le bain-marie d'un alambic un support, sur lequel étaient les vertèbres cervicales et la clavicule droite, entourée d'une corde, ainsi que des ongles, et les ont soumis à la température de $+100$ degrés fournie par l'eau de la cucurbite ; ils ont recouvert l'alambic d'un canevas et prolongé cette température pendant six heures ; après quoi, ils les ont replacés sur le support, avec une capsule contenant du chlorure de calcium, et recouvert le tout avec une cage de verre hermétiquement fermée. Telles sont les données que j'ai cru devoir fournir pour ne pas laisser les experts étrangers à ces sortes d'opérations ; mais il est facile de sentir que ces détails sont fort incomplets, et qu'ils doivent être modifiés en raison des circonstances dans lesquelles on se trouve placé.

CHAPITRE X.

MOYENS DE DÉTERMINER LA TAILLE D'UNE PERSONNE LORSQU'UNE PORTION DU CORPS EST SEULE MISE A LA DISPOSITION DE L'EXPERT.

Des recherches de ce genre ont été entreprises, pour la première fois, par Sue (*Sur les proportions du squelette de l'homme*, tome II des *Mémoires présentés à l'Académie royale des sciences*, année 1755). Elles l'ont conduit aux résultats suivants, qui, d'après la manière dont il s'exprime, semblent être la conséquence d'un grand nombre de recherches; il est vrai de dire qu'il n'en présente pas le détail, et que l'on ignore, par conséquent, si ce sont des moyennes résultant d'un travail très étendu et d'un grand nombre de mesures prises sur des sujets de différents âges. Ce travail offre, en outre, l'inconvénient de ne présenter que trois mesures relatives : celle du tronc et celle des membres supérieurs et inférieurs; en sorte qu'il faut nécessairement avoir à sa disposition la moitié du corps pour établir une évaluation approximative à peu près exacte.

	Pieds.	Pouc.	Lig.
Six semaines.	»	»	16
Tronc.	»	»	7
Extrémités supérieures.	»	»	4
— inférieures.	»	»	5
Deux mois et demi.	»	2	3
Tronc.	»	1	8
Extrémités supérieures.	»	»	9
— inférieures.	»	»	7
Trois mois.	»	3	»
Tronc.	»	2	1
Extrémités supérieures.	»	»	13
— inférieures.	»	»	11
Quatre mois.	»	4	4 ⅓
Tronc.	»	2	11
Extrémités supérieures.	»	1	9
— inférieures.	»	1	5 ⅓

	Pieds.	Pouc.	Lig.
Cinq mois.	»	6	6
Tronc.	»	4	4
Extrémités supérieures.	»	2	6
— inférieures.	»	2	2
Six mois.	»	9	»
Tronc.	»	5	8
Extrémités supérieures.	»	3	7
— inférieures.	»	3	4
Sept mois.	1	quelq.	lig.
Tronc.	»	6	5 ⅓
Extrémités supérieures.	»	5	10
— inférieures.	»	5	9
Huit mois.	1	2	9 ⅓
Tronc.	»	8	3 ⅓
Extrémités supérieures.	»	6	8
— inférieures.	»	6	6

	Pieds.	Pouc.	Lig.		Pieds.	Pouc.	Lig.
Neuf mois.	1	6	»	Dix ans.	3	8	6
Tronc.	»	10	»	Tronc.	2	»	»
Extrémités supérieures.	»	8	»	Extrémités supérieures.	1	7	»
— inférieures.	»	8	»	— inférieures.	1	8	6
Un an.	1	10	6	Quatorze ans.	4	7	»
Tronc.	»	13	6	Tronc.	2	»	»
Extrémités supérieures.	»	9	»	Extrémités supérieures.	2	»	6
— inférieures.	»	9	»	— inférieures.	2	3	»
Trois ans.	2	9 qq. l.		Vingt à vingt-cinq ans.	5	4	»
Tronc.	»	19	»	Tronc.	2	8	»
Extrémités supérieures.	»	14	»	Extrémités supérieures.	2	6	»
— inférieures.	»	14 qq. l.		— inférieures.	2	8	»

M. Orfila a voulu remplir le vide que Sue a laissé dans cette matière ; à cet effet, il a dressé un tableau de la mesure de cinquante et un cadavres pourvus de parties molles, et il a fait dresser un autre tableau par M. Chambroty, de la mesure de vingt squelettes. Il a noté l'étendue de la longueur du corps, de celle du vertex au pubis, de celle des extrémités supérieures, de celle des extrémités inférieures, du fémur, du tibia, du péroné, de l'humérus, du cubitus et du radius. Ce sont les deux tableaux que nous reproduisons ci-après. On voit que ces recherches ont été faites sur des sujets des deux sexes, depuis l'âge de dix-huit ans jusqu'à l'âge de soixante. Cinquante corps d'individus pourvus de leurs parties molles ont été explorés, et vingt squelettes ont été mesurés, soit dans leur totalité, soit dans leurs diverses parties. Dans le premier tableau, on compte quatre sujets de dix-huit ans, cinq de vingt à trente, dix-sept de trente à trente-cinq, huit de quarante à cinquante, six de cinquante à soixante, et dix de soixante à soixante-cinq, répartition assez inégale, comme on le voit. Il eût été à désirer qu'une moyenne eût pu être établie sur un même nombre égal de sujets pour une période de dix années.

TABLEAU N° 1, *indiquant la longueur relative des parties non dépourvues de chair.*

SEXE.	AGE.	LONGUEUR du vertex à la plante des pieds.	LONGUEUR du vertex à la symphyse du pubis	LONGUEUR des extrémités supérieures depuis l'acromion.	LONGUEUR des extrémités inférieures depuis la symphyse du pubis.	FÉMUR.	TIBIA.	PÉRONÉ.	HUMÉRUS.	CUBITUS.	RADIUS.
	ans.	met. cent.	cent.	centim.	centim.	cent.	cent.	cent.	cent.	cent.	cent.
Homme	30	1 70	85	75	85,	44	37	36	31	27	24
id.	35	1 73	86	78	87	46	37	36	32	26	23
id.	65	1 83	90	84	93	49	40	39	34	29	27
id.	60	1 69	83	72	86	44	36	35	31	26	24
id.	55	1 68	85	73	83	44	36	35	32	26	23
id.	35	1 73	86	78	87	46	37	36	32	26	24
id.	55	1 66	86	73	80	42	35	34	31	26	24
id.	60	1 58	78	72	80	41	35	34	30	25	23
id.	25	1 68	84	74	84	45	36	35	32	26	24
Femme	35	1 60	79	74	81	40	35	34	31	25	23
Homme	35	1 54	78	64	76	38	33	32	26	23	21
id.	40	1 53	77	70	76	42	34	33	30	24	22
id.	18	1 54	74	70	80	43	34	33	30	25	23
id.	35	1 70	84	78	86	44	38	37	32	28	25
id.	65	1 66	83	72	83	43	35	33	31	24	21
id.	60	1 67	85	75	82	42	35	34	30	26	23
id.	50	1 73	85	79	88	47	38	37	33	27	24
id.	35	1 63	82	71	81	43	35	34	31	25	22
id.	60	1 69	85	72	84	45	38	37	32	26	32.
id.	35	1 70	86	72	84	45	38	37	32	26	24
Femme	50	1 54	78	66	76	43	36	35	30	25	23
Homme	45	1 66	83	77	83	46	38	37	32	27	25
id.	40	1 68	82	77	86	46	38	37	32	27	25
id.	25	1 69	84	72	85	46	37	36	32	27	25
id.	30	1 77	90	81	87	49	39	38	33	27	25
id.	25	1 78	91	77	87	48	40	39	33	27	25
id.	30	1 80	91	75	89	49	39	35	32	27	25
id.	50	1 64	80	76	84	45	27	36	32	26	24
id.	55	1 67	85	71	82	45	38	37	32	27	24
id.	40	1 86	96	82	90	49	40	39	34	29	26
id.	30	1 74	84	81	90	48	39	38	34	29	26
Femme	20	1 58	82	68	76	44	36	35	30	26	24
Homme	60	1 66	85	75	81	45	37	36	31	27	24
id.	70	1 63	84	73	79	44	36	35	30	26	23
Femme	18	1 54	79	67	75	42	35	34	30	24	26
Homme	30	1 69	86	75	83	45	37	35	32	27	25
id.	35	1 79	90	78	89	47	39	38	52	28	26
id.	20	1 70	86	77	84	45	37	36	32	27	24
Femme	60	1 53	78	69	75	43	35	34	29	24	24
Homme	55	1 70	85	75	85	44	37	36	31	27	25
id.	40	1 68	84	74	84	45	36	35	32	26	24
id.	45	1 70	86	76	84	45	36	35	33	26	24
id.	35	1 86	93	82	93	46	39	38	34	28	26
id.	60	1 64	84	75	80	42	35	34	30	26	23
Femme	30	1 54	80	64	74	38	33	32	27	24	21
Homme	18	1 65	82	75	83	43	36	35	30	26	23
id.	40	1 77	89	78	88	45	37	36	32	27	24
id.	60	1 75	89	76	86	45	37	36	32	26	23
id.	18	1 43	71	65	72	38	31	30	27	22	19
id.	35	1 78	92	77	86	46	38	37	33	27	25
Femme	40	1 50	78	63	72	42	33	32	29	25	21

TABLEAU N° 2. *Mesures prises sur des squelettes.*

LONGUEUR du vertex à la plante des pieds.	LONGUEUR du vertex à la symphyse du pubis.	LONGUEUR des extrémités supérieures depuis l'acromion.	LONGUEUR des extrémités inférieures depuis la symphyse du pubis.	FÉMUR.	TIBIA.	PÉRONÉ.	HUMÉRUS.	CUBITUS.	RADIUS.
mèt. cent.	centim.	centimèt.	centimètres.	centim.	centim.	centim.	centim.	centim.	centim
1 80	92	77	88	46	40	39	33	27	25
1 43	71	65	72	38	31	30	27	22	19
1 49	74	65	75	38	32	31	29	22	20
1 45	70	67	75	40	32	31	29	22	20
1 38	70	55	63	32	27	26	24	19	17
1 47	74	60	73	38	32	31	26	21	19
1 69	85	72	84	44	36	35	31	25	22
1 75	86	76	89	46	39	38	32	26	23
1 54	75	69	79	40	33	32	29	24	21
1 67	80	76	87	45	38	37	31	27	24
1 64	80	71	84	44	36	35	30	26	24
1 65	75	72	90	45	38	37	32	27	25
1 86	95	78	81	47	39	38	33	27	25
1 79	91	77	88	46	38	37	33	27	24
1 78	90	75	88	46	37	36	33	26	24
1 83	95	78	88	46	39	38	34	28	25
1 83	90	78	93	47	43	42	33	27	25
1 60	80	75	80	45	38	37	32	26	24
1 70	82	75	88	46	38	37	32	27	25
1 77	89	78	88	46	38	37	33	28	25

Je commencerai par signaler toute la persévérance qu'exige un travail de ce genre, et il m'est pénible d'être forcé de faire sentir qu'après tant de labeurs il ne conduise pas complétement aux résultats que l'on a voulu obtenir.

Et d'abord, il me semble qu'il n'a pas été donné assez de documents sur la manière dont on doit mesurer chaque os. Il ne sera pas, en effet, indifférent, si l'on a, par exemple, pour point de départ le tibia, de savoir si la mesure doit être prise à partir de la surface des deux condyles pour se rendre à la face astragalienne de l'os; ou, au contraire, de l'épine du tibia pour gagner l'extrémité de l'os qui en constitue la malléole interne. Ce que je dis du tibia peut parfaitement se rattacher au cubitus. Faut-il prendre, à l'égard de cet os, le sommet de l'apophyse olécrâne et celui de l'apophyse styloïde, ou, au contraire, la cavité articulaire qui termine l'os en haut et en bas, et ainsi de suite pour d'autres os ? Il est très probable qu'il s'agit de la longueur d'un os pris entre les deux surfaces articulaires qui en constituent les extrémités ; mais alors faudrait-il pouvoir mesurer la concavité des surfaces articulaires.

Une seconde observation est celle-ci : Il n'est question nulle part de la mesure de la tête, de celle du tronc proprement dit ou de la colonne vertébrale, de la longueur des mains et des os qui peuvent la constituer, de manière à l'ajouter à celle de l'humérus et du cubitus dans le cas où l'on retrouverait seulement ces deux os. Il en est de même de la hauteur du pied à l'égard du fémur et du tibia.

Voyons cependant si, malgré ces lacunes, ces tableaux peuvent conduire à des résultats à peu près exacts. Posons avant tout nettement la question. On trouve un os, le tibia, par exemple ; on demande quelle pouvait être la taille de la personne à laquelle il appartenait. Je suppose que cet os ait trente-sept centimètres de longueur ; je prends cette mesure, parce que je trouve ce chiffre répété plusieurs fois, et je forme alors le tableau suivant :

TIBIA.	LONGUEUR du fémur.	LONGUEUR des extrémités inférieures.	LONGUEUR des extrémités supérieures.	LONGUEUR du vertex à la symphyse du pubis.	LONGUEUR du vertex à la plante des pieds.
centimètres.	centimètres.	centimètres	centimètres.	centimètres,	mètr. centim.
37	44	85	75	85	1 70
37	46	87	78	86	1 73
37	46	87	78	86	1 73
37	46	85	72	84	1 69
37	45	84	76	80	1 64
37	45	81	75	85	1 66
37	45	83	75	86	1 69
37	45	84	77	86	1 70
37	44	85	75	85	1 70
37	45	88	78	89	1 77

La longueur du corps variera donc entre un mètre soixante-quatre centimètres et un mètre soixante-dix-sept centimètres, qui sont les deux extrêmes ; ce qui donne une différence de treize centimètres, ou *cinq* pouces moins deux lignes. Par conséquent, on sera conduit à dire que l'individu auquel le tibia appartenait pouvait avoir cinq pieds à cinq pieds cinq pouces ; différence tellement considérable, que les tableaux ne deviendraient d'aucune utilité s'il s'agissait de fonder l'identité d'un sujet sur la longueur du corps.

C'est en opérant comme je viens de le dire qu'il faudra se servir du tableau n° 1 ; et si l'on emploie les proportions du tableau n° 2, il faudra ajouter à la longueur totale obtenue un pouce à un pouce et demi pour l'épaisseur des parties molles.

CHAPITRE XI.

DES QUESTIONS D'IDENTITÉ.

Si les médecins n'ont que rarement occasion de résoudre des questions d'identité, il est vrai de dire qu'en général ces questions sont soulevées à l'occasion d'affaires d'une haute importance, et qu'elles offrent des difficultés réelles. La loi a précisé les circonstances dans lesquelles le médecin peut être appelé à l'occasion de ces sortes d'expertises, ainsi qu'on peut le voir par l'exposition des articles suivants qui constituent la législation à cet égard.

C. civ., art. 319. — La filiation des enfants légitimes se prouve par les actes de naissance inscrits sur le registre de l'état civil.

C. civ., art. 320. — A défaut de ce titre, la possession constante de l'état d'enfant légitime suffit.

C. civ., art. 321. — La possession d'état s'établit par une succession constante de faits qui indiquent le rapport de filiation et de parenté entre un individu et la famille à laquelle il prétend appartenir.

Les principaux de ces faits sont : — Que l'individu a toujours porté le nom du père auquel il prétend appartenir ; — que le père l'a traité comme son enfant, et a pourvu en cette qualité à son éducation, à son entretien et à son établissement ; — qu'il a été reconnu constamment pour tel dans la société ; — qu'il a été reconnu pour tel dans la famille.

C. civ., art. 323. — A défaut de titre et de possession constante, ou si l'enfant a été inscrit, soit sous de faux noms, soit comme né de père et mère inconnus, la preuve de filiation *peut se faire par témoins*.

Néanmoins cette preuve ne peut être admise que lorsqu'il y a commencement de preuve par écrit, ou lorsque les présomptions *ou indices* résultant de faits dès lors constants sont assez graves pour déterminer l'admission.

Ce sont ces indices que le médecin peut être appelé à constater, pour en juger la valeur en tant qu'ils établissent l'identité.

Déterminer l'âge de la personne, dans quelques cas sa *stature*, ce sont ceux où il s'agit d'un individu mort, dont il ne reste plus que le squelette ; rechercher si les taches de naissance qu'il peut offrir sont bien celles que des témoins déclarent lui avoir connues ; distinguer si une cicatrice donnée appartient à telle ou telle maladie, à telle ou telle blessure ; reconnaître des vices de conformation ; apprécier enfin les changements que l'âge peut apporter dans l'attitude du corps et sa conformation : telle est la tâche que le médecin pourra avoir à remplir, et à l'égard de laquelle nous allons chercher à établir quelques données générales.

De la détermination de l'âge en matière d'identité. — Nous nous sommes déjà occupé de ce sujet à l'occasion de l'infanticide ; mais nous avons dû limiter au quarante-cinquième jour après la naissance l'exposition des caractères des âges pendant la vie extra-utérine, parce qu'en effet il ne s'agissait que d'enfants nouveau-nés. Ici, au contraire, cette détermination se rapporte à toutes les phases de la vie ; nous allons exposer les caractères les plus saillants qui s'y rattachent.

Les caractères propres à chaque âge ont principalement leur siége dans le système osseux ; au moins c'est là qu'ils offrent plus de certitude ; et comme dans bon nombre de cas les questions d'identité se rapportent à des personnes vivantes, il en résulte que le médecin perd par le fait une grande partie des lumières qu'il pourrait trouver dans l'observation des os ; mais l'évolution des dents de la première et de la seconde dentition vient à son aide pour une certaine période de la vie ; aussi doit-il s'attacher à en bien connaître le développement.

A quatre mois, les branches de l'os hyoïde sont ossifiées ; — *à cinq mois*, ce sont les cornets inférieurs ; — *à six mois*, point osseux dans l'arc antérieur de l'atlas, union des grandes ailes du sphénoïde au corps de l'os.— *Depuis la naissance jusqu'au sixième ou huitième mois*, les mâchoires sont à l'extérieur dépourvues de dents. Le bord alvéolaire est tapissé par un *cartilage gengival*, bosselé, de plusieurs lignes d'épaisseur, qui devient de moins en moins épais plus l'époque de l'éruption des dents approche ; jusqu'à cette époque, l'os maxillaire inférieur a conservé une épaisseur considérable ; l'apophyse coronoïde et le condyle de la mâchoire sont presque au niveau du bord alvéolaire ; l'angle de la mâchoire est très peu dessiné. A l'époque de l'éruption des dents de la première dentition, les bords alvéolaires s'étendent en largeur, les os maxillaires prennent plus de volume, leurs branches se redressent ; l'angle se prononce davantage, le corps s'accroît en hauteur.

Du septième au huitième mois, apparaissent les incisives médianes inférieures, puis les supérieures.

Vers le neuvième et dixième, les incisives latérales ; toutefois cette sortie des dents offre de grandes variations. Lanzoni cite le cas d'un enfant chez lequel elle n'eut lieu qu'à sept ans.

A un an. Point osseux dans la première vertèbre coccygienne, un germe osseux à la grosse tubérosité de l'humérus, au premier os cunéiforme, à l'apophyse coracoïde, à l'extrémité supérieure du tibia, et à la tête du fémur. Union des deux points osseux de l'arc postérieur de chaque vertèbre ; soudure des pièces du temporal ; — apparition successive des quatre molaires antérieures et quelquefois des canines.

Deux ans. Ossification des épiphyses des os du métacarpe et du métatarse ; germe osseux de l'extrémité inférieure du radius ; ossification de l'extrémité inférieure du péroné, et soudure des deux noyaux de l'apophyse odontoïde.

Deux ans et demi. Ossification de la rotule et de la petite tubérosité de l'humérus ; canines et les quatre molaires postérieures sorties.

Trois ans. Soudure du corps de l'axis avec l'apophyse odontoïde.

Quatre ans. Ossification du grand trochanter, de l'os pyramidal, du deuxième et troisième cunéiforme ; soudure de l'apophyse styloïde du temporal.

Cinq ans. Ossification du trapèze et du semi-lunaire ; union des lames de la deuxième vertèbre avec le corps ; l'extrémité supérieure du péroné et les épiphyses des phalanges sont ossifiées.

Six ans. Ossification du pisiforme, des épiphyses de la première phalange des quatre derniers orteils.

Sept ans. Épitrochlée humérale ossifiée ; dans l'intervalle de la sixième à la septième année, a commencé la chute des dents de lait, et la sortie des deux premières grosses molaires de chaque côté qui ne percent aucune dent et qui ne doivent pas être remplacées.

De sept à neuf ans. Germe osseux de l'olécrâne, de l'extrémité supérieure du radius ; ossification du scaphoïde de la main, soudure des deux points osseux qui forment l'extrémité supérieure de l'humérus ; sortie des huit incisives de la seconde dentition, qui a eu lieu d'abord par les incisives médianes de la mâchoire inférieure.

Dix ans. Apparition des bicuspides antérieurs.

Douze ans. Bicuspides postérieurs dont l'éruption se fait

presque en même temps que les canines et les deuxièmes grosses molaires ; point osseux vers le bord interne de la trochlée humérale.

Quatorze ans. Ossification du petit trochanter.

Quinze ans. Point osseux de l'angle inférieur de l'omoplate ; soudure des vertèbres du sacrum ; soudure de l'apophyse coracoïde.

Quinze à vingt ans. Germe osseux à l'extrémité sternale de la clavicule ; ossification de la quatrième vertèbre coccygienne ; sortie des dernières grosses molaires , dites dents de sagesse : soudure des trochanters et de la tête du fémur au corps de l'os et au col ; union de l'extrémité inférieure du fémur et des deux extrémités de l'humérus au corps de ces os.

De dix - huit à vingt - cinq ans. Union du corps du sphénoïde à l'occipital ; soudure des trois pièces du tibia ; union de la première pièce du corps du sternum aux autres portions osseuses de cet os ; soudure des points qui couronnent les apophyses transverses et épineuses des vertèbres et des points épiphysaires des côtes.

De vingt-cinq à trente ans. Union de la première vertèbre sacrée avec les autres.

De quarante à cinquante ans. Soudure de l'appendice xiphoïde au corps du sternum ; soudure du coccyx avec le sacrum.

Tels sont les principaux caractères de chaque âge ; ils sont puisés dans le système osseux , parce que son développement paraît moins sujet à des variations que les autres organes, ou au moins que nous pouvons mieux apprécier la marche de ce développement et le rattacher à des époques données. Ces époques sont loin d'être invariables : ainsi, pour prendre comme exemple l'éruption des dents, qui ne sait que, sans en connaître la cause, les phénomènes de la dentition offrent des différences extrêmement grandes , non seulement eu égard à la sortie de telle ou telle dent, mais encore à l'ordre dans lequel cette éruption a lieu. La plupart de ces caractères ne peuvent d'ailleurs être constatés qu'après la mort. Il en est d'autres que l'on ne peut dépeindre et qui ne s'acquièrent que par l'habitude ; nous les avons tous les jours sous les yeux : ils dérivent de la stature du sujet, de l'expression de la physionomie, de sa force, de sa taille, de l'agilité et de la souplesse de ses mouvements , du développement des seins chez la femme, de celui du système pileux chez l'homme, de l'état plus ou moins avancé des facultés intellectuelles, et, plus tard, de tous les signes qui dénotent que l'individu est dans la période de décroissance de la vie.

On a généralement adopté les divisions suivantes pour marquer les différentes périodes de la vie : 1° La *première* enfance, comprenant les sept premières années de la vie que l'on a séparées en trois périodes, dont la première s'étend de la naissance à sept mois ou celle qui précède l'éruption des dents; la seconde qui s'arrête à deux ans ou à la terminaison de la première dentition, comportant les vingt dents de lait, et la troisième jusqu'à la fin de la première enfance. 2° La *deuxième* enfance, qui s'arrête à douze ans pour les filles et à quinze ans pour les garçons, âges de la puberté dans les deux sexes. 3° L'adolescence, qui s'arrête à vingt et un ans chez les filles, et à vingt-cinq chez les garçons. 4° L'âge adulte, qui va jusqu'à soixante ans, divisé en la jeunesse de vingt-cinq à quarante, et en la virilité, de quarante à soixante. 5° La vieillesse, qui se termine à quatre-vingt-cinq ans, époque à laquelle commence la décrépitude. Certes, pour les premières périodes de la vie que nous venons d'indiquer, les caractères sont assez tranchés pour ne pas se méprendre à une année près ; mais plus on avance en âge, plus il devient difficile de porter un jugement un peu certain et basé sur des données qui aient quelque fondement. Aussi préférons-nous passer sous silence quelques caractères qui ont été indiqués par plusieurs auteurs de médecine, que de présenter un tableau d'indices souvent aussi peu appréciables qu'infidèles.

Déterminer la stature d'une personne. — Cette question, comme on le voit, n'est guère applicable qu'aux cas d'identité qui se rapportent à des sujets inhumés depuis fort longtemps ; et alors de deux choses l'une, ou le squelette est entier, et il suffit de réunir les os pour avoir la longueur totale du corps, ou l'on ne possède qu'un ou plusieurs os. Nous renvoyons à ce que nous avons dit à ce sujet au chapitre *Moyens de déterminer la taille d'une personne.*

Des taches de naissance comme indice d'identité. — Tantôt elles consistent dans un changement de couleur de la peau ; tantôt dans une élévation ou excroissance. Dans l'un et l'autre cas, la tache est toujours bien circonscrite et tranche plus ou moins avec la coloration de la peau ; ici c'est une coloration rosée ou rouge, se rapprochant plus ou moins incomplétement, pour la forme, d'un fruit connu : de là les idées vulgairement répandues, que ces taches sont le résultat d'envies non satisfaites pendant la grossesse. Ici, c'est un teinte jaune qui a de l'analogie avec celle du café au lait ; ailleurs, une excroissance que l'on compare à une lentille, etc. Ce qu'il est important de savoir, c'est que ces taches, désignées sous le nom de *nævi materni*, sont indélébiles ; qu'il ne suffit pas de l'usage de topiques pour les détruire, mais qu'il faut altérer le tissu de la peau pour les faire disparaître, et qu'alors il en résulte des cicatrices indélébiles comme les taches, ou persistant au moins pendant un laps de temps très considérable.

On a fréquemment l'occasion de rechercher si des voleurs repris de justice et ayant dix fois changé de nom, sont bien réellement des forçats libérés et marqués dont on possède le signalement. Il semble que l'empreinte du fer rouge sur l'épaule doive toujours laisser des traces indélébiles, mais il n'en est pas ainsi, et plusieurs fois nous avons eu l'occasion d'examiner des cicatrices anciennes de cette nature, sans que l'on puisse distinguer les lettres dont ils avaient été stigmatisés. Des frictions ou des percussions réitérées avec le plat de la main pouvaient seules faire renaître les apparences des cicatrices, et cependant la marque ne datait pas de plus de vingt ans. Ces faits sont surtout applicables à ces hommes qui, adonnés au crime dès leur bas âge, ont été marqués à une époque de la vie où les organes n'ont pas encore acquis tout leur développement.

Une cicatrice appartient-elle à telle ou telle maladie, à telle ou telle blessure ? — C'est une véritable lacune en médecine légale pour le sujet qui nous occupe, de ne pas avoir de bonnes descriptions sur les moyens de distinguer les cicatrices suivant la cause qui les a produites ; c'est un vaste sujet d'observation, mais d'observation minutieuse et difficile. Il serait trop important de savoir jusqu'à quel point telle ou telle variété de cicatrice peut se conserver de temps avec les caractères qui dérivent de l'espèce de blessure qui les a produites ; de tracer ces caractères avec autant de soin qu'on l'a fait, par exemple, pour la vaccine, et j'avoue que ce tableau me paraît très imparfait aujourd'hui pour chercher à l'esquisser. On s'est surtout occupé des cicatrices sous le rapport pathologique et peu sous le rapport médico-légal ; c'est cependant l'un des points les plus importants pour la solution des questions d'identité ; car dans la plupart des causes célèbres qui ont été soumises aux divers parlements, il s'est presque constamment agi d'individus qui avaient des cicatrices : les unes provenant d'humeurs froides, les autres de coups de pied de cheval ; celles-ci d'abcès ouverts spontanément, celles-là de saignées. C'est une source puissante de lumière pour résoudre les questions d'identité. Un ensemble de données positives nous manque. Nous renvoyons donc au tableau superficiel que nous en avons dressé à l'occasion des blessures (*cicatrices*).

Il est impossible d'exposer les diverses variétés de caractères qui sont propres aux vices de conformation et aux changements apportés par l'âge et les professions à l'attitude du corps ; il faudrait dérouler le tableau qui a été fait de toutes les monstruosités. Sous ce second rapport, nous ferons seulement remarquer combien les professions exercent d'influence sur la taille et la conformation générale des individus. Le laboureur a constamment le dos plus ou moins voûté ; les personnes qui travaillent seulement des bras offrent un développement considérable de ces membres ; telle autre qui agit de préférence avec une des jambes, comme un tourneur, présente un accroissement très marqué dans le système musculaire de ce côté. Ici, c'est un individu qui se sert d'outils grossiers, et qui les emploie avec force, les serre constamment avec la main ; on voit alors l'épiderme s'endurcir, devenir épais et noirâtre. Même effet a lieu par l'usage d'un béquillard dont l'emploi est nécessité par une claudication, comme dans l'affaire Dautun, dans laquelle Dupuytren et M. Breschet indiquent cet usage d'après l'inspection de la paume de la main. Tantôt c'est une personne qui travaille à l'aiguille et qui porte sur le doigt index de la main gauche des traces de frottement et d'épaississement de l'épiderme ; un cordonnier qui offre au bas et au devant de la poitrine un enfoncement de la partie inférieure du sternum par suite de l'application continuelle de la forme sur cette partie ; un joueur de violon dont les quatre derniers doigts de la main gauche présentent des durillons à leurs extrémités. Toutes circonstances qui peuvent servir d'indices dans les questions d'identité, et sur lesquelles nous allons spécialement appeler l'attention à la fin de cet article, en reproduisant un travail récemment fait par M. le docteur Tardieu.

Détermination du sexe. — Elle devient tout à fait indispensable dans les questions d'identité où le sujet de l'observation est à l'état de squelette. On y arrive en tenant compte des différences que présente le système osseux de la femme comparé à celui de l'homme.

Voici les principales : Longueur en général moindre, état grêle de tous les os comparés à ceux de l'homme; tubérosités moins saillantes; lignes et empreintes moins dessinées, en sorte qu'elles paraissent avoir un poli plus grand; les extrémités des os ont moins de volume, et les articulations sont par cela même plus petites. Que si l'on a égard aux diverses parties, on trouvera les sinus frontaux moins saillants, les deux mâchoires plus elliptiques, les dents plus petites et moins distinctes entre elles. La poitrine semble représenter un ovoïde; elle s'élargit vers la quatrième ou la cinquième côte et se rétrécit en bas; le thorax a généralement moins de hauteur. La distance qui sépare les dernières côtes de l'os des iles est plus considérable. Le sternum est plus court, ne descend que jusqu'à la quatrième côte, tandis qu'il s'étend chez l'homme jusqu'à la cinquième; le bassin est largement évasé; tous ses diamètres sont plus grands; l'arcade pubienne, au lieu d'être anguleuse en avant, est plus élargie et plus arquée; le trou ovale est triangulaire. Les fémurs sont plus recourbés en avant, et leur col forme avec le corps un angle plus prononcé; les pieds et les mains sont beaucoup plus petits et les os plus grêles.

Diamètre du bassin chez l'homme. — Diamètre coccy-pubien $0^m,088$ (3 pouces 3 lignes); bi-ischiatique $0^m,081$ (3 pouces); bi-iliaque $8^m,123$ (4 pouces 6 lignes); $0^m,189$ à $0^m,216$ (7 à 8 pouces) d'une épine iliaque antérieure et postérieure à l'autre; $0^m,216$ à $0^m,243$ (8 à 9 pouces) du milieu d'une crête iliaque à celle du côté opposé. L'arcade du pubis est droite, non évasée en avant et presque triangulaire; la symphyse des pubis est haute de $0^m,055$ (2 pouces) au moins; les cavités cotyloïdes sont plus rapprochées.

Diamètre du bassin chez la femme. — Bi-iliaque $0^m,135$ (5 pouces); coccy-pubien $0^m,11$ (4 pouces); bi-ischiatique $0^m,11$ (4 pouces); d'une épine iliaque antérieure à l'autre, $0^m,243$ à $0^m,270$ (9 à 10 pouces); la symphyse des pubis est haute de $0^m,040$ (1 pouce 1/2); l'arcade des pubis est large, très évasée; $0^m,094$ à $0^m,108$ (3 pouces 1/2 à 4 pouces à sa base), et $0^m,027$ à $0^m,033$ (12 à 15 lignes) à son sommet.

(*Voy.*, pour la manière d'interpréter les faits de ce genre, la consultation de Louis dans l'affaire Baronnet (*Causes célèbres*, vol. XXVI, cause 256); plusieurs affaires rapportées par Fodéré, t. Ier, p. 90 et suiv., et relatives à *Arnaud, Dutille;* François Michel *Noiseu; Mourousseau; Caille, Baudet.* La consultation de Dupuytren et de M. Breschet dans l'affaire Dautun; celle de MM. Laurent, Noble et Vitry, affaire *Guérin* (*Annal. d'hyg. et de méd. lég.*, juillet 1829), celle de MM. Marc, Boys de Loury et Orfila, dans l'affaire relative à la veuve Houet, Bastien et Robert, inculpés (*Annal. d'hyg. et de méd. lég.*, janvier 1834).

DES MOYENS DE RECONNAITRE LES CHANGEMENTS QUE L'ON A FAIT SUBIR A LA CHEVELURE DANS LE BUT DE MASQUER L'IDENTITÉ DES PERSONNES.

Dans une foule de circonstances, des accusés ont un puissant intérêt à modifier leur chevelure, soit dans la quantité des cheveux, soit dans leur couleur; il est toujours facile, avec un peu d'attention, de reconnaître que des faux cheveux ont recouvert certaines parties de la tête qui en étaient dépourvues; mais il n'en est pas de même de la teinture et de la décoloration des cheveux.

Teinture des cheveux. — En 1832, la cour d'assises de la Seine eut à juger une affaire d'assassinat dans laquelle le nommé Benoît était l'inculpé. Des témoins déclarèrent avoir vu Benoît avec des cheveux noirs à deux heures de l'après-midi, à Paris, et d'autres disaient l'avoir vu blond à cinq ou six heures, alors qu'il se trouvait à Versailles. Benoît avait des cheveux d'un noir d'ébène. Le tribunal crut devoir appeler M. Orfila et Michalon, un des meilleurs coiffeurs de Paris, pour résoudre la question suivante : Est-il possible de teindre des cheveux noirs en blond ? Michalon répondit négativement. M. Orfila déclara, au contraire, que le fait était possible, et que vingt-six ans auparavant (3 mars 1806, *Annales chim.*, t. LVIII), Vauquelin avait lu à l'Institut un mémoire sur la propriété que possédait le chlore de donner aux cheveux noirs toutes les teintes les moins foncées, et même de les ramener au blanc. La question fut mal posée; il ne fallait pas seulement demander s'il était possible de faire passer des cheveux noirs au blond, mais si, dans un temps donné, le fait était possible. M. Orfila alors aurait probablement répondu négativement; car dans un espace de trois heures Benoît n'aurait

pas pu se décolorer les cheveux et faire le voyage à Versailles.
Au surplus, nous allons tout à l'heure revenir sur ce point important. Parlons d'abord des moyens de teinture et des opérations propres à reconnaître ceux qui ont été mis en usage.

Moyens de teindre les cheveux. — On sait que depuis longtemps
on a employé des préparations de plomb, d'argent et de bismuth,
pour donner aux cheveux une couleur plus foncée ; on a en outre
débité dans le commerce une pommade portant le nom de *mélaïnocome*, et qui a pour base le charbon. M. Orfila s'est livré
à des expériences dans le but d'apprécier le meilleur moyen
d'obtenir la coloration noire des cheveux. Nous allons en donner
un résumé. Si l'on dégraisse les cheveux avec de l'eau ammoniacale, qu'on les plonge dans du nitrate de bismuth rendu
neutre par l'addition de sous-nitrate, qu'on les retire de la liqueur et qu'on les fasse sécher, ils se recouvrent aussitôt de
petits cristaux de sel ; vient-on à les laver et à les mettre pendant
un quart d'heure dans l'acide sulfhydrique, ils prennent une
teinte parfaitement noire. La même opération, répétée sans avoir
été précédée du dégraissage, a donné des cheveux noirs qui ta-
chaient le papier, et où par conséquent la teinture était mal
adhérente. Le chlorure de bismuth, employé au lieu de nitrate,
a fourni le même résultat. (Ces deux procédés ne seront presque
jamais mis en usage, parce qu'ils nécessitent l'emploi de l'acide
sulfhydrique.)

L'acétate et le sous-acétate de plomb employés de la même
manière ont donné sur la tête d'un homme à cheveux blancs
une coloration moins foncée que ne l'avait fait le nitrate de
bismuth.

On plonge les cheveux dans une bouillie liquide composée de
deux parties de protoxyde de plomb hydraté, deux parties de
craie, une partie de chaux vive et de l'eau. On enveloppe les
cheveux, ainsi trempés, d'une feuille de papier gris ; au bout
de vingt-quatre heures on n'obtient qu'une coloration *nankin
clair.*

Même expérience est faite avec une bouillie claire, composée
de trois parties de litharge, trois parties de craie et de deux parties
et trois quarts de chaux vive hydratée, *récemment* éteinte : les
cheveux deviennent d'un beau noir au bout de trois ou quatre
heures. Pour employer cette préparation on imprègne parfaitement les cheveux de ce mélange aqueux, on les recouvre d'un

papier brouillard bien mouillé, puis d'un serre-tête, et par-dessus un foulard chaud. Au bout de trois ou quatre heures on se lave les cheveux avec du vinaigre étendu d'eau, puis avec un jaune d'œuf. Ce procédé est souvent employé ; loin de nuire à la chevelure, il la rend plus touffue.

Si l'on dégraisse les cheveux avec un jaune d'œuf, et qu'on les plonge pendant une heure dans une dissolution *chaude* de plombite de chaux (il se prépare en faisant bouillir pendant cinq quarts d'heure quatre parties de sulfate de plomb, cinq parties de chaux hydratée et trente parties d'eau ; on filtre la liqueur), ils deviennent d'un noir magnifique. M. Orfila regarde ce procédé comme celui qui donne les plus beaux résultats ; mais un essai qu'il a fait sur la tête d'une personne prouve qu'il sera rarement employé, car il faut que la chevelure soit maintenue très chaude et que les lavages soient très fréquents, puisque les cheveux épongés pendant une demi-heure avec ce liquide plus que tiède, puis enveloppés avec les précautions indiquées plus haut, n'étaient pas noircis au bout de douze heures.

Des cheveux dégraissés et plongés dans une dissolution de nitrate d'argent deviennent violet foncé par leur exposition à la lumière, mais ils ne prennent pas la teinte franchement noire.

Un essai a été fait sans résultat, avec une liqueur inventée par les Persans, dite *liqueur russe*. On la compose en chauffant dans un creuset quatre parties de sulfate de mercure, une partie de bioxyde de cuivre, et en faisant bouillir dans du vinaigre étendu d'eau 3 gros 31 grains de ce mélange avec 7 grains de sulfate de cuivre, 12 grains de sel ammoniac, 12 grains d'alun et 5 gros 1/2 de noix de galle.

Si l'on triture pendant deux heures, jusqu'à ce que la masse soit devenue parfaitement homogène, un mélange de charbon provenant de deux forts bouchons de bouteille et 3 gros de pommade ordinaire, préparation connue sous le nom de *mélaïnocome*, et qu'on l'applique sur les cheveux, ceux-ci deviennent d'un beau noir, mais ils cèdent leur couleur à tous les corps qui opèrent sur eux quelque frottement.

En résumé, le mélange de litharge, de craie et de chaux vive, paraîtrait être celui qui donnerait les résultats les plus avantageux pour la teinture des cheveux.

Moyens de reconnaître la substance dont on s'est servi pour teindre les cheveux. — Procédé par le nitrate de bismuth : lavez les cheveux avec l'acide chlorhydrique ou le chlore ; rapprochez la liqueur, étendez d'un peu d'eau, et faites agir les réactifs des sels de bismuth. — Procédé par l'acétate de plomb : même espèce d'analyse, excepté que l'on doit obtenir les précipités que fournissent les sels de plomb. — Procédé par le protoxyde de plomb et la chaux : traiter les cheveux par l'acide nitrique ; il se forme du nitrate de plomb et du nitrate de chaux ; un courant d'acide sulfhydrique en sépare le plomb à l'état de sulfure et laisse soluble le nitrate de chaux. On traite le sulfure de plomb par l'acide chlorhydrique, et l'on obtient du chlorure soluble. —Procédé par le plombite de chaux : traiter les cheveux par l'acide chlorhydrique ou par l'acide nitrique, qui formeront des chlorures ou nitrates de plomb et de chaux, que l'on séparera, comme dans le cas précédent, au moyen de l'acide sulfhydrique. — Procédé par le nitrate d'argent : traiter les cheveux par le chlore ; il se produit du chlorure d'argent soluble dans l'ammoniaque, et précipitable au moyen de l'acide nitrique. — Dans tous ces cas, les cheveux reprennent leur couleur primitive.

Des moyens de donner aux cheveux une couleur moins foncée. — Vauquelin avait établi, dans son Mémoire sur la nature de la matière colorante des cheveux, qu'il était possible de leur faire perdre leur couleur et de les faire passer par diverses nuances, jusqu'à les faire devenir blancs en les mettant en contact avec le chlore. M. Orfila a fait de nouvelles expériences sur ce sujet, et nous nous sommes aussi occupé de ce point de fait. Nous allons d'abord exposer les résultats obtenus par M. Orfila. Dans ces expériences, le dégraissage des cheveux au moyen de l'eau ammoniacale a toujours été employé, les cheveux ont été ensuite lavés à grande eau et séchés.

Première expérience. — On met des cheveux noirs très fins dans un mélange d'une partie de chlore liquide concentré et de quatre parties d'eau ; au bout de deux heures ils étaient *châtain foncé*. Placés pendant deux heures dans un nouveau mélange, ils paraissaient blonds dans l'eau, mais ils étaient seulement *châtain clair* quand on les en a eu retirés. Plongés une troisième fois dans une nouvelle dissolution, et pendant *quinze heures*, ils sont devenus d'un *blond assez foncé*. Ils étaient rudes au toucher ; de l'huile de pied de bœuf leur a rendu leur souplesse, mais ils ont pris une teinte *châtain clair*.

Deuxième expérience. — Une mèche, devenue d'un blond

foncé par *trois* macérations dans l'eau chlorée, a été laissée pendant deux heures dans une nouvelle liqueur, elle est devenue d'un *blond clair ;* après *quinze heures* d'immersion dans une nouvelle eau, elle paraissait blanche vue dans l'eau ; mais quand elle fut desséchée, elle offrit une couleur *jaune clair ;* laissée de nouveau pendant quelques heures, elle acquit une couleur *blanche* légèrement *jaunâtre.*

Troisième expérience. — On a plongé pendant vingt jours, dans de l'eau légèrement chlorée, que l'on renouvelait tous les deux jours, une portion de cheveux déjà blanchis et légèrement jaunâtres ; les cheveux d'un blanc d'albâtre, *quand* on les regardait dans l'eau, offraient encore une couleur blanche légèrement jaunâtre quand ils en étaient retirés. Ces cheveux étaient fortement altérés et se cassaient très facilement.

L'affairé Benoît, dans laquelle j'avais été appelé à constater le corps du délit de l'assassinat, avait assez fixé mon attention pour que je fisse des essais du genre de ceux que je viens de rapporter, et je dois déclarer qu'ils ont été en tout conformes avec les expériences de M. Orfila ; seulement dans plusieurs circonstances où j'ai agi avec du chlore concentré, j'ai obtenu des décolorations plus promptes, mais jamais des décolorations en *quelques minutes,* comme l'a annoncé M. Orfila dans une de ses expériences. Je ferai en outre remarquer que dans ce mode d'expérimentation les cheveux ne prennent pas tous la même teinte. Les uns se disséminent dans le liquide, ceux-là se décolorent avec rapidité, et il suffit de deux à trois heures de macération, et quelquefois moins, pour obtenir ce résultat. Les autres se groupent en mèches, et alors ils résistent beaucoup plus longtemps. Il faut quelquefois douze, quinze et vingt heures de macération pour les amener au blanc. Au surplus, cette irrégularité a été aussi constatée par M. Orfila.

Quatrième expérience. — M. Orfila a fait tremper à plusieurs reprises dans de l'eau chlorée, composée comme la précédente, un peigne en buis très serré avec lequel on a peigné une mèche de cheveux noirs très fins, préalablement dégraissés avec l'eau ammoniacale et séchés ; leur couleur est devenue un peu moins noire et tirait sur le *châtain foncé ;* toutefois le changement de nuance était peu sensible. *Il est certain que l'on serait parvenu à obtenir des nuances semblables à celles qui ont été indiquées dans les expériences précédentes, si les cheveux eussent été peignés pen-*

dant plusieurs heures avec de l'eau chlorée un peu plus concentrée.

C'est ici que je ne suis plus d'accord avec M. Orfila ; et ce point est capital pour les cas où il y a *une question de temps* à établir, et il en doit être presque toujours ainsi. Dans l'affaire Benoît, quoique deux ou trois heures se fussent écoulées entre le moment où un des témoins avait vu cet individu noir et celui où le second témoin l'avait vu blond, je mets en fait que Benoît eût été dans l'impossibilité la plus absolue de se décolorer les cheveux, et de faire le voyage de Paris à Versailles. C'est ce que tendent à prouver les expériences suivantes, que j'ai pratiquées en me servant d'eau chlorée marquant cinquante degrés au chloromètre de Gay-Lussac. On remarquera que dans la première je n'ai pas dégraissé les cheveux, et que dans les trois autres j'ai pratiqué cette opération avec soin.

Le 14 juillet 1836, on essaya de décolorer les cheveux châtains d'une jeune fille, âgée de vingt ans environ, noyée dans le canal de l'Ourcq, et entrée la veille à la Morgue. A deux heures après-midi, après avoir bien démêlé et brossé les cheveux de la moitié gauche du crâne, on versa dans un cuvette du chlore qui décolorait cinq fois son volume de sulfate d'indigo, et trempant une brosse de chiendent dans ce chlore, on la passa rapidement et à plusieurs reprises sur les cheveux ainsi préparés, jusqu'à ce qu'ils fussent tout à fait mouillés. — Deux heures après, les cheveux étant secs, on les compara avec ceux du côté du crâne qui n'avaient pas été touchés, et comme il n'y avait pas la moindre différence, on recommença à les brosser avec la même dissolution de chlore et de la même manière que ci-dessus.

A six heures, on coupa deux fortes mèches de cheveux des deux côtés du crâne, et en les comparant entre elles ; il n'était pas possible de distinguer laquelle avait été ainsi soumise à l'influence du chlore. — Ces mêmes mèches, ayant été mises dans des verres à expérience qu'on remplit avec la même dissolution de chlore, sont devenues blanches à la surface au bout de deux heures.

Le 4 août 1836, à quatre heures après midi, afin de se mettre dans de meilleures conditions pour arriver à la décoloration des cheveux, on commença par dégraisser avec de l'ammoniaque étendue de deux fois son volume d'eau, les deux moitiés des cheveux de la tête de deux hommes arrivés la veille à la Morgue. Tous deux avaient les cheveux bruns. — Le lendemain 5 août, à cinq heures et demie du matin, les cheveux des deux sujets étant secs, on procéda au brossage avec du chlore, exactement comme dans l'expérience précédente, la dissolution de chlore étant aussi la même. — A onze heures du matin les cheveux étaient secs et sans le moindre changement de couleur. On recommença le brossage, comme précédemment, jusqu'à ce que les cheveux fussent tout à fait mouillés. — A deux heures après midi, il n'y avait pas encore apparence de changement de couleur; on mouilla les cheveux. — A trois heures, on répéta le brossage, puis à quatre, à cinq et à six heures; on coupa des cheveux aux deux côtés de chaque tête à sept heures. — Examinés le lendemain, il n'y avait pas la moindre différence de coloration entre les cheveux qui avaient été ainsi brûlés par le chlore et ceux qui ne l'avaient pas été. Seulement quelques cheveux offraient une teinte moins foncée, c'étaient ceux qui n'avaient pas été collés contre les autres pendant le mouillage; l'action s'était opérée sur eux avec plus d'intensité parce qu'ils avaient été isolés.

Le 18 août, pareilles opérations furent pratiquées sur les cheveux d'un homme qui n'était resté que quelques instants dans l'eau. Les lavages eurent lieu quinze fois dans la journée (le dégraissage avait été opéré la veille), et les résultats furent les mêmes que dans les expériences précédentes.

Ainsi donc, quoique les cheveux eussent été brossés et arrosés de chlore à quinze reprises différentes dans la journée, il n'y avait pas de différence notable dans la couleur, car le lendemain j'ai soumis ces cheveux à l'examen de plusieurs médecins qui les ont trouvés semblables. Si actuellement nous remarquons *dans quelle atmosphère infecte* un individu doit se trouver quand il cherche à se décolorer les cheveux de cette manière, et aussi l'odeur qu'il répand et qu'il conserve pendant longtemps, nous verrons que cette opération est bien difficilement praticable, pour ne pas dire impraticable. Nous admettrons avec peine qu'un individu puisse changer à volonté sa chevelure, paraître châtain pendant une semaine, quand il avait les cheveux noirs; devenir blond la semaine d'après, offrir plus tard une chevelure blanchâtre, et même rétablir quelque temps après les couleurs blonde, marron et noire. Je dis que j'admettrais *avec peine*, parce cet individu infecterait toutes les personnes qu'il approcherait, à moins de lui supposer des connaissances chimiques telles, qu'il employât les moyens de neutraliser le chlore, toutes circonstances de *possibilités* qui deviennent de plus en plus difficiles au fur et à mesure que l'on y réfléchit. Ajoutons enfin que si une personne avait employé ce moyen, ses cheveux offriraient dix nuances différentes, depuis le noir jusqu'au blanc, parce que jamais la décoloration n'est uniforme.

M. Orfila a aussi recherché s'il était possible de donner à des cheveux blonds, rouges ou châtains, d'autres nuances, sans les noircir ni les blanchir. Il résulte de ses expériences que l'alcool, l'éther, les alcalis ne peuvent pas modifier la couleur des cheveux, de manière à rendre blonds ceux qui sont rouges ou châtains, et à faire passer au châtain ceux qui sont rouges ou blonds, mais que le chlore affaibli peut communiquer aux cheveux châtains et aux cheveux rouges une couleur blonde, pourvu qu'on ne le fasse pas agir trop longtemps sur eux.

Signes particuliers aux individus.

Fausses dents montées sur pivot ou sur ressorts.

M. Tardieu a publié récemment, dans les *Annales d'hygiène et de médecine légale*, t. XLII, un mémoire sur les *modifications physiques que déterminent certaines professions sur diverses parties du corps*. Nous reproduisons ici une grande partie de ce mémoire, très utile au point de vue de la question d'identité, afin de lui laisser toute sa valeur.

Étude des caractères physiques propres aux diverses professions.

Les observations que nous allons consigner ici doivent être considérées comme la première série de celles que nous nous proposons d'entreprendre sur le même sujet. Elles sont relatives à plus de quarante espèces de professions différentes, et résultent pour la plupart d'un examen répété sur un grand nombre d'individus. Nous les avons recueillies soit dans les hôpitaux où un service nous a été confié, soit au bureau central d'admission, soit dans les missions judiciaires dont nous avons eu l'honneur d'être chargé, soit enfin près des divers artisans que nous avons visités et interrogés. En l'absence d'un lien naturel qui rattache les diverses professions les unes aux autres, et qui permette de les classer utilement, nous suivrons dans cette exposition l'ordre alphabétique, nous réservant de faire ressortir plus tard les caractères communs qui résulteront de l'étude des modifications physiques et chimiques des différentes parties du corps propres à chaque industrie.

Bâtonniste. — Le bâtonniste, exercé à l'escrime du bâton, porte entre le pouce et l'index de la main droite un calus circulaire qui appartient du reste à plusieurs professions dans lesquelles la main tient avec force un instrument dur et arrondi.

Blanchisseurs de tissus. — Dans les fabriques où l'on blanchit les tissus de laine au moyen de la vapeur du soufre, comme celle de M. Vérité, à Courbevoie, près Paris, les ouvriers occupés à étendre les pièces qui se déroulent entre les cylindres ont les mains dans un état tout particulier.

La peau est ramollie par le contact de l'acide sulfureux ; l'épiderme, complétement blanchi, est ridé, soulevé et détruit par places. Cette disposition est surtout marquée au pouce et à l'index, parce que ce sont ces deux doigts qui saisissent et tendent les pièces. Elle existe d'ailleurs presque au même degré à l'une et à l'autre main, parce que, pour éviter que la peau s'altère trop profondément, l'ouvrier a le soin de changer de place et d'occuper alternativement les deux extrémités du cylindre.

Blanchisseuses. — Les blanchisseuses ne travaillent pas toutes dans la même position ; et, suivant celle qui leur est habituelle, elles présentent aux membres supérieurs des déformations différentes. Les unes sont agenouillées au lavoir ou à la rivière ; les autres se tiennent debout près du baquet dans lequel elles lavent.

Les unes et les autres, quelle que soit leur manière de travailler, ont à la main droite des callosités assez nombreuses, mais irrégulières, produites par la pression du battoir.

Mais celles qui lavent à genoux, les bras appuyés sur le rebord d'un demi-tonneau ou d'un bateau, portent un calus au milieu et sur la face cubitale de l'avant-bras.

Quant à celles qui se servent du baquet, elles tiennent avec la main gauche, et très fortement, l'extrémité de la planche sur laquelle elles battent. Aussi la main est-elle fléchie dans l'articulation métacarpo-phalangienne ; et le pli saillant de la peau qui se forme dans la paume de la main est converti en un bourrelet transversal très calleux, prismatique, large de 3 à 4 centimètres, faisant une saillie de 6 à 7 millimètres et plus, marqué surtout à la base des quatrième et cinquième doigts.

Ces diverses callosités que l'on remarque chez les blanchisseuses contrastent avec le reste de la peau, qui est ramollie par le séjour dans l'eau.

Brunisseuses en cuivre. — Le brunissoir se tient de la main droite et à pleine main. La main gauche sert à fixer l'ouvrage qui, placé entre le pouce et l'index, est fortement appuyé contre la table.

Aussi trouve-t-on à la main droite toute la face palmaire calleuse et noircie, excepté au niveau des plis de flexion. La phalangette du petit doigt reste souvent maintenue dans la flexion.

A la main gauche, la peau qui recouvre la face dorsale et le bord radical de l'index, et surtout la tête du deuxième métacarpien, est très dure et très calleuse. Il en est de même de l'extrémité de la face palmaire du pouce.

Cardeuses de matelas. — L'avant-bras du côté gauche, sur lequel repose le plein du peigne, bien que préservé habituellement par un brassard de cuir, présente à la partie antérieure une large surface oblongue, rugueuse, durcie et plus ou moins calleuse.

Aux mains, on trouve de simples callosités dont la disposition n'a rien de particulier.

Charrons. — Le charron n'offre rien de notable, si ce n'est le calus palmaire propre aux métiers à marteau.

Cloutiers. — Dans un mémoire plein d'intérêt de M. le docteur Masson, de Charleville, nous trouvons sur les ouvriers cloutiers des Ardennes des observations qui se rattachent directement à notre sujet, et que nous nous empressons de recueillir.

Les clous se forgent à la main avec le marteau sur un billot fixé en terre et pourvu de deux petites enclumes, d'un ciseau, qui sert à couper la tige de fer, et d'une clouière ou moule destiné à former la tête. Les positions forcées qu'exigent ces différentes manœuvres amènent dans la constitution physique de l'ouvrier des changements tout à fait caractéristiques.

Le cloutier a les épaules hautes et la gauche plus élevée que la droite. Le tronc est penché de ce côté, et le poids du corps, se portant dans ce sens, courbe la jambe correspondante ; ce qui fait que le cloutier est mal assuré dans sa démarche et boite souvent d'une manière notable. Les mains sont déformées, mais la droite surtout. Elle présente ce caractère constant, que les doigts sont déviés en dedans de manière à former un angle avec le métacarpe et à ne pas permettre d'opposer l'un à l'autre l'indicateur et le pouce. De là l'impossibilité de prendre une pièce de monnaie sur une table à la manière ordinaire et la nécessité de l'amener avec le revers d'une main dans l'autre. Ce caractère fera reconnaître partout le cloutier. Une infirmité fort commune aussi chez ceux qui se livrent à la fabrication des clous, c'est une contracture des doigts et même de la main, qui ne leur permet pas de les étendre et de les ouvrir, et qui les oblige, dans certains cas, à prendre le marteau de la main gauche pour le fixer dans la main droite au moment de s'en servir.

Cochers. — Presque tous les cochers tiennent les guides avec force entre le pouce et l'index d'une part, et, de l'autre, entre les troisième et quatrième, ou quatrième et cinquième doigts des deux mains. La pression qui en résulte détermine en cet endroit un profond sillon très calleux. Mais ce signe varie suivant la manière dont chacun s'est habitué à tenir les guides. Il en est un au contraire qui est constant : c'est un durillon semblable au précédent, et qui se trouve entre le pouce et l'index de la main droite.

Coiffeurs. — L'état de coiffeur a été signalé, ainsi qu'on l'a vu, comme pouvant déterminer une certaine inclinaison du corps et de la tête en avant. Sœmmerring lui-même (1) a noté que : « chez les coiffeurs, qui

(1) *Traité d'ostéologie de l'Encyclopédie anatomique.* Paris, 1843, t. II, p. 23.

» dirigent le peigne d'une main, tandis qu'ils ne font que tenir la cheve-
» lure de l'autre, le thorax finit par s'élever du côté actif, par l'influence
» continuelle des muscles de l'épaule. » Mais, outre cette attitude qui,
comme le gracieux sourire dont parle Fodéré, n'a rien de caractéristique,
les coiffeurs portent à la main droite une déformation plus spéciale, et
qui n'appartient qu'à eux : c'est celle qui résulte du maniement du fer à
papillotes. Elle consiste en un double durillon, calleux, saillant, arrondi
en forme de cor, qui existe à la fois sur la face dorsale de la deuxième
phalange du doigt annulaire, et au pouce, à la face palmaire et vers le
bord interne de la première phalange.

Cordonniers. — Parmi le petit nombre d'exemples cités par les auteurs, on voit figurer les cordonniers comme présentant des signes physiques propres à accuser leur profession. Mais on s'est borné à dire qu'ils
avaient les pouces très élargis et la base de la poitrine déprimée. Ces
énonciations sont inexactes, par cela même qu'elles ne contiennent que
de vagues généralités. En effet, bien d'autres artisans que les cordonniers
ont les pouces élargis et la poitrine enfoncée. Il n'en est point, au contraire, si ce n'est ceux-ci, qui présentent l'ensemble des caractères particuliers que nous allons décrire.

A la main droite : le pouce et l'index, qui tirent le fil pour l'enduire
de poix, ont la pulpe aplatie; celle du pouce est un peu déjetée vers
l'index. Le pli qui sépare la deuxième de la troisième phalange de l'index
est coupé par le fil et présente une crevasse profonde dont les bords sont
durs et calleux.

A la main gauche : la pulpe du pouce, déjetée comme à droite vers
l'index, a la forme d'une spatule très élargie et bien distincte de la déformation analogue que l'on remarque chez le peintre-vitrier. Un signe
plus caractéristique encore, et tout à fait frappant, consiste dans la disposition de l'ongle du pouce gauche. Il est considérablement épaissi, dur;
son bord libre est dentelé, éraillé, rayé, et parfois profondément sillonné
par les coups d'échappement de l'alène. Cet aspect du pouce gauche
chez les ouvriers cordonniers est constant et vraiment pathognomo-
nique.

Quant à l'enfoncement du thorax que produit, malgré le plastron de
cuir intermédiaire, la pression de la forme sur la poitrine, elle a été
mentionnée, mais non décrite; il est cependant nécessaire de montrer
en quoi elle diffère des dépressions et des voussures que d'autres métiers
peuvent déterminer dans la même région. Chez les cordonniers, c'est au
niveau de l'articulation chondro-sternale des sixième, septième et huitième côtes, immédiatement au-dessus de l'appendice xiphoïde, que le
sternum offre un creux profond, régulier, circulaire, très nettement circonscrit, et qui n'est pas accompagné de déformation générale de la cage
thoracique. Enfin, l'une des cuisses, sur laquelle est fixé un tampon de
cuir, présente un aplatissement de la peau, et notamment des bulbes

pileux qui sont oblitérés de manière que cette place est souvent tout à fait glabre.

Corroyeurs. — Le corroyeur occupé à préparer la peau se sert d'une *étire*, large lame pourvue à ses deux extrémités d'un manche qui forme avec elle un angle droit. Ce manche, maintenu fortement par les deux mains, laisse dans leur face palmaire, outre les quatre durillons très épais de la base des doigts, un repli très calleux et saillant, qui suit exactement la ligne de flexion de l'articulation métacarpo-phalangienne.

De plus, la main des corroyeurs présente une coloration brune caractéristique résultant de l'espèce de tannage que subit la peau. Cette coloration est distincte de toute autre, en ce que si l'on touche un des points où elle existe avec une solution de prussiate de potasse et de fer, elle passe instantanément au noir le plus foncé.

Couturières. — Tout le monde connaît les marques profondes que laissent à l'extrémité du doigt indicateur de la main gauche, sur le bord externe, les piqûres d'aiguilles auxquelles sont sans cesse exposées les femmes qui passent leurs journées à des travaux de couture. La peau, à la place qui supporte l'ouvrage, et sur laquelle portent les points, est rugueuse, épaisse et noircie. Il faut reconnaître, il est vrai, que ces traces appartiennent à des professions très diverses. Nous aurons, en parlant des modistes, à comparer la manière dont différentes ouvrières tiennent et manient l'aiguille.

Criniers. — L'artisan occupé à peigner le crin présente à la main droite, autour de laquelle s'enroulent le crin et la poignée qui le retient, un gonflement et une rougeur limitée qui se remarquent à la face dorsale, au niveau des quatrième et cinquième métacarpiens. Il n'est pas rare de trouver en même temps une enflure assez considérable des jambes, et surtout de la gauche, qui supporte tout le poids du corps, la droite étant portée en avant et demi-fléchie, comme dans certaines positions de l'escrime.

Cuivre. — Les nombreuses professions qui s'exercent sur des matières dans lesquelles entre le cuivre métallique, amènent, par le contact ou par l'absorption de cette substance, une modification profonde dans la coloration et dans la composition chimique des différents tissus. M. Chevallier (1), qui a tant fait pour l'hygiène des professions, rapporte que, chez les ouvriers *chaudronniers* de Durfort (Tarn), qui travaillent le cuivre à froid, les os, et principalement le sternum, deviennent verdâtres ou bleuâtres, en même temps que les cheveux sont tout à fait colorés en vert. J'ai cherché à mettre à profit ce caractère en le précisant. Dans ce but, j'ai soumis à l'analyse chimique l'épiderme des mains et les ongles de plusieurs chaudronniers. La peau calleuse de ces ouvriers permet d'enlever facilement, à l'aide du bistouri, des lames assez épaisses d'épi-

____

(1) Note sur les ouvriers qui travaillent le cuivre (*Annales d'hygiène et de médecine légale*, t. XXXVII, p. 395).

derme, et les ongles, considérablement épaissis, fournissent une suffisante quantité de matière pour l'expérience. On fait bouillir les débris épidermiques dans l'acide nitrique ; la solution, traitée ensuite par l'ammoniaque, prend une belle couleur bleue. Le résultat n'est pas toujours aussi tranché ; il faut alors recourir à l'incinération dans un creuset de platine, puis reprendre par l'acide nitrique et traiter par l'ammoniaque. J'ai pu, par ce moyen, reconnaître la présence du cuivre chez un chaudronnier, qui était depuis quarante jours à l'hôpital, et n'avait par conséquent pas travaillé ce métal pendant ce long espace de temps. Mais il n'en a pas été de même chez un *boutonnier en cuivre*, qui séjournait à l'hôpital depuis plus de deux ans. Le résultat des précédentes opérations a été complétement négatif.

Débardeurs. — Parent-Duchâtelet, dans son admirable *Mémoire sur les débardeurs de la ville de Paris* (1), a décrit une affection propre à cette classe d'ouvriers, et qui, dans les cas où elle se présente, pourrait facilement servir à les faire reconnaître.

Cette maladie, désignée sous le nom de *grenouille*, consiste en une « altération du derme caractérisée par un ramollissement, des gerçures, » et souvent une usure, une véritable destruction des parties qui sont en » contact avec l'eau. On les remarque sur les extrémités supérieures » comme sur les inférieures, mais bien plus souvent sur ces dernières ; » et ici elles siégent de préférence entre les orteils, où elles déterminent » de vastes fentes et crevasses dont la profondeur est quelquefois de plu- » sieurs lignes. Il n'est pas rare de les observer sur les talons ; et alors, » tantôt la peau est fendue, gercée, crevassée en différents sens, tantôt » comme mâchée, tantôt usée comme si elle avait été frottée sur une » meule à aiguiser ; elle s'en va parfois par lambeaux, et laisse à vif un » fond rouge, pulpeux, d'une sensibilité extrême.

» Le plus ordinairement cette affection est limitée aux extrémités infé- » rieures, mais quelquefois aussi elle s'empare des supérieures. En voyant » les mains profondément gercées et fendillées dans tous les sens, on » dirait que la pulpe des doigts a été usée sur une râpe grossière et la » paume des mains coupée en vingt endroits par des morceaux de verre.»

Les débardeurs présentent en outre assez souvent des « *durillons* » *forcés*, c'est-à-dire un épaississement considérable de la peau, qui se » fait principalement sur la première phalange de chaque doigt des » mains, et qui, s'enfonçant dans les chairs, y produit une inflammation » assez violente. »

Dentelles (ouvrières en). — Une particularité en apparence bien minime, mais qui n'en est pas moins frappante par sa constance, signale les dentellières. Elle consiste dans une inégalité considérable entre les dimensions de l'ongle aux deux doigts indicateurs. A la main droite,

______

(1) *Annales d'hygiène et de médecine légale*, t. III, p. 245.

l'index, occupé à distribuer les fils, n'a qu'un ongle extrêmement court, afin qu'il ne puisse pas les briser. La main gauche, au contraire, a au même doigt un ongle très long destiné à retirer les épingles autour desquelles les fils doivent se fixer.

Doreurs sur métaux. — Nous ne voulons parler ici que des artisans qui appliquent l'or en feuille sur le cuivre ou tout autre métal. Leur travail exige la position suivante. La pièce à dorer est maintenue dans un étau ; l'ouvrier, dont la poitrine est munie d'un plastron de cuir, tient un brunissoir avec les deux mains, et fait pénétrer l'or dans la pièce par une pression et un frottement très énergique. Dans cette opération, le bras gauche, placé dans la pronation, appuie par son bord radial contre la poitrine, tandis que le bord cubital frotte contre l'étau. Les deux mains fermées conduisent le brunissoir, dont le manche, très lourd, repose sur l'avant-bras droit.

Il résulte de ces différentes pressions des altérations variées qui commencent à se produire chez les jeunes ouvriers au bout de cinq ou six mois de travail.

A la partie antérieure et interne de l'*avant-bras gauche* existe un calus considérable, qui, commençant en bas au niveau du pli de séparation de l'avant-bras et de l'éminence hypothénar, remonte sur la partie antérieure de l'avant-bras jusqu'à une hauteur de 5 centimètres ; en largeur, il s'étend depuis la face interne du cubitus, dans une étendue de 35 millimètres, en passant au-devant du tendon du cubital antérieur. Ce calus, qui fait une saillie d'environ 1 centimètre, semble formé par l'épiderme épaissi ; mais la mollesse et la mobilité de la tumeur peuvent laisser soupçonner sous la peau l'existence d'une bourse séreuse accidentelle, qui s'affaisse lorsque l'ouvrier est resté quelque temps sans travailler. Sur le bord externe de cette tumeur calleuse on trouve un second durillon beaucoup moins considérable. Celui-ci, placé à une distance de 1 centimètre du bord interne de la main, s'étend transversalement depuis le bord externe du premier calus jusqu'au tendon du muscle petit palmaire. Sa largeur est de 2 centimètres ; sa hauteur n'est guère que de 8 millimètres.

A la partie postérieure et externe de l'avant-bras gauche, au niveau de l'extrémité inférieure du radius, se trouve un nouveau calus presque aussi gros que le premier ; comme lui, il fait une saillie assez considérable au-dessus de la peau, mais il en diffère par sa consistance plus molle et surtout par l'épaississement beaucoup moindre de l'épiderme. Cette tumeur a 3 centimètres de diamètre dans tous les sens. Elle se trouve au-dessus du tendon des deux muscles radiaux externes et des long abducteur et extenseur du pouce.

A la main gauche, on trouve : 1° un durillon allongé au bord interne du pouce ; 2° un autre durillon arrondi, de moins de 1 centimètre de diamètre, et situé à la face palmaire, au niveau de la tête du deuxième

II.   39

métacarpien ; 3° un troisième, un peu moins volumineux, mais plus étendu, placé au-devant et un peu au-dessous de la tête des quatrième et cinquième métacarpiens ; 4° au-devant de la première phalange du doigt annulaire et du petit doigt, un durillon allongé rappelant la forme d'un tendon.

A la face antérieure et à la partie externe de l'avant-bras droit, on peut noter encore un petit durillon non adhérent aux tissus sous-jacents, et formé par l'épiderme épaissi. Ce durillon, arrondi et de 1 centimètre de diamètre, est situé au niveau de l'intervalle qui résulte de la séparation du rond pronateur et des autres muscles superficiels de l'avant-bras.

A la main droite, enfin, il existe au côté externe de l'index, dans toute la longueur de ce doigt, un durillon qui est surtout marqué au niveau des deux premières phalanges. De plus, on voit un durillon au point d'union du premier et du deuxième métacarpien, dans la paume de la main.

Ébénistes. — Chez les ébénistes, qui offrent, ainsi qu'on le verra, certains caractères communs avec les menuisiers, on remarque :

A la main droite, qui tient habituellement la varlope ou le rabot :

1° Une ouverture plus grande de l'angle compris entre le bord interne du pouce et le bord externe de l'index. L'index lui-même et les autres doigts, fortement inclinés vers le bord interne de la main, ne sont plus dans le prolongement des métacarpiens correspondants, mais forment avec eux, au niveau de l'articulation métacarpo-phalangienne, un angle obtus à sommet externe. Au bord externe de l'index existent quelquefois de petites ecchymoses et toujours des callosités plus épaisses vers le sommet de l'angle.

2° Des callosités existent aussi au bord interne du pouce, dont la dernière phalange n'est pas dans le prolongement de la première, et forme avec celle-ci un angle saillant en dedans. C'est surtout au niveau de la saillie formée au bord interne du pouce par le sommet de cet angle que les couches épidermiques sont épaissies.

3° Au milieu de la paume de la main, entre l'éminence hypothénar et la ligne courbe qui limite l'éminence thénar, existe une plaque calleuse de la largeur d'une pièce de 2 fr., également produite par l'usage du rabot.

Un signe plus caractéristique encore, et tout à fait propre aux ébénistes, se remarque à la *face palmaire de la main gauche*, où l'on voit trois rangées de petites plaques calleuses, au nombre de quatre par chaque rangée.

La rangée médiane correspond aux éminences de la racine des doigts ; la supérieure est située à environ 2 centimètres au-dessus dans la paume de la main ; les plaques inférieures, enfin, existent sur chaque doigt, immédiatement au-dessus du pli correspondant à l'articulation de la première phalange avec la deuxième.

Ces dernières marques sont le résultat de l'habitude qu'ont les ouvriers en meubles de tourner avec la main gauche les longues vis des châssis à plaquer le bois.

Écrivains. — Les écrivains, commis aux écritures, employés expéditionnaires, ont, pour la plupart, sur le bord cubital du petit doigt de de la main droite, au niveau de l'articulation de la phalangette, un durillon arrondi en forme de cor, produit par le frottement continuel et la pression du doigt sur le papier. Quelquefois il existe, en outre, un sillon endurci tout à fait à l'extrémité du médius, sur le bord radial où il appuie la plume.

Fleuristes. — Les ouvrières occupées à monter les fleurs artificielles, et qui constituent une classe nombreuse au milieu de l'industrie parisienne, portent toutes, malgré la délicatesse de leur travail, un stigmate caractéristique entre l'index et le pouce de la main gauche. Elles roulent constamment une tige métallique à laquelle se fixent les différentes parties de la fleur. Il résulte de cette pression et de ce mouvement non interrompus une élongation, avec aplatissement en forme de spatule étroite, de la pulpe de ces deux doigts, qui présente en outre une induration et un épaississement souvent considérable de l'épiderme. Le durillon du pouce est plus rapproché du bord interne ; celui de l'index occupe à peu près toute la largeur de la pulpe.

Fourmis (chercheurs d'œufs de). — Il est une industrie sans doute peu connue, qui a pour objet de faire provision d'œufs de fourmis, aliment très recherché dans les faisanderies. Les chercheurs d'œufs, qui n'exercent leur métier que pendant trois ou quatre mois de l'année, de mai en août, parcourent les bois, et, plongeant les mains dans les fourmilières, ramassent les œufs, dont ils rapportent quelquefois en un jour dix à douze boisseaux (1).

J'ai vu à la consultation du bureau central, le 28 août 1848, une femme qui fait ce métier depuis plus de quinze ans. Bien qu'elle eût cessé depuis plus de trois semaines sa campagne annuelle, elle en portait encore les traces, tellement singulières, que j'ai cru devoir les consigner ici comme un des plus frappants exemples des lésions physiques que peut déterminer l'exercice de certaines professions.

Aux deux mains la face palmaire de tous les doigts est entièrement dépouillée. L'épiderme, quoique généralement épais et calleux dans les parties environnantes, y est complétement détruit. Le derme est au vif ; il offre une teinte écarlate et une grande sensibilité ; sa surface est fortement ridée. Des lambeaux d'épiderme desséché s'enlèvent autour des parties dénudées ; les ongles ne sont point altérés. Cette femme porte habituellement des gants pendant l'espèce de chasse à laquelle elle se livre ; mais ceux-ci ne tardent pas à être pénétrés, et la peau des mains est

______

(1) Le boisseau se vend de 2 fr. à 2 fr. 50 cent., suivant que les œufs sont plus ou moins mélangés de terre ou d'objets étrangers.

bientôt atteinte par le liquide particulier qui existe en grande quantité dans les fourmilières, et qu'elle appelle l'*urine des fourmis*.

Quoique souvent, à la fin de la journée, elle ait le corps couvert de fourmis, jamais elle n'a remarqué autre part qu'aux mains l'altération que nous avons décrite. Il vient seulement au cou et sur la poitrine des petits boutons vésiculeux qui se recouvrent de croûtes.

J'ajoute que j'ai eu l'occasion de constater les mêmes lésions chez un garde-chasse, qui cherchait également des œufs de fourmis, dont les jeunes perdreaux qu'il élevait étaient très friands.

Fumeurs. — Nous ne mentionnerons ici les fumeurs que pour rappeler une particularité qui a été déjà signalée et mise à profit dans la recherche médico-légale de l'identité à l'occasion d'affaires criminelles très graves (1). Nous voulons parler de l'usure des dents résultant de la pression du tuyau de la pipe et du trou régulièrement arrondi qui existe entre les incisives et les canines, ou entre ces dernières et les petites molaires de l'une ou de l'autre mâchoire.

Graveurs sur métaux. — On trouve à la main droite, chez le graveur sur métaux, les marques du burin; c'est un pli transversal formant à la face palmaire, au-dessous des quatrième et cinquième doigts, une saillie prismatique très dure, qui n'a pas moins de 6 à 8 millimètres d'élévation et s'étend transversalement, suivant une ligne courbe dont la concavité regarde la base des doigts.

L'éminence hypothénar et le bord cubital du petit doigt, qui appuient fortement sur la table ou la pièce de travail, présentent un durillon assez marqué.

Horlogers. — Les horlogers, et particulièrement ceux qui sont employés aux réparations dites *rhabillages* des montres, ont l'ongle du pouce de la main droite considérablement épaissi et comme écaillé, par suite de la manière dont ils ouvrent les boîtes de la montre. De plus, l'ongle du pouce et celui de l'index de la main gauche présentent, au point où leurs bords se correspondent en se rapprochant pour maintenir les pièces très délicates que l'ouvrier veut ajuster, une usure et presque une destruction complète produite par le frottement répété de la lime.

Joueur d'orgues. — Le joueur d'orgues ambulant, qui porte son instrument sur le dos et l'appuie lorsqu'il joue sur la partie antérieure de la cuisse, présente au-dessus du genou un épaississement parfois très prononcé de l'épiderme, qui forme en ce point une saillie osseuse. De plus, la main droite, qui tourne la manivelle, porte un durillon entre le pouce et l'index.

Menuisiers. — Le menuisier, qui, comme l'ébéniste, manie la varlope, porte à la face dorsale de la main droite, sur les articulations de la première et de la deuxième phalange de l'index, un durillon très saillant

____

(1) *Annales d'hygiène et de médecine légale*, t. I, p. 481.

produit par la pression de la poignée dans laquelle passent les quatre doigts.

Il existe, de plus, à la main gauche, sur le bord radial de l'index, un durillon calleux en forme de croissant, causé par le frottement du manche du ciseau. Chez les jeunes ouvriers, les durillons sont remplacés par des tumeurs plus molles et rougeâtres.

Meuniers. — On trouve quelquefois, mais non toujours, chez les meuniers de petites taches noirâtres disséminées sur les mains. Elles sont produites par de petites parcelles d'acier qui se détachent du marteau et s'incrustent dans la peau lorsque le meunier taille sa meule.

Modistes. — Nous avons dit déjà, au sujet des couturières, qu'il y avait entre elles et les ouvrières en modes une différence capitale dans la manière dont chacune tient l'aiguille. Les premières, habituées à de petites aiguilles qu'elles manient du poignet seulement par une série de petits mouvements très rapides, ont les trois derniers doigts repliés dans la paume de la main. Les modistes, au contraire, habituées à se servir de longues et fortes aiguilles, travaillent à grands points, en remuant non seulement le poignet, mais l'avant-bras lui-même, les trois derniers doigts restant étendus.

Il y a, dans ces procédés, une différence facile à saisir.

Nacrières. — Les ouvrières en nacre travaillent en faisant mouvoir avec le pied droit une meule, sur laquelle elles appuient fortement la petite pièce de nacre à laquelle on veut donner la forme.

Il résulte de l'attitude et du mode de travail que nous venons d'indiquer : 1° une forte saillie de la hanche gauche sur laquelle appuie le poids du corps, et un abaissement de l'épaule du même côté ; 2° à l'extrémité du pouce et de l'index, à chaque main, une sorte d'usure de l'épiderme et surtout des ongles, qui sont obliquement taillés. On remarque aussi un aplatissement et une coloration blanche, comme nacrée, de la pulpe de ces quatre doigts.

Piqueuses de bottines. — Chez les piqueuses de bottines, l'index de la main gauche, sur lequel pose l'ouvrage, et qui est constamment atteint par l'aiguille, offre sur son bord externe, dans presque toute l'étendue de la première phalange, une longue plaque durcie, calleuse, parsemée de points noirs et tout à fait caractéristique ; car elle est bien plus marquée que le durillon peu apparent des couturières, et généralement des différentes ouvrières en couture.

La pulpe du pouce de la main droite offre aussi une certaine dureté et quelques piqûres noires.

Plomb (ouvriers en). — Nous n'avons pas besoin d'insister sur les phénomènes extérieurs que déterminent chez un grand nombre d'artisans les émanations de plomb. Tout le monde connaît la coloration de la peau subictérique chez les cérusiers, rouge chez les ouvriers en minium ;

le liséré bleuâtre des gencives, qui peuvent être considérés comme des signes assez certains de l'intoxication saturnine.

Mais l'étude des affections diverses causées par les émanations de plomb, et des lésions qui en résultent, peut fournir encore d'autres caractères propres à faire reconnaître, soit pendant la vie, soit après la mort, l'identité d'individus exposés par état à ces émanations métalliques.

Nous citerons, à cet égard, un exemple remarquable qui s'est offert récemment à notre observation.

Dans le courant du mois de novembre 1848, une jeune fille est apportée à l'Hôtel-Dieu dans un état d'insensibilité complète succédant à une attaque convulsive qui l'avait prise aux environs des halles. Elle succomba au bout de douze heures, sans avoir repris ses sens. Son nom et les causes de l'affection qui l'avaient emportée étaient restés inconnus, et l'on avait pu supposer qu'elle avait été victime de quelques violences. L'autorité judiciaire ordonna l'autopsie, à laquelle je procédai sans avoir obtenu d'autres renseignements que ceux que je viens de rappeler. Cette jeune fille paraissait âgée de seize ans environ ; elle était grêle et à peine formée. Il existait sur les bras et sur les jambes des traces de contusions dues aux efforts qui avaient dû être faits pour contenir les mouvements convulsifs. Les mains, quoique peu soignées, n'offraient les marques d'aucun travail grossier, et ne portaient non plus aucun caractère particulier. Les lèvres et les gencives étaient presque complétement décolorées et très légèrement bleuâtres. Aucune trace de violences n'existait notamment aux organes génitaux, et l'on trouva la membrane hymen intacte. Les organes intérieurs, le cœur, les poumons, les organes digestifs étaient tout à fait à l'état normal. Le cerveau seul présentait une altération remarquable. La masse encéphalique, dont la densité était considérablement accrue, remplissait toute la cavité crânienne, et était tellement pressée contre les parois osseuses, que les circonvolutions cérébrales étaient effacées. En rapprochant cette hypertrophie du cerveau des accidents qui avaient précédé la mort, je me crus en droit de conclure que celle-ci était le résultat naturel d'une attaque convulsive probablement épileptique. J'ajoutais, en me reportant à certains faits analogues cités par plusieurs observateurs éminents, et entre autres par M. le docteur Grisolle, que cette épilepsie pouvait résulter de l'exposition habituelle aux émanations de plomb, comme cela a lieu dans plusieurs professions. Ces probabilités se trouvèrent bientôt vérifiées ; car, le 2 décembre, j'appris que cette jeune fille avait été reconnue pour la jeune B..., âgée de seize ans et demi, exerçant la profession de *peintre en éventails.*

On voit que, dans ce fait, l'examen des altérations physiques trouvées même dans les organes intérieurs avait pu, en l'absence de tout renseignement, mettre sur la voie de la profession, et par suite de l'identité d'une personne inconnue. J'aurais voulu que le foie pût être, dans le même but, examiné chimiquement ; il n'eût pas été impossible qu'on y trouvât une accumulation de plomb : ce qui, dans tous les cas, apporterait une lumière nouvelle à celles que nous devons rechercher pour éclairer l'identité des individus appartenant aux professions si nombreuses et si diverses (1) dans lesquelles l'homme est soumis aux émanations de plomb.

Polisseurs sur glaces.—Le polissage du verre de glace se fait au moyen d'un lourd tas de 24 centimètres de long sur 12 de large, muni d'une poignée qu'embrassent les deux mains de l'ouvrier. Cette manœuvre exige une assez grande force, et donne lieu aux résultats suivants :

Toutes les saillies de la paume de la main droite sont calleuses ; mais c'est surtout l'éminence hypothénar et le bord cubital du métacarpe qui offrent un large calus épidermique tout à fait usé, rayé et noirci.

A la main gauche, on trouve les mêmes caractères, quoique à un moindre degré. De plus, on voit dans les plis de l'épiderme des raies rouges, formées par ce qu'on appelle la *potée*, poudre rouge qui sert à polir, et qui paraît analogue au tripoli.

Polisseuses sur écaille, etc. — On emploie les femmes à polir l'écaille, l'ivoire, le buffle, la corne qui servent à fabriquer une grande quantité d'objets. Cette opération s'exécute en frottant la plaque que l'on veut polir avec la main imprégnée de vinaigre, et spécialement avec la masse que forme l'éminence hypothénar, tantôt avec la main droite, tantôt avec la gauche ; quelquefois avec l'extrémité des trois premiers doigts. Dans ces parties, la peau est, non pas calleuse, mais très rugueuse, grisâtre, fendillée, rayée, durcie par le frottement et probablement aussi par le vinaigre.

Nous avons déjà indiqué les caractères distinctifs des ouvriers des deux sexes occupés à polir, soit le verre, soit l'écaille, l'ivoire, le buffle, la corne. Mais le polissage s'étend à un nombre bien plus considérable d'objets, et occupe encore plusieurs classes diverses de travailleurs. Nous avons à parler en ce moment des polisseuses de cuillers.

Les femmes livrées à ce pénible ouvrage portent à la face dorsale de tous les doigts, au niveau de chaque articulation, un durillon très fort provenant du frottement continu de la main sur le pouce. En outre, l'ongle des deux petits doigts est usé et divisé dans toute sa longueur, parce que le doigt, étant fléchi dans la paume de la main, c'est sur ce point que porte principalement le frottement. L'intérieur de la main est noirci par l'huile grasse qui sert à polir.

Portefaix et porteurs d'eau. — Les portefaix qui conduisent une voiture à bras présentent un développement considérable des muscles de l'épaule, et notamment de la portion angulaire externe du trapèze. En même temps, à la base du cou et sur chaque épaule, la peau est dure et

(1) Consultez les recherches importantes de M. A. Chevallier sur ce sujet (*Annales d'hygiène et de médecine légale*, passim).

calleuse, par suite de la pression de la bretelle. Déjà M. le docteur Patissier (1) avait fait une observation semblable, qu'il résumait en ces termes : « Les téguments de l'épaule sur laquelle agit la bretelle ou le bâton qui » suspend les seaux de ces espèces de portefaix sont quelquefois endurcis » et comme calleux. »

Prostituées. — Si les prostituées ne peuvent être distinguées par aucun caractère spécial, il y a généralement dans l'ensemble de leur personne une physionomie singulière qui ne permet guère de les méconnaître. Les organes génitaux, au dire de Parent-Duchâtelet (2), n'offrent aucune disposition particulière. Nous devons cependant mentionner l'état de l'anus qui, révélant des habitudes contre nature, peut dénoter l'identité d'une femme de mauvaise vie. C'est à ce signe que nous nous étions attaché dans l'examen du tronc mutilé de la femme H..., dont le cadavre, privé des quatre membres, est resté plusieurs semaines à la Morgue sans être reconnu.

Relieur. — L'art du relieur comprend des opérations très diverses, parmi lesquelles le battage des livres mérite de nous arrêter spécialement.

En effet, l'ouvrier batteur fait agir de la main droite, avec une grande force et une grande vitesse, un lourd marteau pesant 6 kilogrammes. Il en résulte un gonflement calleux très considérable des tendons extenseurs du pouce au niveau du poignet. La même difformité, quoique moins marquée, s'observe à la base du petit doigt, sur le tendon extenseur. C'est là la conséquence de l'effort énorme que doivent faire les muscles extenseurs pour contre-balancer le poids du marteau. La face palmaire présente en outre une callosité à sa partie moyenne, aussi bien qu'au bord interne du pouce et du petit doigt. Ajoutons qu'il n'est pas très rare de voir se former des hernies chez l'ouvrier qui bat les jambes écartées.

Repasseuses. — Les ouvrières qui empèsent et plissent le linge présentent une cambrure très marquée des trois derniers doigts de la main droite, lesquels sont renversés du côté de la face dorsale, par suite du mouvement répété qui consiste à marquer les plis avec la pulpe de ces doigts fortement appuyés.

La même disposition se remarque au pouce de la main gauche, dont la pulpe est le plus souvent épatée, spatuliforme et déjetée comme celle des cordonniers.

Serruriers. — Comme chez tous ceux qui exercent des métiers à marteau, on trouve chez les serruriers une large callosité entre le pouce et l'index de la main droite et à la base de chaque doigt, du côté de la face palmaire.

Mais, de plus, chez ces derniers artisans, la main gauche, qui tient le fer que l'on travaille, présente un calus beaucoup plus fort entre l'index

_____

(1) *Loc. cit.*, p. 260.
(2) *De la prostitution dans la ville de Paris*, 1857, t. 1, p. 193.

et le pouce, et principalement au niveau du pli que forme la peau à la réunion de ces deux doigts. Il existe là une crevasse profonde, à bords durs, élevés et calleux.

Enfin, dans chaque pli de la peau, on voit une incrustation de matière noire, qui n'est autre chose que de la poudre de fer, dont la nature est facilement reconnue à l'aide des procédés suivants.

Après avoir enlevé quelques couches d'épiderme et coupé la portion d'ongles noircie, on fait macérer ces débris dans l'eau distillée, aiguisée d'acide chlorhydrique pur. La macération prolongée détache une certaine quantité de particules métalliques, qui restent en suspension dans un liquide incolore. Si l'on ajoute une goutte de cyanure double de potassium et de fer, la liqueur prend immédiatement une belle couleur bleu de Prusse.

Il faut faire la contre-épreuve en traitant de la même manière de l'eau simplement aiguisée d'acide ; car il n'est pas rare que l'acide chlorhydrique contienne un peu de fer. Mais il ne faut pas prolonger l'expérience, de peur qu'au contact de l'air le cyanure double ne soit décomposé en partie par l'acide, et que la réaction se produise.

Tailleurs. — Il est peu de professions dans lesquelles on rencontre des caractères aussi tranchés que dans celle du tailleur.

Par suite de l'attitude particulière dans laquelle ils travaillent constamment assis, les jambes croisées et le corps penché en avant, il survient des deux côtés : 1° une tumeur rouge plus ou moins volumineuse, quelquefois grosse comme une noix, et très molle sur les malléoles externes ; 2° une seconde tumeur semblable, mais non considérable, sur le bord externe du pied, au niveau de l'extrémité tarsienne du cinquième métatarsien ; 3° enfin une callosité rougeâtre sur le cinquième orteil. Chez les jeunes ouvriers qui n'exercent pas leur état depuis longtemps, au lieu de tumeurs, on trouve simplement une rougeur vive bien circonscrite, accompagnée d'un léger gonflement.

Outre ces déformations caractéristiques des extrémités inférieures, les tailleurs présentent encore à la partie inférieure du thorax une dépression considérable, causée par la voussure de la poitrine. Cette dépression, que l'on peut être tenté de comparer avec celle qui existe chez les cordonniers, en est cependant bien distincte. Placée plus bas, au-dessous de l'appendice xiphoïde, elle n'est pas limitée à un point du sternum, et résulte d'une déformation de la totalité du thorax.

Tailleurs de pierre. — Le tailleur de pierre, qui travaille à l'aide du maillet et du ciseau, tient ces outils d'une manière toute spéciale, et par suite porte des traces vraiment caractéristiques de son état. La main droite saisit fortement et à poing fermé le manche du maillet très près de la tête, de façon que la masse appuie et presse sur le bord du pouce et de l'index. Il en résulte que le tailleur de pierre porte, outre les callosités communes à tous les ouvriers à marteau, des durillons très saillants, arrondis en

forme de cor, au niveau de la tête des première et deuxième phalanges
du pouce et de la première de l'indicateur. La main gauche est armée du
ciseau, et celui-ci est maintenu entre le pouce et l'index d'une part, et
d'une autre part entre le quatrième et le cinquième doigt : aussi trouve-
t-on de ce côté un cercle calleux sur chaque bord opposé des deux premiers doigts, et de plus un durillon très marqué sur la face dorsale de
l'auriculaire, le plus souvent au niveau de la dernière articulation.

Tambours. — Chez les tambours, il se forme, dès les premiers temps
où ils battent la caisse, un calus très saillant et arrondi comme un cor à
la base de l'index de la main droite, et de la main gauche sur le bord
radial, au niveau de l'articulation métacarpo-phalangienne. La paume
des mains est d'ailleurs irrégulièrement calleuse.

Teinturiers. — Le teinturier est, en général, facilement reconnaissable
au premier coup d'œil. Les deux mains sont parcheminées et teintes
presque uniformément, mais surtout à la face palmaire, par une couleur
qui résiste au lavage, et que l'on ne fait disparaître qu'incomplétement
au moyen du chlore. Il n'est pas, à beaucoup près, si aisé de reconnaître
la nature précise de la matière colorante. On peut cependant avoir recours
à l'examen chimique de l'épiderme préalablement enlevé par couches
minces.

Tireurs (*combattants, braconniers*). — Nous avons cru pouvoir
placer ici quelques observations qui ont été utilisées dans les poursuites
judiciaires auxquelles a donné lieu l'insurrection sanglante dont Paris a
été le théâtre en juin 1848.

Lorsqu'il s'est agi de démêler parmi les individus arrêtés ceux qui
avaient pris une part active au combat, on a constaté que ces derniers,
qui pendant plusieurs jours avaient fait le coup de fusil, présentaient en
avant et en dedans de l'aisselle droite, à l'endroit où l'arme est épaulée,
une ecchymose plus ou moins profonde, dont la forme correspondait à
celle de la crosse d'un fusil. De plus, les mains étaient noircies de poudre.
Mais comme la plupart de ceux sur lesquels on rencontrait ces traces en
niaient la nature et les attribuaient à la profession qu'ils exerçaient, il
importait de distinguer par des caractères certains cette coloration des
mains de celle qui est produite par toute autre matière que la poudre de
guerre. Or c'est là ce que l'on reconnaît facilement par le procédé suivant. On recevra dans un vase, et l'on concentrera par l'évaporation la
liqueur provenant du lavage des parties noircies. Après l'avoir transvasée
dans un tube de verre où l'on aura plongé une lame de cuivre bien dé-
capée, on chauffera à la lampe, et il se dégagera du gaz azoteux. Ces
caractères fort simples sont suffisants pour indiquer la présence de la
poudre.

Nous avons eu tout récemment l'occasion de faire l'application des
mêmes données dans une circonstance nouvelle. Il s'agissait de découvrir
parmi plusieurs inculpés des braconniers qui, arrêtés dans le parc du

Raincy, auraient tiré sur des gardes, dont ils auraient reçu à leur tour deux coups de feu. Sur l'un d'eux, outre des cicatrices nombreuses provenant de grains de plomb analogues par leur numéro à celui dont l'arme des gardes était chargée, on remarquait, au niveau du bord axillaire antérieur, l'empreinte ecchymosée laissée par la pression du fusil.

Tourneurs en bois. — Chez le tourneur en bois, la main gauche, qui tient le ciseau fortement pressé entre l'index et le pouce, présente sur le bord cubital de l'index un durillon semi-lunaire, au niveau de la première phalange. Dans le point correspondant, on trouve sur le pouce, au niveau de l'articulation métacarpo-phalangienne, un calus très gros, dur et saillant. Un autre calus existe sur le bord cubital de la main, au niveau et à l'extrémité du grand pli transversal, et sur le petit doigt, au niveau du pli de flexion de la dernière phalange.

En même temps, tous les doigts fortement serrés et comme entrant l'un dans l'autre, présentent une disposition tout à fait analogue à celle des doigts du pied, c'est-à-dire une saillie assez dure et tranchante de leur bord cubital.

Tourneurs en cuivre. — Le tourneur en cuivre, mécanicien ou ajusteur d'instruments de précision, etc., travaille debout, devant un tour, dit *tour en l'air*, et contre une barre qui le soutient de côté et en arrière, et lui donne un point d'appui. La pièce étant fixée sur le tour, l'outil qui exécute l'ouvrage pose fortement sur la partie antérieure de la poitrine, où il est maintenu par la main gauche, tandis que la main droite le dirige. C'est le pied gauche qui fait mouvoir la pédale. Il résulte pour l'ouvrier livré à ce travail, non seulement une grande fatigue de poitrine, mais encore certaines déformations que nous devons indiquer.

A la partie antérieure de la poitrine, au niveau de la deuxième côte, on remarque une saillie considérable qui comprend à la fois le point de réunion de la première avec la deuxième pièce du sternum et les deux secondes côtes, qui, à partir de leur tiers antérieur, proéminent fortement en avant. Au-dessous de cette espèce de crête saillante, se trouve un méplat large, uni, formé par le sternum et l'extrémité antérieure des côtes, et servant de surface d'appui à l'outil. Tout le côté droit du thorax est porté en avant et rétréci par la flexion des côtes, qui proéminent fortement et sont comme incurvées en avant. L'épaule droite suit le même mouvement et se porte en avant, comme tout ce côté du squelette.

Les pieds sont tous deux très larges à leur extrémité phalangienne, mais le gauche beaucoup plus que le droit. Il est tout à fait en spatule. Le coussinet graisseux qui forme la plante du pied est beaucoup plus volumineux et recouvert d'un épiderme dur et corné que l'on ne voit point de l'autre côté. Cette conformation est d'ailleurs commune aux divers genres d'ouvriers tourneurs. C'est à elle que fait allusion M. Guérard (1)

____

(1) *Dictionnaire de médecine,* loc. cit., p. 112.

lorsqu'il signale, chez les artisans de cette profession, une « différence » considérable dans les proportions des extrémités inférieures, dont la » droite est toujours occupée à mouvoir la pédale du tour, tandis que la » gauche immobile supporte le poids du corps. » Nous ferons remarquer seulement que cette observation de M. Guérard diffère de la nôtre, relativement au côté qui prédomine. Nous avons constamment trouvé l'excès de volume à gauche. Cette différence a en réalité peu d'importance ; elle tient certainement aux habitudes particulières de l'ouvrier. Ce qui reste bien établi, c'est que le pied qui fait mouvoir le tour présente un développement particulier et une conformation toute spéciale.

Nous devons encore appeler l'attention sur une particularité qui n'appartient pas seulement à la profession de tourneur, et qui, considérée d'une manière générale, pourrait faire l'objet de recherches intéressantes tout à fait propres à compléter celles que nous venons d'exposer. Nous voulons parler de l'usure que l'on remarque sur les vêtements à certaines places déterminées, et qui résulte manifestement des procédés de travail. Chez le tourneur, par exemple, conformément à ce que nous avons dit de la position de l'ouvrier, le pantalon est extrêmement usé à la hanche droite et en arrière, dans les endroits sur lesquels frottent les barres d'appui.

Vermicelliers. — Le vermicellier est occupé à tourner une manivelle qu'il met alternativement en mouvement avec l'une et l'autre main. La pression de cette machine détermine à la base des pouces de chaque main, en dedans de l'articulation métacarpo-phalangienne, près de la face dorsale, un durillon oblong-ovoïde, de la grosseur d'un œuf de pigeon, mobile et formé par l'épiderme soulevé. La face palmaire présente à un assez faible degré les quatre durillons ordinaires correspondant à l'articulation métacarpo-phalangienne.

Vitriers. — Le peintre-vitrier, par suite de l'habitude de pétrir et d'appliquer le mastic, offre à la main droite une disposition très remarquable.

Le pouce a la forme d'une spatule allongée très large, au niveau de l'articulation des deux phalanges, effilée à son extrémité.

Le doigt médius du même côté est, dans sa moitié inférieure, déjeté vers le quatrième doigt, par la pression de la brosse. La pulpe est également effilée et déplacée dans le même sens, de telle sorte que, du côté de l'index, elle est complétement recouverte et même dépassée de l'ongle.

Nous bornons ici cet exposé, qui comprend une série de professions sur lesquelles ont plus spécialement porté jusqu'ici nos observations. Des recherches ultérieures nous permettront sans doute de les étendre. Mais auparavant nous croyons utile de tracer dans un prochain mémoire un résumé succinct des différents signes que nous avons énumérés, d'étudier d'une manière générale leur siége et leur nature, d'examiner quel est leur degré de constance et de certitude, quelles variétés ils peuvent offrir afin d'arriver à une appréciation exacte de leur valeur relative dans la recherche médico-légale de l'identité.

Siége des altérations. — Il ne suffit pas d'avoir recherché quelle est la nature des altérations produites par tel ou tel genre de travail. Ce qui leur donne surtout leur caractère et leur signification, c'est le siége exact qu'elles occupent, et c'est à le bien déterminer que nous nous sommes toujours et avant tout attaché.

Il était facile de prévoir, d'après la nature même de ces recherches, que la main serait la partie essentielle et le lieu d'élection, si l'on peut ainsi dire, de ces altérations propres à déceler les professions et à devenir des signes d'identité. En effet, sur les quarante-huit espèces de métiers que nous avons passés en revue, on n'en compte pas moins de trente-neuf dans lesquels c'est la main qui porte sinon la seule, du moins la principale marque du travail journalier.

Les autres altérations caractéristiques se montrent aux pieds, aux bras, aux jambes, sur quelques parties du tronc, à la tête et même sur certains organes intérieurs. Ajoutons que plusieurs professions laissent à la fois leur empreinte sur différentes parties du corps.

1° *Aux mains*, nous avons pu reconnaître les professions suivantes : Bâtonniste, blanchisseur de tissus, blanchisseuse, brunisseuse, charron, cloutier, cocher, coiffeur, cordonnier, corroyeur, couturière, crinier, débardeur, dentellière, doreur, ébéniste, écrivain, fleuriste, chercheur d'œufs de fourmis, graveur sur métaux, horloger, menuisier, modiste, nacrière, piqueuse de bottines, polisseur sur glaces, polisseuse de cuillers, polisseuse sur écaille, relieur, repasseuse, serrurier, tailleur de pierre, tambour, teinturier, tourneur en bois, tourneur en cuivre, vermicellier, vitrier. Dans un aussi grand nombre de professions diverses, pour que le caractère distinctif ressorte de l'examen d'un même organe, il faut, on le conçoit, s'attacher à de petites différences, en ne signalant toutefois que les particularités les plus saillantes. Il est vrai que l'on rencontre quelques traits communs ; et c'est pour cette raison que nous devons étudier de nouveau et comparativement ces caractères qu'il importe de définir avec le plus de soin possible.

On peut, d'une manière générale et eu égard à leur siége, diviser les altérations de la main, suivant qu'elles occupent soit la portion palmaire, soit les doigts isolés ou réunis, aux deux mains ou à l'une des deux seulement. La main droite est celle qui est le plus souvent marquée ; et lorsque toutes deux le sont en même temps, il n'est pas rare de voir une altération différente à la main droite et à la main gauche. Presque toujours aussi, c'est dans les plis de flexion de la face palmaire que l'on trouve porté au plus haut degré l'épaississement de l'épiderme ; de même que c'est au niveau des articulations que l'on rencontre les durillons en forme de cor qui ont été tant de fois signalés.

La main tout entière est le siége de la lésion, dans les cas où celle-ci résulte d'un contact avec quelque substance altérante, comme chez les blanchisseurs de tissus, les corroyeurs, les serruriers, les teinturiers. La face palmaire présente les callosités ou les altérations de structure caractéristiques chez les artisans qui tiennent l'outil à poing fermé. C'est ce que l'on remarque notamment pour les ouvriers à marteau, ainsi que nous l'avons déjà rappelé. La déformation des doigts offre, en général, quelque chose de plus spécial. Tantôt plusieurs doigts sont déviés ou rétractés : nous l'avons vu chez les cloutiers, les ébénistes, les blanchisseuses, les repasseuses ; tantôt un ou deux doigts seulement sont déformés à leur extrémité : telle est la disposition en spatule du pouce chez le cordonnier et chez le vitrier ; du pouce et de l'index chez la fleuriste. Enfin, des callosités ou des durillons circonscrits occupent tel ou tel doigt, ainsi que nous le voyons chez les cochers, les écrivains, les piqueuses de bottines, les tailleurs de pierre. Il n'est pas jusqu'aux ongles eux-mêmes qui n'offrent des marques distinctives très dignes d'attention. Cordonnier, dentellière, horloger, nacrière, polisseuse de cuillers, ont tous présenté dans la forme, la longueur, l'épaisseur et l'usure de l'ongle, des signes d'identité parfaitement caractérisés.

Nous n'avons pas besoin d'insister davantage pour montrer combien se pressent et se multiplient, presque sur chaque point de l'une et de l'autre main, les traces qu'y imprime le travail de l'ouvrier.

2° *Aux pieds*, les altérations sont beaucoup plus rares. On ne les trouve guère que chez les débardeurs, les tailleurs et les tourneurs.

3° *Les bras* ne présentent non plus que dans un très petit nombre de cas les lésions caractéristiques chez les blanchisseuses, les cardeuses et les doreurs sur métaux.

4° *Les jambes* n'offrent de particularités à noter que chez les criniers, les joueurs d'orgue, les tailleurs.

5° *Sur le tronc*, des déformations considérables ont été indiquées. Elles occupent tantôt la poitrine, comme chez le cordonnier, le tailleur, le tourneur en cuivre se distinguant, dans ces divers ordres de métiers, par le point précis de la cage thoracique où elles se produisent ; tantôt on les observe à l'épaule chez les cloutiers, les portefaix, les tourneurs, ou à la hanche chez les nacrières. Il est bien entendu que nous ne rappelons ici que les déformations tout à fait caractéristiques, et que nous n'avons pas à parler de la voussure commune à la plupart des artisans.

6° Nous n'aurions pas à mentionner les signes que l'on peut tirer de l'examen de *la tête*, si nous n'avions noté l'usure particulière des dents que l'on trouve chez les fumeurs.

7° Rappelons enfin, pour ne rien omettre, que certains *organes intérieurs* nous ont présenté des altérations de coloration ou de texture en rapport avec l'absorption métallique à laquelle sont sans cesse exposés les ouvriers qui travaillent le cuivre ou le plomb.

Une remarque qu'il importe de ne pas laisser échapper dans cette étude, c'est que pour se faire une idée juste du siége de ces différentes altérations, il faut se pénétrer des procédés particuliers à chaque profession, et des habitudes familières à chaque artisan. Ne voit-on pas, en effet, que la seule manière de tenir le marteau varie presque dans chaque métier, et que le cloutier, l'ébéniste, le menuisier, le relieur, le serrurier, le tailleur de pierre offrent tous quelque signe distinctif. Un exemple non moins frappant nous est donné par les différentes espèces d'ouvriers polisseurs. De même il est nécessaire de connaître et l'outil dont se sert l'ouvrier, et l'attitude dans laquelle il travaille. A cette circonstance se rattache aussi l'usure des vêtements à certaines places déterminées. Ces notions acquièrent parfois une grande importance chez les cordonniers, par exemple, chez les tailleurs et chez tant d'autres : elles sont vraiment la base de l'étude que nous poursuivons.

Examen de la valeur relative des altérations professionnelles, considérées comme signes d'identité.

Nous n'aurions rempli que fort incomplétement notre tâche, si nous ne nous efforcions de juger, en les comparant entre elles, ces diverses altérations, et d'établir la valeur exacte qu'elles peuvent avoir comme signes d'identité. Nous ne prétendons pas, en effet, que l'on doive leur attribuer, dans tous les cas, un caractère de certitude qu'elles ne sauraient avoir ; et nous tenons à éviter, aux autres comme à nous-même, toute illusion sur la portée de ces signes. Il en est qui ne présentent ni le degré de constance, ni le degré de certitude indispensables, et qui ne peuvent être, par conséquent, considérés comme véritablement distinctifs. D'autres, au contraire, nous présenteront une valeur réelle, fondée sur leur fixité et sur leur singularité même.

Pour arriver à une appréciation impartiale, il est bon de se reporter aux caractères et à la nature des altérations. Nous avons dit déjà que dans les cas où elles consistaient dans une simple modification de la sécrétion épidermique ou de la coloration, elles devaient disparaître plus ou moins rapidement sous l'influence de la cessation momentanée ou définitive du travail. Cette cause peut bien, il est vrai, détruire l'altération caractéristique, mais elle ne diminue pas la valeur du signe lorsque celui-ci existe. Il faut ajouter que certaines dispositions individuelles, certaines circonstances peuvent faire varier le degré de l'altération. La délicatesse ou la rudesse naturelle de la peau, la force ou la faiblesse de la constitution, la durée plus ou moins longue de l'exercice professionnel, l'usage ou le défaut de précautions dans l'emploi de certains procédés industriels, doivent avoir une action directe sur la production ou l'absence des altérations et des déformations physiques qui nous occupent. Aussi devons-nous considérer cet ordre de signes comme inconstant et non comme incertain.

Il en est d'autres qui, soit parce qu'ils ne sont pas assez avancés, soit parce qu'ils ne sont pas assez spéciaux et appartiennent à la fois à des professions diverses, ne méritent qu'une simple mention, et ne présentent pas une certitude suffisante pour être invoqués comme preuve médico-légale de l'identité. Ceux-là, au contraire, sont tout à fait caractéristiques, qui sont à la fois assez constants et assez particuliers pour désigner clairement et sûrement, par la nature et le siége de l'altération, la cause qui l'a produite, le travail dont elle est la conséquence, l'outil que manie l'artisan, l'attitude qui lui est propre, en un mot la profession à laquelle il appartient.

De là trois catégories parmi les métiers qui ont été l'objet de nos premières observations. Ceux qui n'offrent que des caractères incertains; ceux que l'on peut reconnaître à des signes certains, mais inconstants; ceux enfin qui se distinguent par des signes certains et constants.

1° Le premier ordre, à *signes incertains*, comprend les professions suivantes : Bâtonnistes, charrons, couturières, modistes, ouvriers en plomb, prostituées, vermicelliers.

2° Dans le second, à *signes certains, mais inconstants*, nous rangeons les métiers qui suivent : Cardeuses, cochers, coiffeurs, combattants à armes à feu, criniers, débardeurs, dentellières, écrivains, fumeurs, horlogers, meuniers, nacrières, porteurs d'eau, relieurs, tambours.

3° Enfin nous reconnaîtrons à des *signes certains et constants* les professions de blanchisseurs de tissus (par la vapeur du soufre), blanchisseuses, brunisseuses, cloutiers, cordonniers, corroyeurs, ouvriers en cuivre, ébénistes, fleuristes, chercheurs d'œufs de fourmis, doreurs sur métaux, graveurs, joueurs d'orgue, menuisiers, piqueuses de bottines, polisseurs de glaces, polisseuses de cuillers, d'écaille, d'ivoire, etc., repasseuses, serruriers, tailleurs d'habits, tailleurs de pierre, teinturiers, tourneurs en bois et en cuivre, vitriers.

En résumé, au nombre des caractères extérieurs propres à établir l'identité d'un individu, et parmi ceux qui ressortent de l'examen médico-légal, les altérations physiques résultant de l'exercice de certaines professions doivent occuper un rang d'autant plus important qu'elles se fondent sur un état anatomique facile à déterminer avec précision. Nous avons cherché à donner à cet ordre de signes plus d'étendue et plus de valeur en montrant ce qu'ils offrent de spécial dans un très grand nombre de cas. Il résulte de l'étude à laquelle nous nous sommes livré que, si ces altérations caractéristiques peuvent manquer quelquefois, elles existent le plus souvent, et constituent alors un moyen assuré de reconnaître d'après leur profession l'identité de ceux que la justice recherche.

Nous joignons ici quelques exemples d'expertises en matière de questions d'identité.

I. En 1823, un Piémontais (Bonino), retiré à Sussargues, près de Mont-

pellier, disparut. En 1826, on eut quelque soupçon qu'il avait été assassiné par une femme avec laquelle il vivait, et enterré dans son jardin. Un
soulier déterré par hasard avait indiqué le lieu où gisait probablement la
victime. La terre enlevée, on trouva en effet un squelette humain. « La
largeur des détroits du bassin, comparée à sa profondeur, le détroit inférieur rétréci, cordiforme et terminé en pointe en avant, la forme ovale
allongée des trous sous-pubiens, et le peu d'écartement des branches
descendantes du pubis, firent reconnaître que ce squelette était celui d'un
individu du sexe masculin... Quelques os du pied gauche, ayant été enlevés en piochant, ne purent être retrouvés ; mais, en examinant les os
qui restaient, on reconnut que la tête du cinquième métatarsien se prolongeait en dehors et présentait dans ce sens une petite surface articulaire
qui semblait indiquer une articulation surnuméraire... A la main droite,
le cinquième métacarpien, plus court et plus large que celui de l'autre
main, avait son extrémité phalangienne séparée en deux parties présentant
chacune une surface articulaire ; et en articulant la première phalange du
petit doigt sur la partie du métacarpien qui avait la direction de l'axe de
l'os, on remarquait également à la partie externe et supérieure de cette
phalange une facette articulaire, qui attestait l'existence d'un sixième
doigt : » et, en effet, on savait que Bonino avait un sixième doigt à la main
droite et au pied gauche.

II. En 1814, des portions de cadavre ayant été trouvées dans la Seine
près du quai d'Orsay et près de la place Louis XV, Dupuytren et M. Breschet constatèrent « que les têtes des fémurs étaient rapetissées, raboteuses, inégales, dépouillées çà et là de cartilage, non par l'effet d'une
section récente, mais par celui d'une maladie ancienne et guérie depuis
longtemps ; que la tête du fémur gauche était plus petite que celle du
droit, qui était en outre aplatie d'un côté à l'autre ; que le col de chaque
fémur était raccourci, et que celui du droit offrait en avant une végétation
osseuse encroûtée de cartilage ; que les ligaments de l'articulation étaient
déformés, gonflés et fortement adhérents aux parties molles. » Ils constatèrent, en outre, « que les cavités cotyloïdes étaient oblitérées ; qu'à la
place de celle du côté droit, il existait une végétation moitié osseuse,
moitié fibro-cartilagineuse, au centre de laquelle s'implantait le ligament
rond ; que, de ce côté, la tête du fémur était logée dans une cavité accidentelle, en arrière et au-dessus de la cavité naturelle ; qu'une disposition
analogue existait au membre gauche, mais que la cavité nouvelle était
située plus haut et plus en arrière que la droite. » Ils conclurent de ces
observations que cet individu devait avoir dans la conformation des hanches une difformité remarquable, et dans la progression une claudication
et certainement un balancement pénible et désagréable du corps sur chaque
membre inférieur alternativement ; et que, le membre inférieur droit étant
plus court, la pointe du pied droit devait porter presque seule sur le sol.
— Le cadavre fut reconnu pour être celui d'Auguste Dautun, assassiné
par Charles, son frère, et dont la conformation et la démarche étaient en
effet telles que les rapporteurs l'avaient indiqué.

III. En 1825, le frère de Michel Guérin, cultivateur à Sannois, avait
disparu. Un an après, il se forma une excavation dans la cave de la maison
qu'avaient habitée les deux frères, et des os humains en furent retirés.
MM. Laurent, Noble et Vitry procédèrent à l'exhumation, ils retrouvèrent
des cheveux d'un blond cendré, et constatèrent « que le corps de la cinquième vertèbre lombaire, déprimé et moins épais à droite, paraissait
avoir subi une altération qu'on observe ordinairement chez les individus
rachitiques ; que le bassin était moins large à gauche qu'à droite, que les

deux tibias et les deux péronés avaient dans leur tiers supérieur une courbure remarquable, bien plus forte au membre gauche qu'au droit, d'où il résultait que la jambe gauche était de six lignes plus courte que la droite. » Ils reconnurent, en outre, qu'à la mâchoire inférieure les deux incisives externes offraient, conjointement avec les canines qui leur sont contiguës, une perte de substance de forme demi-circulaire, produite vraisemblablement par le frottement longtemps continué d'un corps dur et cylindrique, tel qu'un tuyau de pipe de terre. A la mâchoire inférieure, deux canines très fortes chevauchaient en avant sur les incisives et formaient une saillie assez prononcée. Entre ces dents et les petites molaires se trouvait une échancrure complétant l'ouverture circulaire qui recevait le tuyau de pipe. » — Il fut, en effet, constaté que Guérin avait les cheveux de la couleur indiquée par les experts, qu'il boitait légèrement et qu'il fumait toujours avec une pipe de terre.

IV. En 1833, l'affaire Robert et Bastien, assassins de la veuve Houet, a vivement occupé l'attention publique. La veuve Houet avait disparu le 13 septembre 1821 : douze ans après (en 1833), des circonstances particulières firent soupçonner qu'elle avait été assassinée par Bastien et Robert, et enterrée dans le jardin d'une maison rue de Vaugirard, n° 81. Des fouilles furent faites le 26 avril ; et, après dix heures de recherches inutiles, un des ouvriers terrassiers rencontra une excavation à l'entrée de laquelle il aperçut des ossemens humains. De la chaux non délitée avait formé une espèce de voûte au-dessus de ces ossemens, on l'enleva vec précaution, et l'on mit ainsi à découvert le cadavre entier, qui était presque complétement réduit à l'état de squelette, mais qui présentait cependant encore quelques débris de parties molles, la nature du sol ayant retardé sa décomposition. MM. Boys de Loury et Chevallier présidèrent à l'exhumation, et le lendemain ils eurent à constater, avec Marc et M. Orfila : 1° Si les ossemens trouvés appartenaient à un même corps humain et le constituaient tout entier ; 2° quel était le sexe de la personne à laquelle ils avaient appartenu ; 3° quels pouvaient être son âge et sa taille ; 4° quelles étaient la couleur et la longueur des cheveux, la dimension du cou et des mains ; quel était l'état des dents, et en général quelle était la conformation, et à quels signes on pouvait reconnaître l'identité ; 5° quelle était la position de la corde trouvée autour des os signalés comme formant la partie inférieure du cou ; si elle était disposée de manière à donner la mort, et quels pouvaient être les indices propres à déterminer le genre de mort ; 6° pendant combien de temps le cadavre paraissait avoir séjourné dans la terre ; 7° si les substances recueillies avec les débris du cadavre ne présentaient pas de traces de poison, s'il s'y trouvait des traces de vêtemens, et quel temps est ordinairement nécessaire pour que des vêtemens et une corde de la grosseur d'un tuyau de plume soient détruits.

Les experts répondirent :

1° Les ossemens appartiennent évidemment à un cadavre humain : la forme du crâne, celles des os des membres et leurs dimensions ne laissent aucun doute à cet égard. — Ces ossemens appartiennent à un même individu, et le constituent tout entier, moins une vertèbre et quelques petits os des mains et des pieds, qui n'ont pu être trouvés.

2° Ce squelette est celui d'une femme : car les os sont petits et grêles ; l'insertion des muscles n'y a laissé que de faibles empreintes ; le crâne est petit, allongé d'avant en arrière ; les clavicules sont petites et peu courbées, les os iliaques sont largement évasés ; l'excavation du bassin est peu profonde ; la face antérieure du sacrum est concave ; les trous sous-pubiens sont triangulaires et les cavités cotyloïdes écartées l'une de l'autre ; enfin, le détroit supérieur du bassin présente exactement les diamètres ordinaires d'un bassin de femme bien conformée.

3° Les sutures sagittale et lambdoïde sont encore apparentes, cependant le rapprochement des os du crâne est aussi complet que possible, surtout à la suture sagittale. Les dents sont blanches, mais leur couronne est usée, aux deux mâchoires : l'émail est presque entièrement détruit à la face interne des incisives et des canines de la mâchoire supérieure ; la face antérieure des incisives et des canines de la mâchoire inférieure est usée en bizeau par le frottement des dents supérieures. — Le corps de plusieurs vertèbres dorsales présente antérieurement un affaissement qui n'a pas lieu avant un âge assez avancé. — Les cornes de l'hyoïde sont soudées au corps de l'os, ce qui n'arrive pas avant l'âge mûr. — Enfin, dans la terre qui entourait le crâne ont été trouvés quelques cheveux blancs.

Ainsi donc, nous trouvons des caractères qui appartiennent à l'âge adulte, quelques uns même qui dénotent un âge assez avancé ; mais nous n'en trouvons aucun qui marque la décrépitude : point de diminution d'épaisseur des os plats, point de déviation ni d'affaissement considérable dans l'ensemble de la colonne vertébrale, nulle trace de soudure entre les os, pas même au tarse. Nous pensons donc que ce squelette est celui d'une personne de soixante à soixante-dix ans : notre opinion est fondée sur l'état des sutures du crâne, l'usure des dents, l'affaissement du corps de quelques vertèbres, la soudure des parties de l'os hyoïde, enfin les cheveux blancs, sans pourtant que nous prétendions rien affirmer à cet égard.

Quant à la taille, tous les os ayant été mesurés d'abord séparément, puis dans leur ensemble, nous avons reconnu, au moyen de tables dressées par M. Orfila, que la taille du squelette était de 1^m, 54 cent. ou 4 pieds 7 pouces, mesure qui s'est reproduite exactement, quand tous les os du squelette ont été rassemblés et unis. La taille du sujet, y compris l'épaisseur des parties molles, ne devait donc pas excéder 4 pieds 8 pouces et demi.

4° Les signes d'identité nous paraissent pouvoir être déduits de la couleur et de la longueur des cheveux, de l'état des dents, de la courbure des os des membres inférieurs, de l'état des mains et des pieds.

Les cheveux trouvés dans la terre qui enveloppait le crâne sont longs de 6 à 15 lignes : ils devaient être primitivement roux, mais beaucoup sont blancs.

A la mâchoire supérieure, les 2e et 3e grosses molaires du côté droit, et la 3e grosse molaire gauche, paraissent manquer depuis longtemps, car leurs alvéoles sont refermées. La 2e petite molaire gauche manque aussi. La 2e incisive gauche a été cariée et fracturée.

A la mâchoire inférieure, la 2e petite molaire droite et la 2e grosse molaire étaient tombées. La 1re molaire gauche manque depuis longtemps, car la canine et la 2e petite molaire se sont rapprochées.

Les incisives supérieures sont larges, longues, saillantes en avant ; elles sont blanches et sans tartre ; les canines sont grandes et dépassent les incisives.

A la mâchoire inférieure, les dents sont déchaussées par le tartre, néanmoins elles tiennent encore bien dans les alvéoles, et sont en état de casser et de broyer les croutes de pain.

Le corps des fémurs est courbé en dedans, et celui des tibias en dehors, ce qui fait supposer que la personne était cagneuse.

Les mains, à en juger d'après les os que l'on a trouvés, étaient petites; les ongles étaient bien faits et indiquent une main inexercée à des travaux pénibles. *Une bague en or, à facettes*, a été trouvée dans la fosse, et son diamètre démontre qu'elle ne pouvait être placée qu'à un doigt délicat.

Le pied est fort petit.

5° Les 3ᵉ, 4ᵉ, 5ᵉ et 6ᵉ vertèbres cervicales sont entourées d'une corde qui retient encore des parties molles. Cette corde, de 2 à 3 lignes de diamètre, forme six tours superposés et *dont la direction est presque horizontale* : il n'y a qu'une légère obliquité de *haut en bas*, et d'avant en arrière. Le nœud n'existe plus, mais il paraît avoir existé en arrière et à droite. Le diamètre des tours de corde est d'environ 3 pouces.

La position de la corde établit clairement que la personne a été *étranglée sans suspension;* car, s'il y avait eu suspension, l'obliquité serait *de bas en haut* et d'avant en arrière, ou tout au moins horizontalement.

6° On doit supposer qu'il s'est écoulé beaucoup de temps depuis l'inhumation : d'une part, la couleur jaune brune des os, l'absence du périoste et des cartilages articulaires, l'état de ramollissement de ceux des os qui reposaient au fond de la fosse, l'absence presque complète des parties molles, réduites la plupart en magma verdâtre ou brun ; d'une autre part, la nature du terrain qui était sablonneux, et par cela même peu propre à hâter la putréfaction, et la voûte calcaire qui recouvrait le cadavre et devait également le préserver de l'humidité, nous font penser que le séjour du corps dans la terre peut dater de huit à douze ans.

7° Aucune des substances recueillies n'a donné, par l'analyse chimique qui en a été faite, la moindre trace de poison. On a reconnu des traces d'un morceau de toile, et un petit morceau de cuir près des pieds ; mais nous ne saurions dire combien il faut de temps pour que ces objets soient détruits, trop de circonstances pouvant influer sur leur plus ou moins longue conservation. Nous en dirons autant de la corde (1).

L'instruction et les débats démontrèrent que tous les détails contenus dans ce rapport s'appliquaient exactement à la veuve Houet, et toutes les circonstances de l'affaire ne laissaient d'ailleurs aucun doute.

Nous avons indiqué, en traitant des exhumations, avec quelles précautions il doit être procédé à cette opération, et les détails dans lesquels nous sommes entré, page 575, trouvent ici leur complète application.

---

(1) Lorsqu'on creusait les fondations de l'église Bonne-Nouvelle, M. Parent-Duchâtelet a recueilli un morceau de corde de la grosseur du doigt, qui était vraisemblablement enfoui depuis quatre ou cinq cents ans.

CHAPITRE XII.

DES QUESTIONS DE SURVIE.

Législation.

C. civ., art. 720. — « Si plusieurs personnes respectivement appelées à la succession l'une de l'autre, périssent dans un même événement sans qu'on puisse reconnaître laquelle est décédée la première, la présomption de survie est déterminée par les circonstances du fait, et, à leur défaut, par la force de l'âge ou du sexe. »

C. civ., art. 721. — « Si ceux qui ont péri ensemble avaient moins de quinze ans, le plus âgé sera présumé avoir survécu.

» S'ils étaient tous au-dessous de soixante ans, le moins âgé sera présumé avoir survécu.

» Si les uns avaient moins de quinze ans et les autres plus de soixante, les premiers seront présumés avoir survécu. »

C. civ., art. 722. — « Si ceux qui ont péri ensemble avaient quinze ans accomplis, et moins de soixante, le mâle est toujours présumé avoir survécu, lorsqu'il y a égalité d'âge, ou si la différence qui existe n'excède pas une année.

» S'ils étaient du même sexe, la présomption de survie qui donne ouverture à la succession dans l'ordre de nature doit être admise; ainsi le plus jeune est présumé avoir survécu au plus âgé. »

Il résulte de la législation que nous venons d'exposer que la solution des questions de survie repose sur trois ordres de considérations : 1° les circonstances du fait; 2° la force de l'âge; 3° la force du sexe. Observons que ce n'est *qu'à défaut* de la connaissance des circonstances du fait que la loi résout la question par les deux autres ordres de données, et qu'ainsi, les médecins seront toujours appelés à éclairer de leurs lumières les magistrats sur la survie des individus qui auront succombé dans un même événement.

A défaut de preuves résultant des circonstances du fait, est-il bien juste de s'en rapporter à la force de l'âge ou à celle du sexe ? Non certes, car la science possède des faits qui prouvent le contraire; mais, il faut le dire, elle n'en a pas un nombre suffisant pour établir des données générales à cet égard. Jusqu'à l'époque où elle sera à même d'éclairer le législateur à ce sujet, elle doit accepter les présomptions légales que le législateur a établies. Voici quelques faits à l'appui de notre manière de voir :

M. Sardaillon a rapporté, dans le tome X des *Annales d'hygiène*, page 168, l'exemple d'une asphyxie survenue dans une petite loge de portier, chez trois personnes, le père, la mère et l'enfant, âgé de sept ans. Ce dernier a succombé, le père a été fort malade, et l'on a eu beaucoup de peine à le rappeler à la vie; la femme a résisté à l'asphyxie, puisqu'elle a pu appeler du secours, en donner à son mari ainsi qu'à son enfant.

Dans l'affaire Amouroux, où il s'agissait de savoir si l'homme et la femme étant soumis à la même cause asphyxiante, la femme pouvait succomber en quelques heures, et l'homme n'éprouver de la vapeur du charbon qu'un léger malaise, j'ai fait à la Préfecture de police, et au parquet, des relevés sur la proportion de la mortalité des hommes et des femmes dans ces sortes de cas ; il est résulté d'un relevé des procès-verbaux que, sur trois cents soixante exemples d'asphyxie par le charbon, qui ont eu lieu pendant les années 1834 et 1835, il y en a eu dix-neuf où les asphyxies ont été doubles (homme et femme) ; que trois personnes ont été sauvées dans ces sortes de cas, et que ce sont trois femmes ; que dans les cas d'asphyxie unique, la proportion des femmes sauvées est plus considérable que celle des hommes, puisqu'on compte dix-huit femmes rappelées à la vie sur soixante-treize, et qu'il n'y a que dix-neuf hommes sur quatre-vingt-trois ; on a donc pu sauver le quart des femmes asphyxiées, et l'on n'a pas sauvé le cinquième des hommes.

Chabot (de l'Allier) remarque, à l'occasion de l'article 720 du Code civil, que le législateur n'a pas prévu le cas où l'une des personnes qui ont péri dans le même événement avait moins de quinze ans et l'autre plus de quinze ans et moins de soixante ; il est évident, dit-il, que celle-ci doit être présumée avoir survécu parce qu'elle avait plus de force. Cela résulte nécessairement, et de la disposition de l'article 720, qui porte que la présomption de survie doit être déterminée par la force de l'âge et de tous les motifs qui ont fait admettre les distinctions établies dans les articles 721 et 722 (*Commentaires sur les successions*, t. I, p. 48.) Il nous semble que l'on ne peut pas adopter une manière de voir aussi générale ; ainsi l'homme de cinquante-neuf ans est certainement moins voisin de la force de l'âge que celui de quatorze et demi.

Voyons maintenant comment le médecin légiste pourra éclairer les magistrats sur les circonstances du fait. Nous sommes obligé de le dire, dans la grande généralité des cas, l'art est impuissant ; mais nous pensons qu'il y aurait de très belles recherches à faire sur ce point important de la science. Nous avons, dans le cours de cet ouvrage, appelé l'attention sur les divers modes suivant lesquels la mort accidentelle pouvait survenir. Nous avons rappelé à ce sujet les idées émises par Bichat, et nous avons fait sentir que, quelle que fût la cause de la mort, on pouvait presque toujours spécifier, d'après l'examen du corps, si elle était en définitive arrivée par le cerveau, ou par les poumons, ou par le cœur. Certes, il doit exister une grande différence dans le temps nécessaire à l'extinction de la vie, suivant que l'individu périt par apoplexie cérébrale, par asphyxie ou par syncope ; et ici il ne s'agit pas de maladies où les fonctions diminuent graduellement jusqu'à la mort, mais d'une cause de mort puissante, instantanée, qui porte son influence première sur l'un des trois organes principaux de la vie, pour entraîner consécutivement la mort de tous les autres. Eh bien, si d'après des recherches suivies faites sur les animaux de même espèce, de même âge et de même sexe, on parvenait à déterminer le temps nécessaire à la mort, suivant que la cause qui l'aurait produite aurait agi primitivement sur l'un ou l'autre des principaux organes, on fournirait à la médecine légale des documents du plus puissant intérêt. Le médecin légiste n'aurait plus alors qu'à s'attacher à la recherche du mode d'après lequel la mort serait survenue, ce qu'il déduirait de l'inspection du cadavre, et il pourrait alors donner la solution de plusieurs questions de survie. Que l'on consulte les ouvrages des médecins qui ont traité ce sujet, celui de Fodéré, par exemple, de ce savant professeur qui a posé les premières bases de la science, et l'on verra combien ses efforts ont été impuissants. C'est qu'en effet les données générales desquelles il tire des inductions offrent tant d'exceptions, qu'elles n'ont pas de valeur réelle. Le point de départ le plus certain sera, sans contredit, une vérification anatomique entraînant avec elle des observations physiologiques fort simples et d'un résultat certain.

Après avoir enregistré l'insuffisance de la science sur le point qui nous occupe, chercherons-nous cependant à éclairer ce sujet de quelques considérations qui puissent être utiles à la pratique de la médecine légale ? Nous craindrions de tomber dans le vague de suppositions, et nous préférons reculer devant les difficultés qui se présentent plutôt que d'énumérer des données qui n'offrent pas d'utilité réelle, à cause des exceptions nombreuses dont elles peuvent être l'objet. Nous croyons donc mieux faire en nous bornant à appeler l'attention des médecins sur la marche qu'ils doivent suivre dans l'examen qu'ils sont appelés à faire en pareille matière, et sur les points sur lesquels ils doivent fixer leur observation suivant les faits qu'ils ont à constater.

1° *En matière de blessures.* — Déterminer l'organe lésé; l'influence de sa lésion sur la vie; la perte de sang qu'elle a pu entraîner; si la blessure offre des caractères de vie et de réaction, ou si au contraire elle porte les traces d'une blessure immédiatement suivie de mort, dernière considération de la plus haute importance : elle a permis de résoudre la question de survie dans l'affaire Maës. La femme Maës présentait des traces de brûlures faites pendant la vie; il n'en existait pas sur le corps du mari. Tous deux ayant été assassinés, la vie n'était pas encore éteinte chez la première, alors que son corps a été atteint par les flammes, ce qui n'avait pas eu lieu chez son mari. — 2° *En matière de submersion.* — On aura égard à l'âge, au sexe, à la force de l'individu; chez la femme, à l'existence des menstrues au moment de l'immersion, à la circonstance de l'état de gestation; dans les deux sexes, à la force morale des individus, à leur courage; enfin aux conditions mêmes de l'immersion pendant le temps que le corps a séjourné dans l'eau, si toutefois, ce qui est rare, on peut obtenir quelques renseignements à ce sujet. — 3° *En cas d'incendie.* — On se reporterait aux expériences de MM. Christison et Leuret (*Voyez* le chapitre des BRULURES, et à ce que nous allons exposer dans le chapitre de la COMBUSTION HUMAINE SPONTANÉE).—4° *Mort par le froid.*—Tenir compte de l'état de santé ou de maladie de l'individu avant son exposition au froid, de son âge, de sa force, de l'état de plénitude ou de vacuité de l'estomac, de l'usage qu'il avait pu faire de liqueurs spiritueuses et de leur quantité. — 5° Même ordre de considérations pour les cas d'exposition à une chaleur forte, capable d'amener la mort. — 6° On sait, relativement à la faim, que les personnes la supportent d'autant mieux qu'elles usent en général de moins d'aliments; que les enfants périssent avant les personnes plus âgées; que les femmes survivent aux hommes à cause du peu d'alimentation dont elles ont besoin. Dans tous ces cas, âge, sexe, tempérament, constitution, habitudes de la vie, idiosyncrasie du sujet, doivent être prises en grande considération. Certes ces données sont bien vagues, bien incertaines, il faut néanmoins y puiser des notions propres à éclairer la justice; mais, nous n'hésitons pas à le dire, mieux vaudrait abandonner la solution de la question aux magistrats qui prendraient pour base de leur jugement les données fournies par la loi, que de la faire reposer sur l'échafaudage si fragile des conjectures.

Quant à ce qui concerne la survie de l'enfant à l'égard de sa mère, nous renvoyons à ce que nous avons dit à ce sujet au chapitre des ACCOUCHEMENTS.

CHAPITRE XIII.

DU SUICIDE.

Si la loi n'atteint pas la personne qui a voulu se donner ou qui s'est donné la mort, elle punit tout individu qui consent à devenir l'instrument d'un suicide. Elle qualifie alors cet attentat à la vie d'homicide volontaire sans préméditation, ou de meurtre, et lui inflige la peine des travaux forcés à perpétuité (art. 304 du Code pénal) : telle est la législation actuelle. Mais pour qu'une blessure ou une autre cause de mort soit déclarée être le fait d'un suicide, et ne donne pas lieu à une action judiciaire qui ait des conséquences plus graves que celles que nous venons de citer, il faut que plusieurs preuves se trouvent réunies. Les unes se tirent de l'examen matériel de la lésion physique ; les autres dérivent des circonstances du fait et des causes morales qui ont pu y donner lieu. Les premières sont du ressort de la médecine, les secondes du ressort des magistrats ; par conséquent, un médecin est souvent consulté sur la question de savoir si telle ou telle cause de mort a été employée par l'individu qui a succombé ou qui a pu y être soumis? ou si, au contraire, telle cause de mort n'aurait pas été mise en usage par une main étrangère? C'est sous ce dernier point de vue que le suicide doit fixer l'attention du médecin légiste. En effet, si nous sortons de ces limites, nous rentrerons dans le domaine d'une autre question médico-légale, celle de l'aliénation mentale de la personne qui s'est donné ou s'est fait donner la mort. Toutefois, nous croyons devoir faire précéder le sujet qui nous occupe de quelques données sur la fréquence des suicides, et sur les rapports qui peuvent exister entre les chiffres des genres de mort qui sont employés à les consommer.

Il résulte de travaux de MM. Balby, Casper, Guerry et Quetelet, que dans les États-Unis le suicide est beaucoup plus fréquent qu'ailleurs. Puis vient l'Angleterre, ensuite la France, la Prusse et l'Autriche. Il est rare en Russie, en Italie et en Espagne. M. Leuret, dans son article *Suicide*, du *Dictionnaire de médecine et de chirurgie pratiques*, dit qu'il doit être très commun chez les esclaves nègres, et plus peut-être que chez les hommes libres. Cette opinion n'est pas appuyée de chiffres ; elle ne peut donc être regardée que comme une assertion émise d'après des idées préconçues. D'où il résulterait que l'abrutissement et la civilisation avancée seraient deux causes prédominantes très puissantes du suicide, et je crois cette proposition très fondée : là où il y a malheur, il y a dégoût de la vie ; et si la civilisation élève et développe l'intelligence de l'homme, si elle tend à améliorer la position sociale de ceux qui sont nés avec des facultés intellectuelles heureuses, elle fait naître l'ambition, source puissante d'infortune, qui conduit bientôt au dégoût de la vie. On en trouve encore la preuve dans ce fait reconnu et constaté par les statistiques, c'est que le suicide n'est pas en rapport avec la population, mais bien avec le séjour dans les grandes villes. « En général, dit M. Guerry, de quelque point de la France que l'on parte, le nombre des suicides s'accroît régulièrement à mesure que l'on s'avance vers la capitale ; Marseille fait seule exception à cette règle ; elle paraît exercer sur les départements voisins la même influence que Paris ; or, on sait que le midi de la France forme pour ainsi dire une France à part, sous le rapport de la civilisation et des mœurs, dont Marseille serait véritablement la capitale, à cause de son commerce. J'ajouterai enfin que le suicide est plus commun dans les départements civilisés que dans les autres ; ainsi, on compte 1 suicide sur 9,835 habitants dans le nord ; dans l'est, 1 sur 21,734 ; dans le centre, 1 sur 27,393 ; dans le sud, 1 sur 30,499 ; et dans l'ouest, 1 sur 30,876. »

Les auteurs de médecine légale ont, en général, plutôt tourné le sujet qui nous occupe qu'ils ne l'ont abordé ; c'est qu'en effet il offre des difficultés réelles ; que dans beaucoup de cas il présente du vague et de l'incertitude : aussi ne nous flattons-nous pas de le traiter complétement ; mais nous en esquisserons le cadre de manière à appeler l'attention des médecins sur ce sujet et les engager à recueillir des faits, qui sont plus nécessaires dans cette matière que dans tout autre point de la science.

Il résulte des relevés suivants que j'ai faits sur les registres de la Morgue, où sont consignés quelques détails propres à éclairer sur les moyens et les causes du suicide, que le genre de mort le plus communément choisi à Paris est la submersion ; car il a été reçu dans cet établissement cinq cent quarante-huit individus qui se sont jetés volontairement à l'eau, de 1830 à 1834 inclusivement ; après la submersion, vient l'emploi des armes à feu : on en compte pendant cet espace de temps quatre-vingt-quatre ; puis la suspension, qui en donne trente-sept exemples ; ensuite les chutes d'un lieu élevé, telles que celles d'une fenêtre, des tours de l'église Notre-Dame, etc., vingt-trois ; treize suicides ont été produits par la vapeur du charbon ; huit seulement se sont donné la mort en se servant d'une arme tranchante, et un en employant le poison. Dans ce cadre ne sont pas compris tous les suicides de la ville de Paris, car le chiffre en serait beaucoup plus élevé. Remarquons, en effet, que l'on n'apporte presque jamais à la Morgue que les individus inconnus ; qu'un grand nombre d'asphyxiés par le charbon doivent rester à domicile, et que le chiffre treize peut être accru dans une grande proportion. Il en doit être de même du suicide par une arme à feu et aussi de celui par un instrument perforant, tranchant, etc. Cependant, si ces chiffres ne représentent pas des quotités, ils peuvent exprimer des rapports qui approchent de la vérité. Passons en revue ces divers genres de mort, et voyons quelles sont les données les plus propres à appuyer les présomptions du suicide. Une nouvelle statistique décennale que j'ai adressée au préfet en 1849 confirme cette classification.

M. Brierre de Boismont a publié depuis la seconde édition de cet ouvrage (*Annales d'hyg. et de méd. lég.*, t. XL, p. 411), un mémoire sur les diverses espèces de suicide, auquel nous emprunterons de nouveaux faits. Les recherches portent sur 4,595 procès-verbaux :

Les suicides qui constituent ce chiffre se composent de :

1,426 cas d'asphyxie		par le charbon.
989	*id.*	par submersion.
796	*id.*	par strangulation.
578	*id.*	par armes à feu.
424	*id.*	par chute de lieu élevé.
207	*id.*	par instruments tranchants.
158	*id.*	par empoisonnements.
16	*id.*	par écrasement.
1	*id.*	par abstinence.

On voit que les rapports établis par ces relevés, qui portent sur une grande échelle, sont à peu près les mêmes que ceux que nous a donné la statistique décennale de la Morgue, sauf les cas d'asphyxie par le charbon dont les corps restent généralement à domicile après la mort. Ceci posé, passons en revue les divers genres de suicide.

Nous ferons remarquer à l'article *Asphyxie par la submersion*, combien il est quelquefois difficile de déterminer si l'individu était vivant au moment de l'immersion dans l'eau, à plus forte raison lorsque le médecin veut arriver à reconnaître si la submersion a été le fait du suicide ou de l'homicide. C'est rarement d'après l'inspection seule du corps qu'il peut résoudre ce problème. Qu'un homme se jette à l'eau, qu'il y tombe par accident ou qu'on le force à y tomber, les phénomènes de la mort seront les mêmes ; cependant, dans le cas d'homicide, l'immersion n'étant pas volontaire ou ne résultant pas d'une cause accidentelle, il est rare que l'individu ne lutte pas contre ses meurtriers, qu'il n'en résulte pas des traces de violences sur diverses parties du corps, d'après lesquelles on peut fonder quelques présomptions d'homicide. Mais ces violences même existant, il faut encore se demander si elles n'auraient pas été le résultat de chute. Ainsi un homme en tombant peut rencontrer un pieu, une pierre ; sa tête peut venir frapper fortement le fond de la rivière, et nous devons dire qu'il n'est pas rare de voir des cadavres résultant de submersion volontaire présenter des excoriations ou même des contusions dans la région du front ou des yeux, sur les pommettes, le nez, le menton, les genoux et les coudes, en un mot, sur les parties les plus saillantes du corps.

Lorsqu'au fait de la submersion vient se joindre une autre cause de mort, on doit déterminer laquelle des deux causes a produit la mort, si la submersion n'a pas été pour ainsi dire secondaire. Ainsi le corps d'un homme est retiré de l'eau après vingt-quatre heures d'immersion ; il porte dans la région du cœur la trace du coup de couteau qui a intéressé des organes essentiels à la vie et qui par lui-même était capable d'amener la mort ; il n'existe pas d'ailleurs d'indices de submersion pendant la vie : cette dernière circonstance ne démontre qu'un seul fait, c'est que la mort doit être attribuée au coup de couteau ; mais la question de suicide reste tout entière. Il y a plus, la blessure a pu être mortelle, et cependant l'individu vivre pendant un temps assez long pour succomber à la submersion : le diagnostic devient alors plus difficile, quant à la cause de la mort. Les données générales suivantes pourront toutefois éclairer ce sujet. Lorsqu'une contusion ou une plaie contuse est le fait de la chute du corps dans l'eau, elle a son siége sur une partie superficielle. Il est rare qu'elle soit limitée à une très petite surface et aussi qu'elle soit très profonde ; le plus ordinairement elle occupe le tissu cellulaire sous-cutané. La quantité de sang qu'elle renferme est faible et sa coagulation souvent incomplète. Ces circonstances dépendent de ce que l'individu qui veut se suicider par submersion choisit presque toujours un endroit profond de la rivière, et quoiqu'il tombe en général d'un lieu très élevé , et que par cela même il reçoive une puissance d'impulsion très grande au moment de l'immersion à cause de l'espace qu'il parcourt, il perd , en tombant dans l'eau , la majeure partie de sa force impulsive par la résistance que ce liquide offre à sa surface ; aussi arrive-t-il rarement au fond de la rivière, quoiqu'il y tombe, par exemple, de la hauteur d'un pont. La plupart des noyés qui nous ont offert des traces de violences résultant de leur chute, venaient du canal Saint-Martin , là où la masse du liquide est peu considérable. On voit assez fréquemment les suicides réunir l'emploi d'une arme à feu à la submersion pour se détruire ; ils se placent sur le bord d'une rivière de manière à pouvoir y tomber, et ils se tirent un coup de pistolet, soit à la tête , soit à la région du cœur. Rarement ils se font une blessure avec une arme tranchante. En général , l'emploi d'une arme tranchante n'accompagne presque jamais le suicide réfléchi , et qui est mûri depuis longtemps ; il appartient plutôt au suicide qui résulte d'un acte de désespoir, aussitôt accompli que conçu.

Il résulte donc de ces faits que les preuves matérielles du suicide dans le cas de submersion sont très difficiles à obtenir d'après l'inspection seule du corps. Mais, par cela même que le cadavre n'offre pas de cause de mort autre que la submersion , qu'il ne présente aucune trace de blessures, cette absence de désordre résultant de violences extérieures constitue une présomption en faveur de ce genre de mort. Le rôle du médecin consiste donc à rechercher si la cause de la mort est bien dans la submersion , et si elle ne doit pas être attribuée à des violences ; quant à conclure au suicide, il ne pourra jamais le faire, mais il établira des présomptions à ce sujet, fondées sur l'absence même d'une cause de mort violente.

Ce qu'il ne faut jamais perdre de vue lorsqu'il s'agit de résoudre

la question de suicide, c'est la possibilité de ce genre de mort
volontaire dans des milieux liquides de très peu d'étendue ou de
très peu de profondeur. Le suicide dans une baignoire est chose
assez commune.—M. Brierre de Boismont cite le cas d'un homme
qui s'enfonça la tête dans un vase où il n'y avait qu'un pied
d'eau; on le retira presque aussitôt, mais il ne vécut que quelques instants. Le même fait a eu lieu il y a vingt ans dans une
maison d'aliénés. Un aliéné qui se croyait poursuivi par la gen-
darmerie avait passé toute la nuit à tenir un rasoir sur le cou de
sa femme, qui ne s'étant éveillée que le matin, était cependant
restée plusieurs heures sans remuer, pâle de terreur, et attendant
la mort à chaque instant. Conduit à la maison de santé, le malade se dérobe un instant aux regards de son domestique, va se
coucher à plat ventre dans un sillon de plantes potagères, et
s'introduit avec force la tête et les épaules dans un tonneau
contenant environ un pied d'eau. Retiré presque aussitôt, il ne
put être ramené à la vie.

Les suicides par armes à feu peuvent être plus facilement
constatés. La personne qui a conçu le projet de se détruire
par ce genre de mort, choisit d'abord une arme dont la qualité et les effets lui soient bien connus (c'est ainsi que nous
avons vu à la Morgue un jeune homme qui, pour se détruire,
avait fait emplette d'une paire de pistolets de grand prix).
Elle double ensuite, ou triple même la charge ordinairement
employée, si ce n'est en poudre, au moins en balles. Elle
dirige son arme sur un point du corps où elle sait exister les
organes les plus essentiels de la vie, et tombe frappée de mort
par le mode d'emploi le plus meurtrier des armes à feu, et par
celui qui produit les désordres les plus considérables. C'est ainsi
que j'ai vu la moitié du crâne et de la face fracassée par des
coups de pistolet tirés dans la bouche ou à la tempe; d'autres
fois, la paroi antérieure et gauche de la poitrine, détruite par la
décharge d'un pistolet ou d'un fusil; j'ai rapporté plusieurs
exemples de ce genre à l'occasion des blessures par armes à feu.
Les conséquences de toutes ces précautions employées par les
personnes qui se suicident de cette manière font que le médecin
doit, dans la grande généralité des cas, trouver des mutilations
nombreuses au front, à la tempe, à la bouche, au voisinage du
cœur, lieux d'élection dans ces circonstances.

D'après un relevé de 368 procès-verbaux, on trouve 297 fois

l'arme à feu dirigée vers la tête, et 71 fois vers la poitrine ou l'abdomen. Les parties atteintes à la tête sont dans les proportions suivantes :

OEil.	9
Front.	14
Bouche avec déchirure des commissures.	39
Bouche sans déchirure des commissures.	13
Voûte palatine intéressée.	43
Bouche avec destruction de la partie antérieure de la voûte.	13
Bouche avec destruction plus ou moins considérable de la voûte, et même de la totalité.	126
Tempes.	26
Menton.	13
Oreilles.	1

Les lignes Bouche à totalité (39, 13, 43, 13, 126) sont accolées pour un total de 234.

d'où il résulte que 234 fois sur 368 le coup de feu est dirigé dans la bouche.

Les blessures de la poitrine et de l'abdomen se répartissent ainsi qu'il suit :

Cœur.	45
Thorax.	23
Ventre.	3

Dans quelques cas rares, le bruit de la détonation a été nul, probablement parce que le canon était introduit dans la bouche, et que les lèvres s'y appliquaient de toute part.

Par rapport aux mutilations, M. Brierre de Boismont cite des faits fort curieux. Dans 42 cas la tête avait volé en éclats. Il fait remarquer que ces blessures si considérables ne donnent quelquefois pas lieu à des écoulements notables de sang. Dans un cas, la tête avait entièrement disparu, et l'on ne trouva de trace de sang qu'à la malléole externe et dans les souliers. Dans un autre cas, les fragments de la tête avaient été projetés à une distance de 22 mètres ; il n'y avait pas de sang sur le corps, et l'on trouva à une très grande distance une portion de cerveau pesant 500 grammes.

Un des accidents assez fréquents des suicides par armes à feu, ce sont les incendies qu'ils allument. Les vêtements peuvent prendre feu, et dans quelques circonstances l'incendie s'est communiqué à l'appartement.

Lorsque l'arme vient à se rompre en éclats, par suite de sa surcharge, elle amène des blessures à la main qui la tenait :

ainsi on a vu la luxation du poignet chez un individu ; chez un autre, tous les doigts étaient fracturés, ou bien un doigt est emporté.

Cependant, si les suicides par armes à feu s'opèrent presque constamment comme nous venons de le dire, il est des exceptions qui peuvent se présenter, et dont nous devons tenir compte ; ces exceptions ne portent jamais cependant sur le lieu d'élection, qui est toujours le même, mais sur la manière dont l'arme peut être placée, et sur la distance qui la sépare de la partie où la balle pénètre. Les personnes qui sont familiarisées avec les armes de guerre, qui connaissent toute leur portée, dont la détermination est bien arrêtée, et qui d'une main sûre dirigent l'arme vers le point qu'elles considèrent comme le plus propre à recevoir l'atteinte portée à la vie, ne produisent que les désordres extérieurs qui résultent des armes à feu tirées à distance : deux ouvertures, l'une d'entrée, l'autre de sortie ; la première arrondie, nette, à bords un peu enfoncés, un peu plus large que le diamètre du projectile ; la seconde d'un diamètre trois ou quatre fois plus grand, à bords déjetés en dehors, parfois déchirés. Les deux ouvertures ne présentent pas l'aspect noirâtre, charbonné, brûlé et sanguinolent, qui est particulier aux plaies d'armes à feu qui sont tirées à bout portant, mais elles ont l'aspect saignant de toutes les blessures. Ajoutons enfin que la personne qui se suicide a auprès d'elle l'arme qui lui a donné la mort.

Toutes ces circonstances ne sont toutefois que des indices et non pas des preuves matérielles, car il n'est pas impossible, par exemple, qu'un coup de feu soit tiré par une main étrangère dans un des lieux d'élection du suicide. Un assassin peut, pour donner le change, laisser auprès de sa victime l'instrument du crime. Ces suppositions sont fondées quand on les envisage en thèse générale ; mais si l'on descend à des faits particuliers, on arrive à des considérations qui établissent de grandes probabilités de suicide. Il est d'abord très rare qu'un assassin se serve d'une arme à feu pour commettre son crime. Il ne l'emploie presque toujours qu'à distance, ou s'il s'en sert presque à bout portant, il ne choisit pas un point donné de la poitrine ou de la tête pour tirer. Les blessures offriront donc très rarement les désordres que l'on observe dans le suicide. Jamais un assassin ne pourra introduire le canon de son arme dans la bouche de celui qu'il veut tuer, et par conséquent ce genre de blessure, bien caractérisé, éloignera dans les neuf cent quatre-vingt-dix-neuf millièmes des cas tout soupçon d'homicide. Dans le suicide, la plaie d'entrée de la balle coïncidera presque toujours avec l'usage de la main droite, et le trajet parcouru par le projectile sera en rapport avec la direction que le bras aura été obligé de donner à l'arme meurtrière. Il sera très fréquent de trouver dans la blessure qui résulte d'un suicide deux ou trois balles en général de gros calibre, plus ou moins déformées ou déchirées, ce que l'on ne rencontrera presque jamais dans les assassinats; enfin la bourre elle-même deviendra, dans beaucoup de cas, un indice puissant, puisqu'elle sera souvent formée de papiers écrits ou imprimés, appartenant à la personne suicidée. C'est un examen très important que celui de la bourre; il faut faire macérer le papier dans l'eau et l'y déplier, afin de le laver du sang dont il est recouvert, et de pouvoir lire ce qu'il renferme sans le déchirer.

La solution de la question relativement à la suspension présente presque autant de difficultés que les deux genres de mort précédents. Le suicide se juge dans ce cas plutôt d'après l'examen de l'individu encore suspendu que d'après les désordres matériels de la suspension. Nous avons, aux articles Pendaison et Levée de cadavre, appelé l'attention sur les diverses positions que le corps pouvait prendre pour que la cessation de la vie s'opérât par la corde; nous avons fait voir d'abord qu'il n'était pas nécessaire de la totalité d'une force représentée par le poids du corps pour que la cessation de la vie eût lieu; qu'il suffisait même d'un effort très modéré, et qu'elle pouvait s'effectuer dans les situations les plus incommodes. Voici les données qui pourront guider les médecins dans ces expertises délicates : 1° Le corps doit être suspendu à un point que l'individu a pu atteindre soit en vertu de sa hauteur seule, soit à l'aide de meubles propres à l'élever. Le moyen d'élévation doit toujours se trouver au voisinage du corps suspendu et à une distance telle que l'espace parcouru par le meuble puisse être expliqué par l'effort fait avec le pied de l'individu suspendu au moment où la pendaison a dû avoir lieu. On s'est demandé si un homme pourrait exercer un effort assez considérable pour abaisser une branche d'arbre, y attacher un lien, et se laisser enlever par la branche en vertu de son élasticité. C'est à tort que quelques auteurs ont résolu la

question par l'affirmative ; un homme dont la force de traction
s'exerce parallèlement à l'axe du corps, c'est-à-dire en vertu des
mains et des bras étendus directement en haut, ne peut agir
qu'avec une force égale au poids du corps : si cette force est
capable d'abaisser une branche d'arbre, c'est qu'elle est suffisante pour vaincre son élasticité ; par conséquent, une fois que
le corps est suspendu à la branche, celle-ci ne peut plus se
relever, puisque le poids du corps représente la force qui l'a
abaissée, et que celle-ci n'est autre chose que ce dernier. 2° L'individu a dû être dans la possibilité de disposer le lien de la suspension de la manière où on le trouve ; ainsi les divers modes
d'arrangement de la corde doivent être tels, que si l'individu est
infirme d'un membre, il ait pu se servir du bras sain sans le secours de l'autre. — Si la personne suicidée n'avait pas un point
de suspension à sa disposition, elle en a créé un, et les outils dont
elle s'est servie doivent le plus souvent se retrouver auprès du corps.
Ainsi, un homme se rend un jour dans un bois ; il ne trouve pas
de branches d'arbre qui lui paraissent propres à recevoir le lien
de la suspension ; il retourne en ville acheter un marteau, un
fort clou et une corde ; il enfonce le clou dans un arbre, et s'y suspend en s'élevant sur une pierre qu'il avait apportée au pied de
l'arbre. On le trouve suspendu, et à côté de lui le marteau et la
pierre qui lui avaient servi ; on apprend de plus qu'il avait fait
les acquisitions dont je viens de parler. 3° Il est très rare de
rencontrer des traces de violences dans les cas de suicide par
suspension ; quand il en existe, elles sont ordinairement fort légères : elles consisteront, par exemple, en excoriations superficielles de la peau au voisinage de parties très saillantes et anguleuses du corps, celles, en un mot, qui peuvent les premières
toucher les corps durs avec lesquels elles sont en contact ; néanmoins, si, au moment de la mort, un individu avait des convulsions, ses coudes pourraient venir frapper contre des points d'appui résistants et offrir quelque contusion. Tel n'est pas le genre
de mort des pendus ; ils périssent pour la plupart sans convulsions, et l'on pense même, d'après quelques essais, que la mort
par suspension est plutôt agréable que douloureuse. 4° L'absence de désordres au cou est un indice puissant de suicide ;
nous n'avons pas besoin de reproduire ici tous les faits que nous
établirons à ce sujet dans le chapitre de la PENDAISON : nous y
renvoyons donc le lecteur, et nous l'engageons à les consulter.

Il en est de même des inductions que l'on peut tirer de l'examen des parties sur lesquelles l'application du lien a eu lieu, et aussi des états divers des organes principaux de la vie, le cœur, les poumons et le cerveau. Bornons-nous quant à présent à signaler quelques détails particuliers qui doivent appeler l'attention ; la faiblesse des moyens employés, soit pour la suspension, soit pour la strangulation, ainsi que la rapidité d'action de la cause mise en usage. Dans un cas, on voit un étranger de distinction, placé sous la surveillance de deux gardiens qui le veillent pendant la nuit, déchirer le bas de sa chemise de mousseline, le rouler en cordonnet, le passer autour du cou avec un simple nœud, et tout cela sans qu'on ait vu exécuter aucun mouvement sous les couvertures.

La rapidité avec laquelle la mort arrive est quelquefois surprenante : une femme qui se défiait des intentions de sa sœur enfonce brusquement sa porte ; elle la trouve debout sur son lit, la corde passée autour du cou ; elle s'élance pour la décrocher, l'autre la regarde fixement, ploie les genoux, fait quelques soupirs, et tout secours devient inutile.

Dans un autre cas, le mouchoir avait seulement serré la partie antérieure du cou, dans un instant presque incommensurable ; la circulation fut rétablie d'abord par les soins d'un médecin, puis quelques heures après elle se ralentit de nouveau, et la mort eut lieu malgré l'énergie des moyens employés. (Brierre de Boismont, *Mémoire cité.*)

Il est rare que la question de suicide soit posée à un médecin quand une personne tombe d'un lieu élevé, tel que de l'étage supérieur d'une maison ou de la tour d'une église. L'inspection du corps ne peut constater que l'existence de désordres graves résultant de la chute ; et pour décider du suicide, il faudrait pouvoir dire si la personne s'est jetée volontairement ou si elle a été jetée par une main étrangère, circonstances que l'inspection du cadavre ne peut pas faire reconnaître. Le médecin ne peut fournir quelques données utiles à la solution de la question que dans le cas où il trouve des blessures qu'il ne peut pas expliquer par la chute ; alors il peut éveiller l'attention des magistrats à ce sujet. On sentira toutefois combien ces cas sont rares, et comme il serait difficile de distinguer les altérations matérielles résultant de l'effort fait par un étranger pour opérer la chute, d'avec celles qui résultent de la chute elle-même. Hâtons-nous donc d'abandonner cette catégorie, qui ne nous offre que vague, incertitude et conjectures.

Il existe encore un genre de suicide que les magistrats décident et jugent quelquefois tout aussi bien que nous; je veux parler de l'asphyxie par le charbon. En effet, les données qui servent à résoudre la question ne sont pas le plus souvent médicales; elles découlent de l'inspection de la chambre dans laquelle le suicide a été commis, des précautions prises pour en opérer la clôture, de l'existence des débris de la combustion dans un foyer, et de la clôture de la porte d'entrée *par l'intérieur* de la pièce, etc. Mais il est des cas dans lesquels la solution de la question devient très délicate ; nous entrerons, à cet égard, dans de grands détails à l'occasion de l'affaire Amouroux et de celle de la fille Ferrand. Nous renvoyons le lecteur à l'article Asphyxie.

Bornons-nous ici à établir quelques particularités déduites des recherches de M. Brierre de Boismont. Le suicide par la vapeur du charbon est souvent multiple et de cause multiple aussi ; il n'est pas rare de voir deux personnes s'asphyxier en commun, et de les trouver plus ou moins étroitement unies. Dans certains cas, la personne qui veut porter atteinte à sa vie, boit au préalable du laudanum de Sydenham, de l'extrait d'opium, et fait disparaître le flacon qui les contenait, de telle sorte que les phénomènes de l'empoisonnement par les narcotiques prédominent sur ceux de l'asphyxie par le charbon. Dans d'autres circonstances, l'individu, trouvant la mort trop lente, s'étrangle avec une cravate ou s'ouvre une artère. D'autres asphyxiés, s'étant placés dans des conditions d'équilibre très faux, sont tombés et se sont fait des blessures assez graves à la tête, ce qui pourrait en imposer pour un assassinat avec simulation de suicide par le charbon.

Enfin nous arrivons au point le plus délicat de la question, celui qui se rattache aux blessures mortelles ou non mortelles. Ici la tâche du médecin est plus étendue; c'est en grande partie à son examen qu'est confiée la solution de la question du suicide dans ces sortes de cas. Pour la résoudre, il faut partir des mêmes données que celles sur lesquelles nous avons appelé l'attention, à l'occasion des blessures par armes à feu. L'individu qui se fait une blessure attaque des parties qu'il regarde comme les plus essentielles à la vie. La région du cœur ou celle du cou sont le plus fréquemment frappées par lui. Dans le premier cas, la mort arrive souvent parce qu'il choisit une arme longue, bien effilée, pénétrant facilement dans les parties ; il l'appuie au défaut des côtes, et pour peu qu'il exerce sur elle une pression, il devient victime de son attentat. Si, au contraire, il se porte un coup au hasard dans la région du cœur, souvent la présence des côtes arrête l'instrument, et il n'en résulte alors qu'une blessure légère. Mais si un assassin dirige aussi son arme sur le même point, comment distinguer alors les deux genres de mort ? C'est à reconnaître le trajet et la direction de la blessure que l'expert doit s'attacher : ainsi est-elle le résultat d'un suicide, elle est presque nécessairement dirigée de droite à gauche ; appartient-elle à un assassinat, elle offre une direction plus ou moins horizontale, et même oblique de gauche à droite. Cependant, si l'individu est gaucher, la blessure pourra simuler un assassinat ; si l'assassin est placé derrière la personne à la vie de laquelle il porte atteinte, la blessure simulera un suicide. Ce sont donc là des difficultés réelles, lorsqu'on n'a égard qu'à la direction de la blessure. Mais le trajet parcouru par l'instrument n'offre pas seulement une direction oblique de droite à gauche ou de gauche à droite, elle peut de plus être oblique de bas en haut et de haut en bas. Toute blessure oblique de haut en bas est commune au suicide et à l'assassinat, alors que l'assassin est placé à droite et en arrière de la victime ; mais les blessures dirigées de bas en haut n'appartiennent guère qu'à l'assassinat. Les désordres intérieurs de la blessure peuvent aussi fournir des indices puissants. L'homme sain d'esprit, mais dont le moral est assez dominé par les passions ou par le chagrin pour attenter à ses jours, se borne ordinairement à enfoncer l'arme dans les chairs, et il choisit cette arme bien tranchante ; en sorte qu'il en résulte des lésions dont les lèvres sont nettes, les chairs exactement coupées, sans déchirures, sans dilacération. L'assassin multiplie ses blessures, et souvent en aggrave les résultats en dilacérant les parties intérieures qu'il attaque. Il est cependant un genre de suicide qui a quelque analogie sous ce rapport avec l'assassinat, c'est celui des aliénés : outre que ceux-ci s'adressent à des organes souvent peu importants à la vie, ils se font des blessures multipliées, avec des déchirures d'organes dont on ne peut s'expliquer la formation volontaire que par un désordre profond des facultés intellectuelles.

Dans les blessures qui sont dirigées vers le cœur, l'inspection extérieure de la plaie n'est d'aucune utilité pour décider la question qui nous occupe : c'est une arme perforante qui a agi ; mais il n'en est pas de même pour les blessures du cou. Rien de plus fréquent que de voir le suicide s'adresser à cette partie, et presque toujours sans succès, parce que la peau , les muscles superficiels et la trachée-artère sont seuls atteints par l'arme dirigée sur la région antérieure de cette partie. J'ai rapporté dans le chapitre des blessures (*voyez* page 402) un exemple fort curieux sous ce rapport. La blessure, faite au-dessus de l'os hyoïde, avait 18 pouces de circonférence et pénétrait jusqu'à la paroi postérieure du pharynx. ¡Cependant les gros vaisseaux du cou avaient été ménagés , et la mort n'était survenue qu'à la suite d'une hémorrhagie dont la source était dans l'ouverture de ramifications artérielles et veineuses ; encore avait-il fallu que, pour se donner la mort, l'individu se portât trois coups de rasoir. C'est dans ces sortes de blessures qu'on peut le mieux reconnaître le suicide , en ayant surtout égard, d'une part à la direction de la plaie extérieure, d'une autre part à la forme de ses angles qui dénote le point où elle a commencé et celui où elle a fini. On sait que tout instrument convexe qui agit par son tranchant forme queue alors qu'il a opéré la section de la peau ; qu'une plaie faite de cette manière est toujours plus profonde à sa terminaison qu'à son origine. Par conséquent, la direction, la profondeur et l'état des angles de la plaie sont les principales considérations qui doivent fixer l'attention du médecin. Ajoutons que ces sortes de lésions sont toujours uniques quand elles sont le fait du suicide , tandis que le plus souvent elles sont multiples dans les cas d'assassinat, parce qu'en supposant même que l'assassin ait frappé sa victime pendant le sommeil, comme dans l'affaire Benoît, de Versailles, celle-ci se réveille, se défend , parce qu'elle ne meurt pas subitement. Que si plusieurs coups sont portés lors du suicide, c'est toujours dans le même lieu et dans le but de rendre la blessure plus grave.

J'ai cité le cœur et le cou comme deux points d'élection du suicide, je ne veux pas dire par là que jamais on ne s'adresse à d'autres parties , mais j'ai dû appeler l'attention sur cette circonstance, comme fournissant un indice assez rationnel. L'aliéné, par exemple , se blesse aussi bien à la cuisse qu'à la poitrine ; l'homme colère, qui ne peut pas frapper la personne pour laquelle il a conçu une haine passagère, mais violente, s'en prend à lui-même et se blesse au hasard. Enfin, la personne qui se suicide et qui se donne la mort a toujours auprès d'elle l'arme qui a servi à ses blessures.

Quant au suicide par empoisonnement, il ne peut être médicalement constaté que par la nature même du poison qui a été employé. Ainsi, en général, on s'adresse aux poisons les plus douloureux, dont la saveur est la plus repoussante, parce qu'ils sont mieux connus : tels sont l'huile de vitriol, l'arsenic, l'eauforte, etc. La nature du poison n'est toutefois qu'un indice bien peu concluant, c'est une simple induction. Nous ne terminerons pas cette esquisse sans faire connaître cette circonstance vraie, mais pénible pour notre art, c'est que les quatre-vingt-dix centièmes des suicides sont reconnus plutôt par des preuves étrangères à la médecine que par celles qu'elle peut fournir. Le plus souvent ce sont des écrits laissés par les personnes qui se sont suicidées qui éclairent les magistrats sur la cause déterminante de la mort.

CHAPITRE XIV.

DE L'ASPHYXIE EN GÉNÉRAL.

Si l'on avait égard à l'étymologie de cette dénomination (α privatif, et σφυξις, pouls), on devrait entendre sous le nom d'*asphyxie* cet état dans lequel il y a primitivement absence de pouls, et par conséquent cessation des fonctions du cœur ; la syncope et l'asphyxie deviendraient synonymes. Il n'en est pas ainsi : l'asphyxie doit être définie la *suspension* des phénomènes de la respiration, survenant *primitivement*, entraînant par suite celle de toutes les fonctions, et enfin la mort. C'est là ce qui distingue l'asphyxie, de l'apoplexie dans laquelle les fonctions cérébrales sont d'abord suspendues, où l'asphyxie n'est que secondaire, et où la mort du cœur ne vient que longtemps après ; comme aussi de la syncope, dans laquelle les fonctions du cœur cessent d'abord, puis celles du cerveau, et en dernier lieu celles des poumons.

Les auteurs ont généralement rangé sous trois chefs principaux les diverses variétés d'asphyxie : celles qui dépendent : 1° d'un défaut d'air ; 2° d'un air impropre à la respiration, mais n'exerçant pas d'action délétère sur l'économie ; 3° celles qui sont le résutat de l'action des gaz délétères. Cette division est, comme toutes celles que l'on a adoptées depuis, vicieuse sous ce rapport que l'on range les empoisonnements par les corps gazeux au nombre des asphyxies ; elle offre en outre l'inconvénient de ne pas préciser d'une manière suffisante le mécanisme de chaque espèce d'asphyxie. Aussi je lui préfère celle que Savary a proposée dans l'article Asphyxie du *Dictionnaire des sciences médicales*, que j'ai reproduite avec quelques modifications dans le *Dictionnaire de médecine et de chirurgie pratiques*, et que M. P.-H. Bérard a suivie dans le *Dictionnaire de médecine* en 25 vol. J'en présente ici le tableau ; et si j'y ai ajouté les empoisonnements par le gaz, c'est plutôt pour fournir un cadre complet que pour suivre cet ordre dans toutes ses conséquences,

Asphyxie par cessation primitive des phénomènes mécaniques de la respiration.

Par cessation d'action des muscles inspirateurs.

Par obstacle mécanique appliqué à ces muscles.

Compression de la poitrine.
Compression de l'abdomen.

Par défaut de l'influence nerveuse que reçoivent ces muscles.

Section de la moelle épinière.
Section des nerfs phréniques.
La foudre (1).

Par inertie des muscles inspirateurs.

Action du froid.

Par cessation d'action des poumons.

Par obstacle appliqué à ces organes.

Accès de l'air dans les plèvres.
Entrée d'un ou plusieurs viscères de l'abdomen dans la poitrine à l'aide d'une solution de continuité du diaphragme.

Par défaut de l'influence nerveuse que reçoivent les poumons.

Section des nerfs de la huitième paire.

Asphyxie par cessation primitive des phénomènes chimiques de la respiration.

Par privation d'air.

Par le vide.
Par un obstacle mécanique à l'entrée de l'air dans les poumons.
Par suffocation ou corps étranger introduit dans la trachée-artère.
Par strangulation.
Par submersion.

Par défaut d'air respirable.

Par l'air raréfié.
Par le gaz azote.
Par le gaz hydrogène.

Asphyxie par action délétère exercée sur les poumons ou sur l'économie animale.

Par le gaz protoxyde d'azote.

Par un gaz irritant.

Le gaz acide sulfureux.
Le chlore.
Le gaz ammoniac.

____

(1) L'asphyxie par la foudre peut être le résultat d'une influence portée sur le système nerveux en général, ou bien sur les poumons seulement.

Par un gaz délétère.

Le gaz acide carbonique.
Le gaz oxyde de carbone.
Le gaz hydrogène carboné.
L e az acide nitreux.
Le gaz acide sulfhydrique.
Le sulfhydrate d'ammoniaque.
Le gaz hydrogène arsénié.
Le gaz acide phthorhydrique.
La vapeur d'acide cyanhydrique.

L'asphyxie peut être une maladie essentielle ou n'être que la terminaison d'une maladie. Ainsi un individu est affecté de pneumonie ! il succombe à l'asphyxie résultant d'une hépatisation des poumons. Dans une pleurésie, il se fait un épanchement de sérosité qui, en augmentant de plus en plus, fait périr le malade asphyxié. Ce sont autant de cas qui se rattachent à l'histoire de la mort plutôt qu'à celle de l'asphyxie, et nous n'avons pas dû les comprendre dans le tableau général que nous avons dressé.

Phénomènes généraux des asphyxies. — Le premier phénomène que présentent les individus soumis aux causes qui donnent lieu à l'asphyxie consiste dans une gêne plus ou moins grande de la respiration ; de là des efforts volontaires pour opérer la dilatation de la poitrine, ou bien des efforts instinctifs, tels que des bâillements, des pandiculations ; puis une pesanteur de la tête avec céphalalgie ; bientôt survient un besoin impérieux de respirer, qui annonce un état d'angoisse difficile à supporter ; des éblouissements, un affaiblissement gradué des facultés intellectuelles, un malaise général, des vertiges, un affaiblissement des sens et des organes de la locomotion, suivis de la perte de connaissance. Alors ont encore lieu la respiration et la circulation ; mais la première ne consiste plus qu'en des mouvements peu sensibles de dilatation et de resserrement de la poitrine ; et la seconde fonction, dans des battements de cœur que la main perçoit avec peine : de là une diminution considérable dans la force d'impulsion du pouls. Survient ensuite l'immobilité générale la plus absolue, et la cessation de tout phénomène respiratoire. C'est alors que commencent à paraître les effets résultant d'un commencement de plénitude du système capillaire ; la face se colore en un rouge violet, les mains et les pieds prennent une teinte analogue ; il en est de même de quelques points du corps où se développent de larges plaques rosées ou violacées qui s'étendent quelquefois à toute la longueur d'un membre. Enfin la circulation s'arrête entièrement, et l'asphyxie est complète. La chaleur du corps et l'absence de la rigidité cadavérique sont les seuls phénomènes qui distinguent cet état de la mort caractérisée.

Ces symptômes peuvent se succéder plus ou moins rapidement, suivant l'influence plus ou moins grande de la cause qui détermine l'asphyxie. Le tableau des phénomènes que nous venons de tracer a principalement trait à l'asphyxie dont la marche est lente. Dans beaucoup de circonstances, la respiration étant suspendue complétement de prime abord, les fonctions cérébrales et circulatoires s'arrêtent presque aussitôt, et la mort suit de près. Dans ce cas la figure ne s'injecte pas toujours, et la peau peut ne pas devenir violacée. L'individu se livre à des efforts inspiratoires des plus grands ; il est dans un état d'anxiété extrême, et bientôt il tombe dans l'affaissement le plus absolu.

Durée de la vie de l'asphyxié. — Si l'on veut se reporter à l'examen des causes qui produisent l'asphyxie, et surtout à leur mode d'action, on sentira facilement que le temps qui s'écoule entre le moment où la cause commence à agir et celui où l'asphyxie est complète doit varier suivant que la soustraction de l'air est plus ou moins parfaite. Mais, eu égard à la durée de la vie, une fois l'asphyxie survenue, c'est-à-dire lorsque la suspension de la respiration et de la circulation est entière, la durée de la vie paraît en général soumise à cette circonstance, que plus l'asphyxie a eu lieu d'une manière lente, plus l'individu conserve longtemps la faculté d'être rappelé à la vie, et *vice versâ*.

État des organes d'un individu asphyxié, examinés après la mort. — Coloration rose, rouge vif, ou quelquefois violacée de la face et des diverses parties du corps. Cette coloration se distingue des lividités cadavériques en ce qu'elle peut être située sur les parties les moins déclives du corps, et que la situation des taches qu'elle forme ne peut jamais être expliquée par la position que le cadavre aurait conservée après la mort ; elle a son siége principal dans le tissu muqueux de la peau ; souvent le derme y participe, mais à un moindre degré ; et alors, quand on l'incise, il suinte de ses vaisseaux du sang qui constitue un état piqueté assez prononcé. Les yeux sont ordinairement saillants, très brillants, très fermes ; la bouche tantôt dans l'état naturel, tantôt exprimant la souffrance ; la rigidité cadavérique très prononcée et se conservant pendant longtemps. Les vaisseaux veineux du cerveau contiennent assez de sang ; la substance cérébrale est très peu piquetée ; on trouve quelquefois de la sérosité dans les ventricules cérébraux ; la base de la langue est presque toujours injectée, ses papules sont très développées dans ce point ; la membrane muqueuse qui tapisse le larynx et l'épiglotte est rosée ; cette coloration est limitée à l'épaisseur de la membrane muqueuse, comme celle de la peau ne s'étend pas au delà de cette enveloppe ; la membrane qui tapisse la trachée est très rouge, sa couleur est d'autant plus foncée que l'on s'approche des dernières ramifications des bronches. Souvent on rencontre à sa surface une matière spumeuse sanguinolente, analogue aux crachats des hémoptysiques, et qui n'en diffère que par la plus grande viscosité du sang. La coloration de la membrane muqueuse trachéale s'étend au tissu fibreux qui unit les cerceaux cartilagineux, ce qui établit à l'extérieur un contraste avec la blancheur de ces cerceaux.

Les poumons, très volumineux, recouvrent fortement le péricarde, et quelquefois même ils sont tellement développés, que leurs bords chevauchent l'un sur l'autre après la section du médiastin antérieur. Cet effet n'a lieu qu'autant que les poumons sont dépourvus d'adhérences. C'est à tort, suivant nous, que l'on a fait dépendre le volume des poumons de l'obstacle plus ou moins grand que l'air peut éprouver à traverser la trachée-artère, soit qu'il existe un corps étranger dans ces conduits, soit que des mucosités obstruent sa cavité. Je puis assurer que, dans un grand nombre de circonstances, j'ai observé tous les degrés de volume des poumons sans qu'il y ait un obstacle à l'entrée de l'air. Cet état dépend, ainsi que nous l'avons démontré en 1841 (voy. *Annales d'hyg. et de méd. lég.*, mars, même année), de ce qu'il se développe de l'emphysème pendant les derniers moments de la vie, phénomène qui peut se rencontrer dans toute l'étendue des poumons, ou au contraire n'envahir qu'une partie de leur tissu. C'est lui qui produit la crépitation pulmonaire. C'est d'ailleurs toujours un emphysème cellulaire ; il n'en existe pas d'autres, quoi qu'en ait écrit Laënnec. La couleur des poumons est d'un brun noirâtre, leur parenchyme est rouge. Comprimés, ils laissent suinter de leur tissu de larges gouttelettes d'un sang liquide très noir et très épais. (Suivant M. Forget, *Journ. hebd.*, 1835, n° 45, p. 175, les poumons ne présentent jamais d'engorgement sanguin lorsque l'asphyxie vient avec lenteur : à la suite d'une déviation de la colonne vertébrale , par exemple.) Le foie, la rate, les reins sont gorgés de sang , et donnent le même résultat par la compression de leur tissu. Les veines du cœur sont très dessinées ; les cavités droites de cet organe sont distendues , gorgées d'un sang noir, épais, mais liquide ou rarement coagulé (Morgagni , *De sed. et causis morb.*, epist. XIX, § 10 ; — Coster, Observ. anat., *Gazette médicale* , n° 128, déc. 1832). Les veines caves et leurs principales ramifications sont aussi gorgées de sang. L'oreillette gauche contient un peu de sang, il en existe plus rarement dans le ventricule. Suivant M. Piorry (*Traité de médecine pratique* , 1835, p. 7), « les dimensions du cœur gauche et sa dureté varient infiniment, suivant la promptitude avec laquelle la mort est survenue, et suivant l'espèce d'asphyxie qui a eu lieu. Toutes les fois que le malade a promptement succombé, le cœur est revenu sur lui-même. Alors ses parois sont épaisses , mais son volume apparent est, eu égard aux cavités droites, remarquablement plus petit. Cette différence tient à ce que les fibres de cet organe se sont contractées avec force dans les derniers temps de la vie. Si au contraire la mort n'est arrivée qu'après une asphyxie très lente, le cœur gauche est distendu, bien qu'à un moindre degré que le cœur droit. Ses parois ont moins de densité, aussi se laissent-elles parfois déchirer par le doigt. La quantité de sang que contient le cœur gauche est, dans les asphyxies lentes , assez souvent considérable ; alors encore les artères sont remplies de sang. »

Il est important de nous expliquer sur ces faits d'observation qui appartiennent à M. le professeur Piorry. Les remarques de ce savant ont été faites principalement sur des individus malades qui ont péri par asphyxie , et, sous ce rapport, elles sont exactes. Elles sont moins applicables par cela même à la pratique de la médecine légale, où les sujets soumis à l'observation ont presque toujours succombé à une mort assez rapide et accidentelle.

L'exposition que nous venons de faire des symptômes et de l'état des organes qui sont propres aux asphyxiés n'est guère propre qu'à une seule espèce d'asphyxie, celle dans laquelle les phénomènes sont portés à leur plus haut degré : ce serait donc à tort que l'on appliquerait l'*ensemble* que nous venons de tracer à chaque variété ; mais cet ensemble n'en porte pas moins le cachet le plus saillant de ce mode d'extinction de la vie.

Théorie de l'asphyxie. — Trois théories principales ont été émises sur l'asphyxie : ce sont celles de Haller, de Goodwin et de Bichat. Dans la théorie de Haller, l'arrêt de la circulation a primitivement lieu aux poumons. Il considère la suspension de la respiration comme amenant un affaissement du tissu pulmonaire, par suite duquel ses vaisseaux, devenant flexueux, ne laissent bientôt plus passer le sang. Alors les cavités droites du cœur, les troncs veineux, les veines et peut-être le système capillaire s'engorgent, les cavités gauches du cœur et les artères continuent à agir sur le liquide qu'elles renferment jusqu'à ce qu'elles en soient vides. Non seulement Haller a appliqué cette théorie à l'asphyxie qui survient pendant l'expiration, mais encore à celle qui arrive à la suite de la suspension volontaire de la respiration après un grand effort inspiratoire ; en admettant, ce qui est alors dénué de toute vraisemblance, que, d'après Haller, l'air perd dans les poumons son ressort élastique, ces organes ayant une tendance permanente à revenir sur eux-mêmes, il en résulte un affaissement analogue à celui qui s'opère durant l'expiration.

D'après Goodwin, le sang artériel est l'excitant nécessaire de la contraction des cavités gauches du cœur ; l'hématose pulmonaire n'ayant plus lieu par le défaut de renouvellement de l'air, les cavités gauches du cœur restent inactives, et dès lors il en résulte un arrêt de la circulation au cœur, et par suite aux poumons ; ce qui, du reste, est tout à fait en opposition avec ce que l'état pathologique des asphyxiés démontre. Ainsi la théorie de Goodwin diffère de celle de Haller sous plusieurs rapports : d'abord par le point d'arrêt de la circulation ; ensuite par l'opinion opposée de l'un et de l'autre sur la possibilité du passage du sang à travers les poumons durant l'affaissement de ces organes.

Partant de ces deux données : 1° que le sang peut circuler à travers les poumons, quoiqu'ils soient dans l'affaissement ; 2° que le sang rouge est le stimulant de tous les organes de l'économie et que tous peuvent être influencés d'une manière sédative par le contact du sang noir, Bichat a expliqué les symptômes de l'asphyxie dans l'ordre de leur succession, ainsi que l'état pathologique que l'on observe à l'ouverture du corps, et a pu rendre compte en même temps de la cause pour laquelle le cadavre d'un asphyxié conserve pendant plus longtemps sa chaleur. Cette théorie a dû nécessairement conduire à un mode de traitement plus rationnel. En voici les principaux traits. Le sang veineux, poussé par les contractions du cœur droit, traverse les poumons, qui ne contiennent que peu d'air propre à opérer sa conversion en sang artériel ; il arrive au cœur gauche, le stimule, détermine sa contraction, et bientôt il parcourt les artères à la suite du sang artériel qui le précède. Il parvient aux organes dans un espace de temps plus ou moins long, suivant qu'ils sont plus ou moins éloignés du cœur ; n'ayant pas été revivifié, il ne peut pas les stimuler : il y a plus, il produit sur eux un effet stupéfiant d'autant plus marqué, qu'ils ont plus besoin d'une excitation par le sang rouge. On est forcé de tenir compte de ces deux circonstances pour expliquer comment le cerveau et les poumons reçoivent une impression plus funeste à l'exercice de leurs fonctions que le cœur lui-même, qui, recevant le premier du sang noir, devrait cesser d'agir le premier. Toutefois les poumons peuvent être placés au nombre des organes auxquels le sang noir arrive immédiatement ; en sorte que le système capillaire pulmonaire doit cesser de se contracter lorsque le système capillaire général réagit encore sur le sang ; de là la stase sanguine qui s'opère dans le premier système, et qui constitue le point de départ de l'engorgement de toutes les veines. Ajoutons qu'outre le défaut de stimulation des vaisseaux capillaires des poumons par le sang rouge, deux autres causes viennent encore hâter leur cessation d'action : 1° le défaut du stimulus qu'ils reçoivent ordinairement de la part de l'air ; 2° celui qui provient de l'influence cérébrale anéantie par le contact du sang noir avec le cerveau. Tel est le rôle que jouent les poumons dans la production des phénomènes de l'asphyxie.

Le cerveau, un peu plus éloigné du cœur, ne tarde pas à ressentir les effets du sang noir. Les expériences de Bichat démontrent que, plus que tout autre organe, il en reçoit une impression funeste ; de là l'état comateux, la cessation de tout mouvement, le défaut de sensibilité et de perception que l'individu présente par suite du défaut de réaction du cerveau sur tous les organes de la vie animale. Le cœur lui-même cède à l'influence du sang noir sur son tissu ; ses contractions s'affaiblissent et cessent bientôt complétement ; tout porte à croire qu'il continue encore à se contracter quand il ne reçoit plus de sang noir, car ses cavités gauches sont trouvées vides à l'ouverture du corps. La présence d'une grande quantité de sang dans ses cavités droites démontre que le cœur droit s'est contracté en vain sur le sang qu'il a reçu, un obstacle existant à son passage à travers le système capillaire pulmonaire.

La circulation sensible est donc arrêtée quand celle qui s'effectue dans le système capillaire général existe encore ; et c'est ce qui explique comment la chaleur peut se conserver plus longtemps chez les asphyxiés que chez les individus qui périssent par syncope. La plénitude du système veineux et la vacuité du système artériel rendent compte de la coloration bleuâtre de la peau et des muscles.

Mais il reste à faire sentir comment le cadavre d'un asphyxié paraît contenir beaucoup plus de sang que celui d'un individu qui a succombé à un autre genre de mort. Bichat lève cette difficulté de la manière suivante : il admet que les organes, recevant un sang noir qui ne contient pas les matériaux propres à l'assimilation, cèdent à ce fluide tous les liquides qu'ils lui fournissent ordinairement sans lui prendre ceux qu'ils ont coutume de s'approprier, en sorte que la quantité de sang serait réellement augmentée.

De cette manière on peut expliquer comment, dans l'asphyxie qui a lieu d'une manière brusque et subite, les fonctions de la vie, cessant dans un espace de temps très court, n'amènent pas l'engorgement du système veineux et celui des poumons, comme dans l'asphyxie par le charbon, par exemple, où l'individu ne meurt que graduellement. En effet, la suppression de la respiration étant complète de prime abord, le sang veineux ne subit aucun changement de la part de l'air ; il devient immédiatement aussi stupéfiant pour les organes qu'il peut l'être ; il exerce sur eux une influence beaucoup plus grande.

Cette théorie, dont Bichat avait en partie emprunté l'idée à Goodwin, diffère cependant de celle de ce dernier physiologiste, en ce que Goodwin admettait : 1° que l'obstacle primitif au cours du sang dépendait de ce que les poumons ne se dilataient plus, et de ce que leurs vaisseaux devenaient flexueux ; 2° que le sang noir exerçait son action stupéfiante sur la membrane interne des cavités gauches du cœur. Ainsi, Bichat considère l'arrêt de la circulation dans les poumons et la cessation d'action du cœur comme le résultat d'une influence stupéfiante qui s'exerce à la fois sur la totalité du système capillaire des organes. Goodwin, au contraire, regardait cet arrêt comme tout à fait mécanique.

Ces deux idées fondamentales ont été attaquées par le docteur James-Philippe Kay (*Expériences physiologiques et observations sur la contractilité du cœur et des muscles, dans les cas d'asphyxie, chez les animaux à sang chaud*, Journal des progrès, tomes X et XI). 1° Il regarde l'arrêt de la circulation du sang dans les poumons comme survenant immédiatement et lorsque le sang noir, ne trouvant plus d'oxygène pour devenir artériel, vient à passer à travers le système capillaire, qui ne serait pas perméable à cette espèce de sang ; opinion déjà émise par Haller. 2° Bien que le sang noir puisse exercer une action stupéfiante sur les organes, il le considérerait comme propre à rétablir momentanément la contractilité musculaire. Ces conséquences sont le résultat de ses expériences. Elles ont trouvé de l'appui auprès de MM. Edwards (*Influence des agents physiques*, Paris, 1821, p. 10) et Magendie. M. Kay a essayé d'établir que, bien loin d'exercer à l'instant même une action neutralisante sur la contractilité musculaire, le sang noir peut rétablir l'irritabilité galvanique dans les muscles où elle a été détruite par défaut de circulation. Or le cœur étant un organe musculaire, loin de détruire sa contractilité, le sang non oxygéné doit exercer une action qui tend à entretenir ses contractions. Cette théorie peut être résumée de la manière suivante : Suspension de la respiration ; de là arrêt de la circulation pulmonaire, stagnation du sang dans les cavités droites, vacuité des cavités gauches. La force de contraction des organes diminue, parce que les muscles ne reçoivent plus une suffisante quantité de sang. Le cœur cesse de se contracter, parce qu'il ne reçoit plus de sang. Mais il me semble, d'une part, qu'il est bien difficile d'admettre le premier principe ; car si, comme il n'est guère possible d'en douter, l'oxygénation du sang s'opère dans le système capillaire pulmonaire, le sang arrive donc noir jusque dans les radicules de l'artère pulmonaire, et par conséquent jusque dans le système capillaire pulmonaire. Quant à la propriété excitante et contractile du sang noir, elle renverserait, si on l'admettait, toutes les idées les plus rationnelles de la physiologie. Nous continuerons donc à nous ranger à la doctrine de Bichat jusqu'à ce que de nouveaux faits aient éclairé ce point de physiologie.

Des moyens propres à ramener à la santé une personne asphyxiée. — On a proposé divers moyens pour rappeler un asphyxié à la santé. En voici l'énumération et le détail : 1° *L'exposition du sujet à un air vif.* On sentira facilement combien cette proposition est généralisée, et combien par conséquent elle peut subir d'exceptions. Pour les noyés, elle ne peut avoir lieu qu'en été. — 2° *Des pressions exercées sur la poitrine et sur l'abdomen de manière à simuler le resserrement et l'ampliation de la poitrine qui ont lieu dans l'acte respiratoire.* Ce moyen est d'une grande efficacité dans presque toutes les asphyxies ; il ne doit jamais être négligé ; il se pratique en rapprochant les fausses côtes de l'axe du corps, en même temps qu'on exerce une pression modérée sur l'abdomen. Cette conduite a pour but d'expulser l'air vicié contenu dans les poumons ; on abandonne ensuite les parties à elles-mêmes ; elles reviennent à leur position primitive par leur élasticité ; mais comme la capacité de la poitrine avait été diminuée, il s'y forme un vide que remplit l'air ambiant ; souvent même, au lieu d'exercer des pressions modérées , il est bon d'imprimer des secousses à la poitrine en appliquant les mains à quelques pouces au-dessous des aisselles. C'est en prolongeant cette respiration artificielle que l'on aperçoit bientôt quelques contractions ou secousses convulsives qui ont leur siége dans les muscles dilatateurs de la poitrine ; le sang revivifié commence à circuler dans le système capillaire pulmonaire, et le rétablissement complet de la respiration amène celui de la circulation. Il paraît que ces secousses imprimées à l'individu , et ces premiers efforts respiratoires, sont très pénibles pour l'asphyxié, car on possède un assez grand nombre d'exemples d'individus qui , sauvés de cette manière , se sont jetés avec une sorte de fureur sur leurs bienfaiteurs ; dans d'autres cas, ils ont été pris d'un délire furieux qui n'a cédé qu'à l'emploi de larges saignées. Ces observations ont d'abord été faites sur les noyés ; depuis on a signalé des phénomènes analogues dans des cas d'asphyxie par le gaz des égouts. La Société humaine de Londres a, dans son rapport de 1834, insisté sur ce procédé, pour l'exécution duquel elle a conseillé un bandage qui avait été proposé par M. Leroy d'Etiolles, et qui consiste en un morceau de coutil doublé de flanelle, assez long pour couvrir la moitié inférieure du thorax et l'abdomen jusqu'au bassin. A chacune des extrémités de ce morceau de coutil sont fixés des cordons ou lanières qui s'entrecroisent avec ceux du côté opposé, comme les lacets des corsets que l'on nomme *à la paresseuse.* Deux bâtons servent à fixer les extrémités des lanières , de manière à pouvoir exercer des tractions en sens inverse pour comprimer la poitrine. Ce moyen n'est pas entré dans la pratique. — 3° L'*insufflation pulmonaire*. Elle peut être pratiquée de deux manières, ou avec la bouche, ou à l'aide d'instruments. L'insufflation faite avec la bouche, appliquée sur celle de l'asphyxié, est préférée par quelques praticiens à l'insufflation à l'aide d'un agent intermédiaire. L'un des principaux motifs de cette préférence est d'introduire dans les poumons un air dont la température est appropriée à celle du corps. Ce mode d'exécution offre encore l'avantage de ne pouvoir pas faire pénétrer dans les poumons une trop grande masse d'air, mais son exécution répugne à beaucoup de personnes. Certains médecins accordent une supériorité à l'insufflation au moyen d'un soufflet, en ce que : 1° l'air introduit contient plus d'oxygène que celui qui est expulsé de la bouche de la personne qui pratique l'insufflation ; 2° il pénètre plus directement dans les voies aériennes, car un tube est introduit dans la trachée pour l'y conduire ; 3° on peut diminuer ou augmenter à volonté la quantité d'air introduit. Ces avantages nous paraissent supérieurs à ceux que peut présenter l'insufflation à l'aide de la bouche, et nous engagent à lui donner la préférence. Voici de quelle manière cette opération doit être faite. On se procure un soufflet ordinaire, mais dont l'extrémité puisse être adaptée, soit à une sonde d'argent, soit à un tube en cuivre recourbé à la manière d'une sonde. Chaussier avait proposé un tube en cuivre qu'il appelait *laryngien*, et qui ne différait d'une sonde d'argent ordinaire qu'en ce que le bec était plus effilé et l'ouverture de la sonde beaucoup plus large. Il avait fait adapter, en outre, à deux pouces ou deux pouces et demi du bec de ce tube une petite arête en cuivre garnie d'une rondelle de peau de chamois, destinée à empêcher le tube de pénétrer à une trop grande profondeur dans la trachée, en venant s'appliquer sur l'ouverture supérieure du larynx. Les professeurs Meunier et Noël, de Strasbourg, après des essais multipliés, ont proscrit l'usage de cet instrument. Quelques précautions qu'ils aient prises, le bec de la canule, au lieu de s'engager dans la partie supérieure de la trachée-artère, a presque toujours glissé dans l'œsophage. Le docteur Albert et M. Leroy d'Etiolles ont chacun proposé une canule particulière ; mais nous pensons que la canule de gomme élastique ordinaire est encore préférable. Après avoir placé l'individu sur un plan incliné, et de manière que la tête soit plus élevée, on introduit la sonde dans le larynx par la bouche ou par les fosses nasales ; on s'assure avec le doigt qu'elle y a pénétré ; on la fait maintenir, et alors, après avoir adapté le bec du soufflet à son ouverture extérieure, on pousse des petites quantités d'air à l'aide d'une légère pression exercée sur les branches de cet instrument, en ayant le soin de laisser entre chaque pression un faible laps de temps. C'est alors qu'il est convenable de joindre à cette insufflation les pressions sur la poitrine et sur l'abdomen, ainsi que quelques secousses propres à stimuler les organes respiratoires.

Nous supposons ici un soufflet ordinaire, parce qu'il est rare que l'on en ait d'autre à sa disposition ; mais il a été proposé plusieurs soufflets particuliers, tels que ceux de Configliachi, de Rudtorffer, de John Hunter, de Gorcy. Celui de ce dernier me paraît être le plus avantageux, puisqu'il peut, pendant son mouvement de dilatation, servir à soutirer l'air des poumons, et à introduire, pendant son mouvement de contraction, l'air pur dans la cavité de la poitrine. (*Voyez*, pour sa description, le *Journal de médecine*, t. LXXIX, p. 386, ou l'ouvrage de Marc, *Sur les secours à donner aux noyés et aux asphyxiés*, p. 120.) Plusieurs personnes ont cru devoir remplacer les soufflets par des pompes, et MM. Leroy d'Etiolles, Goodwin et Mooth, Van Marum, Meunier et Noël, Kopp et Marc, ont successivement proposé dans ce but des instruments plus ou moins compliqués. La pompe de Marc est la plus simple ; elle est tout à fait pareille à une seringue à injections anatomiques ; mais, comme elle, elle offre l'inconvénient d'avoir besoin d'être démontée, à chaque aspiration de l'air des poumons du tube de la pompe qui s'adapte à la canule placée dans les fosses nasales. M. Charrière, coutelier, a confectionné une seringue qui me paraît remplir tous les avantages de celle de Kopp, et qu'il est plus facile de faire manœuvrer.

On a reproché à l'insufflation des inconvénients graves, et, en 1829, M. Leroy d'Etiolles a lu à l'Institut un mémoire dans lequel il cherche à démontrer que du temps de Pia, où l'on ne pratiquait que rarement l'insufflation, on sauvait beaucoup plus d'asphyxiés que de nos jours ; mais Marc a prouvé que les calculs sur lesquels cette proposition repose avaient des points de départ inexacts. L'un des plus grands reproches adressés à l'insufflation est la possibilité où se trouve l'opérateur de déterminer la rupture des vésicules pulmonaires, en sorte que ce moyen pourrait devenir dangereux entre les mains d'un homme étranger à l'art de guérir. Des moutons, des chèvres, des renards et des lapins ont succombé à l'insufflation, lors même qu'elle était faite avec la bouche. Les chiens résistent plus à cette opération ; il en est de même des cadavres d'enfants dont les vésicules pulmonaires n'ont pas pu être déchirées par une insufflation assez forte. Des expériences analogues faites sur des cadavres d'adultes ont souvent déterminé cette rupture, avec épanchement d'air dans la cavité des plèvres. Chez les animaux dont les poumons à tissu moins dense ne résistent pas à l'insufflation, la mort arrive immédiatement par l'affaissement de ces organes, résultat du passage de l'air dans la cavité des plèvres. On prévient la mort en pratiquant immédiatement une petite ouverture aux parois thoraciques. Ces résultats obtenus par M. Leroy sont loin d'être d'accord avec ceux de M. Piorry ; il résulterait des expériences récentes de ce professeur, que les craintes manifestées par M. Leroy sont tout à fait exagérées.

Depuis cette époque, de nouvelles recherches ont été faites par le docteur Albert, de Wiesenheid, et par Marc. Ces expériences se trouvent consignées dans l'ouvrage déjà cité de Marc, qui a extrait celles de M. Albert des *Annales de Henke*. Les conclusions auxquelles M. Albert a été conduit sont : 1° que l'insufflation de bouche à bouche est toujours mortelle quand elle est faite avec force, mais qu'elle ne l'est pas parce qu'on insuffle de l'air privé de son oxygène ; 2° que l'insufflation de l'air dans les poumons des asphyxiés, à l'aide d'un instrument, ne devient pas nuisible, en ce que l'air introduit avec force occasionne des ruptures du tissu pulmonaire, *puisqu'il n'y pénètre pas*, et qu'il ressort par la bouche ou le nez, ou encore qu'il passe par-dessus l'épiglotte pour arriver dans l'œsophage ; 3° que l'aspiration artificielle ou l'attraction de l'air hors des poumons est le plus sûr moyen de faire reparaître la respiration.

A l'appui de sa première proposition, M. Albert cite d'abord un fait rapporté par M. Leroy d'Etiolles, dans lequel un jeune homme, badinant avec sa maîtresse, s'avisa de lui souffler brusquement dans la bouche après lui avoir pincé le nez. Il s'ensuivit un sentiment de suffocation douloureuse qui dura plusieurs jours et qui effraya singulièrement les acteurs d'une scène qui ne devait être que gaie ; il rapporte ensuite des expériences qu'il a faites sur diverses personnes : une de ces personnes, un jeune homme, ayant voulu les répéter sur sa sœur, âgée de dix-huit ans, mais faiblement constituée, il s'y prit avec si peu de ménagement qu'elle faillit y succomber. Tombée à terre, sans respiration, on eut beaucoup de peine à la rappeler à la vie, et pendant plusieurs jours elle éprouva de la difficulté à respirer. Il ajoute que l'on peut prendre une idée des effets nuisibles de l'insufflation, par la gêne que l'on éprouve à respirer lorsqu'on s'expose à un courant d'air violent; que dans les cas d'insufflation brusque, l'épiglotte peut même être abaissée, fermer le larynx et faire périr les animaux par défaut d'air, l'abaissement de l'épiglotte étant rendu plus complet par les efforts d'inspiration que l'animal opère; que l'air, au lieu de pénétrer dans le larynx, passe par l'œsophage et vient distendre l'estomac. C'est d'après des expériences faites sur des animaux qu'il a été conduit à poser la seconde conclusion; et si elle est en opposition avec les données de M. Leroy d'Etiolles, c'est que, dans les expériences de ce dernier, l'insufflation avait été pratiquée en adaptant un tube à la trachée-artère, et non pas par les fosses nasales ou par la bouche. M. Albert, dans un grand nombre d'expériences, a insufflé avec la plus grande violence, tant avec la bouche qu'avec un soufflet, de l'air à des chiens, des chats, des porcs, des bœufs et des moutons morts, et il a trouvé que chez aucun de ces animaux les poumons ne différaient pas de l'état de santé. Il a répété cette expérience en prenant auparavant le soin de pratiquer une ouverture à la trachée, afin de voir si l'air insufflé par la bouche ressortirait par cette ouverture, et il n'a rien observé de semblable. Enfin, il a insufflé avec beaucoup de force, tant avec la bouche qu'avec un instrument, de l'air à deux jeunes chats qui n'avaient pas encore respiré, et les poumons, ainsi que leurs moindres fragments, soumis à l'épreuve hydrostatique, ont été au fond de l'eau. Dans toutes ces expériences l'air a constamment pénétré dans l'œsophage, qui, par son affaissement et son gonflement alternatifs, simulait à s'y méprendre la respiration. (Nous ne nous permettrons pas de réflexions sur toutes ces expériences, mais nous opposerons des faits d'une observation journalière à la dernière : c'est que tous les jours, à la Maternité, on pratique l'insufflation pulmonaire dans le but de rappeler des enfants à la vie, et que si l'on ne distend jamais la totalité des poumons, on fait certainement pénétrer l'air dans une partie de leur tissu, et c'est ce que nous avons souvent vérifié; or cette insufflation se pratique à l'aide d'un tube laryngien.) Enfin, nous allons faire connaître le résumé de nombreuses expériences du docteur Albert, qui viennent étayer sa troisième conclusion. Sur quarante-sept animaux asphyxiés traités par l'aspiration, quarante et un ont recouvré la vie, sans compter ceux dont la respiration avait été supprimée pendant douze à quinze minutes ; sur ceux, au contraire, auxquels on avait insufflé de l'air, il n'en revint que deux sur dix-neuf. Les nouvelles expériences que nous avons faites et que nous rapporterons ultérieurement viennent à l'appui de ces données, au moins quant à l'insufflation. Ce résultat en faveur de l'aspiration eût été plus brillant encore, si le manque d'animaux n'eût pas forcé M. Albert à expérimenter sur ceux qui avaient déjà servi à d'autres expériences.

De pareils résultats sont tellement heureux, que l'aspiration devrait être regardée comme le moyen par excellence pour rappeler à la vie les asphyxiés ; mais malheureusement Marc n'a pas obtenu les mêmes succès. Nous allons rapporter textuellement la conclusion de son travail : « 1° Des divers procédés pour aspirer ou insuffler l'air, le meilleur est celui où l'on aspire et où l'on insuffle par l'une des narines, en tenant l'autre fermée ainsi que la bouche. 2° Les divers instruments inventés à cet égard, ainsi que la pompe de Meunier, peuvent servir ; mais parmi eux une seringue ou pompe à air est le moins coûteux, le plus maniable et le plus à la portée des personnes les moins habiles et les moins instruites. 3° L'aspiration s'exécute à peu près constamment avec facilité, sans qu'il soit même nécessaire d'appuyer le larynx contre l'œsophage afin de fermer ce conduit ; mais cette règle peut éprouver des exceptions dans quelques cas fort rares, et il est par conséquent plus certain de s'assurer de l'adossement des parois œsophagiennes, en les comprimant par le larynx. 4° Dans l'opération de l'insufflation, l'air introduit, pour peu qu'il y ait de la résistance du côté de la trachée ou des poumons, pénètre dans l'estomac avec une grande facilité ; mais on peut aisément éviter cet inconvénient en poussant le larynx sur l'œsophage qui, par cette manœuvre, se trouve fermé. 5° A l'égard de ce qui précède, les conditions de vitalité ne changent rien aux phénomènes que l'on observe sur le cadavre. 6° L'air insufflé ne s'arrête et ne s'accumule pas, ainsi que le prétend M. Albert, à l'entrée de la trachée et de la cavité buccale, mais il pénètre bien réellement dans les bronches et dans les cellules pulmonaires. (Marc a démontré ce fait par une expérience in-génieuse. Il a coupé la trachée-artère et l'œsophage à la partie inférieure du cou ; il a terminé l'extrémité inférieure de ces conduits coupés par une poche en peau de baudruche, et il a vu que, soit que l'on injectât de l'air par la bouche et les narines, soit qu'on se servît d'un tube ou de l'insufflation bouche à bouche, on distendait ces petits sacs ; il a de plus mis à nu les poumons et pratiqué l'insufflation comme précédemment, et il a observé la distension de leur tissu.) 7° L'air insufflé par les narines et au moyen d'une seringue ne donne pas lieu à la déchirure des cellules pulmonaires ; il faut pratiquer l'insufflation outre mesure pour qu'elle détermine même un léger emphysème sous-pleural, sans emphysème intervésiculaire du poumon. 8° Il n'est pourtant pas impossible de produire des déchirures chez certains animaux ; mais elles n'ont lieu que lorsque l'insufflation est très brusque, immodérée, et surtout qu'elle s'effectue immédiatement par une ouverture pratiquée à la trachée-artère et au moyen du soufflet. 9° Une des plus graves objections élevées contre l'insufflation consiste dans l'exemple rapporté par M. Leroy d'Etiolles, et dans des expériences faites par M. Albert, où de l'air ayant été insufflé violemment de bouche à bouche, par des vivants à des vivants, ceux-ci ont éprouvé des accidents plus ou moins graves ; mais il y a tout lieu de croire que ces insufflations ont été faites en même temps que les personnes qui les supportaient faisaient une aspiration ; de cette manière, les poumons se trouvaient tout à coup surchargés d'un volume excessif d'air ; et une insufflation modérée, qui chaque fois doit être précédée d'une aspiration, ne présente pas le même danger. 10° Bien que, par des causes qu'il ne m'a pas été possible de déterminer, mes expériences sur le rétablissement de la vie ne m'aient pas, à beaucoup près, fourni les brillants résultats obtenus par M. Albert, elles conduisent néanmoins à cette conclusion, que, loin d'être nuisible, l'aspiration s'est montrée évidemment utile dans quelques cas, et l'on ne peut en dire autant de l'insufflation. (Sur sept cas dans lesquels l'aspiration a été pratiquée chez des animaux, Marc en a seulement rappelé deux à la vie, et tous les animaux sont morts quand l'aspiration et l'insufflation ont été alternativement employées, ce qui a été fait à l'égard de sept autres animaux. Nous remarquons qu'il a plus facilement rappelé les chats ou les lapins à la vie que les chiens. Les expériences de Marc sont donc loin d'appuyer les résultats de M. Albert.) 11° L'aspiration est d'ailleurs incontestablement indiquée comme moyen de débarrasser l'arrière-bouche, la trachée et les bronches, de l'eau, des mucosités spumeuses et des substances étrangères, comme, par exemple, la vase, qui peuvent les engouer par l'effet de la submersion. 12° L'insufflation, quoiqu'elle n'expose pas à rompre les cellules pulmonaires, lorsqu'elle est pratiquée avec mesure, ne présente cependant pas jusqu'à ce jour une utilité assez démontrée pour qu'on doive la recommander dans les instructions populaires sur les secours à donner aux noyés et aux asphyxiés. 13° Dans les cas où l'on se proposerait d'essayer chez l'homme l'insufflation, il faudrait la faire précéder chaque fois d'une aspiration, la pratiquer lentement, et s'arrêter au moindre effort de respiration. »

Si maintenant nous nous résumons, d'après les expériences de MM. Leroy d'Etiolles, Duméril, Magendie, Borry, Albert et Marc, sur la valeur et les avantages de l'insufflation et de l'aspiration, nous ferons sentir qu'elles ne peuvent être employées que dans deux buts différents : *A.* Enlever les matières étrangères contenues dans les voies respiratoires et qui sont un obstacle à la respiration ; c'est le rôle de l'aspiration. *B.* Stimuler les poumons et par suite les muscles dilatateurs de la poitrine, au moyen de l'air introduit par l'insufflation. Certes, une aspiration bien exécutée peut remplir le premier but, et ce sera toujours une chose utile à l'asphyxié que d'être débarrassé des matières écumeuses qui remplissent la trachée-artère et qui obstruent ses ramifications ; car il en résultera nécessairement un vide opéré, et partant un mouvement imprimé au tissu pulmonaire dans une limite donnée, auquel succédera la rentrée de l'air après l'aspiration ; aussi je la crois utile. Et quand même il n'existerait pas d'écume, on déplacerait toujours un volume d'air vicié que l'on remplacerait par de l'air pur. — L'insufflation peut-elle produire une stimulation capable de faire contracter les muscles dilatateurs de la poitrine ? Je crois que cet effet ne se produirait réellement que dans les cas où l'insufflation serait faite avec quelque force. Or, dans cette supposition, il est démontré qu'elle peut devenir nuisible et développer un emphysème pulmonaire. Que si on l'emploie d'une manière modérée, on opère un déplacement d'air dans la trachée et dans les premières divisions des bronches ; mais je ne crois pas qu'on produise cet effet au delà, parce que au fur et à mesure que la trachée se divise, elle produit des tubes de plus en plus capillaires, dans lesquels il n'est plus possible de faire naître un courant descendant et ascendant de l'air ; aussi le raisonnement me conduit-il à regarder les insufflations comme beaucoup moins utiles que les aspirations, et à me ranger à l'opinion de Marc, d'accord en cela avec les craintes que M. Leroy d'Etiolles a soulevées le premier.

Telle était en définitive l'opinion que j'avais formulée dans la dernière édition de ce Traité ; mais il y a peu de temps le conseil de salubrité de Paris fut appelé à reviser l'instruction des secours à donner aux noyés. Faisant partie de la commission chargée de ce travail, je fis avec mes collègues des expériences directes propres à nous éclairer sur l'utilité des aspirations. Les seringues destinées à cet effet étaient le sujet de réparations continuelles, attendu que la garniture du piston se desséchait en peu de temps et que la seringue ne fonctionnait plus. Je m'expliquais mal d'ailleurs comment cette aspiration de mucosités par le nez ou par la bouche pouvait s'opérer, car dans l'état de mort les côtes et le diaphragme étant revenus sur eux-mêmes, ils ne pouvaient pas se prêter à un nouveau resserrement de la poitrine, à moins qu'on ne fît le vide à force de tractions du piston ; et alors il était à craindre que chez un noyé on n'amenât dans cet état une exsudation sanguine à la surface de la membrane muqueuse des voies respiratoires.

L'expérience a vérifié ce raisonnement et nous a démontré qu'au moyen de l'aspiration par les narines ou par la bouche, ces diverses ouvertures étant hermétiquement fermées, on ne retirait rien, ni eau, ni écume, ni mucosités ; que si on laissait une des ouvertures nasales ou buccales ouverte en même temps que l'on aspirait, alors l'air extérieur passait de l'ouverture ouverte à l'ouverture fermée, mais il ne venait pas de la trachée-artère.

Que si l'on se servait d'une canule et qu'on aspirât avec la bouche, on appelait dans la canule les mucosités qui avoisinent son extrémité libre.

Que si l'on agissait sur des chiens asphyxiés par submersion, non seulement on ne retirait pas l'écume contenue dans la trachée, mais encore on ne rappelait pas ces chiens à la vie par ce moyen.

De telle sorte que dans la nouvelle instruction des secours à donner aux noyés, non seulement nous avons retiré les seringues pour l'aspiration , mais encore nous n'avons plus préconisé ce moyen.

Il ne s'ensuit pas qu'une canule introduite dans la trachéc-artère ne puisse servir à enlever les mucosités par aspiration , mais à la condition qu'elle sera promenée de manière à aspirer tout ce qui l'avoisine, c'est assez dire qu'elle n'enlèverait rien de l'écume contenue dans les divisions des bronches.

4° *Excitants externes et internes.* — L'application de la chaleur autour du corps a été quelquefois utile. C'est ainsi qu'après avoir en vain prodigué des secours à un enfant noyé dans la mer à Oran , où il était resté submergé pendant huit minutes, on eut l'idée de placer autour de lui des pains de munition sortant du four. Au bout de dix minutes la respiration se rétablit , la réac-tion survint ; il éprouva une soif ardente et se rétablit en douze heures. (*Journal de médecine pratique*, 8 octobre 1838.)

Un chirurgien de l'hôpital du nord de Liverpool, dans un ar-ticle publié dans la *Gazette médicale de Londres*, a signalé les avantages qu'il a retirés de l'usage des *bains d'air chaud* dans presque tous les cas d'asphyxie par submersion qui se sont pré-sentés depuis neuf mois à l'hôpital. A cet effet, il fait placer un coussin sous les épaules, et un autre sous les fesses, de manière à pouvoir passer des cerceaux qui tiennent à distance une cou-verture de laine. Deux tubes en tôle de trois pieds de longueur et de quatre pouces de diamètre sont réunis à angle droit. Ils sont fixés sur un piédestal plus large, dans l'intérieur duquel est une lampe à esprit-de-vin avec huit ou dix becs séparés ayant chacun un bouchon, afin qu'en le plaçant et le déplaçant la tem-pérature soit modifiée à la volonté de l'opérateur ; l'orifice du tube qui transmet la chaleur est placé au-dessous de la couver-ture, près des pieds du malade. En moins de cinq minutes on peut obtenir une température de 100 degrés Fahrenheit. (*Journal de thérapeutique*, XVI, 317.)

Un appareil fort simple, qui a été inventé l'année dernière par M. Cadet de Gassicourt pour donner des bains d'air chaud aux cholériques, peut facilement remplacer cet appareil un peu com-pliqué. Cet appareil consiste dans un cône renversé, avec tuyau coudé à son extrémité pour transmettre l'air chaud dans le lit ; on place une lampe à esprit-de-vin sous ce cône posé à terre et l'air échauffé se répand aussitôt dans le lit, de manière à y pro-duire en cinq ou six minutes une température souvent même trop élevée. On choisit la lampe à trois mèches, afin de régler à volonté la température.

L'électricité a été considérée comme l'un des moyens les plus puissants pour rappeler les asphyxiés à la vie. Collemann et J.-P. Frank en ont surtout vanté les avantages. Certes, ce moyen a pu produire de bons effets, mais il est si rare d'avoir à sa disposition les appareils nécessaires à son usage, que l'on peut réduire à des cas bien peu nombreux les circonstances dans lesquelles il a été utile et celles où il le deviendra. On l'a employé sous diverses formes, tantôt en stimulant les parois de la poitrine à l'aide d'étincelles, tantôt à l'aide de décharges. C'est principalement sur la région du cœur qu'on dirige l'électricité, de manière à susciter les contractions de cet organe.—On a proposé de piquer les muscles intercostaux, d'introduire même des aiguilles jusqu'au diaphragme. On ne saurait recommander trop de réserve à l'égard de ces moyens.—On a été jusqu'à conseiller de faire brûler sur le creux de l'estomac, sur les bras, sur les cuisses, des morceaux d'amadou, de linge, de papier et même des linges imbibés d'alcool.—L'ammoniaque, l'éther et les liqueurs aromatiques sont fréquemment employés ; — l'excitation de la luette, celle des ouvertures des fosses nasales à l'aide des barbes d'une plume, peuvent être mises en usage.—Je regarde comme de peu de valeur l'injection de liqueurs fortes dans l'estomac à l'aide d'une sonde introduite dans l'œsophage, et cette médication peut avoir dans quelques cas des inconvénients. Il n'en est pas de même des frictions faites sur la région du cœur, les parois de la poitrine, la partie interne des bras et des cuisses. Ce moyen est fréquemment employé et avec succès. Plusieurs personnes peuvent le mettre en pratique à la fois ; des morceaux de flanelle, de laine chaude, de linge, et même la paume des mains seulement, doivent être les agents de ces frictions. On ne saurait trop les recommander dans toutes les asphyxies.

5° *La saignée.* — La saignée est dans quelques asphyxies l'un des agents thérapeutiques les plus efficaces, mais elle peut devenir très dangereuse dans quelques cas. En général, elle est utile lorsque la face est bouffie, injectée, violacée ; que les mains et les pieds présentent la même teinte ; que les veines sous-cutanées des tempes sont dessinées ; et lorsque la peau est colorée en rose, en rouge vif ou en violet, elle offre alors l'avantage de dégorger le système veineux, et de faciliter par là le rétablissement de la circulation; mais il n'est pas toujours possible de la mettre en pratique : tel est le cas où quelque temps s'est écoulé depuis que l'asphyxie est complète; on ouvre alors la veine sans obtenir d'écoulement de sang. Il n'en est pas de même lorsque l'individu vient de perdre connaissance, alors une saignée modérée peut produire les résultats les plus avantageux. Si ce moyen ne peut pas toujours être employé primitivement, il facilite souvent le rétablissement de la circulation lorsque des efforts inspiratoires commencent à s'effectuer; la saignée est surtout avantageuse pendant le délire furieux qui accompagne le retour à la vie de quelques noyés, ainsi qu'on peut en lire un exemple fort remarquable dans les *Archives de médecine* (juin 1829).

Enfin on a conseillé de pratiquer la trachéotomie.

Si, après avoir présenté d'une manière générale les moyens propres à rappeler les asphyxiés à la vie, nous cherchons à en faire une application à la pratique, nous serons conduits aux résultats suivants : Toute asphyxie qui reconnaît pour cause l'existence d'un corps étranger, solide ou liquide, dans la trachée-artère, demande avant tout l'ablation de ce corps étranger : on doit regarder comme corps étranger la matière écumeuse qui remplit la trachée-artère et les principales divisions des bronches dans les noyés; mais, comme cette écume n'existe pas chez un certain nombre d'entre eux, il faudra s'attacher à prévoir les cas dans lesquels les aspirations faites avec la bouche, au moyen d'une sonde ou d'une canule, seront utiles, et comme l'asphyxie avec matière se dessine ordinairement à l'extérieur du corps par une coloration rosée de la face, des mains et de quelques points de la surface du corps, c'est dans ces conditions que les aspirations pourront être avantageuses. Hors les circonstances où ces indices existeront, il n'y a plus que vague et incertitude sur l'existence d'écume, et les noyés rentrent alors en général dans la classe des asphyxies sans matière.

Relativement à cette classe, nous établirons une distinction : ou il existe des indices d'un engorgement du système capillaire général, et par conséquent aussi du système capillaire pulmonaire, et alors il faut, aussitôt qu'il y aura possibilité, opérer une déplétion sanguine; ou, au contraire, le sujet sera pâle, décoloré, et dans ce cas on doit s'attacher à l'emploi des moyens mécaniques propres à simuler la respiration, et aux stimulants capables de mettre en action les muscles dilatateurs de la poitrine. On a pu voir la valeur et le degré d'importance que nous attachons à chacun de ces moyens ; il sera donc facile d'en faire l'application d'après les principes que nous venons d'exposer. Nous ne saurions trop recommander la plus grande persévérance dans leur emploi. C'est à la ténacité du médecin qu'est attaché le succès dans l'administration de ces sortes de secours.

CHAPITRE XV.

ASPHYXIE PAR SUBMERSION.

L'asphyxie par submersion ne peut soulever que deux questions de la part des magistrats. Ce sont les suivantes :

1° Déterminer si la mort a été le fait de la submersion.

2° Dans le cas où la mort aurait été le fait de la submersion, doit-elle être considérée comme le résultat d'un suicide ou d'un homicide ?

Première question. — *Déterminer si la mort a été le fait de la submersion.*

Pour parvenir à résoudre la première question, il faut : 1° connaître les phénomènes qui accompagnent la mort par submersion ; 2° les divers états dans lesquels on trouve les organes des individus noyés après la mort ; 3" les modifications que peuvent subir les divers organes de l'économie chez les noyés, et le degré de certitude que l'on peut fonder sur ces modifications ; 4° apprécier la valeur des modifications qui sont survenues dans l'état normal de ces divers organes, en tant qu'elles tendent à indiquer que l'individu était vivant ou qu'il était mort avant la submersion ; 5° déterminer jusqu'à quelle époque de la submersion on peut constater les signes de ce genre de mort, et quelles sont les causes qui peuvent les faire disparaître. C'est sous ces cinq chefs principaux que nous allons retracer les faits qui se rattachent à la première question. Nous en ferons ensuite le résumé.

1° *Phénomènes que présente l'individu au moment de l'immersion, et modes suivant lesquels la mort peut survenir.* — Ici nous supposerons plusieurs cas. A. L'individu conserve l'intégrité parfaite de ses facultés intellectuelles. Il tombe dans l'eau à une profondeur plus ou moins grande suivant la hauteur de sa chute, remonte à la surface de ce liquide sous l'influence de son poids spécifique rendu moins considérable par l'air retenu dans les vêtements et par la position dans laquelle se met le corps par l'effet de mouvements instinctifs, position qui a pour objet de présenter une plus grande surface au liquide. Alors de deux choses l'une : ou l'individu sait nager, et dans ce cas il parcourt involontairement la surface de l'eau jusqu'à ce que, fatigué, il rentre dans les conditions d'une personne qui ne sait pas nager ; ou il se trouve dans ce dernier cas, et alors il exécute des mouvements irréguliers des bras et des jambes, saisit tout ce qui se trouve sous sa main, gratte le fond de l'eau, s'accroche aux corps mobiles comme aux corps immobiles ; mais par cela même que ses mouvements sont irréguliers, il apparaît et disparaît successivement à la surface de l'eau. Il est d'observation qu'au moment où la tête sort de ce liquide, il se fait une aspiration d'air et d'eau ; celle-ci est en partie avalée, en partie rejetée par un effort involontaire de toux, résultant du contact de l'eau avec le larynx, l'eau s'étant introduite dans cet organe en même temps que l'air, et l'on sait combien ce dernier organe est impressionnable au contact des liquides ; mais ces efforts ont amené l'expulsion de l'air inspiré, et le besoin de respirer ne tarde pas à se faire sentir. Si l'individu a pu gagner la surface de l'eau, il profite de son contact avec l'air pour satisfaire ce besoin instinctif ; mais comme la tête ne sort qu'imparfaitement de ce liquide, il se fait une nouvelle aspiration d'air et d'eau, de là de nouveaux efforts de toux. Bientôt l'individu ne peut plus nager qu'entre deux eaux ; le besoin de respirer se fait sentir de plus en plus ; le noyé ouvre la bouche, l'eau seule y pénètre ; elle est expulsée de la trachée avec de l'air, avalée en partie, et la quantité qui pénètre ainsi dans l'estomac peut égaler un litre et même deux litres ; il en entre toujours une petite quantité dans la trachée pour former la *mousse écumeuse*, qui dans ces cas est constante. Pendant tous ces efforts pour retenir la respiration, il se fait un afflux de sang au cerveau, ce qui explique pourquoi cet organe est fréquemment piqueté, quelquefois même gorgé de sang, état qui ne s'observe pas dans l'asphyxie franche. Enfin les mouvements volontaires cessent, l'asphyxie devient complète par défaut d'oxygénation du sang ; l'individu tombe au fond de l'eau en même temps qu'il s'échappe des bulles d'air de la poitrine par le retour des côtes et du diaphragme à leur situation ordinaire, sous l'influence de l'élasticité de toutes ces parties et de la pression atmosphérique.

B. L'individu perd connaissance au moment de son immersion. — La frayeur, l'ivresse, l'impression d'une eau très froide, une attaque d'hystérie, une syncope même, peuvent produire cet effet ; on en a rapporté plusieurs exemples. Dans ces cas, le corps de la personne va au fond de l'eau, remonte à une certaine hauteur, retombe sans exécuter aucun mouvement, et l'individu peut succomber dans cet état. La mort survient par syncope et non par asphyxie.

C. Il peut encore se faire que l'individu, en tombant dans l'eau, la tête porte la première, qu'elle rencontre une roche, un pieu ou tout autre corps dur, et qu'elle reçoive une commotion qui amène la mort ; ou bien que, saisi par le froid, une apoplexie survienne.

D. Tombé dans l'eau avec l'intégrité parfaite de ses facultés intellectuelles, le noyé les conserve pendant quelque temps, voit l'horreur de la mort à laquelle il va succomber, et il tombe en syncope. Ici le noyé présente une partie des phénomènes que j'ai décrits dans le premier paragraphe, en sorte que, ne mourant pas par l'asphyxie seule, le corps peut cependant après la mort présenter quelques uns des caractères qui sont propres à celle-ci. C'est même là le genre d'asphyxie le plus commun ; on le désigne sous le nom d'*asphyxie mixte*.

Il résulte de là qu'un noyé peut succomber à cinq genres différents de mort : 1° à l'asphyxie ; 2° à la syncope ; 3° à une commotion cérébrale ; 4° à l'apoplexie ; 5° à un état mixte dans lequel les fonctions des poumons, du cerveau et du cœur sont suspendues presque en même temps. Louis n'adoptait qu'un seul genre de mort, l'asphyxie avec matière ou eau écumeuse oblitérant la trachée ; mais Louis n'avait ouvert que des chiens noyés. Rœderer et Pouteau avaient conçu des doutes sur l'universalité de cette cause ; Desgranges (de Lyon), reconnut l'existence d'une asphyxie par syncope sans matière, et d'une asphyxie avec matière. Fine (de Genève), Mahon et Marc, adoptèrent quatre espèces de mort qui sont aussi celles que je reconnais ; mais ils n'ont pas tenu compte de la mort par commotion, qui doit être assez fréquente dans les cas de suicide.

Plusieurs hypothèses avaient été émises autrefois pour expliquer la cause de la mort dans la submersion. On a supposé que la mort était due : — *A*. A l'introduction de l'eau dans l'estomac ; mais cette supposition ne mérite pas discussion. — *B*. A l'abaissement de l'épiglotte, qui, d'après Detharding (*De modo subveniendi submersis per laryngotomiam*), oblitérait l'ouverture supérieure du larynx ; mais tout le monde sait aujourd'hui que

l'élasticité de l'épiglotte ne saurait être vaincue que par une force
matérielle appliquée sur elle. Il n'y a rien de cela dans la submersion. — *C*. A l'affaissement des poumons. Coleman, Sprengel
et d'autres auteurs ont émis cette manière de voir. Il est difficile,
dans l'état actuel de la science, de détruire cette hypothèse basée
sur l'opinion de Haller, qui pensait que le sang ne peut pas traverser les capillaires pulmonaires pendant l'affaissement des
poumons lors de l'expiration soutenue. En vain objecterait-on
les expériences de Bichat, ainsi que l'a fait M. Orfila. Les recherches du docteur Kay tendent à faire revivre cette ancienne
manière de voir, qui du reste me paraît peu probable (voyez
Asphyxie en général). M. Orfila a vu les animaux dilater leur
poitrine pendant leur immersion dans l'eau (*Méd. lég.*, t. II). —
D. A l'entrée de l'eau dans les ramifications bronchiques. C'est
là sans contredit une des causes les plus communes de la mort
des noyés ; mais dans ces cas-là même, est-ce la seule qui agisse ?
Cela est peu probable. Gardane, Varnier, Goodwin, ont introduit, par une incision faite à la trachée de chiens et de lapins,
quatre fois plus d'eau qu'il n'en pénètre pendant la submersion ;
mais il est vrai de dire que les animaux pouvaient expulser l'eau
au fur et à mesure de son introduction, et que, sous ce rapport,
ils n'étaient pas placés dans les mêmes conditions. Il y a donc
lieu de croire que l'eau agit comme un corps étranger, c'est-à-
dire mécaniquement en s'opposant à l'entrée de l'air. — *E*. A la
viciation de l'air contenu dans les poumons. Voilà une cause
puissante de mort dans la grande généralité des cas de submersion. Macquer l'a le premier émise (*Dict. de chim.*, t. 1, p. 278);
Berger (*Dissert. inaugur.*, Paris, 15 thermidor, an XIII) en a démontré toute l'influence, en faisant voir que tous les animaux
que l'on tient submergés expulsent, au bout d'une minute et
demie de séjour dans l'eau une partie de l'air contenu dans la
poitrine, et meurent ; que l'analyse de l'air des poumons prouve
que ce gaz ne contient plus que quatre à cinq parties d'oxygène ;
analogie frappante avec l'air vicié des cloches par la respiration
des animaux, et dans lequel ils ne peuvent plus vivre. Ainsi
même genre de mort, même état de l'air, circonstances qui
donnent beaucoup de poids à la dernière hypothèse que nous
venons de citer, en tant qu'elle se rapporte aux individus noyés
qui périssent par asphyxie complète ou incomplète.

    2° *État des principaux organes chez les noyés qui ont succombé*

à ces différents genres de mort.—1° A l'asphyxie proprement dite.
— Face en général pâle, quelquefois d'une teinte légèrement
violacée; cette coloration peut être observée aux mains, aux
pieds, et sur divers points de la surface du corps. Bave écumeuse
à la bouche; langue fréquemment placée entre les dents. Ecume
dans la trachée-artère, le larynx et les bronches, consistant plutôt
en une *mousse savonneuse très blanche* et exceptionnellement sanguinolente. Membrane muqueuse de la trachée légèrement rosée,
le plus souvent incolore. Une quantité variable d'eau dans la
trachée et les premières divisions des bronches, s'étendant quelquefois à leurs dernières ramifications. En général, on n'en trouve
guère qu'une demi-cuillerée à une cuillerée; cependant elle peut
remplir les voies aériennes, lorsqu'après la mort le corps est resté
placé dans une situation favorable à son introduction. On peut
rencontrer aussi un peu de vase ou des débris des végétaux qui
flottent au milieu de l'eau. Les poumons ont une teinte violacée;
ils contiennent beaucoup de sang fluide, moins cependant que
dans l'asphyxie par le charbon; ils sont très développés, et leur
bord antérieur se recouvre mutuellement quand on a coupé le
médiastin antérieur. Il résulte des recherches que nous avons faites
que le tissu pulmonaire est toujours emphysémateux. On trouve
le tissu pulmonaire crépitant; à sa surface se dessinent un grand
nombre de vésicules que l'on affaisse par la moindre pression, et
cet état est du reste très communément observé dans presque
tous les genres de mort par asphyxie; nous l'avons fait connaître
en 1840 (voyez *Annales d'hyg. et de méd. lég.*, numéro d'avril
même année). Si l'on incise leur tissu, il en suinte de larges gouttelettes de sang très fluide. Le cœur est rarement distendu par le
sang; ses cavités droites en contiennent une assez grande quantité. Il en est de même pour les veines caves. Les cavités gauches
ne sont presque jamais complétement vides; toujours l'oreillette
de ce côté renferme du sang; l'aorte surtout en fournit quand on
la comprime de bas en haut. L'estomac présente presque toujours
un liquide analogue à celui dans lequel l'immersion a eu lieu;
sa quantité peut être très considérable. Les intestins ont une
teinte rosée; le foie et la rate contiennent beaucoup de sang;
assez souvent il existe dans la vessie quelques cuillerées d'une
urine rosée ou sanguinolente. Les vaisseaux du cerveau renferment un peu de sang; la substance médullaire est en général
piquetée; la concavité des ongles peut offrir de la vase ou du sable.

État des organes chez les noyés qui meurent par syncope. — Face toujours pâle ainsi que la peau du reste du corps ; trachée vide ou contenant seulement un peu d'eau, mais sans écume ; poumons peu développés, de couleur naturelle, un peu gorgés dans leur partie la plus déclive. Cœur présentant une quantité égale de sang dans les cavités droites et gauches ; autant de sang dans les artères que dans les veines ; cerveau et autres organes dans l'état naturel ; estomac ne contenant pas d'eau, à moins que l'individu n'en ait avalé avant la submersion.

État des organes chez les noyés qui meurent par congestion cérébrale ou par formation d'un foyer apoplectique. — La mort par foyer apoplectique est extrêmement rare. Je ne l'ai observée qu'une seule fois et chez un sujet qui avait déjà plusieurs mois de séjour dans l'eau ; et quoiqu'il fût difficile d'affirmer que la mort ait eu lieu de cette manière, on pouvait cependant établir de fortes présomptions à ce sujet, l'individu portant des traces certaines d'un foyer ancien et d'un foyer récent. Il est évident que dans ces cas on trouvera toutes les altérations qui accompagnent la mort par cette maladie, c'est-à-dire le foyer apoplectique et les traces d'asphyxie secondaire. Ne peut-on pas rapporter à la mort par congestion cérébrale l'état suivant que présentent quelques noyés : Tous les vaisseaux du cerveau sont gorgés de sang, la substance cérébrale est très piquetée, les cavités gauches du cœur contiennent souvent plus de sang que les cavités droites ; les poumons n'en renferment presque pas ; ils ont conservé leur couleur ?

État des organes dans les asphyxies mixtes. — Il n'existe qu'une petite quantité d'écume dans la trachée ; peu ou point d'eau ; les poumons médiocrement gorgés de sang ; du sang liquide se trouve et dans les cavités droites et dans les cavités gauches du cœur, mais un peu plus à droite qu'à gauche, et avec une extrême fluidité ; les vaisseaux veineux et les artères en renferment ; la substance cérébrale est piquetée ; l'estomac contient de l'eau : c'est là l'état le plus commun des organes des noyés.

Les détails dans lesquels nous venons d'entrer fournissent quelques documents propres à résoudre cette question : *Deux ou un plus grand nombre d'individus étant tombés ensemble dans une rivière, déterminer quel est celui qui a vécu le plus longtemps.* Pour y parvenir, il faut avoir égard : 1° A l'état du cadavre, à l'aide duquel on peut spécifier, dans quelques cas, le genre de mort ; ordre de considération très important, puisque si l'individu porte des traces d'apoplexie foudroyante, nul doute qu'il n'ait succombé le premier. Si c'est à l'asphyxie et à la congestion cérébrale, il aura vécu moins longtemps que celui qui sera mort d'asphyxie pure. Si la mort est due à l'asphyxie pure, il aura vécu moins longtemps que celui qui présentera les caractères de la mort par syncope. 2° A l'âge. Un enfant dans le jeune âge tombera rarement en syncope, parce qu'il ne connaît pas le danger. 3° Au sexe. Une fille pubère, une femme, se trouveront souvent dans le cas contraire. 4° A l'état particulier du sujet. Une fille ou une femme qui a ses règles tombe facilement en syncope. Une personne qui serait affectée d'anévrisme et dont le système nerveux serait exalté par la maladie, pourrait présenter une rupture du sac anévrismatique, qui aurait déterminé une mort presque instantanée. Il en est de même à l'égard de quelques autres maladies dont il faut tenir compte dans la solution de cette question. 5° Aux lésions indépendantes de la mort par submersion et qui tiennent à la localité de la rivière: ainsi, pendant la chute, la tête a pu venir frapper un rocher, un pieu, un piquet de bois, ou tout autre corps dur. Une commotion du cerveau, une fracture du crâne, une perforation des parois de la poitrine, du diaphragme ont pu avoir lieu, et amener différents genres de mort dont on pourra apprécier la durée.

Je vais rapporter ici plusieurs exemples de submersion avec des genres différents de mort, qui donneront mieux que toutes les descriptions l'idée que l'on peut se faire de l'état des organes chez les noyés.

Type de la mort par asphyxie *dans la submersion. — Eau étendue jusque dans les dernières divisions des bronches.*

Jean Bri..., âgé de cinquante-huit ans, retiré du canal des Vertus, le 29 avril 1830, apporté à la Morgue le 30 ; il n'est resté qu'un jour dans l'eau.

État extérieur du cadavre le 2 mai, jour de l'ouverture. — La face et la poitrine n'offrent rien de remarquable, et la couleur de la peau en ces endroits n'a nullement changé. La partie supérieure et interne des cuisses offre une teinte rosée parsemée de plaques blanchâtres ; cette teinte se continue en dedans des cuisses à peu près jusqu'aux genoux ; mais à partir de l'extrémité inférieure des fémurs jusqu'au-dessous des mollets, elle est beaucoup plus foncée et tire un peu sur le violet. La même teinte s'observe à la face interne des bras, au dos et aux fesses (cette couleur de la peau a une grande analogie avec celle que présentent les asphyxiés par le charbon) ; point de traces de vase dans la concavité des

ongles des pieds et des mains ; l'épiderme y est très adhérent. La peau
n'est que plissée vers la paume des mains.

Les muscles de la partie antérieure du cou sont dans l'état ordinaire ;
les veines superficielles fortement injectées ; les jugulaires et les sous-
clavières contiennent une quantité notable de sang noir et très fluide.

Le pourtour de la langue, et surtout sa pointe, présentent l'*empreinte
des dents incisives* inférieures et de quelques molaires du côté gauche ;
aussi cet organe faisait-il saillie comme chez les pendus. La muqueuse
vers la base de cet organe est *fortement injectée ;* lorsqu'on l'incise et
qu'on la comprime, on voit sortir une petite quantité de sang des vaisseaux
qui entrent dans son épaisseur. L'injection sanguine ne se communique
point au tissu cellulaire sous-jacent. L'intérieur de la bouche ne contient
ni eau, ni vase, ni aliments. Le larynx et la trachée-artère ont conservé à
l'extérieur leur couleur naturelle ; leur face interne est *un peu injectée ;*
mais il existe dans ces deux conduits *une quantité très grande* d'écume
à bulles extrêmement fines, mêlée à *de l'eau légèrement colorée.* Cette
eau est surtout *abondante à la division* des bronches ; on la rencontre
encore dans les *dernières ramifications bronchiques.*

Thorax. — Les poumons sont *volumineux, crépitants ;* le droit,
maintenu par des adhérences à la plèvre, ne dépasse que peu les fibro-
cartilages des côtes ; le gauche, libre de toute adhérence. recouvre en
partie le péricarde ; tous deux sont d'un *gris ardoisé ;* leur tissu est
rouge, gorgé de sang, et lorsqu'on les comprime, il s'échappe des
troncs veineux de larges gouttelettes de sang noir. Le péricarde a conservé sa teinte ordinaire ; son intérieur contient un peu de sérosité roussâtre.

Le cœur est assez volumineux. Les cavités droites sont *gorgées d'un
sang noir et très fluide.* Le ventricule gauche *en contient à peine ;* il en
existe *un peu* dans l'oreillette gauche et dans l'aorte.

Abdomen. — L'estomac contient au moins *deux livres d'eau très
claire* au fond de laquelle se trouve un peu de mie de pain non digérée ;
la membrane muqueuse de cet organe est blanchâtre, le reste des intestins contient aussi de l'eau et une certaine quantité de gaz.

Le foie est très volumineux ; sa couleur est jaune rougeâtre ; son tissu
est granulé, consistant, imitant le granit ; il semble formé de grains
jaunes et rouges entremêlés ; lorsqu'on l'incise, il graisse le scalpel. La
vésicule est vide, ses parois sont emphysémateuses.

La rate et les reins offrent un tissu un peu plus rouge que d'ordinaire.

La vessie est vide, ses parois sont blanches.

Crâne. — Injection des veines superficielles du cerveau ; sang noir,
fluide, dans le sinus longitudinal ; substance cérébrale largement piquetée.

Noyé. — *Quelques instants dans l'eau.* — *Observation propre à bien
faire connaître l'état du tissu pulmonaire chez les noyés morts
par asphyxie.*

Guillot... (Jean), âgé de cinquante-deux ans, retiré de la Seine à Su-
resnes, homme fort, bien constitué et bien musclé. Aucune lésion à l'extérieur du corps. L'épiderme des mains n'est pas blanchi. Il existe à la
face palmaire de l'annulaire de la main gauche des *traces d'excoriations*
de l'épiderme. La face est dans l'état naturel. Les veines sous-clavières et
leurs ramifications sont extrêmement gorgées de sang fluide, et une partie

du sang est coagulé. Les poumons recouvrent fortement le péricarde. Le cœur est très volumineux, très distendu, et le péricarde contient un peu de sérosité sanguinolente. Les cavités droites sont gorgées de sang, en partie fluide, en partie coagulé; quand on presse sur la veine cave inférieure, on en fait sortir beaucoup de sang. Les parois du ventricule gauche sont très épaisses, sa cavité ne contient que très peu de sang. Les ganglions bronchiques sont très volumineux. La base de la langue n'est pas injectée. Les sections faites pour ouvrir la poitrine ont déterminé le reflux dans l'arrière-bouche d'une certaine quantité d'eau écumeuse tout à fait incolore. La membrane muqueuse laryngo-trachéale n'est nullement injectée. Dans le larynx existe une écume à bulles très divisées. Dans la trachée et dans les premières divisions des bronches cette écume offre des bulles beaucoup plus larges : on n'aperçoit pas de traces sensibles d'eau isolée de l'écume ; dans quelques unes des petites ramifications des bronches *il existe un peu d'écume très divisée*, mais pas d'eau. Le tissu des poumons est très crépitant; quand on le presse fortement, après l'avoir incisé, on voit sortir des ramifications des bronches de l'écume qui se rassemble sous forme de petites masses de mousse; et du tissu même des poumons s'échappent en crépitant des bulles d'air enveloppées d'eau, en sorte que le poumon représente une éponge qui fournirait de l'écume par toute sa surface. L'estomac et la partie supérieure de l'intestin grêle contiennent beaucoup d'eau. Le foie est comme chez les asphyxiés par le charbon. Les vaisseaux du cerveau sont gorgés de sang ; à sa surface la substance cérébrale est fortement piquetée. De la sérosité existe dans les ventricules du cerveau, ainsi qu'à l'extérieur de cet organe.

Noyé. — Remarquable par l'asphyxie, et cependant pas d'écume.

Mitai... Quelques heures dans l'eau de la Seine ; aucune trace de lésion à l'extérieur. Vaisseaux superficiels du cou fortement gorgés de sang. Oreillette et ventricule droits gorgés d'un sang fluide. Ventricule gauche contenant une très petite quantité de sang. La section de la veine cave inférieure amène un écoulement notable de sang ainsi que celle des artères pulmonaires. Poumons ayant une teinte généralement violacée. Pas d'eau écumeuse dans le larynx, la trachée. On ne trouve que quelques traces d'écume dans une division des bronches, et encore sont-elles à peine marquées. Toute la muqueuse de la trachée est très lubrifiée d'eau, si ce n'est dans les dernières ramifications bronchiques. Le tissu des poumons est en général gorgé de sang, surtout postérieurement. Sept ou huit onces d'eau dans l'estomac. Foie très gorgé de sang. Sinus de la dure-mère contenant peu de sang. Substance cérébrale un peu piquetée ; mais cet organe est en général peu injecté.

Noyée. — Asphyxie mixte.

Seine, Vitry. Soupçonnée veuve Beaug.... Quelques instants dans l'eau. Une petite plaie au dos du nez formant un petit lambeau limité par deux sections latérales, et sans gonflement des bords. Quelques traces de contusion sur la pommette droite et sur le dos du nez. L'épiderme des mains et des pieds est à l'état naturel. Peu de sang dans les vaisseaux superficiels du cou. Un peu de sérosité dans le péricarde. Peu de sang, mais très fluide, dans l'oreillette et le ventricule droits, encore moins dans le ventricule et l'oreillette gauches. La section de la veine cave inférieure ne donne pas beaucoup de sang ; celle de l'aorte en donne plus, et, par la pression, il s'en écoule une quantité assez notable. Adhérences anciennes à l'extérieur du poumon gauche. Teinte généralement blafarde des poumons. Pas d'écume dans le larynx, non plus que dans les deux tiers supérieurs de la trachée ; mais au tiers inférieur et dans la bifurcation de la trachée, écume assez marquée, quoique peu abondante ; bulles extrêmement divisées *et d'une teinte un peu rosée.* Le poumon droit est assez gorgé de sang, et ce liquide sort par gouttelettes assez larges, quand on en comprime le tissu. Cet effet n'a lieu toutefois que dans la partie postérieure du poumon. L'estomac contient une quantité peu considérable d'eau. Il en existe aussi une petite proportion au commencement de l'intestin grêle.

Submersion dans une baignoire. — Observation remarquable par l'eau de la trachée.

Antoinette Razur..., veuve Pic..., âgée de cinquante-six ans, demeurant rue des Amandiers, n° 17, noyée dans une baignoire de l'établissement de la rue des Fossés-Saint-Bernard.

Aucune trace d'ecchymose à la surface du corps. Injection rosée de la peau à la partie externe des cuisses et à leur partie interne. Il s'écoule de la bouche une grande quantité d'eau. La paume des mains est blanchie comme chez un noyé resté deux jours dans l'eau en novembre. Poumons très développés recouvrant le péricarde. Veine cave supérieure et jugulaire peu injectée. Un peu de sérosité dans le péricarde. Quantité assez considérable de sang très fluide dans l'oreillette et le ventricule droits, ainsi que de l'air qui s'échappe par sept ou huit grosses bulles ; beaucoup moins de sang dans le ventricule gauche et moins fluide. Quelques ossifications de la crosse de l'aorte. Une quantité notable de sang dans cette artère, mais moins fluide. Les poumons sont très sains, grisâtres et peu gorgés de sang. La trachée, extrêmement blanche, *est remplie d'eau*, ainsi que les bronches jusqu'à leur troisième division ; *mais là s'arrête ce liquide.* C'est peut-être la première fois que nous voyons autant d'eau. Il n'existe pas du tout d'écume. Les mâchoires sont très rapprochées, la langue est placée derrière les dents.

Abdomen. — L'estomac est énorme, et il est rempli d'eau : on peut évaluer la quantité de ce liquide à plus de deux litres ; il ne contient pas d'aliments. Sa membrane muqueuse est injectée uniformément dans l'étendue de quatre pouces de diamètre à la paroi antérieure de cet organe. Le foie est peu gorgé de sang ; les autres viscères abdominaux sont dans l'état sain.

Tête. — Vaisseaux de la dure-mère légèrement remplis de sang. Cerveau peu piqueté. Trois à quatre cuillerées au moins de sérosité dans les ventricules latéraux. (Cette observation est remarquable sous plusieurs rapports ; on n'y trouve pas les caractères qui sont propres à l'asphyxie, à l'exception de la coloration de la peau, mais celle-ci a principalement lieu dans les parties les plus déclives. La grande quantité d'eau de la trachée ne peut être expliquée que par la position qu'a prise le cadavre. Cette femme se sera probablement trouvée incommodée ; ou comme elle était infirme des membres inférieurs et presque paralytique, elle aura glissé dans sa baignoire, n'aura pas pu se relever, et après avoir avalé une grande quantité d'eau, elle aura succombé. La position gardée par le cadavre aura favorisé l'entrée de l'eau dans le larynx, la trachée et les principales divisions des bronches, et peut-être aura-t-elle chassé l'écume qui s'était primitivement formée. Je ferai observer qu'il est difficile que l'eau pénètre jusque dans les dernières ramifications, à cause de leur capillarité. Il n'y a ici de preuve de la vie de la femme dans le bain, que la grande quantité d'eau trouvée dans l'estomac.)

Mort probable par asphyxie avec engouement, et cependant existence du sang en beaucoup plus grande quantité dans le cœur, à gauche qu'à droite, ainsi que dans l'aorte. — Un litre d'eau dans l'estomac.

Gourgoul... (Adélaïde), âgée de cinquante-deux ans, marchande, demeurant rue Geoffroy-Lasnier, apportée à la Morgue le 11 avril, retirée de la Seine en face d'Auteuil. Cadavre maigre.

État extérieur. — Tout à fait dans l'état naturel. Cependant les éminences thénar et hypothénar commencent à blanchir dans la main droite. Ce phénomène est à peine sensible dans la main gauche. Rien aux pieds. La face porte l'empreinte de la tristesse; pas d'écume à la bouche; aucune ecchymose. Langue naturelle, sa base seulement est un peu rouge, ainsi que la muqueuse du larynx. Trachée naturelle; près de sa division, mousse écumeuse. Mucus écumeux et sanguinolent dans les deux ou trois premières divisions des bronches; au delà de ce point, la trachée est vide et nette. Les poumons, très développés, d'une teinte rouge noirâtre très prononcée, recouvrent le péricarde. Ils sont extrêmement crépitants, comme du sel sur le feu (état emphysémateux probablement cadavérique); ils crient sous le scalpel qui les incise, et à la moindre pression de leur tissu, qui est très rouge. Vaisseaux véineux peu gorgés de sang. Ventricule et oreillette droite contenant un peu de sang fluide, ainsi que la veine cave inférieure. Le ventricule gauche, ainsi que l'oreillette, en contient au contraire beaucoup plus. Il en est de même de l'aorte, dont la section donne naissance à un écoulement assez considérable, et dont la pression en fait sortir beaucoup. (Cependant cette femme est probablement morte d'asphyxie. Comment alors expliquer la présence du sang en grande quantité dans les cavités gauches du cœur et dans l'aorte? L'asphyxie est-elle survenue en premier lieu, et la syncope ensuite? Cela est probable.)

Estomac contenant au moins un litre d'eau et pas d'aliments. Rien de remarquable dans le reste de l'abdomen. Vaisseaux de la dure-mère et de l'arachnoïde peu injectés; cerveau piqueté dans sa substance. Un peu de sérosité dans ses ventricules.

Quelques instants dans l'eau. — Mort par asphyxie mixte.

Per... (Pierre), âgé de cinquante-six ans, ancien militaire, demeurant rue Saint-Ambroise, n° 6, retiré de la Seine le 4 avril 1829.

Examen extérieur. — Toutes les parties sont dans l'état naturel, et telles qu'il serait impossible de déterminer si elles appartiennent à un noyé. On peut dire que cet homme n'est resté dans l'eau que le temps d'y mourir. Aucune trace de vase ou de sable aux ongles des pieds et des mains.

Tête. — Vaisseaux de la dure-mère peu injectés, substance cérébrale un peu piquetée. Pas de trace de vase sur la langue; la base de cet organe est rosée aux environs de l'épiglotte; la membrane muqueuse de l'intérieur du larynx est un peu rosée. Trachée entièrement vide d'écume. Il en est de même des bronches, qui ne paraissent pas contenir d'eau; mais, en comprimant le tissu des poumons, on fait sortir par les divisions des bronches des bulles gazeuses enveloppées de liquide. Poumons recouvrant tellement le péricarde et le cœur, que le droit vient croiser le gauche, et de manière à recouvrir son bord libre. Leur couleur est violacée ; leur tissu, peu crépitant, laisse suinter du sang ; il est en général assez foncé. Vaisseaux veineux modérément gorgés ; ventricule droit et oreillette du cœur contenant beaucoup de sang fluide. Il existe aussi une certaine quantité de sang dans le ventricule gauche. Sérosité sanguinolente en grande quantité dans la plèvre gauche. Estomac contenant *au moins un litre d'eau*. Intestins rougeâtres. Foie gorgé de sang.

(La quantité d'eau qui existe dans l'estomac, et l'état du tissu pulmonaire avec absence d'écume, tendent à établir des présomptions en faveur d'une asphyxie qui se serait manifestée primitivement ; et l'état du cœur, qui coïncide surtout avec la mort par syncope, porte à penser que la perte de connaissance sera survenue peu de temps après que l'individu luttait contre la mort.)

La mort par submersion est-elle accompagnée de douleurs?

Plusieurs individus retirés de l'eau au moment où ils allaient périr ont dit qu'ils éprouvaient des tourments inexprimables. Tel fut l'aveu que fit à Alibert une infortunée qui s'était précipitée dans la Seine. (*Dict. des sc. méd.*, t. **XXXIV**, p. 334. Montfalcon.)

Variations que peuvent subir les états des divers organes de l'économie chez les noyés, et du degré de certitude que l'on peut fonder sur leur existence.

Après avoir exquissé le tableau des états différents dans lesquels on trouve les organes des noyés, suivant le genre de mort de la submersion, nous allons entrer dans le détail de chacune des altérations qui peuvent se présenter, afin de faire disparaître de l'esprit des médecins les peintures infidèles que l'on en a tracées autrefois. Nous n'entendons parler ici que de l'état des parties exemptes de toute putréfaction, et par conséquent nous renvoyons, pour ce qui concerne les altérations que peuvent éprouver les tissus et les organes pendant leur séjour dans l'eau, à l'histoire que nous avons tracée de la *putréfaction dans ce liquide*.

On a dit : 1° *La face est bouffie, rouge, livide; les paupières sont entr'ouvertes, les pupilles dilatées, la bouche close, la langue entre les dents; une bave écumeuse existe aux narines et à la bouche.* — La face d'un noyé est le plus souvent exempte de toute coloration. Elle peut être généralement rosée, mais cela est rare :

seulement les oreilles et quelques points de la face sont injectés, lorsque la mort est due à l'asphyxie ou à une congestion vers la tête. Les pupilles ne sont pas plus dilatées que dans tout autre genre de mort. La langue est assez fréquemment placée entre les dents ; quelquefois elle est mordue par les dents et porte leur empreinte, et alors tous les phénomènes de constriction de son tissu, que l'on peut observer chez un pendu, existent dans ce cas. La situation de la langue *derrière* les arcades dentaires est commune ; la bouche est close ou demi-entr'ouverte ; la bave écumeuse est fréquente en été, et rare en hiver ; elle forme une mousse rassemblée entre les deux lèvres légèrement écartées. Ce phénomène ne peut dépendre que de deux causes : ou de ce que la quantité d'écume qui s'est formée a été assez considérable pour remplir les divisions des bronches, la trachée, la cavité de la bouche, et s'échapper de cette cavité, ce qui n'arrive presque jamais de cette manière ; ou bien de ce que, remplissant une partie des voies aériennes, mais non pas la totalité, elle a été chassée peu à peu des radicules bronchiques dans la bouche par les gaz putrides, développés dans les vésicules pulmonaires et dans les ramifications des bronches, de telle sorte que l'observation de ce phénomène n'aurait presque jamais lieu qu'après une putréfaction à son début. Nous avons exposé et fait connaître cette source de production gazeuse, t. II, *Putréfaction en général*. Elle est extrêmement puissante, et d'un développement très rapide en été ; elle devient dans cette saison la cause de la disparition de l'écume de la trachée, et amène l'état emphysémateux du tissu pulmonaire. D'où il suit que l'on observera l'écume dans la bouche en été, toutes les fois que l'on examinera un noyé récent, et qu'on ne l'y trouvera que fort rarement en hiver. Ainsi, pâleur de la face commune à presque tous les cadavres, ou coloration rosée ou violacée partielle de cette région ; bouche et paupières entr'ouvertes ; arcades dentaires en général rapprochées ; langue placée immédiatement derrière les arcades dentaires : tel sera l'état que l'on observera le plus fréquemment.

2° *La pâleur du corps est générale.*—C'est là l'état le plus commun ; parfois cependant on observe une coloration rosée sur divers points du corps, comme dans les observations rapportées p. 678 ; mais ces cas se présentent plus rarement.

3° *Les doigts sont écorchés.* — Ce phénomène, indiqué par

Ambroise Paré, consiste dans quelques excoriations que l'on trouve disséminées à la *face dorsale* de quelques uns des doigts. On le rencontre assez souvent, quoiqu'il manque dans beaucoup de circonstances. Il est le résultat tout à fait accidentel des mouvements opérés par le noyé au moment de la mort, et du frottement des doigts contre le sable ou un corps dur de quelque nature qu'il soit. La disposition et la nature du lit de la rivière favorisent ou s'opposent à la manifestation de ce phénomène. Aussi les personnes qui se noient dans un canal dont les côtés sont formés par de la maçonnerie, tel que ceux de la Villette et de Saint-Martin qui traversent Paris, présentent fréquemment ces excoriations. On les trouve moins souvent chez les noyés de la Seine, et moins encore sur ceux de la Marne. La manière dont la chute du corps s'opère dans l'eau influe aussi nécessairement sur sa production, puisque, en résumé, il est toujours le résultat d'un frottement brusque sur un corps dur. A part la circonstance où le noyé, en tombant dans une rivière, aura, pendant sa chute, rencontré un corps dur, il devient un phénomène qui indique que l'individu a lutté pendant un certain temps contre la mort, et qu'il a péri par asphyxie ; aussi se rencontre-t-il plus souvent dans ce dernier genre de mort que dans les autres.

4° *Vase, boue ou sable dans la concavité du bord libre des ongles.* — Ici il est important d'établir des distinctions. L'existence de ces corps dans la concavité des ongles, en tant qu'elle concerne un noyé récent, est soumis à la nature du lit et des parois de la rivière, ainsi qu'aux mouvements exécutés dans l'eau par l'individu submergé : il faut que le noyé gratte ou les côtés ou le fond de l'eau, pour que les particules de sable adhèrent aux doigts. Nous dirons que, en thèse générale, c'est un caractère qui manque très fréquemment chez les noyés récents, et qu'il est presque constant chez les noyés anciens, en tant qu'il se rapporte à l'existence de vase ou de boue. Il se fait là, dans ce dernier cas, un dépôt analogue à celui qui s'opère à la surface du corps dans toute eau bourbeuse.

5° *Les vaisseaux veineux du cerveau sont gorgés de sang ; les ventricules cérébraux contiennent de la sérosité.* — Cette peinture est trop forcée ; très fréquemment les vaisseaux contiennent peu de sang, et il n'existe qu'une faible proportion de sérosité dans les ventricules ; mais ce dont les auteurs n'ont pas tenu assez de compte , c'est l'état piqueté de la substance cérébrale , état tel que, lorsqu'on coupe une tranche du cerveau, il suinte à la surface de la substance cérébrale une foule de petites gouttelettes de sang sous la forme de points rouges. Cet état est commun, et résulte de la congestion cérébrale qui s'est opérée quelques instants avant la mort du noyé.

6° *L'épiglotte est abaissée.* — Ce phénomène, indiqué par Dethardin, est tout à fait faux ; il ne s'observe jamais : il a été la conséquence d'un faux raisonnement et non pas de l'observation. Comment pourrait-il avoir lieu à l'égard d'un tissu aussi élastique que celui de l'épiglotte, qui est constamment dressée ? Chez les noyés qui sont restés fort longtemps dans l'eau , l'épiglotte retombe sur le larynx , parce qu'alors le tissu de cet organe a pris part à la putréfaction et qu'il s'est ramolli.

7° *Il existe de l'eau et de l'écume dans la trachée-artère.* —Rien n'a été plus contesté que ces deux altérations. Wepfer et Conrad ont conclu de leurs observations qu'il n'entre pas une goutte d'eau dans les poumons et dans l'estomac des noyés. Becker (*Mém. Acad. roy. des sciences*, 1725) partage la même opinion. Littre et Petit n'ont point trouvé d'eau dans les sujets de leurs recherches. Watdschmidt et Detharding ont avancé que l'on ne trouve ni eau ni écume dans les voies aériennes. Morgagni et Haller avaient énoncé ce fait , que plusieurs noyés sont journellement rappelés à la vie sans rendre de l'eau (ce qui ne prouve pas qu'il ne puisse en entrer dans la trachée-artère et dans l'estomac). Unger, Fothergill et Colemann ont assuré positivement que quelques noyés n'offrent point d'eau. Evers a dit n'avoir pas rencontré de liquide dans les bronches de deux ivrognes qui s'étaient noyés. Desgranges ne put apercevoir aucune trace d'eau écumeuse chez un épileptique submergé vivant. Fine (de Genève), qu'une longue expérience en cette matière doit faire regarder comme une autorité , voyant dans certains cas absence d'écume et d'eau, et dans d'autres le contraire, a été conduit à admettre deux genres nouveaux de mort chez les noyés : l'un par asphyxie syncopale, l'autre par asphyxie apoplectique ; dénominations impropres il est vrai , mais qui font sentir les variations que peut présenter l'état des voies aériennes, en tant qu'il s'agit de l'existence ou de l'absence de l'eau et de l'écume.

A côté de ces faits négatifs , exposons les résultats positifs de plusieurs expérimentateurs. Morgagni (*Epistola XIX*, n° 21) répète les expériences de Wepfer, Conrad, Senac, et trouve presque constamment l'épiglotte dressée et les bronches remplies d'une écume blanchâtre qu'on *en exprimait en comprimant les poumons.* Haller (*Eléments de physiologie*, liv. VIII, sect. IV, p. 175) et Evers (*Thèse soutenue à Gœttingue*, en 1750) concluent, après de nombreuses expériences, que la glotte est toujours ouverte dans les animaux noyés vivants; que, voulant inspirer de l'air, ils inspirent de l'eau, laquelle, mélangée avec l'air restant, forme l'écume des noyés; et qu'il *n'entre pas une goutte d'eau dans les poumons de ceux qui ont été plongés dans ce liquide après leur mort.*

Louis (*Œuvres diverses de chirurgie*, 1770) démontre que non seulement il se forme de l'écume dans la trachée-artère des noyés, mais qu'il y entre de l'eau. Il a le premier l'idée, pour éclairer ce dernier fait, de plonger les animaux dans des liquides colorés par de l'encre, ainsi que dans une eau bourbeuse, et constate que ces liquides pénètrent jusqu'aux dernières ramifications des bronches. Il varie ses expériences en plongeant des chiens dans l'eau, la tête la première, de manière à les y suspendre par les pattes postérieures attachées à une ficelle, et reconnaît encore l'existence de l'eau dans la trachée. Goodwin, en 1790, répète une partie des expériences de Louis, et afin de s'assurer que le liquide de la trachée n'est pas une sécrétion de la membrane muqueuse qui se serait effectuée au moment où l'animal luttait contre la mort, il fait périr trois animaux dans le mercure, et reconnaît l'existence de trois à cinq *drachmes* de ce métal disséminées dans les poumons. Berger (*Essai philosophique sur la cause de la submersion*), en 1804, est conduit au même résultat. Piollet a toujours trouvé de deux à quatre onces d'huile chez les chiens, les chats et les lapins qu'il avait noyés dans ce liquide. En 1826, M. Piorry fait connaître ce résultat nouveau de l'expérience, à savoir, que si l'animal reste constamment la tête sous l'eau, on ne trouve pas d'écume. M. Orfila, d'après des expériences faites en 1820 et 1827, est conduit : 1° à regarder comme un fait *constant et certain*, qu'il entre de l'eau dans les poumons des chiens que l'on noie vivants; 2° qu'elle s'y trouve en plus grande quantité lorsque le chien est retiré du liquide la tête en haut, fait qui d'ailleurs se retrouve déjà consigné dans Morgagni, ainsi que le reconnaît lui-même M. Orfila; 3° que dans tous les cas où l'animal est venu respirer à la surface de l'eau, il existe dans la trachée-artère et dans les bronches une matière écumeuse; 4° qu'il est vrai, comme l'a annoncé M. Piorry, qu'on ne rencontre pas d'écume lorsque l'animal a été maintenu au fond de l'eau jusqu'à la mort, quoiqu'on trouve une plus ou moins grande quantité de liquide dans le canal aérien.

Enfin, M. Albert a fait une expérience *en apparence* fort concluante sur l'introduction de l'eau dans les voies aériennes. Il avait tracé, à la périphérie interne du vase dans lequel il noyait les animaux, plusieurs cercles à égale distance les uns des autres, de manière que chaque espace entre deux cercles contînt trente grammes d'eau. Par ce moyen, il a reconnu qu'à chaque inspiration la surface liquide baissait de quarante-cinq grammes lorsque les animaux étaient jeunes, et de trente à quarante-cinq grammes lorsqu'ils étaient adultes; enfin qu'à chaque expiration elle augmentait de sept à quinze grammes, et qu'après la mort de l'animal, elle était souvent descendue de quatre-vingt-dix grammes; mais que le plus ordinairement, lorsqu'on avait opéré sur de jeunes chiens ou chats, l'abaissement était de soixante grammes. Il a eu le soin de mouiller parfaitement le poil des animaux avant de les plonger dans le liquide, et de les maintenir fixés sous l'eau de manière à pouvoir apprécier les résultats. M. Albert ne pense pas que la totalité de l'eau soit entrée dans les poumons; il croit avec raison qu'il en est resté dans la bouche, qu'il s'en est introduit dans l'œsophage et dans l'estomac. (C'est justement cette circonstance qui rend cette expérience peu concluante sous le rapport de la quantité; au surplus, nous y reviendrons.)

Toutes les données que nous venons de fournir sont des inductions déduites d'expériences faites sur les animaux. La plupart des auteurs que nous avons cités ne se sont pas livrés à une série de recherches sur l'homme dans le but d'éclairer la question qui nous occupe. Il en est deux cependant qui ont fait des observations suivies : ce sont Marc et M. Orfila. Voici les résultats auxquels M. Orfila a été conduit : 1° Ayant ouvert plusieurs cadavres de noyés qui n'étaient restés dans l'eau que quelques heures, il y a souvent trouvé de l'écume ou un liquide écumeux dans la trachée-artère et dans les bronches. Dans un petit nombre de cas seulement il n'a rien trouvé de pareil. (M. Orfila a le soin de noter que les garçons de la Morgue ont l'habitude de retirer les cadavres la tête en bas de la charrette dans laquelle on les a transportés. Cette observation, qui est assez généralement exacte, n'est pas l'expression d'une habitude, car les cadavres sont déchargés d'une manière relative à celle que l'on a adoptée pour les introduire dans la voiture : si on les a placés d'abord par les pieds, on les retire par la tête, l'inverse a lieu dans le cas contraire ; mais il arrive plus communément qu'on les charge par les pieds.) 2° Sur quelques submergés retirés de l'eau pendant l'hiver, il a vu des petits glaçons dans le larynx et pas d'écume. 3° Il n'a jamais trouvé ni écume ni liquide écumeux chez les noyés qui étaient restés douze à quinze jours, un, deux, quatre ou six mois dans l'eau, et qui n'avaient été ouverts qu'après un, deux ou trois jours d'exposition à la Morgue.

Quant à Marc, il avait entièrement adopté la manière de voir de Fine de Genève, dans son mémoire sur la submersion, qu'il a joint à la publication du *Manuel d'autopsie* de Rose ; et même il avait augmenté le nombre des genres de mort admis par ce médecin, à cause des cas nombreux d'asphyxie sans matière. Mais, dans son nouvel ouvrage sur les asphyxies, nous trouvons émises des opinions tout à fait opposées ; car il y est dit, page 162 : « Nous croyons en avoir dit assez pour prouver » que, presque constamment, *pour ne pas dire toujours, la tra-* » *chée-artère, les bronches et les cellules pulmonaires*, sont engouées » dans l'asphyxie par submersion. »

Un fait observé en Allemagne par le docteur Blumhardt, et rapporté dans la *Gazette médicale* (18 avril 1835), lève tous les doutes sur la possibilité de l'introduction de l'eau dans la trachée-artère des noyés. Ch.-F. Sch..., âgé de quarante-huit ans, atteint, depuis le mois d'octobre 1830, d'accès épileptiques qui revenaient tous les huit ou tous les quatorze jours, et pendant lesquels il perdait connaissance, fut trouvé mort, le 5 mai 1833, dans un ruisseau, la face tournée contre terre ; la tête plongeait entièrement dans l'eau, qui n'avait qu'un pied de profondeur ; le reste du corps n'était qu'à moitié recouvert. Ce qui frappa surtout à l'autopsie, fut la présence d'un sable gris, schisteux, et de graviers de différentes grosseurs dans la trachée-artère, au-dessus de la bifurcation des bronches ; le plus grand de ces graviers, pesant au moins un gros, avait presque un demi-pouce en longueur et en largeur, avec une demi-ligne d'épaisseur. Une grande quantité de ce sable remplissait également les deux bronches , et l'on en trouva quelques parcelles dans les vésicules du poumon ; toute la quantité du sable dans la trachée et les bronches pesait à peu près trois à quatre gros.

Voici un fait du même genre que nous avons observé ; il s'agit seulement ici de vase au lieu de sable.

Submersion dans un des fossés des boulevards extérieurs de Paris.

Mol... (Louis-Marie), âgé de trente-quatre ans environ, cocher de cabriolet, noyé dans une cuvette (fossé) du boulevard de la barrière Saint-Denis. Aucun phénomène de putréfaction à l'extérieur ; deux ecchymoses, l'une sur l'os de la pommette droite, l'autre au sourcil droit ; tout le côté droit de la face et du cou est d'un rouge vif. Les poumons sont gris, marbrés, assez développés , mais nullement gorgés, recouvrant le péricarde ; péricarde et graisse qui l'entourent blancs ; un peu de sérosité limpide ; un peu de sang fluide dans le ventricule droit; un peu moins de sang , et plus épais, dans le ventricule gauche et l'oreillette. La langue est tapissée à sa surface par une matière grise verdâtre analogue à de la vase ; on y trouve même un brin de vieille paille. La base de la langue présente un développement marqué de ses papules, ainsi qu'une légère coloration rosée qui s'étend jusqu'au larynx. *La muqueuse* de cet organe est rouge, ainsi que celle de la trachée. Les ventricules du larynx sont remplis d'une mousse à bulles extrêmement fines et par milliers sous un petit volume ; on enlève cette eau écumeuse avec la pointe du scalpel, et elle conserve sa forme. Une couche d'eau écumeuse analogue à la précédente tapisse presque la totalité de la surface de la trachée , *mais elle présente la teinte verdâtre de la vase ; on y trouve une foule de petits corps verdâtres analogues à de la boue.* Cette écume est sans contredit la plus fine que j'aie rencontrée ; au-delà de la trachée on ne rencontre plus d'écume pareille dans la bronche gauche , mais il y existe quelques larges bulles , et la membrane muqueuse est mouillée seulement jusqu'à la deuxième division des bronches. Ce phénomène est *extrêmement sensible chez ce sujet.* Les ramifications des bronches droites présentent le même phénomène, mais la membrane muqueuse est plus injectée qu'à gauche. Les poumons sont gorgés de sang en arrière , ils sont très crépitants. Il y a tout lieu de croire que cet homme était ivre.

Le très grand nombre de noyés que nous avons examinés à la Morgue depuis vingt ans nous autorise à émettre une opinion positive sur le sujet qui nous occupe, et nous la regardons comme l'expression de l'observation journalière ; toutefois nous croyons devoir la faire précéder de quelques remarques sur les faits contradictoires que nous venons de rapporter.

On aurait tort de prendre pour modèle de ce qui se passe dans l'asphyxie par submersion chez l'homme , ce qui s'effectue chez les animaux ; et c'est à tort , suivant nous, que quelques auteurs ont conclu des chiens et des chats à l'homme. Chez ces animaux, mus par le seul instinct de la conservation , lutter contre la mort, tel est le but unique de leurs efforts, auxquels viennent concourir les facultés instinctives tout entières, dirigées vers l'accomplissement de ce résultat. Les conséquences du danger ne sont rien pour l'animal, quant à ce qui n'est pas lui; toute influence morale, toute faculté du sentiment est nulle; le moi seul est en jeu. Qu'en résulte-t-il? qu'il se débat longtemps dans l'eau, qu'il y exerce des mouvements jusqu'à ce que ses forces s'épuisent, et qu'il périt presque constamment par une asphyxie de longue durée : aussi trouve-t-on dans la trachée-artère non seulement de l'écume, mais encore une écume *sanguinolente*, tant les efforts de la respiration ont été poussés loin, puisqu'ils ont amené la congestion pulmonaire et l'exhalation sanguine; l'écume existe, et dans la trachée, et dans les bronches, et même dans les vésicules pulmonaires, parce que sa quantité a été considérable, parce que la petite quantité d'eau qui a pénétré dans les voies aériennes y a été battue avec force et d'une manière soutenue. Chez l'homme, au contraire, il a, dès le début, horreur du danger qui le menace, il en connaît toute la portée; cette horreur est tellement grande, que la crainte de ne pouvoir jamais parvenir à s'en échapper lui ôte toutes ses forces et le jette dans le collapsus le plus complet; à ce sentiment si profond de crainte vient se joindre l'idée d'une séparation à toujours de tout ce qui lui est cher, et tant d'autres sentiments ou passions qui l'assiégent et constituent pour lui une agonie prématurée. De là une lutte courte contre la cause de la mort; de là la syncope qui survient après les premiers efforts; de là une mort mixte et des altérations peu prononcées d'asphyxie, tout en admettant que l'homme conserve pendant un certain temps l'intégrité parfaite de ses facultés intellectuelles. Les expériences sur les animaux ne doivent donc avoir pour nous de valeur qu'à l'égard de chaque genre d'altération auquel elles peuvent donner lieu; mais elles nous apprennent peu de chose relativement à l'étendue et au degré de ces altérations. Ainsi, de ce que chez la plupart des chiens ou des chats submergés on trouve de l'écume jusque dans les dernières ramifications des bronches, et même un état emphysémateux de certaines portions du parenchyme pulmonaire, il ne s'ensuit pas que ce phénomène doive se présenter chez l'homme avec la même énergie. Il en est ainsi à l'égard de la quantité de liquide introduite dans les voies aériennes. Ajoutons enfin que l'on ne tient pas compte de la différence de sensibilité qui existe entre l'homme et les animaux. Qui n'a pas observé des personnes lorsqu'elles avalaient de travers, ainsi qu'on le dit communément : elles sont prises immédiatement d'une difficulté de respirer extraordinaire pour la plus petite quantité de liquide qui vient à s'introduire dans la trachée, et la suffocation est imminente. Si ce résultat s'observe chez l'homme exposé à l'air libre et placé dans des conditions possibles de respiration, que doit-ce être à l'égard de celui qui se trouve placé dans une masse de liquide? La plus faible proportion d'eau produit une gêne imminente et toute nerveuse, toute d'exaltation de sensibilité ; et c'est au moment où la sensibilité de la membrane muqueuse du larynx et de la trachée vient d'être excitée par le contact du liquide, qu'un contact nouveau opère, renouvelle et exaspère des phénomènes de suffocation incessante. Voici encore un exemple dans lequel l'eau lubrifie seulement les ramifications des bronches.

Quelques instants dans l'eau. — Ramifications des bronches lubrifiées par un liquide aqueux, sans eau rassemblée dans la trachée.

Un homme, âgé de quarante ans, présumé être le nommé Charret..., fut apporté à la Morgue le 16 mai, jour où il avait été retiré de l'eau.

État extérieur du cadavre le jour de son arrivée. — La peau de tout le corps est dans l'état naturel. Les yeux sont à demi ouverts ; il existe sur le front et sur le nez quelques légères écorchures. La peau des mains n'est nullement plissée, elle n'offre même pas une teinte violette, ce qui indique que cet homme est resté fort peu de temps dans l'eau.

19 mai, jour de l'ouverture. — Le cadavre n'a point changé, seulement la rigidité cadavérique n'existe plus ; la partie postérieure des cuisses et le dos offrent une couleur rose foncée, qui résulte de la position du cadavre. Les muscles du cou sont très bien conservés ; les veines superficielles contiennent de l'air et fort peu de sang. La langue est légèrement rouge à sa base, mais l'injection ne s'étend pas au delà de la muqueuse ; aucune trace d'aliments, ni de corps étrangers, ni de vase, dans la cavité de la bouche. Le larynx et la trachée-artère sont, à l'extérieur, de couleur naturelle ; leur intérieur est d'un rouge vif. A peine s'il existe dans ces conduits quelques traces d'écume. Les bronches ne contiennent point d'eau ni d'écume dans leur partie supérieure ; cependant leurs dernières divisions paraissent lubrifiées d'un liquide roussâtre, et, quand on presse sur le poumon, on voit sortir des dernières divisions ce liquide mêlé à quelques bulles d'air. La veine cave supérieure contient peu de sang. Le tissu des artères carotides est légèrement rouge à l'extérieur ; dans leur intérieur existe un peu de sang fluide. Le péricarde est de couleur naturelle ; un peu de sérosité roussâtre est contenue dans sa cavité. Le cœur est assez volumineux, ses cavités droites contiennent un peu de sang noir fluide ; en pressant sur l'abdomen, on en fait refluer un peu par la veine cave inférieure. Les cavités gauches en renferment une très grande quantité ; et, lorsque l'on presse sur l'aorte, on en sort beaucoup plus que par la pression exercée sur la veine cave inférieure. Les poumons sont violets à l'extérieur, ils recouvrent peu le péricarde, aucune adhérence ne les fixe aux plèvres costales ; leur tissu est rouge ; lorsqu'on les incise et qu'on les presse, on voit le sang s'écouler en nappe. Les cavités thoraciques contiennent une quantité notable de sérosité roussâtre.

Abdomen. — Le foie, de volume et de couleur ordinaires, contient peu de sang dans son intérieur ; la rate et les reins sont sains. L'estomac, ample, est en partie distendu par des aliments solides et par de l'eau. Sa muqueuse paraît intacte, les intestins sont rouges à l'extérieur, un peu de sérosité roussâtre existe dans la cavité abdominale. La vessie est épaisse, peu distendue par l'urine, qui est de couleur naturelle. Il existe une exubérance très marquée du verumontanum.

Crâne. — Les vaisseaux du cuir chevelu sont gorgés de sang. Il en est de même des veines de la dure-mère. Le cerveau est mou et finement piqueté dans toute sa substance.

Voici maintenant les résultats de nos observations chez l'homme : 1° La mort par asphyxie seule ne s'observe pas sur le quart de la totalité des individus submergés ; et, par conséquent, les cas où l'on trouvera de l'eau et de l'écume dans la trachée-artère et dans les dernières ramifications des bronches, sont loin d'être communs. 2° La mort par asphyxie et par syncope, ou par asphyxie et par congestion cérébrale, comprend peut-être les cinq huitièmes des noyés. Rien ne sera donc plus fréquent que de trouver dans la trachée-artère ou dans les premières divisions des bronches un peu d'écume et un peu d'eau. 3° La mort par toute autre cause isolée, comme la congestion cérébrale, l'apoplexie, la commotion cérébrale, la syncope, comprend ensemble environ la huitième partie des submersions.

En résumé, toutes les fois que, chez un homme noyé, la mort a lieu par asphyxie, soit seule, soit accompagnée d'un autre genre de mort, il entre dans la trachée-artère de l'eau, et il se produit de l'écume. En général, la quantité d'eau et la quantité d'écume que l'on trouve après la mort sont toujours dans une faible proportion et bien au-dessous de celle que l'on peut trouver chez un animal que l'on noie. Il importe peu, ainsi que le pense M. Piorry, qu'une grande partie de l'eau introduite dans la trachée soit ou ne soit pas absorbée après la mort ; ce qu'il faut constater, c'est le fait matériel qui plus tard doit avoir pour nous une valeur donnée, alors que nous l'envisageons comme signe de submersion pendant la vie.

Mais, ce qu'il ne faut pas perdre de vue, c'est la possibilité que l'eau s'introduise dans les voies aériennes après la mort, ainsi que paraissent le démontrer les expériences de M. Orfila, qui a mis dans des baignoires remplies d'eau, tenant en suspension du charbon pulvérisé, le corps d'un individu après trente-six heures de mort, et qui a retrouvé l'eau jusque dans les dernières ramifications des bronches. Ayant fait placer le corps d'un second individu à plat ventre dans la baignoire, l'eau, malgré cette position tout à fait contraire, avait encore pénétré dans le larynx et dans une partie de la trachée-artère. — Dehaen avait fait trois essais dans les mêmes conditions, et il avait obtenu des résultats opposés. M. Orfila fait observer qu'il s'était servi de cadavres de pendus, et qu'il est très fréquent, dans ces sortes de cas, d'avoir affaire à une trachée-artère remplie d'écume au lieu d'être vide. [C'est une erreur ; aussi ces expériences doivent-elles être répétées (1).

8° *Existence de graviers, de débris de végétaux, dans la trachée-artère.* — Ce caractère ne s'observe pas fréquemment. M. Orfila ne l'a rencontré qu'une seule fois chez les noyés récents ; Marc en a aussi rapporté un exemple (*ouv. cité*). Nous avons relaté plus haut deux faits de ce genre, et dans une autre circonstance nous avons trouvé dans la trachée-artère des débris de paille qui s'y étaient introduits pendant une aspiration.

Mais ce qui est moins rare, c'est le passage d'une partie des aliments de l'estomac dans les voies aériennes. Probablement des vomissements ont lieu dans certains cas pendant la submersion ; les matières alimentaires pénètrent dans les voies respiratoires au moment où elles sont arrivées dans l'arrière-bouche ; ce qui s'effectue au moyen d'une aspiration brusque et instantanée. En voici un exemple : j'en ai rencontré plusieurs autres.

Noyée quelques instants.

Mademoiselle M..., âgée de quarante ans, peintre en miniature, est retirée de la Seine en hiver, auprès de la Râpée. Elle est restée dans l'eau si peu de temps, qu'elle était encore vivante lorsqu'on l'a retirée. On l'a saignée, mais en vain. — Cadavre d'une femme parfaitement bien conservée. Les traits de la figure sont tels que ceux que l'on donne aux sujets de vingt-deux à vingt-cinq ans. La teinte de la peau est généralement pâle, l'oreille gauche est cependant rougeâtre, et le côté gauche de la poitrine est marbré de rose. Pas de trace de violence.

Tête. — Vaisseaux et substance cérébrale médiocrement gorgés. Pas

____

(1) Nous ne concevons pas comment de l'eau peut remonter dans le larynx et la trachée-artère, le corps étant placé à plat ventre dans une baignoire. L'air qui remplit les fosses nasales, la bouche et les voies aériennes, est un obstacle insurmontable : ce corps aura été mal placé dans la baignoire.

d'écume dans le larynx ou dans la trachée, *mais une quantité assez considérable d'eau mêlée à du pain à moitié digéré, remplissant les principales divisions des bronches.* (Cet effet est probablement dû à ce que des vomissements seront survenus au moment de la submersion, pendant un effort d'expuition, suivi immédiatement d'un effort d'inspiration d'air, qui aura fait pénétrer ces aliments dans les voies aériennes; car il est impossible d'admettre qu'un développement de gaz ait eu lieu de manière à faire passer ces matières de l'estomac dans la trachée, puisque la mort ne date que de deux jours, et qu'il n'existe pas un développement de l'abdomen avec distension de ses parois.) Poumons médiocrement gorgés de sang, excepté en arrière. Cavités droites du cœur peu remplies; elles contiennent du sang très fluide. Il en existe aussi, mais moins, dans les cavités gauches. Estomac renfermant beaucoup d'eau, au milieu de laquelle nage de la mie de pain, en partie digérée, mais peu altérée.

Si ce phénomène n'est pas commun chez les noyés récents, il est au contraire très fréquemment observé lorsque le séjour est prolongé dans l'eau, ou que le noyé, resté peu de temps dans ce liquide, a été exposé pendant quelques jours à l'air au milieu d'une atmosphère très chaude. La putréfaction gazeuse, dans l'un et l'autre cas, explique ce résultat. Il est très important d'en tenir compte, parce que l'altération qui fait l'objet de ce paragraphe serait d'une grande valeur comme signe de submersion pendant la vie.

9° *Les cavités droites du cœur, les veines caves et l'artère pulmonaire sont distendues par du sang; il y en a beaucoup moins dans les cavités gauches et dans les vaisseaux aortiques, qui pourtant ne sont jamais vides, comme le prétendait Curry. Le ventricule droit est brunâtre, le gauche d'un rose clair.* — Tous ces faits sont trop généralisés. 1° Il est rare de trouver les troncs veineux et les cavités droites du cœur gorgés de sang et distendus, comme on l'a dit. Nous en avons cependant rapporté un exemple; mais c'est le seul de ce genre que nous ayons observé d'une manière aussi tranchée. Les veines caves et l'artère pulmonaire peuvent être rangées au nombre des vaisseaux qui en contiennent le plus. 2° Cet état, étant le résultat du genre de mort auquel l'individu a succombé, peut varier chez les noyés comme le genre de mort lui-même. 3° La coloration du ventricule droit est peu marquée chez les noyés récents; elle est le résultat du séjour prolongé de ce fluide dans le cœur, et même d'une décomposition du sang; car à l'époque où elle se manifeste, déjà la putréfaction gazeuse a chassé de ces cavités le liquide qu'elles renfermaient, ainsi que nous l'avons fait connaître en traitant de la putréfaction.

10° *Le sang reste fluide pendant plusieurs heures, même dans les vaisseaux qui pénètrent dans la substance des os.* — La fluidité du sang des noyés est remarquable : elle égale presque celle de l'eau ; aussi le sang s'écoule-t-il avec rapidité des cavités du cœur ou des vaisseaux qui le contiennent, aussitôt qu'on y pratique une ouverture. Il est très rare de rencontrer du sang coagulé dans les cavités du cœur. M. Orfila n'en a trouvé qu'une seule fois dans cet état ; M. Avisard et moi, nous l'avons observé chacun deux fois. Nous ajouterons cependant que la fluidité du sang est, en général, commune à toutes les espèces de mort violente ; mais elle n'est que fort rarement aussi grande que dans l'asphyxie par submersion. C'est un fait fort remarquable, que la fluidité du sang. Ce liquide s'écoule du cœur comme le ferait de l'eau, et il ne reste pas de caillot dans les cavités après cet écoulement. *Certes, il se passe là quelque chose de particulier chez les noyés, pendant les derniers moments de la vie.*

11° *Les noyés mourant dans l'inspiration, le diaphragme doit être refoulé vers l'abdomen, et la poitrine élevée.* — Il n'y a rien de plus faux en fait et en raisonnement que cette proposition : en fait, car le diaphragme est toujours aussi refoulé en haut que dans tout autre genre de mort ; en raisonnement, car si les noyés dans l'eau aspirent ce liquide, ils ne le font que par la contraction des muscles dilatateurs de la poitrine *encore placés sous l'influence de la vie,* qui, cessant d'agir au moment de la mort, font retomber la poitrine dans l'affaissement et remonter le diaphragme, en sorte que le phénomène d'expiration s'effectue en dernier lieu comme dans tout autre genre de mort.

12° *Existence d'eau dans l'estomac et dans une partie des intestins.* — Rien n'est plus commun que de trouver de l'eau dans l'estomac des noyés. On la rencontre dans tous les cas de mort par asphyxie franche et dans ceux par asphyxie mixte (voyez les observations pages 678 et suiv.) ; sa quantité peut égaler jusqu'à deux litres. Le tube digestif offre parfois une coloration rosée assez prononcée, quoique l'individu ait séjourné peu de temps dans l'eau.

13° *Existence d'urine dans la vessie.* — Rien de plus variable que la quantité d'urine que l'on trouve dans la vessie des noyés : elle est quelquefois de trente à soixante grammes, ou bien elle remplit à moitié, aux trois quarts, ou même la totalité de cet organe. Dans d'autres cas assez nombreux, la vessie est tout à fait vide ; en sorte qu'il y a des nuances infinies sous ce rapport. Suivant M. Piorry, dans tous les cas de mort violente *chez les chiens*, il y a expulsion de l'urine ; mais si la mort est le résultat de la submersion, l'absorption de l'eau dans les bronches qui s'opérerait pendant un certain laps de temps après la mort donnerait lieu à une accumulation d'urine dans la vessie ; de là un signe de submersion. Le fait peut être parfaitement exact pour les chiens : mais d'abord l'homme n'urine pas comme les chiens, au moment d'une mort violente ; ensuite nous venons de voir que la quantité d'urine contenue dans la vessie était très variable. Mais un phénomène que j'ai observé assez souvent, c'est la coloration de l'urine par du sang. Ce liquide a dans certains cas une teinte rosée, dans d'autres elle est même rouge.

Tel est le tableau des variations que les résultats cadavériques des noyés peuvent offrir ; leur connaissance exacte est de la plus haute importance pour l'établissement de la valeur de chacun de ces phénomènes envisagés comme signes de submersion pendant la vie.

De la valeur des altérations des organes des noyés, en tant qu'elles peuvent servir à dénoter que l'individu était vivant au moment de l'immersion.

Pour qu'une altération de ce genre devienne un *signe absolu* de submersion pendant la vie, il faut nécessairement : 1° que ce soit un phénomène vital qui la développe ; 2° que ce phénomène ne puisse pas avoir lieu dans un autre genre de mort, ou alors qu'avant de se prononcer l'expert ait acquis la certitude que l'individu n'a pas succombé aux autres genres de mort dans lesquels on peut aussi l'observer ; 3° cette altération doit se présenter constamment, à moins qu'il ne soit pas toujours possible de résoudre la question qui nous occupe. C'est sous ce triple rapport que nous allons envisager les altérations cadavériques que nous venons de décrire. Toutefois nous ferons remarquer que la première condition est la plus importante ; que les deux autres ne sont que secondaires, parce que les experts sont souvent placés dans la situation favorable que nous avons supposée relativement à la seconde condition ; et que si la troisième était remplie, l'histoire de la submersion pourrait être mise hors de ligne en médecine légale, sous le rapport de son état avancé.

D'ailleurs, pourquoi exiger de la médecine légale plus qu'elle ne peut donner? Pourquoi vouloir qu'une question d'ensemble se résolve par un seul phénomène? On arrive ainsi à une insuffisance complète, alors qu'en constatant les faits et les coordonnant entre eux, ainsi qu'on procède en médecine, on donne lieu à des probabilités, le plus souvent voisines de la certitude.

Altérations vitales. — Elles comprennent : 1° la situation de la langue entre les arcades dentaires ; 2° l'écume à la bouche ; 3° la rougeur de la base de la langue ; 4° la coloration rosée de certaines surfaces limitées de la peau, occupant les parties les moins déclives du corps ; 5° les excoriations *sanguinolentes* aux doigts ; 6° une matière sablonneuse dans la concavité des ongles ; 7° l'état piqueté de la substance cérébrale ; 8° l'existence de mousse écumeuse, d'eau, de vase ou de sable dans la trachée-artère et dans les bronches ; 9° la plénitude des cavités droites du cœur, et la vacuité des cavités gauches ; 10° la fluidité du sang ; 11° l'existence d'eau dans l'estomac ; 12° l'existence d'une urine sanguinolente dans la vessie.

Si nous nous bornions à cette simple énumération, nous ne ferions que répéter les signes que l'on a donnés de la submersion. Ajoutons-y donc des commentaires qui puissent appeler l'attention des médecins sur quelques uns d'entre eux en particulier. — La situation de la langue entre les dents peut être opérée après la mort ; il suffit pour cela d'appliquer un lien au cou, ou de comprimer avec la main la partie supérieure de cette région. Toutefois l'absence de traces de lien ou de compression rend à ce caractère toute sa valeur comme phénomène vital, à plus forte raison lorsque l'extrémité de la langue porte l'empreinte des dents. — Déjà nous avons fait voir que l'existence de l'écume dans la bouche était souvent, en été, un phénomène cadavérique ; mais l'écume en elle-même n'en est pas moins un phénomène vital. — Les excoriations aux doigts pourraient peut-être être produites immédiatement après la mort ou avoir été accidentellement opérées avant la submersion ; ce phénomène n'a donc qu'une valeur secondaire, en tant qu'il entraîne avec lui l'idée de vie au moment de l'immersion. — La matière *sablonneuse* de la concavité des ongles est un signe rare, qui exige pour sa formation que l'individu noyé se débatte au fond de l'eau, et comme le lit des rivières n'est pas toujours le même, au lieu de sable, on peut trouver de la vase. Nous devons prémunir les médecins contre les indices qu'ils tireraient de l'existence de vase ou de boue sous les ongles. Tous les noyés qui séjournent longtemps dans l'eau présentent ce caractère. Il se forme là un dépôt comme il s'en produit à la surface de tout le corps, en sorte qu'il n'est réellement phénomène vital qu'autant qu'on le rencontre dans les cas de submersion *très récente*. — Mais ce qui doit surtout fixer l'attention, c'est l'existence de l'écume dans la trachée-artère. Nous ferons d'abord sentir que le mot *écume* exprime fort mal l'idée que l'on doit avoir de cette matière. C'est une *mousse* composée de bulles d'air infiniment petites, formées aux dépens d'un mélange de beaucoup d'eau et de très peu de mucus ; et dans laquelle quantité de mucus est encore assez grande pour donner à ces milliers de petites bulles d'air une consistance suffisante pour qu'elles puissent être déplacées sans se crever, et ne pas disparaître très facilement. Elles sont presque constamment très blanches, non colorées par du sang. Ce ne sont jamais de larges bulles, comme dans les crachats.—Ce phénomène est essentiellement vital. Afin de bien concevoir sa formation et sa valeur, il faut se rendre compte de la manière dont l'écume peut se produire dans d'autres genres de mort. Pour qu'il se forme de l'écume, il faut : 1° un liquide, 2° de l'air, 3° une force motrice pour en opérer le mélange brusque. Dans une pneumonie aiguë, par exemple, l'individu est sollicité à cracher, parce que les dernières ramifications des bronches sont remplies de mucus et d'air, en sorte que le besoin de respirer nécessite leur évacuation. Le crachat est écumeux parce que l'air est battu avec le mucus. Il est d'autant plus écumeux qu'il se forme dans les plus petites ramifications bronchiques, où l'air est mieux divisé. Dans l'asphyxie par submersion, de l'eau entre dans la trachée et dans les bronches ; ce liquide étant aussi irritant que possible, détermine une secousse de la part de la poitrine, qui a pour but son expulsion, en même temps qu'une exhalation de mucus de la part de la membrane qui tapisse les voies aériennes. L'air et l'eau, mélangés au mucus, sont battus ensemble, et donnent lieu à la formation de l'écume. Si, au lieu d'une pneumonie, comme nous le supposions tout à l'heure, nous observions une phlegmasie limitée à la trachée, nous n'observerions pas alors des crachats écumeux, comme dans la phlegmasie des poumons, parce que la largeur de la trachée serait peu favorable au mélange d'air et de mucus, d'où il faut conclure que l'écume se forme d'autant plus facilement que le mélange de l'air et du liquide a lieu dans des tubes plus divisés et plus petits. Ceci nous conduit à faire sentir que, contre l'opinion de la plupart des auteurs et de M. Orfila en particulier, nous devons attacher plus d'importance, comme phénomène vital, à l'écume *située dans la partie supérieure de la trachée*, qu'à celle qui occupe sa partie inférieure, et, à plus forte raison, qu'à celle qui est contenue *dans les dernières ramifications des bronches*. En effet, si l'écume a pu s'élever jusque dans la partie supérieure de la trachée, ou même s'y former, quoiqu'elle fût dans les conditions les plus défavorables, elle a exigé de grandes secousses de la part de la poitrine, de grands efforts d'expuition, et, par conséquent, elle devient *un indice puissant de vie pendant la submersion*. Sous ce rapport donc, notre manière de voir est tout à fait opposée à celle de ce médecin légiste.

Relativement à l'existence de l'eau dans les voies aériennes, dont l'entrée doit aussi être considérée comme le résultat de la vie, puisqu'elle s'effectue pendant les efforts d'inspiration, nous ferons remarquer qu'il résulterait d'expériences faites par Dehaen, et répétées ensuite par MM. Orfila et Piorry, que l'eau peut s'introduire dans les voies aériennes après la mort, non seulement chez les chiens (expériences de M. Piorry), mais encore chez l'homme (M. Orfila), et que le liquide peut s'y introduire jusque dans les dernières ramifications des bronches, quand la situation du corps est favorable à cette introduction. Dans un cas, M. Orfila a trouvé que le liquide coloré dans lequel le cadavre était plongé avait pénétré dans le larynx et jusque vers la moitié de la trachée-artère, quoique le corps eût été placé sur le ventre dans la baignoire, situation peu favorable à cette introduction, et qui est du reste celle que les hommes noyés affectent le plus souvent dans l'eau, ce qui est le contraire chez les femmes. Haller, Louis, Evers, et d'autres auteurs, avaient nié la possibilité de cette introduction, et leur opinion avait été accréditée en 1826 par des expériences du docteur Édouard Jenner Cox, desquelles il avait conclu que l'on ne trouve jamais d'eau dans la trachée-artère et les bronches des chiens que l'on fait périr par strangulation, et que l'on plonge ensuite dans l'eau, à moins que l'on n'exerce quelque pression sur le ventre ; car alors l'air de la poitrine qui a été expulsé est nécessairement remplacé par une égale quantité d'eau. Cette observation nous paraît avoir une très grande portée , mais comment supposer qu'elle n'ait pas été prévue par MM. Orfila et Piorry, et qu'ils n'aient pas pris toutes les précautions possibles à cet égard ? Si nous avions quelque doute à émettre, ce serait surtout par rapport à la dernière expérience de M. Orfila. Nous concevons difficilement comment les voies aériennes et la bouche étant remplies d'air, l'eau puisse y pénétrer lorsque le corps est *à plat ventre*. Il faudrait que l'eau remontât contre son propre poids, ce qui n'est pas possible, si la face regardait le sol de la rivière , et qu'elle comprimât assez fortement la colonne d'air pour que, réduite à un plus petit volume et n'occupant plus qu'une partie de la trachée, l'eau pénétrât dans ce conduit. Si, comme cela arrive plus communément, la tête est couchée de côté, on conçoit que le liquide puisse moins difficilement arriver dans la trachée. Quoi qu'il en soit , ces expériences nous expliquent pourquoi certains auteurs ont avancé avoir trouvé dans les voies aériennes une grande quantité d'eau chez les individus noyés récemment, ce qui est en *opposition* avec les nombreuses observations que nous avons faites sur les noyés et auxquelles nous attachons beaucoup plus d'importance qu'à des expériences où les conditions dans lesquelles les faits s'accomplissent naturellement ne sont jamais remplies.

En résumé, quoique l'introduction de l'eau dans les voies aériennes soit un phénomène vital , elle n'aurait que peu de valeur, comme signe de submersion, puisqu'elle peut s'effectuer après la mort : aussi M. Orfila ne l'a-t-il regardé comme concluant qu'autant que l'eau occupe la substance même des poumons, et encore veut-il qu'il soit prouvé : 1° qu'elle est de même nature que le liquide dans lequel la mort a eu lieu ; 2° que le cadavre n'est pas resté assez longtemps dans l'eau après la mort, pour que ce liquide ait pu pénétrer jusqu'aux dernières ramifications bronchiques ; et dans la précédente édition de son ouvrage il avait ajouté une troisième condition : acquérir la preuve qu'il n'a pas été injecté après la mort. Or il serait impossible, dans les neuf cent quatre-vingt-dix-neuf millièmes des cas, d'arriver à remplir *l'une de ces trois conditions.* C'est en général à ces sortes de résultats que conduit l'examen d'un phénomène vital , isolé ; nous verrons plus loin si la présence de l'eau dans la trachée-artère , réunie à d'autres caractères , ne pourrait pas amener à des conséquences plus avantageuses à l'expertise.

Ce que nous venons de dire de l'eau est en partie applicable au sable, au gravier, à la vase, ou à tout autre corps étranger introduit dans la trachée. Toutefois leur introduction dans la trachée ne peut avoir lieu après la mort, qu'autant que ces corps sont assez fins pour être tenus en suspension dans l'eau. Ainsi, du sable grossier, des brins de paille, ne s'introduiront jamais dans les voies aériennes après la mort. Malheureusement les cas dans lesquels on rencontre ces corps étrangers sont extrêmement rares ; il faut que l'eau dans laquelle la submersion a été opérée soit de nature vaseuse. Chez les noyés qui sont restés longtemps dans l'eau, rien n'est plus commun que de trouver de la vase dans les voies aériennes, et aussi de rencontrer des matières alimentaires semblables à celles qui existent dans l'estomac chez ceux où la putréfaction gazeuse s'est développée (*voyez* PUTRÉ-FACTION, p. 408). Quant à l'explication du passage des aliments de l'estomac dans les voies aériennes chez un noyé récent, il est facile de la donner en admettant, ce qui est très probable, que les efforts d'expulsion de l'eau qui, pendant la submersion, pénètre dans la trachée-artère, sont bientôt accompagnés de vomisse-ments pendant lesquels une aspiration peut avoir lieu. C'est ce qui arrive à beaucoup de personnes qui, pendant un repas, avalent, comme on le dit, de travers : elles vomissent leur dîner au milieu des efforts de toux qu'une déglutition vicieuse a amenés. Aussi l'existence de ces malaises vient-elle à l'appui des preuves de la submersion pendant la vie.

L'introduction de l'eau dans l'estomac est un phénomène es-sentiellement vital ; il suppose la déglutition, car les expériences de MM. Édouard Jenner Cox, Orfila et Piorry, ont prouvé qu'il ne pouvait pas s'en introduire après la mort. Mais malheureu-sement il faut, pour qu'il devienne, pris isolément, un signe certain de submersion : 1° Qu'il soit, ainsi que le dit M. Orfila, de même nature que le liquide dans lequel le corps était placé ; ce qu'il ne sera jamais possible de démontrer, puisque, alors même que de l'eau serait introduite dans un estomac vide, elle se trouverait encore altérée par du mucus, et à plus forte raison si l'estomac était plein d'aliments, ce qui arrive fréquemment. D'ailleurs comment constater ce caractère ? Qu'un individu ait bu, avant de se noyer dans la Seine, un verre d'eau d'Arcueil, qui alimente plusieurs quartiers de Paris, il faudra donc, par des expériences chimiques délicates, s'assurer de la différence dans les proportions de matières salines de ces deux eaux ? 2° Qu'il n'a pas été avalé avant la submersion, ni injecté dans l'estomac après la mort! toutes circonstances qui ne peuvent que consacrer l'impuissance de l'art, en tant qu'on s'adresse à un phénomène isolé. Il faut néanmoins tenir compte de sa présence comme signe d'ensemble.

Enfin, l'existence d'urine sanguinolente dans la vessie est un phénomène vital, mais que l'on rencontre rarement, et que nous avons aussi observé chez les pendus. Quant à de l'urine ordinaire, il y a tant de variations dans sa quantité à ce sujet, que nous ne croyons pas devoir attacher à sa présence la valeur que M. le professeur Piorry lui a assignée. Partant de ces faits que ces animaux vident leur vessie au moment où ils périssent de mort violente; que, si on les tue par submersion, la vessie se remplit dans l'intervalle qui s'écoule depuis le moment de la mort jusqu'à celui de la rigidité cadavérique, pour se vider d e nouveau à l'époque de son développement, phénomène qui résulte de l'absorption de l'eau contenue dans la trachée, sous l'influence de la vie organique, il en a conclu que la présence de l'urine dans la vessie avant le développement de la rigidité cadavérique serait un signe de submersion pendant la vie, son absence démontrant le contraire. L'explication de ces faits nous paraît très contestable. Nous concevons difficilement comment la petite quantité d'eau contenue dans la trachée et dans les bronches pourrait fournir la proportion d'urine renfermée dans la vessie; car, chez les chiens, toutes les voies aériennes sont remplies d'une écume sanguinolente très abondante, et ne renferment que fort peu d'eau. Ensuite, les phénomènes d'expulsion de l'urine n'ayant pas lieu chez l'homme comme chez le chien, ce résultat de l'observation ne nous paraît pas pouvoir lui être appliqué.

Ces altérations peuvent-elles se rencontrer dans d'autres genres de mort?—L'état de la face est commun à toutes les asphyxies.— La bave écumeuse de la bouche peut s'observer dans la mort qui serait survenue à la suite d'un accès d'épilepsie. — La situation de la langue entre et derrière les dents s'observe chez les pendus. — L'injection de la base de cet organe existe aussi dans beaucoup de cas de suspension, de strangulation, d'asphyxie par le charbon et de morts subites. — La pâleur du corps est l'état le plus commun des cadavres. — La coloration rosée ou violacée de la peau par places est un résultat de toute mort par asphyxie.

— *Les excoriations des doigts sont propres aux noyés*, mais elles pourraient se produire accidentellement chez un individu qui se serait pendu à un arbre, qui se serait frotté contre ce corps hérissé d'aspérités et serait ensuite tombé dans l'eau. — *La vase et le sable sous les ongles ne peuvent guère être observés que sur un noyé*, encore cet état pourrait-il exister chez un homme qui serait mort dans des convulsions sur un terrain sablonneux. — L'état du cerveau, indiqué par les auteurs, ainsi que celui que nous avons signalé, se rencontre sur beaucoup de cadavres d'individus qui ont succombé à des maladies diverses. *L'eau dans la trachée-artère ne peut s'observer que dans l'asphyxie par submersion*, à moins qu'un individu ne périsse d'asphyxie sur la voie publique, la face étant dans un ruisseau. — M. Orfila a avancé que l'écume se rencontrait fréquemment chez les pendus et chez les épileptiques. Cette proposition est trop générale ; on pourrait même, suivant nous, l'énoncer dans un sens inverse (voy. à ce sujet le chapitre de l'*Asphyxie par suspension*). Néanmoins on peut trouver de l'écume dans les deux cas ; mais y a-t-il analogie ? est-ce la mousse écumeuse que nous avons décrite avec soin, p. 699 ? Nous ne l'avons jamais observée avec ces caractères. Dans ces sortes de cas, l'écume des pendus nous a paru à bulles bien moins divisées, sanguinolente, essentiellement muqueuse ; et sous ce rapport, notre conviction, fondée sur nos observations, avait été tellement grande jusqu'alors, que nous n'avions pas hésité à à déclarer qu'il n'y avait entre les deux comparaisons aucune analogie. Cette opinion, nous la conservons encore aujourd'hui pour la très grande généralité des cas ; mais nous avouons franchement que nous avons ouvert deux individus qui s'étaient jetés du haut de maisons dans la rue, et qui nous ont présenté une quantité notable d'écume dans la trachée-artère, écume qui offrait la plus grande analogie avec celle de la submersion ; encore dans ces deux faits il reste à savoir si ces individus ne sont pas tombés la face dans le ruisseau : c'est un renseignement que nous n'avons pas pu nous procurer. Voici un exemple du même genre.

Mort subite. — Asphyxie imitant un individu noyé.

Un homme mort subitement rue Saint-Antoine est amené le 8 février 1830 à la Morgue.

Aucun signe extérieur de violences. Adhérences assez nombreuses des poumons aux côtés, principalement du côté droit. Poumons sains extérieurement. Veines sous-clavières gorgées. Un peu de sérosité dans le

péricarde. Cœur volumineux. Aorte et artère pulmonaire très volumineuses. A la naissance de cette dernière artère existe, dans une surface
d'un centimètre, un amincissement des parois artérielles ; il semble que
la tunique moyenne de l'artère manque dans ce point. La forme de cette
place est ronde. Le ventricule droit contient du sang, en partie fluide, en
partie coagulé, ou plutôt du sang épais, mais s'échappant plus épais au
fur et à mesure que l'on vide le ventricule. La section de l'aorte laisse
écouler beaucoup de sang. Les parois du ventricule gauche sont très
épaisses ; leur cavité ne contient qu'une très petite quantité de sang épais.
La langue n'offre rien de remarquable. Le larynx, la trachée et une partie des ramifications bronchiques, *renferment de l'écume*. Dans le larynx,
l'écume est blanche; elle devient *de plus en plus rouge dans la trachée;*
elle est rouge dans les premières divisions des bronches. Cette écume
diffère de celle des noyés en ce qu'elle est à bulles larges et qu'elle n'est
pas uniforme, c'est-à-dire qu'entre trois ou quatre grandes bulles il y en
a six ou huit petites. Ce n'est pas cette écume à bulles multipliées et uniformément placées les unes à côté des autres. Quoique formées par du
mucus, les bulles sont à parois minces ; et j'avoue que, s'il ne m'était
pas démontré que ce n'est pas un noyé, ce cas pourrait élever des doutes
dans mon esprit. Une autre circonstance viendrait d'ailleurs les appuyer,
c'est l'existence d'une grande quantité d'eau dans l'estomac : il y en avait
bien un litre ; elle s'y trouvait avec des aliments en grande partie digérés.
Ici donc la différence entre l'écume consistait dans la largeur des bulles,
un peu de viscosité, et la couleur rouge, due à du sang qui a évidemment
été exhalé dans les derniers moments de la vie. Les poumons sont d'ailleurs assez gorgés de sang, et dans toute leur étendue. Les organes de
l'abdomen sont sains. Le cerveau contient un peu de sérosité. Il faut
ajouter à ces différences la circonstance du sang non fluide.

Quant au sable, au gravier et à la vase des voies aériennes, *ils
ne peuvent être propres qu'à l'asphyxie par submersion*, ou à la
mort qui surviendrait à la suite du contact forcé de la face avec
l'eau d'un ruisseau qui roulerait du sable, comme dans l'observation rapportée p. 690. — L'état du cœur et des gros vaisseaux
est commun à toutes les asphyxies. — La fluidité du sang, *portée
à un degré aussi prononcé, ne se rencontre guère que dans ce genre
de mort ;* néanmoins nous l'avons observée dans plusieurs autres
et particulièrement dans des cas d'assassinat par des armes
blanches dirigées sur le cœur. Elle se rencontre aussi dans beau-
cou de cas de mort subite. Mais il faut dans la fluidité distinguer
deux choses chez les noyés, la liquidité d'une part, et la propriété que le sang ne possède plus *de colorer les doigts avec lesquels il est en contact*, phénomène qui du reste n'est pas constant.
L'eau dans l'estomac peut s'observer dans toute espèce de cadavre.
Il suffit que la mort soit survenue peu de temps après l'ingestion
de ce liquide.

Ces altérations sont-elles constantes ?— Rigoureusement parlant,
aucune de ces altérations n'est constante ; mais les plus commu-

nément observées peuvent être énoncées dans l'ordre suivant :
Rougeur de la base de la langue ; langue placée entre les dents
ou derrière les arcades dentaires ; fluidité du sang, état piqueté
de la substance cérébrale ; eau dans l'estomac ; écume dans la
trachée et les bronches ; sable sous les ongles et excoriations aux
doigts ; eau à l'origine des bronches.

*Jusqu'à quelle époque de la submersion peut-on constater les signes
de ce genre de mort, et quelles sont les causes qui peuvent les
faire disparaître ?*

Pour fournir quelques données à cet égard, il faut tenir compte
des circonstances suivantes : Le séjour du corps dans l'eau ; le
séjour du corps dans l'air ; la température de l'atmosphère pendant que le corps a été placé soit dans l'eau, soit dans l'air. — Le
temps pendant lequel on peut encore retrouver les signes de la
submersion, après la mort, est en général d'autant plus long,
que la température de l'atmosphère est moins élevée, et que le
corps est resté exposé à l'air moins longtemps, après avoir été
retiré de l'eau. En hiver, on les reconnaît encore après quinze et
quelquefois dix-huit jours d'eau ; ce laps de temps écoulé, il est
rare qu'ils n'aient pas disparu. En été et pendant les grandes
chaleurs, ces phénomènes se dissipent du troisième ou quatrième
jour, au sixième ou huitième d'immersion. Si l'on expose à l'air
un corps retiré de l'eau en hiver, la température étant très basse,
elle modifie peu les signes de submersion ; en été, au contraire,
il suffit de quelques heures pour les faire disparaître presque
complétement. J'ai été chargé avec Ollivier et West de donner
un avis sur un rapport fait par M. Desbrosses et Dufresne,
médecins à Blois, à l'occasion de la mort d'un homme qui était
resté pendant trente-cinq jours dans la rivière du Cosson, à
partir du 25 décembre 1838 au 30 janvier suivant, et à cette
époque il fut constaté dans le larynx et les bronches une grande
quantité de bulles d'air ou mousse aqueuse ; les cavités droites
du cœur, remplies d'une grande quantité de sang noir et fluide,
et dans l'estomac, de douze à seize onces d'un liquide coloré en
rouge, paraissant être de l'eau et un peu de sang. — Dans tous
les cas, c'est surtout à la température, soit de l'eau, soit de l'air,
qu'il faut attribuer les changements que ces caractères subissent,
et la putréfaction gazeuse en est en général la cause immédiate.

Toutefois, ainsi que nous l'avons dit (t. II, *Putréfaction chez les noyés*), nous doutons fort que la putréfaction gazeuse soit constante en hiver.

Jusqu'alors nous n'avons parlé que d'une manière générale de la disparition des phénomènes de submersion ; mais tous ne subissent pas ce changement : il en est qui sont plus ou moins modifiés. La coloration de la face et de la peau est remplacée par celle de la putréfaction et par la bouffissure gazeuse.— L'état sablonneux des doigts ne peut pas être changé. Les excoriations peuvent ne plus porter le cachet de la vie, c'est-à-dire l'état sanguinolent ; l'épaississement, ainsi que la blancheur de l'épiderme, en modifient encore l'aspect. — La base de la langue conserve toujours sa rougeur ; mais la membrane muqueuse du larynx et de la trachée ayant pris cette couleur, il n'en résulte plus un contraste assez frappant pour que l'on puisse décider si la coloration de la langue est un phénomène vital ou cadavérique. — L'écume de la trachée-artère est chassée peu à peu de ce conduit, des gaz se développant dans les vésicules pulmonaires et dans les dernières ramifications des bronches ; c'est à cette cause qu'il faut attribuer en général la bave écumeuse des noyés. — Le peu d'eau que contiennent les voies aériennes est souvent entraîné avec l'écume. Le tissu pulmonaire étant devenu aussi emphysémateux que possible, il crépite fortement par la pression, mais il ne donne plus de sang ou il ne donne que peu de sang ; il offre d'ailleurs l'emphysème vésiculaire au plus haut degré ; c'est cet état contre lequel il faut se mettre en garde. — Le sang disparait des cavités du cœur et des gros vaisseaux ; mais là où il a existé, il a laissé une coloration de la surface interne des ventricules et des oreillettes, qui est en raison de sa quantité, sur laquelle nous avons déjà appelé l'attention (t. II, article *Putréfaction*) et fait sentir tout le parti que l'on pouvait en tirer pour décider du genre de mort auquel l'individu avait succombé. (Voyez encore une consultation médico-légale relative à un cas supposé d'empoisonnement par le sublimé corrosif.) — L'eau même de l'estomac peut diminuer ou disparaître entièrement par le développement de gaz qui s'opère dans cet organe ; aussi la voit-on, pendant l'été, s'écouler de la bouche des noyés qui sont exposés à la Morgue ; elle entre alors très fréquemment dans la trachée-artère, avec des matières alimentaires.

En résumé, on est toujours placé dans des circonstances beaucoup plus favorables, quand on est chargé de l'exploration d'un noyé en hiver ; en effet, il suffit quelquefois en été de quelques heures d'exposition du corps à l'air pour faire disparaître la majeure partie des signes de la submersion. Toutefois entre ces deux extrêmes de chaleur et de froid il est une foule de termes intermédiaires qui rendent l'examen favorable à la solution de la question. On ne saurait donc trop engager les magistrats à hâter le moment des expertises dans les cas dont il s'agit.

Des inductions à tirer des altérations cadavériques des noyés prises dans leur ensemble comme indices de la submersion pendant la vie.

Nous venons de faire, dans les cinq paragraphes précédents, la *dissection* la plus pénible de notre science. Elle était cependant nécessaire pour prémunir les experts contre une fausse interprétation de chacun des signes de la submersion. Mais nous le demandons, où en serait la médecine si, prenant à part chaque maladie, énumérant les signes au moyen desquels on les reconnaît ordinairement, on venait assigner à chacun d'eux une valeur absolue? Nous n'hésitons pas à le dire, la science du médecin serait nulle, et les altérations pathologiques, que les savants professeurs de clinique décrivent et annoncent à l'avance pendant la vie même d'un malade, dans les cas malheureux où il est voué à une mort certaine; ces prévisions, dis-je, ne pourraient reposer sur aucune base solide ; on verrait peu à peu s'écrouler la science du diagnostic, et la médecine vouée à l'empirisme le plus absolu ! Qu'on se rassure donc ; la médecine légale, comme la médecine clinique, a ses tableaux d'ensemble, et je me hâte de déclarer que sur cent noyés récents et observés en temps opportun, je pourrai déclarer, dans les neuf dixièmes des cas, avec conviction pleine et entière, si la submersion a eu lieu pendant la vie ou après la mort. Et en effet, quand un homme a été retiré de l'eau, ce qui ne s'ignore pas le plus ordinairement, ou il y a été jeté de son vivant, ou après sa mort. Si c'est après sa mort, il faut alors qu'il présente les indices d'une cause de mort autre que la submersion ; par conséquent, déjà dans l'absence de cette cause il y a présomption de vie au moment de l'immersion. L'a-t-on pendu ou étranglé, il en porte alors les traces, car on ne pend pas un homme aussi facilement que l'on fait sentir qu'un signe de submersion peut être commun avec un signe de suspension. Un homme meurt d'épilepsie : quel intérêt a-t-on à porter son cadavre dans la rivière? serait-ce pour faire supposer un crime? Mais ce serait un singulier moyen, que celui qui consisterait à cacher le corps de délit, peut-être à toujours, dans l'espérance qu'une fois retrouvé, il pourra faire l'objet d'une accusation. Un homme est jeté par la fenêtre d'un cinquième étage, il est ensuite porté à la rivière ; retiré plus tard de l'eau, il présente quelques uns des signes de l'asphyxie par submersion, en ce sens que sa trachée-artère peut contenir, dans quelques cas rares, de l'écume analogue à celle des noyés. Et compte-t-on pour rien les fractures multipliées et tous les désordres graves qui peuvent résulter d'une pareille chute? Sera-ce aussi à la submersion qu'il faudra les attribuer? Mais, dira-t-on, vous procédez par voie d'exclusion, et de cette manière vous simplifiez beaucoup le problème, vous vous placez dans les conditions les plus favorables et les plus faciles! Pourquoi agirions-nous autrement que dans tous les diagnostics possibles, puisque dans la pratique de la médecine légale l'expert se trouve dans la même situation? Nous avons fait une large part à l'incertitude, cherchons donc actuellement à rassurer des esprits trop timides.

Premier cas. On procède à l'examen du corps d'un homme récemment retiré de l'eau ; il offre des plaques rosées à la face, aux oreilles, aux cuisses, quelques excoriations sanguinolentes sur le dos des doigts et au voisinage de leurs extrémités ; la langue est placée entre les dents, sa base est injectée ; la bouche entr'ouverte ; il existe une mousse écumeuse blanche, évidemment aqueuse, qui remplit une grande partie de la trachée-artère, et un peu d'eau à la naissance des bronches, qui sont lubrifiées par un liquide aqueux ; les poumons sont très développés, leurs bords antérieurs se recouvrent mutuellement après la section du médiastin antérieur ; ils ont une teinte en général violacée ; leur tissu coupé est rouge et gorgé de sang ; comprimé, on en fait sortir un sang mêlé d'une foule de bulles gazeuses ; le sang existe en plus grande quantité dans les cavités droites du cœur que dans les cavités gauches, il est très fluide et tache à peine les doigts ; la substance cérébrale est piquetée ; le foie et la rate sont gorgés de sang ; il existe une quantité d'eau assez considérable dans l'estomac, et de l'urine sanguinolente dans la vessie.

— Qui n'affirmerait, d'après ce tableau, que cet homme était vivant au moment de l'immersion ?

Deuxième cas. On trouve : pâleur générale du corps ; excoriations aux doigts, sable fin sous les ongles ; un peu de mousse écumeuse dans la trachée ; humidité aqueuse des bronches avec sortie de mousse sanguinolente du tissu pulmonaire incisé ; de l'eau dans l'estomac ; fluidité très grande du sang, dont la quantité dans les cavités droites est assez considérable ; absence de toute trace de violences extérieures ou intérieures. — N'y a-t-il pas là de fortes présomptions pour regarder la submersion comme ayant été opérée pendant la vie ?

Troisième cas. Pâleur générale du corps ; pas d'excoriations aux doigts, pas de sable dans la concavité des ongles ; la bouche et la langue dans l'état normal ; pas d'écume dans la trachée ; le tissu pulmonaire seul comprimé donne des bulles sanguinolentes ; une égale quantité de sang dans les cavités droites et dans les veines caves que dans les cavités gauches et l'aorte ; un peu d'eau dans l'estomac ; pas de traces de violences ; pas de traces de lien au cou ; pas de cause de mort appréciable en dehors de la circonstance de l'immersion. — C'est dans ces sortes de cas que l'expert doit montrer de la réserve et faire sentir que la mort a probablement eu lieu par une syncope ; que cette syncope, pouvant s'effectuer à l'air libre comme dans l'eau, il lui est impossible de décider si elle a eu lieu dans l'eau, mais que l'absence de toute cause de mort violente, réunie à la circonstance du corps trouvé dans l'eau, établit des présomptions en faveur de la submersion pendant la vie.

Ainsi donc, si chaque phénomène pris isolément ne peut pas donner la preuve de la submersion pendant la vie, l'ensemble de ces phénomènes peut y conduire, et, à l'appui de notre manière de voir, nous citerons un exemple que nous puisons dans le *Traité de médecine légale* de M. Orfila, t. II, p. 397, 3ᵉ édition ; or M. Orfila est un des auteurs qui ont montré le plus d'opposition à notre manière de voir.

Ce savant médecin légiste est chargé, le 21 avril 1837, par M. le procureur du roi, de déterminer la cause de la mort d'un enfant nouveau-né qui avait été retiré de la Seine trois jours auparavant. Il trouve comme signes de submersion : 1° Les poumons contenant une quantité notable de sang ; 2° une certaine quantité d'un liquide aqueux dans le larynx, la trachée-artère et les bronches ; 3° beaucoup d'écume non sanguinolente, et il termine en disant : Il n'était pas difficile de conclure que la mort de cet enfant était le résultat de la submersion. — Loin de blâmer cette conclusion, nous l'approuvons ; mais comment et sur quoi M. Orfila l'a-t-il fondée? sur les trois signes mentionnés plus haut, et « sur l'absence à la surface du corps de toute trace de violence exercée par un corps contondant, piquant ou tranchant. »

Cependant M. Orfila a cru devoir adopter les conclusions suivantes à la page 348 de son ouvrage.

Conclusions. — « On voit, en se résumant sur cette question (celle qui nous occupe) : 1° Que, parmi les signes indiqués par les auteurs pour la résoudre, les seuls qui permettent d'affirmer que la submersion a eu lieu pendant la vie se tirent de la présence, dans l'*estomac* et dans les *vésicules pulmonaires*, d'un liquide *semblable* à celui dans lequel le corps a été submergé, pourvu toutefois, pour ce qui concerne l'estomac, qu'il soit avéré que ce liquide *n'a pas été avalé* avant la submersion, *ni injecté* après la mort (déjà les trois conditions imposées à l'eau de l'estomac sont telles, que le signe devient tout à fait illusoire) ; et pour ce qui se rapporte aux *vésicules pulmonaires*, pourvu que « le liquide ait pénétré jusques aux *dernières ramifications bronchiques;* qu'il n'ait pas été injecté après la mort, et que le cadavre ne soit pas resté un certain temps sous l'eau, dans une position verticale, ou *couché sur le dos.* » (Ce signe est au moins aussi illusoire que le premier ; car, sur cent noyés, il en est quatre-vingt-dix-neuf qui sont restés un certain temps sous l'eau ; et il est ensuite impossible de prouver qu'un corps n'était pas couché sur le dos dans une rivière. Ainsi, M. Orfila établit de telles conditions aux deux seuls signes concluants (pris isolément) de la submersion, que l'on peut, à cause de l'impossibilité où l'on est de remplir à leur égard les conditions qu'il leur impose, les regarder, ainsi que les autres, comme de nulle valeur. J'irai plus loin, et je crois qu'il est impossible de constater l'un d'eux sur les noyés, c'est l'entrée de l'eau dans les vésicules pulmonaires. Pour moi, je déclare que je ne l'y ai jamais pu voir. M. Orfila ne donne pas d'indices propres à reconnaître ce caractère. Et cependant, si l'eau remplit les vésicules pulmonaires, l'aspect, la consistance du tissu des poumons doit être modifié ; présenterait-il des caractères du genre de ceux qui sont propres à l'œdème? — C'est, au surplus, cette difficulté que M. Orfila fait lui-même sentir dans sa seconde conclusion. Je conçois que lorsqu'on noie un chien dans un liquide coloré, il suffise de quelques atomes du liquide dans les ramifications bronchiques et dans les vésicules, pour que la couleur des poumons soit changée, mais il n'en est pas de même avec de l'eau incolore ; et d'ailleurs il m'est impossible d'établir une identité parfaite entre ce qui s'opère chez le chien et ce qui est produit chez l'homme ; la résistance à la vie chez le premier est bien plus grande que chez le dernier.) Je ne nie pas pour cela la possibilité du phénomène, puisque j'ai rapporté un exemple qui s'en rapproche autant que la dissection d'un poumon permet de le reconnaître.

» 2° Que la valeur de ces signes, déjà diminuée par les restrictions dont nous venons de parler, l'est encore davantage par la difficulté que l'on éprouve dans beaucoup de cas, surtout lorsque les cadavres n'ont pas été promptement retirés de l'eau, à reconnaître une suffisante quantité de liquide, particulièrement dans le tissu des poumons, à moins qu'il ne soit coloré, ou sali par de la vase, ou de la boue, ce qui arrive fort rarement.

» 3° Que la présence de l'écume dans la trachée-artère et dans les bronches est loin de suffire pour déterminer que la mort a eu lieu par submersion, et qu'elle ne peut servir qu'à établir des présomptions, même lorsqu'on trouve dans les poumons un liquide ayant toutes les apparences de celui dans lesquel le corps a été plongé.

» 4° Que ces présomptions seraient encore plus fondées si, outre l'existence de l'écume dans les parties que nous venons de désigner, il y avait une grande quantité de liquide aqueux dans les poumons, l'expérience prouvant que les liquides ne pénètrent jamais jusqu'aux dernières ramifications bronchiques, *aussi abondamment* après la mort que pendant la vie. » (M. Orfila établit ici une donnée qui n'est que relative. Or le point de comparaison n'est pas fixé, puisqu'il a dit dans ses expériences, qu'il avait vu pénétrer le liquide après la mort, jusque dans les dernières ramifications bronchiques.)

« 5° Que l'absence d'écume dans la trachée-artère et dans les bronches n'établit pas que l'individu n'a pas été submergé vivant, puisque dans les nombreuses ouvertures de cadavres que nous avons faites, nous n'en avons jamais rencontré lorsque le corps était resté plusieurs jours dans l'eau, et qu'il n'y en avait pas non plus dans quelques uns des cas où l'on avait procédé à l'ouverture des cadavres peu de temps après la submersion.

» 6° Enfin, que les autres signes indiqués par les auteurs sont insuffisants s'ils sont pris isolément, et qu'il est tout au plus permis d'établir quelque probabilité d'après leur ensemble. »

DEUXIÈME QUESTION. — *Dans le cas où la mort aurait été le fait de la submersion, doit-elle être considérée comme le résultat d'un suicide ou d'un homicide?*

Cette question peut rarement être résolue d'une manière absolue par le médecin. En effet, il n'existe pas, dans quelques cas au moins, de différence quant aux résultats matériels entre l'action d'un homme qui se jette à l'eau et celle dans laquelle on l'y jette. Toutefois, pour jeter une personne dans une rivière sans exercer sur elle de violences capables de laisser de traces, il faut ou des circonstances bien favorables à une projection facile, ou le concours de plusieurs personnes. Ainsi, il sera nécessaire que le meurtrier saisisse le moment où sa victime est sur le bord d'une rivière profonde, pour l'y pousser dans l'instant où elle s'y attend le moins. C'est ce qui fait que ce moyen est rarement employé par des assassins : dans le plus grand nombre de cas, ils portent d'abord atteinte à la vie de la personne à l'aide de violences qui la mettent dans l'impossibilité de se défendre, et la jettent ensuite à l'eau ; souvent même ils ne se servent de l'immersion dans une rivière que comme un moyen de faire disparaître à toujours le corps de la personne qu'ils ont assassinée. C'est ce qui a eu lieu dans deux cas que nous avons rapportés : l'un, celui du sieur Cambon (p. 532); l'autre, celui de la femme Lejeune (affaire Lhuissier, p. 175). Toutefois quand un canal profond parcourt une ville, et que ses bords sont peu habités, il arrive souvent qu'il s'y commet des vols; et si la victime oppose de la résistance, alors une lutte s'engage, des coups sont portés, le vol est commis lorsque la personne a été attaquée et mise dans l'impossibilité de se défendre ; et alors les voleurs, qui, par le fait du hasard, se sont trouvés placés sous le coup d'une tentative d'assassinat, sont souvent conduits à accomplir un crime plus grand, dans le but de faire disparaître la trace d'un crime qui entraîne une peine moins forte. Ainsi donc la submersion, comme moyen de mort, en fait d'assassinat, est très rarement observée; la submersion consécutive à un assassinat incomplet est plus fréquente; la submersion, comme moyen de suicide, est tellement fréquente, qu'elle constitue les dix-neuf vingtièmes des cas de ce genre.

Quand une personne se jette à l'eau, elle choisit ordinairement le point le plus profond de la rivière; elle s'y laisse tomber, autant que possible, d'une grande hauteur ; souvent même elle augmente le poids de son corps par le poids d'un corps qui, sous un petit volume, ait une grande masse. Elle se place donc, en général, dans les conditions les plus favorables à une submersion sans traces de violences extérieures; car si elle se jette d'une grande hauteur, elle est arrêtée dans sa chute par la résistance de l'eau, elle vient tomber sur la partie la plus sablonneuse ou sur la vase de la rivière ; en se débattant, elle ne lutte que contre l'eau et non contre des corps durs sur lesquels elle pourrait se faire des contusions ou toute autre espèce de violences. Il ne faudrait pourtant pas prendre ces données comme générales; nous avons exposé, dans le chapitre des suicides, les moyens de ne pas confondre ce qui est l'effet d'un assassinat avec ce qui résulte le plus souvent d'un accident, et, sous ce rapport, nous y renvoyons nos lecteurs. Mais les considérations précédentes feront assez sentir que pour la solution de la question qui nous occupe, il faut s'attacher à reconnaître si à l'extérieur ou à l'intérieur des organes d'un individu noyé, il existe des traces de

violences quelconques ; il faut examiner avec le plus grand soin
si ces traces de blessures ont été capables de donner la mort, ou
si, au contraire, elles n'auraient causé que des lésions propres
à placer la personne dans l'impossibilité de se défendre ; et c'est
en ayant égard à ces considérations que l'on parvient à établir
des présomptions, et quelquefois même à acquérir la certitude
que la mort a été le résultat d'un suicide ou d'un assassinat.
Ainsi, un corps est retiré de l'eau ; il porte à la partie postérieure de la poitrine une plaie pénétrante qui a intéressé le tissu
du poumon gauche, et à la suite de laquelle il s'est fait un épanchement de sang dans la plèvre ; on retrouve en outre un ensemble de caractères propres à faire reconnaître que la submersion a eu lieu pendant que l'individu était encore vivant : n'y
a-t-il pas tout lieu de croire que la submersion a été consécutive à un assassinat ? Un homme présente dans toute l'étendue
de la figure des ecchymoses profondes qui pénètrent dans
l'intérieur des orbites ; il offre sur diverses parties du corps des
contusions, et elles se trouvent placées sur des points où elles
ne peuvent se former que sous l'influence d'un choc direct considérable, de la part de personnes étrangères ; ces contusions
sont bien dessinées, bien limitées, elles n'offrent pas une grande
surface, elles ont plutôt de la profondeur que de la superficie :
ne deviennent-elles pas des indices puissants d'un homicide ?
Nous pourrions multiplier ces suppositions ; aussi nous pensons,
contre l'opinion de M. Orfila, qu'il ne faut pas laisser aux magistrats le soin de déterminer jusqu'à quel point la nature du
lieu, qui peut être désert ou habité, l'élévation, l'existence d'un
poids attaché au corps, d'un lien qui unit les mains, le désordre
des vêtements, peuvent éclairer la question (*Traité de méd. lég.*,
t. II, p. 350) ; c'est à nous qu'il appartient de déterminer quelle
a pu être l'influence de ces causes sur la production des altérations morbides que nous observons ; car ce n'est que par la
connaissance de l'influence que les agents physiques peuvent
exercer sur les organes que l'on peut arriver à une solution
satisfaisante à cet égard. Nous rapportons ici une observation
dans laquelle la submersion paraît avoir été précédée de la suspension ; les magistrats n'ont pas pu donner de suite à cette affaire, par défaut de renseignements et d'indices suffisants.

Homicide par submersion, avec traces de strangulation, sur un enfant de trois ans et demi à quatre ans.

Les docteurs en médecine soussignés ayant été désignés par M. Perrot de Chezelles, substitut du procureur du roi, pour procéder à l'examen du cadavre d'un enfant déposé à la Morgue, se sont transportés à cet établissement aujourd'hui 9 février 1831, à neuf heures du matin, avec M. le commissaire de police du quartier de la Cité, et, après avoir rempli les formalités voulues par la loi, ont procédé ainsi qu'il suit. On leur a présenté le cadavre d'un enfant généralement bien constitué et conformé, du sexe féminin, long de deux pieds cinq pouces ; cheveux blonds, frisés, assez longs (trois pouces et demi) ; front large et élevé ; sourcils blonds, larges et bien fournis ; yeux bruns et bien ouverts ; paupières garnies de cils bruns, très longs et très nombreux ; le nez un peu épaté ; la bouche un peu large ; les lèvres bien dessinées, la lèvre supérieure saillante ; le menton arrondi et très prononcé ; les joues très grasses. Ce cadavre a été retiré de la Seine aux environs de Saint-Denis.

Habitude extérieure du corps. — Aucune ecchymose ou blessure. Coloration en rose vif de la peau de la partie interne du bras et de l'avant-bras droit, du pénil, des grandes lèvres, de la partie antérieure et inférieure de la cuisse et de la jambe droites, ainsi que de la partie interne de la cuisse et de la jambe gauches. La face palmaire des mains blanchie, la face dorsale des doigts commençant à blanchir ; l'épiderme de ces parties n'est plissé qu'à l'extrémité des doigts. Les bords libres des ongles sont encore noircis par de la crasse et ne contiennent pas de sable.

L'épiderme de la plante des pieds est blanc et plissé dans toute son étendue ; il n'est que légèrement blanc à la face supérieure des orteils ; les ongles des pieds sont très sales et très longs.

A la surface du tronc, un assez grand nombre de traces larges comme des morsures de puces, qui sembleraient indiquer que la peau était le siége d'une affection éruptive.

La figure ne porte pas l'empreinte de la souffrance. Au devant du cou existent deux sillons *transversalement* placés, larges de quatre lignes environ : l'un est situé à la partie supérieure du cou, dans le pli de flexion de la tête ; il a d'un côté quatre pouces de longueur ; l'autre, situé immédiatement au-dessous, semble au contraire se prolonger tout à fait en arrière, en s'effaçant graduellement, sans que cependant il soit possible d'affirmer l'existence d'une trace circulaire parfaite. Le bord supérieur du sillon supérieur est fortement déprimé. Le contraire existe pour le sillon inférieur. On n'aperçoit pas de trace d'ecchymose ou d'injection des lèvres des sillons ; le fond de ces pressions est seulement un peu plus blanc que le reste de la peau. Il est probable que le lien employé à les produire avait partout la même largeur, car il existe beaucoup d'uniformité dans la largeur des divers points des sillons ; mais il est difficile de déterminer et la nature et l'espèce de lien.

Vers l'extrémité gauche du sillon supérieur, on observe une petite solution de continuité *de la peau seulement*, que figure une plaie, analogue, pour la netteté des bords ainsi que pour l'étendue, à la piqûre d'une lancette dans une saignée.

La peau de ces sillons enlevée avec beaucoup de soin met à nu une grande quantité de graisse qui tapisse toute la partie antérieure du cou, et au milieu de laquelle se dessinent des sillons profonds où les lames du tissu cellulaire ont été rapprochées par une pression soutenue de manière à refouler la graisse en haut et en bas, et à donner à plusieurs points de ces dépressions un aspect argentin. Elles correspondent tout à fait aux deux empreintes observées sur la peau.

On ne trouve pas d'ecchymoses dans le tissu cellulaire ou dans les muscles. La section des veines jugulaires laisse écouler une assez grande quantité de *sang fluide*. Les membranes des artères carotides sont intactes.

Il n'existe pas de traces d'eau ou d'écume au nez ni à la bouche. Les arcades dentaires, garnies de vingt dents, offrent tous les caractères de celles de la première dentition, sont fortement rapprochées, et prennent entre elles toute la circonférence de la langue, qui est extrêmement amincie et bordée d'empreintes de dents.

Aucun corps étranger dans les fosses nasales, dans la bouche et le pharynx, cavités qui, du reste, sont dans l'état naturel.

La cavité du larynx contient du mucus mêlé à un peu d'*écume aqueuse*. Tout le long de la trachée existe *la mousse aqueuse des noyés*, dont les bulles s'effacent peu après l'ouverture de ces organes. *Un peu d'eau limpide* s'observe à la division des bronches, et quand on comprime le tissu des poumons, on en fait sortir une série de bulles aqueuses très divisées qui viennent se rompre à l'ouverture de chacune des ramifications bronchiques.

Les poumons sont très volumineux, recouvrent le péricarde et le thymus. Ils sont rosés, peu crépitants, et légèrement gorgés de sang en arrière.

Le ventricule droit du cœur et les deux veines caves contiennent une assez grande quantité de sang très fluide. Le ventricule gauche et l'aorte n'en renferment qu'une petite quantité en partie coagulé.

L'estomac est très volumineux ; il renferme beaucoup de liquide aqueux au milieu duquel nagent des débris nombreux d'aliments. Sa surface interne est rosée, comme cela a lieu pendant le travail de la digestion.

L'intestin grêle, la vessie et les reins, ne présentent rien de remarquable. Le foie est gorgé de sang. Un peu de bile verte et épaisse existe dans la vésicule biliaire.

Aucune solution de continuité ne se fait remarquer dans les membres.

Vaisseau de la dure-mère et sinus légèrement gorgés de sang. Substance cérébrale plus dense que de coutume. Vaisseaux pas injectés.

Les faits énoncés ci-dessus nous portent à penser :

1° Que le cadavre soumis à notre examen est celui d'un enfant de trois ans et demi environ ;

2° Qu'il nous paraît avoir séjourné dans l'eau de six à huit heures ;

3° Que cet enfant a succombé à une asphyxie par submersion ;

4° Qu'un lien a été appliqué autour du cou, mais rien n'indique que ce lien ait produit la mort.

Rapport sur un cas de submersion pendant la vie, précédé de brûlure.

Nous soussigné, docteur en médecine, domicilié à Paris, en vertu d'une ordonnance de M. ***, juge au tribunal civil de première instance, département de la Seine, siégeant à Paris, nous sommes rendu, aujourd'hui 9 mai 1835, à la Morgue, à l'effet de procéder à l'examen et à l'ouverture du corps de la nommée ***, retirée de la Seine le 7 de ce mois, et de déterminer quelle est l'époque de la mort ; si elle est due à la submersion, ou si, au contraire, elle ne pourrait pas avoir été produite par toute autre cause. Là, en présence de M. ***, commissaire de police du quartier de la Cité, nous avons procédé à cet examen, et observé les faits suivants, serment préalablement prêté entre ses mains de faire notre rapport en honneur et conscience.

La rigidité cadavérique a disparu ; à l'extérieur du corps, au niveau du flanc droit, une petite plaque parcheminée, rouge, arrondie, de huit lignes environ de diamètre ; cette plaque paraît être formée par la peau injectée de sang ; toute la partie postérieure des cuisses et des fesses paraît avoir été le siège d'une brûlure au deuxième et même au troisième degré, car l'épiderme se détache de la peau dans tous ces points ; il laisse à nu le derme lubrifié de sérosité, et la peau de la fesse gauche est dure, comme desséchée, racornie, brunâtre, ainsi que cela a lieu dans les brûlures assez profondes.

Le pourtour de la surface où l'épiderme se détache est environné d'une auréole rosée, résultant évidemment d'une injection inflammatoire ; cette coloration a un pouce et demi à deux pouces de largeur aux cuisses, tandis qu'aux fesses elle se prolonge fort avant le long de la surface du dos. En dedans de la cuisse gauche, non seulement l'épiderme est détaché, mais la peau paraît avoir été *rôtie* dans une surface de un à deux pouces de large sur huit ou dix de long. Il n'existe pas à l'extérieur du corps de traces de violences, telles que contusions, plaies ou autres lésions. La figure ne porte pas l'empreinte de la souffrance ; les mâchoires sont serrées l'une contre l'autre ; la langue est placée derrière les arcades dentaires ; la peau du sternum est dans l'état naturel. L'épiderme des mains a changé de couleur, il est blanc à la surface palmaire des doigts, et la paume de la main est dans l'état normal. Rien de particulier à l'épiderme de la plante des pieds. La base de la langue et le pharynx sont injectés et rouges ; la membrane muqueuse qui tapisse la trachée-artère et le larynx est légèrement rosée ; dans l'intérieur de ces conduits existe en abondance une écume ou mousse écumeuse rosée, à bulles très fines, très divisées ; cette écume ne s'étend pas au delà des deux premières divisions des bronches ; mais, en pressant le tissu pulmonaire, on fait sortir par les ouvertures des divisions des bronches de la mousse aqueuse. Tous ces conduits sont lubrifiés par de l'eau ; mais ce liquide n'y existe pas à l'état isolé.

Les poumons sont parfaitement sains, très développés, remplissant la cavité de la poitrine ; leurs bords antérieurs se croisent même l'un sur l'autre, après la section du médiastin antérieur. Les cavités droites et gauches du cœur contiennent un sang très fluide ; il existe une proportion plus grande de sang à droite qu'à gauche, et il s'en échappe une quantité notable en comprimant sur le ventre. L'estomac contient environ la moitié d'un verre d'eau ; il ne renferme point d'aliment, ni de traces de vin. Les intestins qui sont situés profondément sont très colorés en rouge (effet cadavérique) ; l'ovaire gauche présente une vésicule ou kyste séreux, du diamètre d'un pouce environ, de manière à constituer une tumeur de la grosseur d'un petit œuf de poule.

Le foie est gorgé de sang ; la rate et les reins sont à l'état normal. Le cerveau est lubrifié par de la sérosité ; sa substance est un peu piquetée de sang ; ses vaisseaux sont peu gorgés.

Conclusions.

1° La mort date de trois jours environ.
2° Il y a tout lieu de croire qu'elle est due à la submersion.

3° Le corps peut avoir séjourné dans l'eau de quinze à vingt heures.

4° Une brûlure avait eu lieu peu de temps avant la mort ; mais il nous est difficile de déterminer la nature de l'agent qui l'a produite.

Peut-on, d'après l'inspection du corps du noyé, déterminer depuis combien de temps il est dans l'eau?

La réponse à cette question sera de notre part tout à fait affirmative, et nous renvoyons, pour sa solution, à l'histoire que nous avons tracée des phénomènes de la putréfaction dans ce liquide. C'est émettre un avis contraire à celui de M. Orfila, qui prétend avoir combattu cette opinion par des faits et par le raisonnement ; mais nous regardons ces faits et ces raisonnements comme de nulle valeur, car l'expérience de tous ceux qui pratiquent la médecine légale vient donner tous les jours un démenti à cette assertion (1).

Des secours à donner aux noyés.

1° Transporter le noyé dans un lieu commode à l'administration des secours. Si la saison est rigoureuse, on commence par le soustraire au froid, mais on aurait tort de le placer dans une salle dont la température serait trop élevée. On le déshabille en coupant ses vêtements pour plus de promptitude ; on le place sur un plan légèrement incliné, à défaut duquel on peut lui donner une position horizontale. On le place sur le côté, de manière à faciliter la sortie des liquides ou des matières contenues dans la bouche ; on examine s'il n'existe pas à la surface du corps quelques blessures graves qui exigent des secours immédiats. On s'assurera que la rigidité cadavérique n'est pas survenue. On essuie avec des linges chauds toute la surface du corps si la température est froide, tout en exerçant des frictions fortes sur les diverses parties. On fait envelopper les pieds et recouvrir les cuisses de flanelle, de sachets de cendre ou de briques chaudes, pendant que l'on exerce des frictions soutenues avec de la flanelle sur la région du cœur et sur les parties latérales de la poitrine. Toute liqueur alcoolique quelconque pourra être employée avec

____

(1) Qu'il nous soit permis, en terminant, de relever une prétention qui nous paraît exagérée de la part de ce savant médecin légiste, à savoir que c'est à lui qu'il faut rapporter l'étude et la description des *phénomènes de la putréfaction dans l'eau.* Il s'étonne que M. Mata, savant distingué, professeur de médecine légale à la Faculté de Madrid, nous l'ait attribuée. M. Mata nous a rendu justice, et nous l'en remercions.

avantage à ces frictions. Toutefois ces moyens, suffisants dans quelques cas pour rappeler un noyé à la vie, ne sont que d'une efficacité secondaire à côté du moyen suivant : On exerce sur les côtés de la poitrine et sur les cinq ou six dernières côtes des pressions de manière à rétrécir et à élargir successivement le thorax en imitant l'acte de la respiration. Si l'on a à sa disposition une ceinture *ad hoc*, il faut l'employer de préférence aux mains. Il est bon de faire comprimer l'abdomen par un aide, lorsqu'on rétrécit la poitrine inférieurement, afin de simuler une expiration plus complète. De temps en temps on imprime un choc brusque sur les côtes qui avoisinent le creux de l'aisselle, en agissant avec la paume des deux mains largement appliquées.

Admettons maintenant que ces moyens soient sans effets, on aura recours à l'insufflation pulmonaire; mieux vaut la pratiquer de bouche à bouche. Mais si cette opération répugne trop, on introduit par les narines une sonde que l'on fait pénétrer dans la trachée-artère, et à l'aide de laquelle on pratique une insufflation très modérée et plusieurs fois répétée.

Les fumigations de tabac dans l'anus, les stimulants dans les narines, doivent concourir au rétablissement de l'asphyxié. La saignée n'est indiquée que dans les cas où il existe des symptômes de congestion cérébrale et pulmonaire, se dessinant par la coloration de la peau de la face et des oreilles, ou par la rougeur d'autres parties du corps; mais elle devient utile lorsque, la respiration rétablie, il se manifeste une réaction qui peut aller jusqu'au délire furieux. Portal (*Observation sur les noyés*, Paris, 1787, p. 97) a parfaitement spécifié le cas où la saignée peut être utile. Il serait téméraire de la tenter sur des corps froids et dont les membres commencent à roidir; il faut, au contraire, s'occuper de les réchauffer par tous les moyens, etc.... Mais lorsqu'un sujet a été retiré de l'eau peu de temps après qu'il a été submergé, que son visage est noir, violet ou simplement rouge, lorsqu'on sent encore un peu de chaleur dans l'habitude extérieure du corps, lorsqu'enfin ses membres sont flexibles, ses yeux luisants et gonflés, alors il ne faut pas craindre la saignée. Il préfère la saignée de la jugulaire. (Voy. *Asphyxie en général*, pour plus de détails sur la valeur particulière de chacun de ces moyens.)

Jusqu'à quelle époque de la submersion est-on autorisé à espérer que l'on rappellera l'individu noyé à la vie?

Il est bien difficile de rien préciser à cet égard; il est cependant des résultats d'observation que nous croyons devoir faire connaître. On regarde comme très probable le retour à la vie, si l'individu n'est resté que cinq minutes sous l'eau; après un quart d'heure, il est rare que les secours soient efficaces. Si vingt minutes ou une demi-heure sont écoulées, le cas est généralement regardé comme désespéré. Cependant on trouve dans les *Archiv. génér. de méd.*, t. **XX**, p. 220, l'exemple d'une personne qui fut rappelée à la vie par le docteur Bourgeois, quoiqu'elle fût restée submergée pendant vingt minutes environ. On voit aussi dans les rapports de la Société humaine (*human Society*), un cas de sauvetage après trois quarts d'heure d'immersion. Sur trente-trois cas de personnes rappelées à la vie, compris dans le premier rapport sur les succès de l'établissement fondé dans la ville de Paris du temps de Pia (1773), on en compte un où la submersion dura trois quarts d'heure; quatre, une demi-heure; trois, un quart d'heure. On a vu des sujets se conserver vivants sous l'eau d'une manière si extraordinaire, que l'on a supposé que le trou de Botal n'était pas oblitéré chez eux, afin de pouvoir expliquer le fait, supposition qui, d'ailleurs, n'explique rien, et dont la syncope rendrait compte bien plus facilement.

CHAPITRE XVI.

DE LA PENDAISON ET DE LA STRANGULATION.

La pendaison et la strangulation sont ici réunies dans le même chapitre, parce qu'il y a la plus grande analogie entre ces deux genres de mort, qui ne diffèrent que par le mode d'exécution.

Elles ne soulèvent, comme la submersion, que deux questions judiciaires. La pendaison ou la strangulation ont-elles été opérées pendant la vie? Dans le cas de l'affirmative, ont-elles été le résultat du suicide ou de l'homicide?

M. Orfila a émis sur la suspension et sur la strangulation (*Traité de méd. lég.*, tom. II, pag. 352) des idées que nous croyons ne pouvoir adopter entièrement. « La strangulation consiste, dit-il, en une compression exercée sur une étendue plus ou moins considérable du cou, que le corps soit couché, assis, à genoux, debout, les pieds posant sur le sol ou sur un autre corps solide, ou bien suspendu au moyen d'un lien, les pieds ayant quitté le sol; d'où il suit que la strangulation ne suppose pas nécessairement la *suspension*. Celle-ci, au contraire, est toujours accompagnée de strangulation. On l'a divisée en *complète* et en *incomplète* : dans la première, le corps est suspendu en l'air, et les pieds ne touchent pas le sol; la seconde, qui n'est qu'une variété de strangulation, comprend les cas où une partie quelconque du corps est en contact avec le sol, avec un meuble, ou avec toute autre partie solide. » — Suivant nous, il y a suspension toutes les fois qu'un lien placé au cou retient suspendue une partie ou la totalité du corps. Il y a strangulation toutes les fois que le corps étant placé dans quelque position que ce soit, une compression a été exercée sur le cou de manière à s'opposer à l'entrée de l'air dans les voies de la respiration. Certes, un individu suspendu peut mourir de l'étranglement exercé sur le cou par le lien de la suspension; mais ce n'est pas moins un pendu, c'est une pendaison. Tout le monde connaît très bien cette locution, quand on dit en parlant d'un assassin à l'égard de sa victime : il l'a pendue, ou il l'a étranglée. Pourquoi confondre les deux significations entre elles? Cela pourrait devenir la source d'erreurs en justice, et n'offre pas d'avantages pour le langage médico-légal. Ensuite dire que la suspension est toujours accompagnée de strangulation, c'est exprimer une erreur ; car on voit tous les jours un homme périr par suspension, et chez lequel un lien appliqué sous la mâchoire inférieure vient porter sur les branches de l'os maxillaire pour se rendre derrière l'occipital, et amène la mort par congestion cérébrale, sans que la respiration soit suspendue autrement que par l'influence du cerveau. — Une strangulation peut être complète ou incomplète ; il en est de même d'une pendaison. Dans la strangulation incomplète il n'y a pas mort ; il ne faut pas faire reposer cette différence sur l'étendue de la partie comprimée, mais bien sur le résultat de la strangulation. Le contraire doit avoir lieu pour la pendaison. Elle est complète quand les pieds ne touchent pas le sol ; elle est incomplète lorsque les pieds ou les genoux, ou une partie du tronc, reposent sur celui-ci. Un pendu peut mourir étranglé, mais un individu étranglé ne peut pas mourir pendu. On dira peut-être que c'est jouer ici sur des mots ; mais les mots exprimant des idées plus ou moins exactes, il est très important de s'y arrêter.

Premi̇ère question. — *La pendaison ou la strangulation ont-elles été opérées pendant la vie ?*

Pour fournir les moyens de résoudre cette question, nous exposerons : 1° quelles sont les conditions dans lesquelles doit se trouver un individu pour que la mort par pendaison puisse survenir ; 2° les divers modes suivant lesquels la mort par suspension s'effectue ; 3° quels sont les phénomènes qui accompagnent la mort par suspension ; 4° quels sont les divers états que peuvent présenter les organes des pendus après les différents genres de mort ; 5° quelle est la valeur qu'il faut attacher aux phénomènes que présente le cadavre, dans le but de savoir si la suspension ou si la strangulation a eu lieu pendant la vie.

Quelles sont les conditions dans lesquelles un individu doit se trouver pour que la mort par pendaison puisse survenir ? — C'est une opinion généralement accréditée parmi les médecins, que la mort d'un pendu ne pourrait pas avoir lieu si la totalité du corps n'était pas élevée au-dessus du sol. Il a fallu qu'un cas

de mort, célèbre dans les fastes de la médecine légale, vînt de
nouveau soulever la question, pour la faire interpréter dans
un sens tout à fait opposé à la manière dont elle avait été envi-
sagée jusqu'alors. Marc, qui fit à cette époque un mémoire
tendant à prouver que la mort du prince de Condé était le fait
d'un suicide, rassembla treize observations recueillies par divers médecins, et dans lesquelles il est prouvé que la pendaison
n'exige pas la totalité du poids du corps pour s'opérer d'une
manière complète, et qu'elle peut s'effectuer dans les situations
les plus incommodes. (Voy. *Annales d'hygiène et de méd. lég.*,
tom. XIII, pag. 193.) Une femme, privée presque entièrement
de l'usage de la main droite fut trouvée fortement penchée sur
le côté gauche d'un des lits de l'Hôtel-Dieu de Paris. Elle s'était
étranglée. Le cou avait été serré par un fichu plié en cravate.
Un premier tour très serré avait été formé en ramenant le mouchoir d'arrière en avant; un premier nœud simple avait été
fait, et les deux chefs de la cravate ayant été passés d'avant en
arrière, avaient servi à faire un second tour, arrêté également
par un nœud simple. Si l'on n'avait pas eu la certitude que
cette femme s'était suicidée, on aurait pu, vu l'état de sa main
droite, être tenté d'élever des doutes sur la possibilité du fait.
(Rendu, *Annales d'hygiène*, tom. X, pag. 152.) Le professeur
Remer, sur cent et un cas de suspension, en a compté quatorze
où la suspension avait eu lieu debout ou à genoux, et un cas
dans lequel l'individu était assis, positions dans lesquelles ces
personnes auraient eu la possibilité de se soustraire à la mort,
si elles n'avaient pas eu la ferme résolution de se détruire. A
ces observations on pourrait en joindre plusieurs autres encore
plus concluantes, telles que celles des malades qui se suicident
par suspension sans quitter leur lit, ainsi que nous le dirons
tout à l'heure. Nous établirons donc que la suspension suivie
de la mort peut s'effectuer lorsque les pieds posent à terre;
que les genoux touchent le sol; que le corps pose sur un plan
incliné, ou même qu'il appuie sur un plan presque horizontal.
Or, comme dans ces cas divers le poids du corps diminue en
raison des parties qui reposent sur le point d'appui, nous pour-
rons avancer cette proposition, qu'il suffit du poids représenté
par les épaules et la partie supérieure de la poitrine pour exercer
sur le cou une constriction capable d'amener la mort. Tel est le
cas dans lequel se sont trouvés deux malades qui se sont pendus,

à l'hôpital de la Charité, en passant leur tête à travers la corde fixée au centre du ciel de leur lit dans le but de les aider à se placer à leur séant. Nous avons assisté à l'autopsie qui en a été faite, et plusieurs médecins nous ont déclaré avoir observé des cas analogues.

Modes divers suivant lesquels la mort par suspension s'effectue. — Pour résoudre cette question il faut avoir égard à la position du lien, à sa constriction, et à la traction exercée sur lui soit par le poids du corps, soit par une main étrangère. — A. Le lien est-il appliqué au cou sans le comprimer circulairement (comme dans le cas où il n'existe pas de nœud coulant, ou bien encore celui où un nœud coulant existant, la nature ou la forme de la corde ne lui a pas permis de glisser, en sorte que la partie postérieure du cou est libre et la circulation veineuse n'est pas totalement interrompue), M. Deslandes et Fleichmann pensent que l'individu périt alors asphyxié si le lien est appliqué au-dessus de l'os hyoïde, parce que toutes les parties molles qui avoisinent la base de la langue la refoulent en arrière, de manière qu'elle vient oblitérer l'ouverture supérieure du larynx par l'abaissement de l'épiglotte qui en est le résultat. Probablement pareil phénomène a lieu lorsque le lien est appliqué entre l'os hyoïde et le cartilage thyroïde. — Je ne puis pas adopter une pareille explication, quelque vraisemblable qu'elle paraisse; car si la base de la langue est refoulée en arrière, elle ne doit jamais venir se placer entre les dents dans ce genre de pendaison. Or, j'ai appliqué des liens sur le cou de cadavres, et dans plusieurs cas j'ai fait sortir la langue de la bouche alors que le lien était placé au-dessus de l'os hyoïde. J'ai observé le même résultat chez un pendu dont le lien était dans la condition que je viens de signaler, et l'on peut voir dans le tableau que j'ai dressé un cas de M. Jacquemin, où pareille disposition existait dans une suspension opérée pendant la vie.

Il n'en est pas de même lorsque le lien est placé sur le cartilage thyroïde; alors l'introduction de l'air peut continuer d'avoir lieu, et l'individu ne périt probablement que dans un espace de temps assez long, et par suite d'une double cause : d'abord, les difficultés que peut éprouver l'air à pénétrer dans les voies aériennes par la compression exercée sur le larynx; ensuite, la stase du sang qui résulte de la compression incomplétement exercée sur le cou, mais suffisante cependant pour gêner la circulation.

B. Le lien est appliqué au cou et le comprime circulairement, mais d'une manière médiocre : tel est le cas où il existe un nœud coulant qui glisse plus ou moins facilement, ou bien encore celui d'un lien qui fait deux tours sur le cou ; alors la stase dans les vaisseaux veineux du cerveau est prompte, et par suite la circulation centrale est rapidement interrompue ; toutefois l'individu peut encore périr asphyxié dans une circonstance de ce genre, si le lien a été appliqué au-dessus de l'os hyoïde ou au-dessous du larynx, et que la constriction soit assez forte pour oblitérer les voies aériennes. Remer fait remarquer que sur cent un exemples qu'il a recueillis il n'y avait pas un seul cas d'apoplexie. Mais il nous semble avoir pris ce mot dans un sens trop absolu, c'est-à-dire entraînant avec lui l'idée d'un épanchement ; il n'a pas tenu compte de l'engorgement cérébral, genre de mort si fréquent chez les pendus ; aussi admet-il une mort par paralysie du cerveau ou apoplexie nerveuse.

C. Le lien est appliqué au cou circulairement et le comprime avec force, de manière à produire l'étranglement. Quelle que soit sa situation, la mort a toujours lieu par asphyxie accrue par la stase du sang dans le cerveau.

D. L'application circulaire du lien est complète ou incomplète ; mais une force brusque, instantanée, verticale ou latérale, agit sur les parties déclives du corps, de manière à amener une lésion de la moelle, sa compression ou sa déchirure : alors la mort est instantanée, et la lésion provient de la moelle épinière.

En résumé, la mort, dans la pendaison, peut survenir de quatre manières différentes : par engorgement cérébral ; par asphyxie ; par engorgement cérébral et par asphyxie à la fois ; par lésion de la moelle. La mort la plus commune est celle qui reconnaît pour cause l'asphyxie et l'engorgement des vaisseaux du cerveau ; la plupart des auteurs qui ont écrit sur la suspension n'ont signalé que les trois premiers genres de mort. Le quatrième doit être évidemment adopté, puisqu'il est possible.

Fleichmann a fait sur lui-même des expériences qui peuvent éclairer le sujet qui nous occupe. Si, dit-il, on place une corde entre l'os hyoïde et le menton autour du cou, on peut la serrer fortement, soit de côté, soit sur la nuque, sans que la respiration soit sensiblement troublée, et l'on peut pendant longtemps continuer d'inspirer et d'expirer de l'air, ce qui est tout naturel, puisqu'en cet endroit la compression ne s'exerce sur aucun point du conduit aérien. Mais alors le visage se colore en rouge, les yeux deviennent un peu saillants, il se développe une chaleur plus grande

vers la tête, un sentiment de pesanteur, un commencement d'étourdisse-
ment, une sorte d'angoisse, et tout à coup on entend un sifflement et un
bruissement dans les oreilles. (Ce dernier symptôme, dit Fleichmann, doit
particulièrement fixer l'attention, car il est temps alors de cesser l'expérience ; j'avoue, dit-il, que j'oserais à peine la pousser une seconde fois
aussi loin.) Les mêmes accidents résultent de l'application de la corde sur
le larynx. Il me semble cependant que, dans ce cas, les accidents arrivent
plus promptement et que la respiration éprouve un peu d'embarras. J'ai
pu prolonger la première expérience pendant plus de deux minutes,
tandis que, dans le second essai, une demi-minute s'était à peine écoulée
lorsque le bruissement aux oreilles et une sensation au cerveau difficile à
décrire m'ont averti de cesser promptement l'expérience ; cette apparition
plus prompte des symptômes s'explique facilement par la pression du lien.
Dans la première expérience, il reposait sur les parties latérales et sur les
angles de la mâchoire inférieure, et les vaisseaux principaux du cou ne
se trouvaient soumis qu'à une compression légère ; tandis que dans le
second le lien, placé horizontalement, comprenait les deux côtés du cou
en même temps qu'il était appuyé en devant sur un corps solide ; il n'a-
gissait donc que mieux et plus promptement, interrompait plus facilement
la respiration et produisait aussi une prompte accumulation du sang dans
la tête. Si l'on serre le cou au-dessous du cartilage thyroïde, il en résulte
un effet marqué, soit que la pression porte sur le cartilage cricoïde, soit
qu'elle agisse au-dessous de lui sur la trachée-artère même. Dans le premier cas on peut respirer un peu plus longtemps ; dans le second on sent
instantanément la respiration s'affaiblir, et cet état ne peut être supporté
que très peu de temps. L'expérience dans laquelle on place le lien entre
l'os hyoïde et le cartilage thyroïde ne saurait non plus être prolongée longtemps, particulièrement si ce lien embrasse l'os hyoïde ; elle ne peut être
continuée que pendant un temps extrêmement court, si l'expiration a eu
lieu au moment de l'étranglement.

Je crains que les expériences de Fleichmann n'aient été faites
sous l'influence d'idées préconçues. Certes, je crois qu'il y a dans
cette narration beaucoup d'observation, mais il me semble qu'il
doit y avoir d'autres sensations pendant la suspension. Tout le
monde connaît cet effet nerveux qui résulte de la compression
du larynx par le pouce ; il n'en a fait mention nulle part ; il n'est
pas le résultat d'un phénomène d'asphyxie, mais bien une sensation nerveuse de suffocation mêlée de chatouillement qui doit
se montrer dans quelques cas de suspension.

Enfin, le professeur Remer admet encore une apoplexie nerveuse qui paralyse instantanément l'action du cerveau ainsi que
celle du cœur et des poumons, et qui se développe sous l'influence de la cause morale qui soutient l'esprit des pendus ; mais
Fleichmann se demande avec raison s'il ne faudrait pas aussi
l'admettre chez les noyés, puisqu'elle est propre au suicide, et
aussi pourquoi elle ne se manifesterait qu'au moment du contact
de l'eau ou de la corde, puisqu'elle existe dans toute son inten-

sité avant l'immersion ou la pendaison? Pour nous, sans admettre l'existence d'une apoplexie nerveuse, nous concevons un effet nerveux par l'application du lien, qui fasse perdre connaissance à l'individu dans l'espace de quelques secondes et qui ne se développe que dans les cas où le lien est appliqué sur le larynx. C'est un phénomène de sensation que le hasard pourra peut être mettre en lumière. Nous allons reproduire ici un certain nombre de faits observés par nous, qui, en jetant quelque lumière sur le sujet qui nous occupe, donneront une idée d'ensemble des altérations observées après la mort par suspension, et aussi des différents genres de mort auxquels les pendus peuvent succomber.

Pendu. — Écume sanguinolente dans la trachée. — Apparences de gastrite.

Antoine G....., âgé de vingt ans, né à Paris, demeurant rue du Faubourg-Saint-Denis, n° 157 ; pendu à Mousseaux, chez un logeur, où il avait été déposé par les gendarmes qui l'avaient trouvé ivre dans un fossé. Il porte à la partie antérieure du cou, immédiatement au-dessus de l'os hyoïde, un sillon peu large, qui se prolonge en arrière obliquement en haut jusqu'à l'occiput, en passant derrière l'apophyse mastoïde ; il représente l'empreinte d'une corde peu volumineuse ; son fond est comme du parchemin ; il fait une forte dépression à la peau. Le tissu cellulaire et la peau ne sont nullement ecchymosés. Les artères sont saines ainsi que toutes les parties environnantes ; pas de section de leurs membranes. Les vaisseaux placés au-dessus du lien sont gorgés de sang. La face n'est pas rouge, tuméfiée ou injectée, les oreilles seules sont livides et violettes : le reste de la peau du corps n'est pas injecté.

La base de la langue, toute la partie supérieure du pharynx, la muqueuse qui tapisse le larynx en arrière, ont une teinte violacée et injectée. Crosse de l'aorte injectée. Très peu de sang dans les cavités droites, un peu plus dans les cavités gauches. Deux cuillerées de sérosité dans le péricarde. Trachée injectée extérieurement, moins blanche qu'à l'ordinaire. Poumons libres d'adhérences. La membrane muqueuse trachéale est fort injectée ; tout l'intérieur des bronches est d'une couleur rouge. Dans toute l'étendue de la surface interne du larynx, de la trachée et des bronches, jusque dans les dernières ramifications bronchiques, existe une écume *à bulles très divisées, évidemment sanguinolentes;* cette écume *est beaucoup moins abondante dans la partie supérieure de la trachée et à sa division que dans les branches qui en sont engouées.* Il est impossible de la confondre avec celle des noyés.

Le tissu des poumons est d'un rouge de sang extrêmement vif dans les deux tiers antérieurs de leur étendue. La face postérieure de ces organes est d'un noir de geai et gorgée de sang par suite de la stagnation de ce liquide. Les cavités droites du cœur contiennent à peine du sang ; les gauches en renferment un peu plus. Dans le péricarde il existe deux cuillerées environ de sérosité rouge.

Abdomen.—Les intestins grêles sont généralement injectés vus extérieurement. L'estomac paraît sain à l'extérieur : en l'ouvrant, il ne s'écoule qu'un liquide lie de vin en petite quantité : il pourrait bien être le résultat d'une digestion presque terminée chez un homme qui aurait bu beaucoup de vin. La membrane muqueuse est *généralement d'un rouge intense,* mais cette couleur est surtout prononcée sur ses replis. Cette coloration de gastrite est tellement marquée qu'on pourrait la prendre pour le fait d'un empoisonnement. Les autres organes sont sains.

A l'ouverture de la tête, la dure-mère est recouverte de sang par suite de la déchirure des vaisseaux qui en étaient gorgés. En incisant la dure-mère, on voit toute la cavité de l'arachnoïde contenant un sang épais, noir, qui lubrifie toute la surface du cerveau. Cette sorte d'épanchement est-elle le résultat des coups de marteau donnés pour casser le crâne? toutefois il dénote un engouement cérébral. Le cerveau est peu piqueté, si ce n'est à sa base.

Suspension. — Corde. — Mort par congestion cérébrale.

Un homme est trouvé dans la partie du bois de Boulogne qui avoisine Neuilly; il était suspendu à un arbre par une corde d'un assez gros volume, double de sa longueur, et formant autour du cou un nœud coulant. Il est apporté à la Morgue. Il était mort depuis peu de temps, puisque son corps était chaud lorsqu'on l'a trouvé.

La face est pâle; les yeux sont saillants; la langue ne fait pas saillie entre les dents. A la partie supérieure du cou, et en avant, entre l'os hyoïde et le cartilage thyroïde, il existe une dépression parcheminée, brunâtre, qui se prolonge obliquement en arrière et en haut, et se bifurque tout à fait en arrière à cause de la séparation de la corde dans ce point; rien autre chose de remarquable à l'extérieur du corps.

Le cou disséqué fait voir des traces peu marquées de la ligne argentine, qui cependant est plus prononcée en avant : aucune fracture aux cartilages ou aux os; les artères intactes; la peau qui borde le sillon est un peu injectée supérieurement.

Cerveau. — Vaisseaux de l'arachnoïde gorgés de sang; substance cérébrale piquetée; rien dans l'estomac; la trachée, les poumons un peu gorgés de sang; plus de sang dans les cavités droites du cœur et les gros vaisseaux de ce côté que du côté gauche; rien dans les viscères abdominaux.

Suspension. — Suicide. — Mort par asphyxie. — Ancien kyste apoplectique.

Un homme âgé d'environ quarante-cinq ans, porteur d'eau, trouvé pendu au bois de Boulogne, près de la Porte-Maillot.

Aucune trace de violence à l'extérieur. Au cou, un sillon de près de trois lignes de largeur, profond, brunâtre, ondulé, circonstance qui tient à la disposition du lien; ce lien est une grosse corde terminée par un gros anneau en fer, à travers lequel passait l'autre bout de la corde, en sorte que l'anneau faisait l'office du nœud coulant, et cet anneau venait s'appliquer sur la mâchoire au côté droit et y former une empreinte.

Aucune trace d'ecchymose. Ligne argentine assez prononcée. Pas de taches apparentes de sperme à la chemise. Le lien était placé entre l'os hyoïde et le cartilage thyroïde : la langue est située derrière les arcades dentaires et ne s'interpose pas entre elles. Artères intactes. Plus de sang dans les cavités droites du cœur que dans les gauches; à droite sa quantité est assez considérable; il y en a dans les artères et ses divisions : il est généralement plus consistant et plus épais que de coutume. La base de la langue

est rouge; papules non développées; la trachée, le larynx sains; rien dans
leur intérieur; *poumons rouges, gorgés de sang noir et épais.* Un peu de
liquide dans l'estomac. Vaisseaux de la dure-mère gorgés de sang. Vaisseaux du cerveau assez injectés. Substance cérébrale ferme. Une grande
partie du corps strié gauche est convertie en une substance jaunâtre très
ferme, fibreuse, au centre de laquelle se trouve un petit kyste séreux,
contenant une espèce de fausse membrane, libre au milieu de la sérosité;
la surface interne du kyste est lisse, mais elle se confond dans quelques
points avec la membrane flottante (apoplexie ancienne). Rien dans l'abdomen.

Pendu remarquable par rapport à l'histoire de la putréfaction
gazeuse.

Deb... (Jean-Nicolas), âgé de cinquante-quatre ans, né à Paris, tailleur,
rue de la Calandre, n° 35, s'est pendu dans l'escalier de sa maison avec
une corde. Aucune trace de violence à l'extérieur. La putréfaction a marché
avec une rapidité extrême; le sujet, qui n'offrait aucune trace de décomposition hier, est aujourd'hui dans l'état suivant : Face verte; toutes les
veines du front distendues par des gaz; la partie supérieure de la poitrine,
des épaules et du cou présente une teinte verte; une foule de traces de
marbrures violacées, brunâtres ou verdâtres existent sur le devant de la
poitrine, des épaules, des bras et des avant-bras, ainsi que sur les côtés du
tronc. En disséquant ces marbrures, on voit qu'elles correspondent toutes
à des ramifications veineuses, dont les principales partent en avant et
latéralement de la veine jugulaire externe; celle-ci est distendue par de
l'air; il en est de même des jugulaires internes, et quand on les ouvre on
voit très distinctement un courant de gaz et de sang qui s'étend du cœur à
la tête, et qui chasse de bas en haut le sang mêlé d'air qu'il renferme. (Il
reste donc bien démontré que le développement de gaz a lieu primitivement dans les cavités droites, et probablement aussi dans les cavités gauches du cœur, qu'il est repoussé du centre à la circonférence, et que toutes
les marbrures correspondent à des veines ramifiées qui contiennent du
sang et des gaz; que le sang transsude à travers leurs parois et forme des
ecchymoses cadavériques ou imbibitions de tissu qui correspondent exactement aux colorations de la surface extérieure de la peau.)
Le développement de gaz a eu lieu aussi dans les plèvres, car quand on
ouvre la poitrine il s'échappe une énorme quantité de gaz.
Sillon semblable à celui que produirait une corde de moyenne grosseur,
situé entre le cartilage thyroïde et l'os hyoïde; empreinte circulaire parcheminée; pas d'ecchymose; trace argentine; cœur ne contenant plus
de sang; membranes artérielles non coupées; poumons gorgés de sang;
trachée, teinte brunâtre, ainsi que le larynx; effet cadavérique.
Abdomen.—Intestins rouges; foie verdâtre; membrane du foie soulevée
par des gaz qui se présentent sous la forme de plusieurs milliers de
bulles extrémement fines et divisées qui suivent principalement le trajet
des vaisseaux veineux.

Suicide par suspension. — Taches d'écoulement et taches de sperme.

Dufflot, Hippolyte, trente ans, est arrêté à Bondy. N'ayant aucun papier
sur lui il est conduit en prison. Il se pend à une fenêtre avec sa cravate
noire, à laquelle il fait un nœud coulant. Il avait été arrêté dans la nuit du
13 au 14 février. Le matin on le trouva privé de vie.

Examen et ouverture. — La face n'est pas colorée ; les oreilles sont seulement un peu injectées ; on ne remarque aucune trace de violence à l'extérieur du corps.

Il existe à la verge des apparences de blennorrhagie : le prépuce découvert est d'un rouge violacé, imbibé d'une matière puriforme. Une chemise, trouvée dans la poche de la redingote de cet individu, porte des traces non équivoques d'un écoulement abondant.

La chemise qui était portée au moment du suicide présente diverses taches d'écoulement ; mais il existe un peu plus bas que la fente de la poitrine, qui du reste est très longue, une large tache de trois pouces de diamètre, incolore, si ce n'est à son pourtour, où elle offre une légère teinte grise sale ; le linge n'est pas empesé dans cet endroit comme cela a lieu ordinairement par les taches spermatiques.

La langue, peu avancée entre les arcades dentaires, est fortement pincée par elles. (Je fais remarquer qu'en général le rapprochement des arcades dentaires ne paraît pas se faire aussi directement chez les pendus que pendant l'acte de la mastication, mais que la mâchoire inférieure se porte un peu en arrière, de manière à laisser la langue pincée dans l'intervalle.)

Au cou et dans l'endroit de la flexion de la tête, entre le cartilage thyroïde et l'os hyoïde, se trouve un large sillon ayant une teinte généralement brune-noirâtre, laquelle paraît évidemment due à la couleur noire de la cravate. Ce sillon se porte très obliquement en haut et en arrière derrière les angles de la mâchoire et derrière les oreilles, au bas desquelles il s'arrête. Il n'y avait donc pas strangulation.

La peau du sillon paraît desséchée, et sur divers points de son étendue existaient *quelques excoriations rosées linéaires*, qui ne consistaient réellement que dans l'enlèvement de l'épiderme. Les deux bords du sillon sont injectés et très rouges, surtout dans les parties latérales et supérieures du cou qui sont plus grasses. Du reste, le sillon a jusqu'à un pouce de largeur.

La peau enlevée de la graisse sous-cutanée, on voit le tissu cellulaire lamelleux comme desséché et blanc, principalement dans les endroits où le sillon est plus profond, et au voisinage du larynx ; pas de traces d'ecchymoses.

Artères saines ; peu de plénitude des veines jugulaires.

Larynx, trachée et bronches fort injectés, mais pas la moindre trace d'écume.

Poumons crépitants et peu gorgés, si ce n'est en arrière et en bas.

Cavités droites du cœur assez pleines de sang liquide et très noir ; gauches peu.

Estomac, quelques débris d'aliments ; foie assez gorgé, ainsi que la rate.

Cerveau, substance piquetée ; vaisseaux des membranes assez gorgés de sang.

Asphyxie par suspension. — Position presque horizontale du lien.
— Mort par congestion cérébrale.

Le nommé J. Et....., menuisier, âgé de soixante-neuf ans, demeurant rue des Maçons-Sorbonne, n° 20, s'est pendu le 18 de ce mois, et a été soumis à notre examen le 20, à quatre heures du soir.

La peau de la région antérieure du tronc est dans l'état naturel ; celle du dos est livide, ce qui tient à la position du cadavre ; les pieds et les jambes sont fortement violacés ; la peau des cuisses présente quelques points rougeâtres correspondants à l'implantation des poils; les doigts des mains sont demi-fléchis; les mains et les avant-bras sont violacés; les bras ne présentent cette coloration qu'en dedans et en arrière; le pénis est très flasque; les bourses d'une couleur lie de vin.

On voit à la partie antérieure du cou un triple sillon; celui du milieu, large de quatre à cinq lignes environ, présente une ligne et demie de profondeur; les deux autres, aussi larges que le premier, mais moins profonds, sont séparés de celui-ci par un repli mince et à peine saillant de la peau; situés tous les trois sur le cartilage thyroïde, ils se dirigent transversalement sur les parties latérales droite et gauche, et là, se réunissant, ils n'en forment plus qu'un. Le sillon unique s'élève insensiblement du côté droit, vient rencontrer l'apophyse mastoïde, descend ensuite en formant une concavité inférieure, et vient rejoindre celui du côté opposé, dont la direction n'a pas changé.

La peau qui revêt le sillon moyen, entièrement colorée, très brune et notablement amincie, est sèche comme du parchemin; celle des autres sillons, seulement déprimée, n'a pas changé de couleur; la peau de la partie inférieure du cou, au-dessous de cette impression, a une teinte violacée; cette teinte envahit le haut du cou et vient se perdre sur la face; l'injection ne dépasse pas le derme; les muscles sous-jacents n'offrent pas la moindre trace d'ecchymose; le tissu cellulaire correspondant aux sillons est dense, blanc, desséché, surtout dans le lieu qui est en rapport avec le sillon moyen.

Les veines jugulaires et sous-clavières sont vides de sang; les carotides, assez superficiellement placées, sont exemptes d'altération; les parois externes de celles du côté droit présentent seulement une légère injection qui se continue avec une injection semblable que nous trouvons sur les parois de la crosse de l'aorte; leur surface interne, minutieusement observée, ne présente aucune trace de déchirure.

Le cœur droit contient une grande quantité d'un sang noir et fluide; le cœur gauche en contient une quantité plus grande encore, mais le sang de ce côté est sensiblement plus épais. Le cœur enlevé, et des pressions exercées au bas de la poitrine, on voit refluer une grande quantité de sang qui s'écoule au dehors au travers de l'aorte et de la veine cave divisées.

Les poumons, libres d'adhérences, sont violacés et gorgés de sang, principalement à leur partie postérieure et inférieure; du reste, ils sont crépitants. L'intérieur de la poitrine présente, du côté droit, quelques cuillerées de sérosité sanguinolente.

La trachée-artère, légèrement injectée au dehors, présente une teinte plus rosée au dedans; il en est de même des bronches, qui, incisées jusqu'à leurs dernières divisions, ne présentent, pas plus que la trachée, la moindre apparence d'écume.

L'estomac ne renferme qu'une certaine quantité d'un liquide blanchâtre et trouble; sa muqueuse est parfaitement saine; les intestins, faiblement injectés dans leur moitié supérieure; sont d'un rouge violet dans leur portion inférieure; la vessie, contractée sur elle-même, contient une petite quantité d'urine, sa membrane muqueuse est très injectée; le foie, la rate, les reins sont dans l'état naturel.

La face, faiblement livide, n'est pas tuméfiée; les lèvres, presque rapprochées, sont violettes. L'intérieur de la bouche ne présente aucune trace d'écume; la langue, dont l'extrémité est fortement injectée, porte encore l'empreinte des dents et ne fait point saillie au dehors; sa partie moyenne est dans l'état naturel; sa base est injectée; on remarque, en oùtre, que cette injection qu'on rencontre aussi sur les faces opposées de l'épiglotte, se continue, après avoir tapissé l'intérieur du larynx, avec celle que nous avons reconnue dans la trachée et les bronches.

Les yeux, demi-fermés, ne sont ni proéminents ni injectés; la pupille est dilatée.

Le cuir chevelu, gorgé de sang, offre une injection plus marquée à gauche qu'à droite.

Les vaisseaux de la dure-mère sont gorgés de sang; entre le cerveau et ses membranes nous trouvons une quantité notable de sérosité sanguinolente; le sinus longitudinal supérieur est entièrement rempli d'un sang noir et fluide; la substance du cerveau, très molle, est fortement piquetée; les substances blanche et cendrée sont très distinctes l'une de l'autre; le ventricule latéral gauche distendu par une sérosité limpide; les vaisseaux de l'arachnoïde gorgés de sang; le ventricule latéral droit dans l'état naturel; les sinus de la base du crâne entièrement remplis de sang; le cervelet très mou, très injecté; les fosses occipitales contiennent une grande quantité d'une sérosité sanguinolente qui semble venir du canal rachidien, et qui paraît et disparaît suivant qu'on abaisse ou qu'on élève la tête; enfin, la dure-mère rachidienne est injectée à son entrée dans le canal rachidien; la moelle parfaitement saine et les vertèbres cervicales dans leur état naturel.

Pendue. — *Suicide par suspension au moyen d'un ruban.*

Une femme âgée de quarante-cinq ans, d'un embonpoint médiocre, amenée à la Morgue le 7 février, ayant été trouvée pendue dans le violon du corps de garde de la place du Châtelet, où elle avait été conduite, soupçonnée d'avoir volé une chaîne avec effraction.

Examen du cadavre; jour de l'autopsie (9 février, troisième jour de la mort). — Rien de remarquable sur la surface du corps. La bouche est entr'ouverte et laisse voir les dents incisives et canines supérieures. La langue vient s'interposer entre elles et les dents de la mâchoire inférieure qui est fortement portée en arrière, comme on peut le voir en abaissant la lèvre. La pression exercée par les arcades dentaires est tellement forte que la substance même de la langue a pénétré dans l'intervalle des dents. Les yeux sont à demi ouverts et donnent à la face un air hébété. Cette femme ressemble assez bien à une personne qui tette sa langue.

Cou. — Immédiatement au-dessus du cartilage thyroïde existe une dépression circulaire extrêmement prononcée, en sorte que le cadavre étant dans une position horizontale, l'union de la tête avec le cou est marquée par un sillon profond. La largeur de ce sillon est d'environ trois lignes; sa surface est d'un jaune rougeâtre en avant jusqu'au sterno-cléido-mastoïdien du côté gauche, et à droite jusqu'à la moitié de l'espace qui le sépare du cartilage thyroïde. A partir du sterno-mastoïden gauche et en arrière, la dépression est de couleur brunâtre, moins profonde, et forme deux traces se réunissant à angle aigu sur le sterno-cléido-mastoïdien, et s'écartant en arrière de manière à laisser entre elles un intervalle d'un demi-pouce. Toutefois l'inférieure est plus prononcée que la supérieure. Il existe entre l'angle de la mâchoire et le sillon supérieur un espace d'un pouce et demi environ, en sorte qu'il paraît résulter de l'inspection du sillon qu'un ruban aurait été passé deux fois autour du cou et croisé sur lui-même, et qu'il aurait été fait un nœud qui a porté sur le bord antérieur du sterno-mastoïdien. La peau du cou, enlevée avec soin, offre à sa partie interne une trace brunâtre de l'étendue du sillon. Le tissu cellulaire sous-jacent paraît un peu plus dense à l'endroit où porte le ruban ; du reste, pas d'ecchymose, ni de trace argentine. Les vaisseaux du cou sont peu gorgés de sang, et le peu qu'ils contiennent est fluide. La trachée-artère, ouverte dans toute sa longueur, est extrêmement nette, il n'existe pas la moindre trace d'écume. Les poumons sont crépitants, mous, violacés en arrière et à leur base, par l'effet de la position du cadavre. Il n'existe rien de remarquable dans le larynx. Les cavités droites du cœur contiennent très peu de sang noir et fluide ; les cavités gauches en renferment beaucoup plus. Le cœur est assez volumineux.

Cerveau. — Le sinus longitudinal et les vaisseaux de la dure-mère sont gorgés de sang. La substance cérébrale est très ferme : quand on la coupe, elle laisse suinter une grande quantité de sang. Il n'existe point de sérosité dans les ventricules.

Suspension ; fait rapporté par M. Rendu (Annales d'hygiène).

Joséphine, âgée de vingt-sept ans, est entrée à la Salpêtrière le 21 décembre 1834. Six jours après son entrée, elle essaya de s'étrangler avec un foulard, puis avec son bas ; on fut contraint de lui mettre la camisole. Plus tard, on la lui ôta, sur la promesse qu'elle fit de ne plus chercher à se nuire. Interrogée le 3 janvier dernier, elle a donné les renseignements suivants : « Elle ignore si quelqu'un des siens a été atteint d'aliénation mentale. Elle dit n'avoir pas eu de maladies graves, si ce n'est des *attaques nerveuses* et des *vapeurs*. Après avoir quitté son père à quatorze ans, elle entra en service ; elle s'accuse en pleurant d'avoir mené une vie désordonnée. D'après son récit assez incohérent, *elle aurait éprouvé tout à coup les plaisirs qu'on goûte avec un homme en voyant donner un lavement à une de ses compagnes ;* une autre fois, elle se serait offerte volontairement aux embrassements du cocher de la maison, en se rendant dans sa chambre et lui disant *qu'il lui fallait un homme.* Enfin, après avoir changé plusieurs fois de maîtres et séjourné dans différentes villes, elle aurait eu des liaisons avec un homme qui l'aurait abandonnée après l'avoir mise enceinte : elle eut beaucoup de chagrin, et avorta après quatre mois de gestation au commencement de janvier 1833. Elle vint alors à Paris et resta chez sa sœur jusqu'au mois de septembre dernier, époque où elle entra comme femme de chambre chez le marquis de B..... A son arrivée à Paris, *elle était rentrée en elle-même,* et s'était adressée à un confesseur qui l'avait vivement effrayée en lui disant qu'elle était perdue. Dès ce moment la tristesse augmenta ; elle était poursuivie de terreurs religieuses. Au mois de novembre dernier, la malade ajouta que, quoiqu'elle fît bien son service et qu'on fût content d'elle, il lui devint tout à coup impossible de franchir le seuil de la porte ; elle sentait néanmoins, dit-elle, qu'il était de son devoir de le faire ; mais, malgré sa bonne volonté, elle ne le pouvait pas. Ce fut alors, et après avoir attendu quelque temps, qu'on la fit entrer à l'hospice.

La malade a un embonpoint médiocre ; elle est brune et présente tous les attributs du tempérament bilieux ; elle porte sur sa face l'empreinte de la mélancolie ; elle parle peu, et lorsqu'elle parle, c'est pour dire qu'elle est bien malheureuse, qu'elle ne sait ce que deviendra son âme, qu'elle n'est pas digne de manger. A la visite elle a demandé plusieurs fois qu'on la fît mourir ; elle dit qu'elle ne guérira jamais. Interrogée si elle souffre, elle n'accuse qu'un léger sentiment de douleur à l'épigastre. Pendant la durée de son traitement, on lui administra de légers purgatifs (bouillons aux herbes avec sulfate de soude, 2 gros ; pruneaux, sirop de nerprun).

Deux fois elle fut purgée avec croton tiglium. On lui donna aussi quelques bains ; elle mangeait peu et il fallait la presser. Trois jours avant son suicide, on lui avait donné de l'eau de Vichy : l'appétit semblait revenu. Le 20 janvier elle me demanda néanmoins à la visite si je pensais qu'elle dût vivre, et la veille elle s'était frappée plusieurs fois la tête en s'élançant contre un mur. Le 22 janvier, à quatre heures environ du matin, elle se leva, descendit dans une cave où se trouvaient plusieurs cordes qu'elle avait sans doute déposées là depuis quelques jours, et elle se pendit à la rampe de l'escalier. La corde ne fut coupée qu'après une heure et demie ; on essaya en vain de rappeler cette femme à la vie.

Examiné à huit heures du matin, son cadavre n'était pas défiguré : la face et les lèvres étaient pâles, la bouche et les yeux également entr'ouverts. A dix heures, quoique la moyenne de la température fût de 0° environ, son corps conservait une légère moiteur.

A quatre heures du soir, les articulations du coude et du genou étaient encore flexibles, mais on ne pouvait séparer les deux mâchoires.

L'autopsie a été faite trente heures après la mort. Embonpoint médiocre, roideur cadavérique. Face pâle, non tuméfiée ; il en est de même des lèvres et des paupières. La bouche et les yeux sont entr'ouverts ; la langue est située derrière les arcades dentaires ; il n'y a pas d'écume dans l'arrière-bouche. A l'ouverture du crâne, beaucoup de sang à l'extérieur de la dure-mère ; l'épanchement de ce sang paraît dû, en partie au moins, aux coups de marteau qui ont servi à briser le crâne.

La substance cérébrale est injectée ; les couches optiques, les corps striés, le cervelet, la protubérance annulaire et la substance corticale moins. Il n'y a pas d'adhérence des méninges.

Le cerveau est ferme et les parois du crâne assez épaisses.

La peau du cou présente un sillon dirigé obliquement de droite à gauche et de haut en bas ; la partie la plus élevée de ce sillon correspond à l'angle de la mâchoire du côté droit ; en ce point, existe sur la peau une dépression due au nœud de la corde. Le sillon passe au-devant de l'os hyoïde ; il résulte de cette disposition que les vaisseaux du côté gauche du cou devaient seuls être comprimés. *Au-dessous* du sillon, la veine jugulaire externe gauche est distendue par des gaz. Sur le trajet du sillon la peau est jaunâtre, parcheminée, le tissu cellulaire sous-jacent y adhère fortement ; au-dessous de la peau, pas d'ecchymoses, pas de fracture de l'os hyoïde (les grandes cornes et le corps ne sont pas soudés), ni des cartilages ; pas de trace de l'impression du sillon sur les muscles, pas de rupture des tuniques des jugulaires ou des carotides ; pas de luxation dans la colonne vertébrale.

Poumons. — Ils sont gorgés de peu de sang, présentent une teinte rosée ; à leur sommet existent quelques tubercules. Les parois du cœur paraissent épaisses et renferment peu de sang ; chose remarquable, les cavités gauches du cœur contiennent plus de sang que les cavités droites (*mort par engorgement cérébral*). La veine cave inférieure contient peu de sang.

L'estomac est rétréci et présente de légères rougeurs par plaques.

Dans l'intestin grêle, légère teinte rosée uniforme.

Le foie me paraît un peu plus rouge que dans l'état normal.

Rien dans la rate et les reins.

La matrice et le vagin n'offrent rien de remarquable ; mais les ovaires ont une grosseur anormale, et présentent quatre ou cinq petits kystes séreux du volume d'un pois chiche. L'un deux, plus petit, est formé d'un petit caillot de sang à parois jaunâtres.

Excoriations de deux pouces au-dessus du genou gauche ; les doigts des mains sont légèrement fléchis, à l'exception des pouces. (Rendu, *Annales d'hyg. et de méd. lég.*, t. X, p. 193.)

Phénomènes qui accompagnent la mort par suspension. — Pendant les temps malheureux de la révolution de 93, un assez grand nombre de personnes qui s'étaient pendues volontairement ont été rappelées à la vie, et ont pu reproduire une partie des phénomènes qu'elles avaient éprouvés. D'autres ont voulu expérimenter sur elles-mêmes les effets de la constriction d'un lien appliqué autour du cou. Ainsi, un ami de Fodéré, après avoir longuement discuté avec lui sur les phénomènes de l'asphyxie, se pendit après sa porte, comptant bien pouvoir arrêter à sa volonté les progrès de la suspension. Heureusement on entra dans sa chambre et on le délivra. Le chancelier Bacon a rapporté le cas d'un gentilhomme à qui il prit fantaisie de savoir si ceux que l'on pend éprouvent beaucoup de mal ; il en fit l'essai sur lui-même, se plaça une corde autour du cou, il l'accrocha après être monté sur un petit banc qu'il abandonna, dans l'espérance de pouvoir remonter dessus quand il le voudrait, ce qui lui fut impossible par la perte de connaissance qui survint immédiatement. Cette expérience aurait eu un résultat tragique si un ami amené par le hasard ne fût entré heureusement pour interrompre la scène. Fleichmann, comme nous l'avons rapporté, a tenté sur lui-même des essais de constriction du cou avec un lien.

MM. Louis de La Berge et Monneret ont cité à cet égard le passage suivant de Morgagni (*De sedibus et causis morb.*, epist. XIX, n° 36), dans leur excellent Compendium de médecine pratique. Morgagni a compulsé les écrits de divers observateurs dans le but d'établir la symptomatologie de l'asphyxie par suspension : « Cæsalpin (lib. II, *Quæst. med.*, 15) rapporte que les pendus qui ne sont pas morts ont déclaré qu'ils avaient été pris de stupeur par la constriction de la corde, de sorte qu'enfin ils ne sentaient rien. Wepfer (*De loco affect. in apopl. exercit.*), en parlant d'une femme et d'un homme qui avaient survécu à la suspension, démontre que la première ayant totalement perdu le souvenir de ce qui s'était passé, était étendue comme une apoplectique ; et que le second, après la constriction de la corde, n'avait pas éprouvé la moindre douleur ; qu'il avait passé quelques heures sans sentiment et comme enseveli dans un profond assoupissement. Quant à moi, ajoute Morgagni, j'ai appris d'un homme grave et véridique, qu'un voleur que la corde du bourreau n'avait pas pu faire mourir, par la même cause que celle qui empêcha la mort des individus dont parle Gardani dans le *Sepulchretum* (lib. IV, § xɪɪ, obs. ɪɪ), rapportait à ceux qui l'interrogeaient, qu'il avait eu d'abord devant les yeux des espèces d'étincelles, et que bientôt après il ne vit rien et ne sentit absolument rien, comme s'il dormait. Ce cas est assez semblable à celui que raconte Bacon (*Hist. vit. et mort.*), si ce n'est que le sujet qui s'était pendu, voyant déjà, après une apparence de feu, des ténèbres, *c'est-à-dire rien du tout*, fut arraché à cette pendaison de très courte durée par son ami présent, et commença à voir une lueur pâle; toutefois il n'éprouva aucune douleur. Enfin, j'ai vu moi-même une femme à qui des voleurs de nuit avaient tellement serré le cou avec un mouchoir tordu, dans le but de piller sa maison tranquillement, qu'ils ne doutaient pas qu'elle ne fût morte : on trouva la face gonflée, livide, la bouche extrêmement écumeuse. Cependant elle fut sauvée par les soins des médecins, qui lui firent tirer du sang du bras et du pied, et lui administrèrent aussitôt que possible des médicaments cordiaux. Cette femme, qui commença à être soulagée quand on eut enlevé le mouchoir, resta couchée encore plusieurs heures avant de revenir à elle. »

On peut établir que les effets de la suspension sont différents, suivant qu'elle a lieu sous l'influence du poids seul du corps, ou sous la double influence du poids du corps et d'une traction opérée sur le corps ou sur le lien; il n'y a de différence entre la suspension avec strangulation et la strangulation sans suspension, que, dans le premier cas, la traction opérée sur le lien s'exerce loin de lui, tandis que, dans le second, elle a lieu directement sur lui. Dans le suicide, au moment de l'application de la corde ou peu d'instants après, un sentiment de plaisir se manifeste; puis il survient du trouble dans la vue; des flammes bleuâtres apparaissent devant les yeux, et bientôt la perte de connaissance s'effectue; la mort lui succède en un espace de temps variable. Dans la suspension qui est le fait d'un homicide, cas où le lien est ordinairement appliqué avec force sur le cou, la physionomie exprime la souffrance; les yeux deviennent étincelants, saillants, et semblent sortir de leurs orbites; la langue fait une saillie plus ou moins considérable hors de la bouche, les mâchoires la compriment en se rapprochant fortement l'une de l'autre, et en se croisant de manière à ce que la mâchoire inférieure est placée derrière la mâchoire supérieure; la bouche présente diverses contorsions ; les membres supérieurs se roidissent ; les doigts se ferment avec force, et souvent cette constriction est si grande que les ongles viennent s'insinuer dans l'épaisseur de la peau, comme si l'individu voulait écraser un objet qu'il tiendrait dans la main. Bientôt à cet état convulsif succède un collapsus complet et la mort.

Cette différence tranchée qui existe entre un suicide et un homicide par suspension pour les symptômes qui précèdent la mort, se rencontre dans l'état des organes après la mort. Presque tous les auteurs qui ont écrit sur le sujet qui nous occupe ont pris pour type de leur description les *suppliciés* par suspension, et c'est ainsi qu'ils ont commis des erreurs graves, tracé des tableaux exagérés des altérations et induit les experts en erreur ; aussi aurons-nous grand soin, dans le cours de ce chapitre, de mentionner la différence que présentent les deux cas. Cette distinction aura l'avantage de jeter quelques lumières propres à reconnaître l'homicide et à le distinguer du suicide.

Etat de divers organes des cadavres de pendus. — Face. Dans le cas de suicide, elle est généralement pâle, n'exprimant pas la souffrance, mais offrant le cachet d'un air hébété. Les yeux sont entr'ouverts et la bouche béante, la langue plus ou moins saillante, quelquefois même seulement appliquée immédiatement derrière les arcades dentaires, sans engorgement ou gonflement remarquable. Une circonstance qui modifie singulièrement l'état de la face, c'est la conservation du lien autour du cou. Cette observation faite par Esquirol est extrêmement exacte ; elle a été aussi énoncée par Fleichmann, qui ignorait probablement les recherches de ce médecin. Ainsi, tel pendu examiné au moment de la mort, ou peu de temps après, offrira une face pâle complétement décolorée ; sept ou huit heures après, les phénomènes de l'engorgement du cerveau qui avait eu lieu au moment de la mort, se dessineront par une coloration plus ou moins rouge ou violacée de cette partie, et parfois même un gonflement des tissus au-dessus du lien. Chez les suppliciés, et probablement dans les cas d'homicide, la face peut présenter une coloration rosée ou violacée de la peau, une saillie plus ou moins forte des yeux, un gonflement

de la portion de la langue qui fait saillie entre les arcades dentaires, mais l'état violacé de la face est généralement l'état excep-
tionnel. Belloc, Fodéré et M. Orfila attribuent la situation différente que présente la langue, au point du cou sur lequel le lien
est appliqué. Ainsi elle serait placée derrière les arcades dentaires lorsque le lien serait situé au dessus de l'os hyoïde, et elle
dépasserait ces arcades, quand le lien serait placé au-dessous du
larynx. Le docteur Fleichmann considère « la saillie et la morsure de cet organe comme le résultat d'une mort plus lente, plus
douloureuse et plus agitée, qui survient de préférence après une
expiration ; et au contraire la rétraction de cet organe, comme
le signe d'une mort plus prompte qui vient interrompre la dernière inspiration déjà commencée. Il se fonde sur ce que dans
chaque inspiration, surtout si elle est un peu forte, la langue se
rétracte légèrement ; elle est au contraire poussée un peu en
avant dans chaque expiration, principalement si celle-ci a lieu
avec quelque vigueur. C'est donc l'un ou l'autre de ces mouvements respiratoires, et qui, selon toute vraisemblance, s'exercent
avec une certaine violence au moment de la suspension, qui
détermine soit la saillie et le serrement de la langue entre les
dents, soit sa rétraction. » Il m'est difficile de regarder comme
dépendant uniquement de la situation et de la constriction du
lien la sortie de la langue ; car, 1° je l'ai rencontrée chez plusieurs noyés qui présentaient l'ensemble des signes appartenant
à la submersion pendant la vie, et qui ne présentaient pas de
traces de lien appliqué au cou, ainsi que dans plusieurs cas de
mort subite que j'ai rapportés dans le chapitre de la Mort subite ; 2° j'ai cité deux cas où la langue était sortie de la bouche
chez des pendus, quoique le lien eût été appliqué au-dessous de
l'os hyoïde ; 3° j'ai produit le même effet chez des cadavres, en
donnant au lien la situation que je viens d'indiquer en dernier
lieu. Enfin on sait qu'il suffit d'appliquer une compression,
même·modérée, sur le cartilage thyroïde, pour faire, comme
on le dit, tirer la langue à une personne. Ne serait-ce pas un
phénomène nerveux dans la production duquel la position du
lien entrerait pour quelque chose, mais non pas peut-être
pour la totalité du résultat ? D'après le tableau que j'ai dressé,
on peut voir qu'il existe de grandes variations à ce sujet. Si, par
exemple, on prend tous les cas dans lesquels le lien était placé
entre l'os hyoïde et le cartilage thyroïde, on trouve que dans

six cas sur treize la langue était située derrière les dents, que dans quatre cas elle était dans la bouche, et que dans trois cas seulement elle était engagée et serrée entre les arcades dentaires; que dans quatre circonstances où le lien siégait sur le larynx, il y en a trois où la langue est engagée et serrée, et un où elle se trouve dans la bouche; et enfin, que dans trois exemples où le lien est placé encore plus bas, la langue est à peine engagée et non comprimée, quand elle devrait au contraire faire la saillie la plus forte et présenter les traces de la pression la plus grande. Voici, du reste, des faits détaillés qui viennent à l'appui de ces remarques.

Suicide par suspension. — Langue dans la bouche, quoique le lien soit placé sur le larynx.

Un homme, suspendu à un arbre du Champ-de-Mars, apporté à la Morgue le 7 janvier, ouvert le 10. Entre l'os hyoïde et le cartilage thyroïde, un sillon presque circulaire, plus prononcé à gauche qu'à droite, et plus profond; corde pour se pendre; peau légèrement brunâtre et peu parcheminée; ligne argentine celluleuse à peine marquée; cou assez gros; la langue dans la bouche, et non portée en avant, pas même appliquée derrière les arcades dentaires; physionomie calme; aucune ecchymose dans les muscles ni dans le tissu cellulaire; les doigts non contractés; pas de coloration de la face; vaisseaux artériels du cou intacts; pupille large; langue *très volumineuse et située dans la bouche;* un peu de mucus écumeux sort de l'œsophage; larynx rouge; membrane muqueuse de la trachée injectée, très rosée, en sorte que les anneaux de la trachée, qui sont très blancs, font contraste avec cette couleur; pas d'écume dans ce canal; poumons non gorgés et sains; sang très fluide et abondant dans les cavités droites, et peu dans les cavités gauches, mais fluide.

Vessie très distendue et fortement remplie d'urine. Autres organes sains.

Crâne, vaisseaux et sinus non injectés; arachnoïde infiltrée de sérosité louche; substance ferme, piquetée; peu de sérosité dans les ventricules du cerveau.

Suspension. — Ficelle très fine servant de lien. — Langue placée derrière les dents, quoique le lien soit appliqué sur le cartilage cricoïde.

Un homme âgé de trente à trente-cinq ans, d'une petite taille, d'un embonpoint ordinaire, trouvé pendu à un arbre dans le bois de Boulogne, le vendredi 20 février. La corde qui a servi à pendre cet homme est une petite ficelle très fine, reployée plusieurs fois sur elle-même (pelote d'un sou), cinq ficelles ensemble.

État extérieur du cadavre. — Il est dans l'état naturel et bien conservé. La face est un peu injectée, légèrement rouge; les yeux, à demi ouverts, sont brillants, un peu injectés aussi; les lèvres sont pincées;

quand on les écarte, *on aperçoit la langue placée derrière l'arcade dentaire supérieure et sur l'arcade dentaire inférieure,* qui est fortement portée en arrière ; la langue n'a pas été serrée entre les dents, car elle ne conserve pas leur empreinte. La physionomie offre un aspect particulier et analogue à celui d'une personne qui fait effort pour aller à la selle.

Il existe à la partie antérieure et moyenne du cou un sillon extrêmement profond, s'étendant obliquement en haut pour gagner la partie postérieure du cou où il se termine, mais en laissant entre les deux extrémités un espace qui en est totalement dépourvu. Ce sillon prend naissance immédiatement au-dessous du cartilage cricoïde ; son fond a environ deux lignes de diamètre ; il présente deux ou trois petites traces linéaires très fines en rapport avec la ficelle dont cet homme s'est servi et qui nous a été montrée. Il figure une gouttière étroite profondément, et fort élargie superficiellement, dont le rebord supérieur constitue un bourrelet très saillant ; sa couleur est brunâtre, et analogue à du parchemin (à l'époque de l'arrivée de cet homme à la Morgue, la peau était loin d'offrir cette densité). Quand on enlève la peau, on aperçoit le tissu cellulaire sous-cutané très dense dans toute l'étendue du sillon ; mais en avant ses lames sont tellement rapprochées, qu'elles constituent une trace blanche, légèrement brillante, de trois lignes de diamètre ; cette tache est peu prolongée sur le côté gauche de cou : à droite au contraire elle s'élargit au-devant du muscle sterno-mastoïdien, pour se rétrécir ensuite et disparaître vers le bord postérieur de ce muscle. La constriction a été tellement forte, que les muscles peaucier, sterno-mastoïdien, sterno-hydoïdien en conservent une empreinte très marquée.

Le tissu des muscles du cou n'est pas plus rouge que dans l'état ordinaire. Les veines jugulaires ne sont pas très gorgées de sang, mais celles qui avoisinent la glande thyroïde et la partie supérieure du larynx sont fort injectées. La trachée-artère et le larynx offrent une couleur blanche à l'extérieur ; les artères carotides sont intactes : leur membrane interne est dans l'état naturel.

Thorax. — Les poumons, surtout le droit, viennent recouvrir fortement le péricarde ; leur couleur est normale ; ils sont sans adhérences aux plèvres et généralement crépitants, excepté en arrière. Lorsqu'on les coupe, on voit que leur tissu est *rouge,* et par la pression on fait sortir de leurs vaisseaux une grande quantité de sang noir et très consistant. Cet état établit une différence avec les poumons gorgés de sang par suite de la position du cadavre ; dans ce dernier cas, le tissu est *violacé ;* si on le comprime, on en fait sortir du sang par tous ses points ; là, au contraire, ce ne sont que les vaisseaux qui en fournissent et sous la forme de larges gouttelettes. Les veines sous-chevrières et caves supérieures sont vides de sang ; le péricarde est très blanc : sa cavité contient une cuillerée à café environ de sérosité limpide. Le cœur est peu volumineux, ses parois sont assez fermes ; les artères carotides sont blanches et vides ; l'aorte contient un peu de sang demi-fluide ; l'oreillette droite et le ventricule droit en contiennent une assez grande quantité ; ce sang est fluide, noir comme celui de l'aorte ; le ventricule et l'oreillette gauche en renferment aussi un peu. Quand on exerce des pressions sur l'aorte descendante, il s'en écoule encore une assez grande quantité ; le diaphragme est refoulé en haut.

Le centre de la langue est dressé, en sorte que la langue est rebondie à son centre ; cette forme ne peut être modifiée que très difficilement par la pression ; elle résulte de la contraction du tissu de la langue, comme dans le cas de la déglutition ; son tissu n'est pas plus rouge que dans l'état ordinaire ; l'épiglotte est fortement relevée, sa face inférieure, toute la cavité du larynx et les ligaments aryténo-épiglottiques sont fortement injectés. Cette circonstance est remarquable, elle n'a pas été indiquée par les auteurs.

Abdomen. — Le foie, la rate et les reins paraissent sains ; l'estomac est rempli d'une grande quantité d'aliments de couleur grisâtre. La face externe des intestins est d'un rouge violet ; l'interne est beaucoup moins foncée ; la vessie ne contient point d'urine : ses parois sont blanches.

Cerveau. — Il existe une injection très marquée des vaisseaux de la dure-mère ; le sinus longitudinal supérieur contient une assez grande quantité de sang noir, fluide ; entre la dure-mère et le cerveau existe une petite quantité de sérosité ; les veines qui suivent les circonvolutions du cerveau sont gorgées de sang ; dans la substance même de cet organe, on voit quelques places légèrement piquetées ; le ventricule droit contient environ une cuillerée à bouche de sérosité limpide ; le ventricule gauche n'en contient point.

Comment cet homme est-il mort ? C'est par congestion cérébrale ; ce qui explique l'état des poumons et du cœur. La mort a été plutôt le résultat d'une strangulation que d'une suspension.

Suspension à l'aide d'un mouchoir placé au barreau d'une fenêtre placée à trois pieds dix pouces au-dessus du sol. — Sillon entre l'os hyoïde et le cartilage thyroïde. —Langue fortement contractée dans la bouche. — Fluidité du sang.

Le 2 mars 1839, un nommé Mout....., âgé d'environ cinquante ans, fut apporté à la Morgue. Cet homme avait été trouvé couché sur un tas de sable placé sur le quai de l'Archevêché ; une patrouille l'avait conduit au corps-de-garde du Petit-Pont de l'Hôtel-Dieu, où il fut mis au violon. Il avait déclaré qu'il était arrivé depuis un jour d'Arpajon, et qu'il n'avait sur lui aucun papier de sûreté ; qu'il avait été volé. Le matin, le sergent du poste étant descendu dans le violon pour prendre son prisonnier et le conduire à la préfecture de police, il le trouva pendu. Un médecin, assisté d'un commissaire de police, examina le corps et les vêtements dont il était recouvert. Parmi ces derniers se trouvait une guêtre offrant plusieurs taches de sang desséché. Une cravate, passée autour du cou à l'aide d'un nœud coulant et attachée par son autre extrémité aux barreaux de la petite fenêtre du violon, avait effectué la pendaison. La fenêtre était élevée de trois pieds dix pouces au-dessus du sol, en sorte que cet homme s'était laissé glisser, et était accroupi sur ses talons, son derrière ne posant pas tout à fait à terre. Telle a dû être la position de cet individu, d'après ce que nous avons pu en juger par l'inspection que nous avons faite des lieux. Sur le sol on voyait la trace des gros clous des souliers qu'il portait.

Inspection du cadavre (le 5 mars). — La peau de la face est légèrement injectée. Il existe au cou un très large sillon placé en avant entre l'os hyoïde et le cartilage cricoïde ; il est légèrement incliné en haut et en arrière, mais très évident dans toute la circonférence du cou, et principalement en arrière, sur le côté gauche, où il est plus rétréci. Ce sillon offre une légère teinte un peu plus brunâtre que celle de la peau en avant et à gauche ; mais à droite et en arrière on trouve un sillon brun à consistance très grande, bordé en haut et en bas par un bourrelet rougé, dont le supérieur est plus rouge que l'inférieur. Cette disposition corréspondait parfaitement aux points du mouchoir appliqué sur la peau. Elle était en rapport avec le bout de la cravate qui, plus mince, venait se contourner sur le côté gauche du cou pour aller faire le nœud coulant. Là dissection du sillon a fait voir que la ligne argentine n'était évidente qu'à gauche en arrière, tandis qu'elle manquait en avant et à droite, probablement à cause de l'épaisseur du mouchoir. En général, cette trace blanche était peu marquée. Les muscles, placés sous la pression la plus forte, offraient des fibres un peu plus denses. Les artères étaient intactes, quoique le cordon circulaire fût placé très haut. Sur le dos du nez existait la trace d'une légère blessure faite pendant la vie, comme une excoriation ; l'épiderme paraissait enlevé, et laissait une plaque d'un rouge foncé sanguinolent. Vers le tiers inférieur du sternum se trouvait une petite plaie paraissant être le résultat d'une blessure toute superficielle qui aurait intéressé une partie de la peau ; mais il n'existait pas de trace de sang dans le tissu cellulaire correspondant. A la partie moyenne du cartilage de la dixième côte se trouvait la trace d'une blessure un peu plus profonde. Cette blessure, qui intéressait la peau et le tissu cellulaire sous-cutané, s'arrêtait au cartilage ; elle avait assez de vaisseaux pour donner lieu à une ecchymose d'un demi-pouce de longueur. Ces deux plaies paraissent avoir été faites par l'homme lui-même, qui aurait cherché à attenter à ses jours à l'aide d'un couteau à plusieurs lames que l'on a trouvé sur lui ; l'une de ces lames était celle d'une serpette, et l'autre d'un petit couteau à demi pointu, de cinq à six lignes de longueur. Au-devant des ligaments rotuliens se trouvait sur chaque genou une ecchymose ; celle du genou droit avait environ deux pouces et demi de hauteur. Ces ecchymoses étaient peu apparentes immédiatement après la mort ; elles sont devenues beaucoup plus sensibles deux jours après. Dans la région lombaire, immédiatement derrière les apophyses épineuses des vertèbres, on voyait quatre traces de blessures très superficielles (excoriations). Cet homme portait enfin, à la partie externe de chaque pied, sur le passage du talon du jambier postérieur, un gros durillon paraissant dû au frottement habituel de sabots : il était jardinier.

Ouverture. Tête. — Tous les vaisseaux des méninges et leurs sinus sont fortement injectés. Le cerveau est piqueté, et laisse suinter du sang quand on le coupe par tranches. Il y a un peu de sérosité dans les ventricules. La langue est placée immédiatement derrière les dents, et la mâchoire inférieure est fortement portée en arrière. Les arcades dentaires ne sont pas serrées. *La langue est ramassée sur elle-même, saillante, et contractée à son centre.* Elle ne porte aucune trace de pression exercée sur elle par les dents. La membrane interne de la partie supérieure du larynx, celle qui tapisse les cartilages aryténoïdes et les ligaments aryténo-épiglottiques, sont un peu injectés ; celle de la cavité propre du larynx est blanche. La trachée est dans l'état le plus naturel. Les veines du corps thyroïde, celles superficielles de la région du larynx contiennent beaucoup de sang. Les poumons recouvrent tout le péricarde. Dans leurs deux tiers antérieurs, ils paraissent on ne peut plus sains ; mais en arrière et en bas principalement, leur tissu est très rouge ; de leurs vaisseaux s'écoulent des gouttelettes de sang noir. Péricarde très sain ; deux cuillerées environ de sérosité dans son intérieur ; cœur médiocrement plein de sang noir fluide, assez abondant dans les cavités droites et les veines caves, moins abondant dans le ventricule gauche. Une pression exercée de bas en haut sur l'aorte en fait sortir une grande quantité de sang fluide ; *on ne trouve pas un seul caillot dans les organes circulatoires.* Diaphragme refoulé en haut ; estomac vide, injecté, ainsi que quelques portions d'intestin. Rien de remarquable dans les autres organes.

Suspension. — Lien sur le cartilage thyroïde. — Langue derrière les dents.

Nous, soussigné, docteur-médecin de la Faculté de Paris, à la requête de M. le procureur du roi, signifié à nous par ....., huissier, ce 16 mai 1829, nous sommes transportés rue du Palais, n° ..., au 4ᵉ étage ; nous avons trouvé un cadavre que l'on nous a dit être celui de Maur...., tailleur. — Nous avons vu d'abord un sillon de trois lignes de large situé à la partie antérieure du cou, sur le cartilage thyroïde au-dessous de la saillie de cet os. Du côté gauche, ce sillon se dirigeait directement vers l'occiput ; simple à sa partie antérieure, il était double sur le côté gauche, et les deux empreintes étaient séparées par un intervalle de quatre lignes ; du côté droit le sillon était moins oblique et paraissait plus marqué. Dans toute l'étendue de cette empreinte, la peau était comme brûlée et les bords légèrement injectés. Le reste de la surface du corps offrait des taches peu livides, d'une couleur rose pâle ; on en voyait peu sur le genou gauche, le pied droit, la jambe et la cuisse ; mais sur le côté de la poitrine, et surtout vers la partie postérieure latérale, il en existait de très grandes. L'oreille droite et la partie postérieure de la face latérale et supérieure du cou, du même côté, étaient d'un rouge brun. Les yeux étaient à demi-ouverts ; *la langue arc-boutait contre les dents.* Après avoir examiné le cadavre, nous avons procédé à la dissection de la peau du cou : la peau enlevée nous a paru injectée, et la partie sur laquelle avait porté la corde était transparente comme du parchemin ; le tissu cellulaire sous-jacent correspondant à l'empreinte était sec et blanc ; le muscle sterno-mastoïdien était très épais, et sa face externe portait l'empreinte du lien. Par la dissection la plus minutieuse, nous n'avons pas pu apercevoir d'ecchymose sous-jacente ; les veines superficielles et profondes étaient vides ; les artères carotides, situées très profondément, étaient sans lésion. La trachée-artère, ouverte dans toute son étendue, jusqu'aux dernières ramifications bronchiques, était sans écume : les dernières ramifications contenaient un liquide coloré en rouge ; les derniers anneaux du tube laryngien étaient aussi injectés ; les poumons, sains dans leur partie antérieure, étaient gorgés de sang dans leurs lobes postérieurs ; les cavités droites du cœur étaient remplies d'un sang noir et fluide ; la veine cave inférieure en contenait beaucoup : les cavités gauches contenaient deux onces de sang fluide aussi. En ouvrant le crâne, nous avons vu le sinus longitudinal supérieur gorgé de sang ; ce sang s'échappait par les veines qui du diploé se rendent dans ce sinus ; la substance du cerveau est dure et fortement piquetée ; l'estomac contenait une grande quantité d'eau et de débris de blanc d'œuf ; la base de la langue était rosée, et la muqueuse présentait des papules très développées.

La plupart des auteurs ont, avec Michel Alberti de Hales, indiqué comme propre aux individus qui périssent de suspension l'état suivant : lividité et gonflement de la face, surtout des lèvres, qui sont comme tordues; paupières tuméfiées, à demi fermées et bleuâtres; rougeur, proéminence et quelquefois déplacement des yeux; langue gonflée, livide, repliée ou passant entre les dents qui la serrent, et sortant souvent de la bouche; écume sanguinolente dans le gosier, les narines-et autour de la bouche; impression de la corde, livide ou noire, ou ecchymosée; peau enfoncée et quelquefois excoriée dans un des points de la circonférence du cou; déchirement des muscles et des ligaments qui s'attachent à l'os hyoïde; déchirure, rupture ou contusion du larynx et des premiers segments de la trachée; ecchymoses des bras et des cuisses; lividité des doigts, qui sont contractés comme pour serrer fortement un corps que l'on tiendrait dans la main; contusion et ecchymose des poignets et de toutes les parties du corps sur lesquelles on aurait appliqué des liens; roideur et lividité du tronc; engorgement considérable de sang dans les poumons, dans le cœur et dans le cerveau. On va juger de l'exactitude de ce tableau par les détails dans lesquels nous allons entrer.

Etat du cou. — Il existe constamment chez les pendus un ou plusieurs sillons qui sont en rapport avec le nombre, le volume, la forme et les dimensions du lien qui a été appliqué. Dans les cas de suicide, le sillon est presque toujours unique et dirigé plus ou moins obliquement de la partie antérieure du cou à la partie postérieure, en se relevant fortement en haut et en arrière; aussi le trouve-t-on le plus souvent placé latéralement derrière les angles de la mâchoire. Dans quelques cas le sillon est double, et alors il existe un sillon transversal et un sillon oblique, ce qui provient de ce que la corde a d'abord été appliquée à la partie portérieure du cou, qu'elle a été ramenée en avant, croisée et reportée en arrière; alors la direction oblique n'appartient qu'au second sillon (voy. ex. p. 732). Dans les cas d'homicide, la direction est plutôt transversale (voy. cependant un ex., p. 730). On rencontre quelquefois quatre ou cinq sillons très petits qui se réunissent et se séparent sur divers points de la circonférence du cou; c'est le cas où plusieurs petites ficelles réunies ont servi à donner au lien plus de solidité (voy. ex. p. 739). Il est très important de rechercher si les sillons sont en rapport, pour le nombre et la direction, avec le nombre et le volume de la corde, car on pourrait étrangler un individu

et le pendre ensuite de manière à simuler le suicide. La largeur
est toujours représentée par le diamètre du lien ; aussi arrive-t-il
que le sillon est très large ou très étroit, suivant que l'on s'est
servi d'une cravate ou de petites ficelles (voy. ex. p. 741 et 739).
En général, la largeur moyenne des sillons est de deux à trois
lignes, parce que ce sont des cordes assez fortes qui constituent
presque toujours les liens. Sur cinquante et un cas où l'espèce de
lien est indiquée dans notre tableau, nous en trouvons trente-six
dans lesquels des cordes avaient servi de liens pour la suspension. La profondeur du sillon est en raison de la ténuité du lien
et du poids qui a exercé la traction sur lui, en sorte que, toutes
choses égales d'ailleurs, un lien très volumineux produit une
dépression peu considérable, tandis qu'un lien très petit déprime
fortement la peau et réduit de beaucoup le diamètre du cou.
La situation du lien est variable. Sur quarante sept des procès-
verbaux de Remer qui portent tous sur des suicides, il en est
trente-huit où le sillon se trouvait entre le menton et le larynx,
sept où il existait sur le larynx, et deux au-dessous ; d'où Remer
tire cette conséquence, que la situation au-dessus du larynx
est une présomption en faveur du suicide. Nous trouvons à peu
près le même rapport dans trente-six exemples que nous avons
réunis et où la situation du lien se trouve précisée ; il y en a
vingt et un dans lesquels le lien est appliqué entre le larynx
et le menton, sept sur le larynx, et pas un entre le larynx et
le sternum.

La peau du sillon peut être tout à fait semblable pour la couleur avec le reste de la peau du cou ; c'est le cas où on l'examine
quelques instants après la pendaison, et lorsque le lien n'a pas
encore été enlevé. La blancheur de la cavité du sillon contraste
alors avec une *injection violacée* que l'on remarque sur la lèvre
supérieure et sur la lèvre inférieure de cette empreinte. Cette
injection violacée a peu d'étendue, une ligne à une ligne et demie, tout au plus deux lignes de hauteur. Cette coloration différente des lèvres du sillon est d'autant plus marquée que le sillon est plus profond : aussi la trouve-t-on presque constamment
en avant, où la dépression est toujours plus grande, tandis
qu'elle manque fréquemment dans la moitié postérieure de la
circonférence du cou.

Des dépressions placées à la surface des sillons indiquent souvent la forme des liens et leur situation autour du cou, par les

empreintes plus profondes que leurs renflements peuvent y dessiner. C'est ainsi que nous avons pu déterminer quel avait été l'arrangement de la cravate de Champion autour du cou, et, par suite, sa disposition autour du panneau de la fenêtre à laquelle il s'était pendu, comme on le verra dans la narration détaillée que l'on trouvera à la fin de ce chapitre.

Il arrive aussi assez souvent que le sillon prend la couleur des liens qui sont appliqués sur le cou ; ainsi, une cravate noire laisse la trace de la constriction qu'elle a exercée. Cette circonstance devient alors une présomption de suspension pendant la vie, attendu que le départ de la couleur doit être favorisé par la chaleur et l'humidité de la transpiration.

On rencontre quelquefois des excoriations très superficielles dans la peau qui forme le sillon. L'épiderme et une très petite portion du corps muqueux ont été déchirés. Ces phénomènes, qui n'ont pas lieu communément, s'observent dans les cas où une corde neuve et tordue très serré a été employée, et dans ceux où la traction exercée sur la corde a été brusque et forte. Quand ces excoriations ont été faites du vivant du sujet, elles sont injectées, sanguinolentes : caractère qu'il est très important de constater ; et si l'excoriation est desséchée avec la peau, on aperçoit une injection vasculaire dans l'épaisseur même de ce tissu, en le plaçant entre la lumière et l'œil.

La peau du sillon offre fréquemment une teinte brune en même temps qu'elle est desséchée et comme parcheminée. Quelquefois même sa couleur est tout à fait celle du parchemin Cet effet a lieu : 1° lorsque la pression exercée par le lien a été forte ; 2° que le lien a été retiré peu de temps après la mort, et que la peau est restée exposée à l'air, ou bien lorsque le lien est resté appliqué sur la peau, mais que la pendaison date de plusieurs jours. Esquirol a, le premier, énoncé cet état parcheminé de la peau. Suivant nous, c'est un phénomène tout à fait physique qui est le résultat pur et simple de la dessiccation plus rapide de cette enveloppe sous l'influence de l'air ; aussi se montre-t-il aussi bien après la pendaison opérée sur le cadavre qu'après celle qui a eu lieu sur le vivant. Dans tous ces cas, la pression exercée par la corde a été la cause première du phénomène ; tous les fluides rouges et blancs ont été refoulés supérieurement et inférieurement, les lames du derme ont été rapprochées ; tant qu'elles sont restées humides, la peau a conservé son aspect et sa blan-

cheur ; mais du moment que le contact de l'air a amené l'évaporation, la dessiccation s'est opérée plus vite dans cette partie
dépourvue des liquides qu'elle contient habituellement ; mais, par
le fait de la pression, le sang a reflué en haut et en bas, la coloration des lèvres du sillon s'est produite, et elle est devenue d'autant plus grande que la peau renfermait plus de sang, et que
l'oblitération de ses vaisseaux par la pression avait été plus
complète. Cette explication rend très bien raison de l'injection
violacée que l'on peut produire sur le cadavre, alors que, comme
Esquirol et moi l'avons fait, on applique un lien peu de temps
après la mort. Mais une autre cause vient encore s'ajouter à
celle-là lorsque la pression du cou s'opère pendant la vie : c'est
la gêne qu'éprouve le sang à circuler dans la peau par l'arrêt qui
est établi sur ce point ; et comme il y a très fréquemment engorgement cérébral, on conçoit bien alors que la coloration de la
lèvre supérieure du sillon doive être plus forte et plus étendue
que celle de la lèvre inférieure ; car dans celle-ci la position déclive favorise le passage des parties liquides dans la portion de
la peau qui tapisse le cou au-dessous du lien. La théorie que
nous venons de donner sur la formation de l'état parcheminé,
explique aussi pourquoi la lèvre inférieure du sillon n'est
presque jamais injectée quand on a appliqué un lien sur un
cadavre suspendu : le sang qui a reflué par la pression s'étend
de proche en proche, et peu à peu dans les parties déclives du
corps.

La couleur brune, la consistance parcheminée de la peau,
ne sont pas toujours uniformes ; elles se font principalement
remarquer sur les points résistants où porte le sillon, sur la
partie antérieure et moyenne du cou où se trouve le cartilage
thyroïde, qui présente un point d'appui à la pression, et aussi
quelquefois sur le muscle sterno-mastoïdien ; ce qui vient à
l'appui de la cause que nous avons assignée à la production de
ce phénomène.

Quelquefois, mais rarement, la peau est ecchymosée ; nous
reviendrons sur ce point important, quand nous aurons parlé de
l'état du tissu cellulaire sous-cutané.

État du tissu cellulaire sous-cutané correspondant au sillon.
— Esquirol a, le premier, bien décrit cet état. Voici en quoi il
consiste. Quand on dissèque la peau du sillon d'arrière en avant,
en laissant sur les muscles *tout* le tissu cellulaire sous-cutané,

on trouve une trace celluleuse blanche qui peut offrir deux états différents, ou l'aspect argentin signalé par Esquirol, ou un aspect blanc, sec, non brillant, constituant une ligne celluleuse formée par des lames de tissu cellulaire non desséché. L'aspect argentin se remarque lorsque peu de temps s'est écoulé depuis la mort, et que le cadavre n'a été exposé à l'air que pendant vingt-quatre ou trente-six heures. (On va voir que ce terme n'est qu'une approximation et peut varier.) L'aspect du tissu cellulaire desséché se rencontre dans les cas contraires. Ces deux aspects différents sont encore le résultat de phénomènes physiques. La pression s'est exercée sur le tissu cellulaire sous-cutané, elle en a chassé tous les fluides, a pu même rompre les vésicules graisseuses, et faire refluer la graisse en haut et en bas ; alors les lames celluleuses se sont appliquées les unes sur les autres, et si elles sont encore humides, elles représentent un tissu argentin ; si elles sont sèches, elles forment cet autre aspect que j'ai signalé. Dans tous les cas, la trace celluleuse n'existe presque jamais dans tous les points du trajet parcouru par le sillon. On l'observe principalement en avant sur la surface du cartilage thyroïde et sur les muscles sterno-mastoïdiens ; plus rarement en arrière sur les muscles splénius et grand complexus.

Mais presque tous les auteurs qui ont écrit sur la médecine légale ont parlé d'ecchymoses dans le tissu cellulaire sous-cutané. Klein (*Journal pratique de Hufeland*) a rapporté quinze cas de pendaisons qu'il a observés, et dans aucun d'eux il n'y avait ni sugillations, ni ecchymoses ; Esquirol a été à même d'en examiner douze, et il a constaté l'absence de la même altération. (*Archives générales de médecine*, janvier 1823). Je n'ai pas trouvé d'ecchymose chez plus de trente pendus suicidés que j'ai ouverts. Fleichmann a rapporté les observations de six cas de suspension, et dans un seul il y avait ecchymose du tissu cellulaire. (*Annales d'hygiène*, octobre 1832.) C'est donc avec surprise que nous avons lu les résultats suivants du professeur Remer, insérés dans les *Annales d'hygiène*, octobre 1830. Sur cent un cas de suspension recueillis en Silésie, quatre-vingt-neuf présentaient la sugillation ; dans un cas, on trouva à la place de l'ecchymose la peau comme parcheminée ; dans deux autres la peau était excoriée ; une autre fois la putréfaction n'a pas permis de faire l'examen du cadavre ; dans neuf cas seulement elle avait manqué ; d'où Remer conclut que l'on trouve des traces d'ecchymoses ou sugillation (mots qui, à ses yeux, sont synonymes) dans les neuf dixièmes des cas de suspension. Or, dit-il, si la proportion d'un dixième est assez forte pour engager les médecins légistes à ne pas accorder une *confiance illimitée* à ce symptôme, d'un autre côté, cette même proportion est trop petite pour détruire *la règle* que l'empreinte ecchymosée se rencontre chez les pendus. Il admet encore que la sugillation se fait remarquer même chez les individus dont les pieds ou les genoux ne quittent pas le sol. Toutefois, en présence des faits rapportés par Klein, Remer est obligé de chercher des explications que ne peut guère admettre un jugement sévère et consciencieux. Ainsi, dit-il, les personnes qui meurent d'apoplexie par suite de suspension, peuvent ne pas présenter de sugillations au cou, si l'apoplexie se produit assez tôt et assez complétement pour ne pas donner à l'action de la corde sur la peau le temps d'y produire cette affection. C'est une erreur : l'apoplexie des pendus s'effectue par engorgement progressif des vaisseaux du cerveau ; l'ecchymose a donc tout le temps de se faire.

En général, on a pris la teinte brune et desséchée du sillon pour des ecchymoses, sans disséquer la peau et le tissu cellulaire, afin d'y constater la présence du sang infiltré. Ces résultats peuvent être expliqués ainsi qu'il suit. D'abord les observations n'ont pas été faites par Remer : ce sont des rapports de médecins qu'il s'est procurés ; et pour faire connaître le degré d'exactitude apportée dans la description des faits qui les constituent, il me suffira de citer la phrase suivante extraite de ce mémoire : « On rencontre l'empreinte ecchymosée sur trois points différents, savoir : entre le larynx et le menton, ou sur le larynx même, ou bien au-dessous de ce dernier. Mais les observations qui ont servi de base à mes remarques sur ce sujet *sont malheureusement trop peu exactes* pour que je sois en état de fixer d'une manière précise les proportions numériques entre ces différents cas, puisque, dans un grand nombre de rapports, la place que la sugillation occupait ne se trouve pas précisée avec toute l'exactitude nécessaire. » Or, je le demande, quelle confiance peut-on attacher à des résultats de rapports sur la suspension, dans lesquels on ne dit même pas le point du cou où le lien était placé ? Et cependant Remer y met la plus grande insistance ; non seulement il cite des faits, mais encore il les appuie du raisonnement.

NOMS des AUTEURS.	SUSPENSION.	STRANGULATION.	NATURE du LIEN.	ÉLÉVATION AU-DESSUS DU SOL.
KLEIN.	15	»	Corde.	»
REMER.	101	»	Non précisée.	14 à genoux ou debout. 1 assis.
JACQUEMIN.	1	»	Manche de chemise.	»
ALBIN GRAS.	1	»	Corde.	A une rampe d'escalier.
SAINT-AMAND.	1	1	Jarretière de laine.	»
FLEICHMANN.	1	»	»	»
Id.	1	»	Forte corde.	Au ciel d'un lit.
Id.	1	»	Courroie étroite et mince.	A un arbre.
Id.	1	»	»	»
Id.	1	»	Cravate.	»
Id.	1	»	Cravate.	Espagnolette d'une fenêtre.
ESQUIROL.	1	»	Corde.	Un pieu fixé à un talus.
Id.	1	»	Corde.	»
Id.	1	»	Mouchoir.	Espagnolette.
ORFILA.	1	»	Chemise en lanières.	Barreaux d'une fenêtre de prison.
Id.	1	»	Corde.	»
Id.	1	»	Corde.	»
Id.	2	»	»	»
Id.	1	»	Moitié de mouchoir.	Espagnolette d'une croisée.
Id.	1	»	Corde.	Au ciel d'un lit.
Id.	1	»	Corde forte.	A un fléau de balance.
ANSIAUX, de Liége.	1	»	Corde très forte.	»
DEVERGIE.	1	»	Corde.	Arbre du bois de Vincennes.
Id.	1	»	Petite corde.	»
Id.	1	»	Cinq ficelles très fines servant de lien.	»
Id.	1	»	Corde.	A un arbre.
Id.	1	»	Deux ficelles.	A un arbre du bois de Vincennes.
Id.	1	»	Ruban.	Croisée d'un violon de corps de g
Id.	1	»	Mouchoir.	Croisée à 3 pieds 10 pouces du sol.
Id.	1	»	Grosse corde.	A un arbre du bois de Boulogne.
Id.	1	»	Corde.	A un arbre de l'avenue de Neuilly.
Id.	1	»	Cravate.	Croisée de corps de garde.
Id.	1	»	Corde de moyenne grosseur.	A la rampe de l'escalier de sa ma
Id.	1	»	Triple corde.	»
Id.	1	»	Corde double.	»
Id.	1	»	Corde.	A un arbre du Champ-de-Mars.
Id.	1	»	Corde.	A une rampe d'escalier.
	152			

uspensions volontaires.

SITUATION du SILLON.	ÉTAT de LA LANGUE.	SUGILLATIONS ou ECCHYMOSES.
»	»	»
qpendus :	»	»
inu-dessous du larynx,		
sur le larynx,		
imu-dessus.		
urus de l'os hyoïde, sous la mâ-.se.	Pointe entre les arcades den-taires qui l'ont comprimée et rendue brune et gonflée.	Rien.
ant de l'os hyoïde et oblique-	Bouche béante, langue dans la bouche.	Rien.
:aarynx.	Langue volumineuse et forte-ment serrée entre les deux mâchoires.	Trois petites érosions et ampou-les à la peau, pas d'ecchy-moses.
æ cartilage thyroïde et cricoïde.	Saillie entre les dents et for-tement mordue.	Une forte ecchymose sur son trajet s'étendant jusqu'aux muscles.
e larynx et l'os hyoïde.	»	»
æ larynx et l'os hyoïde.	Langue derrière les dents.	Rien.
æ larynx et l'os hyoïde.	Langue derrière les dents.	Rien.
mus du larynx et comprenant l'os .se.	»	Rien.
o'os hyoïde et le menton.	Pointe de la langue fortement serrée entre les dents qu'elle dépasse.	Ecchymoses dans toute l'éten-due du sillon.
»	»	Rien.
»	»	Rien.
»	»	Rien.
:arynx.	Langue dans la bouche, mais portant l'empreinte des dents.	Rien.
»	»	»
slde.	Langue au niveau des lèvres.	Rien.
»	»	Rien.
æos hyoïde et le cartilage thyroïde.	Langue dans la bouche.	Teinte violacée, sans ecchymose.
e cartilage thyroïde et cricoïde.	Légère saillie entre les arca-des dentaires.	Rien.
iaau et peut-être un peu au-des-e l'os hyoïde.	Langue dans la bouche.	Pas d'ecchymose en avant du cou ; l'os hyoïde fracturé, ec-chymoses dans les splénius et grands complexus, transver-ses et épineux.
»	Dans la bouche.	Pas d'ecchymose en avant ; rup-ture des filaments qui réunis-sent les deux premières ver-tèbres.
æos hyoïde et le cartilage thyroïde.	Dans la bouche.	Rien.
urus de l'os hyoïde.	Entre les arcades dentaires.	Rien.
roous du cartilage cricoïde.	Entre les dents croisées, mais sans empreinte ; langue re-bondie à son centre.	Rien.
:cartilage thyroïde.	Bout de la langue serré entre les dents.	Rien.
æys hyoïde et le cartilage thyroïde.	Derrière les dents.	Rien.
Id.	Engagée et déchirée par la pression des dents.	Rien.
Id.	Dans la bouche.	Rien.
Id.	Derrière les arcades dentaires.	Rien.
Id.	Derrière les dents.	Rien.
Id.	Extrémité pincée entre les ar-cades dentaires.	Rien.
»	»	»
iæartilage thyroïde.	Pointe engagée et pincée.	Rien.
Id.	Derrière les dents.	Rien.
æos hyoïde et le cartilage thyroïde.	Rétractée dans la bouche.	Rien.
d hyoïde.	Langue derrière les arcades dentaires.	Rien.

Il regarde comme fausse l'explication que quelques personnes ont donnée de l'absence de l'ecchymose, alors que pour se pendre des individus avaient employé des corps mous, comme une cravate, un mouchoir. Il fait sentir, et à tort suivant nous, que du moment que la traction s'opère sur ces liens, ils deviennent par ce fait tout aussi durs qu'une corde par exemple, et qu'ils doivent donner lieu à des ecchymoses. Il cite quatre cas de ce genre qu'il a recueillis, et où des mouchoirs ayant produit la strangulation, on apercevait pourtant une forte ecchymose. Ce sont les faits de Remer, et l'autorité de son nom, qui nous ont engagé à dresser le tableau qui fait partie de ce chapitre ; nous y avons rassemblé tous les faits circonstanciés que nous avons pu recueillir dans les auteurs modernes ; car ceux qui ont été publiés avant ces derniers temps sont en général fort incomplets. Nous avons réuni de cette manière cinquante-deux exemples de suspension ou strangulation par suicide, et il n'y a que trois cas où des ecchymoses aient été notées ; dans un quatrième, on a observé trois petites érosions et ampoules, et dans un cinquième, la rupture possible des ligaments qui unissent les deux premières vertèbres cervicales. Il y a loin de ces résultats chiffrés à ceux de Remer. (Voir le tableau, p. 750.)

Concluons donc : 1° que les auteurs ont exagéré de beaucoup la présence d'ecchymoses dans le tissu cellulaire correspondant au lien, et faisons remarquer, en général, que la description de l'état des pendus, après la mort, a été faite primitivement d'après ce que l'on observe chez les suppliciés, où l'on exerçait des tractions sur les pieds pour amener immédiatement la mort. Les auteurs ont successivement répété ce qui avait été écrit, au lieu de chercher à vérifier les faits. Cette observation sera applicable à d'autres phénomènes ; 2° que dans *le cas de suicide*, la suspension amène *très rarement* des ecchymoses au cou, circonstance très importante à connaître, puisque l'état contraire peut faire naître des soupçons d'homicide. Cette opinion, qui est aussi celle d'Esquirol et de M. Orfila, n'implique pas la possibilité d'ecchymoses au cou. Les faits viendraient démentir une pareille assertion.

Muscles du cou. — Chez les pendus, les muscles du cou offrent assez souvent la trace du sillon qui a été imprimé à la peau. C'est principalement sur les sterno-mastoïdiens que l'on observe cette disposition ; mais il faut que le lien présente un degré de constriction assez considérable. Il en est des ecchy-

moses signalées par les auteurs dans les muscles du cou, comme
de celles du tissu cellulaire. Elles ne s'observent presque jamais
dans le cas de suicide ; elles pourraient se rencontrer lors d'un
homicide.

Cartilages du larynx et de l'os hyoïde. — Ils sont presque
toujours intacts dans le cas de suicide ; par conséquent, la fracture de l'os hyoïde, ou celle des cartilages du larynx, établit
des présomptions d'homicide ; néanmoins on cite des exemples
de ces fractures à la suite de suspensions volontaires. Valsalva
a rencontré, dans un cas, la rupture des muscles qui unissent
l'os hyoïde aux parties voisines, de sorte que cet os était séparé
du larynx ; dans un autre, les muscles sterno-thyroïdiens et hyo-
thyroïdiens étaient déchirés et le cartilage cricoïde rompu.
Weiss a trouvé le cartilage cricoïde brisé en plusieurs petits
morceaux, et la partie supérieure de la trachée-artère entièrement détachée du larynx. Morgagni et Valsalva ont vu la
rupture du larynx. M. Orfila a rapporté un exemple de pendaison volontaire où il y avait fracture de l'os hyoïde et ecchymose
considérable dans les muscles splénius et grand complexus.
Remer cite aussi un cas de fracture du larynx sur cent et un
cas qu'il a recueillis.

Vaisseaux. — En 1828, M. Amussat a fait connaître un résultat
nouveau et possible de l'action de la corde : c'est la section de la
tunique moyenne et de la tunique interne de l'artère carotide primitive. Il a observé ce fait chez un pendu dont il avait été appelé
à faire l'ouverture. Depuis, j'ai trouvé un cas du même genre,
mais un seul cas, ce qui me démontre que ce phénomène est
fort rare. Voici en quoi consiste cette altération. La section de
l'artère a lieu à quelques lignes de sa division en carotide externe
et en carotide interne. A l'extérieur on remarque la tunique celluleuse *ecchymosée* dans l'étendue de quelques lignes ; cette ecchymose est peu considérable ; on y aperçoit de plus *une foule de
petits vaisseaux capillaires fortement injectés de sang.* A l'intérieur, après avoir fendu l'artère de bas en haut, on trouve, à
quelques lignes de sa division, une section transversale, très
nette, dont la lèvre supérieure est soulevée, détachée et légèrement rosée dans sa surface externe, tandis que la lèvre inférieure
est appliquée sur les parois artérielles sans en être détachée ; on
dirait d'une solution de continuité faite avec un instrument tranchant. — Il existe une disposition naturelle au voisinage de cette

II.   48

section, qui pourrait en imposer pour la section elle-même ; elle consiste dans une rainure linéaire, creuse, qui se trouve au-dessous de l'éperon que l'on remarque à la division de l'artère ; elle est d'autant plus prononcée que les sujets sont plus avancés en âge ; mais cette rainure a des parois lisses ; on voit que la membrane interne se continue à sa surface, et qu'il n'existe pas de solution de continuité. Toutefois, pour ne pas commettre d'erreurs, il faut toujours chez les pendus disséquer l'artère sans pincer son tissu, la détacher et la fendre. Voici le fait que nous avons eu occasion d'observer. M. Malle, en cherchant à obtenir cette section sur le cadavre, n'a pu la produire que deux fois sur quatre-vingts essais et en comprimant le cou aussi fortement que possible ; mais s'il a pu opérer la section de l'artère, il n'a pas pu déterminer l'ecchymose qui l'accompagne et qui est l'indice de la section pendant la vie.

Suspension à un arbre au moyen de deux ficelles. — Section de la tunique interne et moyenne de l'artère carotide gauche.

Un homme, âgé d'environ cinquante ans, est apporté à la Morgue le 14 mars 1829 : il a été trouvé pendu à un arbre dans le bois de Vincennes.

Cou. — Il existe un sillon tout autour du cou, sans aucune interruption, pas même en arrière. Ce sillon présente l'impression de deux ficelles de moyenne grosseur, appliquées l'une à côté de l'autre. En avant, il est placé immédiatement au-dessus du larynx, entre le cartilage thyroïde et l'os. Il est brunâtre en avant, moins foncé sur les côtés. Au-dessus et au-dessous du sillon existe une trace rose plus prononcée sur le bord supérieur que sur le bord inférieur : c'est une véritable injection du réseau capillaire de la peau. Au-dessous de la peau, en avant et à droite principalement, existe la ligne celluleuse argentine. La pression paraît avoir été moins forte à gauche. L'artère carotide gauche est intacte ; à droite, les parois de la carotide primitive présentent au point de sa division une couleur violacée, analogue à une ecchymose qui existerait dans l'épaisseur de la tunique externe de l'artère. En incisant ce vaisseau avec soin, nous avons trouvé sa tunique interne et moyenne coupée net et détachée de bas en haut, dans une étendue de deux lignes. Pas d'ecchymose dans le tissu cellulaire ; seulement, en disséquant la peau, il suinte un peu de sang de son tissu.

La base de la langue est d'une teinte très rosée. — La langue est placée derrière les arcades dentaires, et, à une certaine distance, son centre est toujours refoulé en haut, en sorte qu'elle paraît contractée. Le larynx est très blanc. La trachée ne contient aucune espèce d'écume. Les poumons peu volumineux : le gauche très sain, d'une couleur blanche rosée ; le droit adhérent à la plèvre, tuberculeux et caverneux ; l'aspect des poumons nous a fait soupçonner tout de suite que la mort n'avait pas eu lieu par asphyxie, ce que nous avons vérifié par l'ouverture du cœur. Ce dernier organe, non plus que ses principaux vaisseaux, n'est pas très gorgé de sang ; les cavités gauches en contiennent au moins autant que les cavités droites. Il est presque entièrement fluide, à part quelques faibles caillots qui sont placés entre les colonnes charnues du ventricule droit. L'artère aorte en contient beaucoup aussi.

L'abdomen ne présente absolument rien de remarquable.

La face est peu injectée. Les sinus de la dure-mère sont gorgés de sang. Les veines de l'arachnoïde pleines de ce liquide. La substance du cerveau piquetée. Un peu de sérosité dans les ventricules.

D'où il suit que, comme la constriction du cou a été circulaire, cet homme est mort en grande partie par suspension primitive des fonctions cérébrales, suite de l'engorgement des veines, plutôt que par une véritable asphyxie.

Organes de la génération.—Rien de plus fréquent que de trouver dans les points de la chemise qui correspondent aux parties génitales, des taches spermatiques. Il en existe tantôt une seule, et ce sont les cas les plus communs, tantôt plusieurs. La tache unique a ordinairement deux à trois pouces de diamètre; elle est ondulée et ombrée à sa circonférence. Ces taches sont quelquefois masquées par celles d'un écoulement blennorrhagique, comme dans l'exemple rapporté plus haut. Un phénomène plus rare c'est l'état de demi-érection de la verge, et il s'observe moins souvent, probablement parce que l'on ne voit presque toujours les pendus que lorsqu'ils sont refroidis, et que la circulation capillaire a fait rentrer dans le système circulatoire général le sang que la verge renfermait au moment de la mort. C'est à cette cause que nous devons, M. de Klein et moi, de n'avoir jamais observé ce caractère. Dans les faits recueillis par Remer, sur quatre-vingts hommes, on en trouve quarante-cinq chez lesquels on n'a pas observé les parties génitales ; vingt où l'on n'a trouvé aucun changement, et quinze qui ont offert des traces soit d'éjaculation, soit de fluxion sanguine vers la verge. Remer s'est demandé si la même congestion s'opérait sur les femmes. Un seul cas tendrait à faire résoudre la question affirmativement, si les altérations signalées ne pouvaient pas aussi dépendre d'une autre cause. « Une femme s'était pendue avec son mouchoir ; ses parties génitales étaient rouges, la grande lèvre droite enflée, et l'orifice de la matrice un peu ouvert. »

Ayant l'année 1839, si les parties génitales des pendus avaient fixé l'attention des médecins, ce n'était qu'au point de vue des traces d'éjaculation que nous venons de décrire. Les recherches et les observations n'avaient pas été poussées plus loin, quoi qu'en ait dit M. Orfila dans son *Traité de médecine légale.*

A cette époque, j'examinai complétement les parties génitales, c'est-à-dire que j'explorai la verge, les testicules, les vésicules séminales. Je fus frappé de deux choses : 1° de l'existence du sperme dans le canal de l'urètre ; 2° de la congestion énorme qui existait non pas tant à la peau que dans le canal de l'urètre, les corps caverneux, les testicules, les vésicules séminales et tous les vaisseaux voisins qui sont si multipliés dans ces parties.

Je crus devoir déduire de cette double circonstance des phénomènes de suspension opérée pendant la vie, et je maintiens encore aujourd'hui l'importance du double caractère que j'ai signalé, malgré les observations que M. Orfila a faites sur le cadavre d'individus qui avaient succombé à un autre genre de mort.

Ces deux phénomènes sont tellement liés ensemble, qu'ils ne peuvent être séparés, et qu'ils acquièrent encore plus de valeur par la présence de la tache spermatique sur le linge. Or, de tout temps, les médecins ont avec raison attaché une grande importance à l'existence d'une tache spermatique sur la chemise d'un pendu, dans le point correspondant à l'extrémité de la verge, lorsqu'on peut constater ce contact, puisqu'elle prouve une éjaculation qui a précédé la mort ; mais on pouvait dire : Cette tache est peut-être ancienne. — Nous avons été plus loin et nous avons prouvé qu'on retrouvait le sperme dans le canal de l'urètre avec le secours du microscope. M. Orfila nous objecte que l'on peut trouver du sperme dans l'urètre d'individus qui ont succombé à d'autres genres de mort, voire même à des affections chroniques. Il cite des faits à l'appui, et, d'après ces faits, on serait porté à penser, comme il le fait pressentir lui-même, que, dans les derniers instants de la vie, il est très commun de voir une sorte d'émission de sperme dans *le canal* seulement, par suite d'une pression convulsive exercée sur les vésicules séminales. Mais M. Orfila cite bien les cas dans lesquels M. Donné et lui ont trouvé le sperme ; il n'énumère pas ceux où ils n'en ont pas rencontré. Ensuite M. Orfila, isolant la présence du sperme de la congestion, arrive à émettre cette idée, que ni le sperme dans le canal, ni la congestion, n'ont de valeur comme indices de suspension pendant la vie, attendu qu'en suspendant le corps après la mort, le sang, en vertu de son propre poids, descend aux extrémités et *colore la peau*, il aurait même vu se produire l'érection. Ce sont des faits auxquels je ne puis pas objecter d'autres faits, attendu que pour faire ses expériences, M. Orfila s'est placé d'une manière toute exceptionnelle en opérant sur des sujets qui venaient de mourir. Sa position de membre du conseil général des

hospices étant toute exceptionnelle, nul autre ne peut rejeter ces
expériences. Il faut les accepter, mais la coloration de la peau, je
la conçois, et ce n'est pas là la congestion que j'ai décrite. Quant
à l'érection du pénis, je ne la conçois pas par l'hypothèse, à
moins qu'elle ait été suivie de putréfaction gazeuse. Une congestion des tissus amène une arborisation vasculaire que l'hypostase
ne saurait produire. C'est ainsi qu'en morcelant les phénomènes
au lieu de les grouper entre eux comme on le fait en médecine,
on arrive à réduire le rôle du médecin légiste à rien. On jette le
doute et l'incertitude en toute chose ; on fausse le jugement et
l'on justifie cette assertion, si souvent reproduite devant les tribunaux, que la médecine n'est qu'une science conjecturale.

Nous persistons donc à déclarer que le médecin trouvera dans
la réunion de ces caractères des indices très puissants de la suspension opérée pendant la vie. Et, pour mettre le lecteur à même
d'apprécier la valeur de cette manière de voir, nous reproduisons,
quoiqu'à regret, la réfutation que nous avons faite dans les *Annales d'hygiène*, des idées émises par M. Orfila à ce sujet. C'est un
point trop grave pour ne pas lui consacrer une place ici.

Pour arriver à bien constater l'existence de ces phénomènes
et faire ces observations, il suffit de presser le canal de l'urètre
de bas en haut, d'en faire sortir une gouttelette, de la déposer
sur un porte-objet que l'on recouvre d'un verre, et de l'observer
au microscope. Chez les pendus, telle est l'abondance du fluide
que l'on retire du canal, que l'on se demande si l'individu n'avait
pas un écoulement pendant la vie. L'extrémité de la verge est
très humide, les lèvres du méat urinaire sont rouges et comme
dans un état inflammatoire, puis en fendant la peau, les corps
caverneux, le sang s'écoule en abondance. En sciant les branches
du pubis et de l'ischion, et en enlevant les organes génitaux, on
voit les vésicules séminales entourées d'arborisations vasculaires
gorgées de sang. Que l'on fasse les mêmes recherches sur un individu qui meurt des suites d'un cancer, et l'on verra si tous ces
phénomènes peuvent s'y rencontrer.

*Réponse de M. Alphonse Devergie à la réfutation de M. Orfila sur
de nouveaux signes de suspension.*

S'il est une science dont les innovations doivent être soumises au contrôle des hommes qui font de son étude un objet spécial, c'est sans contredit la médecine légale. Aussi j'accepte toujours avec plaisir toute discussion
qui a pour objet d'infirmer ou de confirmer des faits nouveaux. Je ne re-

cule pas devant la réfutation de M. Orfila, tout prêt que je suis à reconnaître les erreurs que j'ai pu commettre ; comme aussi à soutenir dans toute sa valeur ce qui me paraît fondé sur l'observation.

1° J'ai donné un nouveau moyen de constater l'éjaculation spermatique chez les pendus en recherchant la présence des animalcules dans le canal de l'urètre.

2° J'ai décrit et fait connaître la congestion des parties génitales chez les personnes qui périssent par suspension.

3° J'ai donné à ces deux faits matériels la qualité de signes de suspension opérée pendant la vie.

4° J'ai présenté ces faits comme nouveaux.

Ces faits sont-ils exacts ?

Ces faits peuvent-ils constituer des signes de suspension ?

Ces faits ont-ils été reconnus avant moi ?

Voilà les trois formes sous lesquelles peut être envisagé le fond de mon mémoire.

M. Orfila ne nie pas l'existence des deux faits matériels que j'ai indiqués ; il n'a pas été à même de les vérifier. *Les deux faits matériels restent donc tout entiers jusqu'à présent.*

Ces faits peuvent-ils constituer des signes de suspension ? Et d'abord pour la présence d'animalcules spermatiques dans le canal de l'urètre. d

Pour apprécier la valeur de ce caractère, il faut se rappeler celle que l'on a, de tout temps, accordée aux taches spermatiques de la chemise des pendus comme preuve de suspension opérée pendant la vie. J'ai fait sentir qu'il était impossible d'assigner une date précise à une tache de sperme sur du linge, et que, par conséquent, on ne pouvait pas rattacher avec certitude cette tache à l'éjaculation de la suspension, tandis que la présence du sperme dans l'urètre emportait avec elle une date récente ; que démontrer la présence des zoospermes dans l'urètre, c'était rattacher le fait de l'éjaculation à la suspension.

Toutefois, et quoique M. Orfila ait voulu le faire croire, je n'ai jamais pu isoler la présence du sperme de la congestion des parties génitales qui précède son émission, car il suffirait d'injecter après la mort du sperme dans l'urètre pour faire naître un signe de suspension.

Mais M. Orfila nous dit : « Vous avez donné deux signes indépendants l'un de l'autre. » A cela je réponds : Oui, il y a indépendance dans un cas et liaison dans un autre. Ainsi la congestion *seule* des parties génitales est pour nous un signe de suspension, parce que la congestion sans l'émission spermatique, qui en est la fin, le complément, est un phénomène vital essentiellement lié à la suspension, et qu'elle prouve à elle seule que la suspension a été opérée pendant la vie ; mais la présence des zoospermes dans l'urètre, qui est un second signe d'un tout autre genre, ne saurait être isolée de la congestion, puisqu'elle est précédée par elle.

Ceci posé, abordons une à une les objections. M. Orfila rappelle que, dans la séance du 27 novembre, il a démontré le peu de valeur du premier signe, la présence des zoospermes, en l'appuyant sur le fait suivant. Mais d'abord le fait sur lequel M. Orfila s'appuie n'est pas un fait accompli ; c'est une supposition qu'il crée : « Un homme éjacule par suite du coït, d'une perte séminale ou d'un effort fait pour aller à la garde-robe. » On voit que dans deux cas cités, il s'agit ici de personnes déjà placées dans des conditions toutes particulières, chez lesquelles il existe des dispositions anormales des parties génitales. « Tant qu'il n'aura pas uriné, il restera du sperme dans le canal de l'urètre. » Sur quoi repose cette supposition ? « Qui ne sait, dit M. Orfila, qu'il existe des animalcules spermatiques dans

la première urine rendue après l'éjaculation, non pas seulement quand
cette urine est expulsée une heure après, mais encore lorsqu'il s'est écoulé
dix ou douze heures depuis l'éjaculation ? » M. Donné s'est exprimé différemment dans la quatrième conclusion de son mémoire sur les animalcules
spermatiques ; il a dit : « Il n'existe jamais de sperme dans les urines à
l'état normal, *si ce n'est dans celles* qui sont rendues *immédiatement*
après une émission de semence. » Nous n'avons donc pas commis une erreur grave à cet égard, ainsi que le dit M. Orfila. Poursuivons : « Que l'individu dont il s'agit meurt naturellement, ou qu'on le tue *au bout d'une
heure*, soit par l'acide cyanhydrique, soit par un gaz délétère, soit par tout
autre moyen, et qu'on le pende immédiatement après pour faire prendre le
change, on trouvera du sperme dans le canal de l'urètre, et cependant la
suspension n'aura eu lieu qu'après la mort. »

Dans ces suppositions, tout exceptionnelles et si peu vraisemblables,
la congestion des parties génitales n'existerait pas, et par conséquent la
présence des zoospermes, en supposant qu'il y en eût dans le canal de
l'urètre, ne démontrerait pas que la suspension a eu lieu pendant la vie.

M. Orfila réunit ensuite les deux phrases suivantes qu'il extrait de mon
mémoire : « La congestion des organes génitaux prouve à elle seule que
la suspension a eu lieu pendant la vie, car l'érection à un âge donné de la
vie coïncide constamment avec la mort par suspension..... je regarde ce
signe comme constant en ce sens qu'il s'applique à un homme capable d'é-
rection. » Il ajoute : « Nous voyons ici une restriction qui enlève au caractère tiré de la congestion une grande partie de l'importance que
M. Devergie lui avait assignée dans ses deux notes. » Et interprétant à sa
manière ces deux phrases, il termine en disant : « Il est évident qu'aujourd'hui le travail de M. Devergie se trouve réduit à cette proposition :
— Ne tirez aucune conséquence pour ou contre la suspension pendant la
vie quand vous ne constaterez pas la congestion des organes génitaux. »
Il faut dire pour rendre ma pensée : « Quand vous constaterez des animalcules spermatiques dans le canal de l'urètre sans congestion des organes
génitaux. » Concluez au contraire que l'individu a été pendu vivant si
cette congestion existé, et surtout s'il y a des animalcules spermatiques
dans le canal de l'urètre. Puis il combat cette manière de voir par la ci-
tation de trois espèces... de suppositions.

« 1° Un homme éjacule dans l'état d'érection ; *il n'urine pas* et il meurt
asphyxié par la vapeur du charbon six heures après. On le pend après sa
mort. Conclura-t-on qu'il a été pendu vivant ? »

Voilà encore une de ces suppositions qu'il est si facile de faire dans le
silence du cabinet, mais dont la pratique de la médecine légale ne nous
offre heureusement pas d'exemples ; car ici M. Orfila suppose : 1° à un
homme dégoûté de la vie et s'asphyxiant par le charbon le désir de la
masturbation au moment de se donner la mort ; 2° une personne qui, ar-
rivant par hasard à la chambre de l'asphyxié, enfonce la porte, conçoit
tout à coup l'idée de faire croire à un autre genre de suicide ou même à
un homicide par suspension, le tout pour accuser quelqu'un et satisfaire
probablement le sentiment de la vengeance ou un intérêt quelconque ;
3° cette personne a, par hasard aussi, sous la main tout ce qu'il faut pour
pendre un cadavre, de manière à faire croire à un homicide : localités,
cordes, etc., etc. ; 4° elle est assez forte pour opérer toute seule la suspension, ce qui, pour le dire en passant, n'est pas facile, ou bien elle a à sa
disposition une autre personne qui veut bien l'aider et se rendre complice
de la fausse accusation qu'elle va porter ; 5° elle peut faire disparaître
tous les objets qui ont servi à opérer l'asphyxie par la vapeur du charbon ;

6° tout cela se passe dans une maison habitée sans que les voisins en aient le moindre soupçon ; 7° les enquêtes de la justice sont de nulle valeur, elles ne conduisent à la découverte d'aucun fait qui puisse se trouver en contradiction avec cette simulation ; 8° la personne accusée du crime d'homicide par suspension se trouve elle-même placée dans des conditions telles qu'elle ne saurait articuler aucun alibi. Elle était là isolée dans la maison à l'heure où le crime aurait été commis, etc., etc. : toutes circonstances qui donnent à de pareilles assertions le cachet de l'invraisemblance.

« 2° Dans une autre espèce, la mort aura été la suite d'une blessure à la tête ou dans la région des lombes, d'une lésion traumatique de la moelle, de certaines affections non traumatiques du cervelet, de la moelle ; la congestion des organes génitaux pourra être assez prononcée pour déterminer l'érection avec ou sans éjaculation. Sera-t-on dans le vrai si l'homme a été pendu après la mort en concluant avec M. Devergie que la suspension a eu lieu pendant la vie ? »

M. Orfila me semble encore moins heureux dans cette dernière supposition. Si la mort a été déterminée par ces blessures ou par ces maladies, ne sont-elles pas là pour l'expliquer, et dès lors l'attention du médecin légiste n'est-elle pas éveillée par cette cause de mort dans laquelle tout le monde connaît la coïncidence de l'éjaculation avec ces blessures ou maladies ?

« 3° Un homme éjacule dans l'état de flaccidité de la verge, et les cas de ce genre ne sont pas rares, même chez les adultes ; il n'urine pas ; on le tue dix heures après à l'aide d'un de ces poisons qu'il est difficile de retrouver, puis on le pend. Le cadavre n'est examiné qu'au bout de deux ou trois jours lorsque déjà le pénis et le scrotum sont le siége d'une congestion marquée ; on sait en effet que le sang ayant perdu de sa consistance reflue facilement, surtout en été, des veines de l'abdomen vers les parties génitales. Ici l'expert constatera un gonflement considérable de la verge et la présence du sperme dans le canal de l'urètre. Conclura-t-on que l'homme a été pendu avant la mort ?... Et que l'on ne dise pas qu'il sera toujours aisé de reconnaître cette espèce, parce que déjà le cadavre sera putréfié, cela pourrait ne pas être vrai. »

La dernière phrase de M. Orfila est justement celle qui annule sa supposition. Le sang ne peut refluer dans le *pénis* et dans le *scrotum* sans y être chassé avec force par les gaz putrides développés dans les vaisseaux, et, par conséquent, sans que la preuve d'une putréfaction déjà en activité n'existe ; et j'avoue que je ne conçois pas cette supposition de la part de M. Orfila, aux recherches duquel nous sommes redevables de l'histoire de la putréfaction dans la terre. Il y a d'ailleurs une différence tellement grande entre les phénomènes de congestion que j'ai décrits et la rougeur *putride*, qu'il faut ne pas les avoir observés pour leur opposer un pareil état.

J'aborde actuellement le troisième point en discussion : *Les faits que j'ai avancés ont-ils été reconnus avant moi ?*

Quant à ce qui est de la présence des animalcules dans le canal de l'urètre des pendus, M. Orfila n'en fait le sujet d'aucune objection. Reste donc la congestion des parties génitales.

« L'observation dont il s'agit *a tellement peu échappé aux investigations* que, dans son mémoire sur la suspension, Remer parle assez au long *d'éjaculation, d'irritation et de congestion sanguine* dans les organes de la génération. »

Voici comment M. Remer s'exprime au début de son mémoire sur la suspension : « Les nombreuses occasions que j'ai eues *de lire* des rapports judiciaires concernant l'examen cadavérique des individus morts par strangulation, etc. » Et plus loin : « Ce qui va suivre n'est pas du reste le résultat d'un petit nombre de recherches médico-légales sur des cadavres d'individus étranglés, *mais je l'ai extrait d'environ cent deux cas qui m'ont été soumis* par le Collège royal de médecine. Il est affligeant que, dans un si court espace de temps, une partie seulement de la Silésie ait fourni une déplorable richesse de faits telle que j'aie pu dans une seule partie de notre province *rassembler* ces matériaux. »

On voit que Remer n'a pas vu par lui-même : qu'il a lu des rapports et qu'il a fait son mémoire sur leur ensemble. Reproduisons maintenant la phrase où il s'agit de congestion. En parlant des effets de la suspension sur les parties génitales, M. Remer dit que M. Klein n'a jamais observé d'érection chez les pendus. Que dans le nombre des cas recueillis par lui (c'est-à-dire *lus* par lui, M. Remer), il y en a quinze qui ont offert des traces évidentes soit d'éjaculation, soit de congestion sanguine des parties génitales. Or c'est la seule fois que ce mot est prononcé sans autres détails, et comme plus loin il cite le cas d'une femme chez laquelle la grande lèvre était rouge, il est certain que Remer n'a entendu parler que de la rougeur de l'extrémité de la verge que j'ai signalée comme une des circonstances de la congestion. Mais quant à l'examen des corps caverneux, de la verge et du tissu spongieux de l'urètre, des dartos, des testicules et des vésicules séminales, il n'en est pas dit un mot ; donc ces organes n'avaient pas été examinés avant moi et leur congestion n'avait pas été reconnue.

Enfin il me reste à répondre à quelques faits accessoires qui ont été attaqués par M. Orfila dans sa réfutation.

« M. Devergie dit (*première note*) qu'il est heureux d'avoir introduit *le premier* l'usage du microscope dans les recherches médico-légales. » J'en demande pardon à M. Orfila, mais je crois qu'il y a erreur. Ma phrase est celle-ci : « *La médecine légale s'est enrichie depuis quelques années d'un nouveau moyen d'exploration. Le microscope est entre les mains de tous les hommes laborieux qui cherchent à reculer les limites de la science, et je suis heureux de l'avoir introduit dans les recherches judiciaires dont on ne saurait trop étendre le domaine.* » « Cette assertion a droit de me suprendre, ajoute M. Orfila, car l'auteur sait que j'ai imprimé en 1827 un mémoire dans lequel j'ai dit avoir reconnu, à l'aide de cet instrument, du sperme desséché depuis dix-huit ans sur une lame de verre ; il n'ignore pas que j'avais décrit en détail les expériences tentées sur ce sujet avec Lebaillif. »

Or on lit, page 473 du mémoire de M. Orfila sur les taches de sperme : « On concevra facilement *qu'on ne peut tirer aucune part* des observations microscopiques pour reconnaître les taches dont nous parlons. » Et quant à ce qui concerne le sang, voici la conclusion de M. Orfila (page 418, *Journ. de chim. médic.*) : « Ces diverses considérations nous portent à ne pas attacher à ces observations (les observations microscopiques) *autant d'importance qu'on a cru devoir le faire* pour résoudre le problème qui nous occupe (reconnaître les taches de sang), et à leur préférer en général les caractères chimiques dont nous avons parlé dans notre mémoire sur le sang. »

Il me semble d'après ces citations qu'au lieu d'introduire le microscope dans la pratique de la médecine légale, M. Orfila cherchait à rejeter son emploi.

« J'ai parlé, dit M. Orfila dans sa réfutation, de ces petits corps en 1827 (corps ronds ressemblant à des animalcules spermatiques sans queue, dont j'ai signalé l'existence, ainsi que M. Turpin). J'ai dit qu'ils ne manifestent aucune faculté locomotrice et qu'ils ne sauraient être assimilés aux zoospermes. » Ce ne sont pas ceux dont j'ai parlé, puisque M. Turpin les a vus exécuter des mouvements à la manière des zoospermes. Ils ne sont pas ronds, mais bien ovoïdes.

M. Orfila signale ensuite *une contradiction flagrante* entre un fait que j'ai imprimé en 1836 dans le chapitre de la suspension de mon traité de médecine légale. et une phrase d'une note que j'ai lue à l'Académie. Dans mon ouvrage j'ai dit que la demi-érection de la verge se voyait rarement chez les pendus, parce qu'on ne les observait le plus souvent qu'après le refroidissement du corps et lorsque la circulation capillaire avait fait rentrer dans le système capillaire général le sang que la verge contenait au moment de la mort. Tandis que dans mon mémoire je cherche à expliquer la congestion des parties génitales en disant que la vie venant à être éteinte dans les organes congestionnés, ceux-ci conservent après la mort les caractères de la congestion. Quel est donc le but qu'a voulu atteindre M. Orfila en signalant cette contradiction apparente? Alors même qu'elle existerait, ne pourrais-je donc pas émettre en 1839 une opinion autre que celle que j'avais en 1836 quand ma manière de voir a pu être modifiée par de nouvelles observations? — Mais il n'y a pas contradiction : M. Orfila confond le phénomène d'érection avec le phénomène de congestion. L'érection de la verge est le résultat d'une congestion vasculaire qui pourra être représentée par cent, tandis qu'il suffira d'une congestion exprimée par cinquante pour laisser des traces de son existence dans les corps caverneux. La vie venant à s'éteindre, l'érection cesse par le retour d'une partie du sang dans le centre de la circulation, mais la circulation elle-même s'arrête avant que la totalité du sang soit rentrée dans le système vasculaire général, et la trace de congestion existe. Je ne vois pas où est la *contradiction flagrante* signalée par M. Orfila.

M. Orfila ajoute : « M. Devergie dira-t-il que depuis 1836 il a eu occasion de voir tant de pendus qu'il a dû modifier ses opinions. » Je répondrai par la négative. Je dirai qu'avant 1836 je n'examinais pas les corps caverneux, le dartos, les testicules, les vésicules séminales, etc.; je faisais comme tous les médecins-légistes qui m'avaient précédé, je regardais l'extrémité de la verge et rien de plus.

En résumé, je crois avoir démontré :

1° Que le premier j'ai recherché et reconnu les zoospermes dans le canal de l'urètre des personnes qui succombent à la suspension.

2° Que le premier j'ai constaté la congestion des organes de la génération, non pas celles de la peau et de l'extrémité libre de la verge, mais bien celle des corps caverneux du tissu spongieux de l'urètre, des dartos, des testicules, des vésicules séminales, congestion bien distincte de la rougeur de la peau de la verge, que M. Klein n'a jamais vue, quoiqu'il ait observé quinze pendus, et que M. Remer a dit exister quinze fois sur cent deux cas, tandis que la congestion que j'ai signalée m'a toujours paru constante.

3° Que ces deux signes pris ensemble dans les circonstances que j'ai signalées, étant le résultat de phénomènes vitaux, doivent démontrer que la suspension a eu lieu pendant la vie.

Colonne vertébrale. — Le 4 septembre 1839, vers une heure de l'après-midi, on trouve le nommé Dauzats, habitant du village d'Holnière, canton de Lautrec, pendu dans son écurie. Il était assis sur le sol, la tête et le corps suspendus par une corde attachée à une poutrelle élevée de 2 mètres. Les vêtements ne présentaient d'ailleurs aucun désordre ; la partie de la corde qui servait de lien était appliquée sur le col du gilet et de la chemise.

A l'autopsie, toutes les parties molles du cou étaient dans l'état normal. L'articulation de la première vertèbre sur la seconde était *déplacée à gauche;* autour de cette luxation, les parties molles étaient restées saines, et la moelle n'était pas comprimée.

D'une autre part, on observait, aux parties génitales, des ecchymoses considérables disséminées autour de la verge, des testicules, dans l'épaisseur du périnée et des parois abdominales.

Enfin, l'état des poumons, celui du cœur et celui du cerveau, dénotaient une mort par asphyxie.

En présence de ces faits, quatre experts désignés par la justice conclurent à ce que la mort avait eu lieu par asphyxie, et que la suspension n'avait été opérée qu'après la mort. M. Orfila, consulté à cet égard, adopta cette manière de voir, et supposa que cet individu avait été saisi par les parties génitales qui avaient été fortement comprimées; que cette compression avait amené la syncope; que, respirant encore, on l'avait étouffé et aussitôt qu'on l'avait pendu après la mort, en exerçant sur le cou des manœuvres violentes. C'est, en effet, ce qui résulta plus tard de l'aveu des trois coupables.

Ces conclusions avaient été l'objet d'une réfutation de M. le docteur Rigal, de Gaillac.

Cette affaire appela d'autant plus l'attention de M. Orfila, que huit jours avant le jugement des inculpés, la cour d'assises du Tarn avait jugé une affaire analogue. Le nommé Couronne avait été assommé et étranglé par sa femme, qui, pour faire prendre le change sur la cause de la mort, avait fait pendre le cadavre. Là aussi les experts disaient que la suspension avait eu lieu après la mort, tandis que, d'après M. Orfila, M. le docteur Rigal soutenait un système opposé. Après un débat animé entre lui et le docteur Caussé d'Albi, le jury déclara la femme Couronne coupable d'assassinat. Dès le lendemain, cette femme avouait son crime.

M. Orfila entreprit alors des expériences dans le but d'éclaircir la question des lésions de la colonne vertébrale. Les premiers expériences ont été faites afin de savoir si l'on peut opérer la luxation de la deuxième vertèbre cervicale. Ayant fait placer quatorze cadavres dans la position où se trouvait Danzats, on a fait exécuter à la tête des mouvements extrêmement brusques de flexion et d'extension; or dans un cas on a vu la fracture de l'apophyse odontoïde à sa base, et dans un autre, celle du corps de la deuxième vertèbre. Dans les douze autres cas, pas de désordres possibles. On a pris alors six cadavres que l'on a suspendus de telle sorte que les pieds fussent élevés à un mètre au-dessus du sol. Un homme très fort a exercé des tractions brusques sur les épaules, ou il est monté sur les épaules, de manière à peser de son poids et très brusquement sur celles-ci. Dans ces six expériences, comme dans les quatorze autres, on n'a pas pu produire de luxations, et l'on n'a même pas causé de désordres dans les six derniers.

M. Orfila chercha à expliquer ces résultats, en apparence contradictoires, avec les données fournies par l'autopsie dans l'affaire Dauzats. Il fit sentir combien la description de cette luxation observée est incomplète et peu probante, puisque, d'après les rapporteurs, la luxation de l'apophyse odontoïde se serait opérée sans la rupture des ligaments odontoïdiens ou de l'un d'eux, ce qui est impossible. Il admet donc qu'il y a eu erreur, et que l'apophyse odontoïde n'était pas luxée. Il fait ensuite remarquer que Dupuytren, et d'autres chirurgiens, regardent cette luxation comme impossible, les autres vertèbres du cou étant moins solidement unies entre elles que la première et la deuxième.

La meilleure raison à faire valoir, c'est la disposition du ligament transverse, sa force, et la forme de l'apophyse odontoïde, qui, rétrécie, plus volumineuse à son extrémité qu'à son col, ne peut s'échapper du ligament transverse sans que celui-ci soit déchiré, ou l'os lui-même se fracturera plutôt, comme cela a eu lieu dans les expériences de M. Orfila.

Ce médecin légiste, poursuivant ses expérimentations sur le cadavre, a pu produire la rupture des ligaments jaunes, entre la deuxième, la troisième et la quatrième vertèbre cervicale. C'est aussi ce qu'avait obtenu M. Malle, et telle était la déchirure, qu'on pouvait introduire le doigt dans le canal rachidien. Deux fois, l'un des disques intervertébraux a été *incomplétement* rompu entre la cinquième et la sixième vertèbre avec déchirures des ligaments des apophyses articulaires. Six fois, ils l'ont été *complétement* entre les diverses vertèbres du cou. Mais dans ces cas extensions, flexions forcées et torsions combinées avaient été mises en usage. Dans le second mode d'expérimentation où un homme vigoureux montait sur les épaules du cadavre, on ne produisit pas de pareils désordres, malgré les secousses que l'on imprimait à ce dernier.

D'où il résulte que l'on peut produire sur le cadavre des luxations, des déchirures de ligaments dans les vertèbres cervicales autres que la première et la deuxième.

S'ensuit-il que les mêmes désordres puissent être opérés pendant la vie, soit dans les cas de suicide, soit dans ceux d'homicide. Déjà, à juger par les efforts considérables qui ont été employés sur le cadavre, on est porté à mettre en doute cette possibilité; mais, d'une autre part, il faut tenir compte de la différence qui existe entre un tissu vivant et un tissu mort, de telle sorte qu'il est impossible de conclure, d'une manière absolue, de ce qui se passe à l'état de vie, par ce qui se produit à l'état de mort. Quoi qu'il en soit, on peut établir comme présomption parfaitement fondée, que ces désordres ne sont guère réalisables dans le cas de suicide.

Cependant on en a rapporté deux exemples dont nous devons apprécier la valeur. Le premier est celui de ce sabotier de Liége qui fut trouvé pendu à une poutre d'environ quatre pouces et demi de large, de manière que la corde formait une anse qui, par une de ses extrémités, embrassait cette poutre, tandis que l'autre, placée au-dessous du menton, passait derrière les oreilles, pour aller se terminer vers le haut de l'occiput. Le visage était pâle et sans bouffissure, la langue dans la bouche, les yeux dans l'état naturel, la tête prodigieusement renversée en arrière, et il sortait beaucoup *de fumée de la bouche.* Ce renversement de la tête en arrière, cette absence de tuméfaction à la face, firent présumer que la mort avait eu lieu par la luxation de la première vertèbre sur la seconde; mais l'ouverture du corps n'ayant pas eu lieu, on ne peut établir que des présomptions fort vagues sur ce phénomène, et nous partageons l'opinion d'Esquirol, qui tend à considérer ce fait comme apocryphe. Un second exemple, plus concluant que le premier, a été transmis à M. Orfila par Ansiaux de Liége. La femme d'un marchand de gravures, demeurant à Liége, d'une très belle stature et douée d'un tempérament nerveux-sanguin, est trouvée pendue à une poutre de son grenier : la mort datait de deux heures. Cette femme était élevée à un pied et demi au-dessus du plancher, et à deux pas d'elle se trouvait une chaise renversée. Un billet écrit au crayon en langue italienne prouvait et le désordre de ses idées et sa détermination au suicide. Une corde très forte avait imprimé au cou une trace profonde de couleur brune, oblique d'avant en arrière et de bas en haut, partant de la partie tout à fait supérieure du cou, et remontant derrière les oreilles ; le menton était fléchi sur la poitrine. La langue ne sortait pas de la bouche. La face était dans l'état naturel, ne présentait par conséquent ni tuméfaction ni altération de couleur. Les yeux n'étaient pas rouges, les lèvres étaient dans leur état ordinaire. A l'autopsie on ne trouve pas d'ecchymose à la partie antérieure du cou ; mais du sang est épanché derrière les deux premières vertèbres, qui présentent à leur partie postérieure un écartement bien remarquable. Ces deux vertèbres enlevées avec précaution, on trouve les ligaments postérieurs rompus, le transverse *un peu remonté et très distendu*, maintenant l'apophyse odontoïde fortement serrée contre la surface articulaire correspondante de l'atlas. Les ligaments odontoïdiens étaient demeurés intacts. Ce fait prouve que, dans la suspension par suicide, on peut rencontrer des désordres qui la rapprochent de la suspension par homicide ; mais combien ces circonstances sont rares, puisqu'il n'en existe qu'un seul exemple bien constaté! Observons d'ailleurs que dans ce fait la suspension avait été accompagnée de la chute du corps d'un point assez élevé, et que cette femme était d'une forte stature.

Le docteur Richond du Puy a fait sur les chiens et sur les chats des expériences qui tendent à démontrer la possibilité de ces déchirures et luxations. Il a observé qu'on pouvait produire de pareils désordres chez ces animaux, soit que l'on tirât la tête et la queue en sens opposés, soit que l'on tordît le cou, soit que l'on fît exécuter au corps un mouvement de rotation sur son axe en deux sens différents. Dans ces expériences la moelle est toujours déchirée entre la première et la deuxième vertèbre; aussi la mort arrive-t-elle instantanément. On trouve les organes dans le même état que lors de l'asphyxie par suffocation. Le cerveau est quelquefois injecté, la peau généralement pâle, les yeux affaissés (thèse inaugurale, 1822, n° 52). Dans tous ces cas il y a production d'ecchymoses et épanchement de sang autour de la moelle.

M. Orfila, en répétant ces expériences, n'est pas arrivé aux mêmes résultats. Mais tout en les admettant comme exactes, il fait sentir qu'il n'y a pas parité d'organisation et de conformation entre le chien et l'homme, et que dès lors on ne saurait tirer de ces essais des inductions précises.

Abordant ensuite la question de savoir si dans le cas de

désordres graves du côté de lacolonne vertébrale, on peut établir
des preuves de suspension pendant la vie, question à laquelle
nous répondrons par l'affirmative, lorsque ces désordres sont accompagnés d'ecchymose avec sang coagulé et d'épanchement
sanguin, M. Orfila réfute encore cette manière de voir en s'appuyant sur des expériences faites par M. Christison, et qui sont
celles-ci. « Deux heures un quart après la mort d'une femme de
trente-trois ans, assez forte, la tête de cette femme fut abaissée
avec force sur la poitrine. *Trois quarts d'heure* auparavant, plusieurs coups violents auraient été portés avec un bâton sur les
côtés du cou. Le cadavre fut examiné au bout de trente-cinq
heures. On voyait des ecchymoses *au cou* d'une teinte aussi foncée que si les blessures eussent été faites pendant la vie, mais
sans apparence de gonflement; le tissu cellulaire sous-jacent était
çà et là infiltré d'une grande quantité de sang *fluide* et noir,
mais il n'y avait pas *d'extravasation de ce liquide dans les cellules elles-mêmes.* De chaque côté des régions cervicale et dorsale
de l'épine, entre le milieu du cou et le milieu du dos, on trouva
un peu de sang noir *liquide*, extravasé dans l'épaisseur des
muscles environnants. Le *ligament jaune* qui unit la dernière
vertèbre cervicale à la première dorsale était *entièrement* déchiré, de manière qu'on pouvait par là introduire le doigt dans
la cavité du canal vertébral. Entre la première vertèbre cervicale et la cinquième dorsale, il y avait du sang *noir liquide* infiltré dans les mailles du tissu cellulaire qui est appliqué sur l'enveloppe membraneuse de la moelle, et même *sous le périoste* qui
recouvre les lames des vertèbres dans l'intérieur du canal. » *(Annales d'hyg. et de méd. lég.*, t. I, p. 532.) Et M. Orfila d'ajouter :
« Il est évident que si ce cadavre avait été pendu, on aurait dû
conclure, d'après le précepte donné par M. Devergie, que la suspension avait eu lieu pendant la vie. » Chose remarquable :
M. Orfila invoque une expérience de M. Christison pour démontrer que les désordres que l'on observe du côté de la colonne
vertébrale *pris isolément* ne prouvent pas que la suspension ait
eu lieu pendant la vie, quand Christison se sert de la même expérience pour prouver le contraire. En effet, dans son mémoire,
il termine ainsi : « Il n'est pas douteux que les altérations que
nous venons de décrire (celles observées dans ses expériences),
n'imitent exactement de *légères* contusions reçues pendant la vie;
mais dans ces cas le coup doit avoir été peu violent, car s'il avait

été fort, il aurait dû produire les effets suivants dont *aucun ne peut résulter de coups portés après la mort*. Suit l'énumération des effets : 1° gonflement de la partie contuse ; 2° marque noire entourée d'une bande jaunâtre plus ou moins large. *Caillots* de sang dans les tissus sous-jacents : M. Christison n'en a jamais trouvé dans les cas de violence après la mort ; 3° impossibilité de déterminer après la mort un épanchement de sang qui *remplisse et distende les cellules* du tissu lamineux.

Repoussons donc cette conclusion de M. Orfila, dans laquelle il dit : « On voit, d'après ce qui précède, que l'état de la colonne vertébrale des pendus, *considérée isolément*, ne permettra pas d'affirmer que la suspension a eu lieu plutôt pendant la vie qu'après la mort, *les fractures et les luxations des vertèbres, les déchirures et les ruptures des ligaments*, ainsi que *des ecchymoses* et *des épanchements de sang* pouvant aussi bien exister chez ceux qu'on a *assassinés et meurtris* peu de temps après la mort et avant de les pendre. »

En vérité, les inductions de M. Orfila sont désespérantes pour la science. Voyez par quelles phases il passe pour y arriver ! Il expérimente sur vingt cadavres pour démontrer qu'il est impossible de luxer la première vertèbre sur la seconde à l'aide de tractions violentes et en faisant sauter un homme sur les épaules des cadavres de manière à agir par tout le poids du corps augmenté de la force d'impulsion qu'un homme produit en sautant, il parvient seulement à produire quelques déchirures des téguments dans les autres vertèbres de la région du cou. Il n'admet pas les faits de Louis, parce que l'autopsie ne les a pas prouvés. Il repousse les expériences du docteur Richond du Puy, parce qu'elles sont faites sur des chiens. Il repousse aussi l'observation de Charles Bell, parce que la luxation de l'axis n'avait pas été produite par le fait d'une suspension. On va croire que M. Orfila, après tous ces préliminaires, va conclure que des traces de fractures, de luxations, de déchirures des téguments prouveront la suspension pendant la vie. Non pas : elles ne prouvent rien, car Christison a démontré par des expériences que tous ces effets se produisaient sur le cadavre. Et il se trouve que Christison a voulu prouver qu'on ne pouvait pas produire sur le cadavre les effets qui se produisaient pendant la vie.

Cherchons donc à débrouiller ce chaos. Une luxation, une fracture, une déchirure de ligaments ou de vaisseaux, sont autant de phénomènes physiques qu'avec un peu plus ou un peu moins de force on peut produire. Ce que l'on ne saurait déterminer par les mêmes moyens, ce sont les phénomènes vitaux, c'est-à-dire, d'une part, la coagulation qui suit l'extinction de la vie dans le sang ; d'une autre part, l'infiltration de sang coagulé, et l'injection des vaisseaux qui avoisinent et qui accompagnent l'ecchymose produite pendant la vie. Eh bien, nous disons que si les lésions matérielles des ligaments ou des os sont accompagnées de ces phénomènes vitaux, elles impliquent la pensée que ces lésions ont été faites pendant la vie, et, par conséquent, ces lésions ainsi accompagnées, prises *isolément*, ont une valeur bien plus grande que ne leur en a assigné M. Orfila dans la démonstration de la suspension pendant la vie. Allons plus loin, et supposons qu'un homme ait été étranglé et pendu ensuite avec le cortége de lésions faites immédiatement après la mort, où serait donc la grande conséquence d'une erreur commise à cet égard ? L'assassinat n'en serait pas moins reconnu par le médecin. Or le magistrat pose la question du suicide ou de l'homicide : c'est dans la solution de cette question qu'est toute la difficulté. Alors même que le médecin se tromperait sur le mode, le fait n'en resterait pas moins. Ces doutes perpétuels sont déplorables pour la science et pour les hommes. On ne nous accusera certes pas d'être trop absolus ; mais on devrait nous blâmer d'une circonspection qui finit par approcher de l'ignorance.

M. Duméril a rapporté le fait suivant à l'occasion de la lecture que fit à l'Académie de médecine M. Orfila, de ses expériences tendant à démontrer l'impossibilité de la luxation de la colonne vertébrale dans les cas de suicide.

En 1812, un homme, âgé de cinquante à soixante ans, était couché dans une des chambres particulières de la maison de santé du faubourg Saint-Denis. Il y fut trouvé pendu quatre ou cinq minutes après que M. Duméril venait de lui parler. Prévenus de cet accident, MM. Duméril et Delaroche se rendirent tout de suite près de cet individu, et le trouvèrent *ayant les pieds et la presque totalité des jambes soutenus sur un oreiller*. La corde, qui était celle du lit du malade, fut immédiatement coupée, et l'on essaya, mais en vain, de rétablir la respiration.

L'autopsie pratiquée le lendemain prouva que l'axis avait été luxée, et que les ligaments de l'apophyse odontoïde étaient rompus. La moelle avait donc été fortement comprimée.

Voilà un fait d'une grande gravité au point de vue de la question qui nous occupe. Ici la suspension avait été non seulement le fait du suicide, mais encore elle avait été incomplète, en ce sens que la presque totalité des jambes reposait sur un oreiller. Ainsi il avait fallu le seul effort d'une partie du poids du corps pour amener une luxation que les efforts les plus violents exercés sur des cadavres ne peuvent produire. Nous ne nous permettrons pas de mettre en doute la véracité du fait. Nous nous demanderons seulement si la mémoire de M. Duméril a été bien fidèle à l'égard d'une époque aussi éloignée. Nous exprimons le regret que le fait n'ait pas été publié ; et en le reconnaissant comme parfaitement exact, il prouverait toute la différence qu'il y a entre des tractions opérées sur des tissus vivants et des tractions opérées sur des tissus morts.

M. Velpeau, à l'Académie de médecine, soutenait la thèse de la possibilité de la luxation chez l'homme vivant à cause de l'état de vie des tissus. M. Orfila défendait l'opinion opposée en se fondant sur ce fait, que les muscles, par leur contraction, doivent au contraire donner plus de solidité aux articulations.

Charles Bell (*Maladie des os*, t. I, p. 67) rapporte un cas de luxation de l'apophyse odontoïde dans les circonstances suivantes. Un homme, voulant faire franchir à la roue d'une brouette l'angle d'un trottoir, à Londres, fit un puissant effort ; entraîné par la force impulsive il tomba, et fut relevé mort. L'apophyse odontoïde avait passé sous le ligament transverse, et comprimait la moelle. Tout en admettant, avec M. Orfila, que les conditions ne soient plus les mêmes ; qu'il ait été possible que la tête ait porté contre le sol pour s'y arc-bouter et déterminer la luxation, il résulte néanmoins de ce fait la possibilité de la luxation et du passage de l'apophyse odontoïde au-dessous du ligament transverse avec rupture des ligaments odontoïdiens.

Ceci une fois acquis à la science, mettons-le en regard des expériences de M. Orfila ; et sans vouloir conclure avec ce dernier qu'il n'est pas applicable à ce qui se passe dans la suspension, disons qu'à part le fait cité par M. Duméril, il n'y a pas d'exemple bien avéré de suspension ayant entraîné la luxation de l'apophyse odontoïde ; que les expériences faites sur le cadavre tendent à démontrer l'impossibilité de cette luxation, mais qu'on ne saurait conclure du cadavre à l'état de vie, et que, par conséquent, il faut attendre des faits avant d'émettre une assertion un peu fondée à cet égard.

Pour adopter cette manière de voir, nous ne nous sommes même pas appuyé des assertions de Louis, qui s'exprime ainsi dans ses *OEuvres de chirurgie*, t. I, p. 333 : « A Paris, dit-il, un pendu a presque toujours la tête luxée, parce que la corde, placée sous la mâchoire et l'os occipital, fait une contre-extension. Le poids du corps du patient, augmenté de celui de l'exécuteur, fait une extension. Celui-ci monte sur les mains liées du patient qui lui servent comme d'étrier, il agite violemment le corps en ligne verticale, puis il fait faire au tronc des mouvements demi-circulaires alternatifs et très prompts, d'où suit ordinairement la luxation de la première vertèbre. Dès l'instant, le corps, qui était roide et tout d'une pièce, par la contraction violente de toutes les parties musculeuses, devient très flexible ; les jambes et les cuisses suivent alors tous les mouvements que l'on donne au tronc, et c'est alors que l'exécution est sûre. »

Certes il y a là, quoi qu'en dise M. Orfila, une description qui, sans preuves déduites d'autopsie, est cependant bien propre à admettre qu'une compression brusque de la moelle s'opère durant ce supplice. Comment s'opère-t-elle si ce n'est par une luxation de l'axis?

Cerveau, ses enveloppes et ses vaisseaux. — L'état du cerveau varie en raison du genre de mort auquel le pendu a succombé. La mort est-elle survenue par engorgement cérébral, les vaisseaux veineux sont remplis de sang; il en est de même des sinus de la dure-mère. Nanni, disséquant un voleur qui s'était pendu, rencontra le sinus longitudinal supérieur de la dure-mère déchiré. Littre a trouvé du sang épanché à la base du crâne et dans les ventricules cérébraux, sur une femme que deux hommes avaient étranglée en lui serrant le cou avec les mains ; et dans une autre circonstance, il a vu la membrane du tympan déchirée et beaucoup de sang épanché dans l'oreille. On rencontre fréquemment la substance cérébrale piquetée. Dans les autres genres de mort propres à la suspension, l'état du cerveau est en raison de la manière dont la mort s'est opérée.

Autres organes de l'économie. — Les mâchoires ne se rapprochent pas chez les pendus de la même manière que cela a lieu pendant l'acte de la mastication ; la mâchoire inférieure est souvent portée en arrière, en sorte que, quoiqu'il existe un croisement des mâchoires , il reste entre elles un espace où la langue vient se loger, et où elle peut n'être que faiblement comprimée. La langue peut être mordue , et son tissu même déchiré par les dents. Le plus souvent elle n'en porte l'empreinte qu'à son extrémité. Un autre état de la langue, qui n'a pas encore été indiqué, est le suivant : cet organe est ramassé sur lui-même, recourbé de manière à être bombé et ramassé dans la bouche.

La base de la langue des pendus est *presque constamment rosée ;* cette disposition s'observe fréquemment sur la membrane muqueuse qui tapisse l'épiglotte , l'intérieur du larynx et même la trachée-artère ; souvent elle est très prononcée dans les ramifications des bronches. Il est rare de rencontrer de l'écume dans la trachée. Nous n'en avons observé que dans quelques cas , et encore cette écume était-elle muqueuse, sanguinolente par places et en très petite quantité ; elle ne ressemble pas à l'écume des noyés ; ses bulles sont toujours plus larges, difficiles à crever, formées par un fluide plastique. Cette opinion n'est pas celle de M. Orfila, qui regarde l'écume dans la trachée comme étant au contraire très fréquente. Nos observations ne s'accordent pas avec les siennes. Dans tous les cas, l'écume ne peut se rencontrer que lorsque la mort a eu lieu par asphyxie.

Les poumons sont plus ou moins gorgés de sang , suivant le genre de mort auquel le pendu a succombé. Fleichmann a signalé (*Annales d'hyg. et de méd. lég.* , tom. VIII , pag. 422) le rapetissement et le refoulement des poumons dans la cavité thoracique : c'est un phénomène qui n'a jamais frappé mon attention et dont je ne conçois pas la possibilité autrement que par un affaissement des poumons à l'ouverture de la poitrine ; il était assez prononcé dans l'observation rapportée par M. Rendu (*voy.* p. 733). Fleichmann attribue cet état à ce que la mort est venue surprendre l'individu dans un moment d'expiration, époque à laquelle il existait peu d'air dans les poumons, faisant observer que ces organes sont très dilatés, en général, chez les noyés, parce qu'ils font de grands efforts inspiratoires. Je ne sais pas jusqu'à quel point cette comparaison peut être exacte.

Les vaisseaux veineux et artériels du cœur droit, ainsi que les cavités droites, contiennent une quantité notable de sang. Le cœur gauche en renferme ordinairement moins.

L'estomac n'offre rien de remarquable. Fleichmann a appelé l'attention sur la coloration, et surtout sur l'injection du système capillaire des intestins des pendus ; mais nous avons fait voir que ce phénomène appartenait à la mort par asphyxie proprement dite, et qu'il était surtout prononcé dans l'asphyxie par le charbon ; qu'il s'observait aussi chez les noyés. Ce caractère n'est donc pas propre à la suspension, mais à la mort par asphyxie en général. Le foie et la rate sont plus ou moins gorgés de sang. Le pancréas peut être le siége d'ecchymoses, suivant le même auteur.

Le cerveau est ordinairement plus ou moins gorgé de sang. Ce sont principalement les vaisseaux qui rampent dans l'épaisseur des membranes, les veines plus particulièrement, qui présentent ce phénomène.

La peau peut offrir une teinte violacée plus ou moins marquée. Ce phénomène est partiel ou général : il arrive, par exemple, quelquefois qu'une main seule ou un pied est d'un violet foncé, tandis que la partie correspondante offre une coloration naturelle ; toutefois il est commun de voir les pieds et les jambes teints en violet à cause de la position du cadavre après la mort.

Suicide. — Suspension. — Lividités cadavériques dans les membres inférieurs. — Excoriations à la peau de l'une des cuisses. — Coloration violacée des pieds et des jambes.

Le 6 mai 1835....., nous nous sommes rendu à la Morgue à l'effet de procéder à l'examen et à l'ouverture du corps du nommé R..., trouvé suspendu à un arbre du bois de Vincennes.

R... est âgé d'environ cinquante-cinq ans. On observe à l'extérieur du corps les faits qui suivent : La figure ne porte pas l'empreinte de la souffrance ; l'air est hébété. La bouche n'est pas contournée convulsivement. Les dents sont rapprochées ; l'arcade dentaire inférieure est placée derrière la supérieure. La langue n'est pas mordue. On trouve, à la partie supérieure du cou, un sillon profond d'une ligne et demie de diamètre dans toute sa circonférence, excepté à droite, où il a trois lignes de largeur dans l'étendue d'un pouce à peu près, et où il présente deux dépressions qui paraissent offrir de l'analogie avec celles qui dépendent de l'existence d'un nœud à la partie correspondante de la corde. Ce sillon règne dans toute la circonférence du cou ; mais il est moins prononcé en arrière vers l'occipital qu'en avant ; appliqué en avant entre l'os hyoïde et le cartilage thyroïde, il remonte obliquement en arrière vers l'occiput. Les lèvres de ce sillon ne sont pas injectées. Le centre du sillon est parcheminé, et offre une teinte d'un brun rougeâtre à droite. On trouve à la hauteur du grand trochanter du côté droit une partie de la peau desséchée, parcheminée, sans injection de tissu, et de la largeur de dix lignes carrées en surface. Vers le côté de la cuisse gauche existent cinq traces d'excoriation légère de la peau avec une injection peu sensible, comme cela a lieu quand ce tissu vient à frapper un corps couvert d'aspérités.

La peau des jambes et du tiers inférieur des cuisses offre une couleur violacée. Cette coloration n'est autre chose qu'une lividité cadavérique, ce dont nous nous sommes assuré par des incisions pratiquées sur ces parties. Sous la peau se dessinent les veines superficielles de la jambe augmentées de volume, évidemment variqueuses ; *elles sont gorgées de sang.*

Dissection du sillon. — Immédiatement au-dessous de la peau et dans le tissu cellulaire, on trouve une trace argentine résultant de la pression exercée sur le tissu cellulaire. Il n'existe pas d'ecchymose dans le tissu cellulaire ou dans les muscles. L'os hyoïde, les cartilages du larynx et la trachée-artère n'offrent pas de fractures ou solutions de continuité. La membrane interne et la tunique moyenne des artères carotides ne sont pas coupées. Les vertèbres cervicales et les muscles profonds de la région supérieure du cou ne présentent pas de traces de fractures, de déchirure de ligaments, d'ecchymoses ou d'épanchements de sang. Les vaisseaux veineux du cerveau sont dans l'état normal. La substance cérébrale est piquetée ; la langue est légèrement rosée à sa base ; la membrane muqueuse du larynx et celle de la trachée-artère sont blanches. Il n'existe pas dans ces conduits d'écume sanguinolente ; les poumons sont peu gorgés de sang, cependant leur tissu en contient une plus grande quantité en arrière et à leur base qu'en avant et au sommet. Il y a autant de sang dans les cavités gauches du cœur qu'à droite. Celui des cavités gauches est plus épais que celui des cavités droites.

L'estomac est vide ; les intestins n'offrent rien de particulier. La rate, les reins, la vessie, sont dans l'état normal. Il n'existe pas, dans l'épaisseur des muscles des membres et du tronc, d'ecchymoses ni d'autres traces de violence. La chemise que portait R... offre dans la partie correspondante au pénis *une large tache d'un blanc grisâtre, ondulée à la circonférence*, et dont la couleur est plus foncée à son pourtour qu'au centre. Cette tache présente une surface de deux pouces carrés. Le tissu est empesé d'une manière très marquée. En comprimant la verge, on fait sortir du canal de l'urètre un liquide filant, légèrement opalin, et dont l'odeur a quelque analogie avec celle du sperme.

Conclusion. — 1° Il n'est pas certain que la mort ait été le fait nécessaire de la suspension pendant la vie. Cependant, l'absence de toute violence tant à l'extérieur qu'à l'intérieur du corps, l'application d'un lien au cou, l'existence des lividités cadavériques aux jambes, celle d'une tache d'apparence spermatique à la chemise, établissent des présomptions sur la suspension pendant la vie.

2° Les mêmes circonstances portent à penser que la suspension a été le fait d'un suicide.

Les doigts sont fréquemment fléchis ; chez quelques pendus, la flexion a été tellement convulsive que les ongles se sont enfoncés dans la peau de la paume des mains, et y ont laissé une marque très profonde, qui dessine exactement leur forme.

VALEUR DES PHÉNOMÈNES QUE PRÉSENTE L'ÉTAT DU CADAVRE, POUR SERVIR A FAIRE
CONNAÎTRE QUE LA SUSPENSION A EU LIEU PENDANT LA VIE.

Pour qu'un signe puisse prouver que la suspension a eu lieu pendant la vie, il faut que sa formation entraîne avec elle l'idée d'un phénomène vital. Il faut, de plus, que ce phénomène n'ap-

partienne qu'à la suspension , et enfin qu'il soit constant, pour
parvenir à prouver, *dans tous les cas*, que la mort est bien le fait
de la suspension. Mais nous sommes loin de posséder encore un
caractère d'une telle valeur : aussi est - il important d'apprécier
les altérations que nous venons de décrire; de voir jusqu'à quel
point leur valeur isolée peut nous être utile, et aussi dans quelles
circonstances nous pouvons résoudre la question qui nous occupe,
si au lieu de prendre isolément un des caractères de la suspension , nous groupons quelques uns d'entre eux pour examiner
leur valeur d'ensemble.

Toutes les fois que la peau présente des taches violacées bien
isolées, limitées, bien franches, ou une coloration rosée dans des
points non déclives du cadavre, ou qui, placée dans un point
déclive, a des limites tout à fait nettes et tranchées, et ne se perd
pas insensiblement avec la couleur du reste de la peau , comme
cela a lieu pour les lividités cadavériques, c'est une forte raison
de croire que la mort a eu lieu par asphyxie ; mais ce phénomène,
qui est vital, appartient à toutes les asphyxies. Il en est de même
de la coloration de la face et des oreilles. Mais si, à ces phénomènes généraux de la coloration de la peau, qui dénote une mort
par asphyxie, vient se joindre la coloration de la face coïncidant
avec l'existence d'un sillon qui dénote l'application d'un lien
autour du cou, avec injection marquée de la lèvre inférieure
de ce sillon, on peut alors établir de plus fortes présomptions
pour la suspension pendant la vie, si ce n'est même une certitude; car il est impossible de produire cet ensemble de phénomènes après la mort. Reste cependant le cas où l'on aurait fait
périr par asphyxie un individu en lui comprimant avec les mains
la trachée-artère et que l'on aurait pendu ensuite; mais alors où
serait l'erreur? Dans les deux cas , la mort serait le fait de l'asphyxie par strangulation ou par suspension. — La présence de
la langue hors de la bouche est un phénomène qui peut être ca-.
davérique; il peut se présenter chez quelques noyés. Il manque
chez plusieurs pendus; mais ce signe de suspension acquiert plus
de valeur, alors que la langue est *mordue, serrée entre les dents,*
violacée par étranglement en avant, pâle et décolorée en arrière de
la partie étranglée, et portant l'empreinte des dents qui l'ont
comprimée. — L'état d'injection de la base de la langue, de
la muqueuse qui tapisse l'épiglotte, le larynx et la trachée-
artère, sont des phénomènes d'asphyxie qui n'acquièrent d'im-

portance, quoique phénomènes vitaux, qu'autant qu'ils coïncident comme la face avec l'application d'un lien, et surtout avec l'engorgement des poumons. — Nous en dirons autant de la présence d'une plus grande quantité de sang dans les cavités droites du cœur que dans les cavités gauches, et aussi de l'engorgement des veines caves.

Examinons principalement les phénomènes matériels de l'application du lien. La présence d'un sillon au cou indique qu'une pression forte s'est exercée d'une manière continue sur cette partie; les colorations blanche ou brune de la surface intérieure du sillon sont des phénomènes que l'on peut produire sur un *cadavre* comme sur un *individu vivant;* en est-il de même de l'injection ou de la coloration violacée des lèvres du sillon? Il résulte d'expériences que j'ai faites à ce sujet, que si l'on applique le lien immédiatement ou peu de temps après la mort, ce phénomène se montre comme s'il avait été appliqué pendant la vie; mais qu'il ne se produit pas si plusieurs heures se sont écoulées, à moins que la peau du cou ne présente, avant l'application du lien, cette coloration qui est propre à la mort par asphyxie. On doit donc attacher une certaine valeur à son existence, puisqu'il est le plus souvent un phénomène coïncidant avec la vie. Ajoutons qu'il est très rare de voir se produire après la mort l'injection de la lèvre inférieure du sillon. M. Orfila a fait des expériences analogues aux nôtres; mais il ne donne aucun détail particulier à ce sujet; il établit en thèse générale que l'on obtient les mêmes phénomènes extérieurs que ceux que l'on peut observer dans la suspension pendant la vie. — La ligne argentine ou la ligne du tissu cellulaire desséché ne prouve rien autre chose que l'application d'un lien, c'est un phénomène purement mécanique; mais si l'on avait étranglé un individu avec une corde et qu'on lui eût fait, après la mort, une plaie au cou ou dans la région du cœur, en laissant auprès de lui ou plaçant même dans sa main droite l'instrument qui aurait servi à faire la blessure, de manière à simuler un suicide, la trace d'un lien deviendrait un indice puissant de strangulation qui pourrait éclaircir la question d'homicide, en mettant cette empreinte d'un lien en regard de blessures qui, par cela même qu'elles auraient été faites après la mort par étranglement, n'auraient pas donné lieu à un écoulement de sang en rapport avec leur importance.

Il n'en est pas de même des excoriations *sanglantes* de la peau et des *ecchymoses* dans le tissu cellulaire sous-cutané ou dans l'épaisseur des muscles du cou ; ces phénomènes entraînent avec eux l'idée de vie ; ils ne peuvent être que l'effet du lien, s'ils se rencontrent dans sa direction, ou celui d'une pression forte exercée sur le cou. Il est impossible de les produire sur le cadavre ; mais ils ne se rencontrent pas fréquemment, et ils sont extrêmement rares dans les cas de suicide. Ils coïncident heureusement plutôt avec l'homicide qu'avec le suicide ; à plus forte raison lorsqu'il s'agit de la fracture de l'os hyoïde ou de celle des cartilages thyroïde ou cricoïde, Mais comme ces fractures pourraient aussi bien être produites après la mort que pendant la vie, il faut qu'elles portent le cachet *d'un phénomène vital*, alors qu'elles existent, et ce phénomène consiste dans *les ecchymoses* qui les accompagnent et qui avoisinent leurs fragments (il est bien entendu que par ecchymose nous entendons une infiltration de sang coagulé dans le tissu cellulaire). Tel serait aussi le cas où l'on observerait de pareils désordres du côté de la colonne vertébrale : fractures de vertèbres, déchirures de ligaments, luxation et infiltrations sanguines de la colonne vertébrale, et déchirure de la moelle, tous phénomènes qui entraînent avec eux l'idée de suspension pendant la vie, *alors qu'ils sont accompagnés d'ecchymoses et d'épanchements de sang coagulé.*

Il était important de savoir si la section de la tunique interne et de la tunique moyenne des artères carotides primitives entraînait avec elle l'idée de vie ; pour cela il nous fallait rechercher si l'on pouvait l'opérer sur les cadavres, soit en les suspendant avec des cordes de diverses grosseurs, soit en exerçant sur le cou les efforts les plus grands de constriction. J'ai fait ces expériences en 1829 sur plus de douze sujets, et quoique j'eusse agi sur des cadavres de vieillards chez lesquels la rupture des artères est plus facile, je n'ai jamais pu opérer une section complète des membranes artérielles. Ces expériences opérées longtemps après la mort ne nous satisfaisant pas encore, nous avons cherché à nous rapprocher le plus possible de l'état de vie. A cet effet, nous avons engagé M. Lenoir, alors interne à la Salpêtrière, à suspendre des individus peu de temps après la mort. Le cadavre d'une femme qui avait succombé à l'aliénation mentale a été suspendu à l'aide d'une corde assez fine, aussitôt que l'on a pu acquérir la certitude de sa mort. Le corps avait été élevé à deux

pieds au-dessus de terre et un nœud très coulant avait été fait à
la corde; on a même exercé des tractions sur les pieds afin de
rendre la constriction du cou plus grande. Au moment où ces
tractions étaient faites, la corde cassa et le cadavre tomba la face
contre terre; le nez et la pommette gauche supportèrent le choc
le plus fort; on vit, avec surprise, une quantité notable de sang
s'écouler du nez comme lorsqu'une personne saigne à cette
partie. La rapidité avec laquelle le sang s'écoula fut telle,
qu'ayant relevé la partie supérieure du tronc pour porter le corps
dans un autre point de l'amphithéâtre, le sang forma sur le carreau une trace de gouttelettes très rapprochées. On a évalué à
près d'un quart de verre la quantité de sang perdu. La pommette gauche devint en même temps le siége d'une ecchymose
assez considérable. Une petite plaie fut faite sur le dos du nez,
mais elle saigna fort peu. L'examen de l'ecchymose nous offrit
une infiltration sanguine d'une partie assez considérable du tissu
cellulaire sous-cutané, recouvrant toute l'étendue de la pommette et s'étendant jusqu'à l'os. — On avait suspendu de nouveau
le cadavre et on l'avait laissé pendant quatre heures dans cette
position; les artères furent trouvées tout à fait intactes. On obtint le même résultat après la suspension du corps d'une folle
âgée de trente ans. — Enfin, nous appliquâmes autour du cou
d'une vieille femme, morte depuis deux heures, un lien que
nous serrâmes aussi fortement que possible. La constriction du
cou était telle que cette partie était réduite à un volume extrêmement petit dans le point d'application du lien. Aucune section
d'artère ne s'effectua. — Ce signe est donc le plus concluant de
la suspension pendant la vie.

Depuis mes expériences, M. Malle a cru devoir répéter ces essais
sur une grande échelle, et dans quatre-vingt-deux cas de suspension ou de constriction du cou par des liens, il n'a pu produire que *deux fois* la rupture des artères sur le cadavre, mais à
l'aide de liens *très serrés* appliqués entre le cartilage thyroïde et
le cartilage cricoïde.

A cette occasion, nous trouvons dans le *Traité de médecine
légale* de M. Orfila, p. 373, t. II, cette réflexion : « Ne doit-on
pas s'étonner, après ces considérations, que M. Devergie ait
attaché autant de valeur à la rupture des tuniques des artères
carotides, pour prétendre que ce signe est le plus concluant de
tous, lorsqu'il s'agit de reconnaître si la suspension a eu lieu

avant ou après la mort. » — D'abord, en fait de considérations, M. Orfila n'en fait valoir aucune. Ensuite, comment n'attacherions-nous pas une grande valeur à un signe que l'on ne peut produire qn'incomplétement que deux fois sur quatre-vingt-dix-sept essais sur le cadavre (82 de M. Malle, 15 de moi). Je dis incomplétement, car si, en serrant le cou aussi fortement, on finit par amener, deux fois sur quatre-vingt-dix-sept, la rupture, on ne donne pas lieu à *l'ecchymose qui l'accompagne* et qui est le cachet de la rupture pendant la vie. Or quel est le signe de suspension qui peut offrir plus de garantie? Malheureusement il est très rare. On doit donc être surpris que M. Orfila *s'étonne* de notre manière de voir.

L'existence de *taches de sperme* sur la chemise, réunies à la présence du *sperme dans l'urètre* et à la *congestion* des organes génitaux, constitue le dernier caractère de la suspension pendant la vie. A la vérité on a observé le même phénomène dans quelques cas d'affections traumatiques de la moelle. M. Klein a rapporté l'observation d'un suicidé qui, s'étant blessé mortellement d'un coup de feu à la tête, vécut pendant l'espace de vingt-deux heures, et chez lequel on trouva, après la mort, la verge en érection. Le collége royal de Breslau a eu à juger un cas semblable, dans lequel un coup de feu avait déchiré l'artère aorte descendante et les vaisseaux émulgents du côté gauche. Le cadavre a présenté des signes indubitables d'éjaculation. Mais du moment que cette affection manque, le caractère devient particulier à l'asphyxie par suspension ; il a donc la plus grande valeur. Ce caractère n'est pas toujours constant; et souvent aussi on prend pour des taches de sperme ce qui n'est autre chose que le fait d'un écoulement chronique ou d'un suintement muqueux ; c'est à l'expert à distinguer les deux cas pour y attacher de l'importance. Nous ne rentrerons pas dans une discussion nouvelle pour apprécier la valeur de ces faits. Les détails que nous avons produits à cet égard sont tout à fait suffisants.

Dans tous les paragraphes qui précèdent, nous avons pris chaque signe isolé, et nous en avons apprécié la valeur absolue. Mais qu'arriverait-il si, au lieu de les envisager isolément, on les groupait, et si on les rapprochait de la connaissance du lieu où la personne a été trouvée, de la manière dont elle était pendue, du genre de lien employé à la suspension; en un mot, de tous les renseignements que l'on fournit au médecin dans la majeure partie des cas qu'il est appelé à résoudre? Nous verrions alors que l'expert peut acquérir souvent la preuve que l'individu a été pendu vivant. Faisons d'abord une observation générale: c'est que tous les cas dans lesquels les signes sont les moins prononcés se rapportent au suicide, et qu'alors il existe des preuves morales qui sont souvent tellement convaincantes, que l'autopsie est pour ainsi dire un surcroît d'investigation. Il y a plus, les magistrats ne l'ordonnent même pas le plus souvent. La raison en est simple, c'est qu'un assassin fait rarement périr sa victime par ce genre de mort. Il faut, pour l'opérer, le concours de plusieurs personnes; c'est une opération longue, difficile à exécuter, parce que la personne aux jours de laquelle on attente offre toujours une résistance plus ou moins énergique, et que les désordres commis par la main des meurtriers sont d'autant plus grands que la résistance a été plus forte. Nous avouerons donc qu'il est des cas où l'état cadavérique sera tout à fait insuffisant pour constater que la suspension a eu lieu pendant la vie, mais ces cas seront presque toujours ceux du suicide. Dans les autres, il sera très commun de rencontrer l'un des cinq caractères qui, pris isolément, entraînent avec eux l'idée de suspension opérée pendant la vie : 1° L'ensemble des phénomènes qui prouvent que la mort a eu lieu par asphyxie; 2° l'existence d'excoriations ou d'ecchymoses à la peau ou dans l'épaisseur des muscles ; 3° la fracture de l'os hyoïde, de l'un des cartilages du larynx ou la rupture des ligaments intervertébraux; 4° l'éjaculation spermatique avec existence d'animalcules spermatiques dans l'urètre et congestion des organes génitaux ; 5° la section de l'artère carotide primitive.

Deuxième question. —- *La suspension a-t-elle été le fait du suicide ou de l'homicide?*

La solution de cette question ne peut être donnée que par le concours de deux ordres de preuves : 1° des preuves morales; 2° des preuves médicales. Les premières sont plutôt du ressort des magistrats que de celui des médecins; cependant elles sont souvent indispensables pour résoudre la question qui nous occupe. C'est surtout dans ces cas qu'il ne faut pas isoler l'examen de la personne encore pendue des altérations que l'ouverture du corps fait connaître. C'est assez dire que nous ne pouvons partager l'opinion de M. Orfila, qui regarde les preuves qu'on déduit de tout ce qui entoure le cadavre comme n'étant pas du ressort des médecins ; mais qui a un peu modifié son opinion à cet égard dans la dernière édition de son *Traité de médecine légale*. Au surplus, c'est la marche que nous avons suivie lors de l'examen du corps de Champion, dont les détails de l'expertise terminent ce chapitre. C'est parce que ce soin fut exclusivement laissé aux magistrats dans l'instruction du procès de Calas, que cet infortuné périt en 1761, par le supplice de la roue, en vertu d'un arrêt du parlement de Toulouse, comme coupable d'avoir assassiné son fils.

Ce jeune homme, âgé de vingt-huit ans, se pendit un soir par le moyen d'une corde attachée à un billot placé entre les deux battants de la porte qui communiquait de la boutique de son père au magasin.

Les parents s'aperçurent trop tard de cet événement ; ils s'empressèrent d'ôter le cordon attaché au cou de leur fils, et le cadavre fut porté à l'hôtel de ville. Le lendemain le corps fut visité par un médecin et par un chirurgien, qui, sans se faire représenter la corde et sans se transporter sur les lieux où l'événement s'était passé, décidèrent purement et simplement que le jeune Calas avait été étranglé. Le père fut, en conséquence, condamné à mort et exécuté. Cependant rien n'indiquait l'assassinat, et tout concourait au contraire à prouver le suicide. Aussi l'innocence du malheureux Calas fut reconnue par le grand conseil, et sa mémoire réhabilitée par un jugement définitif du 9 mars 1765. (Trébuchet, *ouv. cité*, p. 13.)

Quelle est la longueur de la corde qui suspend l'individu ? Fait-elle plusieurs tours sur le cou ? Existe-t-il du désordre dans les vêtements, dans les meubles, le lit, ou autres objets qui environnent le cadavre ? Auprès de lui trouve-t-on des chaises ou fauteuils sur lesquels il a dû monter pour se pendre en cas de suicide ? Était-il dans la possibilité de se suspendre au lieu où il a été trouvé ? Porte-t-il à l'extérieur des traces de violences exercées sur lui ? La figure exprime-t-elle la souffrance d'une mort violente ? Rencontre-t-on des ecchymoses, fractures ou luxations de quelques os ou de vertèbres ; et surtout la mort ne serait-elle pas due à une cause autre qu'à l'asphyxie par suspension ? N'observerait-on pas sur le cou des traces de pressions autres que celles opérées par le lien, ou des traces parcheminées

dans des points où le lien n'aurait pas pu exercer son action?
C'est probablement ce qui devait avoir lieu dans le cas rapporté
par le professeur Remer : « En décembre 1825, on trouva pendu,
à Neisse, en Silésie, le cadavre d'un fabricant de tabac ; l'examen n'ayant rien fait découvrir qui pût faire conjecturer un
meurtre, la mort fut déclarée être le résultat d'un suicide. Cependant la police vigilante et active de cette ville ne crut pas devoir perdre cet événement de vue, et parvint, par des recherches
soigneuses, à obtenir de la veuve l'aveu que la veille du jour où
le corps fut découvert, elle avait, aidée de son amant, étranglé
son mari vers le soir, et qu'ils avaient ensuite pendu le corps. »
— Les désordres remarqués sont-ils en rapport avec le mode de
suspension qui a été employé? — N'existerait-il pas sur le corps
ou dans les organes des indices d'une tentative antérieure du suicide, comme cela a eu lieu dans l'exemple suivant?

*Suspension à un arbre. — Tentative précédente d'empoisonnement
au moyen du plâtre gâché.—Constriction très forte de la langue.
— Situation du lien sur le cartilage thyroïde.*

Chi..., âgé de trente-deux ans, batteur de ciment, apporté à la Morgue
le lundi 27 avril 1829, trouvé pendu à un arbre dans le bois de Boulogne
le 26 dudit mois.

État extérieur du cadavre, le 27 avril, jour de l'arrivée. — La face
est comme celle d'une personne qui fait effort pour aller à la selle ; mais
elle n'offre cependant point de coloration ; un sillon de l'épaisseur du petit
doigt environ se remarque sur le cou ; la chemise de cet homme présente
une ou deux taches semblables à celles du sperme ; du reste, le cadavre
n'offre aucun commencement de putréfaction.

1er mai, jour de l'ouverture. — La face est rouge, et paraît beaucoup
plus injectée qu'au jour de l'arrivée ; les yeux sont fermés ainsi que la
bouche : lorsque l'on écarte les lèvres, on voit le bout de la langue comprimé et serré entre les arcades dentaires, et les dents incisives et canines
sont entrées dans le tissu même de la langue, et ont déchiré sa membrane
muqueuse ; une petite quantité de sang s'écoule par la bouche et les narines ; tout le système veineux de la face paraît injecté. Le sillon du cou
offre les caractères suivants : sa largeur est de deux lignes et demie environ ; appliqué sur le milieu du cartilage thyroïde, il se dirige obliquement
de bas en haut, et d'avant en arrière, de chaque côté du cou, passe au-
devant du sterno-cléido-mastoïdien, et va rejoindre la partie postérieure
du cou, où il laisse la peau sans empreinte dans l'étendue d'un pouce environ. Le tissu cutané, sur lequel ce sillon a été pratiqué, est de couleur
brune antérieurement, sans injection environnante ; seulement le tissu
cellulaire sous-jacent est plus dense que dans l'état naturel, et constitue
une légère trace argentine. Sur le côté gauche, la peau est un peu jaunâtre ; même trace argentine ; impression assez prononcée au sterno-mastoïdien de ce côté, et la couleur du tissu de ce muscle est d'un rouge plus
foncé que dans l'état naturel ; du côté droit, l'impression du sillon, aussi

prononcée que du côté gauche, offre de plus au-dessus et au-dessous du sillon, dans la longueur de près de deux pouces, une injection marquée de la peau, ce qui forme une petite bordure rosée sur les côtés du sillon ; en arrière, le tissu de la peau n'est nullement altéré. Le tissu cellulaire du cou et presque tous les muscles de cette région offrent leur consistance et leur couleur naturelles ; tous les vaisseaux superficiels sont gorgés de sang noir ; l'arrière-bouche contient une quantité notable d'aliments non digérés ; la base de la langue est un peu rouge ; sa muqueuse, incisée à cet endroit, paraît fort injectée, mais son injection ne se continue pas au delà de l'épaisseur de la membrane. Le larynx et la trachée-artère sont blancs à l'extérieur. L'impression de la corde n'est point marquée sur le cartilage thyroïde ; la muqueuse du larynx et de la trachée est d'un rouge noirâtre, particulièrement à la paroi postérieure. Il existe dans l'arrière-bouche, dans le larynx et dans la trachée-artère, plusieurs portions d'aliments non digérés et mêlés à une bouillie blanchâtre. Les veines jugulaires et sous-clavières sont gorgées de sang noir ; les carotides conservent leur couleur naturelle à l'extérieur, et leur intérieur ne contient presque pas de sang. Ces artères sont d'un très petit calibre, et leurs tuniques interne et moyenne ne sont nullement altérées par l'impression de la corde.

Thorax. — Les poumons sont crépitants, et recouvrent un peu le péricarde ; leur couleur est gris ardoisé à l'extérieur. Lorsqu'on les incise, on voit que leur tissu est rouge, parsemé de petites concrétions calcaires ; si l'on comprime ces organes, il sort des veines qui les traversent des gouttelettes de sang noir. Le péricarde a conservé sa teinte naturelle. — *Cœur.* Il n'est pas très volumineux ; les cavités droites sont remplies de sang noir et très fluide ; le ventricule gauche en est entièrement dépourvu, il en existe seulement un peu dans l'aorte.

Abdomen. — L'estomac est très ample ; sa face externe est blanche, son intérieur est rempli d'une grande quantité d'aliments, constituant une bouillie blanchâtre, peu épaisse, et au milieu de laquelle se trouvent deux morceaux de plâtre, l'un du volume d'une grosse poire, et l'autre de la grosseur d'une noix. (Il est probable que cet homme, avant de se pendre, aura cherché à s'empoisonner en avalant du plâtre gâché ; le peuple regarde le plâtre comme un poison.) La muqueuse de l'estomac est peu rouge, et ne paraît point sensiblement altérée. Les intestins n'offrent à l'extérieur rien de remarquable ; lorsqu'on les incise, on y retrouve d'autres petits morceaux de plâtre de la grosseur d'une noisette ; l'arc du côlon en contient aussi un assez gros morceau. Le foie est dans l'état sain ; les veines qui le parcourent sont gorgées de sang ; le tissu de la rate et des reins est rouge. La vessie renferme un peu d'urine claire, et les parois de cette poche sont sans altération. Rien de remarquable au cerveau.

Il faudra toujours, dans l'appréciation du fait, partir de cette donnée, que la suspension par suicide n'amène pas d'altération de tissu bien notable, dans les quatre-vingt-dix-neuf centièmes des cas ; que, par conséquent, la présence de ces altérations établit de fortes présomptions d'homicide ; mais la suspension est encore, dans beaucoup de circonstances, l'écueil de la médecine légale. L'affaire du prince de Condé en est une preuve. Certes les faits de suspension qui s'y rattachent peuvent être interprétés aussi bien dans un sens que dans un autre, et la plus forte raison qui limite en faveur du suicide, c'est la lettre écrite de sa main, dont on a pu rassembler les morceaux.

On s'est demandé si un homme pouvait abaisser la branche d'un arbre, attacher à cette branche une corde qu'il aurait primitivement fixée autour de son cou, et se laisser enlever par la force d'élasticité de la branche. M. Remer regarde le fait comme impossible, parce que, dit-il avec raison, un homme qui exerce une traction au moyen des bras élevés au-dessus de la tête, ne peut agir que par une force représentée par le poids du corps. Si cette force est suffisante pour abaisser la branche d'arbre, elle sera suffisante aussi pour la maintenir abaissée. Quelque juste que soit ce raisonnement, il ne donne pas une solution complète de la question. Il faut ici distinguer deux cas, et dire : Oui, un homme peut se pendre à une branche d'arbre qu'il aura abaissée, *mais alors ses pieds toucheront encore le sol après la suspension.* Non, un homme ne peut pas se pendre à une branche d'arbre qu'il aura abaissée, et *être ensuite enlevé par elle au-dessus de terre.*

Plusieurs auteurs ont attaché avec raison une grande importance à la situation de la corde. Sans admettre, avec Fodéré, que dans les cas où elle est placée à la partie inférieure du cou, elle est un indice non équivoque d'assassinat, nous ferons remarquer que cette situation établit de fortes présomptions de ce crime. Il en est de même de la direction tout à fait circulaire du sillon ; elle est plutôt le propre de l'homicide que du suicide. Nous avons encore récemment observé le fait suivant, qui vient à l'appui de cette assertion. Un homme s'était pendu à un clou qu'il avait fiché dans un arbre au bois de Boulogne ; un pouce et demi de peau avait seul échappé à la compression de la corde, en sorte que le sillon était presque entièrement circulaire, ce qui prouve que le nœud coulant qui avait été fait avait glissé facilement ; mais quoique cet homme se fût pendu de côté, le sillon offrait une obliquité très marquée. — Lorsque la luxation de la colonne vertébrale existe, elle devient un indice puissant d'homicide. Personne n'ignore que des meurtriers peuvent connaître la manœuvre nécessaire pour opérer la mort de cette manière, car ce fut un scélérat de ce genre qui fournit au célèbre Coccaji la première idée de proposer à Frédéric le Grand et d'obtenir de ce monarque l'abolition de la torture.

Si jusqu'alors nous avons peu parlé de la strangulation, c'est que les phénomènes qu'elle présente se confondent, dans le plus grand nombre des cas, avec la suspension. Fleichmann a donné, pour ainsi dire, la mesure de la pression qu'il est nécessaire d'exercer sur le cou pour opérer la strangulation ; il a expérimenté cette pression sur lui-même. Il a vu qu'il suffisait qu'elle fût très modérée, en sorte que la strangulation peut aussi être le fait du suicide. L'observation communiquée par M. Villeneuve à l'Académie prouve cette dernière proposition d'une manière indubitable. Un mélancolique se serre fortement le cou avec deux cravates, dont l'une fait trois fois le tour du cou, et offre trois nœuds sans rosette correspondant à l'épaule droite, et dont l'autre ne fait que deux tours, et se trouve fixée par-devant à l'aide de deux nœuds sans rosette. Cet homme est trouvé mort dans sa chambre, les extrémités inférieures en travers de son lit, le reste du corps penché en dehors, la tête appuyée sur le sol et à la renverse, la face tournée en haut. Le visage est fortement tuméfié ; une grande quantité de sang s'est écoulée par le nez. Ces cravates, fortement appliquées sur le cou, y ont laissé une dépression ; la peau est livide sous ces dépressions, et au contraire violette dans leur intervalle. Il fut bien reconnu que la strangulation avait été le fait d'un suicide (Orfila, *Traité de médecine*, t. II, p. 380).

Ce genre de mort est rarement employé pour consommer un suicide, et lorsqu'il est mis en usage dans le cas d'homicide, il laisse alors presque constamment des traces très fortes de violence, attendu que les assassins ne ménagent pas la constriction. Cependant l'exemple que nous venons de citer prouve que le suicide est possible de cette manière. Le professeur Remer a aussi observé un fait du même genre. M. Saint-Amant, de Meaux, en a inséré un de même espèce dans le tome II des *Annales d'hygiène*. Il s'agit d'une femme qui fut trouvée couchée à plat-ventre sur son lit, une jarretière de laine faisant deux tours au cou et arrêtée par deux nœuds simples en avant. L'ensemble des circonstances de la mort et les dépositions des témoins prouvèrent qu'il s'agissait d'un suicide. Voici un autre fait publié par M. Rendu dans les *Annales d'hygiène et de méd. lég.*, t. X, p. 152, et qui ne peut pas laisser subsister de doute à cet égard.

*Suicide par strangulation sans altérations propres à démontrer que
la suspension avait eu lieu pendant la vie.*

Alexis Thérèse, âgée de quarante-cinq ans, avait, depuis l'âge de dix
ans, cherché plusieurs fois à se détruire, et était sujette à des accès de
folie : « C'est mon châle, voilà mon châle, » disait-elle en voyant des personnes couvertes de ce vêtement : et lorsqu'elle entendait le tambour,
c'était, suivant elle, la vertu des filles que l'on rappelait. Deux circonstances, dont elle était très affectée, contribuaient, sans doute, à exaspérer
son état mental. Elle n'avait, depuis son enfance, que les dernières phalanges de la main droite ; de plus une rétraction de l'aponévrose palmaire
existant du même côté, faible pour les preimers doigts, très forte pour
l'auriculaire, réduisait à peu de chose les services que pouvait lui rendre
sa main droite, et plusieurs fois, elle avait été refusée par des personnes
auxquelles elle s'était offerte comme domestique. Pendant les jours gras
de 1833, son état s'exaspéra, et, les fêtes passées, elle s'enfuit de la maison où elle servait comme domestique, pour aller, dans les plaines de
Saint-Denis, s'enterrer dans du fumier. Un charretier, venant charger sa
voiture, la trouva presque étouffée, et tourmentée d'une soif horrible
qu'elle satisfit en buvant l'eau bourbeuse d'un fossé. Ramenée à Paris,
elle fut conduite chez des personnes de son pays avec lesquelles elle resta,
jusqu'à ce que, prise d'une fièvre intermittente quotidienne, elle se décida, quatre jours après l'invasion de la maladie, à se rendre à l'Hôtel-
Dieu, où elle fut reçue le 15 mars. Le même jour, à midi, elle eut son
accès qui commença par du frisson, et le soir à quatre heures elle était
encore dans la période de sueur. Dans la nuit du 15 au 16, elle fut tran-
quille ; un bouillon qu'elle demandait lui fut donné, et à cinq heures du
matin, la veilleuse, passant près d'elle, la trouva fortement penchée sur
le côté gauche du lit. Craignant que Thérèse ne tombât, l'infirmière voulut la relever. Thérèse ne respirait plus, elle avait le cou serré par un
fichu plié en cravate. Un premier tour, très serré, avait été formé en ramenant le mouchoir d'arrière en avant ; un nœud simple avait été fait, et
les deux chefs de la cravate ayant été portés d'avant en arrière, avaient
servi à faire un second tour, arrêté également par un nœud simple. Les
conjonctives et les paupières étaient fortement injectées et œdémateuses.
Une ecchymose s'observait à la partie antérieure et un peu latérale gauche
du cou.

Il ne peut exister, à l'occasion de ce fait, absolument aucune suspicion
d'homicide, et cependant Thérèse était tellement estropiée qu'elle pouvait
à peine se servir de la main droite. Si, au lieu de se suicider dans une salle
de malades, Thérèse eût exécuté son funeste dessein dans un lieu solitaire,
quelle forte présomption n'eût pas résulté de l'état de la main pour faire
supposer un assassinat ! On voit ce qu'aurait eu de valeur une semblable
présomption.

Nous terminerons ce chapitre par deux rapports, l'un de Chaussier, l'autre que nous avons fait en commun avec MM. Orfila et
Ollivier, à l'occasion du suicide de Champion, assassin du roi
Louis-Philippe ; ils peuvent servir à la fois de guide et de modèle
dans la conduite qu'un médecin doit tenir lorsqu'il est appelé à
faire une expertise en matière de suspension.

*Rapport de Chaussier, pour constater l'assassinat d'une femme
trouvée pendue à un arbre.*   .

Nous soussigné..... conformément à l'ordonnance de M. le juge de paix
de..... nous sommes rendu cejourd'hui, 11 octobre 1811, sur les onze
heures du matin, au domicile du nommé L....., où nous avons trouvé
M. le juge de paix avec son greffier, qui nous a dit qu'ayant été informé
hier soir que l'on avait trouvé la femme Col. ... pendue à un arbre dans
le clos attenant à sa maison, il nous avait mandé pour examiner conjointement le corps de cette femme, constater le genre de mort, et en faire
notre rapport.

Après avoir prêté, entre les mains de M. le juge de paix, le serment
requis, nous avons été conduit dans le clos, et nous avons trouvé, à une
extrémité dudit clos, à cent vingt pas de la porte d'entrée, une femme
vêtue de ses habits, grosse, grasse, qui nous a paru âgée d'environ
soixante ans, et qui était suspendue par une sorte de mouchoir, passant
sous la mâchoire inférieure, et noué sur une branche d'un gros pommier.

Nous avons remarqué :

Que le tronc de cet arbre, mesuré à la moitié de sa hauteur, avait de
circonférence trente-trois pouces ;

Qu'il ne se divisait en deux branches qu'à la hauteur de six pieds ;

Qu'il y avait sur le terrain une espèce de grosse et lourde échelle,
longue de sept pieds, composée de deux jumelles carrées, épaisses, assem-
blées par de longs et forts fuseaux, et qui avait évidemment servi de râ-
telier dans une écurie de chevaux.

La distance de cette sorte d'échelle au pied de l'arbre était de quatre
pieds ; et après avoir fait planter dans le sol deux pieux pour marquer
là position et la distance de l'échelle, nous avons vu qu'en partant de ce
point et la relevant, elle ne parvenait contre le tronc de l'arbre qu'à peu
près à la moitié de sa hauteur.

Considérant ensuite la position du corps suspendu, nous avons trouvé
que le point de suspension à la branche de l'arbre était élevé de huit
pieds sept pouces au-dessus du sol, qu'il était éloigné de trois pieds
six pouces du centre au milieu de l'arbre ; que le dos du cadavre répondait au centre de l'arbre ; que la tête était peu fléchie en devant ; les
bras pendants, les mains à demi fermées, la pointe des pieds inclinée
en bas, et les talons élevés de deux pieds six à sept pouces au-dessus
du sol.

Ayant ensuite, l'un après l'autre, monté sur l'arbre, nous n'avons pu
atteindre le point de suspension qu'avec peine, et en nous penchant beaucoup sur la branche. Nous avons aussi remarqué que l'écorce de la partie
supérieure de cette branche était lisse et même un peu éraillée dans l'é-
tendue de onze pouces, tandis qu'au delà du point de suspension, elle
était rugueuse et couverte de lichens.

Après ces premières observations, nous avons, du consentement de
M. le juge de paix, fait couper avec une scie à main la branche de l'arbre,
un peu au delà du point de suspension ; puis, en soulevant et soutenant
le cadavre, on a fait glisser l'anse du mouchoir qui le tenait suspendu,
et on l'a transporté dans une chambre de la maison pour en faire l'examen
ultérieur.

Là nous avons fait déshabiller le cadavre, et nous avons remarqué sur
la tête un bonnet de toile propre, blanche de lessive, et qui, sur le côté
gauche et postérieur, avait quelques taches de sang ; sur le cou un fichu,

sur le corps une camisole et deux jupes de laine, dont l'extérieure était mouillée dans sa partie inférieure et surtout au devant ; les bas qui couvraient les jambes étaient aussi humides depuis le milieu de la jambe jusqu'au pied, et cette humidité n'avait aucune odeur et ne dépendait pas d'un écoulement de l'urine ; la chemise était très propre et sèche ; l'empeigne et les semelles des souliers étaient propres, sans boue, leur pointe un peu rougeâtre, et l'on apercevait en divers endroits des brins d'her es fraîches. L'anse qui avait servi à la suspension du corps était formée par un mouchoir inégalement roulé sur sa longueur, et dont les deux extrémités étaient réunies par un double nœud bien serré. En déroulant le mouchoir, nous avons vu, en différents endroits, quelques taches de sang ; nous avons vu aussi que le mouchoir avait été coupé d'une manière fort inégale, et comme par hochet, en deux portions, qui avaient été ensuite réunies par un nœud fort serré ; et ce nœud, ainsi que les taches de sang, se trouvait caché au milieu des plis roulés qui formaient l'anse de suspension.

Enfin, après ces diverses observations, nous avons examiné successivement toutes les parties du corps, et nous avons reconnu ce qui suit :

I. La face pâle, un peu jaunâtre, sans tuméfaction ; les paupières molles, à demi ouvertes, sans gonflement ni altération de couleur ; les yeux enfoncés, affaissés, ternes et couverts d'une couche muqueuse ; les oreilles pâles et molles dans toute leur étendue ; les lèvres sèches, un peu brunâtres sur leurs bords, mais sans gonflement, et pâles à leur face interne ; les mâchoires rapprochées et serrées ; la langue ne dépassait pas le contour alvéolaire, mais avait seulement ses bords un peu engagés entre les deux mâchoires, en devant et sur les côtés, dans les endroits où manquaient les dents ; les bords de la langue étaient rougeâtres : enfin il n'y avait, ni aux narines, ni à la bouche, aucune mucosité écumeuse ou sanguinolente.

II. Sur le cou, dans l'endroit où était l'anse de suspension, une dépression ou enfoncement demi-circulaire, qui, de la partie moyenne de l'os hyoïde, s'étendait sous le menton, avait dans cet endroit un peu plus d'un pouce, et de. là montait obliquement derrière chaque oreille, et se perdait un peu au-dessus des apophyses mastoïdes. La surface de cette dépression présentait ainsi quelques lignes saillantes, inégales, d'une teinte légèrement violacée sur leurs bords ; et ces lignes, qui correspondaient aux enfoncements formés par les plis du mouchoir, se perdaient insensiblement sur les côtés.

III. Sur la partie inférieure du cou, un peu au-dessus de la clavicule gauche, on voyait une excoriation rougeâtre, ovale, longue d'à peu près quinze lignes et large de cinq.

IV. La poitrine et l'abdomen ne présentaient aucune apparence de lésion. En devant, et sur le côté gauche, la peau présentait sa couleur naturelle ; en arrière, sur le côté droit, on y remarquait une légère lividité ou teinte violacée, inégalement diffuse, mais bornée à la superficie de la peau, comme nous nous en sommes assuré par de légères incisions.

V. Les pieds, les mains, ainsi que les membres dans toute leur étendue, étaient pâles et sans lividité ; seulement nous avons remarqué, à la face sus-palmaire ou externe de la deuxième phalange du doigt annulaire de la main gauche, une petite plaie transversale d'environ cinq lignes, bornée à l'épaisseur de la peau, évidemment récente, et faite par un instrument tranchant.

VI. Passant ensuite à l'examen des organes intérieurs. après avoir coupé les cheveux, nous avons trouvé à la région occipitale, un peu à gauche, une tumeur molle, peu saillante, sans changement de couleur à la peau, ayant près de deux pouces de diamètre ; et par la dissection, nous avons reconnu : 1° que cette tumeur était formée par du sang coagulé et épanché dans le tissu sous-cutané ; 2° qu'il y avait à la partie correspondante de l'os occipital une fracture commençant au bord de la suture occipitale et se dirigeant obliquement en bas et en dedans, dans une étendue de deux pouces trois ou quatre lignes ; 3° ayant ensuite scié le crâne avec précaution, nous avons trouvé, à l'extrémité postérieure du lobe gauche du cerveau et sur le cervelet, du sang en grande partie coagulé, dont nous évaluons la quantité à deux onces. Les autres parties du cerveau ne nous ont présenté aucune autre altération perceptible.

VII. A l'ouverture du thorax, nous avons trouvé les poumons mous, légèrement engorgés, et d'une couleur brunâtre, spécialement à leur partie postérieure latérale droite. Le cœur était mou, et ses cavités droites remplies de sang noir presque entièrement fluide.

VIII. La dissection du cou ne nous a présenté sous le menton, dans l'endroit où était placée l'anse de suspension, aucune ecchymose, aucun engorgement dans le tissu ou les interstices des muscles. Mais nous avons vu à la partie inférieure du cou, un peu au-dessus des clavicules et aux côtés de la trachée-artère, deux ecchymoses profondes, l'une à droite, longue de trois à neuf lignes ; l'autre à gauche, située sous l'excoriation indiquée art. III, ayant seize à dix-huit lignes, et s'étendant un peu sur le côté de la trachée-artère.

IX. A l'ouverture de la bouche, nous avons trouvé la langue molle, rougeâtre, sans gonflement, et il n'y avait dans la bouche aucune mucosité sanguinolente et écumeuse.

X. Les viscères de l'abdomen ne présentaient aucune altération.

Conclusions.

En rapprochant les diverses observations que nous ont fournies la visite du corps et l'examen du local dans lequel on l'a trouvé suspendu, il résulte :

1° Que la mort de la femme Col...... ne peut pas être regardée comme un suicide, parce que, d'après la disposition du local et l'espèce d'échelle qui s'y est trouvée, on ne pouvait parvenir au point de suspension où était son corps ; ce qui est d'ailleurs démontré par la première partie de ce rapport (I, II, III, IV, V) ;

2° Que la mort est due à un coup ou choc violent à la partie postérieure de la tête (ce qui est spécialement démontré art. VI) ;

3° Que l'excoriation et les ecchymoses diverses observées à la partie inférieure du cou (art. III et VIII) indiquent une violence antérieure à la mort ;

4° Enfin que le corps n'a été suspendu que quelque temps après la mort, puisqu'il ne porte aucune marque de strangulation (art. I, II, V, VIII).

Affaire Champion, assassin du roi.

En vertu d'une ordonnance de M. Jourdain, juge d'instruction, qui nous commet à l'effet de procéder à l'examen et à l'ouverture du corps de Jacques-Philippe Champion, de déterminer les causes de la mort, et si celle-ci a été le fait d'un suicide ou d'un homicide, nous nous sommes rendu , aujourd'hui 27 février 1837, à la Morgue, où, en présence de M. Jourdain et de M. Coppeaux, faisant les fonctions de substitut de M. le procureur du roi, nous avons procédé à cette opération et observé les faits suivants :

§ 1er. On nous a représenté :

1° La chemise que Champion portait le jour de son décès ;

2° Une cravate noire, qui aurait servi à opérer la suspension ;

3° Deux bandes à l'aide desquelles Champion se serait attaché les mains avant de s'abandonner au lien qui devait le tenir suspendu.

§ 2. La chemise, de grosse toile, est fendue sur le devant et dans toute sa longueur ; elle a été déchirée, probablement pour faciliter l'administration des secours après l'accident. En réunissant les deux parties qui en forment le pan de devant, on aperçoit plusieurs taches grisâtres, de grandeur variable, depuis un jusqu'à quatre ou cinq pouces. Dans ces endroits la toile est ferme, empesée ; en un mot, ces taches offrent tous les caractères des taches de sperme.

§ 3. La cravate est en soie noire, et elle se compose de deux morceaux d'une égale grandeur. L'un a sept pouces et l'autre quinze pouces et demi de large, ce qui donne en totalité vingt-deux pouces et demi, représentant la longueur du lien qui a servi à la suspension, et non pas la longueur de la cravate.

§ 4. Ces deux morceaux appartiennent bien à la même cravate, car la section qui termine une de leurs extrémités est nette ; sur chacun d'eux la largeur de l'étoffe, la texture et la finesse sont uniformes.

§ 5. Les deux autres extrémités qui terminent les deux morceaux offrent deux anses assez larges pour permettre à l'une d'elles d'être engagée dans l'autre. Ces anses sont formées aux dépens du tissu d'abord contourné sur lui-même, puis replié et noué à l'aide d'un nœud formé aux dépens de l'étoffe.

§ 6. Sur la portion la plus longue de la cravate se trouvent disséminées, dans l'étendue de trois pouces, des lames d'épiderme ; mais en contournant la cravate sur elle-même dans le sens de la torsion qui a été opérée pour faire l'anse dont est pourvue son extrémité, on rapproche toutes ces lames épidermiques de manière qu'elles forment un tout continu paraissant avoir deux pouces de longueur sur six lignes de largeur ; cette couche d'épiderme est située près du nœud qui assujettit l'anse dont est pourvue l'extrémité de cette portion de cravate.

§ 7. Les deux bandes ont cinq pieds onze pouces un quart de longueur ; elles ont la largeur des bandes ordinaires à pansement. On nous déclare qu'elles servaient habituellement à recouvrir une plaie que Champion portait à la jambe droite, et dont il sera parlé plus bas.

§ 8. *Examen du corps.* — En bas, et sur le côté de la poitrine, on voit de larges plaques parcheminées tout à fait incolores.

§ 9. Deux plaques d'un rouge brun à la surface externe de l'avant-bras gauche ; elles sont arrondies, de quatre lignes de diamètre ; la peau y est desséchée et parcheminée.

§ 10. Une plaque un peu moins large sur la saillie du coude gauche, et présentant les mêmes caractères.

§ 11. Une quatrième plaque à la partie supérieure et externe de l'épaule gauche, ayant le même aspect.

§ 12. Dans tous ces points la peau seule est injectée ; il n'y a pas d'ecchymose dans le tissu cellulaire.

§ 13. Le long de l'épine du dos, et à partir de la hauteur de l'épine de l'omoplate, cinq contusions. La première a deux pouces et demi de largeur, la peau en est bleuâtre ; du sang est infiltré et coagulé dans le tissu cellulaire sous-cutané, sous la forme d'une couche d'une ligne et demie d'épaisseur ; les autres, de forme ovoïde, et ayant au plus un pouce dans leur plus grande longueur, sont placées à intervalles à peu près égaux le long des apophyses épineuses dorsales et premières lombaires ; elles sont accompagnées d'ecchymoses du tissu cellulaire, mais le sang y est infiltré en quantité bien moindre. Enfin, sur la saillie du sacrum, on trouve une dernière ecchymose superficielle.

§ 14. La peau de ces diverses ecchymoses est plus ou moins desséchée, et elle présente des traces évidentes d'excoriations à sa surface.

§ 15. Pas de traces de contusions ou de constrictions aux poignets.

§ 16. Au tiers supérieur de la jambe droite, une plaie de huit lignes de diamètre, environnée d'une peau rouge lisse, dépourvue de poils, comme cela a lieu quand des ulcérations existent depuis un temps assez long. Cette plaie est encore recouverte d'un morceau de diachylon gommé.

§ 17. La peau de la face offre une teinte légèrement violacée et très distincte de la couleur de la peau du reste du corps ; la peau des oreilles fort épaissie, et comme boursouflée par l'afflux du sang dans ces parties ; aussi ces organes ont-ils une teinte plus colorée que la face.

§ 18. Au cou existe un sillon *oblique* d'avant en arrière et de bas en haut ; ce sillon a son siége en avant, sur le cartilage thyroïde, immédiatement au-dessous de la saillie de ce cartilage ; il se termine en arrière à deux pouces *au-dessus* de la racine des cheveux ; là il ne forme pas un cercle continu et fermé, il offre deux extrémités séparées entre elles par un espace de dix-huit lignes, où la peau ne présente pas d'empreinte.

Si l'on suppose appliqué *horizontalement* autour du cou un lien circulaire à partir du siége du sillon sur le cartilage thyroïde, et que l'on mesure la distance qui, en arrière et en hauteur, séparait ce lien des extrémités du sillon dont nous venons de décrire le trajet, on a un intervalle vertical de trois pouces, qui donne la mesure de l'obliquité réelle du sillon.

§ 19. Ce sillon est unique.

§ 20. Sa largeur est de six lignes sur le cartilage thyroïde, de huit lignes sur le muscle sterno-mastoïdien du côté droit, et de quatre lignes sur celui du côté gauche.

§ 21. En bas, et un peu en arrière de l'apophyse mastoïde du côté gauche, le sillon présente une sorte d'élargissement brusque, de forme arrondie, ayant sept lignes de diamètre en tous sens ; la peau est injectée et de couleur brune dans ce point.

§ 22. La teinte générale du sillon est généralement blanche.

§ 23. La peau d'une portion du sillon qui longe le côté gauche du cou est dépourvue d'épiderme dans une étendue de trois pouces.

§ 24. Les deux lèvres du sillon sont fortement colorées en rouge par une injection de la peau, et la coloration de la lèvre inférieure est très prononcée ; elle a dans plusieurs points un demi-pouce de largeur.

§ 25. Pas d'apparence de contusion ou de toute autre violence dans tout le trajet du sillon ; la peau est desséchée et parcheminée.

§ 26. Le tissu cellulaire sous-cutané offre principalement en avant la trace argentine qui résulte du rapprochement et de la dessiccation des lames du tissu cellulaire; çà et là existent quelques stries vasculaires; elles sont plus dessinées sur la saillie du cartilage thyroïde là où la pression du lien était plus directe.

§ 27. Pas de traces d'ecchymoses dans les muscles superficiels ou profonds des régions antérieures et postérieures du cou. Aucune déchirure des ligaments qui réunissent les premières vertèbres cervicales entre elles. Pas de fracture au larynx ou à l'os hyoïde. Pas de sang dans le canal vertébral ni de déchirure de la moelle. La membrane interne des artères carotides tout à fait à l'état normal.

§ 28. La langue est appliquée immédiatement derrière les arcades dentaires, qui sont incomplétement rapprochées.

§ 29. Les vaisseaux des méninges sont notablement remplis de sang. La substance cérébrale est un peu piquetée. La base de la langue est injectée et rouge; il en est de même de la membrane muqueuse qui tapisse le larynx, la trachée-artère et les bronches. Ces deux derniers conduits contiennent environ une cuillerée à la bouche de sang spumeux, épais, filant, évidemment mêlé d'air et de mucus. Les deux poumons contiennent beaucoup de sang, ils ont en arrière une teinte violacée très marquée, et leur tissu, d'un rouge noirâtre en arrière, est encore fortement coloré en avant; la section des vaisseaux veineux de ces organes laisse écouler une quantité assez notable de sang noir et épais. Du sang existe dans les cavités droite et gauche du cœur, mais dans une proportion plus grande à droite qu'à gauche; ce sang est fluide. Le foie contient aussi une assez grande portion de sang.

§ 30. L'estomac renferme une petite quantité d'aliments de couleur lie de vin, dont la digestion est avancée. Les intestins sont à l'état normal. (Le tube digestif est recueilli après avoir été examiné physiquement. On place l'estomac et les intestins dans deux bocaux isolés, avec un mélange d'eau et d'alcool, pour le tout être soumis à l'analyse.)

§ 31. L'extrémité de la verge est d'un rouge violacé, humectée d'un enduit incolore et filant; quand on presse le canal, on en fait sortir une matière d'apparence et de consistance spermatique. Le canal de l'urètre est blanchâtre.

Cette opération terminée, nous avons manifesté à M. le juge d'instruction le désir de connaître la disposition des lieux où la suspension avait été opérée. Cette visite a été faite par nous, en sa présence, le lendemain 28 février.

A cet effet, nous nous sommes rendu à la prison de la Préfecture de police; le directeur de la prison nous a conduits à une chambre située au premier étage, et portant le titre de cellule n° 1. Cette chambre est éclairée au midi par une fenêtre de trois pieds quatre pouces de largeur, occupant le milieu du côté opposé à la porte d'entrée. Cette fenêtre a deux battants, qui se ferment au moyen d'une garniture à espagnolette; du crochet supérieur qui termine le montant de la fermeture au sol de la pièce existe une hauteur de six pieds quatre pouces. Le long de la fenêtre, et dans l'encoignure opposée à la porte d'entrée, se trouve un lit de sangle recouvert d'un matelas; de la surface du matelas au sol, la distance est de vingt-deux pouces, et du matelas au plafond de cinq pieds quatre pouces.

Les gardiens de la prison nous déclarent que peu de temps après la mort de Champion, un d'eux est entré dans la chambre, qu'il l'a trouvé suspendu au moyen de sa cravate, fixée au crochet supérieur de l'espagnolette, le dos appuyé le long de l'espagnolette, la face en avant, les mains attachées le long et derrière le dos, mais assez distantes l'une de l'autre pour se trouver appliquées derrière les hanches ; une personne aurait coupé la cravate immédiatement au-dessus de l'anse dans laquelle la tête était engagée, tandis qu'une autre soutenait le corps ; ils auraient placé Champion sur le lit de camp pour lui prodiguer du secours, la cravate restant encore appliquée autour du cou ; et l'un d'eux se serait empressé de la couper de nouveau, dans la pensée où il était que le cou était encore comprimé ; mais le mouvement opéré à l'aide d'un couteau, pour arriver à ce résultat, n'aurait pas produit de section, il aurait seulement déterminé la sortie de la portion de cravate restée engagée dans l'anse qui faisait l'office de nœud coulant. En effet, si deux sections avaient été pratiquées, la cravate aurait été divisée en trois parties, tandis qu'elle ne l'est réellement qu'en deux.

Le corps de Champion était chaud au moment où il a été détaché, mais on aurait en vain prodigué des secours pour rappeler Champion à la vie.

Conclusion.

1° La mort a été le résultat de la suspension.

2° La suspension a été opérée à l'aide de la cravate qui nous a été représentée.

3° La suspension est le fait d'un suicide.

Motifs.

La mort a été le résultat de la suspension. — Il ne peut pas y avoir de doute à cet égard ; les preuves de cette assertion se trouvent dans :

1° La coloration de la face, des oreilles et de la partie supérieure du cou au-dessus du lien, § 17 ;

2° L'injection des *deux* lèvres du sillon, § 24 ;

3° L'injection des vaisseaux des méninges ; la coloration de la base de la langue, du larynx, de la trachée-artère ; l'existence de sang spumeux dans la trachée ; l'engorgement des poumons et la coloration de leur tissu ; la plus grande quantité de sang dans les cavités droites du cœur que dans les cavités gauches, et la fluidité de ce liquide, § 29 ;

4° L'injection de l'extrémité de la verge, humectée d'ailleurs d'un liquide muqueux et filant, analogue, pour l'espèce et la consistance, à la liqueur spermatique, § 31 ;

5° L'existence des taches spermatiques sur le devant de la chemise, § 2, reconnues telles par l'analyse chimique.

La suspension a été opérée à l'aide de la cravate qui nous a été représentée. — Les faits suivants en donnent la preuve :

1° La largeur du sillon comparée à l'épaisseur de la cravate contournée et tordue sur elle-même ; l'accroissement en largeur de ce sillon, à partir du côté gauche du cou en se dirigeant vers le côté droit, coïncidant avec l'épaisseur des divers points de ce vêtement, dont une extrémité occupait le côté gauche du cou, § 20 ;

2° L'excoriation de la surface du sillon à gauche, § 23 ;

3° L'empreinte ovale qu'il présente à gauche, au-dessous et derrière l'apophyse mastoïde, en rapport avec le nœud de l'une des extrémités de la cravate, § 21 ;

4° L'existence sur la cravate d'une couche d'épiderme au voisinage même du nœud qui arrêtait l'une des anses, § 6.

La suspension a été le fait d'un suicide.

En effet, d'une part, on ne trouve aucun indice d'empoisonnement; il n'existe pas de traces de violences qui puissent être rattachées au fait d'un homicide. Ainsi, absence de contusions, excoriations, se rattachant à une lutte engagée entre Champion, homme très fort et très vigoureux, et ceux qui auraient voulu attenter à ses jours. Pas de traces de constriction aux poignets, ni au bas des jambes dans la supposition où l'on admettrait que Champion aurait été saisi et garrotté pendant le sommeil. Pas de double sillon au cou, de contusion, de fracture au larynx ou à la colonne vertébrale, de trace de pression, en supposant que Champion eût d'abord été étranglé, puis pendu.

D'une autre part, tous les faits observés s'expliquent parfaitement dans la supposition d'un suicide, en admettant par exemple que Champion ait confectionné un anneau à chaque extrémité de sa cravate, qu'il soit monté sur le lit de sangle placé au-devant de la fenêtre, qu'il ait placé une extrémité de sa cravate dans l'anneau de l'extrémité opposée, de manière à faire un lien de suspension, à travers lequel il aura engagé la tête et le cou, pour de là fixer l'extrémité libre de la cravate au crochet de la ferrure de la fenêtre. L'appareil de suspension une fois établi, il se serait attaché les mains derrière le dos avec les bandes qu'il avait préalablement retirées de ses jambes; puis, repoussant fortement le lit de sangle en prenant avec les épaules un point d'appui sur la fenêtre, il serait tombé brusquement, et dans la chute le dos aurait porté sur les divers renflements de la ferrure de la fenêtre, et produit les ecchymoses que nous avons observées le long de l'épine dorsale.

Certes, l'application du lien a pu être ainsi opérée en suivant une autre marche; par exemple, on peut encore supposer que, fixant avec la main gauche sur le côté gauche du cou une extrémité de la cravate, laquelle extrémité était garnie d'un nœud, il aurait contourné ce vêtement sur lui-même en l'appliquant successivement autour du cou, de manière à ramener l'extrémité la plus longue du lien à droite et à la faire passer dans l'anneau de l'extrémité la plus courte, préalablement fixée, pour l'attacher en dernier lieu au crochet de la ferrure; et, dans cette dernière supposition comme dans la première, on explique parfaitement l'étroitesse du sillon à gauche et sa largeur croissante de gauche à droite, largeur proportionnée à l'épaisseur graduée du vêtement; l'empreinte du nœud à gauche; l'excoriation de l'épiderme à gauche, là où la torsion aurait été primitivement la plus forte; l'obliquité du sillon.

A. DEVERGIE.

CHAPITRE XVII.

DE LA COMBUSTION HUMAINE SPONTANÉE.

Cette dénomination n'est applicable qu'à un genre particulier de combustion, qui se développerait *sans cause déterminante*, soit à l'extérieur, soit à l'intérieur du corps de l'homme. Sous ce rapport, il n'existe pas de fait avéré de combustion humaine spontanée, pas même celui qui est relaté ci-dessous ou celui qui a été rapporté par M. Bubbe-Liévin (*voy.* p. 798) (1).

Ce que l'on doit entendre sous cette dénomination consiste dans la combustion d'une partie, ou même de la presque totalité du corps, reconnaissant pour cause déterminante le contact, plus ou moins immédiat, d'une substance en ignition, et où *la masse des parties brûlées* n'est jamais en rapport avec *la faiblesse de l'agent comburant.* Comme ces sortes de combustion diffèrent, sous beaucoup de rapports, des brûlures même les plus profondes, il faut bien les en distinguer par une épithète particulière, et je crois qu'il est bon de leur conserver celle que l'on a adoptée jusqu'à présent, jusqu'au moment où des faits plus nom-

(1) Le docteur Grabner-Maraschin (de Vicence) a, dans un mémoire sur les combustions humaines spontanées, relaté le fait suivant, qu'il a extrait de la *Gazetta di Milano,* 7 avril 1823, journal qui probablement l'avait extrait lui-même d'un journal français. Le 7 septembre 1822, à quatre heures du soir, Pierre Reyneteau, serrurier au village de Leégnon, à deux lieues de Bordeaux, âgé de quarante ans, sobre et d'une constitution robuste, retournait de Bordeaux chez lui, lorsqu'à un quart de lieue de distance de sa maison, il se sentit frappé d'un coup violent à la cuisse: il se retourna, mais ne vit personne; il porta la main au lieu de la commotion, et aussitôt son index fut convert d'une flamme mobile et bleuâtre; il chercha à l'éteindre en secouant la main, mais au lieu de cela, le médius s'enflamma aussi. Effrayé, il met la main dans son gousset, et celui-ci prend feu; il s'agenouille et met dans le sable la main enflammée, tandis qu'avec l'autre il cherche à éteindre le feu de son pantalon; mais celui-ci brûle à son tour; une petite fille qu'il avait avec lui court à la maison chercher du secours; on lui apporte un vase d'eau froide, dans lequel plusieurs immersions ne suffisent pas pour éteindre ses mains; enfin, après plusieurs tentatives, on y parvint. Quelques jours suffirent pour guérir les brûlures des doigts.

(Si l'on veut lire ce fait avec quelque attention, on verra qu'il présente plusieurs circonstances qui peuvent faire mettre en doute son exactitude. Par exemple, l'individu porte la main à son pantalon qui n'était pas enflammé, et le feu prend à un doigt; il met sa main dans son gousset, et il enflamme son pantalon; les brûlures des doigts sont assez légères pour guérir dans quelques jours. Tout cela est en opposition directe avec ce que l'on observe dans les combustions humaines spontanées ordinaires; ajoutons que ce fait est tiré d'une gazette.)

breux, mieux observés peut-être, feront connaître sa nature et permettront de la bien spécifier. Les noms de flagration humaine, incendie humain, qui lui avaient été donnés, ne sont pas applicables à cet accident. Je vais exposer les principaux traits qui le caractérisent, et chercher ensuite à en expliquer les phénomènes.

Ce sujet est très important pour la médecine légale : c'est parce que Lecat l'avait approfondi, qu'il parvint à réhabiliter l'honneur d'un nommé Millet, de Reims, condamné à une peine infamante, comme auteur de la mort de sa femme, qui avait succombé à une combustion spontanée. Dans deux cas analogues qui se sont présentés il y a quelques années en Écosse, le docteur Duncan ayant égard à la faiblesse du combustible, par rapport à la masse des parties molles brûlées chez deux femmes adonnées aux boissons alcooliques, soupçonna l'espèce de combustion dont il s'agit, et leurs maris furent acquittés d'une accusation de meurtre qui avait été portée contre eux. (*Annales d'hygiène et de méd. lég.*, tom. VII, pag. 148.)

Je m'étais borné à rassembler, sous forme de tableaux, dans les deux premières éditions de cet ouvrage, les faits qui m'avaient paru les mieux constatés, sauf à en produire les particularités les plus importantes. J'ai cru devoir donner aujourd'hui la majeure partie de ces faits en détail, et j'y joins l'histoire d'un cas de combustion que j'ai été à même d'observer, ainsi que deux autres faits, l'un rapporté dans les *Archives de médecine*, t. XIX, p. 430, par M. Richond des Brus, et l'autre, dans le *Bulletin de thérapeutique*, t. XVIII, 1840. Voici le fait qui m'est propre :

La nommée Bally (Marie-Jeanne-Antoinette), âgée de cinquante et un ans, blanchisseuse, demeurait à Paris, quai de l'Ecole, au quatrième étage, dans un petit cabinet de 8 à 9 pieds de longueur sur 5 à 6 de largeur ; deux fenêtres très étroites donnant sur un corridor éclairaient cette pièce. Il y avait pour tous meubles une chaise, une cassette dans un coin de la chambre, *et des petits rideaux de mousseline aux fenêtres;* il n'y avait pas de lit. Le soir du 25 décembre 1829, cette femme rentra chez elle comme de coutume, c'est-à-dire dans un état d'ivresse. Le lendemain à huit heures du matin, les voisins sentant un odeur forte de fumée, on pénétra dans la pièce, et l'on y trouva la femme Bally couchée à terre, presque totalement brûlée, les pieds tournés vers la cheminée où il n'y avait pas de feu ; sous un de ses bras était encore le montant de la chaise sur laquelle elle s'était assise, et sous elle existait un *gueux* (pot de terre dans lequel les femmes du peuple mettent du feu pour chauffer leurs pieds). On y observait quelques débris de braise provenant de la combustion de la chaise ; tout le plancher était tapissé d'une suie noire, et une poutre à nu dans le mur de la chambre avait été superficiellement charbonnée ; *la cassette était intacte, ainsi que les rideaux de mousseline des croisées,* quoiqu'ils se trouvassent à trois pieds du cadavre. Cette femme était connue dans la maison pour s'enivrer tous les jours.

La levée du corps fut faite par autorité judiciaire, et il nous fut envoyé à la Morgue. C'est après avoir été frappé de la combustion avancée qu'il offrait, que j'ai cru devoir me rendre sur les lieux pour mieux juger de l'état de la chambre où la combustion s'était opérée.

État du cadavre. — Cinq pieds de longueur ; maigreur générale , face et cheveux intacts, ainsi que la partie antérieure du cou et la partie supérieure des épaules. La peau de la totalité du dos est détruite dans toute son étendue , ainsi que celle des fesses ; il n'en reste aucun vestige. Tous les muscles des gouttières vertébrales et ceux du dos et des lombes sont grillés , cornés et réduits à un volume qui ne représente pas la huitième partie de leurs dimensions ordinaires ; le coccyx et la majeure partie du sacrum sont charbonnés , gras, onctueux au toucher. Il en est de même des côtes, mais à un degré moins avancé. Les os iliaques sont dépourvus de muscles. L'anus, ainsi que la vulve, est conservé. Les côtés du tronc et sa partie antérieure sont dans le même état que la partie postérieure. Il n'existe des membres supérieurs que les os et une partie du moignon de l'épaule ; le reste des muscles ne consiste que dans quelques débris de tendons. En général, les parties fibreuses paraissent avoir résisté plus que les portions musculaires. Bien que la combustion s'étendît de chaque côté jusqu'aux plis des bras, en parcourant tant le tronc que les membres, il existait dans le creux de chaque aisselle une portion de chemise encore intacte. Les membres inférieurs avaient été brûlés dans leur tiers supérieur. *Les bas de cette femme n'étaient pas altérés.*

Je suis porté à penser que ces brûlures profondes sont le résultat d'une combustion du genre de celles dont je fais l'histoire. Cette combustion a été déterminée par le feu contenu dans le pot de terre, et l'étroitesse de la chambre explique facilement l'ignition de la poutre placée tout près du cadavre. Voici le fait rapporté par M. Richond :

M. D....., âgé de vingt-quatre ans, d'une taille moyenne, d'un tempérament sanguin, cheveux noirs, *plutôt maigre que gras,* bien portant et naturellement *très sobre,* se rendit à l'église cathédrale du Puy, dans la soirée du 19 avril 1827 ; il y resta peu , la chaleur insupportable qu'il y éprouvait le força à sortir, et il se retira dans l'appartement de son frère. Vers les neuf heures et demie, M. D..... s'amusait à faire brûler à la chandelle un petit morceau de soufre. Cette substance s'étant liquéfiée et enflammée coula sur ses doigts, et détermina une douleur assez vive ; quelques gouttes de liquide s'attachèrent à son habit et l'enflammèrent ; l'incendie faisait de rapides progrès. Son frère accourt avec vitesse , et s'efforce d'étouffer le feu en serrant ses vêtements dans ses mains ; il réussit, et il en fut quitte pour une brûlure légère à deux doigts et pour un trou à son habit. Mais M. D..... éprouva de très vives douleurs dans les mains, qui lui firent jeter les hauts cris et appeler du secours. Une femme qui accourut, s'aperçut aussitôt que les mains étaient couvertes de flammes ; elles brûlaient comme des chandelles, et les flammes étaient bleuâtres. On crut d'abord que la flamme était produite par le soufre, et l'on s'efforça de l'éteindre par des affusions froides ; mais ce fut en vain. Un cataplasme d'huile et de farine ne fit qu'augmenter l'incendie ; on mit enfin sur les parties affectées de la boue de coutelier. M. D..... courut chez M. Richond, et, l'œil égaré, la figure rouge, l'expression du désespoir peinte dans tous ses traits, il demanda du secours en s'écriant qu'il brûlait. Les mains étaient rouges, gonflées, et une espèce de vapeur ou de fumée s'en élevait. On lui fit mettre les mains dans une fontaine, et alors il en éprouva du soulagement : les flammes s'éteignirent ; mais bientôt, à cent cinquante pas de distance, il les vit reparaître. Arrivé chez lui, il mit les mains dans de l'eau froide qui fut échauffée aussitôt. Chaque fois qu'il sortait les mains du liquide, il voyait, disait-il, une espèce de graisse couler sur ses doigts et des flammes bleuâtres reparaître, surtout si l'on plaçait les mains dans un lieu obscur. Les douleurs restèrent vives pendant une partie de la journée ; mais elles devinrent moins âcres, moins poignantes que les premières. Il y avait sur les doigts de volumineuses ampoules, remplies d'une sérosité rougeâtre ; dans plusieurs points, l'épiderme était totalement levé, et le derme, dénudé et grisâtre, paraissait corrodé. On pansa comme une brûlure simple, et vingt-deux jours après le malade était dans une situation satisfaisante. M. Richond fait observer que si la flamme n'avait été aperçue qu'au moment de l'incendie de l'habit du frère de M. D....., on aurait pu penser avec raison qu'elle avait été produite par quelques parcelles de soufre enflammé, encore adhérentes à la peau des mains ; mais elle a résisté aux affusions d'eau froide, aux bains prolongés ; elle a persisté pendant toute la nuit ; elle s'est reproduite spontanément peu de temps après le bain de la fontaine.

Il y a, certes, dans ce fait, quelque chose d'anormal si la narration est exacte, car telle n'est pas la marche ordinaire des brûlures.

Vers la fin d'octobre 1839, M. Bubbe-Lievin, chirurgien aide-major à l'armée d'Afrique, fut appelé auprès d'un Maure, Abdallah-Ben-Ali, homme de quarante-cinq à cinquante ans, ayant beaucoup d'embonpoint : il le trouva dans un carus profond, la face rouge, l'œil injecté, le pouls fort et large. Cet homme, qui abusait depuis longtemps des liqueurs alcooliques, avait été trouvé gisant dans un lieu public. Deux fortes saignées, l'application de sangsues aux jugulaires, les bains de pieds sinapisés, firent disparaître ces accidents graves, et au deuxième jour le malade était convalescent. A peine rétabli cet homme reprend ses habitudes d'ivrognerie, et passe quelquefois plusieurs jours sans rentrer chez lui. Cette vie déréglée durait depuis un mois lorsque M. Bubbe-Lievin fut mandé par le père, et trouva l'horrible spectacle suivant : à terre gisait le cadavre du Maure en question, aux trois quarts consumé, noir, charbonné, répandant une odeur infecte d'huile empyreumatique ; les membres, une grande partie du tronc jusqu'au cou, avaient été brûlés. Ce malheureux avait été ramené ivre comme à l'ordinaire, il s'était couché ; au milieu de la nuit une odeur de brûlé avait réveillé le père, qui était accouru et avait trouvé son fils en proie à d'atroces douleurs ; il se plaignait de brûler ; on lui avait donné de l'eau à boire, on l'en avait arrosé, mais rien n'avait fait. Une flamme bleuâtre se promenait sur tout le corps, et lui faisait d'affreuses brûlures. Cette combustion a eu lieu, remarque M. Bubbe-Lievin, par le seul effet du travail organique intérieur, car aucun corps en ignition n'a approché du malade.

Si **M.** Bubbe-Lievin a acquis la certitude qu'il n'existait aucun corps en ignition dans la chambre où couchait ce Maure, ce serait un fait de combustion humaine réellement spontanée et le seul que la science posséderait. Mais, dans l'hypothèse même d'une cause accidentelle et déterminante de la combustion, on ne voit même pas le combustible qui a pu déterminer des brûlures aussi profondes.

Voici maintenant les principaux faits rapportés par les auteurs sur les combustions humaines spontanées.

Actes de Copenhague, fait rapporté par Jacobœus.

« Une femme du peuple, faisant abus des liqueurs spiritueuses depuis trois ans, au point de ne plus vouloir de nourriture, s'étant mise un soir sur une chaise de paille pour y dormir, fut consumée pendant la nuit. On ne trouva le lendemain matin que son crâne et les dernières articulations de ses doigts. Tout le reste du corps fut réduit en cendres. »

Extrait d'un mémoire de Bianchini , de Vérone, tiré du journal anglais *Annual register*, 1763.

« La comtesse Cornelia Bandi, de la ville de Cesène, soixante-deux ans, jouissait d'une bonne santé. Un soir cependant elle éprouva une sorte d'assoupissement et se mit au lit ; la femme de chambre resta avec elle jusqu'à ce qu'elle s'endormît ; le lendemain lorsque cette fille entra pour réveiller sa maîtresse, elle ne trouva plus que son cadavre dans un état affreux. — A quatre pieds du lit était un monceau de cendres, dans lequel on distinguait deux jambes intactes avec les bras. Entre les jambes était la tête de cette dame, dont la cervelle, la moitié de la partie postérieure du crâne et le menton tout entier avaient été consumés ; on trouva trois doigts en charbon, et le reste du corps était réduit en cendres, qui en les touchant laissaient aux doigts une *humidité grasse et fétide*. Une petite lampe posée sur le plancher était couverte de cendres et ne contenait plus d'huile. Le suif de deux chandelles était fondu sur une table, mais *la mèche restait encore*, et les pieds des chandeliers avaient une certaine moiteur ; le lit n'était point endommagé, les draps et les couvertures étaient relevés et jetés de côté comme lorsque l'on sort du lit. — Les meubles et la tapisserie étaient chargés d'une suie humide couleur de cendre, qui pénétra dans les tiroirs et salit le linge. Cette suie ayant passé dans une cuisine voisine, s'attacha aux murailles, aux ustensiles. Un morceau de pain qui était dans le garde-manger en fut couvert et aucun chien n'en voulut goûter. L'odeur infecte s'était communiquée à d'autres appartements. — Le journal anglais fait observer que la comtesse *avait coutume de baigner tout son corps dans l'esprit-de-vin camphré.* »

Bianchini fit imprimer les détails de ce déplorable événement dans le temps où il se passa, et personne ne le contredit ; il fut également attesté par Scipion Muffey, savant contemporain de Bianchini, qui n'était point crédule ; enfin Paul Rolli, confirma aussi ce fait surprenant à la Société de Londres.

L'*Annual register* cite dans le même passage deux autres faits analogues : l'un à Southampton, l'autre à Coventry.

Pareil exemple est consigné dans le même journal (1773, t. XVIII, p. 78) par une lettre de Wilmer, chirurgien. Le voici :

« Marie Clues, âgée de cinquante ans, était fort adonnée à l'ivrognerie. Son penchant pour ce vice s'était augmenté depuis la mort de son mari, décédé un an et demi auparavant. A peine avait-elle, depuis un an environ, passé un jour sans boire au moins une demi-pinte de rhum ou d'eau-de-vie d'anis. Sa santé déclinait par degrés. Elle fut au commencement déformée, attaquée d'une jaunisse et contrainte de garder le lit. Quoiqu'elle ne pût agir et qu'elle fût hors d'état de travailler, elle continua son ancien usage de boire, et de fumer tous les jours une pipe de tabac. Le lit de la chambre où elle couchait était parallèle à la cheminée, et en était éloigné d'environ *trois pieds*. Samedi matin, 1er mars, elle tomba sur le pavé, et sa grande faiblesse l'empêcha de se relever. Elle demeura dans cet état jusqu'à ce que quelqu'un qui entra la remît dans son lit. La nuit suivante, elle voulut rester seule. Une personne la quitta à onze heures et demie et ferma selon son usage la porte à la clef. Elle avait mis deux gros morceaux de charbon de terre au feu, et placé sur une chaise, à la tête de son lit, une lumière dans un chandelier. On aperçut à cinq heures et demie du matin de la fumée qui sortait par la fenêtre ; on brisa promptement la porte, et quelques flammes qui étaient dans la chambre furent aisément éteintes. Entre le lit et la cheminée on voyait les débris de la malheureuse Clues. Une jambe et une cuisse étaient encore entières ; mais il ne restait rien de la peau, des muscles et des viscères. Les os du crâne, de la poitrine, de l'épine du dos, des extrémités supérieures, étaient entièrement calcinés et couverts d'une efflorescence blanchâtre.

» On fut surpris du peu de dommage arrivé aux meubles. Le côté du lit qui donnait vers la cheminée avait le plus souffert ; le bois en était *superficiellement* brûlé, mais le *lit de plume*, les draps, les couvertures ne l'étaient pas. J'entrai dans la chambre environ deux heures après qu'elle avait été ouverte ; j'observai que toutes les murailles et tous les objets qui se trouvaient dans l'endroit avaient été noircis ; qu'il y régnait une vapeur très désagréable ; *mais rien, à l'exception du cadavre, ne portait une forte empreinte du feu.*

» Ainsi le corps se trouve dans un espace de trois pieds entre l'âtre de la cheminée et le lit, et il brûle presque entièrement sans incendier ce dernier. »

Vicq d'Azyr (*Encyclopédie méthodique*, article *Anatomie pathologique de l'homme*) rapporte le fait suivant :

« Une femme d'une cinquantaine d'années, faisant abus de liqueurs spiritueuses et s'enivrant tous les jours avant de se coucher, fut entièrement brûlée et réduite en cendres. Quelques parties osseuses avaient seules été épargnées ; les meubles de l'appartement étaient endommagés par l'incendie. »

Vicq d'Azyr ajoute qu'il en existe beaucoup d'autres exemples.

Acta medica et philosophica Hafniensia, et dans le livre qui a pour titre *Nouveau phosphore enflammé.*

« Une femme de Paris s'était accoutumée, depuis trois ans, à prendre de l'esprit-de-vin, au point qu'elle ne buvait que cette liqueur ; un jour on la trouva entièrement réduite en cendres, excepté son crâne et l'extrémité de ses doigts. »

Mémoires de la Société royale de Londres.—Cette affaire eut dans son temps une grande publicité. Tous les journaux en parlèrent. Trois récits de cet événement présentés par des auteurs différents ont entre eux les plus grandes analogies.

« Graie Pitt, femme d'un marchand de poisson de Saint-Clément d'Ipswich, duché de Suffolk, âgée d'environ soixante ans, avait contracté l'habitude, depuis plusieurs années, de descendre de sa chambre, toutes les nuits, à demi déshabillée, pour fumer une pipe. La nuit du 9 au 10 avril 1844, elle sortit de son lit comme d'ordinaire ; sa fille, couchée auprès d'elle, s'endormit et ne s'aperçut de son absence qu'en s'éveillant le lendemain. Alors s'habillant et descendant dans la cuisine, elle trouva le corps de sa mère couché sur le côté droit, sa tête près de la grille du foyer, le corps étendu sur l'âtre, les jambes sur le plancher, *qui était du sapin*, le tout ayant l'aspect d'une souche de bois qui se consume par un embrasement sans flamme apparente. A cet aspect la fille s'empressa de verser sur le corps de sa mère l'eau de deux grands vases pour éteindre le feu ; la fumée et l'odeur fétide qui s'en exhalèrent pensèrent suffoquer les voisins qui étaient accourus aux cris de sa fille. Le tronc était en quelque sorte incinéré et ressemblait à un tas de charbons couverts de cendres blanches ; la tête, les bras, les jambes et les cuisses avaient aussi beaucoup participé à l'incendie. On dit que cette femme avait bu largement des liqueurs spiritueuses en réjouissance de la nouvelle du retour d'une de ses filles, de Gibraltar. Au reste il n'y avait pas de feu dans le foyer, et la chandelle avait été brûlée en entier dans la bobèche du chandelier qui était à côté d'elle. On trouva, de plus, auprès du cadavre consumé, *les habits de l'enfant et un écran de papier qui n'avaient reçu aucune atteinte du feu.* Le vêtement de cette femme était une robe de coton. »

Exemples cités par Lecat.

« Ayant, dit-il, passé à Reims quelques mois, de 1724 à 1725, je logeai chez le sieur Millet, dont la femme s'enivrait tous les jours. Son ménage était conduit par une jeune fille fort jolie ; ce que nous ne devons pas oublier de faire observer, pour qu'on puisse saisir toutes les circonstances qui accompagnent le fait que je vais rapporter.

» Cette femme fut trouvée consumée le 20 avril 1725, dans sa cuisine, à un pied et demi de l'âtre du feu. Une partie de la tête seulement, une portion des extrémités inférieures, quelques vertèbres avaient échappé à l'embrasement. Un pied et demi du plancher, sous le cadavre, avait été consumé ; un pétrin et un saloir, très voisins de cet incendie, n'en avaient reçu aucun dommage. M. Chrétien, chirurgien, releva lui-même les restes du cadavre avec toutes les formalités judiciaires. L'affaire examinée par les juges qui s'en saisirent, Jean Millet, mari de l'incendiée, déclara que le 19 février, vers les huit heures du soir, il s'était couché avec sa femme; que, ne pouvant dormir, elle avait passé dans la cuisine où il croyait qu'elle s'était chauffée ; que lui, Millet, s'étant endormi, avait été éveillé sur les deux heures par une odeur infecte, qu'ayant couru à la cuisine, il avait trouvé les restes du corps de sa femme dans l'état où le décrit le procès-verbal des médecins et des chirurgiens.

» Les juges ne soupçonnant pas la cause d'un pareil événement, poursuivirent vivement cette affaire. La jolie servante fit le malheur de Millet, que sa probité et son innocence ne sauvèrent point du soupçon de s'être défait de sa femme par des moyens mieux concertés, et d'avoir arrangé le reste de l'aventure de façon à lui donner l'air d'un accident. Il essuya donc toute la rigueur de la loi ; et quoique, par appel à une cour suprême et très éclairée, qui reconnut l'incendie, il sortit victorieux, il n'en fut pas moins ruiné, accablé de chagrin, et réduit à aller passer le reste de ses tristes jours à l'hôpital. »

Autre fait de Lecat. — M. Boinneau, curé de Plerguer, par Dob, lui écrit le 22 février 1749, la lettre suivante :

« Permettez-moi de vous exposer un fait arrivé sous mes yeux il y a quinze jours. La dame Boiseon, âgée de quatre-vingts ans, fort maigre et ne buvant que de l'eau-de-vie depuis plusieurs années, était assise dans son fauteuil devant le feu. Sa femme de chambre s'absenta pour quelques moments. A son retour elle vit sa maîtresse toute en feu. Elle crie, on vient; quelqu'un veut abattre le feu avec sa main *et le feu s'y attache* comme s'il l'eût trempée dans de l'eau-de-vie ou de l'huile enflammée. On apporte de l'eau, on en jette avec abondance sur la dame et le feu n'en paraît que plus vif; il ne s'éteignit point que toutes les chairs ne fussent consumées ; son squelette fut noir, *resta entier dans le fauteuil qui n'était qu'un peu roussi*, une jambe seulement et les deux mains se détachèrent des os. On ne sait point si le feu du foyer avait pris aux habits, la dame était dans la même place où elle se mettait tous les jours'; le feu n'était point extraordinaire, et elle n'était point tombée. Ce qui me fait soupçonner que l'usage de l'eau-de-vie pouvait produire de tels effets, c'est qu'on m'a assuré qu'à la porte de Dinan, pareil accident arriva sur une autre femme dans des circonstances à peu près semblables. »

Journal de médecine, t. LIX, p. 440. — Muraire, chirurgien à Aix en Provence, raconte ainsi le fait qu'on va lire :

« Au mois de février 1779, Marie Jauffret, veuve de Nicolas Gravier, cordonnier, petite, fort grasse, et portée à la boisson, fut incendiée dans sa chambre. M. Rocas, mon confrère, commis pour faire le rapport des malheureux restes de son cadavre, ne trouva qu'une masse de cendres et quelques os tellement calcinés, qu'à la moindre pression ils se réduisaient en poussière. Les os du crâne, une main et un pied avaient échappé en partie à l'action du feu. Près de ces débris était une table intacte, et sous cette table une chaufferette de bois dont le grillage brûlé déjà depuis longtemps laissait une large ouverture par laquelle vraisemblablement le feu s'était communiqué et avait occasionné ce fâcheux accident. Une seule chaise, trop voisine de l'incendie, eut le siége et les pieds de devant brûlés. A cela près, nulle autre apparence de feu, ni dans la cheminée, ni dans la chambre ; tous les meubles dans leur intégrité. De sorte qu'à l'exception du devant de la chaise, qui brûla séparément, aucun moteur combustible ne parut contribuer à une si prompte incinération, qui fut opérée dans l'espace de sept à huit heures. »

Journal de médecine, t. LIX, p. 140. — Merille, chirurgien à Caen, rapporte le fait qui suit :

« Requis le 3 du mois de juin 1782, par MM. les gens du roi, pour faire le procès-verbal de l'état dans lequel se trouvait mademoiselle Thuars, qu'on me dit avoir été brûlée, j'ai observé ce qui suit : Le cadavre avait le sommet de la tête appuyé contre l'un des chenets, à dix-huit pouces du contre-feu. Le reste du corps étant obliqué, placé devant la cheminée. Le tout n'était plus qu'une masse de cendres, les os même les plus solides avaient perdu leur forme et leur consistance ; aucuns étaient reconnaissables, excepté le coronal, les deux peauciers, deux vertèbres lombaires, une portion du tibia et une portion de l'omoplate ; encore ces os étaient-ils tellement calcinés, qu'ils se réduisaient en poussière par une faible pression. Des deux pieds le droit fut trouvé entier et enflammé à sa jonction dans sa partie supérieure ; le gauche était plus brûlé. Il faisait froid ce jour-là, cependant on n'aperçut dans le foyer que *deux ou trois petits morceaux de bois d'un pouce de diamètre*, brûlés dans leur milieu. Aucun meuble de l'appartement n'était endommagé ; la chaise sur laquelle mademoiselle Thuars paraissait avoir été assise se trouvait à un pied d'elle et absolument intacte. Je crois devoir observer que cette demoiselle était extrêmement grasse, qu'elle était âgée de soixante et quelques années, très adonnée au vin et aux liqueurs ; que le jour même de sa mort elle avait bu trois bouteilles de vin et environ un demi-setier d'eau-de-vie, et qu'enfin la consomption du cadavre a eu lieu en *moins de sept heures,* quoique, selon les apparences, *rien n'ait brûlé autour du corps que les vêtements.* »

Ce récit sur la mort de mademoiselle Thuars a été confirmé dans le temps par d'Aumesnil, pharmacien de la même ville. Son procès-verbal a une telle conformité avec le précédent, que je me dispenserai de le rapporter. Il insiste sur ce que tous les corps ambiants étaient combustibles, sans cependant avoir été endommagés par le feu. Les vestiges du linge que portait mademoiselle Thuars *n'étaient plus qu'une toile noire fort légère*, dont le moindre mouvement étranger dérangeait la forme. Les cendres formaient si peu de volume, qu'elles auraient pu tenir dans la forme d'un chapeau. Que l'on place ces faits en regard de l'observation suivante, et l'on sera frappé du contraste.

Hôpital Saint-Louis, salle Saint-Thomas, n° 81. 57 ans.

Cette femme, d'une constitution assez chétive, jouit habituellement d'une assez bonne santé, et n'est aucunement adonnée à la boisson, vivant assez modestement de son travail. — Le 29 décembre 1850, elle veillait pour terminer de l'ouvrage, lorsque, se sentant envie de dormir, elle prit la précaution de souffler sa lumière et se livra au sommeil vers onze heures du soir, ayant sous elle une chaufferette non couverte. Vers minuit, elle se sentit réveiller tout d'un coup par une grande chaleur, et, s'apercevant que le feu avait pris à ses vêtements, elle se leva pour appeler du secours. Ce mouvement activant la combustion, les vêtements s'enflammèrent tout à coup. La malade alors courut vers un seau d'eau qu'elle avait dans sa pièce d'entrée et s'efforça d'y plonger les parties enflammées de ses vêtements; la main droite fut brûlée, mais à un degré assez léger, comme on le verra plus loin.

Enfin elle parvint à ouvrir sa porte, et un seau d'eau qu'on jeta sur elle éteignit le feu complétement.

Ses vêtements consistaient en une paire de bas de coton, une chemise, un gilet de tricot, deux robes de coton doublées aussi d'une étoffe de coton, un tablier de coton et une pèlerine de laine, et par-dessous le tout, immédiatement sur la peau, une ceinture d'étoffe moitié laine et moitié coton, qui entourait le corps et présentait une largeur d'environ 30 centimètres.

De tous ces vêtements, ses bas, *dit-elle*, ainsi que son tricot, restèrent intacts; sa pèlerine et son tablier furent légèrement endommagés; les deux jupes des robes furent à moitié consumées.

Entrée à l'hôpital le 1er janvier, les brûlures, vues le 12, présentaient l'aspect suivant :

La lésion, étendue depuis le jarret jusqu'au niveau de la crête iliaque, comprenait toute la partie externe de la cuisse droite, le quart environ de la partie antérieure et autant de la partie postérieure ; toute la fesse droite et la moitié de la gauche. La brûlure paraît être au troisième degré. Au niveau du grand trochanter et en arrière, dans une étendue grande comme la main, est une escarre noire que l'on pense couvrir une brûlure au quatrième degré. Plus près des bords est de la brûlure au deuxième degré seulement, et tout à fait au bord enfin de l'érythème.

Au coude est une brûlure au troisième degré, légère, irrégulière et comme serpigineuse.

La main semble présenter une brûlure au deuxième degré, comprenant la partie dorsale jusqu'à son milieu, et déjà presque guérie. (Il s'agit ici de la division des brûlures en cinq degrés, la peau est donc à peine escarrifiée dans une petite étendue et probablement pas dans toute son épaisseur.)

On objectera que l'analogie n'est pas complète ; que cette femme, n'étant pas ivre, ne se trouvait pas dans le coma de l'ivresse ; qu'elle s'est éveillée au moment où le feu ayant couvé sous ses vêtements, ceux-ci se sont tout à coup enflammés lorsqu'ils ont eu le contact de l'air, et qu'alors cette malheureuse n'a essuyé les effets d'une combustion intense que lorsqu'elle allait d'une pièce à l'autre pour chercher du secours. Que dès lors la flamme agitée par le vent n'avait plus l'intensité qu'elle aurait eue si la combustion se fût accomplie pendant le repos du sommeil profond de l'ivresse. Je soulève moi-même ces objections : c'est assez dire que j'en tiens compte ; toujours est-il que la moitié des vêtements jusqu'à la hauteur de la ceinture a été consumée et qu'il n'en est résulté que des brûlures généralement superficielles, dans un point excepté.

Qu'il y a loin, toutefois, de ces brûlures à celles que détermine la combustion spontanée. C'est la même cause, c'est le même mode, à l'action près, et les effets n'ont rien de comparable.

Or ces cas sont malheureusement très fréquents en hiver, et jamais la supposition d'une combustion humaine spontanée ne se souleva à leur égard, parce que les résultats sont en rapport avec la cause déterminante. (Voir le tableau, p. 806.)

Les combustions spontanées sont communes à tous les pays, mais elles paraîtraient plus nombreuses dans les pays froids ; les exemples recueillis en France sont assez multipliés, et presque toujours ils se sont présentés pendant les hivers rigoureux. Je crois que beaucoup de cas de ce genre ont échappé à l'observation des médecins appelés à faire des levées de corps. Ils méritent de fixer l'attention.

Les combustions spontanées reconnaissent pour causes prédisposantes l'abus des liqueurs alcooliques : sur les vingt cas que j'ai pu rassembler, dix-sept le démontrent, et dans les trois autres on n'a pas noté si cette circonstance avait eu lieu ou non ; on peut donc établir que cette cause est presque générale. Quelques auteurs, et Lair en particulier, ont fait observer que l'embonpoint paraissait favoriser son développement. Sans nier la part que la constitution lymphatique peut avoir dans la combustion, je remarque que les individus secs et maigres n'en sont pas exempts ; les n°ˢ 8 et 17, ainsi que l'exemple que j'ai observé, en donnent la preuve, et, chez le n° 8, la com-

Tableau des principaux cas de combustion

N^{os} D'ORDRE.	OUVRAGES où sont consignés les faits.	RAPPORTÉ par	ÉPOQUE de l'accident.	SEXE.	AGE.	COMBUSTION complète et réduction en cendres.
1	*Actes de Copenhague.*	JACOBÆUS.	1692.	Féminin.		Excepté une partie du crâne et les dernières phalanges des doigts.
2	*Annual register.*	BIANCHINI de Vérone.	1763.	Féminin.	62	Excepté le crâne, une partie de la face et trois doigts.
3	*Idem.*	WILMER.	Mars.	Féminin.	50	Excepté une cuisse et une jambe restées intactes.
4	*Encyclopédie méthodique.*	VICQ-D'AZYR.		Féminin.	50	Excepté quelques os.
5	*Acta medica philosophica Hafniensia.*			Féminin.		Excepté le crâne et l'extrémité des doigts.
6	*Mémoires de la Société royale de Londres.*		Avril 1744.	Féminin.	60	Excepté une grande partie de la tête et des quatre membres.
7	*Mémoire sur les incendies spontanés.*	LECAT.	Février 1745.	Féminin.		Excepté une partie de la tête et des extrémités.
8	*Idem.*	LECAT.	Février 1749.	Féminin.	80	Squelette charbonneux.
9	*Journal de medecine.*		Février 1779.	Féminin.		Excepté quelques os tombant en poussière, une main et un pied.
10	*Idem.*		Juin 1778.	Féminin.	60	Excepté quelques os qui tombent en poussière quand on les touche.
11	*Revue médicale.*	JULIA FONTENELLE, d'après M. Charpentier, de Nevers.	Janvier 1820.	Féminin.	90	Excepté le crâne et une partie de la peau du cou enveloppé d'un mouchoir.
12	*Idem.*	Idem.	Janvier 1830.	Féminin.	65	Excepté la jambe droite, revêtue de son bas et de son soulier.
13		Le général WILLIAM STEPHELD.		Féminin.	Très âgée.	Excepté quelques parties du corps.
14	*Journal de Florence.*	JOSEPH BATTAGLIA.	1786.	Masculin.		Combustion des téguments du bras droit et de la cuisse droite.
15	*Revue médicale.*	ROBERTON, cité par J. Fontenelle.	1799.	Masculin.		Combustion non précisée, mais très avancée.
16	*Idem.*	M. MARCHAND, cité par J. Fontenelle.		Masculin.		Main et cuisse seulement altérées.
17	*Journal de l'hôpital de Hambourg.*		Janvier.	Féminin.	17	Doigt indicateur de la main gauche seul affecté.
18	*Inédit.*	ALPH. DEVERGIE.	Décembre 1829.	Féminin.	51	Combustion des muscles du tronc, des fesses, et de la presque totalité des membres supérieurs.
19	*Nouv. Dictionn. de médecine.*	DUPUYTREN, cité par Breschet.	Octobre 1839.	Féminin.		Combustion presque générale.
20	*Bulletin de thérapeutique,* tome XVIII.	M. BUBBE-LIEVIN.		Masculin.		Combustion presque générale.

...umaine spontanée rapportés par les auteurs.

DEGRÉ de combustion des meubles ...u objets environnants.	CAUSE déterminante.	HABITUDES hygiéniques.	SITUATION du cadavre.
		Abus de liqueurs spiritueuses depuis trois ans.	Sur une chaise de paille.
...suif de deux chandelles ...ondu, lit et ...res meubles non endommagés.	Lampe sur le plancher ne contenant plus d'huile.	Bains fréquents d'alcool camphré.	Sur le plancher, à 4 pieds du lit.
...s de lit à peine charbonné, matelas et lit ...e plume intacts.	Lumière sur une chaise auprès du lit.	Buvant depuis longtemps jusqu'à demi pinte de rhum par jour.	Sur le plancher, entre la cheminée et le lit.
...ubles très peu endommagés.		S'enivrant tous les jours, en se couchant, avec des liqueurs alcooliques.	
		Elle ne buvait plus que de l'esprit-de-vin.	
...bits d'un enfant et écran ...e papier trouvés intacts auprès du cadavre.	Une pipe qu'elle fumait.	Liqueurs spiritueuses.	Près de l'âtre d'une cheminée où il n'existait pas de feu.
...ncher brûlé sous le cadavre, à 1 pied 1/2 de ...refondeur. Un pétrin ...oisin non altéré	Feu de la cheminée.	Adonnée aux liqueurs spiritueuses.	A 1 pied 1/2 de l'âtre du feu.
...uteuil sur lequel fut ...rouvé le cadavre, à ...eine roussi.	Feu d'une cheminée.	Ne buvant que de l'eau-de-vie depuis plusieurs années.	Assise dans un fauteuil, devant le feu. Très maigre.
...ble de bois intacte et ...une chaufferette qui ...vait déterminé la combustion.	Chaufferette placée sous les pieds de cette femme.	Abus de liqueurs spiritueuses.	
...aise à 1 pied du cadavre, tout à fait intacte.	2 ou 3 petits morceaux de bois à demi brûlés dans la cheminée.	Abus de liqueurs spiritueuses.	Auprès de la cheminée, la tête appuyée contre un chenet. Très grasse.
... brûlé, sans que les ...meubles de la chambre ...ussent endommagés.	Chandelle.	Abus de vin et d'eau de Cologne.	Dans son lit.
Idem.	Idem.	Idem.	Auprès du même lit; ces deux combustions ont eu lieu au même moment.
...ncher intact.	Une pipe allumée.		Sur le plancher.
...eveux, mouchoir placé ...dans le dos, et caleçon ...intacts.	Lampe.		Sur le plancher; quatre jours de vie.
...tabli intact.		Abus d'eau-de-vie.	Auprès d'un établi.
			Malade guéri.
	Chandelle.		Guérison.
...aise sur laquelle elle ...était assise, brûlée ...resque en totalité.	Chaufferette.	Abus de liqueurs spiritueuses.	Sur une chaise. Très grasse.
	Chaufferette.	Abus de liqueurs spiritueuses.	Sur le plancher.
	Aucun corps en ignition n'a approché du malade.	Abus de liqueurs spiritueuses.	Sur le plancher.

bustion a eu lieu avec une telle intensité que, malgré une grande quantité d'eau jetée sur le corps pour l'éteindre, elle ne s'arrêta qu'après l'ustion complète des chairs. Cependant la maigreur était, dit-on, extrême. Eu égard au sexe, les femmes y seraient plus prédisposées que les hommes : seize femmes sur vingt individus en ont été atteintes. Comment expliquer cette circonstance? Si l'on admet avec la plupart des auteurs que l'abus des liqueurs spiritueuses favorise singulièrement cet accident, on pourrait peut-être s'en rendre compte par la connaissance de ce fait, que lorsqu'une femme s'adonne à l'ivrognerie, elle le fait avec excès, comme lorsqu'elle s'abandonne à toute autre passion ; néanmoins il faut que la constitution y joue un rôle particulier, car nous ne trouvons que quatre hommes affectés de combustion spontanée, et certes parmi les ivrognes du sexe masculin, il en est un bon nombre qui peuvent rivaliser avec l'autre sexe. L'âge devient accidentellement une cause prédisposante. Je dis accidentellement, car il est rare de voir de jeunes femmes adonnées à l'ivrognerie; à cette époque, d'autres passions les dominent; plus tard, lorsque leur âge critique est arrivé, lorsque souvent les chagrins domestiques et la misère les atteignent, alors elles se livrent à ce funeste penchant, et c'est ainsi qu'on voit la combustion atteindre les femmes entre cinquante et quatre-vingt-dix ans. L'âge doit, en outre, exercer une autre influence en vertu des modifications qu'il apporte dans l'exhalation : nul doute que la peau n'absorbe et n'exhale moins entre cinquante et quatre-vingts ans, qu'à une époque antérieure, et que l'exhalation extérieure n'étant plus en rapport avec l'absorption intérieure, cette circonstance ne puisse exercer une influence sur les résultats de l'absorption. Mais une autre circonstance agit de la même manière et avec plus d'énergie : c'est le froid rigoureux de l'hiver. Sur onze cas où l'époque de la combustion est précisée, nous trouvons qu'elle a eu lieu en janvier, février, novembre et décembre principalement; une fois en mars, et une fois en juin; encore ajoute-t-on que, malgré l'époque avancée de l'année, le froid était assez intense. Or quelle cause plus puissante du défaut d'exhalation que le froid qui resserre la peau et les orifices de ses vaisseaux? N'est-ce pas sous l'influence de cette cause que se reproduisent une foule de maladies qui avaient disparu pendant les chaleurs de l'été?

Telles sont les prédispositions que le tableau précédent nous permet d'établir. Quant aux causes déterminantes, elles consistent dans l'approche plus ou moins immédiate d'un corps en combustion ; ce sera une chandelle, une lampe, une chaufferette, une pipe, un foyer souvent très peu actif dans une cheminée. Jamais il n'existe de rapport entre le foyer de la combustion et l'intensité de la brûlure.

Au moment de l'invasion, on a aperçu sur les individus soumis à l'influence de la combustion une petite flamme bleuâtre s'étendre peu à peu à toutes les parties du corps avec une rapidité extrême, ou se limiter à quelques unes. Dans tous les cas, cette flamme persiste jusqu'à la carbonisation et même l'incinération des parties brûlées. On a plusieurs fois cherché à l'éteindre avec de l'eau, mais sans y réussir ; on a touché les parties en ustion, et une matière grasse s'est attachée aux doigts en continuant à brûler. En même temps, une odeur des plus fortes et des plus désagréables, ayant quelque analogie avec la corne brûlée, se répand ordinairement dans l'appartement : c'est celle qui résulte de la combustion des matières animales ; une fumée épaisse, noire, s'échappe du corps en combustion, et vient s'attacher à la surface des meubles, sous forme d'une suie onctueuse au toucher, et d'une fétidité insupportable ; on sait que c'est principalement le produit de la combustion des corps graisseux. Dans beaucoup de cas, la combustion ne s'est arrêtée que lorsque toutes les chairs ont été réduites en cendres et les os, dit-on, tombés en poussière. (Il y a peut-être de l'exagération dans ces mots, car pour réduire en poussière des os, il faut une température très élevée : l'expression suie grasse rend mieux compte du résultat.) Ordinairement, les pieds et une portion de la tête ne sont pas brûlés ; et lorsqu'enfin la combustion est complétement achevée, on trouve sur le plancher un tas de cendre tellement petit que l'on conçoit difficilement qu'il puisse représenter la totalité du corps. Tout cela peut se produire dans l'espace d'une heure et demie. Il est assez rare de voir les meubles qui avoisinent le cadavre prendre feu ; et si l'on veut jeter un coup d'œil sur la colonne du tableau qui indique l'état des objets environnants, on verra que même des vêtements n'ont pas été endommagés ; les n⁰ˢ 6, 8 et 19 en donnent la preuve la plus convaincante. Hâtons-nous d'ajouter, pour ne pas émettre de faits exclusifs, que, dans quelques cas, le contraire a lieu, ainsi que l'attestent les n⁰ˢ 7 et 18.

Les combustions humaines spontanées ne seraient pas toujours générales : l'exemple suivant fera mieux connaître cette variété que toute espèce d'observation.

« Un prêtre nommé Bertholi étant monté en sueur dans une chambre pour s'y coucher, se fit placer un mouchoir entre les épaules et la chemise ; il se mit ensuite à lire son bréviaire. Quelques minutes après, un bruit extraordinaire et des cris ayant été entendus, les gens de la maison accoururent et trouvèrent Bertholi étendu sur le pavé, et environné d'une flamme légère qui s'éloignait à mesure qu'on approchait, et qui enfin se dissipa. Une lampe, auparavant remplie d'huile, était réduite à sec et sa mèche en cendres. Porté dans son lit et visité par un médecin, on trouva les téguments du bras droit presque entièrement détachés des chairs et pendants, de même que la peau de l'avant-bras ; ceux des côtés du tronc étaient fortement endommagés. Ces lambeaux furent enlevés et la main droite sacrifiée. La chemise du malade avait été réduite en cendres, ainsi que toute sa calotte ; cependant les cheveux et le mouchoir placés entre les épaules étaient intacts. Le malade, au moment de l'accident, avait ressenti comme un coup de massue qu'on lui aurait donné sur le bras droit, et avait vu comme une bluette de feu s'attacher à sa chemise et la réduire à l'instant en cendres. Le lendemain de l'accident, tout le bras droit était dans un état complet de sphacèle. Le surlendemain, la gangrène s'était emparée de toutes les parties brûlées, le malade était fatigué par des vomissements continuels ; en proie à une soif ardente, tourmenté par d'horribles convulsions, rendant des selles putrides et infectes, il avait en outre beaucoup de fièvre et de délire. Le quatrième jour il expira après un assoupissement comateux ; et durant ce sommeil on observa que la putréfaction faisait de tels progrès que déjà le corps exhalait une fétidité insoutenable. On voyait les vers qui en sortaient courir jusque hors du lit, et les ongles se détacher d'eux-mêmes des doigts de la main gauche. »

Enfin, [nous rapporterons une dernière observation qui, seule de son genre, nous paraît propre à fixer l'attention des médecins, non pour y croire, mais pour mettre en doute sa véracité. (*Nouvelle bibliothèque médicale*, t. IX, 1845, p. 600. — *Hecker's Annal*, 1825, t. II, p. 495.)

Marguerite-Frédérique-Catherine Heins, âgée de dix-sept ans, petite et délicate, mais jouissant d'une santé en apparence florissante, et bien réglée depuis l'âge de treize ans, quoique ses menstrues fussent accompagnées chaque fois de grandes incommodités, était affectée depuis longtemps de maux de tête et de vertiges qui finirent par l'obliger de quitter le service et de faire le métier de couturière.

Elle était occupée à coudre dans la soirée du 21 janvier 1825, lorsqu'elle sentit tout à coup une chaleur insolite dans tout le corps, éprouva une sensation de brûlure violente dans le doigt indicateur de la main gauche, au moment où elle voulait prendre un morceau de cire. Au même instant elle vit son doigt entouré d'une flamme bleue, dans l'étendue d'un pouce à un pouce et demi, laquelle répandit une odeur sulfureuse particulière. Des affusions d'eau, et une serviette mouillée dont le doigt fut enveloppé, ne purent rien contre cette flamme. Les doigts furent plongés dans l'eau à différentes reprises, et toute la main sembla alors être en feu. La malade se hâta d'aller chez elle, en enveloppant sa main dans son tablier ; le feu se communiqua à ses vêtements, mais la flamme ne fut visible qu'à l'obscurité. Arrivée chez elle, elle eut recours à du lait, dont elle fit des applications pendant toute la nuit, jusqu'à ce qu'elle réussît à éteindre la flamme. Cependant il lui resta dans la main une odeur sulfureuse qui se renouvela de temps en temps. Une saignée et quelques médicaments soulagèrent la malade ; néanmoins elle conserva une cuisson ardente dans l'avant-bras gauche, qui exhalait parfois l'odeur sulfureuse mentionnée.

Le 5 février, cette jeune fille entra à l'hôpital général de la ville (Hambourg). La face interne du métacarpe gauche était couverte à cette époque de petites cloches ; une grosse vésicule se montrait au doigt médius, et le lendemain on en voyait une autre au bout du doigt annulaire, dont la formation avait été précédée d'une cuisson violente dans la partie. Ces cloches se comportèrent absolument comme des cloches de brûlures ordinaires, à cela près que leur base présenta une teinte rouge plus foncée, et que leur marche ne fut pas aussi rapide, puisque leur développement complet durait ordinairement vingt-quatre heures. En frottant le doigt indicateur malade avec de la laine, on y déterminait une vive sensation de brûlure. L'appétit était médiocre, la soif intense, le pouls régulier, et la malade n'offrait d'autre phénomène morbide qu'une légère céphalalgie frontale. La nuit du 26 au 27 février fut bonne, seulement le sommeil fut interrompu par quelques tressaillements vers le matin. Point de cloches nouvelles ; mais la main gauche, dont la face dorsale et les doigts étaient douloureux au toucher, conservait une chaleur particulière. Le thermomètre placé sur cette main marquait 25° Réaumur, et seulement 17° dans la main droite. On fit sur la malade plusieurs expériences avec des matières combustibles, mais les résultats ne présentèrent rien de remarquable, et les meilleurs électromètres, approchés de la main affectée, pendant que la malade était placée sur l'isoloir, restèrent absolument insensibles. Le défaut d'appétit et l'amertume de la bouche furent les seuls symptômes généraux.

Le lendemain (28 février), diminution des accidents gastriques ; l'ardeur brûlante dans la main gauche est aussi très forte, et la température des deux mains la même que le jour précédent. La cloche du doigt annulaire a disparu, celle du doigt médian est au contraire plus enflée et douloureuse. La malade a eu quelques tressaillements.

1ᵉʳ *mars*. Même état. Des étincelles électriques tirées des bouts des doigts de la main gauche occasionnèrent de vives douleurs, le lendemain la cuisson du bout des doigts, surtout de l'index, fut plus intense, et l'agitation de la malade plus forte, mais il ne se forma pas de cloches. Du reste, même état.

3 *mars*. La nuit a été bonne, mais les douleurs des doigts continuent. Nouvelle cloche au côté interne de la première phalange du doigt indicateur.

4 *mars*. La chaleur de la main gauche est de nouveau de 6 degrés supérieure à celle de la main droite. Du reste, même état. Les règles paraissent le 5 pour la première fois après l'accident, mais elles n'apportent aucun changement à la situation de la malade.

8 *mars*. Les menstrues continuent ; tressaillements violents, ardeur brûlante dans la main gauche avec 24° Réaumur (17° dans la main droite). Plusieurs tressaillements pendant la nuit, accompagnés de cris. Le lendemain, cloche au petit doigt ; les règles paraissent encore.

19 *mars*. Léger catarrhe. Petite cloche au doigt index. Le reste est dans le même état.

1ᵉʳ *avril.* Il ne s'est rien passé de remarquable jusqu'à ce jour. Une douleur vive, manifestement rhumatismale, dans le bras gauche, exige l'application d'un vésicatoire.

5 *mai.* Point de phénomènes nouveaux. La fille, saine et bien portante, du reste, désire s'en aller, et elle sort de l'hôpital pour retourner à son ouvrage.

Ce cas est remarquable par l'absence des circonstances qui accompagnent communément les combustions spontanées, et par la conservation de la partie affectée.

Cette observation nous fournit-elle un exemple de combustion humaine spontanée, dans toute l'acception de cette dénomination? Nous ne le pensons pas; car la combustion a eu lieu le soir, lorsque la malade était à coudre, probablement auprès d'une lampe, d'une chandelle, etc. On ne dit rien de cette circonstance. Est-elle un exemple de combustion humaine spontanée du genre de celles qui sont rapportées dans cet article? Le début de l'affection semble l'indiquer; mais sa marche détruit ensuite toutes les présomptions que l'on aurait pu établir à ce sujet. En effet, qu'est-ce qu'une combustion spontanée qui se présente au bout de vingt-quatre jours de durée, avec les mêmes caractères qui, en résumé, sont ceux d'une brûlure ordinaire au deuxième degré? Les phénomènes curieux de cette observation se sont passés hors de l'hôpital. Le rapport de la malade n'est attesté par aucun médecin. Cette observation doit être prise en considération, mais elle ne me paraît pas suffisamment authentique pour que, d'après elle seule, on admette l'existence des combustions humaines *spontanées.* Nous sommes trop souvent trompés dans les hôpitaux pour accueillir avec une entière confiance tous les faits quelquefois merveilleux qui s'y racontent.

Tels sont les principaux phénomènes que présente la combustion humaine spontanée, autant qu'on a pu les recueillir de personnes étrangères à la médecine, venues pour donner des secours aux malades. Dans la grande généralité des cas, la combustion était totalement terminée, et l'on ne pouvait voir que ses résultats.

Quelques médecins ne voient rien que de fort ordinaire dans cette sorte de combustion humaine spontanée. Voici comment s'exprime Dupuytren dans ses leçons cliniques (*Lancette française,* février 1830, n° 97 et *Nouveau dictionnaire de médecine,* art. COMBUSTION HUMAINE SPONTANÉE, par Breschet) : « L'alcool, sous le rapport de son imbibition dans les tissus, n'entre pour rien dans le développement de la combustion. A une époque où les cadavres étaient rares, où il n'existait pas d'amphithéâtre public, j'ai souvent brûlé, à l'aide de quelques fagots, les débris de plusieurs cadavres disséqués. Le feu y était mis le soir, et le lendemain matin tout était consumé : j'avais soin d'y ajouter des parties graisseuses, et la combustion était d'autant plus active et plus prompte que ces dernières y existaient en plus grande quantité. Je ne connais pas, ajoute-t-il, d'exemple de combustion spontanée chez un individu maigre et sec ; tous, sans exception, étaient extrêmement gras. (C'est là une erreur commise par Dupuytren.) Si maintenant on porte toute son attention sur les phénomènes qui se manifestent à la suite d'une combustion spontanée; si l'on veut noter que la chambre dans laquelle elle a eu lieu est trouvée pleine de vapeurs épaisses, les murs recouverts de matière noire carbonisée; qu'ordinairement des ruisseaux de graisse couvrent le sol avec quelques cendres, et parfois quelques fragments osseux, et forment les seuls débris d'un corps naguère organisé, notre remarque obtiendra une nouvelle créance.

» Voici comment les faits doivent se passer le plus souvent. Une femme rentre chez elle après avoir pris une dose plus ou moins forte de liqueurs spiritueuses ; il fait froid, et pour résister à la rigueur de la saison, un peu de feu est allumé. On s'assied sur une chaise, une chaufferette placée sous les pieds. Au coma, produit par les liqueurs spiritueuses, vient se joindre l'asphyxie déterminée par le charbon. Le feu prend aux vêtements ; dans cet état, la douleur se change en une insensibilité complète. Le feu gagne, les vêtements s'enflamment et se consument ; la peau brûle, l'épiderme carbonisé se crevasse, la graisse fond et coule au dehors ; une partie ruisselle sur le parquet ; le reste sert à entretenir la combustion ; le jour arrive et tout est consumé. Voilà comment l'alcool a été cause occasionnelle de la combustion ; c'est en produisant le coma qu'il agit, et non pas par un prétendu amalgame avec nos tissus. » (Nous concevons comment l'état comateux de l'ivresse permet la combustion complète des vêtements et la brûlure que cette combustion peut produire en raison de la masse du combustible brûlé; mais on verra plus loin que l'explication donnée par Dupuytren pour l'entretien de la combustion par la graisse ne serait plus en rapport avec les lois physiques et chimiques connues, non plus qu'avec les expériences faites dans le but de démontrer la possibilité de cet entretien de la combustion par la graisse.)

Quant à la flamme bleuâtre qui l'accompagne presque toujours, voici comment s'exprime Dupuytren à ce sujet : « Il n'est personne qui, dans les chaleurs, n'ait observé ce phénomène. Lorsque la putréfaction est avancée, que les corps ont pris cette couleur livide et bleuâtre qui la caractérise, et qu'on entre le soir dans les amphithéâtres, on est frappé d'une lueur phosphorescente qui entoure et recouvre les cadavres, analogue à la phosphorescence que l'on remarque quelquefois sur la mer dans les chaleurs d'été. La plupart de ces corps appartiennent à des individus qui ne se faisaient pas faute de liqueurs alcooliques ; une auréole de combustion les entoure, et cependant, on n'a jamais observé dans ce cas de combustion spontanée. »

Nous avons retracé avec détail les idées du professeur Dupuytren, parce qu'elles appuient le mieux la première hypothèse émise sur la combustion spontanée. Mais voici comment s'exprime à ce sujet Breschet (*Nouveau dictionnaire de médecine*) : « L'expérience m'a appris bien souvent, dans nos amphithéâtres, que tous les cadavres mis au feu pour les détruire ne brûlent pas avec la même promptitude ; les sujets maigres, musculeux, jeunes, demandent beaucoup de combustible pour être incinérés, tandis que les sujets gras brûlent rapidement et à l'aide d'une très petite quantité de bois ou de tout autre combustible. »

Les flammes phosphorescentes des cadavres placés dans les amphithéâtres de dissection n'ont aucun rapport avec celles des combustions humaines spontanées, car elles ne donnent pas les mêmes résultats. Ce fait, dont l'existence ne peut être révoquée en doute, prouve même contre l'opinion de Dupuytren ; car avec le même phénomène, nous avons, dans un cas, une combustion de parties molles, et dans l'autre, la phosphorescence dans la combustion : c'est ce que l'on observe dans les cimetières. Il faut bien que le phénomène reconnaisse des causes différentes.

Marc, partant de cette donnée, que la substance combustible doit avoir la propriété de pénétrer avec facilité dans toutes les cellules et les vaisseaux de l'économie ; que les gaz inflammables sont les corps qui réunissent le mieux ces conditions, admet que sans leur secours on ne saurait expliquer la combustibilité. Il suppose donc qu'un gaz inflammable doit s'accumuler dans les cellules du tissu cellulaire, ainsi que la lymphe s'y accumule chez les hydropiques; et sans admettre comme préexistante toute la quantité de gaz nécessaire pour achever la combustion totale du corps, on peut supposer avec fondement, dit-il, que celle-ci se complète en donnant lieu à un nouveau développement gazeux qui s'effectue des parties enflammées surchargées d'hydrogène.

A l'appui de cette théorie, il cite les faits suivants : Morton vit sortir une flamme de dessous la peau d'un cochon, au moment de l'incision. Ruysch observa un fait semblable en approchant une lumière de l'estomac d'une femme qui pendant quatre jours avant sa mort n'avait pas pris de nourriture. Un boucher de Neufchâtel, ayant ouvert, en 1751, un bœuf qui, depuis quelque temps était très malade et très enflé, il s'échappa de la panse un jet de flamme qui s'éleva à plus de cinq pieds de hauteur. Ce gaz avait été allumé par l'approche d'une lumière que tenait une jeune fille. Enfin, le docteur Bailly a fait une expérience plus curieuse en présence des élèves, sur un cadavre extraordinairement emphysémateux. Chaque fois que l'on faisait une incision longitudinale, il se dégageait un gaz qui brûlait avec une flamme bleue. La ponction de l'abdomen en donna un jet qui produisit une flamme de six pouces de hauteur.

Marc rapporte en outre, d'après des auteurs dignes de foi, que plusieurs individus qui faisaient abus de l'eau-de-vie ont eu des éructations inflammables; et partant de cette donnée, que l'on ne peut nier le développement de gaz inflammables dans le corps humain, il doit aussi être permis d'admettre leur accumulation plus ou moins grande dans le tissu cellulaire, suivant qu'il est plus ou moins lâche; que par conséquent le tronc sera aussi le plus sujet à cette accumulation. Le corps humain rendu ainsi combustible, ce savant médecin admet la nécessité du voisinage d'un corps enflammant; mais comme la combustion spontanée a lieu d'une manière rapide et générale, il regarde comme insuffisant le voisinage d'un corps en combustion, tel qu'une chandelle, une lampe, etc. ; ce qui l'engage à admettre une disposition idio-électrique de l'individu, s'appuyant sur les faits bien connus du développement de l'électricité de certaines parties du corps de quelques personnes, pendant les froids rigoureux de l'hiver, soit en se peignant les cheveux, soit en ôtant un vêtement de laine ou de soie. Il suppose alors que l'étincelle électrique, une fois développée, parcourt tout le corps avec une rapidité telle, que les victimes n'ont pas le temps d'appeler du secours. Cette théorie repose donc sur deux faits principaux : le développement d'un gaz inflammable dans le tissu cellulaire ou dans les cavités du tronc, et un état idio-électrique, susceptible de produire spontanément la combustion de ces gaz. Or il ne peut pas y avoir de développement de gaz dans le tissu cellulaire sans un état emphysémateux ; cet état n'a jamais été noté, et les individus chez lesquels la combustion spontanée s'est manifestée étaient la plupart en parfaite santé. En supposant même que cette accumulation de gaz eût existé, il serait impossible de concevoir son inflammation dans les cellules du tissu cellulaire ; car la flamme ne peut pas pénétrer à travers une toile métallique, et à plus forte raison à travers les pores de la peau. Supposerons-nous sa sortie au moment de la combustion? il faudra alors admettre sa reproduction continuelle pour l'entretien de celle-ci. D'une autre part, la supposition d'un état idio-électrique est une complication d'hypothèse qui n'est pas justifiée par des faits. Enfin, la théorie nous paraît principalement basée sur la production gazeuse dont Morton et Ruysch ont constaté des exemples : eh bien, l'expérience de M. Bailly peut être répétée tous les jours sur les noyés devenus emphysémateux pendant les chaleurs de l'été. (Voyez l'observation rapportée à la fin de ce chapitre). C'est un effet purement cadavérique ; et en supposant qu'il pût être vital, nous déclarons que les pores de la peau sont tellement fins ou effacés par la distension de cette enveloppe, que ce tissu crève avec explosion plutôt que de permettre la sortie des gaz. C'est ce que l'on est à même d'observer à l'ouverture des cercueils, et c'est à cette cause qu'il faut attribuer des détonations survenues pendant des convois, quoique les cadavres fussent renfermés dans des cercueils de plomb. Si les gaz ne peuvent pas sortir, comment peuvent-ils alimenter la flamme?

Enfin, M. Julia Fontenelle a supposé qu'il existait, principalement chez les femmes, une diathèse particulière qui, jointe à l'asthénie qu'occasionnent l'âge, une vie peu active, et l'abus des liqueurs spiritueuses, peut donner lieu à une combustion spontanée. Que si, ajoute-t-il, l'alcool joue un rôle dans cette affection, c'est en donnant lieu aux causes précitées, c'est en produisant cette dégénérescence dont nous avons parlé, laquelle engendre de nouveaux produits très combustibles, dont la réaction détermine la combustion des corps. Cette explication est de nature à ne rien expliquer ; elle ne me paraît pas susceptible de discussion ; elle est du genre de celles que l'on admet en médecine quand le raisonnement devient insuffisant.

En résumé, quoi qu'il en soit de ces théories, quand on lit avec attention la généralité des faits que nous avons rapportés, on est frappé des particularités suivantes :

1° L'étendue et la profondeur des brûlures, comparativement à la très faible proportion de combustible qui a été employé à les produire.

2° La circonstance que les individus qui ont succombé à cette combustion avaient fait abus des liqueurs spiritueuses.

3° Que la combustion s'est généralement développée chez des femmes et rarement sur des hommes.

4° Que ces femmes étaient toutes âgées.

5° Qu'il y a toujours eu une cause accidentelle déterminante.

6° Que la combustion a été tellement profonde et complète dans quelques cas, qu'il n'est resté du corps que des cendres que l'on dépeint toujours avec le même caractère, c'est-à-dire, une sorte de suie noire et grasse.

7° Que la combustion, tout en s'opérant sur une masse de graisse et de chair, a généralement épargné autour d'elle les objets les plus inflammables.

8° Que la flamme, quand on a pu la voir, a été peinte sous les mêmes couleurs et avec ce caractère, qu'on ne pouvait l'éteindre.

Si tous ces phénomènes peuvent être expliqués comme des brûlures ordinaires, il n'y a pas à admettre de combustion spontanée dans le sens que nous attachons à ce mot. Mais si au contraire la physique et la chimie sont impuissantes à résoudre de tels problèmes, il faut alors invoquer d'autres forces et soulever des hypothèses qui rendent compte de ce phénomène extraordinaire. C'est ce qui a été fait jusqu'alors par la généralité des médecins, et c'est ce que nous avons fait nous-même.

Tel était l'état des choses, lorsqu'un procès célèbre, l'assassinat de la comtesse de Gœrlitz a de nouveau soulevé la question de la combustion humaine spontanée. (*Annales d'hygiène et de médecine légale*, t. XLV, p. 191.) Le 13 juin 1847, vers onze heures du soir, on découvrit le corps de la comtesse en partie consumé par le feu dans sa chambre, *au milieu de meubles incendiés.* Le mémoire du docteur Siebold, auquel nous empruntons les faits suivants, se termine par la supposition d'une combustion humaine spontanée, et c'est à regret que nous ne reproduisons pas les considérations dans lesquelles il entre pour asseoir sa manière de voir. Il fut suivi d'un rapport fait par le docteur Graff au nom du collége médical du grand-duché de Hesse, le 14 juillet 1848 ; d'une consultation médico-légale par les docteurs Graff et Büchner ; d'un avis du collége médical sur ce rapport ; d'un rapport des experts-jurés, MM. T. Bischoff, Büchner, Graff, Hohenschild, Leidecker, de Liebig, Merck, Rieger et de Siebold, en mars 1850 ; enfin, de considérations sur la combustion humaine spontanée par le professeur de Liebig.

Nous n'avons pas à nous occuper directement du fait de la comtesse de Gœrlitz. Il est évident pour nous qu'il n'y avait pas eu de combustion spontanée ; mais le mémoire du professur Bischoff a tranché *à coups de cravache*, que l'on me passe cette expression, la question de savoir s'il existe ou s'il n'existe pas de combustion humaine spontanée, et, sans suivre les mêmes errements, nous tenons à prouver que ce n'est pas par de pareils moyens que l'on porte la conviction dans l'esprit des hommes consciencieux. Que dans les sciences, alors même que l'on combat des erreurs, il faut le faire avec convenance, et qu'après tout, M. Bischoff n'a pas dit le dernier mot dans la question dont il s'agit ; les raisonnements fondés sur l'observation et les données scientifiques sont les seuls moyens qui puissent avoir quelque autorité dans les sciences. M. Bischoff eût-il donc dix fois raison, scientifiquement parlant, qu'il aurait encore le tort de l'inconvenance du langage. Il faut lire le rapport de M. Bischoff pour comprendre quelle réserve nous apportons dans ces observations. Au contraire, nous suivrons avec plaisir toutes les objections qui ont été faites par le professeur Liebig, qui a reproduit les données de la science dans les formes les plus convenables. Voici l'exposé des faits relatifs à l'état du corps de la comtesse de Gœrlitz ; nous les reproduisons ici, précisément pour leur emprunter les différences qui existent entre une combustion profonde, mais accidentelle, avec une combustion spontanée.

Mémoire du docteur Siebold, 2 avril 1848.

Comme j'ai eu l'honneur de dire de vive voix que ma conviction était que la mort de la comtesse de Gœrlitz , d'après les détails connus , devait être le résultat d'une combustion spontanée, je me bornerai à ajouter ici quelques développements à l'appui de ma manière de voir. Pour éviter tout malentendu, je ferai remarquer que, par l'expression de combustion spontanée, je n'entends pas le suicide par le feu, mais cette combustion qui , étant le produit d'agents internes et externes inconnus , consume totalement ou en partie les personnes qui y sont prédisposées.

Cette combustion spontanée, en raison de la rareté des faits, est peu connue, et les jurisconsultes , ignorant ce qui a été écrit à ce sujet, pourraient en douter et même la nier ; aussi je crois opportun d'en citer les exemples les plus importants :

1. L'existence de la combustion spontanée est constatée par un nombre suffisant d'observations authentiques. Je renvoie les incrédules au livre de H. Kopp , *Exposé et recherches sur la combustion spontanée du corps humain au point de vue médico-légal* (Francfort, 1811) ; au *Manuel* de M. Friedreich *sur la médecine légale* (Ratisbonne, 1844) ; ainsi qu'au Mémoire publié dans le *Journal périodique de médecine légale de Henke* (vol. VII, 1837, Erlangen), dans lequel on trouve plusieurs cas de combustion spontanée relatés au point de vue de la médecine légale. Ces publications et plusieurs autres corroborent notre avis. Nous inviterons encore nos lecteurs à se reporter à l'article de M. Devergie sur la *Combustion humaine spontanée*, dans le *Dictionnaire de médecine et de chirurgie pratiques* (Paris, 1834).

2. Cet article contient dix-neuf cas de combustion spontanée, seize femmes et trois hommes. La majorité des femmes avait plus de cinquante ans ; elles étaient grasses, et adonnées à une vie de paresse. Il existe néanmoins des exemples observés chez des personnes maigres. Dans un de ces cas, on trouva presque la totalité du corps consumée.

3. Il a été constaté pour seize , des dix-neuf cas cités, qu'il y avait eu abus de liqueurs alcooliques. Trois cas seulement ne présentaient pas cette circonstance. On connaît aussi des cas où il n'y avait pas eu emploi de semblables liquides.

4. Dans les faits de combustion spontanée, on a observé que tantôt il n'y avait qu'une petite partie du corps atteint : une couturière , âgée de dix-neuf ans , vit une flamme bleuâtre de 3 centimètres de hauteur s'échapper de son index gauche, et ne s'éteindre qu'au bout de vingt-quatre heures, ayant laissé une brûlure superficielle ; tantôt la plus grande partie du corps , ou le corps tout entier a été consumé : dans ces derniers cas , les parties du corps atteintes étaient ou carbonisées, ou converties en une masse cornée, ou même réduites en cendres.

5. Quant à la nature et à l'origine de la combustion spontanée, la science n'émet que des hypothèses.

6. On ne sait pas encore d'une manière positive si ce phénomène se produit par le contact du feu, ainsi que le pensent la majorité des auteurs, ou bien sans ce contact.

7. Il est constant que la majeure partie du corps a pu être consumée en une heure et demie ; qu'on a pu voir dans quelques cas la flamme ressembler à celle que donne en brûlant l'alcool. Elle n'avait jamais plus de 1 pouce 1/2 de hauteur, s'étendait avec une grande rapidité, et ne s'éteignait qu'après la complète carbonisation ou incinération des parties atteintes. L'eau ne paraissait pas l'éteindre , mais bien plutôt l'alimenter.

8. On a encore observé que des objets très inflammables , et se trouvant très près du corps qui brûlait , avaient été épargnés , tandis que des

vêtements, des chaises, des tabourets, etc., s'enflammaient et étaient consumés.

9. On trouve aussi un enduit graisseux particulier sur les murailles et les meubles des chambres dans lesquelles une combustion spontanée a eu lieu.

10. Et enfin, dans tous les cas où la combustion spontanée n'avait eu lieu qu'avec le concours d'un feu ordinaire, on a trouvé proportionnellement les effets de ce dernier très faibles.

Ceci étant posé, je passe aux observations que j'ai personnellement recueillies relativement à la mort tragique de la comtesse de Gœrlitz.

J'arrivai dans la maison du comte de Gœrlitz le 13 juin 1847, à onze heures du soir, aussitôt après l'incendie. Je ne trouvai pas le cadavre de la comtesse dans la chambre où avait eu lieu l'accident, et où je me rendis d'abord. Dans l'antichambre, sur les escaliers, dans les corridors, il y avait beaucoup de monde ; et dans la chambre incendiée, plusieurs personnes étaient occupées à briser un secrétaire en grande partie brûlé, et qui venait d'être éteint. En entrant dans cette chambre qui était pleine de fumée, je fus saisi d'une odeur toute particulière qui provoqua la toux, et me causa un sentiment de suffocation que je n'avais jamais éprouvé, quoique j'eusse assisté à des incendies où le feu consumait des meubles, des objets de literie, des animaux, etc.

Lorsque je fus conduit dans la chambre où l'on avait porté la comtesse, je ne pus en croire mes yeux à l'aspect de la brûlure que j'avais devant moi. La comtesse, qui n'était plus qu'un cadavre, était étendue sur un lit, la tête, le cou, la partie antérieure du thorax, et les extrémités supérieures depuis l'extrémité des doigts jusqu'à l'épaule, horriblement brûlés, tandis que les vêtements, qui couvraient la partie inférieure du corps, ne portaient aucune trace de combustion.

N'ayant été appelé que pour donner des soins médicaux en présence du comte et du docteur Stegmayer, médecin de la maison, qui était arrivé avant moi, je ne pouvais me livrer à un examen détaillé du cadavre ; néanmoins, pendant le peu d'instants où je pus l'observer, je remarquai ce qui suit :

1° La tête, méconnaissable, était réduite au volume des deux poings, et était partout également brûlée. Les débris présentaient une coloration brun foncé, d'un brillant gras comme un enduit de vernis.

2° Le cou, comme la tête, était brûlé dans toute sa circonférence, avait le même aspect, mais paraissait avoir moins perdu de son volume que la tête.

3° La brûlure s'étendait aussi loin que je pus voir le dos de la victime sans retourner le cadavre.

4° A la partie antérieure du corps, la brûlure se prolongeait sur le thorax, presque jusqu'au creux de l'estomac ; de là, elle se dirigeait en forme d'arc du côté de la poitrine, en remontant, de telle façon que les vêtements qui étaient intacts se trouvaient presque à la même hauteur que les parties non brûlées du corps.

5° A la partie inférieure de la poitrine, au point où la brûlure était limitée par la peau, celle-ci faisait, au niveau de la partie brûlée, une saillie d'environ 1 pouce, et était légèrement carbonisée vers ce bord. Au-dessus de ce point et en avant, les vêtements et les parties du corps, excepté le sternum, les clavicules, les côtes et les intercostaux, étaient si uniformément brûlés, qu'on aurait pu croire que la peau des seins et les muscles de la poitrine avaient été enlevés avec le couteau. Sur cette surface brûlée, les parties charnues, et surtout les muscles intercostaux, avaient une couleur brun foncé ; mais elles étaient moins luisantes que la tête, et l'on pouvait les distinguer des parties osseuses de cette région qui avaient un aspect gris noir.

6° Les deux bras paraissaient (dans la partie que la position du cadavre me permettait d'observer) carbonisés d'une manière uniforme, depuis le bout des doigts jusqu'à l'épaule, mais les tissus n'étaient pas méconnaissables ; ils étaient seulement plus foncés que les autres parties brûlées, et tout à fait noirs.

7° Tous les doigts étaient fortement fléchis ; les deux mains l'étaient à un degré moindre. L'avant-bras droit était fléchi sur le bras, de manière à former un angle droit avec celui-ci ; la flexion était moins prononcée du côté gauche.

8° La tête de l'humérus gauche, qui avait perforé le ligament capsulaire et le muscle deltoïde, faisait une saillie de 3 pouces environ directement en haut. Je ne trouvai pas de parties molles carbonisées sur la partie saillante de cet os ; mais au-dessous de l'épaule, l'avant-bras et l'humérus gauches étaient recouverts de parties molles carbonisées.

9° Les deux bras, qui étaient encore attachés au thorax, n'en étaient que peu écartés, le droit un peu en avant, mais le gauche directement en arrière.

10° Les avant-bras, quoique plus écartés, n'étaient qu'à un pied de cette partie du corps, qui était recouverte par les vêtements non brûlés.

J'ajouterai que j'ai soumis ces remarques, faites auprès du cadavre de la comtesse, au docteur Stegmayer, qui les a amplement approuvées.

Il me reste à mentionner certains détails qui pourront jeter quelque lumière sur la véritable cause de ces faits. Ainsi il n'est pas sans intérêt de savoir qu'après l'incendie, on n'a pas retrouvé les clefs de la chambre dans laquelle était la comtesse. Les clefs de l'antichambre et d'une porte vitrée qui, de l'antichambre, donne sur le corridor, avaient également disparu.

La comtesse avait l'habitude de fermer ses portes, et d'en retirer les clefs lorsqu'elle restait chez elle, ce qui lui arrivait souvent. Après la mort de la comtesse, le 2 novembre 1847, le lendemain du jour où le comte prévint ses domestiques qu'une enquête judiciaire serait faite, on parla d'un empoisonnement qui aurait eu lieu dans la maison du comte. Un domestique de celui-ci est accusé d'avoir profité d'une courte absence de la cuisinière pour jeter quelque chose dans une sauce destinée au comte. La couleur verdâtre de cette sauce excita les soupçons de la cuisinière, qui s'empressa de faire connaître le fait. On trouva dans la sauce une grande quantité de vert-de-gris. Presque en même temps, ce domestique fut l'objet d'une enquête judiciaire, parce qu'on trouva chez des parents de cet homme habitant loin de la capitale des bijoux ayant appartenu à la comtesse.

Le soir, vers huit heures, lorsque le feu était dans la maison du comte, on vit une épaisse fumée s'échapper d'une cheminée ; mais on ne sait pas si cette fumée sortait de la cheminée placée au nord où de celle qui est au midi ; celle-ci correspondait aux chambres de la comtesse au deuxième étage, tandis que celle du nord desservait l'étage au-dessous, et dans la partie nord-ouest de la maison où était la chambre de ce domestique. Dans le foyer de son poêle, on trouva, quelques jours après l'incendie, quelques boîtes d'allumettes pleines et carbonisées. Vers les huit heures du soir, le jour de l'événement, on vit, de la maison située vis-à-vis celle du comte, et au sud, dans la chambre de la comtesse, une flamme vive pareille à celle qui s'échapperait d'un âtre ; cette lumière dura environ un quart d'heure. Dans la même direction correspondant à cette flamme, et à l'angle nord-ouest du cabinet, il y avait un divan, dans la partie moyenne duquel on trouva un trou d'environ 1 pied 1/2 produit par le feu qui avait consumé l'étoffe, le crin et la zostère, jusqu'aux sangles. Ce foyer ne fut découvert et éteint qu'à minuit. C'est au pied de ce divan qu'on trouva le soulier de la comtesse, qui manquait lorsqu'on la transporta dans la chambre voisine. Le cordon de la sonnette, dans la chambre de la comtesse, fut trouvé arraché, et gisant par terre au-dessous du lieu où il était fixé.

Je dois ajouter que la chambre de la comtesse a 183 pouces de longueur, 166 de largeur et 160 de hauteur. Cette chambre a deux portes, dont l'une donne, à l'est, dans le cabinet dans lequel se trouvait le soulier, et l'autre, au nord, sur l'antichambre.

Le cabinet, plus petit que la chambre, n'a qu'une fenêtre au midi, ainsi que la chambre dont la fenêtre, exposée à l'ouest, donne sur la cour de la maison et les dépendances. Entre cette croisée et la porte de l'antichambre, à droite en entrant et à l'angle nord-ouest de la chambre, il y avait un secrétaire qui était en partie rempli d'objets combustibles. À l'angle nord-est de la chambre, il y a un petit poêle de faïence qui s'allume dans la chambre. Dans l'angle sud de la chambre, obliquement en face du secrétaire et à distance de 12 pieds il y avait un sofa recouvert en indienne; au-dessus de celui-ci était accrochée une glace, dont le verre avait au moins un quart de pouce d'épaisseur.

La comtesse a été vue à trois heures du soir pour la dernière fois; elle était bien portante. Le domestique soupçonné n'a pu se trouver dans la chambre de la comtesse, ou dans le cabinet attenant, que de quatre à quatre heures et demie du soir, ou bien vers huit heures.

On est entré dans la chambre de la comtesse à quatre heures du soir, en brisant la porte qui conduit de l'antichambre à cette pièce. En ouvrant cette porte, on aperçut le secrétaire qui brûlait, mais qui ne s'enflamma qu'à cet instant, communiquant le feu aux rideaux de croisée avec une telle violence qu'on en vit voler des parcelles par la chambre lorsqu'on ouvrit les fenêtres. Le cadavre de la comtesse fut trouvé à quelques pas de la porte d'entrée, gisant par terre auprès du secrétaire : le corps dirigé vers la fenêtre, les jambes vers le cabinet ; les deux extrémités inférieures se touchaient, et étaient légèrement fléchies, les jambes sur les cuisses, et celles-ci sur le bassin. La chemise et les vêtements étaient relevés jusqu'aux genoux de l'une des jambes. Le tronc était couché sur le flanc, les bras légèrement tendus.

Aussitôt la porte ouverte, le cadavre fut transporté de la chambre incendiée sur le carré, et de là dans la chambre à coucher, exposée à la partie nord-ouest de la maison. Un témoin, qui prêta son assistance, déclara devant le magistrat qu'ayant pris le cadavre sous les bras pour le soulever, il lui sembla qu'à cet instant l'os du bras sortit de l'épaule, et qu'il lui resta dans la main une masse molle et grasse.

Sur le secrétaire, la tablette qui sert à écrire, les tiroirs du bas et du haut étaient presque complétement consumés ; ceux du bas plus que les autres. Le battant du secrétaire et les deux parties latérales, ainsi que quelques petits tiroirs de la partie supérieure, n'étaient brûlés qu'en partie, de sorte que le secrétaire n'avait pas perdu de sa forme.

Le parquet était brûlé devant et sous le secrétaire sur une surface de 1 pied 1/2 environ et jusqu'aux lambourdes, de sorte que celles-ci commençaient à brûler.

La glace, fixée au-dessus du sofa, était fendue en plusieurs endroits, et sa surface était recouverte d'une matière dont la couleur, d'un fond rouge

foncé, ressemble, suivant la déposition d'un peintre distingué, M. Lucas,
à celle qu'on extrait du crâne des momies, et qu'on appelle *la momie*. Le
même enduit recouvre encore la glace, de telle façon que le verre n'est
visible que dans les parties où l'on avait enlevé cette matière avec le doigt
pendant qu'elle était encore molle. Elle est actuellement desséchée et adhérente à la surface de la glace, où elle s'est déposée lorsque l'atmosphère
de la chambre en était chargée. On y distingue à la loupe une quantité de
petits points noirs, qui ne sont visibles à l'œil nu que lorsqu'on observe la
glace horizontalement. Je ne sais s'il existait une semblable matière sur
les autres meubles de la chambre ; mais dans le cabinet où se trouvait le
divan incendié et le soulier, un tableau à l'huile placé au-dessus du divan
était tellement recouvert de cette matière, que la couleur avait disparu.
Enfin on trouva sur l'indienne qui recouvrait le sofa de la chambre, et sur
la chaise qui était près du secrétaire, des traces d'incendie ; les pieds de
la chaise étaient légèrement carbonisés.

Insistons maintenant sur les caractères différentiels des combustions dites spontanées comparées aux combustions ordinaires.

Certes, les exemples sont nombreux de personnes chez lesquelles le feu a pris par accident aux vêtements qu'elles portaient. Chez toutes, il en est résulté des brûlures très étendues,
mais plus ou moins superficielles, et cependant ces personnes
succombaient assez rapidement aux suites de leurs brûlures,
parce qu'il est connu de tout le monde que les brûlures sont
d'autant plus graves qu'elles ont plus de surface. Mais en est-il
qu'on ait trouvées brûlées, parfaitement carbonisées, si l'on ne
veut pas admettre l'incinération, de telle sorte qu'il ne reste plus
qu'une portion des extrémités et qu'un squelette, ou même quelques os à l'état de cendres brunes et onctueuses. Nous le demandons à tout observateur consciencieux, existe-t-il dans la science
des faits de ce genre? Certes, on trouvera des résultats analogues
à ceux des combustions dites spontanées, lorsque la masse du
combustible brûlé sera en rapport avec les parties brûlées. Ainsi,
dans l'affreux accident arrivé sur le chemin de fer de Versailles
(rive gauche), les corps dont nous avons judiciairement constaté
l'état avec Ollivier (d'Angers) avaient presque tous été retirés
du milieu de masses de combustibles consumés ; dans l'affaire
de la comtesse de Gœrlitz, on répète à titre de contrôle une combustion en faisant brûler 125 livres de bois (poids allemand, environ un quart en trop), et l'on arrive à produire des effets semblables à ceux observés sur le cadavre de la comtesse. Mais il
avait fallu 94 livres (de France) de bois pour opérer cette combustion partielle du corps. Comparez donc ce résultat avec la
brûlure des effets qui servent à vêtir le corps d'une malheureuse

femme, et qui suffisent à opérer la combustion presque totale du corps sans brûler eux-mêmes en totalité ! C'est là un cachet tout spécial des combustions qui nous occupent dans les cas que la science a enregistrés. C'est le défaut absolu de rapport entre le foyer et le résultat de la combustion : ici c'est une simple lampe dont on retrouve encore la mèche ; là on ne voit qu'un vase dans lequel on met de la cendre chaude ; ailleurs, deux petits tisons dans une cheminée : il ne s'agit pas là de masses de bois en combustion !

Un autre fait capital, c'est l'isolement de la combustion au milieu de corps combustibles. Ainsi, dans l'affaire de la comtesse, nous voyons, au contraire, un secrétaire carbonisé, c'est le siége de l'incendie ; le plancher en feu ; des bougies stéariques ont fondu, quoiqu'elles fussent à vingt-sept pieds ; plusieurs chaises, *plus éloignées* que le cadavre du foyer de l'incendie, ont pris feu ; le cadre de la glace, qui était à une distance de seize pieds, s'échauffa tellement qu'on ne pouvait y tenir la main. En un mot, la chaleur développée a été telle, qu'elle a opéré dans le foyer de l'incendie la fusion des métaux, de l'or, de l'argent, du fer. La plupart de ces métaux, disent les experts, ne fondent qu'à une température de 1,000 degrés, tandis que 3 à 400 degrés suffisent pour brûler des matières animales, c'est-à-dire, ainsi que le fait remarquer M. Marck, la température de la fusion du plomb.

Ces raisonnements sont très logiques au point de vue de la démonstration de ce fait, que la comtesse de Gœrlitz n'a pas succombé à une combustion spontanée ; mais ces raisonnements mêmes vous condamnent, messieurs les experts, quand on les oppose à l'opinion que vous soutenez *d'une manière générale*, à savoir, que la combustion humaine spontanée est une invention de l'ignorance, de la légèreté, de la prévention et de la crédulité. Voyez, en effet, dans quelles conditions se trouvent les sujets morts de combustion humaine spontanée. Ici c'est le plancher sur lequel repose le corps qui est à peine carbonisé ; là c'est une femme dont le corps brûle en presque totalité ; la chaise sur laquelle elle était assise n'a qu'une de ses parties à peine carbonisée. Ailleurs, un écran en papier est auprès du corps, il n'a pas même pris feu ! Et cependant, dans tous ces cas, on voit dans la chambre toutes les poutres, les plafonds, les planchers noircis par une matière brunâtre infecte. Dans le cas que j'ai cité, où cette combustion si considérable du corps avait eu lieu, c'était dans un petit cabinet de planches, de cinq à six pieds de large sur huit à neuf pieds de long, que ce corps avait brûlé, et cependant les deux petits rideaux de mousseline des deux fenêtres qui donnaient sur le corridor étaient intacts. C'est en comparant ces faits, qui, dans leurs rapports, coïncident tous entre eux, que l'on est conduit à se demander si c'est là une combustion ordinaire. Mais poursuivons.

Dans toutes les observations qui sont rapportées avec quelques détails et auxquels on peut, par conséquent, accorder une certaine confiance, on trouve cette circonstance, que les sujets faisaient abus de liqueurs spiritueuses. La femme dont il est fait mention dans les Actes de Copenhague, faisait depuis trois ans abus des liqueurs spiritueuses au point de ne vouloir plus d'autre nourriture. Depuis un an elle avait à peine passé un jour sans boire au moins une demi-pinte de rhum ou d'eau-de-vie d'anis. La femme Millet était sans cesse ivre ; madame de Boiseon ne buvait depuis quelques années que de l'eau-de-vie ; Marie Jauffret était très portée à la boisson ; mademoiselle Thuars était également fort adonnée aux liqueurs spiritueuses.

Cette coïncidence est fort remarquable. Est-il à supposer qu'elle a été inventée ? Nous ne le pensons pas, et nous ne saurions admettre avec M. Bischoff, que le curé du lieu ait parlé bien haut de cette circonstance afin d'en faire le texte de son sermon , car dans tous les faits détaillés elle est reproduite dans des termes tels, qu'on ne peut la mettre en doute. En rapprochant cette condition si commune des deux précédentes , on a été naturellement conduit à se demander si l'alcool, matière essentiellement inflammable, ne jouait pas un certain rôle dans cette combustion si facile du corps : c'était la pensée la plus naturelle qui dût naître de ce rapprochement. Alors sont nées des théories que les données précises de la physique et de la chimie tendent à repousser ; mais la chimie et la physique raisonnent avec le laboratoire de chimie et ne raisonnent pas avec le laboratoire de la vie. Or, à cet égard, la chimie n'a pas tout dit quand elle a parlé, et nous démontrerons qu'il est possible de rétorquer ses arguments.

Enfin, rappelons ce fait, que des exemples de combustion humaine spontanée ont presque tous été observés sur des femmes grasses et âgées : deux conditions qui expliquent une combustion plus facile.

Ceci posé, on nie la combustion humaine spontanée, et voici les arguments que MM. Bischoff et Liebig font valoir en faveur de leur opinion, qui est exposée d'une manière tellement absolue, que la combustion humaine spontanée doit *disparaître du cadre de la science.*

M. Bischoff établit d'abord qu'en présence de l'impossibilité où l'on s'est trouvé il y a cent cinquante ans d'expliquer une combustion si considérable du corps, par rapport à si peu de combustible, on a créé l'hypothèse d'une combustion spontanée alors qu'on aurait dû se borner à dire : *Nous ignorons de quelle manière cet homme a brûlé.* Mais il y avait quelque chose de plus : c'était le fait d'une combustion inexplicable par des corps comburants et dans laquelle la disproportion entre la cause et l'effet était flagrante. Il fallait donc admettre une combustibilité plus grande du corps, combustibilité surnaturelle, qu'on l'appelât spontanée ou autrement, ou bien il fallait déclarer les faits de toute fausseté. Cela est si vrai, que MM. Bischoff et Liebig ne trouvent pas d'autre moyen ; ils déclarent faux et mal observés tous les faits de combustion spontanée ; et, pour preuve, ils ajoutent qu'aucun homme instruit et capable d'apprécier et d'observer un fait n'a vu brûler le corps ! Mais permettez : Deux hommes passent la nuit ensemble dans une même chambre ; il est matériellement démontré que personne autre n'y a pénétré ; l'un des deux hommes est vivant le matin, l'autre y est trouvé assassiné : qui donc a tué ce dernier, s'il vous plaît ? Cependant vous ne l'avez pas vu. Eh bien, une femme rentre le soir, en hiver, dans sa chambre ; elle n'a pour tout feu qu'un peu de cendre chaude dans un gueux ; le lendemain, son cadavre n'est plus qu'un squelette réduit, dans plusieurs points, à l'état de cendres ou suie grasse ; ses vêtements et elle ont seuls brûlé, alors que si vous eussiez pris cette femme après la mort et que vous eussiez cherché à la réduire en charbon, il vous aurait fallu peut-être 300 livres de bois. Et vous ne voulez pas que nous appelions cette combustion d'un nom qui la distingue d'une combustion ordinaire ? Vous préférez que nous disions que le fait est faux, parce que la physique ni la chimie ne rendent pas compte de ce phénomène.

Mais nous, médecins, nous n'admettons pas ce raisonnement, et nous vous disons, à notre tour : Prouvez-nous que ces faits sont faux, que toutes ces narrations ont été inventées comme on invente aujourd'hui tous les jours dans les journaux. Toutefois, prenez-y garde, le journalisme, il y a cent cinquante ans, n'était pas ce qu'il est aujourd'hui. D'ailleurs, ce n'est pas seulement dans des journaux quotidiens que les faits sont consignés, c'est dans des journaux d'académies, c'est au sein de sociétés que certains faits ont été reproduits et discutés : or il y a cent cinquante ans on observait ; car, à une époque bien plus reculée, Hippocrate observait tout aussi bien que nous et plus judicieusement que beaucoup d'entre nous. Ainsi, votre premier argument n'a pas de valeur.

Vous avez grand soin de prendre le fait le plus superficiellement raconté pour appuyer votre opinion ; ce peut être adroit, ce n'est pas logique. Vous vous emparez d'un puff du *Journal des Débats* pour faire ressortir votre manière de voir, et à propos de ce puff, vous faites intervenir le préfet de police et les opinions d'hommes fort éclairés, sans doute, mais en chimie et en physique (MM. Pelouze et Regnault); alors il vous est facile de placer l'hypothèse de la combustion humaine spontanée sur le même rang que la pierre philosophale, les pratiques de la sorcellerie, le magnétisme animal, etc.

Ceci posé, MM. Bischoff et Liebig abordent le champ des hypothèses dont, pour ma part, j'ai toujours fait bon marché ; ils les réfutent victorieusement à l'aide de raisonnements scientifiques : c'est sur le terrain de la science que je me plais à les suivre. Personne aujourd'hui ne croit aux combustions spontanées proprement dites, c'est-à-dire, sans cause occasionnelle, et MM. Bischoff et Liebig nous rendent la justice d'avoir fait sentir que dans l'exemple du prêtre Bertholi, qui a été un des principaux faits invoqués à l'appui de cette opinion, il y avait une lampe qui brûlait près de son lit. Nous en dirons autant du cas de cette jeune fille chez laquelle se développèrent des ampoules aux doigts, avec apparition de flammes bleuâtres ; nous avons fait de cette observation le cas qu'elle mérite.

Quant aux autres faits de combustion spontanée avec cause déterminante, il faut, dit M. Liebig, « prouver que l'état morbide, et on l'admet, existe en réalité, et que les personnes brûlées se sont trouvées en cet état ; rien de tout cela n'a été fait : on n'a pas indiqué les symptômes qui sont propres à cet état. » Ce raisonnement n'est pas juste. Quoi ! parce que nous ne pouvons rattacher un phénomène à un état morbide, l'état morbide n'existerait pas? Mais, malheureusement, ce sont des lacunes qui sont encore trop nombreuses dans la médecine. Est-ce que tous les jours on ne rattache pas à des états morbides inconnus autrefois des phénomènes dont on ne pouvait pas se rendre compte? Et de ce que la physique et la chimie ne peuvent pas aujourd'hui expliquer la combustibilité insolite des tissus dans la combustion spontanée, qui vous dit que demain vous, monsieur Liebig, vous ne découvrirez pas un fait scientifique qui justifiera son existence?

Mais poursuivons les arguments mis en avant par M. Liebig, et discutons-en la valeur. « Quant à ce qui concerne le combustible dont on dit la quantité insuffisante, c'est une supposition très incertaine, *car le feu qui est la cause de la mort et de la brûlure* a la propriété de consumer *la matière qui l'alimente*, de sorte que celle-ci ne reste pas invariable dans sa forme, comme un couteau qui vient de tuer un homme. » En d'autres termes, M. Liebig suppose deux choses : 1° que la quantité de combustible étant inconnue, on ne peut pas juger quelle a été l'influence de ce combustible sur la combustion; 2° qu'une fois la combustion commencée, le combustible ayant trouvé dans la graisse un aliment à cette combustion, la graisse s'est ajoutée au combustible pour accroître la cause efficiente de la combustion. Les faits répondent à la première supposition. Que M. Liebig prenne le corps d'une femme avec ses vêtements; qu'à l'aide d'une chandelle, d'une lampe, il mette le feu aux vêtements : s'il obtient une combustion du corps semblable aux faits cités, nous nous rendons à cette expérience et à son raisonnement. Mais nous voyons, au contraire, que dans l'expérience faite pendant le procès de la comtesse de Gœrlitz, il a fallu 94 livres pesant de bois pour brûler à peine le quart du poids du corps de la comtesse; donc il aurait fallu quatre fois plus de combustible pour brûler le corps entier, soit 376 livres, mettons même 300 livres seulement. Y a-t-il quelque comparaison à établir entre ces 300 livres de bois et les vêtements d'une femme en hiver?

Quant à la seconde explication de M. Liebig, j'y réponds avec ses propres arguments. Lorsqu'il veut prouver que la théorie qui a pour base l'imprégnation des tissus par l'alcool absorbé est fausse, que dit-il? « La présence de l'eau-de-vie *ou de la graisse* ne peut pas communiquer au corps humain une combustibilité qu'il ne possède pas par lui-même; pour brûler le corps dans cet état, il faut la présence du feu *continuant à agir sur le corps, lorsque l'alcool ou la graisse ont été consumés.* » Et plus loin : « Ces substances animales brûlent difficilement à cause de l'eau qu'elles contiennent, qui, à l'état frais, est pour la chair *et les parties* molles du corps dans une proportion de 75 pour 100, et dans le sang, de 80. Or l'eau est contenue dans ces parties comme dans une éponge à pores très fins ; elle ne peut donc pas à l'air libre et au contact du feu le plus ardent, dépasser le degré de température où elle entre en ébullition ; mais cette température est loin d'être assez élevée pour enflammer la substance animale. Il faut à la graisse 350 degrés, un peu plus du quadruple de la température de l'eau bouillante. » —D'où nous devons tirer la conclusion que, contrairement à ce que disait plus haut M. Liebig, « la graisse reste, à l'égard de la cause comburante, invariable dans sa forme comme *un couteau qui vient de tuer un homme* », et qu'elle ne servirait pas d'aliment au feu. (C'est la conséquence des assertions de M. Liebig, ce n'est pas notre manière de voir que nous exprimons ici.) Dès lors, l'argument tiré du peu de rapport entre la cause comburante et les effets de la combustion reste tout entier, et M. Liebig n'y a pas répondu.

C'est ici le lieu de voir si M. de Liebig combat l'hypothèse de la combustion spontanée considérée comme une conséquence de l'abus des boissons alcooliques. A cet égard, on a varié dans l'explication des faits. Dans une de ces théories, on considère l'imbibition des tissus par l'alcool comme cause de la combustion ; mais tout médecin un peu versé dans l'étude des sciences physiques rejette cette théorie comme cause absolue ; aussi M. Liebig n'a-t-il pas de peine à la réfuter.

Tout le monde sait, en effet, qu'un tissu imbibé d'alcool ne sert que de conducteur à ce liquide pour alimenter la flamme ; qu'étant placé dans la couche à basse température de la flamme, c'est-à-dire dans celle où s'opère la volatilisation, ce tissu ne saurait brûler parce qu'il n'est pas suffisamment échauffé ; seulement, lorsqu'il ne reste plus d'alcool à conduire et à évaporer, alors la dernière portion d'alcool qui brûle enflamme le tissu, s'il est lui-même inflammable à une assez basse température. La mèche s'éteint le plus souvent et elle se carbonise. Aussi les expériences de M. Julia Fontanelle, répétées en partie par les chimistes allemands, sont-elles tout à fait insignifiantes : on aura beau mettre une matière animale en macération dans de l'alcool, elle ne produira de flamme à l'approche d'un corps en combustion qu'autant qu'il restera de l'alcool infiltré dans son tissu. D'ailleurs, comment assimiler une macération dans de l'alcool à une absorption de cette substance pendant la vie. C'est faire bien peu de cas des phénomènes de la circulation !

Mais, dans cette hypothèse où l'abus des liqueurs spiritueuses donne aux tissus de l'économie une combustibilité télle qu'ils puissent s'enflammer à l'approche d'un corps en combustion, on admet un second ordre d'idées que n'excluent pas les lois physiques et chimiques, et c'est à cette seconde variété que nous nous sommes rattaché dans la deuxième édition de cet ouvrage. Nous ajouterons que, malgré les expériences, les rapports et les travaux faits à l'occasion du procès de la comtesse de Gœrlitz, nous y persistons encore *s'il faut expliquer quelque chose*. Dans cette théorie, nous admettons deux choses : 1° L'absorption et le transport dans tous les tissus de l'alcool journellement employé; sa déperdition ayant lieu par les sécrétions urinaires et perspiratoires, et n'étant peut-être pas en rapport avec l'absorption. 2° Une modification vitale imprimée aux tissus de l'économie par l'abus des liqueurs alcooliques en vertu de laquelle ces tissus deviennent plus combustibles, soit par eux-mêmes, soit par une transformation en une matière nouvelle de l'alcool absorbé et combiné aux tissus.

MM. Liebig et Bischoff commencent par nier ce transport de l'alcool dans les tissus divers de l'économie, parce que, d'abord, M. Pommier, de Zurich, n'a pas retrouvé l'alcool dans le sang; que MM. Bouchardat et Sandras ne l'ont pas retrouvé chimiquement dans les tissus. Mais si, comme nous, MM. Bischoff et Liebig avaient eu l'occasion de faire des ouvertures de corps d'individus morts en état d'ivresse, ils eussent vu que non seulement tous les tissus développent l'odeur alcoolique, mais encore, suivant que l'ivresse a été produite par le vin, l'alcool ou l'absinthe, l'odeur qui s'exhale des tissus est en rapport avec la cause de l'ivresse. Cuvier et M. Duméril ont constaté ce fait sur un des ouvriers du Jardin des plantes qui avait l'habitude de s'enivrer; les expériences de MM. Magendie, Orfila et Rayer prouvent avec quelle rapidité cette absorption a lieu; et, en effet, quand la mort a été la suite de l'ingestion de l'eau-de-vie, il est fréquent de ne trouver dans l'estomac que de très faibles restes du liquide ingéré. Mais, ajoutent MM. Bischoff et Liebig, cette absorption est chimiquement impossible, car « *on ne saurait admettre* à priori *que le corps étant imbibé d'alcool, la vie puisse continuer un seul instant ;* la coagulation de l'albumine, l'arrêt de la circulation et la destruction du système nerveux sont les suites immédiates de l'injection d'une quantité considérable d'alcool dans le sang d'un animal. » Le fait est exact ; mais la comparaison ! elle est fort imparfaite, pour ne pas dire plus. Mettez de l'alcool dans un verre qui contienne de l'albumine, l'albumine va se coaguler, c'est vrai ; mais mettez l'alcool dans l'estomac de l'homme vivant et l'albumine des parois stomacales ne se coagulera pas. Il y a plus, cet alcool sera porté immédiatement dans le sang, et le sang ne se coagulera pas.

Je n'ose pas dire qu'il y a une différence entre l'albumine vivante et l'albumine morte et déposée dans le verre, la chimie me répondrait que c'est une hypothèse. Mais la chimie ne me contestera pas qu'il y a une différence entre le sang doué de vie et le sang qui est soustrait à l'influence de la vie ; car le chimiste ne peut même pas le conserver quelques instants sans qu'il s'altère et sans qu'il s'opère une séparation de ses éléments ; et pour répondre à l'expérience de l'ingestion de l'alcool dans les veines qui amène instantanément la mort par la coagulation du sang, nous dirons que l'on n'a probablement pas la prétention de comparer *cette grossière ingestion* avec l'absorption des vaisseaux capillaires du tube digestif.

Mais, pourra-t-on peut-être ajouter, peu importe la manière dont l'alcool arrive dans les tissus, du moment qu'il en aura pénétré une quantité suffisante, la coagulation du sang et de l'albumine contenus dans les fluides circulatoires aura nécessairement lieu, parce que c'est là un phénomène chimique absolu dans ses conséquences. A cela je réponds que je ne considère pas le corps comme une éponge ; que je ne vois pas la nécessité qu'il existe nécessairement dans les tissus une quantité d'alcool telle que l'albumine des liquides soit coagulée pour que ces tissus soient rendus plus combustibles.

Si, pour reprendre le fait signalé par MM. Liebig et Bischoff, les matières molles du corps, prises en général, contiennent dans l'état normal 75 pour 100 d'eau, je me demande si le tissu graisseux, pris isolément, contient d'abord 75 pour 100 d'eau, et M. Barse n'y a trouvé que 12 à 15 pour 100 d'eau. Ensuite, quand

je prends de l'alcool *pur*, absolu, et que j'en approche un corps
en combustion, il s'enflamme; mais si je prends de l'eau-de-vie
à 18 degrés, elle s'enflamme plus difficilement à froid. Si je
l'étends encore d'eau, il me faut la chauffer plus fortement pour
l'enflammer; cependant elle brûle encore. Par conséquent, plus
le mélange d'eau et d'alcool sera chargé de ce dernier, plus il
sera combustible. Or la graisse est combustible par elle-même;
si peu d'alcool que vous y ajoutiez, vous la rendrez plus inflammable; car il ne s'agit pas ici d'un mélange dans un verre, mais
d'une combinaison sous l'influence de la vie.

On dit avec raison que les parties molles du corps ne doivent
leur souplesse qu'à l'eau qu'elles contiennent; que cette eau n'y
paraît pas être à l'état de combinaison, parce qu'on peut la leur
enlever mécaniquement et la leur rendre; mais le tissu graisseux
ne contient pas d'eau dans les mêmes proportions, car la graisse
humaine est fluide à 25 degrés. Or s'il est vrai que l'alcool, par
exemple, ne puisse pas remplacer l'eau pour rendre à la matière
animale sa souplesse, il ne répugne pas d'admettre que cette
souplesse se maintienne encore, malgré l'absorption d'une certaine quantité d'alcool mêlé à cette eau naturellement contenue
dans nos tissus, de telle sorte qu'il faille une température moindre
pour arriver à l'état de dessiccation qui permet la combustion.
D'ailleurs, on sait que chez les ivrognes qui font usage d'alcool
la soif est nulle ou presque nulle; ils ne s'alimentent que d'eau-
de-vie. Eh bien, est-il donc si déraisonnable d'admettre que les
parties molles reçoivent une influence inconnue de cette abstinence de liquides aqueux?

Nous pourrions peut-être aller plus loin en raisonnant chimiquement, et dire : Il fut un temps où l'on considérait toutes les
fécules amylacées comme étant absorbées en propre substance
par l'estomac et les intestins. La chimie a reconnu plus tard que
l'amidon se transformait dans l'estomac en une matière sucrée!
Qui nous dit que l'alcool ne subit pas dans nos organes, soit
pendant, soit après l'absorption, une modification qui le transforme en une matière combustible et assimilable. — Pour transformer l'alcool en chloroforme, il suffit d'un peu de chlorure de
calcium et d'une température de 60 degrés! — Que si nous
comparons les rapports atomiques des éléments des carbures en
général, nous verrons que ces éléments ne diffèrent souvent entre
eux que par les quantités atomiques; le rapport entre ces quan-

tités restant toujours le même ; de telle sorte qu'il suffise d'enlever une quantité donnée de chacun des atômes d'hydrogène et de carbone en proportion égale pour former un carbure nouveau jouissant de propriétés nouvelles. Mais ne nous engageons pas dans la voie des hypothèses chimiques ; bornons-nous à réédifier ce que l'on veut détruire, jusqu'à ce que l'on ait donné de bonnes raisons pour le faire.

Ainsi, d'une part, proportion d'eau à peine appréciable dans le tissu cellulaire graisseux. Immixtion possible d'alcool modifié ou non modifié par la vie dans les tissus ; cause déterminante de combustion insuffisante pour des tissus dans l'état normal, mais suffisante pour enflammer des tissus ainsi modifiés ; aliment de combustion que fournit aussitôt la graisse au faible foyer comburant. Voilà un ensemble de faits qui pourront rendre compte de la combustion spontanée dans l'acception que nous donnons à ce mot, et cette explication ne blesse en rien les lois physiques et chimiques connues ; elle n'est pas invraisemblable ; et comme la chimie et la physique ne peuvent rien expliquer, qu'elles sont réduites à nier des faits que nous ne pouvons pas nier ; dussions-nous nous abstenir de toute explication, nous préférerions nous abstenir, que de nier.

Que l'on applique ces idées à un transport d'alcool de longue date, permanent, de tous les jours dans les tissus de l'économie, que l'on suppose cet usage abusif des liqueurs spiritueuses chez la comtesse de Gœrlitz, ne pourrait-on pas dire que si, au lieu d'avoir employé 94 livres de bois pour brûler le quart du poids de son corps, il ne vous eût fallu que la dixième partie de ce poids de combustible pour arriver à ce résultat? C'est cependant là en quoi consiste aujourd'hui la différence d'opinion qui existe entre *ces hommes ignorants, observateurs superficiels des faits, et vous.* Ils répugnent à biffer d'un trait de plume un phénomène rare, il est vrai, mais qui est reproduit dans la science avec les mêmes caractères, les mêmes détails, les mêmes circonstances.

Mais, ajoutez-vous, pourquoi la combustion humaine spontanée se fait-elle remarquer presque exclusivement chez la femme et non pas chez l'homme. Certes, il y a un nombre infiniment plus considérable d'hommes qui s'enivrent que de femmes, partant le contraire devrait avoir lieu. Cet argument, permettez-moi de le tourner contre vous-même. Non seulement vous n'avez pas voulu que l'alcool jouât un rôle dans la combustion spontanée, mais encore vous avez mis la graisse sur le même rang que l'alcool. Eh bien, cette circonstance que la combustion humaine spontanée a, dans la presque totalité des cas, été observée chez des femmes très grasses, vous démontre d'abord que la graisse doit jouer un certain rôle dans la combustion, en même temps qu'elle tend à vous prouver que ces faits ne sont pas de pure invention; car, à l'exception d'un seul cas, c'était chez des personnes très grasses que la combustion humaine s'était développée, et dans la théorie que j'adopte, si je suppose que sous l'influence de la vie l'alcool modifie vitalement la combustibilité de la graisse, les faits viennent à l'appui de mon hypothèse. C'est que je ne puis pas voir dans la circulation de l'alcool dans les tissus un simple phénomène de la capillarité dans lequel nos tissus se borneraient à transporter l'alcool de l'intérieur à l'extérieur de l'économie.

Enfin, terminons cette longue discussion par une dernière objection. M. Liebig, pour dernière preuve de l'impossibilité de l'existence d'une combustion spontanée, établit qu'il faut que la graisse soit chauffée à une température de 350 degrés pour qu'elle s'enflamme. Cela est vrai quand il s'agit d'une masse de graisse fondue à laquelle on met le feu dans le but de la faire brûler en totalité dans un espace de temps très court; mais M. Liebig avait auparavant posé ce principe, que la graisse humaine devenait l'aliment du foyer qui avait déterminé primitivement la combustion, au fur et à mesure qu'elle s'échappait fluide des vacuoles qui la contiennent, c'est aussi ce qui a lieu dans la combustion spontanée, la combustion s'alimente par l'écoulement et l'inflammation successive de la graisse.

Tels sont les détails dans lesquels je tenais à entrer pour démontrer que, malgré le mémoire de MM. Bischoff et Liebig, la question de la combustion humaine spontanée, avec cause déterminante, est encore pendante, et qu'il appartient aux médecins de se livrer à de nouvelles recherches avant de se permettre de rayer de la science des faits qui peuvent être inexplicables, malgré les lumières de la physique et de la chimie, jusqu'à ce que l'on démontre que ces faits sont de pure invention.

Nous joindrons à l'histoire de la combustion spontanée, un fait qui nous a paru d'un grand intérêt, et qui nous semble sortir de la classe des brûlures ordinaires; car il nous paraît difficile que la chaleur seule du fumier puisse produire des brûlures aussi profondes.

Brûlures profondes produites par le séjour du corps dans un tas de fumier.

Françoy (Charles - François), âgé de quarante ans , commissionnaire ; rue du Faubourg-Saint-Antoine, n° 44, est apporté à la Morgue le samedi 25 août 1831. Il était adonné aux boissons alcooliques ; la veille il avait fait le pari de boire une certaine quantité d'eau-de-vie. Le voyant, par la suite, dans l'ivresse la plus profonde, on l'avait mis dans un tas de fumier, où il était resté un temps assez long sans donner aucun signe de vie. — La figure, et principalement les yeux, portent, en effet, les apparences d'un homme ivre. Les lèvres sont à demi béantes, les yeux à demi ouverts. L'air hébété. Les membres flasques. Aucune trace de violence à l'extérieur. Aucun phénomène de putréfaction. Les deux jambes et la partie interne des cuisses offrent une teinte violacée. La peau des deux jambes est marbrée de violet et de rouge-brun. L'épiderme est enlevé dans toute la partie postérieure des membres inférieurs, et sur une grande partie de la surface du dos et des fesses. Dans tous ces points , la peau a acquis la couleur brune rougeâtre enflammée et injectée des personnes qui sont brûlées au deuxième degré et que l'on sauve d'un incendie. Quelques trajets veineux sont dessinés sur la partie interne des jambes (veines saphènes). Par le contact de l'air, ces parties se sont desséchées et ont acquis la consistance du parchemin. Plusieurs points de la jambe et de la cuisse sont encore pourvus d'épiderme. Dans ces points, on enlève l'épiderme avec une facilité extrême, et , au-dessous de lui, le derme et le corps muqueux sont très rouges, très injectés. En un mot, il existe des traces non équivoques d'une brûlure de l'épiderme, du corps muqueux et de la superficie du derme; elle existe dans les deux tiers de la circonférence des deux jambes, le tiers de la circonférence des deux cuisses et une partie de la surface du dos. Les vêtements, qui consistaient en une chemise , une veste et un pantalon de toile, n'ont subi aucune espèce d'altération ni dans leur couleur, ni dans leur texture. Toute la partie antérieure du corps est intacte.

Autopsie faite le troisième jour de la mort.— La putréfaction a déjà envahi une partie du corps ; la face, le corps et la partie supérieure des épaules présentent une teinte verdâtre; le trajet des veines distendues par le sang est marqué, au col et sur les épaules, par des sillons verts. Les muscles pectoraux sont un peu soulevés par des gaz, ainsi que le col. Les cuisses sont elles-mêmes emphysémateuses ; mais les gaz existent principalement dans les muscles ou dans le tissu cellulaire profond, et au voisinage des principaux vaisseaux; la partie inférieure de l'abdomen commence à être colorée en vert.

La peau brûlée est solide , ferme, dure, racornie, amincie, desséchée ; elle s'enlève et se sépare du tissu cellulaire sous-cutané et des aponévroses avec une facilité extrême , comme un morceau de parchemin que l'on décollerait. En la plaçant entre l'œil et la lumière, on voit une infinité de vaisseaux capillaires injectés, remplis de sang desséché, ainsi que d'autres vaisseaux plus volumineux qui parcourent son tissu et s'y ramifient à l'infini.

Expérience. — Le ventre percé, un jet de gaz en sort, brûle pendant plusieurs secondes , comme la flamme de l'alcool ou celle de l'hydrogène carboné. Pareilles expériences répétées pour l'air de la cavité de la poitrine, du péricarde, de l'estomac, des intestins, de la vessie, donnent le même résultat. *Idem*, pour plus de cinquante piqûres pratiquées au col, sur les côtés de la poitrine, aux cuisses et aux jambes, aux bras et aux fesses ; là où il y avait quelque sortie de gaz, il s'enflammait. Cerveau et membranes colorés uniformément en rougeâtre. Poumons sains, un peu gorgés de sang en arrière. Cavités du cœur vides de sang ; les gaz que le cœur contient s'enflamment. Estomac : muqueuse rouge uniformément. Pas de liquide. Intestins colorés de la même manière ; un peu de liquide dans ceux-ci, excepté dans la fin de l'intestin grêle ; des matières fécales dans le colon. Vessie vide. Foie et reins dans l'état normal.

FIN DU DEUXIÈME VOLUME.

TABLE DES MATIÈRES

CONTENUES DANS LE DEUXIÈME VOLUME.

FIN DE LA TABLE DU DEUXIÈME VOLUME.

www.ingramcontent.com/pod-product-compliance
Lightning Source LLC
Chambersburg PA
CBHW051511060726
47597CB00001B/8